Nr. 39
S. 14013–14388

1962
26. September

Chemisches Zentralblatt

Vollständiges Repertorium für alle Zweige der reinen und angewandten Chemie

1830 gegründet. 1897—1945 von der Deutschen Chemischen Gesellschaft fortgeführt. Im Auftrage der Deutschen Akademie der Wissenschaften zu Berlin, der Chemischen Gesellschaft in der DDR, der Akademie der Wissenschaften zu Göttingen und der Gesellschaft Deutscher Chemiker (in der BRD)

herausgegeben von Prof. Dr. **Heinrich Bertsch** und Prof. Dr. Dr. h. c. **Wilhelm Klemm**

133. Jahrgang

1962

Chefredakteure: Dr. Eugen Klever und Dr. Willi Barz

Akademie-Verlag GmbH., Berlin — Verlag Chemie, GmbH., Weinheim/Bergstr.

Inhalt

Chemisches Zentralblatt

1962 **Bibliographien** Nr. 39

Neue Bücher

Geschichte. Unterricht

P. M. Lukjanow, Die Geschichte der chemischen Gewerbe und der chemischen Industrie Rußlands bis Ende des 19. Jahrhunderts. Bd. 5. Moskau: Verl. der Akad. der Wiss. der UdSSR. 1961. (704 S. m. Abb.) [Russ.]

Douglas McKie, Antoine Lavoisier: scientist, economist, social reformer. New York: Collier. 1962. (317 S.) $ —.95.

A. Allgemeine, physikalische und anorganische Chemie

Wolfgang Finkelnburg, Einführung in die Atomphysik. Siebente und achte umgearb. Aufl. Berlin, Göttingen, Heidelberg: Springer. 1962. (XII + 543 S. m. 276 Abb.) 8⁰. DM 45,—.

S. Flügge und **F. Trendelenburg,** Hrsg., Ergebnisse der exakten Naturwissenschaften. 34. Bd. Berlin, Göttingen, Heidelberg: Springer. 1962. (IV + 357 S. m. 169 Abb.) 8⁰. DM 94,—.

J. Thewlis, ed., Encyclopaedic dictionary of physics. Vol. 4: Intermediate state to neutron resonance level. London: Pergamon. 1961. (IX + 836 S. m. Abb., Tab. u. Diagr.) 7 10 s.

Dudley Williams, ed., Molecular physics. New York, London: Academic P. 1962. (XIV + 760 S.) 6 £ 16 s.

A_1. Kernphysik und Kernchemie

—, Chemical effects of nuclear transformations. Proceedings of the symposium on chemical effects of nuclear transformations sponsored by the International Atomic Energy Agency and held in Prague, 24–27 October 1960. Vol. 1. 2. Vienna: International Atomic Energy Agency; München: Oldenbourg. 1961. 1: (569 S.) DM 35,—. 2: (390 S.) DM 24,50.

A_2. Optisches Verhalten der Materie

M. A. Jeljaschewitsch, Atomare und molekulare Spektroskopie. Moskau: Fismatgis. 1962. (892 S. m. Abb.) 3 Rbl. 98 Kop. [Russ.]

A_3. Elektrizität. Magnetismus. Elektrochemie

G. Charlot, J. Badoz-Lambling en **B. Trémillon,** Electrochemical reactions. Amsterdam: Elsevier Publishing Cy. 1962. (IX + 377 S.) hfl. 40.—.

Jan Tauc, Photo and thermoelectric effects in semiconductors. Oxford, London: Pergamon. 1962. (XI + 248 S. m. Tab. u. Diagr.) 60 s.

A_4. Thermodynamik. Thermochemie

Z. L. Ambarzumjan, G. I. Bassalowa, Ss. A. Gorshewskaja u. a., Thermische Untersuchungen der Urane und uranhaltigen Mineralien. Moskau: Gossatomisdat. 1961. (147 S.) 43 Kop. [Russ.]

S. R. de Groot, and **P. Mazur,** Non-equilibrium thermodynamics. Amsterdam: Noord-Hollandsche U. M. 1962. (X + 514 S.) hfl 45.—.

G. Emschwiller, Chimie thermodynamique. Paris: A. Colin. 1962. (192 S.) 76 NF.

Ernst Schmidt, Einführung in die technische Thermodynamik und in die Grundlagen der chemischen Thermodynamik. 9., verb. Aufl. Berlin, Göttingen, Heidelberg: Springer. 1962. (XX + 543 S. m. 244 Abb. u. 69 Tab.) 8⁰. DM 36,—.

A_6. Strukturforschung

P. N. Dshaparidse, Die physikalisch-chemischen Festigkeitseigenschaften kondensierter Stoffe und Methoden ihrer quantitativen Wiedergabe. Tbilissi: Verl. der Akad. der Wiss. der GrusinSSR. 1961. (246 S. m. Zeichng.; 3 Bl. Tab.) 1 Rbl. 31 Kop. [Russ.]

William Hume-Rothery and **Geoffrey Vincent Raynor,** The structure of metals and alloys. 4th edit. revised. London: Institute of Metals. 1962. (VIII + 380 S. m. Taf., Tab. u. Diagr.) = Monographs and reports series no. 1. 25 s.

A. Je. Wol, Struktur und Eigenschaften binärer Metallsysteme. Handbuch in 4 Bänden. Bd. 2. Vanadium-, Wismut-, Wasserstoff-, Wolfram-, Gadolium-, Gallium-, Hafnium-, Germanium-, Holmium-, Dysprosium-, Ewropium- und Eisensysteme. Moskau: Fismatgis. 1962. (982 S. m. graph. Darst.) 3 Rbl. 37 Kop. [Russ.]

A_7. Gleichgewichte. Kinetik

Geoffrey Colin Bond, Catalysis by metals. London: Academic P. 1962. (IX + 519 S. m. Tab. u. Diagr.) £ 5.

W. W. Penkowski, Einwirkung der Bestrahlung von Metallen und einigen hochschmelzenden Materialien. Kiew: Verl. der Akad. der Wiss. der UkrainSSR. 1962. (184 S. m. Zeichng.) [Russ.]

A_8. Präparative anorganische Chemie. Komplexverbindungen Metallorganische Verbindungen

Georg Brauer, Hrsg., Handbuch der Präparativen Anorganischen Chemie. Zweite, umgearb. Aufl. 2 Bde. Stuttgart: Ferdinand Enke Verl. 1960/1962. 1: (XI + 885 S. m. 280 Abb.) 2: (XII + 726 S. m. 82 Abb.) Zus. DM 232,—.

K. B. Lebedew, Herstellung von Calciummolybdat. Alma-Ata: Verl. der Akad. der Wiss. der KasachSSR. 1962. (120 S. m. graph. Darst.; 1 Bl. Skizzen.) 45 Kop. [Russ.]

A_9. Mineralogische und geologische Chemie

G. Brown, ed., The x-ray identification and crystal structures of clay minerals. 2nd edit. London: Mineralogical Society. 1961. (XI + 544 S. m. Taf., Tab. u. Diagr.) 84 s.

William Alexander Deer and others, Rock-forming minerals. Vol. 1: Ortho- and ring silicates. London: Longmans. 1962. (X + 333 S. m. Tab. u. Diagr.) 95 s.

G. Analyse. Laboratorium

Gerhart Jander † und Ewald Blasius, Lehrbuch der analytischen und präparativen anorganischen Chemie. Stuttgart: S. Hirzel Verl. 1962. (XXIV + 435 S. m. 51 Abb.) 8°. DM 23,—.

Helmut Schmidt und **Mark v. Stackelberg,** Die neuartigen polarographischen Methoden. Ihr Prinzip und ihre Möglichkeiten. Weinheim/Bergstr.: Verl. Chemie. 1962. (97 S. m. 49 Abb.) 8° = Monographien zu „Angewandte Chemie" und „Chemie-Ingenieur-Technik". Nr. 77. DM 15,40.

—, Methods of biochemical analysis. Vol. 9. New York: Interscience. 1962. (452 S. m. Abb.) $ 14.50.

—, Standard methods of chemical analysis. Vol. 1. 6th edit. Princeton (New Jersey): Van Nostrand. 1962. (1401 S. m. Abb.) $ 25.—.

H. VIII. Metallurgie. Korrosion

Tanya Deruguine, Russian-English dictionary of metallurgy and allied sciences. New York: Ungar. 1962. (470 S.) $ 15.—.

XIX. Brennstoffe. Erdöl. Mineralöle

G. A. Morosow, Anwendung von Dieselölen mit Zusätzen. Leningrad: Gosstoptechisdat, Leningrader Abt. 1962. (114 S. m. Abb.) 36 Kop. [Russ.]

Geert Oldenburg, Heizöl. Mainz, Heidelberg: Verlagsanstalt Hüthig und Dreyer. 1962. (227 S. m. 132 Abb.) DM 26,—.

N. Ss. Wlassowa, W. I. Klassen und **I. N. Plakssin,** Untersuchung der Wirkung von Reagentien bei der Flotation von Steinkohlen. Moskau: Verl. der Akad. der Wiss. der UdSSR. 1962. (172 S. m. Abb.) 1 Rbl. 7 Kop. [Russ.]

XXIV. Photographie

Andrew Feininger, A manual of advanced photography. London: Thames & Hudson. 1962. (379 S. m. 380 Abb.) 50 s.

Ausgewertete Bibliographie-Fachzeitschriften

Belgien	Bibliographie de Belgique — Belgische Bibliographie
ČSSR	Bulletin — Die Neuesten Forschungsergebnisse der Tschechoslowakischen Wissenschaft
	Nové Knihy (Neue Bücher)
	Novinky (Neuheiten)
Dänemark	Danske Bogmarked
Deutschland	Börsenblatt für den Deutschen Buchhandel — Frankfurter Ausgabe
	Börsenblatt für den Deutschen Buchhandel — Leipziger Ausgabe
	Deutsche Bibliographie. Wöchentliches Verzeichnis. Ausgabe II. [Frankfurt/Main]
	Deutsche Nationalbibliographie. Reihe A: Neuerscheinungen des Buchhandels [Leipzig]
England	British Books (Incorporating the Publishers Circular & Booksellers Record)
	British National Bibliography
Frankreich	Bibliographie de la France
Holland	Nieuwsblad voor de Boekhandel
Italien	Bibliografia Nazionale Italiana
Japan	Nōhon Shūhō (Current Publications)
Österreich	Österreichische Bibliographie
Schweiz	Schweizer Buch. Serie A und Serie B
UdSSR	Bücherverzeichnis des Jahres (Книжная летопись)
	Neue Bücher (Новые книги)
USA	Publishers' Weekly

Namenregister

Patentregister

Canadische Patente (Can.P.)

Englische Patente (E.P.)

Französische Patente (F.P.)

Holländische Patente (Holl.P.)

Indische Patente (Ind.P.)

Italienische Patente (It.P.)

Chemisches Zentralblatt

1962 Nr. 39 26. September

Geschichte. Unterricht

Nobelpreisträger Prof. M. Calvin. Anonym. (Nature [London] **192.** 799. 2/12. 1961.) (Engl.)

Kurze Würdigung der Arbeiten von M. CALVIN, Professor an der Univ. von Californien, auf dem Gebiete der Photo-Synth., anläßlich der Verleihung des Nobelpreises für Chemie. CH. WEISKE. 1 □

Nobelpreisträger Prof. Robert Hofstadter. Anonym. (Nature [London] **192. 799.** 2/12. 1961.) (Engl.)

Kurzer Lebensabriß anläßlich der Verleihung des Nobelpreises für Physik 1961 (zusammen mit R. L. MÖSSBAUER) an Prof. R. HOFSTADTER (geb. 5/2. 1915), der diese Auszeichnung auf Grund seiner Arbeiten auf dem Gebiete der Quantenfeldtheorie erhielt. CH. WEISKE. 1 □

Nobelpreisträger Prof. R. L. Mössbauer. Anonym. (Nature [London] **192.** 799. 2/12. 1961.) (Engl.)

Kurze Beschreibung der Arbeiten von R. L. MÖSSBAUER, der mit R. HOFSTADTER zusammen den Nobelpreis für Physik 1961 verliehen bekam. MÖSSBAUER erhielt diese Auszeichnung für die Unters. über γ-Strahlenemission im Kristall. CH. WEISKE. 1 □

Wladimir Pawlowitsch Linnik (zum 70. Geburtstag). Anonym. (Оптика и Спектроскопия [Optik u. Spektroskopie] **7.** 134—36. Juli 1959.) (Russ.)

Lebenslauf u. Übersicht seiner wissenschaftlichen Tätigkeit aus Anlaß des 70. Geburtstags. — Geboren 1889 in Charkow, studierte er Physik u. Mathematik in Kiew u. wurde bereits 1939 Mitglied der Akad. der Wiss. der UdSSR. Seine Tätigkeit liegt vor allem auf dem Gebiet der prakt. Optik. J. TŮMOVÁ. 1 □

Hans Heinrich Franck. E. Leibnitz. (Z. physik. Chem. [Leipzig] **219.** 1—4. 1962. Berlin, Dt. Akad. der Wiss., Forsch.-Gemeinschaft des naturwiss., techn. u. med. Inst., Inst. für Verfahrenstechnik der organ. Chem.) (Dt.)

Nachruf auf Prof. Dr. phil. Dr. rer. nat. h. c. H.-H. FRANCK (geb. 22/11. 1888 in Würzburg, gest. 21/12. 1961), nach 1945 Inhaber des Lehrstuhls für chem. Technologie an der TH zu Berlin-Charlottenburg u. 1950 Gründer des Akademie-Instituts für angewandte Silicatforschung. Beschäftigte sich u. a. mit der Darst. kombinierter Düngemittel u. der techn. Neugestaltung der Glasherstellung. CH. WEISKE. 1 □

Carl Hermann. Kathleen Lonsdale. (Nature [London] **192.** 604—05. 18/11. 1961.) (Engl.)

Nachruf auf Professor CARL HERMANN (geb. 1898, gest. 12/9. 1961), Direktor des Kristallograph. Instituts der Universität Marburg. HERMANN ist Schüler von MAX BORN. Er entwickelte mit C. MAUGUIN eine systemat. Nomenklatur für die 230 Raumgruppen u. sammelte Material für 2 Bände der „Internationalen Tabellen zur Best. von Kristallstrukturen“. CH. WEISKE. 1 □

August Žáček. R. H. Fürth. (Nature [London] **193.** 625. 17/2. 1962.) (Engl.)

Kurzer Nachruf auf den früheren Professor für Experimentalphysik in Prag, A. ŽÁČEK (gest. 26/10. 1961 im Alter von 75 Jahren) u. Würdigung seiner Arbeiten (Magnetron, Piezoelektrizität). A. BLASCHETTE. 1 □

C. G. Mosander (1797—1858), Auer von Welsbach (1858—1929) und die Seltenerdmetalle. J. H. S. Green. (Res. appl. in Ind. **11.** 376—80. Okt. 1958.) (Engl.)

Überblick über die Erforschung der Seltenerdmetalle, bes. durch CARL GUSTAV MOSANDER (geb. 1/9. 1797 in Kalmar, gest. 15/10. 1858) u. CARL AUER VON WELSBACH (geb. 1/9. 1858 in Wien) sowie ihre techn. Anwendung (im Gasglühlicht, für Metallfäden elektr. Lampen u. für Zündsteine). — Bild. W. KUNTZ. 1 □

Smithson Tennant, 1761—1815. A. E. Wales. (Nature [London] **192.** 1224—26. 30/12. 1961.) (Engl.)

Ausführliche Lebensbeschreibung von SMITHSON TENNANT (geb. 30/11. 1761, verunglückt 22/2. 1815), zuletzt Professor für Chemie an der Universität in Cambridge. Beschäftigte sich mit der Natur des Diamants, der Wrkg. von KNO_3 auf Au u. Pt, Entdeckung u. Extraktion von Os u. Ir aus Rohplatin u. der Darst. von Oxalsäure, Weinsäure u. Citronensäure aus Weinstein u. Citronensaft. CH. WEISKE. 1 □

Über die Problematik der anorganischen Chemie im Berliner Chemischen Universitäts-Institut in der Hessischen Straße. Erich Thilo. (Z. Chem. **1.** 97—105. 1961.) (Dt.)

Vf. berichtet über die Wiederbelebung der anorgan. Forschung im chem. Institut der Humboldt-Universität auf Initiative von E. Fischer u. würdigt die seit 1900 dort tätig gewesenen oder tätigen Anorganiker: O. Ruff, A. Stock, F. Fischer, A. Stähler, F. Meyer, O. Hahn, L. Meitner, E. Tiede, F. A. Paneth, W. Traube sowie deren Assistenten u. jetzigen Nachfolger. D. Hoehne. 2☐

30 Jahre Theorie der homöopolaren chemischen Bindung. Anonym. (Chem. Rdsch. [Solothurn] **9.** 373. 1/9. 1956.) (Dt.)

Kurzer histor. Hinweis auf die 30 Jahre zurückliegende erste Veröffentlichung von Heitler u. London über die quantenmechan. Theorie der homöopolaren Bindung. W. Haberditzl. 2☐

Die Ephedra-Pflanzen der Rigveda. N. A. Qazilbash. (Pharmac. J. **185** ([4] **131**). 497—501. 26/11. 1960. Peshawar, Pakistan, Univ., Dep. of Botany.) (Engl.)

Über die botan. Identität der in der Rigveda, der ältesten heiligen Schrift der Indo-Arier, erwähnten *Soma*-Pflanze mit *Ephedrapachyclada* Boiss, *-intermedia* Schrenk u. Mey wird berichtet. Die Anwendung dieser Drogen in früheren Zeiten wird besprochen. — 12 Literaturangaben. H. Althoff. 2

Die Verwendung von Tiegelstahl für Kesselbleche um die Mitte des 19. Jahrhunderts. Ernst Hermann Schulz und Herbert Dickmann. (Stahl u. Eisen **81.** 1661—65. 23/11. 1961. Dortmund u. Düsseldorf.) (Dt.)

Nach Erörterung der geschichtlichen Entw. der Werkstoffe für Dampfkessel wird die Benutzung von Tiegelstahl für Dampfkesselbleche mit höherer Festigkeit beschrieben u. dabei auf die Unsicherheit in den zeitgenöss. Angaben über die Festigkeit der benutzten Stähle verwiesen. Trotz gewisser Erfolge wurde diese Entw. wegen der Erfindung des Flußstahles früh abgebrochen. H. Hochstein. 2☐

Vorzeichenübereinkunft für das Elektrodenpotential. 2. Mitt. A. R. Denaro. (School Sci. Rev. **43.** 135—41. Nov. 1961. Liverpool, Coll. of Technol.) (Engl.) — 1. vgl. School Sci. Rev. **42.** [1961.] 389.

Erörterung des europ. Begriffes des Elektrodenpotentials als Potential einer physikal. Elektrode in bezug auf eine Standard-H-Elektrode, des in den USA verwendeten Potentialbegriffes u. der IUPAC-Vorschläge. W. Wesly. 6☐

P. M. Lukjanow, Die Geschichte der chemischen Gewerbe und der chemischen Industrie Rußlands bis Ende des 19. Jahrhunderts. Bd. 5. Moskau: Verl. der Akad. der Wiss. der UdSSR. 1961. (704 S. m. Abb.) [Russ.]

Douglas McKie, Antoine Lavoisier: scientist, economist, social reformer. New York: Collier. 1962. (317 S.) $ —.95.

A. Allgemeine, physikalische und anorganische Chemie

Obere Grenze für die Trägheitsanisotropie aus dem Mössbauer-Effekt. G. Cocconi und E. E. Salpeter. (Physic. Rev. Letters **4.** 176—77. 15/2. 1960. Ithaca, N. Y., Cornell Univ.) (Engl.)

Vff. erörtern, wie man mit Hilfe des Mössbauer-Effekts eine etwa vorhandene Änderung Δ M der trägen Masse eines Körpers in Abhängigkeit von der Beschleunigungsrichtung relativ zur Richtung auf das Milchstraßenzentrum (eine Folgerung aus dem Machschen Prinzip) nachweisen kann. Bisherige Experimente deuten darauf hin, daß die obere Grenze dieser Anisotropie Δ M/M (Verhältnis bei Beschleunigungen in Richtung auf das Milchstraßenzentrum u. senkrecht dazu) bei 10^{-14} liegt. Bei Verss. mit kleinen Quelle–Absorber-Abständen u. mit ausgerichteten atomaren Magnetfeldern verschiedener Orientierung in bezug auf das galakt. Zentrum sollte eine wesentlich höhere Meßgenauigkeit möglich sein. D. Jörchel. 10☐

Obere Grenze für die Anisotropie der trägen Masse aus Kernresonanzversuchen. V. W. Hughes, H. G. Robinson und V. Beltran-Lopez. (Physic. Rev. Letters **4.** 342—44. 1/4. 1960. New Haven, Conn., Yale Univ., Gibbs Labor.) (Engl.)

Für die aus dem Machschen Prinzip als Folge einer nicht isotropen Massenverteilung in unserem Milchstraßen-Syst. abgeleitete Anisotropie der trägen Masse fanden Vff eine obere Grenze von Δ m/m $\leqq 10^{-20}$. D. Jörchel. 10☐

Messung der Gravitations-Rotverschiebung unter Verwendung des Mössbauer-Effekts in ^{57}Fe. T. E. Cranshaw, J. P. Schiffer und A. B. Whitehead. (Physic.

Rev. Letters **4.** 163—64. 15/2. 1960. Harwell, England, A.E.R.E.) (Engl.) — Vgl. POUND u. REBKA, C. **1962. 4060.**

Die bei einer Gesamthöhendifferenz von 12,5 m durchgeführten Messungen lieferten einen Wert für die Rotverschiebung der 14-keV-γ-Strahlen von (0,96 $\pm$ 0,45) mal dem erwarteten Wert; daraus folgt, daß die Wahrscheinlichkeit für einen Nullwert der Rotverschiebung 0,017 beträgt. D. JÖRCHEL. 10□

Messung der Rotverschiebung in einem beschleunigten System unter Verwendung des Mössbauer-Effekts in ^{57}Fe. H. J. Hay, J. P. Schiffer, T. E. Cranshaw und P. A. Egelstaff. (Physic. Rev. Letters **4.** 165—66. 15/2. 1960.) (Engl.) — Vgl. vorst. Referat.

Die l. c. beschriebene Gravitationsrotverschiebung sollte wegen der EINSTEINschen Äquivalenz zwischen einem Gravitationsfeld u. einem entsprechend beschleunigten Syst. auch bei einem beschleunigten ^{57}Fe-Syst. beobachtbar sein. Die an einem rotierenden Syst. gewonnenen Ergebnisse stimmen befriedigend mit der Erwartung überein. D. JÖRCHEL. 10□

Wolfgang Finkelnburg, Einführung in die Atomphysik. Siebente und achte umgearb. Aufl. Berlin, Göttingen, Heidelberg: Springer. 1962. (XII + 543 S. m. 276 Abb.) 8°. DM 45,—.

S. Flügge und F. Trendelenburg, Hrsg., Ergebnisse der exakten Naturwissenschaften. 34. Bd. Berlin, Göttingen, Heidelberg: Springer. 1962. (IV + 357 S. m. 169 Abb.) 8°. DM 94,—.

J. Thewlis, ed., Encyclopaedic dictionary of physics. Vol. 4: Intermediate state to neutron resonance level. London: Pergamon. 1961. (IX + 836 S. m. Abb., Tab. u. Diagr.) 7 £ 10 s.

Dudley Williams, ed., Molecular physics. New York, London: Academic P. 1962. (XIV + 760 S.) 6 £ 16 s.

A₁. Kernphysik und Kernchemie

Sukzessive Wechselwirkung der schweren Kerne der primären Höhenstrahlung. Ja. Pernegr, Ja. Ssedlak, I. Tutschek und W. Schimak. (Журнал Экспериментальной и Теоретической Физики [J. exp. theoret. Physik] **40.** 978—79. März 1961. Prag, Physik. Inst. der tschechoslow. Akad. der Wiss.) (Russ.)

Vorläufige Messungen mittels Stapeln von Kernemulsionen über sukzessive u. parallele Wechselwrkg. von schweren Teilchen der prim. Höhenstrahlung werden mitgeteilt. Hieraus werden Rückschlüsse auf die Winkelverteilung der Teilchen gezogen. M. WIEDEMANN. 85□

Über die Energieübertragung bei Kernstößen hoher Energie. E. Friedländer. (Comun. Acad. Republ. Populare romîne [București] **5.** 1275—79. Sept. 1955.) (Rum.)

Bei Kernstößen mit hoher Energie wird ein Teil K der Energie des einfallenden Teilchens in Form von Mesonen ausgestrahlt. Man kann daraus ein Kriterium für die Auswahl zwischen verschiedenen Theorien des elementaren Prozesses ableiten. Das Energiespektrum der kernakt. Komponente der kosm. Strahlung muß sich bei konst. K mit der Höhe der Atmosphäre merklich ändern. Das experimentelle Material spricht für eine langsame Zunahme von K mit der Energie des einfallenden Teilchens in qual. Übereinstimmung mit der Theorie von FERMI (vgl. nachst. Ref.). R. K. MÜLLER. 85

Über eine Folgerung des Zweizentrenmodells der Höhenstrahljets. E. M. Friedländer. (Nuovo Cimento [10] **19.** 818—20. 16/2. 1961. Bucharest, Inst. of Atom. Phys., Cosmic Ray Labor.) (Engl.) — Vgl. C. **1962. 4411.**

Es wird gezeigt, daß die Grundannahmen des Zweizentrenmodells der Höhenstrahljets automat. zu einer engen Beziehung zwischen dem LORENTZ-Faktor $\bar{\gamma}$ u. der Struktur der Stoßpartner führen. Es ergibt sich, daß im Augenblick des Stoßes im Eigenfeld jedes der stoßenden Nucleonen ein Pion abgetrennt wird u. mit der Hauptmasse des anderen Nucleons unelast. zusammenstößt. Die Pionen der Pionenwolke im Nucleonen-Eigenfeld besitzen eine geringe kinet. Energie. M. WIEDEMANN. 85□

Energiespektrum und Gesamtzahl der Höhenstrahlphotonen niedriger Energie in der Stratosphäre. A. N. Tscharachtschjan und T. N. Tscharachtschjan. (Журнал Экспериментальной и Теоретической Физики [J. exp. theoret. Physik] **40.** 1602—05. Juni 1961. Physik. Lebedew-Inst. der Akad. der Wiss. der UdSSR; Moskau, Univ., Inst. für Kernphysik.) (Russ.; Auszug: Engl.)

Auf Höhen von 33—35 km wurden mittels NaJ (Tl)-Scintillatoren auf 51° geomagnet. Breite Messungen der Intensitäten der Photonen mit Energien von 50—3200 keV durchgeführt. Das Spektrum der Photonen ähnelt auf allen Höhen etwa dem im Maximum. Das Verhältnis der Gesamtzahl der Photonen zur Gesamtzahl der Elektronen hängt kaum von der Höhe ab. Diese Tatsachen sprechen für einen Kaskadendurchgang der Photonen durch die Stratosphäre. M. WIEDEMANN. 85□

Prüfung der Verfahren zur Korrektur der Wirkung der Atmosphäre auf die Myon-Komponente der kosmischen Strahlung. Tamás Sándor, Antal Somogyi und Ferenc Telbisz. (Magyar fizik. Folyóirat [Ung. physik. Z.] **9.** 355—66. Sept. 1961. Budapest, Zentralforsch.-Inst. Physik.) (Ung.)

Mittels Vgl. der Verff. konnte festgestellt werden, daß im Fall einer Myon-Komponente von $>10^{10}$ eV die DUPERIER-Meth. ein kleinere Restdispersion gibt als die theoret. DORMAN- bzw. OLBERT-Korrektur. Ein positiver Temp.-Koeff. wurde nicht beobachtet. Der Zerfallseffekt ist im Energiebereich von 10^{10} eV noch bedeutend. J. PLANK. 85

Formeln der effektiven Reichweite für die Photopionenerzeugung an Pionen. How-Sen Wong. (Physic. Rev. Letters **5.** 70—72. 15/7. 1960. Berkeley, Calif., Univ. of California, Lawrence Radiat. Labor.) (Engl.)

Für die Rk. $\gamma + \pi \rightarrow 2\pi$ wird die Amplitude berechnet. M. WIEDEMANN. 90□

Ein Modell für die doppelte Photoerzeugung geladener Pionen. 2. Mitt. D. Boccaletti, G. De Franceschi und C. Gualdi. (Nuovo Cimento [10] **20.** 375—89. 16/4. 1961. Roma, Scuola di Perfezion. in Fis. Nucl.) (Engl.) — 1. vgl. C. **1962. 3333.**

Für die Rk. $\gamma + p \rightarrow p + \pi^+ + \pi^-$, wobei für die γ-Energie 900 MeV_l angesetzt wird, werden das Energiespektrum der negativen Pionen u. ihre Winkelverteilung ermittelt. Die Beachtung der Wechselwrkg. im 3/2–3/2-Endzustand zwischen π^+ u. Proton beeinflußt das π^--Spektrum nur unwesentlich. M. WIEDEMANN. 90□

Doppelte Dispersionsbeziehungen und Photoerzeugung von π-Mesonen. 1. Mitt. N. F. Nelipa. (Журнал Экспериментальной и Теоретической Физики [J. exp. theoret. Physik] **40.** 1085—92. April 1961. Physik. Lebedew-Inst. der Akad. der Wiss. der UdSSR.) (Russ.; Auszug: Engl.)

Es wird ein Syst. von Integralgleichungen für die Partialamplituden der Photoerzeugung aufgestellt, das neben denen für die Streuung von Pionen am Nucleon auch solche für die Vernichtung eines Nucleonenpaares in 2 Pionen u. für die Photoerzeugung von Pionen an Pionen enthält. Die letzteren Partialamplituden stehen in Beziehung zu denen für die Streuung von Pionen an Pionen. M. WIEDEMANN. 90□

Doppelte Dispersionsbeziehungen und Photoerzeugung von π-Mesonen. 2. Mitt. N. F. Nelipa und W. A. Zarew. (Журнал Экспериментальной и Теоретической Физики [J. exp. theoret. Physik] **40.** 1710—12. Juni 1961.) (Russ.; Auszug: Engl.) — 1. vgl. vorst. Referat.

Auf der Grundlage l. c. abgeleiteter Gleichungen wird die Amplitude für die Photoerzeugung von Pionen durch Vernichtung eines Nucleonenpaares mit Bldg. eines Pions u. eines γ-Quants abgeschätzt. M. WIEDEMANN. 90□

Methode zur Messung des Querschnittes der Photoerzeugung von π^+-Mesonen an Wasserstoff an der Schwelle. M. I. Adamowitsch, E. G. Gorshewskaja, W. M. Popowa und F. R. Jagudina. (Журнал Экспериментальной и Теоретической Физики [J. exp. theoret. Physik] **40.** 974—76. März 1961. Physik. Lebedew-Inst. der Akad. der Wiss. der UdSSR.) (Russ.) — Vgl. C. **1962.** 1870.

Photonen des Synchrotrons mit maximal 175 MeV fielen auf eine Polyäthylenfolie von 0,0173 g/cm². Unter 30° wurden die ausgelösten Mesonen mit 0,5—5,5 MeV mittels Photoemulsionen registriert. Es wurden π^+ aus H_2 u. *C* u. π^- aus C erfaßt. Da das π^+/π^--Verhältnis aus C 2,7 beträgt, konnte der Anteil der π^+ aus C zu 9 ± 3 % der π^+ aus H ermittelt werden. Aus einem Vgl. mit theoret. Werten, auch bei 250 MeV, läßt sich schließen, daß für C der Mechanismus $\gamma + {}^{12}C \rightarrow \pi^+ + n + {}^{11}B$ maßgebend ist. M. WIEDEMANN. 90□

T = 0-K⁺-Nucleon-Phasenverschiebungen nach dem optischen Modell. M. A. Melkanoff, D. J. Prowse, D. H. Stork und H. K. Ticho. (Physic. Rev. Letters **5.** 108—11. 1/8. 1960. Los Angeles, Calif., Univ. of California, Phys. Dep.) (Engl.)

Die Vol.-Integrale des imaginären Potentials nach dem opt. Modell werden ermittelt u. hieraus die K^+–Nucleon-Phasenverschiebungen für T = 0. Die S-Wellenverschiebung ergibt sich klein u. vermutlich abstoßend, eine P-Wellenverschiebung ist groß u. anziehend. M. WIEDEMANN. 90□

$\Lambda\pi$-Resonanz und die mögliche Bestimmung der KYN-Paritäten. Marc Ross und Gordon Shaw. (Physic. Rev. Letters **5.** 578—80. 15/12. 1960. Roma, Univ.; La Jolla, Calif., Univ. of California.) (Engl.)

Die Rk. $K^- + p \rightarrow \Lambda + \pi^- + \pi^+$ deutet eine Resonanz im $\Lambda + \pi$-Syst. bei ca. 1380 MeV an. Die Assoziation der $\Lambda\pi$-Resonanz mit dem KN-s-Zustand wird erörtert. Eine Best. des Bahndrehimpulses des $\Lambda\pi$- oder $\Sigma\pi$-Resonanzzustands sollte Aufschluß über die $K\Lambda N$- oder $K\Sigma N$-Parität geben. M. WIEDEMANN. 90□

Untersuchung der Möglichkeit einer π–Λ-Resonanz im Fall verschiedener Paritäten von Λ und Σ. F. Duimio und G. Wolters. (Nuovo Cimento [10] **20.** 359—65. 16/4. 1961. Genf, CERN.) (Engl.)

Unter der Annahme verschiedener Paritäten für Λ u. Σ wird die Pion–Hyperon-Streuung mit dem feldtheoret. Modell der festen Quelle untersucht, das die π–N-Streuung gut wiedergibt. Die vorliegenden Daten sind mit dieser Annahme besser im Einklang als mit der globalen Symmetrie. M. Wiedemann. 90□

Eine periodische Tabelle für Elementarteilchen. John J. Grebe. (Ann. New York Acad. Sci. **76.** 1–16. 15/9. 1958. Midland, Mich., Dow Chemic. Comp., Nucl. and Basis Res.) (Engl.)

Vf. weist auf die Existenz eindeutiger Beziehungen unter den Elementarteilchen hin, die sich auf Exponentiale von $\pi/4$ gründen. Beispiele für Massen-Best. von Leptonen, Mesonen u. Baryonen werden angeführt. Gerhard Schmidt. 90□

Kanonische Kommutationsbeziehungen für Vektorfelder. Kenneth Johnson. (Nuclear Physics [Amsterdam] **31.** 464–70. April 1962. Copenhagen, Univ., Inst. for Theoret. Phys.) (Engl.)

Theoret. Diskussion der Kommutationsregel $(\Phi^k j^0) = 0$ u. deren Beziehung zur Summenregel für die bloße Masse eines Vektorfeldes. Die Übereinstimmung mit der Störungstheorie wird dargelegt. Gerhard Schmidt. 90□

Unelastische Stöße und Schwelleneffekte. L. Fonda. (Suppl. Nuovo Cimento Nr. 2. (zu [10] **20**). 116–45. 1961. Princeton, N. J., Inst. for Advanc. Study; Palermo, Univ., Ist. di Fis.) (Engl.)

Es werden Vielkanalprobleme untersucht mit bes. Hinblick auf die anomale Energieabhängigkeit, die man bei den Streu- u. Rk.-Querschnitten an der Schwelle von unelast. Prozessen beobachtet. Dazu wird eine neue Meth. eingeführt, die auf einer Analyse der Eigg. der Green-Funktion beruht. In diesem Zusammenhang werden neben den Schwellen- auch die Coulomb-Effekte behandelt. H. Laue. 90□

Beitrag des Imaginärteils der Amplitude des Delbrück-Effekts zur elastischen Streuung der Photonen. Paul Kessler. (J. Physique Radium **19.** 739–44. Okt. 1958. Coll. de France, Labor. de Phys. Atom. et Mol.) (Franz.)

Der Imaginärteil der Amplitude des Delbrück-Effekts (elast. Streuung eines Photons durch das elektr. Feld eines Kerns) wird in Form von zwei fünffachen Integralen abgeleitet, die den beiden möglichen Polarisationszuständen des Photons entsprechen. Für eine Photonenenergie von 2,62 MeV u. Streuwinkel von 0, 30, 60 u. 90° wird eine numer. Auswertung mit Hilfe eines IBM-650-Rechners vorgenommen (vgl. auch Zernik, C. **1961.** 3883). A. Blaschette. 90□

Winkelverteilungsfunktion für Teilchen in einem Schauer, der durch ein Primärteilchen gegebener Energie erzeugt wird. W. W. Gushawin und I. P. Iwanenko. (Журнал Экспериментальной и Теоретической Физики [J. exp. theoret. Physik] **40.** 1682–94. Juni 1961. Moskau, Univ., Inst. für Kernphys.) (Russ.; Auszug: Engl.)

Die Winkelverteilung für Elektronen u. Photonen wird in einem Kaskadenschauer, der durch ein prim. Elektron oder Photon gegebener Energie ausgelöst wird, nach der Kaskadentheorie ermittelt, sie wird ferner für den Fall der kontinuierlichen Erzeugung von Elektronen u. Photonen längs der Schauerweglänge durch eine nichtelektromagnet. durchdringende Komponente berechnet. M. Wiedemann. 90□

Zur Abhängigkeit des Paarbildungsquerschnittes von der Kernladungszahl. Wolfgang Schikarski. (Z. angew. Physik einschl. Nukleonik **9.** 541–47. Nov. 1957. Karlsruhe, TH, Physik. Inst.) (Dt.)

Mit Hilfe der Aktivierungs-Meth. wird die Absorption der γ-Strahlung eines Betatrons in verschiedenen Elementen gemessen. Die Beiträge des Photoeffekts, des Compton-Effekts u. der Kernabsorption werden abgezogen u. so der Paar-Bldg.-Querschnitt als Funktion der Ordnungszahl, der Primärenergie, des Abschirmfaktors u. des Wrkg.-Querschnitts bestimmt. Der Fehler der Bornschen Näherung ist durch ein Korrekturglied berücksichtigt. Die Meßwerte werden mit denen anderer Autoren u. mit der Theorie verglichen. Bei leichten Elementen ließ sich der mittlere theoret. Transmissionsgrad bestimmen. W. Betcke. 90□

Anwendung einer Verallgemeinerung der Störungsmethode von Wentzel, Kramers und Brillouin auf die Berechnung der Energie eines Nucleons in seinem Mesonenfeld. Jacques Mandelbrojt. (C. R. hebd. Séances Acad. Sci. **247.** 871–73. 22/9. 1958.) (Franz.) A. Blaschette. 90□

Energiereiche elastische Streuung des Nucleons an Kernen. Analyse experimenteller Daten. Toshinori Takemiya, Tatuya Sasakawa und Yoshiyuki Sakamoto. (Progr. theoret. Physics [Kyoto] **24.** 1307–16. Dez. 1960. Kyoto, Kyoto Univ., Dep. of Phys., Yoshida Coll.) (Engl.)

Die experimentellen Daten über die Winkelverteilung der elast. an Kernen gestreuten Nucleonen bei 95, 135, 310 u. 340 MeV werden analysiert. Die Voraussagen auf Grund einer Theorie, die die Rolle der kurzreichweitigen Korrelation zwischen den Nucleonen u. das Pauli-Prinzip im Grundzustand des Targetkerns betont, scheinen verifiziert zu sein. M. Wiedemann. 90□

Bemerkung zur Polarisation von an leichten Kernen gestreuten Nucleonen. Y. Sakamoto. (Nuovo Cimento [10] **19.** 835—36. 16/2. 1961. Kyoto, Univ., Yoshida Coll.) (Engl.)

Vf. findet, daß im Gegensatz zu der nach Berechnungen mit dem opt. Modellpotential für alle Kerne des α-Teilchentyps zu erwartenden gleichmäßigen Polarisation der Protonen die experimentellen Ergebnisse Polarisationsunterschiede bei $E_p = 150$ MeV zeigen, die hauptsächlich durch die Ladungsverteilung des beschossenen Kernes verursacht werden. H. Schroeder. 90□

Anregung von Niveaus durch unelastische Neutronenstreuung. F. Lehar, J. Palečková, J. Skřivánek und M. Veselá. (Czechoslov. J. Physics. Sect. B **11.** 229—43. 1961. Prague, Czech. Techn. Univ., Dep. of Nucl. Phys., Czechoslov. Acad. Sci., Inst. of Nucl. Res.) (Engl.) — Vgl. C. **1961.** 8910.

Mit einem Scintillationsspektrometer in Ringgeometrie wird die γ-Strahlung untersucht, die die unelast. Streuung schneller Neutronen an *Na, Mg, Fe* u. *J* begleitet. Die Energien der γ-Strahlung können in den meisten Fällen mit dem Schema des Kaskadenzerfalls von angeregten Kernen beschrieben werden. Einige noch nicht beschriebene Übergänge werden gefunden: (2147 ± 21) keV für ^{25}Mg; (2135 ± 22) keV, (2750 ± 40) keV, (3040 ± 50) keV u. (3200 ± 50) keV für ^{55}Mn sowie weitere γ-Strahlen, die während der Wechselwrkg. von schnellen Neutronen mit ^{127}J emittiert werden. H. Schibilla. 90□

Untersuchungen der bei der unelastischen Streuung von Neutronen auftretenden γ-Strahlen. David A. Lind und Robert B. Day. (Ann. Physics **12.** 485—532. März 1961. Boulder, Colo., Univ. of Colorado, Dep. of Phys.) (Engl.)

Es werden Messungen der γ-Quanten der durch unelast. Streuung von Neutronen angeregten Niveaus von ^{11}*B, Na, Si, K, Sc, Zr, In, J, Ta, Au, Tl* u. ^{206}*Pb* mit $E_n = 0{,}2$ bis 3,5 MeV beschrieben. Mit diesen Unterss. sollten Aussagen über die Niveaustrukturen u. die Wrkg.-Querschnitte für γ-Anregung erhalten werden. Ferner sollten auf Grund einer Kombination der Theorien des statist. u. opt. Modells durchgeführten Berechnungen Voraussagen über die Wrkg.-Querschnitte der unelast. Streuung gemacht werden. Die gemessenen γ-Energien der angeregten Zustände der angegebenen Elemente wurden tabelliert. Neue Zustände u. Aussagen über die Zerfallsschemata von Zr, J, Au u. ^{206}Pb wurden gefunden (Darst. in Diagrammen). Die Anregungsfunktionen wurden in Abhängigkeit von den Wrkg.-Querschnitten für die Haupt-γ-Energien der Spektren aller untersuchten Elemente (mit Ausnahme von Sc u. Tl) angegeben. Das von True u. Ford (C. **1958.** 13153) für die niedrigen Spinzustände errechnete Zerfallsschema von ^{206}Pb konnte experimentell bestätigt werden. Der imaginäre Anteil des opt. Potentials ist für ^{206}Pb anomal klein im Verhältnis zu dem benachbarter Kerne bei vergleichbaren Energien. Die Übereinstimmung in Größe u. Verlauf zwischen den experimentell ermittelten u. berechneten Anregungsfunktionen kann verbessert werden, wenn der imaginäre Anteil des Potentials mit der Neutronenkanalenergie zunehmen kann. H. Schroeder. 90□

Kernmaterie. G. Lüders. (Naturwissenschaften **48.** 705—09. 1. Dez.-H. 1961. Göttingen, Univ., Inst. für Theor. Phys.) (Dt.)

Überblick über die Regelmäßigkeiten beim Aufbau der Atomkerne. Zur mathemat. Erfassung dieser Regelmäßigkeiten wurde der Begriff „Kernmaterie" als eine fiktive, aus Protonen u. Neutronen bestehende, homogene Substanz definiert. Es wird möglich sein, aus der Theorie der Kernmaterie Aussagen über die Geschw.-Verteilung der Nucleonen u. die Dichteverteilung um ein beliebiges Nucleon zu machen u. bestimmte Anregungszustände der Atomkerne als Anregung von Oberflächenschwingungen an der Kernmaterie zu deuten. E. Schiewer. 95□

Impulsverteilung der Protonen in einzelnen Kernschalen. Peter Hillman, H. Tyren und Th. A. J. Maris. (Physic. Rev. Letters **5.** 107—08. 1/8. 1960. Uppsala, Gustaf Werner Inst.) (Engl.)

Die Winkelkorrelation bei der quasifreien p—p-Streuung in ^{7}*Li* wurde gemessen u. hieraus die Impulsverteilungen der $p_{3/2}$- u. $s_{1/2}$-Protonen bestimmt.
M. Wiedemann. 95□

Über die Änderung von Einzelteilchenenergien infolge einer Variation der Paarverteilung in Kernen vom Typ der abgeschlossenen Schale ± 1. Lars Silverberg.

(Ark. Fysik **20.** 341—53. 1961. Copenhagen, NORDITA and Lund, Inst. for Theor. Phys.) (Engl.)

Es wird eine Rechnung für Kerne durchgeführt, bei denen eine der Nucleonenanzahlen sich nur um 1 von den mag. Zahlen 50 oder 82 unterscheidet. Der abgeschlossene Kern wird durch eine Paar- u. P^2-HAMILTON-Funktion beschrieben, die Neutron-Proton-Anziehung wird als P^2 + Kraft kurzer Reichweite behandelt. Der P^2-Teil wird als Schwingung, die kurze Reichweite mit der Störungsrechnung in erster Ordnung behandelt. H. LAUE. 95□

Kernmodellberechnungen an ^{205}Tl. Lars Silverberg. (Ark. Fysik **20.** 355—81. 1961.) (Engl.) — Vgl. vorst. Referat.

Es wird eine Rechnung nach dem Schalenmodell durchgeführt u. der Kern durch 3 Löcher beschrieben, die sich in einem stat. Potential bewegen u. miteinander durch eine Restkraft in Wechselwrkg. stehen. Die zentrale Zweikörperkraft wird für konventionelle Werte der eingehenden Parameter behandelt. Es wird der Einfl. eines harten Core u. einer Tensorkraft erörtert. Es werden verschiedene nucleare Eigg. berechnet (B-Werte für γ-Übergänge, magnet. Momente), die Ergebnisse werden mit dem Experiment verglichen. H. LAUE. 95□

Kernneuordnung und einfache Kernreaktionen. Paul Benioff. (Nuclear Physics [Amsterdam] **26.** 68—79. Juli 1961. Rehovoth, Weizmann Inst. of Sci., Dep. of Phys.) (Engl.)

Der Kernneuordnungseffekt wird explizit für zwei unabhängige Teilchenmodelle berechnet; es wird gezeigt, daß der Effekt eine partielle Änderung von 1/A im Rk.-Querschnitt bewirkt. Der Effekt ist in der Überlappung der Wellenfunktionen der Target- u. Prod.-Kernzustände enthalten. Diese Überlappung erscheint direkt im Ausdruck für den (p, pn)- u. (p, 2n)-Rk.-Querschnitt. H. SCHROEDER. 103□

Möglichkeit der Anwendung der (n, 2n)-Reaktion in der Kernspektroskopie. W. W. Komarow, A. B. Kurepin und A. M. Popowa. (Журнал Экспериментальной и Теоретической Физики [J. exp. theoret. Physik] **38.** 1824—28. Juni 1960. Moskau, Univ., Inst. für Kernphys.) (Russ.; Auszug: Engl.)

Die (n, 2n)-Rk. wird theoret. als Strippingprozeß betrachtet u. die Winkelverteilung der gleichzeitig emittierten Neutronen berechnet. Als Beispiele werden die Winkelverteilungen für die Rkk. ^{9}Be (n, 2n)^{8}Be u. ^{208}Pb (n, 2n)^{207} Pb unter Berücksichtigung der Anregungsenergie der Endkerne berechnet. Das Verf. bietet Möglichkeiten zur Unters. von Kernniveaus. K.-E. SEYB. 103□

Übersicht über tritiumerzeugende Kernreaktionen. Jose Gonzalez-Vidal und William H. Wade. (Physic. Rev. [2] **120.** 1354—59. 15/11. 1960. Berkeley, Calif., Univ. of California, Lawrence Radiat. Labor.) (Engl.)

Vff. untersuchen (p, t)-, (d, t)- u. α, t)-Rkk. für mehrere Elemente u. Isotope des Period. Syst. durch Beschuß von Metallfolien, wobei sie direkt das bei der Rk. erzeugte T bestimmen. Bei den (α, t)-Rkk. liegt ein schlüssiger Beweis dafür vor, daß die Mehrzahl der Tritonen mit hohen Energien erzeugt wird, wodurch die Ggw. direkter Wechselwrkg.-Prozesse angezeigt wird. Die Kurve für den integrierten Querschnitt in Abhängigkeit von Z des Targets steigt mit abnehmendem Z an. Dieser Befund sowie das Auftreten von Peaks niedriger Energie in den einzelnen Anregungsfunktionen bei Targets mit niedrigem Z zeigen an, daß bei niedrigen u. mittleren Werten von Z die relative Anzahl von Tritonen niedriger Energie zunimmt. Diese Tritonen sind wahrscheinlich das Prod. eines Compoundkernmechanismus. Für die (p, t)- u. (d, t)-Rkk. gelten die gleichen Überlegungen. GERHARD SCHMIDT. 103□

Neutronenspektren aus der d + p-Reaktion. N. A. Wlassow, Ss. P. Kalinin, B. W. Rybakow und W. A. Ssidorow. (Журнал Экспериментальной и Теоретической Физики [J. exp. theoret. Physik] **38.** 1733—37. Juni 1960.) (Russ.; Auszug: Engl.)

H_2- u. D_2-Gastargets werden mit 18,6-MeV-Deuteronen beschossen. Neutronen aus den Rkk. H (d, n) 2p u. D (p, n) 2p werden in Winkeln von 0—180° mit einem Scintillationszähler mit Stilben- oder Tolankristall in großem Abstand vom Target registriert u. mit einem Flugzeitspektrometer analysiert, dessen Zeitmaßstab durch die Cyclotronperiode festgelegt ist. Die Form der erhaltenen Spektren weist im wesentlichen auf eine Paarwechselwrkg. der Nucleonen im Grundzustand hin. K.-E. SEYB. 103□

Geladene Produkte aus der Reaktion ^{4}He + d (20 MeV). K. P. Artemow und N. A. Wlassow. (Журнал Экспериментальной и Теоретической Физики [J. exp. theoret. Physik] **39.** 1612—14. Dez. 1960.) (Russ.; Auszug: Engl.)

20,2-MeV-Deuteronen werden auf ein ^{4}He-Target geschossen. Geladene Prod.-Kerne werden mit Photoemulsionen in verschiedenen Winkeln registriert u. ihre Energie- u.

Winkelverteilung bestimmt. Die (d, pn)-Rk. hat fast den gleichen Querschnitt (152 mbarn) wie die elast. d–d-Streuung (189 mbarn). K.-E. Seyb. 103□

Feinstruktur in den Energiespektren der Photoprotonen aus ^{4}He. Carmelo Milone. (Physic. Rev. [2] **120.** 1302—05. 15/11. 1960. Catania, Univ., Ist. di Fis., Centro Sicil. di Fis. Nucl.) (Engl.)

Mittels Photoemulsionen (Ilford C 2, 200 μ) untersucht Vf. die Energiespektren der Photoprotonen aus ^{4}He, das mit 31- u. 32-MeV-Bremsstrahlung bestrahlt worden ist, in Δ Eγ-Stufen von 0,133 MeV. Im Bereich der Riesenresonanz werden mehrere Peaks unterschieden. Die auffälligsten dieser Peaks haben Breiten $<$0,5 MeV u. treten bei ^{4}He-Anregungsenergien von 24,7 $\pm$ 2 u. 26,1 $\pm$ 0,1 MeV auf. Die Tatsache, daß enge Resonanzen unterschieden werden können, wird der selektiven Natur des (γ, p)-Prozesses zugeschrieben, der wichtigste Beitrag bei der ^{4}He (γ, p)-Rk. kommt ausschließlich aus den Zuständen von ^{4}He mit $J = 1^-$ u. $T = 1$. Gerhard Schmidt. 103□

Photozertrümmerung des ^{4}He-Kerns bei hohen Energien. R. I. Dshibuti und A. W. Tagwiaschwili. (Журнал Экспериментальной и Теоретической Физики [J. exp. theoret. Physik] **39.** 1756—59. Dez. 1960. Tbilissi, Univ.) (Russ.; Auszug: Engl.)

Die Rkk. ^{4}He (γ, p) u. ^{4}He (γ, n) bei Energien unterhalb der Schwelle der π-Mesonenerzeugung werden auf der Grundlage des Zweiteilchenmodells theoret. untersucht. Die berechneten Rk.-Querschnitte u. die Winkelverteilung der Photonucleonen stimmen oberhalb 70 MeV mit experimentellen Ergebnissen überein. K.-E. Seyb. 103□

Untersuchung von hochenergetischen Protonen bei der Photospaltung von ^{6}Li. Je. B. Bashanow und L. A. Kultschitzki. (Журнал Экспериментальной и Теоретической Физики [J. exp. theoret. Physik] **38.** 1685—87. Juni 1960. Leningrad, Physiko-techn. Inst.) (Russ.; Auszug: Engl.)

Photoprotonen aus der Spaltung von ^{6}Li mit γ-Strahlen verschiedener Energie werden mit einem Teleskop von Scintillationszählern in Winkeln von 57,5 u. 102,5° gemessen. Die Ausbeute wird für Protonengruppen von 16, 20, 25, 30 u. 35 MeV Energie bestimmt. Zur Messung von n, p-Koinzidenzen wird ein Scintillationszähler mit p-Terphenyl als Neutronendetektor verwendet. Zur weiteren Klärung des Rk.-Mechanismus wird die Winkelverteilung der Photoprotonen ermittelt. K.-E. Seyb. 103□

Photospaltung von ^{22}Ne. A. P. Komar, Ja. Krshemenek und I. P. Jawor. (Доклады Академии Наук СССР [Ber. Akad. Wiss. UdSSR] **135.** 291—93. 11/11. 1960.) (Russ.)

Die Photospaltung von ^{22}Ne unter Einw. von γ-Strahlung von 90 MeV maximaler Energie wird mit einer Wilson-Kammer in einem homogenen Magnetfeld von 6700 Oe untersucht. Die Ausbeuten u. Schwellenenergien verschiedener Rkk. werden entsprechenden Daten für die Photospaltung von ^{20}Ne gegenübergestellt. Die Energie- u. Winkelverteilung der Photoprotonen aus den (γ, p)- u. (γ, pn)-Rkk. werden dargestellt. K.-E. Seyb. 103□

Energieniveaus von ^{21}Ne und ^{23}Ne. Joan M. Freeman. (Physic. Rev. [2] **120.** 1436—41. 15/11. 1960. Cambridge, Mass., MIT, Labor. for Nucl. Sci.) (Engl.)

Durch eine Unters. der (d, p)-Rkk. in ^{20}Ne u. ^{22}Ne werden die Energien von 27 angeregten Zuständen von ^{21}Ne u. von 17 angeregten Zuständen von ^{23}Ne festgesetzt. Verwendet werden 7 Deuteronenbeschußenergien zwischen 4,75 u. 7,5 MeV, das Target besteht aus einem Gefäß mit dünnen Fenstern, das entweder natürliches oder in ^{22}Ne angereichertes Ne-Gas enthält. Mit einem Breitbereich-Magnetspektrographen werden die unter 90° emittierten Protongruppen analysiert. Die für die Grundzustands-Rkk. ^{20}Ne (d, p) ^{21}Ne u. ^{22}Ne (d, p) ^{23}Ne erhaltenen Q-Werte sind 4,534 $\pm$ 0,009 bzw. 2,791 $\pm$ 0,009 MeV. Es werden an ^{20}Ne u. ^{22}Ne unelast. gestreute Deuteronengruppen beobachtet. Die Gruppen niedriger Energie ergeben 4,250 $\pm$ 0,008 u. 3,356 $\pm$ 0,008 MeV für die zweiten angeregten Zustände von ^{20}Ne bzw. ^{22}Ne. Die Interpretation der Niveauschemata von ^{21}Ne u. ^{23}Ne nach dem kollektiven Modell wird diskutiert. Gerhard Schmidt. 103□

Die Reaktion ^{31}P(p, γ)^{32}S bei Protonenenergien von 355 und 440 keV. E. B. Nelson, R. R. Carlson und L. D. Schlenker. (Nuclear Physics [Amsterdam] **31.** 65—77. März 1962. Iowa City, Iowa, State Univ. of Iowa.) (Engl.)

Vff. untersuchen die γ-Strahlung aus der Rk. ^{31}P (p, γ) ^{32}S bei den 355- u. 440-keV-Resonanzen. Die γ-Strahlung wird mit NaJ-Detektoren von 12,7 cm ∅ u. 15,2 cm Länge nachgewiesen. Die relative Intensität der verschiedenen γ-Strahlen in den Spektren u. deren Unveränderlichkeit mit dem Beobachtungswinkel zeigen s-Wellen-Protoneneinfang u. Spin 1$^+$ für jedes Resonanzeinfangniveau an. Eine detaillierte Unters. der Winkelkorrelation zwischen den Komponenten der Kaskadenstrahlung bei der 440-keV-Resonanz bestätigt die 1$^+$-Zuordnung zum Einfangzustand u. bestimmt einen Spin u.

eine Parität 1^+ für das 4,46-MeV-Niveau von ^{32}S. Die E2/M1-Intensitätsverhältnisse werden für mehrere Übergänge in ^{32}S erhalten. Gerhard Schmidt. 103□

Strahlungseinfang von Protonen durch das ^{34}S-Isotop. Ju. P. Antufjew, A. K. Walter, W. Ju. Gontschar, Je. G. Kopanetz, A. N. Lwow und Ss. P. Zytko. (Известия Академии Наук СССР, Серия Физическая [Nachr. Akad. Wiss. UdSSR, physik. Ser.] **25.** 265—69. Febr. 1961. Physik.-techn. Inst. der Akad. der Wiss. der UkrainSSR.) (Russ.)

^{34}S wurde mit Protonen der Resonanzenergie 1214 keV, beschleunigt im elektrostat. Generator, beschossen. Mittels eines Einkristall-γ-Spektrometers sowie eines Koinzidenzspektrometers wurde das γ-Spektrum untersucht. Es wurden Linien mit 1,63; 3,17 u. 4,38 MeV gefunden. Für die letzteren wurde auch die Winkelverteilung bestimmt. Ferner wurden Koinzidenz- wie Summenmessungen durchgeführt. Die Absolutausbeute aus dicker ^{34}S-Schicht ergab $2{,}56 \cdot 10^{-9}$ Zerfälle/Proton. M. Wiedemann. 103□

Einfangresonanzen niedrigenergetischer Protonen in Chlorisotopen. J. Kuperus. (Physica [Utrecht] **27.** 273—76. Febr. 1961. Utrecht, Rijksuniv., Fys. Labor.) (Engl.)

An natürlichen u. angereicherten Cl-Proben wurden Protonenresonanzen gemessen. Es wurden 18 Resonanzen im Protonenenergiebereich $E_p = 300—900$ keV gefunden u. den entsprechenden Isotopen auf Grund des Vgl. der Ausbeutekurven zugeordnet. Die Meßdaten wurden tabelliert. H. Schroeder. 103□

Kernresonanzabsorption der γ-Strahlen durch ^{40}Ca. A. C. Eckert und E. F. Shrader. (Physic. Rev. [2] **124.** 1541—48. 1/12. 1961. Cleveland, Ohio, Case Inst. of Technol.) (Engl.)

Die vom angeregten ^{40}Ca emittierten Grundzustands-γ-Strahlen ($E_\gamma = 10{,}3$ MeV) werden durch Resonanz in Ca absorbiert. ^{40}Ca wird in der Rk. $^{39}K\,(p,\gamma)^{40}Ca$ bei $E_p = 2{,}05$ MeV erzeugt. Die γ-Strahlung wird mit einem Scintillationszähler nachgewiesen, der sich hinter einem winkeldefinierenden Kollimator befindet. Bei den aufgenommenen Resonanzkurven ist die beobachtete Breite, die in der Größenordnung von $0{,}8^0$ ist, eine Funktion der Winkeldivergenz des Protonenbündels u. der Winkelöffnung des Kollimators. Aus dem Integral der Absorption als eine Funktion des Winkels u. aus einer Ausbeutemessung wird die Strahlungsbreite für einen Übergang zum Grundzustand zu $3{,}6 \pm 0{,}24$ eV bestimmt, während $5{,}8 \pm 1{,}8$ eV für die Protonenbreite u. $10{,}3 \pm 1{,}7$ eV für die totale Breite beobachtet werden. Diese Werte in Verbindung mit den gemessenen Winkelverteilungen der Grundzustandsstrahlung sind mit einer 2^+-Zuordnung für dieses Niveau im Einklang. Gerhard Schmidt. 103□

Protoneneinfang in ^{40}Ar. S. E. Arnell. (Nuclear Physics [Amsterdam] **24.** 500 bis 504. Mai 1961. Gothenburg, Chalmers Univ. of Technol., Dep. of Phys.) (Engl.)

Vf. untersuchte die Rk. $^{40}Ar\,(p,\gamma)^{41}K$ mit Protonen der Energien $E_p = 700$ bis 1400 keV unter Verw. von angereicherten ^{40}Ar-Targets. 57 beobachtete angeregte Niveaus in ^{41}K wurden tabelliert. H. Schroeder. 103□

Durch Höhenstrahlung erzeugte Radionuclide im Aroos-Eisenmeteoriten. Masatake Honda und James R. Arnold. (Geochim. cosmochim. Acta [London] **23.** 219 bis 232. Mai 1961. La Jolla, Calif., Univ. of California, School of Sci. and Engng.) (Engl.)

Vff. entnahmen dem am 24/11. 1959 eingefallenen Aroos-Eisenmeteoriten im Februar 1960 Proben u. bestimmten die Konz. folgender durch Höhenstrahlung erzeugter Radionuclide: ^{10}Be, ^{22}Na, ^{26}Al, ^{32}Si, ^{36}Cl, ^{40}K, ^{45}Ca, ^{46}Sc, ^{44}Ti, ^{48}V, ^{49}V, ^{51}Cr, ^{53}Mn, ^{54}Mn, $^{56}Co + {}^{58}Co$, ^{57}Co, ^{60}Co u. ^{59}Ni. Die Abtrennung erfolgte nach einem chem. Trennschema. Die gefundenen Werte sind tabelliert. Die Aktivitäten der Nuclide ^{10}Be, ^{26}Al u. ^{53}Mn sind den in den Meteoriten Williamstown u. Grant gemessenen sehr ähnlich, ebenso ist der ^{36}Cl-Geh. mit früheren Werten vergleichbar. Der viel geringere Geh. an ^{40}K zeigt ein kürzeres Bestrahlungsalter für den Aroos-Meteoriten. Ein Vgl. der Aktivitätsverhältnisse ^{53}Mn–^{54}Mn, ^{44}Ti–^{46}Sc–^{45}Ca, ^{22}Na–^{26}Al u. ^{36}Cl–^{37}Ar–^{39}Ar mit neueren Werten zeigt Konstanz des Flusses der Höhenstrahlung über Millionen von Jahren innerhalb eines Faktors von 2—3. H. Schroeder. 103□

Über die Elektroneneinfang/Positronenemission-Verhältnisse bei den Zerfällen von ^{58}Co und ^{84}Rb. J. Konijn, H. L. Hagedoorn, H. van Krugten und J. Slobben. (Physica [Utrecht] **24.** 931—34. Nov. 1958. Delft, TH, Labor. voor techn. Fys.) (Engl.)

Die ε/β^+-Verzweigungsverhältnisse werden mit der β–γ-Koinzidenztechnik gemessen. Die γ-Strahlen werden in einem NaJ(Tl)-Scintillationsspektrometer, die β-Strahlen in einem Proportionalzähler aufgezeichnet. Beim Zerfall zum 805-keV-Niveau in ^{58}Cr wird ein Wert für $\beta^+/(\varepsilon + \beta^+)$ von $14{,}77 \pm 0{,}30$ erhalten, was ein ε/β^+-Verhältnis von $5{,}67 \pm 0{,}14$ für den Übergang zum 805-keV-Niveau ergibt. Aus den Messungen der verschiedenen

Größen beim ^{84}Rb-Zerfall ergibt sich das ε/β^+-Verhältnis des Überganges zum 880-keV-Niveau zu $\varepsilon_1/\beta_1^+ = 5{,}72 \pm 0{,}12$. Für das ε/β^+-Verhältnis des Grundzustandsüberganges wird ein Wert von $1{,}25 \pm 0{,}28$ errechnet. Gerhard Schmidt. 103□

Zum Zerfall des ^{95}Tc-Isomers. G. Chilosi, R. A. Ricci, G. Varcaccio und G. B. Vingiani. (Nuovo Cimento [10] **19.** 1121—30. 16/3. 1961. Napoli, Univ., Ist. di Fis., Ist. Naz. di Fis. Nucl.) (Engl.)

^{95m}Tc wurde auf Grund der Rk. Mo(d, 2n) erhalten. Die Unterss. des γ-Spektrums ergaben, daß der direkte Zerfall des isomeren Zustandes von ^{95}Tc zum stabilen ^{95}*Mo* in Konkurenz zu dem isomeren Übergang mit 39 keV zum ^{95}Tc-Grundzustand steht. Angeregte Zustände von ^{95}Mo wurden bei 203, 780, 820 u. 1040 keV gefunden (relative Intensitäten 100, 18 ± 5, 12 ± 5 bzw. 5 ± 1). Es wird ein Zerfallsschema für ^{95m}Tc vorgeschlagen. H. Schroeder. 103□

Suche nach einer Doppelquantenemission beim Zerfall von ^{131m}Xe. Torsten Alväger und Hans Ryde. (Physic. Rev. Letters **4.** 363—64. 1/4. 1960. Stockholm, Nobel Inst. of Phys.) (Engl.) — Vgl. C. **1961.** 11602.

Zum Nachw. dieser Emission wurden beim Zerfall von ^{131m}Xe die Koinzidenzen von γ-Strahlen bei innerer Konversion untersucht. Aus den Ergebnissen berechnen Vff. das Verhältnis zwischen Doppel- u. Einquantenemission unter der Annahme von Übergängen des E2 M2-Typs zu ca. $2 \cdot 10^{-3}$. J. M. Spaeth. 103□

Über die Bildung monoenergetischer Positronen beim Zerfall von ^{152}Eu. Ss. Ss. Wassilenko, M. G. Kaganski, D. L. Kaminski und Ss. F. Kokscharowa. (Журнал Экспериментальной и Теоретической Физики [J. exp. theoret. Physik] **39.** 970—82. Okt. 1960. Leningrad, Physiko-techn. Inst. der Akad. der Wiss. der UdSSR.) (Russ.; Auszug: Engl.)

Das theoret. mögliche Auftreten monoenerget. Positronen von 434 keV beim Zerfall des 1531-keV-Niveaus von ^{152}*Sm* wird mit einem Magnetspektrometer geprüft. Im fraglichen Energiebereich des Spektrums wird nur eine schwache Andeutung einer Linie beobachtet, wonach der Anteil des β^+-Zerfalls des Niveaus $< 10^{-8}$ ist.
K.-E. Seyb. 103□

Der Zerfall von ^{173}Hf. J. Valentin, D. J. Horen und J. M. Hollander. (Nuclear Physics [Amsterdam] **31.** 353—72. April 1962. Berkeley, Calif., Univ. of California, Lawrence Radiat. Labor.) (Engl.)

Vff. untersuchen die Energieniveaus von ^{173}*Lu* aus dem Elektroneneinfangzerfall des 24,0-h-^{173}Hf mittels Elektronenspektrographen hoher Auflösung mit u. ohne Vorbeschleunigung, eines doppelfokussierenden Spektrometers, Scintillationsspektrometern u. der γ-γ-Koinzidenztechnik. Die Eigg. der Niveaus werden nach dem vereinheitlichten Modell von Bohr u. Mottelson u. dem Einteilchenmodell von Nilsson diskutiert. Folgende intrinsike Zustände werden in ^{173}Lu identifiziert: $7/2^+$ (404), Grundzustand: $1/2^-$ (541), 128,2 keV; $5/2^+$ (402), 356,8 keV u. $1/2^+$ (411), 425,0 keV. Der Grundzustand von ^{173}Hf hat die Konfiguration $1/2^-$ (521). Auf die Bedeutung der $1/2^-$ (541)-Bahn von ^{173}Lu wird hingewiesen. Relative M1- u. E2-Übergangswahrscheinlichkeiten innerhalb der $1/2^-$(541)-Bande werden diskutiert, der theoret. Parameter b_{M1} wird sowohl aus den experimentellen Ergebnissen als auch aus den Nilsson-Wellenfunktionen geschätzt. Die log *ft*-Werte des ^{173}Hf-Zerfalls werden behandelt. Gerhard Schmidt. 103□

Energieniveaus von ^{172}Lu. J. Valentin, D. J. Horen und J. M. Hollander. (Nuclear Physics [Amsterdam] **31.** 373—83. April 1962.) (Engl.) — Vgl. vorst. Referat.

Vff. untersuchen die Energieniveaus des ungeraden Kerns ^{172}Lu, die aus dem Elektroneneinfang von ^{172}*Hf* besetzt sind, mit 180°-Spektrographen hoher Auflösung, einem doppelfokussierenden Spektrometer u. mit der Scintillationstechnik. Es wird ein neues M3-Isomer in ^{172}Lu mit einer Halbwertszeit von $3{,}7 \pm 0{,}5$ Min. u. einer Energie von 41,9 keV beobachtet. Mehrere alternative Niveauschemata für ^{172}Lu werden wiedergegeben u. nach den erwarteten Konfigurationen des 71. Protons u. 101. Neutrons diskutiert. Gerhard Schmidt. 103□

Behinderter E1-Zerfall des individuellen Teilchenzustandes von 6 keV bei ^{181}Ta. U. Hauser. (Nuclear Physics [Amsterdam] **24.** 488—93. Mai 1961. Pasadena, Calif., California Inst. of Technol., Norman Bridge Labor. of Phys.) (Engl.)

Vf. bestimmte die Halbwertszeit des 1. angeregten Zustandes von ^{181}Ta bei 6,25 keV mit einer Meth. der verzögerten Koinzidenzmessung unter Zuhilfenahme einer Zeit-zu-Impulshöhe-Konversions-Meth. zu $t_{1/2} = (6{,}8 \pm 0{,}4) \cdot 10^{-6}$ s. Die El-γ-Übergangswahrscheinlichkeit dieses Zustandes ist um den Faktor $5 \cdot 10^5$ kleiner als die Best. des Einzelteilchens mit der asymptot. Auswahlregel von Nilsson erwarten ließ. Die normalisierten Übergangswahrscheinlichkeiten stimmen innerhalb des Faktors 5 mit 4 anderen E1-

Übergängen überein, die zwischen den Niveaus benachbarter Kerne auftreten u. die nach der vereinheitlichten Theorie als nahezu ident. vorausgesagt wurden.
H. SCHROEDER. 103□

Die Halbwertszeit von ^{181}Hf. M. Lindner, K. V. Marsh, J. A. Miskel und R. J. Nagle. (J. inorg. nuclear Chem. **15.** 194—95. Sept. 1960. Livermore, Calif., Univ. of California, Lawrence Radiat. Labor.) (Engl.)

Die Halbwertszeit von ^{181}Hf wurde zu $t_{1/2} = 42{,}45 \pm 0{,}08$ Tagen bestimmt. Die Arbeitstechnik Proportionalzähler wird beschrieben. H. SCHROEDER. 103□

Spaltung von Gold durch Kohlenstoffionen. Glen E. Gordon, Almon E. Larsh, Torbjørn Sikkeland und Glenn T. Seaborg. (Physic. Rev. [2] **120.** 1341—48. 15/11. 1960. Berkeley, Calif., Univ. of California, Lawrence Radiat. Labor., Dep. of Chem.) (Engl.) — Vgl. C. **1961.** 734.

Durch Beobachtung der Fragmente mit Gasscintillationskammern werden die Winkelverteilung u.. Energiespektren der Fragmente sowie die Querschnitte für die Spaltung von Au mit 68—124-MeV-^{12}C-Ionen erhalten. Mit Hilfe aus theoret. Kurven erhaltenen Kernparametern wird die mittlere Anregungsenergie des sich spaltenden Kerns zur Zeit der Spaltung bestimmt. Diese Größe ist ca. 25 MeV, sie ist nahezu unabhängig von der Beschußenergie, was vermuten läßt, daß die Spaltung durch die Emission mehrerer Teilchen aus dem Compoundkern eingeleitet wird. Der Spaltquerschnitt nimmt von einem Wert von 100 mbarn bei 68 MeV auf 1,28 barn bei 124 MeV zu. Über diesem Bereich von Beschußenergien steigt die totale kinet. Energie der Fragmente von 142 ± 6 auf 146 ± 6 MeV an. GERHARD SCHMIDT. 103□

Angeregte Zustände von ^{208}Tl und ^{212}Po. G. Bertolini, F. Cappellani, G. Restelli und A. Rota. (Nuclear Physics [Amsterdam] **30.** 599—612. März 1962. Ispra, C.C.R., Euratom.) (Engl.)

Vff. untersuchen die angeregten Zustände von ^{208}Tl u. ^{212}Po, wobei sie angeregte Niveaus von 40, 328, 473, 493 u. 619 keV in ^{208}Tl durch α- u. γ-Spektroskopie bestätigen. Die Konversions-Koeff. der 288- u. 328-keV-γ-Strahlen stimmen mit M1-Zuordnung überein. Ein 619-keV-γ wird nicht beobachtet. Die angeregten Zustände von 730, 1510, 1620, 1680 u. 1800 keV von ^{212}Po werden bestätigt. Ein direkter 2200-keV-γ-Übergang wird nicht beobachtet, dagegen wird eine 600—1600-keV-Kaskade vermutet.
GERHARD SCHMIDT. 103□

Winkelverteilung der Fragmente bei der Photospaltung des Urans. H. G. de Carvalho, A. G. Da Silva und J. Goldemberg. (Nuovo Cimento [10] **19.** 1131—41. 16/3. 1961. Rio de Janeiro, Centro Brasil. de Pesqu. Fis.; São Paulo, Univ., Dep. de Fis.) (Engl.)

Die Winkelverteilungen der Fragmente bei der Photospaltung von U mit γ-Quanten der maximalen Energie 6,9, 8,1, 9,4, 15,5 u. 20 MeV wurden gemessen. Mit abnehmender γ-Energie wird ein Ansteigen der Anisotropie gefunden, die hauptsächlich in der Verteilung der elektr. Dipol-Photonenabsorption mit $a + b \cdot \sin^2 \Theta$ besteht. Der Quadrupolbeitrag ist klein. Das Verhältnis der anisotropen Dipolabsorption zu der isotropen Spaltausbeute der ersten drei γ-Energien ist 2,80 ± 0,44, 1,18 ± 0,14 bzw. 0,62 ± 0,12. Bei 15,5 u. 20 MeV sind die Verteilungen nahezu isotrop. H. SCHROEDER. 103□

Über die Herstellung starker ^{137}Cs-Quellen. J. Trocker, C. Fisher und A. Raggenbass. (Int. J. appl. Radiat. Isotopes **4.** 96—107. Dez. 1958. France, Commissariat à l'Énergie Atomique.) (Franz.)

Selbstabsorption u. Flüchtigkeit von CsCl (**I**) u. Cs_2SO_4 (**II**) wurden als maßgeblich für die Eignung dieser Stoffe als Quellen untersucht u. bei **I** kleiner als bei **II** gefunden. Eine Erhöhung der Dichte, die durch Zusammenpressen der Probe zu erreichen ist, erniedrigt die Selbstabsorption u. erhöht die spezif. Aktivität. Letztere ist bei **I** größer als bei **II**. W. BETCKE. 104□

Reaktorphysik für den Elektroingenieur. J. C. James. (Nuclear Engng. **4.** 216—19. Mai 1959.) (Engl.)

Hinweis auf spezielle Analogie zwischen Reaktor-Syst. im Vgl. zu geschlossenen elektr. Stromkreisen. GERHARD SCHMIDT. 110□

Die Auslegung eines kleinen Prototyps eines homogenen Leistungsreaktors mit Uranoxidsuspension. H. de Bruyn, M. E. A. Hermans, Th. v. d. Plas, B. L. A. v. d. Schee und J. J. Went. (Proc. int. Conf. peaceful Uses Atomic Energy, Geneva **3.** 116—20. 1955. Limburg, Nederlands, Staatsmijnen.) (Engl.)

Es werden verschiedene U-Verbb., bes. UO_2 u. U_3O_8, als mögliche Spaltstoffe für Homogenreaktoren diskutiert u. ihre Eigg. besprochen u. ein 250-kW-Vers.-Reaktor

beschrieben. Im Gasseparator dieser Anlage werden bes. die Zerfalls-Prodd. des W. sowie Xe abgetrennt. Als Brennmaterial dient eine UO_2-Suspension von 5—12 μ Teilchengröße.
W. Reusse. 110□

„Trockene" Uranoxid-Suspensionen für einen heterogenen Leistungsreaktor. H. de Bruyn, B. L. A. v. d. Schee und J. J. Went. (Proc. int. Conf. peaceful Uses Atomic Energy, Geneva **3.** 121—24. 1955. Arnhem, F. O. M.-KEMA Reactor Developm. Group, Res. Labor.) (Engl.)

Es werden 3 Typen von „trockenen" Suspensionsreaktoren krit. behandelt. Die erste Ausführungsform als Homogenreaktor arbeitet mit einem trockenen Gemisch von UO_2 u. BeO (Be/U ∼ 120) bei Korngrößen von 200—250 μ. Mittels eines He-Stromes wird der Kreislauf aufrechterhalten u. der Wärmeaustausch bewirkt. Das verwendete UO_2 ist zu 6% mit ^{235}U angereichert. Verlegt man die Wärmeaustauscher in den Reaktor, dann erhält man den zweiten Typ. Hier wird das Verhältnis Be/U mit ca. 80, die Korngröße mit 3 mm angegeben. Bei der dritten Ausführungsform ist das UO_2/BeO-Gemisch in 250 senkrecht stehenden Graphitrohren untergebracht, die ihrerseits von Schwerem W. umgeben sind. Die Korngröße ist hier 250 μ. Am Boden des Reaktors haben die Körner eine Temp. von 1200°, die Abführung der Wärme erfolgt durch einen He-Strom.
W. Reusse. 110□

Anordnung und Betrieb einer elektrostatischen Neutronenquelle von 300 keV. G. Bonazzola, P. Brovetto, E. Chiavassa und S. Ferroni. (Suppl. nuovo Cimento Nr. 1 (zu [10] **23**). 67—74. 1962. Torino, Univ., Ist. di Fis., Ist. Naz. di Fis. Nucl., Sez. di Torino.) (Engl.)

Vff. beschreiben einen elektrostat. Ionenbeschleuniger zur Erzeugung schneller Neutronen von 14 u. 2 MeV. Verwendet werden Rkk. T(d, n)^{4}He u. D(d, n)^{3}He. Zur Best. des Neutronenflusses eignet sich bes. die Zählung der α-Teilchen mit einem Si-Detektor, da das Spektrum eine sehr gute Auflösung zeigt.
Gerhard Schmidt. 112□

Absolute Messungen der Intensität von Neutronenquellen. E. Germagnoli. (Energia nucleare **6.** 429—40. Juli 1959. Milano, CISE; Politecn., Ist. di Fis.) (Ital.)
Übersicht über die verschiedenen Meth. der Messung der abs. Intensität von Neutronenquellen, unter besonderer Berücksichtigung des Vgl. mit Standardquellen u. der Genauigkeitsgrenzen. — 26 Literaturangaben. R. K. Müller. 112□

Verbesserter „Twin"-Scintillationsdetektor für schnelle Neutronen. I. B. Berlman, R. Grismore und B. G. Oltman. (Rev. sci. Instruments **31.** 1198—1200. Nov. 1960. Argonne, Ill., Argonne Nat. Labor., Radiolog. Phys. Div.) (Engl.)

Die Bedingungen für eine Vergrößerung der Fluorescenzausbeute u. für eine Angleichung des Proton–Elektron-Verhältnisses in beiden Scintillations-Lsgg. (*2.5-Diphenyloxazol* (*PPO*) in *Xylol* u. einer Lsg. von *PPO* in *1.4-bis-[Trifluormethyl]-benzol*) werden im einzelnen dargestellt. Ergebnisse u. Auflösung dieser Anordnung für den Fall, daß es als Spektrometer eingesetzt wird, werden aufgeführt. Für eine Neutronenenergie von 2,19 MeV beträgt die apparative Linienbreite 23%. Weitere Verbesserungen der Empfindlichkeit ermöglichen die Messung des Background-Neutronenflusses in der Größenordnung der Flüsse, die durch kosm. Strahlen erzeugt werden.
H. Schibilla. 112□

Neutronenflußmessungen am Reaktor. H. Walther. (Kerntechnik **1.** 105—15. Okt. 1959. Sorin, Reaktorstat. Saluggia.) (Dt.)

Neutronenflußmessungen geschehen einerseits mit Zählrohren u. Ionisationskammern unter Ausnützung der (n, α)-Rkk. in ^{10}B u. der Spalt-Rk. (n, f) in ^{235}U, andererseits mit der Sondenaktivierungsmethode. Diese ist dem Zählrohr-Verf. oft überlegen, bes. dann, wenn genaue Ortsdefinition nötig ist. Die prakt. Meth. zur Absolutmessung des therm. Flusses, des Resonanzflusses u. des schnellen Flusses werden erklärt u. die Durchführung solcher Messungen am FRM beschrieben. Gerhard Schmidt. 112□

Untersuchung von aus Graphit hergestellten Neutronenkollimatoren. É. Kisdi-Koszó, N. Kroó, E. Pravetzky und Gy. Zsigmondy. (Magyar fizik. Folyóirat [Ung. physik. Z.] **9.** 341—47. Sept. 1961. Budapest, Zentralforsch.-Inst. Physik.) (Ung.)

Aus Graphit techn. Reinheit wurden Kollimatore hergestellt, welche therm. Neutronenbündel gegebener Graddivergenz liefern. Die Meßergebnisse zeigen, daß die bei größeren Kollimatoröffnungen auftretende ungleiche Intensitätsverteilung eine Folge der Totalreflexion auf der Graphitoberfläche ist. J. Plank. 112

Untersuchung der Abschirmungen am Reaktor SAPHIR. J.-M. Pictet. (Neue Techn. [Zürich] **1.** 9—15. Nov. 1959. Würenlingen, Reacteur SA.) (Franz.)

Beschreibung der Strahlenschutzprobleme u. der verschiedenen Abschwächungsprozesse von Neutronen u. γ-Strahlen in der Materie. Die allg. Meth. für die Unters. einer Abschirmung wird dargelegt. Gerhard Schmidt. 112 □

Bleiziegelserie für Strahlungsschutz. Pál Feit. (Magyar fizik. Folyóirat [Ung. physik. Z.] **9.** 367—88. Sept. 1961. Budapest, Zentralforsch.-Inst. Physik.) (Ung.)
In 36 Abb. sind die verschiedenen bewährten Formen der Bleiziegel u. deren Zusammenbau dargestellt. J. Plank. 112

Elektronische Einrichtung zur Messung der Ionisation in Kernplatten. A. De Marco, R. Sanna und G. Tomasini. (Nuovo Cimento [10] **9.** 524—32. 1/8. 1958. Genua, Univ., Ist. di Fis. Ist. Naz. di Fis. Nucl.) (Engl.)
Beschreibung von Prinzip u. Aufbau einer App. zur halbautomat. Messung von Bahnspurlänge, Zellenlänge sowie von Anzahl u. Größe der Lücken in einer Bahnspur durch Abtastung der Bahnspur mit Lichtimpulsen, die unter Verw. eines Photomultipliers elektron. gezählt werden. H.-J. Eichhoff. 112 □

Verteilungsfunktion der Länge der waagerechten Projektionen der photographischen Spuren einer Spaltung und Bestimmung der Weglängen der Fragmente. J. Ausländer. (Comun. Acad. Republ. Populare romîne [Bucureşti] **5.** 1293—99. Sept. 1955.) (Rum.) — Vgl. C. **1950/54.** 5825 S.
Auf Grund vereinfachender Annahmen, aber unter Berücksichtigung der Schwankungen der Weglänge wird die Verteilungsfunktion der Länge der waagerechten Projektionen der photograph. Spuren von Spaltfragmenten berechnet. Mit dem Verhältnis der Einzelspurlängen zur Summe der mittleren Längen ϱ/R (Abszisse) ändert sich 4H · F(ϱ) (Ordinate) mit einem Maximum bei $\varrho/R = 0{,}3$ bei $R_1/R_2 = 1:3$ u. $\varrho/R = 0{,}5$ bei $R_1/R_2 = 9:11$. Die auf die Schwankungen der Weglänge zurückzuführende Verschiebung des Maximums beträgt ca. 8%. R. K. Müller. 112

Ein Präzisionsmikroskop für große Kernplatten. Ivar Kalberg, D. M. Haskin, Marcel Schein und G. T. Zorn. (Rev. sci. Instruments **29.** 697—98. Aug. 1958. Chicago, Ill., Univ., Dep. of Phys.; Upton, N.Y., Brookhaven Nat. Labor.) (Engl.)
Es wird ein Spezialmikroskop zur Messung der Streuung energiereicher Teilchen beschrieben. Koordinatenbewegungen von 21 × 15 cm sind möglich, die Plattenstellung wird durch eine magnet. Kupplung fixiert. Es wurde eine $\overline{D} \leqq 0{,}029\ \mu$ für Zellenlängen bis zu 1 mm erhalten. W. Betcke. 112 □

Bemerkungen zu einer einfachen mikrophotographischen Methode für Messungen von „Jets". T. Jacobsen. (Suppl. nuovo Cimento Nr. 1 (zu [10] **23**). 52—54. 1962. Oslo, Univ. of Oslo, Inst. of Phys.) (Engl.)
Entw. einer Technik mit 2 Emulsionsebenen, um mit großer Genauigkeit ein vollständiges zweidimensionales Bild des Jets zu erhalten. Gerhard Schmidt. 112 □

—, Chemical effects of nuclear transformations. Proceedings of the symposium on chemical effects of nuclear transformations sponsored by the International Atomic Energy Agency and held in Prague, 24—27 October 1960. Vol. 1. 2. Vienna: International Atomic Energy Agency; München: Oldenbourg. 1961. 1: (569 S.) DM 35,—. 2: (390 S.) DM 24,50.

A$_2$. Optisches Verhalten der Materie

Modelle von aus reinem Wasserstoff zusammengesetzten Sternen. A. Boury. (Bull. Soc. roy. Sci. Liège **29.** 306—24. Nov./Dez. 1960. Liège, Univ., Inst. d'Astrophys.) (Franz.)
Es wurden Modelle für Sterne aus reinem Wasserstoff im Massenbereich zwischen 20 u. 6650 Sonnenmassen konstruiert, obgleich die höheren Massen wahrscheinlich von Beginn an instabil sind. Ihre Charakteristika sind in 9 Tabellen angegeben. J.-M. Spaeth. 113 □

Lyman-α-Strahlung. H. Friedman. (Ann. Géophysique **17.** 245—48. April/Juni 1961. Washington, D.C., U.S. Naval Res. Labor.) (Engl.)
Überblick. J.-M. Spaeth. 113 □

Über die Deutung der Protuberanzspektren. 2. Mitt. **Das Linien- und kontinuierliche Spektrum der Randerscheinung vom Zerstäubungstyp (spray-type) vom 7. März 1959.** J. T. Jefferies und F. Q. Orrall. (Astrophysic. J. **133.** 946—62. Mai 1961. Sunspot, N. Mex., Sacramento Peak Observ.) (Engl.) — 1. vgl. C. **1960.** 15645.
Vff. besprechen das Linien- u. kontinuierliche Emissionsspektrum einer Randfackel am 7/3. 1959. Das Spektrum ist im Gebiet von $\lambda\lambda$ 3595—3775 sehr reich an Linien

von *H* I, *FeI* u. *TiII*; Linien von *HeI*, *CaII*, *ScII*, *YII* u. einige anderer Metalle treten in geringerer Anzahl auf. Eine Analyse der kontinuierlichen Emission nahe der BALMER-Grenze zeigte, daß die kinet. Temp. der Fackel beträchtlich niedriger sein muß als 20000°K in dem Gebiet, in dem der H angeregt wird. Unter der Annahme, daß die H-Emission axial symm. ist, wurde ein Modell für die Temp., die Elektronendichte u. den Gasdruck als Funktion des Abstandes von der Achse erhalten. C. GOTTFRIED. 113

Über die Deutung von Protuberanzenspektren. 3. Mitt. Das Linien- und kontinuierliche Spektrum einer Ringprotuberanz und einer Randfackel. J. T. Jefferies und F. Q. Orrall. (Astrophysic. J. **133.** 963—77. Mai 1961.) (Engl.) — 2. vgl. vorst. Referat.

Photometr. untersuchten Vff. das Linien- u. kontinuierliche Emissionsspektrum einer Randfackel vom 9. Juni 1959. Neben zahlreichen *HI*-Linien wurden Linien von *HeI*, *TiII*, *FeI* u. *CaII* vermessen. Die Elektronen-Temp. ist in dem hellen u. dichten zentralen Teil der Fackel, in dem die H-Linien u. das Kontinuum angeregt werden, sicher niedriger als 24000°K. C. GOTTFRIED. 113

Veränderungen der (OI)-5577-Å-Emission in der oberen Atmosphäre. F. E. Roach. (Ann. Géophysique **17.** 172—80. April/Juni 1961. Boulder, Col., Nat. Bur. of Stand., Boulder Labor.) (Engl.)

Übersicht über die gegenwärtige Kenntnis der Intensitätsveränderungen von (O I) 5577 Å in der oberen Atmosphäre. Es wird die Abhängigkeit der 5577-Intensität von verschiedenen Zeit- u. Raumfaktoren gezeigt. Die statist. Intensitätsverteilung, die Wrkg. von Veränderungen des magnet. Erdfeldes u. die Kovarianz von 5577 u. anderen Strahlungen wird diskutiert. Mögliche Anregungsmechanismen schließen a) den Dreikörperstoß von 3 Sauerstoffatomen u. b) die Anregung von durch Beschleunigung in einer Entladung „erhitzten" Elektronen ein. J.-M. SPAETH. 113□

Der Einfluß der Modulation auf die Aufnahme von Resonanzerscheinungen. F. Bruin und D. van Ladesteyn. (Appl. sci. Res. [The Hague], B **7.** 270—74. 1958. Univ. of Amsterdam, Zeeman Labor.) (Engl.)

Vff. zeigen an Hand der Standardresonanzkurve eines harmon. Oscillators, $y = 1/(1 + x^2)$, wie sich eine Welle $x = X_0 + A \sin \omega t$ in eine Welle $y(\omega t) = Y_0 + \Sigma_h C_h \cdot \sin h \omega t$ umwandeln läßt. Durch FOURIER-Analyse einer Anzahl Funktionen $y(\omega t)$ werden deren Oberwellen bis zur 3. Harmon. berechnet. Auf Grund der Abhängigkeit der Amplituden der 1. u. 2. Harmon. C_1 u. C_2 von X_0, mit der Modulationsamplitude als Parameter wird gezeigt, wie sehr ein Signal C_h von dem reinen Differentialquotienten der Resonanzkurve $dy/dx = -2x/(1 + x^2)^2$ abweicht, wenn die Modulationsamplitude vergrößert wird. Die Ergebnisse können für die Konstruktion von Spektrographen u. die Analyse von Spektren von Bedeutung sein. G. JORDAN. 114□

Ermittlung der Störterme mehrerer in Resonanz stehender Niveaus. Ch. Courtoy und Ph. Passau. (Ann. Soc. sci. Bruxelles, Sér. I. **72.** 75—79. 18/6. 1958.) (Franz.)

Die Ermittlung der Störterme mehrerer in Resonanz stehender Niveaus aus experimentellen Werten ist mit Hilfe der Beziehungen zwischen den symm. Funktionen der beobachteten Werte u. den Elementen der Störmatrix möglich. Diese Beziehungen werden für mehr als zwei Niveaus verallgemeinert u. auf die FERMI-Resonanz von $^{12}CO_2$ $\lambda_1 = 0{,}1^0$; $\lambda_2) = 0{,}42$) u. $^{13}CO_2$ (0,10; 0,365) angewandt. A. BLASCHETTE. 114□

Über r-Schwerpunkte von molekularen Übergängen, Kernabstände im Gleichgewichtszustand und Oscillator-Wendepunkte. R. W. Nicholls und W. R. Jarmain. (Proc. physic. Soc. **74.** 133—35. 1/7. 1959. Western Ontario, Univ., Dep. of Phys.) (Engl.)

Es wird eine Gleichung hergeleitet, die obige Größen zueinander in Beziehung setzt. HANS LAUE. 114□

Effektive Tiefe der Röntgenstrahlerzeugung. Harold P. Hanson und Semaan I. Salem. (Physic. Rev. [2] **124.** 16—21. 1/10. 1961. Austin, Tex., Univ. of Texas.) (Engl.)

Es wurden die Profile emittierter Röntgenstrahlung als Funktion der Spannung gemessen u. daraus die Eindringtiefe der Kathodenstrahlen berechnet, ähnlich wurde dann die effektive Tiefe für die Erzeugung von Röntgenstrahlen ermittelt. Gewisse Ungewißheiten bestehen wegen der Oberflächenbeschaffenheit, so daß das Anwachsen der Eindringtiefe mit der Spannung genauer als die Eindringtiefe selber bestimmt werden kann. Für *Cu* ergaben sich aus dem Kontinuum Werte von 300 Å/kV bis 480 Å/kV über einen Bereich von 10—30 kV. Aus den weniger verläßlichen Werten für das Linienspektrum ergab sich ein Mittelwert von 450 Å/kV. Es wird gezeigt, daß die effektive Tiefe, wie man sie mittels der üblichen Rechnung über die Absorptionskante bestimmen kann, wenig physikal. Bedeutung hat. H. LAUE. 116□

Indirekt und direkt erzeugte Röntgenlinienstrahlung. Harold P. Hanson und David J. Cowan. (Physic. Rev. [2] **124.** 22–26. 1/10. 1961.) (Engl.) — Vgl. vorst. Referat.

Es wurde ein direkter Vgl. angestellt von der Anzahl Röntgenstrahlquanten in dem K-Linienspektrum zur Anzahl der Quanten im kontinuierlichen Spektrum mit Energien, die größer sind als der krit. Wert für K-Anregung. Daraus ergibt sich, daß bei Beschuß von *Cu* nur ungefähr 10% der Linienstrahlung indirekt erzeugt wird, wenn die Spannung klein ist. Das Verhältnis des Wrkg.-Querschnitts für direkte Ionisierung zu dem für die Erzeugung von Bremsstrahlung ist ungefähr 4/1, ein Wert, der um eine Größenordnung kleiner ist als von der Theorie vorhergesagt. H. Laue. 116□

Reaktionen des metastabilen Heliumtripletts. Carl Collins, W. W. Robertson, E. E. Ferguson und F. A. Matsen. (J. Amer. chem. Soc. **84.** 676. 20/2. 1962. Austin, Tex., Univ. of Texas, Dep. of Chem. and Phys.) (Engl.)

Die He-Zustände $He(2^3S)$ u. $He_2(^3\Sigma_u^+)$ liegen 19,8 e V u. ca. 17,2 eV über dem Grundzustand u. lassen sich, da ihre natürliche Lebensdauer größer als einige ms ist, mit Gasen zur Rk. bringen. Es wurden die Rkk. mit Ne, N_2, O_2 u. CH_4 untersucht, die unter Flammen-Bldg. ablaufen. Die Flammenfärbungen u. die entsprechenden Übergänge sind: Ne: rot, Übergänge unterhalb 19,8 eV; N_2: Blau, Übergang hauptsächlich $^2\Sigma_u^+ \rightarrow {}^2\Sigma_g^+$ von N_2^+; O_2: Grün, $^4\Sigma_g^- \rightarrow {}^4\Pi_u$ von O_2^+ oder blau-weiß, $^2\Pi_u$ von $^2\Pi_g$ O_2^+; CH_4: Violett, $^2\Delta \rightarrow {}^2\Pi$ u. $^2\Sigma^{-\,a.} \rightarrow {}^2\Pi$ von CH. G. M. Neumann. 118□

Über die Reaktion von aktivem Stickstoff mit den Dissoziationsprodukten von Ammoniak in der elektrischen Entladung. Henri Guenebaut und Pierre Goudmand. (C. R. hebd. Séances Acad. Sci. **253.** 2941–43. 18/12. 1961. Paris, Fac. des Sci., Centre d'Orsay, Labor. de Chim. gén.; Reims, Fac. des Sci., Labor. de Chim. gén. II.) (Franz.)

Bei der spektroskop. Untersuchung der Rk. von akt. N mit den in der elektr. Entladung erhaltenen Dissoziations-Prodd. von NH_3 wird das zweite positive Syst. von N u. das Triplett-Syst. von NH (O,O-Bande) beobachtet. Die Banden des ersten positiven Syst. von N treten prakt. nicht auf. Hieraus wird gefolgert, daß im Verlauf der Rk. N + NH_3 (dissoziiert) das Mol. $N_2(B^3\Pi_g)$ nicht wie bei der Rk. N + H in den Zustand A $^3\Sigma_u^+$ übergehen kann. A. Blaschette. 118□

Das Emissionsbandensystem von Jod im blauen Violett. P. B. V. Haranath und T. A. Prasada Rao. (Indian J. Physics Proc. Indian Assoc. Cultivat. Sci. **34** (43). 123–30. März 1960. Waltair, Andhra Univ., Phys. Dep.) (Engl.)

Das D–B-Syst. des J_2-Mol. ist besser entwickelt, wenn das Spektrum durch eine kondensierte Entladung eines Hochspannungstransformators angeregt wird. Es wurden ungefähr 150 Banden neu klassifiziert als Teil eines vorher als D–B bezeichneten Syst., für das Waser u. Wieland die Schwingungsquantenformel vorgeschlagen haben. H. Laue. 118□

Anwendung der Excitonenspektroskopie zur Untersuchung der in Festkörpern durch Kernstrahlung hervorgerufenen Fehler. Serge Nikitine, Michel Grosmann und Jean-Bernard Grun. (C. R. hebd. Séances Acad. Sci. **253.** 2505–07. 27/11. 1961. Strasbourg, Fac. des Sci., Labór. de Spectroscopie et d'Optique du Corps solide.) (Franz.)

Cu_2O-Proben werden in evakuierten Glasampullen (10^{-2}-Torr) eingeschmolzen, im Kernreaktor bei 4° K mit verschiedenen Dosen schneller Neutronen bestrahlt u. die opt. Absorptionsbanden für die gelbe Serie (Hauptquantenzahl n zwischen 2 u. 6) aufgenommen. Für Bestrahlungsdosen von $3{,}3 \cdot 10^{16}$ cm^{-2} erscheinen zwischen den Hauptbanden der gelben Serie neue Banden, während die Banden für $n > 3$ im Absorptionsuntergrund verschwinden. Bei Dosen von $3{,}34 \cdot 10^{17}$ cm^{-2} bleibt nur noch die Bande für $n = 2$ ausgeprägt erhalten, während bei noch höheren Dosen ($> 3 \cdot 10^{18}$ cm^{-2}) das Bandenspektrum verschwindet u. eine kontinuierliche Absorption auftritt. Die Proben zeigen nach der Bestrahlung opake Einschlüsse, die nicht durch therm. Veränderungen hervorgerufen werden können, jedoch nach geeigneter Wärmebehandlung vollständig verschwinden. Analoge Veränderungen der opt. Absorption können bei der Aufnahme der Excitonenspektren im äußeren elektr. Feld (15–22,5 kV/cm) hervorgerufen werden. Offenbar werden bei der Bestrahlung Leerstellen oder Gitterstörungen gebildet, die als fixierte elektr. Ladungszentren wirken. Herbert Müller. 118□

Absorptionsspektren von komplexen Salzen. 5. Mitt. **Strukturen von Kupfer(II)-N-arylglycinaten.** D. P. Graddon. (J. inorg. nuclear Chem. **22.** 85–95. Febr. 1962. Sydney, Australia, Univ. of New South Wales, Inorg. Chem. Dep.) (Engl.) — 4. vgl. J. inorg. nuclear Chem. **17.** [1961.] 222.

Vf. stellte fest, daß die intensiv grüngefärbten Rk.-Prodd. von $CuSO_4$ mit Natrium-N-arylglycinaten dem neutralen Typus $(ArNH\text{-}CH_2CO_2)_2Cu$ entsprechen. Die Stabilität

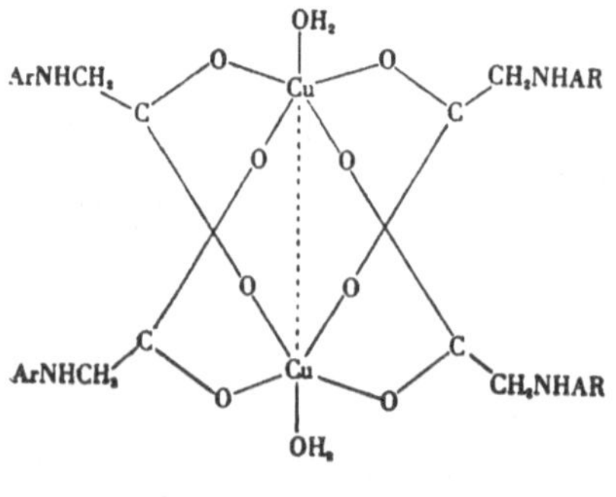

I

des neutralen Cu(II)-N-Phenylglycinats in wss. Lsg. ist gering. Die Intensität der Farbe nimmt mit der Konz. des Anions zu. Ähnliches gilt für die ortho-substituierten Arylglycinate N-[2-methylphenyl]-, N-[2-methoxyphenyl]-, N-[2-chlorphenyl]-, N-methyl-N-phenylglycinat u. für N-[4-fluorphenyl]- sowie N-[2.4-dimethylphenyl]-glycinat. Diese Verbb. zeigen im sichtbaren Gebiet bei 670 mμ u. 870 mμ zwei überlappende Absorptionsbanden. Der Vf. nimmt ein Kupfer(II)-Alkanoat der Struktur I an. *N* besitzt keine Donator-Eigg. mehr. Die parasubstituierten Arylglycinate N-[4-methylphenyl]-, N-[4-äthoxyphenyl]- u. N-[4-chlorphenyl]-glycinat sind stabil. Die maximale Absorptionsintensität liegt bei einem Verhältnis Anion:Kation von 2:1. Man nimmt bei Rk. mit überschüssigem Arylglycinat die Bldg. eines instabilen komplexen Anions $[(ArNHCH_2CO_2)_3Cu]^-$ an. Die Absorptionsbande liegt im sichtbaren Bereich bei 730 mμ. Diese Verbb. gehören dem normalen Chelatstrukturtypus der Aminosäuren an.

Versuche: *Bis-[N-phenylglycinato]-kupfer(II)*, $C_{16}H_{16}C_{11}N_2O_4$, durch Zugabe einer heißen, wss. $CuSO_4$-Lsg. zu einer heißen Lsg. des Na-Salzes von N-Phenylglycin, Abkühlen, Filtrieren u. Waschen mit Wasser. — Analog vorst. Verb. wurden dargestellt: *Bis-[N-(2-methylphenyl)-glycinato]-kupfer(II)-4-wasser*, $C_{18}H_{28}CuN_2O_8$. — *Bis-[N-(4-methylphenyl)-glycinato]-kupfer(II)-2-wasser*, $C_{18}H_{24}CuN_2O_6$. A. DE MONTIGNY. 118□

Neue substituierte 2.2'-Dipyridine und ihre Chelatbildung mit Fe(II) und Cu(I) zu Komplexkationen. A. A. Schilt und G. Frederick Smith. (Analytica chim. Acta [Amsterdam] **16.** 401—05. Mai 1957. Urbana, Ill., Univ. of Illinois, Noyes Chem. Labor.) (Engl.)

Die Eignung von *4.4'-Diphenyl-2.2'-dipyridin* (**I**), *4.4'-Diamino-2.2'-dipyridin* (**II**) u. *4.4'.6.6'-Tetramethyldipyridin* (**III**) als Komplexbildner für die spektrometr. Fe- u. Cu-Best. wurde untersucht. Fe(II) gibt mit **I** in Ggw. von NH_2OH in acetatgepufferter alkohol. Lsg. einen stabilen farbigen Komplex mit Absorptionsmaxima bei 386 u. 552 mμ u. hohem mol. Extinktions-Koeff., der sich zur Fe-Best. eignet. Der Cu-I- Komplex ist instabil. **II** bildet einen Fe(II)-Komplex mit ausgeprägtem Absorptionsmaximum bei 379 mμ in wss.-alkohol. Lsg., der sich unvollständig in Isoamylalkohol extrahieren läßt. Der Cu(I)-II-Komplex ist nur schwach gefärbt. **II** red. Fe(III) zu Fe(II). **III** bildet ein Cu(I)-Chelat mit einem Absorptionsmaximum bei 450 mμ. W. BETCKE. 118□

Molekulartheorie der Lichtstreuung an Mehrkomponentensystemen. S. Kielich. (Acta physica polon. **19.** 573—97. 1960. **20.** 83—88. 1961. Poznań, Pol. Acad. of Sci., Phys. Inst.) (Engl.)

Es wird eine allg. statist. Molekulartheorie der Lichtstreuung an Mehrkomponenten-Syst. von opt. anisotropen u. polaren Moll. vorgeschlagen. Die fundamentale Gleichung für die Intensität des Streulichtes, die F_{is} u. F_{anis}, die für die isotrope u. anisotrope Streuung maßgeblichen Faktoren, enthält, wird abgeleitet. Sie wird für eine Reihe spezieller Fälle diskutiert. H. LINDBERG. 119□

Änderungen der optischen Eigenschaften sehr dünner Eisenschichten als Funktion der Wellenlänge. Georges Rasigni. (C. R. hebd. Séances Acad. Sci. **253.** 2659—61. 4/12. 1961.) (Franz.)

Durch Aufdampfen im Vakuum ($5 \cdot 10^{-6}$ Torr) werden 1,3—7,8 mμ dicke Fe-Schichten auf Quarzträgern hergestellt u. im Vakuum bzw. an Luft die Transmissions- (T) u. Reflexionsfaktoren (R) zwischen 4000 u. 7000 Å bestimmt. T steigt mit der Schichtdicke e u. der Wellenlänge λ an, während R gegen Vakuum bzw. Luft in gleicher Weise abfällt. An Luft werden die opt. Eigg. der Schichten erheblich geändert; für gegebenes e u. λ fällt R u. steigt T in nahezu gleichem Maße. Für e = 4,5 mμ ist R', der Reflexionsfaktor an der Trägerseite, sowohl im Vakuum als auch an Luft unabhängig von λ. HERBERT MÜLLER. 119□

Temperaturabhängigkeit der optischen Bandlücke in ZnS. W. W. Piper, P. D. Johnson und D. T. F. Marple. (Physics Chem. Solids **8.** 457—61. Jan. 1959. Schenectady, N.Y., Gen. Electr. Res. Labor.) (Engl.)

Vff. bestimmen den Absorptions-Koeff. von hexagonalen ZnS-Kristallen in Abhängigkeit von der Photonenenergie u. Polarisationsrichtung bei 300 u. 4°K. Bei Polarisation des eletr. Vektors senkrecht zur c-Achse treten bei 4°K Absorptionsmaxima von 3155, 3179 u. 3202 Å auf. Ferner wird die Temp.-Abhängigkeit der Absorptionskante der Grundschwingung für die Bande 3179 Å ermittelt. Die theoret. erwartete Verschiebung auf Grund kombinierter Einfl. der Dilatation u. Elektronenwechselwrkg. mit opt. Phononen wird für $m^*/m_0 = 3{,}3$ u. 1,0 mit den experimentellen Daten verglichen. G. RUBAN. 119□

Doppelbrechungsuntersuchungen in elektroluminescentem Zinksulfid. F. J. Baum und F. J. Darnell. (J. electrochem. Soc. **109.** 165—66. Febr. 1962. Wilmington, Del., E. I. du Pont de Nemours & Co., Central Res. Dep.) (Engl.)

Aus der Dampfphase gewachsene ZnS-Kristalle treten als Prismen auf, die sowohl *Wurtzit-* als auch *Sphalerit*-Struktur aufweisen; die hexagonale [0 0 * 1]- bzw. kub. [1 1 1]-Richtung liegen in der Prismenachse. Vff. untersuchen die Schichtstrukturen mit Hilfe der Doppelbrechung, was im vorliegenden Falle zu genaueren Resultaten als die röntgenograph. Meth. führt. Die Ergebnisse werden mit der Eletroluminescenzaktivität verglichen. G. RUBAN. 119□

Über die Beziehung zwischen der Dickenabhängigkeit der optischen Absorption und den Oberflächenschichten von Bariumtitanat-Einkristallen. P. Coufová und H. Arend. (Czechoslov. J. Physics B **10.** 663—69. 1960. Prague, Czechoslov. Acad. Sci., Inst. of Phys.) (Engl.)

$BaTiO_3$-Einkristalle, die aus einer $BaCl_2$–BaO–$BaTiO_3$-Schmelze gezüchtet wurden, zeigen Abhängigkeit des opt. Absorptions-Koeff. von der Kristalldicke. Dies kann durch die Existenz einer Oberflächenschicht mit anderen opt. Eigg. als der innere Teil des Kristalls erklärt werden. Durch Ätzen mit H_3PO_4 konnte die Dicke der Oberflächenschicht von 0,075—0,178 mm starken Kristallen zu $(6{,}0 \pm 0{,}2)\cdot 10^{-4}$ cm bestimmt werden. E. SCHULTE. 119□

Molrefraktionen wässeriger Lösungen einiger kondensierter Phosphate. Robert C. Brasted und Arthur K. Nelson. (J. physic. Chem. **66.** 377—78. Febr. 1962. Minneapolis, Minn., Univ. of Minnesota, School of Chem.) (Engl.)

Die Molrefraktionen (R) von $Na_4P_2O_7$-, $Na_5P_3O_{10}$-, $Na_3P_3O_9$- u. $Na_4P_4O_{12}$-Lsgg. im Konz.-Bereich ca. 0,05—0,4 m wurden aus Messungen der Dichten u. Brechungsindices bestimmt. Sie waren im gesamten Unters.-Bereich von der Konz. unabhängig. Für die mittelständige PO_3^--Gruppe eines Ringphosphats wurde als partieller R-Wert 11,4, für eine endständige Gruppe 14,1 gefunden. W. BETCKE. 119□

Optische Rotationsdispersion von Kristallen. S. Chandrasekhar. (Proc. Roy. Soc. [London], Ser. A **259.** 531—53. 24/1. 1961. London, Royal Inst., Davy Faraday Res. Labor.) (Engl.)

Es wird gezeigt, daß das opt. Rotationsvermögen von *Quarz* vom Sichtbaren bis zum fernen UV durch die Formel $\varrho = k\lambda^2/(\lambda^2 - \lambda_0^2)^2$ wiedergegeben wird, wobei $k = 7{,}19$ u. $\lambda_0 = 0{,}0926283$ sind. Die Formel wird, ausgehend vom Modell des gekoppelten Oscillators, theoret. interpretiert. Weiter werden Formeln für kristalline *NaCl*, *Zinnober*, u. *Benzil* ($C_6H_5\cdot CO\cdot CO\cdot C_6H_5$) gegeben, u. es wird die Anwendung der quadrat. Formel für diese Kristalle diskutiert. Ferner wird gezeigt, wie eine Reihe von Oscillator-Verbb., die aus zwei gleichen, linearen, mit einander gekoppelten Oscillatoren bestehen, einen Kreiseleffekt in Richtung u. senkrecht zur Richtung der opt. Achse verursachen können. Die Temp.-Abhängigkeit des Rotationsvermögens von Quarz wird behandelt. Theoret. u. gemessene Werte stimmen gut überein. H. LINDBERG. 119□

Ein Rückblick auf neuere Arbeiten über Diamant. E. W. J. Mitchell. (Physics Chem. Solids **8.** 444—49. Jan. 1959. Reading, Univ., Phys. Res. Labor.) (Engl.)

Vf. diskutiert folgende Eigg. von Diamant: innere Absorptionsspektren (5,4 eV u. 3—6 μ), verschiedene Merkmale der äußeren Absorption, elektr. u. opt. Eigg. von halbleitenden Diamanten, Luminescenz u. Symmetrie der Zentren bei der Emissionspolarisation sowie die opt. Spektren nach Bestrahlung u. der Einfl. der durch Bestrahlung erzeugten Fehlstellen auf die elektr. Eigg. von halbleitenden Diamanten. G. RUBAN. 119□

Das Spektrum der Absorptionskanten von Diamant. C. D. Clark. (Physics Chem. Solids **8.** 481—85. Jan. 1959. Reading, Univ.) (Engl.) — Vgl. C. **1961.** 12740.

Vf. untersucht die opt. Absorption in Diamant D 100 als Funktion der Temp. (80—522°K); bes. wird eine Analyse des Absorptionsspektrums bei 293°K durchgeführt. G. RUBAN. 119□

Das Infrarotspektrum großer Auflösung von drei Diamanttypen und seine Änderung als Funktion der Temperatur. J. J. Charette. (Physica [Utrecht] **25.** 1303—12. Dez. 1959. Léopoldville, Conge Belge, Univ. Lovanium, Dép. de Phys.) (Franz.)

Mit einem Gitterspektrographen (75 bzw. 600 Linien/mm), der eine Auflösung von 0,5 cm^{-1} zeigt, werden die IR-Absorptionsspektren von Diamant (Typ I farblos, Typ IIa braun, Typ IIb blau) zwischen 500 u. 11500 cm^{-1} bei 80—420°K untersucht; die Probendicke betrug 1,06—3,47 mm. Eine Gruppe der Absorptionsbanden (AB) zeigt im untersuchten Temp.-Bereich keine Intensitätsänderung. Der Temp.-Koeff. der gemeinsamen AB ist 0,009 cm^{-1}/Grad; die Temp.-Koeff. der AB von Typ IIb sind —0,038 (cm^{-1}/Grad) für die Bande 2806 cm^{-1} u. —0,013 für die übrigen AB. Die integrale Fläche der AB steigt mit fallender Temp., während in gleichem Maße die Halbwertsbreiten der AB mit der Temp. abnehmen. Mit steigender Temp. wird außerdem eine Frequenzverschiebung um 0,008—0,016 cm^{-1}/Grad zu höheren Frequenzen beobachtet.

HERBERT MÜLLER. 120□

Theorie von Infrarotabsorptionsbandenintensitäten komplizierter, einige identische Gruppen enthaltender Moleküle. L. A. Gribow. (Оптика и Спектроскопия [Optik u. Spektroskopie] **11.** 146—50. Aug. 1961.) (Russ.)

Auf der Grundlage des valenzopt. Schemas wird theoret. die Abhängigkeit der Intensitäten (I) von IR-Banden von der Zahl einheitlicher Gruppen in komplizierten Moll. untersucht. Vf. betrachtet Moll., die aus einem als „Kern" bezeichneten unveränderlichen Grundteil bestehen, an den n einheitliche Gruppen gebunden sind. Die Unters. wird auf die Schwingungen beschränkt, bei denen keine Änderung der geometr. Gleichgewichtsparameter des Kerns erfolgt u. die somit charakterist. in Frequenz u. Form für äquivalente Gruppen sind. Zur Überprüfung werden die I der ν(Si–C), ν(Si–Cl) u. $\nu(CH_3)$ in der Reihe $(CH_3)_nSiCl_{4-n}$ berechnet. Die Gegenüberstellung mit beobachteten Werten ergibt eine gute Übereinstimmung.

U.-L. RAU. 120□

Die Elektronenstruktur, Spektren und magnetische Eigenschaften von Oxokationen. 3. Mitt. **Ligationseffekte beim Infrarotspektrum des Uranylions.** S. P. McGlynn, J. K. Smith und W. C. Neely. (J. chem. Physics **35.** 105—16. Juli 1961. Baton Rouge, La., State Univ., Coates Chem. Labor.) (Engl.) — 2. vgl. J. molecular Spectroscopy **6.** [1961.] 188.

Es werden eine Reihe von Uranylkomplexen der Zus. $K_xUO_2L_y(NO_3)_2$ hergestellt, wobei L der variable Ligand (z. B. H_2O, C_6H_5N, NH_3, CN oder NO_3) ist. An diesen Komplexen wird das IR-Spektrum untersucht, u. zwar bes. die Frequenz ν_1 u. ν_3 der dem $(UO_2)^{2+}$-Ion zukommenden Banden. Die starken Werteänderungen von ν_1 u. ν_3 bei verschiedenen Liganden werden in erster Linie einer starken Elektronenanhäufung der Φ_u- u. δ_u-Atomorbitals des U zugeschrieben. Solche Elektronenanhäufung ist physikal. einer Red. von z. B. AmO_2^{2+} zu AmO_2^{+} äquivalent, wobei ν_3 um 100 cm^{-1} abnimmt. Es wird ferner gezeigt, daß $\Delta\bar{\nu}_3$—elektrostat. Effekt— $= \sigma(L \rightarrow M) - \pi(L \rightarrow M) \pm \pi(M \rightarrow L)$, wobei σ die Streckfrequenz u. π die Biegefrequenz des $(UO_2)^{2+}$-Ions ist u. das +-Zeichen des letzten Gliedes die größte Wahrscheinlichkeit besitzt. Im Hinblick auf die Struktur von $(UO_2)^{2+}$ legen die Unterss. eine lineare Anordnung des Mol. sehr nahe. Ferner wird gezeigt, daß die Stabilität der Uranylkomplexe mit abnehmendem $\bar{\nu}_3$ oder $\bar{\nu}_1$ zunimmt. Es wird auf ähnliche Verhältnisse bei Vanadyl–Titanyl- u. Chromyl-Komplexen hingewiesen.

H. FAHLENBRACH. 120□

Kraftkonstanten der Streckschwingungen für Fluorcyanid. E. E. Aynsley und R. Little. (Spectrochim. Acta [London] **18.** 667. Mai 1962. Newcastle, King's Coll., Dep. of Chem.) (Engl.)

Unter Verw. der Meth. von ORVILLE-THOMAS (C. **1952.** 5054) führen Vff. verfeinerte Berechnungen für die Kraft-Konst. der Streckschwingungen von FCN, k_{CF} u. k_{CN}, durch u. vergleichen die Werte mit den für die anderen Halogencyanide erhaltenen. Der Wert für k_{CF} beträgt 8,70, der für k_{CN} 17,44 mdyn·Å^{-1}, die Wechselwrkg.-Konst. k_i 0,45 mdyn·Å^{-1}. Trägt man die Werte für k_{CX} (X = Halogen) gegen das Ionisationspotential von X graph. auf, so ergibt sich nahezu eine Gerade, während die Werte für k_{CN} u. k_i sich mit dem Atomgew. von X ändern. Weitere Verfeinerungen in den Berechnungen für FCN mit Hilfe der Meth. der Zentrifugalstörungs-Konst. führten nicht zum Erfolg, was auf die Unbrauchbarkeit der Störungstheorie 1. Ordnung, die in dieser Meth. enthalten ist, beruht.

GERHARD SCHULZE. 120□

Zur Reaktion zwischen Halogensilanen und Silbercyanamid. E. A. V. Ebsworth und M. J. Mays. (Angew. Chem. **74.** 117. 7/2. 1962. Cambridge, Univ., Chem. Labor.) (Dt.)

Das aus Silyljodid u. Silbercyanamid dargestellte $(SiH_3)_2CN_2$ (F. —74,8 ± 5°, Kp. 84,7 ± 0,5°) hat nach den in der Gasphase aufgenommenen IR-Bandenkonturen u. nach der Rotationsfeinstruktur mit Linienabständen mit 2—3 cm^{-1} für die Si–H-Valenz u. die SiH_3-Deformationsschwingungen Carbodiimidstruktur.

CH. WEISKE. 120□

Über die Kopplung der Schwingung von Komplexionen oder Molekülen im Kristallgitter. Henri Poulet. (C. R. hebd. Séances Acad. Sci. **246.** 738—40. 3/2. 1958.) (Franz.)

Ergänzung zu C. **1958.** 8531.

A. BLASCHETTE. 120□

Optisches Pumpen von Alkali-Atomen in einem Fremdgas unter hohem Druck und Bestimmung der Spin-Verteilung. A. Bloom. (J. Physique Radium **19.** 881—89. Nov. 1958. Palo Alto, Calif., Varian Assoc.) (Franz.)

Um die Natur des Pumpprozesses u. die Spin-Verteilung zu untersuchen, werden die relativen Signalintensitäten der Zeeman-Resonanzen in *Na, K* u. *Rb* sowie der Hyperfeinresonanzen in Na u. K bei Drücken größer als 20 mm Hg in Ar untersucht. Mit Ausnahme von Na bestätigen die Experimente die Annahme, daß die Spins vor der Lichtanwendung vollkommen statist. auf die Unterniveaus der P-Zustände verteilt sind. E. Gerdes. 121 □

Analyse kleiner Signale von Molekularstrahlmasern. J. C. Helmer. (J. appl. Physics **30.** 118—20. Jan. 1959. Palo Alto, Calif., Varian Assoc.) (Engl.)

Mit Hilfe einer Störungsrechnung wird die Resonanzpolarisation eines Mol. in einem elektr. Feld als Funktion der Zeit ermittelt. Anschließend wird mit einem divergenten Strahl einheitlicher Geschw. eine Analyse der Maseroperation durchgeführt. Dabei werden Gleichungen abgeleitet, aus denen die relative Strahlintensität, die zum Beginn der Oscillation erforderlich ist, sowie der mol. Q-Wert in Abhängigkeit von der Zellenlänge hervorgehen. Diese Theorie wird mit den Vorstellungen von Shimoda (C. **1958.** 11431) verglichen u. weitgehende Übereinstimmung festgestellt. Wolfgang Wagner. 121 □

Transistorisierte Zeeman-Modulation für Kernquadrupolresonanz. P. Kesselring. (Helv. physica Acta **33.** 612—14. 1/10. 1960. Zürich, ETH, Labor. für Festkörperphys.) (Dt.)

Die Signale der Kernquadrupolresonanz sind von der Größenordnung des therm. Rauschens. Es gibt 2 Möglichkeiten, diese zu modulieren u. das entstehende Signal relativ zu verstärken: 1. Frequenzmodulation u. 2. Zeeman-Modulation (ZM). Vf. beschreibt die Vor- u. Nachteile der ZM u. gibt eine Transistorschaltung dafür an. M. Guerlin. 121 □

Absorptions- und Luminescenzspektren von KBr–In-Kristallphosphoren und ihre Veränderungen unter der Einwirkung von Röntgenstrahlen. M. L. Katz und W. K. Nikolski. (Оптика и Спектроскопия [Optik u. Spektroskopie] **4.** 354—57. März 1958. Saratow, Univ.) (Russ.)

Die Absorptionsspektren von KBr(In)-Einkristallen mit 0,02% In bestehen aus einigen intensiven Banden mit dem Maximum bei 2435 Å u. einigen weniger intensiven Banden mit Maxima bei 274, 293 u. 303 mμ. Nach Röntgenbestrahlung (Frequenz der F-Bande) sinkt die Absorption der Banden mit geringsten Wellenlängen. — Die Ergebnisse werden mit den KBr(Sn)-Phosphoren verglichen u. die heutige Ansicht bestätigt, daß die Absorptionsprozesse mit Elektronenübergängen zwischen solchen Aktivator-Ionenniveaus in Verbindung stehen, die infolge des innerkristallinen Feldes entgegen den Niveaus freier Beimengungen verschoben sind. Unter Röntgenbestrahlung entstehen dann Atomzentren infolge Einfangs freier Elektronen durch Aktivatorionen. J. Tůmov Á. 125 □

M. A. Jeljaschewitsch, Atomare und molekulare Spektroskopie. Moskau: Fismatgis. 1962. (892 S. m. Abb.) 3 Rbl. 98 Kop. [Russ.]

A_3. Elektrizität. Magnetismus. Elektrochemie

Landau-Dämpfung für alle Ordnungen. David Montgomery und David Gorman. (Physic. Rev. [2] **124.** 1309—13. 1/12. 1961. Madison, Wis., Univ. of Wisconsin; St. Louis, Mo., Washington Univ., Dep. of Math.) (Engl.)

Es werden neuere Ergebnisse über eine asymptot. Reihen-Entw. der nichtlinearen Gleichungen für ein Elektronenplasma im „kolisionsfreien" Bereich erweitert. Für eine große Klasse von Anfangsstörungen hat die sog. Landau-Dämpfung in der ersten Ordnung auch Einfl. auf alle störungstheoret. Ordnungen. Lösungen, die in der ersten Ordnung exponentiell anwachsen, verhalten sich auch so in allen höheren Ordnungen. Das Problem wird sowohl mittels Laplace-Transformierten als auch über Normalschwingungen behandelt. H. Laue. 131 □

Plasmaschwingungen in einem entarteten Elektronengas. Chiuji Horie. (Sci. Rep. Tôhoku Univ., Ser. I **41.** 188—94. Jan. 1958. Sendai, Tohoku Univ., Fac. of Sci. Phys. Inst.) (Engl.)

Theoret. Behandlung des kollektiven Verh. eines dichten Syst. ausgehend von der Beschreibungsweise von Tomonaga (C. **1957.** 4295). Die Anwendung der Theorie auf ein entartetes Elektronengas liefert dieselbe Dispersionsgleichung für die Plasmafrequenz wie die auf anderem Wege von Bohm u. Pines (C. **1956.** 6580) abgeleitete. F. Lenz. 131 □

Durchgang von Mikrowellen durch ebene Plasmaschichten. K. Hain und M. Tutter. (Z. Naturforsch. **17a.** 59—64. Jan. 1962. Garching bei München, Inst. für Plasmaphys.; München, Max-Planck-Inst. für Phys. u. Astrophys.) (Dt.)

Berechnung der Reflexion u. Transmission einer ebenen elektromagnet. Welle, die durch eine ebene Plasmaschicht bei Vorhandensein oder Fehlen eines stat. magnet. Feldes hindurchgeht. W. FRANKE. 131 □

Elektrostatische Stabilität eines nichtmaxwellschen homogenen Plasmas. D. Pfirsch. (Z. Naturforsch. **17a.** 315—20. April 1962. München, MPI für Phys. u. Astrophys.) (Dt.)

Vf. stellt die Dispersionsrelation durch Entw. der Verteilungsfunktion der Elektronen u. Ionen nach HERMITEschen Polynomen mittels der Koeff. dieser Entw. dar u. diskutiert die so erhaltene Beziehung numerisch. Die Verteilungsfunktionen zeigen eine Anzahl von „run-away"-Elektronen, die z. T. zu einem zweiten Maximum führen u. die Schärfe u. Lage des Hauptmaximums ändern. Es zeigt sich, daß die Unstabilität bei diesem zweiten Maximum auftritt. G. M. NEUMANN. 131 □

Energetische Entwicklung eines thermonuclearen Deuteriumplasmas. Emile Lacombe, Denyse Magnac-Valette und Pierre Cüer. (C. R. hebd. Séances Acad. Sci. **246.** 744—46. 3/2. 1958.) (Franz.)

Die Entw. thermonuclearer D- u. D–T-Gemische wird an 1 cm^3 des isothermen Plasmas ($T = 116 \cdot 10^6$ °K = 10 keV bzw. $1160 \cdot 10^6$ °K = 100 keV) unter Berücksichtigung von sek. Rkk. theoret. untersucht. A. BLASCHETTE. 131 □

Harte Röntgenstrahlung als Begleiterscheinung von Gasentladungen. S. Yu. Lukyanov und I. M. Podgorny. (J. nuclear Energy **4.** 224—34. Febr. 1957.) (Engl.)

Nach verschiedenen Meth. wurden die Eigg. der Röntgenstrahlung untersucht, die bei Entladungen von hoher Stromstärke in Gasen bei vermindertem Druck entsteht. Für die Unters. der langwelligen Röntgenstrahlung waren am Entladungsrohr Austrittsfenster aus Al-Folie angebracht, während die härtere Strahlung die Rohrwandung durchdrang. Die Absorption in Pb wurde durch Scintillationszählung gemessen. Die Energieverteilung zwischen 100 u. 300 keV wurde an Hand der Elektronenspuren in photograph. Emulsion ermittelt. Die Intensität von Röntgen- u. Neutronenstrahlung in D_2 wurde in Abhängigkeit vom Gasdruck gemessen: beide Strahlungen weisen ein Maximum bei 6 mm Hg auf. Harte Röntgenstrahlung wurde bei *He*, H_2, D_2 u. *Xe* beobachtet. Die Intensitätsverteilung der Strahlung längs des Entladungsrohres u. auf die Winkel wurde gemessen. Der Mechanismus der Strahlungserzeugung wird diskutiert. W. BETCKE. 131 □

Einfluß einer Vorionisation auf die Wirksamkeit einer magnetischen Kompression. Erhaltene experimentelle Ergebnisse. Terenzio Consoli, Richard Geller und René Legardeur. (C. R. hebd. Séances Acad. Sci. **251.** 1753—55. 24/10. 1960. Serv. de Phys. appl., Sect. de Ion. gén.) (Franz.)

Beschreibung einer Vers.-Anordnung („CIRCE"), bei welcher vor einer raschen magnet. Kompression das neutrale Gas vorionisiert u. durch Cyclotronresonanz der Ionen des so erzeugten Plasmas vorgeheizt wird. Erste Ergebnisse weisen die Wirksamkeit der Vorionisation u. Heizung nach. F. LENZ. 131 □

Offensichtliche Gleichrichtung in Tesla-Funken. D. A. Sinclair und R. N. Whittem. (Spectrochim. Acta [London] **13.** 168—79. Dez. 1958. Sydney, Australian Defence Scient. Serv., Defence Standards Labor., Dep. of Supply.) (Engl.)

Elektr. Stromimpulse u. Dampfausbrüche im sek. Spalt eines TESLA-Funken-Syst. zeigen eine größere Asymmetrie als es bei gewöhnlichen Funken der Fall ist. Die Größe u. Richtung der Gleichrichtung variiert mit der Spaltbreite. Eine Erklärung hierfür wird aus einer elementaren Betrachtung hergeleitet. Es wird gezeigt, daß mehr als 50% der ursprünglichen Energie des prim. Kondensators als nicht oszillierender Strom im sek. Kreis erscheinen. Die Bedingungen, die das Erscheinen einer großen Gleichstromkomponente begünstigen, werden hergeleitet. G. LEHMPFUHL. 131 □

Messung des Verhältnisses des Bremsvermögens bei Hohlraum-Ionisationskammern. T. E. Burlin. (Nature [London] **192.** 545—46. 11/11. 1961. London, Hammersmith Hosp., Phys. Dep.) (Engl.)

Es wird eine Variation des Verf. von WHYTE (Radiat. Res. **6.** [1957.] 371) beschrieben. Die Ionendosis verschiedener Gase wird immer in derselben Ionisationskammer gefmessen. Das Prod. aus Ionendosis u. der zur Erzeugung eines Ionenpaares im Meßgas erorderlichen (bekannten) mittleren Energie $W \cdot I_m$ wird für *Luft*, *Ar* u. *Graphit* als Funktion des Gasdruckes dargestellt, bei Bestrahlung der Graphitkammer mit 1,25-MeV-Photonen (^{60}Co-γ-Strahlen). Die BRAGG-GRAYsche Beziehung zeigt, daß $W \cdot I_m$ proportional zum Bremsungsverhältnis F_m ist. Mit einer Hilfs-Darst. erhält man $W \cdot I_m$

für $F_m = 1$ (Druckunabhängigkeit von $W \cdot I_m$), u. daraus den F_m-Wert für irgendein Gas durch Verhältnis-Bldg. aus den beiden $W \cdot I_m$-Werten. U. SIGGEL. 131 □

Ergiebige Erzeugung von vielfach geladenen positiven Ionen durch „Abstreifung" bei niedriger Energie in Heliumgas. S. K. Allison, J. Cuevas und M. Garcia-Munoz. (Rev. sci. Instruments **31.** 1193—97. Nov. 1960. Chicago, Ill., Univ. of Chicago, Enrico Fermi Inst. for Nucl. Studies.) (Engl.)

Unter niedriger Energie werden Ionen- u. Atomstrahl-Geschw. von ca. $5 \cdot 10^7$ bis $2 \cdot 10^8$ cm/s verstanden. Innerhalb dieses Geschw.-Gebietes besitzt ein Ionenstrahl, der im He-Gas Ladungsgleichgewicht erreicht hat, eine größere Anzahl Komponenten hoher positiver Ladung als der gleiche Strahl enthält, der in anderen Gasen auf Ladungsgleichgewicht gebracht wird. Zur Erreichung dieses Effektes muß jedoch der Druck des He-Gases in der Ladungs-„Abstreifungs"- oder Umformerzelle, die in den Strahlengang gesetzt wird, wesentlich höher sein als bei den anderen Gasen. Der vorausgesagte Effekt, der aus dem Ladungsänderungsquerschnitt errechnet wird, ist experimentell durch die „Elektronenabstreifung" des Li^+ zu Li^{2+} in Luft u. in He nachgewiesen worden. In einem qual. Vers. nahm der Protonenstrahl des Chicago-Synchrocyclotrons um 100% durch die Equilibrierung des H-Anteils zu, bevor dieser aus der Ionenquelle in die Beschleunigungskammer gelangte. H. SCHIBILLA. 131 □

Elektroneneinfang bei schnellen Stößen. 1. Mitt. **Einfang durch schnelle Protonen in atomarem Wasserstoff.** M. R. C. McDowell. (Proc. Roy. Soc. [London], Ser. A **284.** 277—88. 7/11. 1961. Roy. Holloway Coll., Math. Dep.) (Engl.)

Vf. wendet die formale Störungstheorie zur Erhaltung des Matrixelementes für den Elektroneneinfang durch schnelle Teilchen der Masse M_B u. der Ladung Z_B von Atomen der Masse M_A u. der Ladung Z_A an. Für den $1s$–$1s$-Übergang werden explizite Formeln angegeben, die für Berechnungen von Protonen in H angewendet werden In diesem Fall wird der Wrkg.-Querschnitt bei Protonenenergien < 100 keV durch Verzerrung erheblich erniedrigt, während bei höheren Energien sich dieser Effekt u. solche des Zwischenkernpotentials weitgehend aufheben. H. SCHROEDER. 131 □

Einfang langsamer Elektronen in Luft und Sauerstoff. J. B. Thompson. (Proc. physic. Soc. **73.** 821—22. 1/5. 1959. London, Univ. Coll., Phys. Dep.) (Engl.)

Vf. kritisiert die von TOZER, THORBURN u. CRAGGS (C. **1960.** 1742) angegebene Beziehung zur Best des mittleren effektiven Wrkg.-Querschnittes σ_E für den Elektroneneinfang von Sauerstoff. σ_E wird unter Annahme einer MAXWELL-Verteilung der Elektronenenergie für Sauerstoff berechnet u. mit den Werten von TOZER, THORBURN u. CRAGGS (l. c.) u. HARRISON u GEBALLE (C. **1954.** 7813) verglichen. G. LEHMPFUHL. 131 □

Bestimmung kritischer Elektronenenergien für die Bildung negativer Ionen bei Elektronenstoß mittels einer RPD-Methode. K. Kraus. (Z. Naturforsch. **16a.** 1378 bis 1385. Dez. 1961. Hamburg, I. Inst. für Experimentalphys.) (Dt.)

Bei einigen einfachen Gasen (NH_3, CO_2, H_2S, CS_2 u. SO_2) wurden die Bldg. negativer Ionen durch Elektronenresonanzeinfänge massenspektroskop. untersucht u. die Appearance-Potentiale (AP) der auftretenden negativen Ionen bestimmt. Es wurde eine vereinfachte stat. Retarding-Potential-Difference (RPD)-Meth. angewendet. Die durch das Ziehfeld auftretende Verschiebung des krit. Potentials zu kleineren Werten wurde durch Extrapolation auf die Ziehspannung 0 korrigiert. Durch Best. des Einsatzpunktes des Elektronendifferenzstromes wurden auch die durch Kontaktpotentialdifferenzen hervorgerufenen Fehler ausgeschaltet. Mit einem Sekundärelektronenvervielfacher zur Messung bes. kleiner Ionenströme wurden neue negative Ionen u. mehrere Resonanzmaxima einer Ionensorte festgestellt. In einigen Fällen wurden Abschätzungen für unbekannte Dissoziationsenergien, Elektronenaffinitäten u. kinet. Energien gemacht u. Zerfallsarten bestimmt. Gemessene AP.: $NH_3 \rightarrow NH_2^- + H$ 5,19, $H_2S \rightarrow HS^- + H$ 2,19, $H_2S \rightarrow S^- + H_2$ (2,15) (5,35) 8,1, $CO_2 \rightarrow O^- + CO$ 3,96 (7), $CS_2 \rightarrow S^- + CS$ 3,04 (5,6) (7,2), $CS_2 \rightarrow CS^- + S$ 5,5, $CS_2 \rightarrow C^- + S_2$ 6,2 (7,5), $SO_2 \rightarrow O^- + SO$ 4,21 (6,6), $SO_2 \rightarrow SO^- + O$ 4,58 (7,1), $SO_2 \rightarrow S^- + O_2$ 3,75 u. a. Die eingeklammerten Werte beziehen sich auf weniger intensive Maxima. U. SIGGEL. 131 □

Über Stöße langsamer negativer Ionen mit Ladungsübertragung. K. Kraus, W. Müller-Duysing und H. Neuert. (Z. Naturforsch. **16a.** 1385—87. Dez. 1961.) (Dt.) — Vgl. vorst. Referat.

Vff. stellten mit Hilfe eines Massenspektrometers bei folgenden Stoßprozessen langsamer negativer Ionen mit Moll. anderer Gase Ladungsübertragung fest: CS^- (aus CS_2) + $SO_2 \rightarrow SO_2^- + CS$, NH_2^- (aus NH_3) + $SO_2 \rightarrow SO_2^- + NH_2$, NH_2^- (aus NH_3) + $CS_2 \rightarrow CS_2^- + NH_2$. Aus Abschätzungen über die verschiedenen Elektronenaffinitäten (EA) wurden folgende neue Werte ermittelt: EA (SO) $\approx$ 1 eV u. EA (SO_2) $\approx$ 1,1 eV. U. SIGGEL. 131 □

Elektronenstoßspektroskopie von Tetramethylsilicium, -zinn und -blei. Brice G. Hobrock und Robert W. Kiser. (J. physic. Chem. **65.** 2186—89. Dez. 1961. Manhattan, Kans., Kansas State Univ., Dep. of Chem.) (Engl.)

Relative Häufigkeiten u. Appearance-Potentiale der im Massenspektrum von $Si(CH_3)_4$ (**I**), $Sn(CH_3)_4$ (**II**) u. $Pb(CH_3)_4$ (**III**) auftretenden Ionen M^+, MCH_3^+, $M(CH_3)_2^+$, $M(CH_3)_3^+$ u. $M(CH_3)_4^+$ werden in einem Flugzeitmassenspektrometer (70 eV) ermittelt. In allen Fällen zeigt $M(CH_3)_3^+$ die höchste, $M(CH_3)_4^+$ die geringste Häufigkeit. Die wahrscheinlichen Ionisierungsprozesse sind $M(CH_3)_4$ (**IV**) $\rightarrow M^+ + 4\,CH_3$, **IV** $\rightarrow MCH_3^+ + 3\,CH_3$, **IV** $\rightarrow M(CH_3)_2^+ + 2\,CH_3$, **IV** $\rightarrow M(CH_3)_3^+ + CH_3$, **IV** $\rightarrow M(CH_3)_4^+$; für die genannten Ionen in vorst. Reihenfolge ergeben sich folgende Bldg.-Enthalpien (kcal/Mol): 278(?), 235, 194, 166, 163 für M = Si; 276, 253, 225, 183, 177 für M = Sn; 251, 223, 236, 206, 217 für M = Pb. Die beobachteten Ionisationspotentiale von **I** (9,8 ± 0,15 eV), **II** (8,25 ± 0,15) u. **III** (8,0 ± 0,4) werden mit Werten verglichen, die mit einer abgewandelten „equivalent-orbital“-Meth. (HALL, C. **1955.** 4552) erhalten wurden.

A. BLASCHETTE. 131 □

Einige elektrische Charakteristika von Ammoniumdihydrogenphosphat-Einkristallen. I. Ja. Eissner. (Известия Академии Наук СССР, Серия Физическая [Nachr. Akad. Wiss. UdSSR, physik. Ser.] **24.** 1326—28. Nov. 1960.) (Russ.)

Vf. untersucht die Lichtdurchlässigkeit (LD), die DK u. den tg des Verlustwinkels von $NH_4H_2PO_4$ (**I**)-Kristallen im Temp.-Bereich von 0 bis -180^0. LD fällt bei der krit. Temp. von -125^0 (Übergang von der tetragonalen in die orthorhomb. Phase, CURIE-Punkt) stark ab. Bei Temp.-Anstieg ändert sich LD bei -125^0 nicht, sondern nimmt erst bei ca. -50^0 nochmals ab. Die DK wurde bei 50 Hz u. Feldstärken von 3000 bis 10000 Vcm^{-1} in Richtung der X- u. Z-Achse an **I**-Einkristallen untersucht. Es tritt ein starker Abfall der DK bei -125^0 ein, beim Wiederaufnehmen wird eine Hysterese der DK beobachtet. tg δ nimmt beim Abkühlen stark ab. Bei Zimmer-Temp. beträgt der Wert 0,2, zwischen -180 u. -50^0 0,0001. Ferner untersucht Vf. den Einfl. von $(NH_4)_2S_2O_8$ u. $(NH_4)_2Cr_2O_7$ auf die DK, tg δ u. den Phasenübergang von **I**. D. HOENE. 132

Einige elektrische Eigenschaften von mit Seltenen Erden aktiviertem Bariumtitanat. A. F. Jatzenko und T. P. Popowa. (Известия Академии Наук СССР, Серия Физическая [Nachr. Akad. Wiss. UdSSR, physik. Ser.] **24.** 1311—13. Nov. 1960. Rostow/Don, Univ., phys.-math. Fak.) (Russ.)

Vff. untersuchen von mit Sm_2O_3, Pr_2O_3, Nd_2O_3, Y_2O_3, Tb_2O_3, Dy_2O_3, Er_2O_3, Lu_2O_3, Tu_2O_3, Yb_2O_3 u. Gd_2O_3 aktiviertem $BaTiO_3$ die Temp.-Abhängigkeit der DK u. des Verlustwinkels (tg δ bei 50 V, 1000 Hz). Für mit Sm_2O_3, Pr_2O_3 u. Yb_2O_3 aktiviertes $BaTiO_3$ werden die DK bei Raum-Temp. (ε_0) u. am CURIE-Punkt (ε_θ), tg δ, die CURIE-Temp. Θ, $\varepsilon_\theta/\varepsilon_0$ u. die Aktivierungsenergie für die Erniedrigung des elektr. Widerstandes (eW) angegeben. Proben, die 1—3% Seltene Erden enthielten, zeigten die gleiche Temp. des eW wie reines $BaTiO_3$. Proben mit (0,1%) Sm_2O_3, Er_2O_3, Tb_2O_3 u. Nd_2O_3 geben dagegen einen Anstieg des eW am CURIE-Punkt. Bei Abkühlung ergaben diese Proben ein Minimum des eW. Die meisten Oxide stabilisieren die tetragonale $BaTiO_3$-Phase. Selbst bei Zusatz von 0,5% Pr u. Sm entstand aus der Schmelze kein hexagonales $BaTiO_3$, lediglich bei Zusatz von 0,3 Gd u. 0,1 Yb gelang eine teilweise Überführung der tetragonalen in die hexagonale Phase. D. HOENE. 132 □

Ultraschalleinfluß auf einige physikalische Eigenschaften von Seignettesalzkristallen. T. Ch. Tschormonow. (Известия Академии Наук СССР, Серия Физическая [Nachr. Akad. Wiss. UdSSR, physik. Ser.] **24.** 1347—49. Nov. 1960. Kasach. polytechn. Inst.) (Russ.)

Bei einer Frequenz von 21,5 kHz u. einer Leistung von 2 W cm^{-2} untersucht Vf. die Kristallisation von Seignette-Salz (**I**). Mit steigender Intensität des Ultraschalls (US) verschlechtert sich die Homogenität der Kristalle. Um einheitliche **I**-Kristalle zu erhalten, muß mit sehr kleiner Kristallisations-Geschw. u. sehr geringer US-Intensität gearbeitet werden. Bei Beschallung werden die **I**-Kristalle mikrokristallin u. verfestigen sich. Die Mikrohärte nimmt von 58 (kg mm^{-2}) auf 77 zu. Die DK u. der dielektr. Verlustwinkel (tg δ) werden auf ihre Temp.-Abhängigkeit (-20 bis $+40^0$) mit u. ohne Beschallung untersucht. Auf Grund der Verkleinerung der Domänenstruktur der beschallten **I**-Kristalle verringern sich auch die DK u. tg δ gegenüber den unbeschallten Kristallen. Auf die Veränderung der Domänenstruktur werden auch die Verbreiterung der Röntgenlinien u. die Änderung der Röntgenintensitäten der beschallten **I**-Kristalle zurückgeführt.

D. HOENE. 132 □

Wirkung der Reaktorbestrahlung auf die dielektrischen Eigenschaften von Triglyciniumsulfat-Einkristalle. Ennio Fatuzzo. (Helv. physica Acta **33.** 501—04. 1/10. 1960. Zürich, Labor. RCA Ltd.) (Engl.) — Vgl. C. **1961.** 14181.

Triglyciniumsulfatplatten (ca. 0,2 mm dick), die senkrecht zur ferroelektr. Richtung gespalten wurden, sind im Reaktor bestrahlt worden. Vf. hat die Hysteresisschleife als Funktion der Bestrahlung untersucht u. eine starke Verformung nach der Bestrahlung festgestellt. Die Polarisation fällt, die Koerzitivkraft wächst u. ein induziertes Gegenfeld (intrinsic bias) entwickelt sich linear mit dem integrierten Neutronenfluß.
M. Guerlin. 133□

Experimentelle Untersuchung des Einflusses der Chemisorption auf die Thermokraft metallischer Aufdampfschichten. Klaus Blänsdorf und Günter Lautz. (Z. Naturforsch. **17a.** 340—46. April 1962. Kiel, Univ., Inst. für Reine u. Angew. Kernphys., Abt. Festkörperphys.) (Dt.)

Vff. berichten über Unterss. der differentiellen Thermospannung von Cu-Aufdampfschichten bei successiver Chemisorption von O_2. Je nach Schichtdicke ergeben sich Abnahmen um 17—57% des Ausgangswertes. Relativ zur Widerstandsänderung ist die Thermokraftänderung bei der ersten Chemisorption um den Faktor 2,5—3 größer. Die Ergebnisse stimmen mit Abschätzungen überein, die aus der Theorie von Bross u. Häcker über die Thermokraft des kompakten Materials unter der Voraussetzung eines von der Chemisorption unbeeinflußten Streumechanismus erhalten werden. Die Zusammenhänge zwischen O_2-Partialdruck, Widerstands- u. Thermokraftänderung bei den verschiedenen Vers.-Bedingungen werden diskutiert. G. M. Neumann. 133□

Deutung der relativen thermoelektrischen Erscheinungen bei tiefen Temperaturen unter besonderer Berücksichtigung der Effekte der Kaltbearbeitung an Kupfer. W. B. Pearson. (Physic. Rev. [2] **119.** 549—53. 15/7. 1960. Ottawa, Nat. Res. Council, Div. of Pure Phys.) (Engl.)

Vf. diskutiert die relativen thermoelektr. Tieftemp.-Effekte in reinen Metallen, verd. Legg. u. kaltbearbeitetem Cu auf der Grundlage der von Kohler (Z. Physik **126.** [1949.] 481) u. Gold, MacDonald, Pearson u. Templeton (C. **1962.** 13294) angegebenen Formeln u. zeigt deren gute prakt. Anwendbarkeit zur Beschreibung der Effekte. Da die auf diesen Formeln basierenden Rechnungen eine Diffusionsthermoelektrizität liefern, müssen Phononen–Drag-Beiträge zur Thermoelektrizität als Unterschiede zwischen den berechneten u. gemessenen Kurven der Thermospannung als Funktion der Temp. in Erscheinung treten. D. Jörchel. 133□

Thermoelektrische Kraft von Galliumeinkristallen. P. Horner. (Nature [London] **191.** 58—59. 1/7. 1961. Shrivenham, Swindon, Wiltsh., Roy. Military Coll. of Sci., Phys. Branch.) (Engl.)

Vf. stellt aus 99,99%ig. Ga Einkristalle her u. bestimmt die Seebeck-EMK in bezug auf Cu bei Temp. von 0° (W.–Eis-Mischung) gegen + 30 bis — 70° in den verschiedenen kristallograph. Richtungen. Die Änderung der thermoelektr. Kraft Q erfolgt linear mit der Temp. nach $Q = A + B \cdot T$. Die Werte der Konst. A u. B (in μV/Grad bzw. μV/Grad²) in der (1 0 0)-, (0 1 0)- u. (0 0 1)-Richtung werden tabellar., die Meßwerte graph. mitgeteilt. Für die (1 0 0)-Richtung ergibt sich eine Neutral-Temp. bei ca. — 3° u. eine Inversions-Temp. bei ca. — 6°. Unter Berücksichtigung der abs. thermoelektr. Kraft Q* von Cu, die oberhalb von 100° K durch Verunreinigung nicht wesentlich beeinflußt wird (vgl. Gold u. Mitarbeiter, C. **1962.** 13294) nach der Beziehung $Q^*_{Cu} = + 5{,}4 \cdot 10^{-3}\,\Theta$ (Θ in °K) erhält man folgende Gleichungen: $Q^*_{Ga(100)} = 1{,}46 + 0{,}000_2 \cdot T$; $Q^*_{Ga(010)} = 2{,}44 + 0{,}009_2 \cdot T$ u. $Q^*_{Ga(001)} = 1{,}10 + 0{,}000_7 \cdot T$ (T in °C). Die Anisotropie der Koeff. A ist nicht so groß wie die der elektr. oder therm. Leitfähigkeit. Der Wert des Koeff. B für die (0 1 0)-Achse ist wesentlich größer als die B-Werte für die anderen beiden Achsen. Deren Wert ist prakt. 0, was darauf hinweist, daß der Thomson-Koeff. für diese beiden Achsen im untersuchten Temp.-Bereich prakt. 0 ist. P. Frenzel. 133□

Die thermoelektrische Kraft von Gallium. P. Horner. (Nature [London] **193.** 58. 6/1. 1962. Shrivenham, Swindon, Wiltshire, Roy. Military Coll. of Sci., Phys. Branch.) (Engl.) — Vgl. vorst. Referat.

Die abs. thermoelektr. Kraft von Ga in fl. Zustand bei — 30° wurde zu $Q = -0{,}2_8\,\mu$V/Grad bestimmt. Die Vorzeichenkonvention der vorangehenden Veröffentlichung mußte verändert werden, da sie zu Inkonsequenzen führte. W. Betcke. 133□

Methode zur Messung der intrinsiken thermoelektrischen Kraft (ohne Bezugsleiter). Albert Perrier. (Helv. physica Acta **33.** 491—95. 1/10. 1960. Lausanne.) (Franz.)

Die beschriebene Meth. beruht auf der Messung des longitudinalen magneto-thermoelektr. Effektes. M. Guerlin. 133□

Theorie der elektrischen Leitfähigkeit von Ge und Si. 1. Mitt. Die Elektron–Phonon-Matrixelemente. Wolfgang Klose. (Ann. Physik [7] **7.** 233—42. 1961. Berlin, Dt. Akad. der Wiss., Phys.-Techn. Inst.) (Dt.)

Die Elektron–Phonon-Matrixelemente werden mit dem NORDHEIM-Potential berechnet. Es werden Aussagen über die Elektronenstreuung an akust. u. opt. Phononen im Hinblick auf Normalprozesse u. Umklappprozesse gewonnen. H. SCHIBILLA. 135☐

Das Diffusions-„Shot-melting"-Verfahren zur Herstellung von Germanium- und Siliciumvorrichtungen mit p–n-Übergängen. I. A. Lesk. (J. electrochem. Soc. **107.** 534–36. Juni 1960. Syracuse, N.Y., General Electr. Co., Semiconductor Prod. Dep.) (Engl.)

Das Verf. besteht aus dem Schmelzen u. erneutem Verfestigen eines gewöhnlich in Schrotform gewählten Stückes Halbleitermaterial auf der Oberfläche eines Blättchens aus dem gleichen Material, aber mit anderem Leitungstyp. Das zum Schmelzen gebrachte Stück breitet sich beim Flüssigwerden sehr schnell aus, erstarrt pyramidenförmig u. bildet eine dünne einkristalline Grenzphase. In einem weiteren Arbeitsgang erfolgt Diffusion von Dotierstoffen durch die Grenzfläche. Das Verf. kann so schnell durchgeführt werden, daß die Grenzfläche fast mit der Oberfläche des Blättchens zusammenfällt. Der Geh. der Kugel u. des Blättchens an Fremdstoffen läßt sich so wählen, daß nach dem Diffusionsvorgang verschiedene p n-Übergänge entstehen. Weiterhin kann das Verf. zur Herst. von verschiedenen Übergängen auf dem gleichen Blättchen ausgenutzt werden (Herst. von p n p- u. n p n-Transistoren, p n p n- u. symm. n p n p n-Schalttransistoren, Tunneldioden, n p n-Transistoren mit 2 u. 3 Kontakten). Obgleich gewöhnlich Änderung der Lebensdauer u. des spezif. elektr. Widerstandes zu verzeichnen sind, lassen sich diese durch geeignete Nachbehandlung (Getterung, Anlassen) herabsetzen. P. FRENZEL. 135☐

Rauschzahl von Übergangstransistoren. M. Dezoteux. (Électronique **1958.** Nr. 136. 13–19. 15/3.) (Franz.)

Übersicht. A. BLASCHETTE. 135☐

Elektronische Eigenschaften von ZnO. A. R. Hutson. (Physics Chem. Solids **8.** 467–72. Jan. 1959. Murray Hill, N.J., Bell Telephone Labor., Inc.) (Engl.)

Messungen des HALL-Effektes an dotierten n-leitenden ZnO-Einkristallen ergaben: eine Zustandsdichtemasse von 0,5 m, eine Donatorionisationsenergie von 0,05 eV sowie die Temp.-Abhängigkeit der Beweglichkeit. Aus der Donatorbindungsenergie wird eine effektive Masse von 0,27 m abgeleitet; sie dient zur Berechnung der opt. Streuung u. in Verbindung mit der akust. Streuung zur Ermittlung der Beweglichkeitsdaten. Messungen der Thermo-EMK zeigen die Ggw. eines starken Beitrags an Phononenhemmung (Q_p). Der Q_p-Sättigungseffekt ergibt eine effektive träge Masse von 0,07 m, die angenähert isotrop ist, wie Vf. zeigt. Auf Grund magnet. Widerstandsmessungen müssen zumindest 12 Lücken im ZnO-Leitungsband auftreten; diese zeigen keine größere Anisotropie. Die kleine träge Masse ist mit der Zustandsdichtemasse u. den 12 Lücken geringer Anisotropie vergleichbar; jedoch scheinen die Donatorbindungsenergie u. die opt. Streuung eine um den Faktor 4 größere effektive Masse zu fordern. Es wird versucht, diese Diskrepanz mit Hilfe eines geeigneten Modells zu beseitigen. G. RUBAN. 135☐

Raumladungsbegrenzte Ströme als Methode zur Untersuchung von Unvollkommenheiten in reinen Kristallen. M. A. Lampert, A. Rose und R. W. Smith. (Physics Chem. Solids **8.** **464**–66. Jan. 1959. Princeton, N.J., RCA Labor.) (Engl.)

Vff. bestimmen die Strom–Spannungs-Charakteristik eines *CdS*-Einkristalls bei einem Kathoden–Anoden-Abstand von $a = 1,7 \cdot 10^{-3}$ cm u. einer Elektrodenfläche von ca. $3,5 \cdot 10^{-3}$ cm². Die erhaltene Charakteristik wird mit dem nach dem CHILD-Gesetz zu erwartenden Strom verglichen. G. RUBAN. 135☐

Analyse der gemischten ambipolaren und Excitonen-Diffusion in CdS-Kristallen. G. Diemer, G. J. van Gurp und W. Hoogenstraaten. (Philips Res. Rep. **14.** 11–28. Febr. 1959. Eindhoven.) (Engl.) — Vgl. C. **1962.** 10361.

Aus Messungen der stationären u. modulierten Photodiffusion in CdS-Einkristallen folgt, daß in Kristallen mit besonderen Eigg. der Photoleitung u. Fluorescenz Excitonen Beiträge zur Diffusion der Photoleitung über Abstände von einigen mm in den nichtangeregten Teil des Kristalls liefern können. Vff. untersuchen bes. den Einfl. des Streu- u. Fluorescenzlichtes. In vielen Fällen kann dadurch ein Beitrag der Excitonendiffusion unterdrückt werden. HERBERT MÜLLER. 135☐

Bestimmung der effektiven Elektronenmasse in GaAs mittels des Infrarot-Faraday-Effektes. T. S. Moss und A. K. Walton. (Proc. physic. Soc. **74.** 131–33. 1/7. 1959. Farnborough, Hants., Radio Dep., Royal Aircraft Establ.) (Engl.)

Es wurden Messungen an drei n-Kristallen durchgeführt. Der Mittelwert für die effektive Masse ergibt sich zu 0,072 m_0. H. LAUE. 135☐

Magnetische Widerstandsänderung von InSb hoher Reinheit in der Quantengrenze. R. J. Sladek. (Physics Chem. Solids **16.** 1–9. Nov. 1960. Pittsburgh, Pa., Westinghouse Res. Labor.) (Engl.)

Es werden Messungen der magnet. Widerstandsänderungen an InSb vom n-Typ hoher Reinheit zwischen 111 u. 50° K unter Verw. von magnet. Feldstärken bis zu 28 kG ausgeführt. Die Ergebnisse sind in qual. Übereinstimmung mit der Theorie für die Quantengrenze für den Fall von piezoelektr. Streuung u. klass. Statistik. Die Stoßverbreiterung scheint der Mechanismus zu sein, der die Abweichung des spezif. Widerstands in einem Querfeld verhindert. J.-M. Spaeth. 135□

Leitfähigkeit von Kaliumchlorid im festen Zustand. A. R. Allnatt und P. W. M. Jacobs. (Trans. Faraday Soc. **58.** 116–31. Jan. 1962. London, Imp. Coll., Dep. of Chem.) (Engl.)

Es wurden neue Messungen der Gleich- u. Wechselstromleitfähigkeit von KCl-Kristallen mit u. ohne $SrCl_2$-Zusatz zwischen 480 u. 680° durchgeführt. Die Ergebnisse stimmen nicht völlig mit der einfachen Assoziationstheorie überein, sondern sprechen qual. für die Deutung, die auf Wechselwrkg. zwischen nichtnächsten Nachbarn beruht. Es wird ein Wert von $-0,3 \pm 0,1$ eV für die Freie Energie ζ für die Assoziation von Komplexen erhalten. Der große Fehler geht auf die merkwürdige Temp.-Abhängigkeit von ζ zurück. Die Bldg.-Wärme für ein Paar von Schottky-Leerstellen beträgt 2,30 eV; die Aktivierungsenergie für die elektr. Wanderung von Kation- u. Anionleerstellen beträgt 0,75 bzw. 1,8 eV. P. Kurzmann. 135□

Die Lösung der Gleichung für die elektrische Leitfähigkeit einer dünnen Platte in einem beliebigen magnetischen Feld für eine nichtkonstante Temperaturverteilung. H. Stachowiak. (Acta physica polon. **20.** 753–63. 1961. Wroclaw, Inst. of Phys. of the Polish Acad. of Sci., Low Temp. Labor.) (Engl.)

Die Gleichungen für elektr. u. Wärmeleitfähigkeit in einem magnet. Feld werden für eine dünne isolierte Platte untersucht. Für die Unter- u. Oberseite der Platte wird dieselbe Temp.-Verteilung angenommen. Dann lassen sich die Gleichungen auf eine einzige Gleichung in zwei Variablen reduzieren. Es wird als Spezialfall eine rechteckige Platte diskutiert. Es wird gezeigt, daß der stationäre elektr. Strom zu einer Abweichung vom Nernst-Effekt für einen isolierten Leiter Anlaß gibt. H. Laue. 136□

Eine Methode zur näherungsweisen zweiten Quantelung in der Theorie der Supraleitung. Zygmunt Galasiewicz. (Progr. theoret. Physics [Kyoto] **23.** 197–217. Febr. 1960. Dubna, UdSSR, Verein. Kernforschungsinst., Labor. für theoret. Phys.) (Engl.)

Die Hamilton-Funktion eines dynam. Syst. von Fermi-Teilchen wird nach der von Bogoljubow (C. **1960.** 2425) vorgeschlagenen Meth. transformiert. Aus dieser transformierten Hamilton-Funktion erhält Vf. die 2. angenäherte Quantelung. G. Kirschstein. 136□

Thermodynamik anisotroper Supraleiter. W. L. Pokrowski. (Журнал Экспериментальной и Теоретической Физики [J. exp. theoret. Physik] **40.** 641–45. Febr. 1961. Inst. für Radiophys. u. Elektronik der sibir. Abt. der Akad. der Wiss. der UdSSR.) (Russ.; Auszug: Engl.)

Bei schwacher Kopplung wird die Breite der Energielücke durch eine Temp.-Änderung um einen Faktor geändert, der nicht von der Richtung abhängt. Die thermodynam. Größen ändern sich qual. ebenso wie im isotropen Fall. Eingehender werden die Unstetigkeit der spezif. Wärme am Sprungpunkt u. die krit. Feldstärke behandelt. G. Kirschstein. 136□

Schwellenerscheinungen in Supraleitern. W. L. Pokrowski. (Журнал Экспериментальной и Теоретической Физики [J. exp. theoret. Physik] **40.** 143–51. Jan. 1961. Inst. für Radiophys. u. Elektronik, Sibir. Abt. der Akad. der Wiss. der UdSSR.) (Russ.; Auszug: Engl.)

Bei $T = 0°$ K werden Schallwellen von Supraleitern nicht absorbiert, wenn ihre Energie kleiner als die doppelte Breite der Energielücke ist. Oberhalb dieser Grenzenergie setzt die Absorption unstetig ein. Die Schallemission u. die Erzeugung von Elektronen–Löcher-Paaren werden als Funktion der Elektronenenergie theoret. behandelt. G. Kirschstein. 136□

Über den Einfluß der Anisotropie auf Schwellenerscheinungen in Supraleitern. W. L. Pokrowski und M. Ss. Rywkin. (Журнал Экспериментальной и Теоретической Физики [J. exp. theoret. Physik] **40.** 1859–65. Juni 1961.) (Russ.; Auszug: Engl.) — Vgl. vorst. Referat.

Theoret. Behandlung der Absorption von Ultraschall- u. elektromagnet. Wellen, deren Frequenzen in der Nähe der Schwellenfrequenz (10^{11}–10^{12} s^{-1}) liegen; deren Zahlenwert hängt von der Fortpflanzungsrichtung der Wellen ab. G. Kirschstein. 136□

Bemerkung zum elektromagnetischen Ansprechen von Supraleitern. Sadao Nakajima. (Progr. theoret. Physics [Kyoto] **22.** 430—36. Sept. 1959. Kyoto, Univ., Res. Inst. for Fundament. Phys.) (Engl.)

Im Anschluß an eine frühere Theorie (C. **1958.** 3516) wird gezeigt, wie beim Supraleiter der Diamagnetismus u. die longitudinalen u. transversalen Leitfähigkeiten miteinander in Zusammenhang stehen. Dadurch werden auch die Beziehungen verständlich, die zwischen den Arbeiten von Mattis u. Bardeen (C. **1959.** 2022), von Blatt u. Matsubara (C. **1960.** 12237) u. von Tinkham u. Ferrell (Physic. Rev. Letters **2.** [1959.] 331) bestehen. Dabei zeigt sich aber, daß die unendliche stat. Leitfähigkeit noch ein ungelöstes Problem bleibt. H. Fahlenbrach. 136□

Eine Bemerkung über das elektromagnetische Ansprechen normaler Metalle. Sadao Nakajima. (Progr. theoret. Physics [Kyoto] **23.** 694—99. April 1960. Nagoya, Nagoya Univ., Phys. Inst.) (Engl.) — Vgl. vorst. Referat.

Der l. c. entwickelte allg. Formalismus der transversalen Leitfähigkeit wird auf das einfachste Beispiel, das freie Elektronengas, angewendet u. ergibt den gleichen extrem anomalen Skineffekt wie die übliche Meth. von Reuter u. Sondheimer (Proc. Roy. Soc. [London], Ser. A **195.** [1948.] 336). Ferner wird gezeigt, daß die Differenz aus der opt. Summenregel in diesem Beispiel zum Landau-Diamagnetismus führt.
Herbert Weber. 136□

Über die Supraleitfähigkeit von Zinn und Indium unter Druck. L. Ss. Kan, B. G. Lasarew und W. I. Makarow. (Журнал Экспериментальной и Теоретической Физики [J. exp. theoret. Physik] **40.** 457—59. Febr. 1961. Physikal.-techn. Inst. der Akad. der Wiss. der UkrainSSR.) (Russ.; Auszug: Engl.)

Im Bereich bis 1730 at nimmt die krit. Temp. T_c von In um $(4{,}4 \pm 0{,}3) \cdot 10^{-5}$ Grad je at ab; bei Sn ist die Druckabhängigkeit von T_c, vermutlich infolge der komplizierten Form der Fermi-Fläche, nicht so einfach, bes. zwischen 400 u. 800 at.
G. Kirschstein. 136□

Magnetische Methoden zur Untersuchung von Strahlungsschäden in ferromagnetischen Substanzen. D. Dautreppe, P. Moser und J. Pauleve. (Discuss. Faraday Soc. Nr. **31.** 1961. 53—56. Isère, France, Centre d'Études Nucl. de Grenoble, Labor. de Phys. du Solide.) (Engl.)

Ringe aus Rein-*Fe* werden bei Raum-Temp. u. 77° K im Reaktor mit schnellen Neutronen bestrahlt u. der magnet. Nacheffekt G/Δ bei verschiedenen Temp. bestimmt. Nach Bestrahlung mit $4 \cdot 10^{18}$ nvt wird zwischen -20 u. $+150°$ eine Zone von G/Δ beobachtet, deren Bandbreite nach Anlassen auf 100° zunimmt, da offenbar teilweise eine Agglomeration von Elementardefekten eintritt. Nach dem Anlassen auf 300° verschwindet G/Δ vollständig; die mittlere Aktivierungsenergie E_a beträgt 1,2 eV. Nach Bestrahlung mit $2{,}5 \cdot 10^{11}$ nvt bei 77° K treten 2 G/Δ-Zonen auf; die erste überstreicht 80—160° K u. zeigt $E_a = 0{,}3$ eV, die Breite der zweiten ist geringer mit E_a ca. 0,6 eV. Die Zonen verschwinden nach Erwärmung auf 30°. Wahrscheinlich sind Verunreinigungsatome für die Bestrahlungseffekte verantwortlich. Außerdem wird die Anisotropieenergie einer ellipsoiden Probe einer Leg. mit 50 (%) *Ni* u. 50 *Fe*, die bei 30° in einem Sättigungsmagnetfeld (2900 Gauß) mit schnellen Neutronen bestrahlt wird, als Funktion der Bestrahlungsdosis bestimmt. Nach der Bestrahlung wächst die uniaxiale Anisotropie mit beachtlicher Geschw. an; dieser Effekt ist von der Richtung des Magnetfeldes abhängig. Herbert Müller. 137□

Orientierungsüberstruktur, hervorgerufen durch Neutronenbestrahlung auf einer Fe-Ni-Legierung (50—50%) unter einem Magnetfeld. Jean Paulevé und Daniel Dautreppe. (C. R. hebd. Séances Acad. Sci. **250.** 3804—06. 8/6. 1960. Grenoble, Centre d'Etudes nucl.) (Franz.)

Eine mit schnellen Neutronen unter einem Magnetfeld von 2500 Oe beschossene Fe-Ni (50-50%)-Probe zeigte eine einachsige Anisotropie, deren Energie 9000 erg/cm^3 betrug. Es wird die Überstruktur durch Wiederglühen unter einem Magnetfeld untersucht. J.-M. Spaeth. 137□

Einfluß von Kaltverformung und Wärmebehandlung auf die elektrischen und magnetischen Eigenschaften von Fe-Al-Legierungen. Günther Rassmann und Harry Wich. (Z. angew. Physik **13.** 172—74. April 1961. Dresden, Dt. Akad. der Wiss. zu Berlin, Forschungsinst. für metall. Spezialwerkstoffe.) (Dt.)

Bei Fe-Al-Legg. mit Al-Geh. zwischen 9 u. 18 Gew.-% wird der Einfl. der Kaltverformung u. der Glühbehandlung auf die elektr. u. magnet. Eigg. untersucht. Es wird

gezeigt, daß die Kaltverformung eine starke Erniedrigung des spezif. elektr. Widerstandes unter gleichzeitiger Ausbildung einer ausgeprägten magnet. Anisotropie hervorruft. Die Rückbildung dieser elektr. u. magnet. Eig.-Änderungen tritt schon beim Anlassen bei Temp. von 100—250° deutlich zutage. Eine Erklärung der Zusammenhänge zwischen der Struktur u. den Eigg. wird durch die Annahme einer Nahordnungsstruktur im abgeschreckten Zustand versucht. Auf die Existenz einer solchen Nahordnung kann man aus dem Verh. von magnet. Sättigung, Gitter-Konst. u. elektr. Widerstand schließen.
H. FAHLENBRACH. 137□

Die magnetischen Eigenschaften von Mn–Sn–C-Legierungen. Mitsuru Asanuma. (J. physic. Soc. Japan **15.** 1136—37. Juni 1960. Sapporo, Hokkaido Univ., Fac. of Sci., Dep. of Phys.) (Engl.)

An folgenden Legg. des Mn–Sn–C-Dreistoff-Syst. $Mn_{3,15}Sn_{0,85}C$, $Mn_{3,25}Sn_{0,75}C$, $Mn_{3,32}Sn_{0,68}C$, $Mn_{3,40}Sn_{0,60}C$ u. $Mn_{3,50}Sn_{0,50}C$ werden Gitter-Konst. u. damit Mn—Mn-Abstände, ferner das Atommoment in BOHRschen Magnetonen u. die CURIE-Temp. gemessen. Mit zunehmendem Mn-Geh. nehmen die Gitter-Konst. u. die Mn—Mn-Abstände linear ab. Im Sinne der geläufigen Vorstellungen werden damit auch die spontane Magnetisierung u. die CURIE-Temp. als Wrkg. der positiven Austausch-Wechselwrkg. kleiner. Die Susceptibilität–Temp.-Kurven oberhalb der CURIE-Punkte zeigen aber bei den untersuchten Legg. einen Ferrimagnetismus mit $\Theta = -121°$ u. $C_{mol} = 11{,}0$ an. Das führt zu noch nicht geklärten Abweichungen von den Werten der Sättigungsmagnetisierungen bei tiefen Temperaturen. H. FAHLENBRACH. 137□

Magnetische Anisotropie von Chalkopyrit. Teruo Teranishi. (J. physic. Soc. Japan **15.** 1123. Juni 1960. Sapporo, Hokkaido Univ., Fac. of Sci., Dep. of Phys.) (Engl.)

An Einkristallen des Minerals $CuFeS_2$ werden Drehmomentmessungen im Magnetfeld u. Susceptibilitäts-Unterss. in den kristallograph. Hauptachsen bei Temp. zwischen —200 u. +1000° durchgeführt. Die Drehmomentkurven zeigten 2fache Symmetrie, wobei die ⟨1 1 0⟩-Achse eine Richtung leichtester Magnetisierbarkeit ist. Das maximale Drehmoment ist dem Quadrat der magnet. Feldstärke proportional. Es nimmt linear mit zunehmender Temp. ab u. verschwindet bei 550°. Das Drehmoment kommt durch antiferromagnet. Ausrichtungen in zwei senkrecht aufeinanderstehenden Untergittern zustande, wobei die spontanen Magnetisierungen in ⟨0 0 1⟩-Richtungen verlaufen. Der NÉEL-Punkt dieses Antiferromagnetismus liegt bei 550°. Die Ergebnisse werden durch die Susceptibilitätsmessungen, die auch an Pulvern durchgeführt wurden, bestätigt. Ein Anstieg der Susceptibilität mit zunehmender Temp. oberhalb des NÉEL-Punktes deutet einen chem. Zerfall des Minerals an. H. FAHLENBRACH. 137□

Ferrimagnetische Resonanz in Seltenerdmetallgranaten. G. G. Robbrecht. (Nederl. Tijdschr. Natuurkunde **27.** 146—59. Mai 1961. Gent, Rijksuniv., Labor. Verschaffelt.) (Holl.)

Übersicht über Zus., Kristallstruktur, magnet. Eigg., ferro- u. ferrimagnet. Resonanz in Seltenerdmetallionen enthaltenden Granaten (Ferriten). — 26 Schrifttumshinweise.
W. WESLY. 137□

Eine neue Methode zur dynamischen Polarisation der Atomkerne in Festkörpern. Anatole Abragam und Warren George Proctor. (C. R. hebd. Séances Acad. Sci. **246.** 2253—56. 14/4. 1958.) (Franz.)

Die auf dem OVERHAUSER-Effekt in nichtmetall. Festkörpern beruhende Meth. wird beschrieben u. zur dynam. Polarisation der ^6Li-Kerne in einem LiF-Einkristall angewandt (polarisierendes Feld von 2000 Gauß; ca. 9,4 MHz). (Vgl. auch nachst. Referat.) A. BLASCHETTE. 137□

Die Polarisation von Kernen durch die „Effet-Solide"-Methode und die Relaxation der Kernspins während eines schnellen Durchgangs durch ein Feld. J. Burget und M. Odehnal. (Czechoslov. J. Physics B **10.** 645—49. 1960. Prague, Czechoslov. Acad. Sci., Inst. of Nucl. Res.) (Engl.)

Die Beschreibung eines Effekts, der während der dynam. Polarisation von Protonen beobachtet wurde, mit der „Effet Solide"-Meth. (vgl. ABRAGAM u. PROCTOR, vorst. Ref.) u. seine theoret. Erklärung wird gegeben. Durch alternierende Modulation des Magnetfeldes ist bei Resonanzwerten des Feldes im entsprechenden Maximum der Elektronen- u. Kernresonanzkurve nicht nur Polarisation vorgekommen, die nach der Theorie an dieser Stelle nicht auftreten sollte, sondern auch eine Veränderung des Vorzeichens in Abhängigkeit von der Richtung des Durchganges durch das Feld. Diese Erscheinung wird durch die „Trägheit" der Polarisation während des Felddurchganges in einer Zeit, die kleiner ist als die Spin–Gitter-Relaxationszeit des polarisierten Kernes, erklärt.
H. OPPERMANN. 137□

KMR- und Infrarotuntersuchung an $(NH_4)_2SO_4$ und $(NH_4)_2BeF_4$. R. Blinc und I. Levstek. (Physics Chem. Solids **12.** 295—97. Febr. 1960. Ljubljana, Yugoslavia, Inst. J. Stefan.) (Engl.)

Zur Unters. der Phasenübergänge in $(NH_4)_2SO_4$ (I) u. $(NH_4)_2BeF_4$ (II) wurde die Temp.-Abhängigkeit der KMR- u. IR-Spektren untersucht. I u. II zeigten bei Zimmer-Temp. ähnliche Resonanzlinien. Die Linienbreite von II änderte sich zwischen -180 u. $+150^0$ nur wenig; bei I erfolgte unter -110^0 ein scharfer Übergang u. Aufspaltung in 2 Linien. Hieraus wird geschlossen, daß bei Zimmer-Temp. die schnelle Reorientierung der NH_4-Ionen nicht mit einer bestimmten Rotationsachse verbunden ist u. daß die Aufspaltung bei I unter -110^0 auf dem Vorliegen von „eingefrorenen" u. rotierenden NH_4-Ionen beruht. Die NH–F-Brücken in II sind offenbar sehr schwach. Das Auftreten von Rotationsschwingungen in den IR-Spektren beider Verbb. schließt freie Rotation bei Zimmer-Temp. aus. Die Aufspaltungen von ν_4 (NH_4), ν_3 (SO_4) u. ν_3 (BeF_4) unterhalb des Curie-Punktes zeigen Deformationen dieser Ionen in der ferroelektr. Phase an.

G. Winkhaus. 137□

Berechnung der Dissoziationskonstanten K_1 aus der Messung der Löslichkeit von Kieselsäure in Sattdampf bei verschiedener Wasseralkalität. J. Vilím. (Collect. czechoslov. chem. Commun. **26.** 1268—73. Mai 1961. Hradec Králové, Forsch.-Inst. für energet. Anlagen.) (Dt.)

Eine Beziehung zur Berechnung der Dissoziations-Konst. K_1 der Orthokieselsäure bei 160—200 atü Druck u. Temp. von 346—364^0 an Hand von Messungen der Löslichkeit der Kieselsäure in gesätt. Dampf bei verschiedener Alkalität der Lsgg. wird abgeleitet. Für pK_1 ergeben sich im untersuchten Bereich Werte zwischen 8,828 u. 10,327.

O. Knessl/Prag. 139

Bestimmung der Reaktionsgeschwindigkeiten von Magnesiumsulfat- und Mangansulfatlösungen durch Ultraschall. M. Suryanarayana. (J. physic. Chem. **66.** 360 bis 361. Febr. 1962. Hyderabad, Nizam Coll., Dep. of Phys.) (Engl.)

Durch sukzessive Näherung ermittelte Vf. die Aktivitäts-Koeff. u. den Dissoziationsgrad von wss. Lsgg. von $MgSO_4$ (I) u. $MnSO_4$ (II). Die Geschw.-Konst. für die Ionendissoziation wss. Lsgg. (ca. 0,001—0,020 Mol/Liter) von I u. II bei 25^0 sind tabelliert; sie wurden unter Zugrundelegung bekannter Daten aus Ultraschallmessungen neu berechnet.

G. Gattow. 139□

Spektrophotometrische Untersuchungen der elektrolytischen Dissoziation. 6. Mitt. **Uranylchlorid in 50%igem Äthanol und Uranylsulfat in 20%igem Methanol.** D. E. B. Morgans und C. B. Monk. (Trans. Faraday Soc. **57.** 463—67. März 1961. Aberystwyth, Univ. Coll. of Wales, Edward Davies Chem. Labor.) (Engl.) — 5. vgl. C. **1958.** 8835.

Vff. bestimmen durch opt. Absorptionsmessungen die thermodynam. Dissoziations-Konst. des UO_2Cl^+ in 50%ig. A. bei 25^0 zu 0,057 $\pm$4%, den Parameter der Ionengröße zu 4,5 $\pm$0,2 Å (bis zu einer maximalen Ionenstärke von 0,32). Für UO_2SO_4 in 20%ig. Methanol beträgt $10^5 \cdot K_1 = 13{,}2 \pm 6\%$, für $UO_2(SO_4)_2^{2-}$ ist $K_2 \cong 0{,}02$.

P. Frenzel. 139□

Struktur von Kaliumfluorosilicat in einer Alkalihalogenidlösung und in reinem, geschmolzenen Zustand. Christiane Bourlange und Georges Petit. (C. R. hebd. Séances Acad. Sci. **252.** 2833—35. 8/5. 1961.) (Franz.)

Die Dissoziationsgleichgewichte von geschmolzenem K_2SiF_6 u. fl. Lsgg. von K_2SiF_6 in *KBr* werden kryometr. untersucht. Die Dissoziation erfolgt demnach vorwiegend nach $K_2SiF_6 \rightleftharpoons SiF_4 + 2\,K^+ + 2\,F^-$ u. ist geringfügig von der Folge-Rk. $SiF_4 \rightleftharpoons Si^{4+} + 4\,F^-$ begleitet. Im fl. Zustand liefert das Komplexion $[SiF_6]^{2-}$ eine Mol.-Anordnung, in der das Zentralatom von einem Elektronenoktett umgeben ist.

Herbert Müller. 139□

Elektrokristallisation von Kupfer auf Einkristallkugeln. 1. Mitt. **Morphologie des Niederschlags.** N. A. Economou und D. Trivich. (Electrochim. Acta [London] **3.** 292—97. Jan. 1961. Detroit, Mich., Wayne State Univ., Dep. of Chem.) (Engl.)

Bei der elektrolyt. Abscheidung von Cu aus einem sauren Bad auf Cu-Einkristallkugeln ergeben sich im Bereich 1—20 mA/cm^2 charakterist. Wachstumsformen, die durch den Grundkristall hervorgerufen werden. Sie werden durch einen nahen Hauptpol bestimmt, der eine der Ebenen dichtester Packung des Cu {1 0 0}, {1 1 0} u. {1 1 1} repräsentiert. Um den {1 0 0}-Pol bildet sich eine Schichtstruktur aus, deren Flächen parallel zur {1 0 0}-Ebene verlaufen. Die {1 1 0}-Pole sind von bergkettenartigen Formen umgeben, während sich um die {1 1 1}-Pole trigonale Pyramiden bilden. Dazwischen befinden sich Übergangszonen mit kaum feststellbarer Struktur. Die von den verschiedenen Strukturen bedeckte Fläche der Kugel hängt von der Stromdichte ab.

W. Betcke. 141□

Elektrokristallisation von Kupfer auf Einkristallkugeln. 2. Mitt. Spurenmessungen der Verteilung des Niederschlags. N. A. Economou und D. Trivich. (Electrochim. Acta [London] 3. 298—306. Jan. 1961.) (Engl.) — 1. vgl. vorst. Referat.

Die Verteilung von elektrolyt. auf Cu-Einkristallkugeln abgeschiedenem Cu wurde mit Hilfe von Tracer-Meth. untersucht. Die Schichtdicke im Zwischensegmentgebiet zwischen dem {100}- u. dem {110}-Pol wird durch ein Minimum gekennzeichnet, dessen Lage nicht von der Elektrolysedauer abhängt, jedoch von der Stromdichte stark beeinflußt wird. Diese Stromdichteabhängigkeit geht parallel zur Abhängigkeit der Begrenzung des Schichtwachstums von der Stromdichte. Beide Funktionen zeigen die Form $i_{av} = A - B \cos \Theta$. Die Änderung der örtlichen effektiven Stromdichte an einzelnen Stellen der Wachstumsschichten bei zunehmender Distanz vom {1 0 0}-Pol legt die Vermutung nahe, daß nur gewisse Teile der Schichten beim Red.-Vorgang wirksam sind. W. BETCKE. 141□

Eine Untersuchung der Oxydation von Wasserstoff an platinierten Platinelektroden. Thomas C. Franklin und Samuel L. Cooke jun. (J. electrochem. Soc. **107.** 556—60. Juni 1960. Waco, Tex., Baylor Univ., Chem. Dep.) (Engl.)

Vff. untersuchen mit Hilfe eines coulometr. Verf. unter Verw. eines Polarographen die Oxydation von H_2 an platinierten Pt-Elektroden im pH-Bereich zwischen 2n H_2SO_4- u. 2n NaOH-Lösung. Die Ergebnisse weisen auf drei verschiedene Formen des H hin, die drei Maxima in den Strom–Spannungs-Kurven entsprechen: Zwei Formen von adsorbiertem H u. absorbiertes H. Ein viertes Maximum wird der Bldg. eines Pt-Oxids auf der Oberfläche der Elektrode zugeschrieben. Die Absorption erfolgt in NaOH-Lsgg. schneller als in H_2SO_4. Aus den Unterss. des pH-Einfl. auf die Strom–Spannungs-Kurven nehmen Vff. an, daß das absorbierte H als geladenes Teilchen, wahrscheinlich als H_3^+, vorliegt. Das Auftreten eines Reststroms, der auf die Oxydation des gelösten mol. H_2, das zur Oberfläche diffundiert, zurückgeführt wird, ist zu berücksichtigen. Die Ergebnisse stimmen mit früheren Unterss. (Verff. der langsamen bzw. schnellen Aufladung) überein. P. FRENZEL. 142□

Die Grenzfläche zwischen einem Metall und einem Elektrolyten. N. F. Mott und R. J. Watts-Tobin. (Electrochim. Acta [London] **4.** 79—107. Aug. 1961. Cambridge, Univ., Dep. of Phys.) (Engl.)

Vff. erörtern die Verhältnisse an der Grenzfläche Metall/Elektrolyt unter Berücksichtigung früherer Ergebnisse u. der Analyse des elektrostat. Feldes in der inneren Region, der dielektr. Eigg. des dort befindlichen W. sowie der Oberflächendiffusion. Die DK des W. in der inneren Region beträgt beim Verschwinden des Feldes (auf der anod. Seite des Maximums der Elektrocapillarität) ca. 15. Bei starken Feldern in der inneren Region nimmt die DK bis zu einem konst. Wert von 3—5 ab. Die Erhöhung der Kapazität einer Hg-Elektrode in einem Fluoridelektrolyten führen Vff. wenigstens z. T. auf die Adsorption von Hydroxylionen zurück, Hg-Adionen haben möglicherweise auch einen Einfluß. Bei starker spezif. Adsorption ist die Annahme eines konst. Feldes im inneren Bereich nicht zulässig. Weiterhin erörtern Vff. Rkk. an der Grenzfläche einschließlich der Ionen- u. Elektronendurchtrittsvorgänge (Überführung eines gelösten Ions aus der äußeren HELMHOLTZ-Schicht zur Oberfläche: Bldg. eines spezif. adsorbierten Ions bzw. Überführung eines Elektrons von der Oberfläche zu einem solvatisierten Ion). Die Geschw. der elektrolyt. Abscheidung wird unter gewissen Umständen durch die Oberflächendiffusion bestimmt. Dies ist nicht der Fall, wenn die Sprünge der Adionen langsamer als der Durchgang durch die Potentialschwelle zwischen der HELMHOLTZ-Schicht u. dem Metall sind. P. FRENZEL. 142□

G. Charlot, J. Badoz-Lambling en **B. Trémillon,** Electrochemical reactions. Amsterdam: Elsevier Publishing Cy. 1962. (IX + 377 S.) hfl. 40,—.

Jan Tauc, Photo and thermoelectric effects in semiconductors. Oxford, London: Pergamon. 1962. (XI + 248 S. m. Tab. u. Diagr.) 60 s.

A$_4$. Thermodynamik. Thermochemie

Die thermische Ausdehnung von Blei. Thor Rubin, H. L. Johnston und Howard W. Altman. (J. physic. Chem. **66.** 266—68. Febr. 1962. Columbus, Ohio, State Univ., Cryogen. Labor.) (Engl.)

Die therm. Ausdehnung von 99,99%ig. Pb wurde im Temp.-Bereich von 20—300° K mit einem FIZEAU-Interferometer bestimmt; die therm. Ausdehnungs-Koeff. sind tabelliert. Für $\Delta l/l_0 \cdot 10^4$ werden folgende Werte angegeben (l_0 bei 0°): —50,719 (bei —188°), —39,323 (—143,5), —28,567 (—103,0), —22,234 (—79,5), —13,524 (—48,1), —4,928 (—17,4). Pb gehorcht zwischen 25 u. 300° K der GRÜNEISENschen Beziehung. G. GATTOW. 148□

Graphische Wiedergabe der Zusammensetzung und Temperatur einer binären Flüssigkeit in einer Rektifizier-Destillationskolonne. J. Smittenberg. (Recueil Trav. chim. Pays-Bas **79.** 635—38. Juni 1960. Utrecht, Netherlands, State Univ., Analyt. Chem. Labor.) (Engl.)

Zur theoret. Behandlung der Stoffverteilung in einer Rektifizierkolonne wird diese derart in Höhenabschnitte eingeteilt, daß der Dampf (eines Zweikomponenten-Syst.), der die obere horizontale Begrenzungsebene eines solchen Abschnitts passiert, in bezug auf seine Zus. im thermodynam. Gleichgewicht mit der durch die untere Begrenzungsebene zurückströmenden Fl. steht. Auf der Grundlage dieses Modells wird die Zus. von Fl. u. Dampf in Abhängigkeit von der Temp. als Funktion der Niveauhöhe ermittelt u. sowohl für unbegrenztes als auch für begrenztes Rückflußverhältnis graph. dargestellt. W. BETCKE. 150□

Differentialthermoanalyse von Bleiglanz und Clausthalit. James A. Dunne und Paul F. Kerr. (Amer. Mineralogist **46.** 1—11. Jan./Febr. 1961. New York, N.Y., Columbia Univ.) (Engl.)

12 Proben von natürlichem Bleiglanz verschiedener Herkunft zeigen bei der DTA infolge Oxydation einen exothermen Effekt zwischen 780 u. 790°; die Temp.-Schwankungen werden auf unterschiedliche Gitter-Konst. zurückgeführt. Zur Bestätigung wird die Mischkristallreihe PbS–PbSe (Clausthalit) durch Erhitzen der Komponenten im Vakuum hergestellt, die Bldg.-Temp. steigen dabei stetig von 160° (PbSe) auf ca. 220° (PbS) an. Die VEGARDsche Regel ist erfüllt. Bei der DTA dieser Mischkristalle wird im Bereich zwischen PbSe u. $PbSe_{0,3}S_{0,7}$ ein linearer Zusammenhang zwischen reziproker Zers.-Temp. u. Gitter-Konst. gefunden. Abweichungen bei höherem S-Geh. werden auf Oberflächenoxydation u. anomales Verh. der Anionen zurückgeführt.
W. FRANKE. 150□

Verdampfungswärme und Schmelzwärme von Eisen(III)-chlorid. Charles M. Cook jun. (J. physic. Chem. **66.** 219—22. Febr. 1962. Wilmington, Del., E. I. du Pont de Nemours & Co., Inc., Pigments Dep.) (Engl.)

Mit Hilfe der Spiralmanometer-Meth. wurden die Dampfdrücke von Fe_2Cl_6 (I) über einer Lsg. von $FeCl_2$ in fl. I im Temp.-Bereich von 300—470° bestimmt. Die Dampfdrücke von I lassen sich durch folgende Gleichung beschreiben (in mm Hg): $\log p = 48{,}57 - 12{,}55 \log T - 6373/T$. Aus der Dampfdruckkurve ergibt sich die Verdampfungswärme zu 14,6 ± 0,5 kcal/Mol I u. die Verdampfungsentropie zu 24,8 ± 1,0 cal/Grad Mol I bei 580,7° K; der Kp. wurde zu 315° extrapoliert. Zwischen ca. 200 u. 400° wurden die Wärmeinhalte mit einem Tropf-Calorimeter bestimmt. Die Schmelzwärme konnte bei 580,7° K zu 9,0 ± 0,4 kcal/Mol $FeCl_3$ ermittelt werden. G. GATTOW. 155□

Bildungswärmen von Bromfluoriden. Lawrence Stein. (J. physic. Chem. **66.** 288—91. Febr. 1962. Argonne, Ill., Argonne Nat. Labor.) (Engl.)

Br reagiert mit F zu BrF (I); bei einem großen Überschuß an F_2 bilden sich jedoch bei 25° BrF_3 (II) in schneller u. BrF_5 (III) in langsamer Rk.; bei 105° entsteht nur III. In einem elektr. geeichten adiabat. Calorimeter wurden die Bldg.-Wärmen ΔH_f^0 bestimmt u. die Freien Bldg.-Energien ΔF_f^0 berechnet: I (ΔH_f^0 =) — 17,7 (kcal/Mol), (ΔF_f^0 =) — 18,0; II — 64,8, — 55,2; III — 106,2, — 84,1. G. GATTOW. 156□

Thermodynamische Funktionen des gasförmigen $^7Li^{19}F$. J. Kučírek und Papoušek. (Collect. czechoslov. chem. Commun. **26.** 1458—59. Mai 1961. Brno, Univ., Inst. für Exper.-Phys. u. Inst. für theoret. u. phys. Chem.) (Dt.)

Die thermodynam. Funktionen des Lithiumfluorids für den idealen Gaszustand (freie Enthalpie, Enthalpie, Entropie, Wärmeinhalt) wurden berechnet. Die Berechnungs-Meth. u. die wahrscheinlichen Fehler sind angegeben. O. KNESSL/Prag. 156

Untersuchung des Zusammenhanges zwischen einigen calorimetrischen Daten und gewissen Elementen des Phasendiagramms Al–Zn. Françoise Frignet und Raoul Hagège. (C. R. hebd. Séances Acad. Sci. **253.** 1938—40. 30/10. 1961.) (Franz.)

Im Phasendiagramm des Syst. Al–Zn werden für 2 Eutektika u. ein Peritektikum die integralen mol. Mischungswärmen aus calor. Daten abgeleitet.
HERBERT MÜLLER. 156□

Die Einflüsse von Stickstoffoxid bei der Verbrennung von Äthan oder Ammoniak in Distickstoffoxid. Michel Destriau und Paul Laffitte. (C. R. hebd. Séances Acad. Sci. **252.** 4003—04. 19/6. 1961. Paris, Sorbonne, Labor. de Chim. gén.) (Franz.) — Vgl. C. **1961.** 2213.

Von Gasgemischen $C_2H_6 + 14\,N_2O + n\,NO$ ($0 \leq n \leq 7$), $NH_3 + 6\,N_2O + nNO$ ($0 \leq n \leq 4$) u. $NH_3 + n\,NO$ ($1 \leq n \leq 6$) werden die Entflammungs-Temp. als Funktion des Druckes bzw. der zugesetzten Menge NO untersucht. Die Promotor- bzw. Inhibitor-Wrkg. von NO ist stark von seiner Konz. abhängig; bis zu einem Grenzwert für

jedes Gasgemisch besteht Promotor- darüber Inhibitorwirkung. Im ersten Fall wird die Dissoziation von N_2O katalysiert, während dann Inhibition der Radikal-Rkk. auftritt.
HERBERT MÜLLER. 157☐

Spezifische Wärmeleitfähigkeit von acht Halogenidkristallen im Temperaturbereich von 220—390°K. Kathryn A. McCarthy und Stanley S. Ballard. (J. appl. Physics **31.** 1410—12. Aug. 1960. Medford, Mass., Tufts Univ., Dep. of Phys.) (Engl.)

Vff. beschreiben eine Vgl.-Meth. zur Best. der Wärmeleitfähigkeit k an kleinen Halogenidkristallen u. ermitteln k für *CsBr, CsJ, AgCl, KBr, NaCl, KCl,* CaF_2 u. BaF_2 im Temp.-Bereich von 220—390° K. k von KBr, KCl u. NaCl ist im unteren Teil des Bereichs umgekehrt proportional der Temp., bei höheren Temp. jedoch fast temperaturunabhängig. k von CsBr, CsJ u. AgCl ist im gesamten Temp.-Bereich fast unabhängig von der Temperatur. k von BaF_2 u. CaF_2 ändert sich viel stärker, als daß es durch eine 1/T-Abhängigkeit dargestellt werden könnte, die Werte sind jedoch für eine exakte Darst. zu ungenau. Die Ergebnisse werden mit Literaturwerten verglichen.
P. FRENZEL. 158☐

Die Berechnung der Schallgeschwindigkeit in Elektrolytlösungen. Tatsuya Yasunaga. (J. Sci. Hiroshima Univ., Ser. A **22.** 301—06. Dez. 1958. Hiroshima, Univ., Fac. of Sci., Dep. of Chem.) (Engl.)

Unter Zugrundelegung einer empir. Beziehung von RAO [1940] $Vu^{1/3} = K$ (V = Mol-Vol., u = Schall-Geschw., K = konst.) werden die Schall-Geschw. in wss. *NaCl-, NaBr-* u. *KCl*-Lsgg. verschiedener Konzz. berechnet u. mit experimentell bestimmten Werten verglichen. Die Übereinstimmung ist befriedigend. W. BETCKE. 159☐

Beugung des Lichtes durch zwei Ultraschallwellen der gleichen Frequenz. K. L. Zankel. (J. acoust. Soc. America **32.** 709—13. Juni 1960. East Lansing, Mich., State Univ., Dep. of Phys.) (Engl.)

Mit einem von HARGROVE u. Mitarbeitern (vgl. C. **1962.** 13287) beschriebenen App. untersuchten Vff. die Beugung des Lichtes durch 2 parallele Ultraschallwellen der gleichen Frequenz. Messungen mit Wellen, die 180° aus Phase waren, stimmten mit den theoret. vorhergesagten Ergebnissen überein. Festgestellt wurde, daß die Beugung fast vollständig verschwand, wenn die 2 Wellen nahezu ident. waren. Diese Beobachtung kann nach Ansicht des Vf. als Meth. zum Vgl. von Ultraschalldrücken, zur Messung von Absorption sowie zur Unters. von endlicher Amplitudenstörung Verwendung finden. C. GOTTFRIED. 159

Experimente mit einem Stoßwellenrohr mit Phasenänderungen. E. Terner. (Ind. Engng. Chem., Process Design Development **1.** 84—86. April 1962. Chicago, Ill., Armour Res. Found.) (Engl.)

Es wurden Stoßrohrexperimente mit hauptsächlich Wasser als antreibender Fl. durchgeführt. Man erhält Ergebnisse über die Ausbreitung u. Abschwächung von Wellenimpulsen in kaltem u. erhitztem Wasser. Die Verdampfung an der Zwischenfläche geht ziemlich langsam vor sich u. ist von der Wellenbewegung, die auf den Durchbruch der Membran folgt, unabhängig. HANS LAUE. 159☐

Z. L. Ambarzumjan, G. I. Bassalowa, Ss. A. Gorshewskaja u. a., Thermische Untersuchungen der Urane und uranhaltigen Mineralien. Moskau: Gossatomisdat. 1961. (147 S.) 43 Kop. [Russ.]

S. R. de Groot and P. Mazur, Non-equilibrium thermodynamics. Amsterdam: Noord-Hollandsche U. M. 1962. (X + 514 S.) hfl 45,—.

G. Emschwiller, Chimie thermodynamique. Paris: A. Colin. 1962. (192 S.) 76 NF.

Ernst Schmidt, Einführung in die technische Thermodynamik und in die Grundlagen der chemischen Thermodynamik. 9., verb. Aufl. Berlin, Göttingen, Heidelberg: Springer 1962. (XX + 543 S. m. 244 Abb. u. 69 Tab.) 8°. DM 36,—.

A₅. Kolloidchemie. Grenzschichtforschung

Kritische Erscheinungen in wässerigen Lösungen langkettiger quaternärer Ammoniumsalze. 2. Mitt. **Spezifität und Lichtstreuungseigenschaften.** Irving Cohen und Tony Vassiliades. (J. physic. Chem. **65.** 1774—81. Okt. 1961. Brooklyn, N.Y., Polytechn. Inst. of Brooklyn, Dep. of Chem.) (Engl.) — 1. vgl. C. **1950/54.** 7754 S.

An wss. Lsgg. von *Hyamin 1622* **(I)**, *Hexadecyltrimethylammoniumbromid* **(II)** u. *Hexadecyldimethylbenzylammoniumchlorid* **(III)** wurde oberhalb der krit. Micell-Bldg.-Konz. nach Zusatz von Elektrolyten bei 5—30° die Lichtstreuung (4360 Å, unpolarisiert) gemessen. Bei gegebener Temp. nimmt mit wachsender Elektrolyt-Konz. (EK) Trübe u. Asymmetrie der Lichtstreuung erst allmählich, dann plötzlich zu, was einer Umordnung der zunächst isotropen Micellen zu Zylindern mit rasch wachsender Länge zugeschrieben wird. Dann tritt bei einer krit. EK, die über einen Bereich von 0,5—5% I prakt. konst. ist, Trennung in eine prakt. I-freie u. eine darunterliegende ölige Phase ein, in der ein hoher Ordnungsgrad der Micellen vorliegt u. das Vol. mit wachsendem Elektrolytzusatz abnimmt. Die relative Wirksamkeit zur Erzeugung zweier Lsg.-Phasen ist bei einwertigen Anionen ausgeprägt u. folgt einer lyophoben Reihe: $SCN^- > ClO_4^- > Br^- \sim NO_3^- > Cl^-$, bei Kationen dagegen weniger spezifisch. Bei Temp.-Anstieg geht das Zweiphasen-Syst. innerhalb eines weiten Bereiches der EK oberhalb einer krit. Temp. in ein Einphasen-Syst. über. Oberhalb der krit. EK erfolgt bei Abkühlung des Zweiphasen-Syst. Ausflockung des Kolloids, unterhalb der krit. EK ab 4° Gel-Bldg. ohne Phasentrennung. Die aus den Lichtstreuungsmessungen abgeleitete Ladung der Micellen pro Mol.-Zahl ist relativ niedrig u. beträgt in I-Lsgg. mit 0,01, 0,02 u. 0,05 n NaCl 0,16, 0,20 u. 0,10. Aus der Winkelabhängigkeit ($\sin^2 \Theta + C + C'$) der modifizierten reziproken red. Intensität [$(C + C')/R_\Theta$, wobei C = Konz. der Kationseife, C' = EK] für konst. Temp. läßt sich durch Messungen an homogenen Lsgg. verschiedener EK die krit. EK graph. ermitteln. Die nach diesem Verf. bestimmten krit. EK der Syst. I-*NaCl*, I-*$BaCl_2$*, II-*KSCN*, III-*NaCl* stimmen innerhalb von 2% mit den Meßwerten überein. Es wird die Übereinstimmung der Meßergebnisse mit den Modellvorstellungen diskutiert.

R. JUNGE. 162☐

Kritische Erscheinungen in wässerigen Lösungen langkettiger quaternärer Ammoniumsalze. 3. Mitt. **Viscosität, Diffusion und Ladungseigenschaften.** Irving Cohen und Tony Vassiliades. (J. physic. Chem. **65.** 1781—86. Okt. 1961.) (Engl.) — 2. vgl. vorst. Referat.

Von den in der 2. Mitt. untersuchten Verbb. sowie von *Äthyldecyldimethylammoniumbromid* (I) u. *Cetylpyridiniumchlorid* wurden jeweils in wss. Lsg. mit verschiedener Elektrolyt-Konz. bei verschiedener Temp. die Struktur-Viscosität η nach UBBELOHDE (modifiziertes Verf.), der Selbstdiffusions-Koeff. D nach ANDERSON u. SADDINGTON (J. chem. Soc. [London] **1949.** 381, Capillartechnik, Azobenzol als Indicator), die krit. Micell-Bldg.-Konz. aus der Abhängigkeit des Brechungsindex von der Konz. u. die Micelladung aus Lichtstreuungsmessungen bestimmt. Bei Syst., die sich in 2 Lsg.-Phasen trennen können, wächst η erst langsam mit der Konz. an einfachem, einwertigem Elektrolyt, dann aber sehr rasch. Dieser Bereich entspricht der Bldg. anisotroper Micellen (Elektrolyt-Übergangsbereich, EÜ.). Bei Konzz. > EÜ. wächst η proportional dem Micellgewicht M u. proportional $L/M^{3/2}$ (L = Länge der anisotropen Micelle). Die Abhängigkeit von η von der Temp. u. der Art der Elektrolyte steht in qual. Einklang mit den l. c. aus Lichtstreuungsmessungen erhaltenen Ergebnissen. D von I nimmt vor Erreichen des EÜ. mit wachsender NaCl-Konz. sehr langsam, im EÜ. rasch, danach wieder etwas langsamer ab. Zwischen der Wirksamkeit eines Elektrolyten zur Bldg. von Zweiphasen-Syst. u. seinem Vermögen, die krit. Micell-Bldg.-Konz. zu vermindern, besteht ein direkter Zusammenhang. Eine Kationseife kann sich nur dann in 2 Lsg.-Phasen trennen, wenn schon bei relativ niedrigem Elektrolyt-Geh. durch Elektrolytzusatz eine Verminderung der Micellionisation unter einen krit. Wert stattfindet. Die Ergebnisse stehen im Einklang mit dem früher entwickelten Modell. Als Übergang zwischen Syst. mit isotropen Micellen, die keine 2 Lsg.-Phasen bilden, u. den hier besprochenen kann das Syst. I-*$NaNO_3$*-*H_2O* betrachtet werden, in dem zwar die Bldg. großer zylinderförmiger Micellen, wegen zu großer Micellenladung aber nicht die Trennung in 2 Phasen möglich ist. R. JUNGE. 162☐

Bemerkungen über einen gebrochenen Seifenfilm. F. E. C. Culick. (J. appl. Physics **31.** 1128—29. Juni 1960. Cambridge, Mass., MIT, Naval Super-Ionic Labor.) (Engl.)

Durchsticht man einen horizontalen Seifenfilm an einem Punkt, dann rollen sich die Kanten des entstandenen Loches von dem Durchstichpunkt aus infolge der Oberflächenspannung mit scheinbar konst. Geschw. auf. Messungen von RANZ (vgl. C. **1961.** 10458) ergaben nun Werte, die ca. 10% niedriger waren, als sie sich auf der Grundlage einer von RAYLEIGH (1902) angenommenen einfachen Energieerhaltung berechnen. Diese Diskrepanz war von RANZ (vgl. l. c.) einer zusätzlichen verzögernden viscosen Spannung zugeschrieben worden, die in der Analyse nicht eingeschlossen war. Vf. führt nun aus, daß das von RANZ angegebene Energiegleichgewicht einen wichtigen Beitrag vernachlässigt, der mit dem von RANZ angenommenen viscosen Effekt in Zusammenhang steht. Eine ausführliche Analyse der Bewegung der Kante ergab, daß der vernachlässigte Beitrag von einer nicht elast. Beschleunigung der ungestörten Fl. bis zur Geschw. der Kante herrührt. Den begleitenden Verlust an mechan. Energie kann man mit einer viscosen Zerstreuung identifizieren, die auf Grund von Schätzungen jedoch auf ein relativ enges Gebiet begrenzt ist. Die Nichtübereinstimmung zwischen berechneten u. gemessenen Werten scheint nach den Unterss. des Vf. durch einen Effekt 2. Ordnung in der von RANZ angewendeten Meth. zur Best. der Filmdicke verursacht zu werden.

C. GOTTFRIED. 166

Oberflächenspannung von flüssigem Platin bei 1800°. Paul Kozakevitch und George Urbain. (C. R. hebd. Séances Acad. Sci. **253.** 2229–31. 13/11. 1961. Saint-Germain-en-Laye, Seine-et-Oise, Inst. de Rech. de la Sidérurg., Dép. Chim.-Phys.) (Franz.)

Auf reines, gesintertes Al_2O_3 werden in Ar-Atmosphäre bei 1800° Tropfen von fl. Pt gegeben u. röntgenograph. Tropfenhöhe u. Kontaktwinkel bestimmt; mit D. 18,82 ± 0,02 g/cm³ wird die Oberflächenspannung zu $\gamma = 1699 \pm 20$ dyn/cm berechnet. Aus dem Vgl. mit γ bei 1550° für fl. Fe 1788 (dyn/cm), Co 1886 u. Ni 1934 folgt, daß γ umgekehrt proportional dem Atom-Vol. ist. HERBERT MÜLLER. 166□

Die diffuse Doppelschicht in gemischten Elektrolyten. K. M. Joshi und R. Parsons. (Electrochim. Acta [London] **4.** 129–40. Aug. 1961. Bristol, Univ., Dep. of Phys. and Inorg. Chem.) (Engl.)

Vff. bestimmen zur Überprüfung der Theorie der diffusen Doppelschicht die Elektrocapillarkurve in wss. Lsgg. von HCl + $BaCl_2$. Aus ihrer Form wird auf die Oberflächen-Konz. adsorbierter Ionen an der Hg-Elektrode geschlossen. Ba^{2+}-Ionen werden gegenüber theoret. Voraussagen in geringerem, H^+-Ionen in größerem Umfange adsorbiert, was nicht auf spezif. Adsorption zurückgeführt werden kann. Vff. erörtern einige einfache Modifikationen der Doppelschichttheorie (Änderung der mittleren DK, des Abstandes der dichtesten Annäherung sowie die Ionenassoziation von $BaCl_2$). P. FRENZEL. 167□

Selektive Permeabilität von Gesteinen im Hinblick auf Ionen. M. Tschapek. (Z. Naturforsch. **17 b.** 76–78. Febr. 1962. Buenos Aires, Inst. de Suelos y Agrotecn.) (Engl.)

Das Dialysepotential von Kaolin, Marmor, (Poren > 10^{-6} cm), Quarzit, Aktinolith, Sandstein, Diorit, Granit, Kalkstein, Gneis, Opal, Bentonit (Wyoming), Schiefer, Alaunstein (Poren jeweils < 10^{-6} cm), Quarz, Calcit, Schiefer (ohne Poren) wurde untersucht u. die Überführungszahl für Cl^- an Diaphragmen dieser Gesteine bestimmt. Die meisten der untersuchten Gesteine besitzen selektive Permeabilität, wobei Alaunstein u. Schiefer die größten Werte aufweisen. Bei einer Porengröße < 10 Å sind die Gesteine für eine Ionenart impermeabel, bei Porengröße > 10 Å permeabel für beide Ionenarten (Kationen u. Anionen). ERNST SCHULTE. 170□

Adsorption an aufgedampften Metallfilmen. 5. Mitt. **Größe der Adsorptionsstelle des Wasserstoffs an Nickel.** Z. Knor und V. Ponec. (Collect. czechoslov. chem. Commun. **26.** 961–66. April 1961. Prag, Tschech. Akad. der Wiss., Inst. für phys. Chem.) (Dt.) — 4. vgl. C. **1962.** 5574.

Es wird die Frage diskutiert, unter welchen Voraussetzungen aus der Messung der Chemisorption von H_2 u. der physikal. Adsorption eines Gases (z. B. Kr) auf die geometr. Anordnung der Adsorptionsstellen an der Metalloberfläche geschlossen werden kann. Auf Grund eigener Messungen wurde die Größe der Adsorptionsstelle von H_2 an unter verschiedenen Bedingungen hergestellten Ni-Filmen berechnet. Es wird gezeigt, daß die Ergebnisse von BEECK u. RITCHIE (C. **1952.** 9092), welche scheinbar in Widerspruch zu den Ergebnissen der Vff. sowie von SACHTLER u. Mitarbeitern (C. **1956.** 5760) stehen, durch richtige Wahl der Fläche, die von einem Mol. im adsorbierten Zustand eingenommen ist, in Übereinstimmung gebracht werden können. V. KAČENA/Prag. 176

Sorption radioaktiver Isotope an Niederschlägen. 4. Mitt. **Sorption des Yttriums an Eisen(III)-hydroxid.** Z. Kolařík und V. Kouřím. (Collect. czechoslov. chem. Commun. **26.** 1082–91. April 1961. Řež bei Prag, Inst. für Kernforsch., Tschechoslow. Akad. der Wiss.) (Dt.) — 3. vgl. C. **1962.** 1521.

Der gegenseitige Austausch von H^+- u. Y^{3+}-Ionen im $Fe(OH)_3$-Nd. wurde radiometr. untersucht. Zur Überführung des Y sowohl aus der Lsg. in den Nd. als auch für den umgekehrten Vorgang wurden optimale Bedingungen gefunden. Das Austausch-Gleichgewicht läßt sich mit Hilfe des MWG interpretieren. V. RŮŽIČKA/Prag. 176

Der teilweise Ausschluß von Elektrolyten aus den Poren von Silicagel. Roger W. Dalton, James L. McClanahan und Russell W. Maatman. (J. Colloid Sci. **17.** 207–19. März 1962. University, Miss., Univ. of Mississippi, Dep. of Chem.) (Engl.)

Vff. untersuchten in wss. Lsg. über einen weiten Konz.-Bereich den Ausschluß der Nitrate von H^+, Li^+, K^+, Na^+, Rb^+, Cs^+, Mg^{2+}, Ca^{2+}, Sr^{2+}, Ba^{2+}, Al^{3+} u. NH_4^+ aus den Poren-Vol. von käuflichen Silicagelen großer Oberfläche [0,40 ± 0,1 ml/g (Poren-Vol.), 807 m²/g (Oberfläche) ⌀ der Poren < 30 Å u. 1,19 ml/g; 352 m²/g, ⌀ 40–80 Å]. Der Prozent-Geh. an für die Ionen verfügbarem Poren-Vol. variiert von 24–100%. Der Elektrolytausschluß aus den Poren ist bei kleinen, hochgeladenen Kationen wie Al^{3+} u. Mg^{2+} am größten u. bei großen Ionen mit kleiner Ladung wie Cs^+ u. Rb^+ am geringsten; er steigt allg. mit der Neigung der Kationen zur Hydratisierung. Es wird angenommen, daß einige hydratisierte Kationen im Vgl. zu Wasser-Moll. groß sind, so daß sie sich aus rein geometr. Gründen an der Geloberfläche nicht so konzentrieren können wie die Lsgm.-Moleküle; auch aus den kleinsten Poren kann vollständiger Ausschluß erfolgen. Al^{3+} reagiert mit der Geloberfläche, wobei mit abnehmender Al-Gleichgewicht-Konz. eine zunehmende Zahl von Protonen pro Al^{3+} (in den Poren) frei wird; in 0,1 m Al^{3+}-Lsg. werden 2—3 Protonen/Al frei. Da neben dieser Austausch-Rk. keine nennenswerte Al^{3+}-Anreicherung in den Poren erfolgt, besitzen vermutlich gelöstes u. umgesetztes Al^{3+} angenähert gleiche Größe. P. Scharner. 176□

Dinonylnaphthalinsulfonsäure und Tri-n-octylamin als flüssige Ionenaustauscher für die Untersuchung der Fe(III)- und In(III)-Chlorid-Komplexe. J. M. White, P. Kelly und N. C. Li. (J. inorg. nuclear Chem. **16.** 337—44. Febr. 1961. Pittsburgh, Pa., Duquesne Univ.) (Engl.)

Mit Hilfe der fl. Ionenaustauscher Dinonylnaphthalinsulfonsäure (I) u. Tri-n-octylamin (II) wurden die Dissoziations-Gleichgewichte der komplexen Fe(III)- u. In(III)-Chloride in salzsaurer Lsg. in Ggw. von $HClO_4$ oder $NaClO_4$ untersucht. Zur Best. der Stabilitäts-Konst. (K_1) wurden die mit ^{59}Fe bzw. ^{114}In indizierten Lsgg. bis zur Gleichgewichts-Einstellung mit der benzol. Austauscher-Lsg. geschüttelt u. dann die γ-Aktivitäten der Phasen gemessen. In Abhängigkeit von der Gesamtionenstärke (0,20—1,00) wurden für $FeCl_2^+$ nach der I-Meth. pK_1 Werte zwischen 0,78 u. 0,66 gefunden, wobei es ohne Bedeutung war, ob die wss. Phase $HClO_4$ oder $NaClO_4$ enthielt. Dagegen war bei $InCl_2^+$ ein Kationeneffekt zu beobachten: beim Austausch von $HClO_4$ gegen $NaClO_4$ (Gesamtionenstärke 1,00—2,00) nimmt pK_1 von 2,52 auf 2,18 ab. Die Chlorid-Komplexe des In(III) sind stabiler als die des Fe(III). — Die Verteilungs-Koeff. von Fe(III) u. In(III) zwischen salzsaurer Lsg. u. II in Bzl. sind vom Quadrat der II-Hydrochlorid-Konz. in Bzl. abhängig, so daß angenommen wird, daß in der organ. Phase die Komplexe $FeCl_5^{2-}$ bzw. $InCl_5^{2-}$ gebildet werden. Eine Extraktion anion. Perchloratkomplexe aus $HClO_4$-Lsgg. < 2 n wurde nicht beobachtet. W. Betcke. 177□

Teilchengröße als Faktor, der die Ausdehnung in den Dreischichtentonmineralien beeinflußt. Edward C. Jonas und Herman E. Roberson. (Amer. Mineralogist **45.** 828—38. Juli/Aug. 1960. Austin, Tex., Univ. Endicott, N.Y., Harpur Coll.) (Engl.)

Die Ausdehnungs-Eigg. der Dreischichtentonminerale ergeben sich aus der Wechselwrkg. zwischen Coulombschen Kräften, die von Teilchen zu Teilchen über Zwischenschichtkationen wirken, u. einer Expansionskraft, die durch Adsorption von Fl.-Moll. an Zwischenschichtenoberflächen bewirkt wird. Die Bindungskräfte zwischen 2 Partikeln hängen von der Ladungsdichte der Zwischenschichtoberflächen u. der räumlichen Ausdehnung der Teilchen ab. Der Einfl. der räumlichen Ausdehnung auf die Expansions-Eigg. wurde durch Vgl. zweier Fraktionen einer Probe mit verschiedener Korngröße u. zweier verschiedener Proben vor u. nach der Mahlzerkleinerung untersucht. Feine Fraktionen enthalten immer mehr expansionsfähige Schichten als grobe, u. gemahlene Proben expandieren vollständiger als ungemahlene. Vff. schließen, daß auch Glimmerschichten mit hoher Oberflächenladungsdichte expansionsfähig sind, wenn die Teilchengröße hinreichend klein ist. Ernst Schulte. 178□

A$_6$. Strukturforschung

Korrektion der sphärischen Aberration von elektrostatischen Vierpollinsen bei astigmatischem Betrieb. Albert Septier und Jean Van Acker. (C. R. hebd. Séances Acad. Sci. **251.** 1750—52. 24/10. 1960.Fontenay-aux-Roses, Labor. d'Electron. et Radioélectr. de la Fac. des Sci. de Paris.) (Franz.)

Experimentelle Untersuchung. Die Abweichungen des von einer oder einem Syst. aus mehreren Vierpollinsen erzeugten Strichfokus von einer geraden Linie, die durch einen transversalen Öffnungsfehler-Koeff. beschrieben werden können, lassen sich beeinflussen durch 1. das Verhältnis der an die Elektroden angelegten Potentiale, 2. die Form der Elektrodenoberflächen, 3. zusätzliche Achtpollinsen. F. Lenz. 181□

Elektroneninterferenzen an übereinanderliegenden Kristallschichten. 2. Mitt. **Zusammenhang zwischen Mehrfachbeugung und Kristall-Moiré.** Joachim Stabenow. (Z. Physik **156.** 503—21. 1959. Berlin-Dahlem, Fritz-Haber-Inst., M.P.G.) (Dt.) — 1. vgl. C. **1961.** 4993.

Mit dem Elektronenmikroskop lassen sich bei der Abbildung orientiert verwachsener MoS_2-Schichten Kristall-Moirés erzielen. Es wird diskutiert, wie das Moiré von übereinanderliegenden ungestörten Kristallschichten aussehen kann. Solche Moirés lassen sich tatsächlich finden. Die elektronenmkr. Aufnahmen zeigen, in welchem Maße das Aussehen des Moirés von der Orientierung der Kristalle zum einfallenden Elektronenstrahl u. damit von den speziellen Interferenzbedingungen abhängt.
J.-E. Hiller. 181□

P_s-Funktion der Elektronenbeugung. Yoshiro Kainuma und William N. Lipscomb. (J. physic. Soc. Japan **16.** 495—500. März 1961. Nagoya, Univ., Coll. of Gen. Education.) (Engl.)

Die Eigg. der P_s-Funktion der Elektronenbeugung werden auf Grund der dynam. Beugungstheorie untersucht. Es wird nachgewiesen, daß die P_s-Funktion der Elektronenbeugung ähnlich der P_s-Funktion der Röntgenbeugung verläuft. Dies geht aus der kinemat. Theorie mit dem komplexen Atomstreufaktor hervor. H. SCHIBILLA. 181 □

Eine Vorrichtung zur Betrachtung von Röntgen-Präzessionsaufnahmen in drei Dimensionen. E. C. T. Chao. (Amer. Mineralogist **45.** 890—92. Juli/Aug. 1960. Washington, D.C., U.S. Geol. Surv.) (Engl.)

Der App. besteht aus einer rechteckigen Box aus durchsichtigem Material, in die ein stereoskop. Aufnahmepaar eingelegt u. mit einem Handstereoskop 3-dimensional betrachtet werden kann. Das Verf. wird an Hand von Diopsid-Precessionsaufnahmen erläutert. ERNST SCHULTE. 181 □

Vorschlag für die Interpretation des verallgemeinerten Bravais-Friedel-Gesetzes (Gesetz von Donnay und Harker). Piet Hartman. (C. R. hebd. Séances Acad. Sci. **252.** 3288—89. 24/5. 1961. Leiden, Rijksuniv., Geol. en Mineral. Inst.) (Franz.)

Die aus der Morphologie eines Kristalls nach dem Gesetz von DONNAY u. HARKER [1937] abgeleitete Raumgruppe stimmt nicht mit der aus Röntgenbeugungsdaten ermittelten Raumgruppe überein. So werden für den Zellparameter von NaCl a = 2,82 bzw. 5,64 Å erhalten; demnach ist für morpholog. Betrachtungen die energet. Periodizität maßgeblich. Auch in Baryt sind Ba^{2+} u. SO_4^{2-} morpholog. äquivalent. Um das Verhältnis zwischen der morpholog. Pseudozelle u. der röntgenograph. ermittelten Strukturzelle beschreiben zu können, müssen Pseudotranslationen in einfacher oder mehrfacher Antimetrie verwendet werden. Wahrscheinlich werden die Dimensionen der Pseudozelle bei Vernachlässigung der Röntgenbeugungslinien geringer Intensität erhalten. Wird für jeden reziproken Gitterbereich allein der einer maximalen Beugungsintensität entsprechende Gitterpunkt betrachtet, so kann aus der Punktfolge das reziproke Gitter abgeleitet werden. Bei morpholog. Betrachtungen ist die Elektronenzahl eines Atoms ohne Bedeutung, so daß anstelle der Intensität J(hkl) oder des Strukturfaktors F(hkl) der spezif. Strukturfaktor U(hkl) benutzt wird.

HERBERT MÜLLER. 181 □

Die Kraftkonstanten einiger polyatomarer Moleküle und Ionen. T. A. Hariharan. (J. Indian Inst. Sci. **40.** 89—96. Juli 1958. Bangalore, Indian Inst. of Sci., Dep. of Phys.) (Engl.)

Mit Hilfe der WILSONschen Matrix-Meth. u. unter Verw. der bekannten Grundschwingungsfrequenzen berechnete Vf. die Kraft-Konst. für $POBr_3$, $SPBr_3$ u. für die Ionen $GaBr_4^-$, $InBr_4^-$, $TlBr_4^-$ u. $CdBr_4^-$. Es wurde gefunden, daß die Werte der den Bindungen P=O u. P—Br entsprechenden Kraft-Konst. in guter Übereinstimmung mit den von VENKATESWARLU u. SUNDARAM (vgl. C. **1957. 8437**) errechneten Werten standen. Es wurde dagegen ein ziemlich großer Unterschied bei den Kraft-Konst. der P=S-Bindung in $SPBr_3$ u. $SPCl_3$ gefunden. Für das 1. Mol. ist der Wert $3{,}75 \cdot 10^5$ (dyn/cm), für das 2. Mol. dagegen 5 [illegible] 10^5. Für die untersuchten Ionen sind die errechneten Werte tabellar. zusammengest[illegible] C. GOTTFRIED. 182

Bindungsstruktur [illegible]allcarbonylen und substituierten Carbonylkomplexen. H. L. Nigam. (Proc. Sympos. Chem. Co-ordinat. Compounds, Agra [India] **1959.** Nr. 2. 72—90. 1960. Allahabad, Univ., Chem. Labor.) (Engl.)

Zusammenfassende Übersicht. — 90 Literaturangaben. W.-D. HEUSSNER. 182 □

Strukturchemie der Metallalkoxide. D. C. Bradley. (Proc. Sympos. Chem. Co-ordinat. Compounds, Agra [India] **1959.** Nr. 2. 68—71. 1960. London, Univ., Birkbeck Coll., Dep. of Chem.) (Engl.) — Vgl. C. **1961. 13113.**

Übersicht über die von Vf. u. Mitarbeitern ermittelten Strukturen von Metallalkoxiden $Me(OR)_n$. — 14 Literaturangaben. W.-D. HEUSSNER. 182 □

Dynamik des hexagonal-dichtestgepackten Gitters. Georges Champier und Gabriel Toussaint. (C. R. hebd. Séances Acad. Sci. **253.** 2508—10. 27/11. 1961. Nancy, École Sup. des Mines.) (Franz.)

Mit Hilfe der dynam. elast. Konst. nach LAVAL (C. **1955** 2845.) berechnen Vff. die 7 inneratomaren Kraft-Konst. eines hexagonal-dichtestgepackten Kristalls; diese Konst. charakterisieren die Wechselwrkg. zwischen einem Atom u. seinen 12 nächsten Nachbarn. Die Kraft-Konst. für Be, Cd, Co, Mg u. Zn, die aus der Ausbreitungs-Geschw. akust. Wellen erhalten werden, sind angegeben. HERBERT MÜLLER. 182 □

Zonenschmelzen. W. G. Pfann. (Science [Washington] **135.** 1101—09. 30/3. 1962.) (Engl.) — Vgl. C. **1962. 2473.**

Allg. Überblick. CH. WEISKE. 190 □

Über Kristallisation und Epitaxie von Kaliumnitrat. W. Kleber und O. Verworner. (Z. Kristallogr., Kristallgeometr., Kristallphysik, Kristallchem. **111.** 435—50. Dez. 1959. Berlin, Humboldt-Univ., Miner.-Petrograph. Inst. u. Museum.) (Dt.)

Nachdem über die Kristallisation u. Abscheidung von KNO_3 auf *Aragonit* u. *Calcit* berichtet wurde, werden die Bedingungen für das Auftreten der instabilen Modifikation untersucht. Für die Kinetik der Keim-Bldg. polymorpher Kristallarten ist die Empfindlichkeit gegenüber Adsorptions-Einfl. bes. wichtig. Bei der theoret. Behandlung der orientierten Abscheidung instabiler Modifikation muß die Deformationsenergie bzw. die Bldg. von Versetzungen berücksichtigt werden. Dabei resultiert, daß Epitaxie nicht immer das Auftreten der instabilen Modifikation begünstigt. J.-E. HILLER. 190□

Ein Vergleich der Ätz- und Spaltverfahren zur Untersuchung der Zwillingsstrukturen in Ge, Si und den intermetallischen III–V-Verbindungen. J. W. Faust jun. und H. F. John. (J. electrochem. Soc. **107.** 562—64. Juni 1960. Pittsburgh, Pa., Westinghouse Electr. Corp., Res. Labor.) (Engl.)

Vff. erörtern Ätz-Verff. zur Sichtbarmachung von Zwillingsstrukturen in Halbleitern: a) bevorzugtes Ätzen u. b) chem. oder elektrolyt. Polieren sowie c) Behandlung einer mechan. polierten Oberfläche in einer chem. Polier- oder Ätzlösung. Die Meth. sind bei sehr dicht nebeneinanderliegenden Zwillingen oder wenn die geätzte Fläche senkrecht zu einer der [211]-Richtungen steht, nicht mehr eindeutig. Meth. c ist oft anwendbar, jedoch kann das Spalt-Verf. schneller durchgeführt u. leichter gedeutet werden. Vff. spalten dünne Schnittkörper aus Ge- u. Si-Kristallen oder -Dendriten (Wachstumsrichtung [112]) durch Anreißen der (111)-Spaltfläche parallel zur [110]-Richtung u. anschließendes Biegen. Endet die Zwillingslamelle vor Erreichen der Kante, so kann eine einzelne Zwillings- oder Korngrenze, die ebenfalls gut sichtbar wird, bis zur Kante weitergeführt werden. Die Meth. erlaubt die Beobachtung von bis zu 13 Zwillingen in einem Abstand von 20μ. In einigen Fällen wird Spaltung an den (112)-Flächen festgestellt. Das Spalt-Verf. ist auch bei Si-Dendriten u. den intermetall. III–V-Verbb. anwendbar, obwohl bei letzteren die Deutung auf Grund der sek-.Spaltfläche schwieriger ist. P. FRENZEL. 190□

Das Wachstum von Verunreinigungszonen um Fehlstellen. R. Bullough und R. C. Newman. (Proc. Roy. Soc. [London], Ser. A **266.** 198—208. 6/3. 1962. Aldermaston, Berks., Assoc. Electr. Ind., Res. Labor.) (Engl.)

Vff. geben analyt. Störungsberechnungen für das Wachstum einer Verunreinigungszone nach MAXWELL in der Umgebung einer Fehlstelle. Die Kinetik der Ausbreitung dieser Zonen wird zu den verschiedenen damit verbundenen physikal. Vorgängen in Beziehung gebracht. Eine numer. Meth. für den Fall eines großen Wechselwrkg.-Potentials, bei dem die Störungsnäherung nicht zulässig ist, wird entwickelt u. die numer. Ergebnisse mit den analyt. Ergebnissen verglichen. Es zeigt sich, daß die Bldg. von Verunreinigungszonen in der Umgebung von Fehlstellen die Beobachtungen bei der Spannungsalterung nicht völlig zu erklären vermag. G. M. NEUMANN. 190□

Verunreinigungsausfällung an Fehlstellen. — Eine Theorie der Spannungsalterung. R. Bullough und R. C. Newman. (Proc. Roy. Soc. [London], Ser. A **266.** 209—21. 6/3. 1962.) (Engl.) — Vgl. vorst. Referat.

Vff. untersuchen nach einer numer. Meth. die Kinetik der Verunreinigungsausfällung an Fehlstellen unter Berücksichtigung der Diffusion u. der elast. Wechselwrkg. zwischen den gelösten Atomen u. den Fehlstellen. Dabei wird zwischen dem Wachstum von einzelnen Nd.-Teilchen u. kontinuierlichen Ndd. an den Fehlstellen unterschieden. Im ersten Fall nimmt der Anteil des Gelösten exponentiell mit der Zeit ab. Die kontinuierliche Ausscheidung ist eine Folge der relativ hohen Bindungsenergie der Fehlstelle. Die Kinetik der Ausscheidung ähnelt dann der experimentell bestimmten Kinetik der Spannungsalterung in Stählen mit niedrigem C- u. N-Gehalt. G. M. NEUMANN. 190□

Versetzungsschleifen, die auf eingefrorenen Fehlstellen in Graphit beruhen. S. Amelinckx und P. Delavignette. (Physic. Rev. Letters **5.** 50—51. 15/7. 1960. Mol, Belg., Centre d'Étude de l'Énergie Nucl.) (Engl.)

Durch Elektronenbeschuß bei 2700—3000° u. einem Druck von 10^{-5} mm, Abschrecken innerhalb 4 Sek. auf 600° u. Anlassen bei 1200° im Vakuum lassen sich im Graphitgitter Versetzungsschleifen in der Größe von 1 μ erzeugen. Sie sind unter extremen Bedingungen kurzzeitig haltbar u. können elektronenmkr. sichtbar gemacht werden. W.-D. HEUSSNER. 190□

Nephelin-Mischkristalle im System $NaAlSiO_4$–$KAlSiO_4$–SiO_2. D. L. Hamilton und W. S. Mackenzie. (J. Petrology **1.** 56—72. Febr. 1960. Manchester, Univ., Dep. of Geol.) (Engl.)

Die Grenzen der festen Lsg. von SiO_2 in Nephelin im Syst. $NaAlSiO_4$–$KAlSiO_4$–SiO_2–H_2O wurden bei 700° u. 15000 lb/sq. in. Wasserdampfdruck festgestellt. Bei 700° weist der SiO_2-Geh. ein Maximum auf. Aus Pulveraufnahmen wurde das Verhältnis Na/(K + Na) bestimmt. Trägt man die Gitter-Konst. gegen chem. Zus. auf, so tritt ein Knick in der Geraden auf, wenn 6 oder 8 Alkaligitterplätze von Na besetzt sind. E. SCHULTE. 190□

Selbstdiffusionskoeffizient in festem Argon. R. Fieschi, G. F. Nardelli und A. Repanai Chiarotti. (Physic. Rev. [2] **123.** 141—47. 1/7. 1961. Milano, Univ., Ist. di Fis., Ist. Naz. di Fis. Nucleare, Sezione di Milano; Milano, Comit. Naz. Energia Nucleare, Centro di Ispra-Gruppo di Fis. di Solidi.) (Engl.)

Vff. berechnen mit Hilfe der „absolute rate theory" den Selbstdiffusions-Koeff. D in festem Ar bei 80°K unter den Annahme, daß die Diffusion über Leerstellen erfolgt. Ein Diffusionsmechanismus über Zwischengitterplätze ist nur wenig an der Diffusion beteiligt, da die Energie der Bldg. von Zwischengitterplätzen ca. das 4fache des Wertes für Leerstellen beträgt. Unter Berücksichtigung von quantenmechan. Korrekturen werden die Aktivierungsenergie Q u. der Faktor D_0 berechnet. Die Änderungen der potentiellen Energie werden zunächst aus dem Minimalwert der Gitterenergie, bezogen auf die 4 das diffudierende Atom ungebenden Atome, u. dann durch Berechnung der elast. Relaxation 1. Ordnung des gesamten Gitters erhalten, während Änderungen der Schwingungs-Eigg. aus der EINSTEINschen Näherung folgen. Mit den Beiträgen für die Leerstellen-Bldg. wird für D_0 $4{,}20 \cdot 10^{-4}$ cm²/s u. $Q = 13{,}85 \cdot 10^{-2}$ eV erhalten; 5% von Q werden von der Nullpunktsenergie geliefert. HERBERT MÜLLER. 190□

Röntgenuntersuchung des ferroelektrischen Phasenüberganges in $NaNO_2$. Iwao Shibuya. (J. physic. Soc. Japan **16.** 490—94. März 1961. Tokyo, Univ. of Tokyo, Inst. for Solid State Phys.) (Engl.)

Es wird die Temp.-Abhängigkeit der BRAGG-Reflexe u. der krit. Streuung von Röntgenstrahlen für $NaNO_2$ behandelt. Die experimentellen Beobachtungen stimmen mit den theoret. Voraussagen überein, sofern man annimmt, daß es sich bei dem Phasenübergang im $NaNO_2$ um eine Umwandlung Ordnung → Unordnung handelt. Der Fernordnungs-Parameter u. die spontane Polarisation werden als Funktionen der Temp. unter Verw. der Temp.-Abhängigkeit der BRAGG-Reflexe abgeschätzt. H. SCHIBILLA. 190□

Fourier-Projektionen verzwillingter Kristalle. A. J. Frueh. (Nature [London] **193.** 1172. 24/3. 1962. Montreal, McGill Univ., Crystallogr. Labor.) (Engl.)

Unter der Annahme, daß beide Formen bei einer Zwillings-Bldg. in gleichen Mengen vorhanden sind, läßt sich eine PATTERSON-Projektion senkrecht zur Zwillingsachse oder senkrecht zur Zwillingsebene aus der Pseudozelle u. den beobachteten Intensitäten erhalten. Mit der Minimum-Meth. von BUERGER läßt sich die PATTERSON-Projektion aus dem Vektorraum in den realen Raum transformieren u. entspricht dann zwei überlagerten Elektronendichtediagrammen des Kristalls mit zusammenfallenden Symmetriezentren. Die Meth. wurde an der Struktur des orthorhom. CrB erfolgreich angewendet. G. M. NEUMANN. 195□

Die Ringstruktur von Thiotrithiazylnitrat. Johannes Weiss. (Angew. Chem. **74.** 216. 21/3. 1962. Heidelberg, Univ., Anorg. Chem. Inst.) (Dt.)

Tetrathia-1.3.5-triazepinylnitrat (Thiotrithiazylnitrat), $S_4N_3NO_3$, krist. monoklin in der Raumgruppe C^5_{2h}-$P\,2_1/c$ mit a = 5,81, b = 10,42, c = 12,47 Å, β = 108°; Z = 4. In dem siebengliedrigen Ring sind die S–N-Abstände 1,67 u. der S–S-Abstand beträgt 1,94 Å. CH. WEISKE. 195□

Kristallstruktur von Bortrijodid. M. A. Ring, J. D. H. Donnay und W. S. Koski. (Inorg. Chem. [Washington] **1.** 109—11. Febr. 1962. Copenhagen, Univ., Inst. of Phys. Chem.) (Engl.)

Nach DEBYE-SCHERRER-Aufnahmen ist BJ_3 hexagonal mit $a = 7{,}00 \pm 0{,}01$, $c = 7{,}46 \pm 0{,}02$ Å; Z = 2. Der B—J-Abstand beträgt $2{,}10 \pm 0{,}04$ Å. CH. WEISKE. 195□

Die Wassermoleküle in $CuSO_4 \cdot 5\,H_2O$. G. E. Bacon und N. A. Curry. (Proc. Roy. Soc. [London], Ser. A **266.** 95—108. 27/2. 1962. Harwell, Berks., A.E.R.E.) (Engl.)

Vff. berichten über Neutronenbeugungs-Unterss. an $CuSO_4 \cdot 5\,H_2O$-Einkristallen. Es wurde nach der FOURIER-Meth. die Anordnung der H_2O-Moll. u. der H-Bindungen aufgeklärt. Dabei zeigt sich, daß die H—O—H-Winkel aller H_2O-Moll. annähernd dem Tetraederwinkel entsprechen, wobei die H-Bindungen bis zu 26° gebogen werden müssen. Ferner wurden Messungen bei 45, 62, 78 u. 88° durchgeführt, um zu prüfen, ob Mol.-Drehungen der H_2O-Moll. schon vor der Dehydratation einsetzen. Die Ergebnisse widerlegen jedoch diese Anschauung. G. M. NEUMANN. 195□

Struktur von Di-μ-Chlorodi-1.5-cyclooctadien-dirhodium(I). James A. Ibers und Robert G. Snyder. (J. Amer. chem. Soc. **84.** 495—96. 5/2. 1962. Emeryville, Calif., Shell Dev. Co.)

Mittels Präzessions- u. WEISSENBERG-Aufnahmen (Mo–K_α-Strahlung) wurden die Zellparameter des monoklinen *Di-μ-Chlorodi-1.5-cyclooctadien-dirhodium* (I) zu a = 9,05, b = 25,4, c = 7,28 Å u. β = 91,6° bestimmt; Z = 4; $D_{\cdot \text{rönt.}}$ 1,95, $D_{\cdot \text{pykn.}}$ 1,93 $g \cdot cm^{-3}$, Raumgruppe C_{2h}^5 — P 2_1/n. Aus den visuell geschätzten Röntgenintensitäten wurden die Lagen von Rh u. Cl mittels dreidimensionaler PATTERSON-Projektion u. die C-Lagen durch FOURIER-Analyse bestimmt, wobei die Fehlergrenzen für Rh 0,004, Cl 0,014 u. C 0,07 Å betrugen. In I liegen die 4 Doppelbindungszentren der bootförmigen Cyclooctadien-Moll. mit den beiden Rh- u. Cl-Atomen in einer Ebene, wobei jedes Rh also an 2 Cl-Atome u. 2 Doppelbindungen gebunden ist. Die Abstände betragen: Rh—Cl 2,38 ± 0,02, Rh—Rh 3,50 ± 0,01 u. Cl—Cl 3,22 ± 0,02 Å; die Abstände der Doppelbindungszentren voneinander liegen bei 2,82 ± 0,1 Å. Im Ring betragen die Abstände C–C 1,52 ± 0,1, C=C 1,44 ± 0,06 Å. Eine Ähnlichkeit mit $[Rh(CO)_2Cl]_2$ besteht nicht.
H. BÜRGER. 195□

Die Kristallstruktur des π-Allylkomplexes $[PdCl(C_3H_5)]_2$. J. M. Rowe. (Proc. chem. Soc. [London] **1962.** 66. Febr. Welwyn, Herts., The Frythe, Imp. Chem. Ind. Ltd., Heavy Org. Chem. Div., Akers Res. Labor.) (Engl.)

Vf. berichtet über die Röntgenstrukturanalyse von $[PdCl(C_3H_5)]_2$ u. bestätigt die von DEHM u. CHIEN (C. **1961.** 7481) vermutete Struktur des Komplexes. Danach ist die Doppelbindung der Allylgruppe delokalisiert u. der KW-Stoff mit dem Metallatom über eine π-Bindung verbunden. Die kristallograph. Daten der Verb. lauten: monoklin, a = 7,44 ± 0,02, b = 7,40 ± 0,02, c = 11,03 ± 0,03 Å, β = 128,33°; Z = 2; $D_{\cdot \text{exp.}}$ ca. 2,4; $D_{\cdot \text{ber.}}$ 2,55; Raumgruppe P 2_1/c (C_{2h}^5, Nr. 14). Die Symmetrie des Mol. läßt sich angenähert durch 2/m (C_{2h}) wiedergeben. Die Atomabstände u. -winkel betragen: Pd—Cl 2,39 Å, Pd—C 2,1 ± 0,05 Å, C—C 1,3 ± 0,1 Å; Winkel ClPdCl 87°, Winkel CCC 123°, Winkel CPdC 66°.
G. M. NEUMANN. 195□

Enthärtung von Metallen. James G. Morris. (Science [Washington] **135.** 1110 bis 1113. 30/3. 1962.) (Engl.)

Überblick. Es werden behandelt: Erholung, Polygonisation, prim. u. sek. Rekristallisation. — 17 Literaturhinweise.
CH. WEISKE. 197□

Untersuchung der Struktur von Metallen und Legierungen mit Hilfe eines bei 1 Millionen Volt arbeitenden Elektronenmikroskops. Gaston Dupouy und Frantz Perrier. (C.R. hebd. Séances Acad. Sci. **253.** 2435—40. 6 Tafeln. 27/11. 1961. Toulouse, C.N.R.S., Labor. d'optique Electronique.) (Franz.)

Mit Hilfe eines Elektronenmikroskops mit einer Beschleunigungsspannung von 10^6 V ist es möglich, 2—3μ dicke Metallschichten zu durchstrahlen u. die im kompakten Metall auftretenden Strukturen nachzuweisen. An nichtrostenden Stählen, Stählen mit 0,98% C u. Al—Cu-Legg. wird das Auftreten von Versetzungen, Stapelfehlern, Schraubenversetzungen u. die Kornverteilung in Hell- u. Dunkelfeldaufnahmen gezeigt sowie die Bewegung von Versetzungen bei plast. Verformung nachgewiesen.
HERBERT MÜLLER. 197□

Mikrostrukturuntersuchung der Phasenumwandlung in metallkeramischen Systemen bei Erwärmung. Ja. G. Dawidowitsch und K. W. Kononowa. (Заводская Лаборатория [Betriebs-Lab.] **24.** 62—63. 1958.) (Russ.)

Eine aus einem Pulver gepreßte Probe aus Cu, Sn, Pb u. Graphit wurde untersucht. Vor der Erwärmung Dentritform der Cu-Körner, keine intermetall. Verb.; bei 150° Beginn des Schmelzprozesses, Übergang zur Tropfenform, in den Zwischenräumen der Cu-Körner bildet sich die intermetall. Verbindung Cu_6Sn_5 (*Phase* η). Beschreibung der App. zur Unters. der Probe.
H. LEUNE. 197□

Wirkungen von neutroneninduzierter Gasbildung an Beryllium. C. E. Ells und E. C. W. Perryman. (J. nuclear Mater. [Amsterdam] **1.** 73—84. 1959. Chalk River, Ontario, AE of Canada Ltd.) (Engl.)

Be-Proben wurden nach einer Neutronenbestrahlung von ≲ 10^{22} nvt (schnelle Neutronen) u. Anlassen auf verschiedene Temp. untersucht. An Proben, die die größte Neutronendosis enthalten hatten, nahm die Dichte deutlich ab, nach 1 std. Anlassen bei 595 bzw. 995° wurde eine Dichteabnahme von 0,8 bzw. 20% festgestellt. Bei einer Neutronendosis von 10^{22} nvt wurden ca. 23 cm^3 Gas pro cm^3 Metall gebildet, das zum größten Teil aus ^4He besteht u. überwiegend aus der (n, 2n)-Rk. an Be herrührt. Metallschliffe zeigten, daß die Dichteabnahme auf eine Blasen-Bldg. im Metall zurückzuführen ist. Es wird gefolgert, daß die Blasen das ^4He unter einem genügenden Druck enthalten, so daß bei hoher Temp. ein Wachstum der Blasen eintreten kann.
W. KARCHER. 197□

Keimbildung und Wachstum von Zwillingen in versetzungsfreien Zinkkristallen. P. B. Price. (Proc. Roy. Soc. [London], Ser. A **260.** 251—62. 21/2. 1961. Cambridge, Univ., Cavendish Labor., Phys. and Chem. of Solids.) (Engl.)

Nach dem Verf. von COLEMAN u. SEARS (vgl. C. **1958.** 6757) stellte Vf. dünne Zn-Kristalle her, die für 100 kV-Elektronen durchlässig waren. Diese Kristalle, deren größte Fläche die Basisebene war, wurden im Elektronenmikroskop durch Zug verformt, wobei gleichzeitig die Keim-Bldg. u. das Wachstum von Zwillingen verfolgt werden konnte. Alle Kristalle erwiesen sich vor der Zugbehandlung als vollkommen versetzungsfrei. Es wurde beobachtet, daß die Zwillingskeim-Bldg. in einem Gebiet auftrat, in dem sich die angelegte Spannung konzentrierte, so an den Einspannvorr. der Probe oder an einer Wachstumsstufe. Es ergab sich für die Zwillings-Bldg. eine krit. Schubspannung von ca. 50 kg/mm². Die Zwillinge breiteten sich bei Spannungen von 2—20 kg/mm² durch Keim-Bldg. u. Bewegung von Zwillingsversetzungen aus, u. zwar mit einer Geschw., die durch die Verformungs-Geschw. bestimmt wurde. Gewöhnlich bildete sich nur ein Zwilling, der so lange wuchs, bis der ganze Kristall umgewandelt war. In dem verzwillingten Gebiet wurde oft Basisgleiten beobachtet, u. außerdem trat in dem Zwilling durch Fortschreiten eines Sprunges entlang der Basisfläche Bruch auf. C. GOTTFRIED. 197

Untersuchung der Selbstdiffusion von Zirkonium in der kubisch raumzentrierten β-Phase. Dimitri Volokoff, Serge May und Yves Adda. (C. R. hebd. Séances Acad. Sci. **251.** 2341—43. 21/11. 1960. Saclay, C.E.A., Labor. de Métallurg.) (Franz.)

Zwischen 10 mm lange Zylinder aus VAN ARKEL-Zr werden 5 μ dicke Zr-Plättchen, die 8 Tage mit einem Neutronenfluß von 10^{12} cm^{-2} s^{-1} bestrahlt waren, gepreßt, die Proben zusammengeschweißt u. 5—24 Std. bei $5 \cdot 10^{-6}$ Torr auf 900—1240° erhitzt. Nach beendeter Diffusion werden die Zylinder parallel zur Trennfläche in Scheibchen zerschnitten u. die Aktivität der Isotope ^{95}Zr u. ^{97}Zr bzw. ihrer Zerfalls-Prodd. ^{95}Nb u. ^{97}Nb mit Hilfe der γ-Spektrometrie bestimmt. Aus der graph. Darst. der für die verwendete Vers.-Anordnung gültigen Diffusionsgleichung folgt, daß die Selbstdiffusion von Zr in β-Zr im angegebenen Temp.-Bereich mit $D = 4{,}2 \cdot 10^{-5} \cdot \exp(-24000/RT)$ cm²/s beschrieben werden kann. HERBERT MÜLLER. 197□

Diffusion von Kobalt in Silber. Tokutaro Hirone und Hisao Yamamoto. (J. physic. Soc. Japan **16.** 455—58. März 1961. Sendai, Japan, Tohoku Univ., Res. Inst. for Iron, Steel and Other Metals.) (Engl.)

Der Diffusions-Koeff. von *Co* in *Ag* wird als Funktion der Temp. zwischen 745 u. 943° unter Verw. von ^{60}Co als Tracer nach der Meth. der dünnen Schichten gemessen: $D = 104 \exp(59{,}9 \cdot 10^3/RT)$ cm²/s. Der beobachtete u. theoret. Frequenzfaktor stimmen nicht überein. Der Wert für das diffundierte Co fällt in der Nähe der Oberfläche, von der die Diffusion ihren Ausgang nimmt, stark ab; wahrscheinlich wegen der niedrigen Löslichkeitsgrenze von Co in Ag. H. SCHIBILLA. 197□

Herstellung und Eigenschaften der Mischkristalle bildenden AlSb–GaSb-Legierungen. J. F. Miller, H. L. Goering und R. C. Himes. (J. electrochem. Soc. **107.** 527—33. Juni 1960. Columbus, Ohio, Battelle Memorial Inst.) (Engl.)

Vff. stellen durch Zonenschmelzen Barren der quasibin. Leg. GaSb–AlSb mit verschiedenen Kristallisations-Geschw. her u. untersuchen diese röntgenograph., metallograph., chem. analyt. sowie durch DTA u. Härtebestimmungen. Die Legg. werden durch Erhitzen eines Gemisches der hochreinen Komponenten [99,995 (%ig.) Ga; 99,992 Al; 99,996 Sb] in Ar-Atmosphäre hergestellt. Folgende Werte werden ermittelt: *GaSb* (**I**): (F.) 702°; (Gitter-Konst. a) 6,0963 ± 0,0003 (Å); (opt. Energielücke bei 300 °K) 0,68 (eV); (Härte nach KNOOP) 309; *AlSb* (**II**): 1050; 6,1361 ± 0,0003; 1,74; 304. Die DTA-Ergebnisse weisen auf ein Syst. mit Mischungslücke, können jedoch auch durch ungenügende Gleichgewichts-Einstellung gedeutet werden. Im Syst. überwiegt die Mischkristall-Bld., abgesehen vom nicht untersuchten Konz.-Bereich von 10—30 Mol.-% **II**, in dem die Mischungslücke liegen könnte. Mit Hilfe niedriger linearer Kristallisations-Geschw. (0,05 in./h) können kompakte Proben des einphasigen Mischkristall-Syst. hergestellt werden. Bei höheren linearen Kristallisations-Geschw. (0,25—1,25 in./h) erhält man zwei feste Phasen nebeneinander. Zwischen den Gitter-Konst. der einphasigen **I**–**II**-Legg. einerseits u. der Energielücke bzw. der chem. Zus. anderseits besteht eine angenähert lineare Beziehung (grobe Gültigkeit der VEGARDschen Regel bzgl. der Zus.). Die Werte des spezif. elektr. Widerstands u. der Löcherbeweglichkeit der relativ stark verunreinigten Leg.-Proben liegen ebenfalls zwischen den Werten der reinen Komponenten vergleichbaren Reinheitsgrads. Liquidusdaten werden mitgeteilt. P. FRENZEL. 197□

Untersuchung der Elektronenbeugung an Cu–Sn-Legierungen. Tomokuni Mitsuishi. (J. physic. Soc. Japan **16.** 453—55. März 1961. Tokyo, Kobubunji, Hatachi, Central Res. Labor.) (Engl.)

Es werden intermetall. Verbb. von *Cu* u. *Sn*, die durch Diffusion entstehen, mit Hilfe der Elektronenbeugung untersucht. Zusätzlich zu den bekannten Phasen wird eine neue mit der Struktur vom A 4-Typ gefunden. H. SCHIBILLA. 197□

Vergleich zwischen den spezifischen Einflüssen von Kupfer- und Magnesiumzusätzen auf die Rekristallisation von zonengeschmolzenem Aluminium. Colette Frois und Omourtague Dimitrov. (C.R. hebd. Séances Acad. Sci. **251.** 2344–46. 21/11. 1960. Vitry, C.N.R.S., Labor.) (Franz.)

Proben aus zonengeschmolzenem *Al* (I) mit 5–30 (ppm) Cu bzw. 1–96 Mg werden bei der Temp. des fl. N_2 gewalzt (relative Querschnittsverminderung 97%); Keim-Bldg. u. Kornwachstum werden während des Temperns bei 14 bzw. 100° mikrograph. untersucht. In Abhängigkeit von der Konz. des Zusatzelementes werden 2 verschiedene Kornwachstumsvorgänge beobachtet. Der Einfl. beider Zusätze auf die Rekristallisation von I kann mit 2 charakterist. Merkmalen definiert werden: es existiert eine Grenz-Konz., oberhalb welcher der Zusatz wirksam wird, u. außerdem kann die Wachstums-Geschw. auf den langsam verlaufenden Vorgang bei der Grenz-Konz. extrapoliert werden.

HERBERT MÜLLER. 197□

Umwandlungstemperaturen und Strukturen in Legierungen von Uran mit Spaltprodukten. M. V. Nevitt und S. T. Zegler. (J. nuclear Mater. [Amsterdam] 1. 6–12. 1959. Lemont, Ill., Argonne Nat. Labor.) (Engl.)

Es werden die Umwandlungs-Temp. u. die dabei auftretenden Strukturen für Legg. von U mit einigen Spaltprodd. beschrieben, die in einem verbrauchten Brennelement eines schnellen Reaktors nach einer pyrometallurg. Aufbereitung zurückbleiben können (Zr, Nb, Mo, Tc, Ru, Rh u. Pd). Beim Abkühlen der γ-Phase erfährt eine Leg. von U mit 3 Gew.-% Spaltprodd. („Fissium" = Fs) eine Reihe von Umwandlungen, wobei die 3 allotropen Modifikationen des U u. die U_2Ru- u. δ-Phasen auftreten. Die Legg. mit 5, 8 u. 10 Gew.-% Fs weisen einfachere Umwandlungscharakteristiken auf, wobei die Bldg. von β-U völlig unterdrückt ist. Bei allen Legg. ist die γ-Phase von U stabil bis herab zu 552°. Die allg. Phasenbeziehungen ähneln stark den Verhältnissen im tern. Syst. U–Mo–Ru. Bei Zugabe von Zr zur U-Leg. mit 5 Gew.-% Fs tritt an Stelle von U_2Ru die Verb. *ZrRu* auf. Beim Abschrecken der Leg. mit 3 Gew.-% Fs aus dem Temp.-Gebiet der γ-Phase tritt eine Umwandlung in α-Martensit unter teilweiser Beibehaltung der γ-Phase ein. Beim Abschrecken der 5, 8 u. 10% Fs-Legg. wird die γ-Phase vollkommen beibehalten. Die Umwandlung der γ- in die Tieftempf-Phasen erfolgt um so träger, je höher der Fs-Geh. ist. Die Leg. aus U mit 5 Gew.-% Fs u. 2,25 Gew.-% Zr weist eine Nicht-Gleichgewichts-Chatakteristik ähnlich der U-Leg. mit 3 Gew.-% Fs auf.

W. KARCHER. 197□

Die Reaktionen im ternären System Zirkonium–Wolfram–Bor; die Phasenbereiche, Vergleich zwischen den erhaltenen Ergebnissen und den Voraussagen. André Chrétien und Jacques Helgorsky. (C. R. hebd. Séances Acad. Sci. **253.** 2693–95. 4/12. 1961.) (Franz.) – Vgl. C. **1961.** 10468.

Pulvergemische von Zr, W u. B werden nach intensiver Mischung zu Tabletten gepreßt (20 t/cm²) u. ca. 2 Std. bei 10^{-3} Torr auf 1400° erhitzt. Die Rk.-Prodd. werden röntgenograph. u. chem. analysiert; es werden in Abhängigkeit von der Anfangs-Zus. ZrB_2, ZrW_2, W_2B, *WB*, W_2B_5, WB_4 u. eine wahrscheinlich tern. X-Phase nachgewiesen. Aus der Phasen-Zus. wird das Phasendiagramm des Syst. Zr–W–B in Dreieckskoordinaten aufgestellt. Während ZrB_2 stets in den Endprodd. auftritt, konnte außer der X-Phase keine feste Lsg. beobachtet werden. Wird die Stabilität der Verbb. in Ggw. von C bzw. N_2 bestimmt, so folgt für die Grenzwerte der Bldg.-Enthalpien H von W_2B $-21 > H > -26$ (kcal/Mol), WB $-13 > H > -18$, W_2B_5 $-36 > H > -46$, WB_4 $-23 > H > -28$ u. ZrB_2 H < -51. Während die Rkk. $Zr + 2\,B \rightarrow ZrB_2$, $W + B \rightarrow WB$ u. $2\,W + 5\,B \rightarrow W_2B_5$ nach 1 Std. bei der angegebenen Temp. fast vollständig abgelaufen sind, werden für die Rkk. $2\,W + B \rightarrow W_2B$ u. $Zr + 2\,W \rightarrow ZrW_2$ nach 5 Std. nur unvollständige Umsätze beobachtet, d. h. die Diffusions-Geschw. von Zr, W bzw. B durch die Schichten der Rk.-Prodd. ist nur gering.

HERBERT MÜLLER. 197□

Abweichungen von der Stöchiometrie des reinen Zementits Fe_3C. Walter Stuckens und André Michel. (C. R. hebd. Séances Acad. Sci. **253.** 2358–60. 20/11. 1961. Paris, Centre d'Orsay, Labor. de Chim. minér.; Établissements Kühlmann, Labor. Central de Rech.) (Franz.)

Durch carburierende Red. von Fe-Oxiden mit Gemischen aus 1 (%) H_2 u. 18 CO bei 550° wird *Zementit* (I) hergestellt, der nach thermomagnet. u. röntgenograph. Unterss. frei von *Fe*- u. *Magnetit*-Einschlüssen ist. I zeigt die Zellparameter a = 4,5255 (Å), b = 5,089 u. c = 6,744 ± 0,001 u. eine Curie-Temp. θ_c = 214°. Selbst bei Änderungen der Herst.-Bedingungen wird stets $\theta_c \leqq 214°$ erhalten. Durch partielle Graphitisierung bzw. Decarburierung mit Hilfe von H_2 kann der C-Geh. von I verändert werden. θ_c fällt linear von 214° (Temperung bei 550°) auf 194° (Temperung bei 860°). Das Vol. der

Elementarzelle fällt mit θ_c; dabei vermindern sich a u. b, während c der orthorhomb. Elementarzelle ansteigt. Die Kontraktion der Elementarzelle ist auf das Auftreten von C-Defektstellen zurückzuführen; die geringen Werte zeigen, daß offenbar nur geringe Abweichungen von der stöchiometr. Zus. bestehen. HERBERT MÜLLER. 197□

Elektronenmikroskopische Untersuchung der nach Zugverformung und Anlassen von zonengeschmolzenem Eisen gebildeten Strukturen. Paul Morgand. (C. R. hebd. Séances Acad. Sci. **252.** 3580—82. 1 Tafel. 5/6. 1961. Vitry, C.N.R.S., Labor.) (Franz.)

Gewalzte Proben aus zonengeschmolzenem Fe werden nach dem Anlassen bei 850° einer Zugverformung ≤ 16% (Streckgrenze) unterworfen; nach elektrolyt. Abtragen werden die gebildeten Strukturen elektronenmkr. untersucht. Die Anfangsverteilung der Versetzungen hängt vom Verformungsgrad ab. So werden nach 1%ig. Verformung Versetzungspakete beobachtet, die auch beim Anlassen auf 200° erhalten bleiben. Bei steigenden Temp. ordnen sich die Versetzungen parallel an u. bilden die für die Polygonisierung typ. Unterkorngrenzen. Nach einem Anlassen auf 850° wird vollständig polygonisiertes Fe erhalten; der Verformungsgrad beeinflußt lediglich die Größe der Subkörner. — Diskussion. HERBERT MÜLLER. 200□

Die innere Reibung in Stählen von technischem Reinheitsgrad. G.-J.-W. Kor. (Métaux **37.** 115—20. März 1961. Breedband-Umuiden, Labor. K.N.H.S.) (Franz.)

Durch Messung der inneren Reibung in Stählen von techn. Reinheitsgrad wird nachgewiesen, daß es möglich ist, die inneren Reibungskurven in zwei Spitzen zu zerlegen. Jede dieser Kurven zeigt den Beitrag des C oder des eingelagerten N zur inneren Reibung. Die Ergebnisse dieser Verss. sind im wesentlichen ident. mit den bei reinen Fe–Mn–C- u. Fe–Mn–N-Legg. erhaltenen Ergebnissen. H. HOCHSTEIN. 200□

Innere Reibung in ferritischen Fe–Mn–N-Legierungen. J.-D. Fast, J.-L. Meijering und M.-B. Verrijp. (Métaux **37.** 112—14. März 1961. Eindhoven, N.V. Philips Gloeilampenfabrieken.) (Franz.)

Die innere Reibung von Fe ohne u. mit 0,54 oder 2,0% Mn nach 4std. Nitrierung (N_2 + 1% H_2) bei 950° mit nachfolgendem Abschrecken wird ermittelt. Es zeigt sich, daß für 0; 0,54 bzw. 2,0% Mn die Maxima bei 22, 29 bzw. 6° liegen. Die Oscillationsperiode betrug 1,2 Sekunden. Ferner wurde die innere Reibung der nitrierten Leg. mit 0,54% Mn nach Abschrecken von 560° bestimmt. Darauf wurde der Draht mehrmals bei 100° zur Erzielung einer teilweisen Fe-Nitrid-Ausscheidung geglüht u. dann die innere Reibung bei zunehmender u. abnehmender Temp. gemessen. — Diskussion der Ergebnisse. H. HOCHSTEIN. 200□

Über die Beobachtung von gewissen auf Oberflächen durch Reibung hervorgerufenen periodischen Schäden und ihre Deutung. Robert Courtel. (C. R. hebd. Séances Acad. Sci. **253.** 1758—60. 23/10. 1961. Bellevue, C.N.R.S., Labor.) (Franz.)

Vf. untersucht mit Hilfe der Interferenzkontrastmikroskopie die Oberflächenveränderungen, die beim Reiben einer abgerundeten metall. Spitze auf chem. polierten Oberflächen von polykrist. α-Messing u. rostfreiem Stahl mit Geschw. von 1—36 cm/s entstehen. Unter den Vers.-Bedingungen treten im Schaft longitudinale u. transversale Schwingungen auf, deren Amplitude mehr oder weniger unabhängig von der Reibung aufrechterhalten bleibt. Die Oberflächenveränderungen lassen sich mit einem einheitlichen Mechanismus deuten, sofern die unter der Wrkg. tangentialer Adhäsionskräfte gebildeten Wülste vor der reibenden Schaftspitze u. die damit verbundene Verringerung der Fortbewegungs-Geschw. betrachtet werden. HERBERT MÜLLER. 200□

Beobachtungen über die Torsionsverformung von Aluminium und Kupfer bei erhöhten Temperaturen. Donald Hardwick, W. J. McGregor Tegart, Claude Rossard und Paul Blain. (C.R. hebd. Séances Acad. Sci. **252.** 2881—83. 8/5. 1961. Sheffield, Univ., Dép. de Métallurg.; Saint-Germain-en-Laye, Inst. de Rech. de la Sidérurg.) (Franz.)

An Proben aus Reinst-*Al* (I) bzw. OFHC-*Cu* (II) werden mit einer IRSID-Prüfmaschine Torsions-Verss. bei Temp. zwischen 0,55 T_f u. 0,8 T_f (T_f = F. in °K) durchgeführt u. die Drehmomente D als Funktion der Schwingungsanzahl bestimmt. Für **II** zeigt D bei 5—10 Schwingungen ein Maximum u. erreicht dann einen Bereich konst. Werte, während für **I** das Maximum viel geringer ist u. bei tieferen Temp. auftritt. Die mkr. beobachtete Struktur der Proben hängt vom Verformungsgrad ab; bei **I** treten die Bldg. von Subkörnern, bei **II** dagegen Rekristallisationsstrukturen auf. Beide Erscheinungen führen zu der für warmverformte Metalle typ. gleichachsigen Struktur. HERBERT MÜLLER. 200□

Röntgenographische Untersuchungen an mechanisch und thermisch bearbeiteten (1 0 0) Steinsalzoberflächen. Fritz Asselmeyer und Walter Bienert. (Z. angew. Physik **12.** 16—26. Jan. 1960. München, TH., Phys. Inst. Weihenstephan.)

An verschiedenen behandelten (100) NaCl-Oberflächen wurden das integrale Reflexionsvermögen für Cu Kα-Strahlung sowie die Form der Reflexionskurven gemessen. Aus den Meßwerten wurden Aussagen über die Größe der einzelnen kohärenten Gitterbereiche u. ihre mittlere Verschwenkung in bezug auf die kristallograph. Hauptrichtung gewonnen. Bei Annahme einer Normalverteilung für die Verschwenkung der einzelnen Blöcke um ihren Mittelwert besteht ein einfacher Zusammenhang zwischen der Breite der Reflexionskurven u. der sek. Extinktion, auch dann, wenn die Breite der Kurven durch die Teilchengröße mitbestimmt wird. Bei bekannter sek. Extinktion läßt sich die prim. Extinktion berechnen u. die Teilchengröße abschätzen, deren untere Grenze so zu $2 \cdot 10^{-5}$ cm gefunden wurde. Aus dem Eindringvermögen der Röntgenstrahlen wurde eine mittlere wirksame Tiefe von 6—18 μ (je nach der Reflexionsordnung) abgeleitet, auf die sich die Ergebnisse beziehen. Bei geschliffenen Flächen besitzen die obersten Schichten eine Verschwenkung von 15—20°. Die Größe der kohärenten Gitterbereiche beträgt ca. 10^{-5} cm. Die Breite der Reflexionskurven von polierten Flächen erstreckt sich in keinem Fall über mehr als 1,5°. Die mittlere Verschwenkung in einer Tiefe zwischen 1 u. 10 μ beträgt bei einem einmal polierten Kristall ca. 25′ u. nimmt bei häufigem Polieren auf ca. 5′ ab. Die mittlere Teilchengröße in der angegebenen Tiefe nimmt dabei von $2 \cdot 10^{-5}$ cm auf $5 \cdot 10^{-5}$ cm zu. Bei Tempern von polierten Kristallen bei 750° nimmt die mittlere Verschwenkung von 25′ auf 2—4′ ab u. die Teilchengröße von $2 \cdot 10^{-5}$ auf $5 \cdot 10^{-4}$ cm zu. Bei Temp. zwischen 450 u. 750° sind durch Tempern nur geringe Änderungen zu erzielen, unterhalb 450° keine mehr. W. Betcke. 200□

Temperaturabhängigkeit des Youngschen Moduls von glasigem Germaniumdioxid und Quarzglas. S. Spinner und G. W. Cleek. (J. appl. Physics **31.** 1407—10. Aug. 1960. Washington, D.C., Nat. Bureau of Stand.) (Engl.) — Vgl. C. **1959.** 6394.

Vff. bestimmen mit Hilfe einer dynam. Resonanz-Meth. die Temp.-Abhängigkeit des Elastizitätsmoduls E von glasigem GeO_2 (**I**) im Temp.-Bereich von —195 bis 540°. E nimmt im Bereich von —120 bis 400° mit zunehmender Temp. zu. Unterhalb u. oberhalb dieses Bereiches nimmt E mit steigender Temp. ab. E von Quarzglas (**II**) steigt ebenfalls von ca. —190° bis 1175° u. sinkt außerhalb dieses Bereichs mit steigender Temperatur. Die Werte von E bei Raum-Temp. betragen für **I** E_0 ca. 530 kbar, für **II** E_0 = 730 kbar. E_0 von **I** wird durch das Abschrecken von relativ hohen Temp. beim Ziehprozeß der Proben beeinflußt. Schwenkungen können durch 4 std. Temperung bei 475° u. Abkühlen mit einer Geschw. von ca. 10°/Std. (Zunahme von E_0 um ca. 3%) vermindert werden. Die obere Temp.-Grenze der E-Best. von **I** ist durch seinen Senkungspunkt gegeben, der zwischen 500 u. 545° liegt. Unter Berücksichtigung der ähnlichen Strukturen u. Bindungsenergien von **I** u. **II** sind ihre ähnlichen E-Temp.-Beziehungen interessant, zumal unterschiedliches Verh. bei der therm. Ausdehnung zu verzeichnen ist.

P. Frenzel. 200□

Die Beziehung des Spannungsverhältnisses bei der plastischen Verformung. Fujio Nakanishi und Yasuo Sato. (Trans. Japan Soc. mechan. Engr. **26.** 1327—31. Okt. 1960.) (Jap.; Auszug: Engl.)

Von mehreren Forschern ausgeführte Unterss. zeigen die Unhaltbarkeit der allg. Annahme, daß die Schubbeanspruchungen γ_1, γ_2 u. γ_3 den Schubspannungen τ_1, τ_2 u. τ_3 proportional sind. Eine neue Plastizitätstheorie wird entwickelt; sie entspricht der Beziehung zwischen den plast. Spannungen unter verschiedenen Beanspruchungsarten, der Form der Hysteresekurven, der durch plast. Verformung bewirkten Anisotropie u. der Beziehung zwischen dem Fließen von Schmiedeeisen u. der zugrunde liegenden Verformung. W. Wesly. 200□

Der Bauschinger-Ermüdungseffekt. Minoru Kawamoto, Hiromi Takaki und Hidehiro Kisimoto. (Trans. Japan Soc. mechan. Engr. **26.** 1333—38. Okt. 1960.) (Jap.; Auszug: Engl.)

Der Bauschinger-Effekt gilt für stat. Beanspruchung. Wenn nach pulsierender Beanspruchung in einer Richtung eine leichtere Verformung unter pulsierender Beanspruchung in entgegengesetzter Richtung auftritt, kann man von einem Bauschinger-Ermüdungseffekt (BE) sprechen. An Stahl mit 0,3% C ausgeführte Unterss. (pulsierende Torsionsspannungen mit $2 \cdot 10^6$ oder 10^7 Lastwechseln) zeigen, daß der BE bei einer etwas unter der Fließspannung liegenden Spannung zu beobachten ist. W. Wesly. 200□

P. N. Dshaparidse, Die physikalisch-chemischen Festigkeitseigenschaften kondensierter Stoffe und Methoden ihrer quantitativen Wiedergabe. Tbilissi: Verl. der Akad. der Wiss. der GrusinSSR. 1961. (246 S. m. Zeichng.; 3 Bl. Tab.) 1 Rbl. 31 Kop. [Russ.]

William Hume-Rothery and **Geoffrey Vincent Raynor**, The structure of metals and alloys. 4th edit revised. London: Institute of Metals. 1962. (VIII + 380 S. m. Taf., Tab. u. Diagr.) = Monographs and reports series no. 1. 25 s.

A. Je. Wol, Struktur und Eigenschaften binärer Metallsysteme. Handbuch in 4 Bänden. Bd. 2. Vanadium-, Wismut-, Wasserstoff-, Wolfram-, Gadolium-, Gallium-, Hafnium-, Germanium-, Holmium-, Dysprosium-, Europium- und Eisensysteme. Moskau: Fismatgis. 1962. (982 S. m. graph. Darst.) 3 Rbl. 37 Kop. [Russ.]

A_7. Gleichgewichte. Kinetik

Metallkomplexe des Dimethylsulfoxids. J. Selbin, W. E. Bull und L. H. Holmes jun. (J. inorg. nuclear Chem. **16.** 219–24. Febr. 1961. Louisiana State Univ., Coates Chem. Labor.; Univ. of Tennessee, Chem. Dep.) (Engl.)

Eine Reihe von stabilen krist. Komplexen des Dimethylsulfoxids (DMSO) mit metall. Perchloraten bzw. Halogeniden von *Zn, Al, Hg(II), Ni, Mn, Co, Cd, Ga, Fe(II,III), Cu, Pd, Pb* u. *Pt* wurde dargestellt. Die IR-Spektren der Verbb. werden untersucht u. aus ihnen Aufschlüsse über die Bindungsverhältnisse gewonnen. Bei allen untersuchten Metallen, mit Ausnahme von Pd(II), besteht eine koordinative Bindung zum Sauerstoffatom. Einer Abnahme der S–O-Bindungsstärke entspricht eine Zunahme der Stärke der O-Metallbindung. Die Halogenide der zweiwertigen Metalle u. des Fe(III) gehen Komplexbindungen mit 1, 2 u. 3 Molen DMSO ein, wobei anzunehmen ist, daß das Halogen in allen Fällen koordinativ gebunden ist. Die Perchlorate u. $AlCl_3$ weisen dagegen in ihren DMSO-Komplexen die maximalen Koordinationszahlen 6 bzw. 4 auf, eine Ausnahme bildet der Pb(II)-Komplex. Die Stärke der Metall–Sauerstoff-Bindung nimmt in der Reihenfolge $Zn < Hg < Ni < Mn < Co < Cd < Fe < Pb < Cu$ zu.

Versuche: Die kristallinen Komplexe werden generell beim Zusammengeben der Hydrate der Metallsalze, in einigen Fällen der Anhydride, in Aceton bzw. A. oder Ae. u. eines geringen Überschusses DMSO krist. erhalten. Es wurden dargestellt: $Zn(ClO_4)_2 \cdot 4\,DMSO$, F. 73–74°, weiß. — $AlCl_3 \cdot 6\,DMSO$, weiß. — $HgCl_2 \cdot DMSO$, F. 125–126°, weiß. — $NiCl_2 \cdot 3\,DMSO$, F. 67°, blau. — $Ni(ClO_4)_2 \cdot 6\,DMSO$, hellgrün, explosiv. — $Mn(ClO_4)_2 \cdot 6\,DMSO$, F. 210,5–212°, weiß. — $Co(ClO_4)_2 \cdot 6\,DMSO$, F. 242–244°, rosa. — $CoCl_2 \cdot 3\,DMSO$, F. 97–99°, blau. — $CdBr_2 \cdot DMSO$, F. 173°, weiß. — $Ga(ClO_4)_3 \cdot 6\,DMSO$, weiß, explosiv. — $CdCl_2 \cdot DMSO$, weiß, zersetzlich. — $Fe(ClO_4)_2 \cdot 6\,DMSO$, hellgelb, explosiv. — $CuBr_2 \cdot 2\,DMSO$, orangefarben, zersetzlich bei 115°. — $Fe(ClO_4)_3 \cdot 6\,DMSO$, gelbgrün, explosiv. — $FeCl_3 \cdot 2\,DMSO$, F. 106–108°, gelb. — $PbCl_2 \cdot DMSO$, weiß. — $CuCl_2 \cdot DMSO$, orangefarben, zersetzlich bei 125°. — $Pb(ClO_4)_2 \cdot 3\,DMSO$, F. 124–127°, weiß. — $Cu(ClO_4)_2 \cdot 4\,DMSO$, explodiert beim Umkristallisieren. — $CuCl_2 \cdot 4\,DMSO$, explodiert beim Umkristallisieren. — $CuCl_2 \cdot 2\,DMSO$, F. 153–155°, hellgrün. — $PbBr_2 \cdot DMSO$, weiß. — $PdCl_2 \cdot 2\,DMSO$, F. 202–203,5°, gelb. — $PtCl_2 \cdot DMSO$, nur verunreinigt. W. BETCKE. 222□

Löslichkeitsproduktphänomene in den Systemen Hydroxylapatit–Wasser. Hillar M. Rootare, Victor R. Deitz und Frank G. Carpenter. (J. Colloid Sci. **17.** 179–206. März 1962. Washington, D.C., Nat. Bur. of Stand.) (Engl.)

Vff. bestimmten die Löslichkeit von käuflichen u. im Labor. dargestellten Präpp. von bas. Calciumphosphat (Hydroxylapatit; I) in W. allein oder in Ggw. von NaCl oder KOH. Das daraus berechnete Aktivitäts-Prod. von I ist nicht konst., sondern variiert weitgehend mit dem Verhältnis festes I : Wasser. Die Löslichkeit ist geringer, wenn mehr von festem I gelöst wurde. Eine Zunahme der Ionenstärke durch Zugabe von z. B. NaCl führt zu einer Abnahme der Löslichkeit. Dieser beim NaCl beobachtete „Aussalzeffekt" ist nicht allg., die Zunahme der Ionenstärke in den durch Extrahieren mit W. erhaltenen Lsgg. hat einen größeren Effekt als erwartet u. steigert die Löslichkeit mit zunehmender Ionenstärke („Einsalzeffekt"). Das mol. Verhältnis $Ca^{2+} : PO_4^{3-}$ in den wss. Extrakten liegt nicht konst. bei dem Wert von I (1,667), sondern nähert sich diesem, wenn ein großer Teil des Materials gelöst wird. Bei großem Verhältnis festes I : Wassermenge werden weit weniger als 1% von I gelöst, bei den kleinsten Verhältnissen I : W. entspricht die Menge des Gelösten etwa einer aufgelösten Kristallschicht von der Dicke der Elementarzelle. Vermutlich tragen die Bldg. eines Oberflächenkomplexes, $Ca_2(HPO_4)(OH)_2$, der als Folge der Hydrolyse der PO_4^{3-}-Ionen an den Grenzflächen der Kristalle entsteht, u. die dabei freiwerdenden Ionen zu der scheinbaren „Löslichkeit" von I bei. Ergebnisse früherer Unterss. werden im Zusammenhang mit dieser Annahme diskutiert. P. SCHARNER. 224□

Dreiphasenbildung im System Salzsäure–Wasser–Tri-n-butylphosphat–Verdünnungsmittel. E. Foa, N. Rosintal und Y. Marcus. (J. inorg. nuclear Chem. **23.** 109–14. Dez. 1961, herausgeg. März 1962. Rehovoth, Israel, Israel Atomic Energy Comm. Labor.) (Engl.)

Vff. untersuchten die 3 fl. Phasen des quatern. Syst. HCl–W.–Tri-n-butylphosphat (TBP)–Verdünnungsmittel bei 35°. Für die als Verdünnungsmittel verwendeten aliphat. KW-Stoffe wurden folgende obere, krit. Lsg.-Temp. bestimmt: n-Hexan (Kp. 69°)—6°, PAe. (Kp. 100—140°) 0°, Isooctan (Kp. 94°) 5°, Kerosin (Kp. 130—170°) 10°, hochsd. Kerosin (I) (Kp. 230—310°) 44° u. Dodecan (Kp. 185—195°) —. Das IR-Spektrum der unteren, organ. Schicht des Syst. HCl–TBP–I zeigt neben der durch Gemische verursachten Verbreiterung der Linien eine einzelne, für die P–O–H-Gruppe charakterist. Linie bei 2375 cm^{-1}, jedoch nicht die der P=O-Doppelbindung bei 1285 cm^{-1}. Die untere Schicht enthält eine möglicherweise hydratisierte Additions-Verb. TBP·HCl (II), die nicht dissoziiert ist u. als nahezu reine Verb. abgetrennt werden kann. Die Löslichkeit von II hängt offensichtlich vom Geh. an überschüssigem TBP ab; bei geringen TBP-Konzz. (5%) wird die Löslichkeitsgrenze bei jeder HCl-Konz. nicht überschritten, u. es wird nur eine organ. Schicht gebildet. Bei höheren TBP-Konzz. (20 oder 40%) u. bei HCl-Konzz. von 0,25m bzw. 0,50m in der organ. u. 6—7m in der wss. Phase wird als zweite organ. Schicht eine Additions-Verb. $TBP \cdot HCl \cdot H_2O$ abgeschieden. Die Löslichkeitsgrenze von II wird auch überschritten, wenn der notwendige HCl-Geh. aus wss. Lsgg. geringer HCl-Konz. durch eine hohe Konz. eines Chlorides, wie LiCl, in die organ. Phase ausgesalzen wird. Die Löslichkeit von II in I u. das Verh. der anderen Verdünnungsmittel kann durch den Begriff des „Löslichkeitsparameters" von HILDEBRAND erklärt werden.

P. SCHARNER. 224□

Über die Extraktion von Wasser aus schwefelsauren Lösungen in Tri-n-butylphosphat. Elfriede Brauer und Erik Högfeldt. (J. inorg. nuclear Chem. **23.** 115—21. Dez. 1961, herausgeg. März 1962. Stockholm, Royal Inst. of Technol., Dep. of Inorg. Chem.) (Engl.)

Zur Best. des Hydratationsgrades von Protonen wurde W. aus H_2SO_4–H_2O-Mischungen mit verd. Lsgg. von Tri-n-butylphosphat (TBP) in Kerosin (I) (1—5%) u. in Bzl. (1%) extrahiert. Ein Maximalwert extrahierten W. wurde bei ca. 5m H_2SO_4-Lsgg. erhalten. Dieses Verh. kann durch folgende Rk. mit einer Gleichgew.-Konst. von ca. 10^{-2} erklärt werden: $TBP_{(org.)} + 2\,H^+(H_2O)_{4(aq.)} + SO_4{}^{2-}{}_{(aq.)} \rightleftharpoons TBP(H_2O)_8 \cdot H_2SO_{4(org.)}$. Andere Zus. für die hydratisierten Protonen, wie z. B. $H^+(H_2O)_5$ oder $H^+(H_2O)_3$ können nicht ausgeschlossen werden. Bei höheren Konzz. von TBP in I (7,5—10%) scheint die Haupt-Rk. im Bereich $2{,}5\,m \leqq [H_2\,SO_4]_{(aq.)} \leqq 6\,m$ nach $TBP_{(org.)} + H_2O_{(aq.)} \rightleftharpoons TBP \cdot H_2O_{(org.)}$ mit einer Gleichgew.-Konst. von ca. 10^{-1} zu verlaufen. Durch Titration bestimmbare Säuremengen werden bei allen Verdünnungen erst bei H_2SO_4-Konzz. von 6,5m extrahiert. Bei höheren Aciditäten nähert sich das Verhältnis $[H_2SO_4]_{org.}/[TBP]_{org.}$ einem Grenzwert von mehreren Molen H_2SO_4 pro Mol TBP, der mit zunehmender Verdünnung des TBP ansteigt.

P. SCHARNER. 224□

Extraktionsgleichgewichte im System Wässerige Salzsäure–Uranylchlorid–Tri-n-butylphosphat. A. S. Kertes und M. Halpern. (J. inorg. nuclear Chem. **16.** 308—22. Febr. 1961. Jerusalem, Israel, Hebrew Univ., Dep. of Inorg. and Analyt. Chem.) (Engl.)

Die Verteilung von UO_2Cl_2 zwischen wss. HCl u. unverd. Tri-n-butylphosphat (TBP) wurde in Abhängigkeit von der HCl- u. UO_2Cl_2-Konz. untersucht. Bei geringer konst. anfänglicher UO_2Cl_2-Konz. (0,092m) nimmt die Menge des in TBP extrahierten $UO_2{}^{2+}$ linear mit der HCl-Konz. der wss. Lsg. bis ca. 4n HCl zu, bei weiterer Steigerung der HCl-Konz. geht in zunehmendem Maße HCl in die organ. Phase. Bei konst. HCl-Konz. nimmt der Extraktionsgrad des $UO_2{}^{2+}$ mit wachsender UO_2Cl_2-Konz. ab. Der Effekt hängt stark von der HCl-Konz. ab. Die Gleichgew.-Konzz. von HCl u. W. in der organ. Phase nehmen mit wachsender $UO_2{}^{2+}$-Konz. ab. Vol.-Zunahme, Viscosität, Dichte u. elektr. Leitfähigkeit der organ. Phase im Gleichgew. hängen linear vom UO_2Cl_2-Geh. ab, ein Knickpunkt beim Verhältnis $TBP:UO_2Cl_2 =$ ca. 3:1 zeigt eine Änderung in der Natur der Phase an. Das Absorptionsspektrum der TBP-Phase ändert seinen Charakter mit den Konz.-Verhältnissen nicht u. zeigt einige für Konz.-Best. geeignete Peaks. Es zeigte sich, daß der Extraktionsmechanismus wesentlich von der anfänglichen HCl-Konz. beeinflußt wird. Bei niedrigen Säure-Konzz. wird er von dem Aussalzeffekt, den HCl u. UO_2Cl_2 aufeinander ausüben, bestimmt. Im Konz.-Bereich 1—7n HCl hat die Säure-Konz. keinen wesentlichen Einfl. auf den Extraktionsmechanismus, während dieser bei höheren Säure-Konzz. durch die Rivalität zweier Solvate, $[HCl \cdot TBP \cdot (H_2O)_3]$ u. $[UO_2 \cdot Cl_2 \cdot TBP_2]$ kontrolliert wird.

W. BETCKE. 224□

Extraktionsverhalten von Metallacetylacetonaten. Tsunenobu Shigematsu und Masayuki Tabushi. (Bull. Inst. chem. Res., Kyoto Univ. **39.** 35—42. Jan. 1961. Shigematsu Labor.) (Engl.)

Die Extraktion von *Al, Be, Cd, Ce, Co, Cu, Fe, Ga, Hf, In, Mg, Mn, Ni, Pb, Sr, U, Y* u. *Zn* aus wss. Lsg. (pH 2—12) in eine Lsg. von Acetylaceton (I) in Chlf. wurde mit spektrophotometr., fluorometr. u. polarograph. Meth. sowie mit Hilfe von Radioaktivitätsmessungen untersucht. Für alle Elemente sind die Extraktionskurven (Abhängigkeit der Extrahierbarkeit vom pH) wiedergegeben. Beziehungen zwischen den Eigg. des Metallatoms u. der Extrahierbarkeit seines I-Chelats werden erörtert. Das Verh. der Chelate wird als Funktion des Ionenpotentials (Wertigkeit/Ionenradius) u. des Ionisationspotentials des zentralen Metallions dargestellt. Ein Zusammenhang zwischen diesen Größen, der Extrahierbarkeit der Chelate, ihrer Stabilität u. der Bindungsenergie u. Bindungsart des Metallions wird diskutiert. W. BETCKE. 224□

Eine Zusammenstellung von TTA-Extraktionskoeffizienten. A. M. Poskanzer und B. M. Foreman jun. (J. inorg. nuclear Chem. **16.** 323—36. Febr. 1961. Upton, Long Island, N.Y., Brookhaven Nat. Labor., Chem. Dep.) (Engl.)

Die Eigg. des für die Extraktion u. Trennung radioakt. Elemente gebräuchlichen 2-Thenoyltrifluoracetons (TTA, in benzol. Lsg.) werden besprochen. Eine kurze theoret. Behandlung des Extraktions-Gleichgew. wird gegeben. Bei konst. TTA-Konz. ist der log des Extraktions-Koeff. (K) linear vom pH der Lsg. abhängig. Aus Literaturangaben wird eine Tabelle mit Angaben über K, log K/pH, das pH für 50%ig. Extraktion in 0,2 m TTA in Bzl. u. die Natur der wss. Phase für 48 Elemente zusammengestellt. Für die Abhängigkeit des Extraktionsgrades von der TTA-Konz. wird eine Gleichung angegeben. Einige Literaturangaben über die TTA-Extraktion unter Verw. anderer Lsgm. (Toluol, Xylol, sek.-Butylbenzol, Monochlorbenzol, o-Dichlorbenzol, Trichlorbenzol, $CHCl_3$, $CHBr_3$, CCl_4, Tetrachloräthylen, Methylisobutylketon) werden aufgeführt. Eigene neue Experimentalergebnisse über die TTA-Extraktion von Pa(V), Fe(III) u. Li aus salzsaurer Lsg. werden mitgeteilt. W. BETCKE. 224□

Kinetik der thermischen Zersetzung von Kohlensuboxid. H. B. Palmer und T. J. Hirt. (J. Amer. chem. Soc. **84.** 113—14. 5/1. 1962. University Park, Pa., Pennsylvania State Univ., Coll. of Mineral Ind., Dep. of Fuel Technol.) (Engl.)

Die Zers. von C_3O_2 in Konzz. zwischen ca. 0,1 u. 0,5 Mol-% wurde zwischen 900 u. 1025° K in He bei 1 atm Gesamtdruck in einem Ringfluß-Syst. untersucht. Die Zers.-Geschw. wurde durch Messung der C-Ablagerung auf einem Streifen eines glasierten Porzellanstabes, der die innere Wand des Ringfluß-Syst. bildet, bestimmt. Unterss. in einem stat. Syst. ergaben, daß der Zerfall bei diesen Temp. nach $C_3O_2 \rightarrow C_{fest} + 2\,CO$ erfolgt. Die Auswertung der Meßergebnisse nach ARRHENIUS ergab eine Aktivitätsenergie von 54 ± 2 kcal. Der Häufigkeitsfaktor liegt diesen Verss. nach zwischen $7{,}7 \cdot 10^{14}$ u. $2{,}05 \cdot 10^{15}$ cm³/Mol·s bei Annahme einer Rk. 2. Ordnung. Im Hinblick auf die C_3O_2-Konz. verläuft die Rk. nach der 1. Ordnung; die Rk.-Ordnung des Zerfalls in He ist unbekannt. Die 54 kcal dürften die Aktivierungsenergie für die Rk. $C_3O_2 \rightarrow C_2O + CO$ sein, wenn der Zerfall $C_2O \rightarrow C_{fest} + CO$ auf der Oberfläche nicht sehr langsam erfolgt. Die Rück-Rk. zwischen CO u. C_2O hat wahrscheinlich eine Aktivierungsenergie der Größenordnung 8 kcal; die Rk. $C_2O \rightarrow C_{gas} + CO$ verläuft mit ca. 79 kcal endotherm. P. KURZMANN. 225□

Explosionsartiger Zerfall von Distickstoffoxid. B. B. Brandt und A. I. Roslowski. (Доклады Академии Наук СССР [Ber. Akad. Wiss. UdSSR] **132.** 1129—31. 11/6. 1960. Inst. für Stickstoffind. u. org. Synth.-Prodd.) (Russ.) — Vgl. C. **1962.** 8410.

Bei genügend hohem Druck (p) zerfällt N_2O monomol. nach 1. Ordnung, bei $p = \infty$ ist der asymptot. Wert der Geschw.-Konst. $k_\infty = 4{,}2 \cdot 10^9 \exp(-53000/RT)$, die thermodynam. Rechnung ergibt die Verbrennungs-Temp. $T_b = 1860°$ K mit 0,61% NO im Gleichgew., unabhängig von p; bei T_b errechnet sich die Wärmeleitfähigkeit $\lambda = 2{,}90 \cdot 10^{-4}$ cal/cm·s·Grad. Verss. in der Bombe zu zeigen, daß kaltes N_2O sich entzünden läßt, krit. Druck $p_{kr} = 1{,}60 \pm 0{,}08$ ata. Bei Verdünnung mit 4,5 (10,0)% N_2 ist $\Delta T_b = 61$ (137°), p_{kr} 2,15 (4,5); Extrapolation ergibt $p_{kr} = 10$ ata bei 13—19% N_2 ($\Delta T_b = 179$—264°). Bei der Explosion von N_2O beträgt der maximale Druck 1000—4000 ata. Als prim. Prod. entsteht NO, als sek. NO_2. Mit zunehmendem p nimmt der Gleichgew.-Geh. an NO_2 von ca. 2,7% bei 1,5 ata auf ca. 0,6% bei 7 ata ab. Die NO-Konz. liegt in den Verss. über dem Gleichgewichtswert. R. K. MÜLLER. 225□

Untersuchung der Reaktion von Sauerstoffatomen mit Stickstoffdioxid mit Hilfe von Isotopen. M. A. A. Clyne und B. A. Thrush. (Trans. Faraday Soc. **58.** 511—15. März 1962. Univ. of Cambridge, Dep. of Phys. Chem.). (Engl.) — Vgl. C. **1962.** 11120.

Vff. untersuchten die Rk. $O + NO_2 \rightarrow NO + O_2 + 46$ kcal/Mol (1) in der Gasphase bei 1,5 mm Hg Druck unter Verw. von ^{18}O-Atomen. Eine Beschreibung der Vers.-Anordnung ist angegeben. Die Ergebnisse der Massenspektroskopie zeigen, daß die beiden Rkk. $^{18}O + {}^{14}N^{16}O_2 \rightarrow {}^{18}O^{16}O + {}^{14}N^{16}O$ (2) u. $^{18}O + {}^{14}N^{16}O_2 \rightarrow {}^{16}O_2 + {}^{14}N^{18}O$ (3) im

Verhältnis $k_2/k_3 = 2{,}0 \pm 0{,}4$ auftreten. Damit ist die Bldg. eines dreiwinkligen Übergangkomplexes der Form $O-N\genfrac{}{}{0pt}{}{/O}{\backslash O}$, in dem alle 3 O-Atome gleichberechtigt sind, bewiesen. Dieser Übergangskomplex muß lange genug bestehen, damit die Äquivalenz der O-Atome erreicht wird. Aus kinet. Betrachtungen u. unter Verw. der Ergebnisse anderer Autoren kommen Vff. zu dem Schluß, daß der Zusammenstoß $O + NO_2$ während der Dauer von 10^{-11} s erfolgt. Diese Zeit genügt für die Gleichverteilung der Energie. Aus den Werten von analogen Rkk. wird für die Bldg. des Komplexes auf eine Aktivierungsenergie von 1,5 kcal/Mol geschlossen. Die bekannte Erscheinung, daß ca. 50% der in (1) freiwerdenden Energie als Schwingungsanregung des O_2 auftreten kann, während NO nicht angeregt ist, wird aus dem Zerfall des Komplexes erklärt, bei dem sich der N—O-Abstand kaum ändert u. der O—O-Abstand um ca. 70% kleiner wird. Unterss. über die Rotabsorption des NO_3-Radikals u. Ergebnisse der analogen Rk. $N + NO_2 \rightarrow N_2O + O$, bzw. $N + NO_2 \rightarrow 2\,NO$ lassen ebenfalls auf einen Übergangskomplex der angegebenen Form schließen.
E. SCHIEWER. 225□

Additionsverbindungen der Alkalimetallhydride. 12. Mitt. **Der Einfluß von Lösungsmittel und Metallion auf die Geschwindigkeit der Reaktion von Alkalihydridoboraten mit Aceton.** Herbert C. Brown und Katsuhiko Ichikawa. (J. Amer. chem. Soc. **83.** 4372—74. 5/11. 1961. Lafayette, Ind., Purdue Univ., Richard B. Wetherill Labor.) (Engl.) — 11. vgl. C. **1959.** 14685.

Die Geschw.-Konst. für die Solvolyse von $NaBH_4$ in Methanol u. Äthanol bei 0° betragen $5{,}5 \cdot 10^{-4}$ u. $2{,}8 \cdot 10^{-7}\,s^{-1}$. Bei der Solvolyse in W. fällt die Geschw.-Konst. mit der Zeit entsprechend steigendem pH der Lsg. von 16 auf $5 \cdot 10^{-6}\,s^{-1}$; Lsgg. von $NaBH_4$ in Isopropylalkohol zeigen keine Veränderung. Die relativ hohe Reaktivität von $NaBH_4$ gegenüber Methanol erweist dieses als Lsgm. bei organ. Redd. ungeeignet. Die Einfl. der verschiedenen Lsgm. auf die Rk. 2. Ordnung zwischen $NaBH_4$ u. Aceton werden durch die Geschw.-Konst. bei 0° in W., A. u. Isopropylalkohol: (93, 97 u. 15,1)$\cdot 10^{-4}$ Liter$\cdot$Mol$^{-1}\cdot$s^{-1} wiedergegeben. Zugabe von LiCl beeinflußt die Rk. von $NaBH_4$ mit Aceton in W. nicht, in Isopropylalkohol wird dagegen die Geschw.-Konst. auf $50{,}3 \cdot 10^{-4}$ Liter$\cdot$Mol$^{-1}\cdot$s^{-1} erhöht. Ansteigen der Geschw.-Konst. im $NaBH_4$–Aceton-Gemisch in Isopropylalkohol wird ebenfalls mit steigendem Zusatz von LiJ beobachtet. Nach den Ergebnissen ist in W. nur dissoziiertes BH_4^- an der Rk. beteiligt, während in Isopropylalkohol überwiegend nur das undissoziierte Ionenpaar $Me^+BH_4^-$ vorliegt, dessen Reaktivität vom jeweiligen Kation bestimmt wird. Für den Rk.-Verlauf ist somit die Ionisierungsfähigkeit des Lsgm. von großer Bedeutung. So ergeben sich zwischen $NaBH_4$ u. Aceton in Lsgm. wie Acetonitril, Pyridin, Dimethylformamid u. Diäthylenglykoldimethyläther bei 0° keine Reaktionen.
H.-D. FREYER. 225□

Oxydation von Thiocyanaten durch Peroxosulfate in wässeriger Lösung. J. Balej und J. Vondrák. (Collect. czechoslov. chem. Commun. **26.** 1251—61. Mai 1961. Prag, Tschechoslow. Akad. der Wiss., Inst. für anorgan. Chem.) (Dt.)

Es wurde der Rk.-Verlauf zwischen Peroxosulfaten u. Thiocyanaten in wss. Lsgg. untersucht, die stöchiometr. Gleichung aufgestellt u. die Rk.-Geschw. unter verschiedenen Bedingungen der Zus., der Ionenstärke der Lsg., des pH-Werts, der Temp. u. der Verunreinigungen bestimmt. Auf Grund der Ergebnisse wird ein Rk.-Mechanismus vorgeschlagen.
V. RŮŽIČKA/Prag. 225

Die Rolle der Konfiguration bei der katalytischen Desaminierung des Kupferkomplexes von Alanin. János Nyilasi. (Magyar Kémiai Folyóirat [Ung. Z. Chem.] **64.** 160—63. Mai 1958. Budapest, Eötvös Loránd Tudományegyetem Általános és Szervetlen Kém. Intéz.) (Ung.)

Die Desaminierungs-Geschw. mit verschiedenen Cu-Mengen hergestellter α- u. *β-Alanin*-Komplexe wurde bei 100° in 1n NaOH untersucht. Während im Falle des α-Alanins die Geschw. der NH_3-Entw. in bedeutendem Maße von der Menge des angewendeten Metalls abhängt, wird im Falle des β-Alanins kein NH_3 freigesetzt. Zur Deutung dieser Erscheinung kann die unterschiedliche Stabilität der Komplexe verantwortlich gemacht werden. Durch Weinsäure wird die Desaminierungs-Geschw. erheblich beschleunigt. Bei der katalyt. Wrkg. spielt die Konfiguration des Alanins u. auch die der Weinsäure eine Rolle, welches Verh. als ein Beweis für das Vorhandensein von Mischkomplexen zu betrachten ist. Die in der Rk.-Geschw. beobachteten Unterschiede können durch die verschiedene Raumstruktur dieser Mischkomplexe erklärt werden. G. HALMI. 225

Die thermische Zersetzung von Lanthanoxalat. A. Glasner und M. Steinberg. (J. inorg. nuclear Chem. **16.** 279—87. Febr. 1961. Jerusalem, Hebrew Univ., Dep. of Inorg. and Analyt. Chem.) (Engl.) — Vgl. C. **1962.** 11121.

Wasserfreies $La_2(C_2O_4)_3$ wird bei verschiedenen Temp. im Bereich 320—410° in einer Vakuum-App. isotherm zersetzt. Bei 320° findet noch keine Zers. statt. Der Zers. geht eine Induktionsperiode voran, die bei 341° ca. 40 Min. dauert u. mit steigender Temp. rasch abnimmt. Der Druck der Zers.-Gase (CO/CO_2-Gemisch) steigt in Abhängigkeit von der Temp. innerhalb 70 bis > 240 Min. bis zu einem konst., von der Temp. unabhängigen Grenzwert an u. ist dem Gew. der Probe proportional. Das Verhältnis der CO- u. CO_2-Partialdrücke zueinander ist von der Zers.-Temp. weitgehend unabhängig (ca. 4:5). Bei der Zers. von $La_2(C_2O_4)_3 \cdot 9\,H_2O$ unter Luft bei 390° tritt nach 210 Min. Gew.-Konstanz ein, das Gew. des Rückstands entspricht der Zus. $La_2(CO_3)_3$. Bei der Vakuum-Zers. bei 420° entsteht gemäß dem IR-Spektrum des Rückstandes ebenfalls das Carbonat. Die Kinetik der Zers.-Rk. wird untersucht, die Aktivierungsenergie wird für das Anfangsstadium zu 31,7 kcal/Mol gefunden. Der Verlauf der Vakuum-Zers. des $La_2(C_2O_4)_3$ ist für verzweigte Ketten-Rkk. in Festkörpern charakterist.; die Gleichung von PROUT u. TOMPKINS läßt sich auf ihn anwenden. Als Erklärung für die Experimentalergebnisse wird eine anfängliche Zers. des Oxalats in Carbonat u. CO diskutiert, der eine Disproportionierung des CO in C u. CO_2 folgt. W. BETCKE. 225□

Beitrag zur Bestimmung der Konstanten von Geschwindigkeitsgleichungen heterogen-katalytischer Reaktionen. P. Mitschka und P. Schneider. (Collect. czechoslov. chem. Commun. **26.** 1195—1200. April 1961. Prag, Tschechoslow. Akad. der Wiss., Inst. für theoret. Grundlagen der chem. Techn.) (Dt.)

Bei der Wahl des am besten geeigneten Syst. kinet. Gleichungen für heterogenkatalyt. Rkk. in der Gasphase nach der Meth. von HOUGEN u. WATSON wird gefordert, daß alle Konst. positiv u. die Unterschiede der experimentellen u. berechneten Werte des Umsatzes oder der Rk.-Geschw. minimal sind. Am Beispiel der irreversiblen Rk. A → R + S, bei welcher die geschwindigkeitsbestimmende Stufe die Oberflächen-Rk. der adsorbierten Ausgangskomponente A an einem einzigen akt. Zentrum ist (wobei das Prod. S am Katalysator nicht absorbiert wird), untersuchten Vff., mit welcher Genauigkeit es möglich ist, die Konst. der Geschw.-Gleichungen aus den Integraldaten eines Durchflußreaktors zu bestimmen, sofern die experimentell festgesetzten Umsätze systemat. mit einem stabilen Relativfehler belastet sind. Für verschiedene Werte von K_A u. K_R (Gleichgew.-Konst. der Adsorption von A u. R) wurden die Relativfehler der Konst. k (Geschw.-Konst. der Oberflächen-Rk.), K_A u. K_R in Abhängigkeit von einem Relativfehler des Umsatzes Δx im Ausmaße von -20 bis $+20\%$ bestimmt. Es ergibt sich, daß für gewisse Werte von Δx, K_A u. K_R eine der errechneten Konst. negativ sein kann (d. h. Relativfehler $> -100\%$). — Das Vork. negativer Konst. muß also nicht immer den Beweis der Untauglichkeit der vorgeschlagenen Mechanismen bedeuten.

I. FRIČ/Prag. 225

Neutronenbestrahlung des Systems Arsentrichlorid–Benzol. J. Cífka und Z. Melichar. (Collect. czechoslov. chem. Commun. **26.** 1403—13. Mai 1961. Prag, Tschechoslow. Akad. der Wiss., Inst. für Kernforsch. u. Fak. für techn. Phys. u. Kernphys.) (Dt.)

Es wurde die Verteilung von ^{76}As zwischen verschiedenen anorgan. As-Verbb. u. Derivv. des Phenyl- bzw. Diphenylarsins untersucht, die in Benzol-Lsgg. von $AsCl_3$ beim Beschuß mit Neutronen entstehen. Die Ausbeute des ^{76}As in Form von Phenylarsin sinkt rasch mit wachsender $AsCl_3$-Konzentration. Es wurde auch der Einfl. von γ-Strahlen auf das untersuchte Syst. verfolgt. V. RŮŽIČKA/Prag. 226

Reduktion der Kohlensäure in wässeriger Lösung unter Einwirkung von UV-Licht. Nikola Getoff. (Z. Naturforsch. **17b.** 87—90. Febr. 1962. Wien, Österr. Akad. der Wiss., Inst. für Radium-Forsch. u. Kern-Phys.) (Dt.)

Vf. untersuchte die Red. wss. Kohlensäure bei pH 3,0; 4,0; 6,5 u. 8,7 durch Bestrahlung mit UV-Licht mit u. ohne Ni–Co-Filter, sowie mit u. ohne Anwendung von Fe^{2+}-Ionen als Elektronenüberträger. Als Red.-Prodd. der Kohlensäure wurden CO, Aldehyde u. Ameisensäure nachgewiesen. Dabei wurde die Aldehyd-Bldg. als Funktion der Bestrahlungsdauer untersucht: bei pH 3 geht die Ausbeute durch ein Maximum, während sie bei pH 4—8,7 einem Sättigungswert zustrebt. Die Aldehyd-Bldg. verläuft nach dem Typ einer Rk. erster Ordnung; aus den angegebenen Geschw.-Konst. ist ersichtlich, daß die Aldehyd-Bldg. mit steigendem pH-Wert langsamer wird. Der Einfl. der Fe^{2+}-Konz. u. des Ni–Co-Filters auf die Ausbeute u. Geschw.-Konst. wird diskutiert. Für die Red. der Kohlensäure in wss. Lsg. wird folgender Mechanismus angenommen: $(CO_2 \cdot H_2O) \xrightarrow{h\nu} (CO_2 \cdot H_2O)^* \rightarrow (CO_2^- \cdot H_2O^+) \rightarrow CO_2^- + H^+ + OH$; $CO_2^- + H^{\cdot} \rightarrow CO + OH^-$; $CO + H^{\cdot} \rightarrow HCO^{\cdot}$; $HCO^{\cdot} + H^{\cdot} \rightarrow HCHO$; $HCO^{\cdot} + OH^{\cdot} \rightarrow HCOOH$. Hauptsächliche Zwischenprodd. sind also H-Atome u. HCO-Radikale. In Ggw. von Fe^{2+}-Ionen werden zusätzlich G-Atome gebildet: $(Fe^{2+} \cdot H_2O) \xrightarrow{h\nu} (Fe^{2+} \cdot H_2O)^* \rightarrow (Fe^{3+} \cdot H_2O^-) \rightarrow Fe^{3+} + H + OH^-$. Dabei kann das angeregte $(Fe^{3+} \cdot H_2O^-)$-Ion mit H^+ reagieren zu Fe^{3+} +

H_2O + H. Reagiert es mit CO_2, so ist der Mechanismus: $(Fe^{3+} \cdot H_2O^-) + CO_2 \rightarrow CO_2^- + (Fe^{3+} \cdot H_2O)$; $CO_2^- + H \rightarrow CO + OH^-$; $CO + H \rightarrow HCO^{\cdot}$ u. weiter wie oben. Gleichzeitig kann auch das gelöste Elektron ($e^- \cdot aq$) entstehen: $OH^- + H^{\cdot} \rightarrow (e^- \cdot aq)$, das auf CO_2 reduzierend wirken kann: $(e^- \cdot aq) + CO_2 \rightarrow CO_2^- + H_2O$. Die Red. der Kohlensäure in alkal. Medium scheint nur durch gelöste Elektronen u. durch $OH^{\cdot}$-Radikale hervorgerufen zu werden. Das beim Red.-Prozeß der Kohlensäure gebildete H_2O_2 ist ein Prod. der $OH^{\cdot}$-Radikale. G. HELLER. 226□

Das Verhalten von neutronenbestrahltem Ammoniumsulfat bei Wärmebehandlung. Nikola Getoff und Masaru Nishikawa. (Nature [London] **192.** 61—62. 7/10. 1961.) (Engl.) — Vgl. vorst. Referat.

$(NH_4)_2SO_4$-Kristalle wurden vier Wochen mit einem Neutronenfluß von 10^9 Neutronen/$cm^2 \cdot s$ bestrahlt u. anschließend in einem Ofen bei verschiedenen Temp. u. Heizperioden an Luft einer Wärmebehandlung unterworfen. Eine Analyse der Kristalle zeigt, daß während der Neutronenbestrahlung aus der (NH_4)-Gruppe reduzierende Substanzen entstehen, die das SO_4^{2-} teilweise bis zum S^{2-} reduzieren. Während der Wärmebehandlung findet dann wieder eine teilweise Oxydation durch den anwesenden Luftsauerstoff statt. G. M. NEUMANN. 226□

Einfluß des O : U-Verhältnisses auf das Bestrahlungsverhalten von Uranoxid. A. S. Bain und J. A. L. Robertson. (J. nuclear Mater. [Amsterdam] **1.** 109—10. 1959. Chalk River, Ontario, Canada, AE of Canada Ltd., Fuel Dev. Branch.) (Engl.)

Aus $(NH_4)_2U_2O_7$ hergestelltes u. 4 Std. lang bei 1325° gesintertes Uranoxidpulver mit verschiedenem U/O-Verhältnis wurde in Verkleidungen aus Zircaloy-2 4 Monate lang im Reaktor NRX bestrahlt. Die Oberflächen-Temp. des Brennstoffs betrug während der Bestrahlung ca. 325°. Nach der Bestrahlung wurde in der Mitte der nichtstöchiometr. Proben ($UO_{2,15}$) eine Zone mit Kornwachstum festgestellt, während bei den stöchiometr. Proben ($UO_{2,00}$) keine außergewöhnliche Veränderung zu beobachten war. Bei $UO_{2,15}$ konnten 18,5 bzw. 20% der entstandenen Menge an Spalt-Prod.-Gas, bei $UO_{2,00}$ nur 0,05 bzw. 0,13% erhalten werden. Für das verschiedenartige Verh. wird ein geringeres Wärmeleitvermögen von nichtstöchiometr. Uranoxid in den äußeren Zonen bzw. eine größere Kornwachstums-Geschw. oder beides verantwortlich gemacht. W. KARCHER. 226□

Geoffrey Colin Bond, Catalysis by metals. London: Academic P. 1962. (IX + 519 S. m. Tab. u. Diagr.) 5 £.

W. W. Penkowski, Einwirkung der Bestrahlung von Metallen und einigen hochschmelzenden Materialien. Kiew: Verl. der Akad. der Wiss. der UkrainSSR. 1962. (184 S. m. Zeichng.) [Russ.]

A_8. Präparative anorganische Chemie. Komplexverbindungen. Metallorganische Verbindungen

Untersuchungen an Stickstoff-Chlor-Verbindungen. 4. Mitt. **Stickstoffmonohydrid als Zwischenprodukt der Chloraminzersetzung.** Jochen Jander und Jürgen Fischer. (Z. anorg. allg. Chem. **313.** 37—47. 1961. Freiburg/Br., Univ., Chem. Labor., Anorg. Abt.) (Dt.) — 3. vgl. C. **1962.** 11122.

Chloramin zerfällt (a) im festen Zustand bei —190° durch UV-Bestrahlung wie (b) im gasförmigen Zustand durch therm. Energie (450—500°) gemäß $H_2NCl \rightarrow HCl + NH$. Das Stickstoffmonohydrid läßt sich bei (a) durch Bldg. des blauen RICEschen Körpers (I) erkennen (RICE u. FREAMO, C. **1952.** 5058), bei (b) in Ggw. von CO als HNCO abfangen. I wandelt sich bei —161 bis —150° in eine farblose Verb. um; es bildet sich dabei kein NH_4N_3. Vff. werten ihre Befunde als mögliche Beweise für eine Bldg. von N_2H_4 aus NH_2Cl u. NH_3 über NH als Zwischenstufe. — Nach (a) wurden 300—350 mg festes NH_2Cl, durch geringe Mengen (1,3—3%) NH_3 verunreinigt, in Quarzgefäßen bei 10^{-3} bis 10^{-5} Torr unter Kühlung mit fl. Luft mit einer Hg-Hochdrucklampe 1—2 Std. einseitig bzw. 8 Std. allseitig bestrahlt. I bildet sich nur an den bestrahlten Stellen u. entsteht unter analogen Bedingungen nicht aus NH_3 oder N_2H_4. (b) Ein CO-Strom von 5—10 Torr wird über sich langsam (0,2°/Min.) von —69° auf —25° erwärmendes NH_2Cl geführt, dann im Gemisch CO/NH_2Cl (3:1) durch ein Quarzrohr von 450—500° geleitet u. anschließend mit fl. Luft ausgefroren. Nach Aufkondensieren von NH_3 läßt sich das mit 1% (bezogen auf eingesetztes NH_2Cl) gebildete HNCO als NCO^- nachweisen. In Mengen von 0,7—1,0 g, nicht aber mehr bei $<0,2$ g, zersetzt sich N_2H_4 analog unter HNCO-Bldg. im CO-Strom. Vff. schalten durch sorgfältige Test-Verss. aus, daß die HNCO-Bldg. aus NH_2Cl nach (b) durch geringe Beimengungen von NH_4Cl, NH_3, sich sek. bildendes N_2H_4 oder durch direkte Umsetzung von CO mit NH_2Cl bewirkt wird. U. WANNAGAT. 243□

Zur Chemie des Schwefeltrioxids. 16. Mitt. Über die Reaktion von Kaliumcyanid und Dicyan mit Schwefeltrioxid. N.N'-Bis-[schwefeltrioxid]-dicyan. Hans-Albert Lehmann, Lothar Riesel, Klaus Höhne und Eberhard Maier. (Z. anorg. allg. Chem. **310.** 298—304. Juli 1961. Merseburg, TH für Chem. Leuna-Merseburg, Inst. für anorg. Chem.; Dresden, TH, Inst. für anorg. u. anorg.-techn. Chem.) (Dt.) — 15. vgl. C. **1961.** 13841; vgl. auch Croatto u. Rizzardi, C. **1942.** I. 1986.

Die Umsetzung von KCN mit vorsichtig aufkondensiertem SO_3 erfolgt in exothermer Rk. über die Stufen KCN + n SO_3 → $KS_nO_{3n}CN$ (I); 2 I → $K_2S_nO_{3n+1}$ (II) + SO_2 + (n — 1)SO_3 + 2 CN˙ (Haupt-Rk.); I + SO_3 → $KS_nO_{3n}NCO$ (III) + SO_2; 2 III → $S_2O_5 \cdot (NCO)_2$ (IV) + $K_2S_{2n-2}O_{6n-5}$ (entspricht II); nCN˙ → $(CN)_n$ (Hauptmenge); 2 CN˙ → $(CN)_2$; $(CN)_2$ + 2 SO_3 → $C_2N_2 \cdot 2\,SO_3$ (V); evtl. 2 CN˙ + 2 SO_3 → 2 $CNSO_3$˙ → V. *Disulfuryldiisocyanat* (IV), F. 27,0°, dest. aus der gelbgefärbten, fl. SO_3-Phase der KCN/SO_3-Rk. nach Abdampfen des SO_3 im Wasserstrahlvakuum bei 35—50° im Ölpumpenvakuum, es folgt bei 80° das in harten, klaren, farblosen, stark lichtbrechenden Kristallen sublimierende *N.N'-Bis-[schwefeltrioxid]-dicyan* (V). V bildet sich auch beim Einleiten von Dicyan in fl. SO_3 oder beim Kondensieren von SO_3 auf vorgelegtes, ausgefrorenes Dicyan als farbloses feinkrist. Pulver. Es zersetzt sich bei 180° in SO_3 u. Paracyan, bildet mit Pyridin eine Pyridin—SO_3-Additions-Verb. u. reagiert heftig mit W. zu HCN, CO_2, NH_3, Oxamid (VI), Oxalsäure u. H_2SO_4. Im Debyeogramm der Verb. treten bei geringem Feuchtigkeitszutritt zuerst die Linien von VI auf. U. Wannagat. 253□

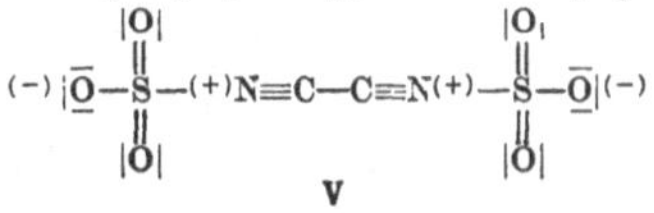

V

Darstellung von Fluorborazolen. R. K. Pearson und J. W. Frazer. (J. inorg. nuclear Chem. **21.** 188—89. Dez. 1961. Livermore, Calif., Univ. of California, Lawrence Rad. Labor.) (Engl.)

Diboran wurde mit Tetrafluorhydrazin im Molverhältnis 1:1 bei 140—160° zur Rk. gebracht. Der Gesamtdruck in den verschlossenen Pyrex-Rk.-Kolben betrug $^1/_8$ atm, die Rk.-Zeit 15—30 Minuten. Die Rk.-Prodd. sind *Fluorborazole*, ($B_3N_3H_nF_{6-n}$) (5—20%), BF_3, B_5H_9, H_2, N_2 u. BF_3NH_3. Beim Erwärmen der Rk.-Mischungen ereigneten sich häufig Explosionen. Erste Trennung des Gemisches durch fraktionierte Kondens. (—63, —78 u. —196°). Aus der —78°-Fraktion konnten $B_3N_3H_5F$ (I) u. $B_3N_3H_4F_2$ (II) mit Hilfe eines speziellen gaschromatograph. Verf. gewonnen werden, bei dem ein kaltes Cu-Rohr (—196°) allmählich erwärmt wird, so daß sich von Gaseinlaß zu Gasauslaß ein sinkender Temp.-Gradient ausbildet. III u. IV wurden massenspektrograph. u. IR-spektroskop. untersucht. Die Vermutung, daß III u. IV als Isomerengemische vorliegen, wird durch Peaks u. Schultern in den Chromatogrammen gestützt. H. Kuckertz. 258□

Beiträge zur Chemie der Silicium-Stickstoff-Verbindungen. 13. Mitt. Silylsubstituierte Alkaliamide. Ulrich Wannagat und Hans Niederprüm. (Chem. Ber. **94.** 1540—47. 1/6. 1961. Aachen, TH, Inst. für Anorg. Chem. u. Elektrochem.) (Dt.) — 10. vgl. C. **1962.** 9269.

$NaNH_2$ u. $ClSiR_3$ setzen sich unter normalen Bedingungen nicht um. Dagegen erhält man *silylsubstituierte Alkaliamide*, $MeN(SiR_3)_2$ (I; Me = Li, Na, K; R = CH_3, C_2H_5, C_6H_5) durch Metallierung von Disilazanen mit LiC_6H_5, $NaNH_2$ oder auch mit direkt aus K u. fl. NH_3 gebildetem KNH_2 in benzol. Suspension. Sie sind farblos u. kristallin oder sogar fl. u. lösen sich überraschend gut in unpolaren Lsgm. wie Bzl., Toluol, Xylol (140 g $LiN[Si(CH_3)_3]_2$ in 100 g Xylol bei 30°), aus deren konz. Lsgg. sich große, wohlausgebildete, weiche Kristalle abscheiden. Sie lassen sich im Vakuum ohne Zers. dest. u. neigen zur Sublimation. An der Luft verbrennen sie mit leuchtender, teils rußender, teils weißrauchender (SiO_2), durch die Alkalimetalle jeweils charakterist. gefärbter Flamme. Die Li-Verbb. verpuffen im O_2-Strom fast explosionsartig. Durch Luftfeuchtigkeit erfolgt nur langsame Hydrolyse, in Lsgg. bei Wasserzugabe stufenweise nach I + HOH → $(R_3Si)_2NH$ + Me^+ + OH^- (rasch), danach langsam weiter zu $(R_3Si)_2O$. Mit Säuren spielt sich ein rascher Abbau nach I + 2 H_3O^+ → $(R_3Si)_2O$ + H_2O + Me^+ + NH_4^+ ab; die Kombination beider Verff. gestattet schnelle Erfassung von Me u. N durch Titration. Die Verbb. sind in verschlossenen Flaschen unbegrenzt haltbar. Molgew.-Best. in Bzl. weisen auf dimere Moll. hin. Leitfähigkeitsmessungen nach müßte I Brückenstruktur aufweisen. Mit Lewis-Basen bilden sich leicht Additions-Verbb., bes. stabil mit Dioxan, recht stabil mit Ae., zersetzlicher mit Tetrahydrofuran oder Pyridin, in der Zus. 1 I: 0,5—2 Donator-Moll., in der Regel 1:1. Ae.- u. Dioxanadditions-Verbb. lösen sich im Überschuß des Lsgm., um beim Einengen wieder auszukristallisieren. Durch Erhitzen im Vakuum läßt sich Solvat-Ae. abspalten, während die Dioxan-Verbb. verkohlen. I reagiert leicht mit Halogensilanen zu 3fach silylsubstituierten Aminen;

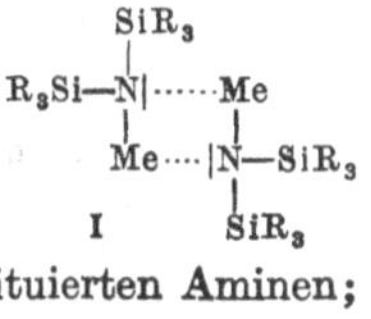

I

$(R_3Si)_2N\text{-}SiX_3$ (mit X = F, Cl, Br, J, OCH_3), $(R_3Si)_2N\text{-}SiR'_nCl_{3-n}$ (n = 0 bis 3; R' = C_nH_{2n+1}) u. $[(R_3Si)_2N]_nSiCl_{4-n}$ (n = 0 bis 4). Die den Disilazanen analog aufgebauten Cyclotri- u. -tetrasilazane lassen sich ebenfalls mit LiC_6H_5 oder $NaNH_2$ metallieren u. anschließend silylieren. I reagiert ferner mit anderen Elementhalogeniden kovalenter Bindung, jedoch nicht so übersichtlich wie mit Chlorsilanen. Die Rk.-Bereitschaft von I steigt von Me = Li < Na < K an.

Versuche *Hexaphenyldisilazan*, $C_{36}H_{31}NSi_2$, F. 169—171°, 59 (g) $(C_6H_5)_3SiCl$ in sd. Bzl. mit NH_3 behandeln, NH_4Cl abfiltrieren, eindampfen, Rückstand 5 Std. auf 200—250° erhitzen, aus Bzn. umkristallisieren; 41% (Ausbeute). — *Lithium-bis-[trimethylsilyl]-amid* (II), $C_6H_{18}LiNSi_2$, F. 70—72°, Kp.$_1$ 115°, 92 $[(CH_3)_3Si]_2NH$ (III) rasch in LiC_6H_5-Lsg. [aus 8,95 Li u. 100 C_6H_5Br (IV) in 250 ml Ae.] tropfen, 1 Std. unter Rückfluß erhitzen, über Glaswolle filtrieren, Lsgm. abdampfen, im Ölpumpenvakuum erhitzen. Ab 80—100° Abspaltung des Kristall-Ae. (>90%), dann II rasch destillieren; 82%. App. nur mit N_2 belüften. *Ae.-Verb.* $C_{10}H_{28}LiNOSi_2$, F. 95—110° (Zers.); aus II + Ae.; bei der Darst. von II durch Zusatz von Bzl. zum Rückstand von II/LiBr, Filtrieren, Abdampfen des Bzl., Umkristallisieren aus Äther. *Dioxan-Verb.* II·0,75 $C_4H_8O_2$, Verkohlung ab 200°; aus gesätt. Lsg. von II in Xylol mit Dioxan im Überschuß, filtrieren, einengen. Gut lösl. in Bzl., Ae., Dioxan. — *Lithiumtrimethylsilyltriäthylsilylamid* (V), $C_9H_{24}LiNSi_2$, Kp.$_2$ 162—164°, fl. bei 20°; analog II aus 0,81 Li, 9,2 IV u. 10,8 $[(C_2H_5)_3Si]\cdot[(CH_3)_3Si]NH$. Nach Abdampfen des Lsgm. u. Aufnehmen in Bzl. fiel kein LiBr aus; es löste sich V·x *LiBr*, das nach Abdampfen des Bzl. beim Erhitzen im Vakuum bis 100° beständig blieb, ab 200° in LiBr u. V zerfiel; 84%. — *Lithium-bis-[triphenylsilyl]-amid-1-Äther*, $C_{40}H_{40}LiNOSi_2$, Zers. >380°, analog II aus 21,3 $[(C_6H_5)_3Si]_2NH$ in 100 ml Toluol, 0,61 Li + 6,9 IV, 78%. Rk. mit Säuren erst in der Wärme. — *Natrium-bis-[trimethylsilyl]-amid* (VI), $C_6H_{18}NNaSi_2$, F. 165—167°, Kp.$_2$ 202—203° (Angabe des Orig. durch Referenten korr.), 81 III, 65 benzol. $NaNH_2$-Suspension (30%ig.) u. 150 ml Bzl. unter Rückfluß erhitzen, bis $NaNH_2$ in Lsg. gegangen u. NH_3-Entw. beendet ist (4—5 Std.), abdest. unter Rühren im Vakuum, Rückstand ist reines VI; 100%; Löslichkeit in Bzl. 10 g/100 ml (60°). An der Luft beständig. — *Ae.-Verb.*, $C_{10}H_{28}NNaOSi_2$, F. 72—74°, >100° Abspaltung von Ae., aus VI mit Ae.; 100%. — *Tetrahydrofuran-Verb.*, $C_{10}H_{26}N\cdot NaOSi_2$, F. 70—85° (Zers.), aus VI mit C_4H_8O; 100%; unbeständig. — *Dioxan-Verb.*, VI·OC_4H_8O·VI, $C_{16}H_{44}N_2Na_2O_2Si_4$, Nd. aus benzol. Lsg. von VI mit Dioxan; 70%. Verkohlt beim Erhitzen. — *Pyridin-Verb.*, $C_{11}H_{23}N_2NaSi_2$, F. 150—160° (Zers.), aus VI in benzol. Lsg. mit Überschuß von Pyridin u. Eindampfen im Vakuum bei 60°; 100%. — *Kalium-bis-[trimethylsilyl]-amid-bis-dioxan* (VII), $C_{14}H_{34}KNO_4Si_2$, 4 K in fl. NH_3 lösen, einige Std. rühren, auf Raum-Temp. bringen, 19,3 III in 100 ml Bzl. zusetzen, NH_3 einleiten, 4 Std. unter Rückfluß erhitzen, 50 ml Ae. zusetzen, unter N_2 filtrieren, 50 ml Dioxan zusetzen, einengen; gelbliche Kristalle, beim Erhitzen Verkohlung; 61%. — *Tris-[trimethylsilyl]-amin*, $C_9H_{27}NSi_3$, Kp.$_{10}$ 73—75°, aus $ClSi(CH_3)_3$ u. äquimol. Mengen an (a) II im Einschlußrohr bei 100—120° (6 Std.), (b) VI in Bzl. durch mehrstd. Erhitzen unter Rückfluß; c) VII in Bzl., 4 Std. unter Rückfluß erhitzen; Ausbeute jeweils >80%. U. WANNAGAT. 261 □

Bis-[trimethylsilyl]-carbodiimid. J. Pump und U. Wannagat. (Angew. Chem. **74.** 117. 7/2. 1962. Aachen, TH, Inst. für Anorg. Chem. u. Elektrochem.; Graz, TH, Inst. für Anorg. Chem.) (Dt.)

Vorl. Mitt. zu der nachst. referierten Arbeit. U. WANNAGAT. 261 □

Beiträge zur Chemie der Silicium-Stickstoff-Verbindungen. 14. Mitt. Bis-[trimethylsilyl]-carbodiimid. Joachim Pump und Ulrich Wannagat. (Liebigs Ann. Chem. **652.** 21—27. 24/4. 1962.) (Dt.) — 13. vgl. zweitvorst. Ref.; vgl. auch vorst. Referat.

Bis-[trimethylsilyl]-carbodiimid (I), $(CH_3)_3Si-\overline{N}=C=\overline{N}-Si(CH_3)_3$, F. —23°, Kp. 164°, log p [Torr] = —2300/T + 8,198, Verdampfungswärme 10,6 kcal/Mol, TROUTON-Konst. 24,3 cal/Mol·Grad, n_D^{20} 1,4351, $D._4^{25}$ 0,8211, wurde auf folgenden Wegen erhalten ($R = CH_3$): a) $(R_3SiNH)_2CO$ (II) + 2 LiC_6H_5 + 2 $ClSiR_3$ → I + 2 C_6H_6 + 2 LiCl + $O(SiR_3)_2$ (80%); analog in ungeklärter Rk. aus II, 2 LiC_6H_5 u. CH_3J bzw. C_2H_5J mit je 10% Ausbeute; analog aus II mit 2 $NaNH_2$ u. 2 $ClSiR_3$ mit 12% Ausbeute neben $N(SiR_3)_3$ (15%); b) 2 $(R_3Si)_2NNa$ (III) + $COCl_2$ → I + $(R_3Si)_2O$ + 2 NaCl (59%); analog in noch ungeklärter Rk. aus 2 III + 2 CO_2 neben $(R_3Si)_2O$, Na_2CO_3 u. anderen Verbb. (25%); ebenso aus III u. $Si(NCO)_4$ (20%); c) $Ag_2[CN_2]$ + 2 $ClSiR_3$ → 2 AgCl + I (90%). — I ist eine farblose, leichtbewegliche Fl., mischt sich mit Ae., Dioxan, Bzn., Bzl., CCl_4 u. verhält sich chem. wesentlich stabiler als seine organ. Analoga. HCl u. W. spalten die Silylgruppen ab, doch reagiert es nicht mit H_2S, NH_3, $C_6H_5NH_2$, katalyt. angeregtem H_2 u. wirkt auch nicht kondensierend auf Aminosäuren (geprüft am Syst. Carbobenzoxyglycin–Glycinmethylester in CH_2Cl_2). Die Stabilität läßt sich durch Resonanzstabilisierung einer Vielzahl von mesomeren Grenzformen deuten, u. a. $R_3Si-\overline{N}=C=\overline{N}-SiR_3 \leftrightarrow R_3Si-\overline{N}=C=\overset{(+)}{N}=\overset{(-)}{Si}R_3 \leftrightarrow R_3\overset{(-)}{Si}-\overset{(+)}{N}=C=\overset{(+)}{N}=\overset{(-)}{Si}R_3 \leftrightarrow R_3\overset{(-)}{Si}=\overline{N}-\overset{(+)}{C}=N-SiR_3 \leftrightarrow R_3\overset{(-)}{Si}=N-C\equiv\overset{(+)}{N}-\overset{(+)}{Si}R_3$. Im IR-Spektrum fehlen die asymm. SiNSi- u. die symm. NCN-Schwingungen; die Struktur eines mit I isomeren $(R_3Si)_2N-C\equiv N$ ist damit ausgeschlossen.

U. WANNAGAT. 261 □

Beiträge zur Chemie der Silicium–Stickstoff-Verbindungen. 15. Mitt. **Silylsubstituierte Schwefelamide und -imide.** U. Wannagat und H. Kuckertz. (Angew. Chem. **74**. 117–18. 7/2. 1962.) (Dt.) — 14. vgl. vorst. Referat.

Bei der Umsetzung von Na-bis-[trimethylsilyl]-amid (I) mit S_2Cl_2 u. SCl_2 läuft die erwartete Rk. $2(R_3Si)_2NNa + S_nCl_2 \rightarrow 2\,NaCl + [(R_3Si)_2N]_2S_n$ ($R = CH_3$) nur zu ca. 10% ab, daneben spielen sich verwickelte Rk.-Folgen ab. Aus den Rk.-Prodd. des SCl_2 wurden isoliert: *Schwefel(II)-tetrakis-[trimethylsilyl]-diamid*, $[(CH_3)_3Si]_2\overline{N}-\overline{\underline{S}}-\overline{N}[Si(CH_3)_3]_2$, F. 65°, Kp.$_{15}$ 142–143°, farblose Nadeln (aus Methanol); *Schwefel(IV)-bis-[trimethylsilyl]-imid* (II), $(CH_3)_3Si-\overline{N}=\overline{S}=\overline{N}-Si(CH_3)_3$, Kp.$_{24}$ 73–74°, gelbes Öl; ferner Tris-[trimethylsilyl]-amin. Aus den Ansätzen mit S_2Cl_2 ließ sich *Dischwefel(I)-tetrakis-[trimethylsilyl]-diamid*, $[(CH_3)_3Si]_2\overline{N}-\overline{\underline{S}}-\overline{\underline{S}}-\overline{N}[Si(CH_3)_3]_2$, Kp.$_{0,5}$ 115–116°, gelbliches Öl, abtrennen. **II** bildet sich auch mit geringer Ausbeute bei der stöchiometr. verlaufenden Umsetzung von **I** mit SO_2; neben der Rk. $2\,SO_2 + 2\,\mathbf{I} \rightarrow \mathbf{II} + O(SiR_3)_2 + Na_2SO_3$ laufen eine verstärkte Bldg. des Hexamethyldisiloxans sowie Red. des SO_2 zu sulfid. S einher.

U. WANNAGAT. 261 □

Darstellung und Eigenschaften von Bis-[disilanyl]-sulfid und Tris-[disilanyl]-amin. L. G. L. Ward und A. G. MacDiarmid. (J. inorg. nuclear Chem. **21**. 287–93. Dez. 1961. Philadelphia, Pa., Univ. of Pennsylvania, John Harrison Labor. of Chem.) (Engl.)

Nach $2\,Si_2H_5J + HgS \rightarrow HgJ_2 + (Si_2H_5)_2S$ bildet sich in exothermer Rk. bei 20° mit 80–90%ig. Ausbeute *Bis-[disilanyl]-sulfid* (I), F. $-70,4 \pm 0,1°$; Kp. 144° (extrapoliert); D.^{0} 0,950; Dampfdruckkurve (0–34,4°) $\log p$ [Torr] $= -2487,6/T + 8,8494$; Verdampfungswärme 11,38 kcal/Mol; TROUTON-Konst. 27,3. Es ist stabil bei −78°, zersetzt sich teilweise bei Raum-Temp. in 1 Woche, nur geringfügig bei 90° in ½ Std., weitgehend bei 3 std. Erwärmen über Hg auf 50–150° unter Zerfall in Si_2H_6, H_2 u. einen weißen, krist., nichtflüchtigen Rückstand. I greift fl. oder gasförmiges Hg nicht an, entflammt sofort an der Luft u. reagiert mit 35%ig. NaOH nach $\mathbf{I} + 10\,OH^- + 6\,HOH \rightarrow 12\,H_2 + 4\,H_2SiO_4^{2-} + S^{2-}$. — Die sehr rasche Rk. $3\,Si_2H_5J + 4\,NH_3 \rightarrow 3\,NH_4J + N\cdot(Si_2H_5)_3$ führt mit 58–64%ig. Ausbeute zu *Tris-[disilanyl]-amin* (II), F. $-97,1 \pm 0,1°$; Kp. 176° (extrapoliert); D.^{0} 0,873; Dampfdruckkurve (0–121°) $\log p$ [Torr] $= -2328,9/T + 8,0645$; Verdampfungswärme 10,66 kcal/Mol; TROUTON-Konst. 23,7. Es ist therm. erstaunlich beständig; erst >110° tritt schwache Zers. auf. **II** greift Hg nicht an, entflammt aber an der Luft u. reagiert mit 35%ig. NaOH nach $\mathbf{II} + 12\,OH^- + 12\,HOH \rightarrow 18\,H_2 + 6\,H_2SiO_4^{2-} + NH_3$. — Si_2H_5J setzt sich mit $N(CH_3)_3$ zu einer weißen, festen Substanz $Si_2H_5J\cdot[N(CH_3)_3]_{0,7-0,8}$ um. Sie ist weniger stabil als das analoge $SiH_3J\cdot N(CH_3)_3$ u. zersetzt sich bereits während der Darst. u. Isolierung. — In den IR-Spektren von I u. II finden sich charakterist. Si_2H_5-Banden bei 760–880 cm^{-1}. Die Änderung des Kp. pro Molgew. (ΔKp./ΔMolgew.) ist bei Silyl-Verbb. geringer als bei den C-Analoga.

Versuche· *Bis-[disilanyl]-sulfid* (I): 0,697 g Si_2H_5J werden durch Pyrexglasrohre (2 cm × 30 cm) mit abwechselnden Schichten von 30 g Glaswolle u. 30 g Mischungen (5:1) von weißem Sand mit rotem HgS bei Raum-Temp. geleitet. Die flüchtigen Verbb. sammeln sich in einer (−196°)-Falle, Dest. bei 20° führt in (−46°)-Falle zu 0,248 g weitgehend reinem I. — *Tris-[disilanyl]-amin* (II): In einem 250-ml-Gefäß bleiben 0,5510 g Si_2H_5J mit 0,0665 g NH_3 bei Raum-Temp. 1 Std. stehen, dann werden die flüchtigen Prodd. in einer (−196°)-Falle aufgefangen u. nach Erwärmen auf Raum-Temp. fraktioniert kondensiert. In (−196°)-Falle finden sich Si_2H_6 u. NH_3; in (−46°)-Falle 0,1244 g prakt. reines **II**.

U. WANNAGAT. 261 □

Darstellung und Eigenschaften von Methylmercaptosilan. B. Sternbach und A. G. MacDiarmid. (J. inorg. nuclear Chem. **23**. 225–29. Dez. 1961, herausgeg. April 1962.) (Engl.) — Vgl. vorst. Referat.

Die Additions-Verb. $(CH_3)_3N\cdot SiH_3J$ reagiert bei 0° mit CH_3SH unter Bldg. von H_3SiSCH_3 (I) u. $(CH_3)_3NHJ$. I ist eine bei Raum-Temp. sich langsam zersetzende Fl., die auch mit überschüssigem B_2H_6 keine Additions-Verbb. bildet u. eine schwächere LEWIS-Base als $(CH_3)_2S$ ist. Aus seiner Dampfdruckgleichung $\log p$ [Torr] $= -1604/T + 7,893$ errechnet sich eine Verdampfungswärme von 7,34 kcal/Mol. Das IR-Spektrum von I wird mitgeteilt, die Absorptionsfrequenzen werden zugeordnet.

Versuche: *Methylmercaptosilan* (I), F. −116,7 ± 0,4°, extrapolierter Kp. 46,8 ± 0,2°, durch Zugabe von CH_3SH zu $SiH_3J \cdot N(CH_3)_3$, 7std. Rk. bei 0°, Abdest. flüchtiger Verbb. bei −78°, fraktioniertes Umkondensieren; 54% Ausbeute. H. BÜRGER. 261□

Gleichgewichte im System Natriumphthalat–Natriumbromid–Wasser. Sterling B. Smith und Frank W. Stark. (J. chem. Engng. Data **7.** 19—20. Jan. 1962. Hartford, Conn., Trinity Coll., Dep. of Chem.) (Engl.)

Bei 0, 25, 35 u. 45° existieren im Syst. 2 feste Phasen, nämlich 2 Na-Phthalat · 7 H_2O u. NaBr · 2 H_2O (I). Die Isothermen stellen zwei univariante Kurven dar, die sich in einem isotherm invarianten Punkt schneiden. Bei 50° treten 2 weitere feste Phasen auf, eine feste Lsg. (A) u. NaBr (II), so daß die Isotherme aus 4 univarianten Kurven u. 3 isotherm invarianten Punkten besteht. A enthält hydratisiertes Natriumphthalat u. II. Der Umwandlungspunkt von I nach II (50,2°) wird durch Zugabe von Na-Phthalat zu gesätt. Lsg. von II erniedrigt (maximal auf 49,0°). Tern. Zustandsbilder sowie die Löslichkeitsdaten werden mitgeteilt. H. KUCKERTZ. 274□

Das System $CaO–CO_2–H_2O$ und die Herkunft der Carbonatite. P. J. Wyllie und O. F. Tuttle. (J. Petrology **1.** 1—46. Febr. 1960. Pennsylvania State Univ., Div. of Earth Sci., Coll. of Miner. Ind.) (Engl.)

Für das Syst. $CaO–CO_2–H_2O$ wurde das Phasendiagramm (Tx-Prisma) zwischen 600 u. 1320° isobar (1000 bar) bestimmt. Calcit (I) schmilzt inkongruent bei 1310°, Portlandit $Ca(OH)_2$ (II) kongruent bei 835°, ein bin. Eutektikum tritt zwischen I u. II bei 685° auf. FF. für I–W. 740°, univariantes (isobar nonvariant) Gleichgewicht CaO–I–II–Fl. 683°, I–II–Fl.–Gas 675°. Letztere ist die minimale Liquidus-Temp. im TX-Prisma; die Zus. der Fl. ist 65 (Gew.-%) CaO, 19 CO_2 u. 16 H_2O. Für verschiedene univariante Gleichgewichte wurden die pT-Kurven aufgenommen. Im bin. Syst. $CaO–H_2O$ laufen 4 univariante Kurven in einem nonvarianten Punkt bei 810° u. 100 bar zusammen. II dissoziiert nur bei Drücken unterhalb dieses Punktes. Die minimale Liquidus-Temp. im tern. Syst. variiert zwischen 685 u. 640° bei Drücken zwischen 27 u. 4000 bar. Die Fll. wurden als vereinfachte carbonat. Magmen, in denen CaO die bas. Oxide, CO_2 u. H_2O die flüchtigen Bestandteile repräsentieren, aufgefaßt. Aus der schnellen Einstellung der Gleichgewichte u. dem Absetzen von Kristallen in ca. 15 Min. folgt geringe Viscosität der Schmelzen. Das Auftreten dieser Schmelzen bei den entsprechenden Temp. in einem weiten Druckbereich macht magmat. Ursprung der Carbonatite wahrscheinlich; für die Bldg. aus der Gasphase wurden keine Anzeichen gefunden. Differentiationen können in Vielstoffmagmen durch sukzessive Bldg. von Schmelzfraktionen infolge Auskristallisieren von I, Dolomit u. Siderit auftreten. Aus den Ergebnissen wird weiter geschlossen, daß partielles Schmelzen von Kalksteinen an heißen Kontakten, von verunreinigten Kalksteinen während hochgradiger regionaler Metamorphose erfolgen kann.

E. SCHULTE. 283□

Über Hafniumcarbid enthaltende Carbidsysteme. E. Rudy, H. Nowotny, F. Benesovsky, R. Kieffer und A. Neckel. (Mh. Chem. **91.** 176—87. 1960. Wien, Univ., Anorg. u. Phys.-chem. Inst.; Reutte, Tirol, Metallwerk Plansee A. G.) (Dt.)

Vff. untersuchen an Hand der Syst. HfC–VC–MeC (**I**, Me = Ti, Nb, Ta) u. HfC–UC–Me (**II**, Me = Ta, Nb, Zr) den Einfl. der Drittcarbide auf die Mischbarkeit der übrigen Komponenten u. führen auf Grund der großen Ähnlichkeit der Monocarbide hinsichtlich Aufbau, Eigg. u. Bindungsmechanismus eine näherungsweise thermodynam. Auswertung der Dreistoff-Syst. durch. Die Carbide werden durch Carburierung der entsprechenden Oxide oder der Metallpulver mit Ruß bei ca. 2000° hergestellt, evtl. C-Defekte durch Zugabe der erforderlichen C-Menge in Form von Ruß ausgeglichen, fein gemahlen ($<60\mu$), gemischt u. dem Heißpressen u. nachfolgender Homogenisierungsglühung (2050°, 15—28 Std.) ausgesetzt. Die Identifizierung der vorhandenen Phasen erfolgt ausschließlich röntgenographisch. An Hand der Lage der Mischungslücke (ML), der isoparametr. Linien u. Konoden des Syst. I geht hervor, daß dies dem entsprechenden Dreistoff-Syst. mit ZrC (Syst. **III**) ähnelt. Durch TiC wird die ML bei ca. 73 Mol.-% TiC (Syst. **III** = 77 Mol-%) geschlossen, der Scheitelpunkt der ML liegt im Falle von NbC für **I** bei 52 Mol-% NbC, für **III** bei 51; die Mittler-Wrkg. von TaC ist bei **I** stärker als bei **III** ausgeprägt. Während die ML bei **III** bis 65 Mol-% TaC reicht, wird sie bei **I** bei 50 geschlossen. Im Syst. **II** vermittelt am leichtesten ZrC, jedoch wird auch durch NbC u. TaC die ML bereits bei Zusätzen von <20 Mol-% geschlossen. Auf Grund thermodynam. Berechnungen wird die integrale Mischungswärme ΔH (kcal/Mol) für die folgenden pseudobin. Carbid-Syst. (50 Mol.-%) erhalten: HfC–VC +4,3; HfC–UC +2,4; HfC–TiC +1,7; HfC–ZrC 0,0; HfC–NbC −0,3; HfC–TaC −0,3; TiC–VC −3,3; NbC–VC +0,6; ZrC–UC +1,5 u. NbC–UC +1,7. U. SKURNIA. 323□

Reaktionen von Metallchelaten. 2. Mitt. **Synthese der Chrom(III)-Chelate von Malonaldehyd und Formylaceton.** James P. Collman und Edmund T. Kittleman.

(J. Amer. chem .Soc. **83.** 3529—30. 20/8. 1961. Chapel Hill, N.C., Univ. of North Carolina, Dep. of Chem.) (Engl.) — 1. vgl. C. **1961.** 12386.

Durch Rk. des Chelatligandions mit Cr(III) in einem Syst., das ein Cr(II)/Cr(III)-Gleichgewicht in einem Donator-Lsgm. enthält, lassen sich u. a. die *Cr(III)-Chelate* (**A**) von Malonaldehyd (**I**) bzw. Formylaceton (**II**) darstellen. IR-Spektren u. elektrophile Substitution der **A** aus **I** bzw. **II** sind den **A** aus Acetylaceton (vgl. l. c.) analog. Die UV-Maxima der Nitro-Derivv. der Chelate von **I** u. **II** (Tabelle) machen eine ster. Resonanzhinderung der NO_2-Gruppen mit den **A**-Ringen deutlich.

Versuche: *Tris-[malonaldehydato]-chrom(III)* (**III**), $C_9H_9CrO_6$, F. 182—183°; durch Behandeln einer sauren wss. Lsg. von **I** (aus 1.1.3.3-Tetraäthoxypropan) mit $(C_2H_5)_3N$ u. Vermischen mit einer Suspension von $CrCl_3$ u. Zn-Staub in Ae., aus Propanol-(2)/Heptan (Hp) rotviolette Nadeln; 25% (Ausbeute). Geringere Ausbeuten an **III** werden aus **I** (hydratisiertes Na-Salz), $CrCl_3$, Zn-Staub u. Dimethylformamid erhalten. — *Tris-[3-formylacetonato]-chrom(III)* (**IV**), F. 168—169°; analog vorst. Meth., rotviolette Kristalle; 41%. Behandeln von **III** bzw. **IV** mit $Cu(NO_3)_2$ in Acetanhydrid liefert die *Nitro-Derivv.* $C_9H_6CrN_3O_{12}$ (**V**), F. 294—295°; aus Aceton/Hp rotviolette Kristalle; 37% bzw. $C_{12}H_{12}CrN_3O_{12}$ (**VI**), F. 205—207°; violette Kristalle; 26%. Bei Einw. von N-Bromsuccinimid auf **IV** entsteht das *Brom-Deriv.* $C_{12}H_{12}Br_3CrO_6$ (**VII**), F. 177—178°; braune Kristalle; 47%. G. KIRSTEN. 335□

Phenoxyverbindungen des Wolframs. Sarju Prasad und K. S. R. Krishnaiah. (J. Indian chem. Soc. **37.** 681—82. Nov. 1960. Varanasi, Banaras Hindu Univ., Chem. Labor.) (Engl.)

Vff. setzen unter N_2-Atmosphäre WCl_6 mit Mono- (**I**), Di- (**II**) u. Trihydroxyaromaten (**III**) bzw. Mono- (**IV**) oder Dinitrophenolen (**V**) in äther. Lsg. um u. erhitzen das Rk.-Gemisch bis zur Beendigung der HCl-Entw. im Ölbad. Das Rk.-Prod. wird mit abs. Ae. gewaschen u. im Vakuum getrocknet. Die erhaltenen Verbb. entsprechen den Typen $W(I)_6$, $W(II)_3$, $W(III)_2$, $W(IV)_6$ u. $W(V)_6$, wobei **I** *α-Naphthol, o-, m-, p-Kresol,* **II** *Brenzcatechin, Resorcin, Hydrochinon, Orcin,* **III** *Pyrogallol, Phloroglucin,* **IV** *o-, m-, p-Nitrophenol* u. **V** *2.4-Dinitrophenol* bzw. *2.4-Dinitro-α-naphthol* sein kann. Mit Ausnahme der in A. u. Aceton gut lösl. Kresol-Verbb. sind die Prodd. unlösl. in CCl_4, Ae. u. Bzl., wenig lösl. in A. u. Aceton. Sie liefern keine Rk. mit $FeCl_3$ u. sind gefärbt; in sd. H_2O tritt langsame Hydrolyse ein. F.-M. FRIEDRICH-ANDERSECK. 337□

Actinidennitrat-Komplexe in Lösungen von Tri-n-octylamin in Xylol. W. E. Keder, J. L. Ryan und A. S. Wilson. (J. inorg. nuclear Chem. **20.** 131—39. Nov. 1961. Richland, Wash., General Electr. Co., Hanford Labor. Operat.) (Engl.)

U, Np u. Pu lassen sich sowohl als 4- als auch als 6wertige Ionen aus salpetersaurer Lsg. in eine Lsg. von Tri-n-octylamin (**I**) in Xylol extrahieren. Die Absorptionsspektren (400—1300 mμ) dieser Ionen in 4n u. konz. HNO_3 werden mit den Spektren derselben Ionen nach der Extraktion aus 4n HNO_3 in eine 10%ig. Lsg. von **I** in Xylol sowie mit denen der Tetraammoniumhexanitrato-Komplexe der 4wertigen u. der Tetraammoniumtrinitratodioxo-Komplexe der 6wertigen Actiniden verglichen. Die weitgehende Übereinstimmung zwischen den in konz. HNO_3 u. den im organ. Lsgm. erhaltenen Spektren beweist, daß die Actiniden (Me) in **I**/Xylol als $Me(NO_3)_6^{2-}$- bzw. als $MeO_2(NO_3)_3^-$-Komplexe vorliegen. W. BETCKE. 343□

Über die Natur der Oxydationsprodukte von Mangan. Florent Bouillon, Charles Deville und Marcelle Jardinier-Offergeld. (C. R. hebd. Séances Acad. Sci. **252.** 3986—88. 19/6. 1961. Bruxelles, Univ., Labor. de Chim. min. et analyt.) (Franz.)

Die bei der Oxydation von elektrolyt. Mn auftretenden Oxidphasen werden röntgenograph. u. durch Elektronenbeugung untersucht. Zwischen 200 u. 350° wird ein *Mn_3O_4*-Film erhalten, der Interferenzfarben aufweist, während zwischen 350 u. 500° unter einem Mn_3O_4-Film eine kompakte *MnO*-Schicht liegt. Aus Pulverdiagrammen folgt, daß zwischen 600 u. 800° ein Gemisch von MnO, Mn_3O_4 u. *Mn_2O_3* vorliegt; neben MnO als Hauptbestandteil sind größere Mengen Mn_2O_3 vertreten. Oberhalb 800° verschwindet Mn_2O_3 infolge seines hohen Dissoziationsdruckes; daher bestehen die Oxidschichten zwischen 900 u. 1000° aus äquivalenten Mengen MnO u. Mn_3O_4, die auch bei vollständiger Oxydation erhalten bleiben. HERBERT MÜLLER. 350□

Röntgenographische Untersuchung von binären Systemen von Metalloxidhydraten. 2. Mitt. W. P. Tschaly und Ss. P. Roshenko. (Журнал Неорганической Химии [J. anorg. Chem.] **3.** 2523—31. 2 Tafeln. Nov. 1958. Inst. für allg. u. anorg. Chem. der Akad. der Wiss. der UdSSR.) (Russ.) — 1. vgl. C. **1960.** 2445.

An den von $Fe(OH)_3$ mit $Zn(OH)_2$, $Ni(OH)_2$ u. $Cu(OH)_2$ gebildeten bin. Syst. werden Röntgenphasenanalysen nach 2, 8 u. 24 Tagen Alterung sowie nach 24 Tagen Alterung u. 5std. Erhitzen unter W. auf 90° bzw. 2std. Glühen bei 500° oder 9std. Glühen bei 900° durchgeführt, wobei bes. die Ferrit-Bldg. geprüft wird. Im Syst. $Zn(OH)_2$–$Fe(OH)_3$

tritt mit der Alterung fortschreitende Bldg. von $ZnFe_2O_4$ ein, dessen Gitterparameter von a = 8,510 (Å) auf 8,482 abnimmt, nach 5 Std. bei 90° unter W. 8,466, nach Glühen auf 500 bzw. 900° 8,453 bzw. 8,444 beträgt. Analog bildet sich im Syst. $Ni(OH)_2$–$Fe(OH)_3$ $NiFe_2O_4$ mit a = 8,404 → 8,384 → 8,379 → 8,353 → 8,349. Bei synthet. Präpp. von $ZnFe_2O_4$ u. $NiFe_2O_4$ (aus den Nitraten bei 1000°) ist a = 8,427 bzw. 8,337. Im Syst. $Cu(OH)_2$–$Fe(OH)_3$ wird bei der Alterung keine Bldg. des Cu-Ferrits $CuFe_2O_4$ beobachtet. Die Abhängigkeit der Kinetik u. des Mechanismus der Alterung von den chem. (Säure-Base-)Eigg. der Hydroxide, ihrer Stabilität gegenüber Dehydratisierung, dem pH-Wert bei der Fällung u. der Struktur wird erörtert. R. K. MÜLLER. 354□

Untersuchungen über Metallhalogenid-Dioxan-Additionsverbindungen. 3. Mitt. **Dioxan-Additionsverbindungen von Kobalt(II)- und Nickel(II)-chloriden.** Sosamma Chandy und S. S. Moosath. (Proc. Indian Acad. Sci., Sect. A **52.** 58–62. Aug. 1960. Kerala, Univ., Appl. Chem. Dep.) (Engl.) — 2. vgl. C. **1959.** 11175.

$CoCl_2 \cdot C_4H_8O_2$ (I) sowie $NiCl_2 \cdot C_4H_8O_2$ (II) fallen beim Einleiten von HCl in die Dioxansuspensionen der trockenen Metallhydroxide aus. I bildet nach dem Waschen mit PAe. graurosafarbene hygroskop. Kristalle. Bei 150° entweichen farblose Dämpfe. Im Vakuum, 64° u. 110°/1 Torr, werden Gew.-Verluste (3 u. 5%) beobachtet. II ist ein hygroskop., hellgelbes Pulver. Beim Erhitzen ist bei 190° Aufhellung unter Gas-Entw. u. weiterhin bis 320° keine weitere Veränderung feststellbar; im Vakuum, 64° u. 110°/1 Torr, kein bzw. 7% Gew.-Verlust in 2 Stunden. Bei Zusatz von Ae. zu den alkohol. Lsgg. von I u. II fallen die dioxanärmeren Verbb. $2\,CoCl_2 \cdot C_4H_8O_2$ (III), rosaviolette Kristalle, bzw. $2\,NiCl_2 \cdot C_4H_8O_2$, grüngelbes Pulver, aus. Die Gew.-Verluste von III beim Erhitzen im Vakuum (64° bzw. 110°/1 Torr) betragen 2 bzw. 12% in 2 Stunden.

H. KUCKERTZ. 356□

Untersuchungen über Metallchelate von Phenazinderivaten. 1. Mitt. **Spektrophotometrische Untersuchungen der Kupferchelate des 1-Hydroxyphenazins und seines Di-N-oxids.** Yoshinori Kidani. (Chem. pharmac. Bull. [Tokyo] **6.** 556–62. Okt. 1958. Osawa, Mitaka-shi, Tokyo, Internat. Christ. Univ.) (Engl.) — Vgl. C. **1961.** 8293.

Die Cu-Chelate des 1-Hydroxyphenazins (I) u. des 1-Hydroxyphenazindi-N-oxids (II) wurden im Zusammenhang mit Arbeiten über die antibakterielle Wirksamkeit von oxinartigen Metallchelaten spektrometr. untersucht. Das Absorptionsspektrum von I wurde in 10^{-4} m alkohol. Lsg. bei pH 6,2; 8,0 u. 9,9 aufgenommen. Das Spektrum der alkal. Chelat-Lsg. unterscheidet sich stark von den Spektren der sauren u. neutralen Lösungen. Die maximale Absorption bei 560 mμ fällt in den pH-Bereich 7,3–8,2. Aus Absorptionsmessungen in diesem Bereich ergab sich sowohl nach der JOBschen Meth. als auch nach der Molar-ratio-Meth. für das Chelat die mol. Zus. I : Cu = 1 : 1, während im sauren Gebiet durch Messungen bei 370 mμ u. pH 6 ein 2 : 1-Chelat nachgewiesen wurde. Entsprechende Messungen an Lsgg. der Cu-II-Chelate ergaben, daß im neutralen Bereich (690 mμ, pH 8) das Verhältnis 1 : 1 besteht. Eine Berechnung des Dissoziationsgrades α u. der Dissoziations-Konst. aus den Absorptionsmessungen ergab für den I-Komplex: α = 0,34 u. pK = 8,68 (bei pH 8,0) bzw. α = 0,18 u. pK = 5,89 (bei pH 6,0) u. für den II-Komplex: α = 0,30 u. pK = 8,62 (pH 8,0). Als Strukturen für die 2 : 1-Chelate werden fünf- bzw. sechsgliedrige Ringe diskutiert. W. BETCKE. 358□

Untersuchungen über Metallchelate von Phenazinderivaten. 2. Mitt. **Spektrophotometrische Untersuchungen der Kupferchelate des 1.6-Dihydroxyphenazins und seines Di-N-oxids, des Jodinins.** Yoshinori Kidani. (Chem. pharmac. Bull. [Tokyo] **6.** 563–66. Okt. 1958.) (Engl.) — 1. vgl. vorst. Referat.

Die Absorptionsspektren der Cu-Chelate des 1.6-Dihydroxyphenazins (I) u. des 1.6-Dihydroxyphenazindi-N-oxids (II) wurden in 10^{-4} m alkohol. Lsgg. der Chelate im sauren, alkal. u. neutralen Bereich aufgenommen. Die Absorption des I-Chelats bei 650 mμ zeigt einen Maximalwert bei pH 8. Nach der JOBschen Meth. wurde in diesem Bereich ein Chelat mit dem mol. Verhältnis I : Cu = 1 : 1 nachgewiesen. Dieses Ergebnis wurde durch Anwendung der Molar-ratio-Meth. bestätigt. Messungen bei pH 6,5 u. 440 mμ ergaben die zusätzliche Existenz eines 2 : 1-Chelats im sauren Bereich. Entsprechende Messungen an Lsgg. der II-Chelate bei 760 bzw. 620 mμ ergaben das Mol-Verhältnis 1 : 1 bei pH 9 u. 1 : 2 bei pH 5. Der Dissoziationsgrad α der 1 : 1-Chelate wurde aus den Absorptionsmessungen für I bei pH 8,0 zu 0,18 u. für II bei pH 9,0 zu 0,06 berechnet, die pK-Werte wurden zu 5,41 bzw. 7,12 gefunden. Für das 1 : 2-Chelat von II wurden bei pH 5,0 die Werte α = 0,13 u. pK = 3,57 erhalten. Als Strukturen werden für das I-Chelat im neutralen Gebiet ein fünfgliedriger, für das II-Chelat ein sechsgliedriger Ring diskutiert. Die 1 : 1-Chelate werden als ultramehrkernig angenommen.

W. BETCKE. 358□

Über einige dunkel gefärbte Chlorocuprate(I, II) und verwandte Verbindungen. 1. Mitt. **Die Darstellungsmethode und einige Eigenschaften.** Masayasu Mori. (Bull. chem. Soc. Japan **33.** 985—88. Juli 1960. Kita-ku, Osaka, Osaka City Univ., Inst. of Polytechn.) (Engl.)

Die beschriebenen Verbb. kristallisieren in regulären Oktaedern. Die chem. Zus. u. Farbe dieser Verbb. verändert sich kontinuierlich in Abhängigkeit von der Zus. der Mutterlauge, in der sie kristallisieren.

Versuche *Hexamminchrom(III)-chlorocuprat(I)*, $[Cr(NH_3)_6]_4Cu_5Cl_{17}$, die durch Mischen einer Lsg. von 1 g CuCl (**I**), 15 g NH_4Cl (**II**) in 100 ml heißem H_2O mit 20 ml salzsaurer 15%ig. $TiCl_3$-Lsg. u. 40 ml konz. HCl erhaltene Lsg. wird nach Filtration in die Lsg. von 2,7 g $[Cr(NH_3)_6]Cl_3 \cdot H_2O$ (**III**) in 100 ml H_2O bei 60° eingetragen; der nach 30 Min. abgetrennte Nd. wird mit 2nHCl u. A. gewaschen u. im Vakuum über KOH getrocknet, gelbe Kristalle. — *Hexamminkobalt(III)-chlorocuprat(I)*, $[Co(NH_3)_6]_4Cu_5Cl_{17}$, analog vorst. Verb. durch Anwendung der äquivalenten Menge $[Co(NH_3)_6]Cl_3$, orangefarbene Kristalle. — *Hexamminchrom(III)-chlorocuprat(II)*, $[Cr(NH_3)_6]CuCl_5$, eine Lsg. von 2 g **III** u. 2 g $CuCl_2 \cdot 2\,H_2O$ (**IV**) in 100 ml H_2O wird nach Filtration auf 60° erhitzt u. mit 40 ml konz. HCl versetzt; der nach Erkalten abgetrennte Nd. wird mit A. gewaschen, gelbe Kristalle. — *Hexamminchrom(III)-chlorocuprat(I, II)-1,5-Wasser*, $[Cr(NH_3)_6]_2Cu_2Cl_9 \cdot 1{,}5\,H_2O$, die Lsg. von 0,5 g **I** u. 15 g **II** in 100 ml heißem H_2O u. 40 ml konz. HCl wird ggf. mit $TiCl_3$-Lsg. red., filtriert u. in die Lsg. von 2,7 g **III** u. 3 g **IV** eingerührt, der Nd. nach 30 Min. abgetrennt u. mit 2nHCl u. A. gewaschen, braunschwarze Kristalle. Das Verhältnis Cu(I):Cu(II) im Chlorocuprat(I, II)-Anion ist von den angewandten Mengen an **I** u. **IV** abhängig. — *Hexamminchrom(III)-bromocuprat(II)*, $[Cr(NH_3)_6]CuBr_5$, eine Lsg. von 2 g $[Cr(NH_3)_6]Br_3$, 2,4 g $CuSO_4 \cdot 5\,H_2O$ u. 10 g NaBr in 20 ml H_2O wird mit 20 ml 48%ig. HBr versetzt u. der nach 1 Std. abgesaugte Nd. mit 66%ig. HBr gewaschen u. im Vakuum über H_2SO_4 getrocknet, schwarze Kristalle. F.-M. FRIEDRICH-ANDERSECK. 358□

Untersuchungen über Metallkomplexe von o-Hydroxyazoverbindungen. 1. Mitt. **Darstellung und Eigenschaften von Kupfer- und Nickelchelaten von Phenylazokresolen.** Yasumasa Hayakawa. (Sci. Rep. Saitama Univ., Ser. A **2.** 145—56. 1957. Urawa, Saitama Univ., Coll. of Liberal Arts, Dep. of Chem.) (Engl.)

Die *Cu-* u. *Ni-Chelate* von Derivv. des *Phenylazokresols* werden dargestellt.

Versuche: *Bis-[2-(2-chlorphenylazo)-4-methylphenol]-Cu-Chelat*, F. 242°; durch Erwärmen einer alkohol. Lsg. des Azofarbstoffs mit wss. $Cu(NO_3)_2$ oder Cu-Acetat u. Versetzen mit viel W.; braun; 50% (Ausbeute). *Ni-Chelat*, F. 276,4°; analog; schwarz; 95%. — *Bis-[2-(3-chlorphenylazo)-4-methylphenol]-Cu-Chelat*, F. 285°; dunkelbraun; 80%. *Ni-Chelat*, F. 257°; grünschwarz; 85%. — *Bis-[2-(4-chlorphenylazo)-4-methylphenol]-Cu-Chelat*, F. 290°; braun; 90%. *Ni-Chelat*, F. >350°; dunkelgrün; 95%. — *Bis-[2-(2-nitrophenylazo)-4-methylphenol]-Cu-Chelat*, F. 263,5—264,5°; braun; 90%. *Ni-Chelat*, F. 350° (Zers.); schwarz; 90%. — *Bis-[2-(3-nitrophenylazo)-4-methylphenol]-Cu-Chelat*, F. > 350°; braun; 90%. *Ni-Chelat*, F. 299°; braun; 90%. — *Bis-[2-(3-methoxyphenylazo)-4-methylphenol]-Cu-Chelat*, F. 194° (A.); braun; 95%. *Ni-Chelat*, F. >350° (A.); braun; 90%. — *Bis-[2-phenylazo-4-methylphenol]-Cu-Chelat*, F. 242°; braun; 95%. *Ni-Chelat*, F. 216°; schwarz; 85%. — *Bis-[2-(3-methylphenylazo)-4-methylphenol]-Cu-Chelat*, F. 228°; dunkelbraun; 10%. *Ni-Chelat*, F. 217°; grün; 85%. — *Bis-[2-(4'-methylphenylazo)-4-methylphenol]-Cu-Chelat*, F. 246,5°; dunkelbraun; 85%. *Ni-Chelat*, F. 244°; grün; 85%. — *Bis-[2-(2-carboxyphenylazo)-4-methylphenol]-Cu-Chelat*, F. >350°; rotbraun; 95%. *Ni-Chelat*, F. >350°; rotbraun; 60%. — *Bis-[2-(4-nitrophenylazo)-4-methylphenol]-Cu-Chelat*, F. >350°; braun; 95%. *Ni-Chelat*, F. 316°; grünlichbraun; 90%. — *Bis-[2-(2-methoxyphenylazo)-4-methylphenol]-Cu-Chelat*, F. 215°; schwarz; 80%. *Ni-Chelat*, F. 300,5 bis 302°; schwarz; 95%. — *Bis-[2-(4-bromphenylazo)-4-methylphenol]-Cu-Chelat*, F. 277°; 90%. *Ni-Chelat*, F. 278°; grün; 95%. — *Bis-[2-(4-methoxyphenylazo)-4-methylphenol]-Cu-Chelat*, F. 241,5°; braun; 90%. *Ni-Chelat*, F. 224°; grün; 95%. U. BAUMANN. 358

Untersuchungen über Metallkomplexe von o-Hydroxyazoverbindungen. 2. Mitt. **Die relative Stabilität von Kupfer- und Nickelchelaten von Phenylazokresolen.** Hidehiko Kido. (Sci. Rep. Saitama Univ., Ser. A **2.** 157—60. 1957.) (Engl.) — 1. vgl. vorst. Referat.

Die relative Stabilitäts-Konst. der *Cu-* u. *Ni-Chelate* von Derivv. des *2-Phenylazo-4-methylphenols* werden durch potentiometr. Titration bestimmt: Cu-Komplexe $\log K = 10-12$, Ni-Komplexe 7—9. Die Stabilität der Komplexbindung ist bei Substitution durch eine Methyl- oder Methoxygruppe größer, bei Substitution durch *Cl*, *Br*, Carboxyl- oder NO_2-Gruppe geringer. Sie nimmt bei Substitution durch *Cl*, NO_2- oder eine Methoxygruppe vom o- über das m- zum p-Deriv. hin ab. U. BAUMANN. 358

Halogenokomplexe des Rutheniums mit Pyridin und dessen Methylhomologen. 1. Mitt. **Hexachlororuthenate(IV).** J. Souček und J. Vřešťál. (Collect. czechoslov. chem. Commun. **26.** 1459—64. Mai 1961. Brno, Militär. Akad. „A. Zápotocký".) (Dt.)

Die aus $RuCl_4$ in stark salzsauren Lsgg. mit den Pyridiniumbasen (I) entstandenen Verbb. sind Salze der komplexen Hexachlororuthenium(IV)-säure, in denen Ru^{4+} als Zentralatom mit der Koordinationszahl 6 vorliegt. I treten unter diesen Bedingungen in die innere Sphäre des Komplexes nicht ein. Die Anwesenheit einer Methylgruppe u. ihre Lage bleiben ohne Einfl. auf den Charakter der entstehenden Verbindungen. V. RŮŽIČKA/Prag. 363

Komplexverbindungen des Rutheniums mit fünfzähnigen heterocyclischen Basen. 1. Mitt. **Reaktionen von Ruthenium(IV)-chlorid mit Imidazol und Pyrazol.** F. Králík und J. Vřešťál. (Collect. czechoslov. chem. Commun. **26.** 1293—97. Mai 1961.) (Dt.) — Vgl. vorst. Referat.

Die Darst. der Imidazolium- u. Pyrazoliumsalze der Hexachlororuthenium(IV)-säure wird beschrieben. Spektralphotometr. u. röntgenograph. erhaltene Unters.-Ergebnisse über Zus., Eigg. u. Konstit. werden mitgeteilt. V. RŮŽIČKA/Prag. 363

Komplexverbindungen des Rutheniums mit fünfzähnigen heterocyclischen Basen. 2. Mitt. **Reaktionen des Ruthenium(III)-chlorids mit Pyrazol und Imidazol.** F. Králík und J. Vřešťál. (Collect. czechoslov. chem. Commun. **26.** 1298—304. Mai 1961.) (Dt.) — 1. vgl. vorst. Referat.

Es wurden neue Komplexe des Ru(III) mit Imidazol (Im) u. Pyrazol (Pz) dargestellt, nämlich $(ImH)[RuCl_4Im_2]$, $(ImH)_2[RuCl_5Im]$, Im_3HRuCl_4, $(PzH)_2[RuCl_4(OH)Pz]$ u. $[RuPz_3Cl_3]$, u. ihre Eigg. u. Konstit. untersucht. V. RŮŽIČKA/Prag. 363

Spektralphotometrische und konduktometrische Untersuchungen der Metallkomplexe von p-[3-Hydroxy-3-phenyltriazeno]-phenylsulfonat. 1. Mitt. **Der Palladiumkomplex.** Umesh Chandra Durgapal und N. C. Sogani. (J. Indian chem. Soc. **35.** 542—46. Aug. 1958. Ajmer, Gov. Coll., Chem. Dep.) (Engl.) — 3. vgl. C. **1962.** 10774.

Die Zus. des Komplexes, den Pd mit p-[3-Hydroxy-3-phenyltriazeno]-phenylsulfonat (I) bildet, wurde untersucht. Aus Absorptionsmessungen bei 415—430 mμ ergab sich nach der JOBschen Meth., der Slope-ratio- u. der Molar-ratio-Meth. die Zus. PdI_2. Dieses Ergebnis wurde durch Leitfähigkeitstitration einer $PdCl_2$- gegen eine I-Lsg. bestätigt. Der mol. Extinktions-Koeff. bei 425 mμ wurde zu $18{,}75 \cdot 10^3$, die Dissoziations-Konst. des Komplexes bei 25° zu $3 \cdot 10^{-12}$ u. die Freie Bldg.-Energie des Komplexes zu —15,72 kcal/Mol gefunden. W. BETCKE. 365□

Biguanidkomplexverbindungen mit Platin(II). Debabrata Sen. (Sci. and Cult. [Calcutta] **27.** 501. Okt. 1961. Calcutta, Indian Assoc. für the Cultivation of Sci., Dep. of Inorg. Chem.) (Engl.)

Bis-[biguanid]-platin(II)-chloriddihydrat (I) wird aus 1 g $PtCl_2$ u. 2 g Biguanidin in 20 ml W. in der Hitze hergestellt. I geht beim Behandeln mit Soda-Lsg. in *Bis-[biguanidato]-platin(II)-dihydrat* über, das bei 110° W. abgibt. Durch Zusatz von Na_2SO_4-Lsg. zu I-Lsg. fällt *Bis-[biguanid]-platin(II)-sulfat-1,5-Wasser* in Form glänzender, nadliger Kristalle aus. CH. WEISKE. 368□

Georg Brauer, Hrsg., Handbuch der Präparativen Anorganischen Chemie. Zweite, umgearb. Aufl. 2 Bde. Stuttgart: Ferdinand Enke Verl. 1960/1962. 1: (XI + 885 S. m. 280 Abb.) 2: (XII + 726 S. m. 82 Abb.) Zus. DM 232,—.

K. B. Lebedew, Herstellung von Calciummolybdat. Alma-Ata: Verl. der Akad. der Wiss. der KasachSSR. 1962. (120 S. m. graph. Darst.; 1 Bl. Skizzen.) 45 Kop. [Russ.]

A₉. Mineralogische und geologische Chemie

Japaner Quarzzwilling von Vaskö. Cs. Ravasz. (Magyar nemzeti Múzeum Természettudományi Múzeum Évkönyve [Ann. histor.-natur. Musei nat. hung.] **51.** 29—30. 1959. Budapest.) (Dt.)

In einem Gangstück von Vaskö im Banater Kontaktgebiet wurden zwei Quarzgenerationen unterschieden. Auf einem Kalkspatskalenoeder — $\{21\bar{3}1\}$ — wurde als Vertreter der 2. Generation ein Japanerzwilling gefunden. Der Winkel zwischen den Hauptsymmetrieachsen beider Individuen beträgt 84° 23′. H. MOENKE. 372

Direkte Bestimmung der Auslöschungsschiefe nach (h 0 l) verzwillingter monokliner Kristalle von allgemeiner Schnittlage, dargestellt an Pyroxenen und Amphibolen. Hans Ulrich Bambauer. (Z. Kristallogr., Kristallgeometr., Kristallphysik, Kristallchem. **111.** 421—34. Dez. 1959. Zürich, ETH, Inst. für Kristallographie u. Petrographie.) (Dt.)

Es wird eine Meth. beschrieben, mit der sich Zwillinge nach (h 0 1) monokliner Kristalle von allg. Schnittlage so orientieren lassen, daß die Auslöschungsschiefe auf (0 1 0) unmittelbar gemessen werden kann. Genauigkeit u. Anwendungsbereich der Meth. werden im Hinblick auf die Best. nach (1 0 0) verzwillingter monokliner Pyroxene u. Amphibole diskutiert. J.-E. Hiller. 372 □

Kritische Untersuchungen über die Anwendbarkeit des Fluorverfahrens. M. Földvári-Vogl und M. Kretzoi. (Acta geol. Acad. Sci. hung. **7.** 13—28. 1961. Budapest, Ung. Geol. Anst.) (Dt.)

Das Fluor-Verf. wurde zur Alters-Best. bei einer Reihe von Knochenresten verschiedener Fundstätten angewendet. Zur F-Best. wurde eine spektrograph. Schnellmeth. ausgearbeitet, die auf der Messung der CaF-Linie bei Bogenanregung (< 4,5 A) beruht. Es zeigte sich, daß die Meth. nur bei solchen Knochenresten mit Erfolg benutzt werden kann, die ständig in Berührung mit W. waren, weil dies für eine ununterbrochene Fluoraufnahme Voraussetzung ist. Die Ergebnisse beweisen, daß die Meth. innerhalb weiterer Zeitgrenzen angewendet werden kann, als vermutet wurde. W. Betcke. 378 □

Das Alter der Fen-Carbonatite, Norwegen und seine Beziehung zu den intrusiven der Oslo-Region. H. Faul, P. L. D. Elmore und W. W. Brannock. (Geochim. cosmochim. Acta [London] **17.** 153—55. Aug. 1959. Washington, D.C., U.S. Geol. Survey.) (Engl.)

Es wurden Alters-Best. nach der K/Ar-Meth. an einem *Biotit*-Kristall aus der Søve-Mine im Fen-Gebiet u. an einem Biotit aus dem Drammen-Granit bei Oslo durchgeführt. Ferner wurde nach der U/Pb-Meth. das Alter eines *Zirkons* aus dem Oslo-Normarkit gemessen. Der Biotit aus der Søve-Mine hat ein Alter von 565, der andere Biotit u. der Zirkon von 259 Millionen Jahren. Danach sind die Fen-Gesteine sehr viel älter als die Intrusiva des Oslo-Gebietes. J.-E. Hiller. 378

Über das Alter der vulkanischen Gesteine westlich von Alençon. Maurice-J. Graindor und Marie-Madeleine Roblot. (C. R. hebd. Séances Acad. Sci. **248.** 2112—13. 6/4. 1959.) (Franz.)

Es wird gezeigt, daß die vulkan. Gesteine im NW u. SW von Alençon präkambr. sind. Sie lassen sich aber vorläufig nicht genauer einordnen. J.-E. Hiller. 378 □

Natürliche Genesis und künstliche Synthese der Diamanten und ihr geochemischer Aspekt. A. Neuhaus. (Freiberger Forsch.-H., Reihe C **102.** 20—47. Juni 1961. Bonn.) (Dt.)

Aus dem Transformationsgrad der Naturdiamanten (**I**) wird auf die Geochemie, die Entstehung u. die Art des Transportes an die Erdoberfläche geschlossen. Die paragenet. Beziehungen werden diskutiert. Die **I** sind in einem relativ Fe-armen, Cr-haltigen, peridotit. Magma mit CO_2- u. H_2O-Geh. schwebend auskristallisiert. Bldg.-Temp. $\lesssim 1300^0$. Die Herkunft des Diamantkohlenstoffes kann noch nicht erklärt werden. Die Zustandsbedingungen u. die bekanntgewordenen Diamant-Synth. werden erörtert. Mitt. neuer polarisationsmkr., röntgenograph. u. absorptionsspektroskop. Unterss. an orientierten Diamantschliffen. Beschreibung mikroklinartiger Kreuzlamellierung. Deutung als mimet. Pseudomorphose einer pseudokub. Kristallart (β-Diamant) nach einem prim. echt kub. α-Diamant. α-Diamant hat die Symmetrie O_h^7-Fd 3 m u. ist stabil bei P $\gtrsim$ 50000 at u. T $\sim$ 1200—1300^0. β-Diamant hat die Symmetrie D_{3d}-$\bar{3}$ m u. ist bei tieferen Temp. beständig. Ursache der Paramorphie ist eine Deformation des Valenzelektronenfeldes der C-Atome bei sinkender Temp., die das ideale sp^3-Hybrid des α-Diamanten in eine pseudokub. Valenzelektronenverteilung von der Symmetrie C_{3v} im β-Diamanten überführt. Auf Grund dieser Erkenntnis ist eine neue Deutung der Diamanttypen I u. II u. ihrer Eigg. möglich. Typ I ist ein weitgehend eingefrorener, quasi-isotroper α-Diamant, Typ II verkörpert die groblamellare mimet. $\alpha \rightarrow \beta$-Paramorphose. Die **I** realisieren außer den Grenztypen viele Übergänge der $\alpha \rightarrow \beta$-Transformation. Der Transformationszustand der **I** beweist den „schußartigen“ Hochtransport. Die Simatheorie der Diamant-Bldg. ist sehr wenig wahrscheinlich. — 77 Literaturangaben. H. Moenke. 378 □

Ursprung von eingeschlossenen Quarzkristallen in sauren, vulkanischen Gesteinen. Robert J. Foster. (Amer. Mineralogist **45.** 892—94. Juli/Aug. 1960. Bozeman, Mont., Montana State Coll., Dep. of Earth Sci.) (Engl.)

Verschiedene Theorien über die Bldg. von umschlossenen Quarzkristallen, die nicht mit der Grundmasse im Gleichgewicht stehen, werden diskutiert. Es ist z. B. möglich, daß Rk. zwischen den Kristallen u. der Grundmasse erst eintritt, wenn sich das Gestein verfestigt hat, aber noch heiß ist. E. Schulte. 378 □

Zur Geochemie einiger Kaolinit-Tone. R. J. W. McLaughlin. (Geochim. cosmochim. Acta [London] **17.** 11—16. Aug. 1959. Melbourne, Australia, Univ., Geol. Dep.) (Engl.)

10 Kaolinit-Tone wurden auf 24 Elemente analysiert, wobei die 3 Fraktionen, Sand, Silt u. Ton, getrennt behandelt wurden. Bei den Kaolinitmineralien handelt es sich um *Dickit, Kaolinit, Halloysit* u. um ein nach b fehlgeordnetes Kaolinitmineral. Eine bes. Rolle für die Geschichte eines Kaolinit-Vork. scheinen Ti u. Zr zu spielen.

J.-E. Hiller. 378□

Die Zeolithfazies mit Anmerkungen über die Interpretation von Hydrothermalsynthesen. D. S. Coombs, A. J. Ellis, W. S. Fyfe und A. M. Taylor. (Geochim. cosmochim. Acta [London] **17.** 53—107. Aug. 1959. Otago, New Zealand, Univ., Dep. of Geol. and Chem.) (Engl.)

Die Zeolithfazies soll die Lücke zwischen der Diagenese u. der Metamorphose überbrücken. Dahin gehörende Gesteine werden aus der Neuseeländer Geosynklinale beschrieben. Es sind Vergesellschaftungen von *Heulandit, Analcim* u. *Quarz*, sowie *Laumontit, Albit* u. *Quarz* in Tuffen u. vulkan. Grauwacken. *Thomsonit* wurde in bas. Magmatiten gefunden. Die Zeolithgesteine werden von den Grünschiefern durch einen Gürtel mit Quarz-*Prehnit*- u. Quarz-*Pumpellyit*-Paragenesen getrennt. 2 Gesichtspunkte gelten für das Vork. von Zeolith: 1. der Wasser-Geh., der nach niedrigen Temp. hin ansteigt; 2. eine Einteilung der Zeolithe in solche, die sich bei überschüssigem SiO_2 bilden, solche, die neben Quarz stabil sind u. solche, die SiO_2-Unterschuß bevorzugen. *Mordenit* u. *Wairakit*, die sich aus heißen Lsgg. bilden, sind leicht zu synthetisieren, während Laumontit u. Heulandit, typ. Minerale der Regionalmetamorphose, nicht synthetisierbar sind. Die Stabilitätsbedingungen verschiedener Zeolithe werden untersucht. Die obere Grenze für die Zeolithfazies wird bei 300° angenommen, wenn Wasser- u. Belastungsdruck ungefähr gleich sind. Synth.-Bereiche werden angegeben für die Analcim–Wairakit-Reihe, die Na–Ca–Mordenit-Reihe, für *Epistilbit*, Prehnit u. eine nicht identifizierte Phase. *Phillipsit* wurde aus *Chabasit* hergestellt. Thomsonit geht bei 300° in *Anorthit* über.

J.-E. Hiller. 378□

Mineralparagenesen in den Barytgängen von N-Schlesien. J. Kuhl. (Freiberger Forsch.-H., Reihe C **102.** 87—97. Juni 1961. Katowice.) (Dt.)

Petrograph. Unters. der hydrothermalen Schwerspatgänge von Boguszow bei Walbrzych (Waldenburg), Jedlinka u. Stanisławów. Charakterist. ist die aszendente Herkunft des $BaSO_4$. Die Vererzung der Gänge umfaßt Fe-, Pb- u. Cu-Sulfide. Die Mineralparagenesen der einzelnen Vork. werden besprochen. H. Moenke. 380□

Neue Daten von Birnessit und Hollandit. C. Frondel, U. B. Marvin und J. Ito. (Amer. Mineralogist **45.** 871—75. Juli/Aug. 1960. Cambridge, Mass., Univ.) (Engl.)

Birnessit (δ-MnO_2) (**I**) von Cummington, Mass. u. Sterling Hill, N.J. u. Hollandit (**II**) von Langenberg, Sachsen, wurden röntgenograph. u. chem. untersucht. Aus der chem. Analyse sorgfältig gereinigter Proben ergibt sich die Formel für **I** zu $(Ca, Mg, Na_2, K_2)_x \cdot (Mn^{4+}, Mn^{2+})(O, OH)_2$, wobei x durch Änderung der Mn^{4+}/Mn^{2+}- u. O/OH-Verhältnisse kompensiert wird; für **II**: $(Ba, K_2, Mg, Ca, Na_2, Co, Ni)\ Mn^{2+}Mn_7^{4+}O_{16} \cdot n\,H_2O$ mit Ba/K ca. 8/1. Der Analysenwert für H_2O lag bei 2 H_2O. E. Schulte. 380□

Ianthinit und Wyartit. C. Guillemin und J. Protas. (Bull. Soc. franç. Minéralog. Cristallogr. **82.** 80—86. Jan./März 1959. Paris, Sorbonne, Labor. de Minér.-Cristallographie.) (Franz.) — Vgl. Clark, C. **1961.** 17856.

Bei der Unters. von *Ianthinit* aus Shinkolobwe wurde als neue Spezies *Wyartit* gefunden. Ianthinit, $UO_2 \cdot 5\,UO_3 \cdot 10{,}56\,H_2O$, hat die Gitter-Konst. a = 11,52, b = 7,15, c = 30,3 Å, Z = 4. Er ist rhomb. u. hat die opt. Konst. $n_\alpha = 1{,}685$, $n_\beta = 1{,}91$, $n_\gamma = 1{,}93$, 2 V = 58°, stark pleochroitisch. Die Entwässerung findet zwischen 90 u. 150° statt. Wyartit, $UO_2 \cdot 6\,UO_3 \cdot 2\,CO_2 \cdot 3\,CaO \cdot 12$—$14\,H_2O$, ist rhomb. mit den Gitter-Konst. a = 11,25, b = 7,08, c = 20,98 Å, Z = 2. Analyse: UO_3 70,7, UO_2 10,1, CaO 6,3, CO_2 3,4, H_2O 9,7%. Die Dichte beträgt 4,69. Die opt. Konst. sind $n_\beta = 1{,}89$, $n_\gamma = 1{,}91$, 2 V = 48°. Die Entwässerung findet zwischen 80 u. 160° statt. J.-E. Hiller. 380□

Pseudomorphosen nach Olivin in Markle-Basalt. W. W. Smith. (Mineralog. Mag. J. mineralog. Soc. **32.** 324—31. Dez. 1959. Aberdeen, Scotland, Macaulay Inst. for Soil Res.) (Engl.)

Aus dem Markle-Basalt von Holyrood Park, Edinburgh, werden Pseudomorphosen nach *Olivin* beschrieben. Diese bestehen, wie chem. u. röntgenograph. Unterss. zeigen, aus einem Gemenge von *Haematit, Chlorit* u. untergeordnet *Quarz*. J.-E. Hiller. 380□

Pseudoleucit in Tinguait von Bearpaw Mountains, Montana. E. G. Zies und F. Chayes. (J. Petrology **1.** 86—99. 1 Tafel. Febr. 1960. Washington, D.C., Carnegie Inst. of Washington, Geophys. Labor.) (Engl.)

Chem. Analysen von Pseudoleucit (I), von der Grundmasse des I-Tinguait u. von den auftretenden Hauptmineralien sind angegeben. Hauptmineralien sind Hedenbergit, Akmit ein Nephelin mit 2,3 (%) Fe_2O_3 u. 7,9 K_2O, K-Feldspat mit wenig BaO u. noch weniger Na_2O. Der mkr. Befund von I ist mit dem chem. in guter Übereinstimmung u. ergibt 29,8 (%) Nephelin, 66,2 K-Feldspat u. 3,0 Akmit. Die Grundmasse besteht aus 26,8 Nephelin, 46,6 Feldspat u. 26,7 Akmit. Die Petrographie der analysierten Proben ist dargestellt. E. Schulte. 380□

Einige mineralogische Beziehungen im System Fe_2O_3–Fe_3O_4 und die Zusammensetzung von Titanomaghaemit. E. Z. Basta. (Econ. Geol. **54**. 698—719. Juni/Juli 1959. Giza, Cairo Univ., Fac. of Sci., Dep. of Geol.) (Engl.) — Vgl. C. **1961**. 18248.

Mit chem. u. röntgenograph. Meth. wird das Syst. Fe_2O_3–Fe_3O_4 untersucht. Mit Sicherheit ergeben sich Zwischenglieder zwischen *Magnetit* u. *Maghaemit*. Die Oxydation des Magnetits wird diskutiert. Die große Variationsbreite der chem. Zus. des Titanomaghemits wird dadurch erklärt, daß dieser hauptsächlich durch die Oxydation von Titanomagnetit entsteht u. eine variable Zus. von γ-Fe_2O_3–Fe_2O_4–γ-$FeTiO_3$ bis γ-Fe_2O_3–TiO_2 haben kann. J.-E. Hiller. 380□

Neuuntersuchung von Uigit. Jessie M. Sweet. (Mineralog. Mag. J. mineralog. Soc. **32**. 340—42. Dez. 1959. London, Brit. Museum, Dep. of Miner.) (Engl.)

Uigit von Uig in Skye wurde neu untersucht, wobei sich herausstellte, daß es sich um *Thomsonit* handelt. J.-E. Hiller. 380□

Textur der Ungava-Nickelerze. A. R. Philpotts. (Canad. Mineralogist **6**. 680—88. 1961. Montreal, Canada, McGill-Univ.) (Engl.)

Beschreibung der geolog. Verhältnisse des Cape Smith–Wakeham-Bay-Gürtels unter besonderer Berücksichtigung der Ni-Lagerstätten. Das Erz (*Ni-Fe-Pyrrhotit*, *Pentlandit* u. *Chalkopyrit* mit *Serpentin*, *Chlorit*, *Magnetit* u. *Amphibol* als Gangart) ist in ultrabas. Gestein sowie in Sedimenten durch Verdrängung entstanden. Der erste Typ hat den höheren Ni- u. Cu-Gehalt. G. Meinhardt. 380□

Genetische Beziehungen der Erzvorkommen in den West-Mátra-Bergen, Nordost-Ungarn. F. Kaszanitzky. (Magyar nemzeti Múzeum Természettudományi Múzeum Evkönyve [Ann. histor.-natur. Musei nat. hung.] **51**. 5—28. 1959. Budapest.) (Engl.)

Die seit 1950 neu aufgeschlossenen Gänge u. Gangteile in der Mátra-Bergen werden geograph., regionalgeolog. u. petrograph. charakterisiert. Erzmkr. wurden in den hydrothermalen Lagerstätten Pyrit I, Bleiglanz I, Gold, Kupferkies I, Zinkblende I, Wurtzit, Zinnkies, Bournonit, Bleiglanz II, Zinkblende II, Fahlerz, Kupferkies II, Arsenkies, Jamesonit, Semseyit, Boulangerit (?), Pyrit II, Antimonglanz, Markasit u. Pyrit III nachgewiesen. Emissionsspektroskop. wurde in Pyrit I As, Sb u. Mn, in Pyrit II Ba, As, Sb, Pb, Zn, Ag, Au, Cd, Bi, Ti u. Mn u. in Pyrit III As, Sb, Pb, Ag, Mn, Mo u. Al gefunden. H. Moenke. 380□

Typen von magmatischen „Cumulaten". L. R. Wager, G. M. Brown und W. J. Wadsworth. (J. Petrology **1**. 73—85. Febr. 1960. Oxford, Dep. of Geol. and Miner.) (Engl.)

Der Ausdruck „Cumulate" wird als Gruppenname für Ergußgesteine, die durch Kristallakkumulation entstanden sind, eingeführt. Die verschiedenen Typen werden, soweit sie unterschieden werden konnten, eingehend beschrieben. Ernst Schulte. 382□

Eine Anwendung der statistischen Analyse auf petrochemische Daten. Derek Flinn. (Geochim. cosmochim. Acta [London] **17**. 161—75. Nov. 1959. Liverpool, Univ., Jane Herdman Labor. of Geol.) (Engl.)

Vf. untersucht die Anwendung statist. Meth. auf petrolog. Probleme. Als Beispiel behandelt er 50 Gesteinsanalysen vom Ardara-Pluton, Donegal, Irland. J.-E. Hiller. 385□

Bändergneise. Richard V. Dietrich. (J. Petrology **1**. 99—120. Febr. 1960. Oslo, Min.-Geol. Museum.) (Engl.) — Vgl. C. **1961**. 12390.

Es wird versucht, eine Klassifizierung der Bändergneise anzugeben, die auch die Genese einschließt. Der Unters. wurden die Vork. des Randes u. Areals in SO-Norwegen, des südlichen Finnland, der nördlichen Pyrenäen, des SW-Schwarzwaldes, von Ornö Huvud in O-Schweden u. zweier Grundzonen der südlichen Schweizer Alpen zugrunde gelegt. E. Schulte. 385□

Die Gneise von Šcinawka und die sie begleitenden kristallinen Gesteine von Kłodzko, Mittelsudeten, Polen. Maria Kozłowska-Koch. (Arch. mineralog. (Warszawa] **22**. 349—91. 1958. Warszawa, Univ., Lehrstuhl für Petrographie u. Inst. der Geolog. Wiss. der Poln. Wissenschaftlichen Akad.) (Pol.) — Vgl. C. **1962**. 10023.

An Hand von zahlreichen mkr. u. mikrometr. Unterss. sowie von 9 chem. Analysen der Gneise von Ścinawka u. der sie begleitenden Amphibolite u. Meta-Vulcanite wird die Genese dieser Gesteine diskutiert u. angenommen, daß sie durch metasomat. Granitisation von metamorphen Eruptivgesteinen mit klast. Sedimenten entstanden sind.
M. SZMYTÓWNA. 385□

Ultrafemische Gesteine in der Gegend von Bielice in den Ostsudeten. Bogumił Wierzchołowski. (Arch. mineralog. [Warszawa] **22.** 401—31. 1958. Warszawa, Univ., Lehrstuhl für Petrographie.) (Pol.)

Vf. bespricht das geolog. Auftreten u. die petrograph. Eigg. der ultrafem. Gesteine aus der Gegend von Bielice (Ostsudeten) u. ähnlicher Gesteine aus dem benachbarten Gelände in der Tschechoslovakei. An Hand von eigenen mkr., mikrometr. u. chem. Unterss. sowie von Literaturangaben schließt Vf., daß es sich um Gesteine magmat. Ursprungs mit Differentiation handelt, u. daß sie genet. mit den weit ausgedehnten Tonaliten dieser Gegend verbunden sind. M. SZMYTÓWNA. 385□

Verlauf der Differentiation in der Gabbro-Anorthositsuite der Gesteine von Nausahi, Distrikt Keonjhar, Orissa. S. Deb und Kanai Lal Chakravarty. (Proc. nat. Inst. Sci. India, Part A **26.** 427—35. 16/7. 1960. Calcutta, Jadavpur Univ., Dep. of Geol. Sci.) (Engl.)

Die Gabbro-Anorthositsuite des obigen Gebiets ist aus den folgenden Gesteinstypen zusammengesetzt: *Dunit–Peridotit, Enstatit, Malakolith–Pyroxenit, Gabbro, gabbroider Anorthosit, Anorthosit* u. *Granophyr*. Daneben treten *Chromit-* u. *V-haltige Ti-Magnetite* in den Dunit-Peridotiten u. Gabbro-Anorthositen als spätmagmat. Intrusiva auf. Aus den chem. Analysen nicht verwitterter Gesteine ergab sich regelmäßige Zunahme von SiO_2, FeO, Al_2O_3, K_2O, CaO u. Na_2O u. Abnahme von MgO u. Cr_2O_3 beim Übergang von den ultrabas. zu den sauren Gesteinstypen. Auf Grund dieser Unterss. u. der Feldbeobachtungen schließen Vff., daß alle obigen Gesteinstypen demselben bas. Magma entstammen, aus dem sich zuerst die Mg- u. Cr-reichen Teile unter Bldg. der ultrabas. Gesteine ausschieden. Der restliche SiO_2-, Ca-, Al- u. alkalireiche Teil differenzierte sich unter Bldg. der bas. u. sauren Gesteinstypen.
C. GOTTFRIED. 385

Über die Phyllite aus einigen Arkosen. P. Maurel und R. Brousse. (Bull. Soc. franç. Minéralog. Cristallogr. **82.** 87—90. Jan./März 1959. Paris, Sorbonne, Labor. de Minér.-Cristallographie, Labor. de Pétrogr.) (Franz.)

Die in verschiedenen Arkosen enthaltenen Phyllite werden chem. u. röntgenograph. untersucht. Das Vorhandensein von *Montmorillonit* mit u. ohne *Kaolinit* wird diskutiert.
J.-E. HILLER. 385□

Verwitterung der Basalttuffe unter dem Einfluß von CO_2 und Humussäure im Turow-Braunkohlenbecken. Jan Kuhl und Tadeusz Kruszewski. (Freiberger Forsch.-H., Reihe C **102.** 109—20. Juni 1961. Katowice.) (Dt.)

Die im Braunkohlenbecken von Turów vorkommenden vulkan. Aschen (**I**) u. Lapillituffe (**II**) wurden polarisationsmkr. u. chem. untersucht. **I** sind durch Einw. von CO_2, H_2O u. Humussäuren hochgradig chem. verwittert; **II** ähneln in ihrer heutigen Zus. den Kristalltonsteinen der Carbonformation. H. MOENKE. 386□

Unterscheidung von Basalten aus Hawaii: Einige Varianten in Lava-Folgen von datierten Kilauea-Eruptionen. C. E. Tilley. (J. Petrology **1.** 47—55. Febr. 1960. Cambridge, Dep. of Miner. and Petrolog.) (Engl.)

Die Folgen der Ausbrüche basalt. Lava des Kilauea Caldera 1921 u. der Ausbrüche in der östlichen Spaltenzone in den Jahren 1840 u. 1955 wurden eingehend im Hinblick auf den Gang der Fraktionierung untersucht. Die Ergebnisse sind in Abhängigkeit von der Fe/Mg- u. Alkalianreicherung graph. dargestellt. ERNST SCHULTE. 386□

Meteoritenanalyse: Die Suche nach Diamanten. D. V. N. Sarma und T. Mayeda. (Geochim. cosmochim. Acta [London] **22.** 169—75. März 1961. Chicago, Ill., Univ. of Chicago.) (Engl.)

Bei der Suche nach chem.-analyt. Meth., die es gestatten, unter nichtoxydierenden Bedingungen aus Steinmeteoriten Diamanten zu isolieren, wird eine KHF_2-Schmelze als Aufschlußmittel erprobt. Aus einigen Meteoriten wird Graphit isoliert. In keinem von 17 untersuchten Meteoriten wird Diamant gefunden. WALTER FRANKE. 388□

Kosmogenes Kalium-40 in Eisenmeteoriten. Masatake Honda. (Geochim. cosmochim. Acta [London] **17.** 148—50. Aug. 1959. La Jolla, Calif., Univ. of California, School of Sci. and Engng.) (Engl.)

Die Radioaktivität von K aus 5 Eisenmeteoriten wurde mit einem β-Zähler gemessen. Über die normale ^{40}K-Aktivität hinaus wurde ein Überschuß von $1-3 \cdot 10^{-10}$ g ^{40}K/g gefunden, der der kosm. Strahlung zugeschrieben wird. J.-E. HILLER. 388□

Durch kosmische Strahlung erzeugte radioaktive Isotopen aus Eisenmeteoriten. M. Honda, J. P. Shedlovsky und J. R. Arnold. (Geochim. cosmochim. Acta [London] **22.** 133—54. März 1961.) (Engl.) — Vgl. vorst. Referat.

Durch Auflösen von Eisenmeteoriten aus Grant, Williamstown, Odessa (Tex.) u. Canyon u. Ausfällen mit inakt. Trägersubstanzen wurden die radioakt. Isotopen ^{10}Be, ^{26}Al, ^{36}Cl, ^{40}K u. ^{53}Mn isoliert u. der Geh. an diesen Isotopen wurde bestimmt. Danach scheinen die Proben von Grant u. von Williamstown gleichlang kosm. Strahlung ausgesetzt gewesen zu sein. WALTER FRANKE. 388□

Moldavite und ähnliche Tektite von Georgia, USA. A. J. Cohen. (Geochim. cosmochim. Acta [London] **17.** 150—52. Aug. 1959. Pittsburgh, Pa., Mellon Inst.) (Engl.) — Vgl. C. **1962. 3760.**

In Georgia gefundene Tektite werden mit Moldaviten, Bediasiten u. Australiten hinsichtlich ihrer Dichte, Lichtbrechung, magnet. Susceptibilität u. chem. Zus. verglichen. Zwischen Moldaviten, Bediasiten u. den Georgia-Tektiten besteht große Ähnlichkeit, doch läßt sich nicht entscheiden, ob sie aus ein u. demselben Fall herrühren. J.-E. HILLER. 388□

Zur Montanhydrologie der Flußspatgänge des Gebietes Wolkenstein-Marienberg (Erzgebirge). Alfred Giessler. (Freiberger Forsch.-H., Reihe C **102.** 79—86. Juni 1961. Halle.) (Dt.)

Unters. der Zusammenhänge zwischen der Temp. der Akratotherme Warmbad Wolkenstein u. dem Erzbergbau der Umgebung. H. MOENKE. 393□

Geochemische Untersuchungen in den Mikata-Seen. Tsunenobu Shigematsu, Masayuki Tabushi, Yasuharu Nishikawa, Teruko Muroga und Yoshinori Matsunaga. (Bull. Inst. chem. Res., Kyoto Univ. **39.** 43—56. Jan. 1961.) (Engl.)

In den Mikata-Seen wurden geochem. Unterss. vorgenommen. Besondere Aufmerksamkeit wurde dem Suigetsu-See geschenkt, in dessen stagnierendem W. unterhalb einer 10-m-Grenze die Menge an gelösten Komponenten mit wachsender Tiefe zunimmt. In Grundnähe wird durch Red. von SO_4^{2-} H_2S gebildet, dessen Rk. mit Mn für die vertikale Verteilung H_2S/Mn in diesem See verantwortlich ist. W. BETCKE. 393□

Chemische und mineralogische Untersuchungen von Tiefseesedimenten. S. K. El Wakeel und J. P. Riley. (Geochim. cosmochim. Acta [London] **25.** 110—46. Sept. 1961. Liverpool, Univ., Dep. of Oceanography.) (Engl.)

Typ. Tiefseesedimente aus dem Atlantik, Pazifik, Ind. Ozean u. Mittelmeer wurden chem. u. spektrochem. analysiert. Berücksichtigt wurden Hauptbestandteile u. Spurenelemente (Be, Sr, Ba, Cu, Pb, Co, Ni, Ga, La, Sn, Ce, Ge, Zr, Hf, Th, V, Cr, Mo). Den Sedimenten aus dem Atlantik entsprechen in typ. Weise höhere al- u. niedrigere fm-Werte als den Proben des Pazifik u. des Ind. Ozeans. Die häufigsten Tonmineralien in den untersuchten Tiefseesedimenten sind Illit u. Chlorit. Montmorillonit ist weniger stark vorhanden. Die küstennahen Tone sind kaolinitreich; ferner enthalten sie Illit u. Montmorillonit. H. MOENKE. 393□

Die Rolle der Chemosynthese bei der Produktion von organischer Substanz in Stauseen. Ju. I. Ssorokin. (Микробиология [Mikrobiologie] **30.** 928—37. Sept./Okt. 1961. Inst. für die Biol. der Stauseen der Akad. der Wiss. der UdSSR „Borok".) (Russ.; Auszug: Engl.)

Bei ruhigem Wetter, wenn eine gute vertikale Schichtung des W. besteht, wurde im südlichen Teil des Stausees Kuibyschew die vertikale Verteilung der Chemo-Synth. untersucht. Innerhalb der anaeroben Zone wurde eine akt., aerobe Mikroflora festgestellt. An der Grenze zwischen aerober u. anaerober Zone liegt das Maximum der Chemosynthese. In der anaeroben Zone überwiegen H_2, Methan, Thiosulfat, oxydierende Bakterien, auch sulfatreduzierende Bakterien u. anaerobe u. aerobe Saprophyten. Methan, H_2 u. Thiosulfat oxydierende Bakterien sind die Hauptgruppen der Chemosynthese. Nur in den ruhigen Buchten wird durch Chemo-Synth. eine größere Menge organ. Substanz (0,02—0,03 mg/Liter) erzeugt, die eine wesentliche Rolle bei der Bldg. geformter Nahrung für die Wassertiere spielt. K. SATTLER. 393□

G. Brown, ed., The x-ray identification and crystal structures of clay minerals. 2nd edit. London: Mineralogical Society. 1961. (XI + 544 S. m. Taf., Tab. u. Diagr.) 84 s.

William Alexander Deer and others, Rock-forming minerals. Vol. 1: Ortho- and ring silicates. London: Longmans. 1962. (X + 333 S. m. Tab. u. Diagr.) 95 s.

B. Allgemeine und theoretische organische Chemie

Gittertheorem. Seine Anwendung in der theoretischen Chemie. Isaac Samuel. (C. R. hebd. Séances Acad. Sci. **247.** 293—95. 21/7. 1958.) (Franz.)

Vf. definiert als Gitter einer symm. Determinante 2 nter Ordnung ohne Diagonalelemente das Prod. aus n Elementen derart, daß jeder der Indices der Determinante ein einziges Element charakterisiert u. stellt folgenden Lehrsatz auf: Das Quadrat der Gittersumme einer symm. Determinante paarer Ordnung ohne Diagonalelemente ist gleich der Summe der abs. Werte der Glieder, wenn nur gerade cycl. Prodd. ihrer Elemente zugelassen werden. Im Rahmen der Polygon-Meth. wird mit diesem Theorem die von DEWAR u. LONGUET-HIGGINS (vgl. Proc. Roy. Soc. [London], Ser. A **214.** [1952.] 482) für zu 2 N C-Atomen alternierende KW-Stoffe aufgestellte Beziehung $n^2 = |\Delta_{(y=0)}|$ verallgemeinert. J. RICHTER. B 10□

Messung der thermischen Neutronendiffusionsparameter in Wasser und festem Diphenyl mit gepulster Neutronenquelle. A. Ádám, L. Bod und L. Pál. (Acta physica Acad. Sci. hung. **13.** 25—33. 1961. Budapest, Central Res. Inst. for Phys.) (Engl.)

Die Diffusionsparameter therm. Neutronen wurden in *W.* u. festem *Diphenyl* (I) bei Zimmer-Temp. mit der Impuls-Meth. gemessen. Die Ergebnisse der Messungen in W. sind innerhalb des statist. Fehlers in Übereinstimmung mit Literatur-Werten. Die erhaltenen Diffusionsparameter in I sind: $l_0 = 286 \pm 23$ µs, $D(T_0) = 42940 \pm 1800$ $cm^2 s^{-1}$ $L_D = 3{,}50 \pm 0{,}18$ cm, $C = 13300 \pm 2850$ $cm^4 s^{-1}$ u. $\lambda_t = 0{,}515$ cm. J.-M. SPAETH. B 90□

Ultraviolettspektren von Alkyldisulfiden und ihre Beziehung zur Spaltung von Disulfidbindungen durch Alkali. Norman A. Rosenthal und Gerald Oster. (J. Amer. chem. Soc. **83.** 4445—48. 5/11. 1961. Brooklyn, N.Y., Polytechn. Inst. of Brooklyn, Dep. of Chem.) (Engl.)

Vff. nehmen die UV-Spektren von folgenden Disulfiden auf: *Diisopropyl-* ($Kp._{11}$ 58°; n_D^{25} 1,4892), *Methyl-n-butyl-* ($C_5H_{12}S_2$, $Kp._4$ 45°, n_D^{25} 1,5005), *Methyl-sek.-butyl-* ($C_5H_{12}S_2$, $Kp._1$ 21°, n_D^{25} 1,5008), *Methyl-tert.-butyl-* ($C_5H_{12}S_2$, $Kp._{68}$ 79°, n_D^{25} 1,4947), *Dimethyl* u. *Di-tert.-butyldisulfid* (opt. transparent) in CH_3OH sowie von *β.β'-Dithiodipropionsäure* [I, F. 156—157° (Bzl./PAe.); in n/10 HCl, in W., in n/100 NaOH], *Dithiodiessigsäure* (III, F. 107°; in W. opt. transparent), *γ.γ'-Dithiodibuttersäure* (II, F. 107°; in CH_3OH oder n/200 Na-Methylat), *2.2'-Dithio-bis-[äthylaminhydrochlorid]* (F. 215—216,5°; durch Luftoxydation von 2-Mercaptoäthylamin u. Umwandlung in das Salz; in H_2O), *D-Penicillamindisulfid* (F. 199—200° [wss. Aceton];), *4.4'-Dithiodimorpholin* [IV, F. 124—125° (wss. Dimethylformamid)] u. *Thioglyoxylsäure* (a) aus äquimol. Mengen Glyoxylsäure u. Na_2S, 6 Std. lang bei 30°; b) aus äquimol. Mengen Dichloressigsäure u. Na_2S, 20 Std. lang bei 25°]. Die hypsochrome Verschiebung der Banden, die bei der Substitution von H-Atomen durch CH_3-Gruppen auftreten — in der symm. Disulfidreihe 5 mµ pro H-Atompaar, in der unsymm. Reihe 2,5 mµ pro H-Atom — kann wegen der analogen Erscheinungen bei den entsprechenden Selen-Verbb. (BERGSON, C. **1959.** 15619) nicht auf wachsende ster. Hinderung mit zunehmender Substitution zurückgeführt werden. Vff. diskutieren hyperkonjugative Effekte u. Oktettaufweitung beim S-Atom nach $-\overline{\underline{X}}-\overline{\underline{S}}- \leftrightarrow \overline{X}=\overline{\underline{S}}-$. Die Theorie wird durch **IV** bestätigt, dessen Absorption nach Festlegung des freien Elektronenpaares am N durch Salz-Bldg. reversibel verschwindet, u. durch die opt. Transparenz von Dibenzyl- u. Diallyldisulfid sowie **III**. Die Absorption von **I, II** u. **III** ist pH-abhängig. Es wird ein Mechanismus der Spaltung der S—S-Bindung durch OH^- diskutiert, wonach sich das prim. entstehende Carbeniatanion durch Oktettaufweitung des benachbarten S-Atoms stabilisiert u. anschließend durch β-Eliminierung der Bruch der S—S-Bindung erfolgt. U. UHLICH. B 118□

Spektrophotometrische Untersuchung der Pikrate aromatischer Kohlenwasserstoffe in Lösung. B. Ja. Teitelbaum und M. P. Dianow. (Доклады Академии Наук СССР [Ber. Akad. Wiss. UdSSR] **128.** 106—09. 1/9. 1959. Kasan, Chem. Inst. der Filiale der Akad. der Wiss. der UdSSR.) (Russ.)

Die Absorption der Pikrate wurde im sichtbaren u. im UV-Bereich an 0,1—0,2 m Lsgg. in 1.2-Dichlorbutan bei Zimmer-Temp. gemessen. Äquimol. Lsgg. der Komponenten zeigten das gleiche Verh. wie Lsgg. der krist. Pikrate, auch hier treten 1:1-Komplexe auf. Bei 340 mµ liegt das Absorptionsmaximum der Pikrinsäure, seine Lage ist unabhängig vom KW-Stoff u. von der Konzentration. Die Absorption des Komplexes liegt oberhalb 400 mµ, ihre langwellige Grenze ist abhängig von der Konz. u. bei konst. Konz. spezif. für den jeweiligen KW-Stoff. In 0,1 m Lsgg. ergaben sich bei der opt. Dichte = 1 folgende charakterist. Verschiebungen der Absorptionsgrenze, die bei reiner

Pikrinsäure bei 412 mμ liegt (alle Angaben in mμ): *Bzl.* 0, *Toluol* 1, *Äthylbenzol* 1, *Cumol* 2, *o-* u. *m-Xylol* 4, *p-Cymol* 5, *Mesitylen* 12, *Pseudocumol* 17, *Naphthalin* 43, α- u. *β-Methyl-* 68, *2.3-* u. *2.6-Dimethyl-* 96, *2.3.6-Trimethyl-* 125, *1.2.3.6-Tetramethylnaphthalin* 165, *Acenaphthen* 114, *Phenanthren* 76, *Anthracen* 178, *Tetralin* 11, *Dekalin* 2, *Diphenyl* 8. M. HÄNSSGEN. B 118□

Die Absorptionsspektren von 1.3- und 1.4-Deuterofluorbenzol im nahen Ultraviolett. Gy. Varsányi. (Acta chim. Acad. Sci. hung. **15.** 115—38. 1958. Budapest, TU, Dep. of Physic. Chem.; Hungarian Acad. of Sci., Central Res. Inst. of Chem.) (Engl.)

Es werden die Absorptionsspektren von *Fluor-* (**I**), *3-Deuterofluor-* (**II**) u. *4-Deuterofluorbenzol* (**III**) im gasförmigen Zustand im nahen UV gemessen. Die Interpretation nach WOLLMAN (C. **1948.** I. 1097) wird erweitert. Statt des 0→1-Übergangs der C_1-Schwingung wird ein 0 → 1-Übergang von 2 Schwingungen a_1, der für Bzl. erlaubt ist, vorgeschlagen. Die 0.0-Bande von **II** u. **III** liegt bei 37850 bzw. 37854, die von **I** bei 37819 cm^{-1}. Die Grundschwingung 1022 (**I** u. **II**) u. 808 cm^{-1} (**III**) treten stark hervor. Im angeregten Zustand weisen **II** u. **III** eine Bande bei ca. 2200 cm^{-1} auf, **I** eine bei 3100 cm^{-1}. Dihalogenbenzole haben die gleiche Schwingung bei 1200 cm^{-1}. Die Schwingungsstrukturen bei **II** u. **III** ergeben, daß die Banden 1008 u. 808 cm^{-1} von **I** zu Schwingungen mit trigonaler Symmetrie gehören, ferner, daß bei der Frequenz 1157 cm^{-1} in **I** die Schwingungen der p-H-Atome akt. sind, u. daß bei der Frequenz 1022 cm^{-1} C—H-Bindungen nur bedingt teilnehmen, während das Kohlenstoffskelett akt. teilnimmt.

F. RITSCHL. B 118

Absorptionsspektren im sichtbaren und ultravioletten Bereich von 1.3.5-Trinitrobenzol in Wasser in Gegenwart von Natriumhydroxid. Takehiro Abe. (Bull. chem. Soc. Japan **33.** 41—45. Jan. 1960. Yokosuka, Defense Acad., Dep. of Chem.) (Engl.)

Wss. Lsgg. von *1.3.5-Trinitrobenzol* (**I**, F. 123, 1°) zeigen in Ggw. von NaOH UV-Banden bei 260, 300 u. 440—500 (mμ). Die Intensität der Banden im sichtbaren Bereich, die dem $(I \cdot OH)^-$-Ion zugeschrieben werden, fallen mit steigender NaOH-Konz. (> 0,6 n), die der Banden bei 260 u. 300, die dem $(I \cdot 2\,OH)^{2-}$-Ion zugeschrieben werden, steigen mit der NaOH-Konz. (> 0,4 n). Die Gleichgewichts-Konst. für die Bldg. von $(I \cdot OH)^-$ wird zu 2,7 bestimmt. Beim längeren Stehen nimmt die Intensität der Banden ab, u. es tritt eine neue Bande bei 350 auf, die dem Endprod. der Rk. zwischen **I** u. NaOH zugeschrieben wird. Zugabe von HCl zu stark alkal. Lsgg. von **I** bewirkt eine Änderung des Spektrums von $(I \cdot 2\,OH)^{2-}$ zu den von $(I \cdot OH)^-$, die Rk. zwischen $(I \cdot OH)^-$ u. $(I \cdot 2\,OH)^{2-}$ scheint somit reversibel zu sein. G. PÖTZSCHER. B 118□

Bestimmung der Absorptionskoeffizienten aus Infrarotdispersionsdaten. R. E. Kagarise. (J. chem. Physics **31.** 1258—61. Nov. 1959. Washington, D. C., U. S. Naval Res. Labor.) (Engl.)

Daten der Dispersion in der Nähe der 14μ-Absorptionsbande von fl. CCl_4 u. der 9μ-Bande von fl. CH_2J_2 wurden im Rahmen der KRAMER-Dispersionsgleichung analysiert. Die aus diesen Daten gewonnenen Oscillatorstärken stimmen gut mit denen überein, die direkt aus dem integralen Absorptions-Koeff. (K) erhalten wurden. Die K für die 9μ-Bande von CH_2J_2 im fl. Zustand sind prakt. gleich denen, die früher im Dampfzustand beobachtet wurden. Daher scheint in diesem Fall das POLO-WILSON-Verhältnis der Intensitäten (vgl. C. **1956.** 6013) nicht erfüllt zu sein.

W. SCHRAMM. B 119□

Rayleigh-Diffusion einiger Polyphenylmoleküle in Lösung. Pierre Bothorel. (C. R. hebd. Séances Acad. Sci. **246.** 3452—54. 23/6. 1958.) (Franz.) — Vgl. C. **1962.** 438.

Aus der Depolarisation u. der Intensität der RAYLEIGH-Streuung wird die opt. Anisotropie von $C_6H_5—C_6H_5$, $C_6H_5—(CH_2)_2—C_6H_5$, $(C_6H_5)_2CH_2$, $(C_6H_5)_3CH$ (**I**) $(CH_3)_3 \cdot SiC_6H_5$, $(CH_3)_2Si(C_6H_5)_2$, $(C_6H_5)_3SiH$ (**III**) u. $(C_6H_5)_3SiCH_3$ in verd. Cyclohexan (**II**)- u. Bzl.-Lsg. bei der Hg-Linie 5460 Å untersucht. Die gefundenen Werte für $\Delta^2R^2_M$, die nach KRAWTSCHENKO (C. **1957.** [1951.] I. 2299) spezif. für das Mol. des gelösten Stoffes sind u. bei fehlender Assoziation vom Lsgm. unabhängig sein sollten, liegen für Bzl. im allg. um > 10% unter denen für **II**. Für **I** ist dagegen die opt. Anisotropie in Bzl. um 150% größer. Dies läßt sich mit dem von KRAWTSCHENKO (l. c.) kryoskop. gefundenen Doppelmol. $(C_6H_5)_3CH—C_6H_5$ erklären. **III** zeigt diese Erscheinung nicht.

B. M. KOEHLER. B 119□

Infrarotspektren und Konstitution von Produkten der Telomerisation von Dienkohlenwasserstoffen mit Halogenderivaten. A. A. Petrow und T. W. Jakowlewa. (Известия Академии Наук СССР, Серия Физическая [Nachr. Akad. Wiss. UdSSR, physik. Ser.] **23.** 1217—18. Okt. 1959.) (Russ.) — Vgl. C. **1959.** 13755.

Im IR-Spektrum der Prodd. der Anlagerung von Halogenderivv. an Diene können Banden von Valenzschwingungen der Doppelbindungen, deren Deformationsschwingungen u. Valenzschwingungen der Endgruppe $-C=CH_2$ auftreten. Im Telomerisations-Prod. aus Butadien-(1.3) (I) u. dessen Halogenderivv. liegen 2 Prodd. der Zus. $C_8H_{13}Cl$ vor, die auf Grund des IR-Spektrums als *3-Chloroctadien-(1.6)* u. *1-Chloroctadien-(2.6)* identifiziert werden. Bei 2 isomeren Addukten von 2-Chlorpenten-(3) (**II**) an **I** lassen sich die Banden der Gruppen $-CH=CH_2$ u. $-CH=CH-$ nicht auflösen, ihr Spektrum ist aber im Gebiet 900—1000 cm^{-1} deutlich verschieden. Bei der Telomerisation von **II** mit Isopren (**III**), Piperylen u. Chloropren werden 85—90% 1.4-Addukte erhalten. Bei Allylisomeren entstehen vorwiegend Telomere aus dem prim. Isomeren. Aus **III** u. dessen Hydrochloriden wird ein Gemisch von Geranyl-, Linalyl- u. Terpenylchlorid erhalten, dazu ein Chlorid nicht festgestellter Konstitution. Das aus diesem Gemisch erhaltene Citral enthält mehr Neral als das natürliche, dazu eine nicht identifizierte Beimengung. R. K. MÜLLER. B 120□

IR-Spektroskopische Strukturuntersuchungen über Addukte aus Cyanamid und Halogenwasserstoff. Manfred Kuhn und Reinhard Mecke. (Chem. Ber. **94**. 3016—22. 16/11. 1961. Freiburg/Br., Univ., Physik.-chem. Inst.) (Dt.)

Entgegen bisherigen Annahmen ist dem Addukt von *HCl* an *NH_2CN* auf Grund des IR-Spektrums (4000—400 cm^{-1} in Nujol oder Hostaflonöl) keine Doppelsalzstruktur, sondern die Struktur eines Chlorformamidiniumchlorids $[(NH_2)_2CCl]^+Cl^-$ mit Mesomerie im Kation zuzuschreiben. Die Bandenlagen u. Symmetrie-Eigg. der Eigenschwingungen des substituierten Formamidiniumkations $[(NH_2)_2CX]^+$ (**I**) für X = H, OH, NH_2, CH_3, Cl u. Br werden angegeben. Bei den Hexachlorostannaten (durch Umsalzen der wss. Lsgg. mit der entspr. Menge Hexachlorozinnsäure) oder Hexachloroantimonaten von **I** sind die Wechselwrkg. zwischen Kation u. Anion geringer als bei den Chloriden u. besonders die NH_2-Schwingungen im Spektr. schärfer ausgeprägt u. bis zu 100 cm^{-1} hypsochrom verschoben.

Versuche: *Chlorformamidiniumchlorid* (**II**), $CH_4Cl_2N_2$, a) durch Einleiten von HCl in äther. Lsg. von NH_2CN; b) durch Übergießen von festem NH_2CN mit der zur Lsg. ausreichenden Menge konz. HCl. — Darst. von *N-Methyl-*, *N.N-Dimethylchlorformamidiniumchlorid* u. *Bromformamidiniumchlorid* analog **II**. U. UHLICH. B 120□

Darstellung und Infrarotspektren trimerer Dialkylphosphinoborine und einiger B-halogenierter Derivate. R. H. Biddulph, M. P. Brown, R. C. Cass, R. Long und H. B. Silver. (J. chem. Soc. [London] **1961**. 1822—24. April. Cox Lane, Chessington, Surrey, Borax Consolidated Ltd., Res. Centre and Labor.) (Engl.)

Tetraalkyldiphosphindisulfide (**A**) reagieren mit Alkaliborhydriden zu trimeren Dialkylphosphinoborinen [**B**; $(R_2PBH_2)_3$, R = Alkyl] u. Dialkylphosphinen. **B** reagieren mit Alkylhalogeniden in Ggw. von $AlCl_3$ nach WAGNER u. Mitarbeitern (Abs. Paper, 135 th Meeting Amer. Chem. Soc., April 1959, S 49) zu den entsprechenden Hexahalogenderivv. [**C**; $(R_2PBX_2)_3$, X = Halogen]. Trimeres *Diäthylphosphinodijodborin* wird dagegen durch Eintragen von J_2 in eine sd. Lsg. des entsprechenden **B** in Äthyljodid dargestellt. Trimeres *Dimethylphosphinodichlorborin* wird durch mehrtägiges Erhitzen mit NH_3 auf 200° oder Erhitzen mit Diäthylamin unter Rückfluß nicht verändert. Ebenso wirkt CH_3MgJ in sd. Ae. nicht ein. Die B—Cl-Bande im IR-Spektrum der entsprechenden **C** ist gegenüber der von BCl_3 nach niederen Wellenzahlen verschoben. Es werden die IR-Spektren der **B** u. **C** angegeben u. diskutiert.

Versuche *Trimeres Dimethylphosphinoborin* (**I**), F. 87—88° (CH_3OH), durch 1std. Erhitzen von 9,3 g Tetramethyldiphosphindisulfid mit 3,3 g $LiBH_4$ auf 250° unter N_2, Erniedrigung des Innendruckes auf 25 Torr u. weiteres 3std. Erhitzen; 3,5 g (Ausbeute); daneben *Dimethylphosphin*; 0,2 g. — *Trimeres Diäthylphosphinoborin* (**II**), $C_{12}H_{36}B_3P_3$, $Kp._{0,1}$ 106—108°, durch 7std. Erhitzen von 12,1 g Tetraäthyldiphosphindisulfid mit 6,5 g $LiBH_4$ unter N_2 auf 280—300°; n^{20} 1,5312; 6,15 g; daneben *Diäthylphosphin*; 0,3 g. — Trimere Dialkylphosphinodihalogenborine: *Dimethyl-*, *dichlor-*, $C_6H_{18}B_3Cl_6P_3$, F. 393—394° (Bzl.), durch Erhitzen von 1,22 g **I** in 20 ml Butylchlorid, Zugabe von 0,45 g $AlCl_3$ u. 1½ std. Erhitzen bis zur Beendigung der HCl-Entw.; 2,26 g. — *Diäthyl-*, *dichlor-*, $C_{12}H_{32}B_3Cl_6P_3$, F. 181,5° (PAe., 40—60°), analog vorst. Verb. aus 0,22 g **II**, 0,13 g $AlCl_3$ u. 10 ml Butylchlorid; 0,35 g. — *Diäthyl-*, *dibrom-*, $C_{12}H_{30}B_3Br_6O_3$, F. 304—305° (Chlf./PAe.), analog aus 0,83 g **II**, 0,3 g $AlBr_3$ u. 10 ml Propylbromid; 1,93 g. — *Diäthyl-*, *dijod-*, $C_{12}H_{30}B_3J_6P_3$, F. 325—330° (Zers.) (CCl_4/PAe.) durch langsame Zugabe von J_2 zu einer sd. Lsg. von 0,74 g **II** in 10 ml Äthyljodid; 2,18 g. G. KOWOLLIK. B 120□

Über die Infrarotspektren von Lösungen von o-Chlorphenol und Phenol. S. C. Sirkar, A. R. Deb und S. B. Banerjee. (Indian J. Physics Proc. Indian Assoc. Cultivat. Sci. **32** (**41**). **345—54**. Aug. 1958. Calcutta, Indian Assoc. for the Cultivation of Sci., Optics Dep.) (Engl.)

Die IR-Spektren von *o-Chlorphenol* (I) u. *Phenol* (II) werden im Gebiet 2800 bis 3700 cm^{-1} im fl. Zustand u. in verd. u. konz. CCl_4- bzw. Cyclohexan-Lsg. bei 27 u. 70° aufgenommen. Es zeigen sich bei I im fl. Zustand ein breites Maximum bei 3500 u. eine kleine Nebenbande bei 3600 cm^{-1}; in 5%ig. Lsg. die Banden 3533 u. 3595 (CCl_4) u. 3540 u. 3605 cm^{-1} (Cyclohexan); in 30%ig. Lsg. gegenüber dem fl. Zustand noch eine schwache, breite Nebenbande auf der langwelligen Seite des Maximums; bei II eine scharfe, mittlere Bande bei 3605 u. eine breite hohe Bande bei 3380 cm^{-1}, deren Intensität mit der Verdünnung abnimmt. Vff. ordnen die Bande bei 3600 cm^{-1} der trans-Konfiguration der OH-Gruppe in I zu, entgegen DAVIES (C. **1940**. II. 3610), da 1. die Frequenz von der Umgebung des Mol. abhängt, 2. die Intensität der Bande der freien OH-Gruppe in I geringer als in II sein sollte u. 3. der Abstand zwischen der schwachen Bande (3605 cm^{-1}) u. dem Maximum (3533 cm^{-1}) bei I trotz Verdünnung in verschiedenen Lsgm. u. trotz Temp.-Änderung konst. bleibt. Außerdem ist die von DAVIES angegebene Umwandlungsenergie der beiden Konfigurationen sehr klein gegenüber der an der gasförmigen Verb gemessenen. F. RITSCHL. B 120

Intramolekulare Wechselwirkung zwischen Hydroxylgruppen und π-Elektronen 7. Mitt. Begrenzung der Wechselwirkung durch die Kettenlänge bei 2-[ω-Alkenyl]-phenolen und 2-[ω-Phenylalkyl]-phenolen. Michinori Ōki und Hiizu Iwamura. (Bull. chem. Soc. Japan **33**. 681—84. Mai 1960. Hongo, Tokyo, Univ. of Tokyo, Fac. of Sci., Dep. of Chem.) (Engl.) — 6. vgl. C. **1962**. 11506.

Aus dem Vgl. der IR–OH-Absorption der freien u. intramol. gebundenen OH-Gruppe von *2-Vinyl-* (I), *2-Allyl-* (II), *2-Δ³-Butenylphenol* u. von *2-Hydroxybiphenyl* (F. 59,0° PAe.), *2-Benzyl-*, *2-β-Phenyläthyl-* (III) u. *2-γ-Phenylpropylphenol* folgt, daß eine intramol. Wechselwrkg. zwischen der OH-Gruppe u. den π-Elektronen der olefin. bzw. benzol. Doppelbindung in den beiden Verb.-Reihen bei Verbb. mit einer größeren Seitenkette als bei II bzw. III nicht mehr eintritt. Die Wechselwrkg. ist in der Reihe der 2-Phenylalkylphenole, bes. bei den niedrigsten Gliedern, ausgeprägter als bei den 2-Alkenylphenolen u. erstreckt sich um 1—2 C-Atome weiter als bei den Phenylalkanolen (l. c.). Infolge des Elektroneneffekts der Phenylgruppe ist die Wechselwrkg. beim *2-Hydroxy-trans-stilben* (IV) geringer als bei I.

Versuche: Phenole *2-Vinyl-* (I), $Kp._{17}$ 112°, n_D^{27} 1,5775, durch Decarboxylierung von o-Cumarinsäure durch Erhitzen bei 20 Torr. — *2-Allyl-* (II), $Kp._{23}$ 109°, durch CLAISEN-Umlagerung von Allylphenyläther. — *2-Benzyl-*, F. 21°, aus Na-Phenolat mit Benzylchlorid in Toluol nach CLAISEN [1925]. — *2-β-Phenyläthyl-* (III), F. 81° (Bzl.), durch Hydrierung von **IV** an RANEY-Ni. — *2-[1-Hydroxy-3-phenylpropyl]-*, $C_{15}H_{16}O_2$, F. 60—61° (Ligroin), aus 2-Phenyläthyl-MgBr in Ae. durch Zugabe von Salicylaldehyd in Ae. u. 2std. Kochen; 80% (Ausbeute). — *2-γ-Phenylpropyl-*, F. 21°, $Kp._{2,5}$ 148—150°, durch Hydrierung von vorst. Verb. in A. bei 1 at an Pd-Kohle. — *4-[2-Methoxyphenyl]-buten-(1)*, $Kp._{18}$ 120—123°, aus der GRIGNARD-Verb. von o-Methoxybenzylchlorid in Ae. mit Allylbromid u. 2std. Kochen; 59%. — *2-Δ³-Butenylphenol*, $C_{10}H_{12}O$, $Kp._{2,5}$ 78°, n_D^{24} 1,5347, aus vorst. Verb. mit CH_3MgJ in Ae., Abdest. des Ae., allmähliches Erhitzen des Rückstandes auf 160° im Ölbad u. weiteres Erhitzen bis zum Aufhören der C_2H_6-Entw.; 72%. G. PÖTZSCHER. B 120□

Intramolekulare Wechselwirkung zwischen Hydroxylgruppen und π-Elektronen. 8. Mitt. Energetik der Wechselwirkung. Michinori Ōki und Hiizu Iwamura. (Bull. chem. Soc. Japan **33**. 717—21. Juni 1960.) (Engl.) — 7. vgl. vorst. Referat.

Durch Messung der Temp.-Abhängigkeit (25—70°) der IR-Absorption der freien u. der intramol. gebundenen OH-Gruppen wurden für das Gleichgewicht freie Form ⇌ gebundene Form die Enthalpie ΔH (kcal/Mol) sowie ΔS/R—ln a u. Δν (cm^{-1}) bestimmt: *2-Allylphenol* —ΔH 0,46 ± 0,14; ΔS/R—ln a —0,49 ± 0,22; Δν 65,5; *2-Benzylphenol* 0,33 ± 0,05; —0,53 ± 0,10; 50,8; *2-Isopropenylphenol* 0,76 ± 0,11; —1,17 ± 0,20; 82,0; *2-Hydroxybiphenyl* 1,45 ± 0,27; —0,17 ± 0,42; 42,0. Zwischen —ΔH u. Δν scheint keine einfache Beziehung zu bestehen. Die ΔH-Werte sind kleiner als die niedrigsten Werte für normale H-Bindungen. G. PÖTZSCHER. B 120□

Intramolekulare Wechselwirkung zwischen Hydroxylgruppen und π-Elektronen. 9. Mitt. Die Energie der Wechselwirkung beim Benzyldimethylcarbinol. Michinori Ōki und Hiizu Iwamura. (Bull. chem. Soc. Japan **33**. 427—28. März 1960.) (Engl.) — 8. vgl. vorst. Referat.

Wie l. c. wurde die Energiedifferenz zwischen der freien u. intramol. gebundenen Form von *Benzyldimethylcarbinol* zu $-\Delta H = 0{,}54 \pm 0{,}13$ (kcal/Mol) bestimmt.

G. Pötzscher. B 120□

Infrarotspektroskopische Untersuchung der Struktur von substituierten Acetaniliden. 1. Mitt. Daniel Peltier, Annick Pichevin und André Bonnin. (Bull. Soc. chim. France **1961.** 1619—21. Aug./Sept. Rennes, Fac. des Sci., Labor. de Chim. P.C.B.) (Franz.)

Von folgenden monosubstituierten Acetaniliden wurde die Lage der $\nu_{(C=O)}$-Banden in CCl_4-Lsg. ermittelt: *Acetanilid* (**I**, F. 115°) 1705 [cm^{-1}], *o-Nitro-* (F. 94°) 1716, *o-Chlor-* (F. 88°) 1713, *o-Brom-* (F. 100°) 1713, *o-Methyl-* (F. 110°) 1704, *o-Methoxy-* (F. 86°) 1700, *o-Hydroxy-* (**II**, F. 210°) 1672 u. 7102, *m-Nitro-* (F. 150°) 1716, *m-Chlor-* (F. 150°) 1716, *m-Brom-* (F. 87°) 1712, *m-Acetoxy-* (F. 98°) 1709 u. 1774 (Esterbande), *m-Methoxy-* (F. 80°) 1707, *m-Methyl-* (F. 65°) 1704, *m-Hydroxy-* (**III**, F. 148°) 1678 u. 1702, *p-Nitro-* (F. 216°) 1720, *p-Chlor-* (F. 178°) 1710, *p-Brom-* (F. 167°) 1710, *p-Acetoxy-* (F. 153°) 1706 u. 1766 (Esterbande), *p-Methyl-* (F. 149°) 1700 u. *p-Methoxyacetanilid* (F. 130°) 1696. *p-Hydroxyacetanilid* (F. 169°) wurde wegen seiner Unlöslichkeit in CCl_4 nicht untersucht. Die Daten zeigen, daß zwischen dem aromat. Kern u. der Carbonylgruppe der CH_3CONH-Gruppe eine Konjugation herrscht. Daraus folgt, daß die Amidgruppe in der Ebene des Bzl.-Ringes liegt. Die OH-Gruppen von **II** u. **III** sind offenbar chelatisiert. Vff. nehmen an, daß nebenst. Struktur **A** von den Acetaniliden bevorzugt eingenommen

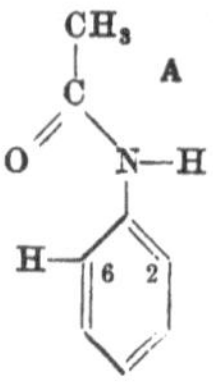

A

wird, die Positionen 2 u. 6 sind dann nicht mehr gleichwertig. Folgende disubstituierte Acetanilide wurden ebenfalls untersucht: *2.3-Dichlor-* (F. 160°) 1719, *2-Methyl-3-chlor-* (F. 164°) 1711, *2.4-Dinitro-* (F. 112°) 1730, *2-Nitro-4-chlor-* (F. 100°) 1719, *2-Nitro-4-methyl-* (F. 90°) 1712, *2-Chlor-4-nitro-* (F. 140°) 1725, *2-Brom-4-methyl-* (F. 118°) 1707, *2-Methyl-4-nitro-* (F. 201°) 1719, *2-Methyl-4-chlor-* (F. 141°) 1708, *2.5-Dichlor-* (F. 134°) 1718, *2-Methyl-4-brom-* (F. 158°) 1708, *2-Methyl-5-chlor-* (F. 139°) 1711, *2-Methyl-5-nitro-* (F. 151°) 1716, *3-Nitro-4-methyl-* (F. 147°) 1710, *3-Chlor-4-methyl-* (F. 100°) 1706, *3-Brom-4-methyl-* (F. 114°). 1706, *3-Methyl-4-nitro-* (F. 110°) 1716, *3-Methyl-4-brom-* (F. 101°) 1708 u. *3.4-Dimethylacetanilid* (F. 99°) 1700. Die unter der Annahme der Additivität der Substituenteneffekte berechneten Carbonylfrequenzen stimmen mit den beobachteten sehr gut überein. Daraus wird geschlossen, daß die Substituenten in 2-Stellung diese auch tatsächlich in der Struktur **A** einnehmen. Vff. diskutieren den anomalen Frequenzunterschied zwischen **I** (1705) u. Acetamid (1714) u. nehmen an, daß als Ursache a) eine Frequenzerhöhung der Carbonylbande von **I** durch die Konjugation mit dem aromat. Kern u. b) eine diesen Effekt übertreffende Verminderung der Frequenz durch eine intramol. Wechselwrkg. zwischen dem O-Atom der Carbonylgruppe von **I** u. dem H-Atom am $C_{(6)}$ nach Art einer H-Brücke auftritt. Bei den Acetaniliden, die nicht an beiden o-Stellungen substituiert sind, stabilisiert diese Wechselwrkg. die Struktur **A**. Weiter wurden folgende di-o-substituierte Verbb. untersucht: *2.6-Dinitro-* (F. 197°) 1731, *2-Nitro-6-methyl-* (F. 160°) 1717, *2.6-Dinitro-4-methyl-* (**IV**, F. 191°) 1725 u. 1735 sowie *2.6-Dibrom-4-nitroacetanilid* (F. 234°) 1724. Für diese Verbb. werden 2 Effekte angenommen: 1. eine Verminderung der $\nu_{(C=O)}$ durch ster. Hinderung der Konjugation, 2. eine Erhöhung durch die Unterdrückung der C=O···H-Wechselwirkung. Dieser Effekt setzt vermutlich die Rotation der Acetylgruppe um die C—N-Bindung frei, in Übereinstimmung hiermit deutet das Auftreten zweier Banden bei **IV** auf die Ggw. zweier Rotationsisomerer hin. Derartige Isomerieerscheinungen können wohl auch bei nicht di-o-substituierten Acetaniliden auftreten, wie z. B. bei **II** u. **III**, deren doppelte Bande mit der Bldg. einer nicht chelatisierten Form **A** in Zusammenhang gebracht wird. Untersucht wurden ferner noch: *2.4-Dichlor-* (**V** F. 145°) 1710 u. 1719, *2.4-Dibrom-* (F. 144°) 1713 u. *3-Methyl-4-chloracetanilid* (F. 89°) 1702. Diese Verbb. weisen Carbonylfrequenzen auf, die (außer der Bande bei 1719 von **V**) deutlich niedriger liegen als die berechneten, ihre Lage ändert sich nicht beim Verdünnen der Lösungen. Vff. nehmen daher für diese Verbb. eine von der Normalform abweichende Vorzugsstruktur an. Die Mehrzahl der untersuchten Acetanilide besitzt eine asymm. Carbonylbande, oft mit leichter Schulter. Auch dies deutet auf die Ggw. einer 2. Form hin.

B. Gnauck. B 120□

Infrarotspektroskopische Untersuchung der Struktur von substituierten Acetaniliden. 2. Mitt. **Acetamidobenzoesäureester.** Daniel Peltier und Annick Pichevin. (Bull. Soc. chim. France **1961.** 1621—23. Aug./Sept.) (Franz.) — 1. vgl. vorst. Referat.

Wie l. c. wurde die Lage der $\nu_{(C=O)}$-Bande von folgenden Estern aufgenommen: *2-Methyl-3-acetamido-* (F. 107°) 1726, 1708, *3-Acetamido-6-methyl-* (F. 120°) 1729, 1704, *4-Acetamido-* (F. 128°) 1227, 1713 u. *2-Methyl-4-acetamidobenzoesäuremethylester* (F. 108°)

1723, 1711. Die Banden zwischen 1723 u. 1729 sind die Ester-, die bei 1704—1713 die Amidbanden. Für diese Verbb. wird die l. c. mit **A** bezeichnete Struktur angenommen. Die entsprechenden Äthylester weisen unveränderte Amidbanden auf, ihre Estercarbonylbanden liegen um 5—7 cm^{-1} niedriger. Ferner wurden folgende o-Acetamidobenzoesäureester untersucht: *o-Acetamido-* (F. 96°) 1709, 1695, *2-Acetamido-6-methyl-* (F. 80°) 1706, 1697, *-5-methyl-* (F. 84°) 1705, 1689, *-4-methyl-* (F. 68°) 1704, 1688 u. *-3-methylbenzoesäuremethylester* (**I**, F. 116°) 1706 (breit). Die Esterbanden liegen bei diesen Verbb. bei 1688—1697. Bei allen Verbb. liegt infolge der Wrkg. der Cabomethoxygruppe die Amidbande bei höheren Frequenzen als bei Acetamid. Die breite Bande von **I**, die offenbar von einer Koinzidenz der Ester- u. Amidcarbonylbande herrührt, wird mit ster. Hinderung der Konjugation u. Unterdrückung der C=O···**H**-Wechselwrkg. (vgl. l. c.) erklärt. Die Esterbanden der entsprechenden Äthylester liegen wiederum um 8—5 cm^{-1} niedriger. Wie nach früheren Befunden (vgl. C. **1961.** 8600) zu erwarten ist, vermindern sich die berechneten $\nu_{(C=O)}$-Frequenzen der COOH-Gruppe bei den entsprechenden Benzoesäuren mit zunehmendem pK-Wert. Vff. zeigen, daß die NH-Gruppe des Acetamidorestes mit dem O-Atom des o-ständigen Estercarbonyls stark chelatisiert ist. Eine der breiten Bande von **I** analoge Bande trat bei nachst. Verbb. nicht auf: *2-Benzamido-3-methylbenzoesäuremethylester* (F. 125°) 1701, 1697 u. *2-Acetamido-3-methylbenzoesäurephenylester* (F. 118°) 11742 (Ester), 1719 (Amid). B. GNAUCK. B120□

Infrarotspektren und analytische Beziehungen von 24 Alkylthiophenen. Dorothy (M. Richardson, Norman G. Foster, Barton H. Eccleston und Cecil C. Ward. U. S. Dep. Interior, Bur. Mines, Rep. Invest. **1961.** Nr. 5816. 1—22.) (Engl.)

Die IR-Spektren im Bereich 2—15 μ nachst. fl. 2-Alkylthiophene (**A**) u. 2.5-Dialkylthiophene (**B**) werden angegeben: *2-Äthyl-*, *2-n-Propyl-*, *2-n-Butyl-*, *2-Isobutyl-*, *2-n-Hexyl-*, *2-[2-Äthylbutyl]-*, *2-n-Heptyl-*, *2-n-Octyl-*, *2-n-Decyl-*, *2-Isoamyl-*, *2.5-Diäthyl-*, *2.5-Di-n-propyl-*, *2-Äthyl-5-n-propyl-*, *2-Äthyl-5-isoamyl-*, *2-Äthyl-5-n-butyl-*, *2-Äthyl-5-isobutyl-*, *2.5-Di-n-butyl-*, *2.5-Diisobutyl-*, *2-n-Butyl-5-isobutyl-*, *2-n-Propyl-5-n-amyl-*, *2-n-Propyl-5-isoamyl-*, *2.5-Diisoamyl-*, *2-Äthyl-5-n-hexyl-* u. *2-Äthyl-5-n-octylthiophen.* Für analyt. Zwecke werden für **A** die Banden 6,51, 8,00, 11,77, 12,22 u. 14,50 μ vorgeschlagen. Eine starke Bande bei 6,85 mit 2 Schultern bei 6,7 u. 6,95 μ unterscheidet die **B** von den **A**. Die stärkste Bande der **B** im γ(CH)-Bereich bei 12,56 μ gestattet eine Unterscheidung von 3.4- u. 2.4-Dialkylthiophenen. Als Analysenbanden für **B** geben Vff. 6,43; 8,56; 9,88 u. 12,56 μ an. U.-L. RAU. B 120□

Intramolekulare Wasserstoffbindung zum Schwefel. Mathias P. Mertes. (J. org. Chemistry **26.** 5236—38. Dez. 1961. Lawrence, Kans., Univ. of Kansas, Dep. of Pharmac. Chem.) (Engl.)

Vf. bestimmt die Lage der OH-Valenzschwingung $\nu_{(OH)}$ u. der ersten Oberschwingung bei *7-Phenyl-1.4-dithiaspiro-*[*4.5*]*-decanol-*(*7*) (**I**), $\nu_{(OH)}$ 3446 [cm^{-1}], *7-Phenyl-1-oxa-4-thiaspiro-*[*4.5*]*-decanol-*(*7*) (**II**), 3519, *7-Phenyl-1.4-dioxaspiro-*[*4.5*]*-decanol-*(*7*) (**III**), 3503, u. *8-Phenyl-1.4-dioxaspiro-*[*4.5*]*-decanol-*(*8*) (**IV**), 3604. Aus der Verschiebung der konz.-unabhängigen $\nu_{(OH)}$ bei **I–III** gegenüber **IV** geht hervor, daß bei **I–III** intramol. **H**-Brückenbindung vorliegt. Bei **II** erfolgt die **H**-Brückenbindung zum O-Atom, so daß beide O-Atome cis-ständig sind.

Versuche: *1.4-Dithiaspiro-*[*4.5*]*-decanon-*(*7*) (**V**), $Kp._{0,6}$ 130—136°, aus Cyclohexandion-(1.3) (**VI**), Äthandithiol u. Spuren p-Toluolsulfonsäure (**VII**) in Bzl., 3 Std. unter Rückfluß; 48% (Ausbeute). — *7-Phenyl-1.4-dithiaspiro-*[*4.5*]*-decanol-*(*7*) (**I**), $C_{14}H_{18}OS_2$, F. 96—97° (Ae.), aus **V** u. C_6H_5Li in Ae.; 45%. — *1-Oxa-4-thiaspiro-*[*4.5*]*-decanon-*(*7*), $C_8H_{12}O_2S$, $Kp._{0,2}$ 98—110°, aus **VI**, Mercaptoäthanol u. Spuren **VII** in Bzl. unter Rückfluß; 24%. — *7-Phenyl-1-oxa-4-thiaspiro-*[*4.5*]*-decanol-*(*7*) (**II**), $C_{14}H_{18}O_2S$, F. 94—96° (Ae.), aus vorst. Verb. u. C_6H_5Li in Ae.; 18%. — *1.4-Dioxaspiro-*[*4.5*]*-decanon-*(*7*) (**IX**), $C_8H_{12}O_3$, $Kp._{4,5}$ 103—108°, aus **VI** ,Äthylenglykol (**VIII**) u. Spuren **VII** in Bzl., 3 Std. unter Rückfluß; 51%. Außerdem entsteht *1.4.8.11-Tetraoxadispiro-*[*4.1.4.3*]*-tetradecan,* $C_{10}H_{16}O_4$, $Kp._{5,4}$ 108—112°. — *7-Phenyl-1.4-dioxaspiro-*[*4.5*]*-decanol-*(*7*) (**III**), $C_{14}H_{18}O_3$, $Kp._{0,5}$ 124—129°, aus **IX** u. C_6H_5Li in Ae.; 39%. — *1.4-Dioxaspiro-*[*4.5*]*-decanon-*(*8*) (**X**), $Kp._{0,45}$ 67—70°, F. 65—73° (PAe.), aus Cyclohexandion-(1.4), **VIII** u. Spuren **VII** in Bzl., 6 Std. unter Rückfluß; 65%. Außerdem entsteht *1.4.9.12-Tetraoxadispiro-*[*4.2.4.2*]*-tetradecan,* $C_{10}H_{16}O_4$, $Kp._{0,5}$ 75—85°. — *8-Phenyl-1.4-dioxaspiro-*[*4.5*]*-decanol-*(*8*) (**IV**), $C_{14}H_{18}O_3$, $Kp._{1}$ 150—155°, F. 94—96° (Ae.-Heptan), aus **X** u. C_6H_5Li in Ae.; 37%.
A. TREDE. B 120□

Mikrowellenspektrum und Molekularstruktur von Vinylfluorid. H. W. Morgan und J. H. Goldstein. (J. chem. Physics **30.** 1025—28. April 1959. Oak Ridge, Tenn., Oak Ridge Nat. Labor.) (Engl.)

Die $J = 0 \rightarrow 1$- u. $J = 1 \rightarrow 2$-Übergänge im Mikrowellenspektrum der isotopen Moll. $^{12}CH_2{}^{12}CHF$, $^{13}CH_2{}^{12}CHF$ u. $^{12}CH_2{}^{13}CHF$ wurden gemessen. Die Rotations-Konst.

sind b = 10636,83; 10295,26, 10635,02 u. c = 9118,18; 8859,05; 9082,78 MHz. Weitere Berechnungen ergaben die Strukturparameter r(C—C) 1,337 ± 0,002; r (C—F) 1,344 ± 0,002; r(C—H) 1,080 ± 0,05 (an CHF); r(C—H) 1,075 ± 0,005 Å (an CH_2); ∢ CCF 121,0 ± 0,2° bei Annahme der Winkel HCH gleich CCH = 120°. W. Schramm. B 121□

Kernquadrupolresonanz einiger Brom- und Jodverbindungen. D. S. Alderdice, R. J. C. Brown und T. Iredale. (J. chem. Physics **30.** 344—45. Jan. 1959. Sydney, Australia, Univ. of Sydney, Dep. of Phys. Chem.) (Engl.)

Vff. bestimmten bei —183° die ^{79}Br- u. ^{127}J-Quadrupolresonanzfrequenzen in *Brombenzol, p-Bromanilin, -phenol, Methyljodid, β-Jodpropionsäure* (I) u. *m-Jodnitrobenzol* (II). Vgl. mit Ergebnissen anderer Autoren zeigen, daß die Resonanzfrequenzen stark temperaturabhängig sind u. durch Phasenänderungen im festen Zustand beeinflußt werden. Für II konnte bei Unterss. zwischen —175 u. +36° kein Anhaltspunkt für eine Phasenänderung gefunden werden. Der Ionencharakter der C—J-Bindung in I beträgt 24%. W. Schramm. B 121□

Unimolekularer Zerfall des Triplettzustandes von Anthracen in flüssigen und viscosen Medien. G. Jackson und Robert Livingston. (J. chem. Physics **35.** 2182—86. Dez. 1961. Minneapolis, Minn., Univ. of Minnesota, Inst. of Technol., Dep. of Chem.) (Engl.)

Die Geschw. des Zerfalls des Triplettzustandes von *Anthracen* in den Lsgm. Hexan, Tetrahydrofuran u. Glycerin wurde im Temp.-Bereich —30 bis —70° untersucht. In fl. Lsgm. bei normalen Temp. ist der Zerfall hauptsächlich die Folge von bimol. Triplett–Triplett-Wechselwrkg. u. einer bimol. Lösch-Rk. mit einer unbekannten Löschsubstanz, die in Spuren selbst in hochgereinigten Lsgm. vorhanden ist. Zusätzlich erfolgt ein unimol., von der Temp. unabhängiger Zerfall, der einer mittleren Lebensdauer von ca. 0,01 Sek. entspricht. In Glycerin nimmt die Geschw.-Konst. 1. Ordnung des Zerfalls schnell mit abnehmender Temp. ab u. erreicht einen Grenzwert der Halbwertszeit von ca. 0,04 Sek. bei —25°. Ähnliche Ergebnisse wurden mit Lsgg. von *1.2;5.6-Dibenzanthracen* erhalten. W. Schramm. B 125□

Dielektrische Relaxation in verdünnter Lösung von Hydroxylverbindungen. F. F. Hanna und G. Klages. (Z. Elektrochem., Ber. Bunsenges. physik. Chem. **65.** 620—23. Sept. 1961. Mainz, Univ., Physikal. Inst.) (Dt.)

Für aliphat. (**A**) u. aromat. OH-Verbb. (**B**) wurde in verd. benzol. Lsg. bei 20° die Absorption ε'' für Hochfrequenzen im Bereich λ = 60—0,7 cm gemessen. Die erhaltene Dispersionskurve wird durch Überlagerung zweier Debye-Kurven dargestellt. Die für **A** daraus erhaltenen größeren Relaxationszeiten τ_1, die der Orientierung des gesamten Mol. entsprechen, wachsen mit dem Mol.-Vol. u. sind den τ_1-Werten ähnlicher starrer Moll. vergleichbar. Die kürzere Relaxationszeit τ_2, die der rotator. Eigenbeweglichkeit des OH zugeschrieben wird, liegt bei **A** in der Größenordnung von 1 ps u. hat ein Gew. (prozentualer Anteil an der gesamten Dispersionsstufe) von G_2 ca. 0,53. Bei **B** muß angenommen werden, daß die Orientierung des Dipols hauptsächlich durch Rotation des ganzen Mol. erfolgt, denn G_2 beträgt nur ca. 0,17—0,23. Zwischen denen aus den G_2-Werten nach dem Budóschen Modell [1938] errechneten Momentwinkeln u. bekannten, aus Moment-Vgl. erhaltenen Werten, bestehen bei **A** u. **B** bei qual. Übereinstimmung quant. Diskrepanzen. Untersucht wurden: *n-, tert.-Butanol, Cyclohexanol, 2.2-Dimethylbutanol-(3), Benzylalkohol, Methyl-p-tolylcarbinol, α-Naphthylcarbinol, Phenol, o-, m-, p-Kresol, o-, m-, p-Chlorphenol, α-, β-Naphthol, 2-Hydroxybiphenyl.* R. Junge. B 132□

Protonenmagnetische Resonanz in Halogenallenen. E. B. Whipple, J. H. Goldstein und Leon Mandell. (J. chem. Physics **30.** 1109. April 1959. Atlanta, Ga., Emory Univ., Dep. of Chem.) (Engl.)

Vff. bestimmten die chem. Verschiebungen u. weitreichenden Spinkopplungs-Konst. für *Chlor-, Brom-* u. *Jodallen* durch Messung in verd. Lsg. in Cyclohexan mit H_2O als äußerem Standard. Die Daten können nicht durch einfache induktive Effekte erklärt werden. W. Schramm. B 137□

Messungen der protonenmagnetischen Resonanz von Formamid. B. Sunners, L. H. Piette und W. G. Schneider. (Canad. J. Chem. **38.** 681—88. Mai 1960. Ottawa, Nat. Res. Council of Canada, Pure Chem. Div.; Palo Alto, Calif., Varian Assoc.) (Engl.)

Vff. untersuchten die hoch aufgelösten Protonenresonanzspektren von $HCO^{15}NH_2$ u. $DCO^{15}NH_2$. 24 Linien wurden bei 25° im Spektrum beobachtet (weitere Unterss. bei 38—98°), in Übereinstimmung mit der Annahme gehinderter Rotation um die C—N-Bindung. Die Nichtäquivalenz der 2 Protonen der $^{15}NH_2$-Gruppe ist durch eine kleinere Abschirm-Konst. u. eine größere Spin–Spin-Wechselwrkg. des Protons, das in trans-Stellung zum O steht, gekennzeichnet. Es wird angenommen, daß diese Differenz in der Spinkopplung der 2 Protonen mit verschiedenen N—H-Bindungs-

längen zusammenhängt. Chem. Verschiebung u. Spinkopplungs-Konst. ändern sich deutlich beim Lösen der Verb. in W. oder Aceton. In wss. Lsg. kehren sich die relativen Größen der Spinkopplung, verglichen mit denen der reinen Verb., um u. die Kopplung des Aldehydprotons am ^{15}N ändert sich um ca. 50%. Aus der Temp.-Abhängigkeit des Spektrums wird die Barriere der inneren Rotation (gemessen in 10%ig. Lsg. in Aceton) zu 18 ± 3 kcal/Mol bestimmt. Die Aktivierungsenergie des Protonenaustausches benachbarter Moll., der bei erhöhter Temp. auftritt, beträgt 10 ± 3 kcal/Mol.
W. SCHRAMM. B 137□

Negative Kernspin-Spin-Kopplungskonstanten für aromatische Protonen. Harden M. McConnell. (J. chem. Physics **30.** 126—28. Jan. 1959. Pasadena, Calif., California Inst. of Technol., Gates and Crellin Labor. of Chem.) (Engl.)

Nach der VB-Meth. u. aus Hyperfeinaufspaltungsdaten werden Proton-Proton-Spin-Spin-Kopplungen, die von weitreichenden π-Elektronenwechselbeziehungen in gerade alternierenden aromat. KW-Stoffen herrühren, berechnet. Die berechneten Spinkopplungs-Konst. für *Bzl.* u. *Naphthalin* sind positiv für Protonen, die durch eine ungerade Zahl, u. negativ für Protonen, die durch eine gerade Zahl von C—C-Bindungen getrennt sind. W. SCHRAMM. B 137□

Analyse einiger kernmagnetischer Resonanzspektren vom Typ A_2B_2. B. Dischler und G. Englert. (Z. Naturforsch. **16a.** 1180—90. Nov. 1961. Freiburg/Br., Inst. für Elektrowerkstoffe.) (Dt.) — Vgl. C. **1961.** 14547.

Vff. beschreiben die direkte u. vollständige Analyse komplexer kernmagnet. Resonanzspektren vom Typ A_2B_2 nach dem l. c. angegebenen Verfahren. Durch eine Zerlegung der Spektren in 4 charakterist. Gruppen von Linien wird die Zuordnung der Linien zu den erlaubten Übergängen erleichtert. Die Best. der relativen Vorzeichen der Kopplungs-Konst. wird diskutiert. Als Ergebnisse werden die aus einer Spektrenanalyse erhaltenen Werte der vier Kopplungs-Konst. u. der chem. Verschiebung nachst. Verbb. angegeben: *Benzofurazan, Naphthalin, o-Dichlor-, o-Dibrom-, o-Dinitro-, o-Dicyan-, p-Fluornitro-, p-Chlornitro-, p-Bromnitro-, p-Jodnitro-, p-Bromchlorbenzol, Benzofuroxan* sowie *Thiophen, Furan, Pyrrol* u. *Spiro-[2.4]-heptadien-(1.3).* D. JÖRCHEL. B 137□

Über die Acidität von Malonsäurediäthylester und den monosubstituierten Malonestern. Claude Vermesse-Jacquinot, Robert Schaal und Paul Rumpf. (Bull. Soc. chim. France **1960.** 2030—39. Nov./Dez. Paris, Labor. de Chim. PCB IV; Bellevue, C.N.R.S., Centre d'Études et de Rech. de Chim. Organ. Appl.) (Franz.) — Vgl. C. **1961.** 5023.

Wie l. c. bestimmten Vff. die relativen Aciditäts-Konst. K_H folgender Verbb. auf UV-spektroskop. Wege in Isopropanol (I) unter Anwendung von Na-Isopropylat: *4-Nitrodiphenylamin* (**II**) [pK_H] —1,87 (bei 20°), *2.4-Dinitroanilin* (**III**) —3,15, *3-Nitrocarbazol* (F. 215°) —3,72, *4.4'-Dinitro-* (**IV**) —3,92 u. *2.4-Dinitrodiphenylamin* —4,21. Die Verw. von Li-Isopropylat führte zu einer spontanen Gelierung u. schnellen Zers. der Lösungen. Nitrierte aromat. KW-Stoffe, wie die Polynitrobenzole, konnten wegen ihrer Instabilität im Medium nicht untersucht werden. Die Verw. von **I** gestattet die Unters. sehr schwacher Säuren mit pK-Werten bis zu 14,5—17. Beim Vgl. der pK_H-Werte in **I** mit den in wss. Äthanolamin, wss. Äthylendiamin (**VII**) u. wss. N_2H_4 gewonnenen Werten ergibt sich, daß die Verhältnisse der pK_H-Werte der Verbb. untereinander in den verschiedenen Medien stets prakt. gleich sind. Unter Verw. von **II**—**IV** als Indicatoren wurden die pK_H-Werte folgender Verbb. in **I** bestimmt: *Malonsäurediäthylester* (**V**) (pK_H) —3,69, *Phenyl-* —3,59, *Benzyl-* (durch Benzylierung von **V**) —2,34, *Äthyl-* (**VI**, durch therm. Zers. von Äthoxalylbuttersäureäthylester) —1,52, *Isopropyl-* [a) durch Alkylierung von **V**; b) durch therm. Zers. von Äthoxalylisovaleriansäureäthylester] —1,25 u. *Butylmalonsäurediäthylester* —1,77, *α-Äthyl-* (**VIII**)—4,48 u. *α-Isopropylacetessigsäureäthylester* (**IX**) —2,84, *2-Aminoäthanol-* —0,70, *Di-* (**X**) —1,20 u. *Triäthanolamin* (**XI**) —2,20, *W.* —0,60, *Methanol* —0,60 u. *A.* —0,40. *Methylmalonsäurediäthylester* (durch therm. Zers. von Äthoxalylpropionsäureäthylester) konnte nicht untersucht werden, da Zers. durch Na-Isopropylat eintrat. Der im Vgl. zum pK_H-Wert von **V** geringe Wert von **VI** wird durch eine ster. Hinderung der Konjugation erklärt, welche das Carbeniation des **V**-Enolats stabilisiert. Vff. schließen, daß die höhere Acidität von Hydroxyl-Verbb. in W. im Vgl. zu ihren Eigg. in organ. Lsgm. auf die durch H-Brücken verursachte Assoziation zurückzuführen ist, durch welche die Ionen stärker als die neutralen Moll. stabilisiert werden. Vff. zeigen ferner, daß die Best. der pK_H-Werte zur titrimetr. Best. der Malonester benutzt werden kann. Hierzu wird unter Verw. einer glatten Pt-Elektrode u. einer Kalomel-Vgl.-Elektrode eine Isopropylat-Lsg. zur Unters.-Lsg. zugetropft u. eine Titrationskurve aufgenommen. Als Lsgm. eignet sich am besten N.N-Dimethylformamid (DMF). Zur Best. von Verbb., die schwächer sauer als die

Monoalkylester sind, eignet sich auch **VII**, das über 80%ig sein muß, aber sehr viscos ist u. CO_2 anzieht. Daher sind bei Anwendung von **VII** als Lsgm. Blindbest. notwendig. Potentiometr. bestimmt wurden **V** u. die obigen substituierten Malonsäureester in DMF sowie ein Gemisch aus **V** u. **VI**. Auch **VIII** u. **IX** konnten auf diese Weise bestimmt werden, nicht dagegen **X** u. **XI**, da mit dem Lsgm. sofort eine Rk. erfolgt. An Stelle der potentiometr. Meth. kann auch ein Indicator (2-Nitrodiphenylamin) verwendet werden, der im bas. Gebiet von Gelb nach Violett umschlägt. B. GNAUCK. B 139□

Änderung des inneren Drucks reiner Flüssigkeiten mit der Temperatur. C. V. Suryanarayana und S. Govindaswamy. (J. sci. ind. Res. [New Delhi], Sect. B **20.** 593—95. Dez. 1961. Mysore, Mysore Univ., Dep. of Chem.; Annamalainagar, Annamalai Univ., Dep. of Technol.) (Engl.)

Es wird numer. u. graph. gezeigt, daß der innere Druck π nachst. Fll. mit der Temp. nach $\pi = A'' + B''/T$ (T = abs. Temp., A'' u. B'' = Konst.) abnimmt: *n-Hexan, Bzl., Toluol, o-Xylol, Cyclohexan, Chlf., CCl_4, Äthyljodid, CS_2, Chlor-, Brom-, Nitrobenzol, Methyl-, Äthyl-, Amylalkohol, Ameisen-, Essig-, Propionsäure, Ae., Aceton, Äthylacetat, Anilin, Pyridin, Piperidin.* Der innere Druck von *W.* gehorcht dieser Gleichung nicht. A. BLASCHETTE. B 148□

Dampfdrücke und Gefrierpunkte von 30 organischen Verbindungen. R. A. McDonald, S. A. Shrader und D. R. Stull. (J. chem. Engng. Data **4.** 311—13. Okt. 1959. Midland, Mich., Dow Chem. Co.) (Engl.)

Die Dampfdrücke u. Gefrierpunkte von *Bromtrifluor-, Dibromdifluor-* u. *Bromchlormethan, Acetylchlorid, Chlor-* u. *Trichloracetylchlorid, Essigsäure, Chlor-* u. *Trichloressigsäure, Acetanhydrid, Chloräthylen, Äthylen-* u. *Propylenoxid, 2-Amino-, 2-[2.4-Dichlorphenoxy]-* u. *2-[Biphenylyl-(2)-oxy]-äthanol, 2.2'-Iminodiäthanol, 2.2'.2''-Nitrilotriäthanol, Pentachlor-, o-tert.-Butyl-* u. *p-[1.1.3.3-Tetramethylbutyl]-phenol, Anilin, 1.2-Dichlor-, 1.4-Dichlor-, 2-Äthylbrom-* u. *p-Diisopropylbenzol, o-, m-* u. *p-Cymol* u. *1-Cyclohexylaminopropanol-(2)* werden bestimmt. Für alle Verbb. werden die Kpp. für Drücke von 1—760 Torr berechnet. L. LAMZA. B 150

Das P–T–x-Raummodell des Systems Äthylen–Naphthalin. 1. Mitt. G. S. A. van Welie und G. A. M. Diepen. (Recueil Trav. chim. Pays-Bas **80.** 659—65. Juli 1961.) (Engl.)

Zur Best. der Löslichkeit fester Substanzen in superkrit. Gasen sammelten Vff. Werte über den Zusammenhang von Druck, Mol-Vol., Temp. u. Zus. (x) in dem bin. Gemisch *Äthylen–Naphthalin* (**I**). Mit einer CAILLETET-App. werden P–T-Messungen bis zu Drücken von 200 atm durchgeführt, u. zwar bei konst. x. x hatte dabei folgende Werte: 4,11, 5,32, 7,09, 11,01, 12,93, 13,03, 14,11, 15,65, 16,54, 17,82, 18,63, 21,09, 24,31, 28,86, 43,51, 50,92 u. 75,53 Mol-% **I.** S. v. SCHIESZL. B 150□

Das P–T–x-Raummodell des Systems Äthylen–Naphthalin. 2. Mitt. G. S. A. van Welie und G. A. M. Diepen. (Recueil Trav. chim. Pays-Bas **80.** 666—72. Juli 1961.) (Engl.) — 1. vgl. vorst. Referat.

Vff. beschreiben eine App., die es gestattet, entsprechend der vorst. Arbeit am Syst. *Äthylen/Naphthalin* (**I**) P–T-Unterss. bei konst. x durchzuführen bis zu Drücken von 1000 atm. Angegeben werden die Meßreihen für folgende x: 3,42, 8,21, 10,45, 14,70, 18,45, 19,85, 23,30, 31,15, 49,40, 74,70 u. 100 Mol-% **I.** S. v. SCHIESZL. B 150□

Das P–T–x-Raummodell des Systems Äthylen–Naphthalin. 3. Mitt. G. S. A. van Welie und G. A. M. Diepen. (Recueil Trav. chim. Pays-Bas **80.** 673—80. Juli 1961.) (Engl.) — 2. vgl. vorst. Referat.

Aus den Ergebnissen der 1. u. 2. Mitt. sowie aus Literaturangaben konnten verschiedene Schnitte durch das P–T–x-Raummodell des Syst. *Äthylen–Naphthalin* (**I**) gelegt werden. Zur Verfügung standen die Bereiche für einen Druck (P) 0—1000 atm, für die Zus. x 0—100 Mol-% **I** u. für die Temp. T 20—115°. Die krit. Bedingungen des 2. krit. Punktes waren P = 174,0 atm, T = 52,1° u. x = 17 Mol-% **I** $\pm$0,5.
S. v. SCHIESZL. B 150□

Das V–T–x-Raummodell des Systems Äthylen–Naphthalin. 1. Mitt. G. S. A. van Welie und G. A. M. Diepen. (Recueil Trav. chim. Pays-Bas **80.** 683—92. Aug. 1961.) (Engl.) — Vgl. auch vorst. Referat.

Gegenüber dem P–T–x-Raummodell hat das V–T–x-Raummodell den Vorteil, daß es die Voraussage gestattet, welche Phasen bei einer bestimmten Temp. u. Konz. auftreten werden. Mit einer CAILLETET-App. (bis 200 atm) wurden im Syst. *Äthylen/Naphthalin* (**I**) V–T-Messungen bei folgenden Konzz. gemacht: 0,49, 1,13, 2,42, 4,11, 4,95, 7,09, 11,08, 15,11, 18,51, 22,00, 28,86, 43,51, 50,92 u. 75,53 Mol-% **I**, mit einem Autoklaven (bis 1000 atm) bei Konzz. 3,42, 8,21, 10,45, 14,70, 18,45, 19,85, 23,30, 31,15, 49,40, 74,70 u. 100 Mol-% **I**. Die Übereinstimmung der Ergebnisse mit den beiden App. ist gut. S. v. SCHIESZL. B 150□

Das V–T–x-Raummodell des Systems Äthylen–Naphthalin. 2. Mitt. G. S. A. van Welie und G. A. M. Diepen. (Recueil Trav. chim. Pays-Bas **80.** 693–98. Aug. 1961.) (Engl.) — 1. vgl. vorst. Referat.

Die Ergebnisse der vorst. Arbeit gestatten V–T-, V–x- u. T–x-Projektionen in den 3-Phasenraum zu legen. Das krit. Vol. des 2. krit. Punktes beträgt 88,0 ml/Mol. Bei 139 atm u. 53,2° haben ein Gas mit 4,00 Mol-% Naphthalin (I) u. eine Fl. mit 36,4 Mol-% I das gleiche Mol-Vol. von 84,2 ml/Mol. S. v. SCHIESZL. B 150□

Über die Theorie fester Lösungen organischer Verbindungen. A. I. Kitaygorodsky und R. M. Myasnikova. (Acta crystallogr. [Copenhagen] **13.** 1140. 10/12. 1960. Moscow, Inst. of Org. Element Compounds.) (Engl.)

Theoret. Untersuchung. Besprochen werden thermodynam. Löslichkeitsbedingungen, der effektive Bereich des fremden Mol. sowie wahre feste Lsgg. u. feste Interblocklösungen. C. GOTTFRIED. B 150

Methanthiol und Schwefelkohlenstoff: Verbrennungs- und Bildungswärmen, bestimmt durch Calorimetrie mit der rotierenden Bombe. W. D. Good, J. L. Lacina und J. P. McCullough. (J. physic. Chem. **65.** 2229–31. Dez. 1961.) (Engl.)

Die Verbrennungswärmen ΔH_c (in kcal/Mol) bei 298,15° K für *Methanthiol* (I, Kp. 5,96°; $\Delta H_c = -363{,}04 \pm 0{,}12$) u. *Schwefelkohlenstoff* (II, $\Delta H_c = 402{,}69 \pm 0{,}12$) entsprechend den Gleichungen CH_3SH (Fl.) + 7/2 O_2 (Gas) + 29 H_2O (Fl.) → CO_2 (Gas) + $H_2SO_4 \cdot 30\ H_2O$ (Fl.) bzw. CS_2 (Fl.) + 4 O_2 (Gas) + 92 H_2O (Fl.) → CO_2 (Gas) + 2 $H_2SO_4 \cdot 45\ H_2O$ (Fl.) wurden calorimetr. bestimmt. Unter Verw. von Literaturwerten für die Bldg.-Wärmen von CO_2 u. W. sowie von früher ermittelten (GOOD u. Mitarbeiter, C. **1961.** 4987) u. jetzt für die vorliegende Verdünnung korr. Werten der Bldg.-Wärme von H_2SO_4/W. aus rhomb. S, O_2 u. W. sowie der vorst. angegebenen ΔH_c-Werte berechneten Vff. die Bldg.-Wärmen ΔH_f (im Gaszustand) bei 298,15° K für I zu $-5{,}46 \pm 0{,}14$ bzw. für CS_2 zu $27{,}98 \pm 0{,}19$ [kcal/Mol] u. ΔH_f (fl.) für I $-11{,}15 \pm 0{,}13$ bzw. II $21{,}37 \pm 0{,}17$. Die Werte werden unter Bezug auf in der Literatur angegebene diskutiert. Die genaue Methodik der Unterss. wird beschrieben. CH. ZECHEL. B 156□

Die Beziehung zwischen Schallabsorption und freiem Volumen bei Flüssigkeiten. H. Singh. (Nuovo Cimento [10] **9.** 545–46. 1/8. 1958. Hoshiarpur, India, Panjab Univ., Phys. Honours School.) (Engl.)

Unter Verw. der von CARNEVALE u. LITOVITZ (C. **1958.** 2650) u. von CHHAPGAR (Doctorate Thesis, Univ. of Bombay, India) ermittelten Experimentaldaten wurde die Absorptionsfunktion α/ν^2 für *Methanol* für Drücke bis zu 2000 kg/cm² u. die Temp. 10, 20, 30, 40 u. 50° berechnet. Für einen bestimmten Absorptionswert erfordert die Konstanthaltung von α/ν^2 bei einer Änderung des Druckes von 480 auf 1650 kg/cm² eine Erhöhung der Temp. von 10 auf 50°. Die auf der Linie der konst. Absorption liegenden Vol. ergeben red. ein konst. relatives Vol. für einen bestimmten Absorptionswert. Die Konstanz des relativen Vol. bei Drücken bis zu 1500 kg/cm² gilt ebenso für *A.*, *n-Propanol* u. *n-Butanol* (Abweichungen höchstens 3%). Dagegen besteht in Fällen, in denen die Überschußabsorption nicht der „bulk“-Viscosität, sondern anderen Faktoren zuzuschreiben ist, diese Proportionalität zwischen Druck u. relativem Vol. nicht. So beträgt die Abweichung bei CS_2 (berechnet nach Messungen von MIFSUD u. NOLLE, C. **1958.** 4706), bei dem ein Relaxationsprozeß für die Überschußabsorption verantwortlich ist, 25%. Das Vol. der Hohlstellen in der Fl. (freies Vol.) bleibt bei einem konst. Viscositätsverlust konstant. Der gesamte Absorptionsverlust in den Alkoholen ist zwei Viscositäten, der „shear“- u. der „bulk“-Viscosität, zuzuschreiben. W. BETCKE. B 159□

Die Valenzeigenschaften des vierbindigen Kohlenstoff-Atoms in Molekülen der Symmetrie C_{3v}. W. Zeil. (Angew. Chem. **73.** 751–55. 7/12. 1961. Karlsruhe, TH, Inst. für physikal. Chem. u. Elektrochem.) (Dt.)

Der Vgl. gemessener Valenzwinkel u. Bindungsabstände einer Reihe von Methyl- u. tert.-Butyl-Derivv. (Halogenide, Cyanide, Acetylene; Literaturdaten) zeigt, daß bei Substitution der H-Atome einer CH_3-Gruppe durch 3 Methylgruppen, also beim Übergang von Methyl- zum tert.-Butyl-Deriv., der Valenzwinkel innerhalb der tert.-Butylgruppe größer wird, während gleichzeitig der Bindungsabstand vom C-Atom zum Substituenten X [in $(CH_3)_3CX$] ansteigt; desgleichen steigt die Polarität dieser Bindung bei den Halogeniden an. Es wird gezeigt, daß eine von COULSON (Contribution a l'étude de la structure moléculaire, Maison Desver, Liège 1947) gegebene Beziehung es gestattet, Valenzwinkel u. Bindungsabstände sowie die Polarität der Bindung in Abhängigkeit vom Hybridisierungsparameter λ zu beschreiben. λ ist ein Maß für den prozentualen p-Charakter einer hybridisierten Mol.-Bahn. Die kovalenten Radien r (C—X) wurden danach von folgenden Verbb. ermittelt u. mit beobachteten Werten verglichen: *Methylfluorid*, *-chlorid*, *-bromid*, *-jodid*, *-cyanid*, *-acetylen*, *-chloracetylen* u. die entsprechenden tert.-Butylderivate. Die Übereinstimmung ist gut, nur bei tert.-Butylbromid u. -jodid wird eine größere Abweichung beobachtet. Vf. weist darauf hin, daß diese Betrachtungen lediglich den Grundzustand des freien Mol. betreffen u. zunächst keine Schlüsse auf das Rk.-Verh. der Moll. erlauben. W. SCHRAMM. B 182□

Über die Allgemeingültigkeit der Hammett-Gleichung. Darl H. McDaniel. (J. org. Chemistry **26**. 4692—94. Nov. 1961. Pittsburgh, Pa., Univ. of Pittsburgh, Dep. of Chem.) (Engl.)

Nach HINE (C. **1959**. 15628) ist die allg. Anwendbarkeit der HAMMETT-Gleichung gegeben, wenn das Verhältnis $(\sigma_{p-x_1} - \sigma_{px_2})/(\sigma_{m-x_1} - \sigma_{m-x_2})$ konst. ist (x_1 u. x_2 Gruppen in m- bzw. p-Stellung). Mit diesem HINEschen Kriterium untersuchte Vf. das σ-Differenzverhältnis für C-, S-, N-, J- u. O-Substituenten (Literaturwerte, die alle aus Dissoziations-Konst. von Benzoesäuren ermittelt wurden) u. fand, daß Seitenkettengleichgewicht des Typs $RArCH_3 \rightleftharpoons RArCF_3$, $RArSCH_3 \rightleftharpoons RArSO_2CH_3$, $RArNH_2 \rightleftharpoons RArNO_2$ mit den bekannten σ-Werten u. einem einzigen ϱ-Wert für m- u. p-Derivv. ausgedrückt werden können, dagegen nicht der Gleichgewichtstyp $RArOH \rightleftharpoons RArOCH_3$. Geladene Gruppen [z. B. N_2^+, $^-S(CH_3)_2$ usw.] geben eine von den dipolaren, ungeladenen Gruppen abweichende, aber in sich gültige Beziehung, die hier auch für die $-O^-$-Gruppe gilt. Diese Ergebnisse gestatten es, die Gleichung $\sigma_p = m \cdot \sigma_m + b$ für eine gegebene Substituentenreihe aufzustellen. Für ungeladene Gruppen ist $m \approx 1{,}5$ u. b ist $-0{,}06$ für C-, $-0{,}24$ für S- u. $-0{,}40$ für N- oder J-Substituenten. Weiterhin folgt unter Anwendung der TAFTschen Gleichung u. dem α-Wert von ROBERTS u. JAFFÉ (C. **1959**. 14673) die Gleichung $\sigma_m = 1{,}18\, \sigma_J + b/3$ (in bezug auf Benzoesäure). Das oben erwähnte abweichende Verh. von O-Substituenten spricht dafür, daß nur diese stark mit der COOH-Gruppe konjugiert sind. W. SCHRAMM. B 182□

Ein stereochemischer Faktor bei der Cyclopropylkonjugation. Edward M. Kosower und M. Ito. (Proc. chem. Soc. [London] **1962**. 25—26. Jan. Oyster Bay, Long Island Centre, N.Y., State Univ. of New York, Dep. of Chem.; Madison, Wis., Univ. of Wisconsin, Dep. of Chem.) (Engl.)

Aus UV-Daten berechnen Vff. die $\pi \rightarrow \pi^*$-Übergangsenergien (E_T) für *Spiro-[4.2]-heptanon-(1)* (I) [Lsgm. 2.2.4-Trimethylpentan (II), Methylcyanid, Methanol u. 2.2.3.3-Tetrafluorpropanol] u. *Bicyclo-[3.1.0]-hexanon-(2)* (III) (Lsgm. II u. W.). Ein Vgl. der Daten zeigt, daß E_T für III 5,1 kcal/Mol größer als für I (gemessen in II) ist. Die parallele Anordnung von Cyclopropylring u. Carbonylgruppe führt also zu einer Wechselwrkg. im Anregungszustand, die um 7—8 kcal/Mol größer als bei Verbb. mit nicht paralleler Anordnung (z. B. II) sein kann. E_T wird für folgende Verbb. geschätzt: *Spiro-[2.5]-octadien-(1.4)-on-(3)* (105,1 kcal/Mol), *1-Dehydrocycloartanon* (110,1) u. *Δ^1-11.21-Diacetoxy-17-hydroxy-5.9-cyclopregnen-3.20-dion* (113,6). Der Lsgm.-Effekt auf den $\pi \rightarrow \pi^*$-Übergang bei I ist vergleichbar mit den bei cycl. α,β-ungesätt. Ketonen beobachteten. J. WEINER. B 182□

Jodkomplexe von Äthylmercaptan, Diäthylsulfid und Diäthyldisulfid. M. Good, A. Major, J. Nag-Chaudhuri und S. P. McGlynn. (J. Amer. chem. Soc. **83**. 4329 bis 4333. 5/11. 1961.) (Engl.)

Die *J_2-Komplexe* von *Äthylmercaptan* (I, Kp. 34,5—34,7°), *Diäthylsulfid* (II, Kp. 90,0 bis 90,2°) u. *Diäthyldisulfid* (III, Kp. 154,0—155,0°) wurden in n-Heptan (Kp. 99°) u. CCl_4 (Kp. 76,8—76,9°) untersucht. Spektrophotometr. Messungen ergaben, daß III weniger bas. als II ist, das seinerseits weniger bas. als Triäthylamin u. stärker bas. als A. ist. Im Syst. I–J_2 tritt eine Rk. ein, die eine Berechnung thermodynam. Konst. des Komplexes verhinderte. Die Stabilitäts-Konst. der Komplexe II–J_2 u. III–J_2 sind nach der BENESI-HILDEBRAND-Gleichung (vgl. J. Amer. chem. Soc. **71**. [1949.] 2703) bzw. für den Bereich des sichtbaren Lichtes nach VAN DE STOLPE (Thesis, Univ. of Amsterdam, Holland [1954]) für 20, 30 u. 40° berechnet u. tabellar. angegeben. Es ergaben sich dabei ebenso wie für die Freie Bldg.-Energie [$-\Delta$ F (kcal/Mol) II–J_2 4,16—4,55; III–J_2 1,82—2,26], die Bldg.-Wärme [$-\Delta$ H (kcal/Mol) II–J_2 8,05—8,98; III–J_2 5,75—7,13] u. die Bldg.-Entropie [$-\Delta$ S (cal/Grad·Mol) II–J_2 11,7—15,95; III–J_2 11,8—17,0] verschiedene Werte in Abhängigkeit vom Lsgm. u. vom Wellenlängenbereich der Messung. Die Ergebnisse u. die Struktur der Komplexe werden diskutiert, wobei die Absorptionsmaxima (in CCl_4) der J_2-Komplexe nachst. Verbb. angeführt werden: *n-Amyl-*, *Benzyl-*, *Butyl-*, *n-Hexyl-*, *Isopropylmercaptan*, *Diallyl-*, *Dibenzyl-*, *Diisoamylsulfid*, *Di-n-amyl-*, *-methyl-* u. *-isoamyldisulfid* sowie von I, II u. III. Erwähnt werden Unterss. von v. DRUSHEL (PhD. Thesis, Univ. of Pittsburgh, Pa. [1956]) an J_2-Komplexen von *Thianaphthen*, *1-[p-Methylphenyl]-1-thiaäthan*, *1.3-Diphenyl-2-thiapropan*, *2-Thiapropan*, *Thiacyclobutan*, *2-Thiabutan*, *3-Methyl-2-thiabutan*, *2-Thiapentan*, *2.2.4.4-Tetra-*

methyl-3-thiapentan, 2.6-Dimethyl-4-thiaheptan, Thiacyclohexan, 4-Thiatridecan, 6-Thiaundecan, 8-Thiapentadecan, 5-Thianonan, Thiacyclopentan u. *2.8-Dimethyl-5-thianonan.* CH. ZECHEL. B 223□

Einfluß von Temperatur und Schwefelsäurekonzentration auf die Bildungsgeschwindigkeit des Bor-1.1'-Dianthrimid-Komplexes. O. B. Skaar und F. J. Langmyhr. (Acta chem. scand. **14.** 550—55. 1960. Blindern, Norway, Univ. of Oslo, Chem. Inst. A.) (Engl.) — Vgl. C. **1961.** 11643.

Der Einfl. von Temp. u. H_2SO_4-Konz. auf die Bldg.-Geschw. des *Bor-1.1'-Dianthrimid-Komplexes* wurde mittels Extinktionsmessungen in wss. Lsg. im Temp.-Bereich von 50—80° u. Konzz. von 88,3—95,5% H_2SO_4 untersucht. Aus den Meßwerten wurden die Geschw.-Konst. k in Abhängigkeit von der Temp. u. der Konz. der H_2SO_4 errechnet u. die empir. Gleichung $k_{t,c} = 235\ (100,6 - c)\ 10^{0,038\,(t-71)}$ entwickelt. k verdoppelt sich bei je 8° Temp.-Anstieg oder Verminderung der H_2SO_4-Konz. um den Unterschied zwischen 100,6%ig. H_2SO_4 u. der vorherigen Konz. der Säure. G. KIRSTEN. B 223□

Untersuchungen über die Löslichkeit von Kohlenwasserstoffen in Lösungsmitteln mit permanentem elektrischen Moment. 16. Mitt. **Gleichgewicht zwischen zwei flüssigen Phasen in einigen ternären Systemen des Typs p-Phenetidin-Dekahydronaphthalin (cis oder trans) — ein aromatischer Kohlenwasserstoff.** E. Angelescu und L. Ciplea. (Rev. Chim. [Bucarest] **2.** Nr. 1. 35—40. 1957. Bucarest, Univ. „C. I. Parhon", Labor. de Chim. organ.) (Franz.) — 15. vgl. Bull. Sect. sci. Acad. roum. **30.** [1948.] 402; 10. vgl. C. **1944.** II. 106.

Vff. untersuchen tern. Systeme, die als gesätt. KW-Stoffe *Dekahydronaphthalin* (**I**), als Lsgm. *p-Phenetidin* (**II**) u. als Aromaten *Bzl., Toluol* (**III**), *Äthylbenzol* (**IV**), *o-* (**V**), *m-* (**VI**), *p-Xylol* (**VII**), *Diphenyl* (**VIII**), *Naphthalin* (**IX**) oder *Tetrahydronaphthalin* (**X**) enthalten. Angegeben werden die Zus. u. die Entmischungs-Temp. für Gemische, in denen das Verhältnis **II** : cis-**I** bzw. **II** : trans-**I** 0,78—0,79 war. Die Abhängigkeit der Entmischungs-Temp. von der Aromaten-Konz. folgt der Gleichung $T = T_0 - ac$ (T = Entmischungs-Temp. der tern., T_0 = Entmischungs-Temp. der bin. Mischung, c = Aromaten-Konz., a = spezif. Erniedrigung der Entmischungs-Temp.). Die Werte von a werden angegeben. Für cis-**I** nimmt die durch die Aromaten hervorgerufene Temp.-Erniedrigung in der Folge Bzl. > **III** > **V** > **IV** > **VII** = **IX** > **VI** > **VIII** > **X**, für trans-**I** in der Folge Bzl. > **III** > **V** > **IX** > **IV** = **VI** = **VII** > **VIII** > **X** ab. Im Fall von cis-**I** sind die Erniedrigungen etwas größer. In den Syst. mit **VIII** konnten peritekt. Punkte nicht beobachtet werden. S. v. SCHIESZL. B 224□

Untersuchungen über die Löslichkeit von Kohlenwasserstoffen in Lösungsmitteln mit permanentem elektrischen Moment. 17. Mitt. **Gleichgewicht zwischen zwei flüssigen Phasen in einigen ternären Systemen des Typs Acetanhydrid-Dekahydronaphthalin (cis oder trans) — ein aromatischer Kohlenwasserstoff.** E. Angelescu und I. Ganea. (Rev. Chim. [Bucarest] **2.** Nr. 1. 41—47. 1957.) (Franz.) — 16. vgl. vorst. Referat.

Im Gegensatz zur vorst. Arbeit wird als polares Lsgm. *Acetanhydrid* (**I**) an Stelle von p-Phentidin verwendet. In gleicher Weise werden die Zus. u. Entmischungs-Temp. für Gemische angegeben, in denen das Verhältnis von **I** zu *cis-Dekahydronaphthalin* (cis-**II**) 0,95 bzw. **I** : trans-**II** 0,97 betrug u. denen als Aromaten *Bzl., Toluol, Äthylbenzol,* die 3 *isomeren Xylole, Diphenyl, Naphthalin* oder *Tetrahydronaphthalin* (Bezifferung wie l. c.) zugesetzt wurden. Die a-Werte für **IV**—**VII** sind gleich, Bzl. u. **III** bewirken starke, **X** schwache Erniedrigung der Entmischungs-Temp.; die a-Werte für die cis- bzw. trans-**II**-Reihe sind sehr ähnlich. Peritektika wurden beobachtet für die Syst. mit **VIII** bei 13,4° [34,1 (g) **I**, 29,7 **VIII**, 36,2 cis-**II**] u. 15,3° (34,2 **I**, 31,0 **VIII**, 34,8 trans-**II**), für die Syst. mit **IX** bei 18,6° (35,5 **I**, 27,2 **IX**, 37,3 cis-**II**) u. 18,3° (36,0 **I**, 27,0 **IX**, 37,0 trans-**II**). Aus den Ergebnissen der bisherigen Unterss. an bin. u. tern. Syst. läßt sich zusammenfassend folgern, daß die Änderung der gegenseitigen Mischbarkeit von KW-Stoffen u. polaren Fll. dem gleichen, von der Konstit. der Komponenten unabhängigen Mechanismus folgt. S. v. SCHIEZSL. B 224□

Eine Untersuchung der Wallach-Umlagerung und verwandter Reaktionen. M. M. Shemyakin, V. J. Maimind und B. K. Vaichunaite. (Chem. and Ind. **1958.** 755—56. 21/6. Moscow, Acad. of Med. Sci., Inst. of Biol. and Med. Chem.) (Engl.)

Bei der Umlagerung von am O-freien N radioakt. markiertem ^{15}N-Azoxybenzol (**I**) zu *p-Hydroxyazobenzol* (**II**) in Ggw. von $ClSO_3H$ bei —8° tritt eine vollständige Verteilung der Radioaktivität auf die beiden N-Atome von **II** ein, wie durch reduzierende Spaltung mit Sn/konz. HCl bei 85—90°, nachfolgendes Acetylieren u. radioakt. Messung des erhaltenen *Acetanilids* (**III**) u. *p-Hydroxyacetanilids* bestimmt wurde. Das gleiche Ergebnis wird bei der Umlagerung von **I** mit 83%ig. H_2SO_4 bei 22—24° (8½ Tage) erhalten. Der Ausgleich der Radioaktivität auf die beiden N-Atome tritt dabei während des Umlagerungsprozesses ein; das nicht umgesetzte **I** besitzt nach der physikal. Analyse des durch Bromieren u. anschließende reduzierende Spaltung erhaltenen **III** u. *p-Bromacetanilids* die gleiche ^{15}N-Verteilung wie das Ausgangsmaterial. Die neuen Ergebnisse lassen sich nicht mit bisherigen Hypothesen über den Mechanismus der Umlagerung von Azoxy-Verbb. in Einklang bringen. Vermutlich findet als erster Schritt eine Isomerisierung zum symm. cycl. Oxid statt. Bei 8 Min. langem Erhitzen von **I** mit 83%ig. H_2SO_4 auf 90° tritt nur ein teilweiser Ausgleich der Radioaktivität auf die beiden N-Atome des gebildeten **II** ein; ein höherer ^{15}N-Anteil ergibt sich für den p-hydroxysubstituierten Mol.-Teil. Das rückgewonnene **I** entspricht dem Ausgangsmaterial. Wahrscheinlich verläuft die Isomerisierung hier über zwei Rk.-Wege. Die Umlagerung von **I** durch UV-Bestrahlung zu *o-Hydroxyazobenzol* (**IV**) (85%ig. A., 30—45°, 65 Std.) verläuft ohne wesentliche Änderung der ^{15}N-Verteilung; dagegen läßt sich hier in gewissem Umfang ein Ausgleich der Radioaktivität zwischen den beiden N-Atomen des nicht umgelagerten **I** nachweisen. Auch die durch 4std. Erhitzen mit Essigsäureanhydrid auf 230—240° bewirkte Umlagerung von **I** zu **IV** geht nicht mit einem Ausgleich der Radioaktivität zwischen den N-Atomen einher. H.-E. Toussaint. B 225□

Untersuchung des Mechanismus der Isomerisierung von Naphthalinmonosulfonsäuren unter Anwendung markierter Atome. N. N. Woroshzow jun., W. A. Koptjug und A. M. Komagorow. (Журнал Общей Химии [J. allg. Chem.] **31** (93). 3330—41. Okt. 1961. Moskau, Chem.-technolog. Mendelejew-Inst.; Nowosibirsk, Inst. für organ. Chem. der Sibir. Filiale der Akad. der Wiss. der UdSSR.) (Russ.)

Durch Diazotierung von $^{14}C_{(1)}$-α-Naphthylamin, Umsetzen mit SO_2 in Ggw. von Cu zu *$^{14}C_{(1)}$-Naphthalin-1-sulfinsäure* [F. 84—85°; 78% (Ausbeute)] u. Oxydation mit H_2O_2 in alkal. Lsg. wurde *$^{14}C_{(1)}$-Naphthalin-1-sulfonsäure* (**I**; *Dihydrat*, F. 88—88,5°; 78,8%. Reinigung über das *p-Toluidinsalz*, F. 189—190°) synthetisiert. Die 1-Stellung des ^{14}C in **I** ließ sich durch einen Abbau beweisen, bei dem man das durch Alkalischmelze erhaltene *$^{14}C_{(1)}$-α-Naphthol* (F. 91,7—92,5°; 77%) mit Peressigsäure zu *^{14}C-o-Carboxyzimtsäure* (F. 170,5—172,5°; 41%) u. diese weiter mit $KMnO_4$ zu *^{14}C-Phthalaldehydsäure* (F. 78—85°) oxydiert. Bei der Decarboxylierung von deren *Anil* ($C_{14}H_{11}NO_2$, F. 174°; 47%) bei 320° in Ggw. von Cu-Bronze fällt neben *Benzylidenanilin* ($C_{13}H_{11}N$, F. 48—50°; 79%) ein *CO_2* an, das prakt. die gesamte Radioaktivität des Anils enthält. Die Isomerisierung von **I**-Dihydrat zu einer *$^{14}C_{(1)}$-Naphthalin-2-sulfonsäure* (**II**) wurde mit 91%ig. H_2SO_4 ½ Std. bei 160° durchgeführt. Bei einem intramol. Verlauf der Cyclisierung ist zu erwarten, daß weiterhin allein $C_{(1)}$ radioakt. markiert ist. Im Falle eines intermol. Rk.-Mechanismus müßte die Radioaktivität dagegen wegen der Gleichwertigkeit der 4 β-Stellungen auf die C-Atome in 1-, 4-, 5- u. 8-Stellung verteilt sein. Der Abbau von **II** geschah nach dem früher beschriebenen Verf. durch Erhitzen des Mg-Salzes mit 30%ig. NaOH auf 350—360° unter Bldg. eines *^{14}C-β-Naphthols* (F. 118 bis 119,5°; 77%), Nitrosieren in 1-Stellung (92%), Überführen in *^{14}C-cis-o-Cyanzimtsäure* (F. 134,5—136°; 62,2%), saures Verseifen zu *^{14}C-trans-o-Aminocarbonylzimtsäure* ($C_{10}H_9NO_3$, F. 231—233°; 53%) u. Hofmann-Abbau zu einer *^{14}C-trans-o-Aminozimtsäure* ($C_9H_9NO_2$, F. 153—154°; 77%; wird durch 14std. Kochen mit verd. HCl cyclisiert zu *^{14}C-Carbostyril*, C_9H_7NO, F. 190—192°) u. CO_2. In der Aminosäure u. im CO_2 ist die Radioaktivität der Vorstufe im Verhältnis 3 : 1 verteilt. Hieraus ergibt sich, daß **II** ein Gemisch der in 1-, 4-, 5- u. 8-Stellung mit ^{14}C markierten Verbb. darstellt, d. h. die Isomerisierung der 1- zur 2-Sulfonsäure folgt unter den gewählten Bedingungen einem intermol. Mechanismus. Die früher bei Unterss. an mit ^{35}S markierten Verbb. beobachtete Tatsache, daß die Isomerisierung unter ähnlichen Bedingungen zu 30% ohne einen Austausch der Sulfogruppe erfolgt, könnte evtl. mit einem „Käfigeffekt" gedeutet werden. Es wird jedoch für wahrscheinlicher gehalten, daß die abgespaltene SO_3H-Gruppe mit dem Naphthalin-Mol. über Wechselwrkg. mit dessen π-Elektronen eine Art L-Komplex (vgl. Dewar, The Electronic theory of Organic Chemistry, Oxford **1949**. 152. 230) bildet, bei dem eine gewisse Energiebarriere zum Zerfall in die völlig getrennten Komponenten überwunden werden muß. Je nachdem, wie rasch dieser Übergangskomplex in den als Vorstufe der 2-Sulfonsäure anzunehmenden σ-Komplex übergeht bzw. in die Komponenten zerfällt, wird ein Austausch der Sulfogruppen in mehr oder minder starkem Umfang stattfinden. Die neue Deutung der Isomerisierung nimmt also nicht mehr nebeneinander einen inter- u. einen intramol. Mechanismus an, sondern erklärt die bisher widersprüchlichen Vers.-Ergebnisse mit der unterschiedlichen Rk.-Möglichkeit eines reaktionsfähigen Übergangskomplexes. H.-E. Toussaint. B 225□

Untersuchung des Mechanismus der Oxydation von Aldehyden durch Sauerstoff in wässerigem Medium und des Isotopenaustausches zwischen substituierten Benz-

aldehyden und $H_2{}^{18}O$. M. M. Alexankin und I. P. Gragerow. (Журнал Общей Химии [J. allg. Chem.] **31** (**93**). 3167—70. Okt. 1961. Pissarshewski-Inst. für physikal. Chem. der Akad. der Wiss. der UkrainSSR.) (Russ.)

Aus den Ergebnissen der Oxydation von *Acetaldehyd* (**I**), *Butyraldehyd*, *Benzaldehyd* u. *o-Chlorbenzaldehyd* mit $^{18}O_2$ in normalem W. u. mit normalem O_2 in $H_2{}^{18}O$ ergibt sich, daß die entstandenen Carbonsäuren jeweils 1 O-Atom aus der Gasphase enthalten. Dies bestätigt die Annahme eines Mechanismus, bei dem die Oxydation der Aldehyde zunächst zu Percarbonsäuren führt, die mit weiterem Aldehyd zu 2 Moll. Carbonsäure reagieren. Mit Ausnahme von **I** liegen die gleichen Verhältnisse vor, wenn die Oxydation durch platinierte Kohle katalysiert wird. **I** nimmt jedoch den O bei der katalysierten Oxydation lediglich aus dem W. auf. Entsprechende Mechanismen werden erörtert. — Die eingehende Unters. des Isotopenaustausches zwischen substituierten *Benzaldehyden* [*o-Cl, o-, m-, p-NO_2, o-, p-OH, p-OCH_3, p-$(CH_3)_2N$*] u. $H_2{}^{18}O$ in wss. Dioxan zeigte, daß elektronenabstoßende Substituenten, wie OH, OCH_3 u. $N(CH_3)_2$, den Austausch verlangsamen, elektronenanziehende (NO_2, Cl, CHO) ihn begünstigen. HCl erwies sich als äußerst wirksamer Katalysator. Nach dem Ergebnis entspricht der Austausch einer nucleophilen Rk., vermutlich einer reversiblen Hydratation. H.-E. Toussaint. B 225 □

Untersuchungen über die Reaktivität einiger Thiolderivate. 1. Mitt. Jean Larrouquère. (Ann. Chimie [13] **6**. 733—90. Juli/Aug. 1961. Bordeaux, Fac. des Sci., Labor. de Chim. Biol.) (Franz.)

Vf. untersuchte zunächst das Verh. von *Cysteamin* (**I**), *Cystein* (**II**), *2-Mercaptoäthanol* (**III**), *3-Mercaptopropandiol-(1.2)* (**IV**), *2.3-Dimercaptopropanol* (**V**), *Propandithiol-(1.3)* (**VI**), *Mercaptobenzthiazol* (**VII**), *Thioglykolsäure* (**VIII**), *Thioäpfelsäure* (**IX**) u. *Glutathion* (**X**) gegenüber Oxydationsmitteln, wie J_2, 2.6-Dichlorphenolindophenol (**XI**), p-Benzochinon (**XII**), u. Methylenblau (**XIII**) auf titrimetr. Wege in Citrat–Puffer-Lsgg. zwischen pH < 2 bis ca. 9. Bei pH $< 3{,}25$ wird **II** durch J_2 zur Sulfinsäure (**XIV**) oxydiert, bei pH > 6 bildet sich das „Jodamin". **I** erleidet analog bei pH 5,8—6,1 Oxydation zur Sulfensäure, bei pH $> 6{,}2$ treten Jodamine auf; **X** verhält sich ähnlich. **I**, **III** u. **IV** reagieren mit J_2 völlig gleich, unter pH 5 ist Disulfid- u. Sulfensäure-Bldg. zu verzeichnen, oberhalb pH 5,8 erfolgt quantitative Oxydation zu den Sulfensäuren. **V** erleidet durch J_2 eine langsame Oxydation zum Disulfinsäure-Deriv., **VI** reagiert analog, aber schneller. **VII** wird durch J_2 zwischen pH 2 u. 6 in das Disulfid umgewandelt. In saurem Medium führt die J_2-Oxydation von **VIII** zu Dithiodiglykolsäure, im alkal. Gebiet bildet sich schließlich Na-Glykolat u. Na_2SO_4. **IX** wird bei pH $< 2{,}8$ zur Sulfinsäure, bei pH > 6 zur Sulfonsäure oxydiert. Die Indentität von **XIV** wurde papierchromatograph. nachgeprüft. Mit **XI** verliefen die Oxydationen folgendermaßen: **II** ergab unter pH 2 die Sulfonsäure, zwischen pH 3 u. 4 Sulfinsäure, zwischen pH 7 u. 8 Sulfensäure u. bei pH 9 das Disulfid; **I** bei p $< 5{,}2$ quant. die Sulfinsäure; **X** bei pH-Werten $< 4{,}8$ das Disulfid, zwischen pH 7 u. 8 die Sulfensäure u. bei pH 9 wiederum das Disulfid nach langsamer Reaktion. **III–V** wurden durch **XI** bei pH 6—9 in das Sulfensäure-Deriv. umgewandelt, **VI** u. **VII** analog bei pH 7—8. **VIII** u. **IX** reagierten mit **XI** nur sehr gering u. ergaben schließlich das Disulfid, unabhängig vom pH. Die Rkk. mit **XII** ergaben bei **II** unter pH 3 die Sulfonsäure, bei höheren pH-Werten die Sulfinsäure, dagegen wurde **I** durch **XII** bei pH < 3 quant. zur Sulfinsäure oxydiert. **X** ergab bei pH 1—6 die Sulfensäure, das verschiedene Verh. von **X** im Vgl. mit der Oxydation durch **XI** wird auf ster. Effekte zurückgeführt. Auch **III**, **IV** u. **IX** ergaben bei pH 6 die Sulfensäuren. Gegenüber **XIII** besitzen **I**—**III** u. **IX** unterhalb pH 3 nur ein geringes Rk.-Vermögen, es bilden sich 17—35% der Disulfide; bei pH-Werten über 5 liefern dagegen diese Verbb. die Disulfide in quant. Ausbeute. Aus vorst. Ergebnissen wird geschlossen, daß das Verh. von Thiolen gegenüber Oxydationsmitteln weitgehend vom elektr. Ladungszustand des Mol. abhängt: Moll., die positive Ionen bilden (wie **II** bei pH 1) oder auch negative (wie **IX** oberhalb pH 6), besitzen eine große Affinität gegenüber W., das bei den Oxydationen beteiligt ist. Negativ geladene Thiole besitzen gegenüber **XI** wegen dessen gleichnamiger Ladung ein geringes Rk.-Vermögen, entsprechend reagiert das bei pH 1 positiv geladene **II** mit **XI** besser. Ferner spielt bei den Rkk. das Redox-Potential des Oxydationsmittels eine Rolle, so liefert **XIII**, das nur ein relativ niedriges Redoxpotential besitzt, lediglich Disulfide. In bestimmten Fällen spielen ferner auch ster. Effekte eine Rolle. — Ferner wurde das Verh. der Thiole gegenüber überschüssigem Na-Jodacetat (**XV**) geprüft, wobei folgende pK-Werte der SH-Gruppe bestimmt wurden: **I** (pK_{SH}) 8,6, **II** 8,6, **X** 8,7, **IV** 9,4, **III** 9,5, **VIII** 10,35 u. **IX** 10,75. Die Carboxymethylierung der Thiole durch **XV** wurde colorimetr. (bei 445 mμ mit KJ in Ggw. von H_2O_2 u. Stärke) bei 20° u. pH 7,3 (Phosphatpuffer) verfolgt, wobei nachst. Halbwertszeiten (in Min.) ermittelt wurden: **I** 3, **II** 4, **X** 7, **IV** 35, **III** 60, **VIII** 360 u. **IX** 420; bei pH 8,5 **II** 0,5, **IV** 3, **III** 5, **VIII** 40 u. **IX** 60. Die Halbwertzeiten sind angenähert der

Konz. an RS^--Ionen proportional. Die Rkk. verlaufen bei einem pH $\geqslant$ pK_{SH} prakt. momentan ab, bei pH = $pK_{SH}-1$ etwa innerhalb einiger Min., bei pH = $pK_{SH}-2$ innerhalb einer Std. u. bei pH = $pK_{SH}-3$ innerhalb von 6–7 Stunden. Diese Meth. wurde auch auf die Unters. von *Alkoholdehydrogenase der Hefe* (**ADH**, Molgew. 150000) angewendet, deren Rk. zwischen pH 6,8 u. 8,6 (Pyrophosphat-Puffer) verfolgt wurde. Es ergibt sich, daß pro Mol. **ADH** 5–6 reaktive SH-Gruppen vorhanden sind. Die Halbwertzeit ist ziemlich unabhängig vom pH (5–6 Min.), selbst zwischen pH 5 u. 6,5 tritt eine Umsetzung ein, was auf eine unbekannte sek. Rk. zurückgeführt wird. Die SH-Gruppen des Ferments verhalten sich also anders als die der einfachen Thiole. Vf. nimmt an, daß bei **ADH** auch die Reaktivität der anderen in der Umgebung einer SH-Gruppe befindlichen Gruppen eine Rolle spielt. Schließlich wurde die Best. der Thiole (untersucht: **II** u. **IX**) mit 1-Fluor-2.4-dinitrobenzol (**XVI**) auf titrimetr. Wege (Titration des substituierten Deriv. in der wss. Phase oder des nicht verbrauchten **XVI**-Überschusses in der Ae.-Schicht) zwischen pH 6,4 u. 8,5 untersucht. Hierzu werden Thiol u. **XVI** 2 Std. bei Raum-Temp. u. dann kurz bei 30–40° in Ggw. von $NaHCO_3$ umgesetzt. **XVI** reagiert zwischen pH 7–9 mit der SH- u. der NH_2-Gruppe von **II**, bei pH < 7, bes. bei pH < 6,4 — verhalten sich jedoch **II** u. **IX** gleich, da unter diesen Bedingungen nur die SH-Gruppen reagieren. B. GNAUCK. B 225□

Über den Mechanismus der Sulfiliminbildung. 1. Mitt. **Die Reaktion substituierter Methylarylsulfide und Diarylsulfide mit Chloramin-T.** Á. Kucsman, I. Kapovits und M. Balla. (Tetrahedron [London] **18.** 75–78. Jan. 1962. Budapest, Eötvös-Univ., Organ.-Chem. Inst.) (Dt.)

Die Sulfilimin-Bldg. durch Rk. von Thioäthern mit Chloramin-T (**I**) wird durch steigende Elektronendichte am S-Atom begünstigt: *Methylphenylsulfid* sowie seine ringsubstituierten Derivv. reagieren mit **I** rasch, während *Diphenylsulfid* auf Grund der verstärkten Mesomerie nur zu 50% umgesetzt wird. Bei *o.o'-*, *m.m'-* oder *p.p'-Dimethoxydiphenylsulfid* ist die Sulfilimin-Bldg. wieder erleichtert, bei *o.o'-*, *p.p'-Dinitrodiphenylsulfid* oder bei *p.p'-Dibromdiphenylsulfid* findet keine Umsetzung statt. Dies entspricht einer nucleophilen Rk. des Thioäthers mit **I**.

Versuche: *Methyl-[2-methoxyphenyl]-sulfid*, $C_8H_{10}OS$, $Kp._{15}$ 122°, aus 2-Mercaptoanisol u. Dimethylsulfat in verd. NaOH, $1^1/_2$ Std. bei 90°, anschließend alkal. machen; 32% (Ausbeute). — *Methyl-[3-methoxyphenyl]-sulfid*, $C_8H_{10}OS$, $Kp._{15}$ 116°, analog vorst. Verb. mit 3-Mercaptoanisol; 78%. — *Methyl-[4-methoxyphenyl]-sulfid*, $Kp._{0,7}$ 92°, F. 26°, analog vorst. Verb.; 84%. — *Methyl-[2-nitrophenyl]-sulfid*, F. 64° (A.); 66%. — *Methyl-[3-nitrophenyl]-sulfid*, $Kp._{1,8}$ 132°, durch Diazotieren von 18,2 g m-Nitranilin, Zugabe der filtrierten Lsg. zu K-Äthylxanthogenat in W. bei 70°, 12 Std. bei Raum-Temp., Ausäthern, mit methanol. KOH 2 Std. unter Rückfluß, Zugabe von Dimethylsulfat, 4 Std. unter Rückfluß; 4,6 g. — *Methyl-[4-nitrophenyl]-sulfid*, $Kp._2$ 135–140°, F. 72°, analog vorst. Verb. aus 18,2 g p-Nitranilin; 6 g. — N-p-Toluolsulfonylsulfilimine, durch Zugabe von **I** zum Thioäther in Dioxan-W. (2 Std. bei 100°): *S-Methyl-S-phenyl-*, F. 132° (Dioxan–Aceton–W.); 65%. — *S-Methyl-S-[2-methoxyphenyl]-*, F. 100–101° (verd. A.); 60%. — *S-Methyl-S-[3-methoxyphenyl]-*, F. 127 bis 128° (A.); 53%. — *S-Methyl-S-[4-methoxyphenyl]-*, F. 145° (A.); 53%. — *S-Methyl-S-[2-nitrophenyl]-*, F. 195° (A.); 30%. — *S-Methyl-S-[3-nitrophenyl]-*, F. 165–166° (A.); 55%. — *S-Methyl-S-[4-nitrophenyl]-*, F. 159–160° (A.); 56%. — *S-Methyl-S-[4-bromphenyl]-*, F. 123–124° (A.); 77%. — *S.S-Diphenyl-*, F. 113° (A.); 70%. — *S.S-Bis-[2-methoxyphenyl]-*, F. 186–187° (A.); 64%. — *S.S-Bis-[3-methoxyphenyl]-*, F. 96° (A.); 56%. — *S.S-Bis-[4-methoxyphenyl]-*, F. 132–133° (A.); 58%. A. TREDE. B 225

Über den Mechanismus der Sulfiliminbildung. 2. Mitt. **Die Reaktion von Thioäthercarbonsäuren mit Chloramin-T.** Á. Kucsman, I. Kapovits und B. Tanács. (Tetrahedron [London] **18.** 79–86. Jan. 1962.) (Dt.) — 1. vgl. vorst. Referat.

Bei der Einw. von Chloramin-T (**I**) auf Thioäthercarbonsäuren erfolgt neben der *Sulfilimin*-Bldg. in einer konkurrierenden Oxydations-Rk. in Ggw. von W. die Bldg. von *Sulfinylcarbonsäuren* u. p-Toluolsulfonamid (**II**). Der Anteil der Oxydations-Rk. an der Gesamt-Rk. wird durch die Menge des ausgeschiedenen **II** bestimmt: bei *2.2'-Thiodiessigsäure* 100% (Ausbeute an **II**), *3.3'-Thiodipropionsäure* 92%, *2.2'-Thiodiisobuttersäure* (**III**) 100%, *4.4'-Thiodibuttersäure* 82%, *5.5'-Thiodivaleriansäure* 62%, *6.6'-Thiodicapronsäure* 57%, *9.9'-Thiodipelargonsäure* 47%, *2-*(**IVa**) 100%, *3-*(**IVb**) 17%, *4-Methylmercaptobenzoesäure*(**IVc**) 25%, *2-Methylmercaptophenylessigsäure*(**V**) 88%, *2.2'-*(**VIa**) 94%, *3.3'-*(**VIb**) 17%, *4.4'-Thiodibenzoesäure* (**VIc**) 17%, *2.2'-Thio-bis-phenylessigsäure* (**VII**) 100%, *α.α'-Thiodi-o-toluylsäure* 80%, *α.α'-Thiodi-p-toluylsäure* 47%, *Tetrahydrothiophen-2-carbonsäure* (**VIII**) 78%, *Tetrahydrothiophen-3-carbonsäure* 89%, *cis-* 98%, *trans-Tetrahydrothiophen-2.5-dicarbonsäure* 98%, *trans-Tetrahydrothiophen-3.4-dicarbonsäure* 97%, *Tetra-*

hydrothiopyran-2- (**IXa**) 48%, *-3-* (**IX b**) 39%, *-4-carbonsäure-* (**IXc**) 35%. Die Oxydations-Rk. wird mit zunehmender räumlicher Nähe der Carboxyl-Gruppe zum S-Atom begünstigt. Nach Abgabe von 2 Elektronen durch das S-Atom an das aus **I** gebildete $ClO^{\ominus}$-Anion wird zwischen dem S-Atom u. der Carboxylgruppe intermediär ein Ring gebildet.

Versuche: Umsetzung der Thioäthercarbonsäuren mit **I**: aus der Thioäthercarbonsäure (0,005 Mol) u. **I** (0,005 Mol) in Ggw. von $KHCO_3$ in W. bei Raum-Temp., dann 2 Std. auf dem Wasserbad erwärmen, neben **II** wird isoliert: *2.2'-Dithiodiisobuttersäure*, $C_8H_{14}O_4S_2$, F. 198—199° (Essigester), aus **III**; 0,2 g (Ausbeute). — *2-Methylsulfinylbenzoesäure*, $C_8H_8O_3S$, F. 172° (Zers., W.), a) aus **IVa** gemäß allg. Vorschrift, b) aus **IVa** u. H_2O_2 in Eisessig, 24 Std. bei 100°; 44%. — *S-Methyl-S-[3-carboxyphenyl]-N-p-tolylsulfonylsulfilimin*, aus **IV b**. Hydrogenolyse mit Pd/Kohle liefert **II** (99%) u. **IV b** (F. 191—192°, 54%). — *S-Methyl-S-[4-carboxyphenyl]-N-p-tolylsulfonylsulfilimin*, $C_{15}H_{15}NO_4S_2$, F. 192—193° (A.), aus **IVc**; 74%. Hydrogenolyse liefert **II** (99%) u. **IVc** (F. 191—192°; 60%). — *2-Methylsulfinylphenylessigsäure*, $C_9H_{10}O_3S$, F. 145—147° (A.), aus **V**; 0,42 g. — *2.2'-Sulfinyldibenzoesäure*, $C_{14}H_{10}O_5S$, F. 312° (Eisessig), aus **VIa**; 34%. — *S.S-Bis-[3-carboxyphenyl]-N-p-tolylsulfonylsulfilimin*, F. 108° (Zers.), aus **VI b**. Hydrogenolyse liefert **II** (99%) u. **VIb** (F. 276°; 44%). — *S.S-Bis-[4-carboxyphenyl]-N-p-tolylsulfonylsulfilimin*, $C_{21}H_{17}NO_6S_2$, F. 244° (Zers., 50%ig. A.), aus **VIc**; 60%. Hydrogenolyse liefert **II** (99%) u. **VIc** (F. 295—300°; 37%). — *2.2'-Sulfinyl-bis-[phenylessigsäure]*, $C_{16}H_{14}O_5S$, F. 172—175° (W.), aus **VII**. — N-p-Tolylsulfonylsulfilimine: *S.S-[1-Carboxytetramethylen]-*, $C_{12}H_{15}NO_2S_2$, F. 99°, aus **VIII**; 16%. — *S.S-[1-Carboxypentamethylen]-*, F. 108—109° (Zers.), aus **IXa**. — *S.S-[2-Carboxypentamethylen]-*, F. 133—136° (Zers.), aus **IX b**. — *S.S-[3-Carboxypentamethylen]-*, $C_{13}H_{17}NO_4S_2$, F. 149 bis 151° (W.), aus **IXc**; 65%. A. Trede. B 225

Die Kinetik der Oxydation von Thiodiäthanol durch tert.-Butylhydroperoxid. John O. Edwards und Donald H. Fortnum. (J. org. Chemistry **27.** 407—09. Febr. 1962. Providence, R.I., Brown Univ., Metcalf Chem. Labor.) (Engl.)

Vff. bestimmen für die Oxydation von *2.2'-Thiodiäthanol* (**I**) mit *tert.-Butylhydroperoxid* (**II**) in wss. Lsg. die Geschw.-Konst. $k_2^{0°}$ 1,45·10⁻⁵ [Liter Mol⁻¹ s⁻¹], $k_2^{25°}$ 1,40·10⁻⁴, die Aktivierungsenergie E_A 14,8 [kcal·Mol⁻¹], die Aktivierungsenthalpie $\Delta H^{\ddagger}$ 14,2 [kcal·Mol⁻¹] u. die Aktivierungsentropie $\Delta S^{\ddagger}$ —29 [cal·Mol⁻¹ Grad⁻¹]. Die Rk.-Geschw. ist bei p_H 3—6 unabhängig vom pH-Wert, bei pH < 3 wird Säurekatalyse beobachtet. Für die säurekatalysierte Rk. wird $k_3^{0°}$ 2,6·10⁻⁴ [Liter²·Mol⁻² s⁻¹], $k_3^{25°}$ 1,5·10⁻³, E_A 11,4, $\Delta H^{\ddagger}$ 10,8 u. $\Delta S^{\ddagger}$ —35 bestimmt. Das Geschw.-Gesetz lautet hier: $k_2[I][II] + k_3[H^+][I][II]$. Diese Befunde lassen einen nucleophilen Angriff des S-Atoms am O-Atom von **II** erkennen, ähnlich wie bei der Oxydation von Sulfiden mit H_2O_2. A. Trede. B 225☐

Die alkalische Hydrolyse von Guanidinhydrochlorid. Jorma Eloranta. (Suomen Kemistilehti B **34.** 107—13. 1961. Helsinki, Univ. of Helsinki, Inst. of Chem.) (Engl.)

Guanidinhydrochlorid dissoziiert in wss. Lsg. vollständig in Guanidinium (**I**, $(NH_2)_3C^+$ u. Cl^-. Die ion. Form **I** reagiert mit OH^- zu dem instabilen Zwischenprod. $HOC(NH_2)_3$, das schnell u. ohne erst Harnstoff (**II**) zu bilden zu CO_2 u. NH_3 hydrolysiert wird. Die Hydrolyse von **I** in 0,02 mol. NaOH bei 100, 125 u. 135° [k^{100} (Liter Mol⁻¹ s⁻¹) 255·10⁻⁶; E = 31900 cal; log A = 15,1] ist 2. Ordnung, während die zum Vgl. untersuchte Hydrolyse von **II** unter gleichen Bedingungen 1. Ordnung ist [k^{100} (s⁻¹) 204·10⁻⁷; E = 26000 cal]. Bei Hydrolyse in Ggw. von KCl (0,04 Mol/Liter) zeigte Cl^- keinen Einfl. auf die Rk.-Geschw.; H^+-Ionen wirken nicht hydrolysierend, da sie wie **I** positive Ladung besitzen. Ch. Zechel. B 225☐

Untersuchung der Hydrobrominolyse von Glycinestern. K. T. Poroschin, W. G. Debabow und Wjatsch. I. Maximow. (Известия Академии Наук СССР, Отделение Химических Наук [Nachr. Akad. Wiss. UdSSR, Abt. chem. Wiss.] **1961.** 1134—37. Juni. Zelinsky-Inst. für org. Chem. der Akad. der Wiss. der UdSSR.) (Russ.)

Von *Glycin* wurden der *Cyclohexyl-* (**I**), *Benzyl-* (**II**), *Methyl-* (**III**) u. *p-Nitrobenzylester* (**IV**) dargestellt u. die Kinetik der Hydrolyse der Ester in 40%ig. HBr in Eisessig („Hydrobrominolyse" bei 56° u. einer Konz. der Ester von 0,001 m) untersucht. Die Hydrolysen-Geschw. steigt in der Reihe **III** < **IV** < **I** < **II** an. — *Glycin, Cyclohexylesterhydrochlorid*, $C_8H_{16}ClNO_2$, F. 145° (Methanol–Ae.), man gibt zu 5 g Glycin in 100 ml Cyclohexanol in ¹/₄ Std. tropfenweise 8 ml $SOCl_2$, kocht 3—4 Std., extrahiert mit W., alkalisiert die wss. Lsg. mit K_2CO_3 bis pH 10, extrahiert mit Ae. u. leitet HCl ein; 3,6 g (Ausbeute). *Benzylesterhydrochlorid*, F. 130°. *Methylesterhydrochlorid*, F. 173—175°. *p-Nitrobenzylesterhydrobromid*, F. 192—198°. Helmut Schäfer. B 225☐

Die Kinetik der alkalischen Hydrolyse von 1.3.5-Tricarbomethoxybenzol. W. J. Svirbely und Jay A. Blauer. (J. Amer. chem. Soc. **83.** 4118—21. 20/10. 1961. College Park, Md., Univ. of Maryland, Chem. Dep.) (Engl.) — Vgl. C. **1959.** 10858.

Vff. untersuchten die Kinetik der in 3 Rk.-Stufen (Verseifung der 1., 2. bzw. 3. Carbomethoxy-Gruppe) verlaufenden alkal. Hydrolyse von *1.3.5-Tricarbomethoxybenzol* (F. 144,8—145,8°; Darst. nach Karabinos u. Mitarbeitern, J. Amer. chem. Soc. **68.** [1946.] 906) bei verschiedenen Temp. in Dioxan (Dx.)/W.-Mischungen unterschiedlicher Zusammensetzung. Es wurden für die aufeinanderfolgenden 3 Rk.-Stufen nachst. Aktivierungsentropien (ΔS^* in cal/Grad Mol) u. Freie Energien (ΔF^* in cal/Mol) für 23,67° ermittelt: in 60%ig. Dx. (DK = 26,75) ΔF^* 17600; 18700; 19700; ΔS^* —26,8; —22,5; —26,8; in 57,6%ig. Dx. (DK = 28,85) ΔF^* 17500; 18800; 19800; ΔS^* —21,4; —24,3; —29,4. In Ggw. von NaCl ließ sich für die 1. Rk.-Stufe ein negativer, für die 2. u. 3. Rk.-Stufe hingegen ein positiver Salzeffekt feststellen. Vff. schließen aus der Beobachtung, daß in einem Medium niedriger DK (= 11,05) sich das Verhältnis der Geschw.-Konst. der 2. (k_2) u. 3. (k_3) Rk.-Stufe 1 nähert, während in einem Medium höherer DK (= 28,85) zwischen k_2 u. k_3 ein erheblicher Unterschied besteht, daß Ionenpaar-Bldg. erfolgt. Ch. Zechel. B 225□

Kleinringverbindungen. 34. Mitt. Carboniumionreaktionen von 1-Methylcyclobutyl-, [1-Methylcyclopropyl]-carbinyl- und [β-Methylallyl]-carbinyl-Derivaten. Eugen F. Cox, Marjorie C. Caserio, Marc S. Silver und John D. Roberts. (J. Amer. chem. Soc. **83.** 2719—24. 20/6. 1961. Pasadena, Calif., California Inst. of Technol., Gates and Crellin Labor. of Chem.; Cambridge, Mass., Massachuetts Inst. of Technol., Dep. of Chem.) (Engl.) — 33. vgl. C. **1962.** 8565.

Vff. verfolgten die Kinetik der Solvolyse folgender Halogenide in wss. 50%ig. A.: *Cyclopropylbromid* [10^5 k_1 in s^{-1}] 0,26 (130°), *1-Methylcyclopropylbromid* 10,5 (130°), *1-Methylcyclobutyl-* (**VI**), 61,7 (50°) bzw. 7,15 (30°), *[1-Methylcyclopropyl]-carbinyl-* 69 (30°) u. *[β-Methylallyl]-carbinylchlorid* (**VII**) 29 (130°). Diese Werte werden verglichen mit Literaturdaten ähnlicher Halogenide, wobei sich ergibt, daß durch die Einführung einer CH_3-Gruppe in 1-Stellung des Cycloalkylhalogenids die Hydrolysen-Geschw. gesteigert wird, u. zwar beim Cyclopropyl- (ca. 40fache Steigerung) u. Cyclobutyl-Syst. (130fach) viel weniger als beim Cyclopentyl- (28000fach) u. Cyclohexyl-Syst. (23000fach). Ähnlich verhalten sich nach Snyder (unveröffentlicht) auch 1-Phenylverbindungen. IR-spektroskop. untersucht wurde ferner die Prod.-Zus. bei folgenden Desaminierungen mit HNO_2 in wss. $HClO_4$ oder in Eisessig (Es.). Hierbei ergaben *1-Methylcyclobutyl-* u. *[1-Methylcyclopropyl]-carbinylamin* (**II**) anscheinend nur 1-Methylcyclobutyl-Derivv.; *[β-Methylallylcarbinyl]-amin* lieferte dagegen in wss. $HClO_4$ 55% 1-Methylcyclobutanol (**III**), 33% [β-Methylallyl]-carbinol, 2 ± 2% [1-Methylcyclopropyl]-carbinol (**I**), 4% α.β- u. 6% β.γ-Dimethylallylalkohol. **I** erwies sich unter den Rk.-Bedingungen als stabil. Schließlich wurde die ^{14}C-Verteilung in dem bei der Desaminierung von $^{14}C_{(\alpha)}$-**II** in wss. $HClO_4$ bzw. Es. entstehenden ^{14}C-**III** wie früher (vgl. Mazur u. Mitarbeiter, J. Amer. chem. Soc. **81.** [1959.] 4390, Abbau zu Methylisopropylketon, Acetaldehyd, Aceton u. CHJ_3) ermittelt. Das Prod. enthielt in α-Stellung 0%, 1- 0,6—1,1%, 2- bzw. 4- 46,4—49,3% u. in 3-Stellung 2,6—3,1% ^{14}C. Vff. deuten die Ergebnisse durch das Auftreten von klass. Carboniumionen u./oder substituierten „Bicyclobutoniumion"-Zwischenstufen mit ziemlich lokalisierten positiven Ladungen.

Versuche (FF. korr.): *1-Methyl-1-carbomethoxycyclopropan* (**IV**), $Kp._{60,4-65,6}$ 55,9 bis 57,1°, durch Zugabe von Methacrylsäuremethylester zu CH_2N_2 in Ae. bei 0° (→ 99% Pyrazolin-Verb.), Zers. durch Erhitzen in kleinen Portionen, Lösen der Fraktion vom Kp. 122,3—124,3° (n_D^{25} 1,4180—1,4211) in PAe. u. Einw. von alkal. $NaMnO_4$-Lsg. bei 0°; n_D^{25} 1,4192—1,4193; 35% (Ausbeute). — *1-Methylcyclopropancarbonsäure*, F. 32,4 bis 34,3°, $Kp._{40,0-41,5}$ 111—112°, aus vorst. Ester; 90%. *p-Bromphenacylester*, $C_{13}H_{13}BrO_3$, F. 64,1—65,0° (50%ig. wss. A.). *Anilid*, $C_{11}H_{13}NO$, F. 100,5—101,6° (wss. 50%ig. A.) bzw. 100,6—101,3° (Hexan). — *1-Methylcyclopropylbromid*, $Kp._{740}$ 77,2—78,0°, aus dem Ag-Salz vorst. Säure mit Br_2 in Freon-12; n_D^{25} 1,4471—1,4474; 71%. Lieferte über die Grignard-Verb. mit Phenylisocyanat vorst. Anilid. — *1-Methylcyclopropancarbonsäureamid*, C_5H_9NO, F. 145,7—146,9° (Bzl.–Cyclohexan), aus der Säure nach Roberts u. Mitarbeitern (C. **1954.** 5286); 72%. — *1-Methylcyclopropancarbonsäurenitril* (**V**), $Kp._{765}$ 127,7—128,5°, aus Methacrylsäurenitril u. CH_2N_2 in Ae. analog **IV**; n_D^{25} 1,4128. — *[1-Methylcyclopropyl]-carbinol* (**I**), $Kp._{739}$ 125,8—126,3°, durch Red. von **IV** mit $LiAlH_4$; n_D^{25} 1,4290—1,4292; 63%. *3.5-Dinitrobenzoat*, $C_{12}H_{12}N_2O_6$, F. 88,8—90,7° (Bzl.–Cyclohexan). — *[1-Methylcyclopropyl]-carbinylamin* (**II**), $Kp._{761}$ 94,3—96,1° bzw. $Kp._{764}$ 95,0—96,8°, a) durch Red. von **V** mit $LiAlH_4$ in Ae.; 70%; b) analog mit Na in A.; 56%; n_D^{25} 1,4267—1,4273. Liefert *N-Phenyl-N'-[1-methylcyclopropylcarbinyl]-thio-*

harnstoff, $C_{12}H_{16}N_2S$, F. 112,7—113,5° (95%ig. A.). $^{14}C_{(\alpha)}$-**II**, durch Carbonisierung von 1-Methylcyclopropyl-MgBr mit $^{14}CO_2$ (→ $^{14}C_{(C=O)}$-1-Methylcyclopropancarbonsäure, $Kp._{19,2-19,4}$ 96,6—97,4°), Umwandlung in das Amid u. Red. mit $LiAlH_4$; 51%. — *1.1-Dimethylcyclopropan*, $Kp._{738}$ 19,0—20,0°, durch Umwandlung von 2.2-Dimethylpropandiol-(1.3) mit PBr_3 in das Dibromid u. Cyclisierung nach SHORTRIDGE u. Mitarbeitern (J. Amer. chem. Soc. **70.** [1948.] 946). — *[1-Methylcyclopropyl]-carbinylchlorid*, $Kp._{735}$ 83,0—83,9° (Mikro-Kp. 85,4°), durch Chlorierung vorst. Verb. nach ROBERTS u. MAZUR (C. **1952.** 7646); n_D^{25} 1,4045—1,4052; 49%; daneben 16% **VI**, 14% **VII** u. 32% unreaktives Chlorid. — *1-Methylcyclobutanol*, $Kp._{765}$ 118,3°, a) durch Addition von W. an Methylencyclobutan (**VIII**, $Kp._{739}$ 41,0—42,0°) in Ggw. von H_2SO_4; 68%; b) durch Hydrolyse von **VI**; 40%; c) aus Cyclobutanon u. CH_3MgJ; 67%; n_D^{25} 1,4329—1,4336. — *1-Methylcyclobutylchlorid* (**VI**), $Kp._{742}$ 90,8—91,3°, durch Addition von HCl an **VIII** nach BROWN u. BORKOWSKI (C. **1953.** 4021); n_D^{25} 1,4283—1,4287; 81%. — *1-Methylcyclobutylamin*, $Kp._{764}$ 85,5—86,0°, a) durch Zugabe von **VIII** zu Acetonitril in Es./konz. H_2SO_4 unter Eis–Salz-Kühlung, 1 std. Rühren bei 20°, Verdünnen mit W. (→ 70% *N-[1-Methylcyclobutyl]-acetamid*) u. 48 std. Kochen mit 4 n KOH in Äthylenglykol; n_D^{25} 1,4200; 46%; b) durch Kühlen von 90%ig. NaCN u. **VIII** in Es. auf 0°, Zugabe von Es./konz. H_2SO_4, 3 std. Rühren bei 0°, 1 std. bei Raum-Temp. u. $^3/_4$ Std. bei 55°, Stehen über Nacht bei Raum-Temp., Zugabe von wss. NaOH, 8 std. Kochen u. Wasserdampf-Dest.; n_D^{25} 1,4292—1,4293; 47%. Lieferte *N-Phenyl-N'-[1-methylcyclobutyl]-thioharnstoff*, $C_{12}H_{16}N_2S$, F. 135,5—135,8° (verd. A.). — *[β-Methylallyl]-carbinol*, $Kp._{741}$ 127,9—130,4°, aus β-Methylallylchlorid nach KHARASCH u. FUCHS (J. org. Chemistry **9.** [1944.] 359); n_D^{25} 1,4305—1,4312; 35%. *α-Naphthylurethan*, $C_{16}H_{17}NO_2$, F. 66,7—67,3° (PAe.) — *[β-Methylallyl]-carbinylchlorid* (**VII**), $Kp._{739}$ 101,0—102,7°, durch Zugabe von $SOCl_2$ zu vorst. Verb. in abs. Ae.–Tri-n-butylamin bei 0°; n_D^{25} 1,4301—4305; 48%. — *[β-Methylallyl]-carbinylamin*, $Kp._{101}$ 47,6—48,5°, aus **VII** u. Phthalimid-K in Dimethylformamid über N-[3-Methylbuten-(3)-yl]-phthalimid ($C_{13}H_{13}NO_2$, F. 51,2—52,8°; 85%) u. Hydrazinolyse in $HClO_4$; n_D^{25} 1,4288; 26%. — *α.β-Dimethylallylalkohol*, $Kp._{59,9-60,4}$ 54,6—56,8°, aus CH_3MgJ u. α-Methylacrolein; n_D^{25} 1,4241—1,4242; 16%. — *β.γ-Dimethylallylalkohol*, Kp. 137,6—137,9°, durch Red. von Tiglinsäuremethylester ($Kp._{740}$ 136,9—137,1°, durch Zers. von 3-Methyl-3-carbomethoxy-Δ^1-pyrazolin; n_D^{25} 1,4338) mit $LiAlH_4$; n_D^{25} 1,4386—1,4401; 40%. — *N-[1-Methylcyclopropyl]-benzamid*, $C_{11}H_{13}NO$, F. 161,7 bis 163,0°. B. GNAUCK. B 225□

Solvolyse von Tropanyl-(3)-chloriden. A. T. Bottini, C. A. Grob und E. Schumacher. (Chem. and Ind. **1958.** 757—58. 21/6. Basel, Univ., Organ.-chem. Anstalt.) (Engl.)

Die Solvolyse von *β-Tropanyl-(3)-chlorid* (β-**I**), dessen Struktur mit äquatorialer Stellung des Cl u. leichter Inversion des N eine „concerted"-Spaltung begünstigt, verläuft in 80%ig. Methanol um den Faktor 11500 rascher als die von *Cyclohexylchlorid*, während die Solvolysen-Geschw. von α-**I** nur um den Faktor 780 größer ist. Es wird angenommen, daß die Solvolyse von α-**I** über ein am N ionisiertes Zwischenprod. verläuft. Bei der Solvolyse von β-**I** wurde ein *N-Methyl-5-allyl-Δ^1-pyrroliniumsalz* als einziges indentifizierbares Prod. isoliert u. als *N-Methyl-5-allyl-2-cyanpyrrolidin* charakterisiert. *N-Methyl-4-chlorpiperidin* besitzt eine ähnlich große Solvolysen-Geschw. wie α-**I**; es wird hier ebenfalls ein Verlauf über eine anchimer begünstigte Ionisierung zu einem ion. Zwischenprod. angenommen. H.-E. TOUSSAINT. B 225□

Einfluß der Synthesebedingungen auf den Mechanismus der Reaktion von Estern mit Organometallderivaten. Alexandre Dmitrievitch Pétrov, Ekaterina Pavlovna Kaplan und Yaroslav Cir. (Bull. Soc. chim. France **1961.** 1593—95. Aug./Sept. Moskau, Acad. des Sci.) (Franz.)

Bei der Einw. von Isopropyl-Li auf Caprylsäureäthylester (**I**) in Ae. bei —35° (Zers. mit 10%ig. HCl bei 0° nach 2 Std.) wurden 70% *Diisopropylheptylcarbinol* (**II**, $C_{14}H_{30}O$, $Kp._8$ 124°, n_D^{20} 1,4509, $D._4^{20}$ 0,8562) erhalten. Bei + 35° läuft diese Rk. langsamer ab, u. es konnten nur 21% **II**, aber auch 20% *Heptylisopropylketon* gewonnen werden. Bei Durchführung der Rk. in Bzl. u. bei 70° entstand *Diheptylketon* (**III**, F. 40°). Vff. erhielten aus **I** u. tert.-Butyl-Li (**IV**) bei —35° 45% *Heptyl-di-tert.-butylcarbinol* ($C_{16}H_{34}O$, $Kp._4$ 134 bis 137°, n_D^{20} 1,4567, $D._4^{20}$ 0,8656), 35% *Heptyl-tert.-butylketon* ($C_{12}H_{24}O$, $Kp._{20}$ 113°, n_D^{20} 1,4380, $D._4^{20}$ 0,8440) u. 10% *4-Hexyl-2.2-dimethyldodecandion-(3.5)* ($C_{20}H_{38}O_2$, $Kp._4$ 160—162°, n_D^{20} 1,4585, $D._4^{20}$ 0,8837). Vff. nehmen an, daß die Bldg. von **III** ähnlich der GRIGNARD-Synth. von MARONI-BARNAUD u. DUBOIS (C. **1962.** 12618) erfolgt. Bei + 35° lieferte die Rk. zwischen **I** u. **IV** als Hauptprod. **III**. Bei der Umsetzung von **I** mit tert.-Amyl-Li (**VI**) entstanden bei Temp. zwischen —35 u. —50° 62% *3.3-Dimethylundecanon-(4)* (**V**, *Heptyl-tert.-amylketon*, $C_{13}H_{26}O$, $Kp._9$ 124—126°, n_D^{20} 1,4363, $D._4^{20}$ 0,8447) u. 9% **III**. Bei Ersatz des Ae. durch Tetrahydrofuran wurden bei —35° 40% **III** u.

3.3-Dimethyl-5-n-hexyltridecandion-(4.6) sowie eine Spur **V** erhalten. Es ergibt sich also, daß die Rkk. der Organo-Li-Verbb. bei tiefen Temp. den normalen Weg unter Bldg. tert. Alkohole einschlagen. Wenn der Alkylrest der Li-Verb. verzweigt ist, bilden sich jedoch anomale Kondens.-Prodd. (Diketone). Bei höheren Temp. (+ 35°) läuft die Rk. ebenfalls anomal ab unter Bldg. von Ketonen des Typs RCOR (aus RCOOR'). Bei den Rkk. von **VI** bildete sich daneben auch ein α-Ketol, vermutlich durch Azelain-Kondens. von **I**. B. Gnauck. B 225□

Die Wirkung von o-Substituenten auf die Benzaldehydsemicarbazon-Bildung. Richard Wolfenden und William P. Jencks. (J. Amer. chem. Soc. **83.** 2763—68. 20/6. 1961. Waltham, Mass., Brandeis Univ., Graduate Dep. of Biochem.) (Engl.) — Vgl. C. **1961.** 6822.

Die Kinetik der Semicarbazon-Bldg. folgender Benzaldehyde wurde UV-spektroskop. bei 25° in 25% ig. wss. A. verfolgt: *Benzaldehyd* [Rk.-Geschw.-Konst. der Gesamt-Rk. 10^{-7} k_g in Liter²/Mol²·Min.] 1,08, [Gleichgewichts-Konst. der Gesamt-Rk. 10^{-5} K_g in Liter/Mol] 6,9; *o-Methoxy-* (**I**), 4,75, 8,2; *p-Methoxy-* (**II**) 0,43, 1,5; *o-Hydroxy-* 1,03, 4,5; *p-Hydroxy-* (**III**) 0,46, 1,1; *o-Methyl-* 1,49, 7,0; *p-Methyl-* 0,92, 3,4; *o-Chlor-* 1,94, 23,3; *p-Chlor-* 0,86, 10,5; *o-Nitro-* (F. 41° W.) 0,52, 75; *p-Nitrobenzaldehyd* 0,96, 83. Ferner wurden die k- u. K-Werte der säurekatalysierten Addition von Semicarbazid (k_1, K_1) an die Aldehyde sowie der säurekatalysierten Wasserabspaltung der Addukte (k_2, K_2) sowie folgende Hammettschen ϱ-Konst. ermittelt: für die k_g-Werte [ϱ] 0,07, für die K_g-Werte 1,64, für die K_1-Werte 1,81, für die k_2-Werte —1,74 bzw. für die K_2-Werte —0,17. Die Daten für **II** u. **III** zeigen negative Abweichungen im σ–ϱ-Diagramm für K_g, k_g u. K_1, die mit einem erheblichen Ausmaß an Resonanzstabilisierung der Aldehyde im Grundzustand durch die p-Substituenten in Zusammenhang gebracht werden. Ferner wurde die Kinetik der Rk. von NH_2OH mit **I** u. **II** zwischen pH 4 u. 7 unter obigen Bedingungen untersucht. Die k-Werte betrugen für **I** bzw. **II** $40 \cdot 10^7$ bzw. $4{,}8 \cdot 10^7$ [Liter²/Mol²·Min.], in 100% ig. A. ändert sich das Geschw.-Verhältnis zwischen **I** u. **II** nicht. Da die k_2-Werte in allen Fällen für o- u. p-substituierte Verbb. ähnlich sind, spiegeln die Unterschiede in den k_g-Werten zwischen o- u. p-Verbb. weitgehend die Differenzen im Additionsgleichgewicht wider. Für die konjugierten Säuren der Benzaldehydsemicarbazone wurden folgende pK'_a-Werte ermittelt: *Benzaldehyd-* (**IV**) —1,05, *o-Methoxy-* —1,15, *p-Methoxy-* —1,20, *o-Hydroxy-* —1,30, *p-Chlor-* —1,15, *o-Nitrobenzaldehydsemicarbazon* —1,20. Da die Daten zeimlich unabhängig vom Substituenten sind, wird angenommen, daß die Protonierung an der endständigen $CONH_2$-Gruppe erfolgt. Ferner konnte unter Benutzung der Beziehung von Conant u. Bartlett [1932] nachgewiesen werden, daß die pH-Abhängigkeit der K-Werte der Bldg. von **IV** mit den spektrophotometr. bestimmten pK-Werten übereinstimmen. Die unerwartet hohen Unterschiede in den o/p-Verhältnissen der k- u. K-Werte fallen in der Folge der Substituenten $CH_3O > HO$, $Cl > H > NO_2$. Die Wrkg. einer o-CH_3O-Gruppe im Vgl. zur p-CH_3O-Gruppe kann als Folge der Stabilisierung der Übergangszustände der Additionsstufe u. der Gesamt-Rk. sowie der Additions-Verb. u. des Endprod. durch den o-Substituenten relativ zum Ausgangsstoff oder auch durch eine Destabilisierung von **I** relativ zu **II** erklärt werden. Der Effekt der o-Substituenten kann nicht durch ster., induktive oder Effekte von H-Brückenbindungen erklärt werden. Vielmehr schließen Vff., daß p-substituierte Benzaldehyde durch elektronenabgebende Substituenten durch Resonanz stärker stabilisiert werden als o-substituierte Benzaldehyde. B. Gnauck. B 225□

Über die Reaktion von Keten mit stickstoffhaltigen Basen. 6. Mitt. **Mechanismus der Acetylierung von Aminen mit Keten.** Ju. W. Swetkin. (Журнал Общей Химии [J. allg. Chem.] **28** (**90**). 713—15. März 1958. Kischinew, Univ.) (Russ.) — 5. vgl. C. **1959.** 9915; 7. vgl. C. **1962.** 14113.

Es wird ein Mechanismus für die Acetylierung von Aminen oder Ammoniumsalzen von Säuren mit Keten in Ggw. von W. oder Säuren diskutiert. In unpolaren Lsgm. entsteht aus Ammoniumsalz u. Keten das Zwischenprod. $[RNH_2 \cdot COCH_3]^+ X^-$ (X = Acyloxyrest), in polaren Lsgm. das Zwischenprod. $[RNH_3]$ $OCOCH_3$; infolge der geschwächten Basizität stabilisieren sich diese Zwischen-Prodd. unter Abspaltung von HX bzw. H^+. — Der Rk.-Mechanismus wird dadurch bestätigt, daß die Ammoniumsalze verschiedener org. Säuren mit Keten lediglich die N-Acetyl-Derivv. der entsprechenden Amine liefern, d. h. Keten wirkt nicht wasserabspaltend. Auch die Dissoziation der Ammoniumsalze in unpolaren Lsgm. in Base u. Säure wird ausgeschlossen, da Formiate u. Keten ebenfalls nur N-Acetyl-Derivv., nicht aber N-Formyl-Verbb. (aus Formylacetat u. Base) geben. — Es werden die entsprechenden *Acetamide* beschrieben, die aus Keten mit Phenylamylamin (**I**), Diamylamin (**II**), Phenyl-α-naphthylamin (**III**), Phenyl-β-naphthylamin (**IV**), β-Naphthylamin (**V**), o-Toluidin (**VI**) u. p-Toluidin (**VII**) bzw. deren Salzen mit Ameisen-, Essig-, Chloressig-, Butter- oder Benzoesäure erhalten werden.

Versuche: Acetamide: Man löst 5 g Amin in 60 ml Lsgm., gibt die äquimol. Menge W. zu u. leitet Keten ein, bis sich das zuerst ausgeschiedene Acetat wieder aufgelöst hat. Werden Ammoniumsalze eingesetzt, so unterbleibt der Zusatz von Wasser. *Phenylamyl-*, $C_{13}H_{19}NO$, F. 68–69°, a) aus 1 Mol **I** in Ggw. von 1 Mol W.; 92% (Ausbeute); b) aus **I**-Acetat; 90%; c) aus **I**-Butyrat in Ggw. von 1 Mol Buttersäure; 92%. — *Diamyl-*, $C_{12}H_{25}NO$, F. 102°, a) aus **II** in Ggw. von 1 Mol W.; 93%; b) aus **II**-Acetat; 90%; c) aus **II**-Butyrat in Ggw. von 1 Mol Buttersäure; 91%. — *Phenyl-α-naphthyl-*, $C_{18}H_{15}NO$, F. 115°, aus **III** in Ggw. von 1 Mol Essigsäure; 93%. — *Phenyl-β-naphthyl-*, $C_{18}H_{15}NO$, F. 93°, aus **IV** in Ggw. von 1 Mol Essigsäure; 92%. — *β-Naphthyl-*, $C_{12}H_{11}NO$, F. 134°, aus **V**-Butyrat in Ggw. von 1 Mol Buttersäure; 94%. — *Acet-o-toluidid*, $C_9H_{11}NO$, F. 110°, a) aus **VI**-Formiat; 95%; b) aus **VI**-Chloracetat; 94%; c) aus **VI**-Butyrat in Ggw. von 1 Mol Buttersäure; 92%. — *Acet-p-toluidid*, $C_9H_{11}NO$, F. 153°, a) aus **VII**-Chloracetat; 83%; b) aus **VII**-Benzoat; 90%. HELMUT SCHÄFER. B 225

Über den Mechanismus der Reaktion von Harnsäure mit Essigsäureanhydrid. W. I. Chmelewski. (Журнал Общей Химии [J. allg. Chem.] **31** (**93**). 3123–29. Sept. 1961. Uraler Filiale des chem.-pharmazeut. Allunions-Ordshonikidse-Forschungsinst.) (Russ.)

Wenn der von BREDERECK, HENNIG u. PFLEIDERER (C. **1953.** 6888) vorgeschlagene Mechanismus für die Rk. von Harnsäure (**I**) mit Essigsäureanhydrid (**II**) richtig ist, müßte die elektr. Leitfähigkeit der Rk.-Mischung bei der Bldg. von *4-Acetylamino-5-diacetylaminouracil* (**IV**) stetig bis zum Aufhören der CO_2-Entw. zunehmen. Tatsächlich ergibt sich ein Anstieg der Leitfähigkeit nur im Anfangsstadium des Prozesses; es folgt ein Abfall zu einem Minimalwert u. ein erneuter Anstieg auf einen konst. Wert, der etwa nach Entw. der halben CO_2-Menge erreicht ist. Beim Kochen von **I** mit einem großen **II**-Überschuß wird eine krist. Substanz erhalten, für die nachgewiesen wird, daß es sich um ein äquimol. *Gemisch* aus *7-Acetylharnsäure* u. *4-[N-(Acetoxycarbonylamino]-5-diacetylaminouracil* (**III**) handelt. Diese Feststellung erklärt die teilweise widersprüchlich Rk.-Weise der Substanz. Nach dem vorgeschlagenen Mechanismus wird **III** durch Essigsäure weiter in *4-Carboxyamino-5-diacetylaminouracil* umgewandelt, das durch **II** zu *4-[N-Carboxy-N-acetylamino]-5-diacetylaminouracil* acyliert wird. Die nächste Stufe besteht in der Decarboxylierung zu **IV**, das unter Eliminierung von Essigsäure in *7-Acetyl-8-methylxanthin* u. weiter über Hydrolyse in das Endprod. *8-Methylxanthin* übergeht.

Versuche: *1*: *1-Gemisch* aus *7-Acetylharnsäure* u. *4-[N-(Acetoxycarbonyl)-amino]-5-diacetylaminouracil* (**III**), durch 4std. Kochen von 7 g **I** mit 700 ml **II**; Oktaeder; 4,5 g (Ausbeute); gibt mit Anilin *Acetanilid*, F. 113–115°; mit sd. W. **I**; mit sd. Eisessig in Ggw. von Dimethylanilin bei anschließender Kristallisation aus W. ein Gemisch aus *4-Amino-5-acetylaminouracil* (21,15%) u. *4.5-Bis-[acetylamino]-uracil* (**V**; 78,85%); mit sd. **II**/Eisessig in Ggw. von Pyridinbasen *8-Methylxanthin* u. **V**.

H.-E. TOUSSAINT. B 225□

Relativgeschwindigkeiten der Grignard-Additions- und Reduktionsreaktionen. John Miller, George Gregoriou und Harry S. Mosher. (J. Amer. chem. Soc. **83.** 3966–71. 5/10. 1961. Stanford, Calif., Stanford Univ., Dep. of Chem.) (Engl.)

Zur Unters. der Abhängigkeit des Verhältnisses der Additions- zur Red.-Rk. von GRIGNARD-Verbb. mit Carbonyl-Verbb. von den Konzz. der Reaktanten wurden die Rkk. von *3-Methylbutanon-(2)* (**I**) mit *Propyl-(2)-MgBr* (**II**) bzw. von *2.4-Dimethylpentanon-(3)* (**III**) mit *Äthyl-MgBr* (**IV**) unter N_2 in Ae. bei 21–23° (24 Std.) im Strömungs-Syst. untersucht u. das Rk.-Prod. gaschromatograph. analysiert. Es zeigte sich, daß das Verhältnis von Additions- zu Red.-Prod. bei Anwendung von 2 Äquivalenten **II** pro Mol **I** ziemlich konst. ist, doch konnten wegen der Enolisierung u. Kondens., die hauptsächlich auftraten, Unterss. nur in einem kleineren Konz.-Bereich durchgeführt werden. Dagegen lieferte die Rk. von **III** mit **IV** nur geringe Mengen an Enolisierungs- u. keine Kondens.-Produkte. Bei dieser Rk. ergab sich, daß das Verhältnis der Addition zur Red. nicht von der Konz. u. dem Mol-Verhältnis abhängt, wenn das Keton in hinreichendem Überschuß angewendet wird. In Ggw. von überschüssigem GRIGNARD-Reagens ist dagegen das Verhältnis Addition/Red. abhängig vom angewendeten Konz.-Verhältnis der Reaktanten, aber nicht von deren abs. Konzentration. Additions- u. Red.-Rk. verlaufen offenbar unabhängig voneinander u. in Rk.-Stufen, wobei jede der Rkk. (Addition, Red. u. Enolisierung) dem gleichen kinet. Gesetz (2. Ordnung) folgt. Nachst. allg. Rk.-Schema wird angenommen (wobei K = Keton, G^{I} = monomere GRIGNARD-Verb., u. G^{II} = dimere GRIGNARD-Verb. der Formel R_2MgX_2 bedeuten): 1. $G^{II} + K \rightleftharpoons G^{II}K \rightarrow G^{I} + P$, 2. $G^{I} + K \rightleftharpoons G^{I}K \rightarrow P$. Die monomere GRIGNARD-Verb. bildet sich also danach nur im Verlauf der Rk. 1. u. ist vermutlich noch mit dem Mg-Alkoholat-Prod. P koordiniert. Vff. nehmen an, daß die dimeren GRIGNARD-Verbb. reaktiver sind als die monomeren u.

diskutierten die Konstit. der Dimeren, für die Halogenbrücken angenommen werden. Der Komplex aus GRIGNARD-Dimerem u. Keton ($G^{II}K$) könnte sowohl bei der Additions- als auch bei der Red.-Rk. nach einem 6-Zentren „concerted“-Mechanismus weiterreagieren. Solange die GRIGNARD-Verb. im Überschuß vorhanden ist, hängt das Verhältnis von Addition zu Red. nur von den Eigg. des Komplexes ab u. ist daher unabhängig von der Konz. der Reaktanten. Bei Ketonüberschuß dagegen führt Rk. 2 zu Additions-W.-Red.-Prodd., deren Verhältnis von der Konformation des Übergangszustandes abhängt. Mit diesen Anschauungen werden auch die Ergebnisse von SHINE (C. **1952.** 5713) über Rkk. von GRIGNARD-Verbb. mit verschiedenen Halogenatomen gedeutet.

B. GNAUCK. B 225□

1.3-Dipolare Cycloadditionen. (Vortrag.) Rolf Huisgen. (Proc. chem. Soc. London] **1961.** 357—69. Okt. München, Univ.) (Engl.)

Vf. bespricht überwiegend eigene veröffentlichte u. nicht veröffentlichte Arbeiten über den Ablauf u. die Kinetik von 1.3-dipolaren Cycloadditions-Rkk. u. deren präparative Anwendung sowie die Elektronenstruktur der Reaktanten. So bestimmten Vf., STANGL u. WAGENHOFER die Kinetik der Addition von *Phenylazid* an *1.2.3.6-Tetrahydro-3.6-methylenpyridazindicarbonsäure-(1.2)-diäthylester* in folgenden Lsgm.: Acetonitril [10^4 k_2 in Liter/Mol·s, Temp. nicht angegeben] 1,50, A. 1,67, Methylcellosolve 1,89, Bzl. 1,90, Dioxan 2,10, Pyridin 2,24 u. Cyclohexan 2,75. Daß sich die Daten nur relativ wenig unterscheiden, wird als Hinweis auf einen polyzentr. Mechanismus der Addition gewertet. Unter 1.3-dipolaren Additionen wird allg. die Vereinigung eines 1.3-Dipols a–b–c mit einem Syst. mit Mehrfachbindung d–e (dem sogenannten Dipolarophilen) unter Bldg. eines 5gliedrigen Ring-Syst. unter Verlust der formalen Ladungen verstanden. Die 1.3-dipolare Verb. besitzt bei a ein Elektronensextett (positiv geladenes Zentrum) u. bei c ein ungepaartes Elektronenpaar (anion. Atom), folgende dipolare Syst. werden unterschieden: Nitriliumbetaine (Nitril-ylidene, Nitrilimine, Nitriloxide) u. Diazoniumbetaine (Diazoalkane, Azide u. N_2O). Die Bldg. von Nitril-ylidenen konnte STANGL durch Einw. von Triäthylamin (I) auf N-p-Nitrobenzylbenzimidoylchlorid in Bzl. bei Raum-Temp. unter Abspaltung von HCl durch Abfangen der nicht-isolierbaren Verb. mit Dipolarophilen wie Acrylnitril (Bldg. von *Δ^1-Pyrrolinen*, die durch Dehydrierung in *Pyrrole* umgewandelt wurden), Benz- u. Acetaldehyd (Darst. von *Oxazolen* nach Dehydrierung) nachweisen. Untersucht wurde ferner die Thermolyse von 2.5-Diphenyltetrazol bei 150—170°, das dabei sich bildende Diphenylnitrilimin wurde mit Alkenen u. Alkinen umgesetzt. So entstand bei der Zers. in Ggw. von Fumarsäurediäthylester *1.3-Diphenyl-Δ^2-pyrazolindicarbonsäure-(4.5)-diäthylester* (88% [Ausbeute]), mit Dicyclopentadien bildeten sich 68% des entsprechenden Addukts (*1.3-Diphenyl-4'.7'-methylen-$\Delta^{2.2'}$-hexahydroindeno-[5'.6':4.5]-pyrazolin*), mit Naphthochinon-(1.4) 85%. *1.3-Diphenyl-1'.4'-dihydro-1'.4'-diketonaphtho-[2'.3':4.5]-pyrazol*, mit 1.2-Dihydronaphthalin 84% *Δ^2-1.3-Diphenyl-tetralino-[1'.2':4.5]-pyrazolin* u. mit Phenylpropiolsäureäthylester 84% *1.3.5-Triphenylpyrazolcarbonsäure-(4)-äthylester.* Weiter werden besprochen die Darst. u. die Additions-Rkk. von Diphenylnitrilimin u. Benzonitriloxid an ungesätt. KW-Stoffe, Nitrile, Aldehyde u. Ketone. So erhielt MACK bei der langsamen Zugabe von **I** zu einer Lsg. von Benzhydroxamoylchlorid u. Benzonitril (**III**) in Ae. bei —10° 70% *Diphenyl-1.2.4-oxadiazol,* analog wurden gewonnen: mit Diacetyl 65% *5-Methyl-3-phenyl-1.4.2-dioxazolcarbonsäure-(5)-methylester,* mit Cyancarbonsäureäthylester 71% *3-Phenyl-1.2.4-oxadiazolcarbonsäure-(5)-äthylester* u. mit Benzaldehyd 55% *3.5-Diphenyl-1.4.2-dioxazol.* STANGL u. WAGENHOFER untersuchten die Kinetik der Bldg. von Pyrazolinen aus Diazoalkanen u. α,β-ungesätt. Carbonyl-Verbb.; hierbei ergab sich nur eine geringe, irreguläre Abhängigkeit der Additions-Geschw. vom Lösungsmittel. Auch hieraus ist auf eine gleichzeitige Addition an der 1- u. 3-Stellung des dipolaren Agens zu schließen. Ferner wird das Verh. von Azomethiniminen behandelt, die aus Aryldiazocyaniden u. Diazoalkanen zu gewinnen sind. Bes. reaktionsfähig sind die von SCHMITZ durch Abzug von H^+ aus den Hydrazoniumsalzen von 3.4-Dihydroisochinolin-Derivv. erhaltenen Azomethinimine. Die Einw. von tert. Amin setzt dunkelrotes Azomethinimin frei, das mit Alkoholen unter Bldg. gelber 1.3-Addukte reagiert. Diese dissoziieren bei 100° in die Komponenten, damit stellen die 1-Alkoxy-2-arylaminotetrahydroisochinoline wertvolle Ausgangsstoffe für Azomethinimine dar. Additionen konnten mit Propiolsäuremethylester, Benzylidenmethylamin sowie kumulierten Syst. (Ketene, Carbodiimide, Isocyanate u. CS_2) u. Allylbenzol u. Cyclopenten erzielt werden. KRISCHKE untersuchte die Rk. mit Acetylendicarbonsäuredimethylester (**II**) bei Raum-Temp. u. fand, daß das Primäraddukt eine Redox-Rk. mit einem weiteren Mol **II** eingeht u. ein *Pyrazolopyridindicarbonsäureester* u. Fumarsäuredimethylester gebildet werden. Bei der analogen Rk. mit Isochinolinimin (**IV**) konnte das Primäraddukt (gelbe Kristalle, 75%) isoliert werden. **IV** u. Chinolinimin treten an sich als Dimere (Hexahydrotetrazine) auf, ihre Fähigkeit zum Eintritt in 1.3-Additionen wird mit einer geringen Gleichgewichts-Konz. an monomerem Imin erklärt. 2-Methylindazol konnte als „maskiertes" Azomethinimin erkannt werden, es lieferte durch 4std. Kochen mit Maleinanhydrid in Essigsäure ein entsprechendes Addukt, das durch weitere Umwandlung *Chinolin*, dessen *3-Carbonsäure* u. *2.3-Dicarbonsäure-N-methylimid* lieferte. Nach Wimmer (Dr.-Arbeit, München [1959]) folgt auf die 1.3-Addition eine Öffnung des Anhydridrings u. Eliminierung von Methylamin u. CO_2. Ferner werden die 1.3-dipolaren Additions-Rkk. von Nitronen (Azomethinoxiden, wie 3.4-Dihydroisochinolin-N-oxid) besprochen, ferner auch 1.3-dipolare Syst. ohne Oktett-Stabilisierung (Vinyl, Imino- u. Ketocarbene u. -azene). König konnte kristalline Ketocarben-Addukte bei der therm. Zers. von Tetrachlorbenzol-o-diazooxid in Maleinester, Phenylacetylen, **III** u. anderen Dipolarophilen isolieren. Mit den besprochenen Meth. sind folgende heterocycl. Syst. zugänglich: Pyrroline, Pyrrolidine, Imidazolidine, Pyrazole, Pyrazoline, Pyrazolidine, 1.2.3- u. 1.2.4-Triazole, -Triazoline u. -Triazolidine, Tetra- u. Pentazole, Furane, Di- u. Tetrahydrofurane, 1.3-Dioxolane, 1.2.3- u. 1.2.4-Trioxolane, Oxazole, Oxazoline u. Oxazolidine, Isoxazole, Isoxazoline u. Isoxazolidine, 1.2.4-Oxadiazoline u. -oxadiazolidine sowie 1.3.4-Dioxazole, ferner 1.3.4-Thiadiazoline u. -Thiadiazolidine, 1.3-Oxathiole u. 1.4.2-Oxathiazole. Die dipolarophilen Reaktivitäten einer Verb. entsprechen nicht dem dienophilen Charakter bei Diels-Alder-Rkk., ferner ist die Stärke der neu gebildeten σ-Bindung ein entscheidender Faktor für den Ablauf der Addition. Als weitere Effekte werden die Aufhebung von Ringspannungen, ster. Faktoren u. die Polarisierbarkeit des konjugierten Syst. betrachtet. — 17 Literaturhinweise. B. Gnauck. B 225□

Dualer Mechanismus bei der Pyrolyse von Diisopropylquecksilber. B. H. M. Billinge und B. G. Gowenlock. (Proc. chem. Soc. [London] **1962.** 24. Jan. Birmingham, Univ., Dep. of Chem.) (Engl.)

Vff. haben mittels der Gas–Fl.-Chromatographie die Kinetik der Pyrolyse von *Diisopropylquecksilber* untersucht. Oberhalb 240° finden sie eine gute Übereinstimmung mit bekannten Daten (vgl. C. **1955.** 6719), die Parameter der Arrhenius-Gleichung (log A 16,7 [s^{-1}]; E 40,4 [kcal/Mol] sind typ. für die „Klasse II" (vgl. Carter u. Mitarbeiter, C. **1956.** 8020). Die Aktivierungsparameter für die Zers. unterhalb von 240° (log A 11,0, E 27,0 sind dagegen typ. für Beispiele der „Klasse I". J. Weiner. B 225□

Die Pyrolyse von Methylnitrit. L. Phillips. (J. chem. Soc. [London] **1961.** 3082—90. Juli. Waltham Abbey, Essex, Min. of Aviat., Explosives Res. and Developm. Establ.) (Engl.)

Im stat. u. im Strömungs-Syst. wurde die Pyrolyse von *Methylnitrit* (**I**) zwischen 147 u. 244° untersucht. Die Zus. des aus HCHO, CH_3OH, NO, N_2O, $CH_2{=}NOH$, HCN, CO, N_2 u. H_2O bestehenden Prod.-Gemisches wurde IR-spektroskop. bei 100° (zur Vermeidung der Polymerisation von HCHO u. zur Erzielung eines vollständigen Zerfalls von Formaldehydhalbacetal) ermittelt (vgl. Arden u. Powling, Combust. and Flame **2.** [1958.] 55), CO u. NO wurden auch massenspektroskop., W. durch Fischer-Titration bestimmt. Nach den Druck-Zeitkurven (bei 190—244°) verläuft die Rk. nach der 1. Ordnung in Übereinstimmung mit den Befunden von Steacie u. Shaw [1934], doch besitzen die k-Werte nur den halben Betrag derjenigen dieser Autoren (vgl. Shaw u. Trotman-Dickenson, C. **1962.** 5619). Bei sauberen Gefäßwandungen spielen heterogene Rkk. offenbar kaum eine Rolle. Erst nach längerem Gebrauch des Gefäßes war bei 220° eine Abnahme der NO-Ausbeute u. die Bldg. eines braunen Films auf der Gefäßwand zu beobachten. Bei Verss. unter Zusatz von HCHO lieferten die Rk.-Prodd. beim Stehen einen braunschwarzen Teer auf der Gefäßwand. Bei Benutzung eines Gefäßes, in dem nach Green u. Maccoll (C. **1956.** 3533) Allylbromid pyrolysiert worden war, traten Verluste an HCHO auf, vermutlich durch Polymerisation an der Gefäßwand; ferner verminderte sich die NO-Bldg. u. die Zers.-Geschw. war deutlich erhöht. Bei 147° verläuft die Haupt-Rk. gemäß $2\,I \rightarrow HCHO + CH_3OH + 2\,NO$, bei Temp.-Steigerung erhöhen sich die Ausbeuten an N_2O u. HCHO auf Kosten der von NO u. CH_3OH. Bei der Pyrolyse von **I** in Ggw. von Cyclohexen (Kp. 82—83°) nahm die Bldg. von CH_3OH u. NO zu, während N_2O unter diesen Bedingungen nicht entstand. In Ggw. von HCHO lieferte die Pyrolyse von **I** bei 220° etwas erhöhte N_2O- u. stark vermehrte CO- u. CH_3OH-Ausbeuten. Durch Zusatz von Acetaldehyd (**III**) stiegen die Ausbeuten an CH_3OH, NO, $CH_2{=}NOH$ u. HCN; N_2O wurde dagegen nicht gebildet u. die Rk.-Geschw. war ebenfalls etwas größer. Zur Deutung der N_2O-Bldg. wurde *Dimethylperoxyd* (**II**) mit NO bei 180° umgesetzt, es entstanden dabei 1,5 Mol CH_3OH u. 0,5 Mol CO entsprechend dem Mechanismus: $II \rightarrow 2\,CH_3O\cdot$, $2\,CH_3O\cdot \rightarrow HCHO + CH_3OH$, $CH_3O\cdot + HCHO \rightarrow$

CH_3OH + ·CHO, CH_3O· + CHO → CH_3OH + CO (vgl. HANST u. CALVERT, C. **1959.** 15959). Ferner wurden die Verss. von LEVY (C. **1956.** 11674 u. früher) mit *Diäthylperoxyd* (**IV**) u. NO wiederholt, wobei gefunden wurde, daß pro C_2H_5O-Radikal nur 0,03 Mol N_2 u. N_2O gebildet werden. Das Ausbleiben der Bldg. von N_2O bei der Zers. von **II** (oder anderen Peroxiden) mit NO wird damit erklärt, daß die Rk. CH_3O· + NO → **I** keine Aktivierungsenergie benötigt, die zur Bldg. von N_2O führende :CH_3O· + NO → HNO + HCHO erfordert dagegen eine solche. Im Gegensatz zu den Befunden von LEVY (l.c.) wurde ferner festgestellt, daß bei der Zers. von *Äthylnitrit* (**V**), wie von **I**, durch Zusatz von NO die Ausbeute an N_2O nicht geändert wird, die an **III** zu- u. die an A. abnimmt. Ferner wurde bei der Zers. von **I** unter geringen Drücken (2—5 mm) im Strömungs-Syst. ohne Zusatz von NO ermittelt, daß zu Beginn der Pyrolyse die Konz. an N_2O bis zu einem stationären Wert zunimmt. Schließlich wurde **IV** in Ggw. von **I** bei 180° vollständig zersetzt, wobei eine Bldg. von **V** zu verzeichnen war; es konnte nachgewiesen werden, daß **V** nicht aus dem gebildeten A. u. **I** entsteht u. nur ca. 6,5% der C_2H_5O-Radikale eine Abspaltung von H aus **I** bewirken. Vf. setzte **IV** mit D_3-I um, die massenspektrograph. bestimmte Bldg. von D_3-A. betrug ca. 8% der verfügbaren C_2H_5O-Radikale. Unter der Annahme, daß die Reaktivitäten von CH_3O- u. C_2H_5O-Radikalen ähnlich sind, ergibt sich, daß die H-Abzugs-Rk. von **I** bei 180° sehr langsam verläuft. Für die Pyrolyse von **I** bei 180—240° wird nun folgender Mechanismus angenommen: **I** → CH_3O· + NO, CH_3O· + NO → **I**, CH_3O· + NO → HCHO + HNO, 2 CH_3O· → CH_3OH + HCHO, 2 HNO → $(HNO)_2$ → N_2O + H_2O, CH_3O· + **I** → CH_3OH + HCHO + NO, CH_3O· + HCHO → CH_3OH + ·CHO, CH_3O· + ·CHO → CH_3OH + CO. Für die Bldg. von CH_2=NOH wird folgender Verlauf angenommen: CH_3OH + HNO → CH_3NO + H_2O, CH_3NO → CH_2=NOH. Unter Anwendung der Meth. des stationären Zustands wurde für den Verbrauch an **I** ermittelt: $k = 10^{12,2} \exp(-34300/RT)$ [s^{-1}]. Die scheinbare Aktivierungsenergie kann aber nur als Näherungswert für die O–N-Bindungsenergie bezeichnet werden. B. GNAUCK. B 225□

Eine vergleichende Untersuchung der Decarboxylierung von Malonsäure und Oxanilsäure in Äthern und tertiären Aminen. Louis Watts Clark. (J. physic. Chem. **65.** 2271—72. Dez. 1961. Cullowhee, N.C., Western Carolina Coll., Dep. of Chem.) (Engl.)

Vf. untersucht nach der früher beschriebenen Meth. (C. **1957.** 80) die Kinetik der Decarboxylierung von *Oxanilsäure* (**I**) *Malonsäure* (**II**) in verschiedenen N- u. O-haltigen Lsgm. u. errechnet aus scheinbaren Geschw.-Konst. 1. Ordnung [s^{-1}] folgende Aktivierungsparameter: **I** in Anisol (128—148°) $\Delta H^{\ne}$ 35,6 [kcal/Mol], $\Delta S^{\ne}$ +11,1 [cal/Grad·Mol]; in Phenetol (138—157°) 32,6, +4,0; in β-Chlorphenetol (128—148°) 31,3, +0,7; in N.N-Dimethylanilin (133—158°), 37,6, +15,3; **II** in Phenetol (140—160°) 29,0, —6,0; in β-Chlorphenetol (128—148°) 27,8, —7,9. Die Daten werden mit früher erhaltenen Ergebnissen verglichen (vgl. C. **1961.** 15345 u. früher). $\Delta H^{\ne}$ von **II** nimmt stetig mit zunehmender Basizität des Lsgm. ab, das gleiche gilt für die $\Delta H^{\ne}$-Werte von **I** bei den Äthern als Lsgm. in Übereinstimmung mit der Hypothese, daß **I** u. **II** aktivierte Komplexe mit dem Lsgm. vor der Spaltung bilden. Beim Übergang von Äthern zu N-haltigen Lsgm. zeigen die $\Delta H^{\ne}$-Werte von **I** einen Sprung zu höheren Werten, die auf schwächere Anziehung zwischen **I** u. Lsgm. hindeuten. W. SCHRAMM. B 225□

Die thermische Zersetzung von trans-1.2-Dimethylcyclobutan. H. R. Gerberich und W. D. Walters. (J. Amer. chem. Soc. **83.** 4884—88. 20/12. 1961. Rochester, N.Y., Univ. of Rochester, Dep. of Chem.) (Engl.)

Vff. untersuchten die therm. Zers. von ***trans-1.2-Dimethylcyclobutan*** (***trans*-I**; Ep. —121°, n_D^{20} 1,3896, durch $LiAlH_4$-Red. einer Mischung von 2-Methylcyclobutancarbonsäure u. ihres Äthylesters, Veresterung des gebildeten Alkohols mit p-Toluolsulfonylchlorid u. Red. des Tosylesters mit $LiAlH_4$ zum KW-Stoff) bei 430° im Druckbereich 13—375 mm u. im Temp.-Bereich 390—440° bei Drucken von 15—19 mm. 2 Typen von Ringspaltungen treten auf, eine bedeutendere, a) die zu 2 Mol Propylen führt, u. die andere b), die C_2H_4 u. eine Mischung von trans- u. cis-Buten-(2) ergibt. Beide Prozesse sind homogene Rkk. 1. Ordnung, die nicht durch Zusatz von NO oder C_3H_6 gehemmt werden. Die Bldg. von C_3H_6 nach Rk. a) gehorcht der Beziehung $k_4 = 2{,}8 \cdot 10^{15} \exp(-61600/RT)\ s^{-1}$, die Bldg. von C_2H_4 nach b) der Gleichung $k_5 = 2{,}9 \cdot 10^{15} \exp(-63400/RT)\ s^{-1}$. Für die Gesamt-Zers. von trans-I wird die Aktivierungsenergie E zu 62,0 (kcal/Mol) u. der Häufigkeitsfaktor zu $4{,}7 \cdot 10^{15}\ s^{-1}$ erhalten. Die Ringspaltung von trans-I verläuft langsamer als die von cis-I (vgl. C. **1962.** 12984). Die Ringspaltung wird von einer langsameren Isomerisierung zu cis-I begleitet. Die Geschw.-Konst. der geometr. Isomerisierung von trans-I (390—440°) beträgt $k = 6{,}4 \cdot 10^{14} \exp(-60100/RT)\ s^{-1}$, die der rückläufigen Rk., ausgehend von cis-I, $k = 3{,}7 \cdot 10^{14} \exp(-61300/RT)\ s^{-1}$. W. SCHRAMM. B 225□

Die thermische Zersetzung von Methylencyclobutan. R. L. Brandaur, B. Short und S. M. E. Kellner. (J. physic. Chem. **65.** 2269—71. Dez. 1961. Rochester, N.Y., Univ. of Rochester, Dep. of Chem.) (Engl.)

Bei der Zers. von *Methylencyclobutan* (I) in homogener Rk. in der Gasphase bei 410—460° wurden hauptsächlich Äthylen (**III**) u. Allen (**IV**) erhalten, wie IR-spektroskop. u. massenspektrometr. nachgewiesen werden konnte. Polymerisations-Rkk. können vernachlässigt werden. Für die Zers. von **I** bei **410—470°** u. 6—10 mm Anfangsdruck werden angegeben: Aktivierungsenergie E_a 61,5 kcal; Häufigkeitsfaktor A (s^{-1}) 1,2·10^{15}; Aktivierungsentropie ΔS^*(cal/Grad·Mol) 6,7 (450°). Die Geschw.Konst. der Zers. von **I** reichen jedoch nicht aus zur Erklärung der Beobachtung, daß bei der therm. Zers. von *Spiropentan* (**II**) bei 420° u. einem Anfangsdruck von ca. 10 mm Hg schon anfangs **III** u. **IV** (durch Isomerisierung von **II** zu **I** u. dessen nachfolgenden Zerfall?) in größerer Menge neben **I** als Hauptprodd. erhalten werden. CH. ZECHEL. B 225□

Radikalzersetzung von verschiedenen Peranhydriden und Perestern. G. A. Razuvaev, L. M. Terman, V. R. Likhterov und V. S. Etlis. (J. Polymer Sci. **52.** 123—29. Juli 1961.) (Engl.; Auszug: Dt.)

Vff. bestimmten die Temp.-Abhängigkeit der Geschw.-Konst. k der therm. Zers. bei Temp. von 18–60° von *Acetylcyclohexylsulfonylperoxid* (**I**), *Bis-[phenylacetyl]-peroxid* (**II**) u. *Dicyclohexylperoxydicarbonat* (**III**; *Bis-[cyclohexyloxycarbonyl]-peroxid*) in verschiedenen Lösungsmitteln. Ferner wurden die Zers.-Prodd. untersucht. Die Zers. ist von 1. Ordnung in bezug auf **I**—**III**. k von **I** fällt in folgender Reihenfolge der Lsgm. ab: Isopropanol (**IV**), Cyclohexan (**V**), Bzl. u. CCl_4; die zu **IV**, **V**, Bzl. u. CCl_4 gehörigen Aktivierungsenergien E betragen 25,6 bzw. 23,4 bzw. 25,6 bzw. 26,8 (kcal Mol^{-1}). k von **III** fällt in der Reihenfolge Bzl., **V** mit E = 29,7 bzw. 28,8 ab. k von **II** fällt in der Reihenfolge Benzylalkohol, Bzl., Dibutylphthalat mit E = 26,8 bzw. 31,8 bzw. 32,1 ab. Die Zers.-Prodd. weisen darauf hin, daß prim. freie Radikale entstehen, die dann weiter reagieren. H von **IV** wird unter Bldg. der Sulfonsäuren aus **I** bzw. der entsprechenden Alkohole aus **II** u. **III** verbraucht. In Bzl. u. CCl_4 erfolgt eine Disproportionierung der Radikale unter Bldg. von ungesätt. Sulfonsäuren bei **I** bzw. von Carbonyl-Verbb. u. Alkohol bei **II** u. **III**. Eine Rk. mit Bzl. findet bei der Zers. von **II** u. **III** in Bzl. nicht statt; **I** reagiert bei der Zers. mit Bzl. unter Bldg. eines Harzes (Verss. mit ^{14}C-Bzl.). Die beim Zerfall von **I** entstehende Methylsulfonat (**VI**)-Menge ist unabhängig von der **I**-Konz.; **VI** entsteht vermutlich durch CO_2-Abspaltung aus **I**. Bei der Zers. von **I**—**III** in CCl_4 oder **IV**/CCl_4-Mischungen wird HCl frei. In allen Fällen werden größere Mengen CO_2 bei der Zers. frei. Einige mögliche Rk.-Mechanismen werden diskutiert.

O. FUCHS. B 225□

Die Photochemie von cis-trans-Hexatrien-(1.3.5). R. Srinivasan. (J. Amer. chem. Soc. **83.** 2806—08. 5/7. 1961. Rochester, N.Y., Univ. of Rochester, Dep. of Chem.) (Engl.) — Vgl. C. **1961.** 12412.

Wie l. c. untersuchte Vf. die Photolyse von *Hexatrien-(1.3.5)* [**I**; Kp. 80,0°, aus Hexadien-(1.5)-ol-(3) nach HWA u. Mitarbeitern (C. **1961.** 12046), 17% cis-Verb.] in der Gasphase. Die Hauptprodd. waren H_2, Bzl., Cyclohexadien-(1.3) (**III**), ein öliges Polymeres sowie Hexatrien-(1.2.4) [**II**; l. c. irrtümlich als Hexatrien-(1.3.4) bezeichnet]. Die Konstit. von **II** wurde IR-spektroskop. (Spektrum in CCl_4 zwischen 2 u. 12 μ angegeben), durch Aufnahme des UV- u. des kernmagnet. Resonanzspektrums nachgeprüft. Daneben traten auch Spuren von C_2H_4 u. C_2H_2 auf. Ferner ergab sich, daß nach teilweiser Photolyse der Anteil an cis-**I** immer mehr zunahm. Bei 10 mm Druck betrug der Anteil an flüchtigen Prodd. ca. 30%, der Rest entfiel vermutlich auf polymere Substanzen. Bei geringeren Anfangsdrücken war eine höhere Ausbeute an flüchtigen Prodd. zu verzeichnen, bei höheren Drücken dagegen eine geringere. Jedoch traten sämtliche Prodd. auch noch bei 80 mm Anfangsdruck auf. Ferner wurde der Einfl. der Ggw. von O_2, NO bzw. CO_2 sowie der des verwendeten Filters untersucht. Es ergab sich, daß die photochem. wirksame Strahlung kürzerwellig als 2800 Å sein muß. Folgender Rk.-Mechanismus wird angenommen: 1. $I + h\nu \rightarrow I^*$, 2. $I^* + I \rightarrow$ Dimeres $\rightarrow 2I$; 3. cis-$I^* \rightarrow III^*$; 4. $III^* \rightarrow H_2 + C_6H_6$; 5. $M + III^* \rightarrow M + III$; 6. cis-$I^* \rightarrow II$; trans-$I^* \rightarrow$ cis-I. Da die Bldg. von **II** durch die Ggw. von O_2 oder NO nicht beeinflußt wird, dürfte die Rk. 6 intramol. verlaufen, wohl durch Übertragung von H über eine 6gliedrige Zwischenstufe. Ferner wird angenommen, daß **II** keine weitere Umwandlung erleidet. Vielleicht verläuft die Bldg. von **II** auch über **III***. Die Bldg. der C_2-KW-Stoffe ist vielleicht auf eine Spaltung des nach Rk. 3 gebildeten **III** zurückzuführen. Der beobachtete Druckeffekt kann mit einer Konkurrenz der Rk.-Stufen 3 u. 6 erklärt werden. Vf. schließt ferner, daß die Photoisomerisierung von **I** vom Singulettzustand ausgeht.

B. GNAUCK. B 226□

Strahlungsinduzierte Bildung von Hydroperoxiden aus olefinischen Verbindungen. P. G. Clay, M. McCargo, G. Scholes, J. J. Weiss und J. Whiston. (Proc. chem. Soc. [London] **1962.** 22—23. Jan. Newcastle-upon-Tyne, Univ. of Durham, King's Coll.) (Engl.)

Vff. haben bei verschiedenen pH-Werten u. O_2-Konzz. wss. Lsgg. von *Methacrylsäure* (**I**) u. *Allylalkohol* (**II**) mit ^{60}Co-γ-Strahlen bestrahlt, wobei sich je zwei verschiedene Hydroperoxide bilden. Aus **I** entsteht wahrscheinlich durch Angriff von H_2O^- auf die Doppelbindung $HO_2H_2C \cdot CH(CH_3) \cdot COOH$, während sich ein Hydroxyhydroperoxid nur bei höheren pH-Werten bildet, das gleich einer Verb. zu sein scheint, die durch Photolyse einer Lsg. von **I**, H_2O_2 u. O_2 entstand. Ähnlich bildet sich aus **II** $CH_3 \cdot CH(O_2H) \cdot CH_2OH$, während das entsprechende Hydroxyhydroperoxid bisher nicht beobachtet wurde. Die G-Werte sind tabelliert. Die Rk.-Mechanismen werden diskutiert. J. Weiner. B 226□

Die Bestrahlung von ungesättigten Sultonen. E. Henmo, P. De Mayo, A. B. M. Abdus Sattar und A. Stoessl. (Proc. chem. Soc. [London] **1961.** 238—39. Juli. London, Canada, Univ. of Western Ontario, Dep. of Chem.) (Engl.)

Bei der Bestrahlung von 9.10-Diphenyl-8-oxa-7-thiafluoranthen-S.S-dioxid in Methanol entsteht *1-[α-Benzoylbenzyl]-acenaphthylensulfonsäure-(2)-methylester*, der durch Hydrolyse in *1-Benzylacenaphthylensulfonsäure-(2)* (**I**) u. Benzoesäure umgewandelt werden konnte. Die Ozonspaltung u. Cyclisierung von **I** mit warmem Alkali ergab *1-Keto-2-phenyl-3-hydroxyphenalen.* Die Bestrahlung des Sultons *2-Oxa-1-thia-3.5-dimethylcyclohexadien-(3.5)-S.S-dioxid* (**II**) lieferte den instabilen *4-Keto-2-methylpenten-(2)-sulfonsäuremethylester*, dessen Konstit. UV- u. IR-spektroskop. sowie durch Aufnahme des kernmagnet. Resonanzspektrums (auch des 2.4-Dinitrophenylhydrazons) sichergestellt wurde. Bei der Bestrahlung von **II** in Ae. in Ggw. von 2 Äquivalenten Benzylamin konnte *N-Benzyl-4-keto-2-methylpenten-(2)-sulfonamid* erhalten werden, das als 2.4-Dinitrophenylhydrazon durch das UV- u. kernmagnet. Resonanzspektrum charakterisiert wurde. B. Gnauck. B 226□

Über die katalytische Hydrierung von Estern. N. I. Schuikin, I. F. Belski und W. M. Schosstakowski. (Доклады Академии Наук СССР [Ber. Akad. Wiss. UdSSR] **139.** 634—36. 21/7. 1961. Zelinsky-Inst. für org. Chem. der Akad. der Wiss. der UdSSR.) (Russ.)

Die katalyt. Hydrierung von Estern in der Dampfphase kann in 2 Richtungen verlaufen: a) Unter Bldg. von 2 Alkoholen nach $RCOOR' \rightarrow RCH_2OH + R'OH$ oder b) unter Bldg. von Säuren u. Paraffin-KW-Stoffen nach $\rightarrow RCOOH + R'H$. Der Ablauf der Rk. a) wird durch erhöhten H_2-Druck begünstigt. Der wirksamste Katalysator ist Cu/Al_2O_3. Die Rk. b) läuft bei Normaldruck ab, wobei Pt- u. Pd-Kohle am geeignetsten sind. — Die Hydrierung von n-Pentyl-, n-Hexyl- u. n-Heptylacetat an Pt bei 300°/1 at lieferte bei ca. 100%ig. Umwandlung entsprechend *Essigsäure* u. *Pentanol*, *Hexanol* bzw. *Heptanol.* An Pd betrug die Umwandlung nur ca. 65%. Bei 250° ist der Umwandlungsgrad sehr gering. Die intermediäre Bldg. von Olefin u. Säure aus dem Ester u. eine Hydrierung des Olefins zum gesätt. KW-Stoff wird ausgeschlossen, da Isoamylacetat bei 300° an Pt-Kohle in Abwesenheit von H_2 höchstens 3—4% Isopenten lieferte. An Pt-Kohle bei 300°/50 at H_2-Druck wird auch die Carboxylgruppe reduziert. An Cu/Al_2O_3 liegen die Verhältnisse umgekehrt: Bei 300°/50 at bilden sich aus n-Pentyl- u. n-Hexylacetat glatt *A.* u. entsprechend *Pentanol* bzw. *Hexanol.* Bei Normaldruck bilden sich Gemische aus Paraffinen u. Olefinen. An Ni/Al_2O_3 beträgt die Umwandlung von Hexylacetat bei 250 bzw. 300° u. 1 at 30 bzw. 80%, wobei sich bei 250° vor allem *Hexan*, daneben *Hexene* bilden, bei 300° außerdem geringe Mengen *Pentan* u. *Pentene.* Helmut Schäfer. B 227□

Effekt von Aminen auf die katalytische Hydrierung von Chlorbenzol. E. R. A. Peeling und D. K. Shipley. (Chem. and Ind. **1958.** 362—63. 22/3. Leicester, Univ., Dep. of Chem.) (Engl.)

Die Hydrierung von Chlorbenzol (**I**) in wss. A. über Adams-Katalysator verläuft in zwei Stufen: zunächst erfolgt Hydrogenolyse zu *Bzl.* u. *HCl* in 0. Ordnung in bezug auf **I**, dann tritt Hydrierung des Bzl. zu *Cyclohexan* ein. Die zweite Stufe besitzt 0. Ordnung in bezug auf **I** u. Bzl.; die erste Stufe verläuft mit größerer Geschw. als die zweite u. wird durch Bzl. inhibiert. Eine Reihe von alicycl. Aminen wirkt hemmend auf die Reduktionen. Bes. stark vergiftend auf den Katalysator wirken prim. u. sek. Amine, wie Cyclohexylamin u. Piperidin; einen schwächeren Effekt zeigen tert. Amine, wie N-Methylpiperidin u. N.N-Dimethylcyclohexylamin, was auf ster. Gründe zurückgeführt wird. Die Hydrierung des aromat. Kernes wird wesentlich stärker durch die Amine inhibiert als die Hydrogenolyse des Cl-Atoms. Infolge dieser unterschiedlichen Wrkg. auf die beiden Rk.-Schritte erfolgt in einigen Fällen vollständige Hydrogenolyse, ehe eine Hydrierung des aromat. Kerns zu beobachten ist. H.-E. Toussaint. B 227□

C. Präparative organische Chemie. Naturstoffe

Eine neue chemische Desulfurierungsmethode. V. Georgian, R. Harrison und Nancy Gubisch. (J. Amer. chem. Soc. **81.** 5834—35. 5/11. 1959. Evanston, Ill., Northwestern Univ., Dep. of Chem.) (Engl.)

Zur Desulfurierung cycl. u. acycl. Dithioketale wird 1 Teil der zu entschwefelnden Substanz mit 8—20 Teilen Diäthylenglykol oder Triäthylenglykol, 3—5 Teilen Hydrazinhydrat u. 1,5—2,5 Teilen KOH in einer Dest.-App. auf 90—135° erwärmt u. die Rk. bei 155—190° in 40 Min. bis 3 Std. beendet. Die Ausbeuten betragen 60—95%. Der S wird völlig zum Sulfid reduziert. Als Beispiele der reduktiven Entschwefelung sind 4-Phenylcyclohexanon-, Fluorenonäthylenmercaptal, Fluorenon-β.β'-dihydroxydiäthylmercaptal u. Δ^4-p-Menthenonäthylenmercaptal angeführt, das als einziges Prod. *p-Menthen-(3)* ergibt. W. Hampel. 460□

Mechanismus der Anlagerung von Jodchlorid an Chlortrifluoräthylen. I. L. Knunjanz, Dshi-Juan Li und W. W. Schokina. (Доклады Академии Наук СССР [Ber. Akad. Wiss. UdSSR] **136.** 610—12. 21/1. 1961. Inst. für metallorg. Verbb. der Akad. der Wiss. der UdSSR.) (Russ.)

JCl wird an Chlortrifluoräthylen (I) unter Bldg. eines Gemisches (II) von *1.2-Dichlorjodtrifluoräthan* u. *1.1-Dichlor-2-jodtrifluoräthan* (im Verhältnis 4:1) angelagert. Bei der Einw. von Oleum auf II bilden sich JCl, J_2, SO_2, *1.1.2-Trichlortrifluoräthan* sowie *Difluorchloracetyl-* u. *Dichlorfluoracetylfluorid*, die in die *Äthylester* übergeführt werden. Für die Bldg. des II-Gemisches wird ein radikal. Mechanismus diskutiert, der für wahrscheinlicher als der von Haszeldine [1952] vorgeschlagene ion. gehalten wird.

Versuche: *Joddichlortrifluoräthangemisch* (II), $Kp._{150}$ 53°, man gibt unter Kühlung 136 g JCl u. 81 g I zusammen u. schüttelt 4 Std. lang bei 40° im Autoklaven; n_D^{20} 1,4490; 153 g (Ausbeute). Daneben 23 g *1.1.2-Trichlortrifluoräthan*, Kp. 47°. — *1.1.2-Trichlortrifluoräthan*, Kp. 47—48°, man gibt zu 230 ml 15%ig. Oleum bei 100° langsam 223 g II, absorbiert die gasförmigen Rk.-Prodd. unter Kühlung in abs. A. u. dest. die alkohol. Lsg.; n_D^{20} 1,3590. — *Difluorchloressigsäureäthylester*, $C_4H_5ClF_2O_2$, Kp. 96°, man behandelt die bei vorst. Dest. erhaltene Fraktion Kp. 95—96° zur Abtrennung von unverändertem II 6 Std. lang mit Zn-Staub bei 60—70°; $D._4^{20}$ 1,253; n_D^{20} 1,3572. — *Dichlorfluoressigsäureäthylester*, $C_4H_5Cl_2FO_2$, Kp. 131°; $D._4^{20}$ 1,321; n_D^{20} 1,4040. Helmut Schäfer. 510□

Propandiole-(1.3) und ihre Derivate. Vimal S. Joshi und B. V. Bhide. (J. Indian chem. Soc. **37.** 461—64. Aug. 1960. Poona, Sir Parashurambhau, Maharajah Pratapsinh Chem. Labor.) (Engl.)

2.2-Disubstituierte Propandiole-(1.3) werden durch Red. disubstituierter Malonester mit $LiAlH_4$ synthetisiert u. durch ihre *Bis-phenylurethane* charakterisiert. Die *Mono-β-diäthylaminoäthyläther* der Verbb. werden dargestellt.

Versuche: *Methyldodecylmalonsäurediäthylester*, $C_{20}H_{38}O_4$, $Kp._4$ 187°, durch Rk. von Na-Dodecylmalonsäurediäthylester mit Methyljodid. — *2-Methyl-2-dodecylpropandiol-(1.3)*, $C_{16}H_{34}O_2$, F. 63—65°, durch Red. von 16,4 g vorst. Verb. mit $LiAlH_4$ in abs. Ae.; aus PAe. Nadeln; 8 g (Ausbeute). *Bis-phenylurethan*, $C_{30}H_{44}N_2O_4$, F. 74—75°. *β-Diäthylaminoäthyläther*, $Kp._{1,5}$ 195—200°, durch 4std. Kochen des Alkohols mit Na in Bzl., Zugabe von β-Diäthylaminoäthylchlorid u. 40std. Kochen; 20%. — Propandiole-(1.3): *2.2-Dimethyl-*, $C_5H_{12}O_2$, F. 127°; 21%. *Bis-phenylurethan*, $C_{19}H_{22}N_2O_4$, F. 141 bis 142°. *β-Diäthylaminoäthyläther*, $C_{11}H_{25}NO_2$, $Kp._{3,5}$ 108—111°; 81%. — *2.2-Diäthyl-*, $C_7H_{16}O_2$, F. 61,5°; 25%. *Bis-phenylurethan*, $C_{21}H_{26}N_2O_4$, F. 110°; aus PAe. Platten. *β-Diäthylaminoäthyläther*, $C_{13}H_{29}NO_2$, $Kp._7$ 140—145°; 83%. — *2.2-Di-n-propyl-*, $C_9H_{20}O_2$, F. 59°; 25%. *Bis-phenylurethan*, $C_{23}H_{30}N_2O_4$, F. 144—145°; Nadeln. *β-Diäthylaminoäthyläther*, $C_{15}H_{33}NO_2$, $Kp._{4,5}$ 147—152°; 89%. — *2-Isopropyl-*, $C_6H_{14}O_2$, $Kp._{37}$ 151 bis 156°; 19%. *β-Diäthylaminoäthyläther*, $C_{12}H_{27}NO_2$, $Kp._6$ 130—135°; 40%. — *2.2-Di-n-butyl-*, $C_{11}H_{24}O_2$, Kp. 162—165°; 28%. *Bis-phenylurethan*, $C_{25}H_{34}N_2O_4$, F. 145°; Nadeln. *β-Diäthylaminoäthyläther*, $C_{17}H_{37}NO_2$, $Kp._3$ 155—160°; 40%. — *2.2-Diisobutyl-*, $C_{11}H_{24}O_2$, F. 75—76°, $Kp._9$ 153—157°; 38%. *Bis-phenylurethan*, $C_{25}H_{34}N_2O_4$, F. 154—155°. *β-Diäthylaminoäthyläther*, $C_{17}H_{37}NO_2$, $Kp._3$ 165—170°; 30%. — *2.2-Di-n-hexyl-*, $C_{15}H_{32}O_2$, $Kp._{4-5}$ 185—186°; 60%. *Bis-phenylurethan*, $C_{29}H_{42}N_2O_4$, F. 123—124°; Nadeln. *β-Diäthylaminoäthyläther*, $C_{21}H_{45}NO_2$, $Kp._4$ 165—170°; 30%. — *2.2-Dioctyl(?)-* (im Original Diisohexyl, der Referent), $C_{19}H_{40}O_2$, Kp. 167—172°; 34%. *Bis-phenylurethan*, $C_{33}H_{50}\cdot N_2O_4$, F. 85—86°; Nadeln. *β-Diäthylaminoäthyläther*, $C_{25}H_{53}NO_2$, $Kp._3$ 245—250°; 36%. — *2.2-Dibenzyl-*, $C_{17}H_{20}O_2$, $Kp._5$ 230—260°; 31%. *Bis-phenylurethan*, $C_{31}H_{30}N_2O_4$, F. 190

bis 191°. *β-Diäthylaminoäthyläther.* $C_{23}H_{33}NO_2$, Kp.$_7$ 230—235°; 40%. — *2.2-Diisohexyl-*, $C_{15}H_{32}O_2$, Kp.$_4$ 165—170°; 15%. *Bis-phenylurethan*, $C_{29}H_{42}N_2O_4$, F. 118—119°. W. HAMPEL. 570□

2.4-Dinitrophenyläther von Alditen. M. L. Wolfrom, B. O. Juliano, Madeline S. Toy und A. Chaney. (J. Amer. chem. Soc. **81.** 1446—48. 20/3. 1959. Columbus, Ohio, Univ., Dep. of Chem.) (Engl.)

Durch Rk. von Alditen mit 2.4-Dinitrofluorbenzol in alkal. Medium werden vollsubstituierte *2.4-Dinitrophenyläther* dargestellt. Umsetzungen mit 2.4.6-Trinitrofluorbenzol oder 2.4.6-Trinitrochlorbenzol gelangen nicht. Ein IR-Spektrum u. die Elementarzellen der Verbb. werden angegeben.

Versuche: Die Darst. der Verbb. erfolgt durch Rk. von 2.4-Dinitrofluorbenzol mit den entsprechenden Alditen unter Einfl. von Alkali, z. B. Triäthylamin, K_2CO_3 oder Bicarbonat in Dimethylformamid bei Zimmertemperatur. *Tris-O-[2.4-dinitrophenyl]-glycerin*, F. 182—183°; 70% (Ausbeute). — *Tetrakis-O-[2.4-dinitrophenyl]-erythrit*, F. 280 bis 281° (Aceton/Bzl.); 55%. — *Pentakis-O-[2.4-dinitrophenyl]-D-arabit*, F. 148—150°, $[\alpha]_D^{25}$ —19,6° (c = 1; Dimethylformamid); 40%. — *Pentakis-O-[2.4-dinitrophenyl]-L-arabit*, F. 147—149°, $[\alpha]_D^{25}$ +18,2° (c = 1; Dimethylformamid); 45%. — *Pentakis-O-[2.4-dinitrophenyl]-xylit*, F. 151—153° bzw. 250—251°; 71%. — *Hexakis-O-[2.4-dinitrophenyl]-dulcit*, Zers. bei 326—328°; 70%. — *Hexakis-O-[2.4-dinitrophenyl]-D-sorbit*, F. 160—162°, $[\alpha]_D^{25}$ —5,45° (c = 1; Dimethylformamid); 20%. — *Hexakis-O-[2.4-dinitrophenyl]-D-mannit*, Zers. bei 301—302° (Aceton/Bzl.), $[\alpha]_D^{25}$ —5,54 (c = 1; Dimethylformamid; hellgelbe Kristalle; 81%. — *Hexakis-O-[2.4-dinitrophenyl]-myoinosit*, Zers. bei 338—340°, durch 8std. Rühren bei 100°; 30%. W. HAMPEL. 580□

Neuartige Reaktionen bei der Synthese von neuen Organoschwefelverbindungen. B. Saville. (Proc. chem. Soc. [London] **1962.** 18. Jan. Welwyn Garden City, Herts., Nat. Rubber Producers' Res. Assoc.) (Engl.) — Vgl. C. **1962.** 3052.

Vf. beschreibt eine neue Synth. von organ. Di- u. Trisulfiden.

Versuche: *Bis-[1.3-dimethylbuten-(2)-yl]-trisulfid*, durch Rk. von S-[1.3-Dimethylbuten-(2)-yl]-thiuroniumbromid (0,5 Mol) mit $Na_2S_2O_3$ (0,75 Mol) in Methanol–W. (1 : 2), 15 Min. bei 70°, Extraktion der Lsg. mit Chlf. u. Petroleum u. Behandlung der wss. Lsg. mit Na_2S; 62% (Ausbeute). — *[1.3-Dimethylbuten-(2)-yl]-isopropyldisulfid*, durch Rk. der wie vorst. dargestellten S-[1.3-Dimethylbuten-(2)-yl]-thiosulfat-Lsg. mit Propanthiol-(2) (0,375 Mol) u. NaOH (0,375 Mol) in 50%ig. A. bei Zimmer-Temp.; 65%. J. WEINER. 600□

Durch Thioanionen bewirkte nucleophile Austauschreaktionen an Trisulfiden. M. B. Evans und B. Saville. (Proc. chem. Soc. [London] **1962.** 18—19. Jan.) (Engl.) — Vgl. vorst. Referat.

Bei der Rk. von Diäthyltrisulfid (I) mit Äthanthiol in Ggw. von Piperidin (**II**) entstehen pro Mol **I** zwei Mol *Diäthyldisulfid* u. ein Mol H_2S. Bis-[1.3-dimethylbuten-(2)-yl]-trisulfid reagiert mit Propanthiol-(2) in Ggw. von **II** unter Bldg. von je einem Mol *[1.3-Dimethylbuten-(2)-yl]-isopropyldisulfid*, *Diisopropyldisulfid* u. *1.3-Dimethylbuten-(2)-thiol-(1)*. Die Rk.-Mechanismen werden diskutiert. J. WEINER. 600□

Schwefelchloridpentafluorid: Reaktion mit ungesättigten Kohlenwasserstoffen. J. R. Case, N. H. Ray und H. L. Roberts. (J. chem. Soc. [London] **1961.** 2066—70. Mai. Winnington, Northwich, Cheshire, Imp. Chem. Ind. Ltd., Alkali Div. Res. Dep.) (Engl.)

Gewisse Olefine (**A**) normaler Chlorolefine addieren $SClF_5$ unter Bldg. von *2-Chloralkylschwefelpentafluoriden* (**B**); Acetylen u. Propin geben *2-Chlorvinyl-* bzw. *2-Chlorpropenylschwefelpentafluorid*, während aus Isobuten (neben wenig SF_4) u. Styrol fast ausschließlich die entsprechenden *Polymeren* gebildet werden. Die **B** reagieren mit KOH unter HCl-Abspaltung zu SF_5-substituierten **A** u. Acetylenen.

Versuche: Folgende substituierte Schwefelpentafluoride wurden aus $SClF_5$ dargestellt: *2-Chloräthyl-* (I), $C_2H_4ClF_5S$, Kp. 92°, durch 10std. Rk. mit Äthylen bei 90° u. 250 at Anfangsdruck; $D._4^{20}$ 1,64, n_D^{20} 1,3590; 47% (Ausbeute); daneben (aus 4,22 Molen $SClF_5$) *4-Chlorbutyl-*, $C_4H_8ClF_5S$, Kp. 171—172°; 78 g. — *2-Chlorpropyl-* (II), $C_3H_6ClF_5S$, Kp. 109°, a) durch 3std. Rk. mit Propen bei 100° u. 40 at Anfangsdruck; 78%; durch photochem. Reaktion. — *2-Chlorbuten-(3)-yl-*, $C_4H_6ClF_5S$, Kp.$_{26}$ 78—80°, durch 2std. Rk. mit 20 g Butadien bei 100°, Waschen des Prod. mit $NaHCO_3$-Lsg. u. Dest. mit Dampf; 29,5 g. — *2-Chlorcyclohexyl-*, $C_6H_{10}ClF_5S$, Kp. 188—190°, durch 18std. Rühren mit 77 g Cyclohexen bei 20° u. Aufarbeitung wie vorst. beschrieben; $D._4^{20}$ 1,4783, n_D^{20} 1,4320; 37 g; daneben *1-Chlor-2-fluorcyclohexan* ($C_6H_{10}ClF$, Kp. 150 bis 152°; 25 g) u. unverändertes Cyclohexen (15 g). — *2-Chlorpropenyl-* (III), $C_3H_4ClF_5S$, Kp. 92°, a) durch 4std. Rk. mit 20 g Propin bei 90°; 25 g; daneben 8 g einer nicht identifizierten *Verb.*; b) durch photochem. Reaktion. — *2.2-Dichloräthyl-* (**IV**), C_2H_3·Cl_2F_5S, Kp. 108°, durch 6std. Rk. mit 38 g Vinylchlorid bei 150°; 50 g. — *2.4.4-Trichlorbutyl-*, $C_4H_6Cl_3F_5S$, Kp.$_9$ 72°, neben **IV**; 22 g. — *Vinyl-* (**V**), $C_2H_3F_5S$, Kp. 41°, durch $^1/_4$std. Zugabe von **I** zu sd. äthanol./wss. KOH u. 1std. Kochen; 85%. — *Allyl-*, $C_3H_5F_5S$, durch $2^1/_2$std. Kochen von 145 g **II** mit methanol. KOH, Kühlen, 12std. Stehen bei Raum-Temp., Eingießen in W., Dest. u. gaschromatograph. Auftrennung der Hauptfraktion (Kp. 80—82°); 4,4 g. — *Propenyl-*, neben vorst. Verb.; 38,5 g. — *Cyclohexenyl-*, $C_6H_9F_5S$, Kp.$_{760}$ 161°, durch vorsichtiges Erwärmen von 1-Chlorcyclohexylchwefelpentafluorid mit äthanol./wss. KOH auf 75°, $^1/_4$std. Kochen, Kühlen u. Eingießen in W.; n_D^{20} 1,4282; 79%. — *Propin-(1)-yl-*, $C_3H_3F_5S$, durch Zugabe von 10 g **III** zur Suspension von KOH in Ligroin (Kp. 100—120°) bei 60°, Erwärmen auf 75° (20 Min.), Kühlen, Filtrieren, Dest. u. Gaschromatographie der Fraktion Kp. 65—70°; 0,2 g; daneben **III**. — *2-Chlorvinyl-*, $C_2H_2ClF_5S$, Kp. 66°, a) durch tropfenweise Zugabe methanol. KOH zur Lsg. von **IV** in Methanol bei —10 bis —20°, Filtrieren u. Zugabe von W.; 63%; b) durch photochem. Rk. von Acetylen mit $SClF_5$. — *1.2-Dichloräthyl-*, Kp. 111°, durch Chlorierung von 39 g **V** im UV-Licht; 18,5 g. H.-J. WEIGMANN. 600□

Schwefelchloridpentafluorid: Reaktion mit Fluorolefinen. J. R. Case, N. H. Ray und H. L. Roberts. (J. chem. Soc. [London] **1961**. 2070—75. Mai.) (Engl.)

Tetrafluoräthylen, Trifluoräthylen, Chlortrifluoräthylen u. Hexafluorpropen addieren $SClF_5$ unter Bldg. von *2-Chlorpolyfluoralkylschwefelpentafluor-Verbindungen*. Der Mechanismus der durch Benzoylperoxid oder Licht eingeleiteten Radikalketten-Rkk. wird diskutiert.

Versuche: Folgende substituierte Schwefelpentafluoride wurden aus $SClF_5$ in. Ggw. von Benzoylperoxid dargestellt: *2-Chlortetrafluoräthyl-*, C_2ClF_9S, F. —113°, Kp. 47°, a) durch 10std. Rk. mit 22 g Tetrafluoräthylen bei 90°; 14 g (Ausbeute); b) bei 100°. — *4-Chloroktafluorbutyl-* (**I**), $C_4ClF_{13}S$, F. — 90°, Kp. 99°, neben vorst. Verbindung. — *6-Chlordodekafluorhexyl-* (**II**), $C_6ClF_{17}S$, F. —5°, Kp. 142°, neben vorst. Verbindung. Daneben *höhere Telomere* (**III**), $SF_5·[CF_2·CF_2]_n·Cl$. — *2-Chlor-1.2.2-trifluoräthyl-* (**IV**), C_2HClF_8S, durch 6std. Rk. mit Trifluoräthylen in CCl_4. — *2.2-Dichlortrifluoräthyl-*, $C_2Cl_2F_8S$, Kp. 80—83°, durch 10std. Rk. mit 33 g Chlortrifluoräthylen in $CFCl_3$ bei 100°; 2 g. — *Trifluorvinyl-*, C_2F_8S, Kp. 19°, durch Zugabe von KOH zu **IV** in Ligroin u. CCl_4 während $3^1/_2$ Std. bei leichtem Sieden u. Gaschromatographie des Prod.; 82%. — *Gemisch aus 2-Chlorhexafluorpropyl-* u. *2-Chlorhexafluorisopropyl-*, $C_3ClF_{11}S$, Kp. 71 bis 73°, durch UV-Rk. mit Hexafluorpropen; 15 g; daneben Gemisch von S_2F_{10} u. *1.2-Dichlorhexafluorpropan*, Kp. 25—30°; 10 g. — *1.2-Dichlor-1.2.2-trifluoräthyl-*, durch $^1/_2$std. UV-Bestrahlung von Perfluorvinylschwefelpentafluorid mit Cl_2 u. Gaschromatographie des Produktes. — *1.2-Dichlortetrafluoräthan*, durch Rk. von $SClF_5$ mit Tetrafluoräthylen im UV-Licht u. Gaschromatographie der Prodd.; daneben S_2F_{10}, **I**, **II** u. **III**. H.-J. WEIGMANN. 600□

Reaktionen von tert.-Butylperestern. 4. Mitt. **Durch Cuprobromid katalysierte Reaktion von Perestern mit Sulfiden.** George Sosnovsky. (Tetrahedron [London] **18**. 15—19. Jan. 1962. Chicago, Ill., Illinois Inst. of Technol., Armour Res. Found.) (Engl.) — 3. vgl. C. **1962**. 1973.

Geradkettige aliphat. u. analoge cycl. Sulfide reagieren mit tert.-Butylperestern in Ggw. von CuBr bei 75—105° unter Bldg. von *α-Acyloxysulfiden*; Sulfoxide werden dabei nicht erhalten. Ohne CuBr sind die Ausbeuten gering.

Versuche: *α-Acetoxydiäthylsulfid* (**I**), $C_6H_{12}O_2S$, Kp.$_{20}$ 70—72°, durch Zutropfen von 0,3 Mol tert.-Butylperacetat (**II**; 75%ig. Lsg. in Bzl.) zu 0,35 Mol Diäthylsulfid (**III**) u. 0,35 mMol CuBr in Bzl. bei 80° unter Rühren unter N_2 in 4 Std. u. 60std. Erhitzen auf 80°; n_D^{25} 1,4468; 44% (Ausbeute). — *α-Benzoyloxydiäthylsulfid* (**IV**), $C_{11}H_{14}O_2S$, Kp.$_{0,1}$ 75°, Kp.$_{10}$ 124—126°, durch Zutropfen von 0,2 Mol tert.-Butylperbenzoat (**V**) zu 0,5 Mol **III** u. 0,35 mMol CuBr in Bzl. (20 Std.; 80°); n_D^{25} 1,5266; 31%. — *Acetaldehyddiäthylmercaptal*, $C_6H_{14}S_2$, Kp.$_{1,3}$ 44°, neben 10 g nicht destillierbarem Öl u. 18,5 g *Benzoesäure* (**VI**) aus **III** u. **V** wie **IV** ohne CuBr; n_D^{25} 1,5000; 2 g. — *α-Benzoyloxydi-n-propylsulfid*, $C_{13}H_{18}O_2S$, Kp.$_{0,04}$ 90°, a) wie **IV** aus **V** u. Di-n-propylsulfid (8 Std.; 85—97°); n_D^{25} 1,5175; 78%; b) ohne CuBr; n_D^{25} 1,5175; 52%. — *α-Acetoxydi-n-butylsulfid*, $C_{10}H_{20}O_2S$, Kp.$_{0,55}$ 64—66°, neben 40 g unverändertem Sulfid (Kp.$_{0,1}$ 37°; n_D^{25} 1,4512) wie **I** aus 0,575 Mol Di-n-butylsulfid; n_D^{25} 1,4525; 44%. — *α-Benzoyloxydi-n-butylsulfid*, analog **IV**; n_D^{25} 1,5093; nicht destillierbares Öl; 78,5%. — *n-Butyl-Δ¹-butenylsulfid*, Kp.$_{12}$ 66—67°, neben 81% **VI** durch 2std. Erhitzen vorst. Verb. auf 115—120°/10 mm; n_D^{25} 1,4732; 77%. — *2-Acetoxytetrahydrothiophen*, $C_6H_{10}O_2S$, Kp.$_{0,1}$ 60—62°, a) neben 10 g unverändertem Tetrahydrothiophen (**VII**; Kp. 117—120°; n_D^{25} 1,5046) aus **II** u. 0,5 Mol **VII** wie **I** (6 Std.; 90°); n_D^{25} 1,4893; 25 g; b) ohne CuBr; 38,5%. — *α-Benzoyloxy-*

tetrahydrothiophen, $C_{11}H_{12}O_2S$, a) neben 0,17 Mol **VII** u. 25,5% **VI** aus 0,5 Mol **VII**, 0,25 Mol **V** wie **IV** (6 Std.; 95—105°); n_D^{25} 1,5650; nicht destillierbares Öl; 69%; b) aus 0,27 Mol **VII** u. 0,1 Mol **V** bei 105° (3 Std.) neben 62% **VI**; n_D^{23} 1,5656; 38%.

F. HELLER. 600□

Darstellung von 1-Methoxypenten-(4)-on-(3) und Dien-Synthesen mit dieser Verbindung. Ju. A. Arbusow, K. W. Wazuro und Ju. P. Wolkow. (Журнал Общей Химии [J. allg. Chem.] **29** (**91**). 2857—60. Sept. 1959. Moskau, Univ.) (Russ.)

Zur Darst. von *1-Methoxypenten-(4)-on-(3)* (I) wird Chlordimethyläther mit Butadien-(1.3) in Ggw. von $ZnCl_2$ umgesetzt, wobei durch 1.4- u. 1.2-Addition ein Gemisch aus *1-Methoxy-5-chlorpenten-(α)* (II) u. *1-Methoxy-3-chlorpenten-(4)* (III) erhalten wird. II läßt sich durch Behandeln mit $ZnCl_2$ in **III** überführen. Bei der Verseifung von **III** mit wss. Na_2CO_3 erhält man ein Isomerengemisch der entsprechenden Methoxypentenole, bei dessen Fraktionierung *1-Methoxypenten-(4)-ol-(3)* (IV) erhalten wird. Dessen Oxydation mit CrO_3 in Pyridin liefert **I**. **I** gibt bei der Diensynth. mit Cyclopentadien u. Cyclohexadien-(1.3) *1-[β-Methoxypropionyl]-2.5-endomethylencyclohexen-(3)* bzw. *1-[β-Methoxypropionyl]-2.5-endoäthylencyclohexen-(3)*.

Versuche: *1-Methoxy-5-chlorpenten-(3)* (II), Kp.$_8$ 51—52°, durch 2std. Einleiten von Butadien in 306 g Chlordimethyläther in Ggw. von 3 g $ZnCl_2$ bei —15 bis 7°, 3std. Rühren bei Zimmer-Temp., Zugabe von 250 ml Ae., Waschen mit W., Trocknen u. Fraktionieren; D_4^{20} 1,0077; n_D^{20} 1,4545; 212 g (Ausbeute). — *1-Methoxy-3-chlorpenten-(4)* (III), Kp.$_8$ 31—32°, a) neben **II**; D_4^{20} 0,9774; n_D^{20} 1,4378; 158,5 g; b) aus 67,2 g **II** u. 0,67 g $ZnCl_2$ durch langsame Dest. im Vakuum; 60%. — *1-Methoxypenten-(4)-ol-(3)* (IV), Kp.$_7$ 56°; durch 9std. Kochen von 104 g **III** mit 650 ml W. u. 100 g Na_2CO_3, Kühlen, Versetzen mit K_2CO_3 bis zur Sättigung, Abtrennen der oberen Schicht u. Dest.; D_4^{20} 0,9332; n_D^{20} 1,4386; 26,3 g. — *1-Methoxypenten-(3)-ol-(5)*, Kp.$_7$ 84°, neben **IV**; D_4^{20} 0,9531; n_D^{20} 1,4510; 36,7 g. — *1-Methoxypenten-(4)-on-(3)* (I), Kp.$_{17}$ 59—60°, durch Oxydation von 5 g **IV** in 40 ml abs. Pyridin durch Zugabe zu einem Gemisch von 5 g CrO_3 in 40 ml abs. Pyridin, 15std. Stehen, Zugabe von 100 ml W. u. Extraktion mit Chlf.; D_4^{20} 0,9551; n_D^{20} 1,4380; 90%. — *1-[β-Methoxypropionyl]-2.5-endomethylencyclohexen-(3)*, $C_{11}H_{16}O_2$, Kp.$_{11}$ 120—121°, aus 10,4 g **I** in Ggw. von 0,1 g Hydrochinon u. 8,5 g Cyclopentadien, Kühlen mit W., 1std. Erhitzen auf dem Wasserbad u. Dest.; D_4^{20} 1,0354; n_D^{20} 1,4836; 76%. — *1-[β-Methoxypropionyl]-2.5-endoäthylencyclohexen-(3)*, $C_{12}H_{18}O_2$, Kp.$_{14}$ 142—144°, aus 11,4 g **I** u. 12 g Cyclohexadien-(1.3) in Ggw. von 0,1 g Hydrochinon unter Kühlung, 7std. Erhitzen auf dem Wasserbad u. Dest.; D_4^{20} 1,0431; n_D^{20} 1,4920; 72%.

R. MAYER-MADER. 740□

5-Brompentansäure und 2.5-Dibrompentansäure. N. Isenberg, J. B. Leibsohn und V. E. Merola. (Canad. J. Chem. **40**. 831. April 1962. Saratoga Springs, N.Y., Skidmore Coll., Dep. of Chem.) (Engl.)

Die Oxydation von 37,5 g Cyclopentanon (I) mit Peroxytrifluoressigsäure (vgl. SAGER u. DUCKWORTH, C. **1955**. 4325) gab 42,8 g rohes *δ-Valerolacton* (II). Aus diesem wurde durch 3std. Kochen mit 48%ig. HBr *5-Brompentansäure* (III) erhalten [F. 38 bis 39°, Kp.$_{1,5}$ 104—106°; 49% (Ausbeute)]. — Kochen von 52 g Pentandiol-(1.5) mit $CuCr_2O_4$ gab 35 g rohes **II**, aus dem wie oben 25% **III** entstanden. — Behandeln von **II** mit Brom u. PBr_3 gab 85% *2.5-Dibrompentansäure*, Kp.$_2$ 134—136°, n_D^{25} 1,5338; 42%, bezogen auf **I**.

J. ROTHE. 810□

Freie Radikal-Anlagerung von Carbonsäuren an α-Olefine. G. I. Nikischin, Ju. N. Ogibin und A. D. Petrow. (Известия Академии Наук СССР, Отделение Химических Наук [Nachr. Akad. Wiss. UdSSR, Abt. chem. Wiss.] **1961**. 1487—95. Aug. Zelinsky-Inst. für organ. Chem. der Akad. der Wiss. der UdSSR.) (Russ.)

Die Rk. von Alkancarbonsäuren mit α-Olefinen in Ggw. von Peroxiden bei erhöhter Temp. stellt ein elegantes Verf. zur Synth. von *2-Alkylalkancarbonsäuren* dar. Der Einfl. der Rk.-Bedingungen auf die Ausbeute dieser 1 : 1-Addukte wurde bes. eingehend am Beispiel der Umsetzung von Önanthsäure (I) mit Decen-(1) (II) in Ggw. von Di-tert.-butylperoxid (III) zu *2-n-Amyldodecansäure* (IV) untersucht. Die gebildete **IV**-Menge steigt mit der Rk.-Temp. bis zu 140° stark an, um dann prakt. konst. zu bleiben; eine Verlängerung der Rk.-Dauer über 1—2 Std. erhöht die Ausbeute nicht wesentlich. Ein Mol-Verhältnis von **I** zu **II** wie 10 : 1—20 : 1 ist optimal; hinsichtlich der Effektivität des Peroxids wird allg. ein Mol-Verhältnis von Carbonsäure : Olefin : Peroxid wie 10 : 1 : 0,25 empfohlen. Unter diesen Bedingungen beträgt die Ausbeute an 2-Alkylalkancarbonsäuren bis 70%. Die Kettenlänge des Olefins beeinflußt die Ausbeute nicht. Eine Verzweigung wirkt sich nur hemmend aus, wenn sie sich unmittelbar an der Doppelbindung befindet. Als aktivste Säure erwies sich, wie bei konkurrierenden Rkk. festgestellt wurde,

Propionsäure (**V**). Auch Carbonsäureester sind der Anlagerung an Olefine zugänglich. Der Mechanismus der Rkk. wird diskutiert.

Versuche: 2-Alkylalkancarbonsäuren, durch 5std. Erhitzen von Carbonsäure, Olefin u. **III** im Mol-Verhältnis 10 : 1 : 0,25 auf 140—160°: *2-Methyldecansäure* (**VI**), Kp.$_{0,5}$ 101—102°, aus **V** u. Octen-(1) (**VII**); D.$_4^{20}$ 0,8959, n_D^{20} 1,4377; 73% (Ausbeute). — *2.2-Dimethyldodecansäure*, F. 26—27°, Kp.$_1$ 130—131°, aus Isobuttersäure u. **II**; 42,5%. — *2-n-Butyldodecansäure*, Kp. 160—162°, aus Capronsäure u. **II**; D.$_4^{20}$ 0,8821, n_D^{20} 1,4472; 71%. — *2-n-Amylundecansäure*, Kp.$_{1,5}$ 173—175°, aus **I** u. Nonen-(1); D.$_4^{20}$ 0,8809, n_D^{20} 1,4470; 69%. — *2-n-Amyl-6-methyldodecansäure*, Kp.$_{0,5}$ 160—162°, aus **I** u. 4-Methyldecen-(1); D.$_4^{20}$ 0,8774, n_D^{20} 1,4500; 65%. — *2-n-Amyl-7-äthylundecansäure*, Kp.$_{0,5}$ 158—162°, aus **I** u. 5-Äthylnonen-(1); D.$_4^{20}$ 0,8818, n_D^{20} 1,4518; 61%. — *2-n-Amyl-4-äthyloctansäure*, Kp.$_{0,5}$ 128—130°, aus **I** u. 2-Äthylhexen-(1); D.$_4^{20}$ 0,8866, n_D^{20} 1,4473; 33,5%. — *2-n-Hexyldecansäure* (**VIII**), Kp.$_{0,1}$ 160—162°, aus Caprylsäure u. **VII**; D.$_4^{20}$ 0,8817, n_D^{20} 1,4470; 66%. — *2-n-Amyldodecansäure* (**IV**), Kp.$_1$ 149—151°, aus **I** u. **II**; D.$_4^{20}$ 0,8789, n_D^{20} 1,4488; 54% (aus 40 : 1 : 0,25 Mol 82,5%). — *2-n-Amyldecansäure*, Kp.$_{0,5}$ 138—140°, beim gleichzeitigen Umsetzen von **I** u. **V** mit **VII**; D.$_4^{20}$ 0,8822, n_D^{20} 1,4450; 27,5% (neben 46,5% **VI**). — *2-Äthyldecansäure*, Kp.$_{0,5}$ 105—108°, beim gleichzeitigen Umsetzen von Buttersäure u. Caprylsäure mit **VII**; 35% (daneben 35% **VIII**). — *Dodecansäure-n-hexylester*, Kp.$_{0,5}$ 118—119°, aus Essigsäure-n-hexylester u. **II**; D.$_4^{20}$ 0,8585, n_D^{20} 1,4402; 28%. H.-E. TOUSSAINT. 810□

Substituierte Lactone und ihre Umwandlungen. 1. Mitt. Kondensation von γ-Heptylbutyrolacton mit Aldehyden und Ketonen. W. M. Daschunin, R. W. Majewa und W. N. Below. (Журнал Общей Химии [J. allg. Chem.] **31** (**93**). 3118—23. Sept. 1961. Allunions-Forschungsinst. für synthet. u. nat. Duftstoffe.) (Russ.)

γ-Heptyl-γ-butyrolacton (**I**, Undecalacton) geht mit Benzaldehyd oder Cyclohexanon in Ggw. von $NaOCH_3$-Kondens. unter Bldg. von *α-Benzyliden-* (**II**) bzw. *α-Cyclohexyliden-γ-heptyl-γ-butyrolacton* ein, die man katalyt. zu *α-Benzyl-* (**III**) bzw. *α-Cyclohexyl-γ-heptyl-γ-butyrolacton* hydriert. Auch mit aliphat. Aldehyden läßt sich **I** umsetzen. Durch Hydrazin wird **III** in *α-Benzyl-γ-hydroxyundecansäurehydrazid* übergeführt. Die α-substituierten γ-Heptyl-γ-butyrolactone ließen sich nicht durch Erhitzen mit Polyphosphorsäure in Cyclopentenon-Derivv. umwandeln. Die neuen Verbb. sind ähnlich wohlriechend wie **I** u. besitzen daher für die Riechstoffindustrie Interesse.

Versuche: γ-Heptyl-γ-butyrolactone: *α-Benzyliden-* (**II**), $C_{18}H_{24}O_2$, Kp.$_{1,5}$ 163—165°, durch Zugeben von $NaOCH_3$-Pulver zu **I** u. der 1½ fachen Molmenge Benzaldehyd in Bzl. bei 40—50°, 2½ std. Rühren, 20std. Stehen, Zers. mit 20%ig. H_2SO_4 u. 1std. Rühren; D.$_4^{20}$ 0,9235, n_D^{20} 1,4690; 44% (Ausbeute). — *α-[3-Methylbutyliden]-*, $C_{16}H_{28}O_2$, Kp.$_1$ 204°, F. 40,5°, analog **II** aus **I** u. Isovaleraldehyd; n_D^{40} 1,5400; 76%. — *α-[3.7-Dimethyloctadien-(2.6)-yliden]-*, Kp.$_2$ 230—240°, aus **I** u. Citral; D.$_4^{20}$ 0,9559, n_D^{20} 1,5150; 35%. — *α-Cyclohexyliden-*, $C_{17}H_{28}O_2$, Kp.$_3$ 192—195°, aus **I** u. Cyclohexanon; D.$_4^{20}$ 0,9888, n_D^{20} 1,4950; 49%. — *α-[2-Methylpenten-(2)-yliden]-* (ließ sich nicht rein gewinnen), Kp.$_{1,5}$ 160—205°, aus **I** u. 2-Methylpenten-(2)-al; n_D^{20} 1,4905; 87%. — *α-Benzyl-* (**III**), $C_{18}H_{26}O_2$, Kp.$_2$ 184—192°, durch Hydrieren von **II** in A. über RANEY-Ni bei anfangs 190—200 at u. 100°; D.$_4^{20}$ 0,9948, n_D^{20} 1,5001; 75%. — *α-[3-Methylbutyl]-*, $C_{16}H_{30}O_2$, Kp.$_{10}$ 175—185°, analog **III**; D.$_4^{20}$ 0,9159, n_D^{20} 1,4537; 70%. — *α-[3.7-Dimethyloctyl]-*, $C_{21}H_{40}O_2$, Kp.$_7$ 220—230°, D.$_4^{20}$ 0,9125, n_D^{20} 1,4649; 65%. — *α-Cyclohexyl-*, $C_{17}H_{30}O_2$, Kp.$_{12}$ 212—213°, F. 41°, n_D^{40} 1,4730; 80%. — γ-Hydroxyundecansäurehydrazide: *α-Benzyl-*, $C_{18}H_{30}N_2O_2$, F. 142° (A.), durch 1std. Erhitzen von **III** mit 80%ig. Hydrazinhydrat auf dem Wasserbad. — *α-[3-Methylbutyl]-*, $C_{16}H_{34}N_2O_2$, F. 144° (A.), analog. — *α-[3.7-Dimethyloctyl]-*, $C_{21}H_{44}N_2O_2$, F. 132° (A.). — *α-Cyclohexyl-*, $C_{17}H_{34}N_2O_2$, F. 175° (A.). H.-E. TOUSSAINT. 850□

Über die Bromierung von Lävulinsäure. Christoffer Rappe. (Ark. Kemi **13**. 425—37. 10/4. 1959. Uppsala, Royal Agric. Coll., Inst. of Organ. Chem.) (Engl.)

Bromierung von Lävulinsäure (**I**) in konz. HCl ergibt neben *3.5-Dibromlävulinsäure* (**II**) ein Gemisch von *3-Chlor-* (**III**) u. *3-Bromlävulinsäure* (**IV**). Die Rk. von **IV** mit Thioharnstoff (**VI**) liefert *2-Amino-4-methyl-5-carboxymethylthiazol* (**VII**). Eine Lsg. von **IV** in konz. HCl zeigte nach 1 Woche 70%ig. Umwandlung in **III**. Bromierung von **I** in 66%ig. HBr, führte in guter Ausbeute zu reiner **IV**. In 2%ig. HBr entsteht keine **IV**, dafür in 24%ig. Ausbeute *5-Bromlävulinsäure* (**V**). **V** ist ident. mit der von WOLFF [1891] durch Rk. von Acetylacrylsäure mit konz. HBr erhaltenen u. irrtümlich als 2-Bromlävulinsäure bezeichneten Säure. Rk.-Mechanismen werden diskutiert. Die IR-Spektren von **I, II, IV, V** u. **VII** u. die UV- u. kernmagnet. Resonanzspektren von **I, II, IV** u. **V** sind abgebildet. Ein neues papierchromatograph. Trennungs-Verf. im Syst. Bzl.–Cyclohexan–Essigsäure (6 : 3 : 1, mit W. gesätt.) wird vorgeschlagen.

Versuche: *3.5-Dibromlävulinsäure* (**II**), F. 111—113°, durch Br_2-Zusatz zu 50 g **I**, a) in 66%ig. HBr bei —5° (Meth. **A**); 28 g (Ausbeute; daneben 3% **V**); b) in 48%ig. HBr bei 0° (Meth. **B**); 12 g (daneben 7% **V**); c) in konz. HCl bei 0° (Meth. **C**); 7 g. — *5-Bromlävulinsäure* (**V**), $C_5H_7BrO_3$, F. 78—79° (PAe.), durch Bromieren von 50 g **I** in 2%ig. HBr bei Zimmer-Temp., 5tägiges Stehen u. Ausäthern (Meth. **D**); 24%. — *3-Bromlävulinsäure* (**IV**), F. 52—54° (CS_2), a) nach **A**; 12 g; b) nach **B**; 32 g; c) nach **C**; 16 g. — *3-Chlorlävulinsäure* (**III**), $C_5H_7ClO_3$, nach **C**; 17%. — *2-Amino-4-methyl-5-carboxymethylthiazol* (**VII**), $C_6H_8N_2O_2S$, Zers. bei 256—258° (langsam erhitzt) bzw. 264 bis 266° (schnell erhitzt), durch 24std. Stehen von **IV** u. **VI** in W. bei Zimmer-Temp. u. Neutralisieren mit $NaHCO_3$; 82%. M. Wolff. 87 □

Einige Carbamatderivate des 1.4-Diisocyanatobutadiens-(1.3). L. R. Moffett jun. und W. E. Hill. (J. org. Chemistry **27.** 1454—55. April 1962. Huntsville, Ala., Thiokol Chem. Corp., Redstone Div.) (Engl.)

Aus Muconsäure (I) hergestelltes *1.4-Diisocyanatobutadien-(1.3)* wird zu *1.4-Bis-[alkoxycarbonylamino]-butadienen-(1.3)* umgesetzt. Die Werte der IR-Spektren sind angegeben.

Versuche: *Muconsäurediäthylester*, F. 61—63° (Tafeln; wss. A.), durch Zugabe von konz. H_2SO_4, zu I in abs. A. unter Rühren, 12std. Kochen, Einengen u. Alkalisieren mit gesätt. $NaHCO_3$-Lsg.; 90% (Ausbeute). — *Muconsäuredihydrazid*, F. 274° (Zers.; Tafeln, W.), durch 72std. Aufbewahren vorst. Verb. in Dioxan mit $N_2H_4 \cdot H_2O$ bei 0° u. gelegentliches Schütteln; 62%. — *Muconsäurediazid*, F. 111—114° (Zers.), durch Zugabe von $NaNO_2$-Lsg. zu einer Lsg. vorst. Verb. in verd. HCl bei 15°. — *1.4-Diisocyanatobutadien-(1.3)*, F. 83—84° (Sublimation bei 60—65°/0,15 mm), durch Extraktion der vorst., das rohe Rk.-Prod. enthaltenden Lsg. mit Chlf., 1std. Trocknen der Chlf.-Phase bei 10° ($MgSO_4$), 6std. Kochen u. Einengen; 73%. — 1.4-Bis-[alkoxycarbonylamino]-butadiene-(1.3), durch 15 Min. langes Erhitzen von 0,2 g vorst. Verb. mit 10 ml des entsprechenden Alkohols auf dem Wasserbad, Einengen u. Umkristallisieren aus A.: *-methoxy-*, $C_8H_{12}N_2O_4$, F. 238—239°. — *-äthoxy-*, $C_{10}H_{16}N_2O_4$, F. 232 bis 233°. — *-n-propoxy-*, $C_{12}H_{20}N_2O_4$, F. 214—216°. — *-n-butoxy-*, $C_{14}H_{24}N_2O_4$, F. 203 bis 206°. — *-isopentoxy-*, $C_{16}H_{28}N_2O_4$, F. 189—191°. Gisela Schreiber. 880 □

Über α-Aminonitrile. P. van Daele. (Meded. vlaamse chem. Veren. **23.** 163—85. Nov./Dez. 1961. Beerse, Res. Labor. Dr. C. Janssen, Afd. Synthese.) (Fläm.)

Übersicht über Herst. u. Rkk. der α-Aminonitrile. — 93 Schrifttumshinweise.

W. Wesly. 950 □

α- und γ-aktivierte Ester der Glutaminsäure. G. Losse, H. Jeschkeit und W. Langenbeck. (Z. Chem. **1.** 279. 1961. Halle/Saale, Martin-Luther-Univ., Inst. für Organ. Chem.) (Dt.)

Die freien Carboxygruppen von Cbo-L-Glutaminsäure-γ-methyl-, Cbo-L-Glutaminsäure-γ-benzyl- (I) u. Cbo-Glutaminsäure-α-benzylester (II) wurden mit Thiophenol, p-Nitrophenol u. Chloracetonitril verestert. Dabei entstehen in Ausbeuten von 70—90%: Cbo-L-Glutaminsäuren: *-γ-methyl-α-thiophenylester*, F. 92—93°; $[\alpha]_D^{22}$ —47,2° (c = 0,56; A.). — *-γ-methyl-α-[p-nitrophenylester]*, F. 111°; $[\alpha]_D^{20}$ —43,0° (c = 0,54; A.). — *-γ-methyl-α-cyanmethylester*, F. 56—57°; $[\alpha]_D^{22}$ —38,8° (c = 0,55; A.). — *-γ-benzyl-α-thiophenylester*, F. 96°; $[\alpha]_D^{20}$ —38,3° (c = 0,52; A.). — *-γ-benzyl-α-[p-nitrophenylester]*, F. 112°; $[\alpha]_D^{23}$ —35,7° (c = 0,53; A.). — *-α-benzyl-γ-thiophenylester*, F. 97—98°; $[\alpha]_D^{21}$ —22,0° (c = 0,557; A.). — *-α-benzyl-γ-[p-nitrophenylester]*, F. 66—67°; $[\alpha]_D^{22}$ —28,2° (c = 0,55; A.). — Als Ausgangs-Prod. für die Gewinnung von **I** u. **II** dient ein Gemisch beider Ester, das nach Bergmann u. Mitarbeitern [1933] durch Alkoholyse von Cbo-Glutaminsäureanhydrid entsteht. Die Auftrennung erfolgte durch fraktionierte Extraktion der äther. Lsg. mit NH_4Cl-gepufferter 0,5%ig. NH_4OH-Lsg., wobei 54% *Cbo-L-Glutaminsäure-α-benzylester* [II; F. 96—97°; $[\alpha]_D^{22}$ —10,3° (c = 1,75; Eisessig)] u. 37% *Cbo-L-Glutaminsäure-γ-benzylester* [I; F. 77° (CH_2Cl_2/PAe.); $[\alpha]_D^{20}$ —23,2° (c = 6,47; 1,4n $KHCO_3$-Lsg.)] entstehen. Der Umsatz der dargestellten Ester mit Aminosäureester bzw. mit Na-Salzen von Aminosäuren in Acetonitril, Essigester, Methanol u. anderen Lsgm. führt zu α- bzw. γ-Peptiden der Glutaminsäure, wobei die schon bei Raum-Temp. reagierenden p-Nitrophenyl- u. Cyanmethylester Ausbeuten bis zu 90% liefern. Bei der Einw. von NH_3 werden die entsprechenden *Glutamin-* bzw. *Isoglutamin-Derivv.* gebildet. Durch HBr/Eisessig werden Cbo- u. Benzylestergruppen gleichzeitig abgespalten.

P. Golinske. 950 □

Synthese des Kollagenasesubstrates Carbobenzoxy-L-prolyl-L-alanylglycyl-L-prolinmethylester. K. T. Poroschin, W. G. Debabow, W. A. Schibnew und T. D. Kosarenko. (Журнал Общей Химии [J. allg. Chem.] **31 (93).** 3006—10. Sept. 1961.) (Russ.)

Der aus Cbo-DL-Alanin (I) über das mit Chlorkohlensäureäthylester (II) erhaltene gemischte Anhydrid dargestellte *Cbo-DL-alanylglycinmethylester* (III-*Methylester*) geht beim Verseifen mit wss. NaOH zum erheblichen Teil auch in *N-Carboxymethyl-N'-[α-carboxyäthyl]-harnstoff* über. **III** wird mit **II** u. dann L-Prolinmethylester zu *Cbo-DL-alanylglycyl-L-prolinmethylester* umgesetzt, aus dem man durch Hydrogenolyse *DL-Alanylglycyl-L-prolinmethylester* (DL-**IV**) gewinnt. Auf gleiche Weise wird auch L-**IV** synthetisiert. Cbo-L-prolin (**V**) gibt mit **II** u. dann L-**IV** *Cbo-L-prolyl-L-alanylglycyl-L-prolinmethylester*, der als Substrat des Enzyms Kollagenase von biochem. Interesse ist.

Versuche: *Cbo-DL-alanylglycin* (**III**), F. 132⁰ (W.), a) durch 2std. Stehen des Methylesters mit 2n NaOH in Aceton, Ansäuern mit HCl, Einengen u. Ausziehen mit Chlf.; 63% (Ausbeute); b) durch 2std. Stehen des Methylesters in 2n NaOH, Ansäuern. Stehenlassen u. Ausziehen mit Chlf.; 40% [daneben aus der angesäuerten wss. Lsg. *N-Carboxymethyl-N'-[α-carboxyäthyl]-harnstoff*, $C_6H_{10}N_2O_5$, F. 142⁰ (W.), 33%]. *Methylester*, $C_{14}H_{18}N_2O_5$, F. 62–65⁰ (W.), durch Zutropfen von **II** zu **I** u. Triäthylamin in Chlf. bei –15⁰, 20 Min. langes Rühren bei –3 bis –5⁰, Zugeben von Glycinmethylester u. Triäthylamin in Chlf. bei –15⁰, 2std. Stehen bei 0⁰ u. 12 Std. bei Raum-Temp.; 57%. — *Cbo-DL-alanylglycyl-L-prolin, Methylester*, ölig, analog **III**-Methylester; 94,2%. *Amid*, $C_{18}H_{24}N_4O_5$, F. 182–184⁰, durch Behandeln des Methylester mit NH_3 in abs. Methanol bei 0⁰ u. 28std. Stehen bei 20⁰; 29%. — *Cbo-L-prolyl-DL-alanylglycyl-L-prolinmethylester*, $C_{24}H_{30}N_4O_7$, F. 135–150⁰ (Chlf.-Ae.), durch Hydrieren des vorst. Methylesters in Methanol über Pd-Schwarz, Einengen u. Umsetzen des erhaltenen öligen *DL-Alanylglycyl-L-prolinmethylesters* (DL-**IV**) mit dem aus **V** u. **II** erhaltenen gemischten Anhydrid; $[\alpha]_D^{22}$ –95⁰ (c = 1; Methanol). — *Cbo-L-alanylchlorid*, F. 37–38⁰, durch 1std. Schütteln von 1 g Cbo-L-alanin mit 1 g PCl_5 in Ae. bei 0⁰; 0,84 g. — *Cbo-L-alanylglycin*, $C_{13}H_{16}N_2O_5$, F. 124–128⁰, $[\alpha]_D^{23}$ –16,3⁰ (c = 3; Methanol), a) durch Zutropfen von 0,84 g vorst. Chlorids zu Glycin in 2n NaOH bei 0⁰, ¹/₄std. Stehen, Ansäuern mit 6n HCl u. Ausziehen mit Essigester; 0,253 g; b) durch Verseifen des Methylesters mit 2n NaOH in Aceton; 55%. — *Cbo-L-prolyl-L-alanylglycyl-L-prolinmethylester*, $C_{24}H_{32}N_4O_7$, F. 136 bis 143⁰ (Ae.), analog **III**-Methylester aus L-**IV** u. **V**; $[\alpha]_D^{22}$ –119⁰ (c = 1; Methanol); 89%.
H.-E. TOUSSAINT. 950□

Phosphorsäureimide. 7. Mitt. **Amid–Imid-Tautomerie der Acylamide des fünfwertigen Phosphors.** M. I. Kabatschnik, W. A. Giljarow und Je. M. Popow. (Известия Академии Наук СССР, Отделение Химических Наук [Nachr. Akad. Wiss. UdSSR, Abt. chem. Wiss.] **1961**. 1022–30. Juni. Inst. für Metallorgan. Verbb. der Akad. der Wiss. der UdSSR.) (Russ.) — 6. vgl. C. **1962**. 11884.

Es wurden *Acetamidodiäthylphosphat* (**I**), *Acetamidomethyl-* (**II**) u. *-äthylphosphonsäureäthylester* (**III**), *N-[Diäthylphosphoryl]-amidodiäthylphosphat* (**IV**) u. *N-[Methansulfonyl]-amidodiäthylphosphat* (**V**) synthetisiert. Die IR-analyt. Unters. zeigte, daß **I**, **II** u. **III** in der Amidform, **IV** u. **V** dagegen infolge des elektrophilen N-Substituenten weitgehend in der Imidform vorliegen. **IV** wird durch CH_2N_2 am N- oder O-Atom methyliert, durch Diazoäthan jedoch nur am O-Atom äthyliert.

Versuche: *Acetamidodiäthylphosphat* (**I**), $C_6H_{14}NO_4P$, F. 49–49,5⁰ (Ae. + PAe.), man leitet in 1,8 g Acetimidotriäthylphosphat 15 Min. lang bei 15–20⁰ HCl ein u. dampft unter Zusatz von Ae. im Vakuum ein; 70% (Ausbeute). — *Acetamidodiäthylphosphit* (**VI**), $C_6H_{14}NO_3P$, $Kp._{0,0001}$ 49–51⁰, man läßt 25,1 g Tetraäthylpyrophosphat u. 5,2 g Acetamid 10 Tage lang bei 20⁰ stehen, dest. Diäthylphosphit (n_D^{20} 1,4080; 90%) bis 90⁰/0,2 mm ab u. dest. im Hochvakuum; $D._4^{20}$ 1,0854; n_D^{20} 1,4600; 78%. — *Acetamidomethylphosphonsäureäthylester* (**II**), $C_5H_{12}NO_3P$, $Kp._{0,001}$ 82,5–83⁰, F. 42–43⁰, durch 3std. Kochen von 5,8 g **VI** mit 4,7 g Methyljodid; $D._4^{20}$ 1,1632; n_D^{20} 1,4515; 60,4%. — *Acetamidoäthylphosphonsäureäthylester* (**III**), $C_6H_{14}NO_3P$, $Kp._{0,001}$ 84⁰, aus 6,0 g **VI** u. 5,2 g Äthyljodid (6 Std. bei 70–80⁰); $D._4^{20}$ 1,1265; n_D^{20} 1,4509; 71,4%. — *N-[Diäthylphosphoryl]-amidodiäthylphosphat* (**IV**), $C_8H_{21}NO_6P_2$, $Kp._{0,001}$ 79–80⁰; $Kp._{0,006}$ 86–89⁰; $D._4^{20}$ 1,2029 bis 1,2002; n_D^{20} 1,4415–1,4412. *Dibenzylaminsalz*, $C_{22}H_{36}N_2O_6P_2$, F. 117,5⁰ (PAe.), man versetzt 0,419 g **IV** mit 0,286 g Dibenzylamin, löst die Kristalle in 2 ml Bzl. u. gibt 10 ml PAe. zu; 0,52 g. *Deuteriertes* **IV**, $C_8H_{20}DNO_6P_2$, $Kp._{0,0001}$ 77–78⁰, man läßt 2,0 g **IV** u. 2,9 g D_2O 1 Tag lang stehen; n_D^{20} 1,4412. — Gemisch aus *N-[Diäthylphosphoryl]-imidomethyldiäthylphosphat* (**VII**) u. *N-Methyl-N.N-bis-[diäthylphosphoryl]-amin* (**VIII**) ($Kp._{0,06}$ 98–106⁰; $D._4^{20}$ 1,1564; n_D^{20} 1,5355; 13,6 g), man gibt zu 0,12–0,15 Mol CH_2N_2 in Ae. bei 15–20⁰ tropfenweise 17,4 g **IV** in 50 ml Ae., läßt über Nacht stehen u. dest., 8,0 g des Gemisches liefern nach Einleiten von HCl bei 15–20⁰ 2,0 g **VIII** ($Kp._{0,003}$ 52 bis 55⁰, $Kp._{0,3}$ 105–106⁰; $D._4^{20}$ 1,1664; n_D^{20} 1,4372) u. 4,6 g **IV** (aus **VII**). — *N-[Diäthylphosphoryl]-imidotriäthylphosphat* (**IX**), $C_{10}H_{25}NO_6P_2$, $Kp._{0,1}$ 98⁰; man gibt zu 9 g **IV** in 20 ml Ae. tropfenweise 0,05–0,06 Mol Diazoäthan in Ae. u. dest. am nächsten Tag;

$D._4^{20}$ 1,1285; n_D^{20} 1,4372; 8,0 g **IX** liefert nach Einleiten von HCl **IV**. — *Deuteriertes N-[Methansulfonyl]-amidodiäthylphosphat* (**V**), $C_5H_{13}DNO_5PS$, F. 96—96,5° (PAe.), man löst 0,1 g **V** in 2,8 g D_2O u. dampft am nächsten Tag ein. Helmut Schäfer. 980□

Über die Chlormethylierung der o-Thiokresyläther und deren Umsetzungen. Elmar Profft und Hans-Joachim Steinbach. (Wiss. Z. Techn. Hochschule Chem. Leuna-Merseburg **3**. 17—22. 1960/61. Leuna-Merseburg, TH für Chem., Inst. für Organ. Chem.) (Dt.)

Die Chlormethylierung der o-Thiokresyläther wird untersucht. Die erhaltenen *3-Methyl-4-alkylmercaptobenzylchloride* werden der Kondens. mit Piperidin u. der Rk. mit Pyridin unterworfen. Des weiteren werden sie in *3-Methyl-4-alkylmercaptobenzaldehyde* übergeführt. Durch Umsetzung der substituierten Benzylchloride mit KHS werden *3-Methyl-4-alkylmer-captobenzylmercaptane* dargestellt, aus denen *Thioäther* synthetisiert werden. Die N-[3-Methyl-4-alkylmercaptobenzyl]-piperidinhydrochloride sind als Oberflächenanästhetica sehr wirksam.

Versuche: 3-Methylbenzylchloride: *4-Propylmercapto-*, $C_{11}H_{15}ClS$, $Kp._{12}$ 163 bis 165°, durch 12½ std. Einleiten von HCl in ein Gemisch aus 2-Propylmercaptotoluol, $ZnCl_2$, Paraformaldehyd u. konz. HCl bei 60—65°, Trennen, Ausäthern u. Dest. im Vakuum; 89,3% (Ausbeute). — *4-Isopropylmercapto-*, $C_{11}H_{15}ClS$, $Kp._{10}$ 150—153°, analog vorst. Verb.; 87,1%. — *4-Butylmercapto-*, $C_{12}H_{17}ClS$, $Kp._{10}$ 172—174°; 64%. — *4-Isobutylmercapto-*, $C_{12}H_{17}ClS$, $Kp._{12}$ 166—168°; 68,8%. — *4-Pentylmercapto-*, $C_{13}H_{19}ClS$, $Kp._{11}$ 190—193°; 77,4%. — *4-Isopentylmercapto-*, $C_{13}H_{19}ClS$, $Kp._{11}$ 180—182°; 60,5%. — *4-Hexylmercapto-*, $C_{14}H_{21}ClS$, $Kp._{12}$ 198—201°; 58,6%. — N-[4-Alkylmercapto-3-methylbenzyl]-piperidine: *N-[4-Propylmercapto-*, $C_{16}H_{25}NS$, $Kp._{11}$ 199—202°, durch Zutropfen des entsprechenden Benzylchlorids zu Piperidin in 50%ig. NaOH u. 3std. Kochen; ca. 100%. *Hydrochlorid*, F. 160°. *Methojodid*, F. 159°. — *N-[4-Isopropylmercapto-*, $C_{16}H_{25}NS$, $Kp._{11}$ 190—194°, analog vorst. Verb.; ca. 100%. *Hydrochlorid*, F. 164°. *Methojodid*, F. 147°. — *N-[4-Butylmercapto-*, $C_{17}H_{27}NS$, $Kp._{11}$ 209—213°; ca. 100%. *Hydrochlorid*, F. 144°. *Methojodid*, F. 135°. — *N-[Isobutylmercapto-*, $C_{17}H_{27}NS$, $Kp._{11}$ 205—209°; ca. 100%. *Hydrochlorid*, F. 157°. *Methojodid*, F. 131°. — *N-[Pentylmercapto-*, $C_{18}H_{29}NS$, $Kp._{11}$ 220—225°; ca. 100%. *Hydrochlorid*, F. 140°. *Methojodid*, F. 124°. — *N-[Isopentylmercapto-*, $C_{18}H_{29}NS$, $Kp._{11}$ 215—220°; ca. 100%. *Hydrochlorid*, F. 150°. *Methojodid*, F. 117°. — *N-[Hexylmercapto-*, $C_{19}H_{31}NS$, $Kp._{14}$ 239—244°; ca. 100%. *Hydrochlorid*, F. 132°. *Methojodid*, F. 107°. — 4-Alkylmercapto-3-methylbenzaldehyde: *4-Propylmercapto-*, $C_{11}H_{14}OS$, $Kp._{12}$ 190—193°, durch 3std. Kochen des entsprechenden Benzylchlorids mit Hexamethylentetramin in 50%ig. Essigsäure, Zugabe von konz. HCl u. 5 Min. langes Kochen; 86,4%. *Thiosemicarbazon*, $C_{12}H_{17}N_3S_2$, F. 140°, durch Zugabe von Thiosemicarbazid in heißem W. zu dem Benzaldehyd in A., ½ std. Kochen u. Umkristallisieren aus Alkohol. — *4-Isopropylmercapto-*, $C_{11}H_{14}OS$, $Kp._{14}$ 184—187°, analog vorst. Verb.; 67,2%. *Thiosemicarbazon*, $C_{12}H_{17}N_3S_2$, F. 135°. — *4-Butylmercapto-*, $C_{12}H_{16}OS$, $Kp._{12}$ 187—192°; 77,5%. *Thiosemicarbazon*, $C_{13}H_{19}N_3S_2$, F. 129°. — *4-Isobutylmercapto-*, $C_{12}H_{16}OS$, $Kp._{12}$ 181—185°; 68%. *Thiosemicarbazon*, $C_{13}H_{19}N_3S_2$, F. 125°. — *4-Pentylmercapto-*, $C_{13}H_{18}OS$, $Kp._{12}$ 211—215°; 83,7%. *Thiosemicarbazon*, $C_{14}H_{21}N_3S_2$, F. 149°. — *4-Isopentylmercapto-*, $C_{13}H_{18}OS$, $Kp._{12}$ 199—202°; 76,2%. *Thiosemicarbazon*, $C_{14}H_{21}N_3S_2$, F. 154°. — *4-Hexylmercapto-*, $C_{14}H_{20}OS$, $Kp._{11}$ 214—218°; 72,4%. *Thiosemicarbazon*, $C_{15}H_{23}N_3S_2$, F. 150°. — 4-Alkylmercapto-3-methylbenzylpyridiniumchloride: *4-Propylmercapto-*, $C_{16}H_{20}ClNS$, F. 163°, durch 2std. Kochen des entsprechenden Benzylchlorids mit Pyridin in A./Bzl.; aus A. Blättchen; 85,4%. — *4-Isopropylmercapto-*, $C_{16}H_{20}ClNS$, F. 86°, analog vorst. Verb.; aus A. Blättchen; 81%. — *4-Butylmercapto-*, $C_{17}H_{22}ClNS$, F. 117°; aus A. Blättchen; 91,7%. — *4-Isobutylmercapto-*, $C_{17}H_{22}ClNS$, F. 105°; 89,5%. — 4-Alkylmercapto-3-methylbenzylmercaptane: *4-Propylmercapto-*, $C_{11}H_{16}S_2$, $Kp._{10}$ 170—173°, durch Vereinigen von KHS in A. mit dem entsprechenden Benzylchlorid u. 3std. Kochen; 88,2%. — *4-Isopropylmercapto-*, $C_{11}H_{16}S_2$, $Kp._{15}$ 183—187°, analog vorst. Verb.; 83,2%. — *4-Butylmercapto-*, $C_{12}H_{18}S_2$, $Kp._{12}$ 182—184°; 80,4%. — *4-Isobutylmercapto-*, $C_{12}H_{18}S_2$, $Kp._{10}$ 178—182°; 73,1%. — *4-Pentylmercapto-*, $C_{13}H_{20}S_2$, $Kp._{11}$ 198—202°; 70,7%. — *4-Isopentylmercapto-*, $C_{13}H_{20}S_2$, $Kp._1$ 159—162°; 65,4%. — *4-Hexylmercapto-*, $C_{14}H_{22}S_2$, $Kp._1$ 170—175°; 63,8%. — Alkyl-4-alkylmercapto-3-methylbenzylthioäther: *Propyl-4-propylmercapto-*, $C_{14}H_{22}S_2$, $Kp._1$ 177—182°, durch Lösen des entsprechenden Benzylmercaptans in der berechneten Menge NaOH, Zugabe des entsprechenden Alkylbromids, 3std. Kochen, Abtrennen des gelben Öls u. Dest. im Vakuum; 83,2%. — *Isopropyl-4-isopropylmercapto-*, $C_{14}H_{22}S_2$, $Kp._{11}$ 171—173°, analog vorst. Verb.; 87,9%. — *Butyl-4-butylmercapto-*, $C_{16}H_{26}S_2$, $Kp._1$ 185—188°; 92,7%. — *Isobutyl-4-isobutylmercapto-*, $C_{16}H_{26}S_2$, $Kp._{10}$ 197—202°; 78,2%. — *Pentyl-4-pentylmercapto-*, $C_{16}H_{26}S_2$, $Kp._1$ 217 bis

220°; 83%. — *Isopentyl-4-isopentylmercapto-*, $C_{16}H_{26}S_2$, Kp.$_1$ 209—212°; 75,4%. — *Hexyl-4-hexylmercapto-*, $C_{17}H_{28}S_2$, Kp.$_1$ 220—225°; 73,6%. — *3-Methyl-4-isopropylmercaptobenzylalkohol*, $C_{11}H_{16}OS$, Kp.$_{10}$ 154—157°, durch 3std. Kochen des entsprechenden Benzylchlorids in A. mit 50%ig. NaOH, Versetzen mit W., Ausäthern u. Dest.; 98,7%. — *3-Methyl-4-isopropylmercaptobenzylisopropyläther*, $C_{14}H_{22}OS$, Kp.$_{10}$ 163—166°, durch Lösen vorst. Verb. in 44%ig. NaOH, Zugabe von Isopropylbromid unter Kühlung, 8½ std. Kochen, Ausäthern u. Dest.; 86,8%. — *3-Methyl-4-isopropylmercaptozimtsäure*, $C_{13}H_{16}O_2S$, F. 164—165°, durch Lösen des entsprechenden Benzaldehyds u. von Malonsäure in Pyridin/Piperidin (10 : 1), 1½ std. Erhitzen auf 100° bis zum Ende der CO_2-Entw., weiteres 10 Min. langes Erhitzen u. Einrühren in überschüssige verd. HCl; aus A. gelbliche Nadeln; 84,7%. — *Bis-[3-methyl-4-isopropylmercaptobenzyl]-disulfid*, $C_{22}H_{30}S_4$, F. 90°, durch mehrstd. Stehen des entsprechenden Benzylmercaptans an der Luft; aus A. gelbe Kristalle; 77%. P. Golinske. 1090□

Derivate des 4-Aminothiophenols mit Antifunguswirkung. A. Baruffini und F. Gialdi. (Farmaco [Pavia], Ediz. sci. **13.** 911—21. Dez. 1958. Pavia, Univ., Ist. di Chim. farmac.) (Ital.)

Einige Derivv. des 4-Nitro- (I) u. 4-Aminothiophenols werden dargestellt u. die Minimalkonz. (MK; in γ/cm^3) der Hemmung von *Candida albicans* (ATCC 10231) u. *Trichophyton mentagrophytes* (ATCC 8157) sowie in einigen Fällen von *Kloeckera brevis, Saccharomyces cerevisiae, Cryptococcus neoformans, Nocardia asteroides* u. *Aspergillus niger* angegeben.

Versuche: Alkyl-4-nitrophenylsulfide: *Methyl-* (II), MK >100; 100. — *n-Amyl-* (III), $C_{11}H_{15}NO_2S$, Kp.$_2$ 163—165°, durch Zutropfen von 1-Jodpentan zu **I** in sd. wss.-alkohol. NaOH u. ½std. Kochen; gelbes Öl; 85% (Ausbeute); MK >20°; 5; >20; >20; >20; >20; >20. — *n-Hexadecyl-* (IV), $C_{22}H_{37}NO_2S$, F. 66—67° (Bzn.), analog **III**; 85%; MK >50; >50. — *Phenyl-*, F. 55°; MK >20; 5; >20; >20; >20; >20; >20. — *Benzyl-*, MK >10; >10. — *Trichlormethyl-*, MK >10; 5; 5; >10; 5; >10; >10. — *4-Nitrophenyl-*, MK >10; >10. — Alkyl-4-aminophenylsulfide: *Methyl-* (**V**), aus **II** u. 30 atü H_2 an Raney-Ni in A. bei Raum-Temp.; MK >100; >100. *Hydrochlorid*, F. 225—227° (Zers.; abs. A./Ae.), aus **V** u. HCl-Gas in abs. Ae.; 78% (bezogen auf **II**). *N-Acetyl-Deriv.*, F. 130—132° (Bzl.); MK >10; >10. *N-Benzoyl-Deriv.* (**Va**), F. 178—180° (A.); MK >20; >20. — *n-Amyl-*, analog **V**; MK 100; 20; 50; 100; 20; 50; 20. *Hydrochlorid*, $C_{11}H_{17}NS \cdot HCl$, F. 175—176° (abs. A./Ae.); 74% (bezogen auf **III**). *N-Acetyl-Deriv.*, $C_{13}H_{19}NOS$, F. 81—83° (Bzn.); MK >20; >20. *N-Benzoyl-Deriv.*, $C_{18}H_{21}NOS$, F. 140—142° (A.); MK >20; >20. — *n-Hexadecyl-*, $C_{22}H_{39}NS$, F. 64—65° (A.), analog **V** aus **IV**; 74%; MK >20; >20. *Hydrochlorid*, $C_{22}H_{39} \cdot NS \cdot HCl$, F. 145—146° (abs. A.). *N-Acetyl-Deriv.*, $C_{24}H_{41}NOS$, F. 102—103° (A.); MK >50; >50. *N-Benzoyl-Deriv.*, $C_{29}H_{43}NOS$, F. 138—139° (A.); MK >20; >20. — *Phenyl-*, F. 98—99° (A.), analog **V**; MK 100; 20; >100; 100; 50; 50; 100. *N-Acetyl-Deriv.*, F. 149—150° (A.); MK >20; >20. *N-Benzoyl-Deriv.*, $C_{19}H_{15}NOS$, F. 169—171° (A.); MK >20; >20. — *Benzyl-*, MK >100; 50; 100; >100; 100; 100; >100. *N-Acetyl-Deriv.*, MK >20; >20. — *4-Aminophenyl-*, MK >100; 100. *N.N'-Dibenzoyl-Deriv.*, $C_{26}H_{20}N_2O_2S$, F. 259—260° (Eisessig); MK >10; >10. — *Trichlormethyl-*, *N-Benzoyl-Deriv.*, $C_{14}H_{10}Cl_3NOS$, F. 200—202° (Zers.; Propylenglykol), aus **Va** u. Cl_2 in Chlf. bei < 25°, ½std. Stehen u. Eindampfen im Vakuum < 30°; 55%; gibt mit heißem Anilin vorst. *Dibenzoyl-Deriv.* (F. 264°) u. *N.N'.N''-Triphenylguanidin* (F. 143°); MK >10; >10. — *2-Nitrophenyl-n-amylsulfid*, MK 100; 5. — *2-Nitrodiphenylsulfid*, MK >100; >100. — *2-Aminophenyl-n-amylsulfid*, MK 50; 10. — *2-Aminodiphenylsulfid*, MK 100; 20. — *2-Aminophenylbenzylsulfid*, MK 100; 10. F. Heller. 1090□

Aminosulfide und Aminosulfone. 19. Mitt. **Anlagerung von o- und p-Nitrophenylmercaptan an α,β-ungesättigte Verbindungen.** I. Ch. Feldman und W. N. Michailowa. (Журнал Общей Химии [J. allg. Chem.] **31** (**93**). 2115—19. Juli 1961. Leningrad, Chem.-Pharmazeut. Inst.) (Russ.)

Die Anlagerung von p-Nitro- (**I**) u. o-Nitrothiophenol (**II**) an Acrylonitril (**III**), α-Chlor- (**IV**) u. α-Bromacrylonitril (**V**) in Ggw. organ. Basen liefert entsprechend *p-Nitrophenyl-β-cyanäthylsulfid* (**VI**), *-β-cyan-β-chloräthylsulfid* (**VII**), *-β-cyan-β-bromäthylsulfid* (**VIII**) u. *o-Nitrophenyl-β-cyanäthylsulfid* (**IX**). Durch Verseifen werden **VI**, **VII** u. **IX** in die entsprechenden *Carbonsäuren* übergeführt. Die Oxydation von **VI**–**IX** gibt entsprechend *p-Nitrophenyl-β-cyanäthylsulfon* (**X**), *-β-cyan-β-chloräthylsulfon* (**XI**), *-β-cyan-β-bromäthylsulfon* (**XII**) bzw. *o-Nitrophenyl-β-cyanäthylsulfon* (**XIII**). **X**, **XI** u. **XIII** werden zu den entsprechenden *Carbonsäuren* verseift. Die Sulfide **VII** u. **VIII** enthalten fest gebundenes Halogen, das sich durch Rk. mit Semicarbazid (**XIV**), Thiosemicarbazid (**XV**) oder KSCN nicht substituieren oder abspalten läßt. **XII** reagiert bei der Einw.

von **XIV** u. **XV** unter HBr-Abspaltung zu *p-Nitrophenyl-β-cyanvinylsulfon.* **I** lagert sich auch an Methylacrylat (**XVI**) in Ggw. von Triäthylamin (**XVII**) an unter Bldg. von *p-Nitrophenyl-β-carbomethoxyäthylsulfid.*

Versuche: *p-Nitrophenyl-β-cyanäthylsulfid* (**VI**), $C_9H_8N_2O_2S$, F. 72—73°, man gibt zu 2 g **I** 2 Tropfen **XVII** u. 1,5 ml durch Hydrochinon stabilisiertes **III**, läßt 6—8 Std. bei 20—25° unter N_2 Stehen u. krist. aus 50%ig. A. um; Nadeln; 74% (Ausbeute). — *p-Nitrophenyl-β-cyan-β-chloräthylsulfid* (**VII**), $C_9H_7ClN_2O_2S$, F. 78—79°, aus **I** u. **IV** (1—1½ Std. bei 30—40°, 12—15 Std. bei 20° Stehenlassen); 79%. — *p-Nitrophenyl-β-cyan-β-bromäthylsulfid* (**VIII**), $C_9H_7BrN_2O_2S$, F. 85—86°, analog **VII** aus **I** u. **V**; 75%. — *o-Nitrophenyl-β-cyanäthylsulfid* (**IX**), $C_9H_8N_2O_2S$, F. 78°, analog **VI** aus **II** u. **III**; Nadeln; 73%. — *p-Nitrophenyl-β-carboxyäthylsulfid,* $C_9H_9NO_4S$, F. 139—140°, man rührt 2 g **VI** u. 20 ml konz. HCl 4—5 Std. lang bei 70°, verd. mit 10 ml W. u. krist. aus W. um; 84%. *Methylester,* $C_{10}H_{11}NO_4S$, F. 58—59° (PAe.), man erhitzt 2 g **I**, 5 ml abs. Methanol, 2 Tropfen **XVII** u. 1,5 ml stabilisiertes **XVI** ½ Std. unter N_2 auf 50° u. läßt 12 Std. lang bei 20° stehen; 80,4%. — *p-Nitrophenyl-β-chlor-β-carboxyäthylsulfid,* $C_9H_8ClNO_4S$, F. 126—127°, aus **VII**; 80%. — *o-Nitrophenyl-β-carboxyäthylsulfid,* $C_9H_9NO_4S$, F. 138 bis 139°, aus **IX**; 80%. — *p-Nitrophenyl-β-cyanäthylsulfon* (**X**), $C_9H_8N_2O_4S$, F. 134—135°, man oxydiert **VI** mit Perhydrol (Molverhältnis 1 : 3) in Eisessig–Acetanhydrid (3—4 Std., 60—70°) u. krist. nach Eindampfen aus A. um; 85%. — *p-Nitrophenyl-β-chlor-β-cyanäthylsulfon* (**XI**), $C_9H_7ClN_2O_4S$, F. 123—124°, aus **VII**; 84%. — *p-Nitrophenyl-β-brom-β-cyanäthylsulfon* (**XII**), $C_9H_7BrN_2OS_4$, F. 148—149°, aus **VIII**; 80%. — *o-Nitrophenyl-β-cyanäthylsulfon* (**XIII**), $C_9H_8N_2O_4S$, F. 102—103°, aus **IX**; 82%. — *p-Nitrophenyl-β-carboxyäthylsulfon,* $C_9H_9NO_6S$, F. 170—171°, man erhitzt 2 g **X** u. 20 ml konz. HCl 4—5 Std. auf 95° (nach der 1. Std. gibt man 10 ml W. zu) u. krist. aus W.A. um; 84%. — *p-Nitrophenyl-β-chlor-β-carboxyäthylsulfon,* $C_9H_8ClNO_6S$, F. 146—147°, aus **XI**; 80%. — *o-Nitrophenyl-β-carboxyäthylsulfon,* $C_9H_9NO_6S$, F. 139—140°, aus **XIII**; 80%. — *p-Nitrophenyl-β-cyanvinylsulfon,* $C_9H_6N_2O_4S$, F. 147—148°, man gibt zu 0,5 g **XII** in 10 ml A. bei 60° 0,3 g **XIV** oder **XV** in 5 ml A., erhitzt 4 Std. auf 60—70° u. läßt 12 Std. lang stehen; 0,2 g. Helmut Schäfer. 1090□

Zur Synthese von N⁴-[4-Alkoxybenzoyläthyl]-derivaten des N¹-Sulfanilyl-N²-n-butylharnstoffs. E. Hannig und B. Schobess. (Arch. Pharmaz. **295/67.** 241—43. April 1962. Halle/Saale, Univ., Pharmazeut. Inst.) (Dt.)

Aus Acrylnitril (**I**) über *β-Chlorpropionylchlorid* durch Friedel-Crafts-Rk. hergestellte *4-Alkoxy-β-chlorpropiophenone* wurden nach HCl-Abspaltung zu *4-Alkoxyphenylvinylketonen* mit N-Sulfanilyl-N'-n-butylharnstoff (**II**) zu *N-[N⁴-(4-Alkoxybenzoyläthyl)-sulfanilyl]-N'-n-butylharnstoffen* umgesetzt.

Versuche: *β-Chlorpropionylchlorid,* Kp. 144—145°, durch 2std. Erhitzen von **I** mit konz. HCl auf dem Dampfbad, Verdünnen mit W., Ausäthern u. 5std. Kochen der erhaltenen *β-Chlorpropionsäure* mit $SOCl_2$. — *4-Alkoxy-β-chlorpropiophenone,* durch Zutropfen von 0,2 Mol vorst. Verb. zu 0,2 Mol Alkylphenyläther oder Phenol oder Bzl. u. 30 g $AlCl_3$ in 200 ml CS_2 unter Rühren, 1std. Erhitzen auf dem Wasserbad, Abkühlen, Gießen auf Eis/HCl, Abdestillation des CS_2 u. Umkristallisation aus Petroläther. — N-[N-Sulfanilyl]-N'-n-butylharnstoffe, durch Aufkochen von 0,01 Mol vorst. Verbb. in CH_3OH mit 0,012 Mol geschmolzenem K-Acetat, Abkühlen, Eintragen von 0,01 Mol **II** u. Umkristallisation des Nd aus A.: *N⁴-Benzoyläthyl-*, F. 175°. — *N⁴-[p-Hydroxybenzoyläthyl-*, F. 142°. — *N⁴-[p-Methoxybenzoyläthyl]-*, F. 178°. — *N⁴-[p-Äthoxybenzoyläthyl]-*, F. 187,5°. — *N⁴-[p-n-Propoxybenzoyläthyl]-*, F. 180°. — *N⁴-[p-n-Butoxybenzoyläthyl]-*, F. 179°. — *N⁴-[p-Isobutoxybenzoyläthyl]-*, F. 176°. — *N⁴-[p-n-Pentyloxybenzoyläthyl]-*, F. 175,5°. — *N⁴-[p-Isopentyloxybenzoyläthyl]-*, F. 172°. — *N⁴-[p-n-Hexyloxybenzoyläthyl]-*, F. 173°. Gisela Schreiber. 1090□

Aryltellurtrihalogenide. 2. Mitt. **Kondensationsreaktion mit Methylketonen und mit aromatischen Verbindungen, die elektronenabstoßende Gruppen enthalten.** N. Petragnani. (Tetrahedron [London] **12.** 219—25. Mai 1961. S. Paulo, Univ., Fac. de Filos., Dep. de Quím.) (Engl.) — 1. vgl. C. **1961.** 6118.

Aryltellurtrichloride u. -bromide kondensieren sich mit Aceton, Acetophenon (**I**), N.N-Dimethylanilin (**II**) u. Resorcin (**III**) unter Bldg. von *Arylacetonyltellurdihalogeniden, Arylphenacyltellurdihalogeniden, Aryl-p-dimethylaminophenyltellurdihalogeniden* (**A**) u. *Aryl-2.4-dihydroxyphenyltellurdihalogeniden* (**B**). Aryltellurtrijodide reagieren nicht. Die **A** u. die **B** geben Ionenaustausch-Rkk. mit Halogenidionen; die **A** können zu den entsprechenden *Aryl-p-dimethylaminophenyltelluriden* (**C**) red. werden, während die anderen Kondens.-Prodd. Spaltung zu *Diaryltelluriden* erfahren. Die **C** können J_2 anlagern unter Bldg. von *Aryl-p-dimethylaminophenyltellurdijodiden.*

Versuche: *Acetonyl-[p-methoxyphenyl]-tellurdichlorid* (**IV**), $C_{10}H_{12}Cl_2O_2Te$, F. 137 bis 138°, durch Rk. von p-Methoxyphenyltellurtrichlorid (**V**) mit Aceton, Abdampfen des Acetons unter HCl-Entw. u. Waschen des krist. Rückstandes mit CH_3OH; aus Bzl.–PAe. Tafeln; 65% (Ausbeute); **IV** liefert bei der Rk. mit sd. W. *p-Methoxyphenyltellur-oxochlorid* (**XX**), F. 225—235° (Zers.); daneben *Chloraceton*. — *Bis-[p-methoxyphenyl]-ditellurid* (**XXI**), F. 50—60° (PAe.; grünrote Nadeln), durch Erwärmen von **IV** mit Na_2S bei 95—100°. — *Acetonyl-[p-äthoxyphenyl]-tellurdichlorid*, $C_{11}H_{14}Cl_2O_2Te$, F. 134—135°, aus Aceton u. p-Äthoxyphenyltellurtrichlorid (**VI**) analog **IV**; aus Bzl.–PAe. Nadeln; 75%. — *Bis-[p-äthoxyphenyl]-ditellurid* (**XIX**), F. 107°, aus vorst. Verb. u. Na_2S. — *Phenacyl-[p-methoxyphenyl]-tellurdichlorid* (**VII**), $C_{15}H_{14}Cl_2O_2Te$, F. 136—137°, aus **I** u. überschüssigem **V** u. Absaugen nach 24std. Stehenlassen bei Raum-Temp.; aus Bzl.–PAe. lichtbrechende Prismen; 60%; liefert mit sd. W. **XX**; daneben *Phenacylchlorid*; wird mit Na_2S in **XXI** umgewandelt. — *Phenacyl-[p-äthoxyphenyl]-tellurdichlorid*, $C_{16}H_{16}$·Cl_2O_2Te, F. 141—142°, aus **I** u. **VI** analog **VII**; aus Bzl.–PAe. Nadeln; 57%; liefert mit Na_2S **XIX**. — *Phenacyl-[p-phenoxyphenyl]-telluordichlorid*, $C_{20}H_{16}Cl_2O_2Te$, F. 146—147°, aus **I** u. p-Phenoxyphenyltellurtrichlorid (**X**) analog **VII**; Nadeln; 45,5%; liefert mit Na_2S *Bis-[p-phenoxyphenyl]-ditellurid* (**XXIII**), F. 88—88,5°. — *Phenacyl-[p-methoxy-phenyl]-tellurdibromid*, $C_{15}H_{14}Br_2O_2Te$, F. 151—152°, analog **VII** aus **I** u. p-Methoxy-phenyltellurtribromid (**XVIII**); aus Bzl.–PAe. gelbe Nadeln; 29,2%. — *p-Dimethylamino-phenyl-[p-methoxyphenyl]-tellurdichlorid* (**VIII**), $C_{15}H_{17}Cl_2NOTe$, F. 170—172° (Zers.), durch 24std. Aufbewahren von 1 Mol **V** mit 3 Mol **II** u. Extraktion mit CH_3OH; aus Bzl. gelbe Prismen; 75%. — *p-Dimethylaminophenyl-[p-äthoxyphenyl]-tellurdichlorid* (**IX**), $C_{16}H_{19}$·Cl_2NOTe, F. 153—154° (Zers.), analog **VIII** aus **VI** u. **II**; aus CH_3OH gelbe Nadeln; 59,1%. — *p-Dimethylaminophenyl-[p-methoxyphenyl]-tellurdibromid*, $C_{15}H_{17}Br_2NOTe$, F. 183 bis 184° (Zers.), a) analog **VIII** aus **II** u. **XVIII**; aus CH_3OH u. Bzl. orange Prismen; 50,6%; b) aus **VIII** u. 40%ig. HBr, Verdünnen mit W. u. Zusatz von verd. NH_4OH; 100%; liefert mit konz. HCl **VIII** zurück. — *p-Dimethylaminophenyl-[p-äthoxyphenyl]-tellur-dibromid*, $C_{16}H_{19}Br_2NOTe$, F. 121—123° (Zers.), aus **II** u. p-Äthoxyphenyltellurtribromid (**XXII**) analog **IX**, jedoch Extraktion mit Bzl. u. Eindunsten an der Luft; orangefarbene Nadeln; 49%. — *p-Dimethylaminophenyl-[p-phenoxyphenyl]-tellurdichlorid* (**XI**), $C_{20}H_{19}$·Cl_2NOTe, F. 194—195° (Zers.), durch 24std. Stehenlassen von **II** u. **X** in Bzl. u. Einengen im Vakuum; aus Bzl. u. CH_3OH gelbe Nadeln; 41%. — *p-Dimethylaminophenyl-[p-phen-oxyphenyl]-tellurdibromid*, $C_{20}H_{19}Br_2NOTe$, F. 188—189° (Zers.), a) aus **II** u. p-Phenoxy-phenyltellurtribromid analog **XI**; orangefarbene Nadeln; b) aus **XI** u. 40%ig. HBr, Verdünnen mit W. u. Zusatz von verd. NH_4OH; 100%. — *p-Dimethylaminophenyl-[p-methoxyphenyl]-tellurid* (**XII**), $C_{15}H_{17}NOTe$, F. 96—97°, aus **VIII** u. Na_2S-Lsg. bei 100° innerhalb von 15 Min., Verdünnen mit W. u. Absaugen; aus A. Nadeln; 100%. — *p-Dimethylaminophenyl-[p-äthoxyphenyl]-tellurid*, $C_{16}H_{19}NOTe$, F. 126—127°, aus **IX** analog **XII**; aus A. Nadeln; 100%. — *p-Dimethylaminophenyl-[p-phenoxyphenyl]-tellurid*, $C_{20}H_{19}NOTe$, F. 75,5—76,5°, aus **XI** analog **XII**; Nadeln; 100%. — *p-Dimethylamino-phenyl-[p-methoxyphenyl]-tellurdijodid* (**XIII**), $C_{15}H_{17}J_2NOTe$, F. 129—130° (Zers.), aus **XII** u. J_2 in Chlf. bei 0° u. Fällen mit PAe.; aus Bzl. u. PAe. dunkelrote Nadeln; 100%. — *p-Dimethylaminophenyl-[p-äthoxyphenyl]-tellurdijodid*, $C_{16}H_{19}J_2NOTe$, F. 96—97° (Zers.), analog **XIII**; dunkelrote Nadeln; 100%. — *p-Dimethylaminophenyl-[p-phenoxyphenyl]-tellurdijodid*, $C_{20}H_{19}J_2NOTe$, F. 135—136° (Zers.), analog **XIII**; dunkelrote Nadeln; 100%. — *2.4-Dihydroxyphenyl-[p-methoxyphenyl]-tellurdichlorid* (**XIV**), $C_{13}H_{12}Cl_2O_3Te$, F. 182—183° (Zers.), aus **III** u. **V** in CH_3OH, durch Stehenlassen über Nacht bei Raum-Temp. u. Einengen; Ae. u. PAe. Plättchen; 70%. *Diacetyl-Deriv.*, $C_{17}H_{16}Cl_2O_5Te$, F. 166 167°, aus **XIV** u. Acetanhydrid in Ggw. eines Tropfens konz. H_2SO_4 durch 24std. Stehen-lassen bei Raum-Temp., Zugabe von W. u. Kühlen in Eis; aus Bzl.–PAe. Prismen; 88%. **XIV** liefert mit wss. Na_2S **XXI**. — *2.4-Dihydroxyphenyl-[p-äthoxyphenyl]-tellurdichlorid* (**XV**), $C_{14}H_{14}Cl_2O_3Te$, F. 189—190° (Zers.), aus **III** u. **VI** analog **XIV**; Plättchen; 70%. *Diacetyl-Deriv.*, $C_{18}H_{18}Cl_2O_5Te$, F. 162—168°, aus **XV** u. Acetanhydrid; aus Bzl.–PAe. Nadeln; 88%. **XV** liefert mitNa_2S **XIX**. — *2.4-Dihydroxyphenyl-[p-phenoxyphenyl]-tellurdichlorid* (**XVI**), $C_{18}H_{14}Cl_2O_3Te$, F. 181° (Zers.), aus **III** u. **X** analog **XIV**; Plättchen; 61%. *Diacetyl-Deriv.*, $C_{22}H_{18}Cl_2O_5Te$, F. 172—173°, aus **XVI** u. Acetanhydrid; Nadeln; 100%. **XVI** liefert mit Na_2S **XXIII**. — *2.4-Dihydroxyphenyl-[p-methoxyphenyl]-tellur-dibromid* (**XVII**), $C_{13}H_{12}Br_2O_3Te$, F. 179—180° (Zers.), a) aus **III** u. **XVIII** analog **XIV**; aus Ae.–PAe. gelbe Nadeln; 6%; b) aus **XIV** u. 40%ig. HBr in wenig A.; 100%. — *2.4-Dihydroxyphenyl-[p-methoxyphenyl]-tellurdijodid*, $C_{13}H_{12}J_2O_3Te$, F. 130° (Zers.), aus **XIV** u. KJ in wss. CH_3OH bei 0—5°; aus Ae. u. PAe. rote Prismen; 100%. — *2.4-Dihy-droxyphenyl-[p-äthoxyphenyl]-tellurdibromid*, $C_{14}H_{14}Br_2O_3Te$, F. 190—191° (Zers.), a) aus **III** u. **XXII** analog **XV**; 28%; b) aus **XV** u. HBr analog **XVII**; 100%. — *2.4-Dihydroxy-phenyl-[p-äthoxyphenyl]-tellurdijodid*, $C_{14}H_{14}J_2O_3Te$, F. (aus Ae.–PAe.) 105° (Zers.; orangefarbene Nadeln), 132° (Zers.; orangefarbene Tafeln), 127° (Zers.; rote Prismen), aus **XV** u. KJ; 100%. — *2.4-Dihydroxyphenyl-[p-phenoxyphenyl]-tellurdibromid*, $C_{18}H_{14}$·

Br_2O_3Te, F. 181—182° (Zers.), aus **XVI** u. HBr analog **XVII**; aus Ae.-PAe. gelbe Prismen; 100%. — *2.4-Dihydroxyphenyl-[p-phenoxyphenyl]-tellurdijodid*, $C_{18}H_{14}J_2O_3Te$, F. 122 bis 124° (Zers.), aus **XVI** u. KJ; aus Ae.-PAe. rote Nadeln; 100%.

H.-J. Hartmann. 1090□

Reaktion von Diazoalkanen mit aromatischen Aldehyden. Charles R. Warner, Edward J. Walsh und Richard F. Smith. (J. chem. Soc. [London] **1962.** **1232—34.** April. Albany, N.Y., State Univ. Coll., Dep. of Chem.) (Engl.)

7 substituierte Benzaldehyde, o-Phthalaldehyd (**I**), die Pyridinaldehyde u. Chinolinaldehyd-(2) (**II**) wurden mit äther. Diazoäthan (**III**) behandelt, wobei die entsprechenden *Äthylketone* erhalten wurden. 3 aromat. Aldehyde wurden mit 1-Diazopropan (**IV**) in die entsprechenden *n-Propylketone* übergeführt.

Versuche: *4-Dimethylaminopropiophenon*, $C_{11}H_{15}NO$, F. 101—103° (CH_3OH), aus p-Dimethylaminobenzaldehyd u. **III** in Ae./CH_3OH (24std. Stehen); 51% (Ausbeute). — Analog: *3-Nitropropiophenon*, F. 97—99°, aus m-Nitrobenzaldehyd (**V**); 81%. *Semicarbazon*, F. 186—188°. — *4-Nitropropiophenon*, F. 87—89°, aus p-Nitrobenzaldehyd; 78%. *Semicarbazon*, F. 199—201°. — *2-Nitropropiophenon*, $Kp._0$ 169—174°, aus o-Nitrobenzaldehyd; 61%. *Semicarbazon*, F. 182—183°. — *Äthylpyridyl-(2)-keton*, $Kp._{17}$ 94—98°, aus Picolinaldehyd; 89%. *Semicarbazon*, F. 163—164°. — *Äthylpyridyl-(3)-keton*, $Kp._{18}$ 115—117°, aus Nicotinaldehyd (**VI**); 75%. *Oxim*, F. 117—118°. — *Äthylpyridyl-(4)-keton*, C_8H_9NO, $Kp._{22}$ 120—123°, aus Isonicotinaldehyd; 79%. *Pikrat*, $C_{14}H_{12}N_4O_8$, F. 100—103° (A.). — *Äthylchinolyl-(2)-keton*, F. 59—60°, aus **II**; 52%. — *2-Chlorpropiophenon*, $Kp._{20}$ 122—125°, aus o-Chlorbenzaldehyd; 90%. *Semicarbazon*, F. 175—176°. — *3-Chlorpropiophenon*, F. 43—45°, aus m-Chlorbenzaldehyd; 67%. *Semicarbazon*, F. 181 bis 183°. — *4-Methylpropiophenon*, $Kp._{20}$ 121—124°, aus p-Tolylaldehyd; 71%. *Oxim*, F. 89—90°. — *o-Dipropionylbenzol*, $C_{12}H_{14}O_2$, $Kp._{16}$ 161—167°, aus **I**; 89%. — *1.4-Diäthylphthalazin*, $C_{12}H_{14}N_2$, F. 82—85°, gelbe Kristalle (Ae.), aus vorst. Verb. u. $N_2H_4 \cdot H_2O$ in sd. A. (1 Std.); 82%. — *4-Methoxybutyrophenon*, $Kp._{18}$ 165—167°, aus p-Methoxybenzaldehyd u. **IV**; 60%. *Semicarbazon*, $C_{12}H_{17}N_3O_2$, F. 171—172° (A.). — *n-Propylpyridyl-(3)-keton*, $Kp._{23}$ 133—136°, aus **VI** u. **IV**; 81%. *Semicarbazon*, F. 168—170°. — *3-Nitrobutyrophenon*, F. 60—61°, aus **V** u. **IV**; 100%. *Phenylhydrazon*, F. 102—103°. — *Propiophenon*, Kp. 214—216°, durch Zugeben von Nitrosoäthylurethan zu einer Lsg. von 21,2 g C_6H_5CHO in CH_3OH in Ggw. von Na_2CO_3 innerhalb 45 Min. unter Rühren bei $< 30°$ (Kühlung), Filtrieren nach dem Ende der N_2-Entw., Dest. u. Behandeln des Rückstandes mit $NaHSO_3$-Lsg.; 22% (*2.4-Dinitrophenylhydrazon*, F. 190—191°); daneben 3 g C_6H_5CHO zurück.

J. Rothe. 1150□

Zwei stabile α-Carbäthoxyketene. Melvin S. Newman und Ernest A. Zuech. (J. org. Chemistry **27.** 1436—38. April 1962. Columbus, Ohio, Univ., Dep. of Chem.) (Engl.)

Das bei der Einw. von $SOCl_2$ auf α-Carbäthoxy-β-phenylisovaleriansäure (**I**) intermediär entstehende *Säurechlorid* spaltet bei der Dest. u. auch bei der Einw. von Triäthylamin (**II**) reversibel HCl ab unter Bldg. des sehr stabilen *[α.α-Dimethylbenzyl]-carbäthoxyketens* (**IV**). Das entsprechende *tert.-Butylcarbäthoxyketen* (**V**) entsteht aus *tert.-Butyl-α-carbäthoxyacetylchlorid* nur durch Einw. von **II** in reiner Form. Für **IV** u. **V** sind die IR-Maxima angegeben.

Versuche: *α-Carbäthoxy-β-phenylisovaleriansäure* (**I**), $C_{14}H_{18}O_4$, F. 59,5—60,5° (PAe.), durch 20std. Aufbewahren von [α.α-Dimethylbenzyl]-malonsäurediäthylester (**III**; vgl. Prout u. Mitarbeiter, C. **1955.** 2401) mit KOH in A.; 51% (Ausbeute); daneben werden 20% **III** zurückerhalten. — *[α.α-Dimethylbenzyl]-carbäthoxyketen* (**IV**), $C_{14}H_{16}O_3$, $Kp._{15}$ 151—154°, a) durch 12std. Stehenlassen von **I** mit $SOCl_2$ bei Raum-Temp., 1std. Erhitzen auf dem Wasserbad u. Dest. im Vakuum; n_D^{23} 1,5135; 92%; b) durch 24std. Aufbewahren des rohen *Säurechlorids* von **I** mit **II** in Bzl. bei Raum-Temp., Abfiltrieren von **II**-Hydrochlorid u. Dest; 58%; beim Einleiten von HCl in **IV** wird das Säurechlorid zurückerhalten. — *tert.-Butyl-α-carbäthoxyessigsäure*, $C_9H_{16}O_4$, $Kp._4$ 124—127°, analog **I** aus tert.-Butylmalonsäurediäthylester (**VI**; vgl. Wideqvist, Ark. Kemi **23 B.** [1946.] No. 4. 1); 74%; daneben werden 16% **VI** zurückerhalten. — *tert.-Butylcarbäthoxyketen* (**V**), $C_9H_{14}O_3$, Kp. 168—170°, a) durch 12std. Stehenlassen von vorst. Verb. mit $SOCl_2$, Einengen, Aufnehmen in Bzl. u. 24std. Aufbewahren nach Zusatz von **II**; 73%.

Gisela Schreiber. 1160□

Cyclische Verbindungen aus Acetylbrenztraubensäureestern. 3. Mitt. **Struktur der Säure $C_{10}H_{10}O_5$.** Endre Berner. (Acta chem. scand. **10.** 1208—14. 1956. Blindern-Oslo, Norway, Univ., Kjem. Inst.) (Engl.) — 2. vgl. C. **1955.** 5530.

Vf. synthetisierte *3-Hydroxy-5-carboxyhydrozimtsäure*, *2-Äthyl-5-hydroxybenzoesäure* (**IV**) u. *2-Äthyl-5-hydroxyisophthalsäure* (**I**). Davon erwies sich **I** als ident. mit dem hydrierten Kondens.-Prod. aus Acetylbrenztraubensäuremethylester (II) u. $Ba(OH)_2$. Die Decarboxylierung des Na-Salzes des I-Methyläthers (**Ia**) mit $Ca(OH)_2$ liefert in der Hauptsache *p-Äthylphenol* (**III**) neben geringen Mengen *m-Äthylphenol* u. *Phenol*. **Ia** wird durch Cu-Chromit partiell decarboxyliert zum *Methyläther* von **IV**. Die freie **IV** gibt mit $FeCl_3$ keine Farb-Rk. u. läßt sich zu **III** decarboxylieren.

Versuche: *m-Carboxyzimtsäure*, $C_{10}H_8O_4$, F. 268—270°, aus m-Nitrozimtsäure. — *Isophthalaldehydsäure*, F. 173° (W.), durch Oxydation vorst. Verb. mit alkal. 5%ig. $KMnO_4$-Lsg. bei 5°, Filtrieren u. Ausäthern. — *5-Nitroisophthalaldehydsäure*, F. ca. 150°, durch Zugeben von KNO_3 zur Lsg. von 1,6 g vorst. Verb. in konz. H_2SO_4 bei 5°, ½std. Rühren bei 35°, ¼ Std. lang bei 110°, Gießen auf Eis u. Ausäthern; 1 g. Oxydation mit $KMnO_4$ → *5-Nitroisophthalsäure* (*Methylester*, F. 123°). — *5-Nitro-3-carboxyzimtsäure*, F. 207—211° (W.), durch ½std. Erwärmen von 1 g vorst. Verb. mit 0,7 g Malonsäure in Pyridin–Piperidin auf 80° u. 2¼std. Erhitzen auf 100—140°; 1,2 g. — *3-Hydroxy-5-carboxyhydrozimtsäure*, $C_{10}H_{10}O_5$, F. 200—202°, durch Hydrieren von 0,46 g vorst. Verb. an PtO_2 in Methanol, Diazotieren u. Umkochen in verd. HCl in Ggw. von Borsäure. — *2-Äthyl-5-hydroxybenzoesäure* (**IV**), $C_9H_{10}O_3$, F. 155° (W.), durch 24std. Stehen von 5 g 3-Methoxybenzoesäure u. 5,4 g Chloralhydrat (**V**) in konz. H_2SO_4 bei Zimmer-Temp., Zusatz von Eis, 1½std. Kochen des ausgefallenen *6-Methoxy-3-trichlormethylphthalids* [F. 139° (A.), 5,5 g] mit Zn in Eisessig, Wasserzusatz, Hydrieren der 4 g *2-[β.β-Dichloräthyl]-5-methoxybenzoesäure* (F. 187°) an PtO_2 in Methanol, Filtrieren, Einengen u. ¾std. Kochen der 2,9 g *2-Äthyl-5-methoxybenzoesäure* (F. ca. 65°) mit HJ. — *2-Äthyl-3-methyl-5-methoxybenzoesäure*, $C_{11}H_{14}O_3$, F. 90°, durch 24std. Stehen von 22,5 g 3-Methyl-5-methoxybenzoesäure u. 22,5 g **V** in konz. H_2SO_4, mehrstd. Schütteln des Prod. mit Zn-Pulver in Eisessig, 2std. Schütteln der 12,8 g *2-[β.β-Dichloräthyl]-3-methyl-5-methoxybenzoesäure* ($C_{11}H_{12}Cl_2O_3$) mit H_2 an 5%ig. Pd/Al_2O_3 in methanol. KOH u. Abtrennung des *Isomeren vom F. 137°* (Nadeln) durch Umkristallisieren aus PAe.; Prismen aus verd. A.; 1,7 g. — *2-Äthyl-5-methoxyisophthalsäure* (**Ia**), F. 186° (Eisessig), durch 6std. Kochen von 1,6 g vorst. Verb. mit $KMnO_4$ in wss. NaOH, Einengen u. Ansäuern; 1,2 g. Erhitzen von **Ia**-Na-Salz mit $Ca(OH)_2$ unter N_2 u. ½std. Kochen mit HJ → hauptsächlich *p-Äthylphenol* [**III**; *Phenylurethan*, $C_{15}H_{15}NO_2$, F. 117—119° (PAe.); *Benzoyl-Deriv.*, F. 55—57° (verd. A.); *p-Äthylphenoxyessigsäure*, F. 94° (Bzl.-PAe.), aus **Ia** u. Monochloressigsäure in Ggw. von NaOH]. Erhitzen von **Ia** mit Cu-Chromit unter N_2 auf 290 bis 330° u. Kochen des *Methyläthers* (F. 65°) mit HJ → **IV**. — *2-Äthyl-5-hydroxyisophthalsäure* (**I**), $C_{10}H_{10}O_5$, F. 267° (W.), a) durch ¼std. Kochen von **Ia** mit HJ; b) aus **II** nach 1. Mitt. (vgl. C. **1950**. II. 528). G. MEINHARDT. 1250□

Untersuchungen über Thiocarbamoylthiocarbonate. 2. Mitt. **Synthese und thermische Zersetzung von Arylthiocarbamoyltrithiocarbonaten.** Aritsune Kaji. (Bull. chem. Soc. Japan **34**. 1147—51. Aug. 1961. Toyama, Takaoka, Nippon Soda Co. Ltd., Takaoka Factory.) (Engl.) — 1. vgl. C. **1962**. 5265.

N.N-Disubstituierte *Thiocarbamoyltrithiokohlensäurearylester* (**A**) entstehen aus Chlordithioameisensäurearylestern mit den Na- oder NH_4-Salzen der entsprechend substituierten Carbaminsäure. N-Monosubstituierte Derivv. konnten nach diesem Verf. nicht erhalten werden. Beim Erhitzen über ihren F. zersetzen sich die **A** unter CS_2-Entw., u. es entstehen substituierte *Dithiocarbaminsäureester*. Verss. mit markiertem S haben gezeigt, daß bei der Zers. das C-Atom des Carbamoylrestes zu ca. 66% u. das der Kohlensäure zu ca. 34% herausgespalten wird.

Versuche: N.N-Dimethylthiocarbamoyltrithiokohlensäurearylester: *-p-tolylester*, $C_{11}H_{13}NS_4$, F. 107—108°, durch Zugabe von Na-N.N-Dimethyldithiocarbamat in W. zu Chlordithioameisensäure-p-tolylester u. 2std. Stehen bei 10—15°; aus Aceton/A. orangefarbene Nadeln; 87% (Ausbeute). — *-phenylester*, $C_{10}H_{11}NS_4$, F. 134 bis 134,5°, analog vorst. Verb.; orangefarbene Prismen; 87%. — *-o-tolylester*, $C_{11}H_{13}NS_4$, F. 80—81°; orangefarbene Prismen; 75%. — *-o-chlorphenylester*, $C_{10}H_{10}ClNS_4$, F. 93 bis 94°; orangefarbene Säulen; 65%. — *-p-chlorphenylester*, $C_{10}H_{10}ClNS_4$, F. 104—105°; orangefarbene Prismen; 81%. — *-2.4.5-trichlorphenylester*, $C_{10}H_8Cl_3NS_4$, F. 112—112,5°; orangefarbene Prismen; 94%. — *-α-naphthylester*, $C_{14}H_{13}NS_4$, F. 97—98°; orangefarbene Prismen; 58%. — N.N-Diäthylthiocarbamoyltrithiokohlensäurearylester: *-phenylester*, $C_{12}H_{15}NS_4$, F. 68,5—69,5°; orangefarbene Nadeln; 75%. — *-p-chlorphenylester*, $C_{12}H_{14}ClNS_4$, F. 72—73°; orangefarbene Nadeln; 64%. — *-2.4.5-trichlorphenylester*, $C_{12}H_{12}Cl_3NS_4$, F. 129—130°; orangefarbene Nadeln; 70%. — *-pentachlorphenylester*, $C_{12}H_{10}Cl_5NS_4$, F. 121—122°; orangefarbene Prismen; 68%. — *-p-tolylester*, $C_{13}H_{17}NS_4$, F. 66 bis 67°; orangefarbene Nadeln; 60%. — S-[Piperidinothiocarbonyl]-trithiokohlenäurearylester: *-phenylester*, $C_{13}H_{15}NS_4$, F. 76,5—77°; orangefarbene Prismen; 60% — *-p-tolylester*, $C_{14}H_{17}NS_4$, F. 108—110°; orangefarbene Prismen; 71,5%. — *-p-chlor-*

phenylester, $C_{13}H_{14}ClNS_4$, F. 135—136°; orangefarbene Prismen; 86%. — S-[Morpholinothiocarbonyl]-trithiokohlensäurearylester: *-o-tolylester*, $C_{13}H_{15}NOS_4$, F. 104 bis 105°; gelbe Prismen; 63%. — *-p-tolylester*, $C_{13}H_{15}NOS_4$, F. 122—123°; orangefarbene Prismen; 67,5%. — *-o-chlorphenylester*, $C_{12}H_{12}ClNOS_4$, F. 114,5—115,5°; orangefarbene Prismen; 67%. — *-2.4.5-trichlorphenylester*, $C_{12}H_{10}Cl_3NOS_4$, F. 142—143°; orangefarbene Prismen; 86%. — *N-Methyl-N-phenylthiocarbamoyltrithiokohlensäure, p-Tolylester*, $C_{16}H_{15}NS_4$, F. 98—99°, durch Zugabe von Chlordithioameisensäure-p-tolylester zu NH_4-N-Phenyl-N-methyldithiocarbamat in Aceton, 1std. Rk. bei 5—10° u. Gießen in kaltes W.; aus Aceton/A. orangefarbene Prismen; 86%. *p-Chlorphenylester*, $C_{15}H_{12}ClNS_4$, F. 87—88°; orangefarbene Prismen; 74%. — *N.N-Diphenylthiocarbamoyltrithiokohlensäure, p-Tolylester*, $C_{21}H_{17}NS_4$, F. 101—102°; orangefarbene Platten; 65%. *p-Chlorphenylester*, $C_{20}H_{14}ClNS_4$, F. 125,5—126,5°; orangefarbene Prismen; 54%. — *S-[N.N-Dimethylthiocarbamoyl]-dithiokohlensäure-S-[p-tolylester]*, $C_{11}H_{13}NOS_3$, F. 69—70°, durch Rk. von Chlorthiolameisensäure-p-tolylester mit Na-N.N-Dimethyldithiocarbamat in Aceton; gelbe Nadeln; 27,8%; gibt durch 1std. Zers. bei 160° unter N_2 bei 10 Torr CS_2, *N.N-Dimethylthiolcarbaminsäure-p-tolylester* (89%) u. *N.N-Dimethyldithiocarbaminsäure-p-tolylester* (11%). — N.N-Dimethyldithiocarbaminsäurearylester, analog vorst. Verb.: *-p-tolylester*, $C_{10}H_{13}NS_2$, F. 112—113°; aus A. Prismen; 77,5°. — *-p-chlorphenylester*, $C_9H_{10}ClNS_2$, F. 101—103°; Nadeln; 82%. — *N-Phenyl-N-methyldithiocarbaminsäure, p-Tolylester*, $C_{15}H_{15}NS_2$, F. 132—133°; Nadeln; 76%. *p-Chlorphenylester*, $C_{14}H_{12}\cdot ClNS_2$, F. 147—149°; Prismen; 80,5%. P. GOLINSKE. 1280□

Benzylthioharnstoffe. 2. Mitt. J. P. Trivedi und J. J. Trivedi. (J. Indian chem. Soc. **35.** 657—60. Sept. 1958. Ahmedabad, M. G. Sci. Inst., Chem. Dep.) (Engl.) — 1. vgl. C. **1957.** 8194.

Zur Unters. ihrer Wrkg. als potentielle Tuberkulostatica werden verschieden substituierte *N-Benzylthioharnstoffe* dargestellt.

Versuche: Benzylisothiocyanate: *4-Äthoxy-*, $C_{10}H_{11}NOS$, Kp.$_5$ 98°, Darst. nach l. c. aus 4-Äthoxybenzylamin; ca. 60% (Ausbeute). — Analog: *4-n-Butoxy-*, $C_{12}H_{15}\cdot NOS$, Kp.$_{10}$ 142—145°. — *2-Methyl-*, C_9H_9NS, Kp.$_7$ 120°. — *3-Methyl-*, C_9H_9NS, Kp.$_{15}$ 148°. — *4-Methyl-*, C_9H_9NS, Kp.$_{17}$ 155°. — *2-Methoxy-*, C_9H_9NOS, Kp.$_{5-7}$ 132°. — *3-Methoxy-*, C_9H_9NOS, Kp.$_3$ 128°. — *4-Methoxy-*, Kp.$_7$ 125°. — *3.4-Dimethyl-*, $C_{10}H_{11}NS$, Kp.$_{12}$ 170°. — *2.4-Dimethyl-*, $C_{10}H_{11}NS$, Kp.$_{50}$ 120°. — *2.5-Dimethyl-*, $C_{10}H_{11}NS$, Kp.$_9$ 160°. — *α-Methyl-*, C_9H_9NS, Kp.$_5$ 140°. — *α-Äthyl-*, $C_{10}H_{11}NS$, Kp.$_3$ 160°. — *α-n-Propyl-*, $C_{11}H_{13}NS$, Kp.$_{10}$ 130°. — Phenylisothiocyanate: *4-Methoxy-*, Kp. 280°. — *4-Äthoxy-*, F. 76°. — *4-n-Propoxy-*, $C_{10}H_{11}NOS$, Kp.$_{12}$ 160°. — *4-n-Butoxy-*, $C_{11}H_{13}NOS$, Kp.$_{15}$ 170°. — *4-n-Pentoxy-*, $C_{12}H_{15}NOS$, Kp.$_{15}$ 170°. — *4-n-Hexoxy-*, $C_{13}H_{17}NOS$, Kp.$_7$ 180°. — Benzylthioharnstoffe: *4-Methyl-*, $C_9H_{12}N_2S$, F. 106°. — *3.4-Dimethyl-*, $C_{10}H_{14}N_2S$, F. 120°. — *2.5-Dimethyl-*, $C_{10}H_{14}N_2S$, F. 110°. — *2-Methoxy-*, $C_9H_{12}N_2OS$, F. 145°. — *3-Methoxy-*, $C_9H_{12}N_2OS$, F. 102°. — *α-Methyl-*, $C_9H_{12}N_2S$, F. 147°. — *α-Äthyl-*, $C_{10}H_{14}N_2S$, F. 133°. — *α-n-Propyl-*, $C_{11}H_{16}N_2S$, F. 98°. — N-Aryl-N'-[4-chlorbenzyl]-thioharnstoffe: *N-[4-Methoxyphenyl]-*, $C_{15}H_{15}ClN_2OS$, F. 132°. — *N-[4-Äthoxyphenyl]-*, $C_{16}H_{17}ClN_2OS$, F. 148°. — *N-[4-n-Propoxyphenyl]-*, $C_{17}H_{19}ClN_2OS$, F. 120°. — *N-[4-n-Butoxyphenyl]-*, $C_{18}H_{21}ClN_2OS$, F. 110°. — *N-[4-n-Pentoxyphenyl]-*, $C_{19}H_{23}ClN_2OS$, F. 86°. — *N-[4-n-Hexoxyphenyl]-*, $C_{20}H_{25}ClN_2OS$, F. 92°. — N-Aryl-N'-[4-brombenzyl]-thioharnstoffe: *N-[4-Methoxyphenyl]-*, $C_{15}H_{15}BrN_2OS$, F. 147°. — *N-[4-Äthoxyphenyl]-*, $C_{16}H_{17}BrN_2OS$, F. 135°. — *N-[4-n-Propoxyphenyl]-*, $C_{17}H_{19}BrN_2OS$, F. 120°. — *N-[4-n-Butoxyphenyl]-*, $C_{18}H_{21}BrN_2OS$, F. 154°. — *N-[4-n-Pentoxyphenyl]-*, $C_{19}H_{23}Br\cdot N_2OS$, F. 93°. — *N-[4-n-Hexoxyphenyl]-*, $C_{20}H_{25}BrN_2OS$, F. 96°. — N-Aryl-N'-[4-äthoxybenzyl]-thioharnstoffe: *N-[4-Methoxyphenyl]-*, $C_{17}H_{20}N_2O_2S$, F. 113°. — *N-[4-Äthoxyphenyl]-*, $C_{18}H_{22}N_2O_2S$, F. 98°. — *N-[4-n-Propoxyphenyl]-*, $C_{19}H_{24}N_2O_2S$, F. 78°. — *N-[4-n-Butoxyphenyl]-*, $C_{20}H_{26}N_2O_2S$, F. 83°. — *N-[4-n-Pentoxyphenyl]-*, $C_{21}H_{28}N_2O_2S$, F. 61°. — *N-[4-n-Hexoxyphenyl]-*, $C_{22}H_{30}N_2O_2S$, F. 56°. — N-Aryl-N'-[4-n-butoxybenzyl]-thioharnstoffe: *N-[4-Methoxyphenyl]-*, $C_{19}H_{24}N_2O_2S$, F. 175°. — *N-[4-Äthoxyphenyl]-*, $C_{20}H_{26}N_2O_2S$, F. 96°. — *N-[4-n-Propoxyphenyl]-*, $C_{21}H_{28}N_2O_2S$, F. 85°. — *N-[4-n-Butoxyphenyl]-*, $C_{22}H_{30}N_2O_2S$, F. 71°. — *N-[4-n-Pentoxyphenyl]-*, $C_{23}H_{32}N_2O_2S$, F. 135°. — *N-[4-n-Hexoxyphenyl]-*, $C_{24}H_{34}N_2O_2S$, F. 73°. — N-Benzyl-N'-[4-dimethylaminophenyl]-thioharnstoffe: *N-[4-Chlorbenzyl]-*, $C_{16}H_{18}ClN_3S$, F. 139°. — *N-[4-Brombenzyl]-*, $C_{16}H_{18}BrN_3S$, F. 148°. — *N-[4-Methoxybenzyl]-*, $C_{17}H_{21}N_3OS$, F. 108°. — *N-[4-Äthoxybenzyl]-*, $C_{18}H_{23}N_3OS$, F. 69°. — *N-[4-n-Butoxybenzyl]-*, $C_{20}H_{27}N_3OS$, F. 120°. F. HELLER. 1280□

Einige Reaktionen von Azomethinen vom Benzalanilintyp. 1. Mitt. Bromierung von Benzalanilinen und Zersetzung der Bromadditionsverbindungen. M. V. Divekar, A. N. Kothare und V. V. Nadkarny. (J. Univ. Bombay [N. S.] **28.** Nr. 5. Sect. A 1—6. **März 1960.** Bombay, St. Xavier's Coll., Chem. Dep.) (Engl.)

Die Bromierung von Benzalanilinen ergibt Di- u. Triadditions-Prodd., die bei der Zers. mit A. *Benzaldehyd*, kernsubstituierte *Bromaniline* u. HBr ergeben.

Versuche: Aniline: *4-Brom-*, a) durch Bromieren von Benzalanilin in Eisessig bei 25—30°, Absaugen u. Kochen mit abs. A.; daneben I u. *2.4.6-Tribrom-* (II); b) durch Bromieren in Chlf. bei 0—5°; daneben II u. I; c) durch Bromieren analog b) in CS_2. — *2.4-Dibrom-* (I), a) durch Bromieren von Benzalanilin in Ae. bei 0—5°; daneben II; b) durch Bromieren von Benzal-p-bromanilin in Eisessig, Chlf., CS_2 oder Ae.; daneben II. — *4-Brom-2-chlor-*, durch Bromieren von Benzal-o-chloranilin in Eisessig, Chlf., CS_2 oder Ae.; daneben *4.6-Dibrom-2-chloranilin.* — *2.6-Dibrom-4-chlor-*, a) durch Bromieren von Benzal-p-chloranilin in Eisessig, Chlf. oder CS_2; daneben *2-Brom-4-chlor-*; b) analog a) in Äther. — *3-Nitro-6-brom-*, durch Bromieren von Benzal-m-nitranilin in Eisessig, Chlf., Ae. oder CS_2. — *3.5-Dibrom-4-methoxy-*, durch Bromieren von Benzal-p-methoxyanilinin Eisessig, Chlf., Ae. oder CS_2. — *2.4-Dibromnaphthylamin-(1)*, durch Bromieren von Benzal-α-naphthylamin in Eisessig, Chlf., Ae. oder CS_2. — *1-Bromnaphthylamin-(2)*, a) durch Bromierung von Benzal-β-naphthylamin in Chlf. oder CS_2; b) analog a) in Eisessig oder Ae.; daneben *1.6-Dibromnaphthylamin-(2)*. W. Hampel. 1310□

Über die Reaktion von Keten mit stickstoffhaltigen Basen. 7. Mitt. **Chloracetylierung primärer Amine.** Ju. W. Swetkin und G. Kretzu. (Журнал Общей Химии [J. allg. Chem.] **28 (90)**. 1864—65. Juli 1958. Kischinew, Univ.) (Russ.) — 6. vgl. C. **1962**. 14092.

Es wird eine neue Meth. zur Synth. von *Chloracetaniliden* aus prim. Amin u. Essigsäurechloressigsäureanhydrid (I) angegeben.

Versuche: Chloressigsäure-Derivv.: *Anilid*, C_8H_8ClNO, F. 134°, a) man leitet in 10 g Chloressigsäure 15—20 Min. lang Keten ein (aus 50 ml Aceton) u. erhält durch Dest. *Essigsäurechloressigsäureanhydrid* (I), $Kp._{110}$ 118—120°; 12,7 g (Ausbeute). Zu I gibt man 7 g Anilin u. läßt 10—20 Min. lang stehen; 78%; b) man gießt das Rk.-Gemisch ohne Isolierung von I in die berechnete Menge Amin u. versetzt mit 1—2 ml Wasser. — *o-Toluidid*, $C_9H_{10}ClNO$, F. 110—111°; 63%. — *m-Toluidid*, $C_9H_{10}ClNO$, F. 141°; 72%. — *p-Toluidid*, $C_9H_{10}ClNO$, F. 161°; 67%. — *p-Jodanilid*, C_8H_7ClJNO, F. 189°; 58%. — *o-Anisidid*, $C_9H_{10}ClNO_2$, F. 49°; 61%. — *p-Anisidid*, $C_9H_{10}ClNO_2$, F. 121,5°; 66%.

Helmut Schäfer. 1310

Über die Reaktion von Keten mit stickstoffhaltigen Basen. 8. Mitt. **Chloracetylierung primärer aromatischer Amine.** Ju. W. Swetkin und A. N. Minlibajewa. (Журнал Общей Химии [J. allg. Chem.] **30 (92)**. 2579—81. Aug. 1960. Baschkir. Univ.) (Russ.) — 7. vgl. vorst. Referat.

Durch Rk. von Essigsäurechloressigsäureanhydrid (I) mit prim. aromat. Aminen werden deren *Chloracetyl-Derivv.* dargestellt. Um die Weiter-Rk. der Chloracetyl-Derivv. mit den Aminen zu *N-Arylglycinarylamiden* zu vermeiden, muß ein Mol-Verhältnis Amin:I von 0,7 eingehalten werden.

Versuche: *Chloracet-α-naphthylamid*, $C_{12}H_{10}ClNO$, F. 160—161° (A.), man leitet in 10 g Chloressigsäure (II) Keten bis zur Bldg. von I ein u. gibt 10 g α-Naphthylamin zu; 60% (Ausbeute). — *Chloracet-β-naphthylamid*, $C_{12}H_{10}ClNO$, F. 116—118°, aus 10 g β-Naphthylamin u. I (aus 10 g II); 55%. — *N-[β-Naphthyl]-glycin-β-naphthylamid*, F. 171 bis 173° (A.-W.), aus 14 g β-Naphthylamin u. I (aus 5 g II); 4,5 g. — Chloressigsäureanilide: *p-Nitro-*, $C_8H_7ClN_2O_3$, F. 181—183° (Essigsäure), aus 4,6 g p-Nitroanilin u. I (aus 5 g II); 58%. — *m-Nitro-*, $C_8H_7ClN_2O_3$, F. 110—111° (A.), aus m-Nitroanilin; 76,7%. — *o-Nitro-*, $C_8H_7ClN_2O_3$, F. 87—89° (Essigsäure), aus o-Nitroanilin; 64,3%. — *m-Brom-*, $C_8H_7BrClNO$, F. 113—114° (A.-W.), aus 6 g m-Bromanilin u. I (aus 4,7 g II= 56,4%. — *p-Brom-*, $C_8H_7BrClNO$, F. 179—182° (A.-W.), aus p-Bromanilin; 56%. — *m-Chlor-*, $C_8H_7Cl_2NO$, F. 96—98° (A.), aus 9 g m-Chloranilin u. I (aus 10 g II); 54%.

Helmut Schäfer. 1310□

Über die Herstellung von m- und p-N.N'-Dimethylxylylendiamin. Manfred Sander und Dieter Burmeister. (Chem. Ber. **95**. 964—66. 19/4. 1962. Frankfurt/M., Battelle-Inst. e. V.) (Dt.)

Durch Ausführung der $LiAlH_4$-Red. in einer nach dem Soxhlet-Prinzip arbeitenten Extraktions-App. mit Tetrahydrofuran (THF) oder Dioxan als Lsgm. gelingt es, das in Ae. schwer lösl. N.N'-Diformyl-p-xylylendiamin (V), das N.N'-Diformyl-m-xylylendiamin (VI) oder das Isophthalsäure-bis-[methylamid] (II) zu *N.N'-Dimethyl-p-xylylendiamin* (I) bzw. *N.N'-Dimethyl-m-xylylendiamin* zu reduzieren, die sonst schwer zugänglich sind. I kann nicht durch Verseifung von *N.N'-Dimethyl-p-xylylen-bis-[benzolsulfonamid]* erhalten werden. Die für die Rk. benötigten *Xylylendiamine* stellt man durch Druckhydrierung von Terephthalsäuredinitril (III) bzw. Isophthalsäuredinitril her.

Versuche: *N.N'-Dimethyl-p-xylylen-bis-[benzolsulfonamid]*, $C_{22}H_{24}N_2O_4S_2$, F. 203 bis 204°, durch Eintragen von Na in eine äthanol. Lsg. von Benzolsulfonsäuremethylamid, 1std. Kochen, Abdest. des A., Aufnehmen des Rückstandes in Dimethylformamid (DMF), Zutropfen von p-Xylylendichlorid in DMF, 8std. Kochen, Einengen u. wiederholtes Waschen des Rückstandes mit W.; 75% (Ausbeute). — *Terephthalsäure-bis-[methylamid]*, $C_{10}H_{12}N_2O_2$, F. 308°, durch Zutropfen einer 30%ig. wss. Lsg. von CH_3NH_2 zu Terephthalsäurechlorid in THF, Absaugen u. Waschen des Nd. mit W.; 89,6%. — *Isophthalsäure-bis-[methylamid]* (**II**), F. 193°, analog vorst. Verb. aus Isophthalsäurechlorid; 83%. — *p-Xylylendiamin* (**IV**), $C_8H_{12}N_2$, F. 63°, Kp.$_6$ 125°, durch Hydrierung von **III** in mit NH_3 bei 0° gesätt. THF im Schüttelautoklaven an RANEY-Ni bei 250 at u. 100° innerhalb von 2—3 Std. u. Einengen der filtrierten Lsg.; 69,4%. *Diacetyl-Deriv.*, F. 128° (A.). *Dibenzoyl-Deriv.*, F. 198° (A.). — *N.N'-Diformyl-p-xylylendiamin* (**V**), F. 201° (A.), durch 5std. Kochen von **IV** mit abs. Ameisensäure, Einengen u. Waschen des Nd. mit W.; 73%. — *N.N'-Diformyl-m-xylylendiamin* (**VI**), F. 128° (A.), analog **V** aus m-Xylylendiamin; 92%. — *N.N'-Dimethyl-p-xylylendiamin* (**I**), $C_{10}H_{16}N_2$, Kp.$_{15}$ 141°, durch 22std. Extraktion von **V** in einer SOXHLET-App. in eine Lsg. von $LiAlH_4$ in Dioxan, Zers. mit W. unter Kühlung mit Eis–NaCl, Zugabe von verd. H_2SO_4, bis Lsg. erfolgt, Eintragen von Weinsäure, Einstellen der Lsg. auf pH 11—12, Chlf.-Extraktion u. Einengen; 50%. *Pikrat*, F. 216° (A.). *Nitrosamin*, F. 106° (A.). — *N.N'-Dimethyl-m-xylylendiamin*, Kp.$_2$ 100—102°, a) analog **I** aus **VI** u. $LiAlH_4$ in THF; 81%; b) analog a) aus **II**, $LiAlH_4$ u. THF; 47%. *Pikrat*, F. 163° (A.). GISELA SCHREIBER. 1310□

Darstellung von N-[2-Chloräthyl]-4-[phenylazo]-anilin. R. Stuart Tipson. (J. org. Chemistry **27**. 1449. April 1962. Pittsburgh, Pa., Mellon Inst.) (Engl.)

2-Anilinoäthanolhydrochlorid (**I**) wird mit $POCl_3$ zu *N-[2-Chloräthyl]-anilinhydrochlorid* chloriert, aus dem mit Phenyldiazoniumchlorid (**II**) *N-[2-Chloräthyl]-4-[phenylazo]-anilinhydrochlorid* entsteht.

Versuche: *N-[2-Chloräthyl]-anilinhydrochlorid*, $C_8H_{11}Cl_2N$, F. 159—160° (abs. A.), durch Einengen der Lsg. von 2-Anilinoäthanol in konz. HCl, Abdest. des W. im Vakuum, Abdampfen des Rückstandes mit A. u. Bzl., Lösen des erhaltenen **I** in Chlf., Zugabe von $POCl_3$ bei 0°, 30 Min. langes Erhitzen auf 50°, Zugabe von weiterem $POCl_3$, Erhitzen auf 58—61°, Erhitzen auf 84° unter Zugabe einer dritten Portion $POCl_3$, Aufbewahren über Nacht bei Raum-Temp., Dest., Lösen des Rückstandes in Chlf., Zugabe von abs. A. unterhalb von 2°, Dest. u. Aufbewahren des Rückstandes in der Kälte; 99,5% (Ausbeute). — *N-[2-Chloräthyl]-4-[phenylazo]-anilinhydrochlorid*, $C_{14}H_{15}Cl_2N_3$, F. 178—179° (A. + konz. HCl), durch Zutropfen einer aus 9,3 g Anilin, $NaNO_2$ u. HCl dargestellten wss. Lsg. von **II** zu der Lsg. von 19,2 g vorst. Verb. in CH_3OH bei 0°, 4std. Rühren bei 0°, später bei Raum-Temp. u. Absaugen; durch 24std. Kühlen des Filtrates bei 0° erhält man eine 2. Fraktion; 12,2 g. GISELA SCHREIBER. 1310□

Fermentative Synthese von Benzoylphenylalaninpeptiden mit Hilfe der O-Peptide von Serin und Threonin. Ss. M. Awajewa, M. M. Botwinik und Ss. N. Kara-Mursa. (Вопросы Медицинской Химии [Fragen med. Chem.] **5**. 102—06. März/April 1959. Moskau, Univ., Zelinsky-Labor. für Eiweißchem.) (Russ.)

Benzoylphenylalaninpeptide werden mit Hilfe von *Chymotrypsin* durch Rk. der O-Peptide des Serins u. Threonins mit Aminosäureäthylestern oder Dipeptidäthylestern dargestellt. Als Donatoren dienten *O-Benzoylphenylalanyl-N-benzoylserin* (**I**), *-N-benzoylthreonin* (**II**), *-N-benzoylallothreonin* (**III**). Als Acceptoren dienten *Glycin-* (**IV**), *Phenylalanin-* (**V**), *Glycylglycin-* (**VI**), *Leucylglycin-* (**VII**), *Leucylleucinäthylesterhydrochlorid* (**VIII**). Die verwendeten Donatoren waren racemisch. In Rk. mit den Acceptoren tritt dabei nur das L-Phenylalanin enthaltende Isomere, so daß die dargestellten Peptide opt.-akt. sind. Die Verbb. wurden durch Analyse bzw. Chromatographie bestimmt. Sie geben die Biuret-Reaktion. Bei Abwesenheit von Chymotrypsin trat keine Rk. ein.

Versuche: Benzoyl-L-phenylalanylaminosäureester, durch Lösen von N-Benzoyl-O-peptid in wenig A., Zugabe von äquivalenter 1-n Lauge, 2 ml Phosphatpuffer (pH 7,9) u. der Lsg. des Aminosäure- bzw. Dipeptidäthylesterhydrochlorids in 1-n Lauge u. 2—3 mg krist. Chymotrypsins bei 20°, wobei das Verhältnis des Donators zum Acceptor 1:5 u. die Menge des Ferments 0,6 mg auf 0,1 μMol Substrat beträgt, u. anschließende Erwärmung auf 34°: *Glycinäthylester*, F. 148—149° (wss. A.), aus **I** u. **IV**; 48% (Ausbeute); aus **II** u. **IV** in 2 Std.; 27%; aus **III** u. **IV** in 4 Std.; 11,5%. *Phenylalaninäthylester* (**IX**), F. 146—148° (wss. A.), aus **I** u. **V** in 1 Std.; 46%; aus **II** u. **V**; 41%; aus **III** u. **V** in 4 Std.; 22%; $[\alpha]_D^{18}$ 36,5 ± 1,2° (120,4 mg/315 ml A.). *Glycylglycinäthylester*, F. 151—152° (wss. A.), aus **I** u. **VI** in 30 Min.; 15%; aus **II** u. **VI** in 3 Std.; 20%; aus **III** u. **VI** in 3 Std.; 6%. *Leucylglycinäthylester*, F. 198,5—199° (wss. A.), aus **I** u. **VII** in 24 Std.; 68%; $[\alpha]_D^{20}$ 46,3 ± 3,0° (120,4 mg/2 ml A.). *Leucylleucinäthylester*,

F. 170° (A.), aus **II** u. **VIII** in 2 Std.; 90%; aus **III** u. **VIII** in 2 Std.; 56%. — *N-Benzoylphenylalanyldiphenylalanylphenylalaninäthylester* wird bei der Darst. von **IX** aus **II** u. **V** aus der Mutterlauge nach längerem Stehen als Neben-Prod. isoliert u. wird durch Rk. von neben **IX** entstehendem Phenylalanylphenylalaninäthylester mit **IX** gebildet.

G. STOECK. 1350□

Michael-Additionen mit Nitroparaffinen. Eine bequeme Darstellungsmethode für Nitrocyclohexanole. Henry Feuer und Ronald Harmetz. (J. org. Chemistry **26.** 1061—72. April 1961. Lafayette, Ind., Purdue Univ., Dep. of Chem.) (Engl.)

Bei der MICHAEL-Addition von prim. Nitroalkanen an Vinylmethylketon (**II**) werden die prim. Diaddukte nicht isoliert, da unter Ringschluß Cyclohexanole entstehen. Die Rk. von 2 Äquivalenten **II** mit α.ω-Dinitroalkanen ergibt symm. Additions-Verbb., 4 Äquivalente bilden Tetraaddukte. Auch hier entstehen durch Ringschluß die entsprechenden *Dicyclohexanol-Derivv.*, die durch Wasserabspaltung u. nachfolgende Hydrierung einen neuen Weg zur Darst. substituierter Nitrocyclohexane eröffnen.

Versuche: *5.8-Dinitrododecandion-(2.11)* (**I**), $C_{12}H_{20}N_2O_6$, F. 91,5—92,5° (A.) (**Ia**), F. 61—62° (Methanol) (**Ib**), durch 24std. Erhitzen von 1.4-Dinitrobutan, A., wenig 20%ig. wss. NaOH u. 85%ig. wss. **II** auf 40° unter Rühren, Kühlen auf 0—5°, Zugabe von wenig Eisessig, Kühlen auf —78° u. Filtrieren; 83% (Ausbeute); durch Kristallisieren aus A. wird **Ia** erhalten; wiederholtes Verreiben mit Methanol, Filtrieren vom Rest **Ia** u. Kühlen auf —15° ergibt **Ib**. — *5.8-Dibrom-5.8-dinitrododecandion-(2.11)*, $C_{12}H_{18}Br_2N_2O_6$, F. 121—122° (Methanol/W.), a) durch Zutropfen 97%ig. wss. NaOH zu **Ib** in Methanol unter Rühren bei 9°, Rühren bei 25° bis pH 8—9, Kühlen auf 0—5°, Zutropfen von Br_2 bei 9°, ½std. Rühren bei Raum-Temp. u. Filtrieren; 92%; b) analog aus **Ia**; 97%. — *1.2-Bis-[1'-nitro-3'-acetyl-4'-hydroxy-4'-methylcyclohexyl]-äthan* (**III**), $C_{20}H_{32}N_2O_8$, F. 223—229° (Methanol) (**IIIa**) u. F. 236—237° (Acetonitril) (**IIIb**), durch 1std. Rühren des Gemisches wie bei **I** beschrieben mit 2 Mol **II** u. Rk. bei Raum-Temp., 24std. Rk. bei 40°, Kühlen auf 0—5°, Zugabe von wenig Eisessig u. Filtrieren; 86%; **IIIa** u. **IIIb** werden analog **Ia** u. **Ib** getrennt. *Dioxime*, $C_{20}H_{34}N_4O_8$, F. 254—256° (Zers.) u. F. 248° (Zers.; Methanol), durch 17std. Rk.; 88%. — *1.2-Bis-[1'-nitro-3'-acetyl-4'-methylcyclohexen-(3')-yl-(1')]-äthan*, $C_{20}H_{28}N_2O_6$, F. 173,5—174,5° (Isopropanol), aus **III** (F. 230—231°) in abs. A. durch Einleiten von HCl bei 0—5°, 24std. Kochen u. Kühlen auf 0—5°; 46%. — *p-[1'-Oxa-4'-oxopentyl]-phenol*, $C_{10}H_{12}O_3$, F. 124,5—125,5° (CCl_4), analog **I** aus 11 g Hydrochinon u. **II**; 8,3 g. — *5.9-Dinitrotridecandion-(2.12)* (**IV**), F. 75 bis 76° (A.), analog **I** mit 1.5-Dinitropentan, gemischt mit 6,5%ig. wss. $NaHCO_3$; 40 bis 50%. — *1.3-Bis-[1'-nitro-3'-acetyl-4'-hydroxy-4'-methylcyclohexyl]-propan*, $C_{21}H_{34}N_2O_8$, F. 167—177° (Isopropanol), a) analog **III** aus 1.5-Dinitropentan, gewaschen mit wss. $NaHCO_3$-Lsg.; 50% (Gemisch der Diastereomeren); b) analog **I** aus **IV**; 50%. *Dioxim*, $C_{21}H_{36}N_4O_8$, F. 180—187° (wss. Methanol), durch 24std. Rk.; 71%. — *1.4-Bis-[1'-nitro-3'-acetyl-4'-hydroxy-4'-methylcyclohexyl]-butan* (**V**), $C_{22}H_{36}N_2O_8$, F. 221—221,5° (Zers., Acetonitril) (**Va**) u. F. 180,5—182° (Zers., Isopropanol) (**Vb**), analog **III** aus 1.6-Dinitrohexan; 39%; **Va** ist in sd. Isopropanol unlösl. u. wird so von **Vb** abgetrennt. *Dioxime*, $C_{22}H_{38}N_4O_8$, F. 239,5—240° (Isopropanol) u. F. 190—193° (Acetonitril); durch 27std. Rk. aus **Va** (92%) bzw. **Vb** (90%). — *4.6-Dinitrodecandisäure-(1.10)-dimethylester* (**VI**), $C_{12}H_{20}N_2O_8$, F. 91,5—92,5° (Methanol) (**VIa**) u. F. 60—62° (Methanol (**VIb**), durch Zutropfen von Hydrochinon in Acrylsäuremethylester zum Gemisch aus Tetrahydrofuran, 1.4-Dinitrobutan u. 85%ig. methanol. Triton B-Lsg. bei 35°, 36std. Rühren bei 40°, Kühlen auf 0—5°, Ansäuern mit 7n HCl, Verdampfen im Vakuum, Aufnehmen des Öls in Ae./Tetrahydrofuran, Kühlen auf —78° u. Trennen des Isomerengemisches (66%) durch Kristallisieren aus Methanol; **VIa** ist in warmem Methanol unlöslich. — *4.7-Bis-[2'-carbomethoxyäthyl]-4.7-dinitrodecandisäure-(1.10)-dimethylester* (**VII**), $C_{20}H_{32}N_2O_{12}$, F. 122,5—123,5° (Acetonitril), analog **VI** durch 60std. Rk. von 1.4-Dinitrobutan; 93%. — *4.7-Bis-[2'-carboxyäthyl]-4.7-dinitrodecandisäure-(1.10)*, $C_{16}H_{24}N_2O_{12}$, F. 219,5°, aus **VII** durch 24std. Rk. mit 6n HCl; 92%. — *4.7-Bis-[2'-cyanäthyl]-4.7-dinitrodecandisäure-(1·10)-dinitril*, $C_{16}H_{20}N_6O_4$, F. 162—164° (Acetonitril), analog **VII** mit Acrylnitril an Stelle von Acrylsäuremethylester durch 24std. Rk.; 68%. — *5-Nitrooctanon-(2)*, $C_8H_{15}NO_3$, Kp.$_{12}$ 62°, durch Zugabe von **II** u. wenig Hydrochinon zum Gemisch aus 1-Nitrobutan, A. u. wenig 20%ig. wss. NaOH bei 0—5°, 24std. Rühren bei 40°, Kühlen auf 0—5°, Ansäuern mit Eisessig u. Verdampfen des A. im Vakuum; n_D^{20} 1,4418; 83%. *Semicarbazon*, $C_9H_{18}N_4O_3$, F. 112—112,5° (wss. A.); 88%. — *1.4-Dimethyl-2-acetyl-4-nitrocyclohexanol-(1)* (**VIII**), $C_{10}H_{17}NO_4$, F. 78—79° (Hexan) (**VIIIa**), u. Kp.$_{0,2}$ 70—140° (**VIIIb**), durch Zugabe von **II** zu Nitroäthan in A. u. wenig 20%ig. NaOH bei 0—5°, 1std. Rühren bei 28° u. 24std. Rühren bei 40°, Kühlen auf 0—5°, Ansäuern mit Eisessig, Verdampfen des Lsgm. im Vakuum, Lösen in 40%ig. wss. Methanol bei 60°, Kühlen auf —15°, Filtrieren vom Roh-Prod. (**VIIIa**), Einengen im Vakuum u. Extraktion mit Ae. (**VIIIb**); 93% (**VIIIa** + **VIIIb**). *Monoxim*, $C_{10}H_{18}N_2O_4$, F. 165,5—166° (wss. A.). — *1.4-Dimethyl-2-acetyl-4-nitrocyclohexen-(1)* (**IX**), $C_{10}H_{15}NO_3$, Kp.$_{0,1}$ 82°, a) aus **VIIIa** in abs. A. durch Einleiten von HCl bei 0—5°, 24std. Kochen, Verdampfen des A. im Vakuum, Extraktion mit Ae. u. Dest.; n_D^{20} 1,4998; 85%; b) aus **VIIIb**; 77%. — *1-Methyl-2-acetyl-4-äthyl-4-nitrocyclohexanol-(1)*, $C_{11}H_{19}NO_4$, F. 58—58,5° (wss. A.), analog **VIII** aus Nitropropan, Kühlen auf —78° u. Dest. des Filtrats; 65%; daneben *5-Nitroheptanon-(2)*, Kp.$_5$ 103—108°; n_D^{20} 1,4418. *Monoxim*, $C_{11}H_{20}N_2O_4$, F. 169—169,5° (wss. A.); 90%. — *1-Methyl-2-acetyl-4-äthyl-4-nitrocyclohexen-(1)*, $C_{11}H_{17}NO_3$, F. 44,5—46° (Isopropanol), analog **IX** aus vorst. Verb.; 73%. — *1-Methyl-2-acetyl-4-propyl-4-nitrocyclohexanol-(1)*, $C_{12}H_{21}NO_4$, F. 89,5—90° (wss. A. oder Hexan), durch Zutropfen von **II** mit wenig Hydrochinon zu 1-Nitrobutan u. wenig 35%ig. methanol. Triton B in Dioxan bei 30°, 15std. Rühren bei 40°, Kühlen auf 0—5°, Ansäuern mit verd. HCl, Verdünnen mit W. u. Extraktion mit Ae.; 73%. *Monoxim*, $C_{12}H_{22}N_2O_4$, F. 153—154° (wss. A.); 80%. *Monosemicarbazon*, $C_{13}H_{24}N_4O_4$, F. 190,5 bis 191,5° (wss. A.); 97%. — *1-Methyl-2-acetyl-4-nitro-4-propylcyclohexen-(1)* (**X**), $C_{12}H_{19}$·NO_3, F. 57,5—58,5° (Methanol), analog **IX** aus vorst. Verb.; 81%. — *1-Methyl-2-acetyl-4-nitro-4-[3'-oxobutyl]-cyclohexanol-(1)*, $C_{13}H_{21}NO_5$, F. 107—108° (Isopropanol), analog **VIII** aus Nitromethan u. **II**; 94%. *Dioxim*, *³/₄-Hydrat*, $C_{13}H_{23}N_3O_5 \cdot {}^3/_4\, H_2O$, F. 95—97° (W.); 85%. — *1-Methyl-2-acetyl-4-nitrocyclohexanol-(1)*, $C_9H_{15}NO_4$, F. 85—85,5° (Diisopropyläther), durch Zutropfen von **II** zu Nitromethan-Na in Methanol bei 10°, ½std. Rühren bei 0—5°, Ansäuern mit Eisessig, Eindampfen im Vakuum, Verdünnen mit W., Extrahieren mit Ae. u. Dest.; 5%; daneben *5-Nitropentanon-(2)*; 27%. — *2-Acetyl-4-nitro-4-propyl-1-methylcyclohexan*, $C_{12}H_{21}NO_3$, F. 54—55° (Hexan), durch 3std. Hydrieren von **X** in A. an 5%ig. $PdCl_2$/Darco G-60 unter 30 lbs./sq. in. H_2-Druck, Filtrieren u. Dest. im Vakuum; 89% (Isomerengemisch); Isolierung des festen Isomeren durch Lösen in Hexan, Kühlen auf —78° u. Filtrieren. — *γ-Nitrocaprophenon* (**XI**), $C_{12}H_{15}NO_3$, F. 33,5 bis 34,5° (A.), durch ½std. Rk. von 1-Nitropropan-Na in wss. Methanol mit β-Chlorpropiophenon (**XII**) bei Raum-Temp., 24std. Rk. bei 40° unter Rühren, Kühlen auf 0—5°, Ansäuern mit Eisessig, Zugabe von W., Extraktion mit Ae. u. Verdampfen; 92%. *Brom-Deriv.*, $C_{12}H_{14}BrNO_3$, F. 59—60° (A.), durch Rk. mit überschüssigem Br_2 in Ggw. äquivalenter Mengen Base; 95%. — *γ-Nitrovalerophenon* (**XIII**), $C_{11}H_{13}NO_3$, F. 58,5 bis 59° (Isopropanol oder wss. Methanol), analog vorst. Verb. aus Nitroäthan-Na durch 4std. Rk. bei 40°, Kühlen, Ansäuern, Verdünnen, 10std. Stehen bei 10° u. Filtrieren; 93%. — *3-Äthyl-3-nitro-1.5-dibenzoylpentan*, $C_{21}H_{23}NO_4$, F. 128—129° (Diisopropyläther), a) durch Zutropfen von wss. NaOH zu **XI** in Methanol bei 9°, Rühren ohne Kühlung bis pH 8—9, Zufügen von **XII** unter Kühlen, Zugabe von W., 10 Min. langes Rühren, Filtration u. Kristallisation des Gemisches aus Isopropyläther; 31%; daneben *1-Phenyl-2-benzoyl-4-äthyl-4-nitrocyclohexanol-(1)* [$C_{21}H_{23}NO_4$, F. 132—132,5° (Hexan), in Isopropyläther schwerer lösl.; 46%]; b) analog durch 5std. Rk. in sd. A.; 90%. *Dioxim*, $C_{21}H_{25}N_3O_4$, F. 139,5—140° (wss. A.); 95%. — *1-Phenyl-2-benzoyl-4-methyl-4-nitrocyclohexanol-(1)* (**XIV**), $C_{20}H_{21}NO_4$, F. 139—143° (A.), aus **XIII** analog vorst. Verb. durch 4std. Rühren bei 40° nach Zugabe von **XII**, Kühlen auf 0—5°, Ansäuern, Eingießen in W. u. Cyclisieren daneben gebildeter nachst. Verb. durch 11std. Kochen in A. mit wenig 20%ig. NaOH; 93%. — *1.5-Dibenzoyl-3-methyl-3-nitropentan*, $C_{20}H_{21}NO_4$, F. 153,5 bis 154° (Acetonitril), analog **XIV**, jedoch an Stelle von A. u. NaOH mit abs. Methanol u. Na, nach Ansäuern Eingießen in W., Abtrennen des daneben gebildeten **XIV** mit sd. A. u. Filtrieren; ca. 65%. *Dioxim*, $C_{20}H_{23}N_3O_4$, F. 157,5—158,5° (Bzl. oder wss. Methanol); 98%. — *1.5-Dibenzoyl-3-nitropentan* (**XV**), $C_{19}H_{19}NO_4$, F. 132,5—133,5° (A.), durch Zutropfen wss. NaOH zu Nitromethan in Methanol bei 8°, 20 Min. langes Rühren, Zugabe von **XII**, 1½std. Rühren ohne Kühlung, Kühlen auf 0—5°, Ansäuern mit Eisessig, Eingießen in W. u. 10std. Stehen der methanol. Lsg. bei 10°; 61%. — *γ-Nitrobutyrophenon*, $C_{10}H_{11}NO_3$, F. 62,5—63,5° (Acetonitril), neben vorst. Verb.; 20%. *Semicarbazon*, $C_{10}H_{14}$·N_4O_3, F. 155,5—156° (Zers.; Isopropanol); 96%. — *1.5-Dibenzoyl-3-brom-3-nitropentan*, $C_{19}H_{18}BrNO_4$, F. 166° (Acetonitril/W.), durch Zugabe wss. NaOH zu **XV** in Dimethylsulfoxid bei 0—5°, Rühren bis pH 8—9 bei Raum-Temp., Zutropfen von Br_2 bei 9°, 1½std. Rühren bei Raum-Temp. u. Filtrieren; 40,7%. — *1-Phenyl-2-benzoyl-4-[2'-benzoyläthyl]-4-nitrocyclohexanol-(1)*, $C_{28}H_{27}NO_5$, F. 151,5° (Acetonitril), aus vorst. Verb. durch Zugabe von **XII** bei 0—5° nach Erreichen von pH 8—9, 2std. Erhitzen auf 60 bis 70°, Kühlen auf 0—5°, Ansäuern mit Eisessig, Zugabe von W. u. Filtrieren; 97%. *Monoxim*, $C_{28}H_{28}N_2O_5$, F. 182—183° (A./W.); 88,6%. — *3-Carbomethoxy-3-cyan-1.5-dibenzoylpentan*, $C_{22}H_{21}NO_4$, F. 145—146° (Acetonitril), analog **XIV** aus Cyanessigsäuremethylester, abs. Methanol, Na u. **XII**; 96%. — *1-Methyl-2-acetyl-4-carbomethoxy-4-cyancyclohexanol-(1)*, $C_{12}H_{17}NO_4$, F. 84—85° (Isopropanol), durch Zugabe von **II** zum Gemisch aus Na in abs. Methanol u. Cyanessigsäuremethylester bei 10° unter Rühren, 11std. Erhitzen auf 40°, Kühlen auf 0—5°, Neutralisieren mit Eisessig, Eindampfen im Vakuum, Lösen in Isopropanol u. Kühlen auf —10°; 46%. *Monosemicarbazon*, $C_{13}H_{20}N_4O_4$, F. 197 bis 197,5°. H.-J. WEIGMANN. 1800□

α-Haloferrocene. Die Synthese von Ferrocenylacetylen. Robert A. Benkeser und Walter P. Fitzgerald jun. (J. org. Chemistry **26.** 4179—80. Okt. 1961. Lafayette, Ind., Purdue Univ., Chem. Labor.) (Engl.)

Es werden *α-Halogen-* u. *α.β-Dihalogenferrocene* u. deren Folgeprodd. beschrieben. Die IR-Maxima der Verbb. sind angegeben.

Versuche: *α-Chloräthylferrocen* (**I**), $C_{12}H_{13}ClFe$, F. 66—68°, a) aus Vinylferrocen (**II**) u. HCl in Pentan bei —78°; b) aus α-Hydroxyäthylferrocen (**III**) u. HCl unter Einfl. von Al_2O_3 in Ae.; gelbe Kristalle aus Ae. bei —78°; 94%. — *α-Azidoäthylferrocen*, $C_{12}H_{13}FeN_3$, aus **I** u. NaN_3 in Ae. bei —78°; gelbe Fl.; 89%. — *α-Bromäthylferrocen*, $C_{12}H_{13}BrFe$, F. 48—50° (Zers.), analog **I** mit HBr; 93%; gibt mit wss. Na_2CO_3 **III**. — *α.β-Dibromäthylferrocen* (**IV**), $C_{12}H_{12}Br_2Fe$, F. 63—64°, aus **II** u. Br_2 analog **I**; bei Zimmer-Temp. Zers.; 74,5%. — *Ferrocenylacetylen* (**V**), $C_{12}H_{10}Fe$, F. 54—55°, aus **IV** in Pentan u. KNH_2 in fl. NH_3; gelbe Kristalle; 29%. — *Ferrocenylpropiolsäure*, $C_{13}H_{10}FeO_2$, F. 122° (Zers.), aus **V** u. Methyl-Li u. anschließende Einw. von Trockeneis; dunkelrote Kristalle; 94%. P. SARTORI. 1810□

Reduktion organischer Verbindungen mit Lithium in Aminen von niedrigem Molekulargewicht. Hochselektive Lithium-Amin-Reduktionssysteme. Robert A. Benkeser, Ram K. Agnihotri und Merwyn L. Burrous. (Tetrahedron Letters [London] **1960.** Nr. 16. 1—3. Juli. Lafayette, Ind., Purdue Univ., Dep. of Chem.) (Engl.)

Das selektive Red.-Vermögen von Li in Aminen, wie Methyl- (**I**), Äthylamin (**II**) u. Äthylendiamin (**III**), das bisher (vgl. C. **1960.** 5778) für die Red. aromat. Verbb. zu Cyclohexenen verwendet wurde, kann durch Zusatz eines zweiten Amins, wie Dimethyl- (**IV**), Isopropylamin (**V**) oder Morpholin (**VI**) wesentlich erhöht werden. So wurden durch Red. von Toluol, Cumol bzw. tert.-Butylbenzol mit Li in Amingemischen folgende Cyclohexengemische erhalten, die durch Dampfphasenchromatographie analysiert werden: Aus Toluol u. Li in **I** 59% *1-Methylcyclohexen* (**VII**) neben 41% *3-* u. *4-Methylcyclohexen* (**VIII**), in **I**/**IV** 82% **VII** u. 18% **VIII**; aus Cumol u. Li in **I** 46% *1-Isopropylcyclohexen* (**IX**) neben 54% *3-* u. *4-Isopropylcyclohexen* (**X**), in **I**/**V** 65% **IX** u. 19% **X**, in **I**/**VI** 88% **IX** u. 12% **X**, in **I**/**IV** 82% **IX** u. 18% **X**, in **III** allein 76% **IX** u. 19% **X**, in **III**/**VI** 87% **IX** u. 13% **X**, in **II** allein 66% **IX** u. 34% **X**, in **II**/**IV** 85% **IX** u. 15% **X**; aus tert.-Butylbenzol u. Li in **III** allein 70% *1-tert.-Butylcyclohexen* u. 30% *3-* u. *4-tert.-Butylcyclohexen*, in **III**/**VI** 86 u. 14% u. in **II**/**IV** 86 u. 14%. W. HAMPEL. 1810□

Ferrocen und verwandte metallorganische π-Komplexe. 5. Mitt. **Bequeme Synthese von Ferrocenylarylsulfiden.** M. D. Rausch. (J. org. Chemistry **26.** 3579—80. Sept. 1961. Dayton, Ohio, Monsanto Chem. Co., Res. and Engng. Div.) (Engl.) — 4. vgl. J. org. Chemistry **26.** [1961.] 1802; 1. vgl. C. **1960.** 12960.

Ferrocenylarylsulfide lassen sich analog den Diarylsulfiden nach MAUTHNER [1906] aus Jodferrocen (**I**) u. Na-Thiophenolat in Ggw. von Cu als Katalysator darstellen. Analog kann auch *Diferrocenylsulfid* erhalten werden.

Versuche: *Diferrocenylsulfid*, $C_{20}H_{18}Fe_2S$, F. 161,5—162°, durch 15 Min. langes Erwärmen von Ferrocenthiol (aus Ferrocensulfonylchlorid durch Red. mit $LiAlH_4$) mit Na-Äthylat u. A. auf dem Dampfbad, Eindampfen, 8 std. Erhitzen des Rückstandes mit **I** [durch Behandeln von Chlormercuriferrocen in Xylol mit Jod bei 75—80°; 60 bis 70% (Ausbeute)] u. aktivierter Cu-Bronze auf 150°, Extraktion mit heißem A., Ansäuern mit 5%ig. H_2SO_4 u. Dest. mit Wasserdampf unter Zusatz von Zn-Pulver u. Chromatographie an Al_2O_3; orangefarbene Nadeln aus n-Heptan; 60%. Daneben *Diferrocenyldisulfid* (**II**), F. 192—193°. — *Ferrocenylphenylsulfid*, $C_{16}H_{14}FeS$, F. 111,5—112°, aus **I**, Thiophenol, Na u. Cu-Bronze durch 2½ std. Erwärmen auf 158°; orangefarbene Nadeln aus PAe.; 76%. — *Ferrocenyl-p-tolylsulfid*, $C_{17}H_{16}FeS$, F. 110,5—111°, analog vorst. Verb. aus p-Thiokresol; lange gelbe Nadeln aus Methanol; 68%. — Aus Diferrocenylquecksilber u. S wurde nach 18 std. Erwärmen auf 160—180° neben Ferrocen nur **II** in kleiner Ausbeute erhalten. — Die IR-Maxima der Verbb. werden angegeben. W. BETCKE. 1890□

Synthese des Nutkatins, eines Tropolons vom Sesquiterpentyp. Yoshio Kitahara und Makoto Funamizu. (Bull. chem. Soc. Japan **31.** 782—83. Sept. 1958. Tohoku, Univ., Chem. Res. Inst. of Non-Aqueous Solutions.) (Engl.)

Die Synth. des *Nutkatins* {*4-Isopropyl-5-[3-methylbuten-(2)-yl]-tropolon* (**II**)} aus 4-Isopropyltropolon (**I**) u. γ.γ-Dimethylallylbromid (**III**) wird beschrieben. Sie verläuft über den *γ.γ-Dimethylallyläther* von **I**, der sich in der Hitze zu **II** umlagert.

Versuche: *Nutkatin* (II), $C_{15}H_{20}O_2$, F. 95°, durch Rk. von I (Ag-Salz) mit III in abs. Ae., 3std. Kochen des intermediären, öligen *4-Isopropyltropolon-[γ.γ-dimethylallyl]-äthers* in Xylol, Behandeln der Lsg. mit wss. $NaHCO_3$, darauf mit wss. Na_2CO_3 u. NaOH u. Isolierung aus der wss. NaOH-Lsg.; 7% (Ausbeute). G. v. Waldeyer-Hartz. 1980□

Darstellung des 4-Carbäthoxycyclohexen-(3)-ons. Anestis L. Logothetis und Norman A. Nelson. (J. org. Chemistry **27.** 1438—39. April 1962. Cambridge, Mass., MIT, Dep. of Chem.) (Engl.)

Durch Diels-Alder-Rk. von 2-Äthoxybutadien-(1.3) (I) u. Propiolsäureäthylester (II) wird ein Gemisch erhalten, das vorwiegend aus *4-Äthoxy-2.5-dihydrobenzoesäure-äthylester* (III) u. zu ca. 12% aus dem isomeren *4-Äthoxy-2.3-dihydrobenzoesäureäthylester* besteht; letzterer kann auch durch Einw. von $NaOC_2H_5$ auf III gebildet werden. III läßt sich an Pd-Kohle zu *4-Äthoxybenzoesäure* aromatisieren u. geht durch partielle Hydrolyse in *4-Carbäthoxycyclohexen-(3)-on* (IV) über, dessen Hydrierung an Pd-Kohle *4-Carbäthoxycyclohexanon* ergibt. Mit $NaOC_2H_5$ läßt sich IV nicht zu 4-Carbäthoxycyclohexen-(2)-on isomerisieren, sondern liefert nur hochmol. Kondens.-Prodd.; Alkylierung von IV führt in 35—40%ig. Ausbeute zu einem Gemisch von mono- u. dialkylierten Derivv. von IV; daneben entstehen Harze. Die IR- u. UV-Banden der synthetisierten Verbb. sind angegeben.

Versuche: *4-Äthoxy-2.5-dihydrobenzoesäureäthylester* (III), $C_{11}H_{16}O_3$, Kp.$_{0,3}$ 88 bis 89°, durch 24std. Erhitzen von I u. II in Bzl. in Ggw. von wenig Hydrochinon auf 140° im Autoklaven u. Dest. im Vakuum; n_D^{30} 1,4848; 70% (Ausbeute). — *4-Äthoxy-2.3-dihydrobenzoesäureäthylester*, Kp.$_{0,3}$ 88—89°, durch 5std. Rühren von III mit $NaOC_2H_5$ in abs. A., Verdünnen mit W. u. Ae.-Extraktion; n_D^{25} 1,5180; 88%. — *4-Äthoxybenzoesäureäthylester*, Kp.$_{0,25}$ 82—87°, durch 6std. Kochen von III mit Pd-Kohle in Xylol; 68%. — *4-Äthoxybenzoesäure*, F. 194,5—196,5° (Bzl.-PAe.), durch 11std. Kochen vorst. Verb. mit 10%ig. NaOH u. Ansäuern. — *4-Carbäthoxycyclohexen-(3)-on* (IV), $C_9H_{12}O_3$, Kp.$_{0,3}$ 83—84,5°, durch 1std. Rühren von III mit verd. H_2SO_4 in Tetrahydrofuran, Verdünnen mit W. u. Ae.-Extraktion; n_D^{20} 1,4789; 71,5%. *2.4-Dinitrophenylhydrazon*, $C_{15}H_{16}N_4O_6$, F. 124—124,5°. — *4-Carbäthoxycyclohexanon. 2.4-Dinitrophenylhydrazon*, $C_{15}N_{18}N_4O_6$, F. 121—122° (A.), durch 2std. Hydrierung von IV in A. an Pd-Kohle u. Rk. der vom Katalysator abfiltrierten Lsg. mit 2.4-Dinitrophenylhydrazinhydrochlorid.

Gisela Schreiber. 2070□

Die Troponoid-Mannich-Base und ihre Anwendung. 4. Mitt. **Die Synthese von [Tropolonyl-(5)]-alanin.** Shuichi Seto und Kyozo Ogura. (Bull. chem. Soc. Japan **33.** 1084—86. Aug. 1960. Katahira-cho, Sendai, Tohoku Univ., Chem. Res. Inst. of Non-Aqueous Solutions.) (Engl.) — 2. vgl. C. **1962. 7494.**

Durch Einw. von K-Acetessigester auf 3.7-Dibrom-5-brommethyltropolon entsteht *3.7-Dibrom-5-[β-acetyl-β-äthoxycarbonyläthyl]-tropolon* (II; vgl. l. c.), das durch Schmidt-Rk. in *3.7-Dibrom-5-[β-acetamido-β-äthoxycarbonyläthyl]-tropolon* (III) übergeführt wird. Hydrolyse von III mit verd. Alkali gibt *3.7-Dibrom-5-[β-acetamido-β-carboxyäthyl]-tropolon*. Dagegen entsteht durch Einw. von konz. HCl auf III in der Siedehitze *[3.7-Dibromtropolonyl-(5)]-alanin* (IV)-*Hydrochlorid*, aus dem sich IV freisetzen läßt. Hydrogenolyse von III an Pd/Kohle in Methanol gibt *5-[β-Acetamido-β-äthoxycarbonyläthyl]-tropolon* (I), das durch Einw. von konz. HCl in der Siedehitze in *[Tropolonyl-(5)]-alanin* (V)-*Hydrochlorid* übergeht, aus welchem V erhältlich ist. IV u. V geben mit Ninhydrin Rotviolett-, mit $FeCl_3$ Grünfärbung.

Versuche: *3.7-Dibrom-5-[β-acetamido-β-äthoxycarbonyläthyl]-tropolon* (III), $C_{14}H_{15}\cdot Br_2NO_5$, F. 197—198°, durch Zugabe von 10 ml konz. H_2SO_4 zu einer Lsg. von 500 mg II in Bzl. unter Eiskühlung, Zugabe von 180 mg NaN_3 u. 1std. Rühren; aus Methanol Nadeln; 500 mg (Ausbeute). — *3.7-Dibrom-5-[β-acetamido-β-carboxyäthyl]-tropolon*, $C_{12}H_{11}\cdot Br_2NO_5$, F. 216—217° (Zers.; A.), durch ca. 10 Min. langes Erwärmen von 50 mg III mit 10%ig. NaOH auf dem Wasserbad; 20 mg. — *[3.7-Dibromtropolonyl-(5)]-alanin* (IV), $C_{10}H_9Br_2NO_4$, F. 215—216° (Zers.; A.), durch Versetzen von 50 mg IV·HCl mit verd. NH_4OH bis pH 6; 30 mg. *Hydrochlorid*, $C_{10}H_{10}Br_2ClNO_4$, F. 223—230° (Zers.), durch 2std. Erhitzen von 150 mg III mit konz. HCl auf dem Wasserbad; Prismen; 100 mg. — *5-[β-Acetamido-β-äthoxycarbonyläthyl]-tropolon* (I), $C_{14}H_{17}NO_5$, F. 171—173°, durch Schütteln von 1,5 g III, Pd/Kohle u. 0,6 g KOH in A. unter H_2-Atmosphäre bis zur Aufnahme von 2 Val H_2; 0,6 g. — *[Tropolonyl-(5)]-alanin* (V), $C_{10}H_{11}NO_4$, F. 240° (Zers.; A.), aus 100 mg V·HCl analog IV; 40 mg. *Hydrochlorid*, $C_{10}H_{12}ClNO_4$, F. 220° (Zers.; A.), durch 1std. Erhitzen von 100 mg I mit konz. HCl auf dem Wasserbad; 50 mg.

D. Holzner. 2150□

Eliminierung von Essigsäure während der Decarboxylierung von organischen Säuren. 1. Mitt. **Bildung von β.β-Diarylacrylsäuren und α.α-Diaryläthylenen aus**

β.β-Diarylglutarsäuren. G. R. Gogte und M. S. Pavri. (J. Univ. Bombay [N. S.] **27.** Nr. 3. Sect. A 35—40. Nov. 1958. Bombay, Siddharth Coll. of Arts and Sci., Dep. of Chem.) (Engl.)

Durch Dest. von β.β-Diphenyl- (**I**), β.β-Bis-[4-methoxyphenyl]-, β.β-Bis-[4-äthoxyphenyl]- u. β.β-Bis-[4-methoxy-3-methylphenyl]-glutarsäure mit Kalk werden neben CO_2 u. Essigsäure (**II**) die entsprechenden *α.α-Diaryläthylene* erhalten. Ungeschützte phenol. OH-Gruppen im Mol. unterdrücken die Abspaltung von **II** während der Decarboxylierung. Beim Erhitzen von β.β-Diarylglutarsäuremonoäthylestern mit Kalk entstehen unter **II**-Abspaltung die entsprechenden *Diarylacrylsäureäthylester*; die Abspaltung von **II** ist also die Primär-Rk. bei der Decarboxylierung von β.β-Diarylglutarsäuren. *β.β-Bis-[2-methoxy-5-methylphenyl]-glutarsäure* wird durch Kondens. von p-Kresol (**III**) mit β-[2-Methoxy-5-methylphenyl]-glutaconsäure (**IV**), Hydrolyse des entstandenen *β-[2-Methoxy-5-methylphenyl]-β-2-[hydroxy-5-methylphenyl]-glutarsäurelactons* u. Methylieren mit Alkali/Dimethylsulfat (**V**) dargestellt.

Versuche: *α.α-Diphenyläthylen* (**VI**), $C_{14}H_{12}$, Kp. 272°, aus **I**. — *β.β-Diphenylglutarsäuremonoäthylester*, $C_{19}H_{20}O_4$, F. 83° (A.), durch Kochen von **I**-Anhydrid mit abs. Äthanol. — *β.β-Diphenylacrylsäureäthylester*, $C_{17}H_{16}O_2$, F. 87° (A.), durch Erhitzen vorst. Verb. mit Kalk. *Freie Säure*, $C_{15}H_{12}O_2$, F. 161° (A.), durch Hydrolyse des Esters; gibt durch Erhitzen mit Kalk **VI**. — *β.β-Bis-[4-methoxyphenyl]-glutarsäuremonoäthylester*, $C_{21}H_{24}O_6$, F. 84°; aus verd. A. glänzende Platten. — *β.β-Bis-[4-methoxyphenyl]-acrylsäureäthylester*, $C_{19}H_{20}O_4$, F. 160°; aus 80%ig. A. Platten. *Freie Säure*, $C_{17}H_{16}O_4$, F. 172°; aus verd. A. Nadeln. — *α.α-Bis-[4-methoxyphenyl]-äthylen*, F. 140°. — *p.p'-Dimethoxybenzophenon*, $C_{15}H_{14}O_3$, F. 144°, durch Oxydation vorst. Verb.; aus W. Nadeln. — *β.β-Bis-[4-methoxyphenyl]-dibromacrylsäure*, $C_{17}H_{16}Br_2O_4$, F. 163°; aus verd. A. Nadeln. — *α.α-Bis-[4-äthoxyphenyl]-äthylen* (**VII**), $C_{18}H_{20}O_2$, F. 142°; aus A. Platten. — *β.β-Bis-[4-äthoxyphenyl]-glutarsäuremonoäthylester*, $C_{23}H_{28}O_6$, F. 110°; aus verd. A. Platten. — *β.β-Bis-[4-äthoxyphenyl]-acrylsäureäthylester*, $C_{21}H_{24}O_4$, F. 177°; aus verd. A. Nadeln. *Freie Säure*, $C_{19}H_{20}O_4$, F. 184°; aus 80%ig. A. Nadeln, gibt durch Erhitzen mit Kalk **VII**. — *α.α-Bis-[4-methoxy-3-methylphenyl]-äthylen*, $C_{18}H_{20}O_2$, F. 106°; aus A. Platten. — *β.β-Bis-[4-methoxy-3-methylphenyl]-glutarsäuremonoäthylester*, $C_{23}H_{28}O_6$, F. 110°; aus A. Platten. — *β.β-Bis-[4-methoxy-3-methylphenyl]-acrylsäureäthylester*, $C_{21}H_{24}O_4$, F. 172°; aus verd. A. Nadeln. *Freie Säure*, F. 177°; aus 60%ig. A. feine Nadeln. — *α-[4-Methoxyphenyl]-α-[4-methoxy-3-methylphenyl]-äthylen* (**VIII**), $C_{17}H_{18}O_2$, Kp. 207°. — *β-[4-Methoxyphenyl]-β-[4-methoxy-3-methylphenyl]-glutarsäuremonoäthylester*, $C_{22}H_{26}O_6$, F. 106°; aus A. Platten. — *β-[4-Methoxyphenyl]-β-[4-methoxy-3-methylphenyl]-acrylsäureäthylester*, $C_{20}H_{22}O_4$, F. 161°; aus A. Platten. *Freie Säure*, $C_{18}H_{18}O_4$, F. 171°; aus verd. A. Nadeln; gibt durch Erhitzen mit Kalk **VIII**. — *β-[2-Methoxy-5-methylphenyl]-β-[2-hydroxy-5-methylphenyl]-glutarsäurelacton*, $C_{20}H_{20}O_5$, F. 218°, durch 3std. Rk. von 10 g **IV** mit 20 cm³ **III** in Ggw. von 80%ig. H_2SO_4 bei 0°, Gießen auf Eis u. Behandeln des Nd. mit Na_2CO_3-Lsg.; aus verd. A. Nadeln; 8,8 g; daneben *β.β-Bis-[2-hydroxy-5-methylphenyl]-glutarsäuredilacton* (F. 184°). — *β.β-Bis-[2-methoxy-5-methylphenyl]-glutarsäure*, F. 192° (Zers.), durch Hydrolyse vorst. Monolactons mit Alkali u. Methylieren mit **V**; aus verd. A. Nadeln. K. Lange. 2200

Eliminierung von Essigsäure während der Decarboxylierung von organischen Säuren. 2. Mitt. **Bildung von α.α-Diaryläthylenen aus β.β-Diaryl-n-buttersäuren.** G. R. Gogte und D. Y. Kasaralkar. (J. Univ. Bombay [N.S.] **27.** Nr. 3. Sect. A 41—54. Nov. 1958.) (Engl.) — 1. vgl. vorst. Referat.

Untersucht wird Abspaltung von Essigsäure (**I**) beim Erhitzen von *β.β-Diaryl-n-buttersäuren* (**A**) mit Kalk im Vakuum. β.β-Bis-[p-methoxyphenyl]- u. β-[p-Methoxyphenyl]-β-[o-methoxyphenyl]-buttersäure liefern das entsprechende *α.α-Diaryläthylen*, während β.β-Bis-[o-methoxyphenyl]-buttersäuren unter Demethylierung Gemische aus den entsprechenden *Butyrolactonen* u. *β.β-Diarylbuttersäuremethylestern* (**B**) bilden. Die Entstehung von **B** wird mit der Abspaltung von Methanol aus **A** u. der Veresterung von überschüssigem **A**, die also auch im alkal. erfolgen kann, erklärt. Aus β-[2-Methoxy-5-methylphenyl]-β-[2-methoxy-4-methylphenyl]-buttersäure werden zwei *isomere Butyrolactone* erhalten. Durch direkte Kondens. von Anisol (**II**) oder o-Kresolmethyläther (**III**) mit Acetessigsäureäthylester (**IV**) in Ggw. von verd. H_2SO_4, Kondens. von p.β-disubstituierten Zimtsäuren mit Phenolen oder Phenoläthern, Kondens. von o.β-disubstituierten Zimtsäuren (**C**) mit Phenolen in Ggw. von verd. H_2SO_4, Hydrolyse u. Methylierung der erhaltenen *Phenyldihydrocumarine* oder durch direkte Kondens. von **C** mit **II** oder **III** in Ggw. von verd. H_2SO_4 werden die entsprechenden **A** dargestellt. Die *substituierten Zimtsäuren* werden durch Reformatski-Synth., Hydrolyse u. Methylierung von substituierten Cumarinen oder durch Decarboxylierung von Glutaconsäuremonoestern erhalten. Durch Erhitzen im Vakuum mit Kalk entstehen aus **C** infolge Demethylierung die entsprechenden *Cumarine*, die Bldg. von Methylestern wurde nicht beobachtet.

Versuche: *β.β-Bis-[4-methoxy-3-methylphenyl]-buttersäure*, $C_{20}H_{24}O_4$, F. 127°, durch Zugabe von 70%ig. H_2SO_4 zu einem Gemisch aus 32 cm³ **IV** u. 31 cm³ **III** bei 0—5° unter Schütteln, Erwärmen auf Raum-Temp., 8 std. Stehen, Gießen auf Eis, 2 std. Kochen des Nd. mit 30% ig. NaOH u. Methanol, Abdampfen des Methanols u. Ansäuern; aus 70% ig. A. Platten; 16 g (Ausbeute). *Anilid*, $C_{26}H_{29}NO_3$, F. 143°; aus A. Nadeln. *Äthylester*, $C_{22}H_{28}O_4$, F. 65°; aus verd. A. hellgelbe Kristalle. — *α.α-Bis-[4-methoxy-3-methylphenyl]-äthylen*, $C_{18}H_{20}O_2$, F. 100°, durch Erhitzen vorst. Säure mit Kalk bei 3 Torr; aus Methanol hellgelbe Platten. — *2-Methoxy-4.β-dimethylzimtsäure* (**V**), $C_{12}H_{14}O_3$, F. 139°, durch 1½ std. Kochen von 20 g 4.7-Dimethylcumarin mit 30% ig. NaOH, Methylieren mit Dimethylsulfat (**VII**) bei 50°, 2½ std. Kochen u. Ansäuern; aus A. glänzende Platten; 17 g. — *β-[2-Methoxy-4-methylphenyl]-β-[4-methoxy-3-methylphenyl]-buttersäure*, $C_{20}H_{24}O_4$, F. 120—121°, durch Lösen von 5 g **V** in 70% ig. H_2SO_4 bei 0°, Zugabe von 6 cm³ **III** bei 0—5° unter Schütteln, Erwärmen auf Raum-Temp., 15 std. Stehen u. Gießen auf Eis; aus 70% ig. A. hellgelbe Kristalle; 3 g. *Anilid*, $C_{26}H_{29}NO_3$, F. 139°; aus 70% ig. A. lange Platten. *Äthylester*, $C_{22}H_{28}O_4$, F. 62° (verd. A.). — *α-[2-Methoxy-4-methylphenyl]-α-[4-methoxy-3-methylphenyl]-äthylen*, $C_{18}H_{20}O_2$, F. 104°; aus Methanol Platten. — *β-[2-Methoxy-5-methylphenyl]-β-[4-methoxyphenyl]-buttersäure*, $C_{19}H_{22}O_4$, F. 163°, durch Kondens. von 20 g 2-Methoxy-β.5-dimethylzimtsäure (**VI**) mit 24 cm³ **II** in Ggw. von 70% ig. H_2SO_4 bei Raum-Temp.; aus 70% ig. A. Platten; 19 g. *Anilid*, $C_{25}H_{27}NO_3$, F. 153° (verd. A.). *Äthylester*, Kp.$_{17}$ 270°. — *α-[2-Methoxy-5-methylphenyl]-α-[4-methoxyphenyl]-äthylen*, $C_{17}H_{18}O_2$, F. 140°; durch Erhitzen vorst. Säure mit Kalk bei 8 Torr; aus Methanol glänzende Platten. — *β-[2-Methoxy-4-methylphenyl]-β-[4-methoxyphenyl]-buttersäure*, $C_{19}H_{22}O_4$, F. 162°, aus 20 g **V** u. 24 cm³ **II**; aus 70% ig. A. glänzende Platten; 20 g. *Anilid*, $C_{25}H_{27}NO_3$, F. 136° (verd. A.). *Äthylester*, $C_{21}H_{26}O_4$, F. 60°, Kp.$_{140}$ 260°; aus Methanol glänzende Platten. — *α-[2-Methoxy-4-methylphenyl]-α-[4-methoxyphenyl]-äthylen*, $C_{17}H_{18}O_2$, F. 142°, durch Erhitzen vorst. Säure bei 8 Torr; aus Methanol glänzende Schuppen. — *β-[2-Methoxy-5-methylphenyl]-β-[2-hydroxy-5-methylphenyl]-buttersäurelacton* (**VIII**), $C_{19}H_{20}O_3$, F. 146°, durch Lösen von 10 g **VI** in 70% ig. H_2SO_4 bei 0°, Zugabe von 6 cm³ p-Kresol (**X**) bei 0° unter Schütteln, 3 std. Rk. bei 0° u. Gießen auf Eis; aus A. rechtwinklige Platten; 5 g. — *β.β-Bis-[2-methoxy-5-methylphenyl]-buttersäure*, $C_{20}H_{24}O_4$, F. 130°, durch 2 std. Kochen von 25 g vorst. Verb. in 30% ig. NaOH, Zugabe von **VII** zur wss. Lsg. des erhaltenen Na-Salzes unter Rühren bei 50°, 2 std. Kochen, mehrstd. Stehen, Ausäthern u. Ansäuern der wss. Lsg.; aus 70% ig. A. gelbe Kristalle; 5 g; daneben 10 g *Methylester* [**IX**; F. 90° (Methanol), aus der äther. Lsg.; gibt durch Verseifung die *Säure*]; gibt durch Erhitzen mit Kalk bei 3 Torr, Waschen des Destillats mit PAe. u. Behandeln des Rückstandes mit sd. $NaHCO_3$-Lsg. **VIII** u. **IX** (aus der PAe.-Lsg.). *Anilid*, $C_{26}H_{29}NO_3$, F. 117° (A.). *Äthylester*, $C_{22}H_{28}O_4$, F. 60°; aus 70% ig. Alkohol. — *β-[2-Methoxy-4-methylphenyl-β-[2-hydroxy-5-methylphenyl]-buttersäurelacton* (**XI**), $C_{19}H_{20}O_3$, F. 160°, durch Kondens. von 30 g **V** u. 33 cm³ **X** in 70% ig. H_2SO_4; aus A. rechtwinklige Platten; 22 g. — *β-[2-Methoxy-4-methylphenyl]-β-[2-methoxy-5-methylphenyl]-buttersäure* (**XII**), $C_{20}H_{24}O_4$, F. 119°, durch Hydrolyse u. Methylieren von 25 g vorst. Lactons; aus 70% ig. A. hellgelbe Kristalle; 10 g; gibt durch Erhitzen mit Kalk im Vakuum **XI** u. **XIII**. *Anilid*, $C_{26}H_{29}NO_3$, F. 149° (verd. A.). *Äthylester*, $C_{22}H_{28}O_4$, F. 55°; aus PAe. Prismen. — *β-[2-Methoxy-5-methylphenyl]-β-[2-hydroxy-4-methylphenyl]-buttersäurelacton* (**XIII**), $C_{19}H_{20}O_3$, F. 155°, aus 30 g **VI** u. 33 cm³ m-Kresol (**XIV**); 18 g; gibt durch Hydrolyse u. Methylieren **XII**. — *β-[2-Methoxy-4-methylphenyl]-β-[2-hydroxy-4-methylphenyl]-buttersäurelacton*, $C_{19}H_{20}O_3$, F. 105°, aus 10 g **V** u. 11 cm³ **XIV**; aus A. glänzende Platten; 7 g. — *β.β-Bis-[2-methoxy-4-methylphenyl]-buttersäure, Methylester*, $C_{21}H_{26}O_4$, F. 85°, durch Hydrolyse u. Methylierung vorst. Lactons. *Freie Säure*, $C_{20}H_{24}O_4$, F. 151°, durch Hydrolyse des Methylesters; aus 70% ig. A. hellgelbe rechtwinklige Platten; gibt durch Erhitzen mit Kalk im Vakuum vorst. *Lacton*. *Anilid*, $C_{26}H_{29}NO_3$, F. 150° (verd. A.). *Äthylester*, $C_{22}H_{28}O_4$, F. 84° (verd. A.). — *β-[2-Methoxy-5-methylphenyl]-β-[2.4-dihydroxyphenyl]-buttersäurelacton*, $C_{18}H_{18}O_4$, F. 220—221°, durch Kondens. von 10 g **VI** mit 10 g Resorcin (**XVI**); aus A. rechtwinklige Platten; 5 g. *Methyläther* (**XV**), $C_{19}H_{20}O_4$, F. 135°, durch Methylieren des Hydroxylactons in 2% ig. NaOH mit **VII**; aus A. rechtwinklige Platten. — *β-[2-Methoxy-5-methylphenyl]-β-[2.4-dimethoxyphenyl]-buttersäure*, $C_{20}H_{24}O_5$, F. 116°, a) durch Lösen von 15 g vorst. Hydroxylactons in 2% ig. NaOH, Schütteln mit **VII** bei Raum-Temp., Alkalisieren, mehrstd. Stehen, Zugabe von festem NaOH, Schütteln bei Raum-Temp., Zugabe von Methanol, 1 std. Kochen, Zugabe von **VII** bei 50°, 2 std. Kochen, Abdampfen des Methanols u. Ansäuern; aus verd. A. hellgelbe Kristalle; 8 g; b) durch Hydrolyse u. Methylierung von **XV**; gibt durch Erhitzen mit Kalk **XV**. *Anilid*, $C_{26}H_{29}NO_4$, F. 165°;

aus verd. A. Platten. *Äthylester*, Kp.$_{10}$ 240°. — *β-[2-Methoxy-4-methylphenyl]-β-[2.4-dihydroxyphenyl]-buttersäurelacton*, $C_{18}H_{18}O_4$, F. 190°, durch Kondens. von 10 g **V** in 60%ig. H_2SO_4 mit 15 g **XVI** bei Raum-Temp.; aus 80%ig. A. Nadeln; 10 g. *Methyläther* (**XVII**), $C_{19}H_{20}O_4$, F. 183°; glänzende rechtwinklige Platten. — *β-[2-Methoxy-4-methylphenyl]-β-[2.4-dimethoxyphenyl]-buttersäure*, $C_{20}H_{24}O_5$, F. 116—117°, durch Hydrolyse u. Methylieren von 28 g vorst. Lactons; aus verd. A. hellgelbe Kristalle; 20 g; gibt durch Erhitzen mit Kalk im Vakuum **XVII**. *Äthylester*, Kp.$_{15}$ 160°. — *4.6-Dimethylcumarin*, F. 148°, durch Dest. von 6 g **VI** mit Kalk im Vakuum; aus A. Nadeln; 1 g. — *4.7-Dimethylcumarin*, F. 132°, durch Dest. von **V** mit Kalk im Vakuum.

K. LANGE. 2200

Homologe des Diphenylmethans. 1. Mitt. Homologe mit einer geraden Anzahl von Ringen. Arjeh B. Galun, Asher Kaluszyner und Ernst D. Bergmann. (J. org. Chemistry **27.** 1426—30. April 1962. Ness-Ziona, Israel Inst. for Biol. Res.) (Engl.)

Chloral (**I**), 1-Phenyl-2.2.2-trichloräthanol (**II**) oder 1-[p-Bromphenyl]-2.2.2-trichloräthanol (**III**) kondensieren sich mit substituierten Benzolen (**A**) in Ggw. von konz. H_2SO_4 zu *1.1-Diaryl-2.2.2-trichloräthanen* (**B**), die mit KOH in sd. Diäthylenglykol (**XII**) zu den entsprechenden *Diphenylmethan-Derivv.* verseift u. decarboxyliert werden. Bei schonender Einw. von KOH entstehen *1.1-Diaryl-2.2-dichloräthylene*, deren Oxydation zu entsprechenden *Benzophenonen*, die auch auf einem anderen Wege synthetisiert werden, als Konstit.-Beweis dient. Das aus **II** u. Brombenzol (**IV**) gewonnene *p-Bromdiphenylmethan* (**V**) liefert bei weiterer Kondens. mit **I** u. nachfolgender Verseifung u. Decarboxylierung mit Hilfe von KOH *Bis-p-[4-(brombenzyl)-phenyl]-methan*; aus p-Brombiphenyl (**VI**) entsteht mit **I** auf analogem Wege *Bis-[4'-brombiphenylyl-(4)]-methan*. Für eine Anzahl von Verbb. sind die Werte der IR- u. UV-Spektren angegeben.

Versuche: 1.1-Diaryl-2.2.2-trichloräthane (**B**), durch Einrühren von konz. H_2SO_4 zu einem Gemisch aus berechneten Mengen **I** u. **A** bei 50°, 2 std. Rühren bei 70°, Gießen auf Eis u. Umkristallisieren aus Aceton: *1.1-Bis-[4-bromphenyl]-* (**XIII**), F. 143°. — *1.1-Bis-[p-tolyl]-* (**XIV**), F. 89°. — *1.1-Bis-[4'-brombiphenylyl-(4)]-* (**VII**), F. 173°, aus **VI** u. **I**; 70% (Ausbeute). — *1.1-Bis-[p-(4-brombenzyl)-phenyl]-* (**VIII**), F. 152°, aus **V** u. **I**; 50%. — *1-Phenyl-1-[4-bromphenyl]-* (**IX**), F. 96° (A.), durch Einrühren von konz. H_2SO_4 zu dem Gemisch von **II** u. **IV** bei 50°, 3 std. Erhitzen auf 65°, Gießen auf Eis u. 12 std. Aufbewahren bei Raum-Temp.; 90%. — *1-Phenyl-1-[4-brom-2-methylphenyl]-* (**X**), F. 145° (A.), durch Einrühren eines Gemisches von Oleum u. konz. H_2SO_4 bei —5° zu **II** u. m-Bromtoluol, je 2 std. Rühren bei 5° u. bei Raum-Temp., Gießen auf Eis, Stehenlassen über Nacht u. Verreiben des Nd. mit A.; 26%. — *1-[4-Bromphenyl]-1-[4-chlorphenyl]-* (**XI**), F. 124° (A.), durch Zugabe von konz. H_2SO_4 zu **III** u. Chlorbenzol, 2 std. Rühren bei 70° u. Gießen auf Eis; 45%. — 1.1-Diaryl-2.2-dichloräthylene: *1.1-Bis-[4'-brombiphenylyl-(4)]-*, $C_{26}H_{16}Br_2Cl_2$, F. 198° (Aceton), durch ½ std. Kochen von **VII** mit einem geringen Überschuß an äthanol. KOH; 90%. — *1.1-Bis-[p-(4-brombenzyl)-phenyl]-*, $C_{28}H_{20}Br_2Cl_2$, F. 102° (A.), durch 3 std. Erhitzen von **VIII** mit alkal. **XII**-Lsg. auf 150°; 90%. — *1-Phenyl-1-[4-brom-2-methylphenyl]-* (**XV**), $C_{15}H_{11}BrCl_2$, F. 51° (wss. Aceton), durch 10 std. Kochen von 1,6 g **X** mit 0,8 g KOH in 40 ml A., Abdestillieren von 20 ml A. u. Gießen in 60 ml W.; 1 g. — Diarylmethane, durch Dest. von 300 ml **XII** mit 45 g KOH in 25 ml W. bis die Temp. von 185° erreicht ist, Abkühlen auf 100°, Zugabe 0,1 Mol **B**, 5 std. Kochen unter Rühren, Gießen auf Eis, 12 std. Aufbewahren bei Raum-Temp. u. Ae.-Extraktion: *Bis-[4'-brombiphenylyl-(4)]-*, F. 225° (Aceton), aus **VII**; 82%. — *p-Bromdiphenyl-* (**V**), Kp.$_{13}$ 163°, aus **IX**; 90%. — *Bis-[p-(4-brombenzyl)-phenyl]-*, F. 115° (Aceton), aus **VIII**; 80%. — *4-Brom-2-methyldiphenyl-*, Kp.$_{13}$ 170°, aus **X** in 5 Std. bei 180°; 84%. — *4-Brom-4'-chlordiphenyl-*, F. 58° (A.), aus **XI**; 88%. — *4.4'-Dibromdiphenyl-*, F. 64°, aus **XIII**; 95%. — *Di-p-tolyl-*, Kp.$_{10}$ 150°, aus **XIV**; 95%. — *2-Methyl-4-nitrobenzonitril*, $C_8H_6N_2O_2$, F. 99° (Eisessig, W.), durch Diazotieren von 2-Amino-5-nitrotoluol in salzsaurer Lsg., Zugießen der Diazoniumsalz-Lsg. zu einer heißen, aus $CuSO_4$, $NaHSO_3$ u. KCN bereiteten wss. Lsg. von CuCN, ½ std. Erhitzen auf 100° u. Dekantieren; 70%. — *4-Amino-2-methylbenzonitril*, $C_8H_8N_2$, F. 76—77° (Ae. + PAe.), durch Red. vorst. Verb. mit Fe in Essigsäure bei 90—95° innerhalb von 1½ Std., 1 std. Erhitzen auf 90°, Zufügen von W., weiteres 2 std. Erhitzen u. Extraktion mit Ae.; 80%. — *4-Brom-2-methylbenzonitril*, C_8H_6BrN, F. 62—63° (wss. A.), durch Diazotieren vorst. Verb. in verd. H_2SO_4 u. Zugießen der Diazoniumsalz-Lsg. zu einer heißen, aus $CuSO_4$, Cu, NaBr, H_2SO_4 u. W. durch 4 std. Kochen erhaltenen CuBr-Lsg.; 75%. — *4-Brom-2-methylbenzophenon*, a) durch 10 std. Kochen von vorst. Verb. in Ae. mit C_6H_5MgBr in Ae., 3 std. Kochen des intermediären *Ketimins* mit 10%ig. HCl, Neutralisation u. Ae.-Extraktion; Öl; b) durch Rk. von **XV** mit CrO_3 in Eisessig bei 50° u. Ae.-Extraktion nach Zugabe von Wasser. *2.4-Dinitrophenylhydrazon*, $C_{20}H_{15}BrN_4O_4$, F. 238°. GISELA SCHREIBER. 2210 □

Zersetzung von Bis-[triphenylmethyl]-peroxid in konzentrierter Schwefelsäure. John Tanaka. (J. org. Chemistry **26.** 4203—06. Nov. 1961. Brookings, S. D., South Dakota State Coll., Chem. Dep.) (Engl.)

Ditritylperoxid (I), F. 184,5—186°, bildet je Mol in konz. H_2SO_4 2 Mol *Triphenylcarbinol* (II), das nach Aufgießen auf Eis durch Ae.-Extraktion in ca. 90%ig. Ausbeute isoliert werden kann. Nach IR-Aufnahmen wird dabei kein Benzophenon (III) u. kein Phenol (IV) gebildet. Es kommt somit kein Rk.-Mechanismus in Frage, bei dem eines der peroxid. O-Atome von I protoniert wird; die Folge davon wäre eine heterolyt. Spaltung der O—O-Bindung, gefolgt von einer 1.2-Umlagerung des $(C_6H_5)_3CO^+$ unter Bldg. von insgesamt je 1 Mol II, III u. IV je Mol I. Die wss. Phase enthält eine jodometr. erfaßbare peroxid. Verb., deren Menge mit der Rk.-Zeit von I mit konz. H_2SO_4 abnimmt. I liefert in konz. H_2SO_4 ein UV-Spektrum, das mit dem von II in diesem Lsgm. ident. ist, jedoch mit verdoppelter molarer Extinktion; beiden Verbb. gemeinsam ist die Bldg. von $(C_6H_5)_3C^+$ (V). Eine Lsg. von II u. $K_2S_2O_8$ in konz. H_2SO_4 führt zu einer sauren Fraktion, deren IR-Spektrum mit dem der aus I u. konz. H_2SO_4 erhaltenen sauren Fraktion übereinstimmt. Im Licht dieser Tatsachen verläuft die Zers. von I in konz. H_2SO_4 unter Protonierung beider peroxid. O-Atome u. darauffolgender Spaltung der C—O-Bindungen unter Bldg. von V u. H_2O_2 im Molverhältnis 2:1. H_2O_2 reagiert mit konz. H_2SO_4 zu CAROscher *Säure,* die sich ihrerseits rasch mit einem Teil von V zu nicht näher definierten Oxydations-Prodd. umsetzt. Beim Verdünnen mit W. wird das restliche V unter Bldg. von II solvatisiert. A. BLASCHETTE. 2270□

Fries-Umlagerung von Estern des 2-Methyl-4-benzoylphenols. Kumuda C. Amin und G. C. Amin. (J. Indian chem. Soc. **37.** 469—72. Aug. 1960. Ahmedabad, Gujarat Coll.; Visnagar, M. N. Coll., Chem. Dep.) (Engl.)

Die FRIESsche Verschiebung von 2-Methyl-4-benzoylphenylacetat (I), -propionat (II), -butyrat (III) u. -benzoat (IV) ergibt *2-Methyl-4-benzoyl-6-acylphenole,* die auch durch Benzoylierung von 2-Methyl-6-acylphenolen nach FRIEDEL-CRAFTS erhalten werden.

Versuche: *2-Methyl-4-benzoylphenol,* F. 169°, durch FRIESsche Verschiebung von O-Benzoyl-2-methylphenol (Kp. 307°) nach ROSENMUND u. SCHNURR [1928]; 70% (Ausbeute). *Acetylderiv.* (I), $C_{16}H_{14}O_3$, F. 67°, mit Acetanhydrid/H_2SO_4; aus verd. Essigsäure Nadeln; 70%. *Propionylderiv.* (II), $C_{17}H_{16}O_3$, F. 66°, mit Propionsäureanhydrid/Pyridin; aus A. rhomb. Platten. *Butyrylderiv.* (III), $C_{18}H_{18}O_3$, Kp.$_{10}$ 210°, mit Butyrylchlorid/Pyridin; 40%. *Benzoylderiv.* (IV), $C_{21}H_{16}O_3$, F. 102°, aus A. Nadeln. — 2-Methyl-4-benzoylphenole: *6-Acetyl-*, $C_{16}H_{14}O_3$, F. 110°, a) durch 2std. Erhitzen von 5 g I mit $AlCl_3$ auf 160°; aus A. hellgelbe Nadeln; 3 g; b) analog a) bei 120°; 1,3 g; c) analog a) in Nitrobenzol bei 120°; 1 g; d) durch 2std. Erhitzen von 5 g 2-Methyl-6-acetylphenol (Kp.$_{10,5}$ 107°) mit Benzoylchlorid u. $AlCl_3$ auf 150—160°; 2,5 g. *Dioxim,* $C_{16}H_{16}N_2O_3$, F. 207° (Zers.), aus A. hellgelbe Nadeln. *Disemicarbazon,* $C_{18}H_{20}N_6O_3$, F. 210° (Zers.), aus A. braune Körnchen. *Acetylderiv.*, $C_{18}H_{16}O_4$, F. 67°, aus A. Nadeln. — *6-Propionyl-*, $C_{17}H_{16}O_3$, F. 86°, a) durch 2std. Erhitzen von 5 g II mit $AlCl_3$ auf 160°; aus A. Platten; 3,5 g; b) durch Benzoylierung von 2-Methyl-6-propionylphenol (aus 2-Methylphenylpropionat (Kp. 113) nach FRIES; 60%). *Dioxim,* $C_{17}H_{18}N_2O_3$, F. 188° (Zers.), aus A. Nadeln. *Disemicarbazon,* $C_{19}H_{22}N_6O_3$, F. 210° (Zers.), aus A. gelbe Nadeln. *Benzoat,* $C_{24}H_{20}O_4$, F. 84°, aus A. Nadeln. — *6-Butyryl-*, $C_{18}H_{18}O_3$, F. 75°, a) analog vorst. Verb. nach a) aus III; aus A. braune Platten; 40%; b) aus 2-Methyl-6-butyrylphenol (Kp.$_{11}$ 143°) analog vorst. Verb. nach b). *Dioxim,* $C_{18}H_{20}N_2O_3$, F. 171° (Zers.), aus A. Nadeln. *Disemicarbazon,* $C_{20}H_{24}N_6O_3$, F. 196° (Zers.), aus Essigsäure gelbe Nadeln. *Acetylderiv.*, $C_{20}H_{20}O_4$, F. 82°, aus A. Platten. — *6-Benzoyl-*, $C_{21}H_{16}O_3$, F. 95°, a) aus 5 g IV durch FRIESsche Verschiebung; aus A. gelbe rhomb. Platten; 2,2 g; b) aus 5 g 2-Methyl-4-benzoylphenol u. Benzoylchlorid nach FRIEDEL-CRAFTS; 3 g. *Dioxim,* $C_{21}H_{18}N_2O_3$, F. 186° (Zers.), aus verd. Essigsäure Nadeln. *Disemicarbazon,* $C_{23}H_{22}N_6O_3$, F. 195° (Zers.), aus A. Nadeln. *Acetylderiv.*, $C_{23}H_{18}O_4$, F. 142° (A.). W. HAMPEL. 2380□

Darstellung und Reaktionen von 4.4'-Dihydroxydiphenylacetonitril. E. Schraufstätter. (Arch. Pharmaz. **295/67.** 269—71. April 1962. Wuppertal-Elberfeld, Bayer AG, Pharmazeut.-wiss. Abt.) (Dt.)

Aus p-Hydroxybenzaldehydcyanhydrin (I) u. Phenol (II) erhaltenes *4.4'-Dihydroxydiphenylacetonitril* (V) wurde nach Umwandlung in *4.4'-Dihydroxydiphenylacetiminoäthylätherhydrochlorid* mit o-Phenylendiamin (III) zu *4.4'-Dihydroxydiphenyl-*[*benzimidazolyl-*(*2*)]*-methan* bzw. nach Umwandlung in *4.4'-Dihydroxydiphenylacetamidin* mit β-Ketobutyracetal (IV) zu *4.4'-Dihydroxydiphenyl-*[*4-methylpyrimidyl-*(*2*)]*-methan* umgesetzt.

Versuche: *4.4'-Dihydroxydiphenylacetonitril* (V), $C_{14}H_{11}NO_2$, F. 180° (25%ig. CH_3OH), durch Zugabe von **II** zu gleichen Teilen W. u. konz. H_2SO_4, Eintragen von **I** bei 35° unter Rühren, $^1/_4$std. Rühren u. Gießen in W.; 73% (Ausbeute). — *4.4'-Di-, hydroxydiphenyl-[benzimidazolyl-(2)]-methan*, $C_{20}H_{16}N_2O_2$, F. 270° (Zers.; 70%ig. A.), durch Sättigen einer Lsg. von **V** in A.-Essigester mit HCl < 5°, Stehen über Nacht, Einengen, Eintragen des Rückstandes in eine Lsg. von **III** in Pyridin, mehrstd. Stehen, Gießen in W., Lösen des Nd. in verd. HCl, Filtrieren u. Fällen mit Soda-Lsg.; 21%. — *4.4'-Dihydroxydiphenylacetamidin*, $C_{14}H_{14}N_2O_2 \cdot H_2O$, F. 160° (Zers.), durch Eintragen des wie vorst. aus **V** u. HCl in A.–Essigester erhaltenen Dest.-Rückstandes in mit NH_3 gesätt. A., Rühren über Nacht u. Verreiben des Nd. mit W.; zersetzlich; 75%. — *4.4'-Dihydroxydiphenyl-[4-methylpyrimidyl-(2)]-methan*, $C_{18}H_{16}N_2O_2$, F. 194° (30%ig. Essigsäure), durch 6std. Kochen vorst. Verb. mit **IV** u. $NaOCH_3$ in CH_3OH, Neutralisation mit Eisessig, Einengen u. Ausziehen des Rückstandes mit Essigester; 35%.

GISELA SCHREIBER. 2450 □

Eine Bemerkung über die Kondensation von Glyoxalsäure mit substituierten Acetophenonen. J. A. Parvate, V. S. Bhagwat und K. S. Nargund. (J. Univ. Bombay [N. S.] **28.** Nr. 5. Sect. A 7—8. März 1960. Bombay, Parle Coll.) (Engl.)

Die Kondens. von Glyoxalsäure mit Acetophenon, p-Methyl- u. p-Bromacetophenon, ergibt substituierte *α-Phenacyl-β-benzoylpropionsäuren.*

Versuche: Propionsäuren: *α-Phenacyl-β-benzoyl-*, $C_{18}H_{16}O_4$, F. 129°, durch 10 Min. langes Schütteln von 3 g Weinsäure, $NaJO_4$ u. verd. H_2SO_4 bei 0°, Zugabe von 3,44 g Acetophenon, A. u. verd. NaOH, Stehen über Nacht u. 10 Min. langes Erwärmen auf 60°; aus Bzl. gelbe Nadeln; 2 g (Ausbeute). — *α-[p-Methylphenacyl]-β-[p-methylbenzoyl]-*, $C_{20}H_{20}O_4$, F. 164° (verd. A.), analog vorst. Verb. aus 3,84 g p-Methylacetophenon; 1,5 g. — *α-[p-Bromphenacyl]-β-[p-brombenzoyl]-*, $C_{18}H_{14}Br_2O_4$, F. 174°, analog vorst. Verb. aus 5,74 g p-Bromacetophenon; aus Methanol Nadeln; 3 g. W. HAMPEL. 2470 □

Synthese von Kohlenwasserstoffen der Anthracen- und Fluorenreihe. Bonnard. (Chim. mod. **3.** Nr. 15. 43—45. Jan. 1958. Lyon, Fac. des Sci.) (Franz.) — Abriß einer Dissertation.

Die Rk. von substituierten Phenyl-Mg-halogeniden mit Cyclohexanonen führt bei nachfolgender Dehydratisierung zu *3.4.5.6-Tetrahydrobiphenylen*, die man in die *2-Acylderivv.* überführt. Letztere unterwirft man der Dehydratisierung zu *Dihydrofluorenen*, deren Dehydrierung in guter Ausbeute *Fluorene* liefert. Setzt man Benzyl-Mg-halogenide in die 1. Stufe ein, so gelangt man analog über *3.4.5.6-Tetrahydrodiphenylmethane* u. deren *2-Acylderivv.* zu *Anthracenen.* Als einziges definiertes Beispiel wird die derart erfolgte Darst. von *9-Äthylfluoren* ($Kp._{19}$ 169°) genannt, das äußerst leicht zu einem *Hydroperoxid* (F. 107°) autoxydiert wird. H.-E. TOUSSAINT. 2600 □

Synthese einiger Monoketone der cis-Hydrindanreihe. W. F. Kutscherow, L. N. Iwanowa und T. A. Ssewerina. (Известия Академии Наук СССР, Отделение Химических Наук [Nachr. Akad. Wiss. UdSSR, Abt. chem. Wiss.] **1961.** 1348—50. Juli. Zelinsky-Inst. für org. Chem. der Akad. der Wiss. der UdSSR.) (Russ.)

cis-Δ^5-Tetrahydroindandion-(1.3) (**I**) u. cis-Hydrindandion-(1.3) (**II**) lassen sich mit CH_2N_2 in *1-Oxo-3-methoxy-$\Delta^{2.5}$-tetrahydroinden* (**III**) bzw. *1-Oxo-3-methoxy-Δ^2-hexahydroinden* (**IV**) überführen. **III** wird an Pd zu **IV** hydriert. Die Red. von **III** u. **IV** mit $LiAlH_4$ liefert *1-Oxo-$\Delta^{2.5}$-tetrahydroinden* (**V**) bzw. *1-Oxo-Δ^2-hexahydroinden* (**VI**), deren Hydrierung an Pd zu *cis-Hydrindanon-(1)* führt. Die analogen Umwandlungen von cis-Δ^5-4.7-Endomethylentetrahydroindandion-(1.3) (**VII**) u. cis-4.7-Endomethylenhydrindandion-(1.3) (**VIII**) führen zu *cis-4.7-Endomethylenhydrindanon-(1).*

Versuche: *1-Oxo-3-methoxy-$\Delta^{2.5}$-tetrahydroinden* (**III**), $C_{10}H_{12}O_2$, $Kp._{0,5}$ 105—105,5°, F. 40—41° (PAe.), man gibt zu 1 g **I** in 7 ml Ae. CH_2N_2 in Ae., bis alles gelöst ist, u. läßt über Nacht stehen; n_D^{20} 1,5331; 0,85 g (Ausbeute). — *1-Oxo-3-methoxy-Δ^2-hexahydroinden* (**IV**), $C_{10}H_{14}O_2$, $Kp._1$ 102—103°, a) aus 1,7 g **II**; n_D^{21} 1,5212; 1,65 g; b) aus **III** an Pd in Methanol; 100%. — *1-Oxo-3-methoxy-4.7-endomethylen-$\Delta^{2.5}$-tetrahydroinden* (**IX**), $C_{11}H_{12}O_2$, F. 73—74° (PAe.), aus 3,24 g **VII**; 2,5 g. — *1-Oxo-3-methoxy-4.7-endomethylen-Δ^2-hexahydroinden* (**X**), $C_{11}H_{14}O_2$, $Kp._{0,5}$ 118—118,5°; n_D^{20} 1,5380; a) aus 0,82 g **VIII**; 0,8 g; b) aus **IX** an Pd/$CaCO_3$ in Methanol. — *1-Oxo-$\Delta^{2.5}$-tetrahydroinden* (**V**), $C_9H_{10}O$, $Kp._{1,5}$ 70—71,5°, man gibt zu 2,46 g **III** in 150 ml abs. Ae. 15 ml 1 m $LiAlH_4$ in Ae., kocht 2½ Std., behandelt mit 50 ml feuchtem Ae., dann 25 ml W. u. 80 ml verd. HCl (1:1) u. rührt noch 4 Std.; n_D^{23} 1,5218; 60%. — *1-Oxo-Δ^2-hexahydroinden* (**VI**), $C_9H_{12}O$, $Kp._1$ 55—57°, aus 3,5 g **IV**; n_D^{15} 1,5070; 70%. — *1-Oxo-4.7-endomethylen-$\Delta^{2.5}$-tetrahydroinden* (**XI**), $C_{10}H_{10}O$, F. 62—63° (PAe.), aus **IX** u. anschließendes Chromatographieren an Al_2O_3; 62%. *2.4-Dinitrophenylhydrazon*, $C_{16}H_{14}N_4O_4$, F. 188—189,5°. — *1-Oxo-4.7-endomethylen-Δ^2-hexahydroinden* (**XII**), $C_{10}H_{12}O$, F. 50—51° (PAe.), aus **X**; 75%. *2.4-Di-*

nitrophenylhydrazon, $C_{16}H_{16}N_4O_4$, F. 178—180° (A.). — *cis-Hydrindanon-(1)*, $C_9H_{14}O$, Kp.$_1$ 57—58°; n_D^{20} 1,4830; a) man hydriert 1,5 g **VI** in 20 ml abs. Methanol an Pd; 1,2 g; b) aus **V** an Pd; 100%. *2.4-Dinitrophenylhydrazon*, F. 126—127°. *Semicarbazon*, F. 210—211°. *Oxim*, F. 77—80°. — *4.7-Endomethylenhydrindanon-(1)*, $C_{10}H_{14}O$, F. 96 bis 97° (Sublimation bei 3 mm), a) man hydriert 0,82 g **XI** in 10 ml abs. Methanol an Pd; 0,77 g; b) durch Hydrierung von **XII**; 100%. *2.4-Dinitrophenylhydrazon*, $C_{16}H_{18}N_4O_4$, F. 157—158°. HELMUT SCHÄFER. 2650☐

Über die Darstellung einiger Polychlornaphthaline. Hans Reimlinger und Geoffrey King. (Chem. Ber. **95.** 1043—48. 19/4. 1962. Brussels, European Res. Associates, Labor.) (Dt.)

(p-Toluolsulfonyl = Tosyl). Decarboxylierung von 2.3.6.7-Tetrachlornaphthalintetracarbonsäure gab *2.3.6.7-Tetrachlornaphthalin.* Die Säure selbst wurde aus Pyren über Hexachlorpyren (I) u. *Tetradekachlor-1.2.6.7-tetrahydropyren* erhalten. SANDMEYER-Rk. von 1.5-Diamino-4.8-dichlornaphthalin gab *1.4.5.8-Tetrachlornaphthalin*, dessen Struktur durch die analoge Darst. des bekannten *1.5-Dichlor-4.8-dibromnaphthalins* bewiesen wird. Bei der Chlorierung des 1.5-Bis-[tosylamino]-naphthalins (**II**) in Trichlorbenzol wurde das *Tetrachlorderiv.* erhalten, welches sich nach Abspaltung der Tosylgruppen über die Tetrazoniumsalze in *1.3.5.7-Tetrachlor-*, *1.3.4.5.7.8-Hexachlor-* u. *1.3.5.7-Tetrachlor-4.8-dihydroxynaphthalin* überführen ließ.

Versuche: *Tetradekachlor-1.2.6.7-tetrahydropyren*, $C_{16}Cl_{14}$, Zers. bei 312°, schwach gelbe Kristalle (Trichlorbenzol), aus **I** u. Cl_2 in $ClSO_3H$ bei 0° in Ggw. von J_2 (5 Std.); 55% (Ausbeute). — *2.3.6.7-Tetrachlornaphthalintetracarbonsäuredianhydrid*, aus Dekachlorpyren u. Oleum/konz. HNO_3; 30%. *Freie Säure*, durch Lösen des Anhydrids in 10%ig. KOH u. Fällen mit 2 n HCl. *Tetramethylester*, $C_{18}H_{12}Cl_4O_8$, F. 235°. — *2.3.6.7-Tetrachlornaphthalin*, $C_{10}H_4Cl_4$, Nadeln, sublimiert bei 135° (A.), aus vorst. Säure u. Chinolin/bas. $CuCO_3$ (1 Std. bei 240°); 2%; WEISSENBERG-Analyse der Elementarzelle gab a = 3,85 Å, b = 10,72 Å, c = 22,55 Å, β = 91°; D. 1,676 (nach der Schwebe-Meth.); Raumgruppe P 2_1/c. — *1.5-Dichlor-4.8-bis-[tosylamino]-naphthalin*, $C_{24}H_{20}\cdot Cl_2N_2O_4S_2$, F. 218°, Nadeln (Nitrobenzol, dann A.), durch Zutropfen von Cl_2 in CH_3COOH bei 95° unter Rühren zu einer Suspension von **II** in CH_3COOH u. anschließend 10 Min. langes Erwärmen; 44%. — *1.4.5.8-Tetrachlornaphthalin*, F. 182—184°, Nadeln (A.), sublimiert, aus vorst. Verb. durch Tetrazotierung u. Rk. der Tetrazoniumsalz-Lsg. mit CuCl in rauchender HCl bei —2°, dann 30 Min. langes Rühren bei 0°, 2 Std. bei Raum-Temp. u. bei 95° bis zum Ende der N_2-Entw.; 17%. — *1.5-Dichlor-4.8-dibromnaphthalin*, analog mit CuBr u. rauchender HBr; 16%. — *1.3.5.7-Tetrachlor-4.8-bis-[tosylamino]-naphthalin*, $C_{24}H_{18}Cl_4N_2O_4S_2$, F. 290—292° (Nitrobenzol), aus **II** a) mit Cl_2 in 1.2.4-Trichlorbenzol bei 110° (30 Min.; 53%), b) mit Cl_2 in CH_3COOH bei 95° (insgesamt 75 Min.; 45%). — *1.3.5.7-Tetrachlornaphthalin*, $C_{10}H_4Cl_4$, F. 180—181° (CH_3OH, dann CH_3COOH), durch 36std. Rühren vorst. Verb. mit konz. H_2SO_4 bei 20° u. Gießen auf Eis, Lösen des erhaltenen *Disulfats* des *1.3.5.7-Tetrachlor-4.8-diaminonaphthalins* in 85%ig. H_3PO_4, Zugabe von wss. $NaNO_2$-Lsg. bei 0°, 1std. Rühren, Eingießen in eine 50%ig. wss. Lsg. von unterphosphoriger Säure bei —2°, 16std. Stehen im Eisschrank, 5 Std. lang bei Raum-Temp. u. Erwärmen auf 95° bis zum Ende der N_2-Entw.; 20%. — *1.3.4.5.7.8-Hexachlornaphthalin*, $C_{10}H_2Cl_6$, F. 175—177° (CH_3OH, dann CH_3COOH), wie vorst., aber Umsetzung der erhaltenen Tetrazoniumsalz-Lsg. mit CuCl/konz. HCl wie oben; 40%. — *1.3.5.7-Tetrachlor-4.8-dihydroxynaphthalin*, $C_{10}H_4Cl_4O_2$, F. 150—152°, durch Phenol-Verkochung der Tetrazoniumsalz-Lösung. J. ROTHE. 2700☐

Peri-substituierte Naphthaline. 5. Mitt. **1.8-Dilithiumnaphthalin.** R. L. Letsinger, J. A. Gilpin und W. J. Vullo. (J. org. Chemistry **27.** 672—74. 9/2. 1962. Evanston, Ill., Northwestern Univ., Dep. of Chem.) (Engl.) — 4. vgl. C. **1961.** **3984.**

1.8-Di-Li-Naphthalin ist leicht zugänglich aus 1.8-Dibromnaphthalin (**I**) mit Butyl-Li u. wird durch seine Rkk. mit CO_2 u. Benzophenon (**II**) charakterisiert. Im Gegensatz zu **I** wird bei der Rk. von 5.6-Dibrom- bzw. 5.6-Dichloracenaphthen mit Butyl-Li bzw. überschüssigem Mg nur 1 Br- bzw. 1-Cl-Atom ausgetauscht.

Versuche: *1.8-Dibromnaphthalin* (**I**), F. 106—108° (A.), aus dem Ag-Salz (6,5 g) der 8-Bromnaphthoesäure-(1) [aus 1.8-Naphthalsäureanhydrid über Anhydro-8-hydroxymercurinaphthoesäure-(1) nach RULE u. PURSELL (1934); 44% (Ausbeute)] durch Zusatz von Br_2 (2,9) in CCl_4 u. 2std. Kochen; 45%. — *1.8-Naphthalsäureanhydrid*, F. 270—271° (HNO_3), durch Zugabe von Butyl-Li in Ae. zu 4,0 g **I** in Ae., 45 Min. bei Zimmer-Temp. u. Gießen auf Trockeneis; 85%. — *1.8-Bis-[diphenylhydroxymethyl]-naphthalin* (**III**), $C_{36}H_{28}O_2$, F. 167—167,5° (Chlf.-Hexan), *Aceton-Addukt*, F. 118—120° (Aceton-Hexan), analog vorst. Verb. mit **II**; 51%. Daneben 7,3% *Verb. vom F. 117—124°*, die beim Erhitzen auf > 125° in **III** übergeht. — *1.8-[1.1.3.3-Tetraphenyl-2-oxapropano]-*

naphthalin, $C_{36}H_{26}O$, F. 243—245°, a) durch Kochen von vorst. Verb. in Essigsäure (20 Std.) bzw. HCO_2H (5½ Std.); 87 bzw. 91%; b) durch Lösen von vorst. Verb. in konz. H_2SO_4 u. Gießen auf Eis. — *5.6-Dibromacenaphthen*, $C_{12}H_8Br_2$, F. 138—140° (A.), durch Einleiten von Br_2 im N_2-Strom in eine Lsg. von Acenaphthen (**IV**) in A. u. 2std. Kochen; 10%. — *6-Bromacenaphthen-5-carbonsäure*, $C_{13}H_9BrO_2$, F. 285—290° (Zers.; A.), aus 2,0 g vorst. Verb. mit Butyl-Li in Ae. bei 0° u. Gießen auf Trockeneis; 61%. — *5.6-Dichloracenaphthen*, F. 168—170°, aus **IV** mit SO_2Cl_2; 40%. — *6-Chloracenaphthen-5-carbonsäure*, $C_{13}H_9ClO_2$, F. 222—224° [Chromatographie an Silicagel mit Bzl.-Ae. (95,5)], durch abwechselnde Zugabe von 4,5 g vorst. Verb. u. n-C_4H_9Cl in Tetrahydrofuran (THF) zu einem sd. Gemisch von überschüssigem Mg u. THF, 9std. Kochen u. Gießen auf Trockeneis; 60%. G. PÖTZSCHER. 2700□

Beitrag zur Untersuchung von Derivaten des Naphthalins und der Fettsäuren 2. Mitt. **Von den Fettsäuren C_8—C_{12} abgeleitete Acylnaphthaline und Acylnaphthole.** J. Jorand. (Oléagineux **16.** 179—83. März 1961.) (Franz.) — 1. vgl. Oléagineux **15.** [1960.] 183.

Es werden größtenteils bekannte *Alkyl-α-naphthylketone, Alkyl-β-naphthylketone, Alkyltetrahydronaphthylketone, β-Naphthylester* u. *1-Acyl-β-naphthole* in besserer Reinheit mit genaueren physikal. Daten hergestellt.

Versuche: n-Alkyl-α-naphthylketone: *n-Heptyl-*, $Kp._{0,05-0,08}$ 145—148°, n_D^{20} 1,5715. *Dinitrophenylhydrazon* (DNP), F. 128 5°. — *n-Octyl-*, $Kp._{0,02-0,05}$ 140—144°, n_D^{20} 1,5650, n_D^{40} 1,5570. DNP, F. 165°. — *n-Nonyl-*, $Kp._{0,03-0,05}$ 148—153, n_D^{20} 1,5608, n_D^{40} 1,5528. DNP, F. 142,5°. — *n-Decyl-*, $Kp._{0,05}$ 158—163°, n_D^{20} 1,5564, n_D^{40} 1,5483. DNP, F. 116,5°. — *n-Undecyl-*, $Kp._{0,05}$ 165—168°, n_D^{20} 1,5508, n_D^{40} 1,5427. DNP, F. 110,5—111°. — *n-Dodecyl-*, F. 26—26,5°, $Kp._{0,03-0,05}$ 178—183°, n_D^{40} 1,5370. DNP, 105,5°. — n-Alkyl-β-naphthylketone: *n-Nonyl-*, F. 57°, $Kp._{0,03-0,05}$ 156—159°. DNP, F. 139,5°. — *n-Decyl-*, F. 52°, $Kp._{0,02-0,05}$ 145—152°. — *n-Undecyl-*, F. 47,5°, $Kp._{0,05}$ 175—180°. DNP, F. 123°. — *n-Dodecyl-*, F. 47—48°, $Kp._{0,05-0,07}$ 180—190°. — n-Alkyl-1.2.3.4-tetrahydronaphthyl-(6)-ketone: *n-Octyl-*, $Kp._{0,03}$ 145—148°, n_D^{20} 1,5291, n_D^{40} 1,5214. DNP, F. 127,5°. — *n-Nonyl-*, $Kp._{0,05}$ 152—156°, n_D^{20} 1,5263, n_D^{40} 1,5190. DNP, F. 126,5°. — *n-Decyl-*, $Kp._{0,03-0,08}$ 150—158°, n_D^{20} 1,5231, n_D^{40} 1,5159. DNP, F. 126°. — *n-Undecyl-*, $Kp._{0,03-0,04}$ 166—172°, n_D^{20} 1,5197, n_D^{40} 1,5128. DNP, F. 119,5°. — *n-Dodecyl-*, F. 18—18,5°, $Kp._{0,02-0,03}$ 166—172°, n_D^{20} 1,5180, n_D^{20} 1,5103. DNP, F. 106°. — Carbonsäure-β-naphthylester: *Pelargonsäure-*, F. 48°. — *Caprinsäure-*, F. 52,5°. — *Undecylsäure-*, F. 57°. — *Laurinsäure-*, F. 58,5°. — 1-Acylnaphthole-(2): *1-Pelargonoyl-*, $Kp._{0,02}$ 155—156°, n_D^{20} 1,5760, n_D^{40} 1,5670. — *1-Caprinoyl-*, F. 29,4°, $Kp._{0,02}$ 164—169°, n_D^{40} 1,5638, n_D^{45} 1,4518. — *1-Undecyloyl-*, F. 34—34,5°, $Kp._{0,02}$ 160—165°, n_D^{40} 1,5580, n_D^{45} 1,5564. — *1-Lauroyl-*, F. 37—37,5°, $Kp._{0,02-0,05}$ 170—180°, n_D^{40} 1,5535, n_D^{45} 1,5516. K. TÄUFEL. 2700□

Azofarbstoffe aus Chlornaphthylaminen. — Farbe und Konstitution. Helmy F. Bassilios, Mohamed Shawky und Alexan Y. Salem. (J. Chem. U. A. R. **3.** 251—63. 1960. Alexandria, Univ., Fac. of Engng.) (Engl.)

Azofarbstoffe werden durch Kuppeln der 7 möglichen 1-Chlornaphthylamine mit 2-Hydroxynaphthoesäure-(3)-β-naphthylamid (**I**; Naphthol AS-SW, F. 233°, aus Essigsäure oder Chlorbenzol Platten) dargestellt u. ihre Eigg. untersucht. Die Absorptionsspektren im Bereich des sichtbaren Lichtes sind angegeben.

Versuche: Naphthaline: *1-Amino-2-nitro-* (**II**), F. 144°, durch Nitrierung von 1-Acetamidonaphthalin, Hydrolyse in 50%ig. H_2SO_4 u. Verdünnen mit W.; 20% (Ausbeute); daneben *1-Amino-4-nitronaphthalinhydrochlorid*. — *1-Chlor-2-nitro-*, F. 80°, durch Diazotieren von **II** mit Nitrosylschwefelsäure u. Zersetzen mit CuCl; aus A. gelbe Nadeln. — *1-Chlor-2-amino-* (**III**), F. 60°, durch Kochen vorst. Verb. mit Fe in A./konz. HCl; aus A. rote Kristalle; 85%. — *1-Amino-3-nitro-*, durch Red. von 1.3-Dinitronaphthalin mit Na_2S. — *1-Chlor-3-nitro-*, durch SANDMEYER-Rk. aus vorst. Verbindung. — *1-Chlor-3-amino-* (**IV**), F. 68°, durch Red. vorst. Verb. analog **III**; 85%. — *1-Chlor-4-nitro-*, a) durch Nitrieren von 1-Chlornaphthalin; b) durch Aminierung von 1-Nitronaphthalin u. Rk. nach SANDMEYER; c) durch Nitrieren von 1-Acetylaminonaphthalin, Hydrolyse u. Rk. nach SANDMEYER. — *1-Chlor-4-amino-* (**V**), F. 98°, durch Red. vorst. Verb. analog **III**; rote Nadeln; 90%. — *1-Chlornaphthalin-4-sulfonsäure*, durch SANDMEYER-Rk. aus Naphthionsäure; 90%. — *1-Chlor-5-nitro-*, $C_{10}H_6ClNO_2$, F. 111° (A.), durch Nitrieren vorst. Verb. mit konz. H_2SO_4/konz. HNO_3 bei 15°, Verdünnen mit W., Absaugen u. Kochen mit 50%ig. H_2SO_4. — *1-Chlor-5-amino-* (**VI**), F. 85°, durch Red. vorst. Verb. analog **III**; 85%. — *1-Amino-6-nitro-*, durch Red. von 1.6-Dinitronaphthalin mit $SnCl_2$ in Essigsäure. — *1-Chlor-6-nitro-*, aus vorst. Verb. durch Rk. nach SANDMEYER. — *1-Chlor-6-amino-* (**VII**), $C_{10}H_8ClN$, Kp. 246°, durch Red. vorst. Verb.

analog **III**; dunkelbraune Fl.; 85%. *Hydrochlorid*, $C_{10}H_9Cl_2N$, aus konz. HCl Platten. *Acetylderivat*, $C_{12}H_{10}ClNO$, F. 222°, aus A. Platten. — *7-Nitrotetralon-(1)*, durch Nitrieren von Tetralon-(1). — *1-Amino-7-nitro-*, durch Umlagerung des Oximacetates vorst. Verb. in heißem Eisessig/Acetanhydrid u. Sättigen mit HCl. — *1-Chlor-7-nitro-*, $C_{10}H_6ClNO_2$, F. 131°, durch Sandmeyer-Rk. aus vorst. Verb.; aus A. gelbe Nadeln; 40%. — *1-Chlor-7-amino-* (**VIII**), $C_{10}H_8ClN$, F. 74—75°, durch Red. vorst. Verb. analog **III**; 90%.— *1-Chlor-8-nitro-*, $C_{10}H_6ClNO_2$, F. 94—95°, durch Chlorierung von 1-Nitronaphthalin bei 68—80° in Ggw. von $FeCl_3$; aus A. gelbe Nadeln; 33%. — *1-Chlor-8-amino-* (**IX**), F. 96°, durch Red. vorst. Verb. wie **III**; 85%. — *Farbstoff* **III** → **I**, $C_{31}H_{20}ClN_3O_2$, F. 238°, durch Zugabe einer diazotierten Lsg. von **III** zu einer alkal. Lsg. von **I** in Türkischrotöl, Verdünnen mit sd. W. u. Zugabe von 30%ig. NaOH; rote Kristalle. — *Farbstoff* **IV** → **I**, $C_{31}H_{20}ClN_3O_2$, F. 265°, rote Kristalle. — *Farbstoff* **V** → **I**, $C_{31}H_{20}ClN_3O_2$, F. 262°, goldviolette Kristalle. — *Farbstoff* **VI** → **I**, $C_{31}H_{20}ClN_3O_2$, F. 242°, braunrote Kristalle. — *Farbstoff* **VII** → **I**, $C_{31}H_{20}ClN_3O_2$, F. 245°, braunviolette Kristalle. — *Farbstoff* **VIII** → **I**, $C_{31}H_{20}ClN_3O_2$, F. 244°, rote Kristalle. — *Farbstoff* **IX** → **I**, $C_{31}H_{20}ClN_3O_2$, F. 247°, violette Kristalle. W. Hampel. 2700 □

Die optische Stabilität von (+)-9-Aminofluorencarbonsäure-(2)-methylester. Alwyn G. Davies, E. E. Edwin und J. Kenyon. (J. chem. Soc. [London] **1958**. 1950—52. Mai. London, Battersea Coll. of Technol., Chem. Dep.; Univ. Coll., William Ramsay and Ralph Forster Labor.) (Engl.)

In N_2-Atmosphäre bleibt unter Lichtausschluß das Rotationsvermögen des (+)-*9-Aminofluorencarbonsäure-(2)-methylesters* (**I**) mindestens 3 Wochen nahezu unvermindert erhalten. Durch Umkristallisieren verändert sich weder die opt. Aktivität noch der F. von **I**. Die von Ray u. Kreiser (vgl. J. Amer. chem. Soc. **69**. [1947.] 3068) beobachtete opt. Unbeständigkeit erklärt sich aus der Rk. von **I** mit Luft, die unter NH_3-Entw. zu einer *Verb.* $C_{30}H_{21}NO_4$ oder $C_{60}H_{44}N_2O_8$, F. 165°, führt. Dagegen ist (+)-*9-Acetylaminofluorencarbonsäure-(2)-methylester* in jedem Falle chem. u. opt. beständig.

Versuche: (+)-*9-Aminofluorencarbonsäure-(2)-methylester* (**I**), $C_{15}H_{13}NO_2$, F. 108 bis 110°, aus rac. Hydrochlorid durch Rk. mit verd. NaOH, anschließende Spaltung über das (+)-*Weinsäure-Salz* [$C_{19}H_{19}NO_8$, F. 210°, $[\alpha]_D^{20}$ +41° (c = 0,591; W.)] u. dessen Zerlegung mit verd. NaOH; $[\alpha]_D^{20}$ +52° (c = 0,73; A.). *N-Acetylderiv.*, $C_{17}H_{15}NO_3$, F. 246°, aus A. Nadeln, $[\alpha]_D^{20}$ +26° (c = 0,862; A.). A. Barth. 2750 □

Über eine Synthese des 9.10-Dimethyl- und des 1.9.10-Trimethylphenanthrens. Nguyen P. Buu-Hoï und Germain Saint-Ruf. (C. R. hebd. Séances Acad. Sci. **254**. 2366—68. 26/3. 1962. Gif-sur-Yvette, Seine-et-Oise, C. N. R. S., Inst. de Chim. des Substances naturelles.) (Franz.)

Neue Synth. des *9.10-Dimethyl-* u. des *1.9.10-Trimethylphenanthrens* verlaufen wie folgt: *β-[1.2-Dimethylnaphthoyl-(4)]-propionsäure*, $C_{16}H_{16}O_3$, F. 147—148°, Prismen (wss. A. oder Bzl.), aus 52 g 1.2-Dimethylnaphthalin u. Succinanhydrid in CH_2Cl_2 in Ggw. von $AlCl_3$ bei 0°, dann 18 Std. bei Raum-Temp.; 83 g (Ausbeute). — *γ-[1.2-Dimethylnaphthyl-(4)]-buttersäure*, $C_{16}H_{18}O_2$, F. 141°, Nadeln (Cyclohexan oder wss. CH_3COOH), $Kp._{27}$ 267°, aus vorst. Verb. nach Huang-Minlon; 73%. — *1-Keto-9.10-dimethyl-1.2.3.4-tetrahydrophenanthren* (**I**), $C_{16}H_{16}O$, F. 111°, Nadeln (Hexan), $Kp._{14}$ 237—238°, durch Behandeln vorst. Verb. mit $SOCl_2$ in Ae. in Ggw. von Pyridin u. Rk. des *Säurechlorids* mit $AlCl_3$ in CH_2Cl_2 (12 Std. bei Raum-Temp.); 60%; mit H_2SO_4 Orangefärbung. *Semicarbazon*, $C_{17}H_{19}N_3O$, F. 223°, Nadeln (A.). *Oxim*, $C_{16}H_{17}NO$, F. 245°, Prismen (A.). — *9.10-Dimethyl-1.2.3.4-tetrahydrophenanthren*, $C_{16}H_{18}$, F. 79°, Nadeln (wss. A.), $Kp._{11}$ 204—205°, aus 3 g **I** nach Huang-Minlon; n_D^{24} 1,6275 (unterkühlte Fl.); 2,5 g. *Pikrat*, $C_{22}H_{21}N_3O_7$, F. 79°, orangefarbene Nadeln (A.). — *9.10-Dimethylphenanthren*, F. 139°, Nadeln (A.), $Kp._{12}$ 224—225°, durch Erhitzen vorst. Verb. mit 5%ig. Pd-Kohle. — *1.9.10-Trimethyl-3.4-dihydrophenanthren*, $C_{17}H_{18}$, $Kp._{13}$ 225°, aus **I** u. CH_3MgJ, dann Erhitzen des erhaltenen *tert. Alkohols* mit HCOOH; $n_D^{22,2}$ 1,6455. *Pikrat*, F. 97°, orangefarbene Flitter (A.). — *1.9.10-Trimethylphenanthren*, $C_{17}H_{16}$, F. 67—68°, Nadeln (CH_3OH), $Kp._{13}$ 230—232°, durch Dest. vorst. Verb. über Pd-Kohle. *Pikrat*, F. 158°, zinnoberrote Nadeln (A.). *Styphnat*, F. 149°, ziegelrote Nadeln (A.). J. Rothe. 2850 □

Stereochemische Untersuchungen in der Tetrahydrofuran-Reihe. 1. Mitt. **Spaltung und Isomerisation des Tetrahydrofurfurylacetats in Gegenwart von Zinkchlorid.** Didier Gagnaire und Aslam Butt. (Bull. Soc. chim. France **1961**. 309—12. Febr. Paris, École Norm. Supér., Labor. de Chim.) (Franz.)

Die Spaltung von Tetrahydrofurfuryl-(2)-acetat (**I**) durch Acetylbromid in Ggw. von $ZnCl_2$ ergibt zu 86% *5-Brom-1.2-diacetoxypentan* (**II**). Daneben entstehen 1% *2-Brom-1.5-* (**III**) u. 13% *1-Brom-2.5-diacetoxypentan* (**IV**). Die Überführung des Gemisches von **II, III** u. **IV** in das Triacetat u. Red. mit $LiAlH_4$ ergeben nur *1.2.5-Trihydroxypentan*, dessen Konstit. durch Ringschluß zu *Tetrahydrofurfurylalkohol* bewiesen wurde. Die Red. des Gemisches von **II**, **III** u. **IV** mit $LiAlH_4$ u. Reacetylierung ergeben ein Gemisch von *1.4-* (**V**), *1.5-* (**VI**) u. *1.2-Diacetoxypentan*. Trennung erfolgte gaschromatograph. u. Identifizierung von **V** u. **VI** durch Vgl. mit synthet. Produkten. Erhitzen von **I** in Ggw. von $ZnCl_2$ führt zu 15%ig. Isomerisierung unter Ringerweiterung zu *3-Acetoxytetrahydropyran* (**VII**), dessen Identität durch Red. zum *Alkohol* festgestellt wurde. An opt.-akt. **I** wird gezeigt, daß die Isomerisierung stereospezif. unter Inversion der Konfiguration am asymm. C-Atom verläuft.

Versuche: *Gemisch von 5-Brom-1.2-* (**II**), *2-Brom-1.5-* (**III**) u. *1-Brom-2.5-diacetoxypentan* (**IV**), $C_9H_{15}BrO_4$, durch Zutropfen von Acetylbromid zu **I** in Ggw. von $ZnCl_2$, 2std. Erhitzen u. Mol.-Dest. des Ae.-Extrakts bei 0,2 mm u. 120° Bad-Temp.; 78% (Ausbeute). — *Gemisch von Pentandiol-(1.2)*, -*(1.4)* u. -*(1.5)*, durch 12std. Erhitzen vorst. Gemisches mit $LiAlH_4$ in Diisopropyläther, Hydrolyse u. Mol.-Dest. (Bad-Temp. 130°/15 mm); 75%. — *1.2-Diacetoxypentan*, $C_9H_{16}O_4$, Kp. 216—217°, aus vorst. Gemisch durch 3std. Erhitzen auf 150° mit Acetanhydrid u. fraktionierte Dest.; 86%. Daneben, durch Gaschromatographie identifiziert, 1% **VI** u. 13% **V**. — *1.2.5-Triacetoxypentan*, $C_{11}H_{18}O_6$, $Kp._9$ 159°, aus dem Gemisch von **II**, **III** u. **IV**, CH_3COOK u. $ZnCl_2$ durch 3std. Erhitzen auf 160° u. Dest. des Ae.-Extraktes; 82%. — *Pentantriol-(1.2.5)*, $C_5H_{12}O_3$, aus vorst. Verb. durch Red. mit $LiAlH_4$ in Tetrahydrofuran (THF), Hydrolyse nach 2 Std. u. Mol.-Dest. der THF-Extrakte bei 0,1 mm u. 145° Bad-Temp.; 85%. — *Tetrahydrofurfurylalkohol*, durch Cyclisierung vorst. Verb. in Ggw. von p-Toluolsulfonsäure bei 170°; 88%. — *1.4-Diacetoxypentan* (**V**), $C_9H_{16}O_4$, durch Zutropfen von Acetylbromid zu sd. Methyltetrahydrofuran, 1std. Erhitzen, Zugabe von CH_3COOK u. einer Spur $ZnCl_2$, weiteres 5std. Erhitzen auf 140° u. Mol.-Dest. des Ae.-Extraktes bei 103° Bad-Temp. u. 0,2 mm; 75%. — *3-Acetoxytetrahydropyran* (**VII**); 48std. Erhitzen von 16 g **I** in Ggw. von 0,2 g $ZnCl_2$, Filtration des äther. Auszuges über Al_2O_3 u. Dest. ($Kp._{15}$ 82—87°) ergibt 13 g eines Gemisches aus **I** mit 15% **VII**. — *3-Hydroxytetrahydropyran*, $Kp._{18}$ 88°, neben *Tetrahydrofurfurylalkohol*, $Kp._{18}$ 79°, durch Red. des vorst. Gemisches mit $LiAlH_4$. — Isomerisierung von **VII** durch 48std. Kochen in Ggw. von $ZnCl_2$ gibt 85% **VII** u. 15% **I**. Isomerisierung von opt.-akt. **I** [α +0,54° (gelbe Hg-Linie)] ergibt Tetrahydrofurfurylalkohol (α +0,52°) u. 3-Hydroxytetrahydropyran (α +2,84°).

H. G. Henkel. 3061 □

Stereochemische Untersuchungen in der Tetrahydrofuran-Reihe. 2. Mitt. **Absolute Konfiguration des Tetrahydrofurfurylalkohols.** Didier Gagnaire und Aslam Butt. (Bull. Soc. chim. France **1961.** 312—17. Febr.) (Franz.) — 1. vgl. vorst. Referat.

Mit Hilfe von 2 chem. Abbau-Meth. kann die abs. Konfiguration des *opt.-akt. Tetrahydrofurfurylalkohols* (**I**) bestimmt werden. Spaltung von **I**-Acetat durch Acetylbromid u. Red. mit $LiAlH_4$ führen zu den Pentandiolen, aus denen über die Diacetate *Pentandiol-(1.2)* (**II**) abgetrennt werden kann. (+)-**I** (alle Drehwerte beziehen sich auf die gelbe Hg-Linie) führt zu (—)-**II**, woraus sich die abs. Konfiguration (S) ergibt. Die 2. Meth., vorgenommen um jede mögliche Acetylgruppenverschiebung auszuschalten, bestätigt dieses Ergebnis. Die Red. des **I**-Tosylats zu *2-Methyltetrahydrofuran* (**III**), Spaltung mit Acetylbromid u. Red. führen u. a. zu opt.-akt. sek.-Amylalkohol (**IV**) bekannter Konfiguration. Ferner wurden im Rahmen der Unters. (+)-Pentantriol-(1.2.5) (**V**) u. (+)-Pentandiol-(1.4) erhalten, die zu inakt. **I** bzw. **III** cyclisiert wurden.

Versuche (Drehwerte α_1 gelbe, α_2 grüne u. α_3 blaue Hg-Linie): (+)-*Tetrahydrofurfurylacetat*, $Kp._{18}$ 89—90°, aus (+)-**I** (α_1 +1,56°) u. Acetylchlorid; 84,5% (Ausbeute). — *Isomere Bromdiacetoxypentane*, aus vorst. Verb. durch Zutropfen von Acetylbromid bei 115° in Ggw. von $ZnCl_2$, 2std. Erhitzen u. Mol.-Dest. des über Fluorisil filtrierten Ae.-Extraktes bei 120° Bad-Temp. u. 0,2 mm; 80%. — (—)-*1.2-Diacetoxypentan*, $Kp._2$ 103°, durch 12std. Erhitzen vorst. Gemisches mit $LiAlH_4$ in Tetrahydrofuran (THF), Acetylierung u. Dest.; α_1 —4,72°, nach gaschromatograph. Reinigung α_1 —5,28°; 54%. — (—)-*Pentandiol-(1.2)* [(—)-**II**], aus 1 g vorst. Verb. durch Red. mit $LiAlH_4$ in Ae. u. Mol.-Dest.; α_1 —4,80°; 540 mg. — (+)-**I**-*Tosylat*, aus (+)-**I** (α_1 +0,80°) u. p-Toluolsulfochlorid; α_1 +6,2°; 68%. — (—)-*2-Methyltetrahydrofuran* [(—)-**III**], Kp. 86°, aus vorst. Verb. durch Red. mit $LiAlH_4$, Hydrolyse nach 2std. Erhitzen u. Dest. der Ae.-Extrakte; α_1 —10,12°; 66%. — *1-Brom-4-* u. *4-Brom-1-acetoxypentan* (60:40), $Kp._{18}$ ca. 110°, aus (—)-**III** u. Acetylbromid bei 100°; 88%. — (—)-*sek.-Amylalkohol* [(—)-**IV**], Kp. 116°, Red. vorst. Verb. mit $LiAlH_4$ in Diisopropylalkohol durch 12std. Kochen ergibt ein Gemisch, das fraktioniert dest. wird; $^1/_5$ der Fraktionen sind linksdrehend u. enthalten (—)-**IV**, was durch Gaschromatographie gesichert wurde; die anderen Fraktionen sind opt.-inaktiv. α_1 —6,88°. — (+)-**IV**, analog aus (—)-**I** (α_1 —1,87°) über das *Tosylat* (α_1 —12,4°; 36%) u. (+)-**III** (α_1 +20,24°) als Gemisch mit prim.-Amylalkohol;

α_1 +3,64°. — (+)-*1.2.5-Triacetoxypentan*, $Kp._1$ 160°, aus (—)-I-Acetat u. Acetylbromid in Ggw. von Zn; nach 4std. Kochen Zugabe von CH_3COOK u. weiteres 3std. Erhitzen auf 160°; α_1 +0,62°, α_2 +0,74°, α_3 +1,25°; 89%. — (+)-*Pentantriol-(1.2.5)* (**V**), durch Red. vorst. Verb. mit $LiAlH_4$ in THF, Hydrolyse nach 2 Std. bei 0° u. Mol.-Dest. bei 145° Bad-Temp./0,1 mm; α_1 +1,28°, α_2 +1,72°, α_3 +2,78°; 85%. — Inakt. **I**, durch Cyclisation von **V** mit p-Toluolsulfonsäure. — (+)-*1.4-Diacetoxypentan*, aus (—)-**I** (α_1 —0,5°) über das *Tosylat* (α_1 —3,7°; 76%) u. (+)-III (α_1 +6,72°; 64%) durch Acetylbromid-Spaltung, 5std. Erhitzen mit CH_3COOK auf 140° u. Mol.-Dest. der Ae.-Extrakte (Bad 103°/0,2 mm); α_1 + 2,12°; 72%. — (+)-*Pentandiol-(1.4)*, aus vorst. Verb. analog **V**; α_1 +3,08°; 89%. H. G. HENKEL. 3061 □

Pyrrol-2.3.4.5-tetracarbonsäure durch Oxydation von Sepia-Melanin. Rodolfo Alessandro Nicolaus, Achille Vitale und Mario Piattelli. (Rend. Accad. Sci. fisiche mat., Napoli [4] **25 (97)**. 1—3. Sept. 1958. Napoli, Ist. di Chim. Organ.) (Ital.)

Durch Zutropfen von 36%ig. H_2O_2/Eisessig (1:1) zu Sepia-Melanin, mehrtägiges Stehen, Red. des H_2O_2 mit SO_2, Einengen im Vakuum, Extrahieren mit Ae. u. Äthylacetat, Chromatographie der Extraktrückstände u. direkten Vgl. mit authent. Präpp. werden *Pyrrol-2.3-dicarbonsäure*, *Pyrrol-2.3.5-tricarbonsäure* u. *Pyrrol-2.3.4.5-tetracarbonsäure* als Oxydations-Prodd. identifiziert. F. HELLER. 3081 □

Pyrrolizidinderivate. 5. Mitt. **Synthesen mit 3.4-Dioxopyrrolizidin.** Fritz Micheel und Wilhelm Flitsch. (Chem. Ber. **94**. 1749—56. 7/7. 1961. Münster, Univ., Organ.-Chem. Inst.) (Dt.) — 4. vgl. C. **1956**. 5271.

Bei der Rk des aus 3.5(„3.4“)-Dioxopyrrolizidin (**II**) nach REFORMATSKI erhaltenen *3-Carbäthoxymethylenpyrrolizidinons-(5)* (**I**) mit bas. Reagentien erfolgt keine Spaltung der Estergruppe, sondern Öffnung des unsubstituierten Pyrrolidonringes. Mit C_2H_5ONa entsteht aus **I** *2-Carbäthoxymethylen-5-[2-carbäthoxyäthyl]-pyrrolidin*, mit äthanol. NH_3 *2-Carbäthoxymethylen-5-[2-carbamoyläthyl]-pyrrolidin*, welches mit Acetanhydrid ein *2[1]-Acetyl-Deriv.* liefert, mit C_6H_5MgBr *2-Carbäthoxymethylen-5-[3-hydroxy-3.3-diphenylpropyl]-pyrrolidin* u. mit Acetophenon in Ggw. von $NaNH_2$ *2-Carbäthoxymethylen-5-[3.5-dioxo-5-phenylpentyl]-pyrrolidin* (**III**). Der saure Abbau von **III** führt unter Ringspaltung, Verseifung der Estergruppe, Decarboxylierung u. erneutem Ringschluß zu *2-Benzoylmethylen-5-[3-oxobutyl]-pyrrolidin*; bei kontinuierlichem Entfernen des entstandenen W. gelingt die Cyclisierung von **III** zum entsprechenden *Pyrrolizidinderivat*. 2-Methyl-1-oxo-3-carbäthoxymethylenisoindolin reagiert mit nur 1 Mol C_6H_5·MgBr unter Bldg. von *2-Methyl-1-hydroxy-1-phenyl-3-carbäthoxymethylenisoindolin*. Auch bei den Umsetzungen des Dihydro-Deriv. (**IV**) von **I** mit C_6H_5MgBr oder NH_3 bleibt die Ringstruktur erhalten, u. es erfolgt Rk. an der Estergruppe. Die Rk.-Mechanismen werden diskutiert u. die IR-Spektren einiger Verbb. zur Strukturdeutung herangezogen.

Versuche: *3-Carbäthoxymethylenpyrrolizidinon-(5)* (**I**), F. 85° (Bzn.), durch Rk. von **II** (F. 180°) mit Bromessigsäureäthylester (**V**) u. Zn in abs. Tetrahydrofuran, Neutralisieren mit äthanol. HCl u. Behandeln mit Ag_2CO_3 u. H_2S; 67% (Ausbeute); gibt bei der Ozonspaltung in Acetanhydrid **II** (53%) u. *Oxalsäure* (50%). — *2-Carbäthoxymethylen-5-[2-carbamoyläthyl]-pyrrolidin*, $C_{11}H_{18}N_2O_3$, F. 173° (Isopropanol), a) durch 6tägige Rk. von **I** mit äthanol. NH_3; 70,4%; b) durch 1std. Rk. von **I** mit äthanol. NH_3 in einer Druckflasche u. 12std. Stehen bei Raum-Temp.; 55,5%. — *2-[Acetylcarbäthoxymethylen]-5-[2-carbamoyläthyl]-pyrrolidin*, $C_{13}H_{20}N_2O_4$, F. 152° (Isopropanol), durch Aufkochen vorst. Verb. in Acetanhydrid, 3 std. Stehen, Einengen u. Zugabe von Ae.; 69,5%. — *2-Carbäthoxymethylen-5-[2-carbäthoxyäthyl]-pyrrolidin*, durch 24std. Rk. von 2 g **I** mit C_2H_5ONa, Neutralisieren mit Eisessig–A., Eindampfen, Aufnehmen in Ae. u. Behandeln mit wss. $NaHCO_3$; ca. 1 g (roh). Daraus durch 20 Min. langes Erhitzen mit C_6H_5NCO auf 100°, Fällen mit PAe., Aufnehmen in Bzl. u. erneutes Fällen das *N* (oder *2[1]*)-*Phenylcarbamoyl-Deriv.*, $C_{20}H_{26}N_2O_5$, F. 64,5—66° (Bzn.); 36%. — *2-Carbäthoxymethylen-5-[3.5-dioxo-5-phenylpentyl]-pyrrolidin* (**III**), $C_{19}H_{23}NO_4$, F. 75°, durch Zugabe von $NaNH_2$ (in Bzl.) zu **I** u. Acetophenon in Ae., 12std. Rk., Absaugen der erhaltenen *Na-Verb.*, Zers. mit Eis–NH_4Cl, Neutralisieren mit 20%ig. Essigsäure, Ausschütteln mit Chlf., Eindampfen u. Kristallisieren aus Methanol bei —18°; 30—37%. *N* (oder *2[1]*)-*Phenylcarbamoyl-Deriv.*, $C_{26}H_{28}N_2O_5$, F. 92—94° (Bzn.); 74%. — *2-Carbäthoxymethylen-5-[3-hydroxy-3.3-diphenylpropyl]-pyrrolidin*, $C_{23}H_{27}NO_3$, F. 119—120° (Isopropanol), durch Rk. von **I** mit C_6H_5MgBr in Bzl.–Ae., 1/4std. Kochen, Zers. mit NH_4Cl-Lsg., Einengen u. Aufnehmen in PAe.; 34%. *N* (oder *2[1]*)-*Phenylcarbamoyl-Deriv.*, $C_{30}H_{32}N_2O_4$, F. 150—151° (A.); 81%. — *2-Benzoylmethylen-5-[3-oxobutyl]-pyrrolidin*, $C_{16}H_{19}NO_2$, F. 97° (Isopropanol), durch 1std. Kochen von **III** u. p-Toluolsulfonsäure in Eisessig; 40—50%. — *3-Carbäthoxymethylen-5-benzoylmethylenpyrrolizidin*, $C_{19}H_{21}NO_3$, F. 79°, durch 13std. Kochen von **III**

u. p-Toluolsulfonsäure in abs. Bzl. im SOXHLET-App. unter Bindung des entstehenden W. mit CaH_2, Eindampfen, Chromatographie aus Ae. an Al_2O_3 u. Eluieren mit Ae. u. einer 0,5%ig. Lsg. von A. in Ae.; 78%; gibt durch Lösen in Polyphosphorsäure, Zers. mit Eis u. Neutralisieren mit $NaHCO_3$ **III** (56%) u. bei der Ozonspaltung **II** (28%). — *2-Methyl-1-oxo-3-hydroxy-3-carbäthoxymethylisoindolin*, $C_{13}H_{15}NO_4$, F. 104° (Zers.), durch Rk. von N-Methylphthalimid (**VI**) mit **V** u. Zn in abs. Tetrahydrofuran, Zers. mit verd. HCl, Aufnehmen in Chlf. u. Eindampfen $<25°$; 31%. — *2-Methyl-1-oxo-3-carbäthoxymethylenisoindolin*, $C_{13}H_{13}NO_3$, F. 109—110° (Isopropanol), wie vorst. durch 1½std. Erhitzen des Rohsirups auf 150° unter vermindertem Druck; 61,5% (bezogen auf **VI**). — *2-Methyl-1-hydroxy-1-phenyl-3-carbäthoxymethylenisoindolin*, $C_{19}H_{19}NO_3$, F. 137° (Isopropanol), durch Zugabe einer C_6H_5MgBr-Lsg. zu vorst. Verb. in Tetrahydrofuran unter N_2, ½std. Rk. bei 0°, 2std. Stehen bei Raum-Temp., Zers. mit Eiswasser u. gesätt. NH_4Cl-Lsg. u. Ausäthern; 37%. — *3-Carbäthoxymethyl-5-oxopyrrolizidin* (**IV**), $C_{11}H_{17}$·NO_3, $Kp._{0,6}$ 155—156°, durch Hydrieren von **I** über RANEY-Ni bei 100 at u. Raum-Temp. in A.; 85%. — *3-[2-Hydroxy-2.2-diphenyläthyl]-5-oxopyrrolizidin*, $C_{21}H_{23}NO_2$, F. 173° (Isopropanol), aus **IV** u. C_6H_5MgBr in Ae.; 33%. — *3-Carbamoylmethyl-5-oxopyrrolizidin*, $C_9H_{14}N_2O_2$, FF. 150—156° (aus Butanol-Ae. Rosetten) u. 170—178° (Stäbchen), a) durch 20std. Erhitzen von **IV** in 30%ig. methanol. NH_3 auf 100° im Rohr; 92%; b) durch 3tägiges Stehen von **IV** in konz. NH_4OH; 80%. W. HOFFMANN. 3081□

Cyclisierung aromatischer Phenylhydrazone mit Kohlenmonoxid zu substituierten Phthalimidinen. Alex Rosenthal und Mary R. S. Weir. (Canad. J. Chem. **40.** 610—14. April 1962. Vancouver, B. C., Univ., Dep. of Chem.) (Engl.)

Rkk. von Benzophenon- (**I**) bzw. 4-Methylbenzophenonphenylhydrazon (**II**) mit CO bei 230° u. 3800 lbs./sq.in. führte zu *3-Phenyl-* (**III**) bzw. *3-[p-Tolyl]-phthalimidin-N-carbonsäureanilid* (**IV**). Aus **II** entstand daneben *3-Phenyl-6-methylphthalimidin-N-carbonsäureanilid*, aus **I** bei etwas niedrigerer Temp. *3-Phenylphthalimidin* (**V**). Unabhängige Synth. von **III** u. **IV** sind beschrieben.

Versuche (nur Prodd. mit $>5\%$ Ausbeute sind angegeben): *Benzophenonphenylhydrazon* (**I**), F. 137—138°, Nadeln (95%ig. A.); 78% (Ausbeute). — *4-Methylbenzophenonphenylhydrazon* (**II**), F. 107—109° (95%ig. A.); 63%. — *3-Phenylphthalimidin-N-carbonsäureanilid* (**III**), $C_{21}H_{16}N_2O_2$, F. 212—215°, Nadeln (75%ig. CH_3COOH), a) aus **I** u. CO (2000 lbs./sq.in. Anfangsdruck) in Bzl. in Ggw. von $Co_2(CO)_8$ (190 Min. langes Schütteln bei 230—240°, dann Kühlen über Nacht; 71% roh); b) aus **V** u. C_6H_5NCO in sd. Toluol (24 Std.; 95%). 4std. Kochen von **III** mit 75%ig. H_2SO_4 gab *Anilin*, identifiziert als *2.4.6-Tribromanilin* (F. 120°) u. eine *Verb.* $C_{14}H_{10}O_2$, F. 230°, gelb, ident. mit dem Hydrolyse-Prod. von **V**. 6std. Kochen von **III** mit D_2O gab Austausch (Auftreten der N—D-Bande, Schwächung der Amid-II- u. Amid-III-Banden im IR-Spektrum). — Carbonylierung von **I** bei 210—220° u. fraktionierte Kristallisation aus Bzl. gab 50% **V** u. 12% **III**; bei 190—200° wurden 25% **V** u. kein **III** isoliert. — *3-[p-Tolyl]-phthalimidin*, $C_{15}H_{13}NO$, F. 216—219° (75%ig. CH_3COOH), durch Lösen von o-[p-Toluyl]-benzoesäure in wss. KOH, Zugeben von $H_2NOH \cdot HCl$, 20 Min. langes Kochen u. 12std. Stehen bei Raum-Temp., dann mehrstd. Kochen des Rohprod. in CH_3COOH mit Zinkstaub. — *3-[p-Tolyl]-phthalimidin-N-carbonsäureanilid* (**IV**), $C_{22}H_{18}N_2O_2$, F. 187—188,5° (95%ig. A.), a) aus **II** wie oben (20%); b) aus vorst. Verb. u. C_6H_5NCO in sd. Bzl. (24 Std.). — *3-Phenyl-6-methylphthalimidin-N-carbonsäureanilid*, $C_{22}H_{18}N_2O_2$, F. 226—227° (A.), aus **II** neben **IV**, Trennung durch fraktionierte Kristallisation aus Bzl.; 20%.

J. ROTHE. 3081□

Hydrolytische Spaltung einiger Sulfone der heterocyclischen Reihe. 6. Mitt. **Synthese und Eigenschaften von p-Nitrobenzolsulfonyl-N-methylbenzimidazolylmethan und p-Nitrobenzolsulfonylbenzthiazolylmethan.** N. P. Bednjagina und I. Ja. Posstowski. (Журнал Общей Химии [J. allg. Chem.] **30** (**92**). 3193—96. Okt. 1960. Uraler Polytechn. Inst.) (Russ.) — 3. vgl. C. **1959.** 2793.

Durch Kondens. von 1-Methyl-2-chlormethylbenzimidazol (**I**) mit Na-p-Nitrothiophenolat (**II**) oder durch Kondens. von 2-Chlormethylbenzimidazol (**III**) mit **II** u. Methylierung des gebildeten *[Benzimidazolyl-(2)]-p-nitrophenylmercaptomethans* (**IV**) wird das *N-Methyl-Deriv.* von **IV** dargestellt u. mit $KMnO_4$ zu *[1-Methylbenzimidazolyl-(2)]-p-nitrobenzolsulfonylmethan* (**V**) oxydiert. Aus **II** u. 2-Chlormethylbenzthiazol (**VI**) wird *[Benzthiazolyl-(2)]-p-nitrophenylmercaptomethan* (**VII**) erhalten u. zu *[Benzthiazolyl-(2)]-p-nitrobenzolsulfonylmethan* (**VIII**) oxydiert. Im Gegensatz zu den Sulfonen mit der Gruppierung $-N{=}\overset{|}{C}-SO_2-R$, die leicht an der C—S-Bindung hydrolysiert werden, sind **V** u. **VIII** gegen Hydrolyse in 2nHCl oder NaOH beständig (bzw. **VIII** verharzt in 2nNaOH).

Versuche: *1-Methyl-2-hydroxymethylbenzimidazol*, F. 125—130° (W.), durch Kochen von 11 g 2-Hydroxymethylbenzimidazol mit 8 ml Methyljodid in 20 ml A. u. 25 ml 2nNaOH; Blättchen; 60—65% (Ausbeute). — *1-Methyl-2-chlormethylbenzimidazol* (I), F. 94°. *Hydrochlorid*, F. 195—196°, aus 4 g vorst. Verb. u. 5 ml $SOCl_2$ unter Kühlen; 100%. — *[Benzimidazolyl-(2)]-p-nitrophenylmercaptomethan* (**IV**), $C_{14}H_{11}N_3O_2S$, F. 214 bis 217°, aus 7,1 g **II** in 100 ml A. u. 6,2 g **III** in der Hitze; fast 100%. *N-Methyl-Deriv.*, $C_{15}H_{13}N_3O_2S$, F. 154—155° (A.), a) durch langsame Zugabe von 4,5 g **I** zur heißen Lsg. von 4,5 g **II** in 70 ml A.; gelbe Nadeln; 5,5 g; b) durch Kochen von **IV** mit Methyljodid in A. in Ggw. von Alkali. — *[1-Methylbenzimidazolyl-(2)]-p-nitrobenzolsulfonylmethan* (**V**), $C_{15}H_{13}N_3O_4S$, F. 223—225° (A.), aus 5 g vorst. N-Methylderiv. in 100 ml Eisessig durch tropfenweise Zugabe von 50 ml gesätt. $KMnO_4$-Lsg.; lange Prismen; 3,5 g. — *[Benzthiazolyl-(2)]-p-nitrophenylmercaptomethan* (**VII**), $C_{14}H_{10}N_2O_2S_2$, F. 129—130° (A.-Dioxan), man gibt 8 g **VI** in 20 ml A. tropfenweise zu 5 g **II** in 50 ml heißem A. u. kocht ½ Std. auf dem Wasserbad; gelbrote Kristalle; 6 g. — *[Benzthiazolyl-(2)]-p-nitrobenzolsulfonylmethan* (**VIII**), $C_{14}H_{10}N_2O_4S_2$, F. 210—212° (W.-Dioxan), aus 1 g **VII** in 70 ml Eisessig + 5 ml W. u. 25 ml gesätt. $KMnO_4$-Lsg. bei 5°; 0,7 g. HELMUT SCHÄFER. 3100□

Über Umwandlungen des Isoantipyrin-4-dithiocarbonsäureäthylesters. Bolesław Janik. (Dissertat. pharmac. [Warszawa] **13.** 27—36. 1961. Kraków, Kat. Chem. farmaceut.) (Pol.)

Die Verseifung des Isoantipyrin (1.2-Dimethyl-3-phenylpyrazolon)-4-dithiocarbonsäureäthylesters (I) verläuft anomal: Rk.-Prodd. sind *Isoantipyrin-4-dithiocarbonsäure* u. *1.2-Dimethyl-3-mercapto-4-benzoylpyrazolon-(5)*. Eine Monothiocarbonsäure wurde nicht aufgefunden, wahrscheinlich, weil sie ähnlich der Isoantipyrin-4-carbonsäure leicht zu Isoantipyrin decarboxyliert wird. *Isoantipyrin-4-thiocarbonsäureamid* u. substituierte Amide werden dagegen durch Umsetzung von I mit NH_3 oder Aminen ohne Schwierigkeit erhalten. Während der S substituierter Thioamide mit HgO leicht gegen O ausgetauscht wird, führt die analoge Rk. des nichtsubstituierten Thioamids zum *Nitril*. Das Nitril wird auch durch Rk. von Isoantipyrin mit BrCN erhalten.

Versuche: *1.2-Dimethyl-3-phenylpyrazolon-(5)-dithiocarbonsäure-(4)*, $C_{12}H_{12}N_2OS_2$, F. 184—185°, durch Lösen des Äthylesters in alkohol., mit H_2S gesätt. KOH-Lsg. u. 2std. Erwärmen; ziegelrote Säulen aus Benzol. *Ni-Salz*, $C_{24}H_{22}N_4NiO_2S_4$, aus der K-Salz-Lsg. mit $NiSO_4$. *Äthylester* (I), $C_{14}H_{16}N_2OS_2$, F. 162—163°, durch Eintragen von 20 g $AlCl_3$ in eine sd. Lsg. von 10 g Isoantipyrin u. 20 g Äthylbromid in CS_2, 4std. Erhitzen zum Sieden, Abdest. von CS_2 u. Eingießen des Rückstandes in Eiswasser; aus Bzl.-PAe. kupferrote Blättchen. — *1.2-Dimethyl-3-mercapto-4-benzoylpyrazolon-(5)*, $C_{12}H_{12}N_2O_2S$, F. 114—115°, durch Verseifen von I mit alkohol. KOH-Lsg. u. Abtrennen der Dithiocarbonsäure; rotgelbe Nadeln. *Phenylhydrazon*, $C_{18}H_{18}N_4OS$, F. 180—181°, aus wss. A. gelbe Blättchen. *S-Methyl-Verb.*, $C_{13}H_{14}N_2O_2S$, F. 196—197°, mit Dimethylsulfat; Blättchen aus Methanol. — *3.3-Dithio-bis-[1.2-dimethyl-4-benzoylpyrazolon-(5)]*, $C_{24}H_{22}N_4O_4S_2$, F. 260—261°, aus dem K-Salz vorst. Verb. mit KJ_3 in wss. Lsg.; rote Prismen aus Äthanol. — *1.2-Dimethyl-3-hydroxy-4-benzoylpyrazolon-(5)*, $C_{12}H_{12}N_2O_3$, F. 96—97°, aus der 3-Mercapto-Verb. durch 1std. Erwärmen mit 2nNaOH; Nadeln aus Ligroin. — *1.2-Dimethyl-3-amino-4-benzoylpyrazolon-(5)*, $C_{12}H_{13}N_3O_2$, F. 242—243°, aus dem 3-Methylthioäther mit NH_4OH bei 90—100° im Bombenrohr oder aus I mit NH_4OH bei 140—150°; Nadeln aus W. oder Blättchen aus Äthanol. — *1.2-Dimethyl-4-benzoylpyrazolon-(5)*, $C_{12}H_{12}N_2O_2$, F. 186—187°, aus dem 3-Methylthioäther in A. durch Hydrieren an RANEY-Ni bei Raum-Temp. (40 Std.) oder aus dem Isoantipyrin-4-aldehyd durch Erhitzen mit 1nKOH auf dem Wasserbad. *Phenylhydrazon*, $C_{18}H_{18}N_4O$, F. 180°, gelbe Nadeln. — *1.2-Dimethyl-3-phenyl-4-formylpyrazolon-(5)*, F. 155°, aus 32,67 g Isoantipyrin u. 14,67 g Dimethylformamid unter tropfenweisem Zusatz von 33,75 g $POCl_3$ unter Eiskühlung mit anschließendem 4std. Erwärmen auf 60°, Gießen auf Eis, Neutralisation mit $NaHCO_3$ u. Extraktion mit Chlf.; aus A. Säulen. *Phenylhydrazon*, $C_{18}H_{18}N_4O$, F. 220°, gelbe Blättchen aus Äthanol. — *1.2-Dimethyl-3-phenylpyrazolon-(5)-carbonsäure-(4)*, $C_{12}H_{12}N_2O_3$, F. 216 bis 217°, aus vorst. Aldehyd in KOH mit $KMnO_4$ unter Kühlung mit Eis; Nadeln aus Äthanol. — *4.4'-Methylen-bis-[1.2-dimethyl-3-phenylpyrazolon-(5)]*, $C_{23}H_{24}N_4O_2$, F. 121—122°, aus Isoantipyrin u. Formalin in konz. HCl unter 2std. Erwärmen; aus 20%ig. A. Nadeln. — Amide bzw. Hydrazide der 1.2-Dimethyl-3-phenyl-5-pyrazolon-4-thiocarbonsäure, durch Erwärmen von I mit den entsprechenden Aminen auf dem Wasserbad: *Unsubstituiert*, $C_{12}H_{13}N_3OS$, F. 248—249°, aus A. gelbe Säulen. — *Äthylamid*, $C_{14}H_{17}N_3OS$, F. 167—168°, gelbe Blättchen. — *Anilid*, $C_{18}H_{17}N_3OS$, F. 222—223°, gelbe Blättchen. — *α-Naphthylamid*, $C_{22}H_{19}N_3OS$, F. 229—230°, gelbe Blättchen. — *Hydrazid*, $C_{12}H_{14}N_4OS$, F. 211—212°, gelbe Säulen. — *Phenylhydrazid*, $C_{18}H_{18}N_4OS$, F. 182—183°, gelbe Nadeln. — Amide der 1.2-Dimethyl-3-phenylpyrazolon-(5)-carbonsäure-(4), durch 2std. Erwärmen der entsprechenden Thio-Verb. mit HgO in 30% ig. A. oder direkt durch Kondens. von Isoantipyrin mit dem Isocyanat in Ggw. von $AlCl_3$: *Anilid*, $C_{18}H_{17}N_3O_2$, F. 236—237°, Nadeln aus Äthanol. — *α-Naphthylamid*, $C_{22}H_{19}N_3O_2$, F. 250—251°, aus A. Nadeln. — *Isoantipyrin-4-carbonsäurenitril*, $C_{12}H_{11}N_3O$, F. 176 bis 177°, aus dem Isoantipyrin-4-thiocarbonsäureamid durch Umsetzung mit HgO oder aus Antipyrin u. BrCN in CS_2 in Ggw. von $AlCl_3$; aus W. Blättchen. F. Urban. 3122□

Stickstoffsysteme. 14. Mitt. Synthese von 1-Guanylpyrazolinen. Vorl. Mitt. Francis L. Scott und Margaret T. Scott. (Chimia [Aarau, Schweiz] **12.** 148—50. 16/5. 1958. Los Angeles, Calif., Univ. of California, Dep. of Chem.) (Engl.) — 7. vgl. C. **1962.** 10041.

1-Guanyl-3-phenyl-Δ²-pyrazolinnitrat (**II**) wird durch Rk. von ω-Dimethylamino-propiophenon (**IV**) mit Aminoguanidinnitrat (**I**), durch Umsetzung von 3-Phenyl-Δ²-pyrazolin (**V**) mit S-Methylisothiuroniumnitrat (**III**) sowie in geringen Ausbeuten durch Rk. von **I** mit Phenylvinylketon (**VI**) gebildet. Bei der Umsetzung von **III** mit 3-[p-Bromphenyl]- bzw. 3-[β-Naphthyl]-Δ²-pyrazolin werden jedoch nicht die erwarteten 3-Aryl-1-guanyl-Δ²-pyrazolinnitrate erhalten, sondern *isomere Prodd.*, deren Konstit. noch nicht bestimmt werden konnte.

Versuche: *1-Guanyl-3-phenyl-Δ²-pyrazolinnitrat* (**II**), F. 232—233° (Zers.), a) durch Rk. von **I** u. **IV** (vgl. Scott u. Reilly, Chem. and Ind. **1952.** 907); b) durch 6std. Kochen von äquimol. Mengen **III** u. **V** in wss. A.; 80% (Ausbeute); c) aus **VI** u. **I**. *Freie Base*, F. 103—105°. *Pikrat*, F. 265°, rot. **II** bleibt bei 9std. Kochen in A. in Ggw. von 1 Mol Anilin unverändert; beim Behandeln mit Br_2/Eisessig werden neben 20% *Hydrobromid*, F. >300°, ca. 70% wiedergewonnen. — *1-Guanyl-3-[x-nitrophenyl]-Δ²-pyrazolinsulfat*, F. 280—282°, durch Lösen von **II** in konz. H_2SO_4 bei 0°, ¼std. Stehen u. Gießen auf Eis; gelb; 40%. — *3-[p-Bromphenyl]-* (F. 161—162°) u. *3-[β-Naphthyl]-1-guanyl-Δ²-pyrazolinnitrat*, F. 152—154°, analog **II** nach a). — *Verb. vom F. 220°*, analog **II** nach b) aus 3-[p-Bromphenyl]-Δ²-pyrazolin. — *Verb. vom F. 241—242°*, analog **II** nach b) aus 3-[β-Naphthyl]-Δ²-pyrazolin. — *2-Phenyl-6-benzoyl-Δ²-dihydropyran, Semicarbazon*, F. 171°, durch Rk. von **VI** mit Semicarbazidhydrochlorid. *Thiosemicarbazon*, F. 162 bis 164°, analog mit Thiosemicarbazidhydrochlorid. *Oxim*, F. 124—125°, durch ¼std. Rk. von **IV**-Methojodid mit $H_2NOH \cdot HCl$ u. Soda-Lsg. bei 50°; 85%. — *Verb.* $C_3H_6N_4O_2$, F. 180°, durch Rk. von **VI** mit Nitroaminoguanidin. — *α-Methyl-β-methylaminopropiophenon*, *D-Tartrat*, F. 114—115°; $[\alpha]_D^{26,5}$ +13,4° (W.). Beim Neutralisieren der wss. Lsg., Extraktion mit Ae., Eindampfen, Lösen des gelben Öls in A. u. Behandeln mit Hydrazin wird ein fl. *Pyrazolin-Deriv.*, $[\alpha]_D^{26,5}$ +0,87° (W.), gebildet. L. Lamza. 3122

Eine neue Methode zur Darstellung von 4.5-substituierten Oxazolthionen-(2). J. Willems und A. Vandenberghe. (Bull. Soc. chim. belges **69.** 517—18. Sept./Okt. 1960. Mortsel, Gevaert Photo-Produkten N.V.) (Engl.)

4.5-Disubstituierte Oxazolthione-(2) werden in guten Ausbeuten bei der Rk. von Benzoinen oder Acyloinen mit HSCN oder deren Salzen in saurem Medium erhalten. Verss. wurden mit Acetoin, Butyroin, Benzoin, p-Dimethylaminobenzoin, p-Methoxybenzoin u. 2-Hydroxycyclohexanon durchgeführt.

Versuche: *4.5-Diphenyloxazolthion-(2)*, $C_{15}H_{11}NOS$, F. 260° (Äthylenglykolmonomethyläther), durch Zugabe von konz. HCl zu KSCN in A., Absaugen von KCl, 24std. Kochen mit Benzoin, Kühlen, Filtrieren, Lösen in n-NaOH, Filtrieren u. Ansäuern mit Essigsäure; 86%. W. Hampel. 3132□

Synthese von Thiazolidonderivaten, die biologisches Interesse besitzen. 13. Mitt. **Umwandlung von Rhodaninen in Thiazolidindione-(2.4).** Je. W. Wladsimirskaja. (Журнал Общей Химии [J. allg. Chem.] **29** (**91**). 2795—98. Aug. 1959. Lwow, Med. Inst.) (Russ.) — 12. vgl. Ganitkewitsch u. Turkewitsch, Журнал Общей Химии [J. allg. Chem.] **29** (**91**). [1959.] 2092; 11. vgl. C. **1960.** 11990.

Es werden *Derivv.* des *Thiazolidindions-(2.4)* aus Rhodanin-Derivv. durch Kochen mit Chloressigsäure (**I**) nach Ssytnik u. Mitarbeitern (C. **1952.** 4300) oder durch Erhitzen mit Dimethylsulfat (**II**) u. Hydrolyse durch Kochen mit verd. A. dargestellt. Rk. mit **I** ist nur anwendbar, wenn das Ausgangs-Prod. in der wss. Lsg. von **I** lösl. ist. Bei Rk. mit **II** entstehen aus N-unsubstituierten Rhodaninen die entsprechenden *3-Methylthiazolidindion-(2.4)-derivate.*

Versuche: Thiazolidindione-(2.4): *3-Phenyl-*, F. 137°, durch 20std. Kochen von 4 g 3-Phenylrhodanin mit 300 ml 27% ig. Lsg. von **I**; 2,4 g (Ausbeute). — *3-Phenyl-5-benzyliden-*, F. 208—209°, durch Erhitzen von 3 g 3-Phenyl-5-benzylidenrhodanin mit 3,8 ml **II** auf 120—140°, Stehen über Nacht bei Zimmer-Temp., Extraktion mit Ae. u. 30 Min. langes Kochen des Rückstandes mit 50 ml verd. A. (1:1); Kristalle; 2,6 g. — *3-Methyl-5-benzyliden-*, a) F. 130°, analog vorst. Verb. aus 5-Benzylidenrhodanin u. **II**;

60,6%; b) F. 132—134°, analog aus 3-Methyl-5-benzylidenrhodanin u. II u. anschließende Hydrolyse des Zwischenprod.; 90%. — *3-[p-Äthoxyphenyl]-*, F. 152° (A.), aus 3-[p-Äthoxyphenyl]-rhodanin u. II; 54,1%. — *3-[p-Äthoxyphenyl]-5-benzyliden-*, F. 192° (Eisessig), aus 3-[p-Äthoxyphenyl]-5-benzylidenrhodanin u. II; 63,8%. M. WINDT. 3142□

Synthese von Thiazolidonderivaten, die biologisches Interesse besitzen. 14. Mitt. **Thiazolidonderivate mit kondensiertem Imidazolring und ihre Hydrolyse.** N. M. Turkewitsch und O. F. Lymar. (Журнал Общей Химии [J. allg. Chem.] **31** (**93**). 1635 bis 1640. Mai 1961.) (Russ.) — 13. vgl. vorst. Referat.

Die gemeinsame Kondens. von aromat. Aldehyden, 2-Mercaptoimidazolin (**II**) u. Chloressigsäure (**I**) in sd. Eisessig führt in guter Ausbeute zu *5-Arylidenimidazolino-[2'.3':2.3]-thiazolidinonen-(4)* (**IV**), bei deren saurer Hydrolyse *5-Aryliden-3-[β-aminoäthyl]-thiazolidindione-(2.4)* anfallen. Aromat. Aldehyde, **I** u. 2-Mercaptobenzimidazol (**III**) kondensieren analog unter Bldg. von *5-Arylidenbenzimidazolo-[2'.3':2.3]-thiazolidinonen-(4)* (**V**), die zu *5-Aryliden-3-[o-aminophenyl]-thiazolidindionen-(2.4)* hydrolysiert werden. Die Spektren der neuen Verbb. werden ausführlich diskutiert.

Versuche: Imidazolino-[2'.3':2.3]-thiazolidinone-(4) (**IV**), durch 3std. Kochen von **II** mit **I**, dem Aldehyd u. Na-Acetat in Eisessig: *5-Benzyliden-*, $C_{12}H_{10}N_2OS$, F. 280° (W.); 96,5% (Ausbeute). — *5-[p-Methoxybenzyliden]-*, $C_{13}H_{12}N_2O_2S$, F. 258° (A.); 57,6%. — *5-Cinnamyliden-*, $C_{14}H_{12}N_2OS$, F. 172° (A.); 29,2%. — *5-[p-Nitrobenzyliden]-*, $C_{12}H_9N_3O_3S$, F. 243° (A.); 80,6%. — *5-[o-Carboxybenzyliden]-*, $C_{13}H_{10}N_2O_3S$, F. 188° (A.); 76,5%. — Benzimidazolo-[2'.3':2.3]-thiazolidinone-(4) (**V**), analog den **IV** aus **III**: *5-Benzyliden-*, $C_{16}H_{10}N_2OS$, F. 214° (A.); 18%. — *5-[o-Hydroxybenzyliden]-*, $C_{16}H_{10}N_2O_2S$, F. 178° (A.); 34%. — *5-Cinnamyliden-*, $C_{18}H_{12}N_2OS$, F. 234° (A.); 54,7%. — *5-[p-Acetylaminobenzyliden]-*, $C_{18}H_{13}N_3O_2S$, F. 172° (A.); 26,9%. — *5-[m-Nitrobenzyliden]-*, $C_{16}H_9N_3O_3S$, F. 230° (A.); 62%. — *5-[2-Hydroxynaphthyliden-(1)]-*, $C_{20}H_{12}N_2O_2S$, F. 236° (A.); 58,1%. — *5-[p-Methoxybenzyliden]-*, $C_{17}H_{12}N_2O_2S$, F. 230° (A.); 51,9%. — *5-[p-Nitrobenzyliden]-*, $C_{16}H_9N_3O_3S$, F. 280° (A.); 37,1%. — 3-[β-Aminoäthyl]-thiazolidindion-(2.4)-hydrochloride, durch längeres Kochen der **IV** mit konz. HCl: *5-Benzyliden-*, $C_{12}H_{13}ClN_2O_2S$, F. 274°; 27%. — *5-Cinnamyliden-*, $C_{14}H_{15}ClN_2O_2S$, F. 225°; 27,8%. — *5-[p-Methoxybenzyliden]-*, $C_{13}H_{15}ClN_2O_3S$, F. 272°; 73,1%. — *5-[o-Carboxybenzyliden]-*, $C_{13}H_{13}ClN_2O_4S$, F. 85°; 40%. — 3-[o-Aminophenyl]-thiazolidindion-(2.4)-hydrochloride, analog Vorst. aus den **V**: *5-Benzyliden-*, $C_{16}H_{13}ClN_2O_2S$, F. 180°; 20,9%. — *5-Cinnamyliden-*, $C_{18}H_{15}ClN_2O_2S$, F. 204°; 75,1%. — *5-[o-Hydroxybenzyliden]-*, $C_{16}H_{13}ClN_2O_3S$, F 240°; 53,2%. — *5-[p-Nitrobenzyliden]-* $C_{16}H_{12}ClN_3O_4S$, F. 256°; 77%. H.-E. TOUSSAINT. 3142□

2-Amino-5-benzoylthiazole. L. P. Ghalsasi und K. S. Nargund. (J. Univ. Bombay [N.S.] **28.** Nr. 5. Sect. A 9—12. März 1960. Bombay, Parle Coll.) (Engl.)

Die Rk. von Acetophenon, p-Methyl- u. p-Chloracetophenon mit Ameisensäureäthylester in Ggw. von Na, Umsetzen der Na-Salze mit Br_2 u. Versetzen mit Thioharnstoff ergibt *2-Amino-5-benzoylthiazole.*

Versuche: 2-Aminothiazole: *5-Benzoyl-*, $C_{10}H_8N_2OS$, F. 175°, durch Schütteln von 60 g Acetophenon u. Ameisensäureäthylester in Ae. in Ggw. von Na bei 20°, Stehen über Nacht, Absaugen, Bromieren in CCl_4 bei 0°, Zugabe von Thioharnstoff, 8std. Kochen u. Fällen mit NH_4OH; aus A. rötliche Platten; 6 g (Ausbeute). *Hydrochlorid*, $C_{10}H_9ClN_2OS$, F. 222—224°, aus verd. HCl Nadeln. *Acetyl-Deriv.*, $C_{12}H_{10}N_2O_2S$, F 244°, aus A. gelbe Platten. *Pikrat*, F. 226°. — *5-[p-Methylbenzoyl]-*, $C_{11}H_{10}N_2OS$, F. 197°, analog vorst. Verb. aus 67 g p-Methylacetophenon; aus A. rötliche Platten; 9 g. *Hydrochlorid*, $C_{11}H_{11}ClN_2OS$, F. 253—254°, aus verd. HCl Nadeln. *Acetyl-Deriv.*, $C_{13}H_{12}N_2O_2S$, F. 239°, aus A. gelbe Nadeln. *Pikrat*, F. 235°. — *5-[p-Chlorbenzoyl]-*, $C_{10}H_7ClN_2OS$, F. 213°, analog vorst. Verb. aus 38 g p-Chloracetophenon; aus A. gelbe Platten; 8 g. *Hydrochlorid*, $C_{10}H_8Cl_2N_2OS$, F. 258°, aus verd. HCl Nadeln. *Acetyl-Deriv.*, $C_{12}H_9ClN_2O_2S$, F. 258°, aus A. Nadeln. W. HAMPEL. 3142□

Über 2-Methylbenzthiazol. G. Barnikow. (Z. Chem. **1.** 278. 1961. Berlin, Humboldt-Univ., II. Chem. Inst.) (Dt.)

2-Methylbenzthiazol wird aus 2.2'-Dinitrodiphenyldisulfid (**I**) durch Red. zu *o-Aminothiophenol* u. unmittelbaren Ringschluß mit Acetanhydrid in Bzl. dargestellt. Am besten eignet sich als Red.-Mittel $SnCl_2 \cdot 2\,H_2O$ in Eisessig.

Versuche: *2-Methylbenzthiazol*, $Kp._{50}$ 149—150°, a) durch 8—10std. Zugabe von Zn u. HCl zu **I** in Eisessig/konz. HCl, allmähliches Erhitzen zum Sieden, 5std. Kochen u. Dampf-Dest.; 75% (Ausbeute); b) durch 2std. Kochen von **I** u. $SnCl_2 \cdot 2\,H_2O$ in Eisessig, Zugabe von Acetanhydrid u. 12std. Kochen; 48%; c) analog b) durch 24std. Ringschluß; 60%. P. GOLINSKE. 3142□

Eine verbesserte Methode zur Darstellung von 4-Methyl-6-hydroxycumarin. G. S. Mewada, G. C. Amin und N. M. Shah. (Indian J. appl. Chem. **23.** 67—68. 1960. Ahmedabad, Gujarat Coll., M. R. Sci. Inst., Chem. Dep.; Visnagar, M. N. Coll., Chem. Dep.; Ahmedabad, St. Xaviers Coll., Chem. Dep.) (Engl.)

Durch 5 Min. lange Zugabe von Acetessigsäureäthylester zu Hydrochinon u. 80%ig. H_2SO_4, 6std. Rühren bei 22—28°, mehrstd. Stehen, 6std. Rühren, mehrstd. Stehen, Gießen auf Eis (nach insgesamt 50 Std.), ½ std. Stehen, Filtrieren u. Neutralisieren entsteht *4-Methyl-6-hydroxycumarin*, F. 243—244°; aus 95%ig. A. blaßgelbe Platten; 42—45% Ausbeute. P. Golinske. 3211□

Absolute Konfiguration von (+)-Dihydroquercetin. J. W. Clark-Lewis und W. Korytnyk. (Chem. and Ind. **1957.** 1418—19. 26/10. Adelaide, South Australia, Univ., Dep. of Organ. Chem.) (Engl.)

Durch Überführung von (+)-*Dihydroquercetin* (I) in seinen *Tetramethyläther* (II) [F. 166—167°, $[\alpha]_D^{16}$ —23,4° (c = 2,3; Chlf.)] u. dessen katalyt. Hydrierung an PtO_2 zu (+)-*Catechin-5.7.3'.4'-tetramethyläther* [F. 140—141°, $[\alpha]_D^{18}$ —9,8 (c = 1,6; Chlf.)] wird bewiesen, daß I der 2H·3H-*trans*-Reihe angehört u. als *(2R·3R)-5.7.3'.4'-Tetrahydroxy-4-oxoflavanol-(3)* zu formulieren ist. Die bei der Racemisierung von I mit HCl gebildete Verb. erweist sich durch Hydrierung ihres *Tetramethyläthers* (III) zu (±)-*Catechin-5.7.3'.4'-tetramethyläther* (*Acetat*, F. 135—136°) u. die Identität der IR-Spektren von III u. II als *trans*-(±)-*Dihydroquercetin*; das offenbar weniger stabile cis-Racemat wird nicht gebildet. H. Lettau. 3211□

Kakao-„Leukocyanidin". W. G. C. Forsyth und J. B. Roberts. (Chem. and Ind. **1958.** 755. 21/6. Port of Spain, Trinidad, Colonial Microbiol. Res. Inst.) (Engl.)

Das aus Kakaobohnen isolierte „*Leukocyanidin*" [I; $C_{30}H_{26}O_{13}$, F. 197—203° (Zers.), $[\alpha]_D^{25}$ +40° (c = 10; Aceton)] gibt durch 48std. Stehen mit Essigsäureanhydrid/Pyridin ein *Dekaacetyl-Deriv.* [$C_{50}H_{46}O_{23}$, F. 135° (Ae.)] u. durch Kochen mit Dimethylsulfat/K_2CO_3 in Aceton ein *Okta-O-methyl-Deriv.* [II; $C_{38}H_{42}O_{13}$, F. 132° (A.)], das kein phenol. OH mehr enthält u. durch Essigsäureanhydrid/Pyridin in 3 Std. nicht angegriffen wird. Pb-Tetraacetat oxydiert II rasch, KJO_4 nur langsam. Die Hydrolyse von I mit 0,1nHCl bei 100° (5 Min.) liefert in 50%ig. Ausbeute (—)-*Epicatechin* (III; F. 232—234°). Im Hydrolysat von II wurde papierchromatograph. *5.7.3'.4'-Tetra-O-methyl-(—)-epicatechin* (IV) nachgewiesen. Erhitzen mit stärkeren Säuren führt II in IV u. *5.7.3'4.'-Tetra-O-methylcyanidin* über. Nach dem Ergebnis der Unters. ist I aus einer III- u. einer *5.7.3'.4'-Tetrahydroxyflavandiol-(2.3)*-Einheit durch acetalartige Verknüpfung der alkohol. OH-Gruppe von III mit dem $C_{(3)}$ des Flavandiols aufgebaut. H.-E. Toussaint. 3211□

Relative Stabilität von 5.8- und 5.6-Dihydroxyflavanonen. B. Kelly, E. M. Philbin und T. S. Wheeler. (Chem. and Ind. **1958.** 262. 1/3. Dublin, Univ. Coll., Dep. of Chem.) (Engl.)

Das durch Cyclisieren von 2'-Hydroxy-3'.4'.6'-trimethoxychalkon oder 2'-Hydroxy-4'.5'.6'-trimethoxychalkon mit HBr/Eisessig oder durch Red. von 7-Methoxyflavanonchinon-(5.8) erhaltene *5.8-Dihydroxy-7-methoxyflavanon* (I; F. 248°) gibt mit Dimethylsulfat/K_2CO_3/Aceton *5.7.8-Trimethoxyflavanon* (II) u. bei kompletter Methylierung *2'.3'.-4'.6'-Tetramethoxychalkon*. Partielle Methylierung von I mit Dimethylsulfat/K_2CO_3/Aceton oder Entmethylierung von II mit $AlCl_3$/Nitrobenzol gibt im Gegensatz zu den Angaben von Dass, Narasimhachari u. Seshadri (Proc. Indian Acad. Sci., Sect. A **37.** [1953.] 520) nur nicht trennbare Gemische. Die Entmethylierung von II u. 5.6.7-Trimethoxyflavanon mit $AlCl_3$/Ae. gibt *7.8-* (III; F. 99—100°) bzw. *6.7-Dimethoxy-5-hydroxyflavanon* (F. 146—147°); letzteres wird auch durch Isomerisieren von III mit Alkali gebildet. Die Verss. bestätigen die Angaben von Chopin (C. **1957.** 8499. 8521. 13648; C. **1959.** 803) über die Konstit. u. relative Beständigkeit der Verbb. I—III. F. Heller. 3211□

Flavonole in Spinatblättern. Alexis Zane und S. H. Wender. (J. org. Chemistry **26.** 4718—19. Nov. 1961. Norman, Okla., Univ. of Oklahoma, Chem. Dep.) (Engl.)

Aus den Blättern des Spinats (*Spinacia oleracea*) wurden zwei Flavonole isoliert u. identfiziert. Neben *Patuletin* (*Quercetagetin-6-methyläther*) wurde das in der Natur bisher noch nicht aufgefundene *Spinacetin* (II, *Quercetagetin-3'.6-dimethyläther*) gewonnen.

Versuche: *Patuletin* (*3.3'.4'.5.7-Pentahydroxy-6-methoxyflavon*), $C_{16}H_{12}O_8$, F. 261 bis 263°, durch Extraktion von 25 kg gefrorenem, frischen Spinat bei 115° unter Druck (45 Min.), Filtrieren, Adsorption an feuchtem Magnesol unter Druck, Waschen mit W., Elution einer gelben Zone mit 70%ig. wss. A., Einengen im Vakuum u. Gefriertrocknung, Extraktion des Rückstandes mit heißem Methanol, Adsorption an Magnesol, Entwickeln mit wassergesätt. Essigester unter 5 lb. Druck, Eindampfen im Vakuum, Kristallisation aus Aceton/W., Chromatographie des gelben Prod. (0,205 g) in Bzl./Aceton an Kieselgel unter 5 lb. (neben dem Eluat *nachst. Verb.*) u. Chromatographie an

Kieselgel in Bzl./Aceton (84:16); aus A./W. gelbe Nadeln; 0,059 g (Ausbeute); gibt durch 6std. Rk. mit Dimethylsulfat/K_2CO_3 in abs. Aceton *Quercetagetinhexamethyläther* (I), F. 143—144°; Nadeln. — *Spinacetin* (II, *3.4'.5.7-Tetrahydroxy-3'.6-dimethoxyflavon*), $C_{17}H_{14}O_8$, F. 235—236°, neben vorst. Verb.; aus Bzl./Methanol gelbe Nadeln; 75 mg; ergibt durch Methylierung wie vorst. Verb. I; Entmethylierung mit HJ (D. 1,7)/Acetanhydrid ergibt *Quercetagetin*; durch Abbau von II mit KOH nach Yang u. Mitarbeiter (C. **1961.** 10547) entsteht *Vanillinsäure*. H.-J. Weigmann. 3211 □

Die Synthese von Flavonen aus Nitrohydroxyacetophenonen. C. B. Thanawalla, S. Seshadri und P. L. Trivedi. (J. Univ. Bombay [N.S.] **28.** Nr. 5. Sect. A 23—28. März 1960. Bombay, Inst. of Sci., Organ. Chem. Labor.) (Engl.)

Die Benzoylierung von Hydroxynitroacetophenonen nach Konstanecki-Robinson wird durchgeführt u. die erhaltenen substituierten *Flavone* beschrieben.

Versuche: Flavone: *8-Nitro-6-methyl-3-benzoyl-* (I), F. 195—196°, durch 8 bis 9std. Erhitzen von 4 g 2-Hydroxy-3-nitro-5-methylacetophenon, Na-Benzoat u. Benzoesäureanhydrid auf 170—180° u. Kochen mit 10%ig. HCl; aus Essigsäure Blättchen; 3,8 g (Ausbeute). — *6-Methyl-8-nitro-* (III), F. 210° (Essigsäure), a) neben I durch Einengen der Mutterlaugen; Nadeln; 0,8 g; b) durch 1std. Kochen von 0,5 g I mit 10%ig. alkohol. KOH, Einengen, Verdünnen mit W., Absaugen, Stehen über Nacht mit 80%ig. H_2SO_4 u. Gießen in W.; 0,04 g. — *6-Nitro-8-methyl-3-benzoyl-* (II), $C_{23}H_{15}NO_5$, F. 178—180°, analog I aus 4 g 2-Hydroxy-3-methyl-5-nitroacetophenon; aus Essigsäure Nadeln; 5 g; daneben *6-Nitro-8-methyl-*, F. 234—235°, a) aus den Mutterlaugen von II; Nadeln; 0,15 g; b) aus II analog III nach b). — *3-Benzoyl-6-nitro-* (IV), F. 193—194°, analog I aus 5 g 2-Hydroxy-5-nitroacetophenon; aus Essigsäure Nadeln; 4,3 g; daneben *6-Nitro-*, F. 189—190°, a) aus den IV-Mutterlaugen; b) aus IV analog III nach b). — *7-Benzoyloxy-8-nitro-3-benzoyl-* (VI), $C_{29}H_{17}NO_7$, F. 205°, durch 6std. Erhitzen von 6 g 3-Nitroresacetophenon, Na-Benzoat u. Benzoesäureanhydrid auf 160° u. Kochen mit 10%ig. HCl; aus Essigsäure hellbraune Nadeln; 0,3 g; daneben *7-Hydroxy-8-nitro-3-benzoyl-* (V), $C_{22}H_{13}NO_6$, F. 302° (Essigsäure), a) durch Eindampfen der Mutterlaugen von VI; b) durch 24std. Stehen von VI mit 80%ig. H_2SO_4 bei 20°. — *7-Hydroxy-8-nitro-*, F. 228°, aus V analog III nach b). W. Hampel. 3211 □

Organoquecksilberverbindungen als Antiseptica. 3. Mitt. **Bromderivate unsymmetrischer Fluoresceine.** H. L. Rohatgi und Uma Shatma. (Indian J. appl. Chem. **22.** 128—31. 1959. Kanpur, D. A. V. Coll., Chem. Labor.) (Engl.) — 2. vgl. C. **1961.** 11329.

Eine Reihe gemischter Fluoresceine wird dargestellt u. in Brom-Derivv. übergeführt. Letztere liefern durch Mercurierung Prodd., die gegenüber *Staphylococcus aureus* u. *B. coli* antibakterielle Aktivität zeigen.

Versuche: Fluorane, nach Ghatak u. Dutta [1929]: *6-Hydroxy-*, $C_{20}H_{12}O_4$, F. 286°; gelb. — *4-Methyl-6-hydroxy-*, $C_{21}H_{14}O_4$, F. 115°; gelb. — *3-Methyl-6-hydroxy-*, $C_{21}H_{14}O_4$, F. 143°; grün. — *2-Methyl-6-hydroxy-*, $C_{21}H_{14}O_4$, F. 152°; gelb. — *2.6-Dihydroxy-*, $C_{20}H_{12}O_5$, F. 177°; gelb. — *1.3.6-Trihydroxy-*, $C_{20}H_{12}O_6$, F. 175°; rot. — *2-Chlor-6-hydroxy-*, $C_{20}H_{11}ClO_4$, F. 190°; braun. — *6-Hydroxy-4.5.7-tribrom-*, $C_{20}H_9Br_3O_4$, F. 205°, durch Bromieren des entsprechenden Hydroxyfluorans; rot. — *4-Methyl-6-hydroxy-3.5.7-tribrom-*, $C_{21}H_{11}Br_3O_4$, F. 244°; hellrot. — *3-Methyl-6-hydroxy-4.5.7-tribrom-*, $C_{21}H_{11}Br_3O_4$, F. 253°; hellrot. — *2-Methyl-6-hydroxy-3.5.7-tribrom-*, $C_{21}H_{11}Br_3O_4$, F. 248°; rot. — *2.6-Dihydroxy-3.5-dibrom-*, $C_{20}H_{10}Br_2O_5$, F. 180°; orangerot. — *1.3.6-Trihydroxy-4.5-dibrom-*, $C_{20}H_{10}Br_2O_6$, F. 218°; hellrot. — *2-Chlor-6-hydroxy-5.7-dibrom-*, $C_{20}H_9Br_2ClO_4$, F. 200°; braun. — *6-Hydroxy-4.5.7-tribrom-3.8-diacetoxymercuri-*, $C_{20}H_7 \cdot Br_3O_4(HgOCOCH_3)_2$, durch Mercurierung des Brom-Deriv. nach White [1920]; rot. — *4-Methyl-6-hydroxy-3.5.7-tribrom-2.8-diacetoxymercuri-*, $C_{21}H_9Br_3O_4(HgOCOCH_3)_2$; rot. — *3-Methyl-6-hydroxy-4.5.7-tribrom-2.8-diacetoxymercuri-*, $C_{21}H_9Br_3O_4(HgOCOCH_3)_2$; tiefrot. — *2-Methyl-6-hydroxy-3.5.7-tribrom-1.8-diacetoxymercuri-*, $C_{21}H_9Br_3O_4(Hg \cdot OCOCH_3)_2$; tiefrot. — *2.6-Dihydroxy-3.5-dibrom-1.4.7-triacetoxymercuri-*, $C_{20}H_7Br_2O_5 \cdot (HgOCOCH_3)_3$; rot. — *1.3.6-Trihydroxy-4.5-dibrom-2.7-dihydroxymercuri-8-acetoxymercuri-*, $C_{20}H_7Br_2O_6(HgOCOCH_3)(HgOH)_2$; braun. — *2-Chlor-6-hydroxy-5.7-dibrom-1.3.8-triacetoxymercuri-*, $C_{20}H_6Br_2ClO_4(HgOCOCH_3)_3$; rot. P. Golinske. 3211 □

Über die Oxydation von Pyridinthiol-(4). J. Angulo und A. M. Municio. (An. Real Soc. españ. Física Quím., Ser. B **54.** 383—86. Mai 1958. Patronato „Juan de la Cierva", Inst. de Quím.) (Span.)

Bei der Oxydation von Pyridinthiol-(4) (I) mit HNO_3 nach Königs u. Kinne [1921] wird nicht nur *Pyridin-4-sulfonsäure* (II), sondern auch *Bis-[pyridyl-(4)]-disulfid* (III) gebildet. III entsteht auch durch Oxydation von I mit HNO_3 u. Cl_2 sowie im alkal. Medium mit H_2O_2, NaOCl u. J_2 bei 0°, während II durch Oxydation mit HNO_3/Cl_2 bei 70—80° entsteht.

Versuche: *Bis-[pyridyl-(4)]-disulfid* (III), $C_{10}H_8N_2S_2$, F. 73—74° (Ae.), aus I in Ae. durch ½std. Einleiten von Cl_2 bei 0°; b) aus 0,5 g I in HNO_3 (D. 1,2) durch 2std. Einleiten von Cl_2 bei 0°; 0,15 g (Ausbeute); c) aus 0,55 g I in NH_4OH durch Oxydation mit H_2O_2 bei 0°; 0,2 g; d) aus I in n-NaOH u. NH_4OH durch Oxydation mit NaOCl bei 0°. *Dinitrat*, $C_{10}H_{10}N_4O_6S_2$, F. 127—128°. *Dipikrat*, F. 228—229°. — *Pyridin-4-sulfonsäure* (II), $C_5H_5NO_3S$, F. 330°, aus I in HCl u. HNO_3 durch 2std. Einleiten von Cl_2 bei 0° u. anschließendes Erwärmen auf 70—80°; 80%. *NH_4-Salz*, F. 257—258°. W. CLAUSZ. 3231 □

Über β-[4-n-Butylpiperidino]-p-alkoxypropiophenonhydrochloride und β-[4-n-Butylpiperidino]-o-alkoxypropiophenonhydrochloride. Elmar Profft und Dieter Zschummel. (Wiss. Z. Techn. Hochschule Chem. Leuna-Merseburg **3.** 23—28. 1960/61. Leuna-Merseburg, TH für Chem., Inst. für organ. Chem.) (Dt.)

Es wurden zwei homologe Reihen noch nicht bekannter Verbb. vom Typ der Falicaine dargestellt. Während die β-[4-Butylpiperidino]-p-alkoxypropiophenonhydrochloride mit Größerwerden der Alkoxygruppe eine schnelle Abnahme der Wasserlöslichkeit aufweisen, sind bei den Ketobasenhydrochloriden aus o-Alkoxyacetophenonen auch die Butoxy- u. die Isoamyloxy-Verbb. noch merklich wasserlöslich. In ihrem chem. Verh. unterscheiden sich die Verbb. beider Reihen nicht von den schon bekannten Verbb. vom Falicaintyp. Das Ergebnis der Prüfung der neu dargestellten Verbb. auf ihre oberflächenanästhet. Eigg. im Zungentest am Menschen ist überraschend. Durch Einführung der Butylgruppe in die 4-Stellung des Piperidinringes werden auch die MANNICH-Basenhydrochloride aus o-Alkoxyacetophenonen zu sehr starken Anästhetica u. übertreffen teilweise sogar die isomeren Verbb. der p-Reihe. Damit ist ein weiterer Beitrag, betreffend die komplizierten Zusammenhänge zwischen Wrkg. u. Konstit. organ. Verbb., geleistet worden.

Versuche: *4-Butylpiperidin*, Kp. 192°, durch Rk. von abs. Pyridin mit Buttersäureanhydrid u. Zn u. Hydrieren des entstandenen *4-n-Butylpyridins* an RANEY-Ni bei 190°/132 at; 93,3% (Ausbeute). — β-[4-Butylpiperidino]-propiophenonhydrochloride: *Unsubstituiert*, $C_{18}H_{28}ClNO$, F. 170—171°, durch Lösen von Acetophenon u. vorst. Verb. in A., Zugabe von Paraformaldehyd, Ansäuern mit konz. HCl (pH 2), 6std. Erhitzen auf 100°, Einengen im Vakuum, Aufnehmen in W. u. Ae. u. Kühlen der Ae.-Lsg. sowie durch Alkalisieren der wss. Phase mit NaOH, Ausäthern, Dest. u. Fällen mit äther. HCl; aus Chlf./Ae. Nadeln; 57%. *Freie Base*, F. 10—12°. *Oxim*, F. 152—153°; Nadeln. *2.4-Dinitrophenylhydrazon*, F. 187—188°; orangerote Kristalle. — *p-Methoxy-*, F. 175—176°, analog vorst. Verb. (4std. Rk.); Nadeln; 35%. *Oxim*, F. 146°; Nadeln. *2.4-Dinitrophenylhydrazon*, F. 187°; orangerote Kristalle. — *p-Äthoxy-*, F. 177°, 4std. Rk.; Nadeln; 38,5%. *Oxim*, F. 160°. *2.4-Dinitrophenylhydrazon*, F. 183°; orangerote Kristalle. — *p-Propoxy-*, F. 178,5—179°, 4std. Rk.; Nadeln; 55,3%. *Oxim*, F. 162—163°; Nadeln. *2.4-Dinitrophenylhydrazon*, F. 173—174°; orangerotes Kristallpulver. — *p-Isopropoxy-*, F. 180—180,5°, 4std. Rk.; Nadeln; 57,6%. *p-Nitrophenylhydrazon*, F. 168°; orangefarbene Blättchen. *2.4-Dinitrophenylhydrazon*, F. 189 bis 190°; orangerote Kristalle. — *p-Butoxy-*, F. 178—179°, 4std. Rk.; Blättchen oder Nadeln; 49,3%. *Oxim*, F. 170°; Säulen. *2.4-Dinitrophenylhydrazon*, F. 186—187°; orangerote Kristalle. *p-Nitrophenylhydrazon*, F. 180°; orangerote Schuppen. — *p-Isobutoxy-*, F. 182—183°, 4std. Rk.; Blättchen; 55,5%. *Oxim*, F. 171°. *2.4-Dinitrophenylhydrazon*, F. 189—190°; orangerotes Kristallpulver. — *p-Pentoxy-*, F. 181—182°, 4std. Rk.; Blättchen oder Nadeln; 41,6%. *Oxim*, F. 170—171°; Nadeln. *2.4-Dinitrophenylhydrazon*, F. 185—186°; orangerote Kristalle. — *p-Isopentoxy-*, F. 181—182°, 4std. Rk.; Blättchen oder Nadeln; 42,8%. *Oxim*, F. 151°; Nadeln. *2.4-Dinitrophenylhydrazon*, F. 187°; orangerotes Kristallpulver. — *p-Hexoxy-*, F. 176°, 4std. Rk.; Blättchen; 47,4%. *Oxim*, F. 170°. *2.4-Dinitrophenylhydrazon*, F. 176—178°; orangerote Kristalle. — *o-Butoxyacetophenon*, $Kp._{18}$ 167°, durch 6std. Erwärmen von o-Hydroxyacetophenon mit Butylbromid in A. in Ggw. von KOH; 49,6%. — *o-Isopentoxyacetophenon*, $Kp._{16}$ 163°, analog vorst. Verb.; 46,2%. — β-[4-Butylpiperidino]-propiophenonhydrochloride: *o-Äthoxy-*, F. 74—75°, analog den entsprechenden p-Verbb. durch 5std. Rk.; Nadeln; 35%. *2.4-Dinitrophenylhydrazon*, F. 92°; orangegelbe Kristalle. — *o-Propoxy-*, F. 94—95°, 5½std. Rk.; Nadeln; 48,7%. *2.4-Dinitrophenylhydrazon*, F. 75°; orangerote Kristalle. *p-Nitrophenylhydrazon*, F. 177°; orangerote Kristalle. — *o-Butoxy-*, F. 123—124°, 5std. Rk.; Nadeln; 32,4%. *2.4-Dinitrophenylhydrazon*, F. 68°; orangerotes Kristallpulver. *p-Nitrophenylhydrazon*, F. 178°; hellgelbe Kristalle. — *o-Isopentoxy-*, F. 127—128°, 5std. Rk.; Nadeln; 41,6%. *2.4-Dinitrophenylhydrazon*, F. 63°; gelbes Kristallpulver. P. GOLINSKE. 3231 □

Die Bromierung von Chinolin in 5- und 8-Stellung in konzentrierter Schwefelsäure. P. B. D. de la Mare, M. Kiamud-din und J. H. Ridd. (Chem. and Ind. **1958.** 361. 22/3. London, Univ. Coll., Chem. Dep.) (Engl.)

Vorläufige Mitt. zu der C. **1961.** 10934 referierten Arbeit. H.-E. TOUSSAINT. 3231 □

Einfluß der Stickstoffunktion von 4-Ketodekahydrochinolin auf die relative Beständigkeit der cis- und trans-Isomeren. E. A. Misstrjukow und W. F. Kutscherow. (Известия Академии Наук СССР, Отделение Химических Наук [Nachr. Akad. Wiss. UdSSR, Abt. chem. Wiss.] **1961.** 1343—44. Juli. Zelinsky Inst. für organ. Chem. der Akad. der Wiss. der UdSSR.) (Russ.)

An Hand der Benzoylierung von Dekahydrochinolon-(4) (I) zum *N-Benzoyl-Deriv.* u. der Hydrierung von I zu *Dekahydrochinolinol-(4)* u. *Dekahydrochinolin* bzw. ihrer N-Benzoyl-Derivv. sowie an Hand der IR-Spektren der Verbb. wird gezeigt, daß die stabilsten Stereoisomeren von I oder I-Hydrochlorid u. I-Benzoyl-Deriv. bzgl. der stereochem. Verknüpfung der Ringe zu verschiedenen Reihen gehören (vgl. dagegen Hückel [1927]). Helmut Schäfer. 3231 □

Die reversible Schotten-Baumann-Reaktion und Stereochemie von Dekahydrochinolin und seinen Derivaten. E. A. Misstrjukow und W. F. Kutscherow. (Известия Академии Наук СССР, Отделение Химических Наук [Nachr. Akad. Wiss. UdSSR, Abt. chem. Wiss.] **1961.** 1345—46. Juli. Zelinsky Inst. für organ. Chem. der Akad. der Wiss. der UdSSR.) (Russ.)

Die Spaltung des N-Benzoyl-Deriv. von Dekahydrochinolin (I) in I-Hydrochlorid u. Benzoylchlorid gelingt mit gasförmigem HCl in Dioxan. Die Rk. ist stereospezif., u. nur das Benzoyl-Deriv. von cis-I wird zu *cis-I-Hydrochlorid* gespalten, während das Benzoyl-Deriv. von trans-I prakt. unverändert bleibt. Analog lassen sich die beiden stereoisomeren N-Benzoyl-Derivv. von cis-Dekahydrochinolinol-(4) (II) (F. 104 u. 140°) in die beiden isomeren *cis-II-Hydrochloride* (F. 275 u. 230°) spalten. Nach dieser Meth. kann durch selektive Spaltung des O.N-Dibenzoyl-Deriv. von cis-II das *O-Benzoyl-Deriv.* von II als *Hydrochlorid* (F. 278°) erhalten werden. Helmut Schäfer. 3231 □

Piperidylchinolizidine, Derivate des Sparteins. Henry Bader. (J. org. Chemistry **26.** 4974—81. 27/12. 1961. Bound Brook, N.J., American Cyanamid Co.) (Engl.)

Durch hydrolyt. Spaltung von *l*-Ketospartein (I) werden *1α-* (III) u. *1β-Carbäthoxy-3α-[pi-peridyl-(2)]-chinolizidin* (II) erhalten, die für verschiedene, in 1-Stellung substituierte *3α-[Piperidyl-(2)]-chinolizidine* Ausgangs-Prodd. sind. Mehrere Meth. zur Synth. von in 1-Stellung unsubstituierten *3α-[N-Methylpiperidyl-(2)]-chinolizidinen* werden beschrieben; mit einigen wurde ein Curtiusscher Abbau erfolgreich vorgenommen. IR-Banden vgl. Original.

Versuche: *l-Ketospartein* (I), F. 87,5—88° (Pentan), Kp.$_{0,1}$ 142° (Rohprod.), durch Abwandlung der Meth. von Schöpf [1928] aus 100 g *l*-Sparteinsulfatpentahydrat, NaOH u. $K_3[Fe(CN)_6]$ in auf 90° vorgeheiztem W. durch 3std. Stehen bei 58°, Ae.-Extraktion u. fraktionierte Dest.; erstarrendes Öl; 59,9% (Ausbeute); daneben *Spartein*, Kp.$_{0,1}$ 116—130°; n_D^{20} 1,5313; 9,1%. — 3α-[Piperidyl-(2)]-chinolizidine: *1β-Carbäthoxy-* (II), $C_{17}H_{30}N_2O_2$, Kp.$_{0,2}$ 127°, durch 24std. Rk. von 15 g I u. konz. HCl bei 180° in Carius-Röhren, mehrmalige Extraktion u. säulenchromatograph. Trennung mit Pentan u. Ae. (3%); n_D^{20} 1,5045; $[\alpha]_D^{20}$ +16,0° (c = 1,0; A.); 45,3%; daneben 36,6% I. *Dihydrochlorid*, $C_{17}H_{32}Cl_2N_2O_2$, F. 259° (Aceton); $[\alpha]_D^{20}$ +10° (c = 0,33; A.). — *1α-Carbäthoxy-* (III), $C_{17}H_{30}N_2O_2$, wie II; $[\alpha]_D^{20}$ +7,7° (c = 0,26; A.). — *1α-Hydroxymethyl-*, $C_{15}H_{28}N_2O$, F. 105—105,5° (hexagonale Prismen aus Aceton/Pentan; Rosetten u. Nadeln aus Aceton), Kp.$_{0,003}$ 143° (Bad-Temp.), durch 8std. Kochen von 2,45 g III in äther. Lsg. von $LiAlH_4$ u. säulenchromatograph. Trennung mit Pentan u. Ae. (20%); $[\alpha]_D^{24}$ 0° (c = 2,5; A.); 79,4%; daneben etwas Spartein u. I. *Dihydrochlorid*, $C_{15}H_{30}Cl_2N_2O$, F. 247—248° (Isopropylalkohol/Bzl.); $[\alpha]_D^{24}$ +1,9° (c = 1,0; A.). *Dipikrat*, $C_{27}H_{34}N_8O_{15}$, F. 112—113° (gelb, Isopropylalkohol). — *1β-Hydroxymethyl-*, $C_{15}H_{28}N_2O$, F. 32° (Pentan bei —70°), Kp.$_{0,001}$ 140° (Bad-Temp.), wie vorst. aus 2,0 g II durch Dest.; $[\alpha]_D^{24}$ +19,5° (c = 1,5; A.); 1,35 g. *Dihydrochlorid*, $C_{15}H_{30}Cl_2N_2O$, F. 275—277° (Isopropylalkohol). *Dipikrat*, $C_{27}H_{34}N_8O_{15}$, F. 96—98° (hellgelb, Isopropylalkohol), durch Rk. in Aceton. — *1β-Brommethyl-*, *Sesquihydrobromid*, $C_{15}H_{27}BrN_2 \cdot 1\frac{1}{2}$ HBr, F. 293—295° (Isopropylalkohol/Aceton), durch 2std. Kochen vorst. Verb. in 48%ig. wss. HBr; 100%. — *1β-Methyl-*, $C_{15}H_{28}N_2$, Kp.$_{0,1}$ 79°, durch 5std. Kochen vorst. Verb. in A. u. Eisessig mit Zn-Staub, Ae.-Extraktion u. fraktionierte Dest.; n_D^{20} 1,5100; $[\alpha]_D^{26}$ +17,2° (c = 1,0; A.); 85,3%. *Dihydrochlorid*, $C_{15}H_{30}Cl_2N_2$, F. 310° (Verkohlung; Isopropylalkohol/Bzl.) u. F. 267° (nach erstem Erweichen u. Wiedererstarren), durch Rk. in äther. HCl; $[\alpha]_D^{27,5}$ +11,6° (c = 1,0; A.). — 3α-[N-Methylpiperidyl-(2)]-chinolizidine: *1β-Carbäthoxy-* (IV), $C_{18}H_{32}N_2O_2$, Kp.$_{0,4}$ 152°, a) durch 12std. Kochen von II, 98%ig. HCOOH u. 37%ig. Formalin, Extraktion u. Dest.; n_D^{20} 1,5035; $[\alpha]_D^{23}$ —5,0° (c = 4,0; A.); 66,4%; b) aus I analog II, Verarbeitung des rohen Gemisches wie vorst., Chromatographie analog II u. Eluieren mit Pentan, das 1—1,5% Ae. enthält; 17,1%; daneben

1α-Carbäthoxy- (**V**), $C_{18}H_{32}N_2O_2$, Kp.$_{0,2}$ 135°; n_D^{25} 1,5070; $[\alpha]_D^{22}$ −5,02° (c = 3,0; A.). — *1β-Aminocarbonyl-*, $C_{16}H_{29}N_3O$, F. 71—74°, Kp.$_{0,001}$ 250°, durch 5std. Kochen von **IV** mit NaOH, Methanol u. W., Trocknen, Rk. mit $SOCl_2$, Kochen, Digerieren mit Ae., 3tägiges Stehen des entstandenen *Chlorids* mit konz. NH_4OH, mehrmaliges Extrahieren mit CH_2Cl_2 u. Fällen als *Hydrochlorid* (F. 278°; nach Erweichen 265°; Isopropylalkohol/Ae.) u. Umsetzung zur Base; 24,4%. *Dihydrochlorid, Monohydrat*, $C_{16}H_{31}Cl_2N_3O \cdot H_2O$, F. 288—290° (Isopropylalkohol/Ae.), durch Zugabe von äther. HCl zur benzol. Lösung. — *1β-Diäthylaminocarbonyl-, Dihydrochlorid*, $C_{20}H_{39}Cl_2N_3O$, F. 277—278° (Isopropylalkohol/Aceton/Ae., 21 : 3 : 8), durch Suspendieren vorst. Säurechlorids in Bzl., 20std. Stehen mit Diäthylamin, Extraktion, wegen Zersetzlichkeit säulenchromatograph. Trennung u. Eluierung mit 10—20%ig. äther. Pentan-Lsg.; 28,1%. — *1β-[β-(Diäthylamino)-äthoxycarbonyl]-*, $C_{22}H_{41}N_3O_2$, Kp.$_{0,001}$ 145°, durch 3std. Kochen vorvorst. Säurechlorids u. Diäthylaminoäthanol, Extraktion mit CH_2Cl_2 u. Pentan u. fraktionierte Dest.; n_D^{21} 1,5023; 37,7%. *Trihydrochlorid, Hemihydrat*, $C_{22}H_{44}Cl_3N_3O_2 \cdot 1/2\ H_2O$, F. 170°, Gas-Entw. bei 135°, erstes Schmelzen bei 55° (extrem hygroskop.), durch Rk. in Isopropylalkohol u. Äther. — *1β-Diphenylhydroxymethyl-*, $C_{28}H_{38}N_2O$, F. 186,5° (Pentan), durch 2½std. Kochen von **IV** mit Phenyl-MgBr in Ae.; 62,5%. — *1β-Hydroxymethyl-*, $C_{16}H_{30}N_2O$, F. 7,5—8,0° (Pentan bei −70°), Kp.$_{0,2}$ 147° (viscoses Öl), durch 1std. Kochen nach 20std. Stehen von **II** mit Chloral in Chlf., 8std. Rk. mit $LiAlH_4$ in Ae. u. Dest.; n_D^{25} 1,5229; $[\alpha]_D^{25}$ −7,9° (c = 12,5; A.); 91,9%. *p-Toluolsulfonsäure-Deriv.*, spröde; 95,9%. — *1-Methylen-*, $C_{16}H_{28}N_2$, Kp.$_{0,25}$ 75° (Öl, klar), durch Zusammengeben vorst. p-Toluolsulfonsäure-Deriv. mit NaJ in tert.-Butylalkohol, 1½std. Kochen unter N_2 mit NaOH u. tert.-Butylalkohol, mehrmaliges Extrahieren u. Trennung von nachst. Verb.; n_D^{23} 1,5184; $[\alpha]_D^{23}$ −44,6° (c = 4,0; A.); 70,4%. *Quatern. Salz*, $(C_{16}H_{29}JN_2)_n$, F. 214—215° (Aceton/Ae.). — *1-Hydroxy-1-hydroxymethyl-* (**VI**), $C_{16}H_{30}N_2O_2$, F. 48° (amorph), Kp.$_{0,001}$ 121° (Öl; sehr viscos), durch 17std. Stehen vorst. Verb. in Pyridin u. Ae. bei 0° mit OsO_4, Rk. mit Mannit u. NaOH u. Dest.; $[\alpha]_D^{24}$ −21,7° (c = 2,5; A.); 68,5%. — *1β-Amino-*, $C_{15}H_{29}N_3$, Kp.$_{0,2}$ 103° (Öl), durch 72std. Kochen von **IV** mit Hydrazin zum *Hydrazid*, weitere Rk. mit $NaNO_2$ u. Umwandeln in das *Benzylurethan*, Hydrolyse, Chromatographie u. Dest.; n_D^{23} 1,5198; $[\alpha]_D^{22}$ −12,0° (c = 1,5; A.); 9,0%. — *1α-Amino-*, $C_{15}H_{29}N_3$, Kp.$_{0,6}$ 153° (Bad-Temp.; viscoses Öl), analog vorst. Verb. aus **V** über das *Benzylurethan*, Schütteln bei Normaldruck in H_2-Atmosphäre mit Pd/$BaSO_4$, mehrmaliges Extrahieren, Chromatographie u. Dest.; $n_D^{25,5}$ 1,5203; $[\alpha]_D^{23}$ −42,1° (c = 1,2; A.); 13,0%. — *1β-Hydroxy-*, $C_{15}H_{28}N_2O$, Kp.$_{0,002}$ 90—100° (Bad; goldgelb, viscoses Öl), durch Rk. vorvorst. Verb. mit $NaNO_2$ bei 0°, nach ¼std. Stehen bei Raum-Temp. 2std. Erhitzen auf 90°, Extraktion u. Dest.; $n_D^{22,5}$ 1,5185; 86,6%. — *Δ¹-Dehydro-*, $C_{15}H_{26}N_2$, Kp.$_{0,15}$ 137—140° (Bad; hellgelbes Öl), durch 1std. Kochen vorst. Verb., Extraktion u. Dest.; 50%. — *Unsubstituiert*, $C_{15}H_{28}N_2$, Kp.$_{0,15}$ 113° (Bad; viscoses Öl), durch Siebenstufen-Verf., wie in den vorst. Darst.-Meth. beschrieben, jedoch ohne Isolierung der Zwischenprodd., ausgehend von 15,6 g **I** über die *1α-* u. *1β-Amino-*Verb. zu der *vorvorst.* u. zu der *vorst. Verb.*, 2std. Umsatz mit H_2 an PtO_2, Extraktion, Trennung an einer Säule u. Dest.; n_D^{22} 1,5095; $[\alpha]_D^{24}$ −37,2° (c = 0,8; A.); 1,75 mg; daneben 340 mg vorvorst. Verbindung. *Dipikrat*, $C_{27}H_{34}N_8O_{14}$, F. 112—113° (sd. W., bei 108,5° Schrumpfung), in A./Aceton-Lösung. *Dimethojodid*, $C_{17}H_{34}J_2N_2$, F. 284—286° (A.; Prismenbüschel), durch Rk. in Aceton bei Raumtemperatur. — *1-Oxo-*, $C_{15}H_{26}N_2O$, Kp.$_{0,2}$ 55—57°, durch 24std. Stehen von **VI** u. HJO_4 bei 20°, Extraktion u. Dest.; n_D^{20} 1,5190; $[\alpha]_D^{24}$ −10,8° (c = 3,0; A.); 31,3%. — *9-[N-Methylpiperidyl-(2)]-1-aza-bicyclo-[5.3.0]-decan*, $C_{15}H_{28}N_2$, Kp.$_{0,15}$ 117° (Bad), durch 17std. Kochen von vorst. Verb. mit amalgamierten Zn, mehrmaliges Extrahieren u. Dest.; n_D^{22} 1,5088; $[\alpha]_D^{24}$ −21,1° (c = 1,0; A.); 40,0%. *Dipikrat*, $C_{27}H_{34}N_8O_{14}$, F. 102,5—103,5° (Ae., gelbgrün), durch Rk. in heißem Äther. *Dimethojodid*, $C_{17}H_{34}J_2N_2$, F. 250—251° (A./Ae.), durch Rk. in Aceton. *Dihydrochlorid* u. *Dihydrobromid* sind sehr hygroskop. u. lichtempfindlich.
H. CZECH. 3231 □

Pyrrolidine. 6. Mitt. **Synthese von 4-[1-Alkylpyrrolidinyl-(3)-methylamino]- und 4-[1-Alkylpyrrolidinyl-(3)-methoxy]-chinazolinen.** Homer C. Scarborough, Bernard C. Lawes, Joseph L. Minielli und Jerry L. Compton. (J. org. Chemistry **27.** 957—61. 12/3. 1962. Evansville, Ind., Mead Johnson and Co., Mead Johnson Res. Center, Dep. of Synthetic Organ. Chem.) (Engl.) — 5. vgl. J. org. Chemistry **26.** [1961.] 4955.

4-[1-Alkylpyrrolidinyl-(3)-methylamino]- u. *4-[1-Alkylpyrrolidinyl-(3)-methoxy]-chinazoline* werden dargestellt. Verbesserte Meth. zur Darst. einiger Zwischenprodd., der *4-Chlorchinazoline*, werden entwickelt. Die Bldg. von *4-Chlor-2-diäthylaminochinazolin* während der Chlorierung von Chinazolindion-(2.4) mit Triäthylamin/$POCl_3$ wird diskutiert.

Versuche: Chinazoline: *4-Chlor-*, F. 96—97°, durch 2½ std. Kochen von Chinazolon-(4) mit $POCl_3$ u. Triäthylamin u. Einengen im Vakuum; 59% (Ausbeute). — *2.4-Dichlor-*, F. 117—117,5°, a) durch ½ std. Kochen von Chinazolindion-(2.4) mit $POCl_3$ u. 2 Mol Tripropylamin u. Einengen im Vakuum; 80%; b) analog a) mit 1 Mol Tripropylamin; 84%. — *4.5-Dichlor-*, $C_8H_4Cl_2N_2$, F. 131,5—133° (Heptan), analog vorst. Verb. aus 5-Chlorchinazolon-(4); 29%. — *6-Brom-4-chlor-*, $C_8H_4BrClN_2$, F. 164—166° (Diisopropyläther u. Cyclohexan), aus 6-Bromchinazolon-(4); 33%. — *4-Chlor-6-methyl-*, F. 105—106°, aus 6-Methylchinazolon-(4); 80%. — *4.7-Dichlor-*, F. 131—134°, aus 7-Chlorchinazolon-(4); 76%. — *4-Chlor-2-methyl-*, $C_9H_7ClN_2$, F. 81,5—83° (Heptan), durch 2 std. Kochen von 2-Methylchinazolon-(4), Dimethylanilin u. $POCl_3$ in abs. Bzl.; 57%. — *1-[β-Hydroxyäthyl]-pyrrolidinyl-(3)-methylamin*, $C_7H_{16}N_2O$, Kp.$_{0,06}$ 86°, durch Red. nachst. Verb. mit $LiAlH_4$ in Tetrahydrofuran (THF); n_D^{20} 1,5050; 16,5%. — *1-[β-Hydroxyäthyl]-5-oxopyrrolidin-3-carbonsäureamid*, $C_7H_{12}N_2O_3$, F. 118—119° (abs. A.), durch 3 tägiges Stehen von Itaconsäuredimethylester mit Äthanolamin in Methanol, Sättigen mit NH_3, 3 tägiges Stehen, Eindampfen u. 1 wöchiges Stehen bei 4°; 71%. — *1-Isopropylpyrrolidinyl-(3)-methylamin*, $C_8H_{18}N_2$, Kp. 106—108°, durch $LiAlH_4$-Red. nachst. Verb.; n_D^{25} 1,4663; 38%. — *1-Isopropyl-5-oxopyrrolidin-3-carbonsäureamid*, $C_8H_{14}N_2O_2$, F. 151—152° (THF), analog vorvorst. Verb.; 69%. — Chinazoline: *4-[1-Methylpyrrolidinyl-(3)-methylamino]-* (I), $C_{14}H_{18}N_4$, F. 110,5—111,5° (Butanon u. Acetonitril), a) durch Versetzen von 4-Chlorchinazolin in abs. Ae. mit 1-Methylpyrrolidinyl-(3)-methylamin, 24 std. Stehen bei Raum-Temp., Eindampfen, Aufnehmen in W., Alkalisieren mit 20%ig. wss. NaOH, Extrahieren mit Chlf. u. Eindampfen (Meth. **A**); 61%; b) nach **B** (s. unten); 66%. — *2-Mercapto-4-[1-methylpyrrolidinyl-(3)-methylamino]-*, $C_{14}H_{18}N_4S$, F. 223—225° (Zers.; Isopropylacetat, Methanol u. Isopropanol), durch 6 std. Kochen von 2.4-Dimercaptochinazolin u. 1-Methylpyrrolidinyl-(3)-methylamin in n-Butanol unter N_2 u. mehrstd. Stehen (Meth. **B**); 71%. — *4-[1-Äthylpyrrolidinyl-(3)-methylamino]-*, $C_{15}H_{20}N_4$, F. 79—81° (Acetonitril), nach **B**; 27%. — *4-[1-Benzylpyrrolidinyl-(3)-methylamino]-*, $C_{20}H_{22}N_4$, F. 105—107° (Butanon u. Acetonitril), nach **B**; 34%. — *4-[1-Phenäthylpyrrolidinyl-(3)-methylamino]-*, $C_{21}H_{24}N_4$, F. 107—108,5° (Acetonitril), nach **A**; 59%. — *4-[1β-Hydroxyäthylpyrrolidinyl-(3)-methylamino]-*, $C_{15}H_{20}N_4O$, F. 139—141° (Butanon, Acetonitril u. Cyclohexan), nach **B**; 38%. — *4-{N-Methyl-N-[1-methylpyrrolidinyl-(3)-methyl]-amino}-*, $C_{15}H_{20}N_4$, Kp.$_{0,025}$ 170—180°, nach **A**; 73%. — *2-Chlor-4-[1-äthylpyrrolidinyl-(3)-methylamino]-*, *Dihydrat*, $C_{15}H_{19}ClN_4 \cdot 2\,H_2O$, F. 93—97° (Zers.; wss. Acetonitril u. Essigester), nach **A**; 78%. — *2-Chlor-4-[1-isopropylpyrrolidinyl-(3)-methylamino]-*, $C_{16}H_{21}ClN_4$, F. 122—123° (Zers.; Acetonitril u. Diisopropyläther), nach **A**; 67%. — *2-Chlor-4-[1-phenäthylpyrrolidinyl-(3)-methylamino]-*, $C_{21}H_{23}ClN_4$, F. 129—131° (Acetonitril u. Diisopropyläther), nach **A**; 44%. — *6-Brom-4-{N-methyl-N-[1-methylpyrrolidinyl-(3)-methyl]-amino}-*, *Dihydrochlorid*, $C_{15}H_{19}BrN_4 \cdot 2\,HCl$, F. 251—252,5° (Zers.; Methanol u. Diisopropyläther), nach **A**; 57%. — 4-[1-Methylpyrrolidinyl-(3)-methylamino]-chinazoline: *6-Chlor-*, $C_{14}H_{17}ClN_4$, F. 145 bis 147° (Butanon, Acetonitril, Cyclohexan), nach **B**; 59%. — *2-Methyl-*, $C_{15}H_{20}N_4$ F. 123,5—125° (Butanon, Acetonitril, Isopropylacetat), nach **B**; 66%. — *2-Methyl-6-chlor-*, $C_{15}H_{19}ClN_4$, F. 125—127° (Acetonitril), nach **B**; 45%. — *5-Chlor-*, $C_{14}H_{17}ClN_4$, F. 63—64° (Acetonitril), nach **A**; 45%. — *6-Methyl-*, $C_{15}H_{20}N_4$, F. 116—117,5° (Acetonitril), nach **A**; 50%. — *6-Brom-*, $C_{14}H_{17}BrN_4$, F. 122—126° (Acetonitril), nach **A**; 40%. — *7-Chlor-*, $C_{14}H_{17}ClN_4$, F. 112—115° (Butanon, Acetonitril), nach **A**; 32%. — *2-Chlor-*, *Dihydrat*, $C_{14}H_{17}ClN_4 \cdot 2\,H_2O$, F. 91—96° (Zers.; wss. Acetonitril, Essigester), nach **A**; 64%; liefert durch Hydrieren an 10%ig. Pd/Kohle in W./Eisessig (25 : 3) bei 60 lbs./sq.in. (2 Std.), Verdünnen mit W., Filtrieren, Neutralisieren mit 3n NaOH u. Extrahieren mit Chlf. 68% **I**. — 4-[1-Alkylpyrrolidinyl-(3)-methoxy]-chinazolinhydrochloride: *4-[1-Methyl-*, $C_{14}H_{17}N_3O \cdot HCl$, F. 192—194° (Zers.; Butanon, Acetonitril, Isopropanol/Butanon), durch Zutropfen von [1-Methylpyrrolidinyl-(3)]-methanol in abs. Toluol zu NaH in abs. Toluol, ½ std. Kochen, Kühlen auf Raum-Temp., Zugabe von 4-Chlorchinazolin, 4 std. Kochen, Aufarbeiten u. Umwandeln in das Hydrochlorid (Meth. **C**); 35%. — *4-[1-Isopropyl-*, $C_{16}H_{21}N_3O \cdot HCl$, F. 183—183,5° (Zers.; A., Essigester), nach **C**; 60%. — *4-[1-Phenäthyl-*, $C_{21}H_{23}N_3O \cdot HCl$, F. 171—172° (Zers.; Isopropanol, Essigester), nach **C**; 44%. — *4-Chlor-2-diäthylaminochinazolin*, $C_{12}H_{14}ClN_3$, Kp.$_{0,005}$ 118 bis 120°, durch 1¼ std. Kochen von Chinazolindion-(2.4), $POCl_3$ u. Triäthylamin, Eindampfen im Vakuum u. Extrahieren mit Heptan; gelbes Destillat; n_D^{24} 1,6186; 48,5%. — *2-Chlor-4-diäthylaminochinazolin*, $C_{12}H_{14}ClN_3$, F. 76,5—77,5°, durch schnelles Eintragen von 2.4-Dichlorchinazolin in A. in Diäthylamin, langsames Erwärmen u. Gießen in W.; aus PAe. Nadeln. P. GOLINSKE. 3272 □

Suche nach neuen Arzneimitteln aus der Gruppe der Xanthinderivate. 4. Mitt. 1-Derivate des Theobromins mit Schwefel in der Seitenkette. Marian Eckstein und Jerzy Sułko. (Dissertat. pharmac. [Warszawa] **13.** 97—106. 1961. Kraków, Środków Leczniczych, Pracow. Technol. Chem.; Kat. Chem. Farmaceut.) (Pol.) — 3. vgl. C. **1961.** 2973.

Aus 1-[β-Chloräthyl]-threobromin (**I**) oder der entsprechenden J-Verb. bzw. dem Na-Salz des Theobromins (**II**) wurden *1-[β-Alkyl(Aryl)-mercaptoäthyl]-theobromine* dargestellt. Durch Oxydation wurden daraus die leichter lösl. *Sulfoxide* u. *Sulfone* erhalten. Von den möglichen Sulfonium-Verbb. gelang nur die Darst. des *S-Methojodids* von *1-[β-Methylmercaptoäthyl]-theobromin* (**III**). Durch Umsetzung von **I** mit Thioharnstoff lassen sich die *Salze* des *S-[β-Theobrominyl-(1)-äthyl]-isothioharnstoffs* gewinnen, die bei der alkal. Hydrolyse *Bis-[β-theobrominyl-(1)-äthyl]-disulfid* liefern. Aus **I** u. KSCN wird in abs. Methanol *1-[β-Rhodanäthyl]-theobromin* gebildet.

Versuche: 1-[β-Alkyl(Aryl)-mercaptoäthyl]-theobromine, entweder aus je 0,01 Mol **I** u. dem entsprechenden Na-Mercaptid in abs. A. unter Erwärmen (Meth. **A**) oder aus 0,01 Mol **II** u. 0,011 Mol 1-Chlcr-2-alkyl(aryl)-mercaptoäthan unter 5—6std. Kochen in wss. A. (Meth. **B**); die Sulfoxide wurden in 10%ig. Essigsäure mit der berechneten Menge 25%ig. H_2O_2 bei 10—15°, die Sulfone analog, jedoch mit einem H_2O_2-Überschuß, erhalten: *Methyl-* (**III**), $C_{10}H_{14}N_4O_2S$, F. 121—122°, aus A. Nadeln. *Sulfoxid*, $C_{10}H_{14}N_4O_3S$, F. 185°, aus A. Blättchen. *Sulfon*, $C_{10}H_{14}N_4O_4S$, F. 184°, aus A. Würfel. — *n-Amyl-*, $C_{14}H_{22}N_4O_2S$, F. 65—67°, aus 80%ig. Methanol Rhomben. — *Benzyl-*, $C_{16}H_{18}N_4O_2S$, F. 114—116°, aus 90%ig. A. Säulen. *Sulfoxid*, $C_{16}H_{18}N_4O_3S$, F. 160—161°, aus W. oder A. Blättchen. *Sulfon*, $C_{16}H_{18}N_4O_4S$, F. 180°, aus A. Säulen. — *Phenyl-*, $C_{15}H_{16}N_4O_2S$, F. 137—139°, aus A. kurze Säulen. *Sulfon*, $C_{15}H_{16}N_4O_4S$, F. 171 bis 173°, aus A. Nadeln. — *p-Tolyl-*, $C_{16}H_{18}N_4O_2S$, F. 160—161°, aus A. kurze Säulen. *Sulfoxid*, $C_{16}H_{18}N_4O_3S$, F. 142° (W. oder Aceton). *Sulfon*, $C_{16}H_{18}N_4O_4S$, F. 127—130°, aus A. Rhomben. — *o-Carboxyphenyl-*, *Na-Salz*, *Hydrat*, $C_{16}H_{15}N_4NaO_4S \cdot H_2O$, F. 131 bis 133°, aus W. Nadeln. — *o-Carbomethoxyphenyl-*, $C_{17}H_{18}N_4O_4S$, F. 181—182°, aus Methanol kleine Nadeln. — *α-Menaphthyl-*, $C_{20}H_{20}N_4O_2S$, F. 124—125°, aus Methanol oder A. Würfel. *Sulfoxid*, $C_{20}H_{20}N_4O_3S$, F. 176°, aus A. Säulen. *Sulfon*, $C_{20}H_{20}N_4O_4S$, F. 246°, aus A. Würfel. — *Methyl-*, *S-Methojodid*, F. 161°, aus 1 g **III** u. 7 ml Methyljodid bei normaler Temp.; Nadeln; 90,3% (Ausbeute). — *1-[β-Jodäthyl]-theobromin*, F. 134 bis 136°, aus 5 mMol **I** u. 15 mMol NaJ in 50 ml abs. Aceton unter 22std. Erwärmen am Rückfluß; aus A. Nadeln. — *1-[β-Rhodanäthyl]-theobromin*, F. 174°, aus 5 mMol **I** u. 15 mMol KSCN in 20 ml abs. Methanol durch 12std. Erwärmen am Rückfluß; Nadeln aus Methanol; 50%. — *S-[β-Theobrominyl-(1)-äthyl]-isothioharnstoffhydrochlorid*, $C_{10}H_{15} \cdot ClN_6O_2S$, F. 252—253° (Zers.), aus 0,01 Mol **I** u. 0,01 Mol Thioharnstoff in 20 ml abs. A. unter 4std. Erwärmen am Rückfluß; Säulen aus A.; 97%. *Hydrogencarbonat*, $C_{11}H_{16} \cdot N_6O_5S$, F. 142—143° (Zers.), aus 3 mMol Hydrochlorid u. 9 mMol $NaHCO_3$ in 9 ml W. bei 4°; 60%. — *Bis-[β-theobrominyl-(1)-äthyl]-disulfid*, $C_{18}H_{22}N_8O_4S_2$, F. 236°, durch Kochen vorst. Salze in W.; Kristalle aus 80%ig. Äthanol. F. URBAN. 3272□

Eine neue schwefelhaltige Aminosäure in der Zwiebel. 3. Mitt. Artturi I. Virtanen und E. J. Matikkala. (Suomen Kemistilehti B **31.** 191. 1958. Helsinki, Biochem. Inst., Labor. of the Foundat. for Chem. Res.) (Engl.) — 1. vgl. C. **1958.** 11570; 2. vgl. Suomen Kemistilehti B **30.** [1957.] 219.

Die neue schwefelhaltige Aminosäure wird bei der Säurehydrolyse teilweise red. u. oxydiert. Es bildet sich eine kleine Menge Cysteinsäure. Die neue Aminosäure hat wahrscheinlich die Struktur eines *3-Methyl-5-carboxy-1.4-thiazan-1-oxids*.

E. LÜCK. 3292□

1.4.7.9-Tetrazainden-Derivate als fluorescierende Pigmente. Silvano Rossi und Roberto Trave. (Chim. e Ind. [Milano] **40.** 827. Okt. 1958. Milano, Univ., Ist. di Chim. ind., Labor. di Chim. ind. organ.) (Ital.)

Durch Kondens. von α-Diketonen u. Aminoguanidin erhaltene *5.6-substituierte 3-Amino-1.2.4-triazine* werden mit α-Bromketonen zu Derivv. des *1.4.7.9-Tetrazaindens* umgesetzt u. der Einfl. der Substituenten auf die opt. Eigg. untersucht.

Versuche (λ_{max} in Å in Dimethylformamid [DMF] in [ ]): 3-Amino-1.2.4-triazine: *Thionaphtheno-[2'.3':5.6]-* (**I**), $C_9H_6N_4S$, F. 250°, durch langsames Zugeben von Aminoguanidinbicarbonat zu Thionaphthenchinon in Eisessig, 5std. Kochen u. Verdünnen mit W.; aus verd. Essigsäure gelbe Nadeln. — *5'.7'-Dibromindolo-[2'.3':5.6]-*, $C_9H_5Br_2N_5$, F. 325°, wie **I** aus 5.7-Dibromisatin; aus DMF gelbe Kristalle. — *2'-Phenyl-5'.6'-benzochinoxalino-[8'.7':5.6]-*, *Monohydrat*, $C_{19}H_{12}N_6 \cdot H_2O$, F. 290°, wie **I** aus 2-Phenyl-5.6-benzochinoxalinchinon; aus DMF gelbe Kristalle. — *1'.2'-Benzophenazino-[3'.4':5.6]-*,

$C_{17}H_{10}N_6$, F. 324—325°, wie I aus 1.2-Benzophenazinchinon-(3.4); aus DMF gelbe Kristalle. — 2-Aryl-3.5.6-triphenyl-1.4.7.9-tetrazaindene: *2-Phenyl-*, $C_{29}H_{20}N_4$, F. 238—239°, durch Zugeben von Desylbromid zu 3-Amino-5.6-diphenyl-1.2.4-triazin in Bzl., 5—6std. Kochen u. Waschen des Nd. mit verd. HCl u. CH_3OH; aus Toluol gelb [4300]. — Analog: *2-α-Naphthyl-*, $C_{33}H_{22}N_4$, F. 234°, aus Toluol gelb [4300]. — *2-β-Naphthyl-*, $C_{33}H_{22}N_4$, F. 264°, aus Toluol gelb [4300]. — Phenanthro-[9'.10':5.6]-1.4.7.9-tetrazaindene: *2-[4-Nitrophenyl]-*, $C_{23}H_{13}N_5O_2$, F. 325°, aus Toluol ockergelb [4600]. — *2.3-Diphenyl-*, $C_{29}H_{18}N_4$, F. 316°, aus Toluol rot [4900]. — *2-β-Naphthyl-3-phenyl-*, $C_{33}H_{20}N_4$, F. 265°, aus Toluol rot [4900]. — 5.6-kondensierte 2.3-Diphenyl-1.4.7.9-tetrazaindene: *Thionaphtheno-[3'.2':5.6]-*, $C_{23}H_{14}N_4S$, F. 292°, aus Eisessig orangefarben [4700]. — *Indolo-[3'.2':5.6]-*, $C_{23}H_{15}N_5$, F. 292°, aus DMF orangerot [4750]. — *5'.7'-Dibromindolo-[3'.2':5.6]-*, $C_{23}H_{13}Br_2N_5$, F. 345—346°, aus DMF orangerot [4750]. — *Naphtho-[1'.2':5.6]-*, $C_{25}H_{16}N_4$, F. 257°, aus Dioxan orangerot [4800]. — *Naphtho-[2'.1':5.6]-*, $C_{25}H_{16}N_4$, F. 251—252°, aus Dioxan orangerot [4800]. — *5.6-Benzo-*, $C_{21}H_{14}N_4$, F. 205°, aus DMF intensiv rot [5000]. — *1'.2'-Benzophenazino-[4'.3':5.6]-*, $C_{31}H_{18}N_6$, F. 297°, aus DMF rot [4900]. — *2'-Phenyl-5'.6'-benzochinoxalino-[7'.8':5.6]-*, $C_{33}H_{20}N_6$, F. 354°, aus DMF rot [4850]. F. Heller. 3313□

Diuretica. 6. Mitt. **2-, 3- und 4-substituierte Benzo-1.2.4-thiadiazine, die in 7-Stellung eine Aminosulfonylgruppe tragen.** Calvert W. Whitehead und John J. Traverso. (J. org. Chemistry **27.** 951—56. 12/3. 1962. Indianapolis, Ind., Lilly Res. Labor.) (Engl.) — 5. vgl. C. **1962.** 2367.

Durch Chlorsulfonierung von Fluorbenzolen entstehen *2.4-Bis-[chlorsulfonyl]-fluorbenzole*, die in *2.4-Bis-[aminosulfonyl]-aniline* u. weiter in *4-Alkyl-*, *4-Aralkyl-* u. *4-Aryl-1.2.4-benzothiadiazin-1.1-dioxide* u. ihre *3.4-Dihydro-Derivv.* umgewandelt werden. Weiter werden *1.2.4-Benzothiadiazin-1.1-dioxide* mit Aryl- oder Alkylgruppen in 2- u. 3-Stellung u. einer 7-Aminosulfonylgruppe dargestellt. Die Verbb. werden hinsichtlich ihrer physikal. u. biolog. Eigg. verglichen.

Versuche: *5-Chlor-2.4-bis-[chlorsulfonyl]-fluorbenzol*, $C_6H_2Cl_3FO_4S_2$, F. 105—107° (Ae./PAe.), durch Zutropfen von 1-Chlor-3-fluorbenzol zu Chlorsulfonsäure unter Rühren, langsames Erwärmen, Zugabe von NaCl bei >120—160°, 4std. Stehen bei dieser Temp. u. Gießen auf Eis; 52% (Ausbeute). — *2.4-Bis-[chlorsulfonyl]-5-methyl-fluorbenzol*, $C_7H_5Cl_2FO_4S_2$, F. 97°, analog vorst. Verb.; 50%. — *5-Chlor-2.4-bis-[aminosulfonyl]-fluorbenzol*, $C_6H_6ClFN_2O_4S_2$, F. 223—224° (verd. A.), durch Zugabe vorvorst. Verb. zu fl. NH_3; 90%. — *5-Methyl-2.4-bis-[aminosulfonyl]-fluorbenzol*, $C_7H_9FN_2O_4S_2$, F. 210°, analog vorst. Verb. aus vorvorst. Verb.; 90%. — 1.3-Bis-[aminosulfonyl]-4-chlorbenzole: *6-Methylamino-*, $C_7H_{10}ClN_3O_4S_2$, F. 249°, durch 1—2std. Erhitzen vorvorst. Verb. mit dem entsprechenden prim. Amin in Ggw. von Triäthylamin in verd. A. auf 100°, Einengen im Vakuum, Verdünnen mit W., Neutralisieren mit verd. HCl u. Umkristallisieren aus verd. A.; 70%. — *6-Äthylamino-*, $C_8H_{12}ClN_3O_4S_2$, F. 165°, analog vorst. Verb.; 70%. — *6-[β-Methoxyäthylamino]-*, $C_9H_{14}ClN_3O_5S_2$, F. 165°; 51%. — *6-n-Propylamino-*, $C_9H_{14}ClN_3O_4S_2$, F. 188°; 50%. — *6-Phenylamino-*, $C_{12}H_{12}ClN_3O_4S_2$, F. 230—240°; 40%. — *6-Cyclohexylamino-*, $C_{12}H_{18}ClN_3O_4S_2$, F. 214°; 64%. — *6-Benzylamino-*, $C_{13}H_{14}ClN_3O_4S_2$, F. 200°; 50%. — 2.4-Bis-[aminosulfonyl]-toluole: *5-Methylamino-*, $C_8H_{13}N_3O_4S_2$, F. 243°, analog den vorst. Verbb.; 31%. — *5-Äthylamino-*, $C_9H_{15}N_3O_4S_2$, F. 170°; 20%. — *5-[β-Hydroxyäthylamino]-*, $C_9H_{15}N_3O_5S_2$, F. 205°; 51%. — *5-[β-Methoxyäthylamino]-*, $C_{10}H_{17}N_3O_5S_2$, F. 147°; 35%. — *5-Phenylamino-*, $C_{13}H_{15}\cdot N_3O_4S_2$, F. 178°; 73%. — *5-Cyclohexylamino-*, $C_{13}H_{21}N_3O_4S_2$, F. 208°; 55%. — *5-Benzylamino-*, $C_{14}H_{17}N_3O_4S_2$, F. 198°; 30%. — *5-[β-Phenoxyäthylamino]-*, $C_{15}H_{19}N_3O_5S_2$, F. 192°; 70%. — 6-Chlor-7-aminosulfonyl-1.2.4-benzothiadiazin-1.1-dioxide: *4-Methyl-*, $C_8H_8ClN_3O_4S_2$, F. 280°, durch 4std. Kochen der N-Alkyl-5-chlor-2.4-bis-[aminosulfonyl]-aniline in HCOOH, Einengen im Vakuum, Verdünnen mit W. u. Umkristallisieren aus verd. A. oder A./W./Dimethylformamid; 65%. — *4-Äthyl-*, $C_9H_{10}ClN_3O_4S_2$, F. 260°, analog vorst. Verb.; 75%. — *4-n-Propyl-*, $C_{10}H_{12}ClN_3O_4S_2$, F. 252°; 57%. — *4-[β-Methoxyäthyl]-*, $C_{10}H_{12}ClN_3O_5S_2$, F. 280°; 78%. — *4-Phenyl-*, $C_{13}H_{10}ClN_3O_4S_2$, F. 244°; 57%. — *4-Cyclohexyl-*, $C_{13}H_{16}ClN_3O_4S_2$, F. 250°; 60%. — *4-Benzyl-*, $C_{14}H_{12}ClN_3O_4S_2$, F. 272°; 54%. — 6-Methyl-7-aminosulfonyl-1.2.4-benzothiadiazin-1.1-dioxide: *4-Methyl-*, $C_9H_{11}N_3O_4S_2$, F. 310°, analog den vorst. Verbb.; 50%. — *4-[β-Hydroxyäthyl]-*, $C_{10}H_{13}N_3O_5S_2$, F. 264°; 60%. — *4-[β-Carboxyäthyl]-*, $C_{11}H_{13}N_3O_4S_2$, F. 272°; 58%. — *4-Phenyl-*, $C_{14}H_{13}N_3O_4S_2$, F. 195°; 40%. — *4-Cyclohexyl-*, $C_{14}H_{19}N_3O_6S_2$, F. 261°; 50%. — *4-Benzyl-*, $C_{15}H_{15}N_3O_4S_2$, F. 250°; 51%. — *4-[β-Phenoxyäthyl]-*, $C_{16}H_{17}N_3O_5S_2$, F. 262°; 55%. — *4-Phenäthyl-*, $C_{16}H_{17}N_3O_4S_2$, F. 222°; 73%. — 6-Chlor-7-aminosulfonyl-3.4-dihydro-1.2.4-benzothiadiazin-1.1-dioxide: *4-Methyl-*, $C_8H_{10}ClN_3O_4S_2$, F. 245°, durch Hydrieren des entsprechenden

Benzo-1.2.4-thiadiazin-1.1-dioxids in A. an Pt bei 1000 lbs./80°, Filtrieren, Einengen u. Umkristallisieren aus verd. A.; 60%. — *4-Äthyl-*, $C_9H_{12}ClN_3O_4S_2$, F. 205°, analog vorst. Verb.; 70%. — *4-[β-Methoxyäthyl]-*, $C_{10}H_{14}ClN_3O_5S_2$, F. 232°; 50%. — *4-Cyclohexyl-*, $C_{13}H_{18}ClN_3O_4S_2$, F. 215°; 70%. — *4-Benzyl-*, $C_{14}H_{14}ClN_3O_4S_2$, F. 192°; 70%. — 6-Methyl-7-aminosulfonyl-2H-3.4-dihydrobenzo-1.2.4-thiadiazin-1.1-dioxide: *4-Methyl-*, $C_9H_{13}N_3O_4S_2$, F. 245°, analog den vorst. Verbb.; 92%. — *4-Phenäthyl-*, $C_{16}H_{19}N_3O_4S_2$, F. 198°; 81%. — *4-[β-Phenoxyäthyl]-*, $C_{16}H_{19}N_3O_5S_2$, F. 200°; 80%. — 2-Methyl-6-chlor-7-aminosulfonyl-3.4-dihydro-1.2.4-benzothiadiazin-1.1-dioxide: *3-Furyl-*, $C_{12}H_{12}ClN_3O_5S_2$, F. 240°, durch Zugabe des entsprechenden Aldehyds zu 5-Chlor-2-methylaminosulfonyl-4-aminosulfonylanilin in A./6n HCl (1 : 1), Stehen, Filtrieren u. Umkristallisieren aus verd. A.; 70%. — *3-Cyclopentylmethyl-*, $C_{14}H_{20}ClN_3O_4S_2$, F. 235°, analog vorst. Verb.; 75%. — *3-[6-Methylcyclohexen-(3)-yl]-*, $C_{15}H_{20}ClN_3O_4S_2$, F. 234°; 71%. — *3-[Norbornen-(5)-yl-(2)]-*, $C_{15}H_{18}ClN_3O_4S_2$, F. 260°; 50%. — *3-[3-Methylcyclopentylmethyl]-*, $C_{15}H_{22}ClN_3O_4S_2$, F. 235°; 80%. — *3-Cyclohexylmethyl-*, $C_{15}H_{22}ClN_3O_4S_2$, F. 282°; 68%. — *3-[3-Methylnorbornen-(5)-yl-(2)]-*, $C_{16}H_{20}\cdot ClN_3O_4S_2$, F. 246°; 50%. — *3-Cycloheptylmethyl-*, $C_{16}H_{24}ClN_3O_4S_2$, F. 275°; 75%. — *2-Benzyl-6-chlor-3-oxo-7-aminosulfonyl-3.4-dihydro-1.2.4-benzothiadiazin-1.1-dioxid*, $C_{14}\cdot H_{12}ClN_3O_5S_2$, F. 243° (W.), a) durch Zugabe von NaH zu 6-Chlor-7-aminosulfonyl-3-oxo-2H-3.4-dihydrobenzo-1.2.4-thiadiazin in N.N-Dimethylformamid, Versetzen mit Benzylchlorid, 1 std. Erwärmen auf 70° u. Gießen in W.; 25%; b) analog a) mit Benzylbromid (12 std. Erhitzen auf 70°); 84%. — *2-Benzylaminosulfonyl-5-chlor-4-aminosulfonylanilin*, $C_{13}H_{14}ClN_3O_4S_2$, F. 155° (verd. A.), durch 8 std. Kochen vorst. Verb. in 20%ig. NaOH, Filtrieren u. Ansäuern mit konz. HCl; 64%. — 2-Benzyl-6-chlor-7-aminosulfonyl-3.4-dihydro 1.2.4-benzothiadiazin-1.1-dioxide: *Unsubstituiert*, $C_{14}H_{14}ClN_3O_4S_2$, F. 226° (verd. A. u. A.), durch Zutropfen von 37%ig. Formalin zu 2-Benzylaminosulfonyl-5-chlor-4-aminosulfonylanilin in heißem W. u. 1½ std. Kochen; 50%. — *3-Phenyl-*, $C_{20}H_{18}ClN_3O_4S_2$, F. 233° (verd. A.), durch 2—3 std. Stehen von 2-Benzylaminosulfonyl-4-aminosulfonyl-5-chloranilin mit dem entsprechenden Aldehyd in 6n HCl/A. (1 : 1) bei Raum-Temp.; 78%. — *3-Cyclopentylmethyl-*, $C_{20}H_{24}ClN_3O_4S_2$, F. 210°, analog vorst. Verb.; 75%. — *6-Chlor-7-benzylaminosulfonyl-1.2.4-benzothiadiazin-1.1-dioxid*, $C_{14}H_{12}ClN_3O_4S_2$, F. 268—270° (verd. A.), durch Zugabe von 5-Chlor-2.4-bis-[chlorsulfonyl]-anilin in Dioxan zu Benzylamin u. Triäthylamin in Dioxan, Verdünnen mit W., Einengen im Vakuum, Umkristallisieren des entstandenen *5-Chlor-2.4-bis-[benzylaminosulfonyl]-anilins* (F. 160°) aus A. u. 6 std. Kochen mit 98%ig. HCOOH; 9%. — *6-Chlor-7-aminosulfonyl-1.2.4-benzothiadiazin-1.1-dioxid*, F. 342—343°, durch 1 std. Kochen von 2-Benzylaminosulfonyl-5-chlor-4-aminosulfonylanilin in 98%ig. HCOOH; 73%. — 5-Chloraniline: *2.4-Bis-[äthylaminosulfonyl]-*, $C_{10}H_{16}ClN_3O_4S_2$, F. 184°, durch SCHOTTEN-BAUMANN-Rk. aus dem entsprechenden Amin u. 5-Chlor-2.4-bis-[chlorsulfonyl]-anilin in Dioxan; 67%. *Formyl-Deriv.*, $C_{11}H_{16}ClN_3O_5S_2$, F. 152°, durch 3—4 std. Kochen mit 98%ig. HCOOH, Einengen im Vakuum u. Umkristallisieren aus Essigester; 50%. — *2.4-Bis-[allylaminosulfonyl]-*, $C_{12}H_{16}ClN_3O_4S_2$, F. 130°, analog vorst. Verb.; 42%. *Formyl-Deriv.*, $C_{13}H_{16}ClN_3O_5S_2$, F. 140°, analog vorst. Formyl-Deriv.; 49%. — *2.4-Bis-[propylaminosulfonyl]-*, $C_{12}H_{20}ClN_3O_4S_2$, F. 120°; 63%. *Formyl-Deriv.*, $C_{13}H_{20}ClN_3O_5S_2$, F. 152°; 49%. P. GOLINSKE. 3333□

Die säurekatalysierte Anomerisation acetylierter Aldopyranosen. William A. Bonner. (J. Amer. chem. Soc. **81.** 1448—52. 20/3. 1959. Stanford, Calif., Univ., Dep. of Chem. and Chem. Engng.) (Engl.) — Vgl. C. **1960. 3496.**

Drei acetylierte Aldohexopyranosen (β- u. α-D-Glucose, β-D-Mannose u. β-D-Galaktose), acetylierte 6-Desoxy-β-D-glucose u. drei acetylierte Aldopentopyranosen (β-D-Xylose, β-D-Ribose u. α-L-Arabinose) werden in Essigsäure/Acetanhydrid (1:1) auf ihre durch H_2SO_4 katalysierte Anomerisation untersucht. Die Anomerisierung ist eine Rk. erster Ordnung in bezug auf die Konz. der H_2SO_4 bzw. der Ausgangsstoffe. Dabei reagieren die acetylierten Aldopentopyranosen 8—25 mal schneller als die acetylierten Aldohexopyranosen. Die Rk.-Geschw.- u. Gleichgewichts-Konst. sind tabelliert.

Versuche: *Tetra-O-acetyl-L-arabinopyranose*, $C_{13}H_{18}O_9$, F. 97°, durch 4 std. Kochen von Tri-O-acetyl-β-L-arabinopyranosylchlorid mit Ag-Acetat in abs. Ae.; aus verd. A. Prismen; $[\alpha]_D^{25}$ +146,5° (c=1,5; Chlf.). — *Tetra-O-acetyl-6-desoxy-D-glucopyranose*, nach HARDEGGER u. MONTAVON (Helv. chim. Acta **29.** [1946.] 1199). W. HAMPEL. 3400□

Mechanismus der Perjodat-Oxydation der D-Glucose. F. S. H. Head. (Chem. and Ind. **1958.** 360—61. 22/3. Manchester, Brit. Cotton Ind. Res. Assoc., Shirley Inst.) (Engl.)

Bei der Oxydation von 0,025 m D-Glucose (I) mit 0,1375 m $NaJO_4$ (II) bei 20° werden während der ersten 15 Min. mehr als 3 Mol **II** red. u. ca. 2,5 Mol *Ameisensäure* (**III**) gebildet, während der gesamte Prozeß [Red. von 5 Mol **II** u. Bldg. von 5 Mol **III** u. 1 Mol *Formaldehyd* (**IV**)] erst nach ca. 7 Tagen vollendet ist. In den ersten Std. tritt nur sehr wenig **IV** auf, u. ca. 75% der insgesamt gebildeten **IV**-Menge entstehen während der Red. des letzten Mol. **II**. Die Ergebnisse bestätigen die Annahme, daß **I** in erster Stufe rasch zu *2-O-Formyl-D-glycerinaldehyd* oxydiert wird. H.-E. TOUSSAINT. 3400 □

Farbstoffe australischer Pflanzen. 6. Mitt. **Hämocorin: Die Struktur des Aglykons.** R. G. Cooke, B. L. Johnson und W. Segal. (Austral. J. Chem. **11.** 230—35. Mai 1958. Melbourne, Univ., Chem. Dep.) (Engl.) — 5. vgl. C. **1960.** 10936.

Die beiden isomeren Aglykondimethyläther A (**I**) u. B (**II**) des Hämocorins (vgl. l. c.) lassen sich zu *1.2-Dimethoxy-6-phenylnaphthalin* bzw. *1.2-Dimethoxy-8-phenylnaphthalin* abbauen. Danach ist das Aglykon als *2.6-Dihydroxy-5-methoxy-9-phenylperinaphthenon-(1)*, **I** als dessen *6-Methyläther* u. **II** als *2.6-Dimethoxy-5-hydroxy-7-phenylperinaphthenon-(1)* aufzufassen. *Mono-* u. *Dihydroxyperinaphthenone* wurden zum Vgl. dargestellt. UV-Maxima s. Original.

Versuche: *6-Hydroxyperinaphthenon-(1)*, $C_{13}H_8O_2$, F. 295—297° (Zers.), a) durch $^3/_4$std. Erhitzen von 2 g 2.7-Dihydroxynaphthalin (**III**) mit Glycerin, Na-Nitrobenzolsulfonat (**V**), 98%ig. H_3PO_4, $FeSO_4$ u. H_3BO_3 auf 150—170°; aus A. rote Nadeln; in wss. alkal. Lsg. starke orangerote Fluorescenz; 0,6 g (Ausbeute); b) durch Erhitzen von β-[4-Methoxynaphthyl-(1)]-propionsäure (**IV**) mit Polyphosphorsäure. *Methyläther*, $C_{14}H_{10}O_2$, F. 160—161°, aus Bzl./PAe. orangefarbene Nadeln. — *6-Hydroxy-7-(9)-phenylperinaphthenon-(1)*, $C_{19}H_{12}O_2$, F. 282—284° (Zers.), analog vorst. Verb. aus **III**, Zimtaldehyd, **V**, H_3PO_4 u. $FeSO_4$; aus A. rote Nadeln; in wss. alkal. Lsg. rotviolett mit schwach grüner Fluorescenz. — *2.4-Dihydroxyperinaphthenon-(1)*, $C_{13}H_8O_3$, durch 4std. Kondens. von 4-Methoxyperinaphthanon-(1) in A. mit p-Nitrosodimethylanilin u. KOH bei Raum-Temp. u. 4std. Kochen mit ca. 5n wss.-alkohol. HCl (Meth. **A**); aus wss. A. rote Nadeln; beim Erhitzen Zers. ohne zu schmelzen; lösl. in wss. Alkali mit violetter Farbe. *Dimethyläther*, $C_{15}H_{12}O_3$, F. 169—170°, aus Bzl./PAe. orangefarbene Blättchen; gibt mit $KMnO_4$ in Aceton *2-Methoxynaphthalsäureanhydrid*, F. 259—260°. — *6-Methoxyperinaphthanon-(1)*, $C_{14}H_{12}O_2$, F. 75—76°, durch Rk. von 1 g **IV** mit $SOCl_2$ u. 1½std. Rk. des erhaltenen *Chlorids* mit $SnCl_4$ in Bzl. in der Kälte; aus wss. Methanol gelbe Nadeln; 0,46 g. — *2.6-Dihydroxyperinaphthenon-(1)*, aus vorst. Verb. nach **A**; aus wss. A. purpurfarbene Nadeln; beim Erhitzen Zers.; in alkal. Lsg. blau. *Dimethyläther*, $C_{15}H_{12}O_3$, F. 142—143°, aus Bzl./PAe. rote Prismen. — *6.7-Dimethoxy-1-phenylnaphthalin*, F. 107,5 bis 108°, nach HOWELL u. ROBERTSON [1936], jedoch durch Dehydrierung mit S. — *6.7-Dimethoxy-2-phenylnaphthalin*, $C_{18}H_{16}O_2$, F. 134—135°, durch Red. von 6.7-Dimethoxy-2-phenyltetralon-(1) nach CLEMMENSEN-MARTIN, ½std. Erhitzen mit S auf 230° u. ½ Std. auf 250° u. Chromatographie in Bzl. an Al_2O_3; aus wss. A. Blättchen. — *1.2-Diacetoxy-6-phenylnaphthalin*, $C_{20}H_{16}O_4$, F. 140—141°, durch Rk. von 1 g 6-Phenylnaphthochinon-(1.2) mit Essigsäureanhydrid, Zn-Staub u. Triäthylamin (Meth. **B**); aus Methanol Plättchen; 0,8 g. — *1.2-Dimethoxy-6-phenylnaphthalin*, $C_{18}H_{16}O_2$, F. 114 bis 115°, a) durch ½std. Kochen vorst. Verb. in Methanol mit Dimethylsulfat u. wss. NaOH u. Chromatographie in Bzl. an Al_2O_3 (Meth. **C**); b) durch Oxydation von **I** zum entsprechenden *Dimethoxyphenylnaphthalsäureanhydrid* (vgl. l. c.), Decarboxylieren nach DAVIES u. Mitarbeitern [1932] u. Erhitzen der erhaltenen *Monocarbonsäure* mit Chinolin u. Cu-Chromit (Meth. **D**); aus wss. A. Plättchen. — *1.2-Diacetoxy-8-phenylnaphthalin*, $C_{20}H_{16}O_4$, F. 139—140°, aus 8-Phenylnaphthochinon-(1.2) nach **B**; aus wss. A. Blättchen. — *1.2-Dimethoxy-8-phenylnaphthalin*, $C_{18}H_{16}O_2$, F. 88—89°, a) aus vorst. Verb. nach **C**; b) aus **II** nach **D**; aus wss. A. Blättchen. H. FLENTJE. 3450

Enzymatische Darstellung von cyclischem Guanosin-2′.3′-, Inosin-2′.3′- und Xanthosin-2′.3′-phosphat. Kimiko Sato-Asano, Yoshiko Fujii und Fujio Egami. (Bull. chem. Soc. Japan **32.** 1068—72. Okt. 1959. Nagoya, Nagoya Univ., Fac. of Sci., Dep. of Chem.) (Engl.)

Ribonuclease T_1 (T) aus Takadiastase hydrolysiert die sek. Phosphatesterbindungen von Guanosin-3′-phosphat in Heferibonucleinsäure (**II**), wobei prim. *cycl. Guanosin-2′.3′-phosphat* (**I**) entsteht. Analog wird bei Digestion von Hefedesaminoribonucleinsäure (**III**) mit T *cycl. Inosin-2′.3′-* (**IV**) u. *Xanthosin-2′.3′-phosphat* (**V**) in guten Ausbeuten erhalten. **I**, **IV** u. **V** werden in verd. Lsg. leicht hydrolysiert. Die R_F-Werte von **I**, **IV**, **V** *cycl. Adenosin-2′.3′-*, *cycl. Cytidin-2′.3′-* u. *cycl. Uridin-2′.3′-phosphat*, *Guanyl-*, *Inosin-*, *Xanthyl-*, *Adenyl-*, *Cytidyl-* u. *Uridylsäure* sind angegeben. UV-Spektren von **IV** u. **V** s. Original.

Versuche: *cycl. Guanosin-2′.3′-phosphat* (**I**), durch Lösen von 100 mg deproteinierter **II** in 5 ml dest. W., Einstellen auf pH 7,5, 2std. Einw. von 10 μg T bei 37°, Dialysieren gegen dest. W. unter Rühren in der Kälte, Eindampfen des Dialysats u. 18—19std. absteigende Papierchromatographie in Isopropanol-W. (7:3; 0,5 ml konz. NH_4OH pro Liter Gasphase auf dem Boden des Gefäßes); 5 mg (Ausbeute, aus der opt Dichte berechnet). — *cycl. Inosin-2'.3'-phosphat* (**IV**), durch Lösen von 100 mg **III** (aus **II** nach TAKEMURA [1951]) in 5 ml dest. W. bei pH 7,5, 5std. Einw. von 10 µg T bei 37°, Dialyse gegen 50 ml dest. W. u. 18std. Papierchromatographie analog vorst. Phosphat; 2 mg; daneben wenig **V** u. *Inosinsäure*. — *cycl. Xanthosin-2'.3'-phosphat* (**V**), analog vorst. Verb. durch 5std. Einw. von 1,3 mg T auf 100 mg **III** bei 37°, Dialyse gegen 60 ml dest. W. u. analoge Chromatographie des eingedampften Dialysats; 2,5 mg; daneben eine Spur *Xanthylsäure*. L. LAMZA. 3450

Beiträge zur Chemie der heterocyclischen pseudobasischen Aminocarbinole. 13. Mitt. Synthese und chemische Umwandlungen des „N-Methylkotarnins" [6-Methoxy-4.5-methylendioxy-2-(β-dimethylaminoäthyl)-benzaldehyds]. Dénes Beke, Dezsö Korbonits und Rózsa Kornis. (Magyar Kémiai Folyóirat [Ung. Z. Chem.] **65**. 369—71. Sept. 1959.) (Ung.) — 12. vgl. C. **1961**. 2240; vgl. auch C. **1962**. 6725.

Inhaltlich ident. mit der C. **1960**. 17116 referierten Arbeit. G. HALMI. 3500☐

Absolute Konfigurationen der Necine. N. J. Leonard. (Chem. and Ind. **1957**. 1455—56. 2/11. Urbana, Ill., Univ., Noyes Chem. Labor.) (Engl.)

Am C-Atom 1 durch CH_2OH, CH_3, $CH_2OCOC_6H_5$ u CH_2Cl substituierte *Pyrrolizidine* unterscheiden sich voneinander um ähnliche Beträge im mol. Drehungsvermögen wie die entsprechend 1-substituierten Chinolizidine bekannter abs. Konfiguration. Demnach dürfte *Isoretronecanol* dem (—)-Lupinin, *Trachelanthamidin* dem (+)-Isolupinin konfigurativ entsprechen u. als *1α-Hydroxymethyl-8β-pyrrolizidin* bzw. *1β-Hydroxymethyl-8β-pyrrolizidin* zu formulieren sein. Für *Lindelofidin* [(+)-*Isoretronecanol*] ergibt sich daraus die Konfiguration des *1β-Hydroxymethyl-8α-pyrrolizidins*, für *Laburnin* [(+)-*Trachelanthamidin*] die des *1α-Hydroxymethyl-8α-pyrrolizidins*. H. LETTAU. 3500☐

Die Konfiguration des „α"-Cocains. Alex Heusner. (Z. Naturforsch. **12b**. 602—03. Aug./Sept. 1957. Ingelheim, Fa. C. H. Boehringer & Söhne, Wiss. Abt.) (Dt.)

Nor-„α"-ekgoninmethylester [**I**; F 149—151°, Wiedererstarren bei 153°, bis 360° nicht vollständig geschmolzen (Nadeln; Essigester)], dargestellt aus Nortropinon über *Nortropinoncyanhydrin* [F. (Rohprod.) 115—135° (Acetonitril)], reagiert mit p-Nitrobenzaldehyd in sd. Chlorbenzol unter Bldg. eines *Tetrahydro-1.3-oxazin-Deriv.* [F. 113 bis 115° (Platten; Diisopropyläther)], enthält also die OH-Gruppe cis-ständig zum Stickstoff. Dies gilt auch für den aus **I** durch Umsetzung mit CH_3J erhältlichen *„α"-Ekgoninmethylester* u. folglich auch für *Tropinoncyanhydrin* (**II**) u. das aus diesem dargestellte *„α"-Cocain* (WILLSTÄTTER [1896]). In Übereinstimmung hiermit zeigt das IR-Spektrum von **II** eine Wasserstoffbrücke zwischen der OH-Gruppe u dem Stickstoff an. A. TÄUFEL. 3500☐

Die Konstitution des Dioscorins. A. R. Pinder. (Chem. and Ind. **1957**. 1240—41. 14/9. Cardiff, Univ. Coll., Dep. of Chem.) (Engl.)

Vorl. Mitt. zu der C. **1960**. 15749 referierten Arbeit. H. FLENTJE. 3500

Über die Konstitution von Orixin. Masanobu Terasaka. (Chem. pharmac. Bull. [Tokyo] **7**. 946—49. Dez. 1959. Annu. Rep. Tokyo Coll. Pharmacy Nr. **10**. 304—20. 1960. Tokyo, Ueno, Pharmazeut. Hochschule, Damenabt.) (Dt.)

Orixin (**I**), $C_{17}H_{21}NO_6$, ein Alkaloid aus der Stamm- u. Wurzelrinde von *Orixa japonica* THUNB., hat die Struktur *2.4-Dimethoxy-3-[2.3-dihydroxy-3-methylbutyl]-7.8-methylendioxychinolin*. Beim Einleiten von HCl in die äther. Lsg. von **I** bildet sich *Nororixin* {*3-[2.3-Dihydroxy-3-methylbutyl]-4-methoxy-7.8-methylendioxychinolon-(2)* (**II**), $C_{16}H_{19}NO_6$, F. 196°, Prismen. *Di-p-nitrobenzoat*, $C_{30}H_{25}N_3O_{12}$, F. 221—222°}. **II** löst sich in KOH u. gibt mit CH_2N_2 *Isoorixin* {*N-Methyl-3-[2.3-dihydroxy-3-methylbutyl]-4-methoxy-7.8-methylendioxychinolon (2)* (**III**), $C_{17}H_{21}NO_6$, F. 127°, Prismen}. Die UV-Spektren von **II** u. **III** sind vom 2-Chinolontypus. Bei der HJO_4- Oxydation von **I** entstehen *Aceton* (*2.4-Dinitrophenylhydrazon*, $C_9H_{10}N_4O_4$, F. 128°, orangefarbene Nadeln) u. *2.4-Dimethoxy-3-formylmethyl-7.8-methylendioxychinolin* ($C_{14}H_{13}NO_5$, F. 122°, Nadeln. *p-Nitrophenylhydrazon*, $C_{20}H_{18}N_4O_6$, F. 226,5°). Der Aldehyd wird durch Stehen mit BF_3- Ätherat in Äthylmercaptan bei 0° in das *Diäthylmercaptal* ($C_{18}H_{23}NO_4S_2$, F. 83,5—84°, Tafeln) übergeführt, das durch Kochen mit RANEY-Ni in abs. A. zu *2.4-Dimethoxy-3-äthyl-7.8-methylendioxychinolin* (**IV**; $C_{14}H_{15}NO_4$, F. 81°, Prismen) entschwefelt wird. Durch Einleiten von HCl in die äther. Lsg. von **IV** entsteht *3-Äthyl-4-methoxy-7.8-methylendioxychinolon-(2)* (**V**; $C_{13}H_{13}NO_4$, F. 169°, Nadeln). Ebenso liefert **II** bei der Rk. mit HJO_4 *Aceton* u. *3-Formylmethyl-4-methoxy-7.8-methylendioxychinolon-(2)* (**VI**; $C_{13}H_{11}NO_5$, F. 230°, Nadeln. *p-Nitrophenylhydrazon*, F. 224°, Tafeln), das weiter über das *Diäthylmercaptal* ($C_{17}H_{21}NO_4S_2$, F. 123—124°, Täfelchen) u. Rk. mit RANEY-Ni in **V** übergeführt werden kann. Bei der $NaBH_4$-Red. von **VI** entsteht *3-[β-Hydroxyäthyl]-4-methoxy-7.8-methylendioxychinolon-(2)* ($C_{13}H_{13}NO_5$, F. 200—202°, Nadeln), das mit CH_2N_2 *N-Methyl-3-[β-hydroxyäthyl]-4-methoxy-7.8-methylendioxychinolon-(2)* liefert, welches andererseits durch katalyt. Red. von Kokusagin zu *Dihydrokokusagin* ($C_{13}H_{11}NO_4$, F. 165 bis 166°, Tafeln), Rk. mit CH_3J zum *Jodmethylat* u. dessen Spaltung durch Erwärmen mit Alkali erhalten werden kann. G. TEEGE. 3500□

Eine neue Isochinolin-Ringschlußreaktion. D. Beke, K. Harsányi und D. Korbonits. (Periodica polytechn. [Budapest], chem. Ingenieurwes. **2.** 223—29. 1958. Budapest, TU, Organ.-Chem. Inst.) (Dt.)

Inhaltlich in den C. **1959.** 7127 u. C. **1960.** 16105 referierten Arbeiten enthalten. J. PLANK. 3500□

Belladin: Ein neues Amaryllidaceae-Alkaloid. E. W. Warnhoff. (Chem. and Ind. **1957.** 1385—86. 19/10. Paris, Fac. de Pharmac., Labor. de Pharmac. Galénique.) (Engl.)

Durch Chromatographie des durch Extraktion mit Bzl. aus den Zwiebeln von *Amaryllis belladonna* isolierten Alkaloidgemisches an Al_2O_3 wird in 0,0015%ig. Ausbeute *Belladin* [**I**; $C_{19}H_{25}NO_3$, $[\alpha]_{476}^{25}$ 0° (c = 1,30; Chlf.). *Perchlorat*, $C_{19}H_{25}NO_3 \cdot HClO_4$, F. 128 bis 129,5°, $[\alpha]_D^{22}$ 0° (c = 1,37; W./A.; 1:1). *Pikrat*, $C_{19}H_{25}NO_3 \cdot C_6H_3N_3O_7$, F. 138,5 bis 139,5°. *Methojodid* (**II**), $C_{20}H_{28}JNO_3$, F. 224—225,5°, $[\alpha]_D^{24}$ 0° (c = 0,54; W./Dimethylformamid; 1:1)] erhalten. HOFMANNscher Abbau von **II** ergibt *p-Methoxystyrol* ($C_9H_{10}O$; gibt durch Oxydation mit $KMnO_4$ *p-Anissäure*, F. 183—184°) u. *N.N-Dimethylveratrylamin* [$C_{11}H_{17}NO_2$, *Methojodid*, $C_{12}H_{20}JNO_2$, F. 179,5—180,5° (Zers.)]. **I** stellt somit *p-Methoxyphenäthylveratrylmethylamin* dar. K. LANGE. 3500

Reduktion von Kodeinonen nach der Methode von Meerwein-Ponndorf-Verley. François Krausz und Jean-Pierre Gavard. (C. R. hebd. Séances Acad. Sci. **254.** 3101—02. 25/4. 1962. Massy, Seine-et-Oise, Soc. Alcasynthèse.) (Franz.)

Red. von 30 g Kodeinon mit Al-Isopropylat (**I**) in sd. Isopropanol (Is) gab 21—24 g *Kodein*, F. (Block) 156°, $[\alpha]_D$ —137°. Die Ausbeute in sek.-Butanol (Bu) an Stelle von Is war 66,5%. Arbeiten mit Al-Blech in Is in Ggw. von $AlCl_3$ gab 82,8 %, analog in Bu 61,2%. — Red. von 30 g Dihydrokodeinon (**II**) mit **I** in sd. Is gab 19,5 g (roh) *Dihydroisokodein* (**III**), F. 199° (A.); *Methojodid*, F. 271°; $[\alpha]_D$ —82° (W.); *Saures Tartrat*, F. 191°. Red. von **II** mit einem Borhydrid gab ebenfalls **III**. J. ROTHE. 3500□

Zur Konstellation der Alkaloide vom Corydalintyp. Hans-Werner Bersch. (Arch. Pharmaz. Ber. dtsch. pharmaz. Ges. **291/63.** 595—98. Dez. 1958. Braunschweig, TH, Inst. für pharm. Chem. u. Lebensmittelchem.) (Dt.)

Durch das Auftreten einer Bande zwischen 2700 u. 2800 cm^{-1} in den IR-Spektren des *Corydalins* (**I**) u. des *4-Methyltetrahydrocorydalins vom F. 212°* (**II**), nicht aber in den Spektren des *Mesocorydalins* (**III**) u. des *4-Methyltetrahydrocorydalins vom F. 112°* (**IV**), wird die früher auf Grund des unterschiedlichen Verlaufs des HOFMANNschen Abbaus angenommene cis-Stellung der H-Atome an $C_{(3)}$ u. $C_{(4)}$ in **I** u. **II** u. ihre trans-Stellung in **III** u. **IV** bestätigt. Unter Berücksichtigung der Ergebnisse des HOFMANNschen Abbaus werden die wahrscheinlichsten Konstellationen für **I**, **II**, **III** u. **IV** abgeleitet. H. STRUCK. 3500□

Struktur und Substitution des C—D-Ringsystems von Delphinin. K. Wiesner, F. Bickelhaupt und Z. Valenta. (Tetrahedron [London] **4.** 418—20. Nov. 1958. Fredericton, Canada, Univ. of New Brunswick, Organ. Chem. Labor.) (Engl.) — Vgl. C. **1961.** 17946.

Das durch alkal. Isomerisierung von α-Oxodelphonon erhaltene *Isodelphonon* wird durch HJO_4 zu einer *Säure* $C_{24}H_{33}NO_8 \cdot 0{,}5\ C_2H_5OH$ *vom F. 187°* (**I**) oxydiert, für die die Teilstruktur einer *β-[2-Oxo-3-methoxycyclopenten-(5)-yl]-propionsäure* mit dem Mol.-Rest in 5-Stellung vorgeschlagen wird. Aus α-Oxodelphonin wird durch Oxydation mit HJO_4, Neutralisieren u. Behandeln mit $KMnO_4$ eine *Secosäure* erhalten (eine *5-Oxo-4-methoxy-2-hydroxycycloheptancarbonsäure* mit dem Mol.-Rest in 2-Stellung), deren Methylester durch Erhitzen mit $NaOCH_3$ u. Verseifen ebenfalls **I** liefert. Für das C—D-Ring-Syst. des *Delphinins* wird nach eigenen sowie von JACOBS u. PELLETIER (vgl. C. **1956.** 13427 u. früher) veröffentlichten Ergebnissen eine Teilstruktur auf Basis eines *Bicyclo-[3.2.1]-octan*-Syst. angenommen. H.-E. TOUSSAINT. 3500□

Alkaloide aus Rauwolfia schueli Speg. (R. boliviana Mark.). Guillermo Iacobucci und Venancio Deulofeu. (An. Asoc. quím. argent. **46.** 143—48. Juni 1958. Martínez, E. R. Squibb Sons, Labor. de Invest.) (Span.)

Aus der Wurzelrinde von *Rauwolfia schueli Speg.* werden durch Extraktion mit CH_3OH *Ajmalin* (**I**), *Reserpilin* (**II**), *Isoreserpilin* (**III**), *Reserpin* (**IV**) u. *Aricin* (**V**) isoliert. Die Wurzelrinde von *Rauwolfia boliviana Markgraf* enthält die gleichen Alkaloide mit Ausnahme von **V**. Wahrscheinlich sind beide Pflanzen identisch. Das IR-Spektrum von **III** sowie die UV-Spektren von **III** u. von **IV**-*Hydrochlorid* sind graph. wiedergegeben.

Versuche: Die Isolierung der Basen **I, II, III, IV** u. **V** erfolgt durch Extraktion der getrockneten Wurzelrinde von *Rauwolfia schueli Speg.* oder *Rauwolfia boliviana Markgraf* mit CH_3OH, Abdestillieren von CH_3OH im Vakuum, Aufnehmen des Rückstandes in 10%ig. Essigsäure, Einstellen der Lsg. mit 20%ig. NaOH auf pH 9, Absaugen u. Trocknen der ausgefällten *Rohalkaloide*, Aufnehmen in Chlf. u. Trennung der Verbb. **I**—**V** auf dem üblichen Wege durch fraktionierte Extraktion der Basen sowie fraktionierte Kristallisation ihrer Salze. *Ajmalin* (**I**), F. 160° (CH_3OH), $[\alpha]_D^{21}$ +129,2° (Chlf.); **I** läßt sich zu *Isoajmalin* [F. 260—262°, $[\alpha]_D^{20}$ +71,4° (Chlf.)] isomerisieren. — *Aricin* (**V**), F. 189° (A.; Prismen), $[\alpha]_D^{25}$ —58,6° (c = 0,54; A.). *Acetat*, $C_{22}H_{26}N_2O_4 \cdot C_2H_4O_2$, F. 148 bis 149° ($CH_3OH$-Essigester; rhomb. Tafeln). *Hydrochlorid*, F. 255°. *Hydrobromid*, F. 263—264°. *Oxalat*, F. 243—245°. *Pikrat*, F. 222—223°. — *Isoreserpilin* (**III**), $C_{23}H_{28} \cdot N_2O_5$, F. 208° (Bzl.-Hexan; Tafeln), $[\alpha]_D^{20}$ —84,7° (Pyridin), $[\alpha]_D^{21}$ —112,0° (Chlf.). *Nitrat*, $C_{23}H_{28}N_2O_5 \cdot HNO_3$, F. 264—265° ($CH_3OH$; Nadeln), $[\alpha]_D^{20}$ —46,3° (c = 0,08; W.). *Hydrochlorid*, $C_{23}H_{28}N_2O_5 \cdot HCl$, F. 280—281° (abs. A.; Nadeln), $[\alpha]_D^{26}$ —36,4° (c = 0,37; A.). *Methansulfonat*, F. 282—283°. — *Reserpin* (**IV**), F. 263—265° (Chlf.-CH_3OH; Nadeln), $[\alpha]_D^{28}$ —122° (Chlf.). — *Reserpinsäurehydrochlorid*, F. 255—257°, durch Hydrolyse von **IV**. — *Reserpilin* (**II**), *Oxalat*, F. 248—250° (A.; Prismen). *Phosphat*, F. 200—201°, $[\alpha]_D^{23}$ —50,4° (W.). *Hydrochlorid*, $C_{23}H_{28}N_2O_5 \cdot HCl$, F. 221—223° (abs. A.; Prismen), $[\alpha]_D^{25}$ —44,7° (A.). *Pikrat*, $C_{23}H_{28}N_2O_5 \cdot C_6H_3N_3O_7$, F. 174° (wss. A.; Nadeln).
B. GÖBER. 3500□

Über die Alkaloide von Pleiocarpa mutica Benth. 1. Mitt. W. G. Kump und H. Schmid. (Helv. chim. Acta **44**. 1503—16. 16/10. 1961. Zürich, Univ., Organ. chem. Inst.) (Dt.)

Aus der Apocynacee *Pleiocarpa mutica* BENTH. (**P**) werden acht tert. Alkaloide isoliert. Dazu wird das durch Extraktion der Wurzeln von **P** mit 90%ig. essigsäurehaltigem CH_3OH gewonnene Material extraktiv bei verschiedenen pH-Werten in einen „Neutralteil", eine Fraktion schwacher Basen, eine Fraktion starker Basen u. in Form der Reineckate in eine Fraktion quart. Basen aufgetrennt. Aus dem „Neutralteil" u. der Fraktion schwacher Basen werden durch Al_2O_3-Chromatographie u. teilweise durch fraktionierte Kristallisation der Pikrate die acht Alkaloide *Pleiocarpin* (**I**), $C_{23}H_{28}N_2O_4$, *Pleiocarpinin* (**II**), $C_{22}H_{28}N_2O_2$, *Kopsinin* (**III**), $C_{21}H_{26}N_2O_2$, *Eburnamenin* (**IV**), $C_{19}H_{22}N_2$, *Pleiocarpamin* (**V**), $C_{21}H_{24}N_2O_2$, *Pleiomutin* (**VI**), $C_{42-43}C_{52-56}N_4O_2$, *Pleiomutinin* (**VII**), $C_{40}H_{46-48}N_4O_2$, u. *Pleiocarpinidin* in reiner Form isoliert. **I** ist das Hauptalkaloid u. enthält weder N—CH_3 u. C—CH_3-Gruppen noch akt. H. Die vier O-Atome sind in zwei Carbomethoxygruppen gebunden. Von den beiden N-Atomen ist das eine bas. u. tert., das andere liegt in einer N-Carbomethoxyhexahydrocarbazol- oder äquivalenten Gruppierung vor. Das UV-Spektrum von **I** ist dem von *N-Carbäthoxyhexahydrocarbazol* sehr ähnlich. **I** wird durch $LiAlH_4$ zu $N_{(a)}$-*Methylkopsinylalkohol* (**VIII**) u. *Kopsinylalkohol* (**IX**) reduziert. **II** gibt dabei nur **VIII**, während **III** zu **IX** red. wird. Damit sind **I, II** u. **III** eindeutig miteinander verknüpft. Bei **II** ist gegenüber **I** die am $N_{(a)}$ stehende Carbomethoxygruppe durch eine CH_3-Gruppe ersetzt, während bei **III** das $N_{(a)}$-Atom sek. ist. Die Red. von **I** zu **VIII** läuft über die Stufe einer $N_{(a)}$-*Methylol-Verb.*, die sich dünnschichtchromatograph. nachweisen läßt; das rohe Red.-Prod. spaltet außerdem bei der Säurehydrolyse *Formaldehyd* ab. **IV** ist ident. mit dem aus *Hunteria eburnea* PICK. (**H**) isolierten Alkaloid mit nebenst. Struktur. Umgekehrt enthält **H I** u. **II**. **V** ist ebenfalls ein Indolalkaloid u. enthält je eine C—CH_3- u. OCH_3-Gruppe, jedoch keine N—CH_3-Gruppe. Die OCH_3-Gruppe muß nach dem UV-Spektrum am Benzolkern stehen. Das zweite O-Atom liegt wahrscheinlich in einer Fünfringketonstruktur vor; das zweite N-Atom ist tertiär. **VI** u. **VII** sind aus zwei verschiedenen Teilen aufgebaute „dimere" Alkaloide. Charakterist. Farb-Rkk. mit $Ce(SO_4)_2$ u. Zimtaldehyd/HCl sowie die UV-Spektren der Verbb. sind angegeben.

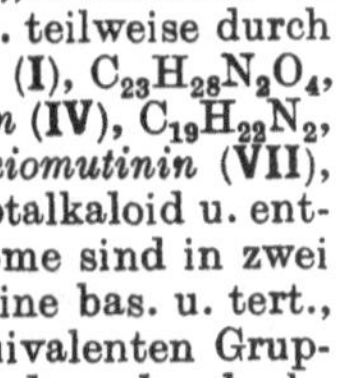

IV

Versuche ([α] in Chlf.): *Pleiocarpin* (**I**), $C_{23}H_{28}N_2O_4$, F. 141—142° (CH_3OH u. Pentan/CH_3OH); $[\alpha]_D^{25}$ —145 ± 3° (c = 1,1725); pK^*_{MCS} 6,19. *Hydrochlorid*, $C_{23}H_{29}Cl \cdot N_2O_4$, F. 229—230° (Zers.; A./Ae.). *Pikrat*, $C_{29}H_{31}N_5O_{11}$, F. 157—159° (wss. CH_3OH). *Methojodid*, $C_{24}H_{31}JN_2O_4$, F. 235—236° (Zers.), aus Aceton/Ae. Würfel. — *Pleiocarpinin* (**II**), $C_{22}H_{28}N_2O_2$, F. 135—136°, aus Pentan Prismen; $[\alpha]_D^{22}$ —124 ± 2° = (c = 1,461 pK^*_{MCS} 6,94. *Pikrat*, $C_{28}H_{31}N_5O_9$, F. 222—223° (Zers.; CH_3OH). *Styphnat*, $C_{28}H_{31}N_5O_{10}$, F. 205—207° (Zers.; A./Bzl.). *Methojodid*, $C_{23}H_{31}JN_2O_2$, F. 295—298° (Zers.), aus CH_3OH/Ae. Schuppen. — *Kopsinin* (**III**), $C_{21}H_{26}N_2O_2$, F. 105°, aus Pentan Platten; $[\alpha]_D^{25}$ —69 ± 3° (c = 0,8561). *Methojodid*, $C_{22}H_{29}JN_2O_2$, F. 265° (Zers.), aus CH_3OH/Ae. glänzende

Schuppen. — *Eburnamenin* (**IV**), *Pikrat*, $C_{25}H_{25}N_5O_7$, F. 189° (Zers.), aus CH_3OH Nadeln. *Methojodid*, $C_{20}H_{25}JN_2$, F. 259—260° (Zers.; A./Essigester). — *Pleiocarpamin* (**V**), $C_{21}H_{24}N_2O_2$, F. 159°, aus Pentan sechseckige Plättchen; $[\alpha]_D^{23}$ $+123 \pm 4°$ (c = 0,783). *Methojodid*, $C_{22}H_{27}JN_2O_2$, Zers. bei 265—270°, aus CH_3OH/Ae. Nadeln. — *Pleiomutin* (**VI**), aus dem Dipikrat an Al_2O_3 in Chlf.; lackartig; $[\alpha]_D^{22}$ $-97 \pm 5°$ (c = 1,03). *Dipikrat*, Zers. ab 230° (Aceton/Isopropanol u. Aceton/Ae.). *Distyphnat*, aus Isopropanol/Aceton u. Aceton/Ae. Nadeln. — *Pleiomutinin* (**VII**), $C_{40}H_{46}N_4O_2$ oder $C_{40}H_{48}N_4O_2$. — *Pleiocarpinidin*, F. 154—156°, aus Pentan Prismen. — *$N_{(a)}$-Methylkopsinylalkohol* (**VIII**), $C_{21}H_{28}N_2O$, F. 136—137°, a) durch 2 std. Kochen von 109 mg **I** u. $LiAlH_4$ in Ae. u. Al_2O_3-Chromatographie in Pentan; aus Pentan Nadeln; 70 mg (daneben 15 mg **IX**); b) analog aus **II**. *Pikrat*, $C_{27}H_{31}N_5O_8$, F. 207—210° (Zers.; Aceton/W.). *O-Acetat*, $C_{23}H_{30}N_2O_2$, F. 124—125° (Pentan), durch 48 std. Stehen von 90 mg **VIII** in Essigsäureanhydrid/Pyridin (4:1) bei 20° u. Filtrieren über Al_2O_3 in Ae.; 87 mg. — *Kopsinylalkohol* (**IX**), $C_{20}H_{26}N_2O$, F. 159—160° (Ae./Pentan u. Aceton/CH_3OH), aus **III** analog **VIII**. — *Formaldehyd-p-nitrophenylhydrazon*, F. 179—180°, durch 20 Min. langes Kochen von 91 mg **I** mit $LiAlH_4$ in Ae., Eintropfen in eisgekühlte 2n H_2SO_4, Abdunsten des Ae. u. Dampf-Dest. in 5%ig. p-Nitrophenylhydrazin·HCl-Lsg.; 3,6 mg. — *N-Carbäthoxyhexahydrocarbazol*, $C_{15}H_{19}NO_2$, durch 1 std. Kochen von Hexahydrocarbazol u. C_2H_5MgJ in Ae., Zutropfen von Chlorameisensäureäthylester, 1 std. Stehen u. Dest. bei 80—90° (Luftbad) 0,001 Torr; Öl; 58%. G. TEEGE. 3500□

Die Natur von Homovitexin. W. B. Whalley. (Chem. and Ind. **1958**. 361—62. 22/3. Liverpool, Univ., Dep. of Organ. Chem.) (Engl.)

Löst man *Vitexin* [**I**; F. 260—263° (Zers.), aus wss. Pyridin goldfarbene Plättchen], das gelbe Pigment aus *Vitex littoralis*, in einem großen Vol. A., so scheidet sich erst nach dem Einengen auf ein sehr kleines Vol. ein blaßgelber Festkörper vom F. ca. 255° (Zers.) ab, der in der Mischschmelzprobe den F. von **I** nicht erniedrigt, das gleiche IR-Spektrum wie **I** aufweist u. aus wss. Pyridin wieder zu **I** (F. 263°) umkrist. wird. Nach dieser Beobachtung wird angenommen, daß das neben **I** von PERKIN [1899] beschriebene *Homovitexin* (**II**; F. 245—246°, Nadeln) eine isomorphe Modifikation von **I** darstellt. Da authent. **II** nicht mehr zur Verfügung steht, konnte eine Mischschmelzprobe mit **I** nicht durchgeführt werden. H.-E. TOUSSAINT. 3550□

Die absolute Konfiguration von Costol (Sesquibenihiol) und Alantolacton. V. Benešová, V. Sýkora, V. Herout und F. Šorm. (Chem. and Ind. **1958**. 363—64. 22/3. Prague, Czechoslovak Acad. of Sci., Inst. of Chem., Dep. of Natural Prod.) (Engl.)

Costol (**I**) läßt sich in eine *Tricarbonsäure $C_{12}H_{18}O_6$ vom F. 215°*, $[\alpha]_D^{20}$ $-21,7°$, überführen; aus β-Selinen (**II**) erhält man eine *Tricarbonsäure $C_{12}H_{18}O_6$ vom F. 216°*, $[\alpha]_D^{20}$ $-24,9°$. Vermutlich handelt es sich um stereoisomere Formen der *β-[1-Methyl-2.4-dicarboxycyclohexyl]-propionsäure*. Da die abs. Konfiguration von **II** bekannt ist, konnte jene von **I** aufgestellt werden. Unter Heranziehung verschiedener anderweitiger Veröffentlichungen wird gezeigt, daß **I** u. *Sesquibenihiol* nicht nur die gleiche Struktur eines *$\Delta^{4,14.11}$-Selinadien-13-ols*, sondern auch ident. Stereochemie besitzen; es wird vorgeschlagen, nur noch den länger bekannten ersteren Namen zu benutzen. Die gleiche Konfiguration an $C_{(5)}$, $C_{(7)}$ u. $C_{(10)}$ wie **I** besitzt auch *Alantolacton*; die abs. Konfiguration am $C_{(7)}$ muß der von Tetrahydroalantolacton entsprechen. H.-E. TOUSSAINT. 3600□

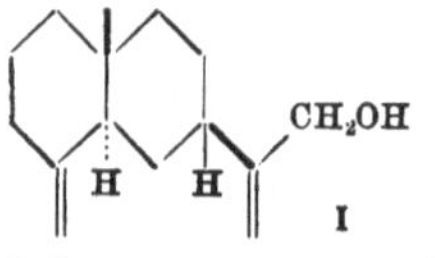

I

Isolierung und Struktur von Gafrinin, einem Sesquiterpenoidlacton aus Geigeria africana. J. P. de Villiers. (J. chem. Soc. [London] **1961**. 2049—52. Mai. Onderstepoort, Pretoria, Div. of Vet. Serv., Dep. of Agriculture; Pretoria, South African Council for Scientific and Ind. Res., Nat. Chem. Res. Labor.) (Engl.)

Gafrinin (**I**) wurde aus *Geigeria africana* Gries. isoliert. Die Verb. enthält eine Acetoxy- u. eine OH-Gruppe, zwei Doppelbindungen u. ist monocyclisch. Nebenstehende Struktur wird vorgeschlagen.

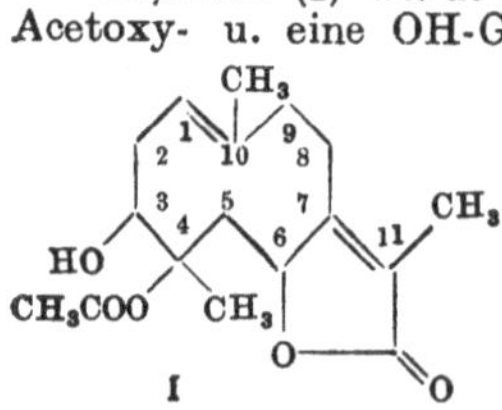

I

Versuche: *Gafrinin* (**I**), $C_{17}H_{24}O_5$, F. 110°, durch Extraktion lufttrockener, gemahlener *Geigeria africana* mit Hexan u. A. bei Raum-Temp., Einengen, Zugabe von W. u. gesätt. wss. $Pb(CH_3 \cdot COO)_2$-Lsg., Filtrieren, Zugabe von KH_2PO_4, Extraktion mit Hexan, Kochen in A. mit Aktivkohle, Filtrieren, Verdünnen mit W., Extraktion mit Chlf., Waschen mit W., Verdampfen des Chlf., chromatograph. Reinigung des teerigen Prod. an einer Cellulose/Formamid-Säule mit Hexan/Bzl. (1:1); Aufnehmen des Prod. in Chlf., Waschen mit W. u. Verdampfen; aus Aceton/Ae. feine Nadeln; $[\alpha]_D^{28}$ $-16,1°$ (c = 5,2); gelbe Färbung mit Tetranitromethan; 6% (Ausbeute, bezogen auf teeriges Roh-Prod.).

Dihydro-Deriv. (II), $C_{17}H_{26}O_5$, aus I durch Hydrieren an $Pd/CaCO_3$ in Methanol; Öl; n_D^{20} 1,4981; $[\alpha]_D^{18}$ $-10,8^0$ (c = 4); 2,5 g II in wss. KOH gelöst, filtriert, angesäuert, mit Chlf. extrahiert, geben nach Verdampfen des Chlf. durch wiederholtes 1std. Dehydrieren an 30%ig. Pd/Kohle bei 330°, Extraktion mit Hexan u. Chromatographie in Hexan an Al_2O_3 *Chamazulen* (intensiv blaues Öl; 35,5 mg. *1.3.5-Trinitrobenzoladdukt*, F. 132—133°, aus A. schwarze Nadeln, 12 mg). *Acetyl-Deriv.*, $C_{19}H_{28}O_6$, $Kp._{0,5}$ 230°, aus I u. Acetanhydrid/$HClO_4$, Reinigung der äther. Lsg. an saurer Al_2O_3-Säule u. Dest.; n_D^{20} 1,5022; $[\alpha]_D^{18}$ $+26,5^0$ (c = 4,4). — *Desacetyldehydrodihydrogafrinin*, $C_{15}H_{22}O_4$, $Kp._1$ 210°, durch Rk. von II in Aceton mit 8n CrO_3/H_2SO_4 bei Raum-Temp., Verdünnen mit W., Extraktion mit Ae., Verdampfen, Chromatographie an saurem Al_2O_3 in A. u. Dest.; n_D^{20} 1,5009; $[\alpha]_D^{19}$ $-14,3^0$ (c = 4). — *Anhydrodesacetyldehydrodihydrogafrinin, 2.4-Dinitrophenylhydrazon*, $C_{21}H_{24}N_4O_6$, F. 229—230°, durch Rk. vorst. Verb. mit 2.4-Dinitrophenylhydrazin; rote Kristalle. — *Desacetylgafrininsäuremethylester* (III), $C_{16}H_{26}O_5$, F. 94—95° (Aceton/Ae.), durch 3 Tage lange Rk. von I in abs. Methanol mit Na-Methylat bei 4°, Neutralisation mit festem CO_2, Einengen im Vakuum, Zugabe von W. u. Extraktion mit Chlf.; $[\alpha]_D^{18}$ -40^0 (c = 1); 0,35 g. *Isopropyliden-Deriv.*, $C_{19}H_{30}O_5$, durch 4 Tage langes Schütteln in abs. Aceton mit wasserfreiem $CuSO_4$ bei 20°; Öl; n_D^{20} 1,4927; $[\alpha]_D^{20}$ $-23,2^0$ (c = 2,8). — *Diacetyldesacetylgafrininsäure, Methylester*, $C_{20}H_{30}O_7$, F. 49,5—50,5°, aus vorst. Verb. durch Rk. mit Acetanhydrid/Pyridin u. Chromatographie wie vorst.; $[\alpha]_D^{20}$ $-62,5^0$ (c = 3,2). — *Anhydrogafrinin*, $C_{17}H_{22}O_4$, F. 55—56°, aus 0,1 g I durch 2std. Erhitzen mit Al_2O_3 auf 180°/0,2 Torr; 34 mg. — *Anhydrodesacetylgafrininsäuremethylester*, $C_{16}H_{24}O_4$, analog vorst. Verb. aus III; Öl; n_D^{20} 1,5023; $[\alpha]_D^{20}$ $-5,2^0$ (c=3,—).
H.-J. WEIGMANN. 3600□

Die Struktur von Dendropanoxid, einem neuen Triterpenoid aus den Blättern von Dendropanax trifidus Makino. Kôiti Kimura, Yohei Hashimoto und Isao Agata. (Chem. pharmac. Bull. [Tokyo] **8.** 1145—46. Dez. 1960. Kyoto, Univ., Fac. of Pharmacy.) (Engl.)

Dendropanoxid (I; $C_{30}H_{50}O$, F. 206—207°, durch Behandeln der benzol. Extrakte mit sd. A. u. Extrahieren der alkohol. Lsg. mit PAe.; $[\alpha]_D^{28}$ $+68,4^0$ (c = 1,05; Chlf.); aus A. Nadeln; daneben *Friedelin* u. *Epifriedelinol*), ein neues Triterpenoid, wurde aus den Blättern von *Dendropanax trifidus Makino* isoliert u. als *3β.5β-Epoxy-3β-alnusan* identifiziert. Die Spaltung von I mit 0,6%ig. H_2SO_4 bei 15—20° oder mit 0,02%ig. alkohol. HCl bei 60—70° ergibt *$\Delta^{5,10}$-Alnusen-3ξ-ol* [II; $C_{30}H_{50}O$, F. 240—242°, $[\alpha]_D^{28}$ $+39,4^0$ (c = 0,25; Chlf.); 6 bzw. 70% (Ausbeute)], dessen Oxydation mit CrO_3 in Pyridin *$\Delta^{5,10}$-Alnusen-3-on* [III; $C_{30}H_{48}O$, F. 250—252°, $[\alpha]_D^{28}$ $+86,5^0$ (c = 0,73; Chlf.)] liefert. Beim Erhitzen von I mit Essigsäure/HCl (100 : 1) entsteht *$\Delta^{5,10}$-Alnusen-3ξ-ylacetat* [$C_{32}H_{52}O_2$, F. 284—287°, $[\alpha]_D^{28}$ $26,5^0$ (c = 0,98; Chlf.)]. Durch Red. von I mit Na-Acetat u. Zn in Essigsäure entsteht ein *Gemisch* [IV; $C_{30}H_{50}O$, F. 220° (sintert bei 213°); $[\alpha]_D^{28}$ $+15,2^0$ (c = 0,98; Chlf.)] aus *Alnusenol* u. II. Die Oxydation von IV mit CrO_3/Pyridin ergibt ein *Gemisch* [F. 245—249°, $[\alpha]_D^{28}$ $65,1^0$ (c = 0,38; Chlf.)] aus *Alnusenon* u. III, das beim Erhitzen mit Essigsäure/HCl (40 : 1) reines III liefert. Die Maxima der IR-Spektren sind angegeben.
W. HAMPEL. 3600□

Kontraktion des A-Ringes von Triterpenen und verwandten Verbindungen. Allgemeine Einführung. Jean-François Biellmann, Durdica Kučan, Mladen Rajic, Pierre Witz und Guy Ourisson. (Bull. Soc. chim. France **1962.** 330. Febr. Strasbourg, Inst. de Chim.) (Franz.)

Einführung u. zusammenfassende Inhaltsangabe.
J. ROTHE. 3600□

Kontraktion des A-Ringes von Triterpenen und verwandten Verbindungen. 1. Mitt. Stereochemie der Kontraktion des A-Ringes von Triterpenen und verwandten Verbindungen. Jean-François Biellmann und Guy Ourisson. (Bull. Soc. chim. France **1962.** 331—36. Febr.) (Franz.) — Vgl. vorst. Referat.

Vff. untersuchten Ringverengungen des A-Ringes in Derivv. des 4.4-Dimethylcholestanols (IA), des Trinorlactons (IB) von Dipterocarpol u. des Allobetulins (IC). Solvolyse der entsprechenden 3β-Methansulfonate (II) bzw. 3β-p-Toluolsulfonate (III) mit wss. Dioxan führt ebenso wie das Behandeln der Verbb. I selbst mit PCl_5 zu den *Isopropyliden-Derivv.* IV. Bei den Solvolysen entstehen ferner noch die *endocycl. ungesätt. Verbb.* V u. die *tert. Alkohole* VI. Die Struktur von VIA wurde durch Partialsynth. aus 3-Methyl-Δ^2-cholesten (VII) bewiesen. Oxydative Ozonspaltung der IV gab die Ketone VIII, wobei Vff. eine Epimerisierung in 5-Stellung während der Isolierung postulieren. Ozonisiert man bei -70^0 u. behandelt anschließend mit $NaBH_4$, so werden in der Tat die Alkohole IX mit trans-Hydrindanstruktur erhalten, die unter kontrollier-

IB

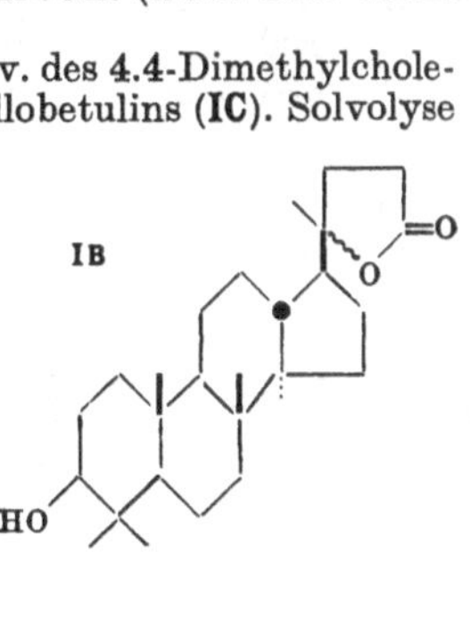

ten Bedingungen zu den entsprechenden trans-α-Hydrindanonen (mit negativem, sehr intensiven COTTON-Effekt; die **VIII** zeigen positiven COTTON-Effekt mittlerer Intensität) oxydiert werden können. — Die Ringverengung gelingt nur mit äquatorialen *3β*-Alko-

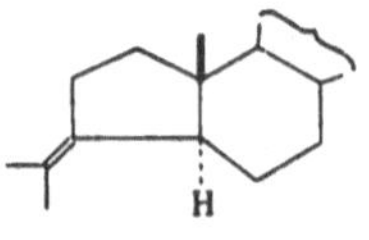

IV

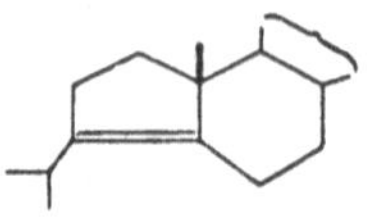

V

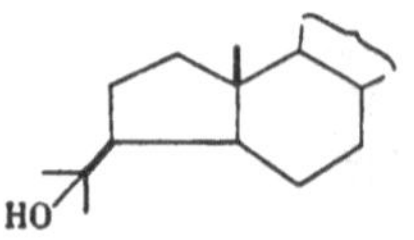

VI

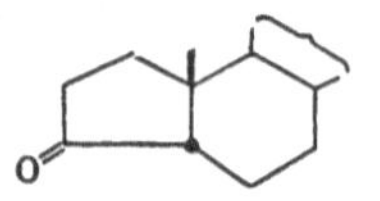

VIII

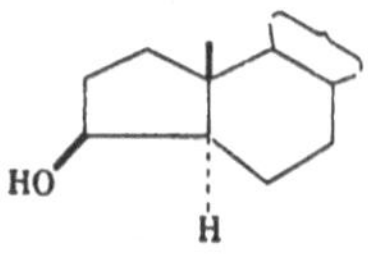

IX

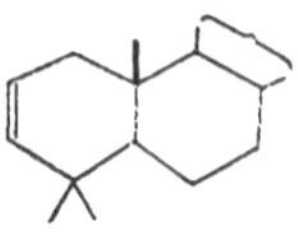

XI

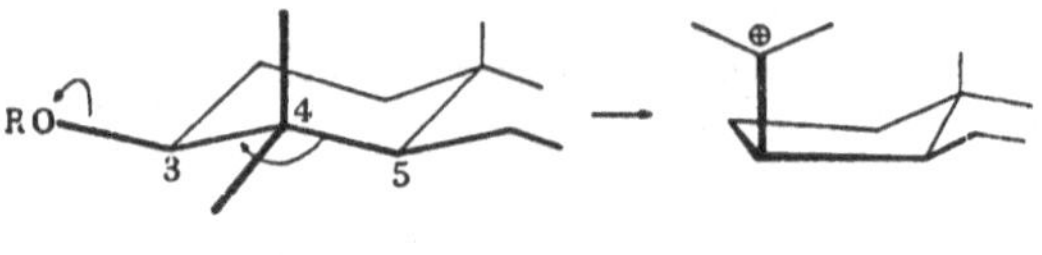

I R = H
II R = CH_3SO_2
III R = p-$CH_3C_6H_4SO_2$

holen **I** bzw. deren Estern u. verläuft über nachst. Carboniumion. Axiale 3α-Alkohole werden mit PCl_5 dagegen einfach dehydratisiert (ohne Ringverengung).

Versuche (F.* = KOFLER-Heizbank; [α] = $[\alpha]_{589}^{22-25}$ in CH_3OH): *4.4-Dimethyl-cholestanol* (**IA**), $C_{29}H_{52}O$, F. 155—155,5° (CH_2Cl_2/CH_3OH), aus 4.4-Dimethylcholesterin u. H_2/PtO_2 in CH_3COOH oder H_2/Pd in A. bei 150 at u. 130°; [α] +3,6° (c = 1,3 in Chlf.); 80—90% (Ausbeute). *Acetat*, $C_{31}H_{54}O_2$, F. 132—134°; [α] +17° (c = 1,1 in Chlf.) *Methansulfonat* (**IIA**), $C_{30}H_{54}O_3S$, F.* 148°, [α] +13° (c = 1 in Chlf.). *p-Toluolsulfonat* (**IIIA**), $C_{36}H_{58}O_3S$, F.* 131°, [α] 106° (c = 1,1 in Chlf.). — *3-Isopropyliden-A-norcholestan* (**IVA**), $C_{29}H_{50}$, F. 99—100° (Essigester), aus 1 g **IA** u. PCl_5 in abs. Bzl./Toluol (1std. Rühren bei 0° unter N_2), [α] +5° (c = 1,2 in Dioxan); 0,85 g. — *3-Isopropyl-A-nor-Δ³-cholesten* (**VA**), $C_{29}H_{50}$, F. 96—99° (Essigester), aus **IVA** u. CCl_3COOH in Chlf. (1std. Stehen in der Kälte), [α] +20° (c = 1 in Dioxan). — *A-Nor-5β-cholestan-3-on* (**VIIIA**), F. 73—74° (CH_3OH), aus 0,25 g **IVA** u. O_3 in CH_2Cl_2/CH_3OH bei —70°, anschließendes Behandeln mit Zn u. CH_3COOH, $[\alpha]_{600}$ +94°, $[\alpha]_{310}$ +2230°, $[\alpha]_{280}$ —1500°, $[\alpha]_{275}$ —1450° (c = 0,05). — 18std. Kochen von 1,1 g **IIA** in wss. Dioxan in Ggw. von $CaCO_3$ u. nachfolgende Chromatographie an Al_2O_3 gab 0,66 g **VA** u. 0,17 g *3β-[2-Hydroxypropyl-(2)]-A-norcholestan* (**VIA**), $C_{29}H_{52}O$, F. 101,5—102,5° (CH_2Cl_2/CH_3OH), [α] +27° (c = 1,1 in Chlf.); war nicht acetylierbar. — *3β-Hydroxy-A-norcholestan* (**IXA**), $C_{26}H_{46}O$, F. 131 bis 131,5° (CH_2Cl_2/CH_3CH_2OH), aus 1,06 g **IVA** u. O_3 in CH_2Cl_2/CH_3OH bei —70°, anschließendes Zugeben von $NaBH_4$ in wss. CH_3OH u. Chromatographie an Al_2O_3, $[\alpha]_{600}$ +27° (c = 1 in Chlf.); 0,59 g; daneben 0,14 g einer *Verb. mit unbestimmter Konstit.*, F.* 122° (CH_2Cl_2/CH_3OH), [α] —17° (c = 1 in Dioxan). — *A-Norcholestan-3-on* (**XA**), $C_{26}H_{44}O$, F.* 106° (Ae./CH_3OH), aus 0,1 g vorst. Verb. u. $Na_2Cr_2O_7$ in CH_3COOH/W. in Ggw. von CH_3COONa (2std. Stehen), $[\alpha]_{600}$ — 7°, $[\alpha]_{307,5}$ — 2560°, $[\alpha]_{275}$ +2700° (c = 0,1). — Red. von 50 mg **XA** mit KBH_4 in wss. Dioxan (3 Std. bei Raum-Temp.) gab 35 mg **IXA**. — *3-Acetyl-A-nor-Δ²-cholesten*, $C_{28}H_{46}O$, F.* 122° (CH_2Cl_2/CH_3OH), durch Behandeln von 5 g **VII** mit O_3 in CH_2Cl_2/CH_3OH, Zugeben von Zn bei Raum-Temp. u. 2std. Kochen des Rohprod. mit Toluol in Ggw. von p-Toluolsulfonsäure unter N_2; [α] +29°, $[\alpha]_{450}$ +40°, $[\alpha]_{355}$ —425°, $[\alpha]_{304}$ +1400°, $[\alpha]_{295}$ +1210° (c = 0,1); 1,05 g; daneben 2,1 g gelbes Öl (nicht untersucht). — *3β-Acetyl-A-norcholestan*, $C_{28}H_{48}O$, F.* 88° (CH_2Cl_2/CH_3OH), aus 0,5 g vorst. Verb. u. H_2/Pd-Kohle in Essigester; $[\alpha]_{600}$ +43°, $[\alpha]_{307,5}$ +863°, $[\alpha]_{275}$ —870° (c = 0,1); 0,5 g. — Rk. von 60 mg vorst. Verb. mit CH_3MgJ in Ae. (1½ Std.) gab 45 mg **VIA**, 1std. Kochen von 0,1 g vorst. Verb. mit wss.-methanol. KOH unter N_2 gab 95 mg *3α-Acetyl-A-norcholestan*, $C_{28}H_{48}O$, F.* 81° (CH_2Cl_2/CH_3OH), $[\alpha]_{600}$ —47°, $[\alpha]_{310}$ +67°, $[\alpha]_{290}$ —68° (c = 0,1). — *Methansulfonat* (**IIB**) von **IB**, $C_{28}H_{46}O_5S$, F.* 186° (Bzl./PAe.), $[\alpha]_{578}$ +41° (c = 1,4 in Chlf.). — *p-Toluolsulfonat* (**IIIB**) *von* **IB**, $C_{34}H_{50}O_5S$, F.* 183° (CH_2Cl_2/CH_3OH), [α] +28° (c = 1 in Chlf.). — *Verb.* **XIB**, $C_{27}H_{42}O_2$, F. 159—161° (CH_2Cl_2/CH_3OH), sublimiert bei 150°/0,1 mm, durch 2½std. Kochen von 0,33 g **IB** mit $POCl_3$/Pyridin, $[\alpha]_{578}$ +65° (c = 0,7 in Chlf.); 0,3 g. — *Verb.* **IVB**, $C_{27}H_{42}O_2$, durch 2std. Kochen von 0,53 g **IIB** mit wss. Dioxan in Ggw. von $CaCO_3$; 0,35 g. Daneben 0,1 g *Verb.* **VIB**,

$C_{27}H_{44}O_3$, F. 187—189,5° (CH_2Cl_2/CH_3OH), $[\alpha]_{578}$ +59° (c = 0,7 in Chlf.); nicht acetylierbar. — 20std. Kochen von 2,8 g **IIIB** mit wss. Dioxan in Ggw. von $CaCO_3$ gab 0,47 g **VIB** u. 1,35 g eines Olefingemisches **XII**, enthaltend **IVB** u. **VB**. — Behandeln von **XII** mit HCl-Gas in CH_2Cl_2 (2 Std.) gab *Verb.* **VB**, $C_{27}H_{42}O_2$, F. 122—124°, sublimiert bei 120°/0,1 mm, $[\alpha]_{578}$ +62° (c = 0,8 in Chlf.). — Ozonisation von 1 g **XII** bei —70° gab 0,35 g *Verb.* **IXB**, $C_{24}H_{38}O_3$, Doppel-F. 91—94 u. 160—161° oder 145—146° (CH_2Cl_2/PAe.), besser erhältlich aus 0,4 g **IVB** u. O_3 in CH_2Cl_2/CH_3OH bei —70°, dann Behandeln mit KBH_4 in wss. CH_3OH, $[\alpha]_{578}$ +45° (c = 0,8 in Chlf.). *Acetat*, $C_{26}H_{40}O_4$, F. 197—201°, $[\alpha]$ +37,5° (c = 1 in Chlf.). — *Verb.* **XB**, $C_{24}H_{36}O_3$, F.* 155° (Aceton/PAe.), aus 0,11 g **IXB** u. $Na_2Cr_2O_7$ wie oben, $[\alpha]_{600}$ 0°, $[\alpha]_{305}$ —2260°, $[\alpha]_{275}$ +1990° (c = 0,1); 0,1 g. — *Allobetulinmethansulfonat* (**IIC**), $C_{31}H_{52}O_4S$, F.* 195°, $[\alpha]$ +47,6° (c = 1,2 in Chlf.). — *Verb.* **XIC**, $C_{30}H_{48}O \cdot C_2H_5OH$, F.* 245° ($CH_2Cl_2$/A.), aus 0,52 g **IIC** u. sd. Pyridin unter N_2 (22 Std.), $[\alpha]$ +68° (c = 0,7 in Dioxan/CH_2Cl_2 2 : 1); 0,35 g; ist wahrscheinlich ident. mit dem „γ-Apoallobetulin" von RUZICKA, BRUNGER u. GUSTUS [1932]. — *Verb.* **IVC**, $C_{30}H_{48}O$, F.* 206°, aus **IC** u. PCl_5 in Bzl./Toluol wie oben, $[\alpha]$ +45° (c = 1,0 in Dioxan); 80%. — *Verb.* **VC**, $C_{30}H_{48}O$, F.* 201° (CH_2Cl_2/CH_3OH), aus 90 mg **IVC** u. CCl_3COOH in Chlf. (1 Std.), $[\alpha]$ +67° (c = 1 in Chlf./Dioxan 1 : 2); 80 mg. — *Verb.* **VIIIC**, $C_{27}H_{42}O_2$, F.*220° (CH_2Cl_2/PAe.), aus 0,9 g **IVC** u. O_3, dann Zn/CH_3COOH, wie oben, $[\alpha]$ +125°, $[\alpha]_{312,5}$ +2017°, $[\alpha]_{285}$ —1150° (c = 0,1); 0,32 g. — *Verb.* **IXC**, $C_{27}H_{44}O_2$, F.* 214—215°(CH_2Cl_2/CH_3OH), aus 1 g **IVC** u. O_3, dann KBH_4 wie oben, $[\alpha]$ +59° (c = 1 in Chlf.); 0,75 g. Daneben 0,11 g einer *Verb. von F.* 265°* (CH_2Cl_2/PAe.), $[\alpha]$ +23° (c = 1 in Dioxan/CH_2Cl_2 2 : 1). — *Verb.* **XC**, $C_{27}H_{42}O_2$, F.* 230° (Ae./CH_3OH), aus **IXC** u. $Na_2Cr_2O_7$ wie oben, $[\alpha]$ +9°, $[\alpha]_{305}$ —2290°, $[\alpha]_{275}$ +2480°. J. ROTHE. 3600□

Kontraktion des A-Ringes von Triterpenen und verwandten Verbindungen. 2. Mitt. Kontraktion des A-Ringes von 4.4-Dimethyl-19-norsteroiden. Jean-François Biellmann, Durdica Kučan und Guy Ourisson. (Bull. Soc. chim. France **1962.** 337—40. Febr.) (Franz.) — 1. vgl. vorst. Referat.

4.4-Dimethyl-19-norandrostan-3β.17β-diol-17-acetat (**I**) gab beim Behandeln mit PCl_5 unter Ringverengung ein Gemisch, aus dem, teilweise in Form ihrer Ozonisierungs-Prodd., 44% *3-Isopropyliden-A.19-dinorandrostan-17β-ol-acetat* (**III**) u. 33% *3β-Isopropenyl-A.19-dinorandrostan-17β-olacetat* (**II**) isoliert wurden. Sekundär-Rkk., die die trans-α-Hydrindanonstruktur der Ringe A u. B von **II** u. **III** beweisen, sind beschrieben. Die Solvolyse des *3-Methansulfonats* (**IV**) von **I** führte zu 75% *3β-[α-Hydroxyisopropyl]-A.19-dinoandrostan-17β-olacetat* (**V**). Das entsprechende freie *Diol* wurde auch aus der entsprechenden *3β-Acetyl-Verb.* (**VII**), einem Ozonisierungs-Prod. von **III**, durch Rk. mit CH_3MgJ erhalten. Die unterschiedlichen Ergebnisse der Ringverengungs-Rkk. bei An- oder Abwesenheit einer $C_{(10)}$-Methylgruppe werden auf die Stereochemie der intermediär auftretenden Carboniumionen zurückgeführt, ebenso die Richtung der Dehydratisierung von juxtacycl. tert. Alkoholen. Das Gleichgewicht zwischen *3α-* u. *3β-Acetyl-A-norcholestan* wurde durch Messung der Rotationsdispersion in CH_3COOH u. CH_3COOH/HCl untersucht; im Gleichgewicht sind 4,2 ± 3,2% des weniger stabilen 3α-Isomeren enthalten.

Versuche (mit * gek. FF. nach KOFLER): *4.4-Dimethyl-19-nor-Δ⁵-androsten-17β-ol-3-onacetat*, $C_{22}H_{32}O_3$, F.* 138—139° (CH_2Cl_2/CH_3OH), aus 18 g 19-Nortestosteron u. CH_3J in tert.-Butanol in Ggw. von tert.-C_4H_9OK ($2^1/_2$std. Rühren), dann Acetylierung; $[\alpha]_{589}$ —28°, $[\alpha]_{315}$ +1270°, $[\alpha]_{275}$ —3350°, $[\alpha]_{270}$ —3340° (c = 0,1); 10,5 g (Ausbeute). — *4.4-Dimethyl-19-nor-Δ⁵-androsten-3β.17β-diol-17-acetat*, $C_{22}H_{34}O_3$, F.* 178—179° (CH_2Cl_2/CH_3OH), aus 10,5 g vorst. Verb. u. KBH_4 in wss. Dioxan (3 Std.); $[\alpha]_{589}$ —13° (c = 1; Chlf.); 9,2 g. — *4.4-Dimethyl-19-norandrostan-3β.17β-diol-17-acetat* (**I**), $C_{22}H_{36}O_3$, F. 186 bis 187° (CH_2Cl_2/A.), aus 3,5 g vorst. Verb. u. H_2/Pd in A. bei 120° u. 110 at (5 Std.); $[\alpha]_{589}$ +5° (c = 1; Chlf.); 3 g. *Freies Diol*, F.* 212°, $[\alpha]_{589}$ +15° (c = 1; Chlf.). *Diacetat*, $C_{24}H_{38}O_4$, F. 212—212,5° (Chlf./CH_3OH), $[\alpha]_D$ +26° (c = 1,1; Chlf.). — *3-Isopropyliden-A.19-dinorandrostan-17β-olacetat* (**III**), $C_{22}H_{34}O_2$, F. 158° (Ae./CH_3OH), aus 3,6 g **I** u. PCl_5 in Bzl./Toluol u. Reacetylierung; $[\alpha]_{589}$ —20° (c = 1; Dioxan); 0,76 g; Eindampfen der Mutterlaugen gab „Öl A". — *A.19-Dinorandrostan-17β-ol-3-on-17-acetat* (**VI**), $C_{19}H_{28}O_3$, F.* 154° (Ae./PAe.), aus 0,20 g **III** u. O_3 bei —70° in CH_2Cl_2/CH_3OH, dann Behandeln mit Zn/CH_3COOH; $[\alpha]_{600}$ —93°, $[\alpha]_{310}$ —3400°, $[\alpha]_{270}$ +3780°, $[\alpha]_{260}$ +3250° (c = 0,1); 0,11 g. — Ozonisation von 0,24 g „Öl A" in CH_2Cl_2/Pyridin bei —70° gab 0,06 g **VI** u. 0,10 g *3β-Acetyl-A.19-dinorandrostan-17β-olacetat* (**VII**), $C_{21}H_{32}O_3$, F.* 142° (Ae./CH_3OH), $[\alpha]_{600}$ +60°, $[\alpha]_{302,5}$ +799°, $[\alpha]_{270}$ —430° (c = 0,1). — *A.19-Dinor-5β-androstan-17β-ol-3-on-17-acetat*, F.* 143° (CH_3OH), durch $2^1/_2$std. Stehen von 0,10 g **VI** mit konz. HCl/CH_3COOH; $[\alpha]_{600}$ +170°, $[\alpha]_{315}$ +1991°, $[\alpha]_{280}$ —1013° (c = 0,06); 0,03 g; daneben 0,04 g **VI** zurück. — *3α-Acetyl-A.19-dinorandrostan-17β-olacetat*, $C_{21}H_{32}O_3$,

F. 129° (Ae./PAe.), aus 0,17 g **VII** u. konz. HCl/CH_3COOH ($2^1/_2$ Std. bei 80°); $[\alpha]_{600}$ −3°, $[\alpha]_{350}$ −31°, $[\alpha]_{307,5}$ +94°, $[\alpha]_{270}$ −485°; 0,16 g. — *3-Methansulfonat* (**IV**) *von* **I**, $C_{23}H_{38}O_5S$, F.* 156° (Chlf./Bzl.), $[\alpha]_D$ +14° (c = 0,9; Chlf.). — *3β-[α-Hydroxyisopropyl]-A.19-dinor-androstan-17β-olacetat* (**V**), $C_{22}H_{36}O_3$, F. 115,5—117° (PAe.), aus 0,66 g **IV** u. sd. wss. Dioxan in Ggw. von $CaCO_3$ (48 Std.), $[\alpha]_D$ +32° (c = 1,0; Chlf.); 0,48 g. *Freies Diol*, $C_{20}H_{34}O_2$, F. 176—177° (Essigester), a) aus **V**, b) aus **VII** u. CH_3MgJ in Ae. (12std. Stehen); $[\alpha]_D$ +39° (c = 1,1; Chlf.). J. ROTHE. 3600□

Kontraktion des A-Ringes von Triterpenen und verwandten Verbindungen. 3. Mitt. **Kinetik der Solvolyse von Sulfonaten von Triterpen- oder verwandten Alkoholen. Mechanismus der Ringverengung.** 1. Mitt. Jean-François Biellmann und Guy Ourisson. (Bull. Soc. chim. France **1962**. **341**—**44**. Febr.) (Franz.) — 2. vgl. vorst. Referat.

Vff. untersuchten die Kinetik der Acetolyse der 3-Methansulfonate folgender Verbb. bei 50,4° (1. k_1-Wert $[s^{-1}]$) u. 80,0° (2. k_1-Wert): *Cholestanol* [$C_{28}H_{50}O_3S$, F.* (mit * gek. FF. nach KOFLER) 128° (CH_3OH), $[\alpha]_D$ +16° (c = 1; Chlf.)] $1,33\cdot10^{-6}$; $4,50\cdot10^{-5}$; $\Delta E^{\neq}$ 26,9[kcal·Mol⁻¹]. — *4.4-Dimethylcholestan-3β-ol* $7,60\cdot10^{-6}$; $2,76\cdot10^{-4}$; $\Delta E^{\neq}$ 27,5. — *Trinorlacton* (**I**) *von Dipterocarpol* $7,40\cdot10^{-6}$; $2,65\cdot10^{-4}$; $\Delta E^{\neq}$ 27,4. — *Allobetulin*, $7,41\cdot10^{-6}$ (50,4°). — *3β-Hydroxy-17β-propionoxy-4.4-dimethyl-19-norandrostan* [$C_{24}H_{40}O_5S$, F.* 174° (Chlf./PAe.); $[\alpha]_D$ +15° (c = 1,2; Chlf.)] $2,30\cdot10^{-4}$ (80,0°). — *Δ⁸-Lanostenol* [$C_{31}H_{54}O_3S$, F.* 146° (Ae./CH_3OH) oder (Ae./PAe.); $[\alpha]_D$ +48° (c = 1,2; Chlf.)] $4,33\cdot10^{-6}$ (50,4°). — *Δ⁷-Lanostenol* [$C_{31}H_{54}O_3S$, F.* 180° (Ae./PAe.); $[\alpha]_D$ +10° (c = 1,0; Chlf.)] $5,07\cdot10^{-6}$ (50,4°). — *Δ⁸-Euphenol*, $4,58\cdot10^{-6}$ (50,4°). — *α-Amyrin* [$C_{31}H_{52}O_3S$, F. 119—119,5° (Zers.), F.* 163° (Chlf./CH_3OH); $[\alpha]_D$ +74° (c = 1,1; Chlf.)] $5,41\cdot10^{-6}$ (50,4°). — *Ursolsäuremethylester* [$C_{32}H_{52}O_5S$, F.* 182° (CH_2Cl_2/A.); $[\alpha]_D$ +77°, $[\alpha]_{350}$ +285° (c = 1,1; Chlf.)] $5,11\cdot10^{-6}$ (50,4°). — An- oder Abwesenheit von Methylgruppen an $C_{(8)}$ u. $C_{(10)}$ ist demnach ohne Einfl. auf die Rk.-Geschw.; dagegen beeinflussen Doppelbindungen auch in größerer Entfernung vom Rk.-Zentrum den Ablauf der Acetolyse. Der Meschanismus der Acetolyse wird diskutiert, bes. hinsichtlich seiner Geometrie.

I

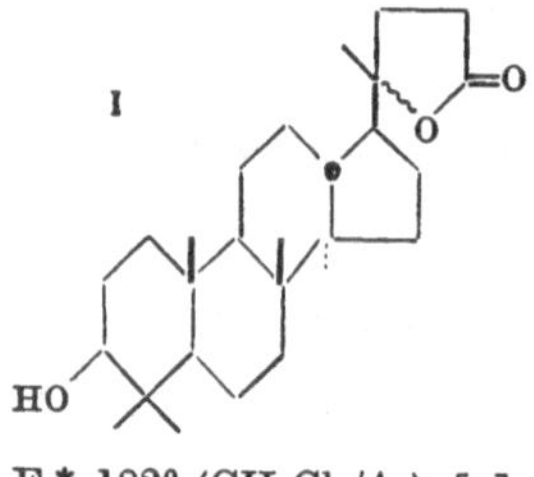

Versuche: *4.4-Dimethyl-19-nor-Δ⁵-androsten-17β-ol-3-on-17-propionat*, $C_{23}H_{34}O_3$, F. 124—125,5° (Ae./CH_3OH), aus 4.4-Dimethyl-19-nortestosteron u. Propionylchlorid/Pyridin; $[\alpha]_{600}$ −8°, $[\alpha]_{317,5}$ +1235°, $[\alpha]_{250}$ −3590° (c = 0,1); 100% (Ausbeute). — *3β-Hydroxy-17β-propionoxy-4.4-dimethyl-19-norandrostan*, $C_{23}H_{38}O_3$, F. 168,5—170° (Ae./PAe.), aus 1,1 g vorst. Verb. u. $NaBH_4$ in wss. CH_3OH (2 Std. bei Raum-Temp., dann einmaliges Umkristallisieren des Rohprod. aus Ae./PAe. u. Behandeln mit H_2/PdO bei 90° u.70 at (5 Std.); 640 mg. — *Taraxerol-3-methansulfonat*, $C_{31}H_{52}O_3S$, F.* 177° (CH_2Cl_2/CH_3OH), $[\alpha]_D$ +3 (c = 1,1; Chlf.). J. ROTHE. 3600□

Reduktion von 4β.5-Epoxysmilagenon und 4α.5-Epoxytigogenon mit Lithiumaluminiumhydrid. A. Romo de Vivar, J. Pérez Ruelas und J. Romo. (Bol. Inst. Quím. Univ. nac. autonoma México **9**. 59—71. Dez. 1957. México, Univ., Inst. de Quím. Nacional Autonoma.) (Span.)

5-Hydroxysapogenine können aus 4β.5-Epoxysmilagenon (**II**) u. 4α.5-Epoxytigogenon (**III**) gewonnen werden. **II** u. **III** bilden sich durch Oxydation von Diosgenon (**IV**) mit H_2O_2. Die Red. von **II** mit $LiAlH_4$ liefert *5-Hydroxysmilagenin* (**Va**; *3β.5β-Diol*) u. *5-Hydroxyepismilagenin* (**VIa**; *3α.5β-Diol*), die Red. von **III** *5-Hydroxytigogenin* (**VIIa**; *3β.5α-Diol*) u. *5-Hydroxyepitigogenin* (**VIIIa**; *3α.5α-Diol*). Die cis-Struktur von **Va** wird durch Bldg. eines *cycl. 3.5-Sulfits* bewiesen. **Va** u. **VIa** geben durch CrO_3-Oxydation *5-Hydroxysmilagenon* (**Xa**), das durch HCl oder KOH in **IV** übergeführt werden kann. Durch Kochen mit p-Toluolsulfonsäure u. Acetanhydrid wird nicht nur die α-, sondern auch die β-Hydroxygruppe von **Va** u. **VIa** acetyliert. Die Verseifung des *Diacetats* (**VIc**) von **VIa** führt zu *5-Acetoxyepismilagenin* (**VId**), das durch CrO_3 zu *5-Acetoxysmilagenon* (**Xb**) oxydiert wird u. mit HCl oder KOH **IV** liefert. Die Verseifung des **Va**-Diacetats (**Vc**) dagegen führt zu **Va**. Zum Beweis der Struktur von **VIIa** wird Diosgenin mit Perbenzoesäure zu *5.6α-Epoxytigogenin* oxydiert, das mit $LiAlH_4$ nur **VIIa** bildet. **VIIa** u. **VIIIa** werden mit CrO_3 zu *5-Hydroxytigogenon* (**XIa**) oxydiert, das mit HCl **IV** ergibt. Die Verseifung des **VIIa**-Diacetats (**VIIc**) liefert *5-Acetoxytigogenin* (**VIId**), das durch CrO_3 zu *5-Acetoxytigogenon* (**XIb**) oxydiert wird u. ebenfalls mit HCl **IV** ergibt. Aus **II** u. **III** u. H_2SO_4 in CH_3COOH entsteht *4-Hydroxydiosgenon* (**IX**). Weiterhin bildet sich aus 2α-Acetoxydiosgenon (**XII**) mit $LiAlH_4$ *20α.22α.25D-Δ⁴-Spirosten-2α.3β-diol* (**I**) u. durch anschließende katalyt. Hydrierung des **I**-Diacetats (**Ic**) *Gitogenin*.

Versuche: *Δ^4-20α.22a.25D-Spirosten-2α.3β-diol* (**I**), $C_{27}H_{42}O_4$, F. 251—254°, durch langsames Eintropfen von 4 g **XII** in Tetrahydrofuran in eine äther. $LiAlH_4$-Lsg. u. 1 std. Kochen (Meth. **A**); $[\alpha]_D^{23}$ —83,5° (Chlf.); 2,2 g (Ausbeute). *Diacetat* (**Ic**), $C_{31}H_{46}O_6$, F. 209—211°; $[\alpha]_D^{23}$ —136° (Chlf.). — *Gitogenin*, F. 271—273°, durch Hydrieren von 500 mg **Ic** in Essigester/Essigsäure in Ggw. von PtO_2; $[\alpha]_D^{23}$ —65° (Chlf.); 260 mg. — *4β.5-Epoxysmilagenon* (**II**), $C_{27}H_{40}O_4$, F. 211—212°, aus 10 g **IV** in 400 ml A. durch Zugeben einer alkal. 30%ig. H_2O_2-Lsg. bei 30° neben 350 mg *4α.5-Epoxytigogenon* [**III**; $C_{27}H_{40}O_4$, F. 210—211°; $[\alpha]_D^{23}$ —125° (Chlf.)]; $[\alpha]_D^{23}$ +20° (Chlf.); 3,45 g. — *4-Hydroxydiosgenon* (**IX**), $C_{27}H_{40}O_4$, F. 241—242°, aus 1 g **II** oder **III** in H_2SO_4/Essigsäure durch 1 std. Stehen bei Zimmer-Temp.; $[\alpha]_D^{23}$ —30° (Chlf.); 0,5 g. *Acetat*, $C_{29}H_{42}O_5$, F. 203 bis 204°; $[\alpha]_D^{23}$ —13° (Chlf.). *3.4-Chinoxalino-Verb.*, $C_{33}H_{44}N_2O_2$, F. 247—249°, aus 300 mg **IX** u. o-Phenylendiamin in Essigsäure unter 2 std. Kochen; $[\alpha]_D^{23}$ —61°; 140 mg. — *5-Hydroxyepismilagenin* (**VIa**), $C_{27}H_{44}O_4$, F. 260—263°, aus 10 g **II** nach **A**; $[\alpha]_D^{23}$ —60°; 3,45 g. *3-Acetat* (**VIb**), $C_{29}H_{46}O_5$, F. 218—220°; $[\alpha]_D^{23}$ —45° (Chlf.). *Diacetat* (**VIc**), $C_{31}H_{48}O_6$, F. 248—250°, aus 1 g **VIb** u. p-Toluolsulfonsäure in Acetanhydrid über Nacht bei Zimmer-Temp. (Meth. **B**); $[\alpha]_D^{23}$ —66° (Chlf.); 880 mg. — *3-O-Acetyl-5-hydroxysmilagenin* (**Vb**), $C_{29}H_{46}O_5$, F. 195—196°, durch Eindampfen der Mutterlauge von **VIa**, Acetylieren, Chromatographieren an Al_2O_3 u. Eluieren mit Essigester; $[\alpha]_D^{23}$ —42° (Chlf.); 3,16 g. *Diacetat* (**Vc**), $C_{31}H_{48}O_6$, F. 208—210°, aus **Vb** nach **B**; $[\alpha]_D^{23}$ —55°. — *5-Hydroxysmilagenin* (**Va**), $C_{27}H_{44}O_4$, F. 265—267°, a) aus 1 g **Vb** u. K_2CO_3 in Methanol/W. durch 1 std. Kochen; $[\alpha]_D^{23}$ —46° (Chlf.); 680 mg; b) durch 9 std. Kochen von 500 g **Vc** mit KOH in Methanol; 380 mg. *Cycl. Sulfit*, $C_{27}H_{42}O_5S$, F. 193—194°, aus 880 mg **Va** in Chlf. u. Pyridin u. 1 ml $SOCl_2$ bei 0° u. 3 std. Stehen; $[\alpha]_D^{23}$ —74° (in Chlf.); 575 mg. — *5-Hydroxysmilagenon* (**Xa**), $C_{27}H_{42}O_4$, F. 240—242°, a) durch 1 std. Rk. aus 300 mg **Va** in Essigsäure u. einer wss. CrO_3-Lsg. bei Zimmer-Temp. (Meth. **C**); $[\alpha]_D^{23}$ —32° 80 mg; b) aus 2 g **VIa** in Essigsäure u. CrO_3; 1,2 g. — *5-Acetoxyepismilagenin* (**VId**), $C_{29}H_{46}O_5$, F. 215—216°, aus 1,96 g **VIc** u. 1,5 g KOH in 250 ml Methanol durch 1 std. Kochen; $[\alpha]_D^{23}$ —80° (Chlf.); 1,585 g. — *5-Acetoxysmilagenon* (**Xb**), $C_{29}H_{44}O_5$, F. 213 bis 215°, aus 1,35 g **VId** nach **C**; $[\alpha]_D^{23}$ —49° (Chlf.); 930 mg. — *5-Hydroxytigogenin* (**VIIa**), $C_{27}H_{44}O_4$, F. 265—267°, a) durch langsames Zufügen von 400 mg $LiAlH_4$ in Ae. zu 400 mg **III** in Ae. u. ½ std. Kochen; $[\alpha]_D^{23}$ —50°; 110 mg; b) aus 1,3 g 5.6α-Epoxytigogenin nach **A**; 900 mg. *Diacetat* (**VIIc**), $C_{31}H_{48}O_6$, F. 195—196°, aus 1 g Monoacetat nach **B**; $[\alpha]_D^{23}$ —64°; 510 mg. — *5-Hydroxytigogenon* (**XIa**), $C_{27}H_{42}O_4$, F. 278—280°, a) aus 1 g **VIIa** nach **B**; $[\alpha]_D^{23}$ —60° (Chlf.); 660 mg; b) aus 60 mg **VIIIa** nach **B**; 16 mg. — *5-Acetoxytigogenin* (**VIId**), $C_{29}H_{46}O_5$, F. 210—211°, aus 300 mg **VIIc** in methanol. KOH durch 1 std. Kochen; $[\alpha]_D^{23}$ —62° (Chlf.); 265 mg. — *5-Acetoxytigogenon* (**XIb**), $C_{29}H_{44}O_5$, F. 218—219°, aus 250 mg **VIId** nach **C**; $[\alpha]_D^{23}$ —78° (Chlf.); 135 mg. — *5.6α-Epoxytigogenin*, $C_{27}H_{42}O_4$, F. 222—223°, aus 4 g Diosgenin u. 4 g Perbenzoesäure in Chlf. bei 4° in 72 Std.; $[\alpha]_D^{23}$ —118°; 2,1 g. *Acetat*, $C_{29}H_{44}O_5$, F. 236—237°; $[\alpha]_D^{23}$ —122° (Chlf.). — *Diosgenon* (**IV**), F. 188—190°, a) aus 300 mg **Xa** in CH_3OH u. 1 ml konz. HCl durch 1 std. Kochen; $[\alpha]_D^{23}$ —19°; 230 mg; b) analog aus 400 mg **Xa** u. methanol. KOH durch 1 std. Kochen; c) aus **Xb** mit HCl oder KOH; d) aus **XIa** mit HCl; e) aus **XIb** mit HCl. W. CLAUSZ. 3650□

Allylumlagerungen. 42. Mitt. **Darstellung und einige Reaktionen von 3β-Chlor-Δ^4-cholesten und 3α-Chlor-Δ^4-cholesten.** W. G. Young, R. E. Ireland, T. I. Wrigley, C. W. Shoppee, B. D. Agashe und G. H. R. Summers. (J. Amer. chem. Soc. **81**. 1452—54. 20/3. 1959. Los Angeles, Calif., Univ., Chem. Dep.; Sydney, Australia, Univ., Chem. Dep.) (Engl.) — 41. vgl. J. Amer. chem. Soc. **80**. [1958.] 4604; vgl. auch C. **1961**. 18642.

Aus 3α- (**Ia**) bzw. 3β-Hydroxy-Δ^4-cholesten (**Ib**) werden 3α- (**IIa**) bzw. *3β-Chlor-Δ^4-cholesten* (**IIb**) hergestellt.

Versuche (FF. korr.): *3β-Chlor-Δ^4-cholesten* (**IIb**), $C_{27}H_{45}Cl$, F. 116—120° (Ae.), a) durch 6 Min. langes Stehen von 6,2 g **Ib** (F. 131—132°, $[\alpha]_D^{25}$ +42°) u. $SOCl_2$ in abs. Ae. bei 0°; $[\alpha]_D^{25}$ +26°; 3,1 g (Ausbeute); b) durch ¼ std. Schütteln von 1 g **Ib** mit PCl_3 in CCl_4 bei 0°; 0,8 g. — *Δ^4-Cholesten*, F. 81—82° (Aceton), a) durch 20 Min. langes Kochen von 0,17 g **IIb** u. 1 g $LiAlH_4$ in abs. Ae., Chromatographie an Al_2O_3 u. Eluieren mit PAe.; $[\alpha]_D^{25}$ +71°; 0,108 g; b) durch 30 Min. langes Kochen von **IIa** analog a). — *3β-Chlor-4α.5-oxido-5α-cholestan*, $C_{27}H_{45}ClO$, F. 114—115° (Aceton), durch 2½ std. Stehen von 1,8 g **IIb** u. Perbenzoesäure in Bzl.; $[\alpha]_D^{25}$ +64°; 1,74 g. — *3β-Chlor-5α-cholestan-5-ol*, F. 110—111°, durch ½ std. Kochen von 0,4 g vorst. Verb. mit $LiAlH_4$ in abs. Ae., Chromatographie an Al_2O_3 u. Eluieren mit Ae./Pentan (1 : 19); $[\alpha]_D^{25}$ +24°; 0,27 g. — *$\Delta^{3.5}$-Cholestadien*, F. 80—81°, a) durch 1½ std. Erwärmen von 1,12 g **IIb**, 3 g $NaHCO_3$ u. 10 ml W. in 90 ml Aceton auf 45—55°, Chromatographie von 0,618 g an Al_2O_3 u. Eluieren mit PAe.; $[\alpha]_D^{25}$ —118°; 0,062 g; daneben **Ia** [durch Eluieren mit

Bzl./Ae. (10 : 1)], *Molekül-Verb.* **Ia/Ib** (1 : 1) (F. 139—140°, $[\alpha]_D^{25}$ +83°) u. **Ib**; b) durch 16std. Schütteln von 0,5 g **IIb** mit Ag_2O in Ae. bei 20°, Chromatographie an Al_2O_3 u. Eluieren mit Pentan; 70 mg; daneben 0,4 g *Molekül-Verb.* **Ia/Ib** (1 : 1); c) durch 24std. Erwärmen von 0,65 g **IIb** u. K-Acetat in Essigsäure auf 20°, Chromatographie u. Eluieren mit Pentan; 104 mg; daneben *3α-Acetoxy-Δ⁴-cholesten* (**III**), F. 83—84° (Aceton), $[\alpha]_D^{25}$ +177°; 0,47 g. **III** gibt mit $LiAlH_4$ **Ia**. — *3α-Chlor-Δ⁴-cholesten* (**IIa**), $C_{27}H_{45}Cl$, F. 96—98° (Aceton) a) aus 1,35 g **Ia** (F. 82—84°, $[\alpha]_D^{25}$ +122°) analog **IIb** nach a); $[\alpha]_D^{25}$ +169°; 1,29 g; b) durch 7std. Schütteln von 0,3 g **Ia** mit PCl_3 in Chlf. bei 20°; $[\alpha]_D^{25}$ +140°. — *5β-Cholestan*, F. 69—70°, durch Hydrieren von **IIa** in Ae. in Ggw. von PtO_2. — *3α-Chlor-5α-cholestan-5-ol*, F. 115—118° (wss. Aceton), durch 3std. Stehen von 2,81 g **IIa** mit Benzopersäure in Bzl., 2½std. Kochen des Prod. mit $LiAlH_4$ in Ae., Zers. mit Äthylacetat, Extrahieren mit Ae., Chromatographie an Al_2O_3 u. Eluieren mit Bzl./PAe. (1 : 1); $[\alpha]_D^{25}$ +17°; 1,21 g. W. HAMPEL. 3700□

Sulfoester von Sterinen und ihre Umwandlungen. A. M. Chaletzki und M. W. Wassiljewa. (Журнал Общей Химии [J. allg. Chem.] **31** (**93**). 2996—3000. Sept. 1961. Leningrad, Chem.-pharmazeut. Inst.) (Russ.)

β-Sitosterin (**I**) wird durch Erhitzen mit Pyridin/SO_3 auf 130° in guter Ausbeute in *Pyridinium-β-sitosterylsulfat* (**III**) übergeführt, aus dem man mit CH_2N_2 *Methyl-β-sitosterylsulfat*, mit KCl *K-β-Sitosterylsulfat* u. mit sd. A. wieder **I** erhält. 5.6-Dibrom-β-sitosterin (**II**) setzt man vorteilhaft in wasserfreier Lsg. mit Pyridin/SO_3 um; das erhaltene *Pyridinium-5.6-dibrom-β-sitosterylsulfat* ist wesentlich stabiler als das freie **II**. Einige weitere Schwefelsäureester von Sterinen werden beschrieben.

Versuche: *Pyridinium-β-sitosterylsulfat* (**III**), $C_{34}H_{55}NO_4S$, F. 184—185° (Zers.; Chlf.–PAe.), durch Erhitzen gleicher Gew.-Mengen **I** u. Pyridin/SO_3 auf 140°; 70% (Ausbeute); wird durch 3std. Kochen mit A. zu *β-Sitosterin* [**I**; F. 138—139° (A.); 71%] zersetzt. — *K-β-Sitosterylsulfat, Hydrat*, $C_{29}H_{49}KO_4S \cdot H_2O$, F. 216° (Zers.; Methanol), aus **III** u. wss. KCl; 73%. — *Methyl-β-sitosterylsulfat*, $C_{30}H_{52}O_4S$, F. 105—106° (Zers.), aus **III** u. äther. CH_2N_2 in Chlf.; 52%. — *Pyridiniumcholesterylsulfat*, $C_{32}H_{51}NO_4S \cdot CHCl_3$, F. 178° (Chlf.), durch 5—7 Min. langes Erhitzen von Cholesterin mit Pyridin/SO_3 auf 135° u. 3—5 Min. lang auf 150°; 80%. — *Pyridinium-5.6-dibrom-β-sitosterylsulfat*, $C_{34}H_{53}Br_2NO_4S$, F. 134—135° (Zers.), durch Zutropfen von Essigsäureanhydrid, Pyridin u. Pyridin/SO_3 zu **II** in Bzl., ½std. Erwärmen auf 30—32°, Verdünnen mit PAe. bei 15° u. 1std. Kühlen auf 0°; 64%. — *Pyridiniumdihydro-β-sitosterylsulfat*, $C_{34}H_{57}NO_4S$, F. 188—190° (Zers.; Chlf.–PAe.), analog **III**; 72%. H.-E. TOUSSAINT. 3700□

Synthese von Strukturanaloga des Bradykinins. St. Guttmann und R. A. Boissonnas. (Helv. chim. Acta **44**. 1713—23. 16/10. 1961. Basel, Sandoz, Labor. de Chim. Pharmaceut.) (Franz.)

Die Synth. von vier Bradykininanaloga *L-Arginyl-L-prolylglycyl-L-phenylalanyl-L-seryl-L-prolyl-L-phenylalanyl-L-arginin* (**I**), *L-Arginyl-L-prolyl-L-prolyl-L-phenylalanylglycyl-L-seryl-L-phenylalanyl-L-arginin* (**II**), *L-Arginyl-L-prolylglycyl-L-prolyl-L-phenylalanyl-L-seryl-L-phenylalanyl-L-arginin* (**III**) u. *L-Arginyl-L-prolylglycyl-L-phenylalanyl-L-seryl-L-phenylalanyl-L-arginin* (**IV**), wird auf folgenden Wegen durchgeführt. N-Carbobenzoxy(cbo)nitro-L-arginyl-L-prolin-p-nitrophenylester (**V**) wird mit Glycin zu *N-Cbo-nitro-L-arginyl-L-prolylglycin* (**VI**) kondensiert u. in den *p-Nitrophenylester* (**VII**) übergeführt. L-Phenylalanyl-L-seryl-L-prolyl-L-phenylalanylnitro-L-arginin-p-nitrobenzylester (**VIII**) wird entweder mit **VI** in Ggw. von N.N'-Dicyclohexylcarbodiimid (**D**) oder mit **VII** zu *N-Cbo-nitro-L-arginyl-L-prolylglycyl-L-phenylalanyl-L-seryl-L-prolyl-L-phenylalanylnitro-L-arginin-p-nitrobenzylester* kondensiert, der katalyt. zu **I** red. wird. Weiter wird n-Cbo-glycyl-L-serinmethylester in *N-Cbo-glycyl-L-serinhydrazid* übergeführt u. dieses mit L-Phenylalanylnitro-L-arginin-p-nitrobenzylester (**IX**) zu *N-Cbo-glycyl-L-seryl-L-phenylalanylnitro-L-arginin-p-nitrobenzylester* umgesetzt u. nach selektiver Abspaltung des Cbo-Restes *Glycyl-L-seryl-L-phenylalanylnitro-L-arginin-p-nitrobenzylester* (**X**) erhalten. **X** wird mit N-Cbo-L-prolyl-L-phenylalanin in Ggw. von **D** zu *N-Cbo-L-prolyl-L-phenylalanylglycyl-L-seryl-L-phenylalanylnitro-L-arginin-p-nitrobenzylester* kondensiert. Dieser wird selektiv zu *L-Prolyl-L-phenylalanylglycyl-L-seryl-L-phenylalanylnitro-L-arginin-p-nitrobenzylester* (**XI**) gespalten u. dann mit N-Cbo-nitro-L-arginyl-L-prolin (**XII**) oder **V** zu *N-Cbo-nitro-L-arginyl-L-prolyl-L-prolyl-L-phenylalanylglycyl-L-seryl-L-phenylalanylnitro-L-arginin-p-nitrobenzylester* umgesetzt. Durch katalyt. Red. wird dieser dann in **II** übergeführt. Zur Darst. von **III** wird **V** mit Glycyl-L-prolin zu *N-Cbo-nitro-L-arginyl-L-prolylglycyl-L-prolin* umgesetzt u. über dessen *p-Nitrophenylester* mit L-Phenylalanyl-L-seryl-L-phenylalanylnitro-L-arginin-p-nitrobenzylester (**XIII**) zu *N-Cbo-nitro-L-arginyl-L-prolylglycyl-L-prolyl-L-phenylalanyl-L-seryl-L-phenylalanylnitro-L-argi-*

nin-p-nitrobenzylester kondensiert, der dann katalyt. zu **III** red. werden kann. Zur Darst. von **IV** werden **VII** u. **XIII** zu *N-Cbo-nitro-L-arginyl-L-prolylglycyl-L-phenylalanyl-L-seryl-L-phenylalanylnitro-L-arginin-p-nitrobenzylester* kondensiert u. dieser katalyt. reduziert. **I** zeigt eine schwache bradykininähnliche Aktivität, während **II**, **III** u. **IV** biolog. inakt. sind.

Versuche (FF. korr.): *N-Cbo-nitro-L-arginyl-L-prolylglycin* (**VI**), $C_{21}H_{29}N_7O_8$, F. ca. 100°, durch kontinuierliche Zugabe von wss. n-NaOH/Dioxan (1:1) zu einer Lsg. von Glycin u. **V** in wss. n-NaOH/Dioxan unter Einhaltung von pH 9,5, Verdünnen mit W., Ausschütteln mit Äthylacetat u. Ae., Kühlen der wss. Phase auf 0°, Ansäuern mit n-H_2SO_4, Extrahieren mit sek.-Butanol, Eindampfen, Lösen in Aceton/Dioxan (1:1), Behandeln mit Dowex-50 (H-Form), Eindampfen, Lösen in A. u. Fällen mit Ae.; $[\alpha]_D^{22}$ $-61,8 \pm 0,5^0$ (c = 1,0; CH_3OH), $-42,5 \pm 0,5^0$ (c = 1,0; Dimethylformamid = DMF) u. $-52,9 \pm 0,5^0$ (c = 1,0; 95%ig. Essigsäure); 74% (Ausbeute). — *N-Cbo-nitro-L-arginyl-L-prolylglycin-p-nitrophenylester* (**VII**), $C_{27}H_{32}N_8O_{10}$, F. ca. 95°, durch 12std. Stehen von **VI** u. Tris-[p-nitrophenyl]-phosphit (TP) in Pyridin bei 20°, Eindampfen, Lösen in Äthylacetat, Waschen mit n-HCl, n-Na-HCO_3 u. W. u. Eindampfen; $[\alpha]_D^{22}$ $-67,2 \pm 0,5^0$ (c = 1,0; CH_3OH), $-45,2 \pm 0,5^0$ (c = 1,0; DMF) u. $-59,2 \pm 0,5^0$ (c = 1,0; 95%ig. Essigsäure); 34%. — *N-Cbo-nitro-L-arginyl-L-prolylglycyl-L-phenylalanyl-L-seryl-L-prolyl-L-phenylalanylnitro-L-arginin-p-nitrobenzylester*, $C_{60}H_{75}N_{17}O_{18}$, F. 160° (Zers.), a) durch 12std. Stehen von **VI** u. **VIII** mit **D** in Pyridin/Acetonitril (1:1) bei 20°, Filtrieren, Einengen, Fällen mit Ae., Lösen in Dioxan/W. (4:1), Behandeln mit Dowex-50 (H-Form), Eindampfen, Digerieren mit Ae., Suspendieren in sd. Isopropanol, Abfiltrieren u. Waschen mit Ae.; 81%; b) durch 12std. Stehen von **VII** u. **VIII** in DMF bei 20°, Fällen mit Äthylacetat u. Isolieren nach a); $[\alpha]_D^{22}$ $-42,9 \pm 1,0^0$ (c = 1,0; 95%ig. Essigsäure); 76%. — *L-Arginyl-L-prolylglycyl-L-phenylalanyl-L-seryl-L-prolyl-L-phenylalanyl-L-arginin* (**I**)-*Triacetat*, $C_{45}H_{66}N_{14}O_{10} \cdot 3\,CH_3COOH$, durch 16std. Schütteln vorst. Verb. mit H_2 am Katalysator nach KUHN u. HAAS (C. **1956.** 13961) in Essigsäure/W. (2:1) bei 20°, Zentrifugieren, Eindampfen, Verteilen in sek.-Butanol/W./Trifluoressigsäure (120:160:1), Eindampfen der entsprechenden Fraktionen, Lösen in 0,5n Essigsäure, Behandeln mit bas. IR-45 (Acetatform), Eindampfen, Lösen in CH_3OH u. Fällen mit Ae.; $[\alpha]_D^{22}$ $-48,8 \pm 1^0$ (c = 1,0; n-Essigsäure); 46%. — *N-Cbo-glycyl-L-serinhydrazid*, $C_{13}H_{18}N_4O_5$, F. 224°, durch 12std. Stehen von N-Cbo-glycyl-L-serinmethylester mit $N_2H_4 \cdot H_2O$ in CH_3OH bei 20°, Abfiltrieren u. Waschen mit CH_3OH, CH_3OH/Ae. (1:1) u. Ae.; $[\alpha]_D^{23}$ $-5,0 \pm 0,5^0$ (c = 1,0; DMF) u. $-10,6 \pm 0,1^0$ (c = 1,1; 95%ig. Essigsäure); 90%. — *N-Cbo-glycyl-L-seryl-L-phenylalanylnitro-L-arginin-p-nitrobenzylester*, $C_{35}H_{41}N_9O_{12}$, F. 130° (Zers.), durch Lösen vorst. Verb. in 2n HCl u. Äthylacetat, Kühlen auf −5°, Zugabe von $NaNO_2$, Abtrennen der organ. Phase, Waschen mit n-Na_2CO_3, Zugabe von **IX** in DMF u. 48std. Stehen bei 0°, Eindampfen im Vakuum, Digerieren mit Ae., Lösen in Dioxan/W. (4:1), Behandeln mit Dowex-50 (H-Form), Eindampfen, mehrmaliges Umlösen aus sd. Isopropanol u. Waschen mit Ae.; $[\alpha]_D^{23}$ $-18,8 \pm 0,5^0$ (c = 1,1; CH_3OH) u. $-12,8 \pm 0,5^0$ (c = 1,0; DMF); 55%. — *Glycyl-L-seryl-L-phenylalanylnitro-L-arginin-p-nitrobenzylester* (**X**), $C_{27}H_{35}N_9O_{10}$, F. 130° (Zers.), durch 70 Min. langes Einleiten von HBr in die Lsg. vorst. Verb. in 99%ig. Trifluoressigsäure bei 0°, Einengen, Fällen mit Ae., Lösen in Dioxan/W. (4:1), Behandeln mit IRA-410 (OH-Form), Eindampfen, Lösen in Dioxan u. Fällen mit Ae.; $[\alpha]_D^{23}$ $-30,8 \pm 1^0$ (c = 1,0; CH_3OH) u. $-24,6 \pm 0,5^0$ (c = 1,1; 95%ig. Essigsäure); 92%. — *N-Cbo-L-prolyl-L-phenylalanylglycyl-L-seryl-L-phenylalanylnitro-L-arginin-p-nitrobenzylester, Hydrat*, $C_{49}H_{57}N_{11}O_{14} \cdot H_2O$, F. 140° (Zers.), durch 16std. Stehen von **X** u. N-Cbo-L-prolyl-L-phenylalanin mit **D** in Acetonitril bei 20°, Eindampfen, Digerieren mit Ae., Lösen in Pyridin, 12std. Stehen bei −20°, Filtrieren, Eindampfen, Lösen in Dioxan/W. (4:1), Behandeln mit saurem Dowex-50W, Eindampfen, Lösen in Dioxan u. Fällen mit Ae.; $[\alpha]_D^{23}$ $-31,1 \pm 0,5^0$ (c = 1,1; CH_3OH) u. $-27,5 \pm 0,5^0$ (c = 1,0; DMF); 88%. — *L-Prolyl-L-phenylalanylglycyl-L-seryl-L-phenylalanylnitro-L-arginin-p-nitrobenzylester* (**XI**), *Sesquihydrat*, $C_{41}H_{51}N_{11}O_{12} \cdot 1\frac{1}{2}\,H_2O$, F. 135° (Zers.), aus vorst. Verb. analog **X**; $[\alpha]_D^{23}$ $-18,6 \pm 0,5^0$ (c = 1,0; MDF) u. $-12,4 \pm 1^0$ (c = 1,0; 95%ig. Essigsäure); 97%. — *N-Cbo-nitro-L-arginyl-L-prolyl-L-prolyl-L-phenylalanylglycyl-L-seryl-L-phenylalanylnitro-L-arginin-p-nitrobenzylester, Hydrat*, $C_{60}H_{75}N_{17}O_{18} \cdot H_2O$, F. 160° (Zers.), a) durch 8std. Stehen von **V** u. **XI** in Dioxan/DMF (2:1) bei 50°, 12std. Stehen bei 20°, Eindampfen, Digerieren mit Ae., Lösen in Dioxan/W. (4:1), Behandeln mit Dowex-50 (H-Form), Eindampfen, Suspendieren in sd. Äthylacetat, Filtrieren u. Suspendieren in sd. Isopropanol; 87%; b) durch 16std. Stehen von **XI**, **XII** u. **D** in DMF/Acetonitril (1:2) bei 0° u. Isolieren nach a); $[\alpha]_D^{23}$ $-49,8 \pm 0,5^0$ (c = 1,0; CH_3OH) u. $-31,2 \pm 0,5^0$ (c = 1,0; DMF); 79%. — *L-Arginyl-L-prolyl-L-prolyl-L-phenylalanylglycyl-L-seryl-L-phenylalanyl-L-arginin* (**II**)-*Triacetattrihydrat*, $C_{45}H_{66}N_{14}O_{10} \cdot 3\,CH_3COOH \cdot 3\,H_2O$, aus vorst. Verb. analog **I**; 37%. — *N-Cbo-nitro-L-arginyl-L-prolyl-*

glycyl-L-prolin, $C_{26}H_{36}N_8O_9$, F. 150° (Zers.), durch kontinuierliche Zugabe von n-NaOH zu einer Lsg. von **V** u. Glycyl-L-prolin in Dioxan/n-NaOH (ca. 2:1) unter Einhaltung von pH 9,0, ½ std. Stehen, Einstellen auf pH 7,5, Einengen bei 30° im Vakuum, Zugabe von W., Einstellen auf pH 9,0, Ausschütteln mit Äthylacetat, Zugabe von Dioxan/Aceton (1:1) zu der wss. Phase, Behandeln mit Dowex-50 (H-Form) u. IR-45 (OH-Form), Eindampfen, Lösen in Aceton, Kühlen auf 0° u. Abfiltrieren; $[\alpha]_D^{21}$ $-101{,}5 \pm 0{,}5°$ (c = 1,0; CH_3OH), $-73{,}0 \pm 0{,}5°$ (c = 1,0; DMF) u. $-94{,}5 \pm 0{,}5°$ (c = 1,0; 95%ig. Essigsäure); 46%. — *N-Cbo-nitro-L-arginyl-L-prolylglycyl-L-prolin-p-nitrophenylester*, $C_{32}H_{39}N_9O_{11}$, F. ca. 160°, aus vorst. Verb. u. TP analog **VII**; $[\alpha]_D^{22}$ $-66{,}5 \pm 0{,}5°$ (c = 1,0; CH_3OH), $-76{,}5 \pm 0{,}5°$ (c = 1,0; DMF) u. $-100{,}5 \pm 0{,}5°$ (c = 1,0; 95%ig. Essigsäure); 80%. — *N-Cbo-nitro-L-arginyl-L-prolylglycyl-L-prolyl-L-phenylalanyl-L-seryl-L-phenylalanylnitro-L-arginin-p-nitrobenzylester*, $C_{60}H_{75}N_{17}O_{18}$, F. 171° (Zers.), durch 48std. Stehen vorst. Verb. u. **XIII** in DMF bei 20° u. Digerieren mit W., Ae. u. Äthylacetat; $[\alpha]_D^{22}$ $-52{,}5 \pm 0{,}5°$ (c = 1,0; DMF) u. $-54{,}9 \pm 0{,}5°$ (c = 1,0; 95%ig. Essigsäure); 63%. — *L-Arginyl-L-prolylglycyl-L-prolyl-L-phenylalanyl-L-seryl-L-phenylalanyl-L-arginin* (**III**)-*Triacetatdihydrat*, $C_{45}H_{66}N_{14}O_{10} \cdot 3\,CH_3COOH \cdot 2\,H_2O$, aus vorst. Verb. analog **I**; $[\alpha]_D^{23}$ $-58{,}5 \pm 0{,}5°$ (c = 1,0; n-Essigsäure); 50%. — *N-Cbo-nitro-L-arginyl-L-prolylglycyl-L-phenylalanyl-L-seryl-L-phenylalanylnitro-L-arginin-p-nitrobenzylester, Dihydrat*, $C_{55}H_{68}N_{16}O_{17} \cdot 2\,H_2O$, F. 100° (Zers.), durch 48std. Stehen von **VII** u. **XIII** in DMF bei 20°, Eindampfen, Digerieren mit Äthylacetat, Lösen in Dioxan/W. (4:1), Behandeln mit Dowex-50 (H-Form), Eindampfen, Lösen in A. u. Fällen mit Ae.; $[\alpha]_D^{23}$ $-21{,}8 \pm 0{,}5°$ (c = 1,0; CH_3OH), $-17{,}0 \pm 0{,}5°$ (c = 1,0; DMF) u. $-22{,}2 \pm 0{,}5°$ (c = 1,0; 95%ig. Essigsäure); 58%. — *L-Arginyl-L-prolylglycyl-L-phenylalanyl-L-seryl-L-phenylalanyl-L-arginin* (**IV**)-*Triacetat*, $C_{40}H_{59}N_{13}O_9 \cdot 3\,CH_3COOH$, aus vorst. Verb. analog **I**; $[\alpha]_D^{22}$ $-26{,}6 \pm 1°$ (c = 1,0; n-Essigsäure); 67%. — R_F-Werte für drei verschiedene Lsgm.-Syst. u. E-Werte (Elektrophorese) für zwei Lsgm.-Syst. u. verschiedene pH-Werte sind angegeben. G. TEEGE 3750□

Einige Reaktionen von 2-Hydroxytestosteron und seinem Diacetat. 2. Mitt. Robert L. Clarke. (J. Amer. chem. Soc. **84**. 467—71. 5/2. 1962. Rensselaer, N. Y., Sterling-Winthrop Res. Inst.) (Engl.) — 1. vgl. C. **1961**. 9799.

2α-Hydroxytestosteron (**I**) bzw. sein Diacetat (**Ia**) ergibt mit p-Toluolsulfonsäure (**II**) in sd. Methanol (vgl. l. c.) *2-Methoxy-4-methyl-*$\Delta^{1.3.5.10}$*-östratrien-17β-ol* (**III**) in 24 bzw. 11%ig. Ausbeute. Verseifung von **III** führt zu *4-Methyl-*$\Delta^{1.3.5.10}$*-östratrien-2.17β-diol*, dessen *2-Diäthylphosphat* durch Red. mit Na in fl. NH_3 *4-Methyl-*$\Delta^{1.3.5.10}$*-östratrien-17β-ol* liefert, das auch aus 17β-Hydroxy-$\Delta^{1.4}$-androstadien-3-on (**IV**) durch Dienol-Bzl.-Umlagerung erhalten wird. 17β-Hydroxy-2-methoxy-$\Delta^{1.4}$-androstadien-3-on (**V**) läßt sich durch Dienon–Phenol-Umlagerung in *2-Methoxy-4-methyl-*$\Delta^{1.3.5.10}$*-östratrien-1.17-dioldiacetat* überführen u. zum freien *Diol* hydrolysieren, jedoch kann aus letzterem nach der Meth. von KENNER u. WILLIAMS (C. **1955**. 11366) kein **III** erhalten werden. **III** wird jedoch aus **V** durch Dienol–Bzl.-Umlagerung erhalten, wenn das Red.-Prod. statt einer HCl-Behandlung an Florisil chromatographiert wird. Bei der Darst. von **III** aus **I** ist die Ausbeute von der **II**-Konz. abhängig, indem hohe **II**-Konzz. ein unreines Prod. liefern. Ein möglicher Bldg.-Mechanismus für **III** aus **I** bzw. **Ia** wird diskutiert. — Kernmagnet. Resonanz- u. UV-Daten sind angegeben.

Versuche ($[\alpha]_D$ bei 25°; c = 1% in Chlf.): *2-Methoxy-4-methyl-*$\Delta^{1.3.5.10}$*-östratrien-17β-ol* (**III**), $C_{20}H_{28}O_2$, F. 114,5—116° (Hexan), a) durch 15std. Kochen von 21,3 g **I** (F. 165—168°) u. 2,7 g **II** in Methanol, Einengen, Lösen in CH_2Cl_2 u. Ae., Waschen mit 2n NaOH u. gesätt. NaCl-Lsg., Chromatographieren des öligen Rückstandes in CH_2Cl_2–Ae.–Pentan (1,5 : 3 : 5,5) an SiO_2 u. Eluieren mit Ae.–Pentan (3 : 7); 24%; daneben durch Eluieren mit Ae. 6% *17β-Hydroxyandrostan-3.6-dion* (F. 235—240°); b) aus **Ia** nach vorst. Meth., 11%; c) durch 1std. Kochen von **V** (F. 215—218,5°) u. $LiAlH_4$ in Tetrahydrofuran (THF) u. Chromatographieren in Ae.–Pentan (3 : 7) an Florisil; $[\alpha]_D$ +123°; 61%. *Acetat*, $C_{22}H_{30}O_3$, F. 105—106°, $[\alpha]_D$ +38,4°, aus Methanol Nadeln. — *3-Methoxy-1-methyl-*$\Delta^{1.3.5.10}$*-östratrien-17β-ol*, $C_{20}H_{28}O_2$, F. 118—120°, durch 2std. Kochen von 1,86 g 1-Methylöstradiol, Dimethylsulfat u. CH_3ONa in abs. A., Extrahieren mit Ae. u. Chromatographieren in Ae.–Pentan (3 : 7) an SiO_2; $[\alpha]_D$ +154°; aus Hexan Nadeln; 0,75 g. — *4-Methyl-*$\Delta^{1.3.5.10}$*-östratrien-2.17β-diol*, $C_{19}H_{26}O_2$, F. 257—259° (Acetonitril), durch 5std. Erhitzen von **III** u. Pyridinhydrochlorid auf 165°, Fällen mit W. u. Chromatographieren des Rückstandes an SiO_2 mit Ae.–Pentan (3 : 7) u. Ae.; $[\alpha]_D$ +50,1° (c = 1; Pyridin); 70%. *2-Diäthylphosphat*, durch 16std. Rk. mit Diäthylphosphit ($Kp._6$ 67,5—68,5°) u. Triäthanolamin in CCl_4 u. Dioxan. — *4-Methyl-*$\Delta^{1.3.5.10}$*-östratrien-17β-ol*, $C_{19}H_{26}O$, F. 114,5—116°, a) aus vorst. Phosphat u. Na in THF u. fl. NH_3 u. Chromatographieren in Ae.–Pentan (1 : 9) an SiO_2; 36%; b) durch Zufügen von $LiAlH_4$ in Ae.

zu **IV** in 30 Min., 2std. Kochen u. Chromatographieren in Ae.–CH_2Cl_2–Pentan (1 : 1 :3) an Florisil; $[\alpha]_D$ +60,5° (c = 1; Dioxan); aus Methanol Nadeln; 32%. — *2-Methoxy-4-methyl-$\Delta^{1.3.5,10}$-östratrien-1.17β.dioldiacetat*, $C_{24}H_{32}O_5$, F. 130—136,5°, durch 3½std. Rk. von **V** (F. 216—220°) mit konz. H_2SO_4 in Acetanhydrid bei 20°, Verdünnen mit W., Extrahieren mit CH_2Cl_2 u. Chromatographieren in Ae.–Pentan (1 : 4) an SiO_2. $[\alpha]_D$ +104,4°; aus Methanol Prismen; 49%. — *2-Methoxy-4-methyl-$\Delta^{1.3.5,10}$-östratrien-1.17β-diol*, $C_{20}H_{28}O_3$, F. 174,5—176° (Äthylacetat), durch 1½std. Kochen vorst. Diacetats mit KOH in wss. Methanol; $[\alpha]_D$ +165,0°; 73%. — *2-Methoxy-4-methyl-$\Delta^{1.3.5,10}$-östratrien-17-on*, $C_{20}H_{26}O_2$, F. 136—137° (Ae./Pentan), durch ¼std. Rk. von 1,51 g **III** u. CrO_3 in Bzl., Verdünnen mit Ae. u. Chromatographieren in Ae.–Pentan (1 : 4) an SiO_2; $[\alpha]_D$ +112,7°; 0,7 g. — *4-Methyl-$\Delta^{1.3.5,10}$-östratrien-1.2.17β-trioltriacetat*, $C_{25}H_{32}O_6$, F. 176 bis 177°, durch 4½std. Rk. von 2.17β-Dihydroxy-$\Delta^{1.4}$-androstadien-3-ondiacetat (F. 207 bis 209°) u. konz. H_2SO_4 in Acetanhydrid; $[\alpha]_D$ +94,4°; aus Methanol Blättchen; 86%. — *4-Methyl-$\Delta^{1.3.5,10}$-östratrien-1.2.17β-triol*, $C_{19}H_{26}O_3$, F. 210—212° (Methanol u. 8std. Trocknen bei 110°/10 Torr), durch 2std. Alkalihydrolyse vorst. Verb. unter N_2; $[\alpha]_D$ +167,6°; 50%. G. KIRSTEN. 3750□

Die Totalsynthese von 8-Isotestosteron. D. K. Banerjee, Vincent Paul und S. K. Balasubramanian. (Tetrahedron Letters [London] **1960.** Nr. 12. 23—26. Juni. Bangalore, Indian Inst. of Sci., Dep. of Organ. Chem.) (Engl.)

Vff. berichten über die Totalsynth. von *8-Isotestosteron* aus trans-3β-Hydroxy-3aβ.6-dimethyl-7-methoxy-3a.4.5.9b-tetrahydrobenz-[e]-indan (**I**). Durch Demethylierung von **I** mit MgJ_2 bei 175° entsteht *trans-3β.7-Dihydroxy-3aβ.6-dimethyl-3a.4.5.9b-tetrahydrobenz-[e]-indan* (F. 199—200°), in 79%ig. Ausbeute, das durch Kochen mit Acetanhydrid in Ggw. katalyt. Mengen p-Toluolsulfonsäure in das *3-Acetyl-Deriv.* [**II**; F. 147°; 42% (Ausbeute)] übergeführt wird. Die Hydrierung von **II** in A. bei 100—110°/300 at in Ggw. von 5% Ru/Kohle ergibt ein Gemisch, aus dem durch Chromatographie an Al_2O_3 als Haupt-Prod. *trans-syn-cis-3β-Acetoxy-3aβ.6β-dimethyl-7β-hydroxyperhydrobenz-[e]-indan* (**III**; FF. 87 bis 88° u. 95°) neben wenig der *7-Deshydroxy-Verb.* (F. 75°) isoliert werden konnte. Die Oxydation von **III** mit CrO_3 in H_2SO_4/Aceton ergibt das *7-Keton* (**IV**; FF. 144—145° u. 152—153°) neben wenig der stereoisomeren *trans-anti-cis-Verb.* (vgl. CORNFORTH u. Mitarbeiter, C. **1958.** 7770). Die Addition von Vinylmethylketon an **IV** in Ggw. von „Triton-B" unter N_2 ergibt *8-Isotestosteron* (F. 172,5—173,5°).
W. HAMPEL. 3750□

Höhepunkte der Chemie neuerer Antibiotica. R. E. Harman. (Trans. New York Acad. Sci. [2] **21.** 469—83. April 1959. Rahway, N. J., Merck, Sharp & Dohme Res. Labor.) (Engl.)
Übersicht mit 15 Literaturangaben. L. LAMZA. 3900

Synthese von Eisenin. Takeo Kaneko, Tetsuo Shiba, Setsuo Watarai, Shigeo Imai, Takeo Shimada und Kiichi Ueno. (Chem. and Ind. **1957.** 986—87. 13/7. Osaka, Osaka Univ., Fac. of Sci., Dep. of Chem.) (Engl.)

Durch Kondens. von N-Tosyl-L-pyroglutamylchlorid mit L-Alanin (**I**) in Ggw. von MgO zu *N-Tosyl-L-pyroglutamyl-L-alanin* (F. 213—215°; 77% (Ausbeute)], Umsetzen mit NH_4OH u. Detosylieren des erhaltenen *N-Tosyl-L-glutaminyl-L-alanins* [F. 206° (Zers.)] mit Na in fl. NH_3 oder durch Umsetzen des gemischten Anhydrids aus N-Carbobenzoxy-L-glutaminsäure-γ-methylester (**II**) u. Chlorameisensäureäthylester mit **I** zu *N-Carbobenzoxy-L-γ-methylglutamyl-L-alanin* (F. 143—145°; 80%), Sättigen in Methanol mit NH_3 u. Hydrieren des erhaltenen *N-Carbobenzoxy-L-glutaminyl-L-alanins* wird *L-Glutaminyl-L-alanin* [**III**; F. 187,5—188° (Zers.), *Hemihydrat*, F. 163—164° (Zers.)] dargestellt. Aus **II** u. **III** oder aus **I** u. N-Carbobenzoxy-L-γ-methylglutamyl-L-glutamin wird *N-Carbobenzoxy-L-γ-methylglutamyl-L-glutaminyl-L-alanin* (F. 189—191°; 41%) erhalten, das zu *L-γ-Methylglutamyl-L-glutaminyl-L-alanin* [F. 185—186° (Zers.); 87%] u. anschließend durch Behandlung mit Dowex-50 zu *L-Pyroglutamyl-L-glutaminyl-L-alanin* [**IV**, $C_{13}H_{20}N_4O_6$, F. 225—226° (Zers.; sintert bei 175—180°); $[\alpha]_D^{41}$ —53,4° (c = 1,21; W.); 57%] cyclisiert wird. **IV** ist mit natürlichem *Eisenin* identisch.
K. LANGE. 3950

Marrubiin. 1. Mitt. **Oxydationsprodukte.** D. G. Hardy, W. Rigby und (teilweise) D. P. Moody. (J. chem. Soc. [London] **1957.** 2955—64. Juli. London, Birkbeck Coll.) (Engl.)

Vff. beschreiben den oxydativen Abbau von *Marrubiin* (**I**) über *Tetrahydromarrubiin* (**II**) u. *Anhydrotetrahydromarrubiin* (**III**) zu *8-Hydroxy-1.6.10-trimethyl-5-oxodekalin-carbonsäure-(1)-lacton* (**IV**). Bei der Ozonolyse von **III** entsteht neben **IV** *Tetrahydro-*

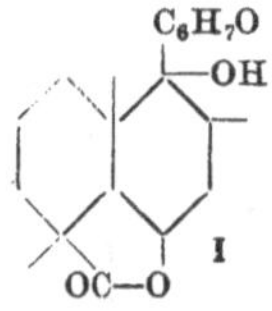

I

furylacetaldehyd. **IV** wurde hydrolysiert u. zu *1.6.10-Trimethyl-5.8-dioxodekalincarbonsäure-(1)* (**V**) oxydiert. Dehydrierung von **V** mit SeO_2 führte zu *1.6.10-Trimethyl-5.8-dioxo-Δ^6-oktalincarbonsäure-(1)*. Unter der Annahme, daß der Übergang von **I** zu **IV** ohne Umlagerung erfolgt, gilt für **I** die vorgeschlagene Struktur. Bei der Oxydation von Marrubiinsäure mit alkal. $KMnO_4$ tritt neben einer *Hydroxysäure* (**VI**) durch den Abbau des Furanringes *Ameisensäure* auf. Oxydation von **VI** gibt eine *Ketosäure* (**VII**), die zu einer *Hydroxyketolactonsäure $C_{17}H_{24}O_6$* (**VIII**) weiter oxydiert werden kann. Letztere gibt bei der Decarboxylierung mit Alkali zwei isomere *Hydroxyketolactone $C_{16}H_{24}O_4$*. Für diese beiden Verbb. werden verschiedene Strukturen diskutiert.

Versuche (Drehwerte in Chlf.; einige UV-Spektren [UV] sind angegeben): *Tetrahydromarrubiin* (**II**), $C_{20}H_{32}O_4$, F. 123,5°, aus 50 g **I** durch katal. Hydrierung in Eisessig, Einengen, Aufnahme in Bzl. u. Chromatographie an Silicagel; $[\alpha]_D^{22}$ +31,8° (c = 2,8); 30 g (Ausbeute). Neben **II** ein *Hexahydromarrubiin* vom *F. 79—80°*, $C_{20}H_{34}O_4$; $[\alpha]_D^{21,5}$ +32,6° u. ein *Hexahydromarrubiin* vom *F. 153—154°*; $[\alpha]_D^{21,5}$ +47,9° (c = 2,6). — *Ketosäure $C_{20}H_{32}O_5$*, F. 159°, aus Tetrahydromarrubiinsäure u. Cr_2O_3; aus Äthylacetat–PAe. Prismen; UV. — *Anhydrotetrahydromarrubiin* (**III**), $C_{20}H_{30}O_3$, F. 125—126°, a) aus **II** u. $SOCl_2$ durch 15 Min. langes Kochen; 12—37%; b) aus **II** u. PCl_3 in Bzl. analog a); 28—31%; aus wasserfreiem Ae. Nadeln; $[\alpha]_D^{16,5}$ +55,2° (c = 0,9). *Epoxid*, $C_{20}H_{30}O_4$, F. 115°, durch Oxydation von **III** mit $KMnO_4$ in 66%ig. Essigsäure; aus Ae.–PAe. Nadeln. — *Anhydromarrubiin*, F. 98°, nach LAWSON u. EUSTICE (vgl. J. chem. Soc. [London] **1939**. 587); Nadeln aus Äthylacetat, $[\alpha]_D^{16}$ + 34° (c = 1,65), UV; 27%. — *8-Hydroxy-1.6.10-trimethyl-5-oxodekalincarbonsäure-(1)-lacton* (**IV**), $C_{14}H_{20}O_3$, F. 196°, a) aus **III** durch Ozonolyse bei −30° in Methylenchlorid; 74%; b) aus vorst. Verb. mit CrO_3 in Essigsäure; aus Methanol oder Eisessig Prismen; $[\alpha]_D$ +119° (c = 1,02), UV. *Oxim*, $C_{14}H_{21}NO_3$, F. 184 bis 185,5°, aus A. Nadeln. *2.4-Dinitrophenylhydrazon*, $C_{20}H_{24}N_4O_6$, F. 250—251,5°, aus Äthylacetat Nadeln. — *Tetrahydrofurylacetaldehyd-2.4-dinitrophenylhydrazon*, $C_{12}H_{14}N_4O_5$, F. 144—145°, neben **IV**. — *8-Hydroxy-1.6.10-trimethyl-5-oxodekalincarbonsäure-(1)*, $C_{14}H_{22}O_4$, F. 178°, durch 1std. Erhitzen von 0,7 g **IV** mit KOH in 2-Äthoxyäthanol auf 100°; aus Bzl. Prismen; $[\alpha]_D^{25}$ −43,4° (c = 0,42), UV; 0,7 g. — *1.6.10-Trimethyl-5.8-dioxodekalincarbonsäure-(1)* (**V**), $C_{14}H_{20}O_4$, F. 109—110°, aus vorst. Verb. u. Cr_2O_3 in 90%ig. Essigsäure bei 25°; aus Bzl. Nadeln, $[\alpha]_D^{25}$ +60° (c = 0,95) UV; 83%. — *8-Acetoxy-8-hydroxy-1.6.10-trimethyl-5-oxodekalincarbonsäure-(1)-lacton* $C_{16}H_{22}O_5$, F. 163 bis 164°, aus **V** durch ½std. Kochen mit Na-Acetat in Eisessig; aus Ae. Prismen; $[\alpha]_D^{20}$ +162°, UV. — *8-Hydroxy-1.6.10-trimethyl-5-oxo-Δ^7-oktalincarbonsäure-(1)-lacton*, $C_{14}H_{18}O_3$, F. 130—132°, durch 10 Min. langes Erhitzen von vorst. Verb. unter N_2 auf 250°; aus Ae. Nadeln; $[\alpha]_D$ +28,7°. — *1.6.10-Trimethyl-5.8-dioxo-Δ^6-oktalincarbonsäure-(1)*, $C_{14}H_{18}O_4$, F. 140,5°, durch 1½std. Kochen von **V** mit SeO_2 in wss. Dioxan; aus Bzl.–PAe. hellgelbe Plättchen; $[\alpha]_D^{27}$ +139° (c = 0,91), UV. — *Marrubinsäure*, durch ¼std. Kochen von **I** mit KOH in wss. 2-Äthoxyäthanol. — *β-[5-Carboxy-1.4-dihydroxy-2.5.9-trimethyldekalyl-(1)]-propionsäure-γ-lacton* (**VI**), $C_{17}H_{26}O_5$, F. 214—215° (Zers.), aus vorst. Verb. durch Oxydation mit $KMnO_4$ in W.; aus Bzl. Nadeln, aus Äthylacetat Prismen, $[\alpha]_D^{22}$ −18,7° (c = 6,1). *Methylester*, $C_{18}H_{28}O_5$, F. 154°, aus Bzl.–Cyclohexan Prismen. *Acetat*, $C_{19}H_{28}O_6$, F. 262—263° (Zers.), aus Äthylacetat–Cyclohexan Prismen. — *β-[5-Carboxy-1-hydroxy-2.5.9-trimethyl-4-oxodekalyl-(1)]-propionsäure-γ-lacton* (**VII**), $C_{17}H_{24}O_5$, F. 222—223,5°, aus 39 g **VI** durch 12std. Stehen mit CrO_3 in Eisessig; aus 80%ig. Methanol Prismen, $[\alpha]_D^{25}$ +76,6° (c = 3,9), UV; 34,5 g. *Oxim*, $C_{17}H_{25}NO_5$, F. 270 bis 272° (Zers.). *Methylester*, $C_{18}H_{26}O_5$, F. 165,5°; *Oxim*, $C_{18}H_{27}NO_5$, F. 195—196,5°, aus Bzl.–Cyclohexan Nadeln. *α-Brom-Deriv.*, $C_{17}H_{23}BrO_5$, F. 195—197° (Zers.), aus Äthylacetat–Cyclohexan Prismen, UV. *Cycl. Hydrazon*, $C_{17}H_{24}N_2O_3$, F. 261—263°, aus A. Nadeln. — *Lacton der Hydroxyketosäure $C_{17}H_{24}O_6$* (**VIII**), F. 210—210,5° (Zers.), aus 5,2 g **VII** durch Oxydation mit $KMnO_4$; aus Methanol Nadeln, UV; 3,5 g. *Methylester*, $C_{18}H_{26}O_6$, F. 108 bis 108,5°, aus Methylester–Cyclohexan Prismen, aus Bzl.–Ae. Tafeln. *Oxim*, F. 279—281° (Zers.), aus A. Nadeln. Hydrierung von **VIII** nach ADAMS → *Hydroxydilacton $C_{17}H_{24}O_5$*, F. 156,5—158°, aus A. Prismen, $[\alpha]_D^{22}$ −4,1° (c = 1,7). — *Ketodilacton $C_{17}H_{22}O_5$*, F. 210 210,5°, aus vorst. Verb. durch Erhitzen auf 210° unter N_2; Nadeln durch Sublimation, UV. *Oxim*, $C_{17}H_{23}NO_5$, F. 290—292° (Zers.), aus A. Nadeln. — *Hydroxyketolacton $C_{16}H_{24}O_4$* (Isomeres **A**), F. 161—162°, aus 3,04 g **VIII** durch ¼std. Kochen mit KOH in 2-Äthoxyäthanol; UV, 1,25 g. *Oxim*, $C_{16}H_{25}NO_4$, F. 219—220°, aus wss. A. Prismen. Hydrierung von **A** nach ADAMS oder Rk. mit $LiAlH_4$ → *Dihydroxylacton $C_{16}H_{26}O_4$*, F. 197—199°, u. das entsprechende *Tetrol $C_{16}H_{30}O_4$*, F. 146—147°, Prismen; 2std. Kochen von **A** mit Phenyl-MgBr oder tert.-Butyl-MgCl → *Verb. $C_{16}H_{24}O_4$*, F. 212,5°, Nadeln aus Ae., UV. — *Hydroxyketolacton $C_{16}H_{24}O_4$* (Isomeres **B**), F. 181—182°, aus der Mutterlauge von **A** beim Eindampfen; aus Ae. hexagonale Prismen. H. NÜRNBERGER. 3950□

Marrubiin. 2. Mitt. **Beziehung zu Ambreinolid.** D. Burn und W. Rigby. (J. chem. Soc. [London] **1957**. 2964—74. Juli.) (Engl.)— 1. vgl. vorst. Ref.; vgl. C. **1959**. 8572. Das Ring-Syst. von Marrubiin (**I**) ist derart mit Substituenten besetzt, daß eine Aromatisierung ohne Umlagerung derselben unmöglich ist. Die zwischen **I** u. 8- Hydroxy-1.6.10-trimethyl-5-oxodekalincarbonsäure-(1)-lacton (**II**) bestehende enge strukturelle Beziehung wird durch die Darst. von **II** aus **I** bewiesen. Der gewählte Rk.-Mechanismus schließt Umlagerungen während der Rk. weitgehend aus. Bei der Oxydation von **I** entsteht *β-[5-Carboxy-1.4-dihydroxy-2.5.9-trimethyldekalyl-(1)]-propionsäuredilacton* (**III**), das mit Diäthyloxalat in das *α-Äthoxalyl-Deriv.* (**IV**) übergeht. Ozonolyse von **IV** gibt neben dem erwarteten *α-Ketolacton* (**V**) als Haupt-Prod. das gemischte Anhydrid *5-Carboxy-4-hydroxy-2.5.9-trimethyldekalinlacton-[1-spiro-1']-2'.4'-dioxa-3'.5'-dioxocyclohexan* (**VI**). Beim Erhitzen auf 50—70° gibt **V** je 1 Mol CO_2 u. CO ab; es entsteht ein *ungesätt. Lacton* (**VII**). Beim Erhitzen von **VI** auf F. 197° entstehen unter Abspaltung von ca. 1,5 Mol CO_2 ebenfalls **VII** u. eine *α,β-ungesätt. Säure* (**VIII**), die beim Erhitzen über den F. ein weiteres Mol. CO_2 unter Bldg. von **VII** verliert. Ozonolyse von **VII** gibt *Formaldehyd* u. **II**. **II** ist ident. mit den bei der Oxydation von Anhydromarrubiin oder Anhydrotetrahydromarrubiin erhaltenen Produkten. Dieser Rk.-Weg scheint für den schrittweisen Abbau ähnlicher Lactonringe sehr geeignet. Für **I** ergibt sich so die Teilstruktur **Ia**, die mit ihrer trans-Verknüpfung der Ringe Ähnlichkeit zur Struktur des Ambreinolids aufweist.

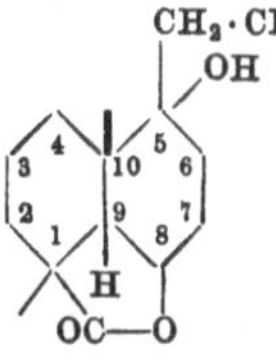

Ia

Versuche (einige Spektren [IR, UV] sind angegeben): *Marrubiin* (**I**), F. 160°, durch 72std. Extraktion von getrocknetem *Marrubium vulgare* mit warmem Aceton, Abfiltrieren eines krist. Wachses, Eindampfen u. Chromatographieren mit Bzl. an Kieselgel; Prismen aus Äthylacetat, $[\alpha]_D$ +35,8° (c = 1,2), IR. Daneben: *Hentriakontan* [$C_{31}H_{64}$, F. 68,5—69,5°, Platten aus Bzl.-A.], *Verb.* $C_{15}H_{10}O_4(OCH_3)_2$ [F. 215° (Zers.), UV, aus Dioxan goldgelbe Nadeln] u. *Verb.* $C_{17}H_{30}O_3$ F. 280—282°, Rosetten aus 2-Äthoxyäthanol). — *β-[5-Carboxy-1.4-dihydroxy-2.5.9-trimethyldekalyl-(1)]-propionsäuredilacton* (**III**), $C_{17}H_{24}O_4$, F. 163—164°, a) aus dem γ-Lacton (**IX**) der β-[5-Carboxy-1.4-dihydroxy-2.5.9-trimethyldekalyl-(1)]-propionsäure (**IXa**) (vgl. l. c.) durch Erhitzen auf 230° unter N_2; 100% (Ausbeute); b) aus 6 g **I** durch Oxydation mit CrO_3 in 85%ig. Essigsäure; 1,35 g; c) durch ½std. Kochen von 0,5 g **IXa** mit Na-Acetat in Acetanhydrid, Einengen u. Chromatographie an Silicagel; 0,13 g (daneben 0,3 g **IX**-*Acetat*, F. 262—263°); $[\alpha]_D^{25}$ +29,3°. — *α-Äthoxalyl-β-[5-carboxy-1.4-dihydroxy-2.5.9-trimethyldekalyl-(1)]-propionsäuredilacton* (**IV**), $C_{21}H_{28}O_7$, F. 184,5—185°, aus **III** durch 3std. Erhitzen mit Na-Äthylat in Oxalsäurediäthylester auf 60° bei 100 bzw. 20 Torr; aus A. Nadeln, $[\alpha]_D^{22}$ +36,01 (c = 1,83), UV. *2.4-Dinitrophenylhydrazon*, $C_{27}H_{32}N_4O_{10}$, F. 242,5—244° (Zers.), aus Chlf.-A. gelbe Nadeln. — *α-Chlor-β-[5-carboxy-1.4-dihydroxy-2.5.9-trimethyldekalyl-(1)]-propionsäuredilacton*, $C_{17}H_{23}ClO_4$, F. 224,5—226°, durch Halogenierung von 94 g **IV** mit SO_2Cl_2; prismat. Nadeln, $[\alpha]_D^{25}$ +40,42° (c = 1,01); 0,1 g. Daneben 0,1 g des *Methylhemiketals* von *α-Äthoxalyl-α-chlor-β-[5-carboxy-1.4-dihydroxy-2.5.9-trimethyldekalyl-(1)]-propionsäuredilacton*, $C_{22}H_{31}ClO_8$, F. 132,5—134,5°, Stäbchen aus Methanol, $[\alpha]_D$ +5,37° (c = 1,01). — *5-Carboxy-4-hydroxy-2.5.9-trimethyldekalinlacton-[1-spiro-1']-2'.4'-dioxa-3'.5'-dioxocyclohexan* (**VI**), $C_{17}H_{22}O_6$, F. 195—197° (Zers.), durch Ozonolyse von 0,3 g **IV** bei —60° in Chlf.; Nadeln aus Chlf.-A., $[\alpha]_D^{21}$ +11,7° (c = 1,16), UV; 0,174 g. Verliert beim Erhitzen auf 220° CO_2. Neben **VI** aus der Mutterlauge: *α-Oxo-β-[5-carboxy-1.4-dihydroxy-2.5.9-trimethyldekalyl-(1)]-propionsäuredilacton* (**V**), $C_{17}H_{22}O_5$, F. 235,5 bis 236,5°, $[\alpha]_D^{23}$ —31,32°, aus A. Prismen, UV; 0,065 g. *Oxim*, $C_{17}H_{23}NO_5$, F. 259,5—261,5° (Zers.), aus A. Prismen, UV. *Methyläther des Oxims*, $C_{18}H_{25}NO_5$, F. 187,5—188,5° (Zers.), aus Ae. Nadeln, UV. — *5-Carboxy-1.4-dihydroxy-2.5.9-trimethyldekalyl-(1)-acethydroxamsäurelacton-(5 → 4)*, $C_{16}H_{25}NO_5$, F. 232,5—234,5° (Zers.), aus 0,344 g **VI** u. Hydroxylaminhydrochlorid in Pyridin; aus A. Nadeln; 0,13 g. — *8-Hydroxy-1.6.10-trimethyl-5-methylendekalincarbonsäure-(1)-lacton* (**VII**), $C_{15}H_{22}O_2$, F. 117—118,5°, aus 1,1 g **VI** durch Pyrolyse bei 210—220° unter N_2 u. Chromatographie an Kieselgel; aus wss. Methanol Nadeln, $[\alpha]_D$ +2,04° (c = 2,0), UV; 0,48 g. — *8-Hydroxy-1.6.10-trimethyl-5-[carboxymethylen]-dekalincarbonsäure-(1)-lacton-(1 → 8)* (**VIII**), $C_{16}H_{22}O_4$, F. 229—230°, neben **VII**; Nadeln, $[\alpha]_D^{23}$ +42,57° (c = 1,01), UV; 0,62 g. *Methylester*, $C_{17}H_{24}O_4$, F. 169,5 bis 170,5°, Nadeln aus wss. Methanol, $[\alpha]_D^{22}$ +64,9° (c = 1,64), UV. — *8-Hydroxy-1.6.10-trimethyl-5-oxodekalincarbonsäure-(1)-lacton* (**II**), $C_{14}H_{20}O_3$, F. 195—196,5°, durch Ozonolyse in Methylenchlorid, a) aus **VII** bei —60°; b) aus **VIII** bei —20°; Nadeln aus Methanol. — *β-[5-Carboxy-1-hydroxy-2.5.9-trimethyl-Δ^4-oktalyl-(1)]-propionsäure-γ-lacton*, $C_{17}H_{24}O_4$, F. 249—251° (Zers.), aus 1 g **IX** u. p-Toluolsulfonsäurechlorid unter Kühlen in Pyridin; aus A. Nadeln, $[\alpha]_D^{25}$ +32,1° (c = 0,87); 0,17 g. Daneben 0,34 g **III**. — *β-[1-Hydroxy-*

2.5.9-trimethyl-Δ^{5,10}-oktalyl-(1)]-propionsäure-γ-lacton (**X**), $C_{16}H_{24}O_2$, F. 121,5—123°, aus 0,15 g vorst. Verb. durch Erhitzen auf 260° unter N_2; Nadeln aus wss. Methanol, $[\alpha]_D^{26}$ +81° (c = 2,53), UV; 0,11 g. — *β-[1.2.6(3).7.8.9-Hexahydro-1-hydroxy-2.5.9-trimethylnaphthyl-(1)]-propionsäure-γ-lacton* (**XI**), $C_{16}H_{22}O_2$, F. 107—108°, a) aus 0,1 g **X** durch Oxydation mit SeO_2; 0,02 g; b) durch $^3/_4$std. Kochen von 0,8 g nachst. Verb. in 85%ig. A. in Ggw. von H_2SO_4; 0,63 g; Prismen oder Nadeln aus Methanol, $[\alpha]_D^{21}$ —292,2° (c = 0,98), UV. — *β-[1.5.10-Trihydroxy-2.5.9-trimethyldekalyl-(1)]-propionsäure-γ-lacton*, $C_{16}H_{26}O_4$, F. 189,5—190,5°, durch Rk. von **X** mit OsO_4 in tert.-Butanol; Prismen aus Aceton, $[\alpha]_D^{16}$ —29,5° (c = 1,2). — *β-[5.10-Epoxy-1-hydroxy-2.5.9-trimethyldekalyl-(1)]-propionsäure-γ-lacton*, $C_{16}H_{24}O_3$, F. 136—137°, aus 1,04 g **X** durch Oxydation mit $KMnO_4$; aus Ae.-PAe. Nadeln, $[\alpha]_D^{26}$ +7,5° (c = 1,66); 0,42 g. — *3-[1.2.6.7.8.9-Hexahydro-1-hydroxy-2.5.9-trimethylnaphthyl-(1)]-propanol-(1)*, $C_{16}H_{26}O_2$, F. 100—101,5°, aus **XI** durch 1 std. Kochen mit $LiAlH_4$ in Ae.; aus Aceton Nadeln, $[\alpha]_D^{26}$ —132,6° (c = 1,7), UV. *p-Nitrobenzoat*, $C_{23}H_{29}NO_5$, F. 92—93°, aus PAe. Flocken. — *β-[5-Carboxy-1.4-dihydroxy-2.5.9-trimethyl-Δ^3-oktalyl-(1)]-propionsäuredilacton*, $C_{17}H_{22}O_4$, F. 141—142°, aus 5,37 g β-[5-Carboxy-1-hydroxy-2.5.9-trimethyl-4-oxodekalyl-(1)]-propionsäure-γ-lacton durch Kochen mit Na-Acetat in Acetanhydrid unter N_2; Prismen aus Äthylacetat, $[\alpha]_D^{20}$ —138° (c = 1,69), IR; 3,44 g. — *β-[5-Carboxy-1-hydroxy-2.5.9-trimethyldekalyl-(1)]-propionsäure-γ-lacton*, $C_{17}H_{26}O_4$, F. 273,5—275,5°, aus 0,5 g vorst. Verb. durch Hydrierung an PtO_2 in Essigsäure bei Zimmer-Temp., Eindampfen, Aufnehmen in Chlf., Ausziehen mit Alkali u. Ansäuern; $[\alpha]_D^{21}$ —4,24° (c = 2,79), Prismen; 0,39 g. *Methylester*, $C_{18}H_{28}O_4$, F. 134 bis 136°, $[\alpha]_D^{21}$ 0 ± 0,75° (c = 2,06), Tafeln aus Methanol. — *β-[5-Formyl-1-hydroxy-2.5.9-trimethyldekalyl-(1)]-propionsäure-γ-lacton*, $C_{17}H_{26}O_3$, F. 136,5—137,5°, aus 1 g vorst. Verb. durch Rk. mit $SOCl_2$ in Pyridin u. Behandlung des *Säurechlorids* mit H_2 in sd. Xylol in Ggw. von $Pd/BaSO_4$; Tafeln aus Methanol, $[\alpha]_D^{20}$ —33,55° (c = 2,65), UV; 0,83 g. *Semicarbazon*, $C_{18}H_{29}N_3O_3$, F. 232—234° (Zers.), Nadeln aus Methanol. — *β-[2.5.5.9-Tetramethyl-Δ^1-oktalyl-(1)]-propionsäure* (**XII**), $C_{17}H_{28}O_2$, F. 122—123,5°, aus vorst. Verb. durch WOLFF-KISHNER-Red.; Nadeln aus 95%ig. Methanol, $[\alpha]_D^{20}$ +86,3° (c = 1,16). — *β-[1-Hydroxy-2.5.5.9-tetramethyldekalyl-(1)]-propionsäure-γ-lacton*, $C_{17}H_{28}O_2$, F. 96,5—97,5°, neben **XII**; Nadeln aus Methanol, $[\alpha]_D^{26}$ —10,1° (c = 1,58). — *β-[2.5.5.9-Tetramethyldekalyl-(1)]-propionsäure*, $C_{17}H_{30}O_2$, F. 137,5—138,5°, aus **XII** durch Hydrierung an PtO_2 in Essigsäure; Nadeln aus Methanol, $[\alpha]_D^{21}$ +37,73° (c = 2,36). — *β-[1.2-Dihydroxy-2.5.5.9-tetramethyldekalin-(1)]-propionsäure-γ-lacton*, $C_{17}H_{28}O_3$, F. 142,5 bis 144°, aus **XII** durch Hydroxylierung mit OsO_4 in Pyridin; aus Ae.-PAe. flache Nadeln, $[\alpha]_D^{20}$ —3,75° (c = 1,47). H. NÜRNBERGER. 3950□

D. Makromolekulare Chemie

Theorie der optischen Aktivität von Molekülen, Polymerketten und Kristallen. S. Venkataraman. (Z. Naturforsch. **16a**. 356—62. April 1961. Guindy, Madras, Univ. of Madras, Dep. of Physics.) (Engl.)

Die Ausarbeitung der Polarisationstheorie der opt. Aktivität in Tensorenschreibweise ergab Formeln für Doppelbrechung u. opt. Aktivität eines Kristalles beliebiger Orientierung. Es wurde gezeigt, daß die entwickelte Theorie mit kleinen Änderungen auch auf einfache Moll. oder Polymerketten fester Orientierung angewandt werden kann. Die kompakten Formeln bringen auch die Theorie der gekoppelten Oscillatoren zum Ausdruck. Die Formeln können für sämtliche Orientierungen verallgemeinert werden u. führen zu einem Ausdruck für die spezif. Rotation einer Lsg. mit schraubenförmigen Polymerketten. M. VOGELMANN. 4000□

Bestimmung der Parameter in der Mark-Houwink-Gleichung. J. F. Voeks. (J. Polymer Sci. **36**. 333—39. April 1959. Pittsburg, Calif., Dow Chem. Comp., Western Div.) (Engl.)

Eine Meth. zur Best. der Parameter K u. β in der sog. MARK-HOUWINK-Gleichung $[\eta] = K \cdot M^{\beta}$ aus Messungen des Molgew., der Viscositätszahl u. des 2. Virial-Koeff. eines einzigen Polymeren wird angegeben. Obwohl das Verf. auf theoret. begründeten Ansätzen beruht, wird es durch gewisse Näherungen sowie durch die Verknüpfung mit der empir. MARK-HOUWINK-Gleichung zu einem halbempir. gemacht. Die Meth. ist auf lineare Polymere beschränkt u. wird an Beispielen aus der Literatur (*Poly-4-vinylpyridin, Polyvinylbromid, Polyvinylpyrrolidon, Polystyrol, Polyäthylen, Polyisobutylen, Polyvinylacetat, Polyacrylonitril, Copolymeres* aus *Styrol* u. *Methacrylsäuremethylester*) überprüft. K. ZIELOFF. 4000

Die Kinetik der Copolymerisation. G. Lanzavecchia. (Materie plast. **22**. 706—10. Sept. 1956.) (Ital.)

Übersicht über die Grundlagen der Kinetik der Copolymerisation (CP), die Gleichung der Zus. des Copolymeren, die Reaktivitätsverhältnisse u. deren Best. u. über typ. Beispiele der CP (Vinylacetat mit Isopropenylacetat oder Vinylidendichlorid mit Allylchlorid; Maleinsäureanhydrid mit Stilben oder Isopropenylacetat u. Styrol mit Butadien, cis-Dichloräthylen, Diäthylmaleat, Fumarodinitril u. Methacrylonitril).

G. Platzer. 4000 □

Die Verwendung von niedrigmolekularem Polyäthylen in der Ultraviolettspektroskopie. F. R. McDonald und G. L. Cook. (Appl. Spectroscopy **15**. 110—12. 1961. Laramie, Wy., U. S. Dep. of Interior, Bur. of Mines, Laramie Petroleum Res. Center.) (Engl.)

Die UV-Absorptionsspektren schlecht lösl. Polymerer können mit dem im Bereich von 2000—4000 Å nur wenig absorbierenden *Polyäthylen* (I) als Trägermaterial aufgenommen werden. Das verwendete niedrigmol. I wurde durch Erhitzen auf 95—125° verflüssigt. Das Probematerial wurde (nach Zerkleinerung auf 300 mesh, wenn dessen F. über 125° liegt) dazugerührt u. die Masse dann durch Pressen zwischen Al-Folien zu einem Film geformt, dessen Absorptionsspektrum dann auf übliche Weise spektrophotometr. gemessen werden kann. Die Spektren unterscheiden sich qual. nicht von denen gelöster Proben. R. Gerbatsch. 4010 □

Schmelzviscosität von Polyäthylenen. Sundar L. Aggarwal, Leon Marker und M. J. Carrano. (J. appl. Polymer Sci. **3**. 77—83. Jan./Febr. 1960. New Haven, Conn., Olin Mathieson Chem. Corp., Film Div.) (Engl.)

Von mehreren Proben von *Polyäthylen* (I) wurde bei 202° die Schmelzviscosität η mit einem Capillarviscosimeter bei kleiner Schergeschw. gemessen. η steigt wohl mit wachsendem 1/i (i = Schmelzindex, gemessen bei 190°) an, doch besteht keine eindeutige Beziehung zwischen η u. 1/i; die Unterschiede werden auf den Einfl. des Geschw.-Gefälles auf die η-Messung zurückgeführt. Die Temp.-Abhängigkeit von η läßt sich darstellen durch $\log \eta = a/T^2 + b/T + c$ (Messungen zwischen 138 u. 242°). Die Aktivierungsenergie E des Fließens beträgt bei 150° 12—15 kcal/Mol für die einzelnen Proben u. 9—13 bei 235°. Es fällt auf, daß die Temp.-Abhängigkeit von E für die einzelnen Proben sehr verschieden ist (gilt sogar für verschiedene Lieferungen der gleichen Handels-Prodd.). E von I-Fraktionen steigt mit wachsendem Molgew. von 8 kcal/Mol für M = 20000 auf 13 für M = 200000 an. Der Exponent a der Gleichung $\eta = k\,[\eta]^a$ steigt mit wachsendem $[\eta]$ an. Als Ursache wird die mit steigendem $[\eta]$ zunehmende Wahrscheinlichkeit einer Langkettenverzweigung angenommen. O. Fuchs. 4010 □

Kleinwinkelröntgenstreuung von kristallinem Polyäthylen. B. G. Rånby und H. Brumberger. (Acta crystallogr. [Copenhagen] **13**. 1099. 10/12. 1960. Syracuse, N. Y., Univ., Dep. of Chem.) (Engl.)

In Fortsetzung der Unterss. von Rånby u. Mitarbeitern (noch nicht veröffentlicht) untersuchten Vff. die Kleinwinkelstreuung von orientierten Plättchen von *Polyäthylen* (I) mit dem Zweck festzustellen, ob die Faltungslänge d* der I-Ketten thermodynam. oder kinet. bestimmt wird. Wenn d* ein Gleichgewichtswert bei der Kristallisations-Temp. t_c ist, dann sollte d* kleiner werden, wenn bei höherer Temp. krist. I bei einer niedrigeren Temp. rekristallisiert wird. Es konnte zunächst die l. c. beobachtete Abhängigkeit von d* von t_c bestätigt werden, denn d* wächst von 115 auf 164 Å, wenn t_c von 50 auf 110° zunimmt. Die Rekristallisation von 78°-Proben bei 90 u. 100° verursacht eine Zunahme von d* von 141 auf 152 Å. Bei hohen t_c-Temp. krist. Proben, die hierauf bis zu 24 Std. bei tieferen Temp. rekristallisiert wurden, zeigten einen sehr hohen Schwellenwert gegenüber Änderungen von d*; nur in einem Fall konnte eine geringe Abnahme von d* beobachtet werden. Für alle Proben lieferte die diffuse Streuung exponentielle Debye-Korrelationsfaktoren mit Korrelationsabständen von 30—50°, was auf eine regellose Anordnung des amorphen Teils von I hinweist. C. Gottfried. 4010

Defekte in Polyäthylenkristallen. W. P. Slichter. (J. appl. Physics **31**. 1865—68. Nov. 1960. Murray Hill, N. J., Bell Telephone Labor.) (Engl.)

Vf. berichtet über kernmagnet. Resonanzmessungen zum Nachw. von Kettenbewegungen in linearem *Polyäthylen* u. *Polymethylen*, deren Herst. durch Kristallisation aus Xylol- oder Perchloräthylen-Lsg. erfolgte. Hierbei wird gezeigt, daß bei Zimmer-Temp. Segmentbewegung auftritt, wenn die Verbb. bis unterhalb des F. erhitzt werden. Die Änderungen erfolgen schnell, sind irreversibel u. unabhängig von der Kristallisations-Temp. u. Konz. mit Ausnahme hoher Konzentrationen. Die Effekte werden der Ausbildung von Defekten im kristallinen Aufbau zugeschrieben. G. Ruban. 4010 □

Anionisch-koordinative Polymerisation des Propylens zu ataktischen Polymeren und zu Stereoblockpolymeren mit hohem Molekulargewicht. 3. Mitt. **Charakteristik des mit dem Katalysatorsystem $VOCl_3$/Triisobutyl-Al erhaltenen Polypropylens.**

Italo Pasquon. (Chim. e Ind. [Milano] **41.** 534—39. Juni 1959. Milano, Politecn., Ist. di Chim. ind.) (Ital.) — 2. vgl. Chim. e Ind. [Milano] **41.** [1959.] 387.

Die ster. Zus. des Prod. der Polymerisation von *Propylen* mit Katalysatoren aus $VOCl_3$ u. Triisobutyl-Al (**I**) hängt wesentlich von der Art der Herst. des Katalysators ab. Ermittelt wurden jeweils der Geh. an ätherlösl. atakt. Polymeren (**A**) u. an in n-Heptan lösl. Stereoblockpolymeren (**B**); die Restfraktion stellt in n-Octan lösl. Anteile dar. Beim Arbeiten mit durch rasches Zusammengeben von $VOCl_3$ u. **I** frisch bereiteten Katalysatoren zeigt die Polymerisationsdauer (0,5—8 Std.) prakt. keinen Einfl. auf das Molgew. u. den Geh. der **A**- u. **B**-Polymeren. Dagegen wirkt sich eine „Alterung" der rasch hergestellten Katalysatoren bei 70° wesentlich aus, wobei mit steigender Alterungsdauer der **A**- u. **B**-Geh. im Polymeren abnimmt u. das Molgew. ansteigt. Diese Effekte zeigen sich jedoch nur, wenn der Katalysator in Abwesenheit von Monomeren u. Polymeren gealtert wird. Ferner ändert sich die spezif. Aktivität von Katalysatoren, die durch langsames Zutropfen von **I** zu $VOCl_3$ bei 80° hergestellt wurden, durch eine Alterung nicht. Mit steigendem Al/V-Mol-Verhältnis im Katalysator nimmt das Molgew. des erhaltenen Polymeren ab, während die ster. Zus. oberhalb eines Al/V-Wertes von 0,74 wenig beeinflußt wird; an Al ärmere Katalysatoren ergaben vollständig in Ae. lösl. Polymere. Erhöhter Druck führt zu etwas erniedrigten **A**- u. **B**-Geh.; steigende Katalysator-Konzz. geben abnehmendes Molgew. in allen Fraktionen sowie erniedrigten **A**-Gehalt. Mit steigender Polymerisations-Temp. nimmt der **A**-Geh. etwas zu, während das Molgew. nicht wesentlich beeinflußt wird. H.-E. TOUSSAINT. 4010□

Der Einfluß von Monomerkonzentration und Verdünnungsmittel auf die Polymerisation von Isobuten. J. P. Kennedy und R. M. Thomas. (J. Polymer Sci. **49.** 189—202. Febr. 1961. Linden, N. J., Esso Res. and Engng. Co., Chem. Res. Div.) (Engl.) — Vgl. C. **1961.** 12858.

Polyisobuten wird bei —78° mit $AlCl_3$ als Katalysator in Methylchlorid, Äthylchlorid, Methylenchlorid, Vinylchlorid u. n-Pentan als Verdünnungsmittel bei Anfangsmonomer-Konzz. von ca. 3—100 Mol-% hergestellt u. gefunden, daß der Polymerisationsgrad unabhängig vom Verdünnungsmittel mit fallender Monomer-Konz. zunimmt. Ein Rk.-Schema wird vorgeschlagen. Der Einfl. der DK auf den Polymerisationsgrad, der in Methylchlorid-CS_2-Mischungen untersucht wird, weicht von der Theorie ab, was durch Einführen einer scheinbaren DK behoben wird. W. SCHMIEDER. 4010□

Effekt von Beimengungen auf die strahleninduzierte Polymerisation von Isobuten. R. Worrall und A. Charlesby. (Int. J. appl. Radiat. Isotopes **4.** 84—88. Dez 1958. Hinxton, Tube Investments Res. Labor.; Shrivenham, Berkshire, Royal Military Coll. of Sci.) (Engl.)

Man nimmt an, daß die Polymerisation von bestimmten Monomeren unter dem Einfl. von hochenerget. Strahlung über einen Ionenmechanismus verläuft. Die Ausbeute an *Polyisobuten* in Ggw. einiger feinpulverisierter Oxide, z. B. ZnO oder SiO_2, wird stark gesteigert. In Ggw. von Polyäthylenpulver, in welchem durch Strahlung Radikale erzeugt werden, sinkt dagegen die Ausbeute. Werte für den Einfl. der ZnO-Konz., der Dosis u. Strahlungsintensität sind angegeben. Die gesteigerte Ausbeute hängt von einer vergrößerten Anfangs-Geschw. ab. L. LAMZA. 4010

Carbonium- und Carbanionmechanismus für Polymerisationen, die durch Gamma-Strahlen induziert werden. A. D. Abkin, A. P. Scheinker, M. K. Jakowlewa und L. P. Meshirowa. (J. Polymer Sci. **53.** 39—47. Aug. 1961. Moscow, USSR, Physikal.-chem. Karpow-Forschungsinst.) (Engl.) — Vgl. C. **1961.** 1577.

Es wurde gefunden, daß die durch γ-Strahlen induzierte Polymerisation von *Isobutylen* (**I**), *Styrol* (**II**), *Butadien* u. anderen Monomeren sowohl nach dem kation. als auch nach dem anion. Mechanismus stattfinden kann. Die Möglichkeit des Rk.-Verlaufs hängt von der chem. Struktur des Monomeren u. von der Natur des Mediums, in dem die Polymerisation verläuft, ab. *Acrylonitril* (**III**) polymerisiert bei —78° in Lsgm. mit elektronenabgebenden Verbb. (Triäthylamin, Dimethylformamid), aber nicht in Lsgm,. die man gewöhnlich bei kation. Polymerisation anwendet u. die elektrophile Gruppen enthalten, wie z. B. Äthylchlorid. **II** polymerisiert nur in Äthylchlorid. Die durch Bestrahlung gestartete Copolymerisation von **II** mit **I** u. *Methylmethacrylat* (**IV**) u. von **III** mit **II** u. **IV** wurde ebenfalls untersucht. Es wurde gefunden, daß die bei —78° erhaltenen **I**/**II**-*Copolymeren* (Polymerisation in Äthylchlorid) für alle Zus. der Anfangsmischung an **I** angereichert sind: r_1 (**I**) = 3,5; r_2 = 0,33. Bei —78° polymerisiert **I** langsamer als **II**. Das Diagramm für die Abhängigkeit der Polymerisations-Geschw. von der Zus. der ursprünglichen Ausgangsmischung ist durch ein Minimum im Gebiet von relativ kleinen **I**-Zusätzen charakterisiert. Bei 0° verläuft die Polymerisation der Monomeren mit wesentlich geringerer Geschw. (bes. für **I**) als bei —78°. Bei 0° polymerisiert **II** wesentlich rascher als **I**. Es wurde gefunden, daß die Polymerisations-Geschw. von **I** u. **II** in bezug auf die Dosis-Geschw. von 1. Ordnung ist. Bei tiefen Temp. werden Polymere mit relativ hohem Molgew. M gebildet (*Polystyrol* mit M 70000, *Polyisobutylen* mit M 80000). Das M der Copolymeren beträgt je nach Zus. 20000—55000 (aus Lichtstreuungsdaten). Die bei 0° erhaltenen Polymeren haben ein geringeres M. Die bei —78° erhaltenen **II/IV**-*Copolymeren* enthalten bei allen Zus. der Anfangsmischung eine Fraktion, in der die **II**-Komponente stark angereichert ist [r_1 (**II**) = 20; r_2 = 0,005]. Bei der mit Katalysatoren des BF_3-Typs gestarteten Polymerisation der Monomeren ist r_1 = 10,5 u. r_2 = 0,1. Geringe Zusätze von **IV** zu **II** setzen die Polymerisations-Geschw. stark herab (bei —78°). Diese Verminderung ändert sich bei weiterem Zusatz von **IV** nicht mehr. Die Polymerisations-Geschw. von **III** bei — 78° u. der Dosis-Geschw. von 150 R/sec in Substanz ist $2{,}1 \cdot 10^{-6}$ [Mol/Liter·s]; in Triäthylamin beträgt sie $6{,}7 \cdot 10^{-6}$, in Dimethylformamid $9{,}7 \cdot 10^{-6}$ (für eine Monomeren-Konz. von 3,5 Mol/Liter). Bei der Copolymerisation von **II** u. **III** in Dimethylformamid-Lsg. bei — 78° sind die entstehenden Polymeren über den gesamten Bereich der prim. Zus. reicher an **III** als die Anfangsmischung. Auf Grund der aufgestellten kinet. Beziehungen u. anderer aus Unterss. solcher Syst. erhaltenen Daten werden die kation. u. anion. Mechanismen der durch γ-Strahlen gestarteten Polymerisation diskutiert. E. Weber. 4010□

Die Einwirkung von Sauerstoff auf bestrahltes Polyvinylchlorid. Billy R. Loy. (J. physic. Chem. **65.** 58—61. 1961. Midland, Mich., Dow Chem. Co., Phys. Res. Labor.) (Engl.)

Hochporöses *PCV* (1,24 m^2/g, Teilchengröße 140 μ) wurde im Vakuum bei der Temp. des fl. N_2 mit ^{60}Co-γ-Strahlung bestrahlt (Gesamtdosis 8 Mrad), während 1 bis 10 Tagen unter diesen Bedingungen aufbewahrt, sodann im Temp.-Bereich —78° bis +45° der Luft ausgesetzt u. die Bldg. bzw. der Zerfall des Peroxoradikals $RO_2\cdot$(**I**) durch Elektronenspinresonanz-Spektroskopie verfolgt. Die Bldg. von **I** aus den Alkylradikalen R·(**II**) erfolgt nach einem exponentiellen Zeitgesetz; der hohe Wert der Aktivierungsenergie (6 kcal/Mol) deutet darauf hin, daß dieser Rk.-Schritt durch die Diffusions-Geschw. bestimmt ist. Die Halbwertszeit von **II** beträgt ca. 4 Sek. bei 20°, so daß der langsame Zerfall von **I** oberhalb dieser Temp. gut verfolgt werden kann. Dieser Vorgang gehorcht einem exponentiellen Gesetz mit der Aktivierungsenergie 12 kcal/Mol. Die scheinbare Geschw.-Konst. beträgt 0,00021 bei 0°, 0,00453 bei 45°. In Abwesenheit von Luft werden aus **I** Alkylradikale zurückgebildet. Als Mechanismus wird ein Autoxydationsprozeß vorgeschlagen, der dem ungepaarten Elektron Beweglichkeit verleiht: $II + O_2 \rightarrow I$ (schnell); $I + R'H \rightarrow ROOH + R'\cdot$ (geschwindigkeitsbestimmend); $R'\cdot + O_2 \rightarrow R'O_2\cdot$ (schnell); $2\,R'\cdot \rightarrow$ nichtradikal. Prodd. (schnell). A. Blaschette. 4010□

Untersuchung der Reaktionen freier Radikale im bestrahlten Polytetrafluoräthylen. 1. Mitt. **Anwendung der paramagnetischen Elektronenresonanz zur Untersuchung der Umwandlungen von Radikalen und Bestimmung des Diffusionskoeffizienten des Sauerstoffs in Polytetrafluoräthylen.** Ju. D. Zwetkow, Ja. Ss. Lebedew und W. W. Wojewodski. (Высокомолекулярные Соединения [Hochmolekulare Verbind.] **1.** 1519—25. Okt. 1959. Inst. für techn. Physik der Akad. der Wiss. der UdSSR.) (Russ.; Auszug: Engl.) — Vgl. C. **1960.** 5834.

Polytetrafluoräthylen (**I**) wird im Vakuum bei 77°K der γ-Strahlung von ^{60}Co (20 u. 40 Mr) ausgesetzt u. die Bldg. von Radikalen $-CF_2-\dot{C}F-CF_2-$ (= $\dot{R}$) u. $\dot{R}O_2$ durch Messung der Elektronenresonanz (ER) untersucht. Die Amplituden $I\alpha$ u. $I\beta$ sind der Konz. an $\dot{R}O_2$ bzw. $\dot{R}$ proportional. Mit den Linienbreiten ω u. den Koeff. γ u. $\gamma_\beta\omega_\beta^2/\gamma_\alpha\omega_\alpha^2 = \beta$ ergibt sich $I_\alpha + \beta\cdot I_\beta = \beta\,(I_\beta)_0$ (o = Index für Ausgangszustand) u. $[\dot{R}]/[\dot{R}O_2] = \beta\cdot I_\beta/I_\alpha$. Die Messungen der ER führen zu $\beta = 0{,}4\exp(AE/RT)$ mit einer Aktivierungsenergie (AE) = 1,5 ± 0,5 kcal/Mol. Für die Diffusion von O_2 in bestrahltes **I** ist (bei 20 u. 40 Mr) $D = (1{,}8 \pm 0{,}2)\cdot 10^{-4}\exp(-AE/RT)\ cm^2/Sek.$ mit AE = 4,6 ± 0,5 kcal/Mol. R. K. Müller. 4010□

Molekulargewichtsverteilung von Polystyrol durch Sedimentationsgeschwindigkeitsanalyse. Herbert W. McCormick. (J. Polymer Sci. **36.** 341—49. April 1959. Midland, Mich., Dow Chem. Comp., Phys. Res. Labor.) (Engl.)

Die Auswertung von Verss. über die Sedimentations-Geschw. in einem Θ-Lsgm. wurde zur Best. der Molgew.-Verteilung von *Polystyrolen* mit breiter u. enger Verteilung verwendet. Das Θ-Lsgm. ist zur Gewinnung einwandfreier Ergebnisse notwendig. Die erforderliche Beziehung zwischen der Sedimentations-Konst. u. dem Molgew. wurde unter Verw. von Viscositätszahlen u. des Molgew. nach der Meth. von Archibald erhalten. K. Zieloff. 4010

Die kationische Polymerisation von Styrol. 1. Mitt. **Das 1-Phenyläthylkation.** D. O. Jordan und F. E. Treloar. (J. chem. Soc. [London] **1961.** 729–34. Febr. Adelaide, Univ., South Australia, Johnson Labor., Dep. of Phys. and Inorg. Chem.) (Engl.)

Vff. weisen nach, daß bei der Polymerisation von *Styrol* (I) in Ggw. von Säuren oder Metallhalogeniden als initiierendem Agens Carboniumionen auftreten. I u. *1-Phenyläthanol* (II) lösen sich mit gelber Farbe in Gemischen von konz. H_2SO_4 u. Eisessig (H_2SO_4-Geh. > 90 Vol.-%). I liefert in diesem Lsgm. ein wesentlich anderes Absorptionsspektrum als in reinem Eisessig. Im Sichtbaren sind die Spektren von I u. II im Lsgm.-Gemisch prakt. identisch. Das Maximum bei 4300 Å nimmt mit der Zeit ab, während die Intensität der Peaks im UV (2700 u. ca. 3060 Å) zunimmt. Nach längerer Zeit werden die Spektren von I u. II einander sehr ähnlich. Diese Effekte beruhen auf einer Ionisation gemäß II + $H_2SO_4 \rightleftharpoons$ $CH_3CH(C_6H_5)OH_2^+$ (III) + HSO_4^- bzw. I + $H_2SO_4 \rightleftharpoons$ $CH_3CH(C_6H_5)^+$ (IV) + HSO_4^-; IV bildet mit den im Lsgm. enthaltenen Wasserspuren langsam III. Die Ionisierung ist in beiden Fällen vollständig, da die Absorptionsintensitäten im Konz.-Bereich 60–99 Vol.-% H_2SO_4 konst. bleiben. Lsgg. von 1-Phenyläthylchlorid (V) u. $SnCl_4$ in 1.2-Dichloräthan enthalten ebenfalls das III-Ion; die Intensität des bei 4400 Å beobachteten Maximums erreicht bei 25° nach 25 Std. ihren höchsten Wert. Es wird Ionisation gemäß V + $SnCl_4 \rightleftharpoons [CH_3CH(C_6H_5)^+]\cdot[SnCl_5^-]$ (Rk. 1) ohne wesentliche Trennung des Ionenpaares angenommen. Die Gleichgewichts-Konst. der Rk. 1 ergibt sich zu 2,68 Liter/Mol; weiter ist $\Delta H^0 = -0{,}006$ kcal/Mol, $\Delta G^0 = -0{,}59$ kcal/Mol, $\Delta S^0 = -2$ cal/Mol·Grad. Rk. 1 bleibt aus, wenn CCl_4 als Lsgm. benutzt wird, tritt aber auch in diesem wenig polaren Solvens ein, wenn $AlCl_3$ statt $SnCl_4$ zugesetzt wird (λ_{max} 4450 Å). A. Blaschette. 4010□

Die kationische Polymerisation von Styrol. 2. Mitt. **Spektren polymerisierender Systeme.** D. O. Jordan und F. E. Treloar. (J. chem. Soc. [London] **1961.** 734–36. Febr.) (Engl.) — 1. vgl. vorst. Referat.

In den Syst. *Styrol–AlCl₃–1.2-Dichloräthan* u. *Styrol–1-Phenyläthylchlorid–SnCl₄–1.2-Dichloräthan* (I) tritt Gelbfärbung (λ_{max} 4100 Å) u. Polymerisation des Styrols ein. Die Absorption bei 4100 Å wird dem wachsenden Polymerion $CH_3CH(C_6H_5)\,[CH_2CH\cdot(C_6H_5)]_nCH_2CH(C_6H_5)^+$ (II) zugeschrieben, das prakt. vom Rk.-Beginn an in konst. Konz. vorliegt. Für das Syst. I, in dem der 4100 Å-Peak sofort auftritt, wird die Rk. eines 1-Phenyläthylchlorid–$SnCl_4$-Komplexes mit Styrol oder eine trimol. Rk. zwischen diesen drei Verbb. als prim. Schritt angesehen. Es treten keine freien $CH_3CH(C_6H_5)^+$-Ionen (III) auf. In Abwesenheit von 1-Phenyläthylchlorid wird II in geringer Menge gebildet, wahrscheinlich unter dem Einfl. von Wasserspuren. Im Syst. Styrol–$AlCl_3$–CCl_4 wurden II (λ_{max} 4200 Å) u. III (4450 Å) nachgewiesen. A. Blaschette. 4010□

Die kationische Polymerisation von Styrol. 3. Mitt. **Die katalytische Wirkung des Wassers bei der Polymerisation von Styrol durch Aluminiumchlorid.** D. O. Jordan und F. E. Treloar. (J. chem. Soc. [London] **1961.** 737. Febr.) (Engl.) — 2. vgl. vorst. Referat.

Bei äußerst sorgfältigem Ausschluß von W. wird reines *Styrol* durch $AlCl_3$ nicht polymerisiert; es kann vollständig vom festen $AlCl_3$ abdest. werden. Wasserdampf bewirkt hingegen sofortige Orangefärbung u. Polymerisation. W. wirkt dabei als Co-katalysator infolge Protonierung des Styrols. A. Blaschette. 4010□

Untersuchung der Dipolpolarisation von Copolymeren des p-Chlorstyrols mit Isopren und Styrol. G. P. Michailow und L. I. Burstein. (Высокомолекулярные Соединения [Hochmolekulare Verb.] **1.** 1824–29. Dez. 1959. Inst. für hochmol. Verbb. der Akad. der Wiss. der UdSSR.) (Russ.; Auszug: Engl.)

Durch Radikalpolymerisation mit Dibenzoylperoxid (0,1%) als Initiator werden bei 100° *Copolymere* von *p-Chlorstyrol* (I) mit *Styrol* (II) (10,3–60,5 Mol-% I) u. von I mit *Isopren* (III) (51,6–90,0 Mol-%) I dargestellt. Das effektive Dipolmoment μ_{eff} u. der Korrelationsparameter g hängen von der mol. Umsetzung in den Polymeren ab, ebenso auch die Relaxationszeit τ. Bei gleicher I-Konz. ist g im I–II-Syst. kleiner als im I–III-Syst., τ ist im I–III-Syst. größer als im I–II-System. Die höheren g-Werte von g bei den I–III-Copolymeren werden auf den größeren Abstand zwischen den polaren Gruppen bei III im Vgl. mit II zurückgeführt. R. K. Müller. 4010□

Polymerisation von Cyclopentadien. G. L. Juchnowski und A. W. Tschernobai. (Известия Высших Учебных Заведений, Химия и Химическая Технология [Hochschulnachr. (Iwanow), Chem. chem. u. Technol.] **2.** 96–101. 1959. Charkow, Polytechn. Inst.) (Russ.) — Vgl. C. **1960.** 6668.

Bei der Polymerisation von *Cyclopentadien* (I) in Dichloräthan, Chlf., Bzl., Toluol oder Xylol sind die wirksamsten Katalysatoren Komplexe von BF_3 mit A., Essigsäureäthylester, Methacrylsäuremethylester oder Ae. (0,4%), weniger wirksam sind $SnCl_4$ u. $AlCl_3$. Mit zunehmender Katalysator- u. I-Konz. nimmt die Polymerisations-Geschw. zu; mit dem Lsgm. nimmt sie ab in der Reihenfolge $C_2H_4Cl_2$ > Chlf. > Bzl. > Xylol. Das Polymere ist ein viscoses Harz oder ein hellgelber Feststoff, lösl. in aromat. u. chlorierten KW-Stoffen, Terpentin, teilweise in Lack-Bzn., unlösl. in Aceton, Ae., A. u. Dioxan. An der Luft bildet es eine unlösl. orangefarbene Verb.; seine JZ. ist 382—386. Als Stabilisatoren eignen sich Koordinations-Verbb. von BF_3 mit NH_3 u. Aminen, am wirksamsten sind NH_3 u. Diphenylamin mit BF_3. R. K. MÜLLER. 4010□

Filme von Gemischen horizontal und vertikal orientierter Komponenten. Herman E. Ries jun. und Donald C. Walker. (J. Colloid Sci. **16.** 361—74. Aug. 1961. Whiting, Ind., American Oil Co., Res. and Dev. Dep.) (Engl.)

Die Wechselwrkg. zwischen horizontal u. vertikal orientierten Moll. an Grenzflächen wurde untersucht. Fläche/Druck-Isothermen von Gemischen gleicher Mengen von horizontal orientiertem *Polyvinylacetat* (I) u. den vertikal orientierten Komponenten besitzen einen Wendepunkt oder sogar ein Plateau in der Nähe des Zusammenbruchdruckes der Polymerkomponente. I wird bei diesem Druck wahrscheinlich aus der unimol. Schicht herausgedrängt. Filme von I mit *Octadecanol-(1)*, *Methylstearat* (F. 37,70°) oder *Cholesterin* brechen in der Nähe des Maximumdruckes der stärkeren Komponente zusammen. Filme der Polymerkomponente mit *Stearin-* (F. 69,61°), *n-Hexakosan-*, *n-Hexatriakontan-* (II, F. 99,46°) u. *2-Hydroxystearinsäure* brechen dagegen erst bei Drücken zusammen, die weitaus größer sind als die der einzelnen Komponenten. Elektronenmikroskop. Aufnahmen der gemischten Filme bei niedrigen Drücken zeigen nur die vertikal orientierte Komponente, da für das horizontal orientierte I das Auflösungsvermögen zu gering ist. Aufnahmen von Filmgemischen von I u. II bei niedrigen Drücken zeigen langgestreckte Inseln der Säure, die vielleicht die Geometrie der polymeren Moll. wiedergeben. Mit ansteigendem Druck werden die Inseln länger u. vergrößert sich ihre Zahl pro Flächeneinheit. Bei hohen Drucken oberhalb des Zusammenbruchdruckes der Polymerkomponente treten charakterist. amorphe Massen auf, die aus dem aus der unimol. Schicht herausgedrückten I bestehen. G. M. NEUMANN. 4010□

Lösungseigenschaften von bei verschiedenen Polymerisationstemperaturen hergestelltem Polyvinylacetat in Θ-Lösungsmitteln. Masakazu Matsumoto und Yasuzi Ohyanagi. (J. Polymer Sci. **50.** S1—S4. März 1961. Kurashiki, Japan, Kurashiki Rayon Co. Ltd., Res. Labor.) (Engl.)

Polyvinylacetat (I) wird bei —78 bis +60° mit α.α'-Azo-bis-isobutyronitril oder Triäthylbor als Initiator hergestellt, zu *Polyvinylalkohol* verseift, dieser wieder acetyliert u. das erhaltene I aus Aceton mit W./Aceton (2 : 1) fraktioniert. Lichtstreuungsmessungen in Aceton bei 30° ergeben die Gewichtsmittel-Molgew. der Fraktionen (41000—830000). Viscositätsmessungen ergeben als Θ-Temp. u. Entropieparameter der FLORYschen Theorie 29° u. 1,07 kcal/Mol·Grad für Äthyl-n-butylketon sowie 66° u. 0,924 für Äthylisoamylketon, unabhängig von der Polymerisationstemperatur.

W. SCHMIEDER. 4010□

Einfluß von innerkomplexen organischen Verbindungen einiger Metalle von verschiedener Wertigkeit auf die Kinetik der Polymerisation von Vinylverbindungen. I. Szántó und K. Gál. (J. Polymer Sci. **53.** 33—37. Aug. 1961. Budapest, Hungary, Hung. Acad. of Sci., Central Res. Inst. of Chem.) (Engl.)

Der Einfl. von Metallen verschiedener Wertigkeitsstufen auf Polymerisationsprozesse, die in Syst. ohne Redoxcharakter ablaufen, wurde untersucht. Die Verzögerungs-Wrkg. von Fe(III)-, Cr(III)-, Co(III)-, Mn- u. Cu(II)-Acetonylacetonat auf die Polymerisation von *Vinylacetat* (I), *Styrol* (II) u. *Methylmethacrylat* (III) wurde ermittelt. Den größten Einfl. üben diese Verbb. im Falle der Polymerisation von I aus. Durch kinet. Unterss. dieser Rk. wurde der Einfl. der Verunreinigung durch Aldehydperoxide auf die Polymerisation von reinem I aufgeklärt. Genaue kinet. Unterss. der Polymerisation von I verschiedener Herkunft wurden durchgeführt. Der Verzögerungseffekt von Fe(III)-Acetonylacetonat verschiedener Konz. bei verschiedenen Reaktions-Temp. wurde gemessen, u. die Aktivierungsenergie (E = —13,6 kcal/Mol) der Verzögerungs-Rk. berechnet. Die Verss. zeigen, daß Cu(II)-Acetonylacetonat in Konzz. von 1,0—5,0·10^{-6} Mol/Liter kein Inhibitor ist, die Polymerisation aber stark verzögert. Außerdem wurde der Verzögerungseffekt von Cu(II)-Benzoat untersucht. Es wurde gefunden, daß ionogen gebundenes Cu nur ein schwacher Inhibitor ist. Bei II u. III konnte kein Einfl. der Verzögerungsagentien auf die Kinetik der Polymerisation festgestellt werden.

E. WEBER. 4010□

Untersuchung der Polymerisation im System Acrylonitril–Magnesium, das durch Kondensation von Molekularbündeln durch paramagnetische Elektronenresonanz

entstand. W. A. Kabanow, G. B. Ssergejew, W. P. Subow und W. A. Kargin. (Высокомолекулярные Соединения [Hochmolekulare Verbind.] **1.** 1859—61. Dez. 1959. Moskau, Univ.) (Russ.; Auszug: Engl.)

Die rasche Polymerisation von Vinylmonomeren wie *Acrylonitril* (I) bei gemeinsamer Kondens. ihrer Mol.-Bündel mit solchen des Mg auf einer kalten Oberfläche läßt sich als Radikalpolymerisation auffassen, wenn man annimmt, daß die Kette durch Wanderung einer freien Valenz entlang einem Syst. vorgeordneter Monomeren-Moll. wächst. Dieser Mechanismus wird durch Messung der paramagnet. Elektronenresonanz bestätigt. Durch Vgl. mit 1.1-Diphenyl-2-pikrylhydrazin (II) wird die Größenordnung der Menge der freien Radikale im Syst. zu 10^{18} rad/g ermittelt mit ähnlichem g-Faktor wie dem von II (2,0036). Das Radikal könnte im Falle von I der Formel $\overset{(+)}{Mg}-\overset{(-)}{CH_2}-\dot{C}H-CN$ entsprechen. Diese Radikale kondensieren zusammen mit überschüssigem monomeren I auf einer mit fl. N_2 gekühlten Oberfläche u. initiieren die Polymerisation im unterkühlten Gemisch. R. K. MÜLLER. 4010□

Untersuchung der Bedingungen der Herstellung eines für die Fasergewinnung verwendbaren Copolymeren aus Acrylonitril und α-Vinylpyridin. M. A. Sharkowa, G. I. Kudrjawzew und W. Ss. Klimenkow. (Химические Волокна [Chemiefasern] **1960.** Nr. 6. 15—18.) (Russ.)

Es wird die Abhängigkeit des Molgew. eines *Copolymeren* aus *Acrylonitril* (I) u. *α-Vinylpyridin* (II) von Temp., Anfangs-Konz. der Monomeren u. dem angewendeten Initiator (III) u. Regulator (IV) untersucht. Als III wurde Azodiisobutyronitril verwendet, als bester IV erwies sich Äthanolamin. Die untersuchten Anfangs-Konzz. von I u. II liegen zwischen 3 u. 5 Gew.-%. Die Labor.-Bedingungen zur Herst. einer geeigneten Spinn-Lsg. werden beschrieben. Die daraus versponnene Faser läßt sich sowohl mit sauren als auch mit bas. Farbstoffen färben. HANS NESTLER. 4010□

Deutung des Viscositätsverhaltens konzentrierter Polymerlösungen. Hiroshi Fujita und Akira Kishimoto. (J. chem. Physics **34.** 393—98. Febr. 1961. Maizuru, Univ. of Kyoto, Dep. of Fisheries, Phys. Chem. Labor.) (Engl.)

Auf der Grundlage einer einfachen Theorie des Freien Vol. wird eine empir. Viscositäts-Konz.-Beziehung für konz. Polymer-Lsgg. hergeleitet u. ihre Brauchbarkeit an bekannten Daten der Syst. *Polymethylmethacrylat–Diäthylphthalat, Polystyrol* (I)–*Diäthylbenzol*, I–*Dibenzyläther* u. I–*Dekalin* geprüft. Bei genügend hohen Konzz., bei denen Verknäuelung zwischen den verschiedenen Ketten-Moll. unter Ausbildung einer schwachen Vernetzung im gesamten Lsgm.-Vol. erfolgt, besteht gute Übereinstimmung zwischen der Theorie u. den experimentellen Werten; bei geringeren Konzz. treten verhältnismäßig große Abweichungen auf. Die vorgeschlagene Beziehung enthält zwei von der Temp. abhängige Parameter, die charakterist. für das betrachtete Polymere bzw. für die jeweilige Kombination Polymeres–Lsgm. sind. Sie werden aus den Experimentaldaten ermittelt u. bzgl. ihrer Temp.-Abhängigkeit diskutiert. A. BLASCHETTE. 4010□

Eine Untersuchung der Reaktion zwischen Polymerradikalen und α.α'-Diphenyl-β-pikrylhydrazin durch Elektronenresonanzabsorption. Derick W. Ovenall. (J. Polymer Sci. **49.** 225—30. Febr. 1961. Teddington, Middlesex, England, National Physical Labor., Basic Physics Div.) (Engl.)

Es wird gezeigt, daß *Polymethacrylsäuremethylester* (I), der durch Radikalpolymerisation in Ggw. von α.α'-Diphenyl-β-pikrylhydrazin (II) hergestellt ist, II-Endgruppen enthält, die bei Behandlung des gelbgefärbten I mit PbO_2 zu Diphenylpikrylhydrazylgruppen oxydiert werden u. eine Violettfärbung hervorrufen. *Polystyrol* zeigt unter gleichen Bedingungen zwar eine Gelbfärbung, ändert die Farbe aber nicht bei Behandlung mit PbO_2. W. SCHMIEDER. 4010□

Einfluß von Reaktorbestrahlung auf die Zugfestigkeit von einachsig orientiertem Polyäthylenterephthalat. C. C. Hsiao und S. T. Chow. (J. appl. Physics **31.** 1869—71. Nov. 1960. Minneapolis, Minn., Univ.) (Engl.) — Vgl. C. **1961.** 18336.

Eine Reihe von einachsig orientierten *Polyäthylenterephthalat*-Fäden wird nach Bestrahlung im Kernreaktor Zugfestigkeits-Unterss. unterworfen. Hiernach fällt die obere Grenze der Zugfestigkeit mit wachsender Bestrahlungsdosis ab, steigt jedoch bei Anwachsen des mol. Orientierungsgrades an. Wenn die Proben einer relativ hohen Bestrahlungsdosis ausgesetzt werden, fällt die Zugfestigkeit prakt. auf Null. Röntgenbeugungs-Unterss. der nichtbestrahlten Proben mit geringem Orientierungsgrad zeigen sehr wenig Kristallinität, während die sehr deutlichen Beugungsmaxima in den bestrahlten u. orientierten Proben deutlich auf eine stärkere Neigung zur Kristallinität hinweisen. G. RUBAN. 4010□

Einfluß von Temperatur und Reaktorbestrahlung auf die Festigkeit von zweiachsig orientiertem Polyäthylenterephthalat. A. Haynes und C. C. Hsiao. (J. appl. Physics **31.** 1871—73. Nov. 1960.) (Engl.) — Vgl. vorst. Referat.

Proben von zweiachsig orientiertem *Polyäthylenterephthalat* (**I**) werden im Kernreaktor bestrahlt u. bei 5 Temp. zwischen —150 u. +350° F auf ihre Festigkeit untersucht. Wie l. c. nimmt auch hier die obere Grenze der Zugfestigkeit bei wachsender Bestrahlung ab u. erreicht einen relativ geringen Wert bei einer Dosis, die einer therm. Neutronenkomponente von 10^{18} nvt u. mehr entspricht. Der Elastizitätsmodul steigt mit fallender Temp. sowohl bei bestrahlten als auch nichtbestrahlten Proben. Ferner werden auch die bei —15° F an **I** auftretenden Bruchflächen untersucht. G. RUBAN. 4010□

Herstellung synthetischer Gele für die Chromatographie von Makromolekülen. D. J. Lea und A. H. Sehon. (Canad. J. Chem. **40.** 159—60. Jan. 1962. Montreal, Quebec, McGill Univ., Dep. of Chem.) (Engl.)

Verzweigt-Polymeren-Gele zum Gebrauch für die Säulenchromatographie von Makromoll. wurden hergestellt durch Polymerisation von: 1. *Acrylamid* mit einem Geh. von ca. 10% *N.N'-Methylen-bis-acrylamid* (**I**) in kochendem W. (5%ig. Lsg.) in Ggw. von Diaminopropionitril (**II**) u. $(NH_4)_2S_2O_8$. 2. *Vinyläthylcarbitol* (in W./A., 1 : 1, ca. 15%ig. Lsg.) nach Behandlung mit Amberlite IR-120 in Ggw. von **II**. 3. *Vinylpyrrolidon* in wss. Lsg. nach Ionenaustauscherbehandlung u. Zusatz von ca. 5% **I** in Ggw. von NH_3/H_2O_2. Die erhaltenen Gele wurden nach dem Zerkleinern u. Auswaschen zur Chromatographie von Serumalbumin u. Lysozym benutzt. W. BETCKE. 4010□

Versuch der Transamidierung von Polyamiden mit Acetamid. 1. Mitt. **Untersuchung von Polycaprolactam.** J. L. Ynfiesta, J. G. Ramos und M. A. Alonso Lozano. (An. Real Soc. españ. Física Quím., Ser. B **52.** 735—38. Dez. 1956. Patronato „Juan de la Cierva", Dep. de Plásticos.) (Span.)

Polycaprolactam (*Nylon 6*) läßt sich durch „Transamidierung" mit Acetamid (Erhitzen im Rohr) abbauen. U. a. entsteht eine mit kaltem W. extrahierbare Fraktion vom F. 167—168° (Molgew. 284), die ein bei 158,5° schmelzendes Anilid (Molgew. 367) bildet. Mit heißem W. wurde eine 2. Fraktion (F. 179°) u. durch Kochen mit A. eine dritte (F. 191°) gewonnen. 10 Literaturangaben. M. REIHER. 4010□

Elektronenmikroskopische Untersuchung der Struktur der durch gegenseitige Einwirkung entstehenden polyelektrolytischen Makromoleküle. N. F. Bakejew, W. Ss. Pscheshetzki und W. A. Kargin. (Высокомолекулярные Соединения [Hochmolekulare Verbind.] **1.** 1812—16. Dez. 1959. Moskau, Univ., Chem. Fak.) (Russ.; Auszug: Engl.)

Die Struktur u. die Form der durch Umsetzung von Makromoll. entgegengesetzter Ladung gebildeten Polymeren werden elektronenmkr. untersucht. Wenn beide Moll. starke Polyelektrolyte sind, werden große Aggregate von unregelmäßiger Form u. Dichte gebildet, z. B. aus *Polydimethylpropylammoniumhydroxyd* [erhalten durch Polymerisation von γ-Chlorpropyldimethylamin u. Polykondens. von 1.3-Dibrompropan mit N.N.N'.N'-Tetramethyl-1.3-diaminopropan] mit dem Copolymeren aus Äthylensulfonsäure u. Acrylsäure. Setzt man eine schwache Polybase (Polyvinylpyrrolidon) u. eine schwache Polysäure (Polyacrylsäure) um, so entstehen sek. Strukturen, die gleiche Größe u. geometr. regelmäßige Form aufweisen. Bei Umsetzung einer starken Polybase mit einer schwachen Polysäure entstehen größere Kugeln mit ziemlich regelmäßiger Form. R. K. MÜLLER. 4010□

Röntgenstrahlenbeugung durch Systeme langer Moleküle und eindimensionale Röntgenbeugung von Cellulose. A. I. Kitaygorodsky und D. Ya. Tsvankin. (Acta crystallogr. [Copenhagen] **13.** 1142—43. 10/12. 1960. Moscow, Acad. of Sci. of the USSR, Inst. of Organoelement. Compounds.) (Engl.)

Vff. berichten über Meth. zur Berechnung der Intensität der Streuung durch Gruppen von parallelen Makromoll., die mit verschiedenen Ordnungsgraden gepackt sind. C. GOTTFRIED. 4050

Die Thermodynamik der Reaktion von Polyhydroxyverbindungen mit der Kupfer-Ammoniak-Base. 2. Mitt. **Die Reaktion von Cellulose mit der Kupfer-Ammoniak-Base.** M. I. Archipow. (Известия Высших Учебных Заведений (Иваново), Химия и Химическая Технология [Hochschulnachr. (Iwanowo), Chem. u. chem. Technol.] **3.** 725—30. 1960. Iwanow, Chem.-Technol. Inst.) (Russ.) — 1. Известия Высших Учебных Заведений (Иваново), Химия и Химическая Технология [Hochschulnachr. (Iwanowo), Chem. u. chem Technol.] **3.** [1960.] 352.

Die Unters. der Rk. zwischen *Cellulose* (**I**) u. $[Cu(NH_3)_m](OH)_2$ ergab für die Gleichgewichts-Konst. K_p bei 25° auf polarimetr. Wege $3{,}7 \cdot 10^{-2}$, nach der Löslichkeits-Meth. $3{,}5 \cdot 10^{-2}$ u. nach der konduktometr. Meth. $3{,}9 \cdot 10^{-2}$. Für die mittlere Änderung des thermodynam. Potentials ΔZ^0 ergab sich bei den 3 genannten Meth. −2,1, −2,1 u. −2,2 kcal/Mol, für die Entropieänderung ΔS^0 −8,0, −8,4 u. −11,5 kcal/Mol·Grad. Die Bindung der Kupferammoniakbase an die Glucosereste des **I**-Mol. erfolgt durch die OH-Gruppen am $C_{(2)}$ u. $C_{(3)}$. Nur diese beiden OH-Gruppen treten in Reaktion. Die einzelnen Kettenglieder von **I** verhalten sich wie kinet. unabhängige Teilchen.

M. Ulman. 4050□

Umwandlung zweiter Ordnung in Lösungen von Cellulosetriacetat. A. Sharples und F. L. Swinton. (J. Polymer Sci. **50.** 53–64. März 1961. Wythenshave, Manchester, England, British Rayon Res. Assoc., Heald Green Labor.) (Engl.)

Lsgg. von *Cellulosetriacetat* in Chlf. werden dilatometr. u. durch Lichtstreuung untersucht u. gefunden, daß die Gelierung der Lsg. nicht von der für Umwandlungen 1. Ordnung charakterist. Vol.-Änderung begleitet ist. Dagegen werden zwei Umwandlungen 2. Ordnung bei 30 u. 50° mit Erhöhungen des Ausdehnungs-Koeff. um 0,4 u. 0,45 (cm^3/g·Grad) beobachtet, die konzentrationsunabhängig sind. Zur Deutung wird angenommen, daß das Syst. submikroskop. kristalline Aggregate enthält, deren F. oberhalb des untersuchten Temp.-Bereiches liegt. Die Gel-Bldg. soll durch Koaleszenz dieser Aggregate erfolgen, während die Umwandlungen 2. Ordnung innerhalb dieser Aggregate erfolgen.

W. Schmieder. 4050□

Die Konstitution eines Methylglucuronoxylans aus Kapok (Ceiba Pentandra). A. L. Currie und T. E. Timell. (Canad J. Chem. **37.** 922–29. Mai 1959. Quebec, Montreal, McGill Univ.; Pulp and Paper Res. Inst. of Canada.) (Engl.)

Durch Alkaliextraktion wurde aus den Samenhaaren von *Kapok* (*Ceiba pentandra*) eine *Hemicellulose* (**I**) isoliert, deren partielle Hydrolyse *2-O-[4-O-Methyl-α-D-glucopyranuronosido]-D-xylopyranose* (**III**), *4-O-Methyl-D-glucuronsäure* u. wahrscheinlich *Galakturonsäure* ergab. Die Hydrolyse von permethylierter **I** ergab *2-O-* u. *3-O-Methyl-D-xylose, 2.3-Di-O-methyl-D-xylose, 2.3.4-Tri-O-methyl-D-xylose* u. *2-O-[2.3.4-Tri-O-methyl-α-D-glucopyranuronosido]-3-O-methyl-D-xylopyranose* im Mol-Verhältnis 1,1 : 38 : 1 : 6. Der durchschnittliche Polymerisationsgrad der nativen **I** beträgt 177, der der methylierten 124. Es wird angenommen, daß ein **I**-Mol. im Durchschnitt 180 1→4-verknüpfte β-D-Xylopyranosereste enthält, von denen ca. $^1/_8$ am $C_{(2)}$ einen 4-O-Methyl-α-D-glucuronosyl-Rest trägt. Das Xylangerüst enthält weniger als zwei Verzweigungspunkte pro Makromol., meist am $C_{(3)}$. Die Perjodatoxydation von **I** ergab einen durchschnittlichen Verbrauch von 8,2 Mol pro Baustein.

Versuche [FF. korr.; Lsgm. für Papierchromatographie: Äthylacetat/Essigsäure/W. (9 : 2 : 2) (**A**), Butanol/Pyridin/W. (10 : 3 : 3) (**B**), Butanol-(1)/A./W. (40 : 11 : 19) (**C**), Butanol/Bzl./A./W. (6:3:2:1) (**D**)]: *Hemicellulose* (**I**), durch 2std. Schütteln von 400 g der mit A./Bzl. u. mit W. vorbehandelten Kapoksamenhaare mit 24%ig. KOH unter N_2 u. Fällen mit A./Essigsäure; $[\alpha]_D^{20}$ −68° (c = 1,0; 5%ig. NaOH); 18% (Ausbeute). 51 g geben durch 2std. Hydrolyse mit 72%ig. H_2SO_4 bei Raum-Temp., Verdünnen, 6std. Kochen u. Trennen der neutralen Lsg. an Dowex 1-X 4 durch Eluieren mit W. *D-Xylose* [**II**, F. 144–145° (80%ig. A.), $[\alpha]_D^{20}$ +19° (c = 1,1; W.)] u. wenig *Glucose, Mannose, Arabinose* u. *Rhamnose*, durch Eluieren mit n Essigsäure 2 g *2-O-[4-O-Methyl-α-D-glucopyranuronosido]-D-xylopyranose* [**III**, $C_{12}H_{20}O_{11}$, $[\alpha]_D^{20}$ +100° (c = 2,4; W.)] u. *Galakturonsäure* (Chromatographie in **A**) u. durch Eluieren mit 3n Essigsäure *4-O-Methylglucuronsäure* {$C_7H_{12}O_7$, $[\alpha]_D^{20}$ +48° (c = 4; W.); Umwandlung in den Ester, Red. mit $LiAlH_4$ in Tetrahydrofuran u. Hydrolyse mit n-H_2SO_4 ergab *4-O-Methyl-D-glucose*, $[\alpha]_D^{20}$ +56° (c = 1,7; W.) (Chromatographie in **B**). *Phenylosazon*, F. 156–157°}. *Acetyl-Deriv.*, durch Acetylierung von **I** in Formamid mit Pyridin/Essigsäureanhydrid, ½std. Kühlen mit W., 5std. Schütteln bei Raum-Temp., 3tägige Rk. bei + 4° u. Gießen in Wasser. — *4-O-Methyl-D-glucose*, aus 0,8 g **III** u. 2%ig. methanol. HCl durch 11std. Kochen, Red. mit $LiAlH_4$ in Tetrahydrofuran, Hydrolyse mit n-H_2SO_4 u. Trennen an Kokosnußkohle (KK) durch Eluieren mit A. neben 210 mg **II**; $[\alpha]_D^{20}$ +68° (c = 3,0; W.) 300 mg (Ausbeute). *Phenylosazon*, F. 156–157°. — *3.4-Di-O-methylxylose*, durch Überführen von **III** in das Methylestermethylglykosid, dreimaliges Methylieren mit CH_3J/Ag_2O in Dimethylformamid, Red. mit $LiAlH_4$ in Ae., 12std. Kochen mit 5%ig. methanol. HCl u. 10std. Kochen mit 0,5n HCl u. Trennen an KK durch Eluieren mit 6%ig. A.; identifiziert durch Chromatographie in **B** u. Elektrophorese; $[\alpha]_D^{20}$ +15° (c = 1,1; Chlf.); daneben durch Eluieren mit 10%ig. A. *2.3.4-Tri-O-methylglucose* {$[\alpha]_D^{20}$ +78° (c = 2,0; W.), identifiziert durch Chromatographie in **C**. *Anilid*, F. 144–145°}. *Anilid*, F. 122,5–123,5°. — *Permethylhemicellulose*, aus **I** durch zehnmaliges Umsetzen mit Dimethylsulfat/NaOH unter N_2 u. zweimaliges Methylieren mit CH_3J/Ag_2O in Dimethylformamid; $[\alpha]_D^{20}$ −57° (c = 1,0; Chlf.); 80% (Ausbeute). — *2-O-[2.3.4-Tri-O-methyl-α-D-glucopyranuronosido]-3-O-methyl-D-xylopyranose*, $C_{15}H_{26}O_{11}$, aus vorst. Verb. durch

33 std. Kochen mit Essigsäure/H_2O (1 : 1) u. Trennen an Dowex 1-X 4 (Acetatform) durch Eluieren mit 3 n Essigsäure; daneben durch Eluieren mit W. *2.3.4-Tri-O-methyl-D-xylose, 2.3-Di-O-methyl-D-xylose*{$C_7H_{14}O_5$, F. 96—99° (Chlf.); $[\alpha]_D^{20}$ +26° (c = 1,0; W.). *Anilid*, F. 126—127° (Äthylacetat), F. 130—131° (Äthylacetat/PAe.)} u. ein Gemisch aus *2-O-* u. *3-O-Methyl-D-xylose* {$[\alpha]_D^{20}$ +23° (c = 2,8; W.)}. — *2-O-[2.3.4-Tri-O-methyl-α-D-glucopyranosyl]-3-O-methyl-α.β-D-methylxylopyranosid*, $C_{16}H_{30}O_{10}$, F. 166,5—167,5° (Äthylacetat), aus dem Methylestermethylglykosid vorst. Verb. durch Red. mit $LiAlH_4$ in Ae.; Methanolyse, Hydrolyse u. Extraktion der wss. Lsg. mit Chlf. ergab *2.3.4-Tri-O-methyl-D-glucose* (Chromatographie in **D**. *Anilid*, F. 146—147°) u. *3-O-Methyl-D-xylose* ($C_6H_{12}O_5$; $[\alpha]_D^{10}$ +18° (c = 1,6; W.), Chromatographie in **D**]; $[\alpha]_D^{20}$ +95° (c = 0,7; W.); 86%. U. SCHÜSSLER. 4050□

Konformation von Poly-L-methionin und einigen seiner Derivate in Lösung. Gertrude E. Perlmann und Ephraim Katchalski. (J. Amer. chem. Soc. **84.** 452—57. 5/2. 1962. Rehovoth, Israel, Weizmann Inst. of Sci., Dep. of Biophysics.) (Engl.)

Polymethionin (**I**; Polymerisationsgrad 210) liegt auf Grund der IR-Absorption (Banden bei 3330, 1660, 1555 cm^{-1}) u. der anomalen Rotationsdispersion ($[\alpha]_{546}$ 22,4; b_0 = −650 nach MOFFITTS Gleichung) in Chlf. in einer asymmetr. Schraubenkonformation vor. In Dichloressigsäure (**II**) zeigt **I** ein ähnliches Verh. wie in Chlf. ($[\alpha]_{546}$ 16,1; b_0 = −550). Die Kräfte, welche die Helix stabilisieren, sind also größer als bei anderen Polypeptiden. Die Rotationsdispersion von **I** in Trifluoressigsäure (**III**) kann durch eine einfache DRUDE-Gleichung ($[\alpha]_{546}$ −115,3; λ_c = 222 ± 1 mμ) dargestellt werden. In **III** liegt **I** also statist. geknäuelt vor. Ein Übergang aus der Helix zur statist. Knäuelung tritt in Chlf./**III**-Gemischen (50 : 50 Vol.) bzw. in **II**/**III**-Gemischen (80 : 20 Vol.) auf. In beiden Lsgm.-Gemischen verlaufen die Änderungen von η_{sp}/c während des Überganges von der Helix zum statist. Knäuel denjenigen der spez. Drehungen $[\alpha]_{589}$ parallel. Das *S-Methylsulfoniumbromid* von **I** zeigt in wss. Lsg. typ. Polyelektrolyt-Verh.; bei niedriger Ionenstärke sind die Moll. gestreckt (η_{sp}/c > 10, c = 0,1 g/dl) u. ziehen sich bei steigender Ionenstärke zusammen (η_{sp}/c = 0,6 bei Γ = 1,1). Die opt. Eigg. folgen einer einfachen DRUDE-Gleichung mit λ_c = 190 ± 1 mμ; dies gilt auch für **I**–*S-Carboxymethylthetin* (**IV**; *S-Carboxymethylsulfoniumbetain*); λ_c = 186 ± 1 mμ bleibt für **IV** zwischen pH 1 u. 12 unverändert u. ist von der Ionenstärke unabhänig. Das zwitterion. **IV** erhält also seine statist. geknäuelte Konformation. Für folgende zum Vgl. gemessene niedermol. Verb. wurde normale Rotationsdispersion beobachtet: N-Carbobenzoxy-L-methionin, in Chlf. $[\alpha]_{546}$ −5,2°; λ_c = 2,57 ± 1 mμ; in **II** $[\alpha]_{546}$ −3,3°; λ_c = 2,58 ± mμ; in **III** $[\alpha]_{546}$ −14°. W. WALTER. 4070□

Untersuchungen von Seitenketten-Wechselwirkungen in Poly-L-tryptophan. Sidney Shifrin. (Nature [London] **192.** 751. 25/11. 1961. Bethesda, Nat. Inst. of Health, Nat. Cancer Inst.) (Engl.)

Ein Vgl. der UV-Maxima von *Poly-L-tryptophan* (**I**) u. *N-Acetyltryptophan* (**II**) bei 2825—2840 Å u. 2905—2915 Å in den Lsgm. Dimethylformamid, Dimethylsulfoxid, n-Butylamin/W. (9 : 1 Vol.) u. A. (Literaturwerte) zeigt keine Unterschiede in der Lage der Maxima u. der Extinktions-Koeff. zwischen **I** u. **II**. Auch die Temp.-Abhängigkeiten der Meßwerte zwischen 25 u. 80° sind gleich. Die Fluorescenzemission im 3400 Å-Bereich ist für **I** 34—45% kleiner als für **II** bzw. *Tryptophanäthylester*. Die hohe Quantenausbeute einiger Tryptophan (**III**) enthaltender Proteine kann auf Grund dieser Ergebnisse nicht auf die Anhäufung von **III** zurückgeführt werden. W. WALTER. 4070□

Die Struktur kristalliner Proteine. M. F. Perutz. (Acta crystallogr. [Copenhagen] **3.** 984. 10/12. 1960.) (Engl.)

Kurzer Überblick über einige in den letzten Jahren durchgeführte Strukturbestimmungen von Proteinen. C. GOTTFRIED. 4070

Kernmagnetische Resonanzspektroskopie von Proteinen: Die Wasserstoffbrükkenbindungen des Wassers in Lösungen von Rinderserumalbumin. F. A. Bovey. (Nature [London] **192.** 324—26. 28/10. 1961. St. Paul, Minn., Minnesota Mining and Manufacturing Co., Central Res. Labor.) (Engl.)

In wss. Lsgg. von *Rinderserumalbumin* (**I**) ist das Signal des Protons der OH-Gruppe bei der kernmagnet. Resonanzspektroskopie nach Korrektur für die diamagnet. Susceptibilität von der **I**-Konz. unabhängig. Im Hydratwasser liegt also die gleiche Struktur von Wasserstoffbrückenbindungen vor wie im reinen Wasser. W. WALTER. 4070□

Ein Verfahren zur Messung des Ultraviolett-Absorptionsspektrums von festem Keratin. E. G. Bendit und D. Ross. (Appl. Spectroscopy **15.** 103—05. 1961. Ryde, N.S.W., Australia, C.S.I.R.O., Wool Res. Labor., Div. of Textile Phys.) (Engl.)

Vff. beschreiben eine Meth. zur Messung des UV-Absorptionsspektrums von *Keratin* (I) in Pferdehaaren. Ein Dünnschnitt des Haares (4 μ Dicke) wird in Glycerin oder W. als Immersions-Fl. in einer speziellen Quarzküvette zum Spektrophotometer CF 4 mit einem Spalt von 0,13 mm Breite u. 70 mm Höhe durchleuchtet u. die Absorption im Vgl. zu einer ebensolchen Anordnung ohne Probe gemessen. Eine Korrekturmöglichkeit für Reflexionsverluste durch Extrapolation der bei größeren (nicht absorbierten) Wellenlängen gemessenen Reflexion wird angegeben. I absorbiert merkbar bei $\lambda = 400$ mμ mit einem Maximum bei $\lambda = 280$ mμ. R. GERBATSCH. 4070□

Für die amorphe Phase in Keratin charakteristische Infrarot-Absorptionsbanden. E. G. Bendit. (Nature [London] **193.** 236—38. 20/1. 1962. Sydney, C.S.I.R.O., Wool Res. Labor., Div. of Textile Phys.) (Engl.)

Vf. ordnet die im IR-Spektrum des *Keratins* (I) auftretende Schulter bei 3190 cm^{-1} u. die nach Einw. von D_2O auftretende Bande bei 2400 cm^{-1} Schwingungen des amorphen Bereiches von I zu. Die Banden bei 3290 cm^{-1} u. 2460 cm^{-1} (nach D_2O-Einw.) stammen wahrscheinlich aus kristallinen u. amorphen Bereichen von I. Für die genauere Zuordnung der Banden wurden starke Wasserstoffbrückenbindungen vom Typ C=O··· H–N diskutiert. W. WALTER. 4070□

Die Isolierung und Charakterisierung eines vollständig deuterierten Proteins. Donald S. Berns, Henry L. Crespi und Joseph J. Katz. (J. Amer. chem. Soc. **84.** 496—97. 5/2. 1962. Argonne, Ill., Argonne Nat. Labor.) (Engl.)

Aus der blaugrünen Alge *Plectonema calothricoides*, die 2 Jahre lang in D_2O gewaschen war, wurde das vollständig deuterierte Chromoprotein *Phycocyanin* (I) (98,4% D_2O im Verbrennungswasser) isoliert. Deuteriertes u. nicht deuteriertes I lassen sich durch Celluloseacetatelektrophorese bei pH 4,70 trennen; die Sedimentations-Konst. der 4 in der Ultrazentrifuge auftretenden Komponenten sind bei pH 4,7 u. $\mu = 0{,}02$ für deuteriertes I um den Faktor 1,3 größer als bei nicht deuterierten. Spektroskop. Unterss. zeigen, daß die Zahl der chromophoren Gruppen in beiden Proteinen gleich ist, ebenso die qual. Aminosäure-Zus. (Lysin, Histidin, Arginin, Threonin, Serin, Glutaminsäure, Glycin, Alanin, Valin, Methionin, Isoleucin, Leucin, Tyrosin, Phenylalanin, Cystin u. Prolin); Differenzen zeigen sich in der Anzahl einzelner Aminosäurereste. W. WALTER. 4070□

Eine Zelle zum schnellen Messen des Rückgangs der Diffusion von Makromolekülen durch Agargele verschiedener Porengröße. G. K. Ackers und R. L. Steere. (Nature [London] **192.** 436—37. 4/11. 1961. Beltsville, Md., U. S. Dep. of Agriculture, Crops Res. Div., Plant Virology Labor.) (Engl.)

Die Herst. einer dünnen, sehr feinporigen Agarmembran (AM) mit einem Stützgewebe aus feiner Saran-Gaze wird beschrieben; Agar-Lsgg. verschiedener Konz. liefern AM verschiedener Porengröße, die für die Messung der Diffusions-Geschw. von Lsgg. makromol. Substanzen verwendet werden können. Bei freier Diffusion unter den gegebenen hydrodynam. Beschränkungen diffundiert z. B. das *Hämoglobin*-Mol. 4½ mal schneller als das Teilchen des Bohnen-*Mosaikvirus*, durch eine AM aus 4%ig. Agar-Lsg. aber 63mal so schnell. M. HAGEDORN. 4070□

Konformative Änderungen in Verbindung mit einer enzymkatalysierten Reaktion. Bent H. Havsteen und George P. Hess. (J. Amer. chem. Soc. **84.** 491—93. 5/2. 1962. Ithaca, N.Y., Cornell Univ., Dep. of Biochem.) (Engl.) — Vgl. WOOTTON u. HESS, J. Amer. chem. Soc. **84.** [1962.] 440.

Vff. untersuchten die Rotationsdipersion von *α-Chymotrypsin* (I), *Diisopropylphosphoryl-α-chymotrypsin* (II) u. *Monoacetyl-α-chymotrypsin* (III) u. fanden bei der Darst. der Meßwerte in der modifizierten LOWRY-Auftragung $\{[\alpha]_\lambda = K'/\lambda^2 - \lambda_c^2)^{-1}\}$ deutliche Unterschiede in den Dispersionsparametern K' zwischen I einerseits u. II u. III andererseits, während λ_c nur geringe Unterschiede aufweist (I: $\lambda_c = 238$ mμ; II: $\lambda_c = 241$ mμ). Die spezif. Drehung von II u. III ist weniger temperaturabhängig als die von I. Vff. führen die Beobachtungen auf Wechselwrkg. von Seitenketten u. nicht auf den Geh. an Helixstrukturen zurück. W. WALTER. 4070 □

E. Biologische Chemie. Physiologie. Medizin

E_1. Allgemeine Biologie und Biochemie

Röntgenuntersuchungen von Verbindungen mit biologischem Interesse. Alexander Rich und David W. Green. (Annu. Rev. Biochem. **30.** 93—132. 1961. Cambridge, Mass., Massachusetts Inst. of Technol., Dep. of Biol.; London, Royal Inst.) (Engl.)

Übersicht (bis Okt. 1960). Röntgenbeugung u. biolog. Material, Aminosäuren u. kleine Peptide, Polypeptide (I) u. Faserproteine (synthet. I, Kollagen u. Elastin, Keratin, Muskelproteine), globuläre Proteine (Röntgentechnik, Myoglobin, Hämoglobin), Nucleinsäurekomponenten, Nucleinsäuren u. Polynucleotide (II; Ribonucleinsäure u. synthet. II, Desoxyribonucleinsäure), Nucleoproteine u. Ribosomenpartikel (Nucleoprotamine u. -histone, Ribonucleoproteinpartikel), Viren (stäbchen- u. kugelförmige), Kohlenhydrate u. a. Verbindungen. — 290 Literaturangaben. K. MAIER. 4100□

Autoradiographie tritiummarkierter Substanzen. J. Herbert Taylor. (Advances biol. med. Physics **7.** 107—30. 1960. New York, N.Y., Columbia Univ., Dep. of Bot. and Zool.) (Engl.)

Übersicht. *Tritium*: Eigg. u. Markierungs-Meth.; autoradiograph. Meth.: Präparierung von Geweben u. Fraktionierung markierter Komponenten, Herst. u. Auswertung von Autoradiogrammen; Unterss. mit ^{3}H-markierten Verbb.: *^{3}H-Nucleoside, ^{3}H-Aminosäuren* u. Proteinstoffwechsel, weitere ^{3}H-markierte Substanzen; Strahlungsschädigung u. ^{3}H-Autoradiographie. — 58 Literaturangaben. K. MAIER. 4100□

Chemie der Kohlenhydrate. A. B. Foster. (Annu. Rev. Biochem. **30.** 45—70. 1961. Birmingham, Univ., Chem. Dep.) (Engl.)

Übersicht (bis Sept. 1960). Physikal. Meth., Oxydation von *Kohlenhydraten* (I), Desoxyzucker, Rkk. von Kohlenhydraten in alkal. Medien, H-Brückenbindung, cycl. Acetale, I-Sulfate. — 250 Literaturangaben. K. MAIER. 4100□

Die Struktur der Proteine. B. S. Harrap, W. B. Gratzer und P. Doty. (Annu. Rev. Biochem. **30.** 269—92. 1961. Cambridge, Mass., Harvard Univ., Dep. of Chem.) (Engl.)

Übersicht (bis Febr. 1961). *Myoglobin* u. *Hämoglobin* (I): mol. Konformation u. Häm-Proteinbindung, Dissoziation u. Rekombination der I-Ketten, I-Denaturierung, Aminosäuresequenzen; *Ribonuclease* (II): die von Modellen abgeleitete tert. Struktur, II als Enzym, physikal.-chem. Aspekte der sek. u. tert. Struktur; UV-spektroskop. Verschiebungen in Proteinen. — 186 Literaturangaben. K. MAIER. 4100□

Chemie der Lipide. J. Asselineau und E. Lederer. (Annu. Rev. Biochem. **30.** 71—92. 1961. Paris, Fac. des Sci., Inst. de Biol. physicochim. et Labor. de Chim. biol.) (Engl.)

Übersicht (bis Sept. 1960). Analysen-Meth.: Fettsäurenchromatographie (Säulen-, Papier-, Dampfphasenchromatographie), Lipidchromatographie, CRAIG-Verteilung, IR-Spektrographie, kernmagnet. Resonanzspektren, Massenspektrometrie, Chemie der Lipide: Fettsäuren (neue natürliche, Stereochemie, Struktur-Best.), *Phospholipide* (I) (Synthesen, natürliche I, Cardiolipin, Sphingomyelin), *Glykolipide* (Cerebroside, Ganglioside, Cytolipin H, Mycoside), *Aminosäure-haltige Lipide* (II) (Lipoaminosäuren, Peptidolipide), Peptidoglykolipide, Mikroorganismen-II. — 258 Literaturangaben. K. MAIER. 4100□

Die Biochemie der Vererbungsfaktoren. Cyrus Levinthal und Peter F. Davison. (Annu. Rev. Biochem. **30.** 641—68. 1961. Cambridge, Mass., Massachusetts Inst. of Technol.) (Engl.)

Übersicht (bis Okt. 1960). Chem. u. physikal. Eigg. von Nucleinsäuren: Nucleotidsequenzen, Größe des Desoxyribonucleinsäure (DNS)-Mol., DNS-Denaturierung, Herst. u. Fraktionierung, physikal. Eigg. von RNS, synthet. Polynucleotide, Vermehrung von DNS; genet. Information: Natur der beobachtbaren Mutationen, Korrelation mit der Proteinstruktur, Änderung der Aminosäure-Zus., Verknüpfung biochem. verwandter Gene, „Komplementation", infektiöse u. transformierende Nucleinsäuren, Episomen; Mutagenese: chem. Mutationsauslösung, Strahlenschädigung von DNS, Chromosomenstruktur. — 259 Literaturangaben. K. MAIER. 4130□

Über eine kontrastreiche Anfärbung von Entamoeba histolytica im Gewebe. K. Salfelder. (Z. Tropenmed. Parasitol. **12.** 273. Okt. 1961. Merida, Venezuela, Univ. Los Andes, Inst. Anatom. Patol.; Hosp. Los Andes.) (Dt.) M. METZE. 4150□

Oxazinfarbstoffe zur Färbung von Chromosomen in Schnitten. Peter Gray, Rodger F. Sisca und Elizabeth Bereczky. (J. Roy. microscop. Soc. [3] **78.** 85—87. Jan. 1960. Pittsburgh, Pa., Univ. of Pittsburgh, Dep. of Biol. Sci.) (Engl.)

Zur Färbung von Chromosomen eignet sich unter den Oxazinfarbstoffen *Celestine Blue B* nach der Vorschrift von GRAY u. Mitarbeiter (Phytomorphology **6.** [1956.] 196). Die Färbung ist innerhalb 1 Min. vollzogen, die Ergebnisse sind besser als mit Gallocyanin. Die Bilder sind ähnlich scharf wie die nach Fe-Hämatoxylin, jedoch transparenter. U. TAUSENDFREUND. 4150□

Die Biochemie gezüchteter Säugerzellen. Leon Levintow und Harry Eagle. (Annu. Rev. Biochem. **30.** 605—40. 1961. Bethesda, Md., Nat. Inst. of Allergy and Infectious Diseases, Labor. of Cell. Biol.) (Engl.)

Übersicht (bis Aug. 1960.) Chem. Aufbau gezüchteter Säugerzellen, Nährstoffbedarf (Aminosäuren, Vitamine, Cofaktoren, Nucleinsäure-Derivv., Kohlenhydrate, Salze, Proteine u. andere Makromoll., Milieufaktoren), Stoffwechsel u. Biosynth.-Vermögen gezüchteter Zellen (Enzyme, Aminosäure-, Protein-, Kohlenhydrat-, Nucleinsäurestoffwechsel), Umsatz von Makromoll., Transport- u. Stoffwechselpools, spezielle Funktionen von Zellkulturen („Entdifferenzierung"), Zellveränderung u. -mutation, biochem. Eigg. von Krebszellen. — 434 Literaturangaben. K. MAIER. 4150☐

Die Biochemie der sich teilenden Zelle. Daniel Mazia. (Annu. Rev. Biochem. **30.** 669—88. 1961. Berkeley, Calif., Univ. of California, Dep. of Zool.) (Engl.)

Übersicht (bis Nov. 1960). Vorbereitung der Zellteilung (Wachstum, Desoxyribonucleinsäure-Synth. u. Chromosomenvermehrung, Vermehrung der Centriolen, Mol.-Verbb. des Mitose-App., „Energiereservoir"), Chromosomencyclus, Mitoseapp. (Isolierungs-Meth., Chemie, Enzyme, intermol. Bindungen), Energetik der Mitose (Atmung, Mitochondrien, Energiequellen u. -reservoir), Stoffwechselzustand der sich teilenden Zelle (Biosynth., Thiole), Chromosomenbewegung, Cytokinese. — 162 Literaturangaben. K. MAIER. 4150☐

Die Hemmung der ATP-induzierten Kontraktion von Mitochondrien durch Polyhydroxyverbindungen. Albert L. Lehninger. (J. Biochemistry [Tokyo] **49.** 553—60. Juni 1961. Baltimore, Md., Dep. of Physiolog. Chem., Johns Hopkins School of Med.) (Engl.) — Vgl. C. **1960.** 2904. 8217. 15803.

Opt. u. gravimetr. Messungen ergaben, daß *Saccharose* in Konzz. von 0,3m die durch ATP-induzierte Kontraktion von Thyroxin-geschwollenen Rattenlebermitochondrien hemmt. Dieser Effekt ist nicht einer Verunreinigung zuzuschreiben, sondern wird durch eine Anzahl von Polyhydroxyverbb., wie Glykogen, Dextran, Inulin, Raffinose, Maltose, Lactose, Mannit, Sorbit, Inosit, Glucose, Fructose, Mannose, Sorbose, Ribose u. Xylose verursacht. Durch 0,05—0,1m wird eine halbmaximale Inhibition bedingt. Einfachere Alkohole, wie Glycerin, Äthylenglykol, Äthanol, Methanol, oder Lsgm., wie Aceton, Harnstoff, Dioxan, stören nicht die ATP-induzierte Kontraktion bei 1,0m überschreitenden Konzz.; die Polyole, die eine mitochondriale Kontraktion hemmen, inhibieren auch durch Dinitrophenol stimulierte Adenosintriphosphatase von mitochondrialen Membranfragmenten mit gleicher Wirksamkeit. L. MACHER. 4150☐

Die Synthese von Proteinen durch die Cytoplasmakomponenten tierischer Zellen. P. N. Campbell. (Biol. Rev. Cambridge philos. Soc. **35.** 413—58. Nov. 1960. London, Middlesex Hosp., Med. School, Courtauld Inst. of Biochem.) (Engl.)

Übersicht. Synth. spezif. *Proteine* (I) durch Ganzzellen; Möglichkeit der Synth. spezif. I durch isolierte subcelluläre Fraktionen (Mikrosomen, Mitochondrien); Zwischenstufen zwischen freien Aminosäuren u. I; Struktur u. Funktion der Mikrosomenfraktion (Feinstruktur, chem. Zus., I-Synth.-Aktivität); Beziehung zwischen Struktur u. Aktivität in anderen Geweben als Leber u. Pankreas; vergleichsweise Aktivität der Mikrosomenfraktionen verschiedener Gewebe. Synth. von Serumalbumin u. Hämoglobin, lösl. Ribonucleinsäure, Stoffwechselaktivität von Ribonucleoproteinpartikeln. — 21 Literaturangaben. K. MAIER. 4150☐

Zur quantitativen Bestimmung von Nucleinsäuren. Hartmut Kern. (Planta **55.** 259—73. 1960. Köln-Vogelsang, Max-Planck-Inst. für Züchtungsforsch., Abt. für Plasmavererbung.) (Dt.)

Vf. berichtet über method. Erfahrungen bei der quant. Best. von *Nucleinsäuren* (I) an Eiweiß-Präp. aus *Epilobium*-Blättern. Bei krit. Überprüfung bekannter Meth. wurden Fehlerquellen bei UV-Absorptionsmessungen (E_{260}) gefunden. I können in komplexer Bindung an Eiweißkörper, Lipoide usw. vorliegen. Bei quant. Extraktionen können sich die physikal.-chem. Eigg. der I durch partielle Hydrolyse u. Depolymerisation ändern, außerdem können andere Stoffe in Lsg. gehen, die die Best. stören. Die Unterss. haben gezeigt, daß sich I-Extraktion u. spektroskop. Reinheit der Extrakte nicht immer im gleichen Maße erreichen lassen. Auf Grund dieser Schwierigkeiten wird ein Analysenschema vorgeschlagen, bei dem verschiedene Best.-Meth. miteinander verknüpft werden. Hierbei dienten E_{260}-Messungen nur zur Orientierung, während der quant. Best. der I die Phosphor-Best. der Ribonucleinsäure u. die Intensität der Diphenylamin-Rk. auf Desoxyribonucleinsäure zugrunde gelegt wurden. H. NÜRNBERGER. 4150☐

Der Abbau ribosomaler Ribonucleinsäure aus E. coli in Untereinheiten. R. Lindigkeit und R. Coutelle. (Acta biol. med. german. [Berlin] **8.** 79—87. 1962. Berlin, Dtsch. Akad. Wiss., Inst. Med. Biol., Inst. Angewandte Isotopenforsch.) (Dt.)

Ribonucleinsäure (I) aus frischem *E. Coli*-Rohextrakt zeigte nach Ultrazentrifugation nur 2 Fraktionen mit folgenden Sedimentations-Konst. 23 S u. 16 S im Verhältnis 2:1. Während der Präparation können diese hochmol. I-Fraktionen in definierte „Untereinheiten" zerfallen: 11 S u. 8 S. Inkubation in Trispuffer, pH 7,4, bei 20° führte zu dem gleichen Ergebnis. Vff. nehmen Schädigung der Ribosomen an, die das Zerbrechen der Polynucleotidketten an bestimmten Stellen zur Folge hat. Aus 23 S-I entstehen dann 8, aus 16 S-I 4 Untereinheiten. Erhitzen führte zu keiner Spaltung in definierte Untereinheiten. Es wird angenommen, daß es sich bei den beschriebenen Spaltungen um enzymat. Prozesse handelt. D. SCHEUCH. 4150□

Celluläre Reaktion auf Ribonucleaseinjektion: eine morphologische und cytochemische Untersuchung. Tetsuo Kimoto, Kozo Utsumi, Iwao Matsuoka und Satimaru Seno. (Acta med. Okayama **14.** 77—103. Juni 1960. Okayama, Okayama Univ., Med. School, Dep. of Pathol.) (Engl.)

Es wird gezeigt, daß auch in vivo durch Injektion von *Ribonuclease* (bei Mäusen, 0,3 ml einer 50—100 mg/10 ml Phosphatpuffer-Lsg., pH 7,4, enthaltenden Lsg. für 4 Tage, danach 0,4—1 ml intraperitoneal für 10 Tage) infolge Verteilung im ganzen Organismus die von den in vitro-Einw. her bekannten spezif. Veränderungen in den Zellen hervorgerufen werden können. Die deutlichsten Veränderungen ergeben sich an den cytoplasmat. basophilen Granula, dem endoplasmat. Reticulum u. den PALADE-Granula unter Dissoziation vom Reticulum, Verklumpung u. Auflösung. In Leberzellen steigt anfangs der *Desoxyribonucleinsäure*-Geh., um später wieder abzufallen; diese Veränderungen werden dem Mitose-Stop infolge der Zellschädigung bzw. dem späteren Verschwinden der tetraploiden Zellen zugeschrieben. U. TAUSENDFREUND. 4150□

Die Stoffwechselfunktionen von Myoinosit. 2. Mitt. **Die Wirkung von Inositmangel auf den Stoffwechsel der Nucleinsäuren von weiblichen Brustzellen in Gewebekulturen.** Frixos Charalampous, Margaret Wahl und Lee Ferguson. (J. biol. Chemistry **236.** 2552—56. Sept. 1961. Philadelphia, Pa., Univ. of Pennsylvania, School of Med., Dep. of Biochem.) (Engl.)

Vff. arbeiteten mit einem *Inosit* (I)-erfordernden KB-Stamm. I-Mangel rief eine bemerkenswerte Abnahme des Geh. an säurelösl. *Nucleotiden* u. an *Ribonucleinsäure* hervor. I hatte keine Wrkg. auf den Geh. der Zelle an Desoxyribonucleinsäure u. Protein. Der Einbau von ^{14}C aus ^{14}C-Glucose in Nucleotide, Ribonucleinsäureadenin, Cytosin u. Uracil war in I-Mangelzellen gegenüber normalen Zellen nicht verändert, im Gegensatz zu Ribonucleinsäureguanin, das in I-Mangelzellen nur halb so stark markiert war. Die Desoxyribonucleinsäure war bei I-Mangel ebenfalls weniger markiert. W. HILLER. 4150□

Wirkung von α-Partikeln und Röntgenstrahlen auf die DNS-Synthese in Gewebekulturen. C. L. Smith. (Proc. Roy. Soc. [London], Ser. B **154.** 557—70. 15/8. 1961. Cambridge, Univ., Dep. of Radiotherapeutics.) (Engl.)

Bestrahlung von Mäuse-Fibroblasten u. HeLa-Zellen in Gewebekulturen, sowie Verss. mit tritiiertem *Thymidin* (autoradiograph.) in der Einschichtkultur zeigten, daß die Geschw. der Synth. der *Desoxyribonucleinsäure* (*DNS*) durch eine Dosis von ca. 25 α/μ^2 oder durch Dosis von 14000 r Röntgenstrahlen zu 35% in Fibroblastenkulturen red. wird, in HeLa-Zellkulturen durch eine Dosis von ca. 90000 r. Die Herabsetzung der DNS-Synth. erfolgt ca. ½ Std. nach der Bestrahlung u. ist ein unmittelbarer Effekt derselben. B. GÖRLICH. 4150□

Genetische Untersuchungen menschlicher Zellen in vitro. Kohlenhydratvarianten aus Kulturen von HeLa- und Conjunctivalzellen. R. Shihman Chang. (J. exp. Medicine **111.** 235—54. 1/2. 1960. Boston, Mass., Harvard School of Public Health, Dep. of Microbiol.) (Engl.)

Es wird über die erfolgreiche Isolierung von Kohlenhydratvarianten von HeLa-Zellen u. von Conjunctivalzellen berichtet. Die dadurch erzielten Varianten bauten mehr Pentosen oder Lactat in die verschiedenen Zellfraktionen als die Elternkulturen ein; die Multiplikation ging mit den Varianten allerdings langsamer vor sich, sie waren empfindlicher gegenüber Kühlung unter 0° u. gegenüber der cytotox. Wrkg. von D-2-Desoxyglucose, waren jedoch weniger empfindlich gegenüber den schädlichen Wrkg. von Glucoseoxydase. Die Ribosevarianten unterschieden sich morpholog. von den Ausgangskulturen durch Bldg. vielkerniger Zellen u. ringförmiger Kolonien; vorläufige Analysen der Mucopolysaccharide zeigen den Unterschied zu den Ausgangskulturen; der Hypothese einer cellulär abhängigen, genet. Selektion wird vor der einer adaptiven Enzyminduktion der Vorzug gegeben. U. TAUSENDFREUND. 4150□

Histochemie einiger Enzyme bei Hautcarcinomen. M. Pospíšil, V. Vortel und Z. Kraus. (Českoslov. Dermatol. **35.** 156—59. Juni 1960. Hradec Králové, fak. nemocnice, patol.-anatom. ústav.) (Tschech.)

Die Verteilung der *Aliesterase*, der *asymm. Naphtholesterase*, der *sauren Phosphatase* (I) u. der *Amidopeptidase* (II) u. die Veränderungen in Richtung einer Beschränkung der I auf die Epidermis u. der II auf das Stroma bei spinocellulären Carcinomen u. Basiliomen werden festgestellt. R. K. MÜLLER. 4160□

Über die Brenztraubensäure im Blut und Serum bei malignen Tumoren des Menschen. A. Tsirimbas und W. Stich. (Klin. Wschr. **38.** 1196—98. 1/12. 1960. München, Univ., 1. Med. Klinik.) (Dt.)

In Unterss. an 21 Gesunden wird der *Brenztraubensäure*-Geh. des Serums zu 0,64 mg% (0,43—0,89), der des Vollblutes zu 0,56 mg% (0,35—0,79) gefunden. Demgegenüber sind die Werte bei **41** Patienten mit verschiedenen Tumoren signifikant erhöht; sie liegen im Serum bei 0,98 mg% (0,53—1,47) u. im Vollblut bei 0,85 mg% (0,50 bis 1,38). — 24 Literaturangaben. R. Reiss. 4160□

Saure Mucopolysaccharide in Basiliomen. V. Vortel und Z. Kraus. (Československá Dermatol. **35.** 152—55. Juni 1960. Hradec Králové, patol.-anatom. úst. fak. nemocnice, kožní klin.) (Tschech.)

Chromotrope Rkk. werden bei Basiliomen mit Hale-Müller-Reagens, Alcian- u. Toluidinblau festgestellt. Bei >70% der untersuchten Basiliome werden saure *Mucopolysaccharide* nicht nur in dem den Tumor umgebenden Stroma gefunden, sondern häufig auch in den Zellzwischenräumen u. stets in den Cysten des Tumorparenchyms, wenn solche vorhanden sind. Vff. nehmen an, daß die Tumorzellen der Basiliome zur Sekretion befähigt sind. R. K. Müller. 4160□

Die Sterinbiosynthese in neoplastischen Zellen. Irene Y. Gore und G. Popják. (Biochem. J. **82.** 26 P—27 P. Febr. 1962. London, Hammersmith Hosp., Med. Res. Council, Exp. Radiopathol. Res. Unit.) (Engl.)

Im Gegensatz zu Embryonalgewebe können Ascitestumorzellen *Acetat* (**I**) nicht für die Synth. von *Fettsäuren* u. *Cholesterin* verwerten, wobei die Hemmung jenseits der Acetyl-CoA-Stufe lokalisiert ist. Ganzzellen u. zerkleinerte Tumorzellen bauten $^{14}C_{(2)}$-*Mevalonsäure* (**II**) in Allylpyrophosphate (**V**; Squalen-Vorstufe), Squalen (**IV**), 3β-Hydroxysterine u. Terpensäuren (Dimethylacrylsäure, Geraniumsäure, Farnesylsäure) ein, wobei die intakten Zellen wirksamer waren. Hemmung der *Pyrophosphatasen* (**III**) mit *NaF* u. Zusatz von *ATP* u. *TPNH* aktivierte in Präpp. zerkleinerter Zellen die Rk.-Kette zwischen **II** u. *Sterin*. **III** erschöpfen die für die **IV**-Synth. verfügbaren Substrate durch irreversible Hydrolyse von **V**. Eine kleine endogene TPNH-Konz. deckt nicht den Bedarf für **IV**- u. Sterinbildung. K. Maier. 4160□

Möglicher Zweistufen-Mechanismus bei der experimentellen Leukämogenese. I. Berenblum und N. Trainin. (Science [Washington] **132.** 40—41. 1/7. 1960. Rehovoth, Israel, Weizmann Inst. of Sci., Dep. of Exp. Biol.) (Engl.)

In Unterss. an Mäusen wird gezeigt, daß Röntgenbestrahlung (5·90 r) in 23% der Fälle, Urethan (**I**)-Behandlung (5·20 mg intraperitoneal) in 0% u. Röntgenbestrahlung + **I**-Injektion in 52% der Fälle zur Leukämie führen. Wird die **I**-Behandlung im Anschluß an die Röntgenbestrahlung durchgeführt, so liegt die Leukämiequote bei 50%, im umgekehrten Fall bei 23%. **I** wirkt somit als Tumorförderer im Sinne der Zweistufentheorie der Carcinogenese. R. Reiss. 4160□

Die vergleichbaren cytologischen Wirkungen von verschiedenen alkylierenden Verbindungen auf menschliche normale und neoplastische Zellen in Gewebekulturen. Jewel Plummer Cobb. (Ann. New York Acad. Sci. **84.** 515—42. 25/10. 1960. New York, N.Y., Univ., Med. School, Dep. of Surg., Univ. Hosp., Bellevue Hosp., 3. Surg. Div.) (Engl.)

Vf. untersucht den Einfl. von *Stickstofflost*, *Triäthylenmelamin* (**I**), *Triäthylenthiophosphoramid*, *Chlorambucil* u. *Phenylalaninlost* (**II**) auf normale u. neoplast. menschliche Zellen in Gewebekulturen. Die Verbb. hemmen die Mitose, verändern die Chromosomenstruktur u. führen zur Bldg. von Riesenzellen. Alle Verbb. reagieren qual. ähnlich. Unterschiede bestehen nur in quant. Hinsicht. Konzz. über 1 mMol erweisen sich bei HeLa-Zellen als cytotox., geringe **I**- oder **II**-Konzz. verursachen eine Stimulierung der Mitose. R. Reiss. 4160□

Der Imidazol–Pyrrol-Komplex in wäßriger Phase und die bevorzugte Fixierung von 3.4-Benzpyren durch das Milieu. Simone Hatem. (C. R. hebd. Séances Acad. Sci. **249.** 1728—30. 28/10. 1959.) (Franz.)

Imidazol löst in Ggw. von W. unlösl. *Pyrrol*, u. dieses homogene, tern. Milieu von W.–Pyrrol–Imidazol bietet für das stark cancerogene *3.4-Benzpyren* (**I**) eine Affinität, die für das isomere, nicht cancerogene *Perylen* nicht beobachtbar ist. Möglicherweise spielt diese **I**-Affinität eine Rolle bei der Unordnung, die die Krebs-Bldg. für die celluläre Respiration darstellt, indem der Mechanismus der Hämoglobin-Synth. gestört wird. L. Macher. 4160□

Erzeugung von Sarkomen bei der Maus durch Injektion von 4-Nitrochinolin-N-oxid und 4-Nitrochinaldin-N-oxid. A. Lacassagne, N. P. Buu-Hoï und F. Zajdela. (C. R. Séances Soc. Biol. Filiales **154.** 528—30. 1960.) (Franz.)

Bei einem hohen Prozentsatz von Mäusen (Stamm XVII nc), die im Abstand von 1 Monat 3 Injektionen subkutan von je 0,6 mg *4-Nitrochinolin-N-oxid* bzw. *4-Nitrochinaldin-N-oxid* in Olivenöl erhielten, entwickelten sich Tumoren (Sarkome, Lungencarcinom, Papillom, Hautacanthom). Im Hinblick auf diese Eig. von Verbb. mit nur 2 aromat. Kernen sollten andere einfache Moll. des bifunktionellen Typs X—Ar—X untersucht werden. K. MAIER. 4160□

Mamma-Carcinogenese durch 3-Methylcholanthren. 3. Mitt. **Induktion von Mamma-Carcinomen und Milchausscheidung bei männlichen Ratten mit Eierstockimplantaten.** Thomas L. Dao und Mary J. Greiner. (J. nat. Cancer Inst. **27.** 333—49. Aug. 1961. Buffalo, N.Y., Roswell Park, Mem. Inst.) (Engl.) — 2. vgl. C. **1962.** 2022.

Wenn normale ♂ Ratten mit *3-Methylcholanthren* (I), in *Sesamöl* gelöst, gefüttert werden, bilden sich keine Mamma-Tumoren. Wenn die ♂ Tiere Eierstöcke implantiert erhalten, bilden sich nach I-Einw. wenige Mamma-Tumoren. Bei Implantation der Eierstöcke in kastrierte Ratten bilden sich nach I-Gabe bedeutend mehr Mamma-Tumoren. Testishormone hemmen diese Carcinogenese. Bei 60% der 50 kastrierten Ratten mit Ovar-Implantation bildeten sich in der Mamma Milchcysten. — Einfl. der Implantationsbedingungen, Einfl. der Entfernung der Implantate auf Tumorwachstum, Histologie der Implantate u. Morphologie der Brustdrüsen wurden untersucht. — Der Zusammenhang zwischen Carcinogenese u. Wachstum von Mamma-Tumoren sowie hormonale Steuerung werden diskutiert. S. DITTMANN-MITZSCHERLICH. 4160□

Biologische Wirkungen von Thioacetamid und Dimethylaminoazobenzol bei der Ratte mit fettreicher Ernährung. L. Mazzanti. (Arch. ital. Sci. farmacol. [3] **10.** 289—307. Okt. 1960. Pisa, Univ., Ist. di Farmacol.) (Ital.)

Bei normaler nährten Ratten bewirken *Thioacetamid* (I) u. *Dimethylaminoazobenzol* (**II**) die Neubldg. zahlreicher Gallengänge u. Hepatome. Bei fett- u. kohlenhydratreicher, eiweißarmer Ernährung bewirkt I eine geringere Ansammlung von Fett in der Leber als bei den Kontrollen u. erhöht den Geh. der Leber an W., Gesamtnucleinsäuren (**III**) u. *Ribonucleinsäure* (**IV**) sowie das *α-Globulin* des Serums; **II** erzeugt dagegen eine Hyperplasie der Milz, erhöht den Fett-Geh. in der Leber u. den Geh. von **III** u. **IV** in der Milz u. verringert den Desoxyribonucleinsäure-Geh. in der Milz u. den Protein-N in der Leber. K. ZINGRAF. 4160□

Untersuchung der antimitotischen Eigenschaften von Carcinophilin auf die Meristemzellen von Allium sativum L. Guy Deysson und René Truhaut. (C. R. Séances Soc. Biol. Filiales **154.** 513—17. 1960. Villejuif, Seine, Inst. Gustave Roussy, Centre Clin. et Thérapeut.; Paris, Fac. de Pharmacie.) (Franz.)

Carcinophilin (I) wirkt in Konzz. von ca. 10^{-9} m antimitot. ähnlich stark wie Azaserin, in niedrigen Konzz. chromatoklast. (Chromosomenbrüche), in höheren als Inhibitor der frühen Prophase u. schließlich letal durch intensive Chromatinverflüssigung. K. MAIER. 4160□

Vergleichende histologische cytophotometrische und biochemische Untersuchungen über die Wirkung von Endoxan auf das Jensen-Sarkom der Ratte. Ekkehard Grundmann, Hans Kröger und Helmut Holzer. (Klin. Wschr. **38.** 546—48. 1/6. 1960. Freiburg i. Br., Univ., Physiol.-Chem. Inst. u. Pathol. Inst.) (Dt.)

I. v. Injektionen von 20 mg *Endoxan* (I) führen, wie histolog. u. cytochem. Unterss. zeigen, bei Ratten mit transplantiertem JENSEN-Sarkom zunächst zu einer wesentlichen Vergrößerung der Tumorzellen bei unverändertem *Desoxyribonucleinsäure*-Gehalt. Der *Ribonucleinsäure*-Geh. steigt nach I stark an. 3—4 Tage nach I sinkt der *Diphosphopyridinnucleotid*-Geh. ab; 2 Tage später sind die Tumorzellen geschrumpft u. abgestorben. R. REISS. 4160□

Die Wirkung der L-Ascorbinsäure auf das Ehrlich-Ascites-Carcinom und Yoshida-Sarkom in vitro und in vivo. W. Klinger, H. Klinger und L. Kersten. (Acta biol. med. german. [Berlin] **8.** 53—59. 1962. Jena, Friedrich-Schiller-Univ., Pharmakol. Inst.) (Dt.)

L-Ascorbinsäure (I) hatte in vitro eine 200mal schwächere Hemmwrkg. auf das Wachstum von EHRLICH-Ascites-Tumorzellen als *Dimitan* (Plattentest nach MIYAMURA). Dieses Ergebnis wird als Aciditätseffekt gedeutet. In vivo hatte I in Dosen von 10 bis 2000 mg/kg keinen Effekt auf Gew. u. mittlere Lebensdauer von Mäusen oder Ratten, die mit YOSHIDA-Sarkom (0,4 ml Ascites intraperitoneal bzw. Tumorbrei 1:10 i.m.) beimpft wurden. Tiere, die mit EHRLICH-Ascitestumorzellen (0,1 ml Ascites intraperitoneal oder i.m.) beimpft waren, zeigten bei geringer Dosis (10 mg I/kg) eine signifikante Verlängerung der mittleren Lebensdauer gegenüber unbehandelten Tumorkontrolltieren. Bei hohen Dosen (1000—2000 mg I/kg) starben die I-Kontrolltiere schneller als die Tumortiere.

Vff. schließen, daß I genau wie Dehydroascorbinsäure keine tumorspezif. Wrkg. besitzt, sondern nur die Abwehrfunktion des Tumorträgers unterstützt. Inwieweit I auch direkt die Tumoratmung beeinflussen kann, ist ungeklärt. — 51 Literaturangaben.

D. SCHEUCH. 4160□

Untersuchungen über die Unterdrückung der Reaktion von Homo-Implantaten durch Folsäure-Antagonisten. Stewart R. Humphreys, Michael A. Chirigos, Kenneth L. Milstead, Nathan Mantel und Abraham Goldin. (J. nat. Cancer Inst. **27.** 259—76 Aug. 1961. Bethesda, Md.; Nat. Cancer Inst., Labor. of Chem. Pharmacol. and Biometry Branch.) (Engl.)

Gearbeitet wurde mit verschiedenen Stämmen von Mäusen, Zellen der Leukämie L 1210 u. den gegenüber Folsäureantagonisten resistenten Varianten dieser Linie M 46 R, M 66—3 R u. C 82 R. — Erfolgreiche Therapie von L 1210 mit Folsäureantagonisten (*A-methopterin, 3'.5'-Dichlormethopterin*) löst in den Tieren eine Immunität gegenüber erneuter Einpflanzung resistenter oder nichtresistenter Unterlinien von L 1210 aus. Andererseits verursacht Behandlung von Mäusen mit den Folsäureantagonisten eine Abnahme der typ. Abwehrfähigkeit gegenüber Homo-Implantation mit resistenten Varianten von L 1210. Aus ausführlichen Verss. ergibt sich, daß beide Effekte miteinander nicht unvereinbar sind. S. DITTMANN-MITZSCHERLICH. 4160□

Einfluß von Steroidhormonen auf Wachstum und Verlauf bösartiger Neubildungen. M. D. Podiltschak. (Acta biol. med. german [Berlin] **8.** 1—15. 1962. Lwow, Med. Inst., Hospital-Chirurgie.) (Russ.)

Die Entstehung von virusinduzierten Mammacarcinomen bei Mäusen wird bei 2 bis 2½ Monate alten virginen Mäuseweibchen durch die Applikation von *Testosteronpropionat* (I) gehemmt, die Tumoren treten erst nach längerer Zeit auf. Bei 7 Monate alten Tieren (nichtvirginen) hat I nur noch eine geringe Hemmwrkg.; die stärkste Hemmwrkg. hatte die parenterale Zufuhr von I oder *Cortisonacetat* bei kastrierten Mäusen. Cortison wirkt wahrscheinlich über das adrenale Syst. hemmend auf die Produktion von Östrogen. Cortison wirkt auch hemmend auf die durch 9.10-Dimethyl-1.2-benzanthracen induzierten Sarkome. Die Sarkome treten 50—60 Tage später u. im geringeren Maße auf als bei den nichtbehandelten Kontrolltieren. — 50 Literaturangaben.

D. SCHEUCH. 4160□

E_2. Enzymologie. Gärung

Apparatur und Technik zur quantitativen Messung der O_2-Spannung in lebenden Geweben. D. B. Cater, I. A. Silver und G. M. Wilson. (Proc. Roy. Soc. [London], Ser. B **151.** 256—76. 9/12. 1959. Cambridge, Univ. of Cambridge, Dep. of Radiotherapeutics, Pathol. and Vet. Anat.; Dep. of Sci. and Ind. Res.) (Engl.)

Beschreibung der Meth., der Elektroden u. ihrer Eichung. Die O_2-Kathode ergibt einen Diffusionsstrom, der direkt proportional der O_2-Spannung ist. Unters. des Einfl. von Protein, Gesamtblut, Hämoglobin u. Glutathion auf den Diffusionsstrom. Mittels der Meth. können Messungen des Diffusionsstromes im Gewebe in der Form der O_2-Spannung ausgedrückt werden. H. AMAN. 4210□

Die Bestimmung der Enzymaktivität mit der Platten-Diffusions-Technik. D. V. Carter und G. Sykes. (J. Pharmacy pharmacol., Suppl. **13.** 195—99. Dez. 1961. Nottingham, Boots Pure Drug Co. Ltd., Standards Dep., Microbiol. Div.) (Engl.)

Beschreibung einer allg. anwendbaren Diffusions-Meth. zur Best. von Enzymaktivitäten auf Agarplatten, welchen entsprechendes Substrat zugesetzt wird. Es handelt sich um eine quant. Best. mit einer Fehlergrenze von nur 8%, die einfacher u. bequemer ist als die bisher gebräuchlichen Methoden. K. ZINGRAF. 4210□

Biologische Oxydation. Martin Morrison. (Annu. Rev. Biochem. **30.** 11—44. 1961. Rochester, N.Y., Univ. of Rochester, School of Med. and Dentistry, Dep. of Biochem.) (Engl.)

Übersicht (bis Okt. 1960). Cytochrom a, c, b_5, b_2, b, c_1, Lipide, Succinodehydrogenase, Pyridinnucleotide, oxydative Phosphorylierung, Peroxydase, Katalase, Glutaminsäuredehydrogenase, α-Ketoglutarat, Xanthinoxydase, Aminosäureoxydase. — 342 Literaturangaben. K. MAIER. 4210□

Die Reduktion von Cytochrom c durch enzymatisch erzeugtes Ascorbinsäureradikal. I. Yamazaki. (J. biol. Chemistry **237.** 224—29. Jan. 1962. Portland, Oreg., Univ. of Oregon, Med. School, Dep. of Biochem.) (Engl.)

Ascorbinsäureoxydase (I) katalysiert die Red. von *Cytochrom c* (II) in Ggw. von *Ascorbinsäure* (III) u. O_2. Das Mol-Verhältnis red. II/zugesetzter III wird 1, wenn III kontinuierlich in verd. Phosphat, pH 6,63, zugesetzt wird. Von **III** wird 1 Elektron auf **II** u. 1 Elektron auf O_2 übertragen. Das während der **I**-Rk. aus **III** gebildete freie Radikal, $III\text{-}H_2 \xrightarrow{(I)} III\text{-}H\cdot$, ist wahrscheinlich das bei der **II**-Red. akt. Agens, Cyt c^{3+} + $III\text{-}H\cdot \rightarrow$ Cyt c^{2+} + III + H^+. Direkte Best. der Konz. an freiem Radikal durch paramagnet. Resonanzspektroskopie ermöglichten die Berechnung der Geschw.-Konst. der Rk. zwischen freiem **III**-Radikal (**III**-H·) u. **II** u. den Vgl. dieses Wertes mit der Dismutations-Konst. u. der Geschw.-Konst. der Rk. zwischen **III** u. **II**. K. MAIER. 4210□

Dehydrogenaseaktivität in der regenerierenden Leber. Ein Vergleich zwischen der Wirkung einzelner und wiederholter CCl_4-Dosen bei Mäusen mit und ohne ACTH-Behandlung. Johs. Myren. (Acta pathol. microbiol. scand. **50.** 12—16. 1960. Oslo, Oslo City Hosp., Dep. of Pathol.; Rigshosp., Inst. of Pathol. Anatomy.) (Engl.) — Vgl. auch C. **1961.** 12148. 12167 u. C. **1962.** 1677.

Es konnte gezeigt werden, daß die Leberzellveränderungen nach 2mal wöchentlichen *CCl_4*-Gaben weniger schwer als nach einmaliger Injektion sind (dabei besteht keine Abhängigkeit zur Dosis von CCl_4; 0,0002 ml wirken ebenso wie die hier verwendeten 0,02 ml, subkutan). Die hier geprüfte *Dehydrogenase*-Aktivität war nach den mehrfachen Injektionen höher als nach den Einzelinjektionen, so daß, vermutlich infolge verstärkter Regenerationsvorgänge, einige Leberzellaktivitäten bei wiederholten CCl_4-Injektionen höher sind. — Durch gleichzeitige Verabreichung von 2 Einheiten *adrenocorticotropem Hormon* (*ACTH*) konnte kein positiver Behandlungseffekt erzielt werden, da die morpholog. Veränderungen in der Leber unverändert waren; eher scheint ACTH einen schädlichen Einfl. auszuüben, da 5 von 12 Mäusen bei der Kombinationsbehandlung verendeten. U. TAUSENDFREUND. 4210□

Wirkung eines respiratorisch wirksamen Pankreasextraktes auf die Carboanhydrase der Rattenerythrocyten in vivo. D. Santenoise, R. Grandpierre, P. L. Biget, F. Meyer und M. Robert. (C. R. Séances Soc. Biol. Filiales **155.** 1529—32. 1961, herausgeg. 15/1. 1962. Paris, Centre de Biol. thermo-climatique.) (Franz.)

Vff. bestimmen die *Carboanhydrase* (**I**)-Aktivität von heparinisiertem Rattenblut in Verdünnungen 1:20, 1:50 u. 1:200 (Substrat:$NaHCO_3$ [0,2m] u. NaOH [0,02m], pH 6,8; 37°) nach Injektion von *Centropnein* (**II**, respirator. wirksamer Pankreasextrakt, 30 mg/100 g) u. *Acetazolamid* (**III**, 30). Die für 1 ml Blut erhaltenen Werte werden auf 1 ml bzw. 10^9 Erythrocyten bezogen. Es zeigt sich, daß die **I**-Aktivität nach **II**-Zufuhr wenig (um 18,5—19,1%), nach **III**-Applikation jedoch stark (um 46,5—52,2%) erniedrigt wird. Im Gegensatz zu diesen Ergebnissen zeigt **III** in vitro bei 0° eine ca. 2000mal schwächere **I**-inhibierende Wrkg. als **II**. P. FAHRNLAENDER. 4210□

Vorkommen zweier Systeme der Acetaldehyd–Essigsäure-Oxydation bei Acetobacter xylinum. Paul Prieur. (C. R. hebd. Séances Acad. Sci. **250.** 1733—35. 29/2. 1960. Paris, Inst. de Biol. physicochim., Serv. de Biochim. B.) (Franz.)

A. xylinum besitzt 2 Enzym-Syst., die Acetaldehyd zu Essigsäure oxydieren. Eines, partikelgebunden, hat pH-Optimum 6,0 u. oxydiert das Substrat ohne Coenzymzusatz, das andere lösliche mit pH-Optimum 8,5 benötigt Triphosphopyridinnucleotid. K. MAIER. 4210□

Histologie und Cytochemie der menschlichen Haut. 20. Mitt. **Die Verteilung der Monoaminooxydase.** Kenjiro Yasuda und William Montagna. (J. Histochem. Cytochem. **8.** 356—66. Sept. 1960. Providence, R. I., Brown Univ., Biol. Labor.) (Engl.) — 15. vgl. C. **1959.** 10951.

Bei Lokalisierung der *Monoaminooxydase* (**I**) in der menschlichen Haut fällt eine Ähnlichkeit in der Verteilung mit *Succinodehydrase* auf, nur daß auch kutane Nervenfasern u. myoepitheliale Zellen, die letztere nicht enthalten, **I** aufweisen. Viele Hautnervenfasern, sensor. u. motor. Art, scheinen sowohl für **I** als auch für *Cholinesterase* reaktiv zu sein; die physiolog. Bedeutung ist noch nicht klar. U. TAUSENDFREUND. 4210□

Die Wirkungen von α-Methyl-3.4-dihydroxyphenylalanin und α-Methyl-m-tyrosin auf den Noradrenalin- und Serotonin-Stoffwechsel in vivo. S. M. Hess, R. H. Connamacher, M. Ozaki und S. Udenfriend. (J. Pharmacol. exp. Therapeut. **134.** 129—38. Nov. 1961. Bethesda, Md., Nat. Inst. of Health, Nat. Heart Inst., Labor. of Clin. Biochem.) (Engl.)

α-Methyl-3-hydroxyphenylalanin (*α-Methyl-m-tyrosin*) u. *L-α-Methyl-3.4-dihydroxyphenylalanin* sind in vivo u. in vitro *Decarboxylase* (**I**)-Hemmstoffe; sie verringern endogenes *Noradrenalin* (**II**) im Hirn u. Herzen u. *Serotonin* (**III**) im Hirn von Ratten u. Meerschweinchen. Der **III**-Wert u. die **I**-Aktivität kehren innerhalb von 24 Std. zur Norm zurück, die **II**-Werte im Herzen bleiben dagegen tagelang niedrig. Während dieser Zeit kann Biosynth. von **II** erfolgen, aber das Speicherungsvermögen des Herzens für **II** ist geschädigt. K. ZINGRAF. 4210□

Einige biochemische Wirkungen von α-Methyl-3.4-dihydroxyphenylalanin und verwandten Verbindungen bei Mäusen. Curt C. Porter, James A. Totaro und Calvin M. Leiby. (J. Pharmacol. exp. Therapeut. **134.** 139—45. Nov. 1961. West Point, Pa., Merck Inst. for Therap. Res.) (Engl.) — Vgl. vorst. Referat.

DL-α-Methyl-3-hydroxyphenylalanin (**I**), *DL-α-Methyl-2.3-dihydroxyphenylalanin* (**II**) u. *DL-α-Methyl-3.4-dihydroxyphenylalanin* (**III**), nicht jedoch DL-α-Methyl-3-hydroxyphenäthylamin (**IV**), DL-α-Methyl-2.3-dihydroxyphenäthylamin u. DL-α-Methyl-3.4-dihydroxyphenäthylamin (**V**) hemmten bei der Maus die *L-3.4-Dihydroxyphenylalanin-decarboxylase* in vivo. **II** u. **III** waren wirksamer als **I**. Die *Serotonin*-Konz. im Hirn wurde durch **I** u. **III** deutlich verringert (Maximalwrkg. 3 Std. nach intraperitonealer Injektion, Rückkehr zur Norm nach 16 Std.). Die *Noradrenalin*-Konz. im Herzen wurde durch **I, III, IV** u. **V**, im Hirn durch **I, III** u. **IV** 16 Std. nach Injektion verringert.
K. Zingraf. 4210□

Ontogenese und topographische Histochemie der Bernsteinsäuredehydrogenase in der Leber einiger Nager. Untersuchungen zur funktionellen Gliederung des Leberparenchyms. W. Kitzing und H. H. Schumacher. (Schriftenreihe Ver. Wasser-Boden-Lufthyg. Berlin-Dahlem **54.** 443—67. 1961. Hamburg, Bernhard-Nocht-Inst. für Schiffs- u. Tropenkrankh.) (Dt.)

Vff. zeigen durch histochem. Unterss. über die *Bernsteinsäuredehydrogenase* (**I**)-Verteilung im Leberparenchym einiger Nager, daß die **I**-Konz. in der Fetalperiode sehr gering ist u. nach der Geburt in wenigen Wochen auf die erwachsener Tiere ansteigt. Das Muster der **I**-Verteilung stimmt bei Kaninchen, Ratten u. Meerschweinchen im Prinzip überein u. variiert nur mit der Läppchengliederung der betreffenden Art. Die **I**-Konz. ist in den Parenchymbezirken am größten, die terminalen u. präterminalen Pfortader- u. Leberarterienästen anliegen u. am geringsten in der Nähe von Zentral- u. Sublobularvenen. Auf Grund der histochem. Befunde ist der Parenchymanteil als Bau- u. Funktionselement des Organs anzusehen, der von dem gleichen terminalen Pfortader- u. Leberarterienast gespeist u. durch die Zentralvenen der umliegenden Läppchen drainiert wird. Das Muster von Parenchymschäden stimmt mit dem Muster der **I**-Verteilung überein u. wird vermutlich durch die Gliederung der terminalen Strombahn bestimmt. Nach diesen Befunden scheint erwiesen, daß der Stoffbestand u. die Funktion der einzelnen Parenchymareale planmäßig mit deren Standort innerhalb der Läppchen variiert. Die funktionelle Heterotopie der Leber nach Zeiger scheint damit auch histo- u. mikrochem. belegt zu sein.
A. Gude. 4210□

Die Photooxydation von Myoglobin. M. Sajgó. (Acta physiol. Acad. Sci. hung. **18.** 279—81. 1961. Budapest, Hung. Acad. of Sci., Inst. of Biochem.) (Engl.)

Zur Klärung der Bedeutung des *Histidin*-Geh. für die Proteinfunktion wurde *Metmyoglobin* (**I**) photokatalyt. oxydiert. Als Sensibilisator diente Methylenblau. Die **I**-enthaltenden Warburg-Gefäße wurden mit einer Lichtintensität von 0,5 W/cm² bestrahlt u. es wurde dabei die O_2-Aufnahme manometr. verfolgt. Sie betrug maximal 2 Mole O_2/Mol **I**. Nach Abschluß der Bestrahlung wurden im Aceton–HCl-Gemisch das Hämin u. Methylenblau abgespalten u. der *Histidin* (**II**)-Geh. der Proteinkomponente nach MacPherson bestimmt. Photooxydiertes **I** enthielt 6,9 Mole **II**, natives **I** 9,2 Mole **II** pro Mol **I**. Photooxydiertes **I** zeigt bei Messung der Lichtabsorption eine gegenüber dem nativen Prod. deutlich erniedrigte Soretbande. Die entsprechenden Hydroxyderivv. der red. Stufen unterscheiden sich ebenfalls spektral sehr deutlich. Trypt. Hydrolysate von photooxydiertem **I** enthielten ein modifiziertes Peptid, das als Hämopeptid angesehen wird u. weiter isoliert werden soll.
W. Scheler. 4210□

Über die Methodik einer Bestimmung der Chininoxydase im Serum bei Leberkrankheiten. A. F. K. Buys Ballot und J. B. A. Terlingen. (Klin. Wschr. **38.** 180a. 15/2. 1960. Rotterdam, Städt. Krankenh. aan de Bergweg, klin. chem. Labor.) (Dt.)

Vff. finden, daß bei dem Test auf Aktivität der *Chininoxydase* (**I**) im Serum nach Baier Irrtümer infolge veränderter Eiweißstabilitäten auftreten können. In Fällen von Leberparenchymschäden kann hierbei der Extinktions-Anstieg nach Zugabe von *Chinin*-Lsg. nicht als Anwesenheit von **I** gedeutet werden. Eine Modifizierung der Meth. wird beschrieben.
R. Lafferenz. 4210□

Chemie der Nucleotide. A. M. Michelson. (Annu. Rev. Biochem. **30.** 133—64. 1961. Dublin, Arthur Guinness Son & Co.) (Engl.)

Übersicht (bis Aug.). Nucleoside, Nucleotide (Adenosin-3'.5'-cycl.-phosphat, Phosphorylierungs-Meth.), Nucleinsäuren, Nucleotidanhydride (alkal. Hydrolyse von Adenosin-5'-triphosphat, Uridin-5'-pyrophosphatzuckerpeptide, Phosphorylamide, Anionaustausch, oxydative Phosphorylierung), Polynucleotid-Synth., physikal. Eigg. von Oligonucleotiden (UV-Absorption, pH-Werte), physikal. Chemie der Polynucleotide. — 227 Literaturangaben.
K. Maier. 4210□

Nucleinsäurestoffwechsel und Biosynthese. Richard Abrams. (Annu. Rev. Biochem. **30.** 165—88. 1961. Pittsburgh, Pa., Montefiore Hosp. Inst. of Res.; Univ. of Pittsburgh, Graduate School of Publ. Health, Dep. of Biochem. and Nutrition.) (Engl.)

Übersicht (bis Okt. 1960). Biosynth. der *Ribonucleinsäure* (**I**): an der **I**-Bldg. beteiligte Enzymsysteme (Polynucleotidphosphorylase, end- u. nichtendständiger Einbau von Nucleosidtriphosphaten), Orte der **I**-Synth. in der Zelle; Biosynth. der *Desoxyribonucleinsäure* (**II**): Herkunft der Desoxyribonucleotide, an der **II**-Bldg. beteiligte Enzym-Syst., Hemmung der **II**-Synth. durch ionisierende Strahlung. — 202 Literaturangaben. K. MAIER. 4210□

Oxydative Phosphorylierung in Ratten mit Magnesium- und Kaliummangel. R. B. Beechey, N. W. Alcock und I. MacIntyre. (Amer. J. Physiol. **201.** 1120—22. Dez. 1961. Southampton, Univ., Dep. of Physiol. and Biochem.; London, Postgraduate Med. School, Dep. of Chem. Pathol.) (Engl.)

Herzsarkosomen von *Mg*- u. *K*-Mangel-Ratten wurden auf 2 verschiedene Weisen isoliert u. das P/O-Verhältnis bestimmt. Es zeigte sich, daß das P/O-Verhältnis nicht von dem bei normalen Tieren bestimmten abweicht. Die davon abweichenden Ergebnisse von VITALE, NAKAMURA u. HEGSTEDT (C. **1958.** 10393) können nur durch Unterschiede in der angewandten Technik erklärt werden. M. METZE. 4210□

Untersuchungen zur Cytochemie der Ultrastruktur. Untersuchung der alkalischen Phosphatase in der Rattenniere mittels des Elektronenmikroskops. Wanda Byczkowska-Smyk und Wilhelm Bernhard. (C. R. hebd. Séances Acad. Sci. **251.** 3085—86. 19/12. 1960. Villejuif, Seine, Inst. de Rech. sur le Cancer, Labor. de Microscopie électronique.) (Franz.)

In ultradünnen, formolfixierten u. in einem wasserlösl. Kunststoff (Polyepoxidharz) eingebetteten Schnitten wurde *alkalische Phosphatase*-Lokalisierung nach GOMORI elektronenmkr. identifiziert. K. MAIER. 4210□

Die Synthese von Phosphatidylserin durch Escherichia coli. Julian N. Kanfer und Eugene P. Kennedy. (J. biol. Chemistry **237.** PC 270—PC 271 Jan. 1962. Boston, Mass., Harvard Med. School, Dep. of Biol. Chem.) (Engl.)

Zellfreie *E. coli B*-Extrakte enthalten ein Enzym, *Phosphatidylserinsynthetase* (**I**); (100000·*g*-Überstand, Fällung bei 0,3—0,6 Sättigung), das die Rk.: Cytidindiphosphatdiglycerid + L-Serin (**II**) → Phosphatidylserin + Cytidinmonophosphat katalysiert. Die Unters. der Umwandlung von ^{14}C-*D*-**II** u. -L-**II** ergab vorzugsweise Verwertung von L-**II**. **I** ist optimal in Ggw. mäßiger Salz-Konzz. (z. B. 0,1 m Na_2SO_4) u. gewisser organ. Solventien, wie Octanol, wirksam. Rohe *E. coli*-Extrakte enthalten eine sehr akt. *Phosphatidylserindecarboxylase*, die aber durch die angegebene Fraktionierung fast völlig abtrennbar ist. K. MAIER. 4210□

Das Verhalten von anorganischer Pyrophosphatase, Triosephosphatdehydrogenase und Glucose-6-phosphatdehydrogenase bei Oxydation ihrer essentiellen SH-Gruppen. D. Scheuch und S. Rapoport. (Acta biol. med. german. [Berlin] **8.** 31—41. 1962. Berlin, Humboldt-Univ., Physiol. Chem. Inst.) (Dt.)

Inkubation von intakten roten Blutzellen von Kaninchen bei 37° mit Phenylhydrazin (5 mg/ml Zellsuspension) führte nach 10 Std. zu einem 90%ig. Aktivitätsabfall von anorg. *Pyrophosphatase* (**I**) u. *Triosephosphatdehydrogenase* (**II**); *Glucose-6-phosphatdehydrogenase* (**III**) war um 75% abgesunken, red. *Glutathion* um 90%. Inkubation in O_2-Atmosphäre ergab ein analoges Resultat. Die Inaktivierung ist zeitabhängig u. folgt etwa einer Rk. 1. Ordnung, sie ist für **I** nach kurzer Inkubation mit Cystein reversibel. In Anwesenheit von Glucose ($1{,}5 \cdot 10^{-2}$ m) wird die Phenylhydrazin- u. O_2-Wrkg. auf die SH-Enzyme stark abgeschwächt. Im Vollhämolysat ist die O_2-Inaktivierung der Enzyme bedeutend größer als in stromafreiem Hämolysat. Die Inaktivierung durch oxydiertes Glutathion im Hämolysat kann durch Coenzyme verhindert werden. **I** wird durch Mg^{2+}, **II** durch DPN, DPNH aber auch durch TPN u. **III** durch TPN geschützt. Es wird angenommen, daß oxydiertes Glutathion mit den essentiellen SH-Gruppen der Enzyme gemischte Enzymglutathiondisulfide bildet. Bei der Inaktivierung durch Phenylhydrazin u. O_2 wirken anscheinend Radikalkettenprozesse mit. D. SCHEUCH. 4210□

Kohlenhydratstoffwechsel. Alberto Sols. (Annu. Rev. Biochem. **30.** 213—38. 1961. Madrid, Centro de Invest. Biol., C.S.I.C., Inst. Gregorio Marañon, Dep. of Enzymol.) (Engl.)

Übersicht (bis Aug. 1960). Zuckertransport (*E. coli*, Hefen, usw., Erythrocyten, Ascitestumorzellen, Darmresorption, Niere, Placenta, Muskel, Fettgewebe, verschiedene tier. Gewebe), Glykolyse (Glykogenstoffwechsel, EMBDEN-MEYERHOF-Glucolyseweg, Hemmung durch Glucoseanaloge), komplementäre u. Alternativwege (Pyridinnucleotidabhängige Red. u. Umwandlung von Zuckern ineinander, Fructose, Mannose, Galaktose, Glucose-6-phosphatase, Pentosephosphatweg, Glycerophosphatweg, Pyrurat → Phosphopyruvat. — 216 Literaturangaben. K. MAIER. 4210□

Enzyme bei Anämie. Untersuchungen über Anomalien verschiedener Enzyme des Kohlenhydratstoffwechsels in Plasma und Erythrocyten von Patienten mit Anämie, sowie vorläufige Beobachtungen über Knochenmarkenzyme. Paul Heller, Hyman G. Weinstein, Michael West und Hyman J. Zimmermann. (Ann. intern. Med. **53.** 898—913. Nov. 1960. Chicago, Ill., Univ. of Illinois, Coll. of Med. and the Chicago Med. School, Res. Labor. and Med. Serv., Veterans Admin., West Side Hosp.) (Engl.)

Phosphohexoisomerase, Aldolase, Milchsäuredehydrogenase, Bernsteinsäuredehydrogenase, Isocitronensäuredehydrogenase, Glucose-6-phosphatdehydrogenase u. *6-Phosphogluconsäuredehydrogenase* wurden im Plasma u. in den Erythrocyten von Patienten mit verschiedenen Anämien bestimmt, ihre Anomalitäten festgestellt u. deren Mechanismus erörtert. Die Bedeutung der Plasma-*Enzym*-Spiegel, bes. der *Milchsäuredehydrogenase* für die Differentialdiagnose der Anämien wird hervorgehoben. K. BÖHM. 4210□

Beziehungen zwischen dem Äthanol- und Methanol-Stoffwechsel. Marion Edmonds Smith. (J. Pharmacol. exp. Therapeut. **134.** 233—37. Nov. 1961. Palo Alto, Calif., Stanford School of Med., Dep. of Med., Div. of Neurol.) (Engl.)

Der *Leberkatalase*-Hemmstoff *3-Amino-1.2.4-triazol* beeinflußt die Oxydation von *A.* bei der Ratte weder in vivo noch in vitro, hemmt dagegen die Oxydation von *Methanol* (I) durch Schnitte von Rattenleber um > 50%. *Xanthin* steigert die Oxydations-Geschw. von I auf das Doppelte, beeinflußt aber die Oxydation von A. nicht. A. scheint durch *Alkoholdehydrogenase*, I dagegen durch Katalase (welche als Peroxydase wirkt) oxydiert zu werden. A. hemmt den I-Stoffwechsel in Rattenleberschnitten u. in einem reinen Rinderkatalase-Syst. um die Hälfte (in äquimol. Mengen); I hemmt die Oxydation von A. in Leberschnitten nicht u. im Katalase-Syst. nur geringfügig. K. ZINGRAF. 4210□

Untersuchungen über die sortenbedingten Differenzen in den Amylaseaktivitäten einiger Pflanzen. 1. Mitt. **Die Wirkung des Wachstumsstadiums und der Umweltbedingungen auf die Amylaseaktivitäten in Weizensorten.** Hajime Ikeda. (Sci. Bull. Fac. Agric., Kyushu Univ. **18.** 217—24. März 1961.) (Jap.; Auszug: Engl.)

Die *Amylase* (I)-Aktivität (A) der Sämlinge steht in Beziehung zur Kälteresistenz der Sorte. Vf. fand 5 Rk.-Typen. I-A veränderte sich täglich u. zeigte 2 Maxima, I-A war bei den bei höheren Temp. stehenden Sämlingen höher. Die kälteresistenten Sorten hatten höhere I-A als die nicht resistenten. Höhere N-Gaben erhöhen die I-A. W. HILLER. 4210□

Untersuchungen über die sortenbedingten Differenzen in den Amylaseaktivitäten einiger Pflanzen. 2. Mitt. **Über die Amylaseaktivitäten von keimenden Samen und Sämlingen bei einigen wichtigen Pflanzen.** Hajime Ikeda. (Sci. Bull. Fac. Agric., Kyushu Univ. **18.** 225—33. März 1961.) (Jap.; Auszug: Engl.) — 1. vgl. vorst. Referat.

Von 7 untersuchten Arten zeigten sich nur bei Weizen sortenbedingte Unterschiede in der *Amylase* (I)-Aktivität (A). I-A zeigte, auf Frischgew. von keimenden Samen bezogen, in folgender Reihenfolge abnehmende Tendenz: Weizen, Gerste, Hafer, Reis, Raps. Sämlinge mit höherer Kälteresistenz zeigten höhere I-A. Bei Weizen u. Reis war die Konz. der reduzierenden Zucker in den Sorten mit stärkerer I-A höher als in Sorten mit schwächerer I-Aktivität. W. HILLER. 4210□

Untersuchungen über die sortenbedingten Differenzen in den Amylaseaktivitäten einiger Pflanzen. 3. Mitt. **Über den Test für die Kälteresistenz von Sorten einiger Futterpflanzen durch Messung der Amylaseaktivitäten ihrer Sämlinge.** Hajime Ikeda. (Sci. Bull. Fac. Agric., Kyushu Univ. **18.** 235—41 März 1961.) (Jap.; Auszug: Engl.) — 2. vgl. vorst. Referat.

Geprüft wurden 12 Sorten von *Astragobus sinicus, Lolium perenne, Dactylis glomerata* u. *Lolium multiflorum.* Vf. fand eine negative Korrelation zwischen *Amylase*-Aktivität u. Schäden durch Schneeschimmel u. eine positive Korrelation zwischen Amylaseaktivität u. Trockensubstanz-Geh. in diesem Material. W. HILLER. 4210□

Beobachtungen über die β-Galaktosidase-Aktivität bei Bact. lactis aerogenes (Aerobacter aerogenes). N. Richards und Sir Cyril Hinshelwood. (Proc. Roy. Soc. [London], Ser. B **154.** 463—77. 15/8. 1961. Oxford, Univ., Physical Chem. Labor.) (Engl.)

Vff. adaptierten *Bact. lactis aerogenes* (*Aerobacter aerogenes*) durch Passagenzüchtung an ein Medium, das neben üblichen Nährsalzen *Lactose* (I) als einzige C-Quelle enthielt u. ermittelten die Aktivität der *β-Galaktosidase* (II) in den verschiedenen Wachstumsstadien unter verschiedenen Bedingungen. Während des größten Teils der logarithm.

Phase bleibt die II-Aktivität pro Einheit der Zellmasse konst., steigt dann rasch gegen Ende dieser Phase u. erreicht ein Maximum nach dem Eintritt in die stationäre Phase. Bei intakten Zellen fällt hierauf die Aktivität langsam ab während sie bei Zellen, deren Permeabilität durch Schütteln mit Bzl. gesteigert wurde, während einiger Std. konst. bleibt. Bei der Übertragung dieser Zellen auf eine neues Medium, fällt die Aktivität rasch zu dem charakterist. Wert der logarithm. Phase ab. Die pH-Aktivitätskurve des Enzyms zeigt, daß diese Aktivitätsänderungen nicht auf einen Kompensationseffekt zurückzuführen sind, bei dem der Abfall der Aktivität (bei niedrigem pH) in dem Wachstumscyclus durch eine erhöhte Enzym-Bldg. ausgeglichen wird. Das Ansteigen der Aktivität erfolgt auch in Kulturen, bei denen der pH konst. gehalten wird. Messungen der Fermentaktivität in Kulturen, die unter N_2 bzw. O_2 gehalten wurden, ergaben, daß O_2-Mangel die Hauptursache des Aktivitätsanstieges ist. Während der letzten Phase (bei der das Wachstum teilweise anaerob erfolgt) wird zufolge geringerer Verwertbarkeit von I mehr I abgebaut. B. GÖRLICH. 4210□

Untersuchungen über einen Hyaluronidaseinhibitor im Serum bei Hautkrankheiten. Toshiko Noguchi. (Jap. J. Dermatol. **71.** 1073—90. Okt. 1961. Juntendo Univ.-School of Med., Dep. of Dermatol.) (Jap.; Auszug: Engl.)

Vgl.-Unterss. (mittels Trübungsmessung) wurden über den nichtspezif. *Hyaluronidaseinhibitor* (I) im Serum bei Dermatosen durchgeführt. Eine deutliche Zunahme von I war teilweise zu sehen bei infektiösen Dermatosen, nichtinfektiösen entzündlichen Krankheiten, malignen Tumoren u. a. nichtentzündlichen Hautkrankheiten. H. AMAN. 4210□

Der Einfluß von α-Thiapyronen und Pyronen auf die Gewebeatmung. T. Kusch. (Acta biol. med. german. [Berlin] **8.** 49—52. 1962. Jena, Friedrich-Schiller-Univ., Pharmakol. Inst.) (Dt.)

Der Einfl. von *3-Benzyl-4-hydroxy-5-carbäthoxy-6-methylpyron-(2)*, *3-Benzyl-4-hydroxy-5-carbäthoxy-6-methylthiapyron-(2)* (I) u. *3-Isopropyl-4-hydroxy-5-carbäthoxy-6-methylthiapyron-(2)* auf den Sauerstoffverbrauch von Gewebehomogenaten (Gehirn, Niere) u. Gewebeschnitten (Leber, Herz) wurde im WARBURG-App. gemessen. Alle 3 untersuchten Substanzen in Konzz. von 10^{-4} m steigerten die Atmung von Gehirn u. Lebergewebe um 20—60%. I, bei dem die 1-Stellung an Stelle des O mit S u. die 3-Stellung mit einem Benzylrest besetzt ist, zeigte die größte Steigerung. Auf die Atmung von Herz- u. Nierengewebe hatten die untersuchten Pyronkörper keinen Einfluß. D. SCHEUCH. 4210□

Aminosäurestoffwechsel. Charles Gilvarg. (Annu. Rev. Biochem. **30.** 239—68. 1961. New York, New York Univ., School of Med., Dep. of Biochem.) (Engl.)

Übersicht (bis Okt. 1960). N-Stoffwechsel, Aminosäureeintritt in die Zelle, Pyridoxalphosphat, Decarboxylierung u. Transaminierung, Dehydrogenasen, Oxydasen, Regelung (feedback-Mechanismen), Harnstoff-Bldg., Alanin, Asparaginsäure u. Glutaminsäure, Valin, Isoleucin u. Leucin, Glycin u. Serin, Threonin, Lysin, Histidin, Prolin, S-haltige Aminosäuren, Phenylalanin u. Tyrosin (Brenzcatechinamine, aromat. Hydroxylierung, aromat. Oxydationen), Tryptophan (Serotonin, Melatonin, Metabolite im Harn). — 309 Literaturangaben. K. MAIER. 4210□

Die Regulierung der Aminosäure-aktivierenden Enzyme im Meerschweinchengewebe durch Androgene. Charles D. Kochakian, Ryo Tanaka und John Hill. (Amer. J. Physiol. **201.** 1068—72. Dez. 1961. Birmingham, Ala., Univ. of Alabama, Med. Center.) (Engl.)

In den Samenblasen von Meerschweinchen ruft Kastration eine graduelle Verminderung der *Aminosäure-aktivierenden Enzyme* bis auf 40% des Normalwerts in 40 Tagen nach dem Eingriff hervor. Gaben von *Testosteron* oder *Androstan-17β-ol* stellen die ursprüngliche Aktivität wieder her. — 30 Literaturangaben. M. METZE. 4210□

Über das Vorkommen von Acylamidasen in Mycobakterien. 2. Mitt. Der enzymatische Abbau von Harnstoff (Urease). R. Bönicke, W. Dittmar und B. P. Lisboa. (Zbl. Bakteriol. Parasitenkunde, Infektionskrankh. Hyg., I. Abt., Orig. **177.** 380—93. Febr. 1960. Borstel, Tuberkulose-Forschungsinst., Inst. für exp. Biol. u. Med.) (Dt.) — 1. vgl. C. **1960.** 12378.

Von 231 untersuchten Mycobakterienarten u. Stämmen besitzen die meisten *Urease*-Aktivität, die durch Tuberkulostatica nicht gehemmt wird. Der Harnstoffabbau erfolgt nach einer Rk. 0. Ordnung, MICHAELIS-Konst. 0,005 m. P. GREGORZEWSKI. 4210□

Aminosäure- und Proteinstoffwechsel in vitro gezüchteter Gewebe. J. A. Lucy. (Biol. Rev. Cambridge philos. Soc. **35.** 533—71. Nov. 1960. Cambridge, Strangeways Res. Labor.) (Engl.)

Übersicht. Technik der Gewebekultur: Explantat-Meth., frisch isolierte Zellen, Zellstämme, Klon- u. Organkulturen; Kulturmedium: chem. definierte Medien, Funktion von Serum; Ernährungs-Verss. mit Aminosäuren (I); I-Verwertung u. Protein-Synth., vergleichsweise I-Verwertung, Synth. u. wechselweise I-Umwandlung, I-Einbau u. Proteinsynthese. K. Maier. 4210□

Transaminaseaktivität (Glutamin–Oxalessigsäure- und Glutamin–Brenztraubensäuretransaminase) im Blutserum und im Liquor cerebrospinalis bei neurologischen Erkrankungen. A. Preč, I. Krýsa und J. Mayer. (Psychiatrie Neurol. med. Psychol. **13.** 406–11. Nov. 1961. Ružomberok, ČSSR, Neurol. Abt. des militär. Krankenhauses.) (Dt.)

Bei 307 Kranken mit verschiedenen Nervenkrankheiten wurde das Verh. der Blutserum- u. Liquor-*Transaminasen* (*Glutamin-Oxalessigsäure* u. Glutamin-*Brenztraubensäure*) untersucht. Nur bei akuten Nerven-Syst.-Erkrankungen mit vasculärer, entzündlicher oder traumat. Ätiologie fand sich eine patholog. erhöhte Aktivität. Bei chron. Prozessen bleiben die Werte im Normbereich. Der prakt. Wert einer Routine-Unters. ist derzeit gering. Möglicherweise ist sie aber von Wert für die Differentialdiagnostik zwischen akuten Hirngefäßstörungen. u. Hirngeschwülsten u. für die prognost. Beurteilung entzündlicher, vasculärer u. traumat. Nerven-Syst.-Erkrankungen.

K. Böhm. 4210□

Die Wirkung von N^1-[4-Methylbenzolsulfonyl]-N^2-butylharnstoff auf Hefe. N. Klissiunis und A. Paradelis. (Arzneimittel-Forsch. **11.** 677. Juli 1961. Athen, Univ., Pharmakolog. Inst.) (Dt.)

N^1-[4-Methylbenzolsulfonyl]-N^2-butylharnstoff (*Tolbutamide, Rastinon*) ruft eine Beschleunigung der Hefegärung hervor. S. Groitzsch. 4210□

Hemmung der Alanintransaminase-Aktivität in der Leber als Reaktion auf Behandlung mit 11-Desoxycorticosteron. Homer R. Harding, Fred Rosen und Charles A. Nichol. (Proc. Soc. exp. Biol. Med. **108.** 96–99. Okt. 1961. Buffalo, N.Y., Roswell Park Memor. Inst., Dep. of Exp. Therap.) (Engl.)

Bei intakten Ratten verringerte tägliche Anwendung von *11-Desoxycorticosteron* (**I**) die *Alanintransaminase*-Aktivität der Leber (**II**-A); die durch Adrenalektomie verringerte **II**-A setzte **I** indessen nicht noch weiter herab. *Adrenocorticotropes Hormon* (*ACTH*) steigerte **II**-A bei hypophysektomierten, nicht aber bei adrenalektomierten Tieren. **I** verringerte bei hypophysektomierten Ratten **II**-A nicht u. veränderte auch nicht die Rk. von **II**-A auf Behandlung mit ACTH. Die Hemmwrkg. von **I** auf **II**-A ist offenbar auf eine Unterdrückung der Freisetzung von ACTH durch die Hypophyse zurückzuführen. K. Zingraf. 4210□

Tyrosinaseaktivität in Pigmentzellen des Nucleus niger. 2. Mitt. **Weitere Beobachtungen über Monophenolaseaktivität.** C. D. Marsden. (Quart. J. microscop. Sci. **102.** 469–74. Dez. 1961. London, St. Thomas's Hosp. Med. School, Dep. of Anat.) (Engl.) — 1. vgl. C. **1962.** 11594.

Wenn das *Cu^{2+}*-Radikal der *Tyrosinase* (**I**) oxydiert ist, kann die *Monophenolase* (**II**) nicht aufgefunden werden; Reduktionsmittel jedoch aktivieren u. demaskieren diese Komponente von **I**. *Tyrosin* wird durch **II** in erwachsenen Nigrazellen von Katzen u. Affen in *Melanin* umgewandelt, wenn das Enzym durch Reduktionsmittel *L-Dopa* (*3.4-Dihydroxyphenylalanin*), *L-Ascorbinsäure* u. *L-Adrenalin* aktiviert wird. Die Rk. wird gehemmt durch allg. Enzym- u. spezif. **I**-Inhibitoren. Die Bedeutung der Resultate in bezug auf die **I**-Aktivität in erwachsenen Nigrazellen wird besprochen.

H. Aman. 4210□

Die Aktivierung und Induktion der Tryptophanpyrrolase während einer experimentellen Porphyrie und durch Aminotriazol. Philip Feigelson und Olga Greengard. (Biochim. biophysica Acta [Amsterdam] **52.** 509–16. 30/9. 1961. New York, N. Y., USA. Dep. of Biochem. and Med., Columbia Univ., Coll. of Phys. and Surgeons.) (Engl.)

Die Verabreichung des Porphyrie verursachenden Agens *Allylisopropylacetamid* an gesunde oder adrenalektomierte Ratten äußerte sich in der 4- bis 2fachen Steigerung des *Tryptophanpyrrolase* (**I**)-Spiegels der Leber. Die Verabfolgung von *3-Amino-1.2.4-triazol* (**II**) an adrenalektomierte Ratten verursachte eine ähnliche Veränderung im **I**-Spiegel der Leber. Die Induzierung des Enzyms durch beide Verbb. ist mit einer Aktivierung verbunden u. ist vermutlich einer gesteigerten Förderung des endogenen Eisen-Protoporphyrin-Aktivators des Enzyms zuzuschreiben. Somit läßt sich folgern, daß die **I**-Aktivierung die Stimulierung seiner Induzierung darstellt. L. Macher. 4210□

Spezifität in der Proteinsynthese. Paul Berg. (Annu. Rev. Biochem. **30.** 293–324. 1961. Palo Alto, Calif., Stanford Univ., School of Med., Dep. of Biochem.) (Engl.)

Übersicht (bis Dez. 1960). Die Steuerung der Aminosäuresequenz (Sequ.) u. Proteinstruktur durch *Desoxyribonucleinsäure* (I) [Frage der ausreichenden Spezifität der Proteinkonfiguration durch Sequ., Frage der direkten Beteiligung von I an Sequenzspezifität u. Polymerisation der Aminosäuren (II)]; Beitrag von Ribonucleinsäure an der Bldg. spezif. Sequ. in Proteinen (III) (Bldg. spezif. Aminoacyl-II-Verbb., Beitrag der Ribosomen zur Spezifität der Protein-Synth., Beteiligung einer zusätzlichen II-Komponente. — 268 Literaturangaben. K. MAIER. 4210□

Die Biochemie der Polyamine: Spermidin und Spermin. Herbert Tabor, Celia W. Tabor und Sanford M. Rosenthal. (Annu. Rev. Biochem. **30.** 579–604. 1961. Bethesda, Md., Nat. Inst. of Arthritis and Metabolic Diseases.) (Engl.)

Übersicht (bis Nov. 1960). Best.-Meth., Vork. u. Konz. (Säugergewebe, Mikroorganismen, Viren), chem. Synth. von *Spermidin* (I) u. *Spermin* (II), Biosynth. von I u. II, andere enzymat Rkk. an I u. II (Aminoxydase, Rk.-Prodd. der enzymat. I- u. II-Oxydation, Acetylierung u. Konjugation, Transglutaminase), mikrobiolog. Bedarf an Polyaminen (III) als Wuchsfaktoren, Stabilisierungseffekte von III (Bakterienzellen, Protoplasten, Zellwände, Mitochondrien, Ribosomen, Bakteriophagen, Transformationsprinzip, Phosphatase u. β-Glucuronidase), III-Bindung an Nucleinsäuren, Lipide u. Heparin, Pharmakologie u. Pathologie, weitere I- u. II-Effekte (auf Enzyme, Agglutination von Hefe, Bakterien, Mitochondrien, Mikrosomen). — 185 Literaturangaben. K. MAIER. 4210□

Bemerkung zum Vorkommen von γ-Glutamyltranspeptidase in menschlichem Serum. Marian Orlowski und Apolinary Szewczuk. (Clin. chim. Acta [Amsterdam] **6.** 430–32. Mai 1961. Wroclaw, Polish Acad. of Sci., Inst. of Immunol. and Exp. Therap., 3rd. Med. Clin. and Dep. of Biochem.) (Engl.)

Durch Abspaltung von *α-Aminopropionitril* aus γ-Glutamyl-Derivv. wird die Anwesenheit einer *γ-Glutamyltranspeptidase* im menschlichen Blutserum nachgewiesen. P. GREGORZEWSKI. 4210□

Die Wirkung eines sulfatierten Polysaccharids auf die Diffusion von Pepsin durch Mucin. W. Anderson. (J. Pharmacy Pharmacol., Suppl. **13.** 122–25. Dez. 1961. Liverpool, Evans Med. Res. Labor.) (Engl.)

Depolymerisiertes *Carragheenan* (I), ein sulfatiertes Polysaccharid, verhindert in vitro die Diffusion von *Pepsin* (II) durch Mucin, wenn es diesem vor Anwendung der II-Lsg. beigemischt wird. Diese Eig. scheint am Mechanismus des Schutzes von Tieren gegen Histamingeschwüre durch I beteiligt zu sein. K. ZINGRAF. 4210□

Intraperitoneale Verabreichung von Papain an Ratten. Änderungen der Blutkörperchenzahl und des Gewichts einiger innerer Organe. Aleksandar Naumovski und Branislav Nikodijević. (Acta pharmac. jugosl. **10.** 79–84. 1960. Skopje, Med. fak., Fiziol. inst., Farmakol. inst.) (Serbokroat.)

Nach 15tägiger intraperitonealer Behandlung von Albinoratten mit täglich 100 mg *Papain*/kg Lebendgew. war bei den Vers.-Tieren im Vgl. mit den Kontrolltieren die Leukocytenzahl deutlich, die Erythrocytenzahl leicht erniedrigt, das Gew. von Nebennieren, Milz u. Leber erhöht, das Gew. der Thymusdrüse erniedrigt. Bei adrenalektomierten Ratten wurden nach Papainbehandlung an Milz, Leber u. Thymus ähnliche Veränderungen des Gew. festgestellt. S. BECKMANN. 4210□

Untersuchungen zur Aktivität und Spezifität der Aminosäureesterasewirkung der Augenlinse. Rolf Kleine und Horst Hanson. (Hoppe-Seyler's Z. physiol. Chem. **326.** 106–15. 24/11. 1961. Halle/Saale, Univ., Physiol.-Chem. Inst.) (Dt.)

Der wss. Extrakt von Rinderaugenlinsen zeigt deutliche Unterschiede der *Aminosäurenesterase* (I)-Wrkg. im Vgl. zu der Wrkg.-Spezifität der Enzyme in Leber, Niere, Serum, Lunge u. Milz. Das Linsenenzym zeigt ein pH-Optimum zwischen pH 9,0 u. 9,4 u. hydrolysiert bevorzugt *DL-Tryptophanester* u. *L-Leucinäthylester* bei 48–52°. Mit N-Acetyl-L-tyrosinäthylester als Substrat konnte der Linsen-I keine chymotrypt. Wrkg. zugeordnet werden. Gegen *Glycyl-L-tyrosinäthylester* zeigte sich bei pH 7,2 dagegen eine Dipeptidasewirkung. Die I-Aktivität wurde nach papierchromat. Auftrennung der Spaltprodd. aus der Menge der gebildeten Aminosäuren bzw. den verbliebenen Peptidestern als Hydrolysenrate errechnet. Aminosäuren u. Peptidester wurden als Ninhydrin-Kupferkomplexe quant. bestimmt. Die I-Aktivität der Linse ist wesentlich geringer als die der Niere u. Leber. Im Gegensatz zu den Enzymen dieser Organe läßt sich die Linsen-I durch Mn^{2+} u. Co^{2+} um 100 bzw. 65% aktivieren. Die klass. I-Inhibitoren (Atoxyl, NaF, Chinin, Eserin) haben ebenso wie organ. Phosphor-

Verbb. (Diisopropylfluorphosphat, E 600, Wofatox, Wotexit, Tinox) u. p-Chlormercuribenzoat, Monojodessigsäure u. Äthylendiamintetraessigsäure keinen Einfl. auf die I-Aktivität der Rinderlinse. Diese Eig. u. die Stabilität der I-Aktivität in Abhängigkeit vom Alter der Enzym-Lsg. deuten auf eine Beziehung zur Leucinaminopeptidase der Augenlinse hin. M. FROHNE. 4210☐

Die Existenz zweier Formen der Thiokinase in der Leberzelle. Der Übergang aus der inaktiven Form in die aktive. Louise Harel und Elba Mendoza. (C. R. hebd. Séances Acad. Sci. **250.** 4213—15. 20/6. 1960.) (Franz.)

Durch Phosphorylierung der Protease wird der Übergang der Leberzellen-*Thiokinase* aus der inakt. Form in die akt. ermöglicht. Die akt. Form ist also phosphoryliert. Durch Reinigung des Enzyms konnte die Bindungsart des *P* mit dem Protein-Syst. erwiesen werden. L. MACHER. 4210☐

Die Biosynthese isoprenoider Verbindungen. Lemuel D. Wright. (Annu. Rev. Biochem. **30.** 525—48. 1961. Ithaca, New York, Cornell-Univ., Graduate School of Nutrition.) (Engl.)

Cholesterin (**I**): Acetat → Mevalonat → Squalen → **I**; Inhibitoren der **I**-Biosynth.; unterbrochene **I**-Biosynth.; die **I**-Synth. in vivo u. in vitro beeinflussende Faktoren: Adenosintriphosphat, Nicotinsäure; Carotinoide; Coenzym-Q-Verbb., Digitoxigenin, Mutterkornalkaloide. — 160 Literaturangaben. K. MAIER. 4210☐

Die Verteilung der Cholinesterase in den kutanen Receptororganen, besonders den Tastkörperchen der menschlichen Finger. Nikolajs Cauna. (J. Histochem. Cytochem. **8.** 367—75. Sept. 1960. Newcastle-upon-Tyne, Univ. of Durham, Med. School, King's Coll., Dep. of Anatomy.) (Engl.)

Acetylcholin u. *Cholinesterase* (**I**) spielen vermutlich eine Rolle als akt. Stoffe bei der synapt. Übertragung nervöser Impulse an den MEISSNER Tastkörperchen des menschlichen Fingers, da **I** in den Plasmamembranen der Laminarzellen u. der intercellulären Substanz reichlich nachgewiesen werden kann (Acetyl- oder Butyrylsubstrate). Bei den MERKEL-Körperchen wurde nur an den präterminalen, markhaltigen Nervenfasern eine positive **I**-Rk. mit Butyrylsubstraten erzielt. An den Haaren ist eine positive **I**-Rk. an den die epitheliale Scheide umgebenden Nervenfasern zu erzielen.
U. TAUSENDFREUND. 4210☐

Benzoylcholinesterase. 2. Mitt. **Aktivierung nichtspezifischer Cholinesterase durch Polyalkohole.** Yoshimi Hagiwara. (Jap. J. Pharmacol. **9.** 137—49. März 1960. Tokyo, Showa Med. School, Dep. of Pharmacol.) (Engl.) — 1. vgl. J. Showa Med. Ass. **19.** [1960.] 11.

Äthylenglykol, Propylenglykol (**I**) u. *Polyäthylenglykol* aktivierten die unspezif. *Cholinesterase* (**II**) von Menschen-, Katzen-, Hühner-, Hunde-, Schweine-, Ratten- u. Mäuseleber, sowie von Menschen-, Pferde- u. Katzenserum, wenn *Benzoylcholin* (**III**) als Substrat diente, hemmten aber die Benzoylcholinesterase von Kaninchen- u. Meerschweinchenleber. **I** hemmte ferner die spezif. **II** des Katzenhirns, Aceton die nichtspezif. **II** der Katzenleber. Die Reihenfolge der Affinität als Substrat für nichtspezif. **II** ist **III**, Butyrylcholin, Acetylcholin. K. MAIER. 4210☐

Lipidfreisetzung durch Leberschnitte. Margit Hamosh und B. Shapiro. (Amer. J. Physiol. **201.** 1030—34. Dez. 1961. Jerusalem, Israel, Hebrew Univ.-Hadassah Med. School, Dep. of Biochem.) (Engl.)

Leberschnitte von Ratten, die i.v. $^{14}C_{(1)}$-*Palmitat* erhalten hatten, enthielten die maskierten *Lipide* vornehmlich in der Neutralfett-Fraktion (61%), kleinere Beträge (32%) in der Phospholipidfraktion u. nur 6% als unveresterte Fettsäuren. Nach Inkubation in Salz-Lsg. wurden die maskierten Lipide ins Medium abgegeben, bis ein Gleichgewicht zwischen Leber u. Medium erreicht war. Die Lipidabgabe kann verhindert werden, wenn Blutserum als Medium verwendet wird oder α- bzw. β-Lipoproteine zur Salz-Lsg. zugesetzt werden. Serumalbumin war nicht ganz so wirkungsvoll. M. METZE. 4210☐

Der Ursprung und die Verteilung der Oxytocinase. Ernest W. Page, Mary Ann Titus, George Mohun, Mary Beth Glendening. (Amer. J. Obstetr. Gynecol. **82.** 1090—95. Nov. 1961. [San Francisco, Calif., Univ. of California, School of Med., Dep. of Obstetr. and Gynecol). (Engl.)

Mit Stärkegel-Elektrophorese u. Färbung für *Leucinaminopeptidase* (**I**)-Aktivität lassen sich im Serum u. Urin von schwangeren Frauen 3 verschiedene Banden feststellen. Das am weitesten laufende Protein ist **I**, die sich bei allen Nichtgraviden u. auch bei allen Schwangeren findet. Die 2. u. 3. Bande, die für Schwangerschaft spezif. sind, rühren von *Cystinaminopeptidasen* (**II**) her, die Oxytocin inaktivieren können. Die **II**, die im Serum u. Urin von Schwangeren vorkommen, finden sich nicht im fötalen Blut oder im Blut von Männern u. nichtschwangeren Frauen, auch wenn diese an Choriocarcinom erkrankt sind. Mit großer Wahrscheinlichkeit stammen die **II** aus dem Syncytotrophoblast. Ihre genaue physiolog. Aufgabe während der Schwangerschaft ist unbekannt. K. BÖHM. 4210□

Ein neuer Weg des Brenzcatechinstoffwechsels. Yasutomi Nishizuka, Arata Ichiyama, Shigenobu Nakamura und Osamu Hayaishi. (J. biol. Chemistry **237.** PC 268—PC 270. Jan. 1962. Kyoto, Univ., Fac. of Med., Dep. of Med. Chem.) (Engl.)

Ein *Metapyrocatechase* (I)-Präp. (Ultraschallextrakt, Protaminbehandlung, Dialyse) aus o-kresoladaptierten Zellen einer *Pseudomonas*-Species spaltet unter O_2-Verbrauch *Brenzcatechin* über *α-Hydroxymuconsemialdehyd, γ-Oxalocrotonat* (**V**) u. *α-Keto-γ-hydroxyvaleriat* (**VI**) stöchiometr. zu *Pyruvat*(**II**), *Acetat* (**III**) u. CO_2 auf. I spaltet *Acetopyruvat* (**IV**), ohne Zusatz von DPN, rasch zu **II** u. **III** auf. Bldg. von **IV** aus **VI** oder die umgekehrte Rk. in Ggw. von DPNH war bisher nicht nachweisbar. Bei Inkubation von **V** (ohne DPN) erfolgte quant. Decarboxylierung zu *α-Keto-γ-hydroxyvaleriansäure*, die als *Hydrazon*, $C_{11}H_{12}N_4O_7$, F. 173—175°, krist. isoliert werden konnte. In Ggw. von DPNH katalysiert I die Umwandlung von **VI** in **II** u. **III**. K. MAIER. 4210□

Untersuchungen eines Enzyms von Bacillus fulminans, das die Blutgruppensubstanz 0 inaktiviert. Ingeborg Naylor und Harold Baer. (J. Bacteriol. **77.** 771—75. Juni 1959. New Orleans, La., Tulane Univ. School of Med., Dep. of Microbiol.) (Engl.)

Das von *B. fulminans* gebildete *Blutgruppe-0-inaktivierende Enzym* wurde nach teilweiser Reinigung auf seine Eigg. untersucht. Es ist ein adaptives Enzym, das in der Ggw. von *Fucose, Galaktose* u. *Melibiose* gebildet wird. Das Enzym hemmt nur die 0-Blutgruppenagglutination. Diese Selektivität wird hervorgerufen, weil das Enzym Fucoseketten der Blutgruppen-0-Substanz (**I**) angreift. Bei der papierchromatograph. Analyse (nach Einw. des Enzyms auf **I**) konnte nur Fucose nachgewiesen werden, wobei nur ca. 20% der Fucose die in **I** vorhanden ist, abgespalten wird. Es muß daher angenommen werden, daß Fucose in 2 verschiedenen Formen in **I** vorhanden ist, aber nur eine davon fermentempfindlich ist. Da die Enzym-Wrkg. durch die Zucker gehemmt werden kann, die die Enzym-Bldg. stimulieren (s. o.), ist es wahrscheinlich, daß die α-d-Galaktosidkonfiguration für die Spezifität von **I** wichtig ist. W. HIRTE. 4210□

Kristallisierte Enzyme aus dem Myogen des Kaninchenskelettmuskels. R. Czok und Th. Bücher. (Advances Protein Chem. **15.** 315—415. 1960. Marburg, Philipps-Univ., Inst. für Physiol. Chemie.) (Engl.)

Übersicht. *Myogen* (**I**), präparative Meth.: Extrakt, Aussalzen (bei konst. pH, Temp., Ionenstärke), Aussalzkristallisation, Fraktionierung mit organ. Lsgm., präparative Stärkeelektrophorese; Enzyme: Glycerinaldehyd-3-phosphatdehydrogenase (**II**), L-Glycerin-1-phosphatdehydrogenase, Lactatdehydrogenase, Fructose-1.6-diphosphataldolase, Enolase, Glycerinsäurephosphatmutase, Phosphoglucomutase, Triosephosphatisomerase u. Glycerinsäure-3-phosphatkinase, Pyruvatkinase, Kreatinkinase, Adenylatkinase (Myokinase), Phosphorylase; Zellphysiologie: weißer u. roter Muskel (enzymat. u. struktureller Aufbau), relative spezif. Aktivität der Enzyme der **I**-Fraktion, **II** als Zellproteinkomponente, Umsatz-Geschw., Lokalisierung der Enzyme. — 337 Literaturangaben. K. MAIER. 4210□

E₃. Mikrobiologie. Bakteriologie. Immunologie

Ernährung von Pasteurella pestis in chemisch definierten Medien bei Temperaturen von 36—38°. W. J. Brownlow und G. E. Wessman. (J. Bacteriol. **79.** 299—304. Febr. 1960. Frederik, Md., Fort Detrick, U.S. Army Chem. Corps.) (Engl.)

Bei 36° hat *Pasteurella pestis* höhere Ernährungsansprüche als bei 30°, es werden zusätzlich *Aminosäuren* u. *Vitamine* benötigt. Ab 36° wird neben Aminosäuren *Biotin*, ab 37° zusätzlich *Aneurin* oder *Pantothensäure*, bei 38° werden alle 3 Vitamine für optimales Wachstum benötigt. Alle der 14 untersuchten Stämme haben Bedarf an *Isoleucin, Valin, Threonin, Phenylalanin, Methionin* u. *Cystein* bei den 3 erwähnten Temperaturen. Optimale Glutaminsäuregaben stiegen von 0 (36°) bis 15 mMol/Liter (38°) an. In Ggw. dieser Konzz. waren zusätzliche Gaben von Hämin überflüssig. Vermutlich ist die Glutaminsäure-Wrkg. auf Häminverunreinigungen zurückzuführen. Hämin konnte auch durch α-Ketoglutarsäure ersetzt werden. D. CLAUS. 4310□

Untersuchungen über Bakterienpopulationen in Lösungen von Phenolen. 2. Mitt. **Der Einfluß des Zellexsudats auf die Gestalt der Zeit-Überlebenskurve.** H. S. Bean und V. Walters. (J. Pharmacy Pharmacol., Suppl. **13.** 183—94. Dez. 1961. London, Chelsea Coll. of Sci. and Technol., Chelsea School of Pharmacy.) (Engl.) — 1. vgl. C. **1957.** 11917.

Die Gestalt der Zeitüberlebenskurve von *E. coli* [in wss. Lsgg. von *Benzylchlorphenol* (I) suspendiert] hängt von der Konz. von I ab. Bei manchen Konzz. zeigen die letzten Überlebenden eine unerwartete Vermehrung; es wurde festgestellt, daß sie in diesem Fall die von den absterbenden Bakterien freigesetzten Zellbestandteile als Nahrungssubstrat benutzen. K. ZINGRAF. 4310□

Substitution bekannter Verbindungen für die Ascitesflüssigkeit bei der Kultivierung von Borrelia vincentii. Edward G. Hampp und Thomas A. Nevin. (J. Bacteriol. **77.** 800—03. Juni 1959. Bethesda, Md., Nat. Inst. of Dental Res., Nat. Inst. of Health.) (Engl.)

Die Ascites-Fl., die zum normalem Wachstum von *B. vincentii* als Zusatz zum Grundmedium notwendig ist, kann durch 5 Coenzyme ersetzt werden: *Cocarboxylase, Codecarboxylase, Coenzym A, ATP* u. *DPN* u. *Glucose-1-phosphat. B. buccalis* kann durch alleinigen Zusatz dieser Verbb. nicht gezüchtet werden. W. HIRTE. 4310□

Wirkung des Metavanadat-Ions auf das Wachstum von Mycobacterium tuberculosis in vitro. Richard L. Costello und Loyd W. Hedgecock. (J. Bacteriol. **77.** 794—99. Juni 1959. Kansas City, Kans., Univ. of Kansas, Med. Center, Dep. of Med. Microbiol.) (Engl.)

Im Gegensatz zu Ergebnissen anderer Autoren konnten die Vff. eine Wachstumsstimulation durch *Vanadat* nicht feststellen. Mit steigender Menge *Metavanadat* wird das Wachstum gehemmt. Bei Ggw. von *Tween 80* ist der Hemmeffekt noch größer. Ähnliche Wachstumshemmungen wurden durch *Mangan-* u. *Chrom-*Ionen festgestellt, jedoch wird die Hemmwrkg. durch V^{5+} in Anwesenheit dieser beiden Ionen aufgehoben, so daß eine Konkurrenzbeziehung vorzuliegen scheint. *Fe* u. *Ti* dagegen scheinen einen additiven Hemmeffekt mit V^{5+} zu bewirken, obwohl beide Ionen allein keine Wachstumshemmungen hervorrufen. W. HIRTE. 4310□

Einfluß von Ultraviolett-Strahlung auf Wachstum und Nucleinsäure-Synthese von Vibrio cholerae. P. Sagar, N. K. Kapoor und S. C. Agarwala. (J. Sci. ind. Res. [New Delhi], Sect. C. **20.** 166—68. Juni 1961. Lucknow, Central Drug Res. Inst.) (Engl.)

Bei UV-Bestrahlung von *Vibriocholerae*-Kulturen nimmt sowohl deren Wachstum als auch deren *Nucleinsäure*-Synth. ab. *Cystein*-Zusatz vor der Bestrahlung wirkt schützend. P. GREGORZEWSKI. 4310□

Vorkommen von Poly-β-hydroxybuttersäure in Pseudomonas pseudomallei. H. B. Levine und H. Wolochow. (J. Bacteriol. **79.** 305—06. Febr. 1960. Berkeley, Calif., Univ. of Calif., School of Public Health, Naval Biolog. Labor.) (Engl.)

Aus Chloroformextrakten mechan. zerstörter Zellen von *Pseudomonas pseudomallei* wurde durch Fällung mit Äther eine weiße Substanz isoliert, die nach Schmelzpunkt, C-, N- u. H-Best., Löslichkeit u. Infrarotspektrum mit *Poly-β-hydroxybuttersäure* übereinstimmt. Durch Abbau wurde trans-Crotonsäure erhalten. D. CLAUS. 4315□

Wachstum und Stoffwechsel von Rhodopseudomonas spheroides in Abhängigkeit von der Versorgung mit Mangan und Eisen. Wolfgang Wießner. (Flora [Jena] **149.** 1—42. 30/6. 1960. Göttingen, Univ., Pflanzenphysiol. Inst.) (Dt.)

Der *Mn*-Bedarf von *Rhodopseudomonas spheroides* beträgt ca. 0,1—1% des Bedarfes von *Chlorella vulgaris*. Mn-Mangel bewirkt eine verminderte Wachstums-Geschw., wobei die anaerobe u. aerobe Verarbeitung von C_4-Dicarbonsäuren, nicht aber von C_3-Carbonsäuren u. Acetat beeinträchtigt wird; ebenso werden Eiweißhaushalt u. Pigmentspiegel nicht verändert. *Fe*-Mangel bewirkt tiefergreifende Veränderungen als der Mn-Mangel: Wachstum, Säureverbrauch, Proteinstickstoff u. Pigmente sind vermindert. — 53 Literaturangaben. M. REIHER. 4320□

Methylnaphthalinoxydation durch Pseudomonaden. Martin H. Rogoff und Irving Wender. (J. Bacteriol. **77.** 783—88. Juni 1959. Pittsburgh, Pa., Bureau of Mines, US Dep. of the Interior.) (Engl.)

Bekannte Ring-KW-Stoff-spaltende Stämme von *Pseudomonas aeruginosa* oxydieren *1.2-Methylnaphthaline* zu ihren entsprechenden *Hydroxymethylbenzoesäuren*. Methylbrenzcatechine treten als Stoffwechsel-Prodd. ebenfalls auf, wenn die Sauerstoffspannung geringer ist. Die Spaltung des nichtsubstituierten Ringes zur o-Hydroxycarbonsäure einer niedrigeren Ring-Verb. scheint der allg. Abbauweg dieser Verbb. zu sein. Alkylierte Verbb. zeigen daneben noch einen anderen Oxydationsweg, nämlich den der Oxydation der Alkylgruppen, so hier die Bldg. von *2-Naphthoesäure* aus 2-Methylnaphthalin. W. HIRTE. 4320□

Der Einfluß von Spurenmetallen auf die Alkoholwirkung bei der Citronensäuresynthese durch Aspergillus fonsecaeus. Alex Ciegler und Kenneth B. Raper.

(Arch. Mikrobiol. **37.** 188—92. 1960. Madison, Wis., Univ. of Wisconsin, Dep. of Bact.) (Engl.)

In Ggw. von *Mn* stimuliert *Methanol* die *Citronensäure*-Bildung.

P. GREGORZEWSKI. 4320☐

Weg der CO_2-Fixierung durch kleine Streptokokken. William R. Martin und C. F. Niven jun. (J. Bacteriol. **79.** 295—98. Febr. 1960. Chicago, Ill., Univ. of Chicago, Dep. of Microbiol. and American Inst. Found.) (Engl.)

Streptococcus anginosus wächst in komplexen Medien unter den üblichen Labor.-Bedingungen, in Caseinhydrolysatmedien benötigt er jedoch eine erhöhte *CO_2*-Tension u. Gewaschene Zellen fixieren CO_2 nur dann, wenn im Medium eine Stickstoffquelle vorhanden ist, ruhende Zellen bauten keinerlei CO_2 ein. Experimente mit $^{14}CO_2$ ergaben, daß das CO_2 in die Proteinfraktion eingebaut wurde. Nach 30 Min. CO_2-Einw. konnte in Proteinhydrolysaten radioautograph. lediglich *Asparaginsäure* (I) als Fixierungs-Prod. nachgewiesen werden. Abbau der als Cu-Salz isolierten I (Verbrennung nach VAN SLYKE-FOLCH, Decarboxylierung mit Ninhydrin u. Chloramin-T) ergab, daß eine Markierung mit ^{14}C ausschließlich im $C_{(\beta\text{-Carboxyl})}$ vorhanden war. Die benötigte erhöhte CO_2-Konz. in bestimmten Medien kann durch Oxalessigsäure (0,2 mg/ml) oder I (5 mg/ml) ersetzt werden. Auch in Ggw. geringer Konzz. von Tween 80 (3 μg/ml) kann normales Wachstum ohne erhöhte CO_2-Konz. eintreten. Vermutlich wird durch Tween 80 (bei dem die Oleat-Komponente der wirksame Teil darstellt) die Zellpermeabilität für I erhöht.

D. CLAUS. 4320☐

Ernährung und Stoffwechsel von Mycoplasma mycoides var. mycoides. A. W. Rodwell. (Ann. New York Acad. Sci. **79.** 499—507. 15/1. 1960. Victoria, Australia, Animal Health Res. Labor., Div. of Animal Health and Prod.) (Engl.)

Die Unterss. haben gezeigt, daß *Mycoplasma mycoides* außer, daß es beschränkt ist in seinen Abbaufähigkeiten, relativ anspruchsvoll ist in seinen Ernährungsbedürfnissen, was in seinem geringen biosynthet. Vermögen zum Ausdruck kommt.

H. AMAN. 4320☐

Umwandlung der Pteroylglutaminsäure zum Citrovorumfaktor durch Aufbereitungen von Lactobacillus casei. Charles R. Heisler und B. S. Schweigert. (J. Bacteriol. **77.** 804—09. Juni 1959. Chicago, Ill., Univ. of Chicago, Dep. of Biochem. and Americ. Meat Inst. Found.) (Engl.)

Es wird gezeigt, daß zur Umwandlung von *Folsäure* zum *Citrovorumfaktor* ein Cofaktor nötig ist, der in Zell-Präpp. von *L. casei* noch nach dem Kochen akt. ist. Er ist weiterhin stabil gegen Alkohol, aber weniger, wenn er unter pH 5 aufbewahrt wird. Aus der chromatograph. Analyse, der Aktivität gegen *Pediococcus cerevisiae* (*Leuconostoc citrovorum*) u. der Empfindlichkeit gegen Conjugase ergab sich, daß dieser Faktor ein Polyglutamyl-Deriv. ist. W. HIRTE. 4320☐

Die enzymatische Synthese von Dihydrofolat aus 2-Amino-4-hydroxy-6-hydroxymethyldihydropteridin und p-Aminobenzoylglutamat durch Extrakte des Lactobacillus plantarum. T. Shiota und M. N. Disraely. (Biochim. biophysica Acta [Amsterdam] **52.** 467—73. 30/9. 1961. Bethesda, Md., USA, Nat. Inst. of Dental Res., Nat. Inst. of Health.) (Engl.)

Es wurde gezeigt, daß dialysierte Extrakte des *Lactobacillus plantarum* *2-Amino-4-hydroxy-6-hydroxymethyldihydropteridin* (I) mit *p-Aminobenzoylglutaminsäure* zu kuppeln vermögen unter Bldg. von *Dihydrofolsäure*. Diese Rk. ist abhängig von der Ggw. von ATP. Die Dihydrofolsäure wird dann weiter zu *Tetrahydrofolsäure* reduziert. Die Bereitung u. die Spektralcharakteristica des I u. der Tetrahydropteridin-Derivv. werden angeführt.

L. MACHER. 4320☐

Untersuchungen über den Purinstoffwechsel von Staphylococcus aureus. Robert C. Wood und Edward Steers. (J. Bacteriol. **77.** 760—65. Juni 1959. Baltimore, Md., Univ. of Maryland, School of Med., Dep. of Microbiol.) (Engl.)

Gewisse Stämme von *Staphylococcus aureus* benötigen für ihr Wachstum *Adenin* u. *Guanin*. Es konnte wahrscheinlich gemacht werden, daß dies auf den Verlust eines Enzyms zurückführen ist, welches die Abspaltung der Fumarsäure von *4-Amino-5-imidazolcarboxyribotid* bewirkt u. ebenso die Umwandlung von *Adenylsuccinat* zu *Adenylsäure* u. *Fumarsäure* verursacht. Durch die Blockierung der *Adenylsuccinase* kann *Adenin* auch nicht desaminiert u. in *Guanin* umgewandelt werden. Weiterhin wurde die Wrkg. von *Diaminopurin* untersucht, das mit der Nucleotidphosphorylase konkurriert. Der *Hypoxanthin*- u. *Guanin*-Einbau durch die oben genannten Stämme wird infolgedessen blockiert. Bei Gaben von *Purinnucleotiden* bzw. *-nucleosiden* kann aber diese Hemmung umgangen werden. W. HIRTE. 4320☐

Über die Stoffwechselprodukte der Muscardine Spicaria rubido-purpurea Aoki. Manjiro Shima und Makoto Suzuki. (Bull. sericult. Exp. Stat. [Tokyo] **15.** 587—93. Jan. 1960. Tokyo, Suginami-ku, Sericult. Exp. Stat.) (Jap.; Auszug: Engl.)

Beim Vers. der Erfassung der Stoffwechsel-Prodd. von *Spicaria rubido-purpurea* Aoki (Kultur auf Seidenraupen, Seidendrüsen einschließlich Seidensubstanz bzw. einem künstlichen Kulturmedium aus 100 g Glucose, 10 g Pepton, 0,15 g KH_2PO_4, 0,15 g K_2HPO_4, 0,1 g $MgSO_4$, 0,1 g $CaCl_2$, 0,1 g KCl, etwas $FeCl_3$ u. NaCl in 1 Liter W.) wurde aus dem Ae.-Extrakt der Fermentations-Fl. stets *Bernsteinsäure*, wenn auch je nach Kulturmedium in unterschiedlichen Mengen, isoliert. Aus dem Nicht-Ae.-Extrakt der Fermentations-Fl. des künstlichen Mediums konnte außerdem eine größere Menge *D-Mannit* isoliert werden. U. Tausendfreund. 4320 □

Der Einfluß bestimmter Faktoren auf die in vitro-Produktion von Mutterkorn-Alkaloiden durch Claviceps purpurea (Fr.) Tul. W. A. Taber und L. C. Vining. (Canad. J. Microbiol. **4.** 611—25. Dez. 1958. Saskatoon, Saskatchewan, Nat. Res. Council of Canada, Prairie Reg. Labor.) (Engl.)

Die verwendeten 41 *Claviceps purpurea*-Stämme zeigten große Ertragsunterschiede. Natürliches Tageslicht hat keinen Einfl. auf die *Alkaloid*-Produktion. Handelsübliche Galaktose, die mit Glucose u. Lactose verunreinigt war, war die wirksamste C-Quelle, gereinigte Galaktose war weniger wirksam. Die Aktivität von gereinigter Galaktose konnte durch Glucose-, jedoch nicht durch Lactosezusatz gesteigert werden. Die besten N-Quellen waren NH_4-Succinat, Sojamehl, Harnstoff u. Hefeextrakt. Zur Regulierung des pH-Wertes eigneten sich H_3PO_4, Essigsäure, H_2SO_4, Wein- u. Bernsteinsäure, jedoch nicht Citronensäure. W. Hiller 4320 □

Die Darstellung verschiedener Ester bestimmter L-Phenylalanin-Derivate und ihre Antifungus- und Antibakterien-Aktivität. George R. Allen jun., B. R. Baker, Albert C. Dornbush, Joseph P. Joseph, Henry M. Kissman und Martin J. Weiss. (J. med. pharmac. Chem. **2.** 391—413. Aug. 1960. Pearl River, N.Y., American Cyanamid Comp., Lederle Labor. Div.) (Engl.)

Die Ester werden entweder durch Erhitzen des Aminosäurehydrochlorids mit dem entsprechenden Alkohol u. Acetylchlorid oder durch Erhitzen der Aminosäure mit HCl-gesätt. Alkohol dargestellt. Die verschiedenen 4-Alkoxy-L-phenylalaninester werden durch Veresterung der entsprechenden Säure hergestellt; die Säuren erhält man durch Alkylierung von N-Formyl-L-tyrosin mit nachfolgender Abspaltung der schützenden Formylgruppe. Außerdem werden Ester bestimmter ringsubstituierter 4-Hydroxy- u. 4-Alkoxy-L-phenylalanine dargestellt; das notwendige 4-Methoxy-3-nitro-L-phenylalanin u. 3.5-Dijod-4-methoxy-L-phenylalanin werden aus 3-Nitro-L-phenylalanin nach Johnson u. Kohmann [1915] hergestellt. Die biolog. in vitro-Aktivität wird mit dem Agarverdünnungstest bestimmt. Die größte Wirksamkeit zeigen *4-Methoxy-L-phenylalanin-n-nonylester*, *4-Methoxy-L-phenylalanin-n-decylester* u. *4-n-Hexoxy-L-phenylalanin-n-butylester*. Die Zusammenhänge zwischen Konstit. u. biolog. Aktivität werden diskutiert.

Versuche: *4-Alkoxy-L-phenylalaninester* u. verwandte Verbb. durch Behandlung der Aminosäurehydrochloride in den entsprechenden Alkoholen mit Acetylchlorid. Folgende Verbindungen: 4-Methoxy-L-phenylalaninester: *n-Propyl-*, $C_{13}H_{19}NO_3 \cdot HCl$, F. 170—171° (n-Propanol–Ae.), 95% (Ausbeute); *Isopropyl-*, $C_{13}H_{19}NO_3 \cdot HCl$, F. 222—224° (tert.-Butylalkohol), 63%; *n-Butyl-*, $C_{14}H_{21}NO_3 \cdot HCl$, F. 164 bis 166° ($CH_2Cl_2$), 66%; *Isobutyl-*, $C_{14}H_{21}NO_3 \cdot HCl$, F. 175—177° (Aceton), 96%; *n-Pentyl-*, $C_{15}H_{23}NO_3 \cdot HCl$, F. 149—150° (Aceton–Ae.), 94%; *n-Hexyl-*, $C_{16}H_{25}NO_3 \cdot HCl$, F. 141 bis 142° (Äthylacetat), 94%; *Cyclohexyl-*, $C_{16}H_{23}NO_3 \cdot HCl$, F. 202,0—202,5° (Chlf.–Ae.), 90%; *5-Methylhexyl-*, $C_{17}H_{25}NO_3 \cdot HCl$, F. 124—126° (Aceton), 63%; *n-Heptyl-*, $C_{17}H_{27}NO_3 \cdot HCl$, F. 135,0—135,5° (Äthylacetat–Ae.), 58%; *n-Octyl-*, $C_{18}H_{29}NO_3 \cdot HCl$, F. 120 bis 122° (Chlf.–Ae.), 77%; *n-Nonyl-*, $C_{19}H_{31}NO_3 \cdot HCl$, F. 130—133° (Bzl.–Heptan), 16%; *n-Decyl-*, $C_{20}H_{33}NO_3 \cdot HCl$, F. 116—120° (Bzl.–Heptan), 7%; *3.7-Dimethyloctyl-*, $C_{20}H_{33}NO_3 \cdot HCl$, F. 121—123° (Aceton–Ae.), 75%; *n-Undecyl-*, $C_{21}H_{35}NO_3 \cdot HCl$, F. 131—132° (Chlf.–Ae.), 58%; *n-Octadecyl-*, $C_{28}H_{49}NO_3 \cdot HCl$, F. 127—128° (A.), 78%; *Benzyl-*, $C_{17}H_{19}NO_3 \cdot HCl$, F. 204—205° (tert.-Butylalkohol), 57%; *Phenäthyl-*, $C_{18}H_{21}NO_3 \cdot HCl$, F. 172,0—172,5° (tert.-Butylalkohol), 75%; *2-Chloräthyl-*, $C_{12}H_{16}ClNO_3 \cdot HCl$, F. 207 bis 210° (A.–Ae.), 94%; *4-Chlorbutyl-*, $C_{14}H_{20}ClNO_3 \cdot HCl$, F. 164,5—165,5° ($CH_2Cl_2$–Ae.), 94%; *Tetrahydrofurfuryl-*, $C_{15}H_{21}NO_4 \cdot HCl$, F. 171,0—172,5° (Chlf.–Ae.), 64%; *2-Methoxyäthyl-*, $C_{13}H_{19}NO_4 \cdot HCl$, F. 156—157° (Chlf.–Ae.), 63%; *2-[2-Butoxy]-äthoxyäthyl-*, $C_{18}H_{29}NO_5 \cdot HCl$, F. 148—153° (Aceton), 80%; — *4-Äthoxy-L-phenylalanin-n-butylester*, $C_{15}H_{23}NO_3 \cdot HCl$, F. 130—131,5° (Äthylacetat–Ae.), 78%, 4-n-Propoxy-L-phenylalaninester: *n-Butyl-*, $C_{16}H_{25}NO_3 \cdot HCl$, F. 132—133° (Äthylacetat), 75%; *n-Pentyl-*,

$C_{17}H_{27}NO_3 \cdot HCl$, F. 131—133° (Äthylacetat), 75%; *n-Hexyl-*, $C_{18}H_{29}NO_3 \cdot HCl$, F. 134 bis 136° (Äthylacetat), 75%; 4-n-Butoxy-L-phenylalaninester: *n-Butyl-*, $C_{17}H_{27}NO_3 \cdot HCl$, F. 129,5—130° (Äthylacetat), 72%; *n-Pentyl-*, $C_{18}H_{29}NO_3 \cdot HCl$, F. 129—131° (Äthylacetat), 73%; 4-n-Hexoxy-L-phenylalaninester: *n-Propyl-*, $C_{18}H_{29}NO_3 \cdot HCl$, F. 139,5—140° (Äthylacetat), 82%; *n-Butyl-*, $C_{19}H_{31}NO_3 \cdot HCl$, F. 119—120° (Äthylacetat–Ae.), 29%; *n-Pentyl-*, $C_{20}H_{33}NO_3 \cdot HCl$, F. 122—124° (Äthylacetat), 74%; *n-Hexyl-*, $C_{21}H_{35}NO_3 \cdot HCl$, F. 107—108° (Äthylacetat), 69%; L-Phenylalanin-n-butylester: *3-Chlor-4-methoxy-*, $C_{14}H_{20}ClNO_3 \cdot HCl$, F. 179—180° (Chlf.), 78%; *3.5-Dijod-4-hydroxy-*, $C_{13}H_{17}J_2NO_3 \cdot HCl$, F. 177—178,5° (tert.-Butylalkohol–Ae.), 71%; *3.5-Dijod-4-methoxy-*, $C_{14}H_{19}J_2NO_3 \cdot HCl$, F. 141—143° (Aceton–Ae.), 83%; *3-Nitro-4-methoxy-*, $C_{14}H_{20}N_2O_5$, F. 95—97,5° (A.), 13%; *3-Amino-4-methoxy-*, $C_{14}H_{22}N_2O_3 \cdot 2\,HCl$, F. 225°; *4-Hydroxy-*, $C_{13}H_{19}NO_3 \cdot HCl$, F. 162—164° (Aceton); L-Phenylalanin-n-pentylester: *3-Chlor-4-methoxy-*, $C_{15}H_{22}ClNO_3 \cdot HCl$, F. 173—175° (Äthylacetat–Isopropylalkohol), 80%; *3.5-Dijod-4-methoxy-*, $C_{15}H_{21}J_2NO_3 \cdot HCl$, F. 133—134° (A.–PAe.), 78%; *3.5-Dijod-4-methoxy-L-phenylalanin-n-hexylester*, $C_{16}H_{23}J_2NO_3 \cdot HCl$, F. 127—129° (Aceton), 80%. — *Phenylalanin, Allylester*, $C_{12}H_{15}NO_2 \cdot HCl$, F. 155,5—157,5° (Äthylacetat), 46%. *n-Propylester*, $C_{12}H_{17}NO_2 \cdot HCl$, F. 148—149,5° (Äthylacetat–Ae.), 54%. *n-Butylester*, $C_{13}H_{19}NO_2 \cdot HCl$, F. 128,5—129,5° (Äthylacetat–Ae.), 75%. *n-Pentylester*, $C_{14}H_{21}NO_2 \cdot HCl$, F. 132,5—133° (Äthylacetat), 78%. *n-Hexylester*, $C_{15}H_{23}NO_2 \cdot HCl$, F. 120—121° (Äthylacetat), 68%. *Phenäthylester*, $C_{17}H_{19}NO_2 \cdot HCl$, F. 158—160°, (Äthylacetat–A.), 60%. *n-Nonylester*, $C_{18}H_{29}NO_2 \cdot HCl$, F. 109—110° (Äthylacetat), 35%. — *4-Alkoxy-N-formyl-L-phenylalanine*, durch Kochen von N-Formyl-L-tyrosin in CH_3OH u. CH_3ONa mit Alkyljodid: Folgende N-Formyl-L-phenylalanine: *4-Äthoxy-*, $C_{12}H_{15}NO_4$, F. 170 bis 171°, 42%. *4-n-Propoxy-*, $C_{13}H_{17}NO_4$, F. 154—156°; 82%. *4-n-Butoxy-*, $C_{14}H_{19}NO_4$, F. 153—154°, 70%. *4-n-Hexoxy-*, $C_{16}H_{23}NO_4$, F. 160—161°, 73%. — *4-Alkoxy-L-phenylalanine*, aus den entsprechenden N-Formyl-Verbb. durch hydrolyt. Abspaltung der Formylgruppe. Folgende Phenylalanine: *4-Äthoxy-*, $C_{11}H_{15}NO_3 \cdot HCl$, F. 220—222° (Zers.), 68%. *4-n-Propoxy-*, $C_{12}H_{17}NO_3 \cdot HCl$, F. 220—222° (Zers.), 56%. *4-n-Butoxy-*, $C_{13}H_{19}NO_3 \cdot HCl$, F. 231—232° (Zers.), 60%. *4-n-Hexoxy-*, $C_{15}H_{23}NO_3 \cdot HCl$, F. 213—214°; 93%. P. GREGORZEWSKI. 4330□

Einfluß von 2-Dodecylnaphthyl-(3)-sulfonat auf die Glucose-Assimilation von Hefe (Saccharomyces cerevisiae). R. K. Nigam und J. P. Shukla. (J. Sci. ind. Res. [New Delhi], Sect. C. **20.** 169—70. Juni 1961. Kanpur, Nat. Sugar Inst., Dep. of Biochem.) (Engl.)

2-Dodecylnaphthyl-(3)-sulfonat wirkt hemmend auf die Glucoseassimilation der Hefe. P. GREGORZEWSKI. 4330□

Untersuchungen zur Differenzierung von Mikroorganismen der Genera Aeromonas und Vibrio Müller (Antibiotica, Sulfonamide, Vibriostatikum 0/129). F.-H. Caselitz, D. Krebs und W. Maass. (Z. Tropenmed. Parasitol. **12.** 325—29. Okt. 1961. Hamburg-Altona, Allg. Krankenh., Bakteriol. Inst.) (Dt.)

Es wurden mit *Aeromonas*-Stamm u. „Vibrionen" Resistenz-Best. gegenüber 8 *Antibioticis*, 2 *Sulfonamiden* (*Penicillin* (**I**), *Streptomycin*, *Tetracyclin*, *Chloramphenicol*, *Colistin*, *Polymyxin*, *Kanamycin*, *Supronal*, *Orisul*, *Nebacetin*) u. dem Vibriostaticum 0/129 (**II**) zwecks Differenzierungs-Unters. durchgeführt. Dabei zeigte **I** einen Differenzierungswert u. **II** einen wachstumshemmenden Effekt gegen Vibrionen. M. METZE. 4330□

Einführung zur Untersuchung der Bakterienempfindlichkeit gegen Colistin. Statistische Analyse der Ergebnisse von 4 Laboratorien. R. Bourse und J.-J. Monnier. (Ann. Inst. Pasteur **100.** Suppl. zu Nr. 4. 7—13. April 1961. Toulouse, Univ., Inst. de Bacteriol et d'Hyg.) (Franz.)

Durch 4 verschiedene Labor. wurde die Wirksamkeit des *Sulfats* (**I**) u. des *Methansulfonats* (**II**) von *Colistin* gegen *E. coli*, *Pseudomonas*, *Proteus morganis*, *Moraxella wolffi*, *M. glucidolytica*, *Bordertella B. S.*, *Gaffkya tetragena*, *Shigella sonnei* u. *Candida albicans* getestet. Die minimale Hemmkonz. hing sehr stark vom Medium ab. **I** war wirksamer als **II**. K. ZINGRAF. 4340□

Typ und Charakter der Resistenz von Bakterien gegen Colistin. Y.-A. Chabbert und J.-C. Patte. (Ann. Inst. Pasteur **100.** Suppl. zu Nr. 4. 44—52. April 1961. Paris, Inst. Pasteur, Labor. de l'Hôp.) (Franz.) — Vgl. vorst. Referat.

Die Resistenz (Rs) gegen *Colistin* ist eine einstufige Rs vom fakultativen Typ. Umkehrmutationen sind häufig. Die Bakterienkollektive sind sehr heterogen u. im dauernden Wandel begriffen. Durch Rückkreuzung wird der Gencharakter der Mutationen nachgewiesen. Das Auftreten von Mutanten ist von den Medien, ihre Häufigkeit von der Bakterienart abhängig (wenig bei *Pseudomonas*, viel bei *E. coli* u. *Klebsiella*).

Bei Patienten mit Harnwegsinfektionen kann nach alleiniger Behandlung mit Colistin rasch Rs eintreten. K. ZINGRAF. 4340 □

Direkte und Kreuzresistenz von Escherichia coli gegen Colistin in vitro. J. J. Monnier und R. Bourse. (Ann. Inst. Pasteur **100.** Suppl. zu Nr. 4. 59—66. April 1961. Toulouse, Univ., Inst. de Bacteriol. et d'Hyg.) (Franz.) — Vgl. vorst. Referat.

Es tritt in vitro unzweifelhaft eine Resistenz (Rs) gegen *Colistin* (I) auf, aber nur ein Teil der relativ unempfindlichen Stämme wird wirklich resistent; die Rs ist vom Medium abhängig, sie tritt rasch ein, erreicht aber nie einen hohen Titerwert. Die Kreuz-Rs zwischen I u. *Polymyxin* (II) ist eine konst. Erscheinung, mindestens bei *E. coli* u. in der Richtung I $\rightarrow$ II. K. ZINGRAF. 4340 □

Wirkung von Colistin und Polymyxin auf Pasteurella pestis in vitro. — Wirkung von Colistin auf die experimentelle Mäusepest. A. Dodin, E. R. Brygoo und S. Rajenison. (Ann. Inst. Pasteur **100.** Suppl. zu Nr. 4. 84—88. April 1961. Tananarive, Inst. Pasteur.) (Franz.) — Vgl. vorst. Referat.

In vitro lag die Hemmkonz. von *Colistin* (I) zwischen 0,2 u. 20 μg/ml, die von *Polymyxin* zwischen 0,02 u. 0,2 μg/ml. Die Wrkg. von I trat innerhalb von 2 Std. ein. In vivo schützte die Anwendung von 60000 Einheiten I (6 Injektionen in 11 std. Abstand, die erste nach Injektion von 100000 DL_{100}) 19 Mäuse von 20. K. ZINGRAF. 4340 □

Anwendung der Diffusionsmethode auf Colistin. P. de Lajudie. (Ann. Inst. Pasteur **100.** Suppl. zu Nr. 4. 71—76. April 1961. Labor. Roger Bellon, Serv. de Rech.) (Franz.) — Vgl. vorst. Referat.

Die Diffusion von *Colistin* hängt von mehreren Faktoren (Inoculum, Diffusionsdauer, Vol. der Lsg., Konz. anorgan. Salze in den Lsgg.) ab, die störend wirken können, so daß keine Korrelation zwischen ihren Ergebnissen u. denen der Verdünnungstechnik (V.T.) mehr besteht. Dabei ist die Platten-Meth. am wenigsten zufriedenstellend. In zweifelhaften Fällen sollte daher die V.T. benutzt werden. K. ZINGRAF. 4340 □

Nephelometrische Bestimmung von Colistin. S. Leclercq. (Ann. Inst. Pasteur **100.** Suppl. zu Nr. 4. 77—83. April 1961. Bruxelles, Univ. libre, Labor. d'Hyg. et Labor. de Biol. du Serv. de Contrôle des Méd.) (Franz.) — Vgl. vorst. Referat.

Zur nephelometr. Best. wurde der nicht eingekapselte Stamm von *Klebsiella pneumoniae*, der in USP XVI für die Best. von Neomycin beschrieben ist, verwendet. Konz. von *Colistin* (I) 0,6—5 Einheiten/ml Medium. Das Wachstum des Testorganismus hängt ab vom Inoculum, der Inkubationsdauer u. der Konz. von I. Die Best. ist sehr empfindlich u. genau. Die Aktivität des *Methansulfonats* (II) von I hängt nicht nur von der Konz. von I ab u. nimmt bes. innerhalb der ersten 24 Std. nach Darst. allmählich zu. Daher ist ein II-Standard erforderlich. K. ZINGRAF. 4340 □

Entwicklung einer Resistenz gegen Streptomycin bei Bact. lactis aerogenes (Aerobacter aerogenes). 1. Mitt. **Die Rolle der Mutation und der physiologischen Adaption.** W. T. Drabble und Cyril Hinshelwood. (Proc. Roy. Soc. [London], Ser. B **154.** 449—62. 15/8. 1961. Oxford, Univ., Physical Chemistry Labor.) (Engl.)

Vff. untersuchten die experimentellen Bedingungen zur Ausbldg. einer Resistenz von *Bact. lactis aerogenes* (*Aerobacter aerogenes*) (A.e.) gegen *Streptomycin* (I). Konzz. unter 0,1 Einheiten I/ml (1 Einheit I = 1 μg I-Base) zeigten keinen nachweisbaren Hemmeffekt auf Kulturen von A.e. in einem Glucose (II)-Salzmedium (5% II, 1,6% $Na_2HPO_4 \cdot 12\,H_2O$, 0,29% KH_2PO_4, 0,5% $(NH_4)_2SO_4$, $MgSO_4$ verschiedener Konz.). Bei höheren Konzz. von I (1 Einheit I/ml) entstehen resistente Mutanten im Verhältnis $1:4\cdot10^8$, die direkt oder indirekt (durch Plattenreplikation) isoliert wurden. Mutation wurde auch durch UV-Bestrahlung erzielt. Das bei höheren I-Konzz. verzögerte Wachstum der Bakterien läßt sich durch Anlegen von Subkulturen (in Ggw. von I) allmählich verbessern, wobei sich der Großteil der Zellen an diese I-Konzz. adaptiert. Verss. mit Mischungen von mit I behandelten Zellen u. nichtbehandelten Zellen lassen annehmen, daß eine Resistenz-Entw. von A.e. bei höheren Konzz. von I das Ergebnis einer Kombination der Bldg. von Mutanten u. deren physiolog. Adaptation an I ist. B. GÖRLICH. 4340 □

Entwicklung einer Resistenz gegen Streptomycin bei Bact. lactis aerogenes (Aerobacter aerogenes). 2. Mitt. **Ein Vergleich der Mutanten verschiedener Herkunft.** W. T. Drabble. (Proc. Roy. Soc. [London], Ser. B **154.** 571—78. 15/8. 1961.) (Engl.) — 1. vgl. vorst. Referat. B. GÖRLICH. 4340 □

Chemie des Sarkomycins. Chemische Untersuchungen über Antibiotica von Streptomyces. 6. Mitt. Kenji Maeda und Shinichi Kondō. (J. Antibiotics [Tokyo], Ser. A **11.** 37—56. März 1958. Tokyo, Nat. Inst. of Health.) (Engl.) — 5. vgl. C. **1958.** 13535.

Sarkomycin wird mit Äthylacetat bei pH 2—3 aus der Kulturbrühe von *Streptomyces erythrochromogenes* extrahiert u. durch Chromatographie an Kohlesäulen u. Gegenstromverteilung zwischen Äthylacetat u. 0,1 m Na-Tartratpuffer gereinigt. Die akt. Hauptfraktion wird *Sarkomycin A* (I) genannt. I läßt sich mit Chlf. aus wss. Lsgg.

extrahieren. Eine andere akt. Substanz, die sich nicht mit Chlf. extrahieren läßt, aber nach Stehen in Eis in I übergeht, wird *Sarkomycin A'* genannt. Bei weiterer Gegenstromverteilung läßt sich von I noch eine weitere akt. Substanz *Sarkomycin B* (**II**) abtrennen; **II** entsteht aus **I** bei vollständigem Eindampfen von Äthylacetatlösungen. In saurer Lsg. entsteht aus **I** *1-Hydroxy-2-carboxy-5-oxocyclopentyl-β-äthyl-[2-carboxy]-5-oxocyclopentan* (*Z-Kristall*), $C_{14}H_{18}O_7$, F. 166—168° (Zers.), $[\alpha]_D^{20}$ +31° (2,5% in W.), *Dimethylester*, $C_{16}H_{22}O_7$, F. 82,5—83,5°. *Phenylphenacylester*, $C_{42}H_{38}O_9$, F. 174—176°. *2.4-Dinitrophenylhydrazon*, F. 230°. *Semicarbazon*, F. 195—197° (Zers.). Hydrierungs-Prod., $C_{14}H_{22}O_7$, F. 86—92°. — Bei der Gefriertrocknung von *Na-Sarkomycin*-Lsg. oder durch Kochen von Z-Kristallen mit 5%ig. HCl entsteht *2-Carboxy-5-oxocyclopenten-(1)-yl-β-äthyl-[2-carboxy]-5-oxocyclopentan* (*M-Kristall*), F. 203—204° (Zers.), gegenüber Bakterien inaktiv. — Das Hauptzers.-Prod. von *Na-Sarkomycin*-Pulver bei 37° wird als „*Compound B*" (**III**) bezeichnet. Evtl. ist es mit **II** identisch. **III** zeigt nur sehr geringe antibakterielle, aber starke Antitumoraktivität. Bei Zugabe von HCl zu einer **III**-Lsg. in Aceton entstehen *Z-Kristalle*. **III** ist wahrscheinlich ein Zwischenprod. bei der Bldg. von Z-Kristallen aus **I**. P. GREGORZEWSKI. 4340□

Die Wirkung hoher Nystatinkonzentrationen auf die Glykolyse und Zellpermeabilität der Hefe. D. D. Sutton, P. M. Arnow und J. O. Lampen. (Proc. Soc. exp. Biol. Med. **108.** 170—75. Okt. 1961. New Brunswick, N. J., Inst. of Microbiolog., Rutgers, State Univ.) (Engl.)

Es wurden die Permeabilitätsveränderungen der Hefe geprüft, die durch hohe Konzz. des antifugalen u. antibiot. Polyens, des *Nystatins* (**I**) verursacht werden. Die glykolyt. Aktivität konnte gegenüber **I** entweder durch Zusatz von 0,04m K^+- u. NH_4^+-Salzen in der stationären Phase der Zellen, oder durch 0,01m K^+- u. NH_4^+-Salze bzw. durch Cofaktoren, die wesentlich für das zellfreie glykolyt. Syst. sind, in der logarithm. Phase der Zellen oder Protoplasten geschützt werden. Unter diesen Bedingungen trat ein Verlust an K^+, NH_4^+, an Nucleotiden u. einigen Proteinen auf, obwohl die glykolyt. Aktivität der behandelten Zellen oder Protoplasten auch nach wiederholtem Waschen gleich blieb. Die Pyruvatdecarboxylase in **I**-behandelten Zellen blieb für Pyruvationen zugänglich; dagegen wurden Glucose-6-phosphat u. Fructose-1.6-diphosphat nicht vergoren. Die CO_2-Bldg. in **I**-behandelten Zellen oder in osmot. gelösten Protoplasten überstieg nicht 25—30% der mit Kontroll-Präpp. erhaltenen Werte. L. MACHER. 4340□

Wirksamkeit von Subtilin und Nisin auf die Sporen von Bacillus coagulans. L. Leon Campbell jun. und Esther E. Sniff. (J. Bacteriol. **77.** 766—70. Juni 1959. Pullman, Wash., State Coll. of Washington, Inst. of Agric. Sci., Labor. of Food Microbiol.) (Engl.)

Die beiden Antibiotica *Subtilin* (**I**) u. *Nisin* (**II**) hemmen vor allem das Auswachsen gekeimter Sporen u. wirken somit nicht direkt sporocid oder sporostatisch. Weiterhin wird die thermale Resistenz der Sporen von *B. coagulans* durch **I** u. **II** nicht herabgesetzt. W. HIRTE. 4340□

6-Aminopenicillansäure. 1. Mitt. **6-Aminopenicillansäure bei Penicillingärungen.** F. R. Batchelor, E. B. Chain und G. N. Rolinson. (Proc. Roy. Soc. [London], Ser. B **154.** 478—89. 15/8. 1961. Betchworth, Surrey, Brockham Park, Beecham Res. Labor. Ltd.) (Engl.)

Vff. untersuchten die Gärbedingungen für die Bldg. der *6-Aminopenicillansäure* (**I**) u. des *Penicillins* (**II**) mit verschiedenen Stämmen von *Penicillium chrysogenum*. Als Nährmedien wurden angewandt: a) **3**% Erdnußmehl, **4**% Lactose (**III**), 0,1% Na_2SO_4, 1% $CaCO_3$, pH 7—7,2; b) **6**% Maisextrakt, 5% **III**, 0,5% Glucose, 0,5% $NaNO_3$, 0,1% KH_2PO_4, 0,1% Na_2SO_4 1% $CaCO_3$, pH 5,5. Vorläufer: p-Aminophenylessigsäure, p-Aminophenylacetamid u. Phenylessigsäure. Führt man die Gärungen ohne Seitenkettenvorläufer durch, so steigert sich die Ausbeute an **I** auf Kosten der **II**. Während der Wachstumsphase begünstigt eine raschere Belüftung die **I**- u. **II**-bildenden Systeme. Während der Produktionsphase ist für die maximale Geschw. der **II**-Bldg. eine Belüftung erforderlich, die eine maximale Atmung gewährleistet. Die Bldg. der **I** wird jedoch bei diesen Bedingungen unterdrückt. Eine maximale Geschw. der **I**-Bldg. durch gewaschenes Mycel läuft parallel mit einer Belüftung, die die Atmung auf ca. 60% des Maximums reduziert. Für eine maximale Verwertung der Vorläufer ist eine hohe Belüftungs-Geschw. erforderlich. B. GÖRLICH. 4340□

6-Aminopenicillansäure. 2. Mitt. **Bildung von 6-Aminopenicillansäure durch Emericellopsis minima (Stolk) und andere Fungi.** M. Cole und G. N. Rolinson. (Proc. Roy. Soc. [London], Ser. B **154.** 490—97. 15/8. 1961.) (Engl.) — 1. vgl. vorst. Referat.

Emericellopsis minima bildet auf einem Nährmedium, das **4**% Maismehl, **4**% Sojabohnenmehl, 0,1% $(NH_4)_2SO_4$ u. 1% $CaCO_3$ enthält, eine Verb., die sich auf dem Papier-

chromatogramm (Syst.: n-Butanol–A.–W. = 4 : 1 : 5 oder n-Butanol–Essigsäure–W. = 12 : 3 :5) sowie bei der Acetylierung mit Phenylacetylchlorid analog der *6-Aminopenicillansäure* (**I**) verhält. **I** wird auch von der Penicillinase abgebaut u. ist säurebeständig. Die Kulturen bilden auch das Antibioticum *Cephalosporin N* (*Synnematin B*, vgl. ABRAHAM u. a., C. **1956.** 8942) sowie 2 nicht identifizierte Antibiotica, die *Emericellopsin A* u. *B* benannt wurden. Die Kulturen zeigen auch Penicillinamidaseaktivität. *C. salmosynnematum* u. *Cephalosporium* bilden geringe Mengen einer **I**-ähnlichen Verbindung.
B. GÖRLICH. 4340□

6-Aminopenicillansäure. 3. Mitt. **Isolierung und Reinigung.** F. R. Batchelor, E. B. Chain, T. L. Hardy, K. R. L. Mansford und G. N. Rolinson. (Proc. Roy. Soc. [London], Ser. B **154.** 498—508. 15/8. 1961.) (Engl.) — 2. vgl. vorst. Referat.

Vff. beschreiben die Darst. von reiner *6-Aminopenicillansäure* (**I**) aus Penicillin-Gärlösungen. Sporen von *Penicillium chrysogenum*, die auf Glycerin–Melasse-Agar durch 7tägiges Inkubieren bei 26° entwickelt wurden, werden auf ein fl. Medium übertragen, das 8% Maisextrakt, 6% Dextrin (pH 5,3) enthält, 36—48 Std. inkubiert u. mit dieser Vorkultur die zu fermentierende Lsg. beimpft (pH 5,0, Gärdauer: 72—120 Std. bei 26° unter Belüftung u. Rühren). Zur Isolierung der **I** wird die Gärlsg. filtriert, zentrifugiert, bei pH 7,5 auf $^1/_{10}$ des Vol. bei 25° eingeengt, Penicillin (**II**) bei pH 3 mit Butylacetat extrahiert u. Verunreinigungen bei pH 7,5 durch Zusatz von Aceton u. Zentrifugieren entfernt. Die partielle Reinigung der **I** erfolgt durch Adsorption an Al_2O_3 (Elution mit 0,01—0,1n NaOH), Kohle (Elution mit 60%ig. Aceton), Amberlit IR 120 (in der H^+-Form, Elution mit NH_3), Deacidite FF (Permutit, Elution mit 6%ig. Essigsäure) u. säulenchromatograph. über Cellulose, Einengen des Permutiteluats zur Trockne, Aufnehmen in Isopropanol–Aceton–W. = 1 : 1 : 1 u. Entwickeln mit Aceton–Isopropanol–W. = 2 : 2 : 1. Die aus der Cellulosesäule isolierten **I**-Fraktionen werden im Vakuum zur Trockne eingedampft, in wenig W. aufgenommen u. bei pH 3 zur Kristallisation gebracht. Für die Adsorption der **I** eignen sich auch Dowex 1-Harz u. Permutit SRA 67, die mit HCl behandelt wurden. Elution mit 0,1n HCl. 10,8 Liter **I**-Konzentrat mit 32,5 · 10^6 Einheiten **I** lieferten 8,6 g krist. **I** (95%ig.). Die krist. **I**, $C_8H_{12}N_2O_3S$, entspricht 2740 Einheiten/mg (theoret. 2752). F. 208—209°. Elektrometr. Titration zeigt eine saure Gruppe vom pK 2,3 u. eine Aminogruppe vom pK 5,1. $[\alpha]_D^{20}$ +337° (pH 7 bis 10,5) bzw. + 284 (pH 2). Die Geh. -Best. der **I** in den Kultur-Lsgg. erfolgte durch Acetylierung mit Phenylacetylchlorid in Aceton u. Ermittlung des **II**-Geh. auf Papierchromatogrammen bzw. Ausmessen der auf Agar-B. subtilis-Platten gebildeten Hemmzonen. **I** läßt sich auch nach der Hydroxylamin-Meth. von FORD [1947] bestimmen.
B. GÖRLICH. 4340□

6-Aminopenicillansäure. 4. Mitt. **Antibakterielle Aktivität.** G. N. Rolinson und Shirley Stevens. (Proc. Roy. Soc. [London], Ser. B **154.** 509—13. 15/8. 1961.) (Engl.) — 3. vgl. vorst. Referat.

Vff. untersuchten die antibakterielle Aktivität der *6-Aminopenicillansäure* (**I**) (24 std. Inkubation bei 37°) im Vgl. mit *Benzylpenicillin* (**II**). **I** zeigte in gleicher Größenordnung Aktivität gegen grampositive Kokken u. gegen gramnegative Bacillen. Im Vgl. mit **II** ist die Aktivität gegen grampositive Kokken sehr niedrig, gegen gramnegative Bacillen etwa gleich wie bei **II**. **I** wirkt bakterieid bei Konzz., die etwas höher liegen als das Minimum der Hemmkonzentrationen. **I** hemmt wie **II** die Zellwandbildung. Staphylokokken, die gegen **I** resistent gemacht wurden, zeigen auch Resistenz gegen **II** u. umgekehrt.
B. GÖRLICH. 4340□

6-Aminopenicillansäure. 5. Mitt. **6-Aminopenicillansäure als Substrat für die Penicillinase und als Initiator der Penicillinasebildung.** F. R. Batchelor, J. Cameron-Wood, E. B. Chain und G. N. Rolinson. (Proc. Roy. Soc. [London], Ser. B **154.** 514—21. 15/8. 1961.) (Engl.) — 4. vgl. vorst. Referat.

6-Aminopenicillansäure (**I**) enthält den gleichen β-Lactamring, der bei den Penicillinen durch die *Penicillinase* (**II**) aufgespalten wird. Vff. untersuchten die Eignung der **I** als Substrat für die **II** bzw. als Initiator für die **II**-Bildung. **II** wurde a) aus *Bacillus cereus* (B. C.) durch Inkubieren bei 37° (24 Std.) in Schüttelkulturen, Zentrifugieren u. Abtrennen der überstehenden Lsg., b) aus *Staphylococcus pyogenes* (St. P.) durch Inkubieren bei 37° (2 Std.), Zusatz von 0,5 γ *Na-6-[2.6-Dimethoxybenzamido]-penicillanat* (*Celbenin*) als Initiator gewonnen. Das pH-Optimum für die Hydrolyse der **I** durch die St. P.-**II** liegt bei 5,6 (für Benzylpenicillin (**III**) bei 6,5—7,0), für die Hydrolyse durch die B. C.-**II** bei 5,5 (für **III** bei 7,0). Die MICHAELIS-Konst. (Km) für die **I** beträgt bei der St. P.-**II** 0,03 (für **III** < 0,0003) u. bei der B. C.-**II** 0,003 (für **III** 0,00006). Das V_{max} ist bei der St. P.-**II** für **I** u. **III** gleich, bei der B. C.-**II** liegt es für **I** etwas niedriger als bei der **III**. **I** induziert die Bldg. der St. P.-**II**.
B. GÖRLICH. 4340□

6-Aminopenicillansäure. 6. Mitt. Bildung der 6-Aminopenicillansäure aus Penicillin durch enzymatische Hydrolyse. F. R. Batchelor, E. B. Chain, M. Richards und G. N. Rolinson. (Proc. Roy. Soc. [London], Ser. B **154.** 522—31. 15/8. 1961.) (Engl.) — 5. vgl. vorst. Referat.

Vff. untersuchten 215 Kulturen von Mikroorganismen (Pilze, Hefen, Actinomyceten) auf ihren Geh. an *Penicillinamidase* (I), die Phenoxymethylpenicillin (II) zu *6-Aminopenicillansäure* (III) u. *Phenoxyessigsäure* (IV) hydrolysiert. Nur 17% der untersuchten Kulturen zeigten I-Aktivität. Am aktivsten produzierte der Stamm *Streptomyces lavendulae* BRL 198 auf einem Medium, das 3% Glucose, 2,5% Sojabohnenmehl, 0,5% Difco-Hefeextrakt, 0,5% NaCl, 0,2% $CaCO_3$, (pH 6,8; 96 Std.; 27°) enthielt, exocellulär I. Die filtrierte u. zentrifugierte Kultur-Fl. enthält die gesamte I-Aktivität. Die partielle Reinigung von I erfolgt durch Sättigen des Kulturfiltrates mit $(NH_4)_2SO_4$, Zentrifugieren des Nd., Suspendieren desselben in wenig W. u. Gefriertrocknen. Das gefriergetrocknete Material enthält 65% der Aktivität des Kulturfiltrates bzw. 44% der der Trockensubstanz, die durch Dialyse ohne Aktivitätsverlust zu etwa 72% entfernt werden kann. Das Enzym läßt sich auch mit 2 Vol. Aceton fällen. I hydrolysiert außer II auch Heptyl- u. 2-Pentenylpenicillin, während Benzyl- u. p-Hydroxybenzylpenicillin nicht angegriffen werden. Das pH-Optimum mit II als Substrat beträgt 9,0 (maximale Stabilität des Enzyms bei pH 10,0). Die Km gegen II liegt bei 4,0 mg/ml. 1%ig. II-Lsgg. liefern 56% III, die zu 50% isoliert wurden. III hemmt I bei einer Konz. von 4 mg/ml, während IV bei dieser Konz. ohne Wrkg. ist. Bei höheren Konzz. (21,6 mg III/ml, 15,4 mg IV/ml, 40°) bildet I aus III u. IV → II. Das pH-Optimum für die Synth. liegt bei 5,0—5,5, für die Hydrolyse bei etwa 9,0. B. GÖRLICH. 4340□

Ein Glutaminsäure-produzierender Bacillus. Kwei-Chao Chao und J. W. Foster. (J. Bacteriol. **77.** 715—25. Juni 1959. Austin, Tex., Univ. of Texas, Dep. of Bacteriol.) (Engl.)

Es wird ein Mikroorganismus beschrieben, der außerordentlich große Mengen an *l-Glutaminsäure* (I) produziert. In einem Medium, das 3% Glucose enthält, werden 0,55 Mole I/Mol Glucose verbraucht (12,5 mg I/ml). Der Organismus gehört der *B. megatherium–B. cereus intermediates*-Gruppe an. Er ist fakultativ anaerob, gramnegativ; Wachstum u. Glutamin-Bldg. sind stark Biotin-abhängig. W. HIRTE. 4350□

Die Oxydation von Nicotin durch Arthrobacter. Gail D. Griffith, Richard U. Byerrum und Willis A. Wood. (Proc. Soc. exp. Biol. Med. **108.** 162—66. Okt. 1961. East Lansing, Mich., Dep. of Biochem., Michigan State Univ.) (Engl.)

Ein gramnegatives, unbewegliches, von Tabakpflanzen isoliertes Bakterium konnte als ein Individuum des Genus *Arthrobacter* identifiziert werden. Dieser Organismus hatte die Fähigkeit, *Nicotin* (I) in *6-Hydronicotin* (II) umzuwandeln. Die maximale Konz. an II, die im Kulturmedium nachgewiesen werden konnte, betrug 50% der anfänglichen Konz. an I. Die Identität des II konnte auf Grund seines F., des F. seines Pikrats, seines spezif. Drehvermögens, seiner Elementaranalyse u. der UV- u. IR-Absorptionsspektren erwiesen werden. L. MACHER. 4350□

Chemische Zusammensetzung von pleuropneumonieähnlichen Organismen. Raymond J. Lynn und Paul F. Smith. (Ann. New York Acad. Sci. **79.** 493—98. 15/1. 1960. Philadelphia, Pa., Univ. of Pennsylvania, School of Med., Dep. of Microbiol.; Pittsburgh, Pa., Univ. of Pittsburgh, School of Med., Dep. of Microbiol.) (Engl.)

Es wurde die Zus. einiger pleuropneumonieähnlicher Organismen (PPLO) untersucht. Hinsichtlich der *Nucleinsäuren* (I) unterscheiden sie sich von Bakterien nur durch eine geringere Menge I. Im *Lipoid*-Geh., ca. 5% des Zelltrockengew., gleichen sie den Bakterien. Ein Unterschied jedoch bestand durch die Anwesenheit eines *Sterins*, ähnlich dem Cholesterin u. Cholesterinester, in der Lipoidfraktion von PPLO, isoliert aus Menschen- u. Vogelstämmen. Diese Sterin-Verbb. waren in einem saprophyt. u. einem Rinderstamm nicht zu finden. Ein signifikanter Unterschied schien auch zwischen den Fettsäurekomponenten der Lipoidfraktionen der untersuchten Vogel- u. Menschenstämme zu bestehen. H. AMAN. 4350□

Produkte des Glucosestoffwechsels von pleuropneumonieähnlichen Organismen. H. C. Neimark und M. J. Pickett. (Ann. New York Acad. Sci. **79.** 531—37. 15/1. 1960. Los Angeles, Calif., Univ. of California, Dep. of Bacteriol.) (Engl.) — Vgl. auch vorst. Referat.

Die PPLO-Gruppe ist eine heterogene Sammlung u. kann verschieden eingeteilt werden. Der Hauptanteil hat die Fähigkeit, Kohlenhydrate anzugreifen. Nach den Endprodd. des Glucosestoffwechsels können diese Stämme entsprechend ihren Abbauwegen weiter in homofermentative u. heterofermentative geteilt werden. Ferner können die Stämme S 6 u. Kalb, welche als katalasenegative, nitratnegative u. homofermentative, L(+)-Milchsäure-produzierende charakterisiert wurden, stabile L-Varianten von Gliedern von Lactobacillaceen darstellen. Beziehungen zwischen diesen Stämmen u. den Bakterien werden erwähnt. H. AMAN. 4350□

Ernährungsbedürfnisse von pleuropneumonieähnlichen Organismen und ihr Verhältnis zur Stoffwechselfunktion. Paul F. Smith. (Ann. New York Acad. Sci. **79.** 508—20. 15/1. 1960. Philadelphia, Pa., Univ. of Pennsylvania, School of Med., Dep. of Microbiol.) (Engl.) — Vgl. auch vorst. Referat.

Die Ergebnisse scheinen auf zwei mögliche Funktionen des *Lipoproteinwachstumsfaktors* hinzuweisen: Zellpermeabilität u. oxydative Phosphorylierung mit je einem eigenen Mechanismus.

Aminosäurestoffwechsel von pleuropneumonieähnlichen Organismen. Paul F. Smith. (Ann. New York Acad. Sci. **79.** 543—50. 15/1. 1960. Philadelphia, Pa., Univ. of Pennsylvania, School of Med., Dep. of Microbiol.) (Engl.) — Vgl. auch vorst. Referat.

Der geringe Bedarf an *Aminosäuren* (**I**) zum Wachstum zeugt von einem umfassenden Synth.-Vermögen. Alle abgebauten **I** scheinen eher zu einer Synth.-Rk. als zu einer vollständigen Oxydation zu führen. So ergibt *Glutamin* (**III**) *Glutaminsäure*, welche in die *Prolin*-Synth. eingeht. Verlust an *Asparaginsäure* ist nicht gleichbedeutend mit dem Auftreten von viel NH_3, noch mit O_2-Aufnahme. *Arginin* (**IV**) ergibt *Citrullin* (**II**), das unter günstigen Bedingungen in *Ornithin* umgewandelt wird u. dann wieder in Synth.-Rkk. eintritt. Wenn **II** permeabel wäre, könnte es zu **IV** führen. Anderseits können **III** u. **II** durch phosphorolyt. Spaltung zu energiereichen Phosphaten führen. Die Ergebnisse der Unterss. zeigten, daß der **I**-Stoffwechsel dieser PPLO-Stämme vorherrschend aufbauender Natur ist. H. AMAN. 4350□

Oxydativer Stoffwechsel von pleuropneumonieähnlichen Organismen. Raymond J. Lynn. (Ann. New York Acad. Sci. **79.** 538—42. 15/1. 1960. Pittsburgh, Pa., Univ. of Pittsburgh, School of Med., Dep. of Microbiol.) (Engl.) — Vgl. auch vorst. Referat.

Stoffwechsel-Unterss. mittels der WARBURG-App. zeigten, daß gewisse Stämme von pleuropneumonieähnlichen Organismen (PPLO) Substrate wie A. u. kurzkettige, gesätt. Fettsäuren oxydieren. Die Aktivität lysierter Zellen ist etwa $^1/_3$—$^2/_3$ von der ganzer Zellen. Stämme von PPLO menschlicher Herkunft scheinen *Glucose* nicht anzugreifen, zeigen aber eine relativ gute Aktivität gegen *Butyrat* (**I**), *Caprylat*, *Valeriat* u. gewisse andere kurzkettige Fettsäuren. Der untersuchte saprophyt. Stamm konnte unter den Vers.-Bedingungen **I** oder *Propionat* als Substrat nicht nutzen. Eine 1—2std. Verzögerung zeigten ganze u. lysierte Zellen beim Zusammentreffen mit Fettsäuren als Substrat vor Entw. der maximalen Aktivität; es wurde kein Verf. gefunden, diese Verzögerungsperiode abzukürzen. H. AMAN. 4350□

Biologische Eigenschaften verwandter Endotoxine und Lipoidfraktionen mit kinetischen Studien über säurehydrolysierte Endotoxine. Willard T. Haskins, Maurice Landy, Kelsey C. Milner und Edgar Ribi. (J. exp. Medicine **114.** 665—84. 1/11. 1961. Hamilton, Mont., U. S. Dep. of Health, Educ. and Welfare, Publ. Health Serv., Nat. Inst. of Health, Nat. Inst. of Allergy and Infec. Dis., Rocky Mount. Labor., and Bethesda, Nat. Cancer Inst.) (Engl.)

Die biolog. Eigg. einer Anzahl von Lipoidfraktionen (**I**), einschließlich des als Lipid A bekannten Materials, die durch Säurehydrolyse aus *Endotoxinen* (**II**) abgesondert wurden, werden parallel mit verwandten **II** behandelt. Die Bioverss. basierten auf Fieber, Infektionsresistenz, Tumorschäden, prim. Hautenzündungen, Letalität. Ohne Ausnahme übten die **I** weniger als 1% der biolog. Aktivität jener **II** aus, aus denen sie entstanden. Auch das **II** der *Salmonella enteriditis* zeigte nach Hydrolyse, daß seine biolog. Aktivität bis auf vernachlässigbare Anteile vermindert war. Die pharmakolog. Aktivität der **II** ist demnach säurelabil u. verliert sich in den isolierten **I**. Lipide mit einer dem Lipid A gleichen Aktivität können auch durch nichthydrolyt. Meth. erhalten werden, wobei die Aktivität der verwandten **II** ungeschmälert bleibt. L. MACHER. 4370□

Wirkung von Bakterienendotoxin auf den Kohlenhydratstoffwechsel der Tiere. Walter S. Callahan. (J. Bacteriol. **77.** 811. Juni 1959. Ann Arbor, Mich., Univ. Hosp., Dep. of Bacteriol.) (Engl.)

Endotoxin von *Salmonella typhi murium*, durch Diäthylenglykolextraktion u. nachfolgende 3malige Äthanolpräcipitation gewonnen, wurde Mäusen intraperitoneal injiziert. Best. des *Pyruvats* u. *Lactats* aus den Mäuselebern ergab 2 Std. nach Injektion einen Anstieg u. dann bis 24 Std. ein ständiges Absinken der Werte unter die Normalwerte. Nach 36 Std. waren die Werte wieder normal. Ein evtl. Zusammenhang mit dem gleichzeitigen Ansteigen u. Absinken der Glykogenwerte wird diskutiert. W. HIRTE. 4370□

Die Einbeziehung eines adrenergischen Faktors in die Wirkungsweise bakterieller Endotoxine. James T. Gourzis, Murray W. Hollenberg und Mark Nickerson. (J. exp. Medicine **114.** 593—604. 1/11. 1961. Winnipeg, Manitoba, Canada, Dep. of Pharmacol. and Therap., Univ. of Manitoba, Fac. of Med.) (Engl.)

Die Möglichkeit der Einbeziehung adrenerg. Faktoren in die Wrkg. des *Endotoxins* (I) von *Escherichia coli* wurde erforscht, wobei I durch angemessene Überfütterung bei Kaninchen die *Adrenalin*- oder *Noradrenalin*-Blutdruck-Rk. merklich verstärkte. Überfütterung mit *Reserpin* oder *Phenoxybenzamin* (*Dibenzylin*; II) schützt die Kaninchen u. Mäuse gegen akut-letale I-Wirkung. Die Inkubation von II in vitro mit I unter reaktionsbegünstigenden Bedingungen hat die Toxizität des letzteren nicht vermindert. In die I-Wirkungsweise sind demnach periphere adrenerg. Mechanismen eingeschaltet.

L. MACHER. 4370□

Reinigung des Influenza-Virus an Säulen. Laurence H. Frommhagen und C. A. Knight. (Virology **8.** 198—208. Juni 1959. Berkeley, Calif., Univ. of California, Dep. of Biochem. and Virus Labor.) (Engl.) M. WIEDEMANN. 4374□

Genetische und physiologische Effekte des Zerfalls eingebauten radioaktiven Phosphors bei Bakterienviren und Bakterien. Günther S. Stent und Clarence R. Fuerst. (Advances biol. med. Physics **7.** 1—75. 1960. Berkeley, Calif., Univ. of California, Virus Labor.; Toronto, Ontario, Canada, Ontario Cancer Inst.) (Engl.)

Übersicht. Inaktivierung bakterieller Viren durch eingebauten ^{32}P: Instabilität stark ^{32}P-markierter Viruspartikel, Abtötungs-Wrkg.-Grad, Mechanismus der Letalwrkg., Temp.-Effekte, ^{32}P-Zerfall nach Infektion; Überkreuzreaktivierung bakterieller Viren: Unterss. zur Vermehrung bakterieller Viren: Entw. der Empfindlichkeit gegen ^{32}P-Zerfall während des intracellulären Phagenwachstums, Verteilung der übertragenen elterlichen Desoxyribonucleinsäure (DNS)-Atome auf die Nachkommenschaft; Bakterieninaktivierung: Wachstum in stark ^{32}P-markierten Nährböden, Inaktivierung bei fehlendem Wachstum, Ort der letalen Zerfälle, Abtötungs-Wrkg.-Grad, Verteilung der elterlichen DNS auf die Kerne der Nachkommenschaft, DNS-Synth. während des bakteriellen Wachstumscyclus, Mutagenese; Synth.-Vermögen der Bakterien: Virusvermehrung, Enzym-Synth., Nucleinsäure- u. Protein-Synth.; bakterielle Konjugation u. Rekombination: Zerfall vor u. nach Übertragung des genet. Materials, Folgerungen für den Mechanismus der Letalwrkg. u. des Rekombinationsvorganges; Lysogenie: Lebensfähigkeit lysogener Bakterien, lysogene Rk., Immunität, Prophage. — 147 Literaturangaben. K. MAIER. 4374□

Die Lipide von Ankistrodesmus braunii. Virginia R. Williams und Rosamond Mc Millan. (Science [Washington] **133.** 459—60. 17/2. 1961. Baton Rouge, La., State Univ., Dep. of Agric. Chem. and Biochem.) (Engl.)

Die Grünalge *Ankistrodesmus braunii* wurde im GFS- (J. gen. Microbiol. **17.** [1957.] 658) Medium kultiviert u. anschließend wurden die *Lipide* untersucht. Der Gesamtlipid-Geh. schwankte je nach dem Alter zwischen 19 u. 34%. Von dem Gesamtlipid-Geh. waren 17,1% nicht u. 61,5% verseifbar, 6% Glycerin wurden gefunden. Die durch Gaschromatographie bestimmten Fettsäuren waren: Palmitin-, Öl- u. Linolensäure. In Spuren vorhanden waren: Capryl-, Caprin-, Laurin- u. Palmitolsäure.

W. HILLER. 4380□

E_4. Pflanzenchemie. Pflanzenphysiologie. Pflanzenpathologie

Untersuchungen über den Gehalt freier Aminosäuren in einigen Meeresalgen aus Bombay. E. J. Lewis und Ella A. Gonzalves. (J. Univ. Bombay [N. S.] **28.** Nr. **3.** Sect. B 1—5. Nov. 1959. Bombay, Inst. of Sci.) (Engl.)

8 Species von Meeresalgen werden auf ihren Geh. an freien *Aminosäuren* (I) untersucht. Das Algenpulver wird mit 80%ig. A. homogenisiert u. zentrifugiert. Die abzentrifugierte Lsg. wird mit 3 Vol. Chlf. vorsichtig geschüttelt. Die obere wss. Phase, die frei von niederen Peptiden u. Fetten ist, wurde verwandt. I wurden im Syst. n-Butanol–Eisessig–W. (40 : 14 : 15) getrennt u. nach Anfärbung mit Ninhydrin bestimmt. Die Mehrzahl der I, die im Proteinhydrolysat nachzuweisen sind, werden auch in freiem Zustand gefunden, während einige fehlten. Auf der anderen Seite fanden sich einige in freiem Zustand nachgewiesene I nicht im Proteinhydrolysat. Die in den Algen nachgewiesenen I sind aufgeführt u. werden miteinander verglichen. H. ALTHOFF. 4420

Untersuchungen über freie Aminosäuren, organische Säuren und Zucker in den Wachstumszonen von Pterygosperma (Gaertn). G. V. Joshi und I. M. Majumdar. (J. Univ. Bombay [N. S.] **28.** Nr. 3. Sect. B 11—14. Nov. 1959. Bombay, Wilson Coll., Dep. of Botany.) (Engl.)

Junge u. reife Stengel werden auf ihren Geh. an *Aminosäuren* (**I**), *organ. Säuren* (**II**) u. *Zuckern* (**III**) untersucht. In den Geweben wird die titrierbare Acidität des Gesamt-N (T. A. N.) u. die Feuchtigkeit bestimmt, **I**, **II** u. **III** werden extrahiert. Die T. A. N. sowie die red. **III** werden nach den üblichen analyt. Meth. erfaßt. Zur Best. von **I**, **II** u. **III** wird die Papierchromatographie herangezogen. 17 freie **I** u. 2 Amide wurden sowohl im wachsenden als auch im reifen Gewebe gefunden. Unter diesen N-Verbb. überwiegen *Leucin*, *α-Alanin*, *Asparaginsäure* u. *Glutaminsäure*; während *Glycin*, *Valin*, *Asparagin*, *Glutamin* u. *γ-Aminobuttersäure* bedeutende Bestandteile des Stoffwechsels darstellen. Unter den in jungen u. reifen Geweben nachgewiesenen 6 organ. Säuren herrschen *Äpfelsäure* u. die *Citronensäure* vor; *Malonsäure* u. *Bernsteinsäure* finden sich in merkbarer, *Fumarsäure* u. *Oxalsäure* nur in untergeordneter Menge. T. A. N. ist in akt. wachsenden Teilen größer als in vollausgebildeten. In beiden Geweben wurde nur *Glucose* (**IV**) u. *Saccharose* gefunden, dabei überwiegend **IV**. H. ALTHOFF. 4420

Isolierung und Charakterisierung von acetyliertem Glucomannan aus der Kiefer. Hans Meier. (Acta chem. scand. **15.** 1381—85. 1961. Stockholm, Svenska Träforskninginst., Träkemiska avdelningen.) (Engl.)

Aus der Holocellulose der Kiefer wird reines *Glucomannan* mit einem 5,95%ig. Acetyl-Geh. isoliert. Die Acetylgruppen sind an C_2 oder C_3 der Mannosereste gebunden. P. GREGORZEWSKI. 4420□

Mikronährstoffgehalt von Blüten- und Samenteilen einiger Gramineen. W. Höfner, E. Schaumlöffel und L. Völker. (Planta **57.** 608—12. 1961. Gießen, Justus-Liebig-Univ., Inst. für Pflanzenernäherung.) (Dt.)

Es wird eine verbesserte Aktivierungsanalyse beschrieben, die es gestattet, noch an Pflanzenteilen von 10 mg Mikronährstoff-Best. durchzuführen. Als Beispiel ist die Best. von *Cu*, *Zn*, *Mn* u. *K* in freipräparierten Teilen der Karyopsen von Weizen, Hafer, Gerste, Roggen u. Mais angegeben. Die Konz. der genannten Elemente ist in den Embryonen im allg. am höchsten u. im Endosperm am niedrigsten, während die äußere Fruchthaut einen mittleren Geh. aufweist. Cu, Zn u. Mn sind in den Körnern 4—5mal stärker angereichert als in den vegetativen Pflanzenteilen. Pollenhaltige Staubbeutel enthalten sehr hohe Mikronährstoffmengen. Bes. zu erwähnen ist der hohe Cu-Geh. des Haferpollens. M. REIHER. 4420□

Ein Ferrihämoprotein aus Lespedeza Wurzelknöllchen. E. Thorogood. (J. biol. Chemistry **237.** PC 267—PC 268. Jan. 1962. Philadelphia, Univ. of Pennsylvania, Div. of Biol., Botan. Labor.) (Engl.)

In Erweiterung der mit anderen Leguminosenarten durchgeführten Unterss. wurden vom Vf. die Knöllchen von *Lespedeza stipulacea Maxim* auf ihren *Hämoprotein* (**I**)-Geh. untersucht. Es wurde eine geringe Menge elektrophoret. einheitlichen **I** erhalten, das spektroskop. von Sojabohnenknöllchen-**I** nicht zu unterscheiden ist. Präparationsschritte waren: Homogenisieren der Knöllchen, Ammoniumsulfatpräcipitation, Dialyse, Konzentrierung, Elektrophorese. Die Maxima des **I** bei pH 10—11 lagen bei 572 u. 543 mμ, im sauren Milieu liegt ein Methämoglobin-ähnliches Spektrum vor mit einem Rotmaximum bei ca. 620 mμ. Das Cyanid-Deriv. besitzt eine starke Absorption bei 540 mμ, Red. mittels $Na_2S_2O_4$ läßt ein Einzelmaximum mit λ 555 mμ entstehen. Reduziertes alkal. Hämochromogen ist ident. mit dem des Hämochromogens aus menschlichem Hämoglobin (λ = 558 u. 828 mμ). Es wird dies als Beweis für Protohämin als prosthet. Gruppe angesehen. Das *Lespedeza*-**I** scheint alkalistabiler zu sein als Sojabohnen-**I**, es liefert elektrophoret. nur 1 Fraktion, während im Sojabohnen-**I** mindestens 2 Komponenten vorliegen. Beide **I**-Arten haben einen isolektr. Punkt nahe pH 4,5.
W. SCHELER. 4420□

Die Geschwindigkeit der Translokation. M. J. Canny. (Biol. Rev. Cambridge philos. Soc. **35.** 507—32. Nov. 1960. Cambridge, Bot. School.) (Engl.)

Übersicht. Translokation (Stofftransport bei Pflanzen) als Massenübertragung; Geschw. (chem. Messung, Tracer-Verss., physikal. Messung, Beziehung zwischen Geschw. u. Massenübertragung); Energiebedarf u. -lieferung. Als geeignetes Maß für die Translokation wird die Geschw. des Massentransports/Flächeneinheit angesehen. Die Wiedergabe als „Geschw." ist irreführend. — 44 Literaturangaben. K. MAIER. 4450□

Feuchtigkeitsstress als Voraussetzung für das Blühen der Kaffeepflanze. Paulo de T. Alvim. (Science [Washington] **132.** 354. 5/8. 1960. Lima, Peru, Inst. Interamericano de Ciencias Agríc. de la Organiz. de Estados Amer.) (Engl.)

Bei Bewässerung von Kaffeepflanzen in relativ kurzen Abständen, so daß der Wasser-Geh. des Bodens in Nähe des Fassungsvermögens liegt, bleiben die Blütenknospen im Ruhezustand u. es kommt nicht zur Fruchtbildung. Bewässerung oder Regen nach einer Periode der Wasserknappheit löst dagegen die Blüte aus.
K. MAIER. 4452□

Die Biosynthese von Äthylen in Pflanzen. J. Moreno Calvo. (Ion [Madrid] **21.** 561—67. Okt. 1961.) (Span.)

Übersicht mit ca. 80 Literaturangaben. *Äthylen* als wahrscheinliches Stoffwechsel-Prod. der Propionsäureoxydation u. des Valin-, Glykokoll-, Serin-, Threonin- u. Isoleucinabbaues. E. Lück. 4460□

Die Verzögerung bei intermolekularer und intramolekularer Energieübertragung und die Lebensdauer photosynthetischer Pigmente. Seymour Steven Brody. (Z. Elektrochem., Ber. Bunsenges. physik. Chem. **64.** 187—94. März 1960. Cambridge, Mass., Comstock & Wescott, Inc., Univ. of Illinois, Photosynthesis Labor.) (Engl.)

Es werden Lebensdauer angeregter Singlettzustände photosynthet. Pigmente (p.P.) (*Porphyridium cruentum-Phycoerythrin, Anacystis-Phycocyanin*) sowie die für den intermol. Energietransport zwischen verschiedenen p.P. innerhalb der Chlorpasten u. die für den intramol. Energieübergang vom Protein zum Chromophor erforderliche Zeit durch Beobachtung des zeitlichen Verlaufs der Fluorescenz von Chloroplasten u. p.P. untersucht. Die angewandten Meth. u. Überlegungen sind allg. bei Unterss. von Transport, Stabilisierung u. Umformung von Energie in ähnlich organisierten biolog. Syst. (Mitochondrien, Muskelfibrillen, Sehstäbchen) verwendbar. K. Maier. 4460□

Triphosphopyridinnucleotid in Chloroplasten. M. L. Das und F. L. Crane. (Biochim. biophysica Acta [Amsterdam] **48.** **594.** 15/4. 1961. Austin, Tex., Univ. of Texas, Clayton Found., Biochem. Inst.; Lafayette, Ind., Purdue Univ., Dep. of Biol. Sci.) (Engl.)

Intakte Spinatchloroplasten (i. C.) enthalten ca. 0,0001 μMol *Triphosphopyridinnucleotid* (TPN)/μMol *Chlorophyll*, Chloroplastenfragmente (Cf.) nur ca. $^1/_3$ davon. Externes TPN u. *Diphosphopyridinnucleotid* (DPN) werden im Licht von i. C. reduziert. Diese Rk. kann durch Zugabe von photosynthet. *Pyridinnucleotidreduktase* (**I**) stimuliert werden. Cf. red. TPN u. DPN nur in Anwesenheit von **I**. Zugabe von TPN stimuliert in Anwesenheit von **I** u. Licht die Red. von DPN in Cf. nicht. Danach scheint TPN nicht unmittelbar für die Red. von DPN nötig oder an der Rk. beteiligt zu sein. U. Mothes. 4460□

Über den Einfluß des Lichtes auf den Proteinstoffwechsel bei Keimlingen von Sinapis alba L. John Elsemore Landgraf. (Planta **57.** 543—56. 1961. Tübingen, Univ., Bot. Inst.) (Dt.)

Es wird gezeigt, daß bei *Sinapis alba* das gleiche Licht-Syst., das die verschiedenen Photomorphosen kontrolliert, auch den Protein-Geh. steuert. Wird mehrmals hintereinander mit „Hellrot" (600—700 mμ) belichtet (mit dazwischen liegenden Dunkelperioden), so ergibt sich derselbe Protein-Geh. wie bei kontinuierlicher Hellrotbelichtung. Durch „Dunkelrot"-Belichtung (700—900 mμ) kann die Wrkg. von „Hellrot" wieder aufgehoben werden. Bei kontinuierlicher Belichtung ist „Dunkelrot" wirkungsvoller als „Hellrot". — 28 Literaturangaben. M. Reiher. 4460□

Der Stoffwechsel der Chlorogensäure in Lolium perenne. P. De Laey, K. Kersters und R. E. Vercauteren. (Arch. int. Physiol. Biochim. **69.** 591—92. Sept. 1961. Gent, Univ., Labor. voor Biochemie.) (Franz.)

Vff. untersuchten die Biosynth. der *Chlorogensäure* (**I**) durch Zusatz von Shikimisäure, 4-Hydroxyphenylbrenztraubensäure, 4-Hydroxyphenylmilchsäure (**II**), 4-Hydroxyzimtsäure (**III**) u. Kaffeesäure (**IV**) zu frischen Homogenaten von *Lolium perenne*. Für die Bldg. von 1 Mol **I** sind 2 Mol Phenylbrenztraubensäure (**V**) u. 2,5 Mol O_2 erforderlich. **V** wird mittels einer Transaminase in Tyrosin u. durch eine Milchsäuredehydrogenase (gebunden an Diphosphopyridinucleotid [DPN]) in **II** übergeführt. Die intermediäre Bldg. von **III** u. **IV** konnte chromatograph. nachgewiesen werden. Chinasäure hat auf die Biosynth. der **I** keinen Einfluß. An der **I**-Synth. sind ferner eine Phenolase sowie verschiedene nichtenzymat. Ketten-Rk. beteiligt. **I** scheint auch bei der Atmung in Verb. mit einer Polyphenolase oder Cytochrom-c-Oxydase sowie mit einer Chinonreduktase (gebunden an DPNH) als Redox-Katalysator (Atmungspigment) eine Rolle zu spielen. B. Görlich. 4460□

Die Synthese essentieller Öle in der Minze. R. H. Reitsema, F. J. Cramber, N. J. Scully und W. Chorney. (J. pharmac. Sci. **50.** 18—21. Jan. 1961. Kalamazoo, Mich., A.M. Todd. Co.; Lemont, Ill., Argonne Nat. Labor., Div. of Biol. and Med. Res.) (Engl.)

Werden Stecklinge von *Mentha piperita* $^{14}CO_2$-haltiger Luft ausgesetzt, so ist bereits nach 15 Min. markiertes *Pfefferminzöl* (**I**) nachweisbar. Die Bldg. von ^{14}C-**I** geht nach Abdunkelung noch einige Std. weiter, auch wenn die Pflanzen beim Ende der Beleuchtung in normale Luft übergeführt werden. In weiteren Verss. wurden die auf biolog. Wege ^{14}C-markierten, gereinigten **I**-Komponenten den Blättern infiltriert.

Menthol (II) wird nicht weiter umgewandelt. *Menthon* wird teilweise in II umgewandelt. Terpen-KW-Stoffe (z. B. *Limonen* u. *Pinen*) werden unterschiedlich umgewandelt u. oxydiert. — Es wird viel ^{14}C-I von den Pflanzen an die Luft abgegeben.

U. MOTHES. 4460□

Über die Bedeutung des Trigonellins im pflanzlichen Stoffwechsel. H. Wanner, H. Kende und P. Fahrni. (Flora [Jena] **149.** 162—66. 30/6. 1960. Zürich, Univ., Inst. f. allg. Botanik u. Inst. f. org. Chemie.) (Dt.)

Durch Verw. von *$^{14}C_{(N\text{-}Methyl)}$-Trigonellin* wurde bewiesen, daß infiltriertes *Trigonellin* in den Blättern der Kaffeepflanze (*Coffea arabica*) weder als Methyldonator wirkt noch überhaupt chem. verändert wird. M. REIHER. 4460□

Der CO_2-Stoffwechsel einiger Koniferen während des Knospenaustriebes. Gerhard Neuwirth. (Biol. Zbl. **78.** 559—84. Juli/Aug. 1959. Berlin, Dtsch. Akad. der Landw.-Wissensch., Inst. f. Forstwiss. Tharandt, Abt. f. Pfl.-Physiol.) (Dt.)

Assimilations- u. Atmungsmessungen an Zweigen von Fichte (*Picca excelsa*), Douglasie (*Pseudotsuga taxifolia*) u. Kiefer (*Pinus silvestris*) ergeben bei allen 3 Holzarten zu Austriebsbeginn negative CO_2-Bilanzen, die als bestimmtes Stadium des Austriebsvorganges zu kennzeichnen sind, der weder durch Witterungswechsel, noch durch max. hohe Temp. merklich beeinflußt wird. Der während dieser Periode notwendige Energieaufwand muß z. T. durch die Assimilation vorhandener Altnadelbestände gedeckt werden, z. T. werden auch organ. Reserven aus den Zweigen, Ästen u. Stämmen, wenn auch in bescheidenem Maße beansprucht, wie Ringelungs-Verss. gezeigt haben. Der „Unterbilanzphase“ während der Triebentfaltung folgt infolge einer ausgeprägten Assimilations- u. Atmungsdepression eine „Erschöpfungsphase“, als deren Ursache die physiolog. Überforderung der älteren Assimilationsorgane angenommen wird. Mit dem Wachstum der Jungtriebe setzt jedoch eine „Restitutionsphase“ ein, bei welcher die neu gebildeten Nadeln rasch zu starken Assimilationsüberschüssen beitragen. H. SPOHN. 4462□

Über die Möglichkeit eines Transfers der Ribo- und Desoxyribonucleinsäure und der Proteine in den Gerstenkeimlingen während des Wachstums. L. Ledoux und R. Huart. (Arch. int. Physiol. Biochim. **69.** 598. Sept. 1961. Mol, Centre d'Études de l'Énergie nucléaire, Labor. de Radiobiol.) (Franz.)

Während die Wurzeln von Gerstenkeimlingen sehr rasch *Ribonucleinsäure* (markiert mit ^{3}H oder ^{14}C) aufnehmen, wandert *Desoxyribonucleinsäure* (markiert mit ^{3}H) bes. in die Koleoptilen. Verss. mit ^{3}H-Ribonuclease, ^{3}H-Lysozym, ^{3}H-Ovalbumin u. ^{3}H-Conalbumin ergaben, daß auch eine Wanderung der Proteine des Gerstenkorns zu den differenzierten Organen, bes. zu den Wurzeln erfolgen kann. B. GÖRLICH. 4480□

Die Bildung von Zellelongation- und Zellteilung-stimulierenden Substanzen durch Taphrina deformans. Noel F. Sommer. (Physiol. Plantarum [Copenhagen] **14.** 460—69. 1961. Davis, Calif., Univ. of California, Dep. of Romology.) (Engl.)

Extrakte aus *Taphrina deformans* wurden an *Pizum sativum* auf wachstumsfördernde Substanzen getestet. Dem Test ging eine papierchromatograph. Auftrennung voraus. Es wurden 3 Zonen gefunden, die wuchsstoffähnliche Eigg. zeigten. Nach ihren R_F-Werten können sie als *Indolyl-(3)-essigsäure, Gibberelline* u. *Kinetin* angesehen werden.

W. HILLER. 4485□

Der Einfluß der Behandlung mit Wachstumsregulatoren vor der Ernte auf den Ascorbinsäuregehalt von Mango. W. B. Date. (Sci. and Cult. [Calcutta] **26.** 227—28. Nov. 1960. Mysore-2, Central Food Technol. Res. Inst., Div. of Storage and Preservation.) (Engl.)

Besprühung von Mangobäumen mit Lsgg. von *Maleinsäurehydrazid* (I), 1000 ppm, *2.4.5-Trichlorphenoxyessigsäure* (Na-Salz; II), 220 ppm, u. I + II, 1000 + 200 ppm, 5 Wochen vor dem Ernten der Früchte führte zu einer erheblichen Zunahme des *Ascorbinsäure*-Geh., die bes. auch während einer 6wöchigen kühlen Lagerung der Früchte anhielt.

K. MAIER. 4485□

Die Wirkung von 2.4-Dichlorphenoxyessigsäureanwendung auf Aktivität und Zusammensetzung von Sojabohnenmitochondrien. J. L. Key, J. B. Hanson und R. F. Bils. (Plant Physiol. **35.** 177—83. März 1960. Urbana, Ill., Univ. of Illinois, Dep. of Agron. and Elektron Microscope Labor.) (Engl.) — Vgl. C. **1960.** 5537.

Nach Besprühen mit *2.4-Dichlorphenoxyessigsäure*-Lsg. wurde bei Sojabohnenkeimlingen die Atmungsaktivität anschwellender u. gehemmter Gewebe mit der entsprechenden Aktivität von unbehandeltem Gewebe verglichen. Gehemmte Gewebe enthielten gehemmte Mitochondrien. Elektronenmikroskopie zeigte, daß die aktiven Mitochondrien anschwellenden Gewebes größer u. angeschwollen waren. Während des Wachstums nahmen säurelösl. Nucleotide, Phospholipide u. möglicherweise auch Ribonucleinsäure dieser Mitochondrien zu. Die erhöhte Phosphorylierung konnte mittels Ribonuclease fast völlig entkoppelt werden. Maximale Substratoxydation erforderte kein exogenes Adenosinmonophosphat. Beim normalen Wachstum von Sojabohnengewebe nahm die Mitochondrienaktivität zu. Es wird angenommen, daß mit dem durch synthet. oder natürliche Auxine hervorgerufenen Wachstum an Wachstum der Mitochondrien verknüpft ist, das über den Nucleotidstoffwechsel gesteuert wird.

K. MAIER. 4485□

Die Wechselwirkung von Indolyl-(3)-essigsäureoxydase, Phenolgehalt und Gibberellsäure in dem photoperiodisch regulierten Wachstum von Lupinus albus L. F. Sági und A. S. Garay. (Physiol. Plantarum [Copenhagen] **14.** 488—96. 1961. Fertöd, Ungarn, Inst. of Plant Breeding.) (Engl.)

Lupinus albus besitzt bei Kultur in einer 24-Std.-Photoperiode höheren Geh. an *Phenolen* (I) als unter Kurztagsbedingungen. Die Unterschiede verschwinden bei 4 Wochen alten Pflanzen, d. h. wenn die Blütenprimordien sichtbar werden. *Indolyl-(3)-essigsäure* (II) war nur in Pflanzen unter Kurztagsbedingungen bis zu einem Alter von 21 Tagen nachzuweisen. Der II-Geh. geht in seinen Änderungen mit dem I-Geh. parallel. *Gibberellsäure* fördert das Wachstum von 14 Tage alten Sämlingen unter Kurz- u. Langtagsbedingungen, ohne II- u. I-Geh. zu beeinflussen. — 30 Literaturangaben. W. HILLER. 4485□

Die Wirkung von Gibberellsäure und Indolyl-(3)-essigsäure auf die Respiration von Zwiebelwurzeln und Sämlingen. W. E. Norris jun. und Emmett L. Foulds. (Physiol. Plantarum [Copenhagen] **14.** 453—59. 1961. San Marcos, Tex.; Southwest Texas State Coll., Biol. Dep.) (Engl.)

Gibberellsäure (I) in Konzz. von 1—200 ppm verändert nicht die Respiration von Zwiebelwurzelsegmenten, die 0—5 mm u. 5—15 mm von der Wurzelspitze entfernt gewonnen wurden. Vorbehandlung mit I zeigte ebenfalls keine Veränderung der Respiration. Mit I behandelter Zwiebelsamen zeigte die gleiche Atmungsintensität wie unbehandelter. *Indolyl-(3)-essigsäure* in Konzz. von 10—100 ppm. verringert die Atmung von Zwiebelwurzelspitzen. W. HILLER. 4485□

Wirkung von Gibberellsäure auf die zweite Generation von Datura stramonium Linné. Nancy L. Ragan und Leo A. Sciuchetti. (J. pharmac. Sci. **50.** 87—88. Jan. 1961. Corvallis, Oregon State Coll., School of Pharmacy.) (Engl.)

Die aus Samen gezogene Nachkommenschaft *Gibberellsäure* (I)-behandelterPflanzen von *Datura stramonium* zeigt keinerlei I-Wrkgg. mehr (= verstärktes vegetatives Wachstum). Die Pflanzen der 2. Generation bleiben sogar kleiner als die Kontrollen u. haben ein geringeres Trockengewicht. Der Alkaloid-Geh. bleibt unverändert.

U. MOTHES. 4485□

Über den Einfluß von Kinetin auf Gewebestücke von Kartoffelparenchym. Günter Fellenberg. (Naturwissenschaften **48.** 383—84. 1. Mai-H. 1961. Erlangen, Univ., Botan. Inst.) (Dt.)

Aus 4monatigen Kultur-Verss. von Kartoffelparenchym-Gewebestücken in variierter WHITE-Nähr-Lsg. ohne u. mit 0,5, 1 u. 2 mg *Kinetin* (I) pro Liter u./oder *Naphthylessigsäure* (II, 0,01, 0,1 u. 1 mg/Liter) als Wuchsstoff läßt sich auf Grund der Knöllchen-Bldg. auf folgende Wirkungsweise des I schließen: 1. I wirkt nicht als Teilungshormon. 2. Durch I zusammen mit II wird die Teilungs-Geschw. erhöht, wobei die II-Konz. im wesentlichen bestimmend wirkt. 3. Es wird vermutet, daß das durch I über eine gesteigerte Aktivität der *Ribose-* u. *Desoxyribosenuclease* verursachte Überangebot von Kerneiweiß die Zellteilung von II erleichtert u. Teilungsrate erhöht. 4. Da I an der Gewebedifferenzierung nicht beteiligt ist, kann die mit einer Kombination von I u. II (1 mg) erzielte erhöhte Zahl neugebildeter Wurzeln nur so erklärt werden, daß entweder II allein bereits sehr viele Wurzeln anlegt, die erst durch die I-Wrkg. zum Austreiben gebracht werden, oder daß II erst durch die Kombination mit I zur Bldg. von mehr Wurzelanlagen angeregt wird. H. SPOHN. 4485□

Physiologische Wirkungen des Scopoletins. 4. Mitt. **Scopoletin und Adventivwurzelbildung.** Eike Libbert und Hildegard Lübke. (Flora [Jena] **149.** 77—94. 30/6. 1960. Berlin, Humboldt-Univ., Vet.-med. Fakultät, Abt. Botanik.) (Dt.) — 3. vgl. C. **1960.** 11002.

Scopoletin (I) bewirkt bei Stecklingen von *Pisum sativum* in höherer Konz. ($> 10^{-5}$ g/ml) eine unspezif. Hemmung der Adventivwurzelbildung. Gleichzeitig verabreichte *Indolyl-(3)-essigsäure* (II) in Konzz., die sonst die Wurzel-Bldg. fördern, hat eine zusätzliche Hemmung zur Folge. An älteren Stecklingen können niedrige I-Gaben die Wurzel-Bldg. fördern, wenn nicht gleichzeitig II gegeben wird. *Cumarin* wirkt wie I, jedoch fehlt hier die unspezif. Hemmung bei höherer Konzentration. — 23 Literaturangaben. M. REIHER. 4485□

Physiologische Wirkungen des Scopoletins. 5. Mitt. **Scopoletin und Streckungswachstum von Coleoptilzylindern.** Eike Libbert und Hildegard Lübke. (Flora [Jena] **149.** 95—105. 30/6. 1960. Berlin, Humboldt-Univ., Vet.-med. Fak., Abt. Botanik.) (Dt.) — 4. vgl. vorst. Referat.

Triticum-Coleoptilzylinder erfahren durch *Scopoletin* (**I**) eine Förderung des Streckungswachstums. Gibt man gleichzeitig *Indolyl-(3)-essigsäure* (**II**), so verschwindet diese Förderung u. bei hohen **I**-Konzz. (10^{-4} g/ml) erfolgt sogar eine Hemmung. *Cumarin* (10^{-6}—10^{-4} g/ml) bewirkt nur Hemmungen, die durch **II** nicht verändert werden. — 22 Literaturangaben. M. REIHER. 4485□

Die Wirkung ätherischer Öle auf die Samenkeimung. Jasper C. Maruzzella und Anthony L. Robbins. (Naturwissenschaften **48.** 383. 1. Mai-H. 1961. New York, Long Island Univ., Biol. Dep. Brooklyn.) (Engl.)

Vff. untersuchen den Einfl. 56 verschiedener *äther. Öle* (**I**) mit im wesentlichen unterschiedlichen funktionellen Gruppen in wss. Lsgg. auf das Keimen von Samen u. Keimlingswachstum von Gurken, Rettich, Tomaten, Karotten u. Lattich. **I** mit vorwiegend Aldehyd- u. Ketoncharakter zeigen die stärkste Inhibierung der Keimung (50 bzw. 36%) u. des Keimlingswachstums (80%). Terpene, Säuren u. Alkohole bewirken nur eine geringe Keimungshinderung (0—10%) u. eine mäßige Wachstumshemmung (30—50%). **I** mit Phenolen oder Oxiden oder Estern ergeben dazwischenliegende Wirkungen. — Kombinationen verschiedener wss. **I** (1 : 1) zeigen gegenüber Rettichsamen Wrkg., die über die der einzelnen **I** hinausgehen. **I** mit *Cinnamon* zeigt selbst bei 15facher Verdünnung eine starke inhibitor. Wirkung. H. SPOHN. 4485□

Pflanzenwachstumsregulierende Aktivität von S-Carboxymethyl-N.N-dimethyldithiocarbaminat und verwandte Verbindungen. C. W. Pluijgers und G. J. M. van der Kerk. (Recueil Trav. chim. Pays-Bas **80.** 1089—1100. Sept./Okt. 1961. Utrecht, T.N.O., Inst. for Org. Chem.) (Engl.)

Die wachstumsregulierende Aktivität von *S-Carboxymethyl-N.N-dimethyldithiocarbaminat* u. verwandter Verbb. hängt von der elektron. Konfiguration der Moll. ab. Voraussetzung ist ein bestimmter Grad von Doppelbindungscharakter der N–C-Bindung u. von entsprechender Bedeutung sind ster. Faktoren.

Versuche: N.N-Dimethyldithiocarbaminate: *S-Carbäthoxymethyl-*, F. 62 bis 63°, 77% (Ausbeute); aus Na-Dimethyldithiocarbaminat (**I**) u. Chloressigsäureäthylester in 96%ig. A. bei Raumtemperatur. *S-Carbamoylmethyl-*, F. 124—125° (A. u. Bzl.), 72,5%; aus **I** u. Chloracetamid. *S-Carbomethoxy-*, $C_5H_9NO_2S_2$, Öl, 68%; aus **I** u. Chlorameisensäuremethylester in Wasser. — *S-[1-Carboxypropyl]-*, $C_7H_{13}NO_2S_2$, F. 106 bis 107° (50% wss. A.), 80%; nach NACHMIAS wie das 1-Carboxyäthyl-Derivat. — *S-[Carbäthoxyäthoxymethyl]-*, $C_9H_{17}NO_3S_2$, F. 34—36° (Cyclohexan), 73%; aus **I** u. α-Chlor-α-äthoxyessigsäureäthylester in 96%ig. Äthanol. *S-[1-(Carboxy-1-methyläthyl]-*, C_7H_{13}·NO_2S_2, F. 148—149° (Zers.), 72,5%; aus einer Lsg. von α-Bromisobuttersäure in C_2H_5·ONa u. Suspension von **I** in Benzol. — *S-[1-Carbäthoxy-1-methyläthyl]-*, F. 36—38°, Kp.$_{0,5}$ 141—142°, 61,7%; aus vorst. Verbb. durch Veresterung mit A. (mit HCl). *S-[2-Carboxyäthyl]-*, $C_6H_{11}NO_2S_2$, F. 142—144° (W.), 81,3%; aus **I** u. β-Brompropionsäure. — *S-[2-Cyanoäthyl]-*, $C_6H_{10}N_2S_2$, F. 42° (Ae.), 35,3%; aus **I** u. β-Chlorpropionitril in Äthanol. *S-[3-Carboxypropyl]-*, $C_7H_{13}NO_2S_2$, F. 96—97° (Äthylacetat u. wss. Methanol), 60,4%; aus **I** u. γ-Brombutyronitril in abs. Äthanol. — *S-[4-Carboxybutyl]-*, $C_8H_{15}NO_2S_2$, F. 90 bis 91° (W.), 68,3%; aus **I** u. δ-Bromvaleronitril wie vorst. Verbindung. — Dithiocarbonsäurecarboxymethylester: *Δ^3-Pyrrolino-*, $C_7H_9NO_2S_2$, F. 183—185° (wss. Methanol), 81,2%; aus Δ^3-Pyrrolin-N-dithiocarbonsäure (Na-Salz) u. Chloressigsäure. — *Pyrrolidino-*, $C_7H_{11}NO_2S_2$, F. 153—154° (Äthylacetat), 69,5%; wie vorst. Verbindung. — N-Dithiocarbonsäure-α-methyl-α-carboxyäthylester: *Δ^3-Pyrrolino-*, C_9H_{13}·NO_2S_2, F. 177—179° (50%ig. A.), 61,5%; aus Δ^3-Pyrrolin-N-dithiocarbonsäure (Na-Salz) u. α-Bromisobuttersäure. — *Pyrrolidino-*, $C_9H_{15}NO_2S_2$, F. 175—177° (wss. A.), 46%; wie vorst. Verbindung. — Dithiocarbaminsäurecarboxymethylester: *N-Methyl-N-äthyl-*, $C_6H_{11}NO_2S_2$, F. 126—128° (A.–Ae.), 62%; aus Na-N-Äthyl-N-methyldithiocarbaminat u. Chloressigsäure. — *N.N-Di-n-propyl-*, $C_9H_{17}NO_2S_2$, F. 72—73° (A.), 83%; aus Na-N.N-Di-n-propyldithiocarbaminat u. Chloressigsäure. — Thioncarbaminsäurecarboxymethylester: *N.N-Dimethyl-*, $C_5H_9NO_3S$, F. 116—117° (W. u. Bzl.), 73,2%; aus S-[Carbamoylmethyl]-dithiokohlensäurecarboxymethylester durch Aminolyse mit 25%ig. wss. Dimethylamin-Lösung. — *N.N-Di-n-butyl-*, $C_{11}H_{21}NO_3S$, F. 106 bis 109° (PAe. u. Bzl.), 70%; wie vorst. Verb. mit Di-n-butylamin. — *N.N-Dimethylthioncarbaminsäure-2-carboxyäthylester*, $C_6H_{11}NO_3S$, F. 111—112° (CCl_4 u. Bzl.), 73,6%; aus S-[Carbamoylmethyl]-dithiokohlensäure-2-carboxyäthylester u. Dimethylamin wie vorst. Verbindung. P. GREGORZEWSKI. 4485□

Mechanismus und Umkehrung der gametociden Wirkung bei Baumwolle. Ralph A. Scott jun. (Plant Physiol. **36.** 529—38. Sept. 1961. U.S. Dep. of Agricult., Agricult. Res. Serv., Crops Res. Div.) (Engl.)

Baumwollpflanzen wurden mit 500 mg, 250 mg, 500 μg u. 100 μg je Pflanze folgender Verbb. behandelt: *2.2-Dichlorpropionsäure* (**I**, *Delapon*), *2.3-Dichlorisobuttersäure* (**II**, *FW-420*), *Panthothensäure* (**III**) u. *D-Ribose* (**IV**). **I** u. **II** induzierten nichtaufplatzende Antheren. Wurden **III** u. **IV** zu gleicher Zeit mit **I** u. **II** angewandt, so trat eine Gegenwrkg. ein. Für einige Zeit im Dunkeln gehaltene Pflanzen reagierten verstärkt auf **I**- u. **II**-Anwendung. Die durch **I** u. **II** verstärkt auftretende Antherennekrose wird durch **III** u. **IV** gemindert. Applikation von ^{14}C-**II** ergab, daß im Dunkeln gehaltene Pflanzen den Transport von ^{14}C in die oberen Pflanzenteile nicht zeigten. Diese Transporthemmung wurde durch **IV** u. bes. durch **III** + **IV** aufgehoben. Die system. Verteilung von **I** u. **II** ist am besten, wenn in das sek. Wurzelgewebe appliziert wird. Anwendung zu den basalen Blatteilen gibt bessere Verteilung in der Pflanze als Anwendung zu den apilsalen Teilen. W. Hiller. 4485□

Über den Abbau von synthetischen Indolverbindungen durch Blumenkohlrosengewebe. Franz Müller. (Planta **57.** 481—502. 1961. Gießen, Justus-Liebig-Univ., Botan. Inst.; Bonn, Inst. f. Landwirtsch. Botanik.) (Dt.) — Vgl. C. **1962.** 11611.

Mit Hilfe von Papierchromatographie u. Papierelektrophorese wurde untersucht, welche Umwandlungen Indol-Verbb. ($5 \cdot 10^{-3}$ m in 0,02 m KH_2PO_4) nach Inkubation in Gewebestücke von Blumenkohlrosen erleiden. Blumenkohlrosengewebe bildet aus synthet. *β-Indolylessigsäure* (**IV**), *β-Indolylaldehyd* (**I**), *β-Indolylcarbonsäure* (**II**) *den Stoff „W?“* (vgl. Melchior, Planta **50.** [1958.] 265) u. *β-Indolylacetamid* (**III**), daneben wahrscheinlich *β-Indolylglyoxylsäure* u. *β-Indolylacetylasparaginsäure*. Aus **I** entstehen **II** u. „W“, aus **II** dagegen nur „W“. Aus *Tryptophan* entstehen **IV**, **I**, **II** u. „W“. Wird *β-Indolylacetonitril* durch Blumenkohlrosen abgebaut, so lassen sich **IV**, **I**, **II** u. **III** nachweisen, während bei Einw. auf synthet. β-Indolylpropionsäure u. -buttersäure außer unidentifizierten Verbb. nur **I** festgestellt wurde. Die Abbaumechanismen werden diskutiert. — 53 Literaturangaben. M. Reiher. 4485□

Weitere Studien zur Kupferaufnahme und dem Kupfernachweis bei Conidien von Fusarium decemcellulare (Brick). (Versuche mit Kupfersulfat). Reinhard Tröger. (Arch. Mikrobiol. **37.** 134—50. 1960. Jena, Friedrich-Schiller-Univ., Inst. für allg. Bot.) (Dt.)

Im Rahmen von Unterss. über Cu–Ca-haltige Fungicide wurde festgestellt, daß Conidien in $CuSO_4$-haltiger Suspension in kürzester Zeit beträchtliche Mengen Metall binden. Die Metallaffinität läßt sich mit S, Urethan, Hitze; oberflächenakt. Stoffen u. Zellgiften (Formol) verringern. Die lebende Conidie schrumpft bei Zugabe von Cu.
P. Gregorzewski. 4490□

Vorkommen von 2-O-Methylrhamnose und 4-O-Methylgalaktose in Boden und Torf. R. B. Duff. (Biochem. J. **82.** 45P—46P. März 1962. Aberdeen, Macaulay Inst. for Soil Res.) (Engl.)

Im wss. Extrakt des Bodens u. Torfes wird nach Abscheiden des Polysaccharid-Humin-Materials mit Aceton *4-O-Methylgalaktose* (**I**) u. *2-O-Methylrhamnose* (**II**) isoliert. Nach der Trennung von **I** durch Gradienten-Elution mit 0—20% äthanol. Lsgg. an Aktivkohle (Ultrasorb S.C. 120/140) erfolgt die Charakterisierung durch die üblichen Meth. (Methylierung, Infrarot-Spektren). Aus dem Vork. von **I** wird gefolgert, daß die Substitution eines Hydroxyls einer Zuckerbindung als „stopper“ im Hinblick auf die Biosynth. eines Kettenpolysaccharids fungiert. **II** wird auf einer „Celite-535“-Säule fraktioniert u. charakterisiert. A. Täufel. 4499□

E5. Tierchemie. Tierphysiologie. Tierpathologie

Physiologische Aspekte des Alterns beim Menschen. Nathan W. Shock. (Annu. Rev. Physiol. **23.** 97—122. 1961. Bethesda, Md., Nat. Insts. of Health, Gerontol. Branch; Baltimore, Md., City Hosp.) (Engl.)

Übersicht (bis Mai 1960). Definitionen, Altern u. Krankheit, Unters.-Meth.; Aufrechterhaltung der Stabilität des inneren Milieus (Blut-Vol., Erythrocyten, Plasmaproteine, -elektrolyte, Blutglucose, -harnstoff, u. -nichteiweiß-N, -cholesterin- u. -lipoproteine, -vitaminspiegel; Arten der Altersunterschiede, Altersunterschiede bei Rkk. auf Streß (Training, Rk. bei Haltungsänderung, Antikörper-Bldg., Bestrahlung), in der Rk.-Geschw. in der Wirksamkeit von Kontrollmechanismen (endokrine Faktoren), Altern u. Verminderung der Reservekapazitäten (anthropometr. Messungen, Körper-Zus., Gewebe-Zusammensetzung). — 227 Literaturangaben. K. Maier. 4500□

Die Proteinbestimmung in Cerebrospinalflüssigkeit. Fehlerquellen bei der Lowry-Methode. H. A. Zondag und G. L. van Boetzelaer. (Clin. chim. Acta [Amsterdam] 5. 155—56. Jan. 1960. Haarlem, Netherlands, St. Elisabeth's Hospital, Clin. Chem. Lab.) (Niederl.)

Die *Folin*-Cu-Meth. zur *Protein* (I)-Best. ist empfindlicher als die Biuret-Rk., aber auch weniger spezifisch. Während normalerweise enteiweißte Cerebrospinal-Fl. eine zu vernachlässigende Extinktion gibt, kann Ggw. verschiedener Nichteiweiß-Verbb. einen I-Geh. vortäuschen, während bei der Biuret-Meth. diese Leerwerte nicht auftreten. I-Äquivalent in Cerebrosipnal-Fl. anwesender Pharmaka: *Na-Salicylat*, 55 (mg%); *Acetylsalicylsäure*, 55; *p-Aminosalicylsäure*, 121; *Phenacetin* 7; *Chlorpromazin*, 13; *Sulfamerazin*, 15; *Sulfaguanidin*, 7; *Sulfadiazin*, 10; *Sulfanilamid*, 30; *Penicillin*, 14; *Streptomycin*, 10; *Terramycin*, 24; *Chloramphenicol*, 5; *Erythromycin*, 0; *Ascorbinsäure*, 0; *Veronal-Na*, 0; *Tyrosin*, 33. K. MAIER. 4500□

Das natürliche Vorkommen von Allogallenalkoholen. T. Briggs und G. A. D. Haslewood. (Biochem. J. 82. 26P. Febr. 1962. London, Guy's Hosp. Med. School.) (Engl.)

Ranol (I) aus dem Frosch *Rana temporaria* u. *Cyprinol* (II) aus Fischen der Familie *Cyprinidae* sind 5wertige, als Sulfate vorkommende Alkohole, denen wahrscheinlich das Cholestan-C-Gerüst zu Grunde liegt, u. die nach UR-Messungen den gleichen Kern aufweisen. Die UR-Spektren von gereinigtem II u. I ähneln sehr denen von Allocholsäure (III)-Derivaten. CrO_3-Oxydation von I u. II gibt *3.7.12-Trioxoallocholansäure* (*Dehydroallocholsäure*) u. enthalten demnach Kern u. Seitenkette von III. K. MAIER. 4520□

Über die Eigenschaften von Cyprino-Pourpre A 2, einem aus der Haut von Cypriniden isolierten Pterin, und seine Beziehung zu Ichthyopterin oder 7-Hydroxybiopterin. Yasumasa Mori, Jiro Matsumoto und Tadao Hama. (Z. vergleich. Physiol. 43. 531—43. 1960. Yokohama-Hiyoshi, Keio Univ., Biol. Labor.) (Engl.)

Es werden frühere Befunde bestätigt u. eine Prüfung des als *Cyprino-pourpre A 2* (I) bezeichneten, von Cyprinidenhaut (hier 3 Goldfisch-Arten) gewinnbaren Pterins, im Vgl. mit *Biopterin* (*Ranachrome 1*) u. dem als *Isoxanthopterin* bereits bekannten *Cyprino-pourpre A 1* durchgeführt. Für I ließ sich an Hand der Ergebnisse der UV-Absorption, der Fluorescenzspektren, der pH-Fluorescenzkurve, des photolyt. Verh. u. verschiedener chem. Rkk. eine Identität mit *Ichthyopterin* bzw. *7-Hydroxybiopterin* nachweisen. Angaben über die ident. R_F-Werte werden später veröffentlicht. Bei Belichtung wird aus I *Cyprino-pourpre B.* U. TAUSENDFREUND. 4520□

Antiinflammatorische Eigenschaften von lyophilisierten Entzündungsherdexsudaten. G. Di Pasquale und R. J. Girerd. (Amer. J. Physiol. 201. 1155—58. Dez. 1961. Morris Plains, N.J., Werner-Lambert Res. Inst.; Brooklyn, N.Y., Long Island Univ., Dep. of Biol.) (Engl.)

Zur Klärung der biochem. Vorgänge bei Entzündungen wurden Exsudate von Ratten (intakt oder adrenalektomiert) untersucht u. darin eine *antiinflammator. wirksame Substanz* festgestellt, die nicht selbst ein Adrenalsteroid ist, die aber ein solches Hormon als Aktivitätsfaktor benötigt. M. METZE. 4552□

Elektrisches Leitvermögen und Elektrolytverteilung in der sezernierenden Speicheldrüse. A. van Harreveld, R. L. Potter und L. J. Sloss. (Amer. J. Physiol. 201. 1002—06. Dez. 1961. Pasadena, Calif., California Inst. of Technol, Kerckhoff Labor. of Biol. Sci.) (Engl.)

Während der Pilocarpin-induzierten Sekretion der Kaninchen-Submaxillardrüse fiel in den ersten 4—7 Min. die elektr. Leitfähigkeit um 40%. Parallele histochem. Befunde zeigten während der gleichen Periode einen starken Verlust an Fl. u. *Elektrolyt* in den Intertubularräumen. M. METZE. 4555□

Isolierung eines Lactosiderophilins aus der Frauenmilch. Jean Montreuil und Suzanne Mullet. (C.R. hebd. Séances Acad. Sci. 250. 1736—37. 29/2. 1960. Lille, Fac. de Méd. et de Pharmacie.) (Franz.)

Aus entfetteter Frauenmilch wurde durch $(NH_4)_2SO_4$-Fraktionierung u. Fraktionierung an Amberlite XE 64 (Citratform) neben *Gynolactomucoid I* ein weiteres, von Siderophilin physikal., chem. u. immunochem. verschiedenes Mucoid, *Gynolactomucoid II* (I) erhalten, das Fe reversibel bindet (bei $<$ pH 2 vollständige Spaltung, bei pH 2,4 Bindung von 3,5 μg Fe/mg Protein); das Verhältnis Zucker (Galaktose, Mannose, Fucose)/Sialsäure ist 4,48; λ_{max} 452,5 mμ; Aminozucker 2,4%; I („*Lactosiderophilin*")-Geh. der Milch ca. 1 g/Liter. K. MAIER. 4555□

Die Wirkung der Hormone in der Milch auf Trächtigkeit und Wachstum der jungen Ratte und die Entwicklung des Gewichtes ihrer Organe. R. Ferrando,

J. Boisselot-Le-Febvres und A. R. Ratsimamanga. (C. R. Séances Soc. Biol. Filiales **154.** 579—81. 1960. Paris, Fac. de Méd., Labor. de Physiol. des Vitamines et Hormones, C.N.R.S., et Labor. de Physiol. de la Nutrit. du C.N.R.S.; Alfort, Seine, École Nat. Vétér., Labor. d'Alimentation.) (Franz.)

3monatige Milchzufuhr bei den Elterntieren vor der Paarung u. bei den Muttertieren während der Trächtigkeit u. des Säugens scheint die Zahl der Föten wie die der Jungratten günstig zu beeinflussen. Den Jungtieren nach dem Absetzen zugeführte Milch begünstigt die Gewichtszunahme, bes. die der ♀, deutlich. Diese Wachstumsförderung ist von Gewichtsveränderungen bestimmter Organe, bes. der innersekretor. Drüsen u. des Genitalapp., begleitet. Milchextrakt, der nur die Sexualhormone u. akt. Nebennierenrindenhormone enthält, ruft bei der nebennierenlosen Ratte analoge Wrkg., wie sie bei Abkömmlingen von Muttertieren ohne Milchernährung auftraten, hervor. Milch wirkt auf den jungen Organismus offenbar durch Hemmung der ♂ Sexualfunktion infolge Ggw. von Steroidhormonen, bes. Östrogenen. K. MAIER. 4555□

Vorkommen einer saure Mucopolysaccharide bildenden Drüse im distalen Teil des Organs X der Decapodencrustaceen. Pierre Drach und Manfred Gabe. (C. R. hebd. Séances Acad. Sci. **250.** 3886—88. 8/6. 1960. Inst. Océanographique et Labor. d'Évolution des Etres organisés.) (Franz.)

Der distale Teil des X-Organs von Decapoden (*Penaeus, Nephrops, Palinurus, Homarus, Leander, Crangon, Galathea, Upogebia, Cancer, Macropodia, Athanas, Porcellana, Eupagurus, Clibanarius, Diogenes, Ebalia, Corystes, Cardisoma, Maia*) enthält eine Drüse von artabhängiger Struktur, in deren Sekret histochem. reichlich *saure Mucopolysaccharide* nachgewiesen wurden. K. MAIER. 4555□

Fortpflanzung. Joseph Thomas Velardo. (Annu. Rev. Physiol. **23.** 263—94. 1961. New Haven, Conn., Yale Univ., School of Med., Dep. of Anat.) (Engl.)

Übersicht (bis Mai 1960). Neuroendokrine Funktion, Hypophyse u. Gonadotropine, ♀ Fortpflanzung (Östrogene, Progestine u. verwandte Ovarialsteroide; Lactation); ♂ Fortpflanzung (Sperma, Androgene). — 412 Literaturangaben. K. MAIER. 4559□

Sorbit-Stoffwechsel in Spermatozoen. Tsoo E. King und T. Mann. (Proc. Roy. Soc. [London], Ser. B **151.** 226—43. 9/12. 1959. Cambridge, Univ. of Cambridge, A.R.C. Unit of Reprod. Physiol. and Biochem. Molteno Inst. and School of Vet. Med.) (Engl.)

Es wurde festgestellt, daß *Sorbit* (**I**) ein chem. Bestandteil des Samenplasmas von Widder, Kaninchen, Stier, Eber, Hengst, Hahn u. Mensch ist. Seine Konz. wurde bestimmt mittels einer enzymat.-photometr. Meth. unter Verw. einer gereinigten **I**-*Dehydrogenase* aus Rattenleber. Widderspermatozoen oxydieren **I** zu *Fructose* (**II**) u. können auch **II** u. in geringerem Grade *Glucose* (**III**) zu **I** reduzieren. Bei der Unters. des oxydativen Verh. der Widderspermatozoen diente *Triphenyltetrazoliumchlorid* (**IV**) als Elektronenacceptor. Kälteschockbehandlung hat keinen oder nur geringen Einfl. auf das Ausmaß der Red. von **IV**, mit oder ohne Ggw. von **I**, **II** oder **III**. Entleerung von endogenem Substrat durch verlängerte aerobe Inkubation hob die Fähigkeit der Spermazellen, **IV** in Ggw. von **I**, **II** oder **III** zu reduzieren, nicht auf. **I**-*Dehydrogenase* aus Widder-Spermatozoen bedarf *Diphosphopyridinnucleotid* (*DPN*) als Coenzym u. katalysiert die Rk. $\mathbf{I} + DPN^{+} \rightleftharpoons \mathbf{II} + DPNH + H^{+}$. Die oxydierende Aktivität der Sperma-**I**-*Dehydrogenase* ist am höchsten gegen D-**I** u. *L-Idit* (**V**) u. viel geringer gegen *D-Xylit*; *D-Ribit*, *D-Mannit* u. *D-Arabit* werden nur wenig oxydiert. In umgekehrter Rk. werden nur **II** u. im geringeren Ausmaß **I** reduziert. Die MICHAELIS-Konst. (K_m) waren $9{,}8 \cdot 10^{-3}$ m für **I** u. $9{,}0 \cdot 10^{-3}$ m für **V**. In intakten Spermatozoen hängt die reversible enzymat. Umwandlung von **I** zu **II** vom augenblicklichen Verhältnis zwischen oxydiertem u. red. DPN ab. Es ist zu vermuten, daß von den jeweiligen Spiegeln von **II** u. **I** im Samenplasma das Verhältnis zwischen der oxydierten u. der red. Form von DPN innerhalb der Samenzellen selbst abhängen kann. H. AMAN. 4559□

Morphologie der Stierhoden und Samenblasen in Beziehung zu den Testikel-Androgenen. Mary F. Hay, H. R. Lindner und T. Mann. (Proc. Roy. Soc. [London] Ser. B **154.** 433—48. 15/8. 1961. Cambridge, Univ., Dep. of Veterinary Clinical Studies; Molteno, A.R.C. Unit of Reproductive Physiol. and Biochem. Inst.) (Engl.) — Vgl. J. Endocrinology **21.** [1960.] 341.

Vff. untersuchten die Beziehungen zwischen den morpholog. u. funktionellen Merkmalen der Hoden u. Samenblasen zu dem Geh. an *Testosteron* (**I**) u. *Androstendion* (**II**) in den Hoden sowie zu dem Geh. der Samenblasen an *Fructose* (**III**) u. *Citronensäure* (**IV**) bei Stieren verschiedenen Alters (28 Tage bis $17^1/_2$ Jahre). Die Produktion der Spermien eines reifen Stieres beträgt etwa 5 Billionen/Tag, die **I**-Konz. in den Hoden 0,25 mg/100 g. Das Samensekret enthält 1% **III** u. 1% **IV**. Der mittlere Durchmesser der Samenkanälchen steht in Beziehung zum Gewicht des Hodens ($r = 0,92$, $P < 0,001$), zur Anordnung des interstitiellen Gewebes u. des Samenepithels. Er beträgt bei 28 Tage alten Stieren (Spermiogenese u. endokrine Funktion nocht relativ inakt.) 48 μ, im Alter von 90 Tagen (Auftreten der Spermiogonien in den Hoden, deutlicher Anstieg der **III** u. **IV**-Bldg. in der Samenblase) 66 μ, nach $4^1/_2$ Monaten (Abfallen der Relation **II/I**) etwa 90 μ, nach $7^1/_2$ Monaten (Erscheinen der Spermatozoen in den Tubuli) etwa 177 μ. Eine deutliche Beziehung wurde auch festgestellt zwischen Wachstum u. Sekretionsaktivität der Samenblase u. dem Durchmesser der Samenkanälchen in den Stierhoden. Es wurde der Koeff. ermittelt zwischen dem Durchmesser der Tubuli u. dem Gewicht der Samenblase ($r = 0,95$, $P < 0,001$), dem Geh. an **III** u. **IV** in der Samenblase ($r = 0,81$, $P = 0,01-0,001$) u. der Konz. von **III** u. **IV** in der Samenblase ($r = 0,82$, $0,76$, $P = 0,01$ bis $0,001$). B. GÖRLICH. 4559□

Verstärkung der Fructosebildung in den Samenbläschen durch Stilböstrol. A. Roy. (Sci. and Cult. [Calcutta] **26.** 234—35. Nov. 1960. Mathura (U.P), Coll. of Vet. Sci., Dep. of Physiol.) (Engl.)

Stilböstrol (Implantation) verstärkte die Wrkg. von *Testosteron* auf das Wachstum der accessor. Fortpflanzungsorgane u. die Bldg. von *Fructose* durch die Samenbläschen von Ziegen. K. MAIER. 4559□

Wachstumsförderung durch künstliche Veränderung des hormonalen Gleichgewichtes. J. Dammers. (Inst. Veevoedingsonderz. „Hoorn" Veren. Exploitat. Veevoedingsproefbedrijf „Hoorn", Versl. **1960.** Landbouwkund. Tijdschr. **73.** 394—409 Mai/Juni 1961. Inst. voor Veevoedinsonderzoek „Hoorn".) (Niederl.)

Übersicht über die Anwendung von *Östrogenen*, anderen gonadotropen Hormonen, Wachstumshormon u. Schilddrüsenhemmstoffen zur Wachstumsförderung bei Rindern, Schafen u. Schweinen. In eigenen Verss. wurde bei Ochsen, nicht aber bei Färsen oder ausgewachsenen Kühen eine wachstumsfördernde Wrkg. von *Stilböstrol* beobachtet. — 52 Literaturangaben. K. ZINGRAF. 4559□

Schnelle Umwandlung von ^{14}C-markierten Östrogenen in der Ratte. R. E. Oakey, Sheila S. Eccles und S. R. Stitch. (Biochem. J. **82.** 27P. Febr. 1962. Harwell, Didcot, Berks., Med. Res. Council, Radiobiol. Res. Unit.) (Engl.)

2, 7 u. 15 Min. nach i.v. Injektion von *$^{14}C_{(16)}$-17β-Östradiol* (**I**) wurde ♀ Ratten Blut (Herzpunktur) entnommen, mit Östron-, **I**- u. Ostriol-haltigem W. verd. u. mit Ae. extahiert. Ca. 90—98% des injizierten ^{14}C waren nicht erfaßbar. Die *Östrogene* (**II**) der Ae.-Fraktion wurden durch Verteilungschromatographie getrennt. 52—63% Aktivität der Phenolfraktion fielen mit den Träger-Verbb. zusammen. Die Befunde sprechen für eine schnelle Umwandlung von **I** in andere **II**. K. MAIER. 4559□

Die Wirkung der Konzentration auf die mikrobiologische Hydroxylierung von Progesteron. Elmer A. Weaver, Harold E. Kenney und Monroe E. Wall. (Appl. Microbiol. **8.** 345—48. Nov. 1960. Philadelphia, Pa., Eastern Reg. Res. Labor.) (Engl.)

Progesteron (**I**) wird bei Konzz. von 20—50 g/Liter durch *Aspergillus ochraceus* mit Ausbeuten von 70—90% in *11α-Hydroxyprogesteron* (**II**) übergeführt. Die Hydroxylierung erfolgt mit feinverteiltem **I** in Abwesenheit organ. Lsgm. u. Ggw. von sehr wenig Netzmittel (Tween 80). **II** hemmt die **I**-Hydroxylierung nicht, 16α.17α-Epoxy-11α-hydroxypregnan-3.20-dion hemmt diejenige von **I** u. 16α.17α-Epoxypregnan-3.20-dion. Ein *Rhizopus nigricans*-Stamm hydroxylierte **I** (bis 8 g/Liter) mit 50—70% Ausbeute. K. MAIER. 4559□

Androstendion, trans-Dehydroandrosteron und Progesteron bei weißen Vitamin-A-Mangelratten. René Grangaud, Thérèse Conquy und Marc Nicol. (C. R. hebd. Séances Acad. Sci. **250.** 3725—27. 30/5. 1960. Alger, Fac. mixte de Méd. et Pharmacie, Labor. de Chim. biol.) (Franz.)

Die durch *Progesteron*-Zufuhr bei der ♂ *weißen Vitamin-A* (**I**)-Mangelratte hervorgerufene Gew.-Zunahme wird durch Zusatz von *Δ^4-Androsten-3.17-dion* (**II**) merklich gesteigert, während *trans-Dehydroandrosteron* (**III**), die unmittelbare biochem. **II**-Vorstufe, diesen Effekt nicht gibt. **I** ist demnach direkt oder indirekt an der in vivo-Umwandlung von **III** in **II** beteiligt. K. MAIER. 4559□

Immunbiologische Identifizierung von menschlichem Choriongonadotropin. A. R. Midgley jun., G. B. Pierce jun. und W. O. Weigle. (Proc. Soc. exp. Biol. Med. **108.** 85—89. Okt. 1961. Pittsburgh, Pa., Univ. of Pittsburgh, School of Med., Dep. of Pathol.) (Engl.)

Durch Immunisierung von Kaninchen mit menschlichem *Choriongonadotropin* (**I**) war es möglich, ein Antiserum zu erzeugen, das imstande war, menschliches **I** im Serum oder Harn zu identifizieren u. seine biolog. Aktivität aufzuheben. K. ZINGRAF. 4560□

Luteinisierungshormon-induzierte Ascorbinsäure-Entleerung des Rattenovars. Donald P. Goldstein und Somers H. Sturgis. (Amer. J. Physiol. **201.** 1053—56. Dez. 1961. Boston, Mass., Peter Bent Brigham Hosp., Gynecol. Div. of Surg. Serv.) (Engl.)

Bei pseudograviden Ratten ruft injiziertes *Luteinisierungshormon* eine *Ascorbinsäure*(I)-Entleerung des Ovars hervor. Die Entleerung erfolgt in den Gelbkörpern, beginnt innerhalb 15 Min. nach Injektion, erreicht ein Maximum nach 3 Std. u. ist nach 19 Std. beendet. Histochem. sind Verklumpungen von I-Granula zu beobachten.
M. Metze. 4560□

Verhalten von adrenocorticotropem Hormon beim Menschen nach Darreichung von Natriumsalicylat. J. Roskam, H. van Cauwenberge und Ch.-M. Lapière. (Bull. Acad. nat. Méd. **144** ([3] **124**). **348**—55. 1960. Belg., Univ. Liège, Inst. Clin. et Pathol. méd.) (Franz.)

Durch hohe Dosen von *Natriumsalicylat*(I) wird bei Hunden u. Ratten eine Hypersekretion von ACTH hervorgerufen, beim Menschen nach einer übergroßen Dosis I eine ganz charakterist. Eosinopenie festgestellt, die selten nur 4 Std., häufiger aber 6—8 Std. vorhält. Vff. beobachteten im menschlichen Plasma die Anwesenheit eines Faktors, der beim Hunde nach Injektion die übliche Menge an freiem 17-Hydroxycorticosteron u. manchmal die der fluorescierenden Steroide erhöht. Dieser Plasmafaktor besteht aus zirkulierendem ACTH. Vff. nehmen an, daß die Erhöhung der Hypophysenaktivität unter dem Einfl. einer I-Einw. zustande kommt.
P. Nachtwey. 4560□

Einflüsse von Adrenalin, Cortison und ACTH auf die Eosinophilen in Knochenmarksgewebekulturen, mit einigen Bemerkungen zur Prüfung der Hypophysenvorderlappenfunktion. Sinro Yamamoto. (Acta med. Okayama **14.** 118—38. Juni 1960. Okayama, Okayam Univ., Med. School, Dep. of Int. Med.) (Engl.)

Die Verminderung peripherer Eosinophilenzahlen wird offenbar nicht durch *Cortison* (I) allein bewirkt, sondern durch die gemeinsame Wrkg. von I u. *Adrenocorticotropem Hormon* (*ACTH*). Wenn I direkt auf Eosinophile einwirkt, so kommt es zu einer deutlichen Verminderung der Wander-Geschw. dieser Zellen u. zu einer Verminderung der Zellzahl der betreffenden Knochenmarkskulturen; wirkt ACTH direkt auf Eosinophile ein, so ist eine Steigerung der Wandergeschw. ohne Veränderung der Zellzahl zu beobachten. I führt in vivo nur an normalen, nicht jedoch an hypophysektomierten Hunden zu einer Verminderung der peripheren Eosinophilen, die erst dann bei hypophysektomierten Tieren zustande kommt, wenn auch ACTH verabreicht wird; ACTH allein vermindert sowohl bei hypophysektomierten als auch bei normalen Hunden die Zahl der peripheren Eosinophilen. An der Knochenmarkskultur des hypophysektomierten Tieres läßt sich zeigen, daß dem Blutplasma des hypophysektomierten Tieres ein für die durch I induzierte Eosinopenie essentieller Faktor fehlt. Auf der Basis dieser Beobachtungen, daß eine periphere Eosinopenie durch I erst bei voller Hypophysenvorderlappenfunktion möglich ist, wird an eine Hypophysenfunktionsprüfung gedacht. — *Adrenalin* (II) bewirkt bei direktem Einfl. auf die Eosinophilen eine Verminderung der Wander-Geschw. ohne Beeinflussung der Zahl; II führt auch bei hypophysektomierten Hunden zu einer Verminderung der peripheren Eosinophilen, die jedoch geringer als bei normalen Tieren ist. U. Tausendfreund. 4560□

Adenohypophyse und Nebennierenrinde. Edmund B. Flink. (Annu. Rev. Physiol. **23.** 229—62. 1961. Minneapolis, Minn., Veterans Admin. Hosp. and Univ. of Minnesota, Med. School, Dep. of Med.) (Engl.)

Übersicht (bis Mai 1960). Stoffwechsel u. physiolog. Wrkg. von *Adrenocorticotropem Hormon* (*ACTH*), Steuerung der ACTH-Abgabe, Best. der in-vivo-Bldg. von ACTH, Steroid-Bldg., Stoffwechsel-Wrkg. von Corticosteron, Cortisol, Cortison u. deren Stoffwechsel-Prodd., Biogenese u. Steuerung der Aldosteronsekretion, Stoffwechseleffekte von Aldosteron u. verwandten Steroiden. — 235 Literaturangaben.
K. Maier. 4560□

Abbauprodukte der Catechinamine im Harn des Kindes. H. Zeisel. (Z. Kinderheilkunde **86.** 89—101. 27/10. 1961. Würzburg, Univ.-Kinderklinik.) (Dt.)

Im Harn von Kindern u. Erwachsenen werden *Vanillinmandelsäure* (I) u. *Homovanillinsäure* (II) als Abbau-Prodd. der Brenzcatechinamine *Adrenalin*, *Noradrenalin* u. *Dopamin* nach elektrophoret. Vortrennung papierchromatograph. bestimmt. I u. II werden beim Säugling u. Kind im Harn in abs. geringerer, pro Körper-Gew. aber größerer Menge ausgeschieden als beim Erwachsenen. S. Groitzsch. 4561□

Adrenalin und Stress in bezug auf den täglichen Cyclus der epidermalen mitotischen Aktivität bei der reifen männlichen Maus. W. S. Bullough und Edna

B. Laurence. (Proc. Roy. Soc. [London], Ser. B **154.** 540—56. 15/8. 1961. London, Univ., Birkbeck Coll., Dep. of Zoology.) (Engl.)

Die mitot. Aktivität der Epidermis von reifen Säugetieren ist im Ruhezustand u. während des Schlafes deutlich gegenüber dem Zustand des Wachseins u. der Bewegung erhöht. Vff. untersuchten an ♂ reifen Mäusen (4—6 Monate alt), bei denen die epidermale mitot. Aktivität durch Aushungern (bis 40 Std.) auf ein Minimum herabgesetzt wurde, eine Regenerierung derselben in vitro durch Einlegen von Hautstücken (Ohr) in ein phosphatgepuffertes Salzmedium. Es zeigte sich, daß die Unterdrückung der epidermalen mitot. Aktivität während des Hungerns auf eine ansteigende Konz. des Mitosehemmstoffes *Adrenalin* (I) zurückzuführen ist, das im Hungerzustand während des Wachseins in erhöhten Mengen ausgeschieden wird. Nach Entfernung der Nebennieren steigt die epidermale mitot. Aktivität ebenfalls an. Vff. nehmen daher an, daß der tägliche mitot. Rhythmus durch eine entsprechende I-Ausscheidung gesteuert wird. Die Maus zeigt im wachen Zustand u. bei der Bewegung einen erhöhten I-Geh. im Blut u. daher eine niedere epidermale mitot. Aktivität, im Schlaf oder in der Ruhe einen red. I-Geh. im Blut u. daher eine höhere mitot. Aktivität. B. GÖRLICH. 4561 □

Einfluß von Adrenalin auf die Stickstoffausscheidung bei gesunden Ratten. A. N. Granitsas. (Amer. J. Physiol. **198.** 603—04. März 1960. Athen, Univ., Physiol. Inst.) (Engl.)

Adrenalin bewirkt eine merkliche Zunahme der Purinstoffwechsel-Prodd. im Urin gesunder Ratten u. der gesamten N-Ausscheidung. Diese Wrkg. wird durch *Cortison* nicht wesentlich verändert u. durch *adrenerg. wirkende Mutterkornalkaloide* nicht gehemmt. Der Einfl. von *Noradrenalin* auf die N-Ausscheidung ist weniger ausgeprägt. R. K. MÜLLER. 4561 □

Die Biochemie der Steroidhormone. Lewis L. Engel und Lorna J. Langer. (Annu. Rev. Biochem. **30.** 499—524. 1961. Boston, Mass., Harvard Univ., Huntington Memorial Hosp., John Collins Warren Labor., Massachusetts General Hosp., Dep. of Pathol., and Harvard Med. School, Dep. of Biol. Chem. and Pathol.) (Engl.)

Übersicht (bis November 1960). Biosynth.: Nebennieren, Ovar, Hoden, Placenta; Umwandlungen von *Steroidhormonen* (I): Δ^4-Reduktasen, 6-, 7-, 16α- u. 18-Hydroxylierung, Δ^5-3-Ketosteroidisomerase, Seitenspaltung, Steroidsulfat-Synth.; I-Wrkg.: Corticosteroide, Progesteron, Androgene, Östrogene, Wrkg. verschiedener Steroide auf Enzyme. — 230 Literaturangaben. K. MAIER. 4561 □

Hemmeffekt von Hydrocortison und seinen Analogen auf die Nebennierenrindensekretion beim Hund. William C. Black, Richard S. Crampton, Arthur S. Verdesca, Relja I. Nedeljkovic und James G. Hilton. (Amer. J. Physiol. **201.** 1057—60. Dez. 1961. New York City, St. Luke's Hosp., Dep. of Med.) (Engl.)

Am isolierten durchströmten Nebennieren-in-situ-Präp. des Hundes hemmte infundiertes *Hydrocortison* (I) bzw. *Δ^1-Hydrocortison, Δ^1-9α-Fluor-* u. *16-Methylhydrocortison* in Ggw. von Adrenocorticotropem Hormon die endogene Sekretion von I u. *Corticosteron* (II). II allein hemmt nur die II-Sekretion. Der Mechanismus dieser Hemmwrkg. wird diskutiert. M. METZE. 4561 □

Untersuchungen über die rectale Resorption von Prednison. Wolfgang Staib. (Arzneimittel-Forsch. **11.** 675—76. Juli 1961. Düsseldorf, Med. Akad., Physiol.-Chem. Inst.) (Dt.)

Nach rectaler Verabreichung von *Prednison* (I) konnte bei den bisher vorliegenden Unterss. ein deutlicher Anstieg der PORTER-SILBER-Chromogene im Blutserum beobachtet werden. Außerdem wurde nach rectaler Applikation im 24-Std.-Harn I papierchromatograph. nachgewiesen. Es wurde gezeigt, daß die 17-Ketosteroidausscheidung durch orale u. rectale Verabreichung von I herabgesenkt wurde. S. GROITZSCH. 4561 □

Teratogene Wirkungen von Soludecadron beim Kaninchen. J. Clavert, P. Buck und Y. Rumpler. (C. R. Séances Soc. Biol. Filiales **155.** 1569—71. 1961, herausgeg. 15/1. 1962. Strasbourg, Fac. de Méd., Labor. d'Embryol. et de Morphol. exp.) (Franz.)

Vff. geben Kaninchen zwischen dem 11. u. 14. Tag der Trächtigkeitsperiode *Soludecadron* (ein Corticoid-Deriv.; I; 0,4 g/100 g pro die) u. stellen fest, daß ca. 35% der sich entwickelnden Embryonen Unter-Gew. u. Mißbildungen aufweisen. I besitzt also in gleicher Weise wie *Cortison* eine teratogene Wrkg. u. stört bes. die Bldg. von Scheidewänden im Stomodeum, Herzen, Urogenitalsinus, des Zwerchfells u. die Schließung des Neuraltubus. P. FAHRNLAENDER. 4561 □

Einfluß von Schilddrüsenhormon auf den Brenzcatechinamingehalt des Myocards beim Meerschweinchen. M. Jay Goodkind, David H. Fram und Michael Roberts. (Amer. J. Physiol. **201.** 1049—52. Dez. 1961. New Haven, Conn., Yale Univ., School of Med., Dep. of Intern. Med. and Pharmacol.) (Engl.)

Normale u. thyreoidektomierte Meerschweinchen erhielten *Trijodthyronin* oder *thyreoidstimulierendes Hormon*. Bei den stark thyreotox. Tieren stieg der *Noradrenalin* (I)-Geh. des Myocards signifikant an, bei den hypothyreoiden Tieren fiel er signifikant. Die Wechselwrkg. zwischen Schilddrüse u. I-Geh. des Myocards wird diskutiert.

M. METZE. 4562 □

Vergleich der biologischen und chemischen Wertbestimmung von Schilddrüsenpräparat. F. W. Webb. (J. Pharmacy Pharmacol., Suppl. **13.** 136—43. Dez. 1961. Dartford, Kent, Wellcome Biol. Control Labor.) (Engl.)

Es wurde nachgewiesen, daß die Wert-Best.-Meth. der brit. Pharmakopoe für Schilddrüsen-Präpp., die auf der Best. des sog. „*Thyroxin* (I)-*J*“ basiert, ungeeignet ist. Da spezif. Meth. für die Best. von I u. Trijodthyronin im Schilddrüsen-Präp. fehlen, wird vorgeschlagen, die chem. Best. durch eine biolog. Wert-Best. (Anoxie der Maus) zu ersetzen. Die auf diese Weise innerhalb von 3 Jahren ermittelten Wirkstärken der einzelnen Schilddrüsenbestandteile stimmten gut mit deren klin. Wirksamkeit überein.

K. ZINGRAF. 4562 □

Eine vorläufige Untersuchung des Gehalts von Humanblutplasma an 3-Monojodtyrosin und 3.5-Dijodtyrosin mittels doppelter Isotopenverdünnungstechnik. D. Beale und J. K. Whitehead. (Clin. chim. Acta [Amsterdam] **5.** 150—52. Jan. 1960. London, Middlesex Hosp., Dep. of Physics appl. Med., Brit. Empire Cancer Campaign Radiochem. Labor.) (Holl.)

Die Ergebnisse der Best. von *3-Monojodtyrosin* (I) u. *3.5-Dijodtyrosin* (II) in Humanplasma durch Zusatz bekannter Mengen der Verbb., Acetylierung mit ^{3}*H*-Acetanhydrid, Zusatz bekannter Mengen von $^{14}C_{(1)}$-*Acetyl*-I u. -*Acetyl*-II u. Best. des ^{3}H- u. ^{14}C-Geh. nach Aufarbeitung u. Chromatographie nach WHITEHEAD u. BEALE stimmten mit früheren Angaben überein u. sprechen dafür, daß I u. II normale Bestandteile des Humanblutplasmas sind.

K. MAIER. 4562 □

Die Wirkung von 2.4-Dinitrophenol auf den Jodstoffwechsel. Kathleen T. Hart, Mary Anne Bauer, Dea Druet und Robert E. Mack. (J. Pharmacol. exp. Therapeut. **134.** 227—32. Nov. 1961. St. Louis, Mo., St. Louis Veterans Admin. Hosp.; St. Louis Univ., School of Med., Dep. of Int. Med.) (Engl.)

Durch 10^{-3} bis 10^{-5}m *2.4-Dinitrophenol* (I) wurde die Aufnahme von ^{131}*J* durch gemahlene Rinderschilddrüse verringert. Von dem aufgenommenen J fanden sich normale Mengen in Form von *Monojodtyrosin*, jedoch wurde die Jodierung zu *Dijodtyrosin* (II) durch I blockiert. Die niedrige Konz. von II war nicht das Ergebnis einer erhöhten Freisetzung von Jodtyrosinen aus der Schilddrüse u. stand in keiner Beziehung zum verfügbaren J-Vorrat. In 10^{-3} bis 10^{-4}m I traten die normalen Rkk. der Schilddrüse auf thyreotropes Hormon (erhöhte J-Aufnahme u. II-Synth.) nicht auf.

K. ZINGRAF. 4562 □

Durch Jod bewirkte Entzündung der Submandibulardrüse beim Hamster. Richard H. Follis jun. (Proc. Soc. exp. Biol. Med. **108.** 136—40. Okt. 1961. Washington, D.C., Armed Forces Inst. of Pathol., Veterans Admin. Central Labor. for Anat. Pathol. and Res.) (Engl.)

Im Zuge von Unterss. über die Pathogenese der jodinduzierten Thyreoiditis beim Hamster wurde beobachtet, daß die Anwendung hoher Dosen von *KJ* beim Hamster eine entzündliche Rk. der Submandibulardrüsen, nicht jedoch der Parotis oder der Sublingualdrüsen bewirkt; das wird auf ein größeres J-Konzentrierungsvermögen der Submandibulardrüse zurückgeführt.

K. ZINGRAF. 4562 □

Isolierung und Identifizierung von 2.6-Dijodhydrochinon aus der Schilddrüse. Jan-Gustaf Ljunggren. (Acta chem. scand. **15.** 1772—76. 1961. Stockholm, Nobel Med. Inst., Biochem. Dep.) (Engl.)

Bei einmaliger intraperitonealer Injektion von ^{131}J wird nach 48 Std. bei Kaninchen *2.6-Dijodhydrochinon* (I; F. 144°) aus der Schilddrüse (a) isoliert, u. zwar in einer Menge entsprechend 0,2% des Gesamt-J-Geh. von a. Folgende Thyroxinvorläufer werden papierchromatograph. getrennt [in Klammern R_F-Werte in den Syst. Heptan–n-Propanol (II)–Essigsäure (III)–0,001 m Na-Thiosulfat (IV) 100:50:1:100 (organ. Phase); PAe.–Aceton–IV 3:1:3 (organ. Phase); Bzl.–IV 1:1 (organ. Phase); Aceton–III–IV 8:1:60, II–III–IV 10:1:60]: J_2 (0; 0; 0; 0,84; 0,84), *L-Tyrosin* (0; 0; 0; 0,80; 0,79); *3-Monojod-L-tyrosin* (0; 0; 0; 0,70; 0,71), *3.5-Dijod-L-tyrosin* (0; 0; 0; 0,59; 0,59), *L-Thyroxin* (0; 0; 0; 0; 0), *3.3.5-Trijodthyronin* (0; 0; 0; 0; 0), I (0,73; 0,47; 0,60; 0,51; 0,52). Vf. vermutet, daß 2.6-Dijodbenzochinon bzw. I eine Zwischenstufe in der Umwandlung von Dijodtyrosin in Thyroxin in a darstellt.

G. KIRSTEN. 4562 □

Einflüsse von Nebenschilddrüsenextrakt auf den Sulfatstoffwechsel bei unreifen Ratten. Felix Bronner. (Amer. J. Physiol. **198.** 605—08. März 1960. New York City, Rockefeller Inst.) (Engl.)

Wenn man unreifen Ratten 24 Std. nach Zufuhr von ^{35}S Extrakt aus Nebenschilddrüsen verabreicht, nimmt die ^{35}S-Ausscheidung im Urin um 25%, der ^{35}S-Geh. im Pelz um 17%, das Verhältnis ^{35}S in den Humerusenden/^{35}S im Humerusschaft im Vgl. mit den Tieren aus dem gleichen Wurf, die mit inakt. Kontroll-Lsg. behandelt sind, um 14% zu. Die Befunde zeigen, daß die durch *Nebenschilddrüsenhormon* bewirkte Ca-Mobilisierung durch Entfernung von organ. u. anorgan. Teilen des Knochens erfolgt. Der Extrakt verursacht eine übernormale Stoffwechselaktivität der großen Knochen u. eine verstärkte Knochen-Bldg. u. -Resorption. R. K. MÜLLER. 4563□

Untersuchungen über den Gehalt an Zink im Pankreas des syrischen Goldhamsters (Mesocricetus auratus). Dieter Müller und Wolfgang Fischer. (Acta biol. med. german. [Berlin] **8.** 103—06. 1962. Erfurt, Med. Akad., Patholog. Inst.) (Dt.) — Vgl. auch C. **1962.** 6480.

Der *Zink*-Geh. im Pankreas des Hamsters beträgt 6,02 mg% im Naßgewebe u. 19 mg% für die Trockensubstanz. Diese Werte entsprechen etwa denen, die beim Mensch u. den meisten Säugern gefunden wurden. D. SCHEUCH. 4564□

Wirkungen von Insulin auf die Durchlässigkeit des Rattenzwerchfells für D- und L-Xylose sowie D- und L-Arabinose. H. Carlin und O. Hechter. (J. gen. Physiol. **45.** 309—16. Nov. 1961. Shrewsbury, Worcester Found. for Exp. Biol.) (Engl.)

Im intakten isolierten Rattenzwerchfell verteilen sich *D-* u. *L-Xylose* (**I**) u. *D-* u. *L-Arabinose* (**II**) in weniger als einem Drittel des gesamten Zellwassers. Bei Zusatz von *Insulin* (**III**) verteilen sich L-**I** u. D-**II** in 50%, D-**I** u. L-**II** in 80% des intracellulären Wassers. Die Permeabilitätssteigerung für D-**I** u. L-**II** durch **III** erfolgte rasch, für L-**I** u. D-**II** erst nach einer längeren Latenzzeit. Diese konnte bei L-**I** durch 1 std. Vorbehandlung des Gewebes mit **III** aufgehoben werden. In mit Dinitrophenol behandeltes Gewebe dringen zunächst alle 4 Verbb. u. Saccharose gleich schnell ein, später ist jedoch die Eintritts-Geschw. von D-**I** u. L-**II** höher. K. ZINGRAF. 4564□

Wirkungen von D-Mannoheptulose und D-Sedoheptulose auf Blutglucose und Ketonkörper in der Ratte. Ernst Simon, Robert O. Scow und Sidney S. Chernick. (Amer. J. Physiol. **201.** 1073—77. Dez. 1961. Bethesda, Md., Nat. Inst. of Arthrit. and Metabol. Diseases, Labor. of Biochem. and Metabol. and Labor. of Nutrit. and Endocrin.) (Engl.)

D-Mannoheptulose (**I**)-Gaben (subkutan) erhöhen bei fastenden Ratten *Glucose* (**II**) (auf 200 mg/100 ml) u. *Ketonkörper* (**III**; auf 21 mg/100 ml) im Blut. *Insulin* (**IV**; subkutan) senkt **II** u. **III**. **I** ändert den **IV**-Effekt nicht. In total pankreatektomierten Tieren hat **I** keinen Einfl. auf **II** u. **III**. Vff. schließen daraus, daß **I** als Blocker oder Hemmer bei der **IV**-Freisetzung im Pankreas wirkt. D-Sedoheptulose hat keinen diabetogenen Effekt. M. METZE. 4564□

Wirkung von Glucoseinfusionen und Insulin auf Kontraktionen des Skelettmuskels. L. Wislicki. (Arch. int. Pharmacodynam. Thérap. **125.** 21—29.1/4. 1960. Jerusalem, Hebrew Univ.-Hadassah Med. School, Dep. of Pharmacol.) (Engl.)

Bei der anästhesierten Katze erhöhen hyperton. *Glucose*-Infusionen vorübergehend die Kontraktionen des Gastrocnemiusmuskels auf direkte Reizung. Bei fortdauernden Infusionen u. mit der Entw. extremer Hyperglykämie nimmt das Kontraktionsmaximum nach direkter u. indirekter Reizung ab. Große *Insulin*-Dosen vermindern nach direkter u. indirekter Reizung die Kontraktionen, jedoch ist die neuromuskuläre Übertragung gegen den Blutzuckerabfall empfindlicher als die Muskelfaser selbst. Während der Hypoglykämie verstärkt Ermüdung die Verminderung der Kontraktionshöhe. K. MAIER. 4564□

Insulin-Einfluß auf Ophicephalus striatus (Bloch). B. Seshadri. (J. sci. ind. Res. [New Delhi], Sect. C **20.** 299. Okt. 1961. Pondicherry, French Inst.) (Engl.)

Intramuskulare Injektion von 5—15 I.E. *Insulin*/150 g sind ohne Einfl. auf den Fisch *Ophicephalus striatus*, 20—40 I.E. verursachen Convulsionen, u. 60 I.E. wirken innerhalb von 33—47 Std. tödlich. P. GREGORZEWSKI. 4564□

Die Radioinsulin-Aufnahme der roten Blutkörperchen in vitro: Eine einfache Methode zum Nachweis von Insulin-Antikörpern. Julian I. Zinder, Sheldon Berger und M. S. Goldstein. (Proc. Soc. exp. Biol. Med. **107.** 345—47. Juni 1961. Chicago, Ill., Michael Reese Hosp. and Med. Center, Dep. of Metabolic and Endocrin. Res.) (Engl.)

Die Aufnahme von ^{131}*J-Insulin* (^{131}J-**I**) aus dem Blut von Diabetikern durch die Erythrocyten wird durch vorangehende **I**-Therapie erheblich vermindert. Diäternährung u. Sulfonylharnstofftherapie beheben diese Verminderung nicht. Sie beruht vermutlich auf der Anwesenheit von **I**-Antikörpern. H.-G. FLOSS. 4564□

Der cholagoge Effekt von Carbutamid beim Menschen. Antal Káldor, Gábor Pogátsa und György Buzási. (Acta med. scand. **169.** 451—53. April 1961. Budapest, Hungary, Univ. Med. School, 2nd Dep. of Med.) (Engl.) — Vgl. auch C. **1961.** 9859.

Nach oralen Gaben von 3,0 g *Carbutamid* (I) fällt der *Bromsulphalein* (II)-Geh. des Serums signifikant schneller ab, u. II erscheint schneller beim gesunden Menschen im Duodenalinhalt. Bei Leberkranken kann II ebenfalls früher im Duodenalinhalt festgestellt werden. Diese Befunde weisen auf einen cholagogen Effekt von I beim Menschen hin. K. BÖHM. 4564□

Der Einfluß zweier blutzuckersenkender Sulfamide, Carbutamid und Chlorpropamid, auf die postnatale Entwicklung der Ratte. Herbert Tuchmann-Duplessis und Lucette Mercier-Parot. (C. R. hebd. Séances Acad. Sci. **250.** 3733—35. 30/5. 1960. Paris, Fac. de Méd., Labor. d'Embryol.) (Franz.)

Im Gegensatz zu *Carbutamid* (I) bewirkt *Chlorpropamid* (II) bei der fötalen u. postnatalen Entw. der Ratte keine Mißbildungen u. ist allg. weniger schädlich als I. Die Fötusresorption liegt beim II-behandelten Tier 30% tiefer als bei II-Zufuhr. K. MAIER. 4564□

Die Wirkung von Histamin auf die Pepsinsekretion. D. W. Piper. (Amer. J. Digest. Diseases [N. S.] **5.** 880—88. Okt. 1960. Sydney, Australia, Univ. of Sydney, Dep. of Med.; Royal North Shore Hosp. of Sydney, Unit of Clin Invest.) (Engl.)

Histamin wirkt beim Menschen u. beim Hund unterschiedlich. Während es beim Menschen zur Steigerung der *Pepsin* (I)-Sekretion führt (Verstärkung sowohl der Abgabe als auch der Konz.), kommt es beim Hund zu einer Verminderung von I-Konz. u. I-Abgabe durch die Magendrüsen (von einigen Untersuchern ist allerdings eine vorherige kurze I-Ausscheidungssteigerung beobachtet worden; vermutlich Auswascheffekt). Diese unterschiedliche Rk.-Form der I-Ausscheidung ist wahrscheinlich als echter Artunterschied aufzufassen. U. TAUSENDFREUND. 4569□

Histamininduzierte Veränderungen im Sulfatstoffwechsel des Duodenums und der präpylorischen Gegend des Magens: eine experimentelle Untersuchung unter besonderer Berücksichtigung der Ulcusbildung. Ilkka P. T. Häkkinen. (Acta Physiol. scand., Suppl. **51.** Nr. 177. 1—76. 1960. Turku, Univ. of Turku, Dep. of Physiol.) (Engl.)

Die Entstehung von Ulcera unter dem Einfl. von *Histamin* (I) läßt sich nicht nur durch die Anregung der Säuresekretion durch I erklären; vielmehr übt I auch noch andere Wrkg. auf die Magen-Duodenalwand aus, die sich in anfänglicher Irritation oder Stimulierung sowohl der epithelialen sekretor. als auch der mesenchymalen Abwehrmechanismen äußern, gefolgt von Schädigung u. Erschöpfung bis zur schließlichen Ulcusbildung: Bei Prüfung des *Sulfat*-Stoffwechsels konnte nach Injektionen von I ein Anstieg des SO_4^{2-}-Geh. im Stroma der Duodenalwandung u. der Mucosa des Magens festgestellt werden; bei Verw. von $^{35}SO_4^{2-}$ läßt sich nach I-Injektionen die höchste Aktivität in der Duodenalschleimhaut, danach im Duodenalstroma u. der Magenschleimhaut, die geringste Aktivität im Magenstroma (wo SO_4^{2-} chem. nicht auffindbar ist) nachweisen. Diese Veränderungen werden als Ausdruck sekretor. Aktivität u. teilweise als Ausdruck der Synth. von Bindegewebe angesehen. Durch Verabreichung von *HCl* konnten keine Veränderungen im SO_4^{2-}-Geh. der Gewebe erzielt werden; der SO_4^{2-}-Geh. im Duodenalgebiet steigt auch bei Unterbindung des Pylorus, so daß jede Säure-Einw. ausgeschaltet wird. Nach mehrtägigen I-Injektionen kommt es zur Zeit der Duodenalulcus-Bldg. zu einem Abfall des SO_4^{2-}-Geh. der Wandungen unter die Norm. Ulcera, die durch kleine Einzeldosen von I hervorgerufen werden, sitzen fast immer im Duodenum. U. TAUSENDFREUND. 4569□

Sekretinwirkung auf die Pankreas-Sekretion. John B. Christodoulopoulos, Walter Harvey Jacobs und Arthur P. Klotz. (Amer. J. Physiol. **201.** 1020—24. Dez. 1961. Kansas City, Kans., Univ. of Kansas Med. Center.) (Engl.)

Verss. an Hunden mit chron. Duodenalfistel, denen einmalig (a) bzw. kontinuierlich (b) *Sekretin* (I) i.v. injiziert wurde, zeigten, daß nach a kein Maximaleffekt (Steigerung des Pankreassaft-Vol., hoher Bicarbonat-Geh.) erzielt werden kann, auch bei sehr hohen Dosen nicht. Die Rk. war auch nur am gleichen Tag beobachtbar. Nach a war die *Amylase*-Konz. hoch, fiel aber bald. Nach b (120—180 Min. lange Stimulierung) fiel die *Bicarbonat*-Konz. u. stieg die Cl^--Konz., obwohl das hohe Vol. des Pankreassaftes blieb. Nur Spuren von Enzymen waren feststellbar. M. METZE. 4569□

Direkte Nebennierenrindenstimulation durch Serotonin. Arthur S. Verdesca, Coenraad D. Westermann, Richard S. Crampton, William C. Black, Relja I. Nedeljkovic und James G. Hilton. (Amer. J. Physiol. **201.** 1065—67. Dez. 1961. New York City, St. Luke's Hosp., Dep. of Med.) (Engl.)

Mit der direkten arteriellen Perfusionstechnik an der Nebenniere des hypophysektomierten Hundes zeigte die *Serotonin*-Infusion (in Ggw. von ACTH) eine Stimulierung der *Hydrocortison*-Sekretion. Weder 5-Hydroxytryptophan noch Reserpin zeigten diesen Effekt. Der mögliche Mechanismus wird diskutiert. M. METZE. 4569□

Über einen zentralen Serotonin–Noradrenalin-Antagonismus. Joachim Schmidt und Hansjürgen Matthies. (Acta biol. med. german. [Berlin] **8.** 107—09. 1962. Magdeburg, Med. Akad., Pharmakol. Inst.) (Dt.)

Injektion von 100n *Serotonin* (**I**) in das Vorderhirn führte zu einer signifikanten Verlängerung einer anschließenden Hexobarbitalnarkose. Gleichzeitige Injektion von 50 n oder auch 0,5 n *Noradrenalin* (**II**) hebt die verlängernde Wrkg. von **I** auf; 50 n **II** allein ruft selbst eine Narkoseverlängerung hervor. Die Narkoseverkürzung nach Injektion von 100 n **I** in das Hinterhirn konnte durch gleichzeitige Injektion von **II** in denselben Hirnabschnitt gehemmt werden. Injektion von 50 n **II** in das Vorderhirn verlängert die Narkose. Diese Verlängerung wurde durch gleichzeitige Injektion von 40 n **I** völlig aufgehoben. Verss. zeigen also einen dosisabhängigen Antagonismus zwischen den beiden untersuchten Aminen, über dessen Natur noch nichts ausgesagt werden kann. D. SCHEUCH. 4569□

5-Hydroxytryptamin im Hirn Ozon-behandelter Ratten. Ralph G. Skillen, Clinton H. Thienes, Joseph Cangelosi und Lorrene Strain. (Proc. Soc. exp. Biol. Med. **108.** 121—22. Okt. 1961. Pasadena, Calif., Huntington Memor. Hosp., Inst. of Med. Res.) (Engl.)

Im Hirn von Ratten trat nach 4std. Behandlung mit 6 ppm *Ozon* ein echter Verlust an *5-Hydroxytryptamin* ein, der nicht auf eine Verdünnung durch Hirnödem zurückzuführen war. K. ZINGRAF. 4569□

Wirkungen von Strahlung auf den Gehalt von Serotonin im Gewebe bei der Ratte. B. H. Ershoff und E. M. Gal. (Proc. Soc. exp. Biol. Med. **108.** 160—62. Okt. 1961. Culver City, Calif., Western Biol. Labor.) (Engl.)

Eine einmalige Ganzkörperbestrahlung mit 900 r Röntgenstrahlen bewirkte bei der Ratte eine hochsignifikante Verringerung des *Serotonin*-Geh. in Blut u. Milz (gemessen nach 6 Tagen) u. eine Zunahme des **I**-Geh. im Dünndarm im Vgl. zu Kontrolltieren mit gleicher Futtermenge oder freiem Zugang zum Futter. Auch γ-Strahlung bewirkte eine Verringerung des **I**-Geh. in der Milz. Keine Unterschiede zwischen bestrahlten u. unbehandelten Tieren bestanden im **I**-Geh. des Hirns bei gleicher Futtermenge; dagegen war der **I**-Geh. in Hirn der Kontrollen bei freiem Zugang zum Futter höher. K. ZINGRAF. 4569□)

Das neuroendokrine System der Arthropoden. Bradley T. Scheer. (Vitamins and Hormones **18.** 141—204. 1960. Eugene, Oreg., Univ. of Oregon, Dep. of Biol.) (Engl.)

Übersicht. Morphologie des neuroendokrinen Systems: Neurosekretor. u. endokrines Syst.; Physiologie des neuroendokrinen Systems: Kontrolle von Wachstum u. Entw., Fortpflanzung, Farbänderung, Stoffwechsel u. anderen Funktionen; Best. u. Reinigung von Arthropodenhormonen: *Ecdyson, Neurohormone von* GERSCH, *Juvenilisierungshormon*, Crustaceen-*Chromatophorotropine*. — 400 Literaturangaben. K. MAIER. 4569□

Untersuchungen über den Eisenstoffwechsel der Erythroblasten bei verschiedenen Blutkrankheiten. Ikuro Kimura, Tsuyoshi Miyake und Ri-ichi Kodani. (Acta med. Okayama **14.** 105—17. Juni 1960. Okayama, Okayama Univ., Med. School, Dep. of Int. Med.) (Engl.)

Radiographie von Erythroblasten in vitro nach Inkubation mit 4 μc (1 μg) ^{55}*Fe*/ml Serum, dazu 0,3 ml aspiriertes Knochenmark, bei 37° für 24 Std. wird als günstige Meth. zur Prüfung der *Fe*-Aufnahme von Erythroblasten u. der Klärung von Störungen des Fe-Stoffwechsels im Erythroblasten bei verschiedenen Erkrankungen empfohlen. Bei Zuständen mit beschleunigter erythroblast. Aktivität (z. B. Polycythämia vera) u. Fe-Mangel (idopath. hypochrom. Anämie) erweisen sich der Serum-Fe-Spiegel u. die Zahl der Sideroblasten als subnormal, die Radioaktivität der Erythroblasten ist hoch; bei niedriger erythropoet. Aktivität (hypoplast. Anämie) ist der Serum-Fe-Spiegel höher als normal, die Radioaktivität der Erythroblasten ist niedriger. Zwischen der Zahl der färbbaren Fe-Granula u. der durchschnittlichen Geschw. der ^{55}Fe-Aufnahme durch die Erythroblasten besteht ein umgekehrtes Verhältnis, so daß damit ein wichtiger Hinweis für die Beurteilung der Fe-Verwertungsprozesse jeder Erkrankung gegeben ist. U. TAUSENDFREUND. 4572□

Dielektrische Eigenschaften von Hämoglobin. Wechselwirkung zwischen Wasserstoffperoxid und Methämoglobin. Shiro Takashima. (Biochim. biophysica Acta [Amsterdam] **51.** 260—64. 5/8. 1961. Osaka, Univ., Inst. for Protein Res.) (Engl.)

Mittels einer Impedanzbrücke wurde die dielektr. Dispersion im Frequenzbereich zwischen 100 kHz u. 10 MHz von Rinder-*Methämoglobin* (**I**) bei pH 7 bestimmt. Das dielektr. Inkrement beträgt 0,42/g/Liter, die krit. Frequenz 1,3 MHz, das ergibt eine

Relaxationszeit von $12{,}3 \cdot 10^{-8}$ s. Es wird die Dispersion der spezif. Leitfähigkeit sowie der dielektr. Verlust mitgeteilt; letzterer besitzt ein deutliches Maximum zwischen 2—3 MHz. Bei Zusatz von steigenden Mengen H_2O_2 zu einer **I**-Lsg. sinkt das dielektr. Inkrement des **I** ab, erreicht bei 10^{-6} bis 10^{-5}m H_2O_2 ein Plateau, um bei höheren H_2O_2-Konzz. noch weiter zu fallen. Das bedeutet, daß das **I**-Mol. bei der Rk. mit H_2O_2 eine Umordnung der Ladungsverteilung erfährt. Da die Intrinsic-Viscosität einer **I**-Lsg. bei H_2O_2-Zusatz jedoch gleich bleibt, kann eine stärkere Veränderung der Mol.-Form ausgeschlossen werden. In Ggw. von H_2O_2 ist der Kurvenverlauf des dielektr. Verlustes beim **I** 2gipflig. Es ist das ein direkter Beweis für die Existenz einer zweiten Dispersion. Vf. nimmt an, daß der Relaxationsprozeß, der nicht von einer Veränderung der Struktur des Protein-Mol. begleitet ist, durch ein induziertes Dipolmoment bedingt ist, das durch Ionenleitung entlang der Oberfläche des Protein-Mol. hervorgerufen wird.

W. Scheler. 4572□

Oxydationsempfindlichkeit von Hämoglobin unter verschiedenen Bedingungen. W. K. Metcalf. (Nature [London] **190.** 543. 6/5. 1961. Bristol, Univ., Dep. of Anatomy.) (Engl.)

Es ist bekannt, daß die Erythrocyten von Säuglingen gegen *Methämoglobin*-bildende Stoffe bes. empfindlich sind. Gleiches konnte bei Kindern u. Jugendlichen bis zur Pubertät nachgewiesen werden. In der vorliegenden Unters. zeigt der Autor, daß auch während der Schwangerschaft u. bei bestimmten Carcinompatienten, ebenso bei einigen anderen Krankheiten, eine erhöhte Empfindlichkeit gegen solche Agentien vorliegt. Nach Exstirpation der Carcinome verschwindet die erhöhte Oxydationsneigung des Blutfarbstoffs wieder. W. Scheler. 4572□

Experimentelle Oxydation von Hämoglobin: Ihre Beziehung zur Wachstumsgeschwindigkeit von Ratten. W. K. Metcalf. (Nature [London] **190.** 543—44. 6/5. 1961. Bristol, Univ., Dep. of Anatomy.) (Engl.) — Vgl. vorst. Referat.

Die Empfindlichkeit des *Hämoglobins* von Ratten gegenüber oxydierenden Stoffen, wie $K_3Fe(CN)_6$ bzw. $NaNO_2$ wurde in Abhängigkeit vom Alter der Tiere geprüft. Sie nimmt mit dem Wachstum u. der Alterung der Tiere ab. Hormonale Faktoren werden als Ursache der veränderten Empfindlichkeit ausgeschlossen. W. Scheler. 4572

Über den Einfluß der H^+-Konzentration und von SH-Reagentien auf die Redoxpotentiale von Hämin, Pferdemyoglobin sowie verschiedener Hämoglobine. J. Behlke und W. Scheler. (Acta biol. med. german. [Berlin] **8.** 88—102. 1962. Greifswald, Ernst-Moritz-Arndt-Univ., Pharmakol. Inst.) (Dt.)

Das Redoxpotential des *Protohäm/Protohämin*-Syst. beträgt bei pH $< 6{,}5$ 0, bei pH $> 6{,}5$ -60 mV. Beim Stehen der frischzubereiteten Lsg. fällt das Potential ab. Dieser Abfall kann durch Bindung des *Hämins* an Polyvinylpyrrolidon gehemmt werden. Das Redoxpotential verschiedener *Hämoglobine* beträgt bei pH 7,0 u. 30°: Chironomushämoglobin + 35, Pferdemyoglobin + 60 u. Pferdehämoglobin + 132 mV. Die zunehmende Positivität ist als Folge einer stärkeren Wechselwrkg. des Proteinanteils mit dem Häm zu werten. Aus der pH-Abhängigkeit der Redoxpotentiale wurden die verschiedenen Ionisations-Konst. der oxydierten u. red. Form der Hämoproteide bestimmt. In der red. Form enthält Pferdehämoglobin vermutlich eine SH-Gruppe, die durch N-Äthylmaleinimid u. andere SH-Reagentien blockiert werden kann. Die Blokkierung senkt das Redoxpotential u. stört die Häm-Proteinverknüpfung. Anscheinend hat die SH-Gruppe großen Anteil an der Stabilisierung der prosthet. Gruppe, indem die Autoxydation des Fe(II) zurückgedrängt wird. Das Redoxpotential von Pferdemyoglobin u. Chironomushämoglobin wird durch N-Äthylmaleinimid nicht verändert. — 37 Literaturangaben. D. Scheuch. 4572□

Erzeugung eines kristallinen Interspecieshybriden des Hämoglobins bei etwa neutralem pH. David L. Drabkin und C. David Wise. (J. biol. Chemistry **237.** PC261—PC263. Jan. 1962. Philadelphia, Pa., Univ. of Pennsylvania, Graduate School of Med., Dep. of Biochem.) (Engl.)

Im Protein- u. Hämanteil ^{14}C-markiertes *Hundehämoglobin* (**I**) u. unmarkiertes *Rattenhämoglobin* (**II**), das schwer lösl. ist, wurden gemischt (pH 7,0—7,2) u. 3 bzw. 6 Std. bei 37° inkubiert u. schließlich 18 Std. bei 4° gekühlt. Das gebildete Präcipitat wurde 3mal mit kaltem W. gewaschen. Es konnten dann gut ausgebildete Kristalle nachgewiesen werden, die ein *interspecieshybrides Hämoglobin* (Hund–Ratte) enthielten. Das Hybrid war besser lösl. als **II**, aber schlechter als **I**. Daß es sich um echte Hybride handelte u. nicht nur um Verunreinigungen u. dgl., wurde durch die gute Löslichkeit des **I**, welches somit von den Hybridkristallen abgewaschen werden konnte, sowie durch die Radioaktivität der Hybridkristalle belegt. Da α- u. β-Kette des **I** unterschiedlich stark markiert waren (bei Verw. von $^{14}C_{(2)}$-Glycin zur Biosynth. von Hämoglobin wird die β-Kette bevorzugt radioakt.), konnte bei Analyse der Radioaktivität der Hybriden gezeigt werden, daß vorzugsweise die β-Kette des I für die Bldg. des Ratte-Hundhybriden Hämoglobins herangezogen wird. Die Unterss. zeigen, daß möglicherweise schon unter normalen Bedingungen eine Mol.-Hybridisierung von Hämoglobinen erfolgen u. daß sie physiolog. bedeutungsvoll sein kann. W. SCHELER. 4572□

Multiple Hämoglobine. W. B. Gratzer und A. C. Allison. (Biol. Rev. Cambridge philos. Soc. **35.** 459–506. Nov. 1960. London, Mill Hill, Nat. Inst. for Med. Res.) (Engl.)

Übersicht. Unters.-Methoden: Elektrophorese, Chromatographie, Löslichkeit, Kristallstruktur, Absorptionsspektrum, Molgew., Aminosäuren-Zus., alkal. Denaturierung, Oxydations- u. Red.-Rkk., O_2-Dissoziation, Methämoglobin-Derivv.; Mikroorganismen u. Invertebraten, Vertebraten; Ursprung u. Evolution des *Hämoglobin* (I)-Mol., O_2-Gleichgewichte u. BOHR-Effekte bei verschiedenen Tieren, Heterogenität der Hämoglobine innerhalb von Species. K. MAIER. 4572□

Methämalbumin als Maßstab für biologisch aktives Hämin. Jörg Jensen. (Naturwissenschaften **48.** 561–64. 1. Sept.-H. 1961. Milwaukee, Wis., Marquette Univ., School of Med., Dep. of Microbiol. and Immunol.) (Dt.)

Die Hämin-heterotrophe Staphylokokkenmutante JT/52 kann keinen Fe-Einbau in das Porphyringerüst vornehmen, für sie ist deshalb *Hämin* (I) ein Wuchsstoff. Die biolog. Aktivität von I-Lsgg. stimmt nicht mit der spektralphotometr. bestimmten Konz. überein, wobei bes. auf die Alterungsvorgänge verwiesen wird. Die biolog. Aktivität des I wurde durch Best. der aus I gebildeten Katalase verfolgt. Gealtertes I unterscheidet sich bei spektralphotometr. Best. wenig von frischem, bei Best. der biolog. Aktivität jedoch erheblich. Die Alterung von I-Lsgg. kann dabei durch Einfrieren bei -65^0 verhindert werden. Bei Zimmer-Temp. ist die I-Bindung an *Serumalbumin* (II) in 20–30 Min. abgeschlossen. Die Fähigkeit von I, mit menschlichem II zu reagieren, die spektralphotometr. an der Soretbande verfolgt wurde, vermindert sich etwa parallel zur biolog. Aktivität während der I-Alterung. W. SCHELER. 4572□

Die Reaktion von Metmyoglobin mit Phenol. Philip George, R. L. J. Lyster und J. Beetlestone. (J. biol. Chemistry **236.** 3246–51. Dez. 1961. Philadelphia, Pa., Univ. of Pennsylvania, John Harrison Labor. of Chem.) (Engl.)

Es wurde die Bindung von *Phenol* (I) an *Metmyoglobin* (II) spektralphotometr. verfolgt. Da die Gleichgewichts-Konst. der Rk. ($K = [M-P]/[M][P]$, M = Metmyoglobin u. P = Phenol) hoch liegt, jedoch bei höheren I-Konzz. bereits eine Denaturierung des II erfolgt u. somit das Endprod. spektral nicht direkt erfaßbar ist, wurde K durch ein graph. Verf. indirekt bestimmt. So beträgt z. B. K für 20^0 u. pH 9,35 $41{,}8 \pm 1{,}2$. K ist pH-abhängig, die pH-Funktion läßt sich durch Berücksichtigung einer Hydrolyse-Rk. im II mit pK 9,13 u. der Dissoziation des I mit pH 10,1 theoret. deuten. Das Maximum der pH-Abhängigkeit von K liegt bei pH 9,5. Es wird geschlossen, daß das Phenolation als Rk.-Partner des II vorliegt. Weiterhin wurden aus der Temp.-Abhängigkeit des Gleichgewichts die Rk.-Enthalpie, die freie Energie der Rk. u. die Rk.-Entropie ermittelt. Das durch Extrapolation ermittelte Absorptionsspektrum des I–II-Komplexes gleicht im Typ dem des II-Fluorids. W. SCHELER. 4572□

Porphyrine und Hämoproteine. E. Margoliash. (Annu. Rev. Biochem. **30.** 549–78. 1961. Salt Lake City, Utah, Univ. of Utah, Coll. of Med., Labor. for Study of Hereditary and Metabolic Disorders; Montreal, Canada, McGill-Montreal General Hosp. Res. Inst.) (Engl.)

Übersicht (bis Okt. 1960). Biosynth. der *Porphyrine*: Bldg. von δ-Aminolävulinsäure, Porphobilinogen, Uroporphyrinogen, Koproporphyrinogen III, Protoporphyprin, Fe-Einbau; Hämoglobine u. Myoglobine: physikochem. Unterss., multiple Formen u. Primärstruktur, Dissoziationen u. Rekombinationen; Cytochrome der c-Gruppe. — 404 Literaturangaben. K. MAIER. 4572□

Die Rolle der Mitochondrien bei der in vitro-Bildung von Protoporphyrin und Häm. C. Rimington und B. E. Tooth. (J. Biochemistry [Tokyo] **49.** 456–67. Juni 1961. London, Univ., Coll. Hosp. Med. School, Dep. of Chem. Pathol.) (Engl.)

Aus Hühnererythrocyten wurde ein Enzympräp. hergestellt, das aus *Porphobilinogen* (I) vor allem *Koproporphyrin* (II) u. nur wenig *Protoporphyrin* (III) bildet. Dieses lösl. Ferment-Syst. besitzt sein pH-Optimum bei pH ca. 7,4, es ist mäßig stabil, bei 5^0 besitzt es nach 15 Tagen noch 80% Aktivität u. ist nicht dialysabel. Werden dem Enzym-Präp. Rattenlebermitochondrien zugesetzt, so läuft die Porphyrin-Bldg. aus I über II hinaus u. es wird überwiegend III gebildet. Herz- u. Nierenmitochondrien der Ratte sind unwirksam, Milzmitochondrien nur schwach aktiv. Lebermitochondrien behalten bei Aufbewahrung für 8 Wochen bei -5^0 ihre Aktivität, 2 Min. langes Erhitzen auf 100^0 vernichtet die Aktivität. Gefrorene u. aufgetaute Mitochondrien bleiben akt., ebenso das Acetontrockenpulver derselben. Die Aktivität erlischt bei Erhitzen auf 100^0. Aus diesen u. anderen Verss. wird geschlossen, daß der Mitochondrienfaktor, der zur Umwandlung des **II** in **III** führt, enzymat. Natur u. kein thermostabiler Co-Faktor ist. Er führt im übrigen auch zur Umwandlung von *Koproporphyrinogen III* in **III**. Die Rk. wird durch $K_3Fe(CN)_6$ gehemmt, NaF ist ineffektiv, kaum wirksam ist auch KCN. Jodacetat begünstigt die **III**-Synthese. o-Phenanthrolin hemmt die Porphyrin-Bldg. aus **I** ebenfalls, verschiebt aber das Verhältnis zugunsten des **III** u. zuungunsten des **II**. Das Enzym-Syst. ist zur Umwandlung von **III** in *Häm* (**IV**) nur schwach befähigt, die **IV**-Ausbeute steigt bei Zusatz von Ascorbinsäure. Rattenlebermitochondrien sind etwas wirksamer bei der **III**-Umwandlung in **IV**, die stärkste **IV**-Ausbeute erfolgt aber bei einer Kombination des Enzym-Syst. mit Rattenlebermitochondrien. NaF ist auch hinsichtlich des Fe-Einbaues unwirksam, anaerobe Verhältnisse begünstigen die **IV**-Synthese. Sie wird unterbrochen bei Erhitzen. Der Überstand gefrorener u. aufgetauter Mitochondrien ist hinsichtlich des Fe-Einbaues in das **III** unwirksam. — 32 Literaturangaben. W. SCHELER. 4572□

Die Pharmakologie der Lichtempfindlichkeit nach Hämatoporphyrin. Harvey M. Solomon. (J. Pharmacol. exp. Therapeut. **134**. 251—55. Nov. 1961. Minneapolis, Minn., Univ. of Minnesota, Med. School, Dep. of Pharmacol.) (Engl.)

Die durch *Hämatoporphyrin* bei der Maus bewirkte letale Lichtempfindlichkeit steht anscheinend mit einer *Histamin* (**I**)-Freisetzung in der Frühphase des photodynam. Prozesses in Verbindung u. konnte durch Vorbehandlung mit Antihistaminicis, der **I**-freisetzenden Substanz 48/80 oder **I** nicht beeinflußt werden. Entfernung des Felles erhöhte die Empfindlichkeit. Eine Blockierung der tox. Wrkg. war durch Vorbehandlung der Tiere mit *Evansblau* möglich. K. ZINGRAF. 4572□

Leukocytenmarkierung mit anorganischem Radiophosphor. Richard I. Walker, John C. Herion und Jefferess G. Palmer. (Amer. J. Physiol. **201**. 1137—41. Dez. 1961. Chapel Hill, N.C., Univ. of North Carolina, School of Med., Dep. of Med.) (Engl.)

An normalen Kaninchen wurde nach i.v. Injektion von ^{32}P die Plasma-Clearance u. der Verbleib von *anorgan. P* in den Leukocyten untersucht. Mindestens 7 Tage nach Injektion (2 μc/kg) sind bedeutende ^{32}P-Spiegel im Plasma zu beobachten. In den Markzellen wird das Gleichgewicht zwischen extracellulärem Phosphat u. intracellulären säurelösl. *organ.* u. *anorgan. Phosphaten* nach 24 Std. erreicht. In Leukocyten ist dieses Gleichgewicht nach 48 Std. noch nicht erreicht. Erst nach 4 Tagen ist ein Aktivitätsmaximum an DNS-P u. Stickstoff-Geh. der Leukcoyten zu beobachten. Lymphocyten zeigen nur eine geringe Aktivität. Die möglichen Ursachen für die unterschiedliche ^{32}P-Verteilung in zirkulierenden Leukocyten u. den proliferierenden u. reifenden Markzellen werden diskutiert. — 34 Literaturangaben. M. METZE. 4573□

Dimerenbildung von Glycerin und der Transport durch die Zellmembran von Erythrocyten. W. D. Stein. (Nature [London] **191**. 352—55. 22/7. 1961. Cambridge, Univ., Dep. of Coll. Sci.) (Engl.)

Vf. stellt die Hypothese auf, daß der akt. Transport von *Glycerin* (**I**) durch die Zellmembran von Erythrocyten (E) durch einen Mittler bedingt wird, der 2 Moll. von **I** über Wasserstoffbrücken zu einem Dimeren verbindet. Dadurch wird die Wasserhülle des Mol. verkleinert u. der Durchtritt durch die hydrophobe Membranregion erleichtert. Danach dissoziieren die Dimeren wieder in die Monomeren. Experimentelle Daten zur Stützung dieser Annahme im Original. L. LACHHEIN. 4573□

Dimerenbildung und Glucosetransport durch die Membran roter Blutzellen. W. D. Stein. (Nature [London] **191**. 1277—80. 23/9. 1961. Cambridge, Univ., Dep. of Coll. Sci.) (Engl.) — Vgl. vorst. Referat.

Es wurde untersucht, ob der akt. *Glucose*-Transport durch die Erythrocytenmembran möglicherweise ebenfalls durch die Bldg. eines hypothet. Dimeren erklärt werden kann, wie der Vf. bereits für den akt. Glycerintransport erörtert hat (l. c.). Der akt. Transport wird durch Annahme von Dimeren vermittels einer Dimerase besser erklärt als durch die Annahme eines Monomeren. Die hypothet. Dimerase knüpft Wasserstoffbrücken zwischen 2 Glucosemolekülen. Nach Durchtritt durch den hydrophoben Membranteil zerfällt das Dimere spontan in die beiden Monomeren. Neben Unterss. über den Glucoseeintritt in Erythrocyten aus Lsgg., die Glucose allein oder mit anderen Zuckern im Gemisch enthalten, stützt Vf. seine Hypothese auf Hemmstoff-Vers. mit Phlorrhizin. L. LACHHEIN. 4573□

Das „scheinbare Molekulargewicht" von Myelinformen aus normalen Erythrocyten und einige Variationen desselben. Eric Ponder und Ruth V. Ponder. (J. gen. Physiol. **45**. 345—54. Nov. 1961. Mineola, Long Island, Nassau Hosp.) (Engl.)

Beschreibung einer Standardtechnik zur Herst. von *Myelin*-Formen aus dem Stroma normaler Erythrocyten, wobei als Kontrolle die Best. des „scheinbaren Molgew." mittels Lichtstreuung dient. K. ZINGRAF. 4573□

Tierexperimentelle Studien über die Jodreaktion der Leukocyten. 1. Mitt. **Jodophilie der Leukocyten unter Einwirkung bakterieller Pyrogene aus gramnegativen Keimen.** W. Keiderling und H. A. E. Schmidt. (Klin. Wschr. **38.** 168—74. 15/2. 1960. Freiburg, Univ., Med. Klinik.) (Dt.)

Vff. untersuchen an Ratten u. Kaninchen das Auftreten der *Jod-Rk.*, d. h. das Erscheinen jodfärbbarer Substanzen in den Leukocyten des Blutes (Jodophilie der Leukocyten). Diese tritt sowohl nach i.v. Injektion von Vollbakterien (Vaccinereizstoff *Pyrifer*) als auch von hochgereinigten Bakterieninhaltsstoffen [*Lipopolysaccharid-Pyrogen* aus Keimen von *Salmonella abortus equi*; (I)], einer gereinigten *Protein*-Fraktion aus Paratyphus-B-rauh-Keimen u. der reinen *Nucleinsäure*-Fraktion von *Escherichia coli* auf, wobei I die quant. stärkste Wrkg. zeigt. Die Jodophilie der Leukocyten erscheint ebenfalls nach in vitro-Bebrütung von heparinisiertem Vollblut mit genannten Bakterienreizstoffen. R. LAFFERENZ. 4573□

Tierexperimentelle Studien über die Jodreaktion der Leukocyten. 2. Mitt. **Jodophilie der Leukocyten unter Einwirkung endogener Reizstoffe.** W. Keiderling und H. A. E. Schmidt. (Klin. Wschr. **38.** 174—77. 15/2. 1960. Freiburg, Univ., Med. Klinik.) (Dt.) — 1. vgl. vorst. Referat.

Unterss. an Kaninchen ergeben, daß *endogene Reizstoffe*, welche aus entzündlichem Exsudat (Tbc) u. aus Harn von Leukämiepatienten per Fraktionierung vermittels des Phenol/W.-Verf. erhalten wurden, in gleicher Weise eine Jodophilie der Leukocyten hervorrufen wie bakterielle Pyrogene. R. LAFFERENZ. 4573□

Die Verteilung der freien Nucleotide in den Reticulocyten der Ratte. Halina Karon, Pierre Chambon und Paul Mandel. (C. R. hebd. Séances Acad. Sci. **250.** 4216—18. 20/6. 1960. Strasbourg, Inst. de Chim. biolog., Fac. de Méd.; Poznań, Zakład Chem. Fizjol.) (Franz.)

Durch Injektion von 120 mg *Phenylhydrazinhydrochlorid* je kg Lebendgew. war nach 5 Tagen in den Erythrocyten ein Geh. von 30—50% Reticulocyten nachweisbar, nach einer Bestrahlung mit 700 r nach 21 Tagen 30—50%. Durch Elution an einer chromatograph. Kolonne konnten von freien Nucleotiden in den roten Blutkörperchen *Adenosintriphosphat* zu 85% u. *Guanosintriphosphat* zu 290% nachgewiesen werden. An Nucleotiden wurden ferner *Guanosinmono-* u. *-diphosphat*, *Uridinmono-* u. *-diphosphat*, *Uridindiphosphatglucose*, *Cytidindiphosphat* u. *Adenindiphosphatribose* festgestellt. L. MACHER. 4573□

Isolierung und Charakterisierung zweier β_1-Glykoproteine des menschlichen Serums. H. J. Müller-Eberhard, U. Nilsson und T. Aronsson. (J. exp. Medicine **111.** 201—15. 1/2. 1960. Uppsala, Univ. Hosp., Dep. of Clin. Chem.) (Engl.)

Durch präparative Elektrophorese u. Chromatographie an Anionenaustauschcellulose sowie begleitende Immunoelektrophorese ließen sich aus menschlichem Serum 2 bisher unbekannte (bzw. nicht identifizierte) β_1-Globuline isolieren. Der Sedimentations-Koeff. des als *β_{1C}-Globulin* (I) bezeichneten betrug 9,5 S, der des als *β_{1A}-Globulin* (II) bezeichneten betrug 6,9 S. Beide enthielten gleiche Menge Kohlenhydrate, keine Lipoide, sie besaßen die Löslichkeitscharakteristica von Euglobulinen. Im OUCHTERLONY-Doppeldiffusionstest ergab sich eine partielle Identität (stärkere Trennungslinie zu I hin). II ließ sich nicht in frischen Seren, I nicht in gealterten Seren nachweisen. Hochgereinigtes I unterlag bei Lagerung bei 1° innerhalb von 4—6 Wochen einer Umwandlung in II; bei 37° ging diese Umwandlung in 6 Tagen vor sich. U. TAUSENDFREUND. 4574□

Beziehung eines β_1-Glykoproteins des menschlichen Serums zum Komplementsystem. H. J. Müller-Eberhard und U. Nilsson. (J. exp. Medicine **111.** 217—34. 1/2. 1960. Uppsala, Univ. Hosp., Dep. of Clin. Chem.) (Engl.) — Vgl. vorst. Referat.

Das als *β_{1C}-Globulin* (I) bezeichnete neuentdeckte Protein des menschlichen Serums erwies sich als biolog. akt. mit Beziehungen zum Komplementsystem. Das als *β_{1A}-Globulin* (II) bezeichnete Protein wurde als die inaktivierte Form von I erkannt. Die Inkubation frischen Serums mit verschiedenen Immunpräcipitaten oder mit lösl. γ-Globulinaggregaten bei 37° resultierte in der Entfernung von I; gleiche Wrkg. hatte Behandlung des frischen Serum mit Zymosan bei 17 u. 37°; die Entfernung von I geht durch Inaktivierung zu II vor sich; eine Rk. von I mit den Immunpräcipitaten oder mit Zymosan kommt jedoch nicht zustande. Hochgereinigtes I stellt die hämolyt. Aktivität von *Meerschweinchen R_3* wieder her, ist jedoch ohne Einfl. auf R_3 aus menschlichem Serum; II ist inaktiv. Isoliertes I verliert in Phosphat- oder Boratpuffer bei 37° innerhalb 6 Tagen durch Umwandlung in II 20—30% seiner ursprünglichen Aktivität gegen Meerschweinchen R_3. Zugabe von I zu *Human C'* bewirkt eine Steigerung der initialen Geschw. u. des Grades der schließlichen Hämolyse. I scheint mit $EAC'_{1.4.2}$ bei 37° eine Wechselwrkg. einzugehen. U. TAUSENDFREUND. 4574□

Steigerung der Thrombinaktivität durch Ac-Globulin. Walter H. Seegers und Ricardo H. Landaburu. (Amer. J. Physiol. **201.** 1142—44. Dez. 1961. Detroit, Mich., Wayne State Univ. Coll of Med., Dep. of Physiol. and Pharmacol.) (Engl.)

Gereinigtes *Ac-Globulin* (**I**)-Präp. verstärkt die Hydrolyse von *p-Toluolsulfonyl-L-arginin* (**II**) durch Thrombin (**III**). **I** ist der begrenzende Faktor bei dieser Rk. u. hydrolysiert **II** nicht selbst. Die erhöhte **III**-Aktivität ist der **I**-Konz. direkt proportional. Mehr als 25fache Steigerung der **III**-Aktivität wurde erreicht. M. METZE. 4574□

Mittel zur nichtenzymatischen Prothrombin-Aktivierung. Kent D. Miller, William H. Copeland und John F. McGarrahan. (Proc. Soc. exp. Biol. Med. **108.** 117—19. Okt. 1961. Albany, N.Y., New York State Dep. of Health, Div. of Labor. and Res.; Albany Med. Coll., Dep. of Pathol.) (Engl.) — Vgl. auch C. **1961.** 11788.

Synthet. *Poly-L-Ornithin, Polymyxin B, Protamin* (**I**) u., in geringerem Grade, *Neomycin* u. *Streptomycin* aktivieren Pferde-*Prothrombin* (**II**) durch Prozesse, die der nichtenzymat. Aktivierung durch *Poly-L-lysin* (**III**) ähnlich sind. Die Aktivierung durch **III** wird durch *Heparin, Poli-L-glutaminsäure* u. *Poly-L-asparaginsäure* gehemmt. Das **II**-Aktivierungsvermögen von **I** ist gegen Hitze, Diisopropylfluorphosphorsäure (**IV**) u. Dialyse beständig. **II**-Verbrauch in **I**–**II**–**IV**-Gemischen u. Thrombin-Bldg. in **II**-freien Syst. laufen einander parallel. K. ZINGRAF. 4574□

Die immunologische Bilanz einiger extravasculärer Flüssigkeiten. Michel Gleye und Georges Sandor. (C. R. hebd. Séances Acad. Sci. **253.** 1367—69. 25/9. 1961.) (Franz.)

Die serofibrinöse Fl. (S) einermenschlichen Pleuritis tuberkulot. Ursprungs enthält das gleiche Antigen wie die früher beschriebene cirroth. Ascites-Fl. (A), die aber im Blutserum sowie auch in Kulturen von Tuberkelbazillen fehlt. Immunelektrophoret. wurden S u. A geprüft u. gezeigt, daß die darin enthaltenen Antigene die Beweglichkeit von β-Globulinen besitzen u. daß sie, gemäß der Technik von OUCHTERLONY untersucht, immunolog. ident. sind. L. MACHER. 4578□

Ductus thoracicus-Lymphe der Maus nach Salzbehandlung des Tourniquet-Schocks. Marvin M. Shrewsbury. (Amer. J. Physiol. **201.** 1152—54. Dez. 1961. San Jose, Calif., San José State Coll., Dep. of Biol.) (Engl.)

Bei Mäusen mit Ductus thoracicus-Fistel senkte der TOURNIQUET-Schock den Lymphstrom u. den *Na*-Ausstoß, erhöhte aber nicht den *K*-Ausstoß. Wenn zusätzlich Salz-Lsg. verabreicht wurde, verringerte sich der Lymphstrom u. die Na-Abgabe noch mehr, die K-Abgabe war dieselbe wie bei salzbehandelten ungeschockten Tieren. M. METZE. 4578□

Austausch von Inulin und Dextran zwischen Blut und Cerebrospinalflüssigkeit. Arthur R. Rothman, Emil J. Freireich, James R. Gaskins, Clifford S. Patlak und David P. Rall. (Amer. J. Physiol. **201.** 1145—48. Dez. 1961. Bethesda, Md., Nat. Cancer Inst., Clin. Pharmacol. and Exp. Therapeut. Serv.; Nat. Inst of Health, Nat. Inst. of Mental Health, Sect. on Theoret. Statistics and Mathem.) (Engl.)

An nephrektomierten Hunden wurden die Eingangs- u. Ausgangs-Geschw. von ^{14}C-*Inulin* (Molgew. 5000) u. ^{14}C-*Dextran* (Molgew. 12800 bzw. 77700) in die Cerebrospinal-Fl. (CSpfl.) u. von dort ins Plasma untersucht (große Moll. beteiligen sich nicht am Diffusionsgleichgewicht zwischen CSpfl. u. Blut). Für die untersuchten Stoffe waren die Eingangs-Geschw. ähnlich, die Ausgangs-Geschw. war groß u. für die Stoffe untereinander ähnlich. Es ist anzunehmen, daß in den Blut-CSpfl.-Barrieren Lücken von mindestens 60 Å ∅ bestehen u. daß der Gesamtstrom der CSpfl. von den subarachnoiden Räumen zum Venen-Syst. Substanzen aus der CSpfl. entfernt. M. METZE. 4578□

Jodide in der Cerebrospinalflüssigkeit. Bernard Becker. (Amer. J. Physiol. **201.** 1149—51. Dez. 1961. St. Louis, Mo., Washington Univ. School of Med., Dep. of Ophthalmol. and Oscar Johnson Inst.) (Engl.)

In vitro-Unterss. am Chorioid-Präp. des Kaninchens zeigten, daß ^{131}J im Chorioid-Plexus angesammelt wird. Dieser Vorgang ist temperaturabhängig u. wird von Enzyminhibitoren blockiert. In vivo-Unterss. lassen eine Erhöhung der niedrigen ^{131}J-Konzz. im Fließgleichgewicht der Cerebrospinal-Fl. nach *Jodid-* oder *Perchlorat-*Gabe erkennen. Die Ergebnisse lassen einen akt. Transport von Jodid aus der Cerebrospinal-Fl. vermuten. M. METZE. 4578□

Eiweißernährung. William N. Pearson und William J. Darby. (Annu. Rev. Biochem. **30.** 325—46. 1961. Nashville, Tenn., Vanderbilt Univ., School of Med., Dep. of Med. and Biochem., Div. of Nutr.) (Engl.)

Übersicht (bis Sept. 1960). *Protein* (I)- u. *Aminosäuren* (II)-Bedarf, II-Bedarf von Tieren, II-Mangelerscheinungen, Störung des II-Gleichgewichts, I-Stoffwechsel, biolog. Wert von Nahrungsmitteln u. Diätformen, I-reiche Nahrung u. -Gemische. — 229 Literaturangaben. K. MAIER. 4585 □

Komplettes und Gesamtprotein bei der Bewertung der Nahrung. Hartley W. Howard, Clifford D. Bauer und Richard J. Block. (J. agric. Food Chem. **8.** 486—88. Nov./Dez. 1960. New York, N.Y., Borden Co., Borden Special Products Co.) (Engl.)

Die Best. des *Gesamtproteins* (I) der Nahrung reicht nicht zur Kennzeichnung ihres Nährwertes aus. Verss., bei denen Ratten Futter mit annähernd gleichen Mengen I erhielten, das aber im Geh. verschiedener lebenswichtiger Aminosäuren u. im Geh. des *kompletten Proteins* (II) differierte, zeigten, daß der Nährwert einer Nahrung als Eiweißquelle eng mit ihrem Geh. an kompletten II in Beziehung steht.
K. MAIER. 4585 □

Gewichtsgewinn und Fettansammlung bei Ratten nach zeitweiser Beschränkung der Calorienzufuhr. F. W. Heggeness. (Amer. J. Physiol. **201.** 1044—48. Dez. 1961. Rochester, N.Y., Univ. of Rochester, School of Med., Dep. of Physiol.) (Engl.)

Die maximale Stimulierung der Lipogenese bei beschränkter Calorienzufuhr wurde bei Ratten 6 Tage nach Beginn einer calorienarmen, *Kohlenhydrat*-reichen Diätverfütterung beobachtet. M. METZE. 4587 □

Ernährungsfaktoren und Hautkrankheiten. Willard A. Krehl. (Vitamins and Hormones **18.** 121—39. 1960. Milwaukee, Wis., Marquette Univ., School of Med., Dep. of Internal Med.) (Engl.)

Übersicht. Proteine u. Aminosäuren, Lipide, Fettsucht u. Hautkrankheiten, Vitamine, fettlösl. Vitamine (A, K, E, D), Ascorbinsäure, Vitamin-B-Komplex-Mangel (Riboflavin, Niacinmangel, Pellagra; Pyridoxin, Pyridoxal, Pyridoxamin; Pantothensäure, Inosit, p-Aminobenzoesäure, Biotin); Nebenwrkg. der Vitamintherapie; Makro- u. Spurenelemente (Mg, Ca, Zn, Cu); Ernährung u. dermatolog. Probleme (Allergie, Xanthon, Psoriasis, Acne vulgaris). — 67 Literaturangaben. K. MAIER. 4587 □

Eine einfache physikochemische Bestimmung von Thiamin, Pyridoxin und Nicotinamid in Gegenwart von Riboflavin und Panthenol. 1. Mitt. D. K. Bardhan, R. N. Bhattacharya und S. K. Dutta. (J. Proc. Instn. Chemists [India] **32.** 86—90. März 1960. Calcutta, Bengal Immunity Res. Inst.) (Engl.)

Die Best. wird wie folgt ausgeführt: Die *Thiamin* (I)-, *Pyridoxin* (II)-, *Nicotinamid* (III)-, *Riboflavin* (IV)- u. *Panthenol* (V)-enthaltende Lsg. wird über einen Ionenaustauscher gegeben, u. die Säule wird mit einer Puffer-Lsg. (pH 2) eluiert. **IV** wird hierbei zurückgehalten. Die Best. von **III** u. **II** wird spektrophotometr. bei 260 u. 290 mμ durchgeführt, die von **I** bei 247, 260 u. 290 mμ. **V** absorbiert nicht im UV.
W. HILLER. 4587 □

Eine einfache physikochemische Bestimmung von Thiamin, Pyridoxin und Nicotinamid in Gegenwart von Riboflavin und Panthenol. 2. Mitt. D. K. Bardhan, R. N. Bhattacharya u. S. K. Dutta. (J. Proc. Instn. Chemists [India] **32.** 91—94. März 1960. Calcutta, Bengal Immunity Res. Inst.) (Engl.) — 1. vgl. vorst. Referat.

Vff. trennten den *Vitamin-B*-Komplex durch Elektrophorese ab. Die *Vitamine A*, *P* u. *E* blieben am Startpunkt, C wanderte zur Anode, die anderen zur Kathode. Die Vitamine des B-Komplexes wurden eluiert u. spektrophotometr. bestimmt, d. h. *Nicotinamid* bei 260, *Pyridoxin* bei 290 u. *Thiamin* bei 247 mμ. W. HILLER. 4587 □

Cholesterin im Vitamin-B_{12}-Mangelhühnerembryo. Louise J. Daniel, Shirley Cohen und David W. Yesair. (Proc. Soc. exp. Biol. Med. **108.** 119—21. Okt. 1961. Ithaca, N.Y., Cornell Univ., Dep. of Biochem.) (Engl.)

Es bestand kein Unterschied im Geh. von *freiem* u. *verestertem Cholesterin* zwischen normalen Hühnerembryonen oder Dottersäcken u. solchen mit *Vitamin-B_{12}*-Mangel.
K. ZINGRAF. 4587 □

Vergleichende Wirkung verschiedener Antimetabolite auf das Wachstum und auf die Synthese des Citrovorumfaktors durch Streptococcus faecalis. Robert C. Wood, Arthur Geltzer und George H. Hitchings. (J. Bacteriol. **79.** 306—07. Febr. 1960. Tuckahoe, N.Y., Wellcome Res. Labor.) (Engl.)

7 Verbb. mit Antimetabolitcharakter hemmten das Wachstum u. die Bldg. des *Citrovorumfaktors* aus *Folsäure*: *2.4-Diamino-10-methylpteroylglutaminsäure* (**I**), *2.4-Diamino-5-[p-chlorphenyl]-6-äthylpyrimidin* (**II**), *2.4-Diamino-6-chlorchinazolin* (**III**), *2.4-Diamino-6.7-dimethylpteridin* (**IV**), *2.4-Diaminochinazolin* (**V**), *2.4-Diamino-5.6-dimethylpyrimidin* (**VI**) u. *2.6-Diaminopurin* (**VII**). Die Konzz. für 50% Wachstumshemmung schwankten zwischen 0,0001 u. 2,5 μg/ml. Bei den Verbb. **I**—**V** entsprachen die Konzz.

für 50% Synth.-Hemmung etwa denjenigen der Wachstumshemmung. Diese Verbb. haben sich als Antagonisten der Folsäure erwiesen. **VI** u. **VII** dagegen hemmten die Synth. zu 50% erst in wesentlich höheren Konzz. (17- u. 150fach) als das Wachstum. Die antagonist. Wrkg. gegenüber Folsäure ist gering, stärker gegen Endprodd. des Folsäurestoffwechsels. Auch der Purin- u. Pyrimidinstoffwechsel soll durch **VI** u. **VII** beeinflußt werden. D. CLAUS. 4587 □

Physiologie und Biochemie des Biotins. Thérèse Terroine. (Vitamins and Hormones **18.** 1—42. 1960. Bellevue, Seine-et-Oise, Centre Nat. de la Rech. Scient., Labor. de Biochim. et de Nutr.) (Engl.)

Übersicht. Stoffwechselaktivitäten des *Biotins* (**I**): Kohlenhydrat-, Lipid-, Cholesterin-, Protein-, Nucleinsäure-, K-Stoffwechsel; **I** u. endokrine Drüsen: Thyreoidea u. Nebennieren, Genitaltrakt u. Fortpflanzung; **I** u. Haut-Syst. (Haut, Haar); Beziehungen zwischen **I** u. Vitaminen: Pyridoxin, Riboflavin, Thiamin, Pantothensäure, Folsäure, Ascorbinsäure. — 185 Literaturangaben. K. MAIER. 4587 □

Untersuchungen über den Stoffwechsel von Thioctsäure bei Hautkrankheiten. 2. Mitt. **Quantitative Bestimmung der Thioctsäure bei verschiedenen Hautkrankheiten.** Katsu Takenouchi, Toshikazu Imai, Kazuo Aso, Shoji Okamoto, Ko Utsumi und Shinichiro Kawashima. (Jap. J. Dermatol. **71.** 1023—35. Okt. 1961. Chiba, Chiba Univ., School of Med., Dep. of Dermatol.; Tokyo, Tokyo Labor., Fujisawa Pharmaceut. Co. Ltd.) (Jap.; Auszug: Engl.)

Die quant. Best. der *Thioctsäure* (**I**) wurde durchgeführt mittels des Biotests mit *Streptococcus faecalis* 10 C 1. Die beste klin. Meth. der Unters. des Stoffwechsels von **I** ist ihre Best. im Urin 2 Std. nach der i.v. Injektion von 10 mg **I** u. Vgl. der Resultate hautkranker Patienten mit Kontrollen. 10—30 γ **I** sind normal; Werte darunter sind anormal u. bedeuten ein relatives Defizit an **I**. Solche wurden gefunden bei Kontaktdermatitis, Pigmentanomalien, Psoriasis u. eitrigen Hautverletzungen. H. AMAN. 4587 □

Untersuchungen über den Stoffwechsel von Thioctsäure bei Hautkrankheiten. 3. Mitt. **Ergebnisse von Belastungstesten mit Thioctsäure bei verschiedenen Hautkrankheiten.** Katsu Takenouchi, Kazuo Aso und Ko Utsumi. (Jap. J. Dermatol. **71.** 1036—46. Okt. 1961. Chiba, Chiba Univ., School of Med., Dep. of Dermatol.) (Jap.; Auszug: Engl.) — 2. vgl. vorst. Referat.

An 249 Patienten mit verschiedenen Hautkrankheiten wurde die freie *Thioctsäure* (**I**) im Urin vor u. nach der i.v. Injektion von 10 mg **I** mittels *Streptococcus faecalis* bestimmt. Die Neigung zu geringerer Ausscheidung von **I** vor u. nach der Belastung wurde bei einigen Hautkrankheiten festgestellt. H. AMAN. 4587 □

Wasserlösliche Vitamine. 1. Mitt. **(Ascorbinsäure, Biotin, Inosit, Nicotinsäure, Pyridoxingruppe.)** A. E. Axelrod und C. J. Martin. (Annu. Rev. Biochem. **30.** 383—408. 1961. Pittsburgh, Pa., Univ. of Pittsburgh, School of Med., Biochem. Dep.) (Engl.)

Übersicht (bis Okt. 1960). *L-Ascorbinsäure*: Biosynth., Funktionen, Bewertung der Vitamin-C-Zufuhr, Best., Stoffwechsel; Biotin; Inosit (**I**): **I**-Phosphatide, Stoffwechsel, Meth. zur Trennung u. Best.; *Nicotinsäure* (**II**): Tryptophan → **II**-Umwandlung, **II** u. Ernährung, Stoffwechsel-Wrkg., Stoffwechsel, Pyridinnucleotid-Synth., Meth.; *Vitmin* B_6 (**III**): **III**-Enzyme, Stoffwechsel, Meth., Bewertung der **III**-Zufuhr, Stoffwechseleffekte. — 173 Literaturangaben. K. MAIER. 4587 □

Synthese und Markierung von Vitamin A und verwandten Verbindungen. Otto Isler, Rudolf Rüegg, Ulrich Schwieter und Josef Würsch. (Vitamins and Hormones **18.** 295—313. 1960. Basle, F. Hoffmann-La Roche & Co., Res. Labor.) (Engl.)

Übersicht: *Vitamin-A* (**I**)-Stereoisomere; **I**-Synth.: Totalsynth. von β-Ionon, $C_{13} \rightarrow C_{14} + C_6 = C_{20}$, $C_{13} \rightarrow C_{15} + C_5 = C_{20}$, $C_{13} \rightarrow C_{16} + C_4 = C_{20}$, $C_{13} \rightarrow C_{15} \rightarrow C_{18} + C_2 = C_{20}$; *Vitamin-$A_2$*-Synth.: $C_{13} \rightarrow C_{14} + C_6 = C_{20}$, $C_{13} \rightarrow C_{15} + C_5 = C_{20}$; *Provitamin-A*-Verbb. — 64 Literaturangaben. K. MAIER. 4587 □

Biologische Bestimmung von Vitamin-A-Verbindungen. Philip L. Harris (Vitamins and Hormones **18.** 341—70. 1960. Rochester, N.Y., Eastman Kodak Co., Distill. Prod. Ind.) (Engl.)

Übersicht. Meth., Standards; die biolog. Rk. beeinflussende Faktoren (Umgebung, Vers.-Tier, Art der Zufuhr, chem. Form u. physiolog. Zustand der Präpp., Diät). — 121 Literaturangaben. K. MAIER. 4587 □

Physikochemische Bestimmung von Vitamin A und verwandten Verbindungen. Max Kofler und Saul H. Rubin. (Vitamins and Hormones **18.** 315—39. 1960. Basle and Nutley, N.J., F. Hoffmann-La Roche & Co. Ltd., Res. Dep.) (Engl.)

Übersicht. Best. von *all-trans-Vitamin A* (**I**): UV-Absorption, Lichtabsorption von **I**-Derivv., Fluorescenzmessung u. a., Trennungs-Verff.; Best. von cis–trans-Isomeren von I: UV-, UR-, kernmagnet. Resonanzspektrum, Röntgenpulverdiagramm, $SbCl_3$-Rk., Maleinsäureanhydrid-Rk., Trennungs-Verff.; Best. von I-Derivv. u. verwandten Verbb.: I-Aldehyd (Retinen), I-Säure, Anhydrovitamin A, *Retro*-I, Vitamin A_2. — 61 Literaturangaben. K. Maier. 4587 □

Vitamin A und Mucopolysaccharidbiosynthese. George Wolf und B. Connor Johnson. (Vitamins and Hormones **18.** 439—55. 1960. Urbana, Ill., Univ. of Illinois, Radiocarbon Labor., Dep. of Animal Sci.) (Engl.)

Übersicht. In vivo-Beobachtungen: *Vitamin-A* (I)-Mangel, I-Hypervitaminose; Beobachtungen an Gewebekulturen; in vitro-Beobachtungen: Chemie u. Biochemie der *Mucopolysaccharide* (II), Unterss. mit Colonhomogenaten u. I sowie mit Schweinecolonenzymfraktionen u. I, I u. II-Neusynth. in vitro, I u. Keratinisierung. — 33 Literaturangaben. K. Maier. 4587 □

Vitamin-A-Ausscheidung im Gallensaft. M. Bohdal und F. Hrubá. (Acta biol. med. german. [Berlin] **8.** 60—65. 1962. Prag-Kré, Inst. Ernährungsforsch.) (Dt.)

♂ Ratten wurden in Pentotalnarkose laparotomiert u. in den Choledochus eine Polyäthylenkanüle eingelegt. Der Gallensaft wurde 3—4 Std. lang in Reagensgläschen aufgefangen. Zur Stabilisierung des *Vitamins A* (I) wurde Hydrochinon zugesetzt. Anschließend wurden die Ratten decapitiert u. I in Blut, Leber u. Gallensaft bestimmt (Carr u. Price). Die Konz. von I im Gallensaft: 18,36 μg%, entspricht ca. $^1/_3$ des optimalen Tagesverbrauchs. Index Konz. I Gallensaft/Konz. I Plasma beträgt 1,92. Daraus geht hervor, daß I in der Leber konz. wird, Leberclearance 0,061. Im Hunger sinkt I im Gallensaft stark ab, wobei der Index unter 1,0 absinkt. Hohe Zufuhr von I steigert die Konz. im Gallensaft, nach 24 Std. kommt es zur Normalisierung. D. Scheuch. 4587 □

Der Vitamin-A-Haushalt des Organismus im Verlauf der Brombenzolvergiftung. M. Bohdal und F. Hrubá. (Acta biol. med. german. [Berlin] **8.** 66—78. 1962. Prag-Krč, Inst. für Ernährungsforsch.) (Dt.)

Nach intraperitonealer Injektion von 0,05 ml *Brombenzol* (I)/100 g Körper-Gew. kam es zu einer raschen u. absoluten Abnahme von *Vitamin A* (II) in der Leber von Ratten. Wahrscheinlich kommt es im Verlaufe der Entgiftung des I zur Oxydation von II. Nach 36 Std. kommt es wieder zu einem Anstieg von II, wahrscheinlich Red. oder Umbau des oxydierten II. Vff. geben ein Rk.-Schema für die I-Entgiftung an. Methionin wird in Cystein umgewandelt, das sich mit Acetat u. I zu *Bromphenylmercaptursäure* kondensiert. Es wird vermutet, daß II an dem Umbau Methionin zu Cystein beteiligt ist. D. Scheuch. 4587 □

Vitamin D und Aminosäurenausscheidung im Harn bei der Ratte. George W. Engstrom, Hector F. DeLuca, John W. Cramer und H. Steenbock. (Proc. Soc. exp. Biol. Med. **108.** 105—08. Okt. 1961. Madison, Univ. of Wisconsin, Dep. of Biochem.) (Engl.)

Bei *Vitamin-D*-Mangelratten tritt im Gegensatz zu rachit. Säuglingen keine Aminoacidurie auf, ganz gleich ob Rhachitis-erzeugendes oder nicht-Rachitis-erzeugendes Futter verabreicht wird; selbst ein Rachitis-erzeugendes Casein-Futter konnte keine Aminoacidurie auslösen. K. Zingraf. 4587 □

Vitamin-D-Vergiftung, ein Bericht über 2 Fälle. Paget Davies. (Ann. intern. Med. **53.** 1250—54. 15/12. 1960. London, King's Coll. Hospital.) (Engl.)

Es wird über 2 Fälle von *Vitamin-D*-Vergiftung berichtet, bei denen das Vitamin D wegen spezif. Mangels daran verabreicht worden war. Klin. fand sich Hypercalcämie u. Nierenversagen, sowie Müdigkeit, Depression u. Gew.-Verlust. Die Prognose ist sehr unterschiedlich u. hängt von der individuellen Empfindlichkeit u. dem Grad des Nierenversagens ab. Bei beiden Fällen kam es zu einer vollständigen Wiederherstellung. K. Böhm. 4587 □

Beziehungen von Selen, Vitamin B und anderen Faktoren zur Muskeldystrophie beim Kaninchen. J. F. Proctor, D. C. Maplesden, D. E. Hogue und J. K. Loosli. (Proc. Soc. exp. Biol. Med. **108.** 77—79. Okt. 1961. Ithaca, N.Y., Cornell Univ., Dep. of Animal Husbandry.) (Engl.)

Bei Verfütterung eines *Vitamin-E*-Mangelfutters, welches ca. 40% Torulahefe enthielt, entwickelten Kaninchen eine schwere, rasch fortschreitende Muskeldystrophie, die durch Zugabe von 1 ppm *Se* oder von *dl-α-Tocopherylacetat* oder von beiden nicht verhütet werden konnte. Dagegen wurde durch Zusatz von Weizenkleie, Leinsamenölschrot oder Stangenbohnen der Schweregrad der Schädigungen verringert u. die Überlebensdauer verlängert. Alle Tiere, deren Futter keine natürlichen Nahrungsstoffe enthielt, zeigten eine ausgeprägte Alopecie. K. Zingraf. 4587 □

Intestinaltransport von Phosphat. Einfluß von Vitamin D und Kalium. Harold E. Harrison und Helen C. Harrison. (Amer. J. Physiol. **201.** 1007—12. Dez. 1961.

Baltimore, Md., Johns Hopkins Univ. School of Med., Dep. of Pediatr.; Baltimore City Hosp., Pediatr. Div.) (Engl.)

Evertierte Dünndarmschlingen der Ratte entwickelten bei in vitro-Inkubation einen Konz.-Unterschied an *anorgan. P* zwischen den Bad-Lsgg. der Serosa- u. Mucosaoberflächen. Cyanid u. Anaerobiose hemmten den Prozeß. Der Phosphattransport benötigt *Ca* u. verstärkt sich bei *K*-Konz.-Anstieg im Medium. Darmschlingen von *Vitamin-D* (I)-behandelten Ratten entwickelten einen höheren Konz.-Unterschied von Phosphat zwischen Serosa- u. Mucosa-Badlösung. Vff. nehmen an, daß der P-Transport durch Ca u. K aktiviert wird u. daß K nicht Ca ersetzen kann. Die I-Wrkg. scheint die Permeabilität der Zelloberflächen für Ca zu erhöhen u. somit mehr Ca für das Syst. verfügbar zu machen. M. METZE. 4594□

Aktiver Transport von ^{59}Fe durch evertierte Segmente von Rattenduodenum. Eugene B. Dowdle, David Schachter und Harris Schenker. (Amer. J. Physiol. **198.** 609—13. März 1960. New York City, Columbia Univ., Coll. of Physicians and Surgeons, Dep. of Med., u. Presbyterian Hosp.) (Engl.)

Evertierte Darmsäcke aus Segmenten des proximalen Dünndarms von Ratten transportieren *^{59}Fe* in vitro von den Mucosa- zu den Serosaoberflächen, entgegen den Konz.-Gradienten. Der Mechanismus des akt. Transports hängt vom oxydierenden Stoffwechsel u. von der Erzeugung von Phosphatbindungsenergie ab u. ist von beschränkter Kapazität. Er ist maximal in der Dünndarmregion distal zum Pylorus u. nimmt bei distaleren Darmsegmenten ab. Zusatz von *Ascorbinsäure* zum Inkubationsmedium erhöht den akt. ^{59}Fe-Transport in vitro merklich. R. K. MÜLLER. 4594□

Die Bedeutung der Na-Ionen beim aktiven intestinalen Nichtelektrolyt-Transport. T. Z. Csáky. (Amer. J. Physiol. **201.** 999—1001. Dez. 1961. Chapel Hill, N.C., Univ. of North Carolina, School of Med., Dep. of Pharmacol.) (Engl.)

Am isolierten lebenden Dünndarm von *Rana pipiens* wurde der akt. Nichtelektrolyttransport untersucht. Das Präp. wurde in RINGER-Lsg. mit verschiedenen Ionen getaucht u. mit der gleichen Fl. angefüllt. *3-O-^{14}CH$_3$-Glucose, L-Tyrosin, ^{14}C$_{(2)}$-DL-Phenylalanin* u. *^{14}C$_{(2)}$-Uracil* wurden als Nichtelektrolyte verwendet. Die Rate des akt. Transports jedes Nichtelektrolyten wurde red., wenn *Li* oder *K* als Ersatz für *Na* verwendet wurde. M. METZE. 4594□

Aggregationsgrad und Löslichmachung der Gallensalze in Lösung. P. de Moerloose und R. Ruyssen. (XVIIIe Congr. int. Sci. pharmac., Bruxelles **1958.** 331—41. 1960. Gand, Univ., Labor. de Chim. méd. et pharmaceutique.) (Franz.)

Der Aggregationsgrad von *Na-Desoxycholat* (I) in wss. Lsg. wurde durch Lichtbeugung bestimmt. Das Micellar-Gew. nimmt in Ggw. mono-monovalenter (NaCl, KCl) u. mono-bivalenter Elektrolyte (K_2SO_4) bis zum Flockungspunkt zu. Die Solubilisierung von *Cholesterin* (II) u. *Octanol-(1)* (III) durch I läßt die Bldg. zweier verschiedener Typen von Komplexen erkennen: II, keine Zunahme des Micell-Gew. u. starker Einfl. der Elektrolyten, III, Erhöhung des Micell-Gew. u. kein Elektrolyteinfluß. Der Aggregationsgrad von *Na-Cholat* (IV) ist viel geringer (5 in 0,1 n NaCl; 14 für I). Von IV wird bedeutend weniger II gelöst. K. MAIER. 4594□

Serotonin-Freisetzung durch Salzsäure. Über die Möglichkeit eines „feed-back"-Mechanismus. Robert H. Resnick und Seymour J. Gray. (Amer. J. Physiol. **201.** 1017—19. Dez. 1961. Boston, Mass., Harvard Med. School, Dep. of Med.; Peter Bent Brigham Hosp., Med. Clin.) (Engl.)

Verss. an Ratten (HCl-Perfusion des Intestinum, Pylorusligatur mit anschließender Pfortaderinfusion mit *Serotonin* [I]) haben gezeigt, daß die intestinale I-Freisetzung nicht für die Verminderung der Darmacidität nach HCl-Perfusion des Dünndarms verantwortlich ist. M. METZE. 4594□

Energiestoffwechsel. Max Kleiber und Terence A. Rogers. (Annu. Rev. Physiol. **23.** 15—36. 1961. Davis, Calif., Univ. of California; Stanford, Calif., Stanford Univ.) (Engl.)

Übersicht (bis März 1960). Energiestoffwechsel im mol. Bereich; Arbeit u. Stoffwechsel (Muskelarbeit, Energieverbrauch bei verschiedenen Tätigkeiten); Temp.-Regulierung (Temp.-Wrkg. auf niedere Tiere, Regulierung bei Vögeln, krit. menschliche Temp., Wärmeverlust beim Menschen, Kälteadaptation, Überwinterung), Stoffwechselregulierung (Körpergröße u. Umsatzrate, Alter u. Umsatzrate, Tumoren u. Umsatzrate, Fettleibigkeit, Energie der Nahrung. — 100 Literaturangaben. K. MAIER. 4595□

Aktiver Ionentransport durch Gefäßwände des Hundes. Philip N. Sawyer, Joel Levine, Roger Mazlen und Ignatius Valmont. (J. gen. Physiol. **45.** 181—96. Nov. 1961. Brooklyn, N.Y., New York Downstate Med. Center, State Univ., Dep. of Surg. and Surg. Res.) (Engl.) — Vgl. C. **1961.** 16528.

In vitro wurde ein akt. Transport von Na^+ u. Cl^- durch die Wände der Aorta u. der Vena cava von Hunden nachgewiesen. Die O_2-Versorgung der Membranen durch eine mit 95% O_2 + 5% CO_2 bei atmosphär. Druck durchströmte KREBS-Lsg. war ausreichend. Es erfolgt ein Netto-Transport von Na^+ u. Cl^- von der Intima zur Adventitia in der Aorta u. in umgekehrter Richtung in der Vena cava. Der Transport kann nicht einfach auf Grund einer Diffusion durch eine semipermeable Membran erklärt werden; eine Stoffwechselbeteiligung ist anzunehmen. K. ZINGRAF. 4596□

Adrenocorticosteroidhormone und Manganstoffwechsel. Edwin R. Hughes und George C. Cotzias. (Amer. J. Physiol. **201.** 1061—64. Dez. 1961. Upton, N. Y., Brookhaven Nat. Labor., Med. Res. Center.) (Engl.)

Mäuse zeigten nach hohen *Prednisolon*- oder *Cortisol* (*Glucocorticosteroide* (I)]-Gaben eine stärkere Anhäufung von ^{54}Mn im Gesamt-Körper u. hielten weniger in der Leber zurück als unbehandelte Tiere. Behandlung mit Mineralcorticosteroiden hatte nicht diese Wrkg., der ^{65}Zn-Stoffwechsel wurde durch I nicht beeinflußt. M. METZE. 4596□

Die Wirkung verschiedener Nahrungsproteinmengen (Casein) auf die Speicherung von Strontium. Untersuchungen mit stabilem Strontium. L. Kállai, S. Dobos und R. Tarján. (Hoppe-Seyler's Z. physiol. Chem. **326.** 162—65. 24/11. 1961. Budapest, Inst. für Ernährungswiss.; Ungar. Akad. der Wiss., Forschungsgruppe für Anorgan. Chemie.) (Dt.)

An 40 ausgewachsenen ♀ Albinoratten wird operativ ein 2 mm² großes Stück aus dem Planum subcutaneum herausgehoben, die Heilung der Wunde röntgendensitometr. beobachtet, danach in 3 Vers.-Gruppen eine Nahrung, bestehend aus 12%, 18% u. 25% *Protein*, über 28 Tage bei gleichzeitiger Gabe von $SrCO_3$ verabfolgt. Aus der flammenspektrophotometr. Best. des Geh. an *Ca* u. *Sr* in der Asche des Femurs ist festzustellen, daß Sr um so rascher in den Knochen eingebaut wird, je niedriger die Proteingaben sind. A. TÄUFEL. 4596□

Kontrollfaktoren beim Stoffwechsel von γ-Aminobuttersäure. Antonio Horvath, Fernando Orrego und Herbert McKennis jun. (J. Pharmacol. exp. Therapeut. **134.** 222—26. Nov. 1961. Santiago, Univ. of Chile, Inst. of Physiol.) (Engl.)

Nach intraperitonealer Injektion von $^{14}C_{(1)}$-*γ-Aminobuttersäure* (I) bei der Ratte werden 90—95% der angewandten Radioaktivität innerhalb 18 Std. in Form von $^{14}CO_2$ in der Atemluft u. 3—8% im Harn ausgeschieden. Gleichzeitige Anwendung von *Hydrazin* (II), *Semicarbazid* oder *Isonicotinsäurehydrazid*, sowie 7 Tage lange Vorbehandlung der Tiere mit *L-Thyroxin* hemmte die Umwandlung in CO_2, eine Zunahme der Radioaktivität im Harn wurde jedoch nur nach II beobachtet. Diese Verbb. hemmten auch die Umwandlung von I zu Bernsteinsäuresemialdehyd unter Einfl. der I-α-Ketoglutarsäuretransaminase in Hirnhomogenaten. K. ZINGRAF. 4596□

Über die decarboxylierende Wirkung von Verbindungen mit Thiolgruppen bei einigen Süßwasserfischen. Yves Creach. (C. R. Séances Soc. Biol. Filiales **155.** 1575—78. 1961, herausgeg. 15/1. 1962. Toulouse, Fac. de Sci., Labor. de Biol. anim.) (Franz.)

Vf. bestimmt die katalyt. Decarboxylierung von *Mesoxalsäure* (I) in Organen u. Geweben verschiedener Süßwasserfische (Schlei [a, Tinca, tima], Barsch [b, Perca fluviatilis], Hecht [c, Esox lucius] u. Aal [d, Anguilla, anguilla]) durch SH-Gruppenenthaltende Verbindungen. Die Ermittlung der Rk.-Geschw. erfolgt durch colorimetr. Best. der aus I gebildeten *Glyoxylsäure*; die Reaktivität der SH-Gruppen wird in I-Einheiten ausgedrückt (1 Einheit entspricht 1,36 mg [0,00001 Mol] bei pH 2,2 u. 38° innerhalb von 1 Std. decarboxylierter I); der Mesoxalwert gibt die Anzahl I-Einheiten pro 10 g getrocknetes u. entfettetes Gewebe an. Es zeigt sich, daß der Kaudalmuskel bei sämtlichen Fischarten (mit Ausnahme älterer d [1 kg Gew.]) einen erhöhten Geh. an SH-haltigen Verbb., die für die Muskelkontraktion Bedeutung besitzen, aufweist. Der Verdauungskanal ergibt nur bei a höhere Mesoxalwerte; Magen u. Darm der übrigen Fischarten sind arm an SH-Gruppen, deren Konz. in Richtung Anus fortlaufend abnimmt. Auch das Herz besitzt nur geringe Mesoxalaktivität, während im Gehirn von a u. b hohe Werte gefunden werden. In den Geschlechtsorganen sind die Anteile an SH-Gruppen von der Fischart u. dem Geschlecht abhängig; ihre Reaktivität steht in Beziehung zur Zellteilung. Die Ergebnisse zeigen, daß in Geweben von Süßwasserfischen Substanzen mit SH-Gruppen weit verbreitet sind, wobei die gestreifte Muskulatur die höchsten Anteile enthält; es folgen mit abnehmender Konz. an SH-Gruppen: das glatte Muskelgewebe u. Herz. Die Schleimhaut des Magens weist niedrigere Mesoxalwerte auf als die des Darms. P. FAHRNLAENDER. 4596□

Lipogenese im Fettgewebe von Ratten nach Fütterung mit verschiedener Diät. J. M. Khanade und M. C. Nath. (Amer. J. Physiol. **201.** 1041—43. Dez. 1961. Nagpur, India, Univ. of Nagpur, Dep. of Biochem.) (Engl.)

Die *Glucose* (I)-Aufnahme des Fettgewebes von Ratten nach Verfütterung verschiedener Diäten ist gesenkt nach fettreicher, fett- u. proteinreicher u. *Vitamin-B*-Mangel-Diät u. bei Hypothyreoidie. Bei Hyperthyreoidie u. nach Verfütterung von *hydrolysiertem Glucosecycloacetoacetat* (II) steigt die I-Aufnahme im Fettgewebe. Die Lipogenese wird gesenkt durch fettreiche, fett- u. proteinreiche, u. Thiamin-Mangeldiät, sowie nach Verfütterung von Thiouracil u. Schilddrüsenpulver. Nach II ist sie mehr als normal. Alloxandiabetes senkt die Lipogenese sowie I-Aufnahme. — 36 Literaturangaben. M. METZE. 4596□

Freie Fettsäuren im Plasma von Hunden nach Triton-WR-1339-Behandlung. Angelo Scanu und Janusz M. Szajewski. (Amer. J. Physiol. **201.** 1035—40. Dez. 1961. Cleveland, Ohio, Cleveland Clinic Found., Res. Div.) (Engl.)

Zur Klärung des Fettstoffwechsels wurden Hunden eine normale Diät u. i.v. Gaben von 250 mg *Triton WR-1339* (I) jeden 4. Tag verabreicht. Nach Auftreten der Lipämie wurde der Einfl. von *Adrenalin* (II) bzw. *Glucose* (III) auf die *freien Fettsäuren* (IV) untersucht (normale Tiere als Kontrollen). Die Plasma-III-Kurven nach II-Gabe waren in beiden Tiergruppen parallel, die IV-Konz. der I-behandelten Tiere war 2mal höher als bei den Kontrollen. Nach III-Gabe zeigten beide Tiergruppen einen signifikanten III-Anstieg u. einen IV-Abfall. Die Plasma-IV waren in den Kontrollen hauptsächlich an Albumin, bei I-behandelten Tieren an β-Lipoproteine gebunden. M. METZE. 4596□

Lipidstoffwechsel. Robert G. Langdon und A. H. Phillips. (Annu. Rev. Biochem. **30.** 189—212. 1961. Baltimore, Md., Johns Hopkins Univ., School of Med., Dep. of Physiol. Chem.) (Engl.)

Übersicht (bis Okt. 1960). *Triglycerid* (I)-Resorption, -Stoffwechsel, *Fettsäure* (II)-Synth., Phospholipid- u. I-Synth. (Phosphatidsäure, Inositphosphatide, I-Synth., Plasmalogene), Ketonkörperstoffwechsel, hormonale Steuerung des II-Stoffwechsels (Hypophysenvorder- u. -hinterlappenhormone, Adrenalin, Glukagon, Schilddrüsenhormone, Diabetes u. Insulin), Cholesterinresorption, Steroidabbau. — 192 Literaturangaben. K. MAIER. 4596□

Gesamtcholesterin in Serum und Leber bei keimfreien und konventionellen Rattenmännchen. B. S. Wostmann und N. L. Wiech. (Amer. J. Physiol. **201.** 1027—29. Dez. 1961. Notre Dame, Ind., Univ. of Notre Dame, Dep. of Biol.) (Engl.)

In keimfreien jungen, jungen erwachsenen u. alten Ratten ist der Leber-*Cholesterin*-Geh. höher als in normalen. M. METZE. 4596□

Die Ionenmechanismen von Hyperpolarisationsreaktionen in Hummermuskelfasern. J. P. Reuben, R. Werman und H. Grundfest. (J. gen. Physiol. **45.** 243—65. Nov. 1961. New York, Columbia Univ., Coll. of Physicians and Surgeons, Dep. of Neurol.; Woods Hole, Marine Biol. Labor.) (Engl.)

Hummermuskelfasern zeigen unter der Einw. genügend starker hyperpolarisierender Ströme (Schwellenpolarisation (50—70 mV) Hyperpolarisations-Rkk., ohne daß eine Depolarisation bei hoher äußerer K^+-Konz. vorausgegangen ist. Solange der Strom eingeschaltet ist, kann ein oscillator. Verh. (intermittierendes Ansteigen u. Absinken der Polarisation), anscheinend infolge einer verzögerten, überlagerten u. anhaltenden Zunahme der Membranpermeabilität für Na^+ u. K^+ oder Cl^-, eintreten. Nach Ausschalten des Stromes kehrt das Potential rasch zum Ruhewert zurück, u. es setzt eine geringe Depolarisation von kurzer Dauer ein, die von einer länger dauernden Zunahme der Leitfähigkeit begleitet ist. K. ZINGRAF. 4597□

Haut. Walter C. Lobitz jun. und Farrington Daniels jun. (Annu. Rev. Physiol. **23.** 207—28. 1961. Portland, Oreg., Univ. of Oregon, Med. School, Dep. of Dermatol.) (Engl.)

Übersicht (bis März 1960). Die Haut als Schranke u. Überträger für Substanzen, als Energieschranke u. -überträger, als Informationsschranke u. Überträger, regulator. Mechanismen der Haut. — 157 Literaturangaben. K. MAIER. 4597□

Elektronenmikroskopische Untersuchungen über den Einfluß von Reizstoffen auf die Epidermis der Maus. I. Quasdorf. (Acta biol. med. german. [Berlin] **8.** 16—30. 1962. Berlin, Dtsch. Akad. Wiss., Inst. Med. Biol., Arbeitsber. Pharmakol.) (Dt.)

Zur Unters. des submkr. Feinbaus der Haut wurden *Senföl* (I) u. *Terpentinöl* (II) unverd., *Cantharidin* (III) als alkohol. Auszug auf die Haut (Ohr, Bauch, Rücken) von weißen Mäusen getropft. Alle 3 Reizstoffe führten zu Desoxyribonucleinsäure-Materialanlagerung an die innere Kernmembran. Nach Applikation von I kommt es zunächst zur Zunahme von Promitochondrien u. Bläschen des endoplasmat. Reticulums. Nach mehreren Std. setzt eine Schwellung der Mitochondrien sowie eine Vakuolisierung des Cytoplasmas ein. Nach allmählicher Rückbldg. der Veränderungen kommt es nach einigen Tagen zur Entw. einer hyperplast. Epidermis. II bewirkte bereits nach 5 Min. den Beginn der Mitochondrienzerstörung. Die Vakuolisierung des Cytoplasmas war kaum ausgeprägt. Es kommt erst später zur Normalisierung, ohne Hyperplasie. III bewirkte nur geringe u. schnell reversible Veränderungen an den Mitochondrien. Nach einigen Tagen ist die Epidermis hyperplast. verändert. Die beobachteten morpholog. Veränderungen werden als Ausdruck von Stoffwechselstörungen angesehen. II greift direkt an der Atmung an, deshalb schnelle Störung der Mitochondrienstruktur. I wirkt wahrscheinlich über Rk. mit den SH-Gruppen von Enzymen hemmend auf die Glykolyse, dadurch Vakuolisierung. D. SCHEUCH. 4597□

Leber. Jesse L. Bollman. (Annu. Rev. Physiol. **23.** 183—206. 1961. Rochester Minn., Mayo Clinic and Mayo Found., Sect. of Biochem.) (Engl.)

Übersicht (bis Juni 1960). Leberstruktur u. -funktion, Gallensekretion, *-Salze*, *-Farbstoffe*, *Sulfobromphthalein*, Konjugation von *Hormonen*, Pfortaderdurchblutung, Blutdruck der Lebervene, ernährungsbedingte Lebernekrose, Cirrhose infolge Cholinmangels, CCl_4-Schädigung, Leberregeneration. — 286 Literaturangaben. K. MAIER. 4597□

Veränderungen des Kaliums und Natriums bei Lebererkrankungen. W. Gross und E. Ruhl. (Klin. Wschr. **38.** 180b—181b. 15/2. 1960. Würzburg, Univ., Med. Poliklinik.) (Dt.)

Unterss. an Patienten mit einer überstandenen Hepatitis u. einem patholog. Befund der Leberfunktionsprobe ohne Symptome einer dekompensierten Lebercirrhose ergaben einen um 17% verminderten Serum-K^+- u. einen auf Gesunde bezogenen um 6,8% erhöhten Erythrocyten-K^+-Gehalt. Der Na^+-Geh. des Serums war hierbei um 4% erhöht. Die Verschiebungen im Elektrolythaushalt treten nach Ansicht der Vff. wesentlich früher auf als bisher angenommen wurde. R. LAFFERENZ. 4597□

Immunocytochemische Untersuchungen über γ-Globulin der Leber bei Hepatitis und postnekrotischer Cirrhose. Seymour Cohen, Goroku Ohta, Edward J. Singer und Hans Popper. (J. exp. Medicine **111.** 285—94. 1/2. 1960. New York, N.Y., Mount Sinai Hosp., Dep. of Pathol.) (Engl.)

Im Gegensatz zu einer ganzen Reihe von Lebererkrankungen u. zur normalen Leber, bei denen, selbst beim Vorliegen einer Hypergammaglobulinämie, wenig oder keine Zellen gefunden werden, die *γ-Globulin* (I) enthalten, konnte in vielen reticuloendothelialen Zellen des Lebersinus u. der fibrösen Stränge bei verschiedenen Virus-Hepatitisformen u. bei postnekrot. Cirrhose I mit Hilfe immunocytochem. Fluorescenztechnik nachgewiesen werden. In der Milz u. in Lymphknoten fand sich kein Unterschied bzgl. des I-Geh. der Zellen. Die reticuloendothelialen Zellen der Leber mit I-Geh. weisen auf einen Übergang zu Plasmazellen mit wenig oder keiner Phagocytose von Gewebeabbauprodukten. Es wird angenommen, daß I in diesen Zellen gebildet wird u. daß es sich möglicherweise um eine Antikörper-Bldg. gegenüber den Leberzellabbau-Prodd. handelt. U. TAUSENDFREUND. 4597□

Niere, Wasser- und Elektrolytstoffwechsel. H. Wirz. (Annu. Rev. Physiol. **23.** 577—606. 1961. Basel, J. R. Geigy S. A.) (Engl.)

Übersicht (bis Juni 1960). Nierenkreislauf u. glomeruläre Funktion (Autoregulierung der Nierendurchblutung), Harnkonzentrierung u. antidiuret. Hormon (ADH) (Gegenstromkonzentrierungsmechanismus, Einfl. von Ca u. K, Wirkungsart u. -mechanismus von ADH in der Säugerniere), tubuläre Funktionen (Ausscheidung von W. u. starken Elektrolyten, Säure-Base-Regulierung, NH_3 u. Glutaminase I, K, Ausscheidung von Ca, Mg u. Phosphat, Wrkg. von Nebenschilddrüsenhormon, Ausscheidung organ. Basen, p-Aminohippurat, Harnstoff, Harnsäure), Volumregulierung u. Aldosteronabgabe. — 189 Literaturangaben. K. MAIER. 4597□

Nierenregulierung des Säure-Basen-Gleichgewichts beim Ochsenfrosch. Hisato Yoshimura, Masateru Yata, Minoru Yuasa und Robert A. Wolbach. (Amer. J. Physiol. **201.** 980—86. Dez. 1961. New York City, New York Univ., Dep. of Physiol.; Kyoto, Japan, Kyoto Prefectural Univ. of Med., Dep. of Physiol.) (Engl.)

Am Ochsenfrosch wurde der Mechanismus für die Aufrechterhaltung des Säure-Basen-Gleichgewichts während der Acidose u. nach *Kohlensäureanhydrase* (I)-Hemmung untersucht. Die Harn-*Ammoniak*-Ausscheidung stieg bei Acidose auf das 2fache an, die Cl^--Ausscheidung erhöhte sich nicht. Bei *Rana limnocharis* stiegen *Na*- u. *Bicarbonat*-Ausscheidung an. Nach I-Hemmung durch Acetazolamid stiegen Harnfluß, Na- u. Bicarbonat-Exkretion stark an. Die Verhältnisse sind denen beim Hund mit Acidose ähnlich. — 26 Literaturangaben. M. METZE. 4597□

Extrahepatische Clearance von ^{131}J-Rose bengale. Don P. Jones, Joseph Terz, Walter Lawrence jun. und J. William Poppell. (Amer. J. Physiol. **201.** 1025—26.

Dez. 1961. New York City, Sloan Kettering Inst. for Cancer Res., André and Bella Meyer Physiol. Labor., Div. of Exp. Surg. and Physiol.; Memorial Hosp., Dep. of Med.) (Engl.)

Am eviscerierten Hund wurde die extrahepat. Clearance von ^{131}*J-Rose bengale* gemessen. Sie betrug 0,33 cm^3/kg/Min. u. war unabhängig von der peripheren Blut-Konz. des Farbstoffs in einem Bereich von 0,00038 mg/cm^3—0,033 mg/cm^3. M. METZE. 4597 □

Reningehalt verschiedener Teile der periglomerulären Cirkumferenz. 3. Mitt. **Lokalisation von Renin in der Niere.** Jens Bing und Jerzy Kazimierczak. (Acta pathol. microbiol. scand. **50.** 1—11. 1960. Copenhagen, Univ. of Copenhagen, Inst. for Exp. Med.) (Engl.) — 2. vgl. Acta pathol. microbiol. scand. **47.** [1959.] 105.

Die Segmente der periglomerulären Cirkumferenz (einschließlich der BOWMAN-Kapsel), die gegenüber dem Eintritt des Vas afferens gelegen sind, enthalten keine nachweisbare Menge von *Renin* (**I**); der in den vorhergehenden Mitt. nachgewiesene hohe **I**-Geh. der periglomerulären Zirkumferenz ist dagegen in den Segmenten der Cirkumferenz zu finden, die die Vasa afferentia u. den juxtaglomerulären App. tragen; den höchsten **I**-Geh. weisen die perivasculären Zellen auf, bevorzugt ist offenbar die Macula densa. Ob die Vasa afferentia überhaupt **I** besitzen, konnte noch nicht völlig geklärt werden. U. TAUSENDFREUND. 4597 □

Die Wirkung von Na^+, K^+, Ca^{2+} und Mg^{2+} auf den Coronargefäßwiderstand im Hundeherz. Jerry B. Scott, Edward D. Frohlich, Robert A. Hardin und Francis J. Haddy. (Amer. J. Physiol. **201.** 1095—1100. Dez. 1961. Fort Knox, Ky., U. S. Army Med. Res. Labor., Div. of Environm. Med.) (Engl.)

Unterss. am schlagenden Hundeherz-Präp. (in situ) zeigten, daß der Coronargefäßwiderstand abnimmt als Funktion der Infusions-Geschw. von isoton. Lsg. von *KCl*, *$MgCl_2$* u. *$MgSO_4$* u. ansteigt als Funktion der Infusions-Geschw. von isoton. $CaCl_2$-Lsg.; isoton. NaCl hat keinen Einfluß. Vff. schließen aus den Ergebnissen, daß das Coronargefäßbett akt. erschlafft durch einen leichten (lokalisierten) Anstieg in der K- oder Mg-Konz. des Plasmas u. sich akt. kontrahiert durch die entsprechende Ca-Konzentration. M. METZE. 4597 □

Histochemische Beobachtungen am Saccus vasculosus der Forelle. L. O. Zwillenberg. (Schriftenreihe Ver. Wasser-, Boden-Lufthyg. Berlin-Dahlem **54.** 437—42. 1961. Bern, Univ., Anatom. Inst.) (Dt.)

Vf. untersucht den Saccus vasculosus der Bach- u. der Regenbogenforelle mit histochem. Mitteln. Einzelne isolierte Krönchenzellen zeichnen sich durch eine stärkere Färbbarkeit mit *Alcianblau* aus. Diese Zellen enthalten mehr Disulfid-Gruppen. Daraus folgert Vf., daß diese Zellen *Cystin* gespeichert enthalten, das unter Umständen zur Biosynth. von *saurem Mucopolysaccharid* benutzt wird. A. GUDE. 4597 □

Aktivierung des Fütterungsreflexes bei Hydra littoralis. 1. Mitt. **Die Rolle von reduziertem Glutathion und quantitative Bestimmung des Fütterungsreflexes.** Howard M. Lenhoff. (J. gen. Physiol. **45.** 331—44. Nov. 1961. Miami, Howard Hughes Med. Inst., Labor. of Biochem.; Univ. of Miami, Zool. Dep.) (Engl.)

Beschreibung einer einfachen u. genauen quant. Best. des durch *Glutathion* (**I**) aktivierten Fütterungsreflexes von *Hydra littoralis*. Vorhanden ist eine beschränkte Anzahl von Receptor-Effektor-Syst. im Bereich des Mundes u. der Fühler; sie alle werden durch **I**-Konz. von $> 5 \cdot 10^{-6}$ m aktiviert. Eine Rk. erfolgt nur, wenn **I** am Receptor vorhanden ist. In Ggw. von **I**-Überschuß setzt die Rk. aus. K. ZINGRAF. 4597 □

Erregung und Leitung. K. Frank und M. G. F. Fuortes. (Annu. Rev. Physiol. **23.** 357—86. 1961. Bethesda, Md., Nat. Insts. of Health, Labor. of Neurophysiol. and Ophthalmol. Branch Labor.) (Engl.)

Übersicht (bis Juni 1960). Membranen (aktiver Ionentransport durch Membranen, Ursprung der Membranpotentiale, 2 stabile Zustände, Ca u. Anästhetica, Impulserzeugung, Membranmodelle), Mechanismen der Receptorerregung, synapt. Eigg. zur Funktion der synapt. Potentiale. — 198 Literaturangaben. K. MAIER. 4598 □

Somatische Funktionen des Nervensystems. P. Buser und A. Rougeul. (Annu. Rev. Physiol. **23.** 387—418. 1961. Paris, Fac. des Sci., Labor. de Neurophysiol. comparée, et Centre de Physiol. nerveuse du C.N.R.S.) (Engl.)

Übersicht (bis Juni 1960). Spezif. afferente Systeme: somat. Syst. (Hautreceptoren, Muskel- u. Tiefenreceptoren, zentrale somat. Verbindungswege), Geschmacks-Syst., Organisation der Sehwege u. zentralen Mechanismen, Gehör-Syst., Vestibular-Syst., olfaktor. Syst.; Reflexaktivität des Rückenmarks: Reflexweisen u. spinale Organisation, spinale Mechanismen; motor. Mechanismen; Cerebellum; Rhinencephalon; Vorgänge u. Mechanismen im Neocortex; Mechanismen u. Strukturen der allg. Steuerung; neue Techniken. — 448 Literaturangaben. K. MAIER. 4598 □

Höhere Nervenfunktionen: Hirnfunktionen und Lernen. E. Roy John. (Annu. Rev. Physiol. **23.** 451—84. 1961. Rochester, N.Y., Univ. of Rochester, Dep. of Physiol.) (Engl.)

Übersicht (bis Juni 1960). — 122 Literaturangaben. K. MAIER. 4598□

Die Aufnahme von Licht und Farbe und die Physiologie des Sehens. 1. Mitt. **Der Mechanismus der Perception.** C. V. Raman. (Proc. Indian Acad. Sci., Sect. A **52.** 255—66. Dez. 1960. Bangalore, Raman Res. Inst.) (Engl.)

Es wird dargelegt, daß die Aufnahme von Licht u. Farbe durch das Vorhandensein bestimmter *Pigmente* in der Retina möglich gemacht wird, welche die Fähigkeit zur Lichtabsorption u. zur sofortigen Weiterleitung der Energie an die sensor. Receptoren besitzen, womit es möglich gemacht wird, die aufgenommene Energie als Licht zu empfinden. U. TAUSENDFREUND. 4598□

Die Aufnahme von Licht und Farbe und die Physiologie des Sehens. 2. Mitt. **Die Sehpigmente.** C. V. Raman. (Proc. Indian Acad. Sci., Sect. A **52.** 267—80. Dez. 1960.) (Engl.) — 1. vgl. vorst. Referat.

Es wird die Zahl der Sehpigmente sowie die Spektralregion, in welcher sie wirksam werden, von bestimmten Lichteffekten abgeleitet, die nach Betrachten einer hellen Leinwand durch bestimmte Filtergläser bei der anschließenden Fixation eines Punktes der Leinwand nach der Entfernung des Filterglases auftreten. *Xanthophyll, Ferrohäm* u. *Ferrihäm* sind die 3 Sehpigmente. U. TAUSENDFREUND. 4598□

Die Aufnahme von Licht und Farbe und die Physiologie des Sehens. 3. Mitt. **Das Carotinoidpigment.** C. V. Raman. (Proc. Indian Acad. Sci., Sect. A **52.** 281—91. Dez. 1960.) (Engl.) — 2. vgl. vorst. Referat.

Es werden Unterss. darüber angestellt, wie die Beziehung zwischen den beobachteten Schwankungen in Beleuchtung u. Farbe des Spektrums u. den Absorptionscharakteristika der Sehpigmente hergestellt werden kann. *Xanthophyll* wird als das Sehpigment erkannt, welches im Violett- u. Blaubereich des Spektrums arbeitet.
U. TAUSENDFREUND. 4598□

Die Aufnahme von Licht und Farbe und die Physiologie des Sehens. 4. Mitt. **Ferrohäm und Ferrihäm.** C. V. Raman. (Proc. Indian Acad. Sci., Sect. A **52.** 292 bis 304. Dez. 1960.) (Engl.) — 3. vgl. vorst. Referat.

Unterss. über die Verteilung von Licht u. Farbe im Bereich von 5000—7000 Å, einschließlich der Absorptionsspektren der *Hämpigmente.* U. TAUSENDFREUND. 4598□

Die Aufnahme von Licht und Farbe und die Physiologie des Sehens. 5. Mitt. **Das Farbdreieck.** C. V. Raman. (Proc. Indian Acad. Sci., Sect. A **52.** 305. Dez. 1960.) (Engl.) — 4. vgl. vorst. Referat.

Nachdem bisher nur Verss. mit monochromat. Licht angestellt worden waren, wendet sich Vf. den mehr komplexen Vorgängen zu, erläutert chromat. u. achromat. Erscheinungen u. legt die geometr. Beziehung der Farben zueinander im sog. Farbdreieck nieder, wobei der Sättigungs- u. Reinheitsgrad jeder Farbe durch ihre Position in der Figur auf der vom entsprechenden peripheren Wellenlängenpunkt zum Zentrum ziehenden Linie determiniert ist. U. TAUSENDFREUND. 4598□

Die Aufnahme von Licht und Farbe und die Physiologie des Sehens. 6. Mitt. **Farbblindheiten.** C. V. Raman. (Proc. Indian Acad. Sci., Sect. A **52.** 314—23. Dez. 1960.) (Engl.) — 5. vgl. vorst. Referat.

Betrachtungen über die Farbblindheiten, ihre Entstehung u. ihre Einteilung in Typen, wobei der protanope, protanomale, deuteranope u. deuteroanomale Typ des Farbsehens als vererbbare Defekte in demjenigen biochem. Mechanismus anzusehen sind, der das *Ferrohäm/Ferrihäm*-Verhältnis in der Retina bestimmt. Tritanopia ist durch Fehlen von *Xanthophyll* in der Retina zu erklären. U. TAUSENDFREUND. 4598□

Die Aufnahme von Licht und Farbe und die Physiologie des Sehens. 7. Mitt. **Allgemeine Zusammenfassung.** C. V. Raman. (Proc. Indian Acad. Sci., Sect. A **52.** 324—28. Dez. 1960.) (Engl.) — 6. vgl. vorst. Referat.

Durch Korrelation der Absorptionsspektren der verwendeten Filter mit den erzielten Retinabildern (unter Verw. der subjektiven Meth. aus der 2. Mitt.) konnte sichergestellt werden, daß die Retina 3 Sehpigmente enthält, deren Absorptionsspektren in verschiedenen Bereichen des Spektrums liegen: *Pigment A* (*Xanthophyll*) mit Bereich von 4000—5000 Å, *Pigment B* (*Ferrohäm*) mit extrem kräftiger Absorption im Bereich von 5000—6000 Å u. *Pigment C* (*Ferrohäm*) mit mäßig starker Absorption im Bereich von 6000—7000 Å u. teilweiser Überlappung zu Pigment B. Die beobachtete Genauigkeit der Farbperception ist nur auf Grund der Hypothese erklärbar, nach der die Funktion des Sehpigments der Retina im Empfangen u. Absorbieren sowie Weiterleiten der absorbierten Energiequanten zu den zentralen Abschnitten des Sehmechanismus ohne Hinzufügung oder Verminderung besteht, worauf es zu seinem ursprünglichen Energiestatus zurückkehrt. Die Seherscheinungen, die durch heterogenes Licht hervorgerufen werden, resultieren aus der Synth. der durch monochromat. Strahlen hervorgerufenen Reize im Zentrum; das Ergebnis kann eine chromat. oder eine achromat. Erscheinung sein. U. Tausendfreund. 4598 □

Hören. Merle Lawrence. (Annu. Rev. Physiol. **23.** 485—500. 1961. Ann Arbor, Mich., Univ. of Michigan, Med. School, Dep of Otolaryngol. and Physiolog. and Inst. of Industrial Health.) (Engl.)

Übersicht (bis Juli 1960). Mittelohr, Anat., Cochlearmechanik, physiolog. Korrelate audiometr. Messungen. — 118 Literaturangaben. K. Maier. 4598 □

Eingeweidefunktionen des Nervensystems. G. Ström. (Annu. Rev. Physiol. **23.** 419—50. 1961. Uppsala, Univ., Hosp., Dep. of Clin. Physiol.) (Engl.)

Übersicht (bis Juni 1960). Hirn-Syst., Kreislauf-Syst. (Receptoren u. afferente Syst., zentrale Steuerung, Ganglien u. efferente Syst., Transmitter-Wrkg., nervöse Kontrolle des Herzens, Haut- u. Muskeldurchblutung, weitere Organe; neuroendokrines Syst. (Nebennierenmark, -rinde, Aldosteronsekretion), gastrointestinales Syst. (Geruch, Geschmack, Speicheldrüsen, Magen, Pankreas, Darm, afferente Wege u. Reflexe, Steuerung des Erbrechens), Urogenital-Syst. (Niere, Blase, Geschlechtsorgane), weitere neuroeffektor. Syst. (Schweißdrüsen, elektr. Hautwiderstand, Milz, Sympathicusdenervierung), Temp.-Regulierung, Regulierung von Körper-Fl. u. -gewicht. — 336 Literaturangaben. K. Maier. 4598 □

Beobachtungen an neurosekretorischen Zellen des Regenwurmes (Lumbricus Spec.). Peter Otremba. (Schriftenreihe Ver. Wasser-, Boden-, Lufthyg. Berlin-Dahlem **54.** 421—36. 1961. Kiel, Univ., Anatom. Inst.) (Dt.)

Vf. untersucht die neurosekretor. Zellen des Regenwurms mit Hilfe verschiedener Anfärbungen. Vf. glaubt, daß die verschiedenen Zellbilder (4 Gruppen) Ausdruck eines Sekretionscyclus sind, da sie, wenn auch in unterschiedlicher Menge, in allen untersuchten Regionen des Nerven-Syst. vorkommen, da innerhalb einer Zelle nebeneinander unterschiedliche Cytoplasmazonen u. homogene u. granulierte Bereiche auftreten u. die Häufung einer Gruppe mit einer gleichzeitigen Verminderung der anderen verbunden ist. Unterschiedliche Umweltbedinungen bewirken ein häufigeres Auftreten einer Gruppe bei gleichzeitiger Verminderung einer anderen. A. Gude. 4598 □

E₆. Pharmakologie. Therapie. Toxikologie. Hygiene

Physiologische Wirkungen von Kernstrahlung auf das Zentralnervensystem. N. N. Livshits. (Advances biol. med. Physics **7.** 173—248. 343—44. 1960. Moscow, Acad. of Sci. of the USSR, Inst. of Biol. Physics.) (Engl.)

Übersicht. Strahlungs-Wrkg. auf die Funktionen von Hirnrinde, Hirnstamm, Rückenmark, afferenten Syst., allg. Beobachtungen über die Effekte ionisierender Strahlung auf das Zentralnerven-Syst., Strahlungs-Wrkg. während des embryonalen Lebens u. der ersten Lebenstage auf die Funktionen der Zentralnerven-Syst., ionisierende Strahlung als Anregung des Zentralnerven-Syst., Strahlungs-Wrkg. auf die nervöse Regulierung der vegetativen Funktionen u. Gewebe (nervöse Zentren, Blutdruck, Atmung, periphere Gefäße, Wärmeregulierung, Gastrointestinaltrakt, Durchlässigkeit der Gewebe–Blutschranke, Zellteilung in Geweben, endokrine Drüsen, mit der Bestrahlung zusammenhängende Kompensationsprozesse) sowie auf die Durchlässigkeit der Blut–Hirnschranke u. Stoffwechselvorgänge des Hirns (oxydative Prozesse, Kohlenhydrat- u. P-Stoffwechsel, Eiweiß-, Nucleinsäure-, W.–Elektrolyt-Stoffwechsel, physikochem. Vorgänge). — 266 Literaturangaben. K. Maier. 4601

^{59}Fe-Einbau in Erythrocyten des Hamsters nach Bestrahlung. W. Lohmann, J. L. Glasgow und W. H. Perkins. (Amer. J. Physiol. **201.** 1134—36. Dez. 1961. Little Rock, Ark., Univ. of Arkansas Med. Center, Dep. of Med.; Consolid. Veterans Admin. Hosp.; Radioisotope Serv.) (Engl.)

Hamster erhielten ^{59}Fe intraperitoneal. Der Einbau in die Erythrocyten stieg progressiv an u. erreichte ein Maximum nach 4—5 Tagen, hielt 5 Tage an, um danach graduell abzufallen. Wurden die Tiere vor der Fe-Gabe ganzkörperbestrahlt (^{60}Co-, γ- u. Röntgenstrahlen), fiel der ^{59}Fe-Einbau sofort, stieg dann graduell an. Nach 7 Tagen betrug die Einbau-Geschw. noch 27% (Röntgen-) bzw. 22% (^{60}Co- u. γ-Strahlen) gegenüber 100% bei Normaltieren. Keines der ^{60}Co- u. γ-bestrahlten Tiere überlebte 10 Tage, die röntgenbestrahlten überlebten alle. M. Metze. 4601 □

Experimentelle Untersuchung über die röntgensensibilisierende Wirkung von Vitamin K. Anwar M. Elwi und Mohmoud M. Mahfouz. (J. Egypt. med. Assoc. **43.** 784—89. 1960. Cairo, Cairo Univ., Fac. of Med., Dep. of Pathol. and Radiol.) (Engl.)

Bei Mäusen bewies *Vitamin K* (I; 5 mg i. m.) eine an den Basalzellen des Vaginalabstriches nachweisbare Sensibilisierung gegenüber dem Einfl. von Röntgenbestrahlungen bei 50% der Tiere; Kombination von I mit *Testosteronpropionat* (II; 1,5 mg) führte zu Sensibilisierungen bei 100% der Tiere, während II allein bei 40% eine Sensibilisierung bewirkte. Auch bei Ganzkörperbestrahlungen zeigte sich die Empfindlichkeitssteigerung in einer Potenzierung der Wrkg. von 400 γ, so daß im Gegensatz zur nicht behandelten Kontrollgruppe alle I-behandelten Tiere verendeten.

U. TAUSENDFREUND. 4601 □

Zur Pharmakologie organischer Zinnverbindungen. G. Tauberger und O. R. Klimmer. (Naunyn-Schmiedebergs Arch. exp. Pathol. Pharmakol. **242.** 370—89. 1961. Bonn, Univ., Pharmakol. Inst.) (Dt.)

Trialkylzinn-Verbb. (i. v.) zeigten bei allen untersuchten Tierarten (Hund, Katze, Kaninchen u. Ratte) zuerst zentralerregende, dann zentral u. peripher lähmende Wrkg., wobei die erstgenannten bereits bei niedriger Dosierung auftraten u. die letztere bei hohen Dosen überwog. *Diäthylzinndichlorid* (I) erzeugte bei narkotisierten Ratten u. Kaninchen sämtliche Wrkg.-Komponenten des *Triäthylzinnchlorids* (II). Die Unterschiede in der Wrkg. von I u. anderersits von *Triäthylzinnsulfat* bzw. II müssen nach den Verss. der Vff. unter Einbeziehung des Faktors Blut-Liquorschranke beurteilt werden. — 31 Literaturangaben.

M. METZE. 4607 □

Wirkung von 2.4-Dinitrophenol auf die Aufnahme freier Fettsäuren durch den Skelettmuskel. John J. Spitzer, William T. McElroy jun. und Bela Issekutz jun. (Proc. Soc. exp. Biol. Med. **108.** 89—91. Okt. 1961. Philadelphia, Pa., Hahnemann Med. Coll. and Hosp., Dep. of Physiol.; Lankenau Hosp., Div. of Res.) (Engl.)

Bei narkotisierten Hunden bewirkte eine Infusion von 60 ml einer 2.4-Dinitrophenol-Lsg. (2,5 mg/ml) innerhalb von 30 Min. eine Zunahme der Durchblutung der Venae profundae femoris u. der Aufnahme *freier Fettsäuren* durch den Skelettmuskel.

K. ZINGRAF. 4607 □

Verträglichkeit der Benzoesäure. K. Lang. (Z. Lebensmittel-Unters. u. -Forsch. **112.** 394—403. 30/6. 1960. Mainz, Johannes-Gutenberg-Univ., Physiol.-Chem. Inst.) (Dt.)

Übersicht über die bereits zum Stoffwechsel u. zu den physiolog. Wrkg. von *Benzoesäure* vorliegenden Unterss. unter bes. Berükcsichtigung der chron. Toxizität. — In eigenen, sich über 4 Generationen erstreckenden Fütterungs-Verss. läßt sich 1% im Futter als nahe der oberen Grenze der reaktionslosen Verträglichkeit an der Ratte erkennen. — Die von der Kommission zur Prüfung der Lebensmittelkonservierung als Tageshöchstmenge festgesetzte Dosis von 0,6 g erscheint demnach gut begründet u. gibt eine ausreichende Sicherheitsspanne zu der im Tier-Vers. tox. wirkenden Menge.

U. TAUSENDFREUND. 4607 □

Untersuchungen über die perkutane Resorption von Parathion und Paraoxon. 1. Mitt. **Hydrolyse und Stoffwechsel in der Haut.** Torsten Fredriksson, William L. Farrior jun. und Robert F. Witter. (Acta dermato-venereol. [Stockholm] **41.** 335—43. 1961. Atlanta, Ga., US-Dep. of Health, Educ. and Welfare, Public Health Serv., Communicable Dis. Center, Technol. Branch, Toxicol. Sect.; Stockholm, Karolinska Sjukhuset, Dep. of Dermatol.) (Engl.)

Von der normalen Haut des Menschen, der Katze, des Kaninchens oder der Ratte wird *Parathion* (*E 605*) weder hydrolysiert, noch in *Paraoxon* (*E 600*; I) umgewandelt, was auf fehlende Inaktivierung bei der Resorption durch die Haut schließen läßt; I dagegen wird von der Haut des Menschen, der Katze u. des Kaninchens in einer enzymat. Rk. hydrolysiert: am schnellsten beim Kaninchen, wo durch 1 g Haut bei 25° in 1 Std. 20% des I hydrolysiert werden, während Haut von Mensch u. Ratte dabei nur 1% I umsetzen.

U. TAUSENDFREUND. 4607 □

Untersuchungen über die perkutane Resorption von Parathion und Paraoxon. 2. Mitt. **Verteilung von ^{32}P-Parathion in der Haut.** Torsten Fredriksson. (Acta dermato-venereol. [Stockholm] **41.** 344—52. 1961.) (Engl.) — 1. vgl. vorst. Referat.

Autoradiograph. Unterss. an Hautabrissen von exzidierter Haut von Mensch, Ratte, Kaninchen u. Katze (Cellulosestreifen-Meth.) lassen erkennen, daß (^{32}P-markiertes) *Parathion* (*E 605*) in gewissem Ausmaß in die Haarfollikel u. Talgdrüsen eindringt, wenn dieses auch nicht der Hauptresorptionsweg sein muß, da transepidermale Resorption ebenso möglich ist (gesteigerte Aktivität unterhalb der epidermalen Schichten).

U. TAUSENDFREUND. 4607 □

Untersuchungen über die perkutane Resorption von Parathion und Paraoxon. 3. Mitt. **Die Resorptionsgeschwindigkeit von Parathion.** Torsten Fredriksson. (Acta dermato-venereol. [Stockholm] **41.** 353—62. 1961.) (Engl.) — 2. vgl. vorst. Referat.

Die Best. der perkutanen Resorptions-Geschw. von ^{32}*P-Parathion* (*E 605*) in vivo durch Ermittlung der Abnahme der Aktivität eines lokalen Depots (an der Katze) bewies langsame Resorption mit Werten nahe der Empfindlichkeitsgrenze der Meth. (5 mμ m/min/cm^2; nur $^1/_{25}$ des Resorptions-Geschw. von Sarin); auch in vitro in der Resorptionskammer konnte nur langsame Resorption, die sich auch noch bei NaCl-Lsg. oder Blut unterschiedlich verhielt, gefunden werden, so daß diese Verb. offenbar als Modellsubstanz zum Studium der perkutanen Resorption nicht bes. geeignet ist. U. TAUSENDFREUND. 4607 □

Über die Lokalbehandlung der Kolpitis und des Fluor vaginalis mit einem neuartigen Chemotherapeuticum. Ch. Lanik und M. Stiglbauer. (Wiener med. Wschr. **110.** 1064—65. 24/12. 1960. Wien, Univ., I. Frauenklinik.) (Dt.)

5.7-Dichlor-8-hydroxychinaldin (*Gyno-Sterosan*; 1%ig. Gel; auch Tablettenform mit 0,2 g zur Auflösung in der Scheide bestimmt) erwies sich als erfolgreich bei verschiedenen Formen von Fluor vaginalis; Erfolge bei 70 von 74 nicht durch Soor oder Trichomonaden bedingten Fluorfällen, bei 5 von 8 Soorkolpitiden, bei 3 von 6 Trichomonadenkolpitiden, bei 27 von 35 senilen Kolpitiden, ggf. 2. Kur notwendig; keine Unverträglichkeitserscheinungen. U. TAUSENDFREUND. 4607 □

Untersuchungen zur Frage der Resorption von Squalen. Harald Schön und Willi Fahsold. (Klin. Wschr. **38.** 177—78. 15/2. 1960. Erlangen, Univ., Med. Klinik.) (Dt.)

Vff. verabreichen peroral ca. 12,5 g eines Gemisches von *Paraffinum liquidum* (**I**)/*Olivenöl* (1:1, 1:2), welches mit geringen Mengen von ^{131}*J*-markiertem *Squalen* (**II**) versetzt wurde u. bestimmen im menschlichen Serumfett die Plasmaaktivität an ^{131}J. Es wird gefunden, daß 20—50% **II** durch den Verdauungstrakt resorbiert worden sind. Vff. nehmen an, daß eine ebenso große Resorptionsquote für **I** anzusetzen ist u. daher eine langfristige Anwendung von **I** als Gleitmittel bei der Therapie der Obstipation bedenklich erscheint. R. LAFFERENZ. 4607 □

Säurederivate mit Pflanzenwachstum-regulierender Wirkung. 1. Mitt. **Pharmakologische Eigenschaften von p-Chlorphenoxyessigsäuredimethylaminoäthylester.** Jean Thuillier, Paul Rumpf und Germaine Thuillier. (C. R. Séances Soc. Biol. Filiales **153.** 1914—18. 1959, herausgeg. 22/4. 1960. Paris, Hôp. Sainte Anne, Labor. de Biol. de la Clin. des Maladies Mentales; Belleone, C.N.R.S., Centre d'Études et de Rech. de Chim. organ. appliquée.) (Franz.)

Folgende *Essigsäure-β-dimethylaminoäthylesterhydrochloride* wurden dargestellt: *4-Chlorphenoxy-* (**I**), F. 131°, *2.4-Dichlorphenoxy-*, F. 162°, *Phenoxy-*, F. 96°, *2-Methyl-4-chlorphenoxy-*, F. 116°, *4-Fluorphenoxy-*, F. 100°, *Naphthyl-(1)-*, F. 155°, *β-Naphthoxy-*, F. 121°, *α-Naphthoxy-*, F. 152°, *Indolyl-(3)-*, F. 132°, *Benzyl-*, F. 10°. Die pharmakolog. Eigg. von **I** werden beschrieben. Toxizität (Maus): DL_{50} i.v. 330 mg/kg, DL_{50} per os 1750 mg/kg, DL_{50} intrapritoneal 845 mg/kg. Unters. über die chron. Toxizität haben ergeben, daß Ratten in mehr als 5 Monaten 300 mg/kg per os ohne Veränderungen des Blutes u. der Organe aufnehmen können. **I** zeigt stimulierende Wrkg. auf das Zentralnerven-Syst. der Elritze (*Phoxinus phoxinus*), wenn man sie in W. mit 0,25—0,50‰ setzt. Nach 1½ Min. zeigen sich allg. Convulsionen. **I** setzt den Schwellenwert für convulsionsauslösende Mittel herab: Injiziert man einem Kaninchen 100 mg **I**/kg u. gibt nach 1 Std. 13,5 mg *Pentetrazol*/kg, erreicht man gleiche klon.-ton. Krämpfe, zu denen sonst 25 mg/kg benötigt werden. Aktograph. Messungen ergeben, daß Mäuse bei einer täglichen Gabe von 150 mg/kg nach 10 Tagen merklich unruhiger werden. **I** wirkt über die Hypothalamus–Hypophysen-Region erweiternd auf die Chromatophoren der Elritze. Bei einem Geh. von 0,25‰ erfolgt nach 75 Sek. eine vollständige Schwarzfärbung der Elritze, die noch 20 Min. nach Entfernung des Fisches aus dem Vers.-Wasser anhält. S. GROITZSCH. 4607 □

Beobachtungen zum Wirkungsverlauf von Dieldrin bei Anopheles-Larven (A. stephensi und A. atroparvus). R. Garms. (Z. Tropenmed. Parasitol. **12.** 262—73. Okt. 1961. Hamburg, Bernhard-Nocht-Inst. für Schiffs- u. Tropenkrankh., Entomol. Abt.) (Dt.)

Die Unterss. ergaben, daß die *Dieldrin*-Nachwrkg. (Mortalität der Larven steigt an) abhängig ist von der Zeit, die zwischen Behandlung u. Verpuppung der Larven von *Anopheles stephensi* verstreicht. M. METZE. 4607 □

Untersuchungen über die Stabilität von Bayluscid als Mittel zur Schneckenvernichtung. R. Gönnert und R. Strufe. (Z. Tropenmed. Parasitol. **12.** 220—34. Okt. 1961. Wuppertal-Elberfeld, Farbenfabr. Bayer A.G., Chemotherapeut. Inst.) (Dt.)

Es wurde die Stabilität des Schneckenvernichtungsmittels *Bayluscid* (I) im Vgl. zu *Pentachlorphenolnatrium* gegenüber verschiedenen chem. u. physikal. Faktoren (Salz-Geh., pH-Wert des W. usw.) im Labor. untersucht u. gefunden, daß der Einfl. bei einer I-Konz. von 0,3–0,7 ppm nur sehr gering ist. M. METZE. 4607

Detergentien, Cholesterin- und Lipoidgehalte vom Serum und mögliche Wechselbeziehungen. C. B. M. Dalderup und L. M. Dalderup. (Voeding **23.** 20–34. 15/1. 1962.) (Niederl.)

Vff. geben eine Literaturübersicht über den Einfl. von Detergentien auf den *Cholesterin-* u. *Lipoid*-Stoffwechsel n. die möglichen Folgen für den Menschen. — 75 Literaturangaben. W. HILLER. 4607□

Ein toxisches Saponin aus Elvira biflora. Marilda M. de Oliveira und Sylvia O. Andrade. (J. pharmac. Sci. **50.** 780–82. Sept. 1961.) (Engl.)

Aus der Composite *Elvira biflora* wird ein tox. Saponin isoliert, das spasmogene u. hypotensive u. an Meerschweinchenileumstreifen tonussteigernde Wrkg. zeigt. Bei der Hydrolyse entsteht *Echinocystsäure*, $C_{30}H_{48}O_4$, F. 319–324°. — *Diacetat*, $C_{29}H_{45}O_2 \cdot (CH_3CO_2)_2CO_2H$, F. 279–282°. — *Methylester*, F. 210–212°. — *Diacetatmethylester*, F. 196 bis 198°; u. *Galaktose, Xylose, Arabinose, Rhamnose* u. ein nicht identifizierter Zucker. P. GREGORZEWSKI. 4608□

Verteilung und Umsatz von ^{14}C-Benzoyl-p-aminosalicylsäure bei der Maus. F. Jeunet, E. Lauber und H. Aebi. (Naunyn-Schmiedebergs Arch. exp. Pathol. Pharmakol. **249.** 353–69. 1961. Bern, Univ., Med.-chem. Inst.) (Dt.)

An der Maus werden Verteilung u. Umsatz von verschieden ^{14}C-markierter *Benzoyl-p-aminosalicylsäure* (I) untersucht. Die Ausscheidung erfolgt in Harn u. Galle. Die Decarboxylierung spielt prakt. keine Rolle. $^{14}C_{(COOH)}$-I wird im Harn in Form von 5 verschiedenen Verbb. ausgeschieden (I; *Acetyl-p-aminosalicylsäure, p-Aminosalicylsäure* u. Metabolite x_1 u. x_2), $^{14}C_{(Benzoyl)}$-I in Form von I, Hippursäure u. Substanz Y. M. METZE. 4610□

Experimentelle und therapeutische Resultate bei klinischer Anwendung des 2-Sulfanilamido-5-methylpyrimidins (Pallidin): ein neues, langwirkendes Sulfonamid. A. Ruiz-Torres. (Med. Welt **1961.** **343**–46. 18/2. Verden/Aller, Städt. Krankenhaus.) (Dt.)

Vf. prüfte das langwirkende *2-Sulfanilamido-5-methylpyrimidin* (*Pallidin* MERCK; I) bei akuten Lungenaffektionen, chron. Lungenkrankheiten, Harnwegerkrankungen u. Gallenentzündungen. Die Tagesdosis u. die Art der Einnahme richtet sich nach dem therapeut. angestrebten I-Spiegel in den verschiedenen Organen. I ist gut verträglich, es wird rasch resorbiert, über Galle u. Nieren ausgeschieden u. wirkt wie andere Sulfonamide auch auf den Zuckerstoffwechsel. Bei stoffwechselgesunden Patienten sind jedoch keine auf Hypoglykämie hinweisenden Erscheinungen zu beobachten. K. BÖHM. 4610□

Versuche zur Entdeckung neuer Tuberkulostatica. 11. Mitt. **Heterocyclische Farbstoffe.** Endre Jeney und Tibor Zsolnai. (Zbl. Bakteriol., Parasitenkunde, Infektionskrankh. Hyg., I. Abt., Orig. **177.** 365–71. Febr. 1960. Debrecen, Med. Univ., Hyg. Inst.) (Dt.) — 10. vgl. Zbl. Bakteriol., Parasitenkunde, Infektionskrankh. Hyg., I. Abt., Orig. **177.** [1960.] 220.

Folgende Verbb. zeigen in vitro u. im Mäuse-Vers. tuberkulostat. Wrkg., scheiden aber wegen ihrer relativ großen Toxizität für die Therapie aus: *Acridinorange, Rivanol, Trypaflavin, 2.3-Diaminophenazin, Safranin T, Brillantkresylblau, Meldolablau, Nilblau* u. *Thionin*. Außerdem wurden getestet: *Acridinhydrochlorid, Acridingelb, Acridinrot, Atebrin, 3.6-Diaminoanthyridinhydrochlorid, 3.6-Diamino-9-phenylanthyridinhydrochlorid;* Phenazine: *2-Amino-3-hydroxy-, 2-Methyl-3-amino-6-dimethylamino-, 3-Amino-6-dimethylamino-, 3-Amino-6-dimethylamino-4-aza-, 3-Amino-6-hydroxy-, 3-Amino-6-hydroxy-4-aza-, 2-Hydroxy-3-amino-6-dimethylamino-, 3-Amino-7.8-benzo-;* Phenoxazoniumchloride: *3.6-Diamino-, 3-Diäthylamino-6-dimethylamino-, 2-Amino-3-hydroxy-, 3-Hydroxy-6-dimethylamino-, Methylenblau, Toluidinblau, Chinolinblau* u. *3.3'-Diäthyl-2.2'-naphthoxazolocarbocyaninjodid*. — 37 Literaturangaben. P. GREGORZEWSKI. 4610□

Versuche zur Entdeckung neuer Tuberkulostatica. 12. Mitt. **Dicarbonsäurehydrazide und mit ihnen verwandte Verbindungen.** Endre Jeney und Tibor Zsolnai. (Zbl. Bakteriol., Parasitenkunde, Infektionskrankh. Hyg., I. Abt., Orig. **177.** 373–79. Febr. 1960. Debrecen, Med. Univ., Hyg. Inst.) (Dt.) — 11. vgl. vorst. Referat.

Keine der folgenden Verbb. übt weder in vitro noch in vivo eine Antituberkulose-Wrkg. aus: Hydrazide: *Bernsteinsäure-, Citraconsäure-, Chinolinsäure-, Adipinsäure-, Azelainsäure-, Sebacinsäure-;* Phenylhydrazide: *Bernsteinsäure-, Citraconsäure-,*

Lävulinsäure-, Chinolinsäure-, Malonsäure-, Adipinsäure-, Azelainsäure-, Sebacinsäure-, 1-Phenyl-3-chlor-1.6-dihydropyridazinon-(6), 3-Methylpyrazolon-(5), 1-Phenyl-3-methyl-pyrazolon-(5). P. GREGORZEWSKI. 4610□

Die Pharmakologie des Chelatbildners Penicillamin. J. M. Walshe. (Ann. intern. Med. **53.** 1090—96. Nov. 1960. Cambridge, Univ., Dep. of Exp. Med.) (Engl.)

l-Penicillamin (I) ist ein Wachstumshemmer, der bei jungen Albinoratten in relativ kurzer Zeit zu Convulsionen u. zum Tode führt. Cystin, Cystein, Homocystin u. Homocystein schützen nicht, *Äthanolamin* (II), seine Methyl-Derivv. oder *Cholin* (III) kehren diesen tox. Effekt vollständig um. Der Mechanismus der Wrkg. von III oder II gegen *l*-I ist unbekannt. *Pyridoxin* (IV) schützt gegen die tox. Wirkung von *l*-I. D-I scheint ohne biolog. Aktivität zu sein, vielleicht begünstigt es das Wachstum bei Küken u. Schweinen. In vitro bildet I mit Pyridoxal-5-phosphat schnell ein Thiazolidin, was wahrscheinlich auch in vivo möglich ist. Einige I-Isomere hemmen den Stoffwechsel des III-Vorläufers Serin durch *Leuconostoc mesenteroides* P-60. Auf *Escherichia coli* wirkt nur *l*-I hemmend, während Zugabe von Leucin, Isoleucin, Valin oder Methionin diese Wrkg. aufheben u. Glutathion, Serin u. 18 weitere Aminosäuren ohne Einfl. sind. Bei WILSON-Krankheit wirkt I bei oraler Darreichung Cu-bindend. D-I verursacht einige tox. Rkk., wie Granulocytopenie u. Fieber. Wahrscheinlich schützt dagegen IV. I verringert die Viscosität u. Gel-Bldg. im Serum von Patienten mit WALDENSTRÖM-Makroglobulinämie. Dabei kommt es auch zu klin. Besserung. K. BÖHM. 4611□

Tödliche toxische Reaktion auf Amphotericin B bei Kryptokokkenencephalomeningitis. Baldo M. Carnecchia und John F. Kurtzke. (Ann. intern. Med. **53.** 1027—36. Nov. 1960. Coatesville, Pa., Neurol. Serv., Veterans Admin. Hosp.; Philadelphia, Pa., Dep. of Neurol., Jefersond Med. Coll.) (Engl.)

Ein 32 Jahre alter Neger, der an Kryptokokkenencephalomeningitis erkrankt u. mit *Amphotericin B* (I) über 1 Jahr lang mehrmals erfolgreich behandelt worden war, erkrankte nach 3tägiger Verabreichung von 1 mg I/kg/Tag akut u. starb 2 Tage später. Bei der Autopsie fanden sich akute tox. Degeneration der Leber u. tox. Nephrose. K. BÖHM. 4611□

Die Wundbehandlung mit einem Enzyminhibitor. F. Wechselberger. (Wiener med. Wschr. **110.** 1058—62. 24/12. 1960. Linz, Vereinigte Österr. Eisen- u. Stahlwerke, Unfallstat.) (Dt.)

Bei der durch zufällige Anregung erfolgten Prüfung der Wrkg. eines Enzyminhibitors, *Polyphloroglucinphosphat* (*Dealydgel*), in Fällen von Hautverletzungen, Hautablederungen u. Verbrennungen II. u. III. Grades, konnten Wundinfektionen in stärkerem Maße als früher mit antibakterieller Lokaltherapie verhindert werden, obwohl der Hemmstoff selbst keine antibakteriellen Eigg. in vitro besitzt; auch eitrige Prozesse wurden gut beeinflußt. Der Wrkg.-Mechanismus ist noch unbekannt; keine Unverträglichkeitserscheinungen. U. TAUSENDFREUND. 4614□

Veränderungen der Schmerzreaktionen bei mit verschiedenen adrenergisch und cholinergisch wirksamen Substanzen behandelten Ratten. J. Charpentier. (C. R. Séances Soc. Biol. Filiales **155.** 1490—94. 1961, herausgeg. 15/1. 1962. Paris, Fac. des Sci., Labor. de Psychophysiol.) (Franz.)

Vf. gibt Ratten unter verschiedenen Spannungen stehende elektr. Reize in den Schwanz u. beobachtet das Ausmaß der Schmerz-Rk. vor u. nach intraperitonealer Injektion von *Atropin* (I; 20 mg/kg), *Eserin* (II; 0,5), *Dibenamin* (III; 0,6) u. *Amphetamin* (IV; 2,0). Es zeigt sich, daß die Reizschwelle nach I um 36% ansteigt, nach II, III u. IV um 39—45% absinkt. Die zentrale Erregung wird in Ggw. von I nur 0,1—0,2 Sek. nach Erteilung des Schocks erhöht (um 60%), während sie nach II- u. III-Zufuhr um 80—100% verstärkt ist u. 10 Sek. lang anhält. IV erniedrigt die Exzitation 0,6 Sek. nach Auslösung des Reizes. Die in Abhängigkeit von der Spannung erhaltene Schmerz-Rk.-Kurve liegt nach I unterhalb, nach II etwas oberhalb der der Kontrollen; die übrigen Verbb. besitzen dagegen keinen Einfl. auf den normalen Kurvenverlauf. II u. III führen zu stärker adaptierten Schmerz-Rkk., das erste auch zu genitaler Erregung, während nach I u. IV ein nicht schmerzspezif. Verh. beobachtet wird. Aus den Ergebnissen geht hervor, daß anticholinerg. Substanzen (z. B. I) eine analoge Wrkg. hervorrufen wie adrenerg. (z. B. IV) u. umgekehrt (II u. III). P. FAHRNLAENDER. 4620□

Das Nivalin und seine Heilwirkung bei Erkrankungen des Nervensystems. K. G. Pernov. (Psychiatrie, Neurol. med. Psychol. **13.** 416—20. Nov. 1961. Sofia (Bulgarien), wiss. Forschungsinst. für Neurologie u. Psychiatrie.) (Dt.)

Das bulgar. Präp. *Nivalin* (I), das ein Alkaloid (*Galanthaminum hydrobromicum*) aus dem wildwachsenden Schneeglöckchen (*Galanthus nivalis, var. gracilis*) enthält, ist ein neuer starker *Cholinesterase* (II)-Hemmer. Chem. handelt es sich um ein Alkaloid der

Phenanthridingruppe, das ein tert. N-Atom enthält. I steht dem Eserin u. Prostigmin in seiner Wrkg. nahe, besitzt aber eigene spezif. Eigenschaften. Es blockiert reversibel II sowohl im Bereich der neuromuskulären cholinreaktiven Syst. der effektor. Organe, als auch in der Region der cholinreaktiven Nerven der vegetativen Ganglien.

K. BÖHM. 4620□

Die Wirkung einiger Monoaminooxydasen-hemmender Verbindungen auf den Östruscyclus der normalen und der reserpinbehandelten Ratte. Giorgio Bignami. (C. R. hebd. Séances Acad. Sci. **250.** 3731—32. 30/5. 1960. Rome, Ist. Superiore di Sanità, Serv. de Chim. Therapeutique.) (Franz.)

Die Monoaminooxydaseinhibitoren *N-Benzyl-β-[isonicotinylhydrazino]-propionamid* (*Nialamid*) u. *β-Phenylisopropylhydrazin* (*Catron*) hemmen bei der Ratte die Auslösung der Pseudoträchtigkeit durch *Reserpin*, wenn dieses als Einzeldosis am Tag des Östrus oder am 1. Tag des Diöstrus subkutan gegeben wird. K. MAIER. 4620□

Der Einfluß von Trypsin, Reserpin und Serotonin auf die Entstehung von gastrischen Erosionen und Ulcera bei Ratten. Tomislav Petrović und Branislav Nikodijević. (Acta pharmac. jugosl. **10.** 91—96. 1960. Skopje, Med. fak., Farmakol. inst.) (Kroat.)

Nach Vorbehandlung mit *Trypsin* (I) werden bei Ratten durch *Reserpin* (II) im Proventriculus ca. 3mal mehr u. größere Ulcera hervorgerufen, als ohne I-Vorbehandlung, während im glandulären Teil des Magens kein Unterschied in der Wrkg. von II bzw. I u. II zu erkennen war. Behandlung mit I war ohne Einfl. auf die ulcerogene Wrkg. von *Serotonin*. Adrenalektomie verhinderte nicht die ulcerogene Wrkg. von II.

S. BECKMANN. 4620□

Beeinflussung der Physostigminwirkung auf Hippocampus-Pyramidenzellen durch Septumausschaltung. E. Deisenhammer und Ch. Stumpf. (Naunyn-Schmiedebergs Arch. exp. Pathol. Pharmakol. **239.** 481—91. 1960. Wien, Univ., Pharmakol. Inst.) (Dt.)

Die an Kaninchen durchgeführten Unterss., inwieweit die Wrkg. von *Physostigmin* (I) auf die Tätigkeit der Pyramidenzellen des Hippocampus (Hc.) durch Septumläsion aufgehoben werden kann, ergaben, daß nach I-Verabreichung eine Ausschaltung des Septums nicht nur den Theta-Rhythmus im Hc.-EEG zum Verschwinden bringt, sondern auch die beschleunigende Wrkg. von I auf die Entladungsfrequenz der Hc.-Pyramidenfrequenz verhindert. Damit im Zusammenhang angestellte Verss. einer Novocaininjektion ins Septum deuten darauf hin, daß eine Septumausschaltung nicht nur den Physostigmineffekt zum Verschwinden bringt, sondern auch den Einstrom afferenter Impulse in den Hc. weitgehend blockiert. K. LOHS. 4620□

Die Beeinflussung der Thermoregulation des Hundes durch Chlordiazepoxid (Librium). R. Schmidt, F. Kappey und C. Albers. (Naunyn-Schmiedebergs Arch. exp. Pathol. Pharmakol. **242.** 293—303. 1961. Bad Nauheim, Max-Planck-Ges., W. G. Kerckhoff-Inst.) (Dt.)

Zur Erhöhung der Dressurfähigkeit im Hinblick auf weitreichendere physiolog. Unterss. an Caniden wird das psychotrope Pharmacon *Chlordiazepoxid* (*Librium*, HOFFMANN-LA ROCHE; I) an 6 unnarkotisierten trainierten Vers.-Hunden ausprobiert. Zunächst wird der Einf. von I auf die Thermoregulation untersucht, um bei weiteren Verss. diese Einfl. ausschließen zu können. Die Ergebnisse lassen folgern, daß I keine spezif. Wrkg. auf die Thermoregulation besitzt, sondern daß die beobachtete Senkung der Rectaltemp. die Folge einer gesteigerten Hautdurchblutung, die beobachtete Hemmung des Kältesinterns die Folge einer Blockierung spinaler Reflexe ist.

M. METZE. 4620□

Sensibilisierende Wirkung einiger Phenanthren- und Isochinolinderivate auf das mit Acetylcholin behandelte isolierte Ventrikel von Helix pomatia. C. Megemont, I. Megemont, P. Bastide und G. Dastugue. (C. R. Séances Soc. Biol. Filiales **155.** 1505—07. 1961, herausgeg. 15/1. 1962. Clermont-Ferrand, Fac. de Méd. et de Pharm., Labor. de Pharmacodyn. et de Chim. biol.) (Franz.) — Vgl. C. **1961.** 556. 8025; C. **1962.** 2818.

Vff. inkubieren das isolierte Ventrikel von Helix pomatia in RINGER-Lsg. (pH 7,2) mit verschiedenen Alkaloiden der Morphingruppe u. bestimmen die zur Induktion einer Tonus- u. Rhythmusänderung erforderliche Grenzdosis (a), die Herzstillstand-hervorrufende minimale tox. Dosis (b) u. diejenige Konz., die die negativ chronotrope Wrkg. von *Acetylcholin* (I; $1 \cdot 10^{-5}$), das 2 Min. nach Alkaloidzufuhr gegeben wird, verdoppelt (c). Folgende Verbb. werden geprüft: *D-3-Methoxy-N-methylmorphinanhydrobromid* (*Dextromethorphanbromhydrat, Rol-5470/5*) a: $^1/_{25000}$; b: $^1/_{12500}$; c: $^1/_{75000}$; die Hydrochloride von *Bulbocapnin*: $^1/_{20000}$; $^1/_{10000}$; $^1/_{50000}$; — *2.6-Dihydroxy-3.5-di-*

methoxyaporphin (*Boldin*): $^1/_{15000}$; $^1/_{5000}$ $<^1/_{15000}$; — *N-Allylnormorphin* (*Nalorphin*): $^1/_{12500}$; $^1/_{100}$; $^1/_{15000}$; — *Benzylmorphin* (*Peronin*): $^1/_{8000}$; $^1/_{5000}$; $^1/_{40000}$; — *Dihydromorphin* (*Paramorphan*): $^1/_{5000}$; $^1/_{500}$; $^1/_{50000}$; — D-*2.2-Diphenyl-3-methylmorpholinobutyrylpyrrolidinbitartrat* (*Dextromoramid*; *Palfium*; *R 875*) $^1/_{5000}$; $>^1/_{500}$; $^1/_{5000}$; — *Corydalinhydrochlorid*: $>^1/_{5000}$; $>^1/_{5000}$; $<^1/_{5000}$; — *3-[2-Morpholinyl-(4)-äthyl]-morphin* (*3-[2-Morpholinoäthyl]-morphin*; *Pholeodin*): $^1/_{2500}$; $^1/_{250}$; $^1/_{15000}$; — *Morphingluconat*: $^1/_{2500}$; $>^1/_{250}$; $^1/_{15000}$; — *Morphinphenylpropionat*: $^1/_{2500}$; $>^1/_{250}$; $^1/_{15000}$; — *Narcotin-*(DL)*-camphosulfonat* (*Tulisan*): $^1/_{1000}$; $>^1/_{500}$; $<^1/_{1000}$; — *Hydrocodon* (**II**) c: $1:10^7$; — *Hydromorphon* (**III**) c: $1:2{,}5\cdot10^6$; *Dihydron* (**IV**) c: $1:1\cdot10^6$. Zwischen der c-Wrkg. u. den analget. Eigg. vorst. Verbb. bestehen keine Beziehungen. Aus den Ergebnissen geht hervor, daß nur durch Einführung einer Ketofunktion (Verbb. **II**, **III** u. **IV**) die **I**-potenzierende Wrkg. gesteigert wird. P. FAHRNLAENDER. 4620□

Wirkung peripher angreifender Pharmaca auf die Funktion der Harnblase. Friedrich Karl Ohnesorge. (Naunyn-Schmiedebergs Arch. exp. Pathol. Pharmakol. **242.** 304—29. 1961. Kiel, Univ., Pharmakol. Inst.) (Dt.)

An narkotisierten Meerschweinchen wird untersucht, wie peripher angreifende Pharmaca das ton. Verh. (Anfangs- u. Enddruck), die Kapazität u. den Miktionsdruck der Harnblase mit intakter Innervation beeinflussen. Anfangs- u. Enddruck werden durch *Pilocarpin* u. *Carbamoylcholin* erhöht, durch *Adrenalin* (**I**) u. *Noradrenalin* (**II**) gesenkt; *Atropin* (**III**), Sympathicolytica, Ganglienblocker u. Hypophysenhinterlappenhormone sind prakt. wirkungslos. Die Kapazität (Fl.-Menge, die vor dem Miktionsreflex in der Blase ist) wird durch *Neostigmin*, **I** u. **II**, *Sympatol* u. *Ephedrin* sowie *Tonephin* u. synthet. *Oxytocin* herabgesetzt, durch *Dihydroergotamin* (**IV**), *Piperoxan*, *Penthamethonium* u. *Hexamethonium* vergrößert. Der Miktionsdruck wird durch **III** + **IV** nicht herabgesetzt, aber durch **I**, **II** u. Ganglienblocker vermindert. — 80 Literaturangaben. M. METZE. 4620□

Vergleich der pharmakodynamischen Eigenschaften von Holaphyllin und Holaphyllamin, Steroidalkaloiden aus Holarrhena floribunda, einer Apocynacee. A. Quevauvillier und O. Blanpin. (Thérapie **15.** 1212—20. 1960. Paris, Fac. de Pharmacie, Labor. d'Hyg.; Tours, Ecole Nat. de Méd. et de Pharmacie, Labor. de Pharmacodyn.) (Franz.)

Holaphyllin (**I**) u. *Holaphyllamin* (**II**), zwei Steroidalkaloide der Apocynacee *Holarrhena floribunda*, besitzen nur eine schwache Toxizität. Die DL_{50} beträgt für Mäuse 30 mg **I**/kg u. 28 mg **II**/kg bei i.v. Verabreichung. Auf das animal. Nerven-Syst. wirken **I** u. **II** depressiv, sie verstärken bei der Maus die hypnot. Wrkg. von Phenobarbital u. besitzen eine lokalanästhet. Oberflächen-Wrkg., die die von Cocainhydrochlorid übertrifft. **II** wirkt auch noch temperatursenkend u. antipyretisch. Alle diese Eigg. weisen auf eine Beeinflussung thalam. u. hypothalam. Zentren hin. Den Blutdruck senken **I** u. **II** nur schwach. Dabei ist **I** hierbei stärker wirksam als **II**. **I** u. **II** besitzen auch analept. Wrkg. auf die Atmung u. unspezif. spasmolyt. Eigg. gegenüber $BaCl_2$, Acetylcholin u. Histamin. K. BÖHM. 4620□

Alkohol und Coffein bei Unterscheidungstesten bei Ratten. Francis W. Hughes und Robert B. Forney. (Proc. Soc. exp. Biol. Med. **108.** 157—59. Okt. 1961. Indianapolis, Ind., Univ., School of Med., Dep. of Pharmacol. and Toxicol.) (Engl.)

Bedingte oder nicht bedingte Rkk. von Ratten in Unterscheidungstesten wurden durch kleine Dosen *Coffein* (**I**; 50 mg/kg) oder durch 1 g *A.*/kg nicht wesentlich beeinflußt. **I** potenzierte die Hemmwrkg. von A. noch lange, nachdem A. aus dem Blut verschwunden war. **I** zeigte nie eine antagonist. Wrkg. gegen Alkohol.

K. ZINGRAF. 4622□

Wirkung einiger Tranquillizer auf die Agressivität gegenüber Artgenossen bei der Maus. P. Mantegazzini, S. Fabbri und C. Magni. (Arch. ital. Sci. farmacol. [3] **10.** 347—50. Okt. 1960. Milano, Farmitalia S.p.A., Labor. Ric.) (Ital.)

Chlorpromazin, *Meprobamat* u. *Hydroxyzin* beseitigen schon in Dosen, die andere Verh.-Weisen noch nicht veränderten, die spontane Aggressivität von ausgewachsenen ♂ Mäusen gegenüber Artgenossen im gleichen Käfig. *Reserpin* war in Dosen wirksam, die auch andere Veränderungen des Verh. bewirkten. Benactyzin u. Nembutal waren unwirksam. K. ZINGRAF. 4627□

Applikation und Wirksamkeit von Captodiamin. Klaus Opitz. (Klin. Wschr. **38.** 182. 15/2. 1960. Münster i. W., Univ., Pharmakolog. Inst.) (Dt.)

Der Tranquillizer *Captodiamin* (*p-Butylmercaptodiphenylmethyl-β-dimethylaminodisulfidhydrochlorid*; *Covatin* LUNDBECK, *Covatix* GOEDECKE; **I**) unterdrückt bei Ratten die physiolog. Stoffwechselsteigerungen bei brüsker Senkung der Umgebungs-Temp.

nach intraperitonealer Injektion fast vollständig u. schwächt diese nach peroraler Verabreichung ab. Hingegen erweist sich I nach subkutaner Zufuhr als unwirksam. R. LAFFERENZ. 4627□

Ein spezifischer Nachweis von Sulfadiazin in der Tüpfelanalyse. F. Feigl, V. Anger und V. Gentil. (Clin. chim. Acta [Amsterdam] **5.** 153–54. Jan. 1960. Rio de Janeiro, Ministerio de Agric., Labor. da Prod. Mineral; Wien, Fa. Loba-Chemie, Forschungslabor.) (Niederl.)

Barbitursäure oder *Thiobarbitursäure* (I) geben beim Erhitzen mit *Sulfadiazin* (II) auf ca. 160/180° oder in wss. Lsg. orangegelbe oder rote Prodd. (wahrscheinlich Polymethinfarbstoffe), während die konstitutiv sehr ähnlichen Verbb. Sulfamerazin, Sulfamethazin, Sulfapyrazin u. Sulfapyridin keine Farb-Rk. geben. 1 Tropfen wss. Test-Lsg. wird mit einigen cg I 3–5 Min. auf sd. Wasserbad erwärmt, wobei in II-Ggw. eine rote bis rosa Färbung auftritt (auf Filterpapier roter bis rosa, im UV goldgelb fluorescierender Fleck); Erfassungsgrenze 0,1 μg II. K. MAIER. 4627□

Umesterungsprodukte von Pethidin-ähnlichen 4-Alkoxypiperidinen. A. F. Casy und A. H. Beckett. (J. Pharmacy pharmacol., Suppl. **13.** 161–63. Dez. 1961. London, Chelsea Coll. of Sci. and Technol., School of Pharmacy.) (Engl.)

1-Phenyläthyl-3-methyl-4-[furyl-(2)]-4-äthoxypiperidin zeigte an der Maus analget. Eigg. vom Morphintyp (Wrkg. bei mechan. u. Wärmereiz, Antagonismus durch kleine Dosen Nalorphin; Toleranzerscheinungen; Eintreten von Mydriasis nach geringen Mengen; STRAUB-Schwanzphänomen). K. ZINGRAF. 4627□

Durch 2-Hydroxybenzamid und 2-Allyloxybenzamid bewirkte Veränderungen in Oxydationsprozessen. A. Bruni. (Arch. ital. Sci. farmacol. [3] **10.** 352–61. Okt. 1960. Perugia, Univ., Ist. di Farmacol.) (Ital.)

2-Allyloxybenzamid (I) setzt bei der Ratte in vivo den O_2-Verbrauch herab u. zeigt eine deutliche sedative u. antipyret. Wirkung. Eine Hemmung des O_2-Verbrauchs durch I erfolgt auch in vitro in Präpp. von Rattenlebermitochondrien bei der Oxydation von α-Ketoglutarsäure u. β-Hydroxybuttersäure, nicht aber von Bernsteinsäure. Die phosphorylierende Wrkg. der Mitochondrien wird nicht gehemmt. *Salicylamid* zeigt ähnliche, aber schwächere Wirkungen. K. ZINGRAF. 4627□

Wirkungen von 2-Allyloxybenzamid auf die Atmungskette des Citronensäurecyclus. A. Bruni und A. R. Contessa. (Arch. ital. Sci. farmacol. [3] **10.** 362–73. Okt. 1960. Perugia, Univ., Ist. di Farmacol.) (Ital.) — Vgl. auch vorst. Referat.

2-Allyloxybenzamid (I) verringert den O_2-Verbrauch isolierter Mitochondrien der Rattenleber bei der Oxydation der *Glutaminsäure* (II). Bei Vorbehandlung der Mitochondrien mit hypoton. *Saccharose* (III)-Lsg., nicht aber bei Verw. intakter Mitochondrien, wird auch der P/O-Quotient verringert. Bei Vorbehandlung der Mitochondrien mit hypoton. III wird der O_2-Verbrauch bei der Oxydation von *red. Cytochrom c* (IV) durch *Ascorbinsäure* nicht gehemmt; wenn DPNH als Substrat verwandt wird, erfolgt ebenfalls keine Hemmung des O_2-Verbrauchs, während die Phosphorylierung teilweise gehemmt wird. Die Wrkg. von I wird durch Zusatz von 2.4-Dinitrophenol zum Medium nicht verändert. Die Hemmung des O_2-Verbrauchs bei der Oxydation von β-Hydroxybuttersäure u. II erfolgt auch bei Vorbehandlung der Mitochondrien mit Wasser; in diesem Fall wirkt der Zusatz von IV oder von 2.6-Dichlorphenolindophenol antagonistisch. Bei der Oxydation von Bernsteinsäure hemmte I den O_2-Verbrauch unter den angewandten Vers.-Bedingungen nicht. K. ZINGRAF. 4627□

Die spektrophotometrische Bestimmung von Thalidomid in Körperflüssigkeiten. J. N. Green und B. C. Benson. (J. Pharmacy Pharmacol., Suppl. **13.** 117–21. Dez. 1961. Speke, Liverpool, Distillers Comp. [Biochemicals] Ltd.) (Engl.)

Das UV-Absorptionsspektrum von *Thalidomid* (I) zeigt in 0,1n HCl Maxima bei 220 mμ [E (1 cm, 1%) 1,950] u. 299,5 mμ, in abs. A. ein Maximum bei 218 mμ (E 2,010) u. 292,5 mμ. Die Ablesung erfolgt bei 220 bzw. 218 mμ. I wird aus Blut, Plasma oder Harn mit Chlf. extrahiert u. die Abnahme der Extinktion bei Behandlung der Lsgg. mit Alkali gemessen. K. ZINGRAF. 4627□

Wirkung von Lysergsäurediäthylamid und seines Brom-Analogen auf die arterielle Hypertension der Ratte. Stephen Sugaar, George H. Fried, John Kalberer und William Antopol. (Amer. J. Physiol. **201.** 1131–33. Dez. 1961. New York City, Beth Israel Hosp., Joseph and Helen Yeamans Levy Found. Labor.) (Engl.)

d-Lysergsäurediäthylamid u. sein *2-Brom-Deriv.* senken bei Ratten mit experimenteller renaler Hypertension den Blutdruck, bis nach 14 Tagen wieder normale Werte erreicht werden. M. METZE. 4627□

Zwei neue pharmakologisch aktive Polypeptide in einem Substanz P-haltigen Hirnextrakt. Gerhard Zetler. (Naunyn-Schmiedebergs Arch. exp. Pathol. Pharmakol. **242.** 330–52. 1961. Kiel, Univ., Pharmakol. Inst.) (Dt.)

Im *Substanz P* (I)-haltigen Rinderhirnextrakt wurden zwei weitere *akt. Substanzen*, wahrscheinlich Polypeptide, gefunden. Ihre Trennung erfolgte mittels Papierchromatographie u. -elektrophorese u. Chromatographie an anionotropem Al_2O_3, ihre biochem. u. pharmakolog. Eigg. wurden beschrieben. Es wird vermutet, daß sie vielleicht als Prodd. der Denaturierung gewisser Proteine u. somit als Artefakte zu betrachten sind. Es wird die Frage diskutiert, ob diese Polypeptide zu der zentralen Wrkg. roher I-Präpp. beitragen. — 55 Literaturangaben. M. METZE. 4628□

Über Antagonismus und Synergismus. p-[O.O-Diphenylphosphorsäureamido]-benzoesäure-β-diäthylaminoäthylesterbromäthylat und Acetylcholin. René Hazard. (C. R. Séances Soc. Biol. Filiales **155**. 1452—54. 1961, herausgeg. 15/1. 1962. Paris, Fac. de Méd., Labor. de Pharmacol.) (Franz.)

Vf. inkubiert isolierte Darm-Präpp. der Ratte in TYRODE-Lsg. mit *Acetylcholin* (I; 1 γ) u. *p-[O.O-Diphenylphosphorsäureamido]-benzoesäure-β-diäthylaminoäthylesterbromäthylat* (II) u. stellt fest, daß hohe Dosen II (100 bzw. 20 γ) die kontrahierende Wrkg. von I um 75 bzw. 25% abschwächen. Sehr geringe II-Konzz. (0,05 γ) verstärken jedoch die I-Aktivität. Der gleiche Effekt zeigt sich auch nach mehrmaligem Auswaschen der mit hohen II-Mengen versetzten Präpp., nach dem noch II-Spuren in den Geweben verbleiben. Die Ergebnisse lassen erkennen, daß höhere II-Dosen antagonist., sehr geringe dagegen synergist. gegenüber I wirksam sind. P. FAHRNLAENDER. 4628□

Durch das Cholinanalogon Triäthylaminoäthanol (Triäthylcholin) an der neuromuskulären Verbindung bewirktes Versagen der Übertragung. W. C. Bowman und M. J. Rand. (J. Physiology **159**. 18P—19P. Nov. 1961. London, Univ. of London, School of Pharmacy, Dep. of Pharmacol.) (Engl.)

Triäthylaminoäthanol, narkotisierten Katzen oder Kaninchen i.v. injiziert, bewirkte eine sich allmählich ausbildende Amplitudenabnahme der Kontraktionen des *Tibialis anterior*, der durch seinen Nerv mit hoher Frequenz gereizt wurde (a), besaß aber keinen Einfl. auf den kontralateralen Tibialis anterior, bei dem die Reizung mit niederer Frequenz erfolgte. Während der Lähmung von a blieb die Erregungsleistung entlang dem motor. Nerv unbeeinflußt u. der Muskel sprach auf elektr. Reizung oder in die Nähe der Arterie injiziertes Acetylcholin normal an. Das Versagen der neuromuskulären Übertragung wurde durch Injektion von Cholin aufgehoben. K. ZINGRAF. 4628□

Papaverin und tubuläre Nierenfunktion. K. Klütsch und A. Heidland. (Klin. Wschr. **38**. 165—68. 15/2. 1960. Würzburg, Univ., Med. Klinik.) (Dt.)

Vff. untersuchen an Hand von 55 klin. Fällen den Einfl. von *Papaverin* (I) auf verschiedene Nierenfunktionen. Bei unbeeinflußter glomerulärer Funktion der Niere, die auf Grund der endogenen Kreatininclearance festgestellt wurde, fand sich nach Verabreichung von 40 mg I-Sulfat in 28 von 50 Fällen ein Anstieg der Phenolrotausscheidung. R. LAFFERENZ. 4628□

Die anticonvulsive Wirkung des Cocains. Vicente Zapata-Ortiz, Ramiro Castro de la Mata und Roger Barrantes-Campos. (Arzneimittel-Forsch. **11**. 657—62. Juli 1961. Lima, Peru, Med. Fak., Pharmakol. Inst.) (Dt.)

Vff. geben normalen Mäusen (a), Ratten (b), Meerschweinchen (c) u. Hunden (d) eine krampfauslösende Einzeldosis *Metrazol* (I; a: 50 mg/kg; c: 70 subkutan; d: 15 i.v.) bzw. *Strychnin* (II; a: 1,5; b: 6) u. anschließend eine subconvulsive, stimulierende Dosis *Cocain* [III; 5—20 subkutan (a, c, d), bzw. nach II bei a: 0,6—160; b: 10—70]. Es zeigt sich, daß I bei sämtlichen Tierarten als Antagonist von II u. III wirksam ist u. die Intensität u. Dauer der induzierten Spasmen vermindert. Die deutlichste Schutz-Wrkg. zeigen I-Mengen, die sich an der Grenze der Krampfschwellendosis dieses Alkaloids befinden. Bei curarisierten d hemmt I oft die durch hohe II-Gaben hervorgerufenen intermittierenden hyperton. Reaktionen. Da die depressive Wrkg. von I bes. auf das Rückenmark gerichtet ist, während im Cortex, in den subcorticalen Zentren u. im Stammhirn die stimulierenden I-Effekte vorherrschen, ist I bei höheren Wirbeltieren [Affe, d, Katze (e), b, a, c u. Kaninchen] als Neurostimulans, bei niederen (Frosch, Kröte, Schildkröte, Eidechse) als Inhibitor des Nerven-Syst. wirksam. Bei spinalen d u. e löst I (20—30) vorwiegend depressive Wrkg. (Rückenmarkslähmung) aus; zur Induktion von Krämpfen sind in diesem Stadium die doppelten krampfauslösenden III-Dosen erforderlich. Gegen die depressive I-Wrkg. sind die spinalen, heterolateralen Reflexe sensibler als die spinalen, homolateralen; auf die spinalen Hemmreflexe besitzt I eine abschwächende Wrkg., indem die Inhibitionen parallel zu den Excitationen gedämpft werden (Verss. an decerebrierten d u. e). Der Antiaminoxydaseeffekt von I (15—25, a) hält bis zu 5 Tagen nach I-Zufuhr an; wird nach diesem Zeitpunkt *Reserpin* gegeben, so tritt statt Depression Erregung auf; auch eine krampfinduzierende Dosis III ruft keine Spasmen hervor. I besitzt daher eine anticonvulsive Spätwrkg., die nach dem

Abklingen des stimulierenden Effektes auf das Zentralnerven-Syst. eintritt u. mit der maximalen Antiaminoxydase-Wrkg. zusammenfällt. Zufuhr von *Harmiin* (10—30), *Nikethamid* (150) u. *Coffein* (60) ergibt bei a keine Schutz-Wrkg. gegen durch **III** ausgelöste Krämpfe. Aus den Ergebnissen wird geschlossen, daß der anticonvulsive Effekt von **I** mit dessen depressiver Wrkg. auf das Rückenmark u. Antiaminoxydase-Wrkg. in Zusammenhang steht. P. FAHRNLAENDER. 4628□

Pharmakologische Kontrolle von übermäßiger Uterusaktivität mit Isoxsuprine. Charles H. Hendricks, Luis A. Cibils, S. V. Pose und Thomas K. A. B. Eskes. (Amer. J. Obstetr. Gynecol. **82.** 1064—78. Nov. 1961. Cleveland, Ohio, Dep. of Obstetrics and Gynecol., Western Res. Univ., School of Med.) (Engl.)

An 38 Schwangeren wurden die Wrkg. von *Isoxsuprine* (*2-[2-Phenoxyisopropylamino]-1-[p-hydroxyphenyl]-propanolhydrochlorid*; *Vasodilan*; I), einer dem Epinephrin verwandten Verb., untersucht. I unterdrückt in verschiedenem Ausmaß die Uterusaktivität. Dieser Effekt ist ausgeprägter bei intakter Fruchtblase, nicht aber bei fortgeschrittener Geburt u. gesprungener Blase. Nach I-Zufuhr kommt es zu leichtem Blutdruckabfall u. Anstieg der Pulsfrequenz. Störungen der kindlichen Herzschlagfolge wurden nicht beobachtet, auch im EKG traten keine Abweichungen auf. K. BÖHM. 4628□

Beeinflussung der Durchlässigkeit von Blut-Capillaren der Kaninchenhaut für Makromoleküle durch einige biogene, gefäßaktive Substanzen. Max Frimmer. (Naunyn-Schmiedebergs Arch. exp. Pathol. Pharmakol. **242.** 390—402. 1961. Gießen, Justus-Liebig-Univ., Pharmakol. Inst.) (Dt.)

Es wird eine Meth. beschrieben, die es gestattet, Änderungen in der Durchlässigkeit von Capillaren der Kaninchenhaut zu messen. Nach intrakutaner Injektion von *Bradykinin, Histamin, Acetylcholin, Kallikrein, Trypsin* u. *Chymotrypsin* nimmt die Permeationsgeschw. für Makromoll. (koll. Gold u. K–Na-Polyphosphat) in Abhängigkeit von der Konz. der Wirkstoffe erheblich zu, während *Adrenalin, Serotonin* u. *Hypertensin* den Durchtritt behindern. Die Ergebnisse lassen folgende Hypothese zu: Gefäßerweiternde Stoffe vermehren die Permeationsgeschw., gefäßverengende vermindern sie, als Folge einer mechan. Vergrößerung der Poren in den Hautcapillaren. M. METZE. 4630□

Die Beeinflussung peripherer Durchblutungsstörungen und des Serumcholesterins durch ein hochdosierbares Nicotinsäurederivat. P. Siegenthaler. (Praxis [Bern] **49.** 616—20. 23/6. 1960. Solothurn, Bürgerspital, Med. Klin.) (Dt.)

43 Patienten mit peripheren Durchblutungsstörungen wurden mit *ES 304* (*1.3.4.6-Tetranicotinylfructofuranose*; *Vasperdil*, SAVAC AG., Schaffhausen; I), $C_{30}H_{24}O_{10}N_4$, F. 140—142°, behandelt. Die Dosis betrug 4·250 mg täglich. I wirkt gefäßerweiternd u. ist gut verträglich. Die Erfolge waren gut, nur in 8 Fällen war mit I kein Erfolg zu erzielen. Auf das *Serumcholesterin* wirkt I erst bei einer Dosierung von 3 g täglich senkend ein. K. BÖHM. 4630□

Blutdrucksenkende Wirkung von Adenosindiphosphat und verwandten Verbindungen. David B. Gordon und Donald H. Hesse. (Amer. J. Physiol. **201.** 1123—25. Dez. 1961. Coral Gables, Fla., Univ. of Miami, School of Med.) (Engl.)

Es wurde die Depressor-Wrkg. von *Adenosin* (I) u. seinem *Mono-*, *Di-* (II) u. *Triphosphat* nach i.v. Injektion an Ratten untersucht. II verursachte die stärkste Blutdrucksenkung; bei niedrigen Dosen war der Effekt 147 mal stärker als bei I u. 45 mal stärker als bei den anderen Phosphaten. Die Ratte erwies sich als das gegen die Wrkg. dieser Verbb. sensibelste Tier. M. METZE. 4630□

Die Basis der Depressorwirkung von Adenosinphosphaten. David B. Gordon. (Amer. J. Physiol. **201.** 1126—30. Dez. 1961. Coral Gables, Fla., Univ. of Miami, School of Med.) (Engl.) — Vgl. vorst. Referat.

Die vorst. festgestellte unterschiedliche Depressor-Wrkg. der *Adenosinphosphate* beruht wahrscheinlich darauf, daß zwar alle 4 Verbb. (einschließlich *Adenosin*) als Vasodilatoren in peripheren Gefäßen wirken, daß aber das Triphosphat im Lungenkreislauf inaktiviert wird u. nur bei intraarterieller Injektion seine ganze Wirksamkeit entfaltet. M. METZE. 4630□

Chemie und Pharmakologie des Angiotensins. Robert Schwyzer und H. Turian. (Vitamins and Hormones **18.** 237—88. 1960. Basel, CIBA Ltd., Pharmaceutical Dep. and Biol. Dep.; Zürich, Univ., Dep. of Org. Chem.) (Engl.)

Übersicht. *Angiotensinogen*: Isolierung, Reinigung, Teilstruktur; *Renin*: Best., Isolierung, Reinigung; *Angiotensin* (I): Verff. zur Isolierung von Rohgemischen von I-Peptiden, deren Unterscheidung, Trennung, Isolierung u. Reinigung, Konstit.-Ermittlung, Synth.-Verss.; synthet. I-Analoge: funktionelle I-Derivv., Analoge von Angiotensin mit anderen Aminosäureresten, mit Angiotensinen verwandte Peptidkettenhomologe; Pharmakologie von **I**: Best.-Meth., in vitro-Verss., blutdrucksteigernde Wrkg., andere Kreislauf-Wrkg., Wrkg. auf die Nierenfunktion. — 134 Literaturangaben. K. MAIER. 4630□

Wirkung von Veratridin auf die Kaliumbilanz des Herz–Lungenpräparates vom Hund. A. G. Morales und G. H. Acheson. (J. Pharmacol. exp. Therapeut. **134.** 238—44. Nov. 1961. Cincinnati, Ohio, Univ. of Cincinnati, Coll. of Med., Dep. of Pharmacol.) (Engl.)

In intakten Herz–Lungen-Präpp. zeigte *Veratridin* nach einmaliger oder wiederholter Injektion oder Infusion einen positiv inotropen Effekt. Bei höheren Dosen (0,4 mg u. mehr) traten dabei *K*-Verlust u. Kammerunregelmäßigkeiten oder Kammertachycardie auf; bei kleineren Einzeldosen (0,05—0,4 mg) war dagegen ein *K*-Gewinn zu beobachten, der durch wiederholte Anwendung solcher Dosen noch erhöht wurde. (Maximaler Gewinn oder Verlust 15 μg K/min je 100 g Herzfeuchtgewicht.) K. ZINGRAF. 4630□

Die Wirkung von Thiazid-Diureticis auf die anomale Niere. Leonard S. Dreifus, Christobal Duarte, Ryuichi Kodama und John H. Moyer. (Ann. intern. Med. **53.** 1170—79. 15/12. 1960. Philadelphia, Pa., Sect. of Hypertensive and Renal Diseases, Dep. of Med., Hahnemann Med. Coll. and Hosp.) (Engl.)

6 Normalpersonen, 7 Patienten mit mäßig fortgeschrittener renaler Hypertension u. 2 Patienten mit schweren Nierenschäden erhielten RINGER-Lsg. bzw. 5%ig. Glucose infundiert. Dann wurde der Einfl. von i.v. gegebenem *Chlorothiazid* (**I**), 50 mg *Hydrochlorothiazid* (**II**) u. 2 ml *Merallurid* auf Glomerulusfiltrationsrate (GR), renalen Plasmafluß (rPF), Serum u. Urin-Na, K-Gesamt-Fl., freie Wasserclearance u. Harnsäure bestimmt. **I** u. **II** senken den Blutdruck u. verringern das Ödem bei geringen oder mäßig fortgeschrittenen Nierenschäden. **II** war bei schweren Nierenleiden vollkommen unwirksam, sowohl als Diureticum als auch als Hypotensivum. Bei den akuten Verss. fand sich keine Verringerung der GR oder des rPF; die Wasser- u. Elektrolytdiurese nach Thiazidinjektion scheint von der verbleibenden Stoffwechselfunktion der Nieren abzuhängen. K. BÖHM. 4634□

Die entzündungshemmende und antidiuretische Wirkung von Xanthoglabrol-Fraktionen. R. Best und R. S. H. Finney. (J. Pharmacy Pharmacol., Suppl. **13.** 107—10. Dez. 1961. Leicester, Coll. of Technol; Biol. Dep.) (Engl.)

Aus einer äther. Lsg. von *Xanthoglabrol* wurden durch teilweises Einengen u. Chromatographie auf Al_2O_3-Säule (Lsgm.: Aceton/Methanol/10%ig. wss. NaOH = 21:4:1) 4 Fraktionen erhalten, die bei der Ratte eine entzündungshemmende (bes. Fraktion IV, die durch Einengen vor der Chromatographie anfiel; im „Cotton-pellet"-Test fast so wirksam wie Hydrocortison) u. antidiuret. Wrkg. besaßen. K. ZINGRAF. 4634□

Chemotherapie von Darminfektionen. 4. Mitt. **Resorption, Exkretion und Desacylierung von N^4-aliphatischen Acylderivaten von Sulfadiazinen.** V. M. Patki und M. V. Shirsat. (J. Sci. ind. Res. [New Delhi], Sect. C **20.** 181. Juni 1961. Bombay, Haffkine Inst., Dep. of Chemotherap.) (Engl.) — **3.** vgl. C. **1962. 13115.**

Im Mäuse-Vers. werden die therapeut. Eigg. von folgenden Sulfadiazin-(*4-[p-Aminobenzolsulfonamino]-pyrimidin*)-Derivv. bestimmt: *N^4-Acetyl-*, *N^4-Propionyl-*, *N^4-Butyryl-*, *N^4-Valeryl-*, *N^4-Caproyl-* (**I**), *N^4-Heptoyl-* (**II**), *N^4-Caprylyl-* (**III**), *N^4-Pelargonyl-*, *N^4-Caprinoyl-*, *N^4-Lauroyl-* u. *N^4-Palmitoyl-*. **I** u. **II** eignen sich als Arzneimittel gegen aus dem Blut stammende bakterielle Infektionen u. **III** zur Aufrechterhaltung der therapeut. Aktivität im Darmtrakt. P. GREGORZEWSKI. 4640□

Eine anaphylaktische Reaktion auf Natriumdehydrocholat (Decholin). John P. Elliott jun., Ransom Vidrine und Allan M. Goldman. (Ann. intern. Med. **53.** 1228—32. 15/12. 1960. New Orleans, La., Dep. of Med., Touro Infirmary.) (Engl.) K. BÖHM. 4640□

Die Darstellung einiger modifizierter Aluminiumhydroxide und ihre Bewertung als Magenantacida in vitro. B. K. Davison und R. E. Schaffer. (J. Pharmacy Pharmacol., Suppl. **13.** 95—102. Dez. 1961. Manchester, Hardman u. Holden Ltd., Res. Dep.) (Engl.)

Durch Zusatz von Saccharose, Glucose u. Sorbit zu *Al-Isopropoxid* in Isopropanol wurden modifizierte *Al-Hydroxide* hergestellt. Bei Testen in vitro zeigte sich, daß diese rasch wirkende Prodd. mit hohem Neutralisationsvermögen u. lang anhaltenden Puffervermögen im pH-Bereich 3—4 sind; sie sind in ihrer Wrkg. mit fl. $Al(OH)_3$-Gel vergleichbar. K. ZINGRAF. 4645□

Experimentelle peptische Ulceration. 6. Mitt. **Heilung von Histamin-induzierter Ulceration.** G. B. Singh, S. H. Zaidi und S. P. Paul. (Indian J. med. Res. **49.** 768—74. Sept. 1961. Lucknow, Central Drug Res. Inst.) (Engl.) — 4. vgl. C. **1961.** 3737.

Es wurden an Meerschweinchen Unterss. über den Heilungsprozeß *Histamin* (100 mg/kg)-induzierter Magengeschwüre u. den Schutzeffekt des Antihistaminicums *Promethazinehydrochlorid* gemacht. Während des Heilungsprozesses war die *alkal. Phosphatase*-Aktivität in der Magenmucosa signifikant erhöht u. normalisierte sich nach der erfolgten Heilung. Eine sehr starke Erhöhung der *Mucin* (**I**)-Werte während des gesamten Heilungsprozesses zeigt die starke **I**-Beteiligung an der Heilung experimentell erzeugter Geschwüre. M. METZE. 4645

Behandlung der Schistosomiasis früher und jetzt. 1. Mitt. **Historischer Rückblick auf die Verwendung von Antimon bei der Behandlung der Bilharziosis.** H. F. Nagaty und M. A. Rifaat. (J. Egypt. med. Assoc. **43.** 659—77. 1960. Cairo, Ein-Shams Univ., Fac. of Med., Dep. of Parasitol. and Endemic Dis.) (Engl.)

Rückblick auf die frühere *Antimon*-Therapie der Bilharziosis mit Besprechung der betreffenden Verbb., ihrer Chemie u. Pharmakologie, ihrer Ausscheidung, der Toxizität, der Behandlungsart, der Wrkg. auf Schistosomata sowie der Kriterien einer Heilung. — 49 Literaturangaben. U. TAUSENDFREUND. 4649 □

Behandlung der Schistosomiasis früher und heute. 2. Mitt. **Klinische Untersuchungen über die Behandlung der Harnwege- und Intestinalbilharziosis mit Antimon-dimercaptosuccinat und einer kritischen Prüfung seiner toxischen Nebenwirkungen.** H. F. Nagaty und M. A. Rifaat. (J. Egypt. med. Assoc. **43.** 678—95. 1960.) (Engl.) — 1. vgl. vorst. Referat.

Mit *Antimon-α.α'-dimercaptosuccinat* (HOFFMANN-LA ROCHE) konnte in einer Dosierung von 2 g über 5 Tage bei 45 Patienten mit *Schistosoma haematobium*- oder *Schistosoma mansoni*-Infektion eine 100%ig. Heilung erzielt werden. Die Nebenwrkg. entsprechen im Prinzip denen bei allen Sb-Verbindungen. U. TAUSENDFREUND. 4649 □

Behandlung der Schistosomiasis früher und heute. 3. Mitt. **Synergismus zwischen Antimon (Brechweinstein) und Thioxanthonverbindungen bei der Behandlung der Schistosomiasis.** H. F. Nagaty und M. A. Rifaat. (J. Egypt. med. Assoc. **43.** 696—707. 1960.) (Engl.) — 2. vgl. vorst. Referat.

Es wird die synergist. Wrkg. von *Brechweinstein* (**I**) u. *Thioxanthon*-Verbb. bestätigt. Neben der bereits bekannten synergist. Wrkg. von **I** u. *Lucanthonehydrochlorid* (*Tixanthone UCB-Cid*; *1-Methyl-4-β-diäthylaminoäthylaminothioxanthonhydrochlorid*; *Miracil D*; *Nilodin*) bewies auch *Ciba 17581* (*1-β-Diäthylaminoäthylamino-4.6.8-trimethyl-5-azathioxanthon*; CIBA; **II**) eine synergist. Wrkg. gegenüber **I**, was eine Verminderung der erforderlichen Dosierungen von **I** u. **II** ermöglicht bei gleichzeitiger Verminderung der jeweiligen Nebenwirkungen. Alle Fälle (44) wurden geheilt (1 mg **I**/kg, 7 mg **II**/kg). **II** allein ist selbst in Dosen von 14 mg/kg nicht wirksam u. führt zu starken Nebenwirkungen. U. TAUSENDFREUND. 4649 □

Über die therapeutische Verwendung eines neuen, schwefelhaltigen, gegen Leukorrhoe wirkenden Antisepticums in der Gynäkologie. R. Bory und P. Caplier. (Thérapie **15.** 1245—55. 1960. Paris, Hôpital Broca.) (Franz.)

In 36 Fällen von Fluor benutzten Vff. das Antisepticum *4-[Bis-(carboxymethylmercapto)-methyl]-guajacol* (*S-Acide* LABOR. BRISSON; **I**), 4 Kaffeelöffel voll auf 1 Liter W., zu Vaginalspülungen. **I** ist gut verträglich u. war gut wirksam bei infektiösem Fluor, Trichomonadenfluor, bei Transsudations- oder Desquamationsleukorrhoe. Läsionen an der Cervix wurden nicht beeinflußt. **I** ist ein gutes Antisepticum, das bei Fluor austrocknet u. nicht reizt u. in der täglichen gynäkolog. Praxis von Wert ist. K. BÖHM. 4660 □

Aufnahme von Zink durch die Haut der Ratte. Boris Mičánek und Josef Dohnálek. (Českoslov. Dermatol. **35.** 183—86. Juni 1960. Brno, Univ., lék. fak., dermatoven. klin. u. úst. pro všeob. a exp. patol.) (Tschech.)

Die meisten in der Dermatologie therapeut. verwendeten *Zn*-Verbb. sind in W. unlösl.; man nahm daher an, daß aus ihnen durch die Haut keine nennenswerten Mengen Zn aufgenommen werden. Verss. an weißen Ratten mit ^{65}Zn enthaltenden Präpp. zeigen jedoch, daß auch in W. unlösl. *Zn-Verbb.* die Haut durchdringen können, u. zwar ohne wesentlichen Einfl. der Salbengrundlage. Eine selektive Anreicherung von *Zn* in bestimmten Organen (Blut, Leber, Milz, Niere, Darm) wird nicht festgestellt. R. K. MÜLLER. 4661 □

Hervorrufung von Arthritis beim Kaninchen durch die örtliche Injektion des Mucopolysaccharids Caragheenin. D. L. Gardner. (Ann. rheumat. Diseases **19.**

369—76. Dez. 1960. Edinburgh, Univ. of Edinburgh, Dep. of Pathol.; Northern Gen. Hosp., Rheumat. Res. Unit.) (Engl.)

Beim Meerschweinchen u. Kaninchen lassen sich durch mehrmalige Injektion von 0,5—1 ml einer 1%ig. *Caragheenin*-Lsg. (in steriler NaCl-Lsg.) in die Gelenke, in Abstand von wenigstens 7 Tagen, entzündliche Veränderungen hervorrufen, die nach 6—10 Wochen histolog. denen beim menschlichen Gelenkrheumatismus äußerst ähnlich sind. Von den bisher bekannten Meth. zur Hervorrufung von Arthritis bei Labor.-Tieren wird diese als die einfachste, am leichtesten reproduzierbare u. die mit den wenigsten unkontrollierbaren Faktoren behaftete angesehen. U. TAUSENDFREUND. 4670□

2.4.6-Trihydroxybenzoesäure bei der Behandlung des akuten Gelenkrheumatismus. E. B. D. Hamilton und E. G. L. Bywaters. (Ann. rheumat. Diseases **19.** 52—53. März 1960. Taplow, Canad. Red. Cross Mem. Hosp., Rheumat. Res. Unit.) (Engl.)

Es konnte in 3 Fällen mit klass. akuten Gelenkrheumatismus keinerlei Rkk. von Temp. oder Schmerz auf *2.3.6-* oder *2.4.6-Trihydroxybenzoesäure* in Dosen zwischen 1 u. 8 g/14 Std. konstatiert werden, während die gleichen Fälle auf 4 g *Calciumaspirin* (*Disprin*)/24 Std. ausgezeichnet reagierten. U. TAUSENDFREUND. 4670□

Ein neues uricosurisches Mittel zur Behandlung der Gicht, p-Carboxybenzolsulfadiäthylamid (Urelim). D. B. Horn und Malcolm Thompson. (Ann. rheumat. Diseases **19.** 356—60. Dez. 1960. Newcastle-upon-Tyne, Royal Victoria Infirm., Dep. of Pathol. and Physical Med.) (Engl.)

In 6 Gichtfällen erwies sich *p-Carboxybenzolsulfadiäthylamid* (*Urelim*, WARD BLENKINSOP & Co.) in Dosen von 500 mg bis 2 g/Tag als wirksames Mittel zur Förderung der *Harnsäure* (I)-Ausscheidung; im Serum wurden dabei Vermehrung sowie Verminderungen der I-Konz. konstatiert. Außer bei 1 Fall, bei welchem es nach einer Einzeldosis von 1 g zu Schwindelgefühl kam, konnten keine Nebenwrkg. beobachtet werden. Von Patienten, die Aspirin oder Sulphinpyrazon nicht nehmen konnten bzw. zu hohe Nebenwrkg. nach Probenecid aufwiesen, wurde das Mittel gut vertragen. Es scheint nützlich in der Intervalltherapie zu sein. Es kommt wie bei anderen uricosur. Mitteln zur Provokation akuter Gichtanfälle, die Colchicin erfordern.
U. TAUSENDFREUND. 4670□

Über einen Fall von freiwilliger Digitalis-Vergiftung bei einem gesunden Herzen. E. Aubertin, A. Lavignolle, F. David-Chaussé, le Rebeller und A. Broustet. (J. Méd. Bordeaux Sud-Ouest **138.** 398—402. März 1961.) (Franz.)

Das Vergiftungsbild nach freiwilliger Einnahme von 7 mg *Digitalis* in Form von *Digitalin Nativelle*-Tropfen (auf 350 Tropfen ca. 7 mg wirksame Substanz) durch ein herzgesundes Mädchen wird beschrieben. Die Behandlung mit *Atropin*, *Ephedrin* u. *Pronestyl* hatte Erfolg. G. KIMMERLE. 4675

Der antitoxische Effekt verschiedener Substanzen bei der experimentellen Thalliumvergiftung. P. Siegenthaler. (Praxis [Bern] **49.** 633—35. 30/6. 1960. Solothurn, Bürgerspital, Med. Klin.) (Dt.)

An Mäusen u. Meerschweinchen wurden verschiedene Substanzen bei der akuten *Thallium* (I)-Vergiftung, subkutan als I-Sulfat verabreicht, auf ihre antitox. Wrkg. hin untersucht. *Ca–Na-Äthylendiamintetraacetat*, *Dimethylcystein*, *Liponsäure* u. *Homocysteinthiolacton* waren ohne Einfluß. *Cysteamin* (II) senkte bei beiden Tiergruppen die Mortalität gering. Ein klin. Vers. mit II erscheint danach bei der I-Vergiftung gerechtfertigt. *Thioacetamid* u. *stabilisierter* H_2S bewirken nur bei peroraler I-Vergiftung durch Fällung der I-Salze eine Abschwächung der Vergiftungserscheinungen.
K. BÖHM. 4675□

Blindheit bei einem Pelz-Arbeiter. Donald J. Lyle und Mitchell R. Zavon. (J. occupat. Med. **3.** 478—79. Okt. 1961. Cincinnati, Ohio, Univ. of Cincinnati, School of Med.) (Engl.)

Es wird über einen Pelz-Arbeiter berichtet, bei dem es zum Verlust der Sehkraft auf beiden Augen kam. Als Ursache wird die Exposition gegen geringe Mengen CCl_4 angenommen, da die Pelze mit einem Gemisch aus CCl_4 (85,1%), Äthylendichlorid (12,1%) u. Äthylendibromid (2,8%) begast werden. K. BÖHM. 4681□

Hautschäden durch Phenol–Formaldehyd-Harz in Gießereien. Karel Kadlec und Lubomír Hanslian. (Českoslov. Dermatol. **35.** 172—78. Juni 1960. Olomouc, Palack. univ., dermatol. klin. u. Krajská hyg.-epidemiol. stan.) (Tschech.)

Ein Gemisch von *Phenol–Formaldehyd-Harz* (I) u. Formsand wirkt, je nach seinem Wasser-Geh. u. seinem Alter, verschieden tox. auf die Haut. Bei Zusatz von W., Erhöhung der Temp. u. Alterung des Gemisches tritt Hydrolyse des CH_2O ein. Aus den Unterss. ergibt sich die Forderung, bei der Herst. von Kerngemischen aus Sand u. I möglichst wenig W. zu verwenden u. die Dosierung weitgehend zu automatisieren. Vff. erörtern hygien., therapeut. u. prophylakt. Maßnahmen. R. K. MÜLLER. 4681□

F. Pharmazeutische Chemie. Desinfektion

Capsolutverschlüsse für Transfusionsflaschen. C. G. Lund und G. Vallentin. (Arch. Pharmac. og Chem. **68** (**118**). 105—07. 11/2. 1961. Kopenhagen, Krankenhaus Frederiksberg, Apotheke.) (Dän.)

Um die Sterilität der Verschlußoberfläche von Transfusionsflaschen zu gewährleisten, müssen die Transfusionsflaschen mit feuchtem Stopfen u. angefeuchteter Gummiabdeckscheibe verschlossen u. nach Aufsetzen der Capsolutkappe sterilisiert werden. S. ERBE. 4758□

Über die Herstellung von Milchzuckertabletten. P. L. Seth und K. Münzel. (Schweiz. Apotheker-Ztg. **99.** 265—69. 15/4. 1961. Zürich, ETH, Pharmazeut. Inst., Galen. Abt.) (Dt.)

Beim Verpressen von *Milchzucker* (**I**) kommt es auch nach dem Granulieren des Preßgutes mit 2%ig. Glucose-Lsg. noch zum „Kleben" u. „Deckeln". Als wasserlösl. Schmiermittel ist für die Herst. homöopath. Tabletten *Carbowax 6000* (**II**) geeignet. Außer einer befriedigenden Gleit-Wrkg. besitzt **II** außerdem die Fähigkeit, das **I**-Granulat gut rieselfähig zu halten. Bei gut polierten Matrizen u. Stempeln genügt ein Zusatz von 3% **II** zum **I**-Granulat. So hergestellte Tabletten zerfallen in W. von 20° innerhalb 6 Min., in künstlichem Magensaft von 37° in 4 Min. 45 Sekunden. S. ERBE. 4766□

Das Überziehen mit magensaftresistenten Überzügen ex tempore. E. L. Parrott. (J. Amer. Pharmac. Assoc. [N. S.] **1.** 158—59. März 1961.) (Engl.)

Magensaftresistente Überzüge können in der Apotheke sehr leicht durch 3maliges Eintauchen u. Trocknenlassen von Tabletten, Kapseln u. Pillen in eine 10%ig. Lsg. von Celluloseacetatphthalat hergestellt werden. Der so erhaltene Überzug wird weniger leicht von der Arzneiform „abgeschoben" als ein Gemisch von n-Butylstearat, Carnaubawachs u. Stearinsäure. Im Gegensatz zu letzterem Überzug ist ein Arbeiten in der Kälte möglich. Es ist nur eine sehr geringe Gew.-Zunahme der zu überziehenden Arzneiformen zu registrieren. S. ERBE. 4766□

Untersuchungen über die Abgabe von Arzneistoffen aus Suppositorien in Abhängigkeit der Arzneistoffkonzentration. H. Mühlemann und D. v. Graffenried. (Pharmac. Acta Helvetiae **36.** 186—93. Jan./März 1961. Beil. zu: Schweiz. Apotheker-Ztg. Bern, Univ., Pharmaz. Inst., Galen. Abt.) (Dt.)

Die Abgabe von Arzneistoffen aus Suppositorien wird durch ihre Konz. je nach ihren physikal. Verhältnissen, bes. ihrer Wasserlöslichkeit, u. nach der Art der Suppositorienmasse verschieden beeinflußt. Die in Modell-Verss. erhaltenen Ergebnisse sind nicht ohne weiteres auf die Verhältnisse in vivo zu übertragen. F. v. GIZYCKI. 4766□

Die Chemie einiger Convolvulaceenharze. 2. Mitt. **Brasilianische Jalap.** E. J. Shellard. (Planta med. [Stuttgart] **9.** 141—45. Juni 1961. London, School of Pharm., Chelsea Coll. of Sci. and Technol.) (Engl.) — 1. vgl. C. **1962.** 218.

Im alkal. Hydrolysat des Ae.-unlösl. Anteils der brasilian. Jalape wurden gaschromatograph. folgende flüchtige Säuren nachgewiesen: *Tiglinsäure* (**I**), *Essigsäure* (**II**), *Trimethylessigsäure* (**III**) u. *n-Valeriansäure* (**IV**). Eine gleichfalls vorhandene komplexe Oligosaccharidsäure lieferte nach saurer Hydrolyse 2 Hydroxysäuren: wahrscheinlich *3.12-Dihydroxypalmitinsäure*, F. 83—84°, als *Operculinolsäure* bezeichnet, u. eine *Trihydroxymyristinsäure*, F. 151—152°, *Brasiliolsäure* genannt, sowie *Glucose* u. *Rhamnose*. Im Ae.-lösl. Anteil der brasilian. Jalape ließen sich gaschromatograph. folgende flüchtige Säuren nachweisen: **I**, **II**, *Propionsäure*, **III**, *Isovaleriansäure*, *Methyläthylessigsäure* u. **IV**. Nach saurer Hydrolyse wurden *Jalapinolsäure*, F. 66°, Glucose u. Rhamnose nachgewiesen. H. ALTHOFF. 4782

Die Chemie einiger Convolvulaceenharze. 3. Mitt. **Tampico-, Ipomoea- und Scammonia-Harze.** E. J. Shellard. (Planta med. [Stuttgart] **9.** 146—52. Juni 1961.) (Engl.) — 2. vgl. vorst. Referat.

Die Harze von *Ipomoea simulans* (IS; Tampico-Harz), *Ipomoea orizabensis* (IO; Ipomoea-Harz) u. *Convolvulus scammonia* (CS; Scammonia-Harz) wurden untersucht. IS war in Ae. vollständig löslich. Nach alkal. Hydrolyse wurden gaschromatograph. folgende flüchtige Säuren nachgewiesen: *Tiglinsäure*, *Essigsäure*, *Propionsäure*, *Isobuttersäure*, *Isovaleriansäure* u. *Methyläthylessigsäure*. Die komplexe Oligosaccharidsäure (**I**) lieferte nach saurer Hydrolyse *Jalapinolsäure*, F. 66°, *Glucose* (**II**), *Fucose* (**III**) u. *Rhamnose* (**IV**), IO u. CS enthielten im Ae.-lösl. sowie Ae.-unlösl. Anteil die gleichen flüchtigen Säuren wie IS u. zusätzlich *n-Valeriansäure*. **I** aus dem Ae.-lösl. Anteil von IO u. CS ergab nach saurer Hydrolyse die gleichen Verbb. wie IS, während aus **I** im

Ae.-unlösl. Anteil durch saure Hydrolyse *Ipurolsäure*, F. 101°, *Convolvulinolsäure*, F. 50,5°, **II**, **III** u. **IV** erhalten wurden. H. ALTHOFF. 4782

Untersuchung von Machilus macrantha Nees. 1. Mitt. **Pharmakognostische und phytochemische Untersuchung der Wurzel.** K. N. Gaind und S. K. Baveja. (J. Amer. pharmac. Assoc., sci. Edit. **49**. 659—62. Okt. 1960. Chandigarh, Indien, Panjab Univ., Dep. of Pharmacy.) (Engl.)

Vff. isolierten aus den getrockneten Wurzeln von *Machilus macrantha Nees.*, deren pharmakognost. u. anatom. Beschreibung gegeben wird, neben Sterinen, äther. Öl u. Glykosiden ein Alkaloid (**I**) in Form des Hydrochlorids, F. 248—250°, für das der Name *Machilin* vorgeschlagen wird. Aus den Mutterlaugen wurden zwei weitere **I** gewonnen u. in Form der *Pikrate*, F. 157—162 bzw. 270—272°, chromatograph. getrennt. Ein weiteres, in W. lösl. **I** wurde als *Reineckat*, F. 260—262°, erhalten.

F. v. GIZYCKI. 4782 □

Die Untersuchung der Samen von Polanisia trachysperma. Man Mohan Kochhar und Henry M. Burlage. (J. pharmac. Sci. **50**. 586—88. Juli 1961. Austin, Tex., Univ. of Texas, Coll. of Pharm.) (Engl.)

Die gepulverten Samen von *Polanisia trachysperma* T. u. G (Capparidaceae) lieferten nach Maceration u. Perkolation mit PAe. 16,31% eines gelblich gefärbten Öles mit moschusähnlichem Geruch u. mildem Geschmack sowie mit trocknenden Eigg., spezif. Gew. 0,9108 bei 24°, SZ. 3,69, VZ. 150,5, EZ. 146,6, JZ. 73,9, RhZ. 72,03, unverseifbare Anteile 2,9%, gesätt. Fettsäuren (Pb-Ae.-Meth.) 8,6%, ungesätt. Fettsäuren (aus JZ. u. RhZ. berechnet) 85,8%, u. zwar 1,9% *Linolsäure* (**I**) u. 81,2% *Ölsäure* (**II**). Durch Papierchromatographie an SCHLEICHER u. SCHÜLL-Papier 3054B, imprägniert mit $KAl(SO_4)_2$, mit PAe. als stationärer, dem Gemisch CCl_4:CH_3OH:NH_3 (81:18:1) als mobiler Phase u. mit 0,1%ig. Rhodamin-B-Lsg. in 0,05n HCl als Sprühreagens wurden an gesätt. Säuren *Palmitinsäure*, *Lignocerinsäure* u. *Stearinsäure* nachgewiesen. An ungesätt. Säuren wurden außer **I** u. **II** noch 2 nicht identifizierte Säuren gefunden. Deutliche antibiot. oder wachstumshemmende Eigg. zeigte das Öl nicht. — 22 Literaturangaben. H. ALTHOFF. 4782

Zur Kenntnis der Inhaltsstoffe einiger Physalisarten. 1. Mitt. **Physalis Franchettii Mast.** W. Völksen. (Arch. Pharmaz. **294/66**. 337—44. Juni 1961. Hannover, Apotheke des Städt. Krankenhauses Nordstadt.) (Dt.)

Das frische Pflanzematerial der oberird. Teile von *Physalis Franchettii* (PhF), mit Ausnahme der Früchte, wurde mit heißem W. extrahiert u. die bitter schmeckende wss. Lsg. mit Chlf. ausgeschüttelt. Mit Ae. konnte aus der eingeengten Chlf.-Lsg. in einer Ausbeute von 0,08%, bezogen auf das Frisch-Gew., ein amorpher, opt.-akt. (Linksdrehung) Bitterstoff (**I**), F. 237—248° (Zers.), gefällt werden. **I** konnte im Dünnschichtchromatogramm an Kieselgel G (MERCK) mit dem Lsgm.-Gemisch Bzl., Chlf., Methanol (4:1:1) in 4 Substanzen aufgetrennt werden. Zur weiteren Reinigung wurde **I** erneut in Chlf. gelöst u. zeigte nach adsorptiver Filtration der Chlf.-Lsg. über Al_2O_3 u. Ausschütteln mit 0,1%ig. Na_2CO_3 u. 0,1%ig. H_2SO_4 Kristallisationsneigung. Durch wechselndes Umlösen aus Methanol u. Aceton konnte eine völlig geschmacklose krist. Verb. (**II**), F. 293—294°, $[\alpha]_D^{20}$ —82,8° u. eine stark bitter schmeckende krist. Verb. (**III**), $C_{21}H_{26}O_8$, F. 266—267°, $[\alpha]_D^{20}$ —153,2°, erhalten werden. Im Dünnschichtchromatogramm erwiesen sich **II** u. **III** als einheitlich; **III** färbt sich beim Ansprühen mit $SbCl_3$ in Chlf. citronengelb, **II** zeigt bei nachfolgendem Besprühen mit verd. H_2SO_4 u. Erhitzen im UV-Licht blaugrüne Fluorescenz. Aus **I** wurde außerdem *Chlorogensäure* isoliert. — 24 Literaturangaben. H. ALTHOFF. 4782

Über die Verwendung des Xenopus-Verfahrens zur Bestimmung der Wirkungsgrade der Filix-Stoffe. M. v. Schantz. (Sci. pharmac. [Wien] **29**. 94—102. 30/6. 1961. Helsinki, Univ., Pharm.-Inst. Pharmakognost. Abtlg.) (Dt.)

Vf. beschreibt die Verw. der Larven von *Xenopus laevis* DAUDIN zur Best. der Aktivität der *Filix-Stoffe* (**I**). Die Meth. weist eine große Parallelität zu den bekannten biolog. Best.-Meth. der anthelmint. Wrkg. von **I** auf. Die Aktivität von **I** nimmt mit fallendem pH zu, andererseits setzt bei sinkendem pH das Ausfallen der Wirkstoffe, die nur als Salze lösl. sind, ein, was ein sprungartiges Sinken der Aktivität der Lsg. zur Folge hat. In wss. Lsg. sind **I** schlecht haltbar; der Zerfall ist bei höherem pH stärker als bei niedrigerem. Bei der *Filixsäure* wurde zuerst eine Erhöhung, dann aber eine schnelle Abnahme der Aktivität beobachtet. Bei Temp.-Erhöhung wurde eine Aktivitätssteigerung um 9% pro Grad gefunden. — 21 Literaturangaben.

H. ALTHOFF. 4782

Die Kontrolle der brucellosewirksamen Bestandteile von Hieracium Pilosella L. vor und nach Stabilisierung. Micheline Haag-Berrurier und Pierre Duquénois.

(Pharmac. Acta Helvetiae **35.** 409—11. Aug. 1960. Beil. zu: Schweiz. Apotheker Ztg. Strasbourg, Fac. de Pharm., Labor. de Mat. méd.) (Franz.)

Neben *Umbelliferon* (**I**) wurde ein Heterosid von **I** hauptsächlich in den Blättern von *Hieracium Pilosella* (HP) gefunden. Es ist wenig lösl. in polaren organ. Lsgm., hydrolysierbar u. hat eine von **I** unterschiedliche Wirksamkeit. Bisher wurde nur die Gesamtwirksamkeit aller akt. Bestandteile von HP mikrobiolog. getestet. Der alkohol. Pflanzenextrakt wird säulenchromatograph. gereinigt, das Eluat zur Trockne eingedampft u. in alkaliphosphat. Lsg. von pH 7,16 aufgenommen, so daß nur **I** in Lsg. geht u. fluorescenzspektrophotometr. bestimmt werden kann. Zur Best. des Gesamt-Geh. an **I** wird eine Hydrolyse mit 10%ig. HCl (2 Std. langes Wasserbad) vorgeschaltet. Mit Ae./Chlf. (3 + 1) wird **I** aus dem Hydrolysat extrahiert u. nach Lösen des Abdampfrückstandes in abs. A. wie oben weitergearbeitet. E.-H. GOECKEL. 4782□

Biogene Amine im Stoffwechsel parasitisch kultivierten Mutterkorns. D. Kordts und R. Voigt. (Sci. pharmac. [Wien] **29.** 81—94. 30/6. 1961. Berlin, Humboldt-Univ., Pharm. Inst.) (Dt.)

Wildmutterkorn u. Zuchtstämme werden im Verlauf der Sklerotienreifung auf ihren Geh. an Gesamtalkaloiden, wasserunlösl. Alkaloiden (**I**), wasserlösl. **I** u. im Geh. folgender Amine (**II**) überprüft: *Methyl-*, *Monoäthyl-*, *n-Propyl-*, *Isopropyl-*, *Isobutyl-*, *Isoamyl-*, *n-Hexyl-*, *β-Phenyläthylamin.* Der Geh. einzelner wasserdampfflüchtiger **II** variiert während der einzelnen Stadien der Sklerotien-Entw. beträchtlich. Es ließen sich Gesetzmäßigkeiten erkennen, jedoch konnte eine direkte Beziehung zur **I**-Bldg. nicht sicher nachgewiesen werden. — 16 Literaturangaben. H. ALTHOFF. 4782

Alkana tinctoria, eine Quelle natürlichen Farbstoffes. M. Tyllová, G. Dušinský und A. Szokolay. (Farmácia [Bratislava] **29.** 274—77. Sept. 1960. Bratislava, Štátny úst. pre kontrolu lieč. a Oblastný Úst. hyg.) (Tschech.)

Die Zusammenfassung der bisher bekannten Tatsachen über die Pflanze *Alkana tinctoria L.* u. den darin enthaltenen Farbstoff *Alkanin* wird von Vff. durch eigene Erkenntnisse ergänzt. Die analyt. Best. wurde spektrophotometr., polarograph. u. chromatograph. erprobt. E.-L. SCHMELING. 4782□

Pentaerythritester als pharmazeutische Hilfsstoffe. H. v. Czetsch-Lindenwald. (Pharmaz. Ind. **23.** 72—74. Febr. 1961. Alexandria, VAR, Univ., Pharmazeut. Inst., Abt. pharmazeut. Technol.) (Dt.)

Vf. untersucht eine Reihe von Pentaerythritestern u. deren Polyglykoläthern auf ihre Eignung als Emulgatoren bzw. Lösungsvermittler. Emulgator G [*Pentaerythrit* (**I**)-*monooleat*] u. Emulgator 2 G (**I**-*sesquioleat*) weisen bemerkenswert hohe Wasserzahlen auf u. liefern W/O-Emulsionen, die weitgehend temperaturresistent sind. Als Lösungsvermittler ist geeignet der hydrophile Emulgator L 40 (**I**-*monolauratpolyglykoläther*), der vorzugsweise für äther. Öle, Vitamine u. Hormone eingesetzt werden kann. Emulgator G 40 (**I**-*monooleatpolyglykoläther*) ist als Emulgator u. Suspendiermittel geeignet. Emulgator S (**I**-*monostearat*) u. Emulgator S 40 (**I**-*stearatpolyglykoläther*) sind sehr gute Hilfsemulgatoren. Emulgator GL 60 (**I**-*wollfettpolyglykoläther*) ist für kosmet. Zubereitungen gut geeignet. Wss. u. alkohol. Zubereitungen sowie O/W-Emulsionen können damit hergestellt werden. S. ERBE. 4786□

Untersuchungen über die Eignung verschiedener Extraktionsverfahren zur Herstellung eines Kamillenfluidextraktes. K. Münzel und K. Huber. (Pharmac. Acta Helvetiae **36.** 194—204. Jan./März 1961. Beil. zu: Schweiz. Apotheker-Ztg. Zürich, ETH, Pharmaz. Inst., Galen. Abt.) (Dt.)

Zur rationellen Extraktion von Kamillenblüten empfehlen Vff., die Droge vorzufeuchten u. mit NH_3-haltigem 55 Vol.-%ig. A. zu perkolieren, die Nachläufe nicht nach Ph.Helv. V einzudampfen u. das Fluidextrakt lediglich auf 0,2% äther. Öl einzustellen. F. v. GIZYCKI. 4790□

Herstellung kleiner Mengen in der Ophthalmologie gebrauchter Lösungen. Kurt Kleinmann und C. Lee Huyck. (J. Amer. Pharmac. Assoc. [N. S.] **1.** 162—66. März 1961. Columbus, Ohio, Grant Hospital.) (Engl.)

Für Apotheken, die keinen Raum zur Bereitung steriler Lsgg. besitzen, wird für die Herst. steriler Ophthalmica das Aufstellen einer Manipulationshaue (Kunststofffolie auf Aluminiumrahmen), die leicht aufzustellen u. zusammenzuschlagen ist, wegen des geringen Platzbedarfs empfohlen. Die verwendeten Geräte für die Herst. der Lsgg. sind zu autoklavieren. Sterilfiltration u. gleichzeitige Anwendung von Konservierungsmitteln (Chlorbutanol 1:200 bzw. Benzalkoniumchlorid 1:5000) werden empfohlen. Rezepturen zur Herst. isoton. u. isohydr. bzw. gepufferter Pilocarpin- u. Atropinaugentropfen werden angegeben. S. ERBE. 4790□

Beitrag zur Erklärung des Einflusses von Propylenglykol und Glycerin auf die Eigenschaften der pharmazeutischen Salben. Z. Gruntová, L. Zathurecký und G. Somoskeöy. (Farmácia [Bratislava] **29.** 367—72. Dez. 1960.) (Slowak.)

Propylenglykol (I) erwies sich als günstiger Solubilisator im Vgl. mit *Glycerin* (II). Aus den Salben mit 2,5% *Salicylsäure* (III) u. 10% I in 11 Salbengrundlagen verschiedener Zus. wurden bis 86%, bei Zugabe von II jedoch höchstens 37% der III freigesetzt. Analoge Resultate ergab auch die Verfolgung der III-Diffusion in die Gelatine. In den Salben mit I wurde auch bessere Dispersität von III mkr. bestätigt. 10%ig. wss. Lsg. von I hat auch stark erniedrigte Oberflächenspannung (61 dyn/cm). Die Wasserzahl von 4 Salbengrundlagen wurde dagegen durch Zugabe von 4—12% I oder II nicht wesentlich beeinflußt. Z. PECHAN. 4792

Plaste in Emulsionssalben. Joe E. Haberle und Glen J. Sperandio. (J. Amer. pharmac. Assoc. [N. S.] **1.** 306—08. Mai 1961.) (Engl.)

Die Möglichkeit, *Polyvinylalkohol* (I), *Polyvinylacetat* (II), *Polyvinylchlorid* (III) bzw. *Celluloseacetatphthalat* (IV) in O/W- bzw. W/O-Emulsionssalben einzuarbeiten, sowie die Eigg. der resultierenden Salben, flexible, zähe u. abdeckende Filme zu bilden, wurden untersucht. **II, III** u. **IV** ergaben ungenügende Filmbildung. Der I-Film kann durch Zusatz von **II** verbessert werden. Eine Salbe mit 15% **I** u. 15% **II** wurde als gut geeignet befunden. Bei wasserunlösl. Plasten müssen Weichmacher eingesetzt werden. Als am besten geeignete Vorschrift wird angegeben: Stearylalkohol 15 g, Resin Latex WC-130 15 ml, Span 20 1,5 ml, Arlacel C 3,5 ml, Propylenglykol 10 ml, Nipagin M 0,04 g, W. 40 ml. S. ERBE. 4792□

Neue Arzneimittel. Anonym. (Produits pharmac. **10.** 451. Juli 1955.) (Franz.)

Furadoïne (OBERVAL, Frankreich): Tabletten mit 50 mg N-[5'-Nitrofurfuryliden-(2')]-1-aminohydantoin. Chemotherapeuticum. — *Ictéryl* (DELALANDE, Frankreich): Ampullen mit 700 (mg) u. Tabletten mit 150 β-[1-Methoxynaphthoyl-(4)]-propionsaurem Magnesium (5101 M.D.). Choleretieum. K. GERECKE. 4800□

Neue Arzneimittel. Anonym. (Produits pharmac. **10.** 397. Juni 1955.) (Franz.)

Bénémid (THÉRAPLIX, Frankreich): Tabletten mit 500 mg p-Carboxybenzolsulfon-di-n-propylamid. — *Viocine* (CLIN-COMAR, Frankreich): Ampullen mit 1 g Viomycinsulfat. Antibioticum. K. GERECKE. 4800□

Synthetische Antitussica. F. J. Bandelin. (J. Amer. pharmac. Assoc. [N. S.] **1.** 240—47. April 1961.) (Engl.)

Aus der Reihe der Antitussica werden in einer Übersicht besprochen *Dextromethorphan·HBr, Carbetapentancitrat, Benzonatate, Oxeladincitrat, Caramiphenäthandisulfonat, Homarylamin·HCl* u. *Dimethoxanate.* Erwähnt werden ferner *Detigon* u. *Selvigon.* — 49 Literaturangaben. S. ERBE. 4806□

Untersuchung über Eiweißstoffe von despezifiziertem Serum mit Hilfe der Elektrophorese. T. I. Přistoupil. (Českoslov. Farmac. **9.** 161—66. Mai 1960. Praha, Ust. hematol. a krevní transfúze.) (Tschech.)

Untersucht wurde die Möglichkeit der Anwendung der Papierelektrophorese zur Charakterisierung verschiedener Präpp. von despezifiziertem Serum. Die Ergebnisse einiger typ. Elektrophoregramme wurden mit den Ergebnissen der Küvettenelektrophorese verglichen. Dabei wurden charakterist. Veränderungen der Eiweißfraktionen am Elektrophoregramm, vor allem in Abhängigkeit von pH-Wert, der NaCl- u. HCHO-Konz., während der Modifizierung von Eiweißstoffen festgestellt. E.-L. SCHMELING. 4812□

Einfluß von Röntgenstrahlen auf positive di- und trijodierte Kontrastmittel. J. Dudek und M. Svoboda. (Českoslov. Farmac. **9.** 175—79. Mai 1960. Praha, Ust. hematol. a krevní transfúze.) (Tschech.)

Vff. untersuchen den Einfl. von Röntgenstrahlen von 10—10^5 r auf die Kontrastmittel *Diodon Spofa, Triumbren Spofa, Triopag Cilag* u. *Biligrafin Schering.* Bei Dosen ab 100 r wird Jod, dessen Menge von der Strahlungsdosis abhängig ist, in Freiheit gesetzt. Die Ergebnisse sind in 2 Tabellen zusammengefaßt. E.-L. SCHMELING. 4824□

Über die Verwendung der Elementaranalysenmethode nach Schöniger bei der Untersuchung pharmazeutischer Zubereitungen. Matti Wuokko. (Arch. Pharmac. og Chem. **68 (118).** 113—18. 11/2. 1961. Helsinki, Apteekkitavaraintarkastuslaboratorio Oy.) (Engl.)

Inhaltlich ident. mit der C. **1961.** 10284 referierten Arbeit. S. ERBE. 4880□

Methoden zur Chloridbestimmung in Zubereitungen von quaternären Ammoniumchloriden. Robert L. Caswell. (J. Assoc. off. agric. Chemists **43.** 352—53. Mai 1960. Beltsville, Md., U.S. Dep. of Agricult., Agric. Res. Serv., Pesticides Regulation Branch.) (Engl.)

Der Chlorid-Geh. von *Hyamine 3500* (I), einem Handels-Prod. mit einem Geh. von 50% Alkyldimethylbenzylammoniumchlorid (entsprechend 4,94% Cl^-), wurde durch potentiometr. Titration u. durch eine Adsorptionsindicator-Meth. bestimmt. Zur potentiometr. Titration wird wss. I-Lsg. mit HNO_3 versetzt, durch Zugabe von Aceton der gebildete Nd. wieder gelöst u. mit Hilfe eines Potentiometers mit 0,1n $AgNO_3$ titriert. Bei der Adsorptionsindicator-Meth. wird I mit 25%ig. Isopropanol verd. u. mit Essigsäure gegen Bromthymolblau neutralisiert. Nach Zugabe von 0,1%ig. Lsg. von Dichlorfluorescein in 70%ig. A. titriert man mit 0,1n $AgNO_3$. Das Präcipitat wird am Endpunkt rot. Die Ergebnisse beider Meth. stimmen gut überein, wobei die potentiometr. Meth. dem theoret. Wert am nächsten kommt. S. Erbe. 4880□

Die Untersuchung von Thyreoidtabletten nach der Vorschrift der Britischen Pharmakopoe. W. J. Abbott und L. T. Coleman. (Pharmac. J. **186** ([4] **132**). 528–30. 17/6. 1961. London, Hills & Lucas Ltd., Labor. of John Bell.) (Engl.)

Einzelne Faktoren der offizinellen Meth. zur Best. von Schilddrüsenpulver in Tabletten sind nicht genügend exakt definiert, so daß keine übereinstimmenden Ergebnisse erzielt werden können. Vff. empfehlen die Überführung des organ. gebundenen J in die anorgan. Form auf folgendem Wege: Das bei pH 3,5 gewonnene Präzipitat wird auf einem 7-cm-Filter Whatman Nr. 40 nach Zusatz von 0,1 g Kieselgur gesammelt u. an der Luft getrocknet. Nach dem Zusammenfalten wird das Filter in einer mit O_2 gefüllten u. 10 ml 1n NaOH enthaltenden 2-Liter-Flasche verbrannt. Nach der Veraschung u. Absorption der Verbrennungs-Prodd. wird der Inhalt der Flasche neutralisiert u. nach den offizinellen Meth. auf J^- untersucht. Es wird vermutet, daß die Fällung bei pH 3,5 die Hauptursache für die unterschiedlichen Unters.-Ergebnisse darstellt. S. Erbe. 4880□

Photocolorimetrische Bestimmung einiger 10-substituierter Phenazine in Tabletten. T. I. Bulenkow und G. A. Starkowa. (Медицинская Промышленность СССР [Med. Ind. UdSSR] **16**. Nr. 3. 31–35. März 1962. Inst. für Pharmakol. u. Chemotherap. der Akad. der Med. Wiss. der UdSSR.) (Russ.)

Eine colorimetr. Best.-Meth. für *Aminazin* (I), *Propazin, Dinezin, Diprazin, Äthyzin* (II) u. *Etaperazin* (III) in Tabletten wird erörtert. Die Meth. beruht auf der Bldg. gefärbter Komplex-Verbb. der vorst. Substanzen mit $PdCl_2$. Die Fehlergrenze der Meth. beträgt für I bzw. II $\leqq -4{,}0$ bis $+1{,}3$% (tablettierten Gemische mit 5–20 mg Präp.), für III $-6{,}7$% (Gemische mit 3–12 mg III). S. Baryschnikow. 4880

Spektralphotometrische Bestimmung von Salicylamid beziehungsweise Acetylsäure, Coffein und Phenacetin in Tabletten und Kapseln. G. Machek. (Sci. pharmac. [Wien] **29**. 73–80. 30/6. 1961. Kundl, Tirol, Biochemie-GmbH, Kontroll-Labor.) (Dt.)

Vf. beschreibt eine spektralphotometr. Best.-Meth. von *Salicylamid* (I) bzw. *Acetylsalicylsäure* (II), *Coffein* (III) u. *Phenacetin* (IV) in Tabletten. I wird in verd. NaOH bei λ_{max} 329 mμ bestimmt, wo III u. IV keine Absorption aufweisen. II wird in verd. NaOH nicht bei λ_{max} 297 mμ, sondern bei 300 mμ gemessen, da dort die Absorption für III u. IV vernachlässigt werden kann. III ist in verd. NaOH bei 273 mμ zu messen; der bei dieser Wellenlänge auf I bzw. II entfallende Extinktionsbetrag ist von der Gesamtextinktion abzuziehen u. der Einfl. von IV auf die Best. von III wird dadurch ausgeschaltet, daß gegen eine IV-haltige Blindprobe gemessen wird, die IV in der gleichen Konz. enthält wie die Hauptprobe. Die Messung von IV erfolgt in A.-Lsg. bei λ_{max} 250 mμ; nach Abzug der Extinktionsanteile für I bzw. II u. III wird der IV-Geh. errechnet. Beleganalysen für die genannten Verbb. sind aufgeführt, die Fehler liegen unter $\pm 0{,}5$%. Eine genaue Verf.-Vorschrift für die Best. von I bzw. II, III u. IV in Tabletten bzw. Kapseln ist angegeben. H. Althoff. 4880

Die Beobachtung des Zerfalls von Colchicinalkaloiden mit Hilfe der oscillographischen Polarographie. V. Parrák und E. Janíkova. (Farmácia [Bratislava] **29**. 277–83. Sept. 1960. Bratislava, Štátny úst. pre kontrolu lieč.) (Tschech.)

Zur Feststellung der Qualität von Tabletten u. Injektions-Lsgg. erprobten Vff. die Beobachtung des Colchicin- u. Demecolcinzerfalls in saurem u. alkal. Milieu in der Kälte u. Wärme durch oscillograph. Polarographie. Als geeignete Elektrolyten erwiesen sich 2n LiCl-Lsg. u. 2n H_2SO_4. Die Bldg. des Zerfalls-Prod. Colchicein (I) zeigte sich auf dem Bildschirm. Außerdem wurden die Rkk. von I mit HNO_3, $K_3[Fe(CN)_6]$, H_2O_2 u. NH_3 beobachtet. E.-L. Schmeling. 4880□

Über die Identifizierung von Chinotoxin in Gegenwart von Chinin und seinen Nachweis in Chininsalzen. Jean Soleil und Geneviève Bellot. (Ann. pharmac. franç. **19**. 37–43. Jan. 1961. Nancy, Univ., Fac. de Pharm., Labor. Chim. organ. et Pharm. chim.) (Franz.)

Mit dem Reagens von Froehde u. von Lafon können noch Spuren von *Chinotoxin* neben Chinin (I) bzw. in I-Salzen nachgewiesen werden. K. Zingraf. 4880□

Colorimetrische Bestimmung von Alkaloiden in Tinctura belladonnae. M. Mandák und M. Struhár. (Farmácia [Bratislava] **29.** 353—57. Dez. 1960. Bratislava, Farm. fak. UK, Kat. galen. farm.) (Slowak.)

30 g der Tinctura werden mit 2 ml 10%ig. NH_4OH auf dem Wasserbad zur Trockne u. dann noch 3mal mit je 5 ml Bzl. abgedampft. Der Rückstand wird 2mal mit je 30 u. 2mal mit je 15 ml sd. $CHCl_3$ extrahiert u. die Extrakte über eine Al_2O_3-Säule filtriert. Die vereinigten Auszüge werden 2mal mit je 25 ml 0,5n H_2SO_4 10 Min. lang durchgeschüttelt. Die vereinigten, auf ca. 5 ml eingeengten sauren Auszüge werden mit 10 ml einer 1%ig. Reineckesalz-Lsg. versetzt. Nach 30 Min. wird der Nd. filtriert, 3mal mit je 2 ml W. gewaschen, in 25 ml Aceton gelöst u. photometriert. *Atropinsulfat* dient als Standard. Anwesenheit der oberflächenakt. Verbb. vom Typus der *Polyäthylenoxide* in der Tinctura stört nicht. L. Skurský. 4880

Beiträge zur mikrobiologischen Analytik der Antibiotica. 1. Mitt. **Allgemeine Grundlagen.** W. Oberzill. (Sci. pharmac. [Wien] **29.** 108—18. 30/6. 1961. Kundl, Tirol, Biochemie-GmbH, Forschungslabor.) (Dt.)

Im Rahmen einer Beitragsfolge, welche die Diskussion neuerer experimenteller Erkenntnisse auf dem Gebiet der mikrobiolog. Analytik zum Ziele hat, werden zunächst einige allg. Grundlagen erörtert. Nach Besprechung der Aufgabengebiete u. der method. Möglichkeiten der mikrobiolog. Analytik werden biometr. Betrachtungsweisen sowie die quant.-mathemat. Erfaßbarkeit beeinflussender Faktoren erörtert. — 38 Literaturangaben. H. Althoff. 4880

Erich Steindor, Dresden, **Ampullierung von voluminösen Trockensubstanzen** für Injektions- oder andere Zwecke. Den einzudampfenden Lsgg. wird zur Vermeidung eines Siedeverzuges vor dem Abdampfen des organ. Lsgm. unter vermindertem Druck ein Salz zugegeben, welches in dem verwendeten organ. Lsgm. unlösl., aber in W. leicht lösl. ist. Das Salz wird in einer solchen Menge zugesetzt, daß die aus dem Ampulleninhalt beim Auflösen in aqua bidestillata erhaltene Injektions-Lsg. isoton. wird. (**D. P. [DDR] 21 293** Kl. 30h vom 7/7. 1958, ausg. 20/5. 1961 [Wirtschaftspatent].) M. F. Müller. 4767

Franz Rosenberger, Salzburg, Österreich, **Herstellung einer therapeutisch und diätetisch wirksamen trinkbaren Ca-Salzlösung** aus durch Evakuierung entlüftetem W. u. $Ca(OH)_2$ u./oder CaO unter CO_2-Anreicherung des Wassers. Bei Ausbildung möglichst großer Berührungsflächen zwischen fl. u. gasförmiger Phase u. unter period. Druckschwankung zwischen 1 u. 0 at entsteht durch die Arbeitsweise eines speziellen Rührwertes eine $Ca(HCO_3)_2$ enthaltende u. mit freier CO_2 fein dispers übersättigte Lsg., die Ca^{2+} in leicht resorbierbarer Form enthält. — 6 Zeichnungen. (**Oe. P. 208 004** vom 19/4. 1955, ausg. 10/3. 1960.) B. Pankow. 4779

Reinhard Giessner, Leipzig, und Fritz Auster, Markkleeberg, **Isolierung von Khellin aus Ammi visnaga.** *Khellin (2-Methyl-5.8-dimethoxyfurano-[4'.5':6.7]-chromon)*, F. 153—155°, wird aus den reifen, getrockneten u. unzerkleinerten Früchten durch Extraktion mit einer größeren Menge sd. W., Einengen des Extrakts im Vakuum u. anschließende Perforierung mit CCl_4 oder Chlf. erhalten. Umkristallisation aus Chlf./Methanol, Methanol oder Äthanol. (**D. P. [DDR] 21 813** Kl. 30h vom 18/12. 1959, ausg. 25/8. 1961 [Wirtschaftspatent].) M. F. Müller. 4783

Oswald Kiermayer, Linz, Österreich, **Anreicherung und Gewinnung von Exkretstoffen aus lebendem pflanzlichem oder tierischem Gewebe.** Die Bahn eines saugfähigen Trägers (Filterpapier) wird langsam mit einem Extraktionsmittel (I) durchströmt, indem das eine Ende in diese Fl. taucht u. das andere durch einen Gasstrom (Luft) getrocknet wird. Auf dem apparativ erhöhten Mittelteil des Trägers befindet sich das stoffausscheidende, lebende Gewebe, dessen Exkrete somit laufend an das ggf. auch als Nähr-Lsg. dienende I abgegeben u. am Ende konz. u. getrocknet werden. Ggf. weitere papierchromatograph. Trennung. — Anwendung bei Stoffwechsel-Prodd. u. dgl. an Samen, Bakterienkulturen, Algen, wasserbewohnenden Kleinlebewesen usw., — Zeichnung. (**Oe. P. 207 504** vom 13/9. 1958, ausg. 10/2. 1960.) B. Pankow. 4791

Frithjof Martin, Radebeul, **Gewinnung von wirkstoffhaltigen Lösungen aus Echinaceen-Extrakten,** die durch Maceration u. Abpressen aus Frischpflanzen gewonnen wurden, durch Wasserdampf-Dest., wobei der Extrakt u. das anfallende Destillat im Verhältnis 1:1 gehalten werden. Das Destillat wird als Arzneimittel oder zur Herst. derselben verwendet. (**D. P. [DDR] 21 788** Kl. 30h vom 12/12. 1958, ausg. 16/8. 1961 [Wirtschaftspatent].) M. F. Müller. 4791

Council of Scientific & Industrial Research, Neu Delhi (Erfinder: Atma Ram, Nangapuram Venkateshiyengar Raghunath und Sukhendra Kishora Chakravarty, Calcutta), Indien, **Herstellung künstlicher Porzellanzähne** unter Verw. einer Porzellanmischung folgener Zus.: 47—86% SiO_2, 14—24% Al_2O_3, 0—0,3% Fe_2O_3, 0—0,1% TiO_2, 0,2—0,5% CaO + MgO u. 10—15% K_2O + Na_2O. (**Ind. P. 60 828** vom 18/6. 1957, ausg. 11/1. 1960.) H. Nebelsiek. 4799

Miles Laboratories, Inc. (Erfinder: Willard Joseph Croxall), **Herstellung dreifach ungesättigter Äthanolamine** durch Rk. eines Oxazolidins mit einer ein reaktionsfähiges H-Atom aufweisenden Acetylen-Verb. in Ggw. eines Lsgm. u. von Cu-Ionen. Durch ein Gemisch aus 109 (g) 3-Isobutyloxazolidin, hergestellt aus N-Isobutyläthanolamin u. Paraformaldehyd, 250 ml Dioxan (I) u. 5 gepulvertem $CuCl_2$, das durch ein Eisbad auf 20—25° gekühlt wird, leitet man 2 Std. CH≡CH mit leichtem Überdruck, filtriert, dest. das I im Vakuum ab u. fraktioniert den Rückstand. 59 eines Prod. mit dem $Kp._{0,7}$ 59° bestand zu 98,8% aus *N-Isobutyl-N-[propin-(2)-yl]-äthanolamin*, n_D^{25} 1,4545. Analog: *N-tert.-Butyl-N-[1-n-propylpropin-(2)-yl]-äthanolamin*, $Kp._{0,5}$ 80—83°, n_D^{25} 1,4635; *N-tert.-Butyl-N-[propin-(2)-yl]-β-phenyläthanolamid*, $Kp._{0,3}$ 88°, n_D^{25} 1,5138; *N-Benzyl-N-[propin-(2)-yl]-äthanolamin*, $Kp._{1,5}$ 124°; *N-Benzyl-N-[1-phenylpropin-(2)-yl]-äthanolamin*, $Kp._{0,25}$ 151—155°, n_D^{25} 1,5695; *N-Benzyl-N-[1-n-propylpropin-(2)-yl]-äthanolamin*, $Kp._{3}$ 115—117°, n_D^{25} 1,5153; *N-β-Hydroxyäthyl-N-[1-äthylpropin-(2)-yl]-äthanolamin*, $Kp._{1,3}$ 122—128°, n_D^{25} 1,4895; *N-Benzyl-N-[4-acetoxy-4-methylpentin-(2)-yl]-äthanolaminacetat*, $Kp._{0,26}$ 167°, aus 3-Benzyloxazolidin u. Dimethyläthinylcarbinol u. Behandeln des Rk.-Prod. mit Acetylchlorid; *N-Benzyl-N-[4-hydroxy-4-methylhexin-(2)-yl]-äthanolamin*, $Kp._{0,26}$ 175—180°, n_D^{25} 1,5366; *N-Benzyl-N-[heptinyl]-äthanolamin*, n_D^{25} 1,5202; *N-Isopropyl-N-[propin-(2)-yl]-äthanolamin*, $Kp._{16}$ 96—98°; *N-Isopropyl-N-[3-(2-hydroxycyclohexyl)-propin-(2)-yl]-äthanolamin*, $Kp._{0,5}$ 158°, n_D^{25} 1,5057; *N-Isopropyl-N-[4-methylpenten-(2)-in-(4)-yl]-äthanolamin*, $Kp._{0,25}$ 72°; *N-Isopropyl-N-[1-hydroxybutin-(2)-yl]-äthanolamin*, $Kp._{0,75}$ 147—150°, n_D^{25} 1,4974; *N-tert.-Octyl-N-[2-propin-(2)-yl]-äthylamin*, $Kp._{1,7-2}$ 104—112°, n_D^{25} 1,4722; *N-tert.-Octyl-N-[1-n-propylpropin-(2)-yl]-äthanolamin*, $Kp._{0,75}$ 81—85°, n_D^{25} 1,4561, u. *N-β-Hydroxyäthyl-N-[propin-(2)-yl]-äthanolamin*, $Kp._{0,5}$ 113—116°. — *Pharmaceutica*. (**Aust. P. 229410** vom 26/6. 1958, ausg. 11/8. 1960. **D. A. S. 1 115 239** Kl. 12o vom 14/7. 1958, ausg. 19/10. 1961. **Holl. P. 98 909** vom 11/7. 1958, ausg. 15/8. 1961. Alle A. Prior. 18/7. 1957.) C. Lüttgen. 4807

Mead Johnson & Co. (Erfinder: Rolland Frederick Feldkamp und Yao Hua Wu), Evansville, Ind., V.St.A., **Herstellung von 1-substituierten Pyrrolidyl-(3)-methylbenzilaten,** dad. gek., daß ein 1-substituierter Pyrrolidyl-(3)-methylalkohol mit Benzilsäure oder mit einem Benzilsäureester durch Esterumtausch verestert wird. — Aus Methylbenzilat u. 1-Methylpyrrolidyl-(3)-methylalkohol in Ggw. von metall. Na in n-Heptan → *1-Methylpyrrolidyl-(3)-methylbenzilat*, F. 132—134°, *Hydrochlorid*, F. 145—147°; analog das *1-Äthyl-[pyrrolidyl-(3)-methylbenzilat* = A], F. 73—74°; *1-n-Propyl-A*, F. 70—72°; *1-Isopropyl-A*, F. 96—97°; *1-Butyl-A*, F. 67—68°, u. *1-Benzyl-A*, F. 90—91,5°. — *Spasmolytica*. (**Schwz. P. 352 335** vom 27/9. 1956, ausg. 14/4. 1961. A. Prior. 14/10.1955.) W. Heyer. 4807

Ciba Akt.-Ges., Basel, Schweiz, **Herstellung von Benzimidazolderivaten.** Ein 2-[p-Alkoxy- bzw. Alkylmercaptobenzyl]-5- u./oder -6-alkylbenzimidazol, das aus 2-Amino-5-alkyl- oder -4.5-dialkylanilin u. p-[Alkoxy- bzw. Alkylmercapto]-phenylessigsäure oder deren reaktionsfähigen Derivv. unter den Rk.-Bedingungen in situ gebildet wird, wird mit einem tert.-Aminoäthylhalogenid umgesetzt u. das Rk.-Prod. ggf. in seine *Salze* übergeführt. — *2-[p-Äthoxybenzyl]-5.6-dimethylbenzimidazol*, F. 205—206° (CH_3OH), aus p-Äthoxybenzylcyanid u. A. in Chlf. durch Einleiten von HCl bei —10°, 16std. Rk. bei 25° u. 16std. Kochen des Rk.-Prod. mit 2-Amino-4.5-dimethylanilin in Chloroform. — *1-[β-Diäthylaminoäthyl]-Verb.*, *Hydrochlorid*, F. 167—168° (A.), aus vorst. Verb. in Dioxan durch Kochen mit $NaNH_2$, Zugabe von Chloräthyldiäthylamin u. 16std. Rk. bei 60—70°. — *Arzneimittel*. — Vgl. D. A. S. 1 078 131; C. **1960.** 11033. (**Oe. P. 209 338** vom 13/10. 1958, ausg. 25/5. 1960. Schwz. Prior. 14/10. 1957.) Eberhard Riedel. 4807

Council of Scientific & Industrial Research, Neu Delhi (Erfinder: Vinod Ramanlal Shah, Jogendra Lal Bose und Ramanlal Chhaganlal Shah, Poona), Indien, **Herstellung von 4-Hydroxycumarin** mit oder ohne Alkylsubstituenten im o-Arylenteil des Mol. u./oder einem Alkyl- oder Arylsubstituenten in der 3-Stellung, durch Behandlung eines Malonsäurediarylesters mit $POCl_3$ u. wasserfreiem $ZnCl_2$ mit oder ohne Zusatz von Malonsäure bei 0—110°. — Man erhitzt z. B. 5,25 (Teile) Diphenylmalonat, 2,25 Malonsäure, 18,8 Vol.-Teile $POCl_3$ u. 16,8 $ZnCl_2$ ca. 20 Std. unter Rühren auf 60—65°. Nach dem Abkühlen u. Filtrieren reinigt man das rohe 4-Hydroxycumarin durch Lösen in 5%ig. $NaHCO_3$-Lsg. u. Fällen mit HCl. Nach dem Umkristallisieren aus W. oder verd. Alkohol → *4-Hydroxycumarin*, F. 209—210°.

In analoger Weise → *4-Hydroxy-7-methylcumarin*, F. 220—221°; *4-Hydroxy-6-methylcumarin*, F. 245—246°; *4-Hydroxy-8-methylcumarin*, F. 229—230°; *4-Hydroxy-7.8-benzocumarin*, F. 276°; *4-Hydroxy-5.6-benzocumarin*, F. 273°; *4-Hydroxy-5-methyl-8-isopropylcumarin*, F. 221—222°; *3-n-Octyl-4-hydroxycumarin*, F. 141, u. *1-Thio-4-hydroxycumarin*, F. 209—210°. Zwischenprodd. für die *Herst. von Arzneimitteln*. (**Ind. P. 63 083** vom 10/2. 1958, ausg. 6/9. 1960.) H. Nebelsiek. 4807

Cilag Akt.-Ges., Schaffhausen (Erfinder: Henry Martin, Zürich, und Ernst Habicht, Schaffhausen), Schweiz, **Herstellung von neuen Piperidincarbonsäureamiden** der allg. Formel I, in welcher Am die NH_2-Gruppe, eine Alkylamino-, Dialkylamino-, Pyrrolidino-, Piperidino-, Morpholino- oder Piperazinogruppe u. R einen Alkylrest darstellt, der durch O, S, —NH—, —N-Alkyl—, —CO—NH—, —CO—N-Alkyl— oder —COO— unterbrochen sein kann, oder

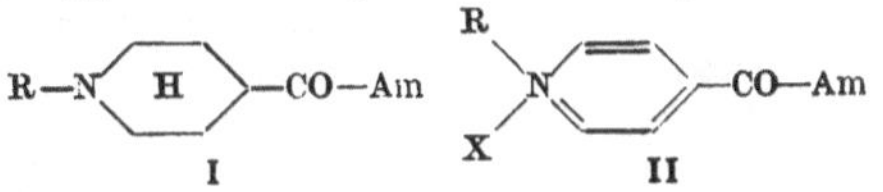

I II

einen Aralkyl- oder Arylrest bedeutet, dad. gek., daß man ein quatern. Salz eines Isonicotinsäureamids der allg. Formel II, worin X ein Anion bedeutet, der katalyt. Hydrierung unterwirft. — Aus 4-Carboxamido-1-n-hexylpyridiniumbromid in A. u. in Ggw. von Pt-Oxid im Autoklav bei 20° u. 100 at H_2-Druck → *1-n-Hexylpiperidin-4-carbonsäureamid*, F. 133—135°. — Analog werden folgende Piperidin-4-carbonsäureamide hergestellt: *1-Butyl-*, F. 146—148°; *1-n-Amyl-*, F. 150—152°; *1-Isoamyl-*, F. 172—174°; *1-n-Heptyl-*, F. 147—148°; *1-n-Octyl-*, F. 140—142°; *1-n-Nonyl-*, F. 142 bis 143°; *1-n-Decyl-*, F. 128—130°; *1-n-Undecyl-*, F. 141—142°; *1-n-Dodecyl-*, F. 110 bis 112°; *1-n-Tetradecyl-*, F. 108—111°; *1-n-Hexadecyl-*, F. 111—115°; *1-n-Octadecyl-*, F. 128—130°; *1-Carbododecoxymethyl-*, F. 97—99°; ferner folgende I (piperidin-4-carbonsäure = III): *1-Methyl-*III*-dimethylamid*, $Kp._{15}$ 137—138°, *Hydrochlorid*, F. 218 bis 220°; die *Hydrochloride* des *1-Äthyl-*III*-dimethylamid*, F. 126—127°; *1-n-Propyl-*III*-dimethylamid*, F. 192—194°; *1-Methyl-*III*-diäthylamid*, F. 184—185°; *1-Äthyl-*III*-diäthylamid*, F. 117—119°; *1-n-Propyl-*III*-diäthylamid*, F. 170—171°; *1-Methyl-*III*-di-n-propylamid*, F. 124—125°; *1-Äthyl-*III*-di-n-propylamid*, F. 162—163°; *1-n-Propyl-*III*-di-n-propylamid*, F. 199—201°; ferner: *1-β-Phenäthyl-*III*-morpholidhydrobromid*, F. 279—280°; das entsprechende III*-2'.6'-dimethylpiperididhydrobromid*, F. 253—255°, u. *-4'-methylpiperididhydrobromid*, F. 268—269°. — Mittel zur *Hemmung des Wachstums* von *hautpathogenen Pilzen* sowie *vermicide* u. *hypotensive* Wirkstoffe. (**Schwz. P. 337 528** vom 16/11. 1955, ausg. 30/5. 1959.) W. Heyer. 4807

E. Merck Akt.-Ges., Deutschland, **Herstellung von Pyridoxal** (II) u. seinen Derivaten. Cyanacetamid u. 1.1-Diäthoxypentandion-(2.4) werden zu *2-Keto-3-cyan-4-formyl-6-methylpyridindiäthylacetal*, F. 147—148°, umgesetzt, das man mit Glykol in Ggw. von p-Toluolsulfonsäure in das *Äthylenacetal*, F. 275—277° (Zers.) überführt; dieses wird nitriert u. das *2-Keto-3-cyan-4-formyl-5-nitro-6-methylpyridinäthylenacetal*, F. 262—264° (Zers.), chloriert zu *2-Chlor-3-cyan-4-formyl-5-nitro-6-methylpyridinäthylenacetyl*, F. 148—149°; man red., diazotiert u. kocht u. erhält eine Lsg. von *Pyridoxal* (II), die man mit $NaHSO_3$ in *3-Hydroxymethyl-5-hydroxy-6-methylpyridyl-(4)-α-hydroxymethansulfonsäure* (I), Zers. >300° überführt, welche man durch Kochen mit äthanol., isopropanol. oder n-butanol. HCl in II*-Monoäthyl-* (V), F. 142—143°, *-isopropyl-*, F. 103°, u. *-n-butylacetal*, F. 68°, u. mit Äthylenglykol u. HCl in *-mono-[β-hydroxyäthyl]-acetal* (IV) F. 158—158,5°, überführen kann. Aus I u. HCl erhält man II*-Hydrochlorid* (III), F. 175° (Zers.), aus I u. Hydroxylamin II*-Oxim*, F. 222—224°, mit Semicarbazid II*-Semicarbazon*, F. 231—232°, mit Pyridin-4-carbonsäurehydrazid II*-Isonicotinoylhydrazon*, F. 261°. Man kann III auch aus IV oder V u. umgekehrt IV aus III erhalten. (**F. P. 1 214 324** vom 4/11. 1958, ausg. 7/4. 1960. D. Prior. 16/11. 1957, 14/4. u. 17/9. 1958.) S. Böttcher. 4807

Chinoin Gyógyszer és Vegyészeti Gyára R. T. (Erfinder: Koloman Lányi), Budapest, Ungarn, **Salze von Sulfanylamidopyrimidinderivaten** erhält man bei der Einw. von NaOH in wss. Alkohol auf 2-Sulfanylamido-4-methylpyrimidin bzw. 2-Sulfanyl-4.6-dimethylpyrimidin (F. 190—192°) u. Aufkochen des Gemisches, wobei nach Abkühlung das Na-Salz der Sulfanylmethyl-Verbb. ausfällt. Werden die NH_4-Salze der Sulfanylamidopyrimidin-Verbb. mit $CaCl_2$- bzw. mit $MgSO_4$-Lsgg. behandelt, erhält man die Ca- bzw. Mg-Salze von *2-Sulfanyl-4-methylpyrimidin* bzw. von *2-Sulfanyl-4.6-dimethylpyrimidin*. — *Arzneimittel*. (**Ung. P. 145 712** vom 25/4. 1957, ausg. 15/12. 1959.) G. König. 4807

Geigy Chemical Corp., New York, N.Y., V.St.A., übert. von: Vincent C. Barry, Rathgar, James G. Belton, Terenure, Michael L. Conalty, Dublin,

Dermot Twomey, Terenure, John F. O'Sullivan, Ranelagh, Irland, und Ernst Hodel, Basel, Schweiz, **Phenazinderivate** der allg. Formel I, in der 2 der R-Reste

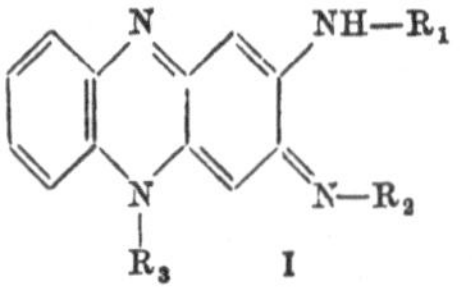

I

Phenyl-, Chlorphenyl-, Alkylphenyl- oder niedrige Alkoxyphenylgruppen u. ein R-Rest ein Dialkylaminoalkylrest ist, erhält man durch Erhitzen eines Salzes, bes. des Hydrochlorids von 2-Arylamino-3-imino-5-aryl-3.5-dihydrophenazin oder 2-Amino-3-arylimino-5-aryl-3.5-dihydrophenazin mit einem niedrigen Dialkylaminoalkylamin. Hergestellt wurden so z. B. folgende 3.5-Dihydrophenazine: *2-[4'-Methylanilino]-3-[4''-methylphenylimino]-5-[β-diäthylaminoäthyl]-*, F. 168—170°; *2-[4'-Äthoxyanilino]-3-[4''-äthoxyphenylimino]-5-[β-diäthylaminoäthyl]-*, F. 148—150°; *2-[4'-Chloranilino]-3-[4''-chlorphenylimino]-5-[β-diäthylaminoäthyl]-*, F. 166—167°; *2-Anilino-3-[β-diäthylaminoäthylimino]-5-phenyl-*, F. 138—140°; *2-[p-Chloranilino]-3-(β-diäthylaminoäthylimino)-5-[p-chlorphenyl]-*, F. 158—160°. — *Tuberculostatica.* (**A. P. 2 943 089** vom 7/4. 1958, ausg. 28/6. 1960. Schwz. Prior. 15/4. 1957.) L. STADELMANN. 4807

Wellcome Foundation Ltd., London, England (Erfinder: John Evlyn Warner Billinghurst), **Herstellung von diquartären Verbindungen.** Diamine der allg. Formel $(R_1)(R_2)$=CHO$(CH_2)_n$—N'''—Y—N'''' werden nach bekannten Meth. mit Alkylhalogeniden oder -sulfaten zu Verbb. der allg. Formel [$(R_1)(R_2)$=CHO$(CH_2)_n$—N'^+—Y—N''^+]$2A^-$ quaternisiert. Hierbei sind R_1 u. R_2 gleiche oder verschiedene Cycloalkylreste oder Phenylreste, die durch ein oder mehrere Halogenatome, ein oder mehrere niedrigmol. Alkylgruppen substituiert sein können, N'^+ ist ein quart. N-Atom mit 2 Alkylgruppen, die zusammen bis zu 5, bes. 2—3, C-Atome enthalten, N''^+ ist ein quart. N-Atom mit mindestens einer Alkylgruppe, die 1—4 C-Atome enthält, N''^+ kann außerdem 2 weitere Alkylgruppen tragen, die zusammen 9, bes. 3—6, C-Atome enthalten, oder N''^+ gehört zu einem Piperidin-, Morpholin- oder Pyrrolidinring, Y ist eine Alkylenkette mit 2—10, bes. 2—6 C-Atomen; weiterhin können N'^+ + Y + N''^+ einen Piperazinring bilden, in welchem N'^+ ein quart. N-Atom ist, das eine Alkylgruppe mit 1—4 C-Atomen enthält, u. N''^+ ist ein quart. N-Atom mit 2 Alkylgruppen, die zusammen bis zu 4 C-Atome enthalten, A ist das Anion einer anorgan. oder organ. Säure, n = 1—10, N''' u. N'''' sind tert. N-Atome. Die Rkk. können z. T. schon bei normaler Temp. ausgeführt werden, z. T. ist Erhitzen unter Rückflußkühlung in Lsgm., wie Methanol oder Aceton, nötig. — Beispiele: N'-[2-Benzhydryloxyäthyl]-N''.N''-diäthyl-N'.N'.N''-trimethyläthylen-1.2-diammoniumdijodid, F. 156—157° (Zers.); N'-[3-Benzhydryloxypropyl]-N''.N''-diäthyl-N'.N'.N''-trimethyläthylen-1.2-diammoniumdijodid, F. 210—212° (Zers.); N'-[3-Benzhydryloxypropyl]-N'.N'.N''-trimethyläthylen-1-ammonium-2-piperidiniumdijodid, F. 202—204°; N'-[4-Benzhydryloxybutyl→-N'.N''.N''-trimethylpiperaziniumdijodid, Zers. bei 210—270°; N'-[4-Benzhydryloxybutyl]-N''N''-di-n-butyl-N'.N'.N''-trimethyläthylen-1.2-diammoniumdijodid mit 0,6% Kristallwasser, F. 126—128°; N'-[Benzhydryloxybutyl]-N'.N'.N''-trimethyläthylen-1-ammonium-2-pyrrolidiniumdijodid, F. 179—181° (Zers.); N'-[4-Benzhydryloxybutyl]-N'.N'.N''-trimethyläthylen-1-ammonium-2-piperidiniumdijodid, F. 186—188° (Zers.), N'-[4-Benzhydryloxybutyl]-N'.N''.N''-trimethyläthylen-1-ammonium-2-morpholiniumdijodid, F. 200 bis 201° (Zers.); N''.N''-Diäthyl-N'.N'.N''-trimethyl-N'-[4-di-(4-methylphenyl)-methoxybutyl]-äthylen-1.2-diammoniumdijodid, F. 218—219° (Zers.), N''.N''-Diäthyl-N'.N'.N''-trimethyl-N'-[4-bis-(2-methylphenyl)-methoxybutyl]-äthylendiammoniumdijodid, F. 181 bis 182° (Zers.); N'-[4-Benzhydryloxybutyl]-N'.N'.N''-trimethylhexamethylen-1-ammonium-6-morpholiniumdijodid, gummiartige Masse, N'-[3-Benzhydryloxypropyl]-N'.N'.-N''-trimethyläthylen-1-ammonium-2-morpholiniumdichlorid, glänzende Blättchen, F. 229° (Zers.); N'-[4-Benzhydryloxybutyl]-N''.N''-diäthyl-N'.N'.N''-trimethyläthylen-1.2-diammoniumdijodid, F. 190—191° (Zers.); N'-[6-(Methylphenyl)-6-phenyl-5-oxahexyl]-N'.N'.N''-trimethyläthylen-1-ammonium-2-morpholiniumdijodid·H_2O, F. 193° (Zers. N'-[4-Di-(4-chlorphenyl)-methoxybutyl]-N'.N'-trimethyläthylen-1-ammonium-2-piperidiniumdijodid, F. 175—175° (Zers.); N''.N''-Diäthyl-N'-[4-dicyclohexylmethoxybutyl]-N'.N'.N''-trimethyläthylen-1.2-diammoniumdijodid, F. 188—189° (Zers.); N'-[3-Benzhydryloxypropyl]-N'-N'-N''-trimethyltrimethylen-1-ammonium-3-morpholiniumdijodid, F. 191—192° (Zers.); N'-[4-Benzhydryloxypropyl]-N'.N'.N''-trimethyltrimethylen-1-ammonium-3-morpholiniumdichlorid mit 6,1% Kristallwasser, F. 120°; N'-[4-Benzhydryloxybutyl]-N'.N''.N''.N''-tetraäthyl-N'-methyläthylen-1.2-diammoniumdijodid, F. 154—155°. Herst. von Zwischenprodd. u. Verw. als *ganglienblockierende Mittel.* (**E. P. 802 870** vom 30/6. 1955, ausg. 15/10. 1958.) A. KALIX. 4807

Dr. Karl Thomae G. m. b. H., Deutschland, **Herstellung von Pteridinderivaten** der allg. Formel I (R_1—R_4 = H, Halogen, Aminogruppen, Alkyl-, Aralkyl-, Aryl-, OH-, Mercapto- oder heterocycl. Reste, mindestens einer der Reste ist jedoch ein N-hetero-

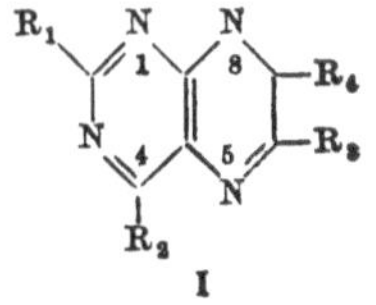

I

cycl. Rest, bes. Morpholinorest, u. mindestens 2 sind Aminogruppen), dad. gek., daß man in halogenierten Pteridinen in Ggw. säurebindender Mittel (Alkalihydroxide, -carbonate, -alkoholate, tert. Amine) in W., Alkoholen, Aceton, Dioxan, Bzl., Xylol oder Dimethylformamid in Ggw. eines Rk.-Beschleunigers (Cu, Cu-Salze, Alkalijodide) bei −20 bis +250°, ggf. unter Druck, das Halogen durch entsprechende andere Gruppen austauscht. — 2.4.6.7-Tetrachlorpteridin wird mit Piperidin zu 2.4-Dichlor-6.7-dipiperidinopteridin (F. 186—187°) u. dieses in Dioxan mit Morpholin umgesetzt. Durch Zusatz von W. fällt *2-Morpholino-4-chlor-6.7-dipiperidinopteridin*, F. 158—159°, aus. — Analog nachst. Pteridine: *2-Methylamino-4-chlor-6.7-dimorpholino-*, F. 224—226°. — *2.4-Dimorpholino-6.7-bis-[dimethylamino]-*, F. 191—192°. — *2.4-Bis-[dimethylamino]-6.7-dimorpholino-*, F. 164—165°. — *4-Chlor-2.6.7-tripiperidino-*, F. 147—148°. — *2.4.6.7-Tetramorpholino-*, F. 187—188°. — *2-Morpholino-4-dimethylamino-6.7-dipiperidino-*, F. 141—142°. — *2-[β-Hydroxyäthylamino]-4-morpholino-6.7-dipiperidino-*, F. 168—170°. — *2-Methylamino-4-chlor-6.7-dipiperidino-*, F. 240—242°. — *2-Methylamino-4.6.7-trimorpholino-*, F. 254—256°. — *2.4.7-Trimorpholino-6-phenyl-*, F. 201—202°. — *2-Phenyl-4.6.7-trimorpholino-*, F. 209—210°. — *2-Äthylmercapto-4-pyrrolidino-6.7-dimorpholino-*, F. 118—120°. — *2(4)-Hydroxy-4(2).6.7-trimorpholino-*, F. 242—243°. — *2.4-Dimorpholino-7-dimethylamino-*, F. 194—195°. *2.7-Dimorpholino-4-pyrrolidino-6-carboxymethyl-* F. 115—117°. — 2.6.7-Trimorpholinopteridine: *4-Diäthanolamino-*, F. 224—225°. — *4-Äthoxy-*, F. 198—200°. — *4-[β-Äthoxyäthoxy]-*, F. 153—154°. — *4-Phenoxy-*, F. 239 bis 240°. — *4-Äthylmercapto-*, F. 193—195°. — *4-Phenylmercapto-*, F. 186—187°. — Als Ausgangsstoffe werden folgende Pteridine genannt: 2.4-Dichlor-6.7-dimorpholino- (F. 208—209°), -6.-7-bis-[dimethylamino]- (F. 247—248°), 2.4.6.7-Tetrachlor-, 2.4.6.7-Tetrabrom-, 2-Morpholino-4-chlor-6.7-dipiperidino-, 4-Chlor-2.6.7-trimorpholino-, 2-[β-Hydroxyäthylamino]-4-chlor-6.7-dipiperidino-, 2-Methylamino-4.6.7-trichlor-, 2.4.7-Trichlor-6-phenyl- (F. 157—158°), 2-Phenyl-4.6.7-trichlor- (F. 187—189°), 2-Äthylmercapto-4-chlor-6.7-dimorpholino-, 2(4)-Hydroxy-4(2)-chlor-6.7-dimorpholino-, 2.4-Dichlor-7-dimethylamino- (F. 172—175°) u. 2.7-Dimorpholino-4-chlor-6-carboxymethyl- (F. ca. 150°), umgesetzt mit Methylamin, Dimethylamin, Piperidin, Morpholin, Diäthanolamin, Na-Äthylat, Äthylglykol, Phenol, Äthylmercaptan, Thiophenol, Pyrrolidin. — Weitere Verbb. der Formel I, worin R_1, R_2, R_3 u. R_4 (in dieser Reihenfolge) folgende Bedeutung haben: *$N(CH_3)(C_2H_4OH)$, Cl, Morpholino* [= **M**], **M**, F. 203—204°. — **M**, *Cl*, *$NHCH_2 \cdot C_6H_5$*, *$NHCH_2C_6H_5$*, F. 201—202°. — **M**, *Cl*, *$N(C_2H_5)_2$*, *$N(C_2H_5)_2$*, F. 115—116°. — *$NHCH_2H_4OH$, Cl, Piperidino* [= **P**], **P**, F. 175—177°. — **P**, *Cl*, **M**, **M**, F. 219—220°. — *$N(CH_3)_2$*, *Cl*, **M**, **M**, F. 164—166°. — **M**, *Cl*, **M**, **M**, F. 245—246°. — **M**, **M**, *NHC_6H_5*, *NHC_6H_5*, F. ca. 231°. — **M**, **M**, *NHC_2H_4OH*, *NHC_2H_4OH*, F. 231—232°. — **M**,**M**, **P**, **P**, F. 183—184°. — **M**, **M**, *NH_2*, *NH_2*, F. 294—295°. — **M**, **M**, *$NHCH_3$*, *$NHCH_3$*, F. 233 bis 235°. — **M**, **M**, *$N(CH_3)(C_2H_4OH)$*, *$N(CH_3)(C_2H_4OH)$*, F. 188—189°. — **M**, *$N(CH_3)_2$*, **M**, **M**, F. 227—229°. — **M**, *$N(CH_3)(C_2H_4OH)$*, **M**, **M**, F. 273—274°. — *$N(CH_3)(C_2H_4OH)$*, **M**, **M**, **M**, F. 134—136°. — **P**, *$N(CH_3)_2$*, **M**, **M**, F. 181—182°. — **P**, **M**, **M**, **M**, F. 163—165°. — **P**, **M**, **P**, **P**, F. 180—181°. — *$N(CH_3)_2$*, **M**, **M**, **M**, F. 190—191°. — **M**, **M**, **M**, *H*, F. 276 bis 277°. — *$CH_2C_6H_5$*, **M**, **M**, **M**, F. ca. 195°. — *N-Phenylpiperazino, Cl*, **P**, **P**, F. 99—101°. — *N-Phenylpiperazino*, **M**, **P**, **P**, F. 106—109°. — *N-Phenylpiperazino, N-Phenylpiperazino*, **P**, **P**, F. 96—99°. — **M**, *SCH_2COOH*, **M**, **M**, F. 265—267°. — **M**, **M**, *CH_3*, **M**, F. 197—198°. — *Hexamethylenimino, Cl, $N(CH_3)_2$, $N(CH_3)_2$*, F. 135—137°. — *Hexamethylenimino*, **M**, *$N(CH_3)_2$*, *$N(CH_3)_2$*, F. 163—164°. — **M**, *$O-C_2H_4-N(C_2H_5)_2$*, **M**, **M**, F. 133—135°. — *γ-Morpholinopropylamino, Cl*, **M**, **M**, F. 249—251°. — **M**, **M**, *$N(CH_3)_2$*, *H*, F. 162—164°. — **M**, **M**, *H*, **M**, F. 279—281°. — *$N(CH_3)(C_2H_4OH)$, Br*, **M**, **M**, F. 185 bis 187°. — *C_6H_5*, **M**, *$N(CH_3)_2$*, *$N(CG_3)_2$*, F. 254—255°. — **M**, **P**, *$N(CH_3)_2$*, *$N(CH_3)_2$*, F. 151—152°. — **P**, **M**, *$N(CH_3)_2$*, *$N(CH_3)_2$*, F. 164—166°. — *SH*, **M**, **M**, **M**, F. 300—302°. — *Therapeutica*. (**F. P. 1 207 572** vom 26/6. 1958, ausg. 17/2. 1960. D. Prior. 27/6. 1957.)

S. BÖTTCHER. 4807

Soc. des Usines Chimiques Rhône-Poulenc, Frankreich, **Herstellung von Phenthiazinderivaten.** Zu D. A. S. 1 090 217; C. **1961.** 8038 sind folgende Phenthiazin-N-oxide zu ergänzen: *10-[2'-Dimethylaminopropyl]-*, *-[2'-Dimethylaminoäthyl]-*, *-[3'-Dimethylaminopropyl]-*, *3-Methyl-*, *3-Trifluormethyl-*, *3-Cyan-*, *3-Methoxy-*, *3-Acetyl-*, *3-Methansulfonyl-* u. *3-Dimethylsulfamido-10-[3'-dimethylaminopropyl]-*, *3-Cyan-10-[3'-morpholinopropyl]-*, *3-Chlor-10-[3'-pyrrolidino-* u. *-piperidinopropyl]-*, *3-Methoxy-* u. *3-Cyan-10-[3'-dimethylamino-2'-methylpropyl]-*. (**F. P. 1 215 567** vom 23/4. 1958, ausg. 19/4. 1960.)

S. BÖTTCHER. 4807

J. R. Geigy Soc. An., Schweiz, **Herstellung von Amidoazepinen** der allg. Formel **I** (X u. Y = H oder Halogen; R_1 u. R_2 = H oder Alkylreste, die auch unter-

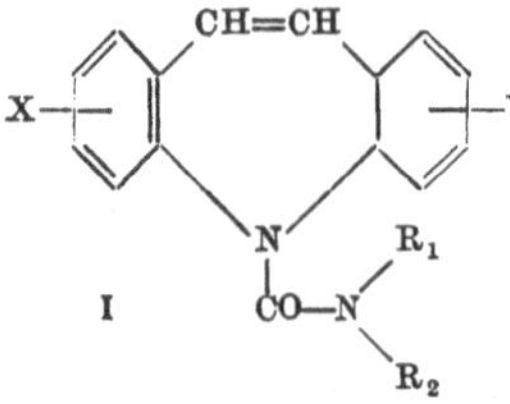

I

einander direkt oder über —O— verbunden sein können), dad. gek., daß man ein 5-Dibenzo-[b.f]-azepin (II) mit $COCl_2$ u. das Rk.-Prod. mit NH_3 oder einem Amin oder **II** mit einem Carbamylchlorid oder einem Alkylisocyanat umsetzt. — Iminostilben (**IV**) wird in Toluol mit $COCl_2$ umgesetzt u. auf 70° erhitzt; man erhält 5-Chlorcarbonyliminostilben (**III**), F. 168—169°, das man mit NH_3 zu *5-Carbamyliminostilben*, F. 204—206°, umsetzt. — *5-Diäthylcarbamyliminostilben*, F. 134—135°, aus **III** u. Diäthylamin oder **IV** u. Diäthylcarbamylchlorid. — *Pharmazeutica*. (**F. P. 1 223 382** vom 19/12. 1958, ausg. 16/6. 1960. Schwz. Prior. 20/12. 1957.) S. BÖTTCHER. 4807

J. R. Geigy Soc. An., Schweiz, **Herstellung von Azepinen** der allg. Formel I (X = CH_2CH_2 oder CH=CH; Y u. Z = H oder Halogen; R_1 u. R_2 = Alkylreste, die auch direkt oder über —O— verbunden sein können), dad. gek., daß man ein 5-Halogen-

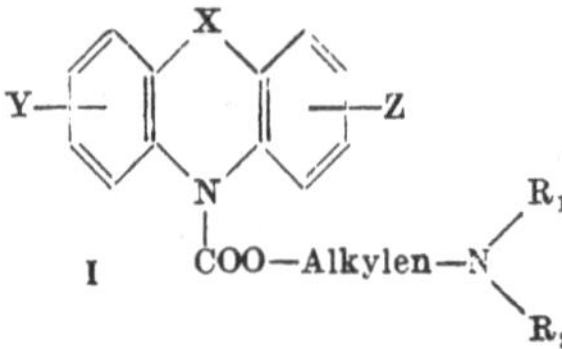

I

carbonylazepin oder -dihydroazepin mit einem Aminoalkohol umsetzt u. das Rk.-Prod. ggf. in ein *Salz* oder eine *quatern. Ammonium-Verb.* überführt. — Aus Iminodibenzyl u. $COCl_2$ stellt man 5-[Chlorcarbonyl]-iminodibenzyl (F. 119—120°) her, das man in Bzl. bei 60—70° mit Dimethylaminoäthanol zu *5-[Dimethylaminoäthoxycarbonyl]-iminodibenzyl*, F. 76—77°, umsetzt. — *5-Dimethylaminoisopropoxycarbonyl]-*, F. 84°, u. *5-[Diäthylaminoäthoxycarbonyl]-iminostilben*, F. 230°, aus Iminostilben über 5-[Chlorcarbonyl]-iminostilben (F. 168—169°) u. Dimethylaminoisopropanol bzw. Diäthylaminoäthanol. — *3.7-Dichlor-5-[γ-dimethylaminopropoxycarbonyl]-iminobenzyl*, $Kp._{0,05}$ 190°, u. die *3.7-Dibrom-Verb.*, aus 3.7-Dichlor- bzw. 3.7-Dibromiminodibenzyl, $COCl_2$ u. γ-Dimethylaminopropanol. — Analog *5-[Pyrrolidinoäthoxycarbonyl]-iminostilben* u. *-iminodibenzyl*, F. 86°. — *5-[Piperidinoäthoxycarbonyl]-* u. *-propoxycarbonyl]-iminodibenzyl* u. *-iminostilben* (*Hydrochlorid*, F. 240—242°). — *5-[Morpholinoäthoxycarbonyl]-iminostilbenhydrochlorid*, F. 202°, u. *-iminodibenzylhydrochlorid*, F. 248°. — *5-[Morpholinopropoxycarbonyl]-iminodibenzylhydrochlorid*, F. 180°, u. *-iminostilben*. — *Pharmazeutica*. (**F. P. 1 223 383** vom 19/12. 1958, ausg. 16/6. 1960. Schwz. Prior. 20/12. 1957.) S. BÖTTCHER. 4807

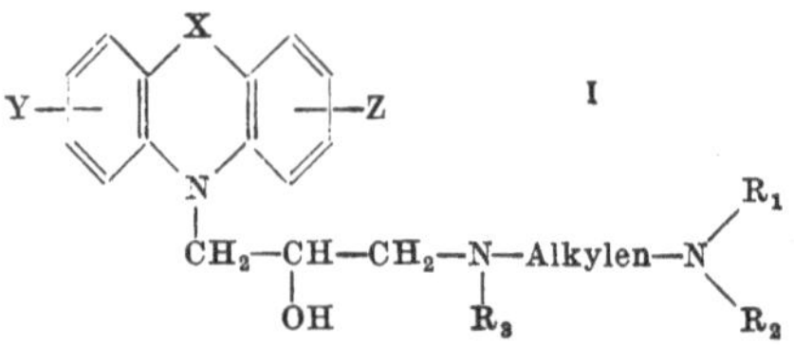

I

J. R. Geigy Soc. An., Schweiz, **Herstellung von Azepinen** der allg. Formel I (X = CH_2CH_2 oder CH=CH; Y u. Z = H oder Halogen; R_1 u. R_2 = Alkylreste; R_3 = H oder Alkylrest, der auch mit R_2 verbunden sein kann), dad. gek., daß man ein 5-[2'.3'-Epoxypropyl]-azepin oder -dihydroazepin mit einem Alkylendiamin umsetzt u. das Rk.-Prod. ggf. in ein *Salz* oder eine *quatern. Ammonium-Verb.* überführt. — Aus Iminodibenzyl u. Epichlorhydrin stellt man 5-[2'.3'-Epoxypropyl]-iminodibenzyl ($Kp._{0,2}$ 165—166°, F. 73—74°) her, das man mit N.N-Dimethyl-N'-[n-propyl]-äthylendiamin zu *5-{3'-[N-Dimethylaminoäthyl-N-(n-propyl)-amino]-2'-hydroxypropyl}-iminodibenzyl*, $Kp._{0,002}$ 171—172°, umsetzt. — *5-[3'-(N-Dimethylaminoäthyl-N-methylamino)-*, $Kp._{0,01}$ 184—186°, *-N-(n-butyl)-amino]-*, $Kp._{0,002}$ 170 bis 172°, *5-[3'-(N-Diäthylaminoäthylamino)-*, $Kp._{0,0005}$ 185—187°, u. *5-[3'-(4''-Methylpiperazino)-2'-hydroxypropyl]-iminodibenzyl*, F. 136—137°, aus N.N.N'-Trimethyläthylendiamin, N.N-Dimethyl-N'-[n-butyl]-äthylendiamin, N.N-Diäthyläthylendiamin bzw. N-Methylpiperazin. — *5-{3'-[N-Dimethylaminoäthyl-N-(n-butyl)-amino]-2'-hydroxypropyl}-3.7-dichloriminodibenzyl*, $Kp._{0,002}$ 200°, *5-[3'-(N-Diäthylaminoäthylamino)-2'-hydroxypropyl]-3.7-dichlor-*, $Kp._{0,002}$ 205°, u. *-3.7-dibromiminodibenzyl*, aus 3.7-Dichlor- bzw. 3.7-Dibromiminodibenzyl über 5-[2'.3'-Epoxypropyl]-3.7-dichloriminodibenzyl (F. 98°). — *5-[3'-(N-Diäthylaminoäthyl-N-äthylamino)-*, $Kp._{0,005}$ 182°, u. *-N-methylamino)-2'-hydroxypropyl]-iminostilben*, $Kp._{0,003}$ 184°, aus Iminostilben über 5-[2'.3'-Epoxypropyl]-iminostilben ($Kp._{0,02}$ 150—160°) u. N.N.N'-Triäthyläthylendiamin. — *Spasmolytica, Hypnotica*. (**F. P. 1 223 384** vom 19/12. 1958, ausg. 16/6. 1960. Schwz. Prior. 20/12. 1957.) S. BÖTTCHER. 4807

Schering Akt.-Ges. (Erfinder: Ulrich Kerb, Emanuel Kaspar und Rudolf Wiechert), Berlin, **16α-Chlormethylderivate von 17α-Hydroxy-20-ketopregnanen** erhält man durch Enolacylierung der 20-ständigen Ketogruppe von 16α-Chlormethyl-20-ketopregnanen mit Acetanhydrid–Acetylchlorid (**I**), Epoxydation der erhaltenen 17.20-En-Verb., Spaltung des 17.20-Epoxids mit einer Säure u. Hydroxylierung oder Acyloxylierung der 21-Stellung. — Man setzt z. B. 16α-Monochlormethyl-5α-pregnanolon, F. 173—175°, mit I um, epoxydiert das Enolacetat mit Perbenzoesäure in Äthylenchlorid, spaltet das Epoxid mit konz. HCl in methanol. Lsg. u. acetyliert mit Acetanhydrid in Ggw. von Pyridin → *16α-Chlormethyl-5α-pregnan-3β.17α-diol-20-on-3-acetat*, F. 181—182°; $[\alpha]_D$ —11,9°; daraus durch Hydrolyse der Estergruppe mit methanol. HCl → *16α-Monochlormethyl-5α-pregnan-3β.17α-diol-20-on*, F. 192 bis 193°; $[\alpha]_D$ —14,2°, welches sich durch Rk. mit Br_2 in Ggw. von HBr überführen läßt → *21-Brom-16α-monochlormethyl-5α-pregnan-3β.17α-diol-20-on*, daraus durch übliche Rk. mit K-Acetat in Aceton → *16α-Monochlormethyl-5α-pregnan-3β.17α.21-triol-21-acetat*, F. 151,5—153°; $[\alpha]_D$ 40,8°. — Zwischenprodd. zur Herst. von Steroidhormonen. (**D.A.S. 1 117 119** Kl. 12o vom 5/10. 1959, ausg. 16/11. 1961.) U. SIEVERS. 4809

Upjohn Co. (Erfinder: Frank Harris Lincoln jun., William Paul Schneider und George Basil Spero), Kalamazoo, Mich., V.St.A., **6α.16α-Dimethyl-11β.17α-dihydroxy-$\Delta^{1.4}$-pregnadien-3.20-dion,** F. 223—230°, erhält man durch Rk. von 6α.16α-Dimethyl-21-jod-$\Delta^{1.4}$-pregnadien-3.20-dion in Essigsäure mit $Na_2S_2O_7 \cdot 5\,H_2O$ u. chromatograph. Aufarbeiten des Prod. über synthet. Mg-Silicat. — In analoger Weise läßt sich *6α.16α-Dimethyl-9α-fluor-11β.17α-dihydroxy-$\Delta^{1.4}$-pregnadien-3.20-dion*, F. 265—275°, aus der entsprechenden 21-Jod-Verb. herstellen. — *Heilmittel.* (**D. A. S. 1 124 037** Kl. 12o vom 10/9. 1959, ausg. 22/2. 1962. A. Prior. 15/9. 1958.) U. SIEVERS. 4809

Upjohn Co. (Erfinder: Alan Hart Nathan), Kalamazoo, Mich., V.St.A., **2-Halogen-$\Delta^{4.17,20}$-3-ketosteroide der Pregnanreihe.** Man setzt z. B. 11β.21-Dihydroxy-$\Delta^{4.17,20}$-cis-pregnadien-3-on-21-acetat in tert.-Butanol unter N_2 mit Äthyloxalat in Ggw. von methanol. Na-Methylat um → *2-Äthoxyoxalyl-11β.21-dihydroxy-$\Delta^{4.17,20}$-cis-pregnadien-3-on-21-acetatnatriumenolat*, welches sich in methanol. Lsg. mit 1.3-Dichlor-5.5-dimethylhydantoin umsetzen läßt → *2-Chlor-2-äthoxyoxalyl-11β.21-dihydroxy-$\Delta^{4.17,20}$-cis-pregnadien-3-on-21-acetat*; daraus durch Rk. mit methanol. Na-Methylat → *2-Chlor-11β.21-dihydroxy-$\Delta^{4.17,20}$-cis-pregnadien-3-on*, F. 169,5—171°. — Analog: *2-Chlor-6α-methyl-11β.21-dihydroxy-$\Delta^{4.17,20}$-cis-pregnadien-3-on*, F. 167—169°. — Zwischenprodd. zur Herst. von Heilmitteln. (**D. A. S. 1 124 944** Kl. 12o vom 2/10. 1959, ausg. 8/3. 1962. A. Prior. 24/10. 1958.) U. SIEVERS. 4809

Syntex Soc. An. (Erfinder: Albert Bowers, Carl Djerassi und Howard Josef Ringold), Mexico, Mexico, **6α- und 6β-Chlorsteroide der Pregnanreihe** erhält man durch Rk. eines 3-Enoläthers eines Δ^4-3-Ketosteroids dieser Reihe mit HOCl u. anschließende Isomerisierung des 6β-ständigen Cl-Atoms bzw. Dehydrierung der 1,2-Stellung u. Oxydation der 11β-ständigen Hydroxygruppe. — Man setzt z. B. das 16.17-Acetonid des 9α-Fluor-16α-hydroxyhydrocortisons (**I**) in Pyridin mit Acetanhydrid um → **I**-*21-Acetat* (**II**), F. 246—247°; $[\alpha]_D$ 152,3°, welches sich mit CrO_3 in Eisessig oxydieren läßt → *21-Acetat des 9α-Fluor-16α-hydroxycortison-16.17-acetonids.* — **II** läßt sich durch Rk. mit Orthoameisensäureäthylester (**III**) in Dioxan u. in Ggw. von p-Toluolsulfonsäure umsetzen → *21-Acetat des 3-Äthoxy-16α.17α-isopropylidendioxy-9α-fluor-$\Delta^{3.5}$-pregnadien-11β.21-diol-20-ons*, F. 214—215°; $[\alpha]_D$ —4,9°; daraus durch Rk. mit N-Chlorsuccinimid in Ggw. von Eisessig u. Na-Acetat → *21-Acetat des 16α.17α-Isopropylidendioxy-6β-chlor-9α-fluor-Δ^4-pregnen-11β.21-diol-3.20-dions*, F. 180—181°; $[\alpha]_D$ 63,2°. Hieraus erhält man durch nochmalige Enolverätherung mit **III** unter den beschriebenen Bedingungen → *21-Acetat des 16α.17α-Isopropylidendioxy-3-äthoxy-6β-chlor-9α-fluor-$\Delta^{3.5}$-pregnadien-11β.21-diol-20-ons*, F. 183—184°; $[\alpha]_D$ 45,83°, welches sich durch Rk. mit verd. HCl in Eisessig isomerisieren läßt → *21-Acetat des 6α-Chlor-9α-fluor-16α-hydroxyhydrocortison-16-acetonids*, F. 155—156°; $[\alpha]_D$ 90°; daraus durch Dehydrierung mit SeO_2 in Pyridin → *21-Acetat des 6α-Chlor-9α-fluor-16α-hydroxyprednisolon-16.17-acetonids*, F. 298—300°; $[\alpha]_D$ 53,5°. — Analog erfolgt die Herst. der analogen Derivv. des 9α-Fluor-16α-hydroxycortisons, die durch ihre UV-Spektren charakterisiert wurden. — *Heilmittel.* (**D. A. S. 1 118 779** Kl. 12o vom 17/9. 1959, ausg. 7/12. 1961. Mexican. Prior. 17/9. 1958.) U. SIEVERS. 4809

Schering Akt.-Ges. (Erfinder: Emanuel Kaspar, Rudolf Wiechert, Martin Schenck und Alfred Popper), Berlin, **α,β-Ungesättigte Ketosteroide,** die am β-ständigen C-Atom eine Methylgruppe tragen, erhält man durch Spaltung der durch Diazomethananlagerung an α,β-ungesätt. Ketosteroide erhältlichen Pyrazoline in einem organ. Lsgm. mit einem Adsorptionsmittel, bis die N_2-Entw. beendet ist. — Man kocht z. B. $\Delta^{2'}$-Pyrazolino-[4'.3':1.2α]-androstan-17β-ol-3-on in CCl_4 unter Rückfluß mit saurem Kieselsäuregel u. acetyliert anschließend mit Acetanhydrid in Pyridin → *1-Me-*

thyl-Δ^{1}-androsten-17β-ol-3-on-17-acetat, F. 140—141°; *freier Alkohol* (I), F. 150—152°. — Analog: *1-Methyl-$\Delta^{1.4.6}$-androstatrien-17β-ol-3-on-17-acetat*, F. 219,5—221°; $[\alpha]_D^{20}$ —95°. *1-Methyl-$\Delta^{1.4.6}$-pregnatrien-17α-ol-3.20-dion-17-acetat*, F. 195,5—196°. — *16-Methyl-$\Delta^{5.6}$-pregnadien-3β-ol-20-on-3-acetat*, F. 173—175°. — I-*17-Propionat*, F. 120,5—121°. — I-*17-Capronat*. — I-*17-Cyclopentylpropionat*, F. ca. 8°. — I-*17-Önanthat*, F. 70—70,5°; $[\alpha]_D$ 32°. — I-*17-Caprylat*. — *Heilmittel* sowie Zwischenprodd. zu deren Herstellung. (**D. A. S. 1 117 113** Kl. 12o vom 5/12. 1959, ausg. 16/11. 1961.) U. Sievers. 4809

American Cyanamid Co., New York, N.Y. (Erfinder: Robert Eugene Schaub, Paramus, und Martin Josef Weiss, Oradell, N.J.), V.St.A., **In 4.9.-16-Stellung ungesättigte Steroide der Pregnanreihe** erhält man z. B. durch Rk. von $\Delta^{4.9,11.16}$-Pregnatrien-3.20-dion mit Oxalsäureäthylester in Bzl. u. in Ggw. von Na-Methylat → *2.21-Bis-äthoxyoxalyl-$\Delta^{4.9,11.16}$-pregnatrien-3.20-dion* (I, nach Säurebehandlung), welches sich durch Rk. mit Br_2 in CCl_4 u. in Ggw. von K-Acetat, Phenol u. Na-Methylat überführen läßt → *2.21-Dibrom-$\Delta^{4.9,11.16}$-pregnatrien-3.20-dion*, F. 99—101°; $[\alpha]_D^{25}$ 140°; daraus durch Rk. mit Eisessig in Ggw. von $NaHCO_3$ u. in Aceton als Lsgm. → *21-Acetoxy-2-brom-$\Delta^{4.9,11.16}$-pregnatrien-3.2-dion* (**Ia**), F. 174—175° (Zers.); $[\alpha]_D^{25}$ 188°, welches sich durch Dehydrohalogenierung mit γ-Kollidin überführen läßt → *21-Acetoxy-$\Delta^{1.4.9,11.16}$-pregnatetraen-3.20-dion* (**II**), F. 171—173°; $[\alpha]_D^{25}$ 114°. — Alternativ kann man I durch Rk. mit J_2 in Methanol u. in Ggw. von K-Acetat überführen → *2-Äthoxyoxalyl-21-jod-$\Delta^{4.9,11.16}$-pregnatrien-3.20-dion*, welches sich durch Rk. mit Eisessig u. $KHCO_3$ in Aceton überführen läßt in ein Gemisch aus **Ia** u. dessen *21-Hydroxyverbindung*. Durch Bromierung von **Ia** u. Dehydrobromierung mit γ-Kollidin erhält man **II**. — Zwischenprodd. zur Herst. von Heilmitteln. (**D. A. S. 1 117 116** Kl. 12o vom 30/6. 1959, ausg. 16/11. 1961. A. Prior. 9/7. 1958.) U. Sievers. 4809

N. V. Organon (Erfinder: Cornelis Maurits Siegmann und Max Salomon de Winter), Oss, Holland, **Herstellung von in 3-Stellung sauerstofffreien Δ^{4}-19-Norsteroiden.** Inhaltlich ident. mit Holl. P. 95 799; C. **1961**. 13005. — Zu ergänzen ist: 3.20-Diketo-Δ^{4}-19-norpregnan (I) + Propandithiol in Bzl. u. in Ggw. von p-Toluolsulfonsäure → I-*3-Propylenthioketal*, welches sich in $NH_{3fl.}$ mit Li red. läßt → *20-Hydroxy-Δ^{4}-19-norpregnen*, F. 93—94°; $[\alpha]_D$ 41°; daraus durch CrO_3-Oxydation → *20-Keto-Δ^{4}-19-norpregnen*, F. 113—114°; $[\alpha]_D$ 146°. — Analog: *20-Keto-21-hydroxy-Δ^{4}-19-norpregnen-21-acetat*, F. 156—158°; $[\alpha]_D$ 141°. — *20-Keto-17α-hydroxy-Δ^{4}-19-norpregnen*, F. 147—149°. — *Heilmittel*. (**D. A. S. 1 119 858** Kl. 12o vom 12/1. 1960, ausg. 21/12. 1961. Holl. Prior. 13/1. 1959.) U. Sievers. 4809

Ciba Akt.-Ges., Basel (Erfinder: Oskar Jeger, Zürich), Schweiz, **18.21-Cyclo-20-oxo-allopregnan**, F. 178—180°; $[\alpha]_D^{20}$ 22,5°, erhält man durch Rk. von 21-Diazooxo-5α-pregnan mit CuO in Toluol bis zur Beendigung der N_2-Entw. u. anschließende chromatograph. Aufarbeitung; *Oxim*, F. 140—142°; *2.4-Dinitrophenylhydrazon*, F. 212 bis 214°. — *Heilmittel* sowie Zwischenprodd. zu deren Herstellung. (**D. A. S. 1 110 640** Kl. 12o vom 29/4. 1959, ausg. 13/7. 1961. Schwz. Prior. 13/5. u. 20/11. 1958.) U. Sievers. 4809

Ciba Akt.-Ges., Basel (Erfinder: Oskar Jeger, Zürich), Schweiz, **18-Oxigenierte Steroide** erhält man durch Dehydratisierung von 18.20-Cyclo-20-hydroxypregnan-Verbb., ggf. Red. einer 11-ständigen Oxogruppe u. oxydative Spaltung der erhaltenen 18,20-Ene. — Man setzt z. B. 3β-Acetoxy-20-hydroxy-18.20-cycloallopregnan (**Ib**) in Acetanhydrid–Eisessig 1 Std. unter Rückfluß um → *18.20-cyclo-3β-acetoxy-$\Delta^{18,20}$-* u. *-$\Delta^{20,21}$-allopregnen*, welches sich durch Ozonisierung u. reduktive Spaltung des Ozonids (**Ia**) sowie anschließende vorsichtige Oxydation mit $KMnO_4$, CrO_3 oder Ag_2O überführen läßt → *3-β-Acetoxy-20-oxoallopregnen-18-säure* (I). I läßt sich alternativ auch durch oxydative Spaltung des Ozonids **Ia** herstellen. — Man kann **Ib** alternativ auch mit $SOCl_2$ in Pyridin dehydratisieren → *18.20-Cyclo-3β-acetoxy-$\Delta^{18,20}$-allopregnen* (**IIa**), F. 95°; $[\alpha]_D^{20}$ 34°, neben einer Verb. **II**, F. 186°. — **IIa** läßt sich durch Rk. mit OsO_4 in Ae.–Pyridin sowie durch anschließende Behandlung mit $LiAlH_4$ in abs. Ae. überführen → *18.20-Cyclo-3β.18.20ξ-trihydroxyallopregnan* (**III**), F. 200—202°, neben einem Isomeren vom F. 181°; $[\alpha]_D^{20}$

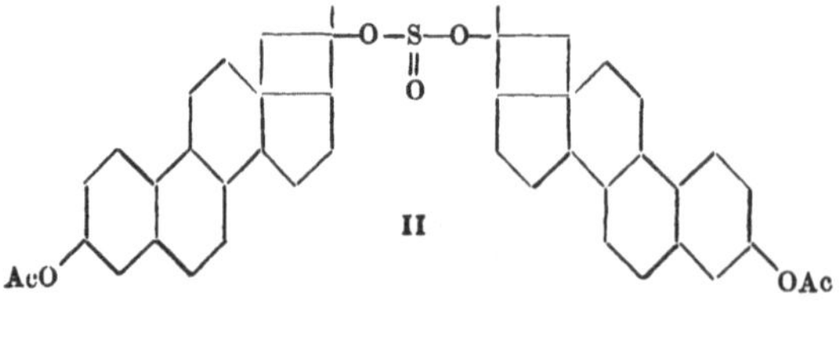

II

13°. — III + Pb-Tetraacetat in Eisessig–Chlf. → *3β-Hydroxy-20-oxoallopregnan-18-säure.* — Analog: 18.20-Cyclo-3-äthylendioxy-20ξ-hydroxy-11-oxo-Δ^5-pregnen + Fullererde in Xylol → *18.20-Cyclo-3-äthylendioxy-11-oxo-$\Delta^{5.18.20}$-pregnadien,* welches sich durch Red. mit $LiAlH_4$ in Tetrahydrofuran in die 11β-Hydroxy-Verb. überführen läßt; daraus durch Ozonisierung u. reduktive Spaltung des Ozonids → *21-Desoxyaldosteron.* — *3-Äthylendioxy-18.20-cyclo-$\Delta^{5.18.20}$-pregnadien,* F. 170—171°; $[\alpha]_D$ 35°, neben einer Verb. **IV**, F. 191—191,5° (Dehydratisierung mit $SOCl_2$ in Pyridin). — Es wird weiterhin die Herst. von *3.18.20-Trioxo-21-acetoxy-Δ^4-pregnen* sowie die von *Aldosteron-21-acetat,* jedoch ohne Angabe physikal. Daten, beschrieben. — *Heilmittel* sowie Zwischenprodd. zu deren Herstellung. (**D. A. S. 1 117 574** Kl. 12o vom 10/6. 1959, ausg. 23/11. 1961. Schwz. Prior. 18/6. 1958 u. 12/1. 1959.) U. Sievers. 4809

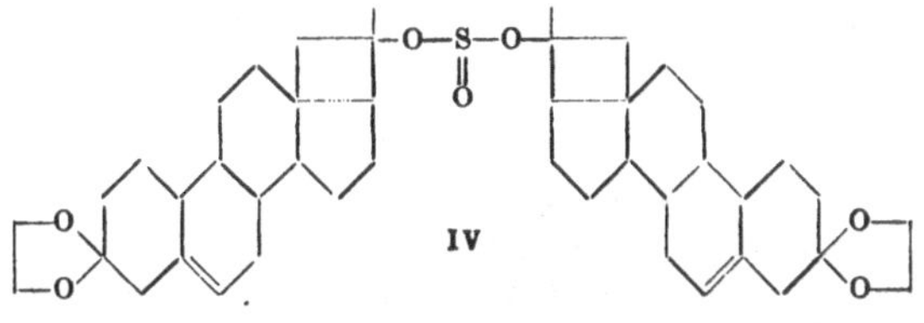

IV

Syntex Soc. An. (Erfinder: Howard J. Ringold), Mexico, Mexico, **6-Fluor-Δ^4-3-ketosteroide** erhält man durch Rk. eines Sauerstoff-Enolderiv. eines entsprechenden Δ^4-3-Ketosteroids, das im Ring B unsubstituiert ist mit $FClO_3$ in einem inerten Lsgm. u. anschließende Überführung in das freie Δ^4-3-Keton. — Man setzt z. B. den 3-Äthylenoläther des 17α-Äthinyl-19-nortestosterons in Bzl. mit $FClO_3$ bei 18—22° 15 Min. um → *6β-Fluor-17α-äthinyl-19-nortestosterons,* welches sich in Eisessig mit HCl (Gas) epimerisieren läßt → *6α-Fluor-17α-äthinyl-19-nortestosteron.* — Analog: *6β-Fluortestosteron,* F. 169—171°; $[\alpha]_D$ 0°. — *6α-Fluortestosteron,* F. 164—166°; $[\alpha]_D$ 111°. — *6α-Fluorcortison-21-acetat,* F. 215—216°; $[\alpha]_D$ 190°. — *6α.9α-Difluor-16α-hydroxyhydrocortison-16.21-diacetat,* F. 182—185°; $[\alpha]_D$ 77°; *freier Alkohol* (I), F. 247—251°; $[\alpha]_D$ 58°. — *6β-Fluorcortisondiacetat,* F. 214—216°; $[\alpha]_D$ 62°. — *6α-Fluorcortisondiacetat,* F. 270 bis 272°; $[\alpha]_D$ 108°. — I-*21-Acetat-16.17-acetonid,* F. 269—271°; $[\alpha]_D$ 101°. — *6β-Fluorprogesteron,* F. 159—161°; $[\alpha]_D$ 104°. — *6β-Fluor-17α-acetoxyprogesteron,* F. 207—208°; $[\alpha]_D$ —18°. — *6α-Fluor-17α-acetoxyprogesteron,* F. 250—251°; $[\alpha]_D$ 55°. — *6α-Fluorhydrocortison,* F. 186—190°. — *6β-Fluorcortexonacetat,* F. 152—154°; $[\alpha]_D$ 87°. — *6β-Fluor-Δ^4-pregnen-17α.21-diol-3.20-dion,* F. 222—224°; $[\alpha]_D$ 25°. — *6α-Fluor-Δ^4-androsten-3.17-dion,* F. 229—231°; $[\alpha]_D$ 185°. — *6α-Fluor-16α-hydroxy-Δ^4-pregnen-17α.21-diol-3.20-dion-21-acetat,* F. 206—208°; $[\alpha]_D$ 86°. — *6β.9α-Difluor-16α-methylhydrocortison,* F. 224—226°. — *6α.9α-Difluor-16α-methylhydrocortison,* F. 255—260°; $[\alpha]_D$ 113°. — *Heilmittel* sowie Zwischenprodd. zu deren Herstellung. (**D. A. S. 1 125 422** Kl. 12o vom 18/11. 1959, ausg. 15/3. 1962. Mexican. Prior. 28/11. 1958 u. 11/9. 1959.) U. Sievers. 4809

Ciba Akt.-Ges. (Erfinder: Albert Wettstein und Ludwig Ehmann), Basel, Schweiz, **21-Δ^4-cis-Tetrahydrophthalsäurehalbester von im Ring A ungesättigten 3.20-Dioxo-21-hydroxypregnanverbindungen** erhält man durch Veresterung der freien Alkohole in üblicher Weise mit Δ^4-Tetrahydrophthalsäure oder ihren reaktionsfähigen Derivaten. — Man setzt z. B. 1-Dehydrocortison (I) mit Tetrahydrophthalsäureanhydrid in Ggw. von Pyridin um → I-*21-Hemitetrahydrophthalat,* F. 189—191°; $[\alpha]_D$ 146,3°. — Analog wurden die *21-Tetrahydrophthalate* der folgenden Steroide hergestellt: *1-Dehydrohydrocortison,* F. 233—234°; $[\alpha]_D^{20}$ 84°, das auch in einer amorphen Form, F. 145—150°; $[\alpha]_D^{20}$ 86,9°, existiert; *1-Dehydro-9α-fluorcortison,* F. 195—200°; *1-Dehydro-9α-fluor-16α-hydroxyhydrocortison,* F. 145—150°; *1-Dehydro-6α-methylhydrocortison,* F. 180—185°; *1-Dehydro-6α-chlorhydrocortison,* F. 215—225°; *Desoxycortison,* F. 163 bis 164°; *Hydrocortison,* F. 148—150°; *9α-Fluorhydrocortison*; *Aldosteron*; *1-Dehydro-9α-fluor-16α-methylhydrocortison,* F. 155—227°; *1-Dehydro-6α-chlor-16α-methylhydrocortison*; *Dehydro-9α-fluor-16α-methylcortison*; *1-Dehydro-9α-fluor-16β-methylhydrocortison*; *1-Dehydro-6α.9α-difluor-16α-methylhydrocortison*; *1-Dehydro-9α-fluor-6α-chlor-16α-methylhydrocortison*; *6α-Chlor-16α-methylcortison*; *Prednisolon.* — *Heilmittel.* (**D. A. S. 1 122 951** Kl. 12o vom 19/3. 1959, ausg. 1/2. 1962. Schwz. Prior. 28/3. u. 11/7. 1958.) U. Sievers. 4809

Upjohn Co. (Erfinder: Philip Franklin Beal und Melvin Alfred Rebenstorf), Kalamazoo, Mich., V.St.A., **6-Hydroxymethylverbindungen der Steroid- und Sterinreihe** erhält man durch Rk. einer entsprechenden eine nicht-konjugierte 5,6-ständige Doppelbindung enthaltenden Verb. mit CO u. H_2 bei erhöhtem Druck u. erhöhter Temp. in Ggw. eines Katalysators für Oxosynthese. — Man setzt z. B. Δ^5-Pregnenolonacetat in Toluol u. in Ggw. von Dikobaltoktacarbonyl mit CO u. H_2 im Autoklaven bei 180°/

19,5 kg/cm² um → *6-Hydroxymethylpregnanolonacetat*, F. 149—151°. — Analog: *6-Hydroxymethyl-3-acetoxypregnan-20-on*, F. 144—148°. — *6-Hydroxymethylpregnan-3.11.20-trion-3.20-bis-äthylenketal*, F. 221—226°. — *6-Hydroxymethyl-5α-androstan-3β.17β-dioldiacetat*, F. 192,5—194°; $[\alpha]_D$ 3°. — *6-Hydroxymethylsitostanol*, F. 208—210°. — Zwischenprodd. zur Herst. von Heilmitteln. (**D. A. S. 1 124 942** Kl. 12o vom 23/7. 1959, ausg. 8/3. 1962. A. Prior. 25/7. 1958.) U. Sievers. 4809

Schering Akt.-Ges. (Erfinder: Otto Engelfried und Martin Schenck), Berlin, **2-Monoalkylsubstituierte 3-Ketosteroide** erhält man durch Rk. eines entsprechenden 3-Ketosteorids, das beliebige gegen die Einw. von Alkylhalogeniden inerte Substituenten enthalten kann, mit Alkylhalogeniden in Ggw. von Na u. fl. NH_3 u. ggf. Einführung weiterer gewünschter gegen das Alkylierungsmittel nicht inerter Substituenten. — Man setzt z. B. Androstan-17β-ol-3-on in Tetrahydrofuran mit Na in fl. NH_3 u. CH_3J in Ggw. einer Spur Ferrisalz um → *2α-Methylandrostan-17β-ol-3-on*, F. 154—155°. — Analog: *2α.17α-Dimethylandrostan-17β-ol-3-on*, F. 133—134°. — *2α-Methyltestosteron*, F. 149—151°; $[\alpha]_D$ 112° (über den Tetrahydropyranyläther). — *2-Äthylandrostanolon*, F. 161—163°; *Benzoat*, F. 144—146°. — *2α-Methyl-Δ⁴-cholestenon*, F. 126 bis 127°; $[\alpha]_D$ 92°. — *Heilmittel* sowie Zwischenprodd. zu deren Herstellung. (**D. A. S. 1 117 112** Kl. 12o vom 26/8. 1959, ausg. 16/11. 1961.) U. Sievers. 4809

Upjohn Co. (Erfinder: John Claude Babcock, J. Allan Campbell und Raymond LeRoy Pederson), Kalamazoo, Mich., V.St.A., **2α-Methylverbindungen der Androstanreihe.** Man hydriert z. B. 2α-Methyltestosteron in tert. Butanol u. in Ggw. von Pd-Kohle mit H_2 → *2α-Methyl-17β-hydroxyandrostan-3-on* (**Ia**), F. 151—153°; $[\alpha]_D$ 29°. — Alternativ kann die Hydrierung auch mit Li in fl. NH_3 ausgeführt werden. Es wird die Herst. von *2α.17α-Dimethyl-17β-hydroxyandrostan-3-on*, F. 134—136°; $[\alpha]_D$ 1°, auf diesem Wege beschrieben. — Man kann auch 17β-Hydroxyandrostan-3-on (I) in Bzl. mit Pyrrolidin unter Entfernung des Rk.-Wassers überführen → **I**-*3-Pyrrolidylenamin*, F. 201—206°; $[\alpha]_D$ 34°, welches sich durch Rk. mit CH_3J in Methanol überführen läßt → **Ia**, das nach dieser Meth. gleichzeitig in einer 2. Kristallform, F. 174—176°, anfällt. — *Heilmittel.* (**D. A. S. 1 117 114** Kl. 12o vom 27/11. 1958, ausg. 16/11. 1961. A. Prior. 9/12. 1957.) U. Sievers. 4809

Ciba Akt.-Ges., Basel (Erfinder: Albert Wettstein, Ernst Vischer, Basel, und Charles Meystre, Arlesheim), Schweiz, **1-Dehydroaldosteron-21-trimethylacetat,** F. 199—201°, erhält man durch Rk. von 1-Dehydroaldosteron mit Trimethylacetylchlorid in Ggw. von Pyridin in Chlf. u. übliche Aufarbeitung. — *Heilmittel.* (**D. A. S. 1 106 762** Kl. 12o vom 1/2. 1956, ausg. 18/5. 1961. Schwz. Prior. 7/2. u. 25/2. 1955.) U. Sievers. 4809

Upjohn Co. (Erfinder: Raymond LeRoy Pederson, J. Allan Campbell, John Claude Babcock und John Alexander Hogg), Kalamazoo, Mich., V.St.A., **Herstellung von in 17-Stellung durch einen niedrigen aliphatischen Kohlenwasserstoffrest substituierten 6-Fluortestosteronen und -19-nortestosteronen sowie deren 17-Acylaten.** Inhaltlich ident. mit A. P. 2 838 500; C. 1960. 1947. Zu ergänzen ist: *3β.17β-Dihydroxy-17α-äthinyl-5α.6α-oxidoandrostan*, F. 235—237°; *6β-Fluor-3β.5α.17β-trihydroxy-17α-äthinylandrostan*, F. 244° (Zers.); *6β-Fluor-5α.17β-dihydroxy-17α-äthinylandrostan-3-on*, F. 258—259° (Zers.). — *6β-Fluor-17β-hydroxy-17α-äthinyl-Δ⁴-androsten-3-on*, F. 245—247° (Zers.); *6α-Fluor-17β-hydroxy-17α-äthinyl-Δ⁴-androsten-3-on*, F. 237 bis 239°; $[\alpha]_D$ 30°. (**D. A. S. 1 117 115** Kl. 12o vom 28/11. 1958, ausg. 16/11. 1961. **E. P. 874 214** vom 25/11. 1958, ausg. 2/8. 1961. Beide A. Prior. 29/11. 1957.) U. Sievers. 4809

National Research Development Corp., London, England (Erfinder: Cedric Herbert Hassall und Bernard Stuart Wheway Smith), **Hecogenin** erhält man aus nicht hydrolysierten Sisalpreßsäften durch Bebrütung des saponinhaltigen Sisalextraktes mit einer Kultur eines Organismus der Arten *Corynespora, Alternaria, Aspergillus* oder *Cladosporium* unter üblichen aeroben u. submersen Bedingungen. (**E. P. 820 455** vom 20/11. 1956, ausg. 23/9. 1959.) U. Sievers. 4809

Commonwealth Engineering Co. of Ohio, übert. von: Leo J. Novak und Everette E. Witt, Dayton, Ohio, V.St.A., **Erzeugung von klinischem Dextran** als *Blutplasmaersatz*, dad. gek., daß man in einem saccharosehaltigen Nährmedium Leukonostoc mesenteroides in Ggw. des Enzyms von Aspergillus wentii kultiviert, um ein Rohdextran zu erhalten, das durch das Aspergillus-Enzym hydrolyt. in situ zu einem Dextran mit einem Molgew. von 500000—1000000, bes. 75000, abgebaut u. mit Methanol ausgefällt wird. — Beispiele, Tabellen. (**A. P. 2 972 567** vom 11/7. 1957, ausg. 21/2. 1961.) G. Vogel. 4813

Ulrich Behrens und Manfred Ringpfeil, Leipzig, **Herstellung von niedermolekularen Dextranen** mit Molgew. < 60000, bes. von Startern für die gelenkte Synthese. Eine in bekannter Weise hergestellte dextranfreie Suspension von gewaschenen Zellen dextranbildender Bakterien, bes. der Art Leuconostoc mesenteroides, wird in ein Medium überimpft, welches neben den üblichen Nährstoffen, die für die Dextran-Synth. erforderlich sind, 20—80% Saccharose u. 0,1—10% eines niederen Zuckers, z. B. Glucose, Fructose, Maltose u. Oligosaccharide der Isomaltose- bzw. Maltosereihe, enthält. Dabei wird die Saccharose-Konz. im umgekehrten Verhältnis zur Konz. der niederen Zucker gehalten. Das gebildete niedermol. Dextran wird in bekannter Weise abgetrennt oder die Fermentations-Lsg. wird als starterhaltige Impflsg. für die Synth. klin. Dextrans benutzt. — 2 Beispiele. (**D. P. [DDR] 21 324** Kl. 30h vom 2/8. 1957, ausg. 23/5. 1961 [Wirtschaftspatent].) M. F. MÜLLER. 4813

Farbwerke Hoechst Akt.-Ges., vormals Meister Lucius & Brüning, Frankfurt/M. (Erfinder: Fritz Lindner, Hofheim/Taunus, und Josef Schmidt-Thomé, Frankfurt/M.), **Herstellung von Blutplasmaersatzmitteln.** Kollagenabbau-Prodd., bes. reine Knochengelatine, aus der unerwünschte anorgan. Bestandteile, bes. Ca-Salze, durch Dialyse, Elektrodialyse oder durch Behandeln mit einem Ionenaustauscher entfernt wurden, werden in wss. Lsg. bei 60—150° (saure, alkal. oder fermentative Hydrolyse) bis zu einem Molgew. von 2000—20000, bes. 5000—10000 abgebaut. Das abgebaute Kollagen wird dann mit einem Diisocyanat der allg. Formel OCN—$(CH_2)_x$—NCO (x = 2—20) oder einem aromat. oder hydroaromat. Diisocyanat bei 0—100, bes. bei 30°, bei neutralem bis schwach alkal. pH, ggf. in Ggw. inerter, organ. Lsgm. (Tetrahydrofuran, Aceton) so umgesetzt, daß die angewendete Isocyanatmenge

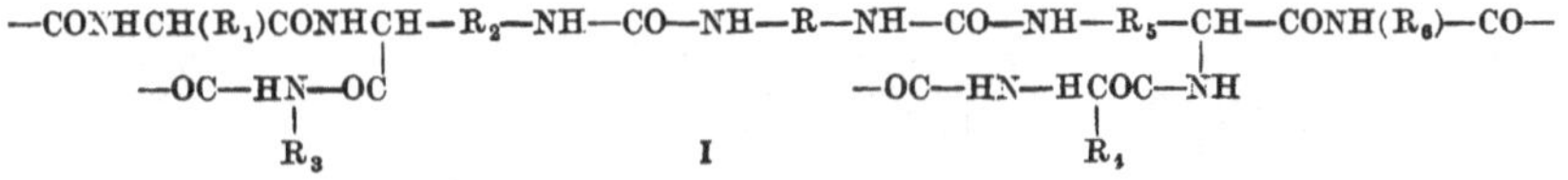

I

geringer ist, als die, welche sich aus der Anzahl der im abgebauten Kollagen vorhandenen Amino- u. Guanidinogruppen errechnet u. ca. 20—80, bes. 30—40% dieser Menge beträgt. Das entstandene, vernetzte Prod. wird auf pH ca. 7 eingestellt u. die Lsg. durch Zusatz von NaCl isoton. gemacht. Die Lsg. wird so eingestellt, daß sie 4—6, bes. 5% Protein enthält; diese Menge entspricht der Protein-Konz. im Blut. Die Lsg. kann bes. durch 10—20 Min. langes Erhitzen auf 120° sterilisiert oder durch Gefriertrocknung in ein Trockenpulver übergeführt werden. — Durch Vernetzung der Polypeptide entsteht vermutlich Verb. **I.** — 1 Liter einer 50%ig. wss. Knochengelatine (aus 60 g Gelatine mit 15,12% W. u. 1,68% Asche) wird auf pH 6,9 eingestellt u. im Druckgefäß $5^1/_2$ Std. auf 120° erhitzt. Nach dem Abkühlen wird die Lsg. filtriert, mit 9 g reinem NaCl versetzt u. auf pH ca. 7 eingestellt; dann werden 1,66 ml Hexamethylendiisocyanat in 25 ml Tetrahydrofuran bei 30° zugesetzt, wobei das pH durch Zugabe von verd., wss. NaOH auf 7 gehalten wird. Nach 3 Std. wird das Tetrahydrofuran unter Zugabe einiger Tropfen Octanol als Schaumverhinderer bei 5—10 mm Hg auf $^1/_2$ Vol. eingeengt. Die Lsg. wird auf 1 Liter aufgefüllt u. kann anschließend sterilisiert werden. Das durch Gefriertrocknen erhaltene Pulver ist im dest. W. löslich. Die Rk. kann auch mit Oktamethylen-, Dekamethylen-, Naphthalin-1.5- u. Cyclohexan-1.4-diisocyanat durchgeführt werden. (**D. A. S. 1 118 792** Kl. 12p vom 22/1. 1958, ausg. 7/12. 1961.) G. KRAUSS. 4813

Herbert Szama, Frankfurt/M., *Herstellung keimtötender Mittel.* (**Can. P. 558 167** vom 25/6. 1954, ausg. 3/6. 1958. D. Prior. 25/6. 1953. — C. **1958.** 9007 [E. P. 777 471].)

N. V. Organon (Erfinder: **W. L. C. Veer**), Oss, Holland, *Blutdrucksenkende Verbindungen.* (**Ung. P. 145 320** vom 26/8. 1957, ausg. 15/9 .1959. — C. **1959.** 3578 [Oe. P. 197 537].)

Parke, Davis & Co., Detroit (Erfinder: **Yvon Jean l'Italien**, Hazel Park, und **Mildred Catherine Rebstock**, Detroit), Mich., V.St.A., *Herstellung von 1-α-Methylaminopropiophenon.* (**D. A. S. 1 129 504** vom 12/5. 1955, ausg. 17/5. 1962. A. Prior. 15/6. 1954. — C. **1959.** 2227 [Oe. P. 191 876].)

Merck & Co., Inc., Rahway, N.J. (Erfinder: **Everett Maynard Schultz**, Ambler, Pa.), V.St.A., *4-Chlor-5-halogenbenzol-1.3-disulfonamide.* (**Schwz. P. 357 391** vom 26/4. 1957, ausg. 30/11. 1961. A. Prior. 2/5. 1956. — C. **1961.** 13649 [E. P. 830 821].)

Aktiebolaget Bofors, Bofors (Erfinder: **Bo Thuresson af Ekenstan**, Bofors, **Bror Hösta Pettersson** und **Fritz Henn**, Karlskoga), Schweden, *Sulfamidobenzoesäureester.* (**Schwz. P. 356 757** vom 29/12. 1956, ausg. 31/10. 1961. Schwed. Prior. 18/1. 1956. — C. **1960.** 3312 [Oe. P. 197 364].)

F. Hoffmann-La Roche & Co. Akt.-Ges., Basel, Schweiz (Erfinder: **Hugo Gutmann**, **Balthasar Hegedüs** und **Paul Zeller**), *Herstellung von substituierten Aminosäurehydraziden.* (**Ind. P. 64 087** vom 15/5. 1958, ausg. 18/5. 1960. **Aust. P. 232 117** vom 19/6. 1958, ausg. 16/2. 1961. Schwz. Prior. 4/7., 23/9. u. 25/10. 1957, 10/1. u. 12/2. 1958. — C. **1961.** 18788 [Oe. P. 205 474].)

F. Hoffmann-La Roche & Co. Akt.-Ges., Basel, Schweiz (Erfinder: **Hugo Gutmann, Balthasar Hegedüs** und **Paul Zeller**), *Herstellung von Aminosäurehydraziden.* (**Ind. P. 64 103** vom 16/5. 1958, ausg. 26/3. 1960. **Aust. P. 232 118** vom 19/6. 1958, ausg. 16/2. 1961. Schwz. Prior. 4/7., 25/10. 1957 u. 12/2. 1958. — C. **1962.** 948 [E. P. 843 372].)

Asta-Werke Akt.-Ges., Chemische Fabrik, Brackwede/Westf. (Erfinder: **Herbert Arnold**, Bielefeld, **Engelbert Kuhas**, Gadderbaum, und **Norbert Brock**, Uerentrup über Bielefeld), *Herstellung von basischen Äthern von Diphenyläthinylcarbinolen.* (**Schwz. P. 357 715** vom 7/2. 1957, ausg. 15/12. 1961. — C. **1959.** 13 259 [D. A. S. 1 028 561].)

Asta-Werke Akt.-Ges., Chemische Fabrik, Brackwede/Westf. (Erfinder: **Herbert Arnold**, Bielefeld, **Engelbert Kuhas**, Gadderbaum, und **Norbert Brock**, Uerentrup über Bielefeld), *Herstellung von quaternären Ammoniumsalzen basischer Äther von Diphenyläthinylcarbinolen.* (**Schwz. P. 357 716** vom 7/2. 1957, ausg. 15/12. 1961. — C. **1959.** 13259 [D. A. S. 1 028 561].)

Wellcome Foundation Ltd., übert. von: **Walter M. Duffin**, London, England, *Herstellung von Naphthalinderivaten.* (**Can. P. 558 103** vom 21/6. 1956, ausg. 27/5. 1958. E. Prior. 22/6. 1955 u. 19/4. 1956. — C. **1959.** 6892 [E. P. 790 202].)

Aktiebolaget Bofors, übert. von: **Bo Thuresson af Ekenstam**, Bofors, und **Börje P. H. Egner**, Karlskoga, Schweden, *Herstellung von N-Alkylpiperidin- und N-Alkylpyrrolidinmonocarbonsäureamiden.* (**Can. P. 559 179** vom 27/5. 1955, ausg. 24/6. 1958. Schwed. Prior. 29/5. 1954. — C. **1959.** 15134 [Oe. P. 195 427].)

Henri Morren, Brüssel, Belgien, *Piperidinderivate.* (**Ung. P. 145 142** vom 4/11. 1957, ausg. 15/8. 1959. Belg. Prior. 16/11. 1956. — C. **1962.** 222 [Jap. A. S. 9 869/1959].)

American Cyanamid Co., New York, übert. von: **Leon Goldman**, Nanuet, N. Y., und **Richard P. Williams**, Westwood, N.J., V.St.A., *1-Carbobenzoxypiperazinderivate.* (**Can. P. 558 873** vom 14/2. 1955, ausg. 17/6. 1958. A. Prior. 24/3. 1954. — C. **1956.** 12350 [A. P. 2 724 713].)

American Cyanamid Co., New York, übert. von: **Frederick L. Bach jun., Herbert J. Brabander**, Pearl River, und **Samuel Kushner**, Nanuet, N.Y., V.St.A., *Herstellung von 1.1'-Alkylendipiperazinen.* (**Can. P. 558 875** vom 24/5. 1955, ausg. 17/6. 1958. A. Prior. 23/7. 1954. — C. **1957.** 13130 [A. P. 2 777 849].)

Smith, Kline & French Laboratories (Erfinder: **James William Wilson**), *10-substituierte Phenothiazine.* (**Aust. P. 231 562** vom 11/6. 1958, ausg. 19/1. 1961. A. Prior. 18/6. 1957. — C. **1961.** 17302 [D. P. [DDR] 20 802].)

Sandoz Akt.-Ges., Basel (Erfinder: **Jany Renz, Jean Pierre Bourquin**, Basel, **Guido Gamboni**, Binningen, und **Gustav Schwarb**, Basel), Schweiz, *Phenthiazinderivate.* (**D. A. S. 1 128 856** Kl. 12p vom 29/3. 1957, ausg. 3/5. 1962. Schwz. Prior. 19/4., 25/5., 26/7., 22/11., 20/12. 1956, 29/1., 1/2. u. 22/2. 1957. — C. **1960.** 10681 [Oe. P. 198 273].)

Scherico Ltd., Luzern, Schweiz (Erfinder: **Margaret H. Sherlock**, Bloomfield, und **Nathan Sperber**, North Caldwell, N.J., V.St.A.), *Phenthiazinverbindungen.* (**Schwz. P. 356 775** vom 9/12. 1957, ausg. 31/10. 1961. A. Prior. 13/12. 1956. — C. **1960.** 14791 [E. P. 833 474].)

Merck & Co., Inc. (Erfinder: **Frederick Charles Novello**), *Benzothiadiazin-1.1-dioxide.* (**Aust. P. 231 567** vom 4/7. 1958, ausg. 19/1. 1961. A. Prior. 16/7. 1957. — C. **1961.** 16575 [Schwz. P. 349 992].)

Merck & Co., Inc., Rahway, N.J., V.St.A. (Erfinder: **Karl Pfister III**), *Benzothiadiazin-1.1-dioxide.* (**Ind. P. 64 473** vom 26/6. 1958, ausg. 13/10. 1960. Can. Prior. 25/7. 1957. **Aust. P. 230 962** vom 28/5. 1958, ausg. 24/11. 1960. A. Prior. 17/6. 1957. — C. **1961.** 18421 [Belg. P. 568 238].)

Farbwerke Hoechst Akt.-Ges., vormals Meister Lucius & Brüning, Frankfurt/M., *Salze von Bis-[4-amidinophenyl]-triazen-(N-1:3).* (**E. P. 823 234** vom 19/3. 1956, ausg. 11/11. 1959. D. Prior. 19/3. 1955. — C. **1958.** 6916 [D. B. P. 960 457].)

Miroslav Semonski und **Viktor Zikanu**, Prag, Tschechoslowakei, *Cycloalkylamide der Lysergsäure.* (**Ung. P. 145 381** vom 7/8. 1957, ausg. 15/10. 1959. — C. **1962.** 3555 [Holl. P. 96 699].)

C. H. Boehringer Sohn, Ingelheim/Rh., *N-Alkylnortropinbenzhydryläther und deren Ringhomologen.* (**E. P. 824 875** vom 11/3. 1957, ausg. 9/12. 1959. D. Prior. 9/3. u. 22/6. 1956. — C. **1960.** 9986 [Oe. P. 198 770].)

UCLAF, Paris, übert. von: **Leon Velluz**, Paris, und **Georges Muller**, Nogent-sur-Marne, Seine, Frankreich, *Herstellung von Colchicinderivaten.* (**Can. P. 558 374** vom 7/6. 1956, ausg. 3/6. 1958. F. Prior. 10/6. 1955. — C. **1959.** 11 350 [D. A. S. 1 031 311].)

Distillers Co. Ltd. (Erfinder: **John Douglas Speedie** und **Geoffrey William Hull**), *Biosynthese von Cobalamin.* (**Aust. P. 231 561** vom 3/6. 1958, ausg. 19/1. 1961. E. Prior. 27/6. u. 2/8. 1957. — C. **1961.** 3088 [E. P. 829 232].)

Miroslav Protiva und **Jiří Jilek**, Prag, Teschchoslowakei, *Herstellung von 1.2.3.4.9.10.11.12-Oktahydrophenanthren-2-carbonsäure.* (**Ung. P. 145 375** vom 9/8. 1957, ausg. 15/11. 1959. Tschech. Prior. 9/8. 1956. — C. **1962.** 226 [D. P. [DDR] 18 263].)

Hoffmann-La Roche, Inc., Nutley, N.J., V.St.A., übert. von: **Hans Herloff Inhoffen**, Braunschweig, *Herstellung von Polyenverbindungen.* (**A. P. 2 840 586** vom 18/12. 1953, ausg. 24/6. 1958. Schwz. Prior. 23/12. 1952. — C. **1957.** 6836 [D. B. P. 935 364].)

N. V. Philips' Gloeilampenfabrieken, Eindhoven, Holland, *Ungesättigte primäre oder sekundäre Alkohole durch Reduktion der entsprechenden ungesättigten Aldehyde und Ketone.* (**E. P. 801 417** vom 11/9. 1956, ausg. 10/9. 1958. Holl. Prior. 14/9. 1955. — C. **1959.** 12942 [F. P. 1 156 719].)

N. V. Philips' Gloeilampenfabrieken, Eindhoven, Holland, *Ungesättigte Alkohole durch Reduktion der entsprechenden ungesättigten, aliphatischen oder aliphatisch-alicyclischen Säurechloride, -bromide und -ester.* (**E. P. 801 416** vom 11/9. 1956, ausg. 10/9. 1958. Holl. Prior. 14/9. 1955. — C. **1959.** 12942 [F. P. 1 156 718].)

Olin Mathieson Chemical Corp. (Erfinder: **Josef Fried** und **Patrick Andrew Diassi**), *12α-Halogensteroide.* (**Aust. P. 232 299** vom 11/6. 1958, ausg. 23/2. 1961. A. Prior. 21/6. 1957. — C. **1962.** 3906 [A. P. 2 973 377].)

Farbwerke Hoechst Akt.-Ges., vormals Meister Lucius & Brüning, Frankfurt/M.-Höchst, übert. von: **Heinrich Ruschig**, Bad Soden/Taunus, **Werner Fritsch, Josef Schmidt-Thomé** und **Werner Haede**, Frankfurt/M., *Ungesättigte 17-Hydroxypregnane.* (**Can. P. 558 959** vom 27/11. 1953, ausg. 17/6. 1958. D. Prior. 28/11. 1952. — C. **1957.** 8595 [D. B. P. 948 057].)

Schering Akt.-Ges., übert. von: **Karl Junkmann**, Berlin, und **Otto Engelfried**, Berlin-Reinickendorf, *Herstellung von 3-Methyl-17α-alkylandrostan-3.17-diolen.* (**Can. P. 558 061** vom 6/8. 1953, ausg. 27/5. 1958. D. Prior. 8/8. 1952. — C. **1957.** 1002 [D. B. P. 941 668].)

American Cyanamid Co., New York, N.Y. (Erfinder: **Robert Eugene Schaub**, Paramus, und **Martin Joseph Weiss**, Oradell, N.J.), V.St.A., *Herstellung von 7-Alkylmercapto- und 7-Alkenylmercapto-Δ^4-androsten-3-onen.* (**D. A. S. 1 128 424** Kl. 12o vom 6/4. 1960, ausg. 26/4. 1962. A. Prior. 6/4. 1959. — C. **1961.** 3089 [A. P. 2 908 694].)

N. V. Organon, Oss (Erfinder: **Jan Daniel Herman Homan**, Oss, und **Jacobus Petrus Josephus Neutelings**, Roosendaal), Holland, *Herstellung neuer Präparate des adrenocorticotropen Hormons.* (**Schwz. P. 332 325** vom 30/12. 1953, ausg. 15/10. 1958.; Holl. Prior. 17/1. u. 2/11. 1953. — C. **1957.** 11386 [E. P. 757 934].)

Josef Hoffman, Prokop Málek, Miloš Herold, Jiřina Capkova, Miroslav Heřmansky, Miroslav Vondrácek und **Jiří Kolc**, Prag, Tschechoslowakei, *Antibiotica.* (**Ung. P. 145 339** vom 12/9. 1957, ausg. 15/9. 1959. — C. **1961.** 9134 [Belg. P. 560 809].)

American Cyanamid Co., New York, N.Y., V.St.A., *Herstellung eines basischen Antibioticums.* (**Holl. P. 100 166** vom 27/4. 1956, ausg. 15/1. 1962. A. Prior. 27/4. 1955. — C. **1958.** 13 059 [D. A. S. 1 026 482].)

Lääke Oy (Erfinder: **Oskar Erik Virtanen**), Turku, Finnland, *Derivate der Usninsäure oder deren Homologen.* (**Schwz. P. 353 374** vom 4/8. 1956, ausg. 31/5. 1961. — C. **1960.** 4291 [D. A. S. 1 054 092].)

Beecham Research Laboratories Ltd. (Erfinder: **William Huber Hunter**), *2.3-Dimercaptopropanol-O-ester.* (**Aust. P. 232 290** vom 17/9. 1957, ausg. 23/2. 1961. — C. **1959.** 12945 [D. A. S. 1 041 493].)

Soc. des Usines Chimiques Rhône-Poulenc, Paris, Frankreich, *Spiramycin.* (**Ung. P. 145 315** vom 22/5. 1957, ausg. 30/5. 1959. F. Prior. 30/5. 1956. — C. **1959.** 5240 [D. A. S. 1 032 891].)

Biorex Laboratories Ltd. (Erfinder: **Siegfried Gottfried** und **Lily Baxendale**), *Zahnpflegemittel.* (**Aust. P. 231 572** vom 8/8. 1958, ausg. 19/1. 1961. E. Prior. 20/8. 1957. — C. **1962.** 3559 [E. P. 848 066].)

Farbenfabriken Bayer Akt.-Ges. (Erfinder: **Alfred Distelmaier** und **Werner Scholtan**), *Röntgenkontrastmittel.* (**Aust. P. 231 574** vom 11/8. 1958, ausg. 19/1. 1961. D. Prior. 11/9. 1957. — C. **1961.** 14 762 [Oe. P. 206 109].)

F. Hoffmann-La Roche & Co. Akt.-Ges., Basel, Schweiz (Erfinder: **Robert Duschinsky**, Essex Fells, N. J., und **Charles Heidelberger**, Madison, Wis., V.St.A.), *N-Desoxyribosid von 5-Fluoruracil.* (**D. A. S. 1 072 249** Kl. 12p vom 8/3. 1958, ausg. 31/12. 1959. A. Prior. 21/3. 1957. — C. **1961.** 15 128 [Oe. P. 205 674].)

B. F. Goodrich Co., New York, N.Y., V.St.A., *Quaternäre Ammoniumxanthate.* (**E. P. 823 395** vom 28/3. 1956, ausg. 11/11. 1959. A. Prior. 1/4. 1955. — C. **1961.** 11 818 [F. P. 1 179 230].)

G. Analyse. Laboratorium

Ein im Laboratorium verwendbarer Homogenisator mit geringer Kapazität. L. W. Phipps. (Lab. Pract. **9.** 313—16. Mai 1960. Reading, Shinfield, Nat. Inst. for in Dairying.) (Engl.)

Vf. beschreibt im einzelnen einen Homogenisator, mit dem die Herst. wss. Dispersionen von Fettpartikeln mit ungefähr gleicher Größe u. einem Durchmesser von 0,5 μ oder weniger u. einem Gesamt-Vol. der Emulsion von ca. 5 ml möglich ist. U. Skurnia. 5012□

Kontinuierliche Analyse. C. D. Lewis. (J. chem. Educat. **35.** 87—94. Febr. 1958. Wilmington, Del., Du Pont de Nemours & Co., Inc., Polychem. Dep.) (Engl.)

Überblick über Meth. der kontinuierlichen Analyse, bes. zur Betriebsüberwachung, u. ihre Vorteile mit Anwendungsbeispielen aus: Coulometrie, Spektroskopie (mit nichtdispersiven IR-Analysatoren u. IR-Spektrometern, Spektrophotometern für UV- u. sichtbaren Spektralbereich), Differential-Refraktometrie, Massenspektroskopie u. Gaschromatographie. — 26 Literaturangaben. W. Wirtz. 5052□

Eine einfache Apparatur für genaue Zeitmessung bei der coulometrischen Analyse. F. Vorstenburg und A. W. Löffler. (J. electroanalyt. Chem. [Amsterdam] **1.** 422—23. Aug. 1960. Delft, TH, Labor. for Anal. Chem.) (Engl.)

Beschreibung u. Schaltbild einer coulometr. Analysen-App. mit elektron. Zähler, Zener-Diode, Ge-Diode u. transistoriertem Kristalloscillator (10 kHz; Frequenzinstabilität 0,001%). Die beim Ausschalten des konst. Elektrolysestroms (± 0,01%) induzierten positiven Impulse des Oscillators werden ausgezählt, wodurch eine genaue Zeit-Best. (maximaler Zählfehler 1/f Sek. pro Meßintervall) gegeben ist (f = Frequenz). P. Frenzel. 5054□

Über die praktische Anwendung der Gaschromatographie. W. Simon. (Mitt. Gebiete Lebensmittelunters. Hyg. [Bern] **51.** 470—507. 1960. Zürich, ETH, Labor. für org. Chem.) (Dt.)

Vortrag über das Verf., seine Anwendung in der Analyse u. Beispiele dazu. Tabelle über sämtliche käuflichen Gaschromatographen. Ch. Weiske. 5062□

Theoretische Grundzüge einer kontinuierlichen gaschromatographischen Apparatur großer Kapazität. J. Calvin Giddings. (Analytic. Chem. **34.** 37—39. Jan. 1962. Salt Lake City, Utah, Univ. of Utah, Dep. of Chem.) (Engl.)

Für bestimmte Einsatzmöglichkeiten im analyt. u. präparativen Bereich sind kontinuierlich arbeitende Gaschromatographen erforderlich. Unter Berücksichtigung der neueren Fortschritte in der Theorie der Gaschromatographie werden die Vorzüge solcher App., z. B. bei der Produktionskontrolle, untersucht. Im Gegensatz zu den jetzt üblichen Trennsäulen großer Durchmesser besitzen die der vorgeschlagenen App. bei gleichen Dimensionen potentiell ein besseres Trennvermögen u. einen größeren Durchsatz. Die Faktoren, die die Wahl der optimalen Arbeitsbedingungen beeinflussen können, werden eingehend diskutiert. W. HEIN. 5062□

Mehrfachsäulen-Gaschromatograph unter Verwendung eines einzigen Detektors und Schreibers. Bernard M. Mitzner und Philip Gitoneas. (Analytic. Chem. **34.** 589—90. April 1962. Union Beach, N.J., Internat. Flavors & Fragrances, Inc.) (Engl.)

Beschreibung der Konstruktion von Ein- u. Ausgangsringhaltern für Trennsäulen verschiedener Ø sowie von Probengebern eines Mehrfachsäulen-Gaschromatographen, der mit nur einem Detektor u. Schreiber arbeitet. W. HEIN. 5062□

Einfacher Thermostat für die Gaschromatographie. Jaroslav Joklík und Radko Komers. (Chem. Listy **55.** 471—73. April 1961. Praha, Čs. akad. věd, Ustav teoret. základů chem. techn.) (Tschech.)

Der Thermostat wird aus der im Haushalt gebräuchlichen elektr. Backhaube, Marke „Konvex", hergestellt, die mit Luftzirkulation versehen ist; es können Trennsäulen (Cu-Spiralen, innerer Ø 6 mm) bis zu 3—4 m Länge untergebracht werden, die maximale Arbeits-Temp. beträgt 280°. Als Detektor wird eine Wärmeleitfähigkeitszelle verwendet. M. RYBA/Prag. 5062

Verwendung von Kohlenstoffdioxid als Trägergas bei der Gaschromatographie. Arthur Karmen, Irmgarde Mc Caffrey und Robert L. Bowman. (Nature [London] **193.** 575—76. 10/2. 1962. Bethesda, Md., Nat. Heart Inst., Labor. of Techn. Dev.) (Engl.)

In 2 gesonderten Vers.-Reihen wird die Einsatzfähigkeit eines nicht inerten Gases als Trägergas für gaschromatograph. Trennungen untersucht. Zur Analyse von O_2–N_2-Gemischen an mit Molekularsieb gefüllten Trennsäulen wurde He als inertes Trägergas durch CO_2 ersetzt. Zur Trennung von Steroiden, langkettiger Fettsäuren u. ihrer Methylester an Trennsäulen mit verschiedenen Trenn-Fll. auf verschiedenen Trägermaterialien wurde an Stelle von Ar als Trägergas CO_2 verwendet. In beiden Fällen ergaben sich mit CO_2 schnellere u. bessere Trennergebnisse, die bei Verw. eines H_2-Flammenionisationsdetektors ohne Empfindlichkeitsverlust u. ohne zusätzlichen Kostenaufwand erzielt wurden. W. HEIN. 5062□

Verhalten von Inertgasbanden in chromatographischen Trennsäulen. Stanley D. Norem. (Analytic. Chem. **34.** 40—42. Jan. 1962. Norwalk, Conn., Perkin-Elmer Corp.) (Engl.)

Durch Unterss. des Verh. von Luftbanden in verschieden gefüllten u. Capillar-Trennsäulen lassen sich Rückschlüsse auf die Art der Abweichung dieser Trennsäulen vom Idealzustand ziehen, die dann bei der Entwicklung verbesserter Trägermaterialien Hinweise auf die zu realisierenden Eigg. geben. Die bei solchen Messungen auftretenden experimentellen Schwierigkeiten u. die sehr scharfen Bedingungen, die an die Genauigkeit der Hilfs-App. gestellt werden müssen, sind angegeben. Durch Vgl. der Vers.-Ergebnisse an 2 Trennsäulen, von denen eine Diatomeenerde u. die andere Glasperlen von etwa gleicher Größe als Trägermaterial enthielt, ergibt sich die Brauchbarkeit solcher Untersuchungen. W. HEIN. 5062□

1.2.3-Tris-[2-cyanoäthoxy]-propan, eine stationäre Flüssigkeit für gaschromatographische Trennsäulen; eine wissenschaftliche Mitteilung von H. M. McNair und Thomas De Vries, Analyt. Chem. 33, 806 (1961). Anonym. (Analytic. Chem. **33.** 1449. Sept. 1961.) (Engl.) — Vgl. C. **1961.** 18801.

Bemerkung zur Klärung der Prioritätsfrage bei der Verw. dieser Trennflüssigkeit. W. HEIN. 5062□

Der Einfluß des Silica-Mehles im „Dow Corning"-Hochvakuumfett auf gaschromatographische Retentionsvolumina. Edgar D. Smith. (Analytic. Chem. **33.** 1625—26. Okt. 1961. Little Rock, Ark., Univ. of Arkansas, Graduate Inst. of Technol.) (Engl.)

Die Verw. von DC-Hochvakuumfett als stationäre Phase bei gaschromatograph. Trennungen rief einige Schwierigkeiten (z. B. Kondens. niedermol. Silicone im Katharometer, Schwankungen in den Trennergebnissen) hervor. Ein Vgl. der korr. Retentions-Vol.-Werte verschiedener Verbb. (*n-Octan, n-Heptylaldehyd, Äthylacetoacetat, Äthylbenzoat, Benzylalkohol* u. *n-Heptylalkohol*) ermittelt an Trennsäulen mit Chromosorb W allein u. solchen mit Chromosorb W u. einem Silica-Mehl, das dem Fett als Füllstoff zugesetzt ist, zeigt die große Adsorptionskraft dieses Additivs. Bei Zusatz von 7,2% Siliconöl DC 200 zu diesen Trennsäulen werden zwar die Adsorptionseffekte herabgesetzt, sind aber in Ggw. des Füllstoffes doppelt so hoch als bei seiner Abwesenheit. Diese können die Trennung stark polarer Verbb. überhaupt verhindern, in jedem Fall wird aber durch die Anwesenheit des Silica-Mehles die Detektoranzeige herabgesetzt u. eine Schwanz-Bldg. der Bandenflächen hervorgerufen. In den Fällen, in denen nur Gas-Fl.-Effekte erwünscht sind, ist also an Stelle von DC-Hochvakuumfett der Einsatz von Siliconöl DC 200 ratsam. W. Hein. 5062□

Photoelektrisches Spektrometer mit Fabry-Pérot-Interferometer. N. I. Kalitejewski, G. M. Malyschew und M. P. Tschaika. (Оптика и Спектроскопия [Optik u. Spektroskopie] **6.** 820—22. Juni 1959.) (Russ.)

Es wird ein registrierendes Spektrometer hoher Auflösung durch Kreuzung eines Fabry-Pérot-Etalons (FPE.) mit einem Gittermonochromator (GM.) beschrieben. In der Spaltebene des GM. wird der zentrale Ring des FPE. durch eine runde Blende ausgeblendet, eine ebensolche Blende ist am Ausgang des GM. dem registrierenden Photovervielfacher vorgeschaltet. Eine derartige Anordnung ist wesentlich lichtstärker als ein einfaches hochauflösendes Gitterspektrometer. Zur Registrierung befindet sich der FPE. in einer Druckkammer, die auf Unterdruck gepumpt ist u. in die durch eine Capillare langsam Luft aus einer Druckflasche eingelassen wird. Dabei ändert sich kontinuierlich die Ordnung des zentralen Interferenzringes, dessen Intensität registriert wird. Zur Vermeidung von Überlagerungen der Interferenzordnungen ist dem Syst. ein kleiner Prismenmonochromator konst. Ablenkung vorgeschaltet. R. Gerbatsch. 5063□

Ein neues Ultrarotspektralphotometer für den Bereich zwischen 12,5—25 μ. N. L. Alpert, F. Behnke und P. A. Strauss. (Appl. Spectroscopy **13.** 130—32. **1959.** Norwalk, Conn., Perkin-Elmer Corp.) (Engl.)

Es werden bes. die durch die Ausrüstung mit einem KBr-Prisma notwendigen Änderungen des Infracord-Spektralphotometers Modell 137 von Perkin-Elmer kurz beschrieben u. einige Anwendungsmöglichkeiten umrissen. F. Huber. 5064□

Neue Anwendungen der Additions-Standard Technik in der Flammen-Spektralphotometrie. Shouzow Fukushima, Kizashi Takahashi, Satoshi Terasaka und Kiyoteru Otozai. (Mikrochim. Acta [Wien] **1957.** 183—95. Osaka, Dep. of Chem., Fac. of Sci., Osaka Univ.) (Engl.)

Angabe von 2 einfachen Rechen-Verf., die es gestatten, mit einer einzigen Additionsmischung recht genau die Konz. eines Elementes in einer Probe mit unbekannten Begleitstoffen zu bestimmen, wenn die Form der Intensitäts/Konz.-Kurve für das Element in der Lsg. ohne Begleitstoffe bekannt ist. H.-J. Eichhoff. 5063□

Eine andere neue Anwendung der Standard-Additions-Technik in der Flammen-Spektralphotometrie. Shouzow Fukushima, Kiyoshi Yukawa, Misako Shigemoto und Kiyoteru Otozai. (Mikrochim. Acta [Wien] **1958.** 553—70. Osaka, Univ., Dep. of Chem., Fac. of Sci.) (Engl.) — Vgl. vorst. Referat.

Verallgemeinerung des Verf. durch Berechnung von Hilfskurven u. Messung mehrerer Additionsmischungen zur Best. einer unbekannten Konz. in einer Lsg. mit beliebigen Begleitstoffen, wobei Resultate mit einer Genauigkeit von ca. $\pm 10\%$ zu erhalten sind. H.-J. Eichhoff. 5063□

Polarographische Analyse. 2. Mitt. **Technik und Methoden.** Vicente Almagro Huertas. (Quím. e ind. [Bilbao] **7.** 53—58. März/April 1960.) (Span.) — 1. vgl. C. **1961.** 13291.

Übersicht über die Technik der polarograph. Analyse, Vgl.-, Additions-, abs., innere Standard-Meth., bes. Arbeitsweisen (differentielle u. derivative Polarographie) unter bes. Berücksichtigung der Amperometrie u. Polarographie mit Wechselstrom. — 12 Literaturangaben. G. Platzer. 5066□

Untersuchung der auf die katalytischen polarographischen Ströme einen Einfluß ausübenden Faktoren. E. Pungor und Gy. Farsang. (Ann. Univ. Sci. Budapestinensis Rolando Eötvös nominatae, Sect. Chim. **2.** 293—98. 1960. Budapest, Eötvös-Univ., Inst. für anorg. u. analyt. Chem.) (Dt.)

Vff. untersuchen die Wrkg. der Puffer-Konz., der Elektrolytmenge u. der Katalysator-Konz. auf die Höhe der katalyt. polarograph. Stufen von Chinin, Vitamin B_1 u. Nicotinsäureamid. Bei Einstellung eines optimalen Katalysator-Pufferverhältnisses weist der katalyt. Strom ein Maximum auf. Das Maximum verschiebt sich infolge Abnahme der Katalysator-Konz. nach größeren Pufferverdünnungswerten hin. Die Höhe der katalyt. Stufe nimmt bei Anwesenheit starker Elektrolyte in der Lsg. ab. Die Funktion ist nicht linear. Bei steigender Katalysator-Konz. tritt bis zu einer bestimmten Sättigungs-Konz. eine Zunahme des katalyt. Stromes auf. Überschreitung einer gewissen

Konz.-Schwelle führt zur „Dekatalyse", u. es wird ein absteigender Kurventeil beobachtet. Die Vers.-Ergebnisse bestätigen die Annahme, daß Puffer u. Katalysator an den sich auf der Elektrode abspielenden Vorgängen in einem Adsorptions-Gleichgewicht teilnehmen. H.-P. Pietsch. 5066□

a) Elemente und anorganische Verbindungen

Schnelle colorimetrische Bestimmung von Tellur mit Diäthyldithiocarbamat im Medium Aceton-Wasser. Seiichiro Hikime, Hitoshi Yoshida und Masahiro Yamamoto. (Japan Analyst **10.** 112—15. 1961. Hokkaido Univ., Fac. of Sci.) (Jap.; Auszug: Engl.)

Vff. untersuchen die Bedingungen für die spektrophotometr. Best. des Te, die auf der Bldg. eines gefärbten, im Medium Aceton-W. lösl. Komplexes von Te mit Na-Diäthyldithiocarbamat beruht. Der Komplex hat bei ca. 424 mμ in einem aus W. u. Aceton (60 Vol.-%) bestehenden Medium ein Absorptionsmaximum u. zeigt im pH-Bereich 6,3—9,0 konst. Absorption. Obgleich der Komplex im Tageslicht instabil ist, kann das Te genau u. schnell bestimmt werden, wenn in einem gefärbten Glasgefäß unter Vermeidung von UV-Lichteinstrahlung nach der Farb-Entw. gemessen wird. Die Eichkurve zeigt bis 420 mμ für den Bereich von 1—20 ppm Te Linearität; molarer Absorptions-Koeff. ca. 3200, Empfindlichkeit 0,04 γ Te/cm^2. Fe (III), Cu(II) oder Bi stören; bei Zusatz von Äthylendiamintetraessigsäure jedoch tritt in Ggw. von 40 ppm Co, Hg(II), Ni oder W(VI), 200 ppm Al oder Ba u. großen Mengen von As(III), Ca, Cd, Mg, Mn(II), Mo(VI), Pb, Se(IV) oder Zn keine Störung auf. U. Skurnia. G 255□

Reduktimetrie von Arsen mit flüssigen Amalgamen und differentielle Titration von Arsen und Antimon. Chozo Yoshimura und Susumu Uno. (J. chem. Soc. Japan, pure Chem. Sect. [Nippon Kagaku Zasshi] **81.** 736—38. Mai 1960. Ôaka-Huze, Kinki-Daigaku, Ôyô-Kagaku-Kyôsitu.) (Jap.; Auszug: Engl. S. A 53)

Eine H_2SO_4-saure (2—4 n) Lsg. von Na_3AsO_4 wird 5—10 Min. lang mit gesätt. Zn-Amalgam geschüttelt, das entwickelte Gas in eine $AgNO_3$-Lsg. eingeleitet, das ausgefallene Ag nach dem Waschen in HNO_3 gelöst u. mit 0,2 n KJ titriert; As kann nach dem Verhältnis $2\ AsH_3 + 12\ AgNO_3 + 3\ H_2O \rightleftharpoons As_2O_3 + 12\ HNO_3 + 12\ Ag$ indirekt bestimmt werden. Die Parallel-Verss. mit dem Cd-Amalgam ergaben nur schlechte Ergebnisse. As(V) wird in Ggw. von Mo (VI) (schwefelsaure Lsg. von $(NH_4)_6[Mo(Mo_6O_{24})] \cdot 4\ H_2O$) durch Sn-Amalgam quant. zu As(III) red., u. das gebildete As(III) kann durch Oxydation mit $KMnO_4$ bestimmt werden. Da As(V) in Abwesenheit von Mo(VI) nicht red. wird, kann As(V) auch in Ggw. von Sb(V) differentiell bestimmt werden.
E. Maekawa. G 265

Die alkalimetrische Bestimmung von Kalium und Natrium nebeneinander. Beiträge zur Thermoreaktion von Alkaliverbindungen und Borsäure. E. Schulek und E. Körös. (Ann. Univ. Sci. Budapestinensis Rolando Eötvös nominatae, Sect. Chim. **2.** 561—66. 1960. Budapest Eötvös Univ., Inst. für anorg. u. analyt. Chem.) (Dt.)

Alkalisalze (Na- u. K-Salze) werden in Borate umgewandelt u. mit Perchlorsäure titriert. Nach Eindampfen u. Digerieren mit abs. A. wird das verbleibende $KClO_4$ entweder ausgewogen oder nach Umsetzen mit H_3BO_3 bei 800° in Borat übergeführt u. nochmals titriert. Nitrite u. Nitrate werden direkt mit H_3BO_3 im Verhältnis 1:8 umgesetzt. Chloride werden zweckmäßig erst in Nitrate, u. Phosphate u. Sulfate mit $BaCl_2$ in Chloride u. nach Abtrennen von überschüssigem Ba als $BaCO_3$ die Chloride in Nitrate umgewandelt. Das Verf. ist zur Wasseranalyse verwendbar. KNO_3 setzt sich mit H_3BO_3 bei 500°, KCl u. $KClO_4$ bei 800° u. K_2SO_4 bei 1000° um. Die Rk. mit LiCl ist bei 300°, die mit CsCl u. RbCl bei 400° u. die mit NaCl bei 800° quantitativ.
Ch. Weiske. G 275□

Quantitative radiochemische Analyse durch Ionenaustausch. Natrium und Cäsium. Leon Wish. (Analytic. Chem. **33.** 1002—03. Juli 1961. San Francisco, Calif., U.S. Naval Radiol. Defense Labor.) (Engl.)

^{22}Na u. ^{137}Cs, die gemeinsam mit Erdalkali- u. Seltenen Erdmetallen auf einer Dowex 50—X8-Säule adsorbiert sind, können vollständig u. selektiv durch Eluieren mit 0,25 m NaCl-Lsg. (für Na) u. 0,5 m NH_4Cl-Lsg. (für Cs) abgetrennt werden, ohne daß eine anschließende Abtrennung der anderen Komponenten mit NH_4-α-Hydroxyisobutyrat gestört wird. J. Kraetsch. G 277□

Methoden der Spurenanalyse in metallischem Uran. 1. Mitt. **Bestimmung von Magnesium in metallischem Uran.** Yoshio Morimoto, Sasumu Suzuki und Junji Azami. (Japan Analyst **10.** 886—90. Aug. 1961. Atomic Fuel Corp., Tokai Refinery, Inst. of Atomic Fuel.) (Jap.; Auszug: Engl.)

Metall. U wurde im Polyäthylenbecher mit HCl (1:1) unter Zusatz von H_2O_2 vollständig gelöst, eingeengt u. in HCl wieder aufgenommen. Durch Extraktion mit Tri-n-butylphosphat (I)–CCl_4-Lsg. wurde U u. Fe entfernt. Überschüssiges I wurde durch Waschen der wss. Phase mit CCl_4 entfernt. Die wss. Lsg. wurde dann zur Trockne eingedampft, mit HCl schwach angesäuert, mit Oxin-Lsg. erhitzt u. mit NH_4Cl u. Ammoniak auf pH 6—7 eingestellt. Der Oxinkomplex wurde durch Waschen mit $CHCl_3$ entfernt. Die wss. Lsg. wurde dann mit Phthaleinkomplexon u. KCN-Lsg. behandelt u. mit NH_4Cl u. Ammoniak auf pH 10 eingestellt. Die Lichtabsorption wurde bei 570 mμ gemessen, u. der Mg-Geh. nach der Eichkurve bestimmt. K. Ross. G 282□

Die komplexometrische Bestimmung von Calcium und Magnesium nebeneinander. E. Körös. (Ann. Univ. Sci. Budapestinensis Rolando Eötvös nominatae, Sect. Chim. **2.** 263—68. 1960. Budapest, Eötvös Univ., Inst. für anorg. u. analyt. Chem.) (Dt.)

Ca wird bei pH 12 in Ggw. von Murexid u. Mg nach Ansäuern mit HCl (zur Zerstörung von Murexid) u. Versetzen mit NH_3 in Ggw. von Eriochromschwarz T mit Komplexon III bestimmt. Hypohalogenit stört u. kann durch Red. mit KSCN entfernt werden. Ch. Weiske. G 283□

Über die polarographische Bestimmung von Phenylquecksilber (II)-acetat und Äthylquecksilber(II)-chlorid. Masato Kotakemori und Hisao Handa. (Annu. Rep. Takamine Lab. **8.** 231—42. Dez. 1956.) (Jap.; Auszug: Engl.)

Bei Verw .von $(CH_3)_4NBr$ als Leitelektrolyt läßt sich C_2H_5HgCl (I) neben $C_6H_5HgO \cdot COCH_3$ (II) polarograph. gut bestimmen, da **II** eine so niedrige Halbstufenhöhe hat, daß sie die von **I** nicht stört. Benutzt man KNO_3 als Leitelektrolyt, so ist die Höhe der zusammengesetzten Stufe gleich der Summe der Einzelhalbstufenhöhen, so daß bei Best. von **I** nach dem 1. Verf., sich bei Benutzung des 2. Verf. **II** durch Subtraktion bestimmen läßt. L. Schuler. G 290□

Beiträge zum Zerstäubungsverfahren bei Anwendung von durchbohrten Kohlenelektroden. 3. Mitt. Miklós Kulcsár. (Magyar Kémiai Folyóirat [Ung. Z. Chem.] **66.** 503—05. Dez. 1960. Veszprém, Nehézvegyipari Kutato Intézet.) (Ung.) — 2. vgl. C. **1961.** 2726; 4. vgl. C. **1962.** 1729.

Bei der spektralanalyt. Best. des Al nimmt der Einfl. von Fremdelementen mit zunehmender Anregungsenergie ab. Als Bezugselement wurde In gewählt. Mit einer energiereichen Funkenanregung kann Al neben einem 100fachen Fe- oder 25fachen Ca-Überschuß bestimmt werden. G. Halmi. G 294□

Spektralanalytische Untersuchungen von Hüttenaluminium mit dem Schraubenelektrodenverfahren. Tibor Török, Ottó Szakács und Zoltán László Szabó. (Magyar Kémiai Folyóirat [Ung. Z. Chem.] **66.** 487—90. Dez. 1960. Budapest, Eötvös Loránd Tud. Egyet. Szervetlen és Analit.-Kémiai Intézet.) (Ung.)

Es wurden Verss. mit stehenden u. mit verschiedener Geschw. schraubenförmig rotierenden Hütten-Al-Proben unter Verw. von in Luft, N_2, O_2 polarisierter Wechselstrombogenanregung durchgeführt. Durch das Schraubenelektroden-Verf. wird die Reproduzierbarkeit, nicht aber die Empfindlichkeit, bes. durch Verw. von N_2-Atmosphäre u. langsam gedrehten, anod. geschalteten Proben wesentlich erhöht. G. Halmi. G 294□

Komplexometrische Aluminiumbestimmung in Abdecksalzen. Karel Grüner, Miloslav Soukup und Blanka Drahotská. (Hutnické Listy **13.** 153—54. Febr. 1958.) (Tschech.)

Die komplexometr. Al-Best. in F-haltigen Abdecksalzen (Kryolith) wird beschrieben. 1 g des Salzes wird mit 10 ml H_2SO_4 1:1 in einer Pt-Schale abgeraucht, in einen Titrationskolben gespült, tropfenweise in 30%ig. NaOH aufgelöst, auf Methylorange mit H_2SO_4 1:1 neutralisiert u. nach Zusatz von 15—20 ml 0,1m Komplexon-Lsg. mit 5 ml Puffer-Lsg. (54 g NH_4Cl u. 300 g 25%ig. NH_4OH auf 1000 ml) versetzt. Nach Zusatz von Erichromschwarz T wird schnell mit 0,1m $MgSO_4$-Lsg. titriert. — Die Ergebnisse stimmen mit der gewichtsanalyt. Al-Best. sehr gut überein. J. Tůmová. G 294□

Spektrophotometrische Bestimmung von Thallium in Zink und Cadmium mit Rhodamin B. R. E. Van Aman und J. H. Kanzelmeyer. (Analytic. Chem. **33.** 1128—29. Juli 1961. Monaca, Pa., St. Joseph Lead Co., Zinc Smelting Div.) (Engl.)

Die Probe, die bis zu 25 μg Tl enthalten soll, versetzt man mit 1 ml konz. H_2SO_4 u. einigen ml 48%ig. HBr (4 ml/g Zn oder 2 ml/g Cd), fügt weitere 5 ml 48%ig. HBr hinzu u. löst unter schwachem Erwärmen. Nach Zugabe von 1 ml $Ce(SO_4)_2$-Lsg. [2 mg $Ce(SO_4)_2 \cdot 4\,H_2O$/ml] verd. man die Lsg. in einem Scheidetrichter auf ca. 30 ml, setzt 15,0 ml Isopropyläther zu u. schüttelt 30 Sek. lang Danach wird die wss. Phase abgetrennt u. die organ. Phase mit 20 ml einer 0,01%ig. Rhodamin B-Lsg. in 0,5 m HCl versetzt. Nach erneutem Schütteln (30 Sek.) wird die abgetrennte organ. Schicht in einer Zentrifuge von noch vorhandenen Wassertröpfchen befreit u. ihre Extinktion bei 550 nm gegen Isopropyläther gemessen. Der molare Extinktions-Koeff. beträgt bei Proben mit 0,5 g Cd 114000 Liter/Mol·cm. In Ggw. großer Zn-Mengen u. zur Ausschaltung von Störungen durch Sb muß die HBr-Konz. zwischen 1 u. 3 m liegen, um eine vollständige Tl(III)-Extraktion zu erreichen. Die Konzz. an $Ce(SO_4)_2$ u. Rhodamin B sind nicht bes. kritisch. Ggw. von 10 mg Cr(VI) ergab eine geringe Störung während 10 mg Cr(III) oder Fe(III), 100 mg Cu(II), Sn(IV), In(III) oder Pb(IV), 1 mg Sb(V), 500 μg Al(III), 100 μg Ge(IV) oder NO_3, 50 μg Mn(III) u. 10 μg As(III) nicht störten. Bei einem großen Überschuß an NO_3^- verblaßt die Farbe. Au(III), Hg(II) u. Ga(III) stören stark. Zur Abtrennung von diesen Ionen wird empfohlen, das Tl mit Hydrazin in saurer Lsg. zu Tl(I) zu reduzieren u. dann mit Dithizon in CCl_4 zu extrahieren. Die organ. Phase wird dann eingedampft, oxydiert u. im Rückstand Tl mit Rhodamin B bestimmt. GERHARD SCHULZE. G 297□

Anwendung der Thermogravimetrie in der analytischen Chemie. 3. Mitt. Thermogravimetrische Untersuchung von Lanthancarbonat. Ju. Ss. Skljarenko, I. Ss. Skljarenko und T. M. Tschubukowa. (Журнал Аналитической Химии [J. analyt. Chem.] **16.** 417—21. Juli/Aug. 1961. Moskau, Vernadsky Inst. für Geochem. u. analyt. Chem. der Akad. der Wiss. der UdSSR.) (Russ.; Auszug: Engl.) — 2. vgl. Журнал Аналитической Химии [J. analyt. Chem.] **15.** [1960.] 706.

Beim Zusammengeben von $LaCl_3$- u. K_2CO_3- bzw. $(NH_4)_2CO_3$-Lsgg. fällt ein normales wasserhaltiges Lanthancarbonat $La_2(CO_3)_3 \cdot n\ H_2O$ aus. Beim Glühen wird zunächst W. abgegeben. Zwischen 300° u. 400° ist $La_2(CO_3)_3$ beständig. Bei weiterem Erhitzen werden 2 CO_2 abgespalten. Im Temp.-Bereich 550°—675° ist die Verb. $La_2O_3 \cdot CO_2$ beständig. Oberhalb von 800° existiert nur noch das Oxid La_2O_3. Zur gravimetr. Best. von La wird die Verb. $La_2O_3 \cdot CO_2$ empfohlen. Die Fällung soll mit $(NH_4)_2CO_3$ durchgeführt werden u. die Glüh-Temp. soll 600° betragen. F. ASMUS. G 301□

Radiochemische Bestimmung des Gesamtgehaltes an Seltenerdmetallen durch Flüssig-Flüssig-Extraktion. J. J. McCown und R. P. Larsen. (Analytic. Chem. **33.** 1003—05. Juli 1961. Argonne, Ill., Argonne Nat. Labor., Chem. Engng. Div.) (Engl.) — Vgl. C. **1961.** 6613 u. 15499.

Vff. beschreiben eine radiochem. Meth. zur Best. der Gesamtaktivität der bei der Kernspaltung entstandenen Elemente der Seltenerdmetalle, die auf einer Extraktion der Seltenerdmetalle mit einem Gemisch aus HCl u. Bis-(2-äthylhexyl)-orthophosphorsäure (I) beruht. Der Variations-Koeff. betrug bei 10 Best. einer U-Leg. 2,4%; weniger als 1% der γ-Aktivität wurden durch andere Spalt-Prodd. verursacht. Die Dauer einer Analyse beträgt ca. 30 Minuten. Arbeitsvorschrift: Man vermischt 100 μl der Probe, die eine Gesamtaktivität von ca. 10^8 c.p.m./ml in 0,5 m HCl oder HNO_3 haben soll, mit 5 ml W., setzt das gleiche Vol. einer 1,5 m Lsg. von I in Toluol hinzu u. schüttelt 2 Min. lang. Dann wird die organ. Phase abgetrennt u. 30 Sek. lang mit 5 ml 0,01 n HCl ausgezogen. Man verwirft die abgetrennte wss. Phase, schüttelt die org. Phase 10 Min. lang mit 5 ml 8 m HCl, trennt die wss. Phase ab, schüttelt die org. Phase erneut 1 Min. lang mit 4 ml 8 m HCl u. verd. die beiden vereinigten wss. Phasen mit W. auf 10 ml. Zur Best. der γ- oder β-Aktivität werden 250 μl verwendet. J. KRAETSCH. G 303□

Amperometrische Titration von Titan mit EDTA; Gleichstrom- u. Wechselstrommethode. Hiroya Takao und Soichiro Musha. (Japan Analyst **10.** 160—65. 1961. Osaka, Univ., Coll. of Engng., Dep. of Appl. Chem.) (Jap.; Auszug: Engl.)

Vff. untersuchen das polarograph. Verh. des Ti-EDTA-Komplexes in verschiedenen Lsgg. zum Zwecke der quant. Best. des Ti. Da Ti quant. mit EDTA bei pH 2 reagiert u. der Komplex ein Halbstufenpotential von —0,22 V liefert, ist eine direkte Titration mit einer EDTA-Maß-Lsg. möglich. Im Konz.-Bereich des Ti von 10—70 ppm ist die amperometr. Gleichstrom-Meth., im Bereich von 50—130 ppm die Wechselstrom-Meth. anwendbar; der Fehler beträgt in beiden Fällen ±2,0%. U. SKURNIA. G 321□

Analyse reiner Metalle. Bestimmung der Vanadinverunreinigungen in Titan. M. B. Schusstowa und W. A. Nasarenko. (Заводская Лаборатория [Betriebs-Labor.] **26.** 1339—41. 1960. Inst. für allg. u. anorg. Chem. der Akad. der Wiss. der UkrainSSR. (Russ.)

0,10 g metall. Ti werden in 2 ml 40%ig. HF + 3 ml konz. H_2SO_4 gelöst u. bis zum Erscheinen von SO_3-Dämpfen abgedampft. Nach Verdünnung mit W., Zugabe von 10 ml 10%ig. NH_4-Tartrat (I)-Lsg. u. Neutralisation mit NaOH gegen Methylorange (II). Dann werden 2 ml 2%ig. Oxin-Lsg. in 1 n Essigsäure zugegeben; die Lsg. wird mit W. auf 100 ml aufgefüllt u. 2mal mit je 10 ml Isoamylalkohol (III) extrahiert. Die vereinigten III-Extrakte werden 3mal mit einem speziellen Gemisch (Zus. ist angegeben) u. 2mal mit je 2,5 ml HNO_3 (1:1) + 0,5 ml 30%ig. H_2O_2 extrahiert. Der zur Trockne eingedampfte Auszug wird bei ≦ 600° geglüht, mit 2 ml HF aufgenommen, zur Trockne eingedampft u. in 5 ml I gelöst. Nach Zugabe von 2 ml gesätt. $Na_4P_2O_7$-Lsg. wird die Lsg. gegen II mit verd. HCl neutralisiert, mit 10 ml 5%ig. Anilinsulfat-Lsg., 5 ml gesätt. $KClO_3$-Lsg. u. 2 ml Oxin-Lsg. versetzt u. mit W. auf 50 ml aufgefüllt. Nach 30 Min. langem Erwärmen auf dem sd. Wasserbad läßt man 1 Std. lang stehen. Beträgt die Temp. der Lsg. ca. 17°, so wird sie mit 7 ml Äthylacetat (**IV**) extrahiert. Die **IV**-Schicht wird mit **IV** auf 3 ml aufgefüllt u. mit 0,25 ml A. versetzt. Die Best. der opt. Dichte des Extraktes erfolgt spektrophotometr. bei 390 mμ bzw. photometr. bei 465 mμ. Die nachfolgende Best. des V erfolgt nach einer aufgenommenen Eichkurve.

S. Baryschnikow. G 330□

Spektrophotometrische Wismutbestimmung mit Xylenolorange. Hiroshi Onishi und Nasumi Ishiwatari. (Bull. chem. Soc. Japan **33.** 1581—84. Nov. 1960. Tokai, Ibarakiken, Jap. Atomic Energy Res. Inst.) (Engl.)

Zur spektrophotometr. B-Best. mit Xylenolorange wird die salpetersaure Lsg. in einem 25 ml Meßkolben so eingestellt, daß sie nach Auffüllen 0,08—0,12 n an HNO_3 ist. Nach Verdünnung auf 15 ml wird 1 ml 10%ig. Ascorbinsäure-Lsg. u. nach 5 Min. langem Stehen je 1 ml 0,1%ig. NaF-Lsg. u. 0,1%ig. Xylenolorange-Lsg. zugegeben. Nach Auffüllen wird die Absorption bei 530 mμ gegen eine Bi-freie Lsg. der Reagentien gemessen. Der Fehler überschreitet nicht 10%. Der molare Extinktions-Koeff. des Bi beträgt in 0,1 n HNO_3 $1,6 \cdot 10^4$ bei 530 mμ. An Stelle von HNO_3 können auch H_2SO_4 oder $HClO_4$ Verw. finden. Auf Störungen wurden K, Cu, Ag, Au, Mg, Ca, Zn, Cd, Hg(II), Al, In, Tl(I), Ti, Zr, Th, Fe, Sn, Sb, Pb, PO_4^{3-}, VO_3^-, Nb, Ta, As(III) u. (V), $Cr_2O_7^{2-}$ Molybdat, WO_4^{2-}, U(VI), Cl^-, Mn(II), Co u. Ni überprüft. Kleine Mengen Zr u. Th werden durch F^- maskiert, Fe(III) zu Fe(II) reduziert. Mo darf nicht mit mehr als 50 μg vorhanden sein. Nb wird durch Abrauchen mit $HClO_4$ gefällt, Sn u. Sb mit $HClO_4$, HCl u. HBr verflüchtigt u. Ag durch Ascorbinsäure gefällt. Das Verhältnis Bi : Xylenolorange beträgt im Komplex 1:1.

R. Ristow. G 334□

Zur Analyse von Zirkonium-Wolfram-, Hafnium-Wolfram-, Thorium-Wolfram-Legierungen sowie thoriertem und zirkonisiertem Wolfram mittels AEDTA-Titration. E. Lassner und R. Scharf. (Planseeber. Pulvermetallurgie **8.** 37—39. April 1960. Reutte, Tirol, Metallwerk Plansee A. G.) (Dt.)

Wegen des Fehlens selektiver Maskierungsreagentien für W gegenüber Zr, Hf u. Th ist eine komplexometr. Best. dieser Elemente in Ggw. größerer Mengen W nur nach ihrer vorangehenden Abtrennung durchführbar. — Die Probe wird in HNO_3/HF gelöst, die Lsg. zur Trockne eingedampft u. der Rückstand mit $K_2S_2O_7$ aufgeschlossen (bei Th-haltigen Proben) oder mit konz. H_2SO_4 abgeraucht. Aus der verd. Lsg. des Aufschlusses werden Zr, Hf bzw. Th mit 10%ig. KOH gefällt. Der Nd. wird in 20 ml HNO_3 (1:1) gelöst, die Lsg. entsprechend verd. u. ein Anteil mit überschüssiger 0,05 m AEDTA-Lsg. versetzt. Nach Einstellen auf pH 2—3 (mit NH_3) wird in Ggw. von Xylenolorange als Indicator gegen 0,05 m Th- oder Bi-Lsg. rücktitriert.

W. Betcke. G 337□

Radiochemische Überprüfung der extraktiven Abtrennung von Chrom und Mangan. G. Dinstl und F. Hecht. (Mikrochim. Acta [Wien] **1962.** 321—26. Wien. Univ., Analyt. Inst.) (Dt.)

Als Tracer für die radiochem. Unters. einiger Extraktionsvorgänge wurden ^{51}Cr u. ^{56}Mn verwendet. Cr wurde als CrO_4^{2-} aus schwefelsaurer Lsg. unter Zugabe von NaCl u. Diphenylcarbazid mit Isoamylalkohol extrahiert. Je nach Schütteldauer blieben 20 bis 50% der Aktivität in der wss. Phase, was auf der Red. des Cr(VI) zu Cr(III) beruht. Die Ergebnisse waren schlecht reproduzierbar. Bei der Extraktion mit Methylisobutylketon aus salzsaurer Lsg. konnten bei Zugabe von Träger mehr als 99% des Cr als CrO_4^{2-} extrahiert werden. Mn^{2+} bildet mit Na-Diäthyldithiocarbamat einen $CHCl_3$-lösl. Komplex, der zu Extraktionen benutzt wird. Bei genauer Einhaltung eines pH-Wertes von 5,2 werden 98% der Aktivität in einem Arbeitsgang extrahiert. Tetraphenylarsoniumchlorid bildet bei pH > 7 mit MnO_4^- einen $CHCl_3$-lösl. Komplex. Die Schütteldauer hat einen merklichen Einfl. auf die Vollständigkeit der Extraktion, wahrscheinlich tritt Red. ein. Bei einer Schütteldauer von < 5 Sek. werden 97% der Aktivität extrahiert.

R. Krämer. G 350□

Eine spektrophotometrische Bestimmung von Rhenium. B. T. Kenna. (Analytic. Chem. **33.** 1130—31. Juli 1961. Fayetteville, Ark., Univ. of Arkansas, Dep. of Chem.) (Engl.)

Behandelt man ReO_4^- mit Dimethylglyoxim u. einer salzsauren $SnCl_2$-Lsg., so entsteht eine Orangefärbung, die die Grundlage der vom Vf. entwickelten photometr. Re-Best. bildet. Die Farbe ist mindestens 2 Std. lang stabil, die Extinktion wird bei 520 nm gemessen. Ein pH-Wert von ca. 0,3 wird als optimal angesehen. Bei Geh. < 1 ppm

Re bildet sich ein weißer Nd., was durch Änderung der Reagens-Konzz. nicht verhindert werden kann. Das BEERsche Gesetz ist nicht erfüllt. Zur Erklärung der Nichtlinearität der Eichkurve wird die mögliche Konkurrenz-Rk. zwischen Chloro- u. Dimethylglyoxim-Komplexen des Re herangezogen. Cu stört selbst in Konzz. von 100 ppm nicht, während bereits 2 ppm Pt, Mo oder Ru stören. Die Störung durch Mo läßt sich durch schwaches Erhitzen beseitigen, die Re-Farbe ist gegen Wärme beständig.

GERHARD SCHULZE. G 352□

Spektrophotometrische Bestimmung von Eisen mit N.N-Bis-[carboxymethyl]-anthranilsäure. Donald L. Dinsel und Thomas R. Sweet. (Analytic. Chem. **33.** 1078—80. Juli 1961. Columbus, Ohio, Ohio State Univ., Dep. of Chem., McPherson Chem. Labor.) (Engl.)

N.N-Bis-[carboxymethyl]-anthranilsäure (I) bildet mit Fe^{3+} einen gelbgefärbten 1:1-Komplex, der bei 370 nm im pH-Bereich zwischen 1,4 u. 1,6 eine konst. Extinktion aufweist. Die Extinktionswerte bleiben ca. 1 Std. lang konst. u. nehmen dann etwas zu. Auf Grund dieser Komplex-Bldg. entwickeln Vff. folgende Meth. zur Best. von Fe: Man versetzt die Probe-Lsg. mit 10 ml einer 0,012 m wss. I-Lsg., stellt den pH-Wert mit HNO_3 auf 1,4—1,6 ein, füllt mit der Reagens-Lsg. auf 25 ml auf (ein 4facher I-Überschuß gegenüber Fe ist erforderlich) u. ermittelt die Extinktion gegen eine Blind-Lsg. bei 370 nm. Bei einer Fe-Konz. von 64,42 ppm stören Zn, Pb u. Cr im 10fachen Überschuß nicht. Cu stört bei einer Konz. ab 5 ppm, Co ab ca. 126 ppm, Ni ab ca. 60 ppm u. Cl^- ab 1400 ppm. K zeigt selbst bei Konzz. von 4000 ppm, Mg von 1280 ppm keinen Einfluß. Der Konz.-Bereich, in dem sich Fe bestimmen läßt, liegt zwischen 8 u. 96 ppm. 0,68 ppm Fe rufen eine Extinktionsänderung von 0,005 Einheiten hervor.

GERHARD SCHULZE. G 354□

Spektrophotometrische Bestimmung von Eisen(III). Giovanni Ceriotti und Luigi Spandrio. (Analytic. Chem. **33.** 579—80. April 1961. Arsizio, Italy, Centro Studio Tumori di Busto.) (Engl.)

Die rote Farbe, die bei der Oxydation von Dimethyl-p-phenylendiamin (I) durch Fe^{3+} entsteht, verwenden Vff. als Grundlage einer photometr. Best.-Meth. für Fe(III). Zu 1 ml der Probe-Lsg. vom pH 2 mit einem Fe-Geh. zwischen 1—20 μg gibt man 3 ml W. u. 1 ml einer 0,1%ig. Lsg. des Dihydrochlorids von I in W. oder in 95%ig. A., schüttelt durch u. ermittelt die Extinktion nach Entw. der Farbe innerhalb 10 Min. bei 515 nm. Der Extinktions-Koeff. beträgt 9500. Im angegebenen Konz.-Bereich ist die Eichkurve vollständig linear, die Standardabweichung beträgt $\pm 1\%$. Das Absorptionsspektrum der farbigen Verb. weist 2 Maxima gleicher Höhe bei 515 u. 552,5 nm auf. Die Meth. ist stark pH-abhängig; der optimale Bereich liegt zwischen pH 2 u. 3, er vergrößert sich, wenn A. als Lsgm. für I verwendet wird. Nach Zusatz der Reagens-Lsg. entwickelt sich die Farbe sofort, bleibt 6 Min. lang konst. u. verblaßt dann langsam (1% nach 10, ca. 7% nach 30 Min.). Cu(II), Ce(IV), Ag, Hg(II), Mn(II) u. Mn (VII) ergeben ebenfalls eine positive Rk.; Pyrophosphate verhindern die Rk. je nach Konz. vollständig oder teilweise, Orthophosphate stören nicht. Fe(II) liefert keine Färbung.

GERHARD SCHULZE. G 354□

Möglichkeiten einer Reaktion von Kobalt(II)-Ionen mit Cyanidionen und Polysulfid. F. Burriel-Martí und R. Gallego Andreu. (Mikrochim. Acta [Wien] **1962.** 376—77. Madrid, C.S.I.C., Abt. für analyt. Chem.) (Dt.)

Bei Zugabe von KCN zu einer Co^{2+}-Lsg. bis zur Auflösung des ausgefallenen Nd. u. Zufügen von $(NH_4)_2S_x$ erhält man eine Rotfärbung. Die Rk. wurde mit 0,01 m $CoSO_4$-, 1 m KCN- u. frisch hergestellter verd. $(NH_4)_2S_x$-Lsg. durchgeführt. Sie beruht auf der Anwesenheit des labilen S im Polysulfid. Die Grenz-Konz. beträgt $8{,}8 \cdot 10^{-5}$ g/ml, die Empfindlichkeit pD = 4,0. Die Empfindlichkeit wird durch einen Überschuß an CN^- u. durch Ggw. von Ni^{2+}, Fe^{3+}, Cu^{2+} u. Zn^{2+} herabgesetzt. Die Färbung kann ausbleiben, wenn die Lsg. nach Zugabe des KCN sehr lange an der Luft steht, wobei Oxydation des Co(II) zu Co(III) eintreten kann. Ebenso verblaßt die Farbe beim Stehen an der Luft. Es stören auch Oxydationsmittel sowie Ionen, wie Mo(VI), die stark gefärbte Thiosalze bilden. Ionen, die Sulfid-Ndd. bilden, verhindern die Rk. nicht. Die Färbung wird nach Zentrifugieren sichtbar.

R. KRÄMER. G 355□

Spektrophotometrische Bestimmung von Kobalt mit 1.2.3-Cyclohexantriontrioxim. W. Joe Frierson, Nancy Patterson, Harriet Harrill und Nina Marable. (Analytic. Chem. **33.** 1096—98. Juli 1961. Decatur, Ga., Agnes Scott Coll., Dep. of Chem.) (Engl.)

Vff. untersuchen die Verw. von 1.2.3-Cyclohexantriontrioxim (I) zur photometr. Best. von Co. Mit Hilfe der mole-ratio-Meth. u. der Meth. der kontinuierlichen Variation wurde festgestellt, daß Co mit I einen gelben 1:3-Komplex bildet. Dieser Komplex besitzt im sichtbaren Gebiet kein Absorptionsmaximum, die Extinktion steigt von 575 bis 375 nm stetig an; als Meßwellenlänge wird 400 nm gewählt. Der Komplex ist gegenüber Licht stabil. Erhitzen der Lsg. auf 80° vor der Messung ist ohne Einfl. auf die Extinktion. 15 Min. nach Zusatz der Reagens-Lsg. ist das Extinktionsmaximum erreicht. Der optimale pH-Wert liegt zwischen 3 u. 4; in diesem Bereich absorbiert eine I-Lsg. nicht. Zur Co-Best. versetzt man die Probe-Lsg. mit 0,8 ml einer $8,6 \cdot 10^{-3}$m I-Lsg. in 95%ig. A., stellt den pH-Wert auf 3—4 ein u. füllt auf 10 ml auf. Nach 30 Min. ermittelt man die Extinktion gegen eine Blindlösung. Das BEERsche Gesetz ist von 0,025 bis 5,0 ppm Co erfüllt, der optimale Konz.-Bereich liegt zwischen 1 u. 4 ppm. Bis zu Geh. von 4 ppm zeigten Al, Sb, Be, Bi, Cr, Ge, Mg, Mn, Hg(I), Hg(II) u. Zn keine Störung. Cu, Ni u. Fe(III) dagegen stören, da sie mit I selbst gefärbte Komplexe bilden. Verss. auf der Tüpfelplatte ließen keine Rk. zwischen I u. folgenden Ionen erkennen: Ag^+, As^{3+}, Ba^{2+}, Ca^{2+}, Cd^{2+}, Cs^{2+}, Gd^{3+}, La^{3+}, Li^+, Nd^{2+}, Rb^+, ReO_4^-, Rh^{3+}, Sc^{3+}, Sm^{3+}, Sn^{4+}, Sr^{2+}, TaO_4^{3-}, Th^{4+}, Tl^+, WO_4^{2-} u. Y^{3+}. GERHARD SCHULZE. G 355□

Polarographische und oscillographische Bestimmung von Nickel. Dalibor Weiss. (Z. analyt. Chem. **185.** 273—86. 1962. Prag, Inst. für Erzforsch.) (Dt.)

Die Schwierigkeiten, die sich bei der direkten polarograph. Best. von *Ni* in Ggw. von größeren Mengen Fe ergeben, werden durch Verw. einer neuen Elektrolyt-Lsg. beseitigt, die NH_4SCN, Urotropin u. Salicylsäure oder Tiron, außerdem NH_4ClO_4 oder NH_4Cl zur Erhöhung der Leitfähigkeit enthält. In diesem Medium wurden auch bei zehnfachem Fe-Überschuß sehr gut entwickelte *Ni*-Stufen erhalten. O_2 stört, da die zweite O_2-Stufe mit der *Ni*-Stufe zusammenfällt. Die störenden Einfl. von Cu, Pb, Cd, Tl, Cr, Ti, V, Mo, Co, Al, Sb, Bi(III), U(VI), In, Sn(IV) wurden untersucht. Eine polarograph. *Ni*-Best. in Cr-haltigem Fe-Erz wurde mit einem Fehler von 3% durchgeführt. Es wurde versucht, das anomale oscillograph. Verh. von *Ni* in der erwähnten Elektrolyt-Lsg. zu erklären. Das Verh. einiger weiterer 2-wertiger Kationen, nämlich Pb^{2+}, Cu^{2+}, Cd^{2+}, Zn^{2+}, wurde untersucht; die zugehörigen Depolarisationspotentiale wurden bestimmt. Als Beispiel wird die schnelle oscillograph. Best. von *Ni* in Al angeführt. Nach diesem Verf. ist die Best. von 10^{-2} bis 10^{-3}% *Ni* in Al möglich.

P. KURZMANN. G 356□

Polarographische Untersuchung auf der Basis von geschmolzenem Borax. 1. Mitt. **Polarographie von Kupfer und Cadmium.** Ju. K. Delimarski und K. M. Kalabalina. (Украинский Химический Журнал [Ukrain. chem. J.] **23.** 584—92. 1957. Kiew, Schewtschenko-Univ.) — Vgl. C. **1962.** 11824.

Ausführlichere Wiedergabe der l. c. angegebenen Unterss. mit folgenden Ergänzungen: Der Wert des vorlogarithm. Ausdrucks für CuO in der ILKOVIČ-Gleichung liegt zwischen denjenigen für einen Ein- u. einen Zweielektronenprozeß; wahrscheinlich geht CuO teilweise in Cu_2O über. Bei CdO liegen die Werte zwischen denjenigen eines Zwei- u. eines Dreielektronenprozsses; eine Erklärung hierfür wird nicht gefunden. Messungen des Diffusionsstroms i_d bei einer CdO-Konz. in der Boraxschmelze von 0,6 Mol.-% bei 760—875° u. von 0,8 Mol.-% bei 767—860° u. bei einer Empfindlichkeit S = 1/2500 ergeben eine Aktivierungsenergie von 30,1 kcal/Mol.

R. K. MÜLLER. G 358□

Trennung von Kupfer und Quecksilber durch Ionenaustauschchromatographie. Ju. I. Ussatenko und F. M. Tuljupa. (Заводская Лаборатория [Betriebs-Lab.] **25.** 400—02. 1959. Dnepropetrowsk, Dsershinski-Chem.-Technol. Inst.) (Russ.)

Die zu untersuchende Lsg. wird durch eine KU-1 G-Säule u. 1,5n H_2SO_4 mit einer Geschw. von 5 ml/min. geleitet. Nach dem Waschen der Säule mit 1,5n H_2SO_4 [quant. Entfernung des Cu; Kontrolle mit Na-Diäthyldithiocarbaminat (I)] wird Hg mit konz. Ammoniak u. dann mit HCl (1:1) ausgelaugt. Das vereinigte NH_4Cl- u. das gegen Methylorange neutralisierte HCl-Filtrat wird mit W. zu einem bestimmten Vol. aufgefüllt. Ein aliquoter Teil der Lsg. wird bis zum Farbumschlag mit festem Na-Acetat versetzt u. amperometr. mit I titriert. Die relative Fehlergrenze der Meth. beträgt —4,45 bis +2,15%. S. BARYSCHNIKOW. G 358

Mikrobestimmung von Silber nach Anreicherung an Ionenaustauschern. N. S. McNutt und R. H. Maier. (Analytic. Chem. **34.** 276—78. Febr. 1962. Tucson, Ariz., Univ., Dep. of Agricult. Chem. and Soils.) (Engl.)

Für die Mikro-Best. von *Ag* in verd. Lsgg., die $<0,012$ ppm Mn enthalten, wird eine einfache Meth. beschrieben. Ag^+-Ionen werden an einem Kationenaustauscherharz angereichert u. anschließend durch Kochen mit 1 m Na_2SO_3-Lsg. eluiert. Im Eluat wird Ag^+ unter Ausnutzung der Farbintensität des durch die katalyt. Wrkg. von Ag^+ aus Mn^{2+} u. $S_2O_8^{2-}$ beim Erwärmen auf 50° gebildeten MnO_4^- colorimetr. bestimmt. Die Meth. eignet sich für die Best. von 0,05—0,30 ± 0,02 µg *Ag*. Hohe Gesamtionen-Konz.

setzt die Ag^+-Adsorption am Harz herab. Es dürfen nur Geräte aus Borosilicatglas bzw. Polyäthylen verwendet werden. HANSJOACHIM THIELE. G 359☐

Röntgenspektrometrische Analyse für einige Reaktorbrennstoff-Bestandteile. D. S. Flikkema, R. V. Schablaske und R. P. Larsen. (Progr. nuclear Energy, Ser. IX **1.** 253—66. 1959. Lemont, Ill., Argonne Nat. Labor.) (Engl.)

Beschreibung von röntgenspektrometr. Meth. zur Best. von Mo, Ru u. Zr in U-Legg. u. von Pu u. U in Lösung. W. BETCKE. G 363☐

Bestimmung von Rutheniumtetroxid. Charles J. Anderson, Richard Del Grosso und Martin H. Ortner. (Analytic. Chem. **33.** 646—47. April 1961. Mountainside, N.J., Gross-Malaker Labor.; West Orange, N.J., Vitro Labor.) (Engl.)

Zur Best. von RuO_4 neben RuO_2 u. Ru entwickeln Vff. ein Verf., das aus der Kombination einer Extraktion mit CCl_4 u. einer photometr. Messung besteht. Der CCl_4-Extrakt der Probe wird mit 2n KOH-Lsg. bei ca. 70—75° bis zum Klarwerden der organ. Schicht (ca. ½ Std.) behandelt, wobei das RuO_4 in die alkal. wss. Phase übergeht. Nach dem Abtrennen erhitzt man die wss. Lsg. nochmals 15 Min. lang auf 80—90°, füllt sie nach dem Abkühlen mit 2n KOH-Lsg. auf 250 ml auf u. bestimmt die Extinktion bei 465 nm. Die CCl_4-Extraktion erfolgt schnell; ebenfalls vollzieht sich der Übergang in die KOH-Lsg. relativ schnell, wenn man die CCl_4-Lsg. zu warmer KOH-Lsg. gibt u. erhitzt. Auf diese Weise wird die Hydrolyse-Geschw. des RuO_4 in der wss. Phase erhöht u. der Übergang in die überstehende wss. Schicht infolge der bei höherer Temp. gesteigerten Flüchtigkeit des OsO_4 beschleunigt. 97,9% des eingesetzten RuO_4 wurden im Mittel wiedergefunden, die Standardabweichung betrug $\pm$ 1,5%. GERHARD SCHULZE. G 363☐

Eine neue Schmelzaufschlußmethode für Iridium. G. G. Tertipis und F. E. Beamish. (Analytic. Chem. **34.** 108—10. Jan. 1962. Toronto, Canada, Univ. of Toronto, Dep. of Chem.) (Engl.)

Ir in Mengen von 9 μg bis 4,59 mg wird in einem Cu–Ni–Fe-Regulus angereichert. Die durch Schlacke u. Gefäßwände verursachten Verluste sind vernachlässigbar klein. Der Regulus wird in HCl u. HNO_3 gelöst; die Begleitmetalle werden durch Ionenaustausch abgetrennt. Ir wird je nach Menge gravimetr. mit 2-Mercaptobenzothiazol oder photometr. bestimmt. Al u. Si werden vom Ionenaustauscher nicht zurückgehalten u. stören die Fällung des Ir. Durch Behandlung mit Cl_2 u. Maskierung von Al mit Tartrat können diese Störungen beseitigt werden. P. KURZMANN. G 367☐

Identifizierung von Mineralien unter Benutzung fester Reagentien. K. F. G. Hosking. (Mining Mag. **102.** 287—92. Mai 1960.) (Engl.)

Zusammenstellung von in der UdSSR entdeckten Rkk., die eine Identifizierung von Mineralien auf einfachem Wege durch Rk. mit festen Agenzien unter Bldg. von charakterist. gefärbten Verbb. ermöglichen. Die Meth. wird beschrieben u. für 25 Elemente die Farb-Rk. angegeben. E. SCHULTE. 5290☐

Anwendung der Neutronenaktivierung in der Geochemie. W. Herr. (Pure appl. Chem. **1.** 35—52. 1960. Mainz, MPI für Chem.; Köln, Univ., Inst. für Kernchemie.) (Engl.)

Vf. geht auf einige Anwendungsmöglichkeiten der Neutronenaktivierungsanalyse in der Geochemie ein. Das Alter einiger Minerale (Lepidolite, Feldspäte, Granit) wird auf Grund des $^{40}Ar/^{40}K$-Verh. über ^{41}Ar bestimmt (0,5—2,6·10^9 Jahre). Os- u. Re-Geh. in MoS_2-Mineralien u. Fe-Meteoriten wurden bestimmt. Die Aktivierungsanalyse kann zum Nachw. von ^3He, ^6Li, K, ^{45}Sc u. a., die auf Grund einer Spaltung anderer Elemente durch Höhenstrahlung entstanden sind, verwendet werden. H. SCHROEDER. 5290☐

Röntgenspektrochemische Analyse. Eine Anwendung auf bestimmte leichte Elemente in Tonmineralien und vulkanischem Glas. Martin W. Molloy und Paul F. Kerr. (Amer. Mineralogist **45.** 911—36. Sept./Okt. 1960. New York, N.Y., Columbia Univ.) (Engl.) — C. **1962.** 5792. C. GOTTFRIED. 5290

Vergleichende Untersuchung einiger Vorgänge der radiometrischen Analyse von Uran- und Thoriummineralien. M. Alice F. Alves, J. Veiga Simão, C. A. N. Conde und A. J. P. L. Policarpo. (Rev. Fac. Ci. Univ. Coimbra **28.** 23—74. 1959. Lissabon, Univ. de Coimbra, Fac. de Ciências, Centro de Estudos de Fis. Nucl.) (Port.)

Vff. geben Tabellen mit den Werten der Energien u. Intensitäten der einzelnen Glieder der 3 radioakt. Zerfallsreihen $^{238}_{92}U$; $^{232}_{90}Th$ u. $^{235}_{92}U$ an. Die Kurven dN/dV in Abhängigkeit von V (N = Impulse pro Min.) der Spektren von Proben bekannten U u. Th-Geh. u. von Mineralien werden angegeben u. miteinander verglichen. Die optimalen Bedingungen für die radiometr. Analyse der γ-Strahlung der Mineralien wurde bestimmt. Weiterhin wird die radiometr. Analyse der β-γ-Strahlung diskutiert u. ihre Anwendungsmöglichkeit auf U-Mineralien, die sich nicht im Gleichgewicht befinden, u. auf Mineralien mit U- u. Th-Geh. erprobt. Die β-Strahlung wird mit einem GEIGER-MÜLLER-Zählrohr u. die γ-Strahlung mit einem Kristallscintillationszähler aufgenommen. Die notwendigen Bedingungen für Eichung u. Funktion der Zähl-Syst. werden angegeben. K. HUSTE. 5290☐

b) Organische Verbindungen

Zweidimensionale Papierchromatographie aliphatischer organischer Säuren. 6. Mitt. Beiträge zur Chemie und Physiologie einiger stoffwechselchemisch wichtiger Säuren. H. Wollmann und R. Pohloudek-Fabini. (Pharmazie **16.** 21—24. Jan. 1961. Greifswald, Univ., Pharmazeut. Inst.) (Dt.) — 5. vgl. Pharmazie **15.** [1960.] 590; 4. vgl. C. **1962.** 13886.

Zur Identifizierung von 17 aliphat. organ. Säuren wird die zweidimensionale Papierchromatographie herangezogen. Mit zwei Kombinationen von 4 verschiedenen Verteilungsmitteln werden günstige Trennungen der untersuchten Säuren erreicht. Die Lage der Flecken wird durch die R_F-Werte der Äpfelsäure in beiden Richtungen bestimmt oder durch Aufstellung von Auswertungsdiagrammen aus mindestens 10 Parallelversuchen. Das Verh. folgender Säuren wurde untersucht: Aconit-, Adipin-, Äpfel-, Bernstein-, Citracon-, Citronen-, Fumar-, Glucon-, Glykol-, Itacon-, α-Ketoglutar-, Malein-, Malon-, Milch-, Phosphor-, Tricarballyl-, Weinsäure. G. Bormann. G 850□

Über die quantitative Auswertung papierchromatographisch getrennter organischer Säuren. 8. Mitt. Beitıäge zur Chemie und Physiologie einiger stoffwechselchemisch wichtiger Säuren. H. Wollmann und R. Pohloudek-Fabini. (Pharmazie **16.** 198—207. April 1961. Greifswald, Univ., Pharmazeut. Inst.) (Dt.) — 7. vgl. Pharmazie **16.** [1961.] 57; 6. vgl. vorst. Referat.

Vff. überprüfen zur quant. Auswertung von Papierchromatogrammen organ. Säuren verschiedene Verff. der Fleckengröße–Stoff-Geh.-Bestimmung. Bei Unters. von Einzelwerten ergibt sich ein durchschnittlicher Fehler von ± 18%, bei drei Parallelwerten von ± 15%. Geeigneter ist die Best. auf potentiometr. Weg nach vorheriger Elution aus dem Papier. Die Genauigkeit der Einzelwerte beträgt ca. ± 10%. Die Arbeitsweise der Verff. wird beschrieben. G. Bormann. G 850□

Bestimmung von Cyanwasserstoff mit Hilfe der Gaschromatographie. K. G. Woolmington. (J. appl. Chem. **11.** 114—20. März 1961. Northrand, Transvaal, African Explosives and Chem. Ind. Ltd., Res. Dep.) (Engl.)

Es wird eine gaschromatograph. Best.-Meth. von HCN in Mischungen permanenter Gase u. W. beschrieben. Dazu dient eine Trennsäule mit 20% Polyäthylenglykol 1500 als Trenn-Fl. auf Celite oder Chromosorb u. H_2 als Trägergas (160 ml/min) bei 100°. Nach Adsorption von HCN u. W. in einem Silicagelrohr werden die permanenten Gase in einer 2. Säule mit Linde Molekularsieb 5 A in O_2, N_2, CH_4 u. CO getrennt. Die Säulenlängen sind so bemessen, daß mit 1 Probe u. 1 Anzeigegerät u. ggf. auch vollautomat. gearbeitet werden kann. W. Luchsinger. G 890□

Bestimmung von kleinen Mengen gelöster Cyanwasserstoffsäure mit Hilfe der Flüssig-Gaschromatographie. Carl R. Schneider und Harry Freund. (Analytic. Chem. **34.** 69—74. Jan. 1962. Corvallis, Oreg., Oregon State Univ., Dep. of Chem.) (Engl.)

Zum Nachw. kleinster Mengen HCN in Lsg. (10^{-4} bis 10^{-5}m) wurde ein fl.-gaschromatograph. Verf. entwickelt, das auf dem durch Lewis u. Keyes [1918] bestimmten Verteilungs-Koeff. der HCN zwischen W. u. Luft beruht. Eine genau bekannte Menge Luft wird durch die Probe geblasen, getrocknet u. durch eine kurze, mit Trockeneis/Aceton gekühlte Trennsäule geleitet, in der HCN ausgefroren wird. Die Säule wird an den Gaschromatographen angeschlossen u. durch Erwärmen auf 57° HCN in 3 Min. eluiert. Die chromatograph. Säule von 18 ft. Länge ist mit 20 Gew.-% Dinonylphthalat auf Chromosorb W beschickt. Als Trägergas diente He mit einer Geschw. von 135 ml/min. Die Meth. hat den Vorteil, daß in Lsg. bestehende Gleichgew. mit anderen Cyaniden kaum gestört werden, da weniger als 1% der HCN für die Analyse entnommen wird. Hansjoachim Thiele. G 890□

Indirekte colorimetrische Bestimmung von Cyanid mit Quecksilber-bis-(2-hydroxyäthyl)-dithiocarbamat. Seiichiro Hikime und Hitoshi Yoshida. (Japan Analyst **10.** 832—37. Aug. 1961. Hokkaido, Univ., Fac. of Sci.) (Jap.; Auszug: Engl.)

Der Hg-Komplex der Bis-(2-hydroxyäthyl)-dithiocarbaminsäure (I) wird in Ggw. von Citratpuffer von CN^- zersetzt. Die im Äquivalent zu CN^- freigesetzte Säure I bildet mit Cu^{2+}-Ionen einen lösl. Komplex von gelber Farbe. Diese Umsetzung wird für die indirekte photometr. Best von CN^- benutzt, u. die Vers.-Bedingungen untersucht. Der Cu-Komplex hat bei 383 mμ sein Absorptionsmaximum. Nach der Meth. der kontinuierlichen Variation wurde das Verhältnis I:Cu zu 1:1 bestimmt. Die Absorption, die mit einem 383 mμ-Filter gemessen wurde, blieb über 3 Std. lang konstant. Im Bereich pH 5,4 bis 5,7 ändert sich der Wert prakt. nicht. Obwohl die Eichkurve leicht von der Geraden abweicht, sind Best. von CN^- im Konz.-Bereich von 0,2—4 ppm möglich. Die Empfindlichkeit der Meth. liegt bei 0,0054 μg/ml. Fe^{3+}, Hg^{2+}, J^- u. $S_2O_3^{2-}$ stören, aber 20000 ppm

Cl^-, 120 ppm SCN^-, 200 ppm Br^- u. 400—800 ppm Cd^{2+}, Mn^{2+}, Pb^{2+} u. Zn^{2+} zeigen keinen Einfl. auf die Best. von 2 ppm CN^-. K. ROSS. G 890□

Bestimmung kleiner Mengen Natriumäthylxanthogenat in Flotationslösungen. Masao Tanaka und Shôichi Shirakawa. (Japan Analyst **10.** 862—68. Aug. 1961. Sumitomi Metal Min. Co., Ltd., Bessi Mine Office.) (Jap.; Auszug: Engl.)

50 ml der Probe-Lsg. werden in einem Kolben mit aufgesetztem Rückflußkühler mit H_2SO_4 zur Zers. der Xanthogenate erhitzt. Das übergehende CS_2 wird in äthanol. KOH-Lsg. absorbiert u. das Xanthogenat regeneriert, in einem Scheidetrichter auf pH 6,0 eingestellt, mit $NiSO_4$ versetzt, das Ni-Xanthogenat mit CCl_4 extrahiert u. die Lichtabsorption bei 420 mμ oder 320 mμ gemessen. Die Meth. ist schnell, einfach u. gut reproduzierbar. 0,0001—0,01 g Xanthogenat/Liter können innerhalb 60 Min. in Ggw. von 0,01 ml Holzöl, 1 mg „paifloat", 50 mg $Ca(OH)_2$ u. 1 mg Cu als Cu-Cyanokomplex bestimmt werden. Wenn die Proben kein Cu enthalten, kann vielfach direkt extrahiert werden, u. die Analyse innerhalb von 30 Min. durchgeführt werden. K. ROSS. G 890□

Die konduktometrische Hochfrequenztitration schwacher Säuren. G. R. Jamieson. (J. appl. Chem. **9.** 209—12. April 1959. Paisley, Paisley Techn. Coll., Chem. Dep.) (Engl.)

Die Best. von Phenolen, Enolen u. Imiden wurde mit Hilfe eines Hochfrequenztitrimeters in 10%ig. alkohol. Lsg. durchgeführt. Für jede Titration dienten 30 ml Lsg., die vor der Titration 5 Min. lang mit einem CO_2-freien N_2-Strom gerührt wurden. Dann wurde mit 0,05n LiOH-Lsg. in 0,2 ml-Anteilen titriert. Die Best. kann auch als indirekte Titration durchgeführt werden. Man versetzt mit ca. 100% Überschuß an LiOH u. titriert den Überschuß mit 0,5n HCl zurück. Hat man die überschüssige LiOH-Menge nicht abgemessen, dann kann man auch die verbrauchte LiOH-Menge zurücktitrieren. Man erhält für 1-bas. Phenole somit bei der indirekten Titration 2 Knickpunkte in der Titrationskurve. 2-bas. Phenole ergeben bei der direkten Titration 2 Knickpunkte, von denen aber nur der 1. für die Analyse verwertbar ist. Bei der indirekten Titration verhalten sich die untersuchten Phenole (Brenzcatechin, Resorcin, Hydrochinon) wie 1-bas. Säuren. 3-bas. Phenole verhalten sich bei der direkten Titration wie 3-bas. Säuren. Für die Analyse wird wieder der 1. Knickpunkt in der Kurve verwendet. Bei der indirekten Titration erhält man wieder den gleichen Kurvenverlauf wie bei 1- u. 2-bas. Phenolen. H. PLUSKAL. G 1060□

Adsorption von polaren Molekülen an linearen Polyamiden. 2. Mitt. **Chromatographische Trennung von isomeren Phenolen.** V. Carelli, A. M. Liquori, A. Mele und A. Ripamonti. (Chim. e Ind. [Milano] **37.** 960—65. Nov. 1955. Roma, Univ., Ist. di Chim. Farm., Centro di Strutturistica Chim. del Consiglio Nazionale delle Ric.) (Ital.) — 1. vgl. C. **1961.** 1866; 3. C. **1960.** 5774.

Vff. wenden eine chromatograph. Trennungs-Meth., die auf Adsorptionserscheinungen von in organ. Lsgm. gelösten polaren Stoffen an Polyamiden beruht, auf die Trennung von *o-*, *m-* u. *p-Kresol* sowie *1.2.6-*, *1.2.5-* u. *1.3.5-Xylenol* an. Die Adsorption erfolgt aus einer Cyclohexan-Lsg., die die zu trennenden Stoffe in einer Konz. von 0,5% enthält, unter Verw. einer mit 1,5 g Adipinsäurehexamethylendiamid gefüllten Trennungssäule. A. FRANCO-BEYER. G 1060□

Volumetrische Bestimmung von Hydrochinon. Eine Eisenalaun-Dichromat-Methode. K. Bhaskara Rao. (Z. analyt. Chem. **185.** 286—90. 1962. Ottawa, Dep. of Mines and Techn. Surv., Mines Branch.) (Engl.)

Es wird ein neues volumetr. Verf. zur Best. von *Hydrochinon* (I) beschrieben. Die I-Lsg. wird mit überschüssiger, schwach saurer $NH_4Fe(SO_4)_2$-Lsg. versetzt. Nach 5 Min. werden die entstandenen Fe^{2+}-Ionen in ca. 1 n schwefelsaurer Lsg. bei Zimmer-Temp. mit 0,1 n oder 0,01 n $Cr_2O_7^{2-}$-Lsg. gegen Ba-Diphenylaminsulfonat als Indicator titriert. P. KURZMANN. G 1060□

Analyse von Chlorphenolen durch Flüssig-Gaschromatographie. J. A. Barry, R. C. Vasishth und F. J. Shelton. (Analytic. Chem. **34.** 67—69. Jan. 1962. Seattle, Wash., Reichhold Chem., Inc.) (Engl.)

Vff. geben eine schnelle u. billige Analysen-Meth. für techn. Chlorophenole an, die eine Produktionskontrolle gestattet. Mit He als Trägergas lassen sich *Phenol* (I) u. *o-Chlorphenol* (II) bei 125° in einer Di-isodecylphthalat-Säule, I, II u. *p-Chlorphenol, 2.4-, 2.6-Dichlorphenol* u. *2.4.6-Trichlorphenol* (III) sowohl in der gleichen Säule (Säulenlänge 51 in.), als auch in einer Siliconöl-Säule (Dow Corning 200, 72 in. lang) bei 175° trennen. III, *Tetra-* u. *Pentachlorphenol* lassen sich bei 200° in einer Silicon-Hochvakuumöl-Säule (72 in.) trennen. Die Banden gestatten eine quant. Auswertung durch Planimetrieren. Bei Verw. des PERKIN-ELMER-Vapor Fractometer Modell 154-C können je nach Substanz noch 0,05—0,5 Gew.-% erfaßt werden. Die Ergebnisse werden mit denen aus IR-Absorptionsanalysen verglichen. HANSJOACHIM THIELE. G 1060□

Luminescenzerscheinungen als Hilfsmittel bei der Lösung biologischer und chemischer Probleme. I. Arend, H. Chomse und G. Flögel. (Arch. exp. Veterinärmed. **15.** 966–69. 1961. Sep. Berlin, Humboldt-Univ., Inst. für Veter.-Chem.) (Dt.)

Nach einem kurzen Überblick über die Anwendungsmöglichkeit der Luminescenzanalyse berichten Vff. über die mikrochem. Fluorescenz-Best. der *Phthalsäure.* Die Nachw.-Grenze wurde auf 0,25 μg erniedrigt; nachst. organ. Säuren führen keine Störung der Best. herbei: *Benzoe-, Salicyl-, Citronen-, Wein-, Fumar-, Ameisen-, Oxalsäure, Alanin, Iso-* u. *Terephthalsäure.* Andere Säuren (*Malon-, Bernstein-, Glutar-, Adipin-, Malein-, Croton-* u. *Mandelsäure*) bilden ebenfalls fluorescierende Kondens.-Prodd., aber erst bei Ggw. höherer Mengen (10–50 μg) u. stören deshalb bei Verw. sehr geringer Probemengen nicht; lediglich *Milchsäure* bildet wie Phthalsäure ab 1 μg fluorescierende Kondens.-Prodd. mit *Resorcin* u. H_2SO_4. Empfohlen wird Anwendung niedriger Temp., geringe Resorcin- u. H_2SO_4-Mengen u. Nitraphot- an Stelle von UV-Licht.

M. GEHLEN-KELLER. G 1220□

Verfahren zum Nachweis aromatischer Aldehyde mit Pepton. Seiichi Ōkuma. (J. pharmac. Soc. Japan [Yakugakuzasshi] **75.** 1155–56. 25/9. 1955.) (Jap.; Auszug: Engl.)

Zusatz von 10–20 mg Pepton oder von 2 Tropfen 1%ig. wss. Tryptophan-Lsg. u. 0,5 cm³ konz. HCl zu kleinsten Mengen aromat. Aldehyde oder einiger Kohlenhydrate (*Glucose, Fructose, Maltose, Lactose*) färbt diese violett, blau oder grünlich (s. Tabelle).

F. MOSSNER. G 3400

Beiträge zur Chromatographie organischer Substanzen. 6. Mitt. **Die Dünnschichtchromatographie der Kohlenhydrate.** V. Prey, H. Berbalk und M. Kausz. (Mikrochim. Acta [Wien] **1961.** 968–78. Wien, TH, Inst. für organ. Chem.) (Dt.) — **3.** vgl. C. **1961.** 16954.

Vff. berichten über die Trennung nachst. Kohlenhydratgemische durch Dünnschichtchromatographie an Kieselgur- u. Kieselgelschichten: *Glucose* (I)/*Fructose* (II), I/*Saccharose* (III), II/III, I/II/III, *Raffinose* (IV)/III u. III/*Melibiose*/*Maltose*/*Lactose*/*Melizitose*/IV. Beim Vorliegen ungünstiger Mengenverhältnisse der zu trennenden Substanzen mit ähnlichen R_f-Werten kann der Trenneffekt durch Anwendung keilförmiger Trägerstreifen verbessert werden.

E. MOISAR. G 3400□

d) Medizinische und toxikologische Analyse

Quantitative chromatographische Methoden. 7. Mitt. **Isolierung von Aminosäuren aus Serum und anderen Flüssigkeiten.** C. K. Harris, E. Tigane und C. S. Hanes. (Canad. J. Biochem. Physiol. **39.** 439–51. Febr. 1961. Ottawa, Canada, Nat. Res. Council, Div. of Appl. Biol.) (Engl.) — 6. vgl. C. **1962.** 13886.

Es wird eine Meth. beschrieben, mit der unter Verw. einer Miniatur-Ionenaustauschersäule kleine Mengen von Aminosäuren frei von Proteinen, Zuckern u. anorgan. Kationen in einem einzigen Arbeitsgang aus Serum u. anderen Fll. isoliert werden können. Ferner wird die Herst. von Lsgg. der isolierten Aminosäuren für die quant. Papierchromatographie beschrieben.

A. HESSE. 5728□

Quantitative Papierchromatographie von Plasmaaminosäuren. Carl Peraino und Alfred E. Harper. (Analytic. Chem. **33.** 1863–65. Dez. 1961. Madison, Wis. Univ. of Wisconsin, Dep. of Biochem.) (Engl.)

Die quant. Best. von 15 Aminosäuren (*Threonin, Serin, Leucin* u. *Isoleucin, Glycin, Prolin, Valin, Glutaminsäure, Hydroxyprolin, Glutamin, Asparaginsäure, Phenylalanin, Tyrosin, Lysin, Alanin* u. *Cystein*), die frei im Blutplasma vorkommen, wird mit der 2-dimensionalen Papierchromatographie durchgeführt. Dazu werden die Dinitrophenyl-Derivv. der Aminosäuren hergestellt, auf WHATMAN No. 1-Papier zuerst mit 2-Methyl-2-butanol, 5n Ammoniak u. 1-Propanol (100:15:15) ca. 48 Std. lang u. nach dem Trocknen in der 2. Laufrichtung mit einem 1,5m Phosphatpuffer (pH 6; 1,0m an NaH_2PO_4 u. 0,5m an Na_2HPO_4) ca. 16 Std. lang chromatographiert. Die Flecken werden unter UV-Licht markiert, ausgeschnitten, mit 1%ig. $NaHCO_3$-Lsg. angefeuchtet u. 20 Min. lang auf 55–60° erwärmt. Die Aminosäure-Konz. wird spektralphotometr. gegen $NaHCO_3$ bestimmt. Die Meth. ist empfindlich genug, um die Aminosäuren in 1 ml Plasma zu ermitteln. *Leucin* u. *Isoleucin* geben einen gemeinsamen Fleck. *Methionin, Tryptophan, Histidin, Arginin* u. *Ornithin* ergaben keine befriedigenden Ergebnisse.

R. KRÄMER. 5728□

Die Bestimmung von Noscapine (Narcotin) im Plasma und Harn. Sven Vedsø. (Acta pharmacol. toxicol. [Köbenhavn] **18.** 119–28. 1961. Copenhagen, DUMEX, Ltd., Pharmacol. Labor.) (Engl.)

Es wurde eine fluorimetr. Meth. zur Best. von *Noscapine* (I) im Plasma u. Harn entwickelt, die auf der großen Fluorescenzzunahme beruht, die beim Erhitzen von I bei pH 9,2 eintritt. Empfindlichkeit: 50 ng/ml. K. ZINGRAF. 5732 □

Bestimmung von Calcium und Magnesium im Harn durch Atomarabsorptionsspektroskopie. J. B. Willis. (Analytic. Chem. **33**. 556–59. April 1961. Melbourne, C.S.I.R.O., Chem. Res. Labor., Div. of Chem. Phys.) (Engl.)

Der Ca-Geh. von Harnproben läßt sich mit Hilfe der Atomarabsorptionsspektroskopie bestimmen, indem die Probe auf das 5–50fache mit einer $LaCl_3$- oder $SrCl_2$-Lsg. verd. wird, die 1 Gew.-% des Metalls enthält. Die Lsg. wird in eine Luft/Acetylen-Flamme gesprüht. Die gemessenen Werte stimmen gut mit den titrimetr. nach der Oxalat-Permanganat-Meth. erhaltenen überein. Mg läßt sich in gleicher Weise in Proben bestimmen, die auf das 25–500fache mit W. verd. wurden. Die erforderliche Harnmenge beträgt 0,1–1 ml. GERHARD SCHULZE. 5732 □

Die Bestimmung von Calcium in Urin. W. Pilz. (Mikrochim. Acta [Wien] **1962**. 171–78. Leverkusen, Farbenfabriken Bayer AG., Ärztliche Abt.) (Dt.)

Es wird eine Meth. beschrieben, bei der im Urin befindliches Ca als Oxalat gefällt u. anschließend maßanalyt. mit 0,001m EDTA-Lsg. bestimmt wird. Als Grundlage dient die früher mitgeteilte Meth. zur Best. von Ca in Serum (C. **1958**. 11332). Da Urin bei weitem nicht so gut gepuffert ist wie Serum u. im Urin Mg-Verbb. teils koll. gelöst, teils als Schwebstoffe enthalten sind, wird zunächst die Fällbarkeit von Ca-Oxalat aus ungepufferten wss. Lsgg. u. in Ggw. von Mg^{2+} u. festem $MgNH_4PO_4$ untersucht. Auch sehr kleine Mengen Ca lassen sich in Ggw. eines großen Überschusses an Mg^{2+} u. festem $MgNH_4PO_4$ bei pH 3,5–3,8 quant. bestimmen, ohne daß eine Störung durch Mg^{2+} eintritt. Diese Art der Fällung ergab bei Urinproben, sogar bei sehr extremen Verhältnissen (Zumischungen größerer Mengen $MgNH_4PO_4$), richtige Werte. Eine Einzel-Best. kann in 35–40 Min. durchgeführt werden. Die Fehlergrenze beträgt $\pm$ 0,2 mg% Ca. F. SARFERT. 5732 □

Gerhart Jander† und Ewald Blasius, Lehrbuch der analytischen und präparativen anorganischen Chemie. Stuttgart: S. Hirzel Verl. 1962. (XXIV + 435 S. m. 51 Abb.) 8°. DM 23,—.

Helmut Schmidt und **Mark v. Stackelberg,** Die neuartigen polarographischen Methoden. Ihr Prinzip und ihre Möglichkeiten. Weinheim/Bergstr.: Verl. Chemie. 1962. (97 S. m. 49 Abb.) 8° = Monographien zu „Angewandte Chemie" und „Chemie-Ingenieur-Technik". Nr. 77. DM 15,40.

—, Methods of biochemical analysis. Vol. 9. New York: Interscience. 1962. (452 S. m. Abb.) $ 14,50.

—, Standard methods of chemical analysis. Vol. 1. 6th edit. Princeton (New Jersey): Van Nostrand. 1962. (1401 S. m. Abb.) $ 25,—.

H. Angewandte Chemie

I. Allgemeine chemische Technologie

Statistische Programm-Planung für die Verfahrensentwicklung. Jesse M. Carr jun. und E. A. McCracken. (Chem. Engng. Progr. **56**. Nr. 11. 56–61. Nov. 1960. Esso Res. Labor.) (Engl.)

Anwendung statist. Meth. zur Ermittlung der wichtigsten Variablen, Größen des Verf., dessen Grundlagen an Hand experimenteller Programme mit wenigen prakt. Verss. erarbeitet werden. E. MIESSGANG. 5800 □

Numerische Lösung von partiellen Differentialgleichungen für bestimmte Schicht-Reaktionen. D. U. von Rosenberg, P. L. Durrill und E. H. Spencer. (Brit. chem. Engng. **7**. 186–89. März 1962. Louisiana, State Univ., Chem. Engng. Dep.) (Engl.)

Die Verteilung der Temp. u. der Konzz. von Rk.-Mitteln in einem Reaktor in longitudinaler u. radialer Richtung wird für den Fall einer exothermen Rk. mit Hilfe von partiellen Differentialgleichungen mathemat. behandelt. Zur numer. Lösung wurde eine elektron. Rechenmaschine vom Typ IBM 650 verwendet. Mehrere Anwendungsbeispiele werden mitgeteilt. G. GATTOW. 5800 □

Größenverteilung der Gasblasen in Blasensäulen. 1. Mitt. Einflüsse von Flüssigkeitsviscosität und Säuleninnendruck. H. Kölbel, E. Borchers und H. Langemann. (Chemie-Ing.-Techn. **33**. 668–75. Okt. 1961. Berlin, TU, Inst. für Techn. Chem.) (Dt.)

An dem Syst. Luft–Zucker-Lsg. werden untersucht der Einfl. der Viscosität der Fl. auf die Blasengrößenverteilung u. die Blasenaufstiegsgeschwindigkeit. An dem Syst. Luft–W. wird festgestellt der Einfl. des Säuleninnendrucks auf die Blasengrößenverteilung. In beiden Vers.-Reihen werden eine Reihe hydrodynam. Eigg. der Blasensäule experimentell überprüft. Die spezif. Oberfläche der Gasblasen sinkt mit dem Ansteigen des

Gasdurchsatzes, der Viscosität der Fl., mit der Drucksteigerung, der Porenweite der Gasverteilerplatte u. deren Abstand, sowie mit der Abnahme des Säulendurchmessers. — 13 Literaturangaben. A. Knickenberg. 5800□

Longitudinale laminare Strömung zwischen Zylindern, die in regelmäßiger Ordnung angeordnet sind. E. M. Sparrow und A. L. Loeffler, jun. (A. I. Ch. E. Journal **5.** 325—30. Sept. 1959. Cleveland, Ohio, Nat. Aeronautics and Space, Admin., Lewis Res. Center.) (Engl.)

Eine analyt. Lsg. ist für die longitudinale voll entwickelte laminare Strömung zwischen in Dreieck- oder Quadratanordnung befindlichen Zylindern erzielt worden. Numer. Ergebnisse für den Druckfall u. den Reibungsfaktor sind über weite Bereiche des Verhältnisses Raum–Durchmesser ermittelt worden. Für weite Räume ergibt sich ein einfacher Ausdruck unabhängig von der Art der Anordnung. A. Kunze. 5800□

Einige Gesichtspunkte der Strömungsmechanik in der chemischen Verfahrenstechnik. B. H. Sage. (A. I. Ch. E. Journal **5.** 331—37. Sept. 1959. Pasadena, Calif.) (Engl.)

Um Voraussagen über die Übertragung von Momenten, Energie u. Material machen zu können, ist die theoret. Kenntnis der physikal. Gesetzmäßigkeiten aus der Thermodynamik, der therm. Übertragung, der Wrkg. des Turbulenzpegels u. des Materialtransportes nötig, die in der vorliegenden Arbeit an Hand der verschiedenen Strömungsvorgänge behandelt werden. A. Kunze. 5800□

Die Technik des Ultrahochdrucks. Alexander Zeitlin und Jacob Brayman. (VDI-Z. **104.** 10—12. 1/1. 1962. New York.) (Dt.)

Mittels mehrachsiger Anordnung von Ambossen u. Verw. der hydrostat. Druckübertragung werden Hochdruckgeräte entwickelt, in denen Prüfkörper mit $>$150 mm Kantenlänge Drücken bis 100000 at u. hohen Temp. ausgesetzt werden. Damit erschließen sich neue Anwendungsgebiete: Vergütung von Werkstoffen, Herst. neuer Legg. u. chem. Verbb., Erzeugung von Diamanten, Granaten, Borazon u. Verdichtung von Pulvern. W. Wesly. 5800□

Untersuchung des Reaktionsmechanismus der freien Radikale bei der Äthan-Pyrolyse mittels einer Rechenmaschine. R. H. Snow, R. E. Peck und C. G. von Fredersdorff. (A. I. Ch. E. Journal **5.** 304—09. Sept. 1959. Chicago, Ill., Inst. of Technol.) (Engl.)

Um die theoret. Grundlagen für den Entwurf eines entsprechenden Pyrolysereaktors zu erhalten, wurden Berechnungen mittels einer IBM 650 durchgeführt. Die Berechnung der Pyrolyse des Äthans basiert auf dem Rk.-Mechanismus, der die Umkehr der Ketten-Bldg.-Rk. sowohl als auch andere bisher vernachlässigte Elementar-Rkk. einschließt. Die berechneten Ergebnisse werden mit den experimentellen Daten verglichen. Berechnete u. experimentelle Ergebnisse einer Gleichgewichtsmischung von Äthan, Äthylen u. H_2 werden ermittelt. Die Berechnung erfolgte schrittweise. Das 11stufige Programm ist angegeben. Die Rk.-Faktoren wurden aus der Literatur entnommen. A. Kunze. 5802□

Besonders gute Wärme- und Stoffübertragung in dispersen Medien. Y. Mikhailov. (Int. J. Heat Mass Transfer **1.** 37—45. Juni 1960. Riga, Acad. of Sci. of the Latvian SSR, Inst. of Energetics and Electr. Engng.) (Engl.)

In steigendem Maße läßt man Wärme- u. Stoffaustauschprozesse unter gleichzeitiger Phasenumwandlung (Fl.-Verdampfung, Dampf-Kondens.) ablaufen, die die Übergangsraten wesentlich erhöht. Vf. gibt die Lsgg. der entsprechenden Differentialgleichungen für Wärmeübergang u. Stoffübergang in dispersen Medien an unter der Voraussetzung, daß die Stoffübertragung unter gleichzeitiger Wrkg. des Potentialgradienten der Stoffübertragung, des Temp.-Gradienten u. des Gradienten des Gesamtdrucks stattfindet. Die Lsgg. werden für das eindimensionale Problem (unendliche Platte u. Kugel) für Randbedingungen 3. Ordnung in dimensionsloser Form angegeben. Schließlich wird der Einfl. besonderer Kenngrößen (Bi_q, Bi_m, Pn, Lu_p) auf die Potentialfelder der Wärme- u. Stoffübertragung untersucht. J. Martins. 5816□

Wärmetransport durch natürliche Konvektion in Stoffen bei kritischem Zustand. E. Schmidt. (Int. J. Heat Mass Transfer **1.** 92—101. Juni 1960. München, TH.) (Dt.)

Verss. mit NH_3 u. CO_2 in senkrechten, unten beheizten u. oben gekühlten Rohren in der Nähe des krit. Zustandes der Medien zeigen, daß hier ein außerordentlich hoher Wärmetransport allein durch natürliche Konvektion stattfindet. Die Wärmetransportleistung unter diesen Bedingungen ist vergleichbar mit der eines festen Körpers mit der mehr als 4000fachen Wärmeleitfähigkeit von Cu. Dieses Verh. wird durch die Tatsache erklärt, daß die spezif. Wärme u. der therm. Ausdehnungs-Koeff. im krit. Zustandsgebiet stark anwachsen. Nach Überschreiten der krit. Temp. fällt die Leistung wieder stark ab. J. Martins. 5816□

Dynamische Analyse der Wirkungsweise des Glockenbodens. H. S. Mickley, L. A. Gould und L. M. Schwartz. (Canad. J. chem. Engng. **39.** 14—26. Febr. 1961. Cambridge, Mass.; Massachusetts Inst. of Technol.) (Engl.)

Mathemat. Behandlung des Vorschlags, mit der Fl./Gas-Zufuhr eine der eintretenden Komponenten in Schwingungen zu versetzen u. dann an der aus dem Boden austretenden Fl. die induzierten Konz.-Variationen zu messen. — 21 Literaturangaben.
M. HAGEDORN. 5822 □

Stoffübertragung Gas/Flüssigkeit in einem Rührgefäß. F. H. H. Valentin und B. V. Preen. (Chemie-Ing.-Techn. **34.** 194—99. März 1962. Durban, Südafrika, Univ. Natal, Inst. für Chemie-Ing.-Techn.) (Dt.)

Es wurden die Einfl. von Ruheform, Drehzahl u. Gasdurchsatz auf die Blasenoberfläche u. den Stoffübergang (StÜ) in einem Rührgefäß für das Syst. Luft + CO_2/W. untersucht. Wenn keine chem. Rk. geschwindigkeitsbestimmend ist, hängt der StÜ zwischen Gas u. Fl. nur von der spezif. Blasenoberfläche, der StÜ-Zahl u. dem Konz.-Gefälle ab. Es wurden für vier Rührertypen bei verschiedenen Drehzahlen u. Gas-Geschw. die Blasengrößenverteilungen u. mittleren Blasengrößen mit einer photograph. Meth. bestimmt. Die spezif. Oberfläche hing nur vom Energieaufwand u. der Gas-Geschw. ab, nicht aber vom Rührertyp. Dieser u. das Syst. der Gaseinführung bestimmten die maximal ohne Rührerüberflutung verteilbare Gasmenge. Die ermittelten StÜ-Zahlen waren vom Energieaufwand u. der Gas-Geschw. unabhängig, was auf den überragenden Einfl. der ziemlich konst. Blasenaufstiegs-Geschw. zurückgeführt wurde. Für die StÜ-Vorgänge wurden modifizierte Gleichungen aufgestellt, bes. verbesserte Exponenten für die räumliche StÜ-Gleichung gefunden. W. D. KRÜGER/Berlin. 5840 □

Über die Korrosionen der Kesselrauchgasstränge bei tiefer Temperatur. P. de Lachaux. (Chaleur et Ind. **41.** 63—72. März 1960.) (Franz.)

Die (aus dem mittleren Orient stammenden) Heizöle enthalten 3,5—4,5% S in 0,002—0,01 V-Oleat. Das SO_2 der Rauchgase oxydiert sich durch katalyt. Wrkg. des Fe_2O_3 u. der V-Verbb. (teilweise) zu SO_3. Bei Unterschreitung des Taupunktes entsteht H_2SO_4, die die Kesselheizflächen angreifen kann. Die Neutralisation der H_2SO_4 durch Einführung von Dolomit, der Ersatz von Stahl durch korrosionsfeste Werkstoffe u. die Verw. von Schutzfilmen haben nicht voll befriedigt. Dagegen ist ein NH_3-Zusatz recht wirksam, obwohl das entstehende $(NH_4)_2SO_4$ den Luftvorwärmer rasch verstopft. Zwar lassen sich die Ablagerungen leicht abwaschen, wozu aber der Kessel abgestellt werden muß. Andere Zusätze (Inhibitoren) sind tert., heterocycl. Amine, SSR 113, Zn-Pulver u. Mg-Naphthenat. W. WESLY. 5850 □

Chemische Reaktionsprozesse in Zweiphasensystemen: Theorie und experimentelle Ergebnisse für langsame chemische Reaktionen in Röhren, Kolonnen und in kontinuierlich gerührten Reaktionsgefäßen. Pierre Trambouze, M. T. Trambouze und Edgar L Piret. (A. I. Ch. E. Journal **7.** 138—42. März 1961. Minneapolis, Minn., Univ. of Minn.) (Engl.)

Zum Problem chem. Rkk. in Zweiphasen-Syst. wird eine theoret. Anleitung zum Bau entsprechender Rk.-Gefäße für diese Syst. entwickelt, bei denen die Geschw. der chem. Rk. relativ klein ist zur Geschw. des Massentransportes. In einer knappen mathemat. Übersicht sind Gleichungen angegeben, die für Rohre, Kolonnen u. fortlaufend gerührte Rk.-Gefäße gelten. Experimentelle Daten für eine kontinuierliche Hydrolyse von Acetanhydrid, die am Syst. Bzl.-W. im Gegenstrom in einer pulsierend fließenden Siebplattenkolonne u. einer Füllkörperkolonne bei Temp. von 20, 25 u. 30° gemessen werden, zeigen für diese Rk. 1. Ordnung eine gute Übereinstimmung von experimentellen u. theoret. berechneten Werten. W.-D. HEUSSNER. 5862 □

Extraktive Rektifikation bei einem System mit azeotropem Punkt und Mischungslücke. K. Kümmerle. (Chemie-Ing.-Techn. **32.** 513—17. Aug. 1960. Frankfurt/M.-Höchst. Farbwerke Hoechst AG.) (Dt.)

Die extraktive Rektifikation gehört zu den selektiven Rektifikations-Verff., die dort benötigt werden, wo Mischungen getrennt werden sollen, deren Komponenten im Kp. nahe beieinanderliegen, oder bei der Trennung azeotroper Gemische. Bei vorliegender Arbeit wird der Einfl. einer Zusatzkomponente auf die Änderung der Aktivitäts-Koeff. u. mithin auf die relative Flüchtigkeit bei der Trennung eines Aceton/Methylacetat-Gemisches durch azeotrop-extraktive Rektifikation mittels W. quant. ermittelt. F. ZEIDLER. 5862 □

Entwurf von Destillationskolonnen. J. G. Lowenstein. (Ind. Engng. Chem., int. Edit. **54.** 43—46. Jan. 1962. FMC's Res. and Design Dept.) (Engl.)

Vf. hat das Diagramm von MCCABE u. THIELE zur Best. der theoret. Böden in Dest.-Kolonnen weiter ausgebildet, wobei er auch noch eine Meth. von HORWATH u.

SCHUBERT verwendet, die bereits Mängel des ersteren Verf. ausgeschaltet hatte. Bei der neuen Meth. wird das log–log-Verf. beibehalten, doch wird die Anwendung von mehreren Kurven vermieden u. nur noch ein Diagramm benötigt, ohne daß zusätzliche Probleme geklärt werden müssen. Für die Trennung eines A.–Cellulose-Gemisches werden die nötigen Unterlagen beigebracht u. an diesem Beispiel aufgezeigt, daß nur ein Diagramm nötig ist, obwohl die volle Konz. angewendet werden muß. F. ROSENDAHL. 5864□

Untersuchungsverfahren für den Stoffübergang bei der Rektifizierung. Jacques Peuscet. (Bull. Soc. chim. France **1961.** 1832—36. Okt. Paris, École Centrale des Arts et Manufact., Centre de Rech. de Chim. Ind.) (Franz.)

Eine Mischung von *Isooctan* u. *Toluol* wird isobar (50—760 Torr) in einer Dest.-App. mit evakuiertem Kolonnenmantel u. vollständigem Rückfluß fraktioniert u. die Zus. des Dampfes u. der fl. Phase refraktometr. bestimmt. Der Massentransport wird aus der Abhängigkeit der theoret. Bodenhöhe H_G der Kolonne von der REYNOLDS-Zahl $(Re)_G$ der Gasphase erhalten. $(Re)_G$ folgt aus der Messung der am Kolonnenboden ausströmenden Menge der fl. Phase; diese Menge stimmt mit der aus der Kolonne austretenden Menge der Dampfphase überein. Für $(Re)_G = 2000$ wird ein Übergang der laminaren in eine turbulente Strömung beobachtet. HERBERT MÜLLER. 5864□

Einfluß eines Wärmeübergangs bei der Rektifizierung. Henry Brusset und Jacques Peuscet. (Bull. Soc. chim. France **1961.** 1836—38. Okt. Paris, École Centrale des Arts et Manufact., Centre de Rech. de Chim. Ind.) (Franz.) — Vgl. vorst. Referat.

Durch Kondens. eines Teils der Dampfphase an der Kolonnenwand treten Wärmeverluste im Dampf auf, da die fl. Phase durch den Dampf aufgeheizt wird. Außerdem treten beim Rücklauf der fl. Phase in die sd. Fl. Störungen des therm. Gleichgewichts im Dest.-Gefäß auf. Für diese Störeffekte werden die notwendigen Gleichungen abgeleitet. HERBERT MÜLLER. 5864□

Rektifizierung von Füllkörpersäulen nach neueren Messungen im Lichte der Ähnlichkeitstheorie. H. Hausen. (Chemie-Ing.-Techn. **32.** 509—12. Aug. 1960. Hannover, TH, Inst. für Thermodynamik u. Verf.-Technik.) (Dt.)

Als Maß für die Wirksamkeit einer Füllkörpersäule hat KIRSCHBAUM die vergleichsmäßige theoret. Bodenzahl (Wertungszahl) eingeführt. Daneben wird die einem theoret. Boden gleichwertige Füllkörperhöhe als Kennzeichen der Rektifizier-Wrkg. benutzt, schließlich ist noch der Begriff der Höhe einer Übergangseinheit HTU (Height of a transfer unit) erwähnt. Die vorliegenden Verss. von LÖFFLER, WICHERT u. REEMTSMA (unveröffentlicht) mit Raschigringfüllung bezweckten, die Höhe einer HTU nicht nur abhängig von der Dampfbelastung, sondern bes. vom Verhältnis F/D Fl. u. Dampf zu ermitteln. Sie bestätigten frühere Messungen u. zeigen, daß die festgestellte starke Abhängigkeit der Rektifizier-Wrkg. vom Mengenverhältnis F/D nicht nur bei 70 Mol-% Bzl. im verwendeten Bzl.–n-Heptan-Gemisch, sondern ebenso bei 30 u. 50% Bzl. vorhanden ist. Beim Vgl. der Ergebnisse an einer kleineren u. größeren Säule mit geometr. ähnlichen Abmessungen werden die Erwartungen der Ähnlichkeitstheorie weitgehend erfüllt. Beobachtungen des Flutpunktes vereinfachen die Darst. u. führen schließlich unter Einführung dimensionsloser Größen zur Möglichkeit, die Meßergebnisse an einer bestimmten Säule durch eine einzige Kurve wiederzugeben. F. ZEIDLER. 5864□

Zur Vorausberechnung von Füllkörpersäulen für die Rektifikation. Reinhard Billet. (Chemie-Ing.-Techn. **32.** 517—20. Aug. 1960. Karlsruhe, TH, Inst. für Apparatebau u. Verfahrenstechnik.) (Dt.)

Für die Rektifikation bin. Syst. wird aus Verss. von KIRSCHBAUM u. Mitarbeitern eine empir. Beziehung für diese Berechnung abgeleitet. Ihre Anwendung wird am Beispiel A./W. sowie Bzl./Toluol gezeigt. Die Ergebnisse werden mit Werten anderer Autoren sowie solchen verglichen, die nach der Meth. von HANDS u. WHITT berechnet sind. — 13 Literaturangaben. F. ZEIDLER. 5864□

Bedeutung und Bestimmung der Stoffaustauschwiderstände in Füllkörperkolonnen. Rudolf Sizmann. (Chemie-Ing.-Techn. **33.** 659—67. Okt. 1961. München, TH, Labor. für Techn. Physik.) (Dt.)

Zur genauen Beschreibung der Trennwrkg. einer Füllkörperkolonne genügt nicht die Zahl der Böden, sondern es müssen auch die Stoffaustauschwiderstände für die Fl.-Phase bekannt sein. Mittels der Inertgas-Meth. wurden die Widerstände an sieben verschiedenen Füllkörperpackungen bestimmt. Bei den üblichen Typen von Raschigringen, Glaskugeln, Berlsattel u. Maschendrahtringen traten starke Unterschiede auf im Verhältnis der beiden Austauschwiderstände. Als maßgeblich werden bezeichnet: Füllkörpertyp in Form u. Abmessung, Packungsdichte der Füllkörper, Fl.-Benetzung der Füllkörper. Physikal. Eigg. des destillierenden Gemisches. A. KNICKENBERG. 5864□

Regelverfahren in der chemischen Technologie. Fred D. Marton. (Instruments Control Syst. **33.** 2064—65. Dez. 1960.) (Engl.)

Das Verstopfen von Regelventilen durch schlammige Stoffe wird durch intermittierendes Öffnen u. Schließen erfolgreich bekämpft. Der Schaltcyclus ist von einigen Sek. bis zu 3 Min. einstellbar, das Ventil selbst ist als 3-Wege-Ventil ausgelegt, wobei in der Zwischenperiode der Prod.-Strom mit Hilfe einer Pumpe im Umlauf gefördert u. dadurch eine Verstopfungsgefahr im Ventil vermieden wird. Ferner wird die Regelanlage eines Trockenofens für Abdeckungsmaterial eines Metallschmelzofens beschrieben. Um die letzten Reste von Feuchtigkeit aus dem Material zu entfernen, wird dieses über einen Programmregler langsam erhitzt. Der Gasdruck für die Gasbrenner u. das Gas-Luft-Gemisch zum Brenner werden durch Regler eingestellt. Das Programm wird empir. festgelegt. Abschließend wird die Regelung von Vinylchlorid- u. Acrylnitrilproduktionsanlagen unter Einsatz von Rechengeräten erörtert. Mit der Rechenanlage RW-300 werden beide Prozesse laufend überwacht, die Sollwerte der einzelnen Regler neu eingestellt, wobei auf Grund von vorgegebenen Gleichungen für den Umsatz Optimalwerte in Abhängigkeit von Temp. u. Durchflußmenge errechnet werden. Das zeitlich festgelegte Programm besteht in 5 Einzelschritten, wobei nach 5 Min. u. 20 Min., ferner nach 1, 8 u. 24 Std. die neuen Sollwerte oder die Mittelwerte der Mengendurchflüsse, die herrschenden Drücke u. Temp. registriert bzw. zur Weiterverrechnung gespeichert werden.
M. Grenacher. 5888□

Mechanische Spannungsmessungen in der Industrie. Erwin J. Saxl. (Instruments Control Syst. **33.** 2081—83. Dez. 1960.) (Engl.)

Entsprechend der Bedeutung mechan. Spannungsmessungen sind einfache Meßgeräte entwickelt worden, die die Spannungen an laufenden Drähten, Fäden u. Bändern zu messen gestatten. Der zu messende Faden läuft über 3 Rollen, wobei der Druck des Fadens auf die mittlere Rolle über eine Cu–Be-Blattfeder auf ein Anzeige-Syst. übertragen wird. Die Geräte sind eichfähig. Für sehr dünne Fäden (Nylon), wo schon geringe Reibungskräfte des Meß-Syst. schädlich sind, stehen elektr. sehr trägheitsarme Geräte zur Verfügung, die eine Fernmessung u. Fernsteuerung ermöglichen.
M. Grenacher. 5888□

Neue Verfahren zur Bestimmung der Spannungsrelaxation. G. R. Gohn und A. Fox. (Mater. Res. Standards **1.** 957—67. Dez. 1961. New York, Bell Telephone Labor., Inc., Res. Dep.) (Engl.)

Übersicht über Grundzüge u. Verff. zur Best. der Spannungsrelaxation. Bei einem neuen Faservibrations-Verf. für Spannungsprüfungen behält die Probe gleiche Länge. Das von Vff. für organ., unter Druck stehende Werkstoffe entwickelte Verf., gestattet die Verw. einer Mehrproben-Vorr., um mehrere Werte von gleichem Werkstoff erhalten oder gleichzeitige Prüfungen mehrerer, unter gleicher Spannung stehender Werkstoffe ausführen zu können. Aus Langzeitprüfungen ergibt sich, daß es schwierig ist, zuverlässige Langzeitentspannungswerte aus konst. Lastkriechwerten abzuleiten. — 19 Schrifttumshinweise. — Diskussion. W. Wesly. 5888□

Selbsttätiges Bemusterungsgerät. G. H. Corstjens. (Chem. Weekbl. **58.** 16—19. 13/1. 1962.) (Niederl.)

Beschreibung eines selbsttätigen Gerätes zur Bemusterung von Fll., Gasen u. „Strömen“ fester Stoffe, wobei die Probenmengen in einer bestimmten (mathemat.) Beziehung zu der durchgeleiteten, zu bemusternden Menge stehen. W. Wesly. 5888□

L. A. Rodiwilowa und K. P. Bajbakow, **Herstellung von Pasten** zur wärmestabilen *Abdichtung* bei Temp. um 200° auf Basis von Methylolpolyamidharz (**I**) durch Fällung des gelösten **I** mit Estern, wie Dibutylphthalat (**II**), Trikresylphosphat u. a., u. Zusatz von Füllstoffen u. Stabilisatoren zu dem erhaltenen Harz. — Zu einer 20—30%ig. wss.-alkohol. Lsg. von 100 (Gew.-Teilen) **I** (Typ PFE-2/10) werden **40 II** gegeben, das Lsgm. wird durch Erwärmen auf 80—90° entfernt, ebenso überschüssiges **II** u. dem trockenen, 10—20% **II** enthaltenden Harz werden 20% TiO_2 oder Asbest zugesetzt. (**UdSSR. P. 118 090** vom 11/7. 1958.) L. Grossner. 5811

Comp. de Construction de Gros Materiel „Électro-Mécaniques“, Paris, Frankreich, **Wärmeaustauscher,** dad. gek., daß ein Zwischenstück zwischen den Rohren u. einer schweißbaren Stahlwand eingeschweißt wird u. das zusammengesetzt ist aus 62—68 (%) *Ni*, 2,5 *Fe*, 1—2,2 *Si*, 0,5—1,5 *Mn*, 0,35 *C*, Rest *Cu* mit Verunreinigungen. Als *Lot* dient eine Leg. aus 62—70 *Ni*, bis 4 *Mn*, bis 2 *Fe*, bis 1 *Si*, bis 0,4 *C*, bis 0,025 *S*, bis 1 *Ti*, bis 1,5 *Al*, Rest *Cu* mit Verunreinigungen, wobei das Lot noch bis 3 *Nb* u. *Ta* sowie mindestens 4 *Co* enthalten kann. (**E. P. 858 908** vom 29/7. 1957, ausg. 18/1. 1961. F. Prior. 24/8. u. 12/10. 1956.) C. Götze. 5815

Böhme Fettchemie G. m. b. H. (Erfinder: Rudi Heyden), Düsseldorf, **Dispergier- und Emulgiermittel.** Als solche werden wasserlösl. oder in W. quellbare Kondens.-Prodd. aus Polyalkylenoxidwachsen mit einem Molgew. von wenigstens 1000 u. Polycarbonsäuren, die wenigstens einen lipophilen Rest enthalten, verwendet. Dispergiermittel für mineral., tier., pflanzliche oder synthet. Öle, Fette oder Wachse, die ggf. auch ansulfoniert sein können, ferner für natürliche oder synthet. Harzöle oder Harze, natürlichen oder synthet. Kautschuk, Eiweißstoffe, synthet. hochpolymere Verbb. wie Polyvinyl-Verbb., Polyester, Polyamide u. dgl., anorgan. oder organ. Pigmentstoffe (Farbpigmente, Mattierungsmittel, Beschwerungsmittel, Füllmittel), feste, pulverförmige Wirkstoffe aller Art. (**D. A. S. 1 038 055** Kl. 12s vom 22/3. 1954, ausg. 4/9. 1958.)
H. Raeithel. 5825

Chemische Fabrik Budenheim Akt.-Ges. (Erfinder: Otto Pfrengle und Christel Pietruck), Budenheim/Rh., **Pulverförmige Emulgier- und Suspendiermittel.** Auf Alkaliphosphate, die durch Heißsprühtrocknen der Lsg. eines Alkaliorthophosphats oder kondensierten Phosphats oder durch Sprühtrocknen einer Alkaliorthophosphat-Lsg. u. schonende therm. Nachbehandlung des Calcinats zur Überführung in kondensiertes Phosphat gewonnen wurden u. ein Schüttgew. von < 600 g/Liter, bes. < 450 g/Liter aufweisen, werden die die Emulgierung fördernden fl. oder leicht schmelzenden organ. öllösl. Stoffe aufgebracht, so daß ein schüttfähiges, einheitliches Prod. in Pulverform erhalten wird. Verw. in der Nahrungsmittel-, pharmazeut. u. kosmet., Papier-, Ton- u. Erdölindustrie. (**D. A. S. 1 048 593** Kl. 12s vom 19/8. 1955, ausg. 15/1. 1959.)
H. Raeithel. 5825

Badische Anilin- & Soda-Fabrik Akt.-Ges. (Erfinder: Hans Fikentscher, Hans Wilhelm und Klaus Holzer), Ludwigshafen/Rh., **Dispergiermittel mit Schutzkolloideigenschaften.** Wasserlösl. Polymerisate aus 8—50% Acrylsäuremethyl- oder -äthylester u. 92—50% Acrylsäureamid u. Methacrylsäureamid, die von keinem der genannten Amide weniger als 10% enthalten. Zur Herst. von Dispersionen bzw. Emulsionen für Anstrichzwecke, für die Textilindustrie, z. B. für Imprägnierungen, Appreturen u. Schlichten, Überzüge, Klebemittel u. Spachtelmassen, pharmazeut. u. kosmet. Zwecke, Pflanzenschutz, Desinfektionsmittel. (**D. A. S. 1 049 871** Kl. 12s vom 30/4. 1956, ausg. 5/2. 1959.)
H. Raeithel. 5825

Farbenfabriken Bayer Akt.-Ges., Leverkusen (Erfinder: Walter Hagge, Josef Düsing, Leverkusen, und Joachim Kolbe, Opladen), **Dispergier- und Demulgiermittel.** Diese enthalten Mischungen von wasserlösl. Salzen wasserlösl. aliphat. Sulfo-Verbb. mit in W. schwer lösl. Aminsalzen von wasserlösl. aliphat. Sulfo-Verbb. u. in W. schwerlösl. Oxalkylierungs-Prodd. von wasserunlösl. höhermol., cycl. Gruppen besitzender Substanzen. Mit diesen Mischungen kann man verschiedenartige, in W. oder anderen fl. Medien nicht oder nur schwer lösl. Stoffe, z. B. Ruß, Pigmente, Textilhilfsmittel, Schädlingsbekämpfungsmittel, Wirkstoffe, wie Vitamine oder Hormone, äußerst fein verteilen, ebenso Emulsionen brechen, wie sie z. B. bei der Gewinnung von Antibiotica, Erdölen oder bei der Aufarbeitung von Mineralölen anfallen. — Dispergiermittel bei der Emulsionspolymerisation. (**D. A. S. 1 064 075** Kl. 12s vom 18/4. 1957, ausg. 27/8. 1959.)
H. Raeithel. 5825

Jiří Černý und Oto Wichterle, Prag, Tschechoslowakei, **Aushärten eines Harzes für Anionenaustauscher,** das durch Einw. von Thioharnstoff auf die salzsaure Lsg. von Polyvinylalkohol (**I**) bei erhöhter Temp. hergestellt worden ist, dad. gek., daß man auf die frische Rk.-Mischung, enthaltend das Thiuroniumsalz des **I**, eine wenigstens zweibas. organ. Säure (**II**) bei höchstens 200° einwirken läßt. Als **II** sind genannt: Oxal-, Malon-, Bernstein-, Äpfel-, Wein-, Citronen-, Malein-, Fumar-, Schleim-, Zucker-, Phthal-, Mellit- u. Naphthalsäure sowie Furandicarbonsäure. Das Harz besitzt bes. Widerstandsfähigkeit im alkal. Milieu. — Beispiel. (**D. A. S. 1 111 392** Kl. 39c vom 19/9. 1959, ausg. 20/7. 1961.)
H. Schindler. 5827

Erz- und Kohleflotation G. m. b. H., Bochum (Erfinder: Joseph Siebel und Wilhelm Mertens, Bochum), **Schwimmaufbereitung von Flußspat,** der als Begleitkomponenten Schwerspat, Kalkspat u. sulfid. Erze, wie Bleiglanz enthält, u. auch Quarz enthalten kann, durch Drücken des Bleiglanzes vor der Flußspatflotation mit Alkalichromat bzw. -bichromat, z. B. $Na_2Cr_2O_7$. (**D. A. S. 1 118 112** Kl. 1c vom 6/2. 1960, ausg. 30/11. 1961.)
W. Hauswald. 5829

Hans Paul, Recklinghausen, **Verringern der Schwerstoffverluste beim Aufbereiten von Gut unterschiedlicher Wichte in Schwertrübe** bei einem Verf. bei dem das Gut nach dem Aufbereiten über Enttrübe- bzw. Abbraussiebe geführt wird. Das Feinkorn wird zum Enttrüben u. Abbrausen über Siebe mit Öffnungen ≤ 1 mm geleitet. Deren Siebüberlauf wird anschließend den Enttrübungs- bzw. Abbraussieben mit Sieböffnungen unter 1 mm für das Grobkorn aufgegeben. (**D. A. S. 1 119 793** Kl. 1c vom 6/8. 1958, ausg. 21/12. 1961.) W. Hauswald. 5829

Kali-Forschungs-Anstalt G. m. b. H., Hannover (Erfinder: Hans Authenrieth, Hannover, und Gerd Peuschel, Benthe b./Hannover), **Elektrostatische Aufbereitung von Mineralgemischen.** Das in D. A. S. 1 076 593 beschriebene Verf. zur Aufbereitung von Kalisalzen unter vorheriger Konditionierung mit Carbonsäuren mit mindestens 3 C-Atomen oder deren Salzen oder Estern wird auf die elektrostat. Aufbereitung anderer Mineralgemische angewandt, z. B. auf Schwerspat deutscher Herkunft oder auf Kupfererze aus dem Kongo. (**D. A. S. 1 117 515** Kl. 1b vom 24/4. 1959, ausg. 23/11. 1961. **Zusatz zu D. A. S. 1 076 593; C. 1961. 4488.**) W. Hauswald. 5829

Membranfilterges. m. b. H. (Erfinder: Karl-Heinrich Maier und Knut Voggel), Göttingen, **Bestimmung des Keimgehaltes der Luft** unter Verw. von luftdurchlässigen Membranfiltern (**I**), dad. gek., daß man die keimhaltige Luft in einer Menge von bes. 35 Liter/Min. bezogen auf 15 cm^2 u. 500 mm WS durch ein in W. oder physiolog. verträglichen Fll. lösl. Gelatine-**I** mit einer Porengröße von 1—3 μ bei maximal 10^7 Poren/cm^2 hindurchsaugt, aus dem mit den Mikroorganismen angereicherten **I** ein wss. Keimkonzentrat herstellt u. dieses in bekannter Weise auswertet. Beschreibung der Herst. von **I**, Beispiel der Verw. u. Vgl.-Versuche. Tabellen. (**D. A. S. 1 110 823** Kl. 30h vom 21/5. 1959, ausg. 13/7. 1961.) H. Schindler. 5889

Wissenschaftlich-Technisches Büro für Reaktorbau, Berlin (Erfinder: Max Steenbeck, Jena, und Wolfgang Schimmel, Berlin), **Kernbrennstoff.** Bei der Herst. nach D. A. S. 1 077 801 wird die Trägermetallschmelze aus Pb oder Bi oder einer eutekt. Leg. hiervon oder aus mindestens einem dieser Metalle in Leg. mit Sn, Li, Na u./oder K zusammengesetzt. Auf ihre Oberfläche werden die einzubringenden Brennstoffteilchen aus U, Th, Pu oder Legg. der Verbb. dieser Elemente untereinander oder mit anderen Elementen aufgebracht. (**D. A. S. 1 114 262** Kl. 21g vom 7/4. 1959, ausg. 28/9. 1961. **Zusatz zu D. A. S. 1 077 801; C. 1961. 3109.**) H. Kessel. 5895

A. E. I.-John Thompson Nuclear Energy Co. Ltd., London (Erfinder: William George Edgar Wood, Manchester, und Peter Barrington Thomas, Yarm-on-Tees), England, **Graphitmoderator für Kernreaktoren.** Der Vertikal gestapelte u. horizontal geschichtete Graphitkern hat einen zentralen, das Wigner-Wachstum berücksichtigenden u. einen ringförmigen, das Wigner-Wachstum nicht berücksichtigenden Bereich, der sich um den an 1. Stelle genannten Bereich im oberen Teil des Kerns erstreckt. (**D. A. S. 1 108 339** Kl. 21g vom 8/10. 1958, ausg. 8/6. 1961. **F. P. 1 225 654** vom 8/10. 1958, ausg. 4/7. 1960. Beide E. Prior. 9/10. 1957. **E. P. 844 884** vom 9/10. 1957, ausg. 17/8. 1960.) H. Kessel. 5895

Studiengesellschaft Kohle m. b. H. (Erfinder: Roland Köster und Wolfgang Larbig), Mülheim/Ruhr, **Herstellung von aluminiumorganischen Verbindungen** mit Cycloalkylgruppen vom Neopentyltyp, dad. gek., daß man 2.5-alkylsubstituierte Hexadiene (**I**) mit AlH_3 oder dieses in der Hitze abgebenden Verbb. (**II**) in einer inerten Atmosphäre umsetzt. Als **I** dienen bes. 2.5-Dimethylhexadien-(1.5) (**III**) u. als **II** alkylierte Al-Hydride oder Al-Trialkyle, bes. Al-Triisobutyl. Beim Arbeiten mit **II** werden zweckmäßig Verdrängungskatalysatoren, wie Ni, verwendet. — 1 (Mol) **III** gibt man zu einer Suspension von 0,3 AlH_3 in 300 cm^3 Pentan u. erhitzt 1 Std. auf 130°, wobei das Lsgm. abdestilliert. Bei der Dest. bei 10^{-5} Torr/109—111° erhält man *Aluminium-tris-[1.3-dimethylcyclopentyl-(1)]-methyl* der Formel **IV**. Die Verbb. sind therm. sehr stabil. — *Katalysatoren.* (**D. A. S. 1 124 038** Kl. 12o vom 18/8. 1960, ausg. 22/2. 1962.) J. Mühleisen. 5905

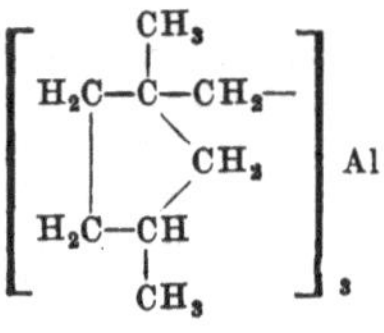

IV

Continental Can Co., Inc., V.St.A. (Erfinder: **Harold William Unger** und **Donald Henry Zipper**), *Herstellung von Dichtungen.* (**F. P. 1 196 944** vom 21/11. 1957, ausg. 26/11. 1959. A. Prior. 1/4. 1957. — C. **1960.** 6613 [D. A. SS. 1 065 961 u. 1 066 686].)

Deutsche Gold- und Silber-Scheideanstalt vormals Roessler, Deutschland, *Herstellung von Stoffen zum Verdicken von Flüssigkeiten.* (**F. P. 1 235 798** vom 4/9. 1959, ausg. 9/11. 1960. D. Prior. 4/9. 1958. — C. **1961.** 10 318 [D. A. S. 1 066 552].)

Chemical Process Co., San Francisco, übert. von: **Irving M. Abrams**, San Carlos, Calif., V.St.A., *Ionenaustauscherharz.* (**A. P. 2 855 371** vom 25/6. 1954, ausg. 7/10. 1958. — C. **1959.** 245 [E. P. 779 178].)

Nederlandse Organisatie voor Toegepast-Natuurweetenschappelijk Onderzoek ten Behoeve van Nijverheid, Handel en Verkeer, Den Haag, Holland, *Herstellung von ionenselektiven Membranen.* (**E. P. 851 584** vom 7/4. 1959, ausg. 19/10. 1960. Holl. Prior. 9/4. 1958. — C. **1961.** 3769 [Holl. P. 93 497].)

Peter Willems, Luzern, Schweiz, *Filtrieren von Flüssigkeiten.* (**Schwz. P. 334 610** vom 28/4. 1954, ausg. 31/1. 1959. — C. **1962.** 2116 [D. A. S. 1 109 145].)

Great Lakes Carbon Corp., New York, N.Y., V.St.A., *Filterhilfsmittel.* (**Belg. P. 549 257** vom 4/7. 1956, ausg. 20/11. 1959. A. Prior. 11/8. 1951. — C. **1959.** 245 [E. P. 791 993].)

Bendix Aviation Corp., South Bend, Ind., übert. von: **Walter Kasten**, Royal Oak, Mich., V.St.A., *Herstellen eines Filterkörpers für Gase und Flüssigkeiten.* (**A. P. 2 919 765** vom 6/12. 1956, ausg. 5/1. 1960. — C. **1962.** 2491 [E. P. 815 959].)

Krauss-Maffei-Imperial G. m. b. H. & Co., München, *Eindicken von Suspensionen.* (**E. P. 810 701** vom 1/2. 1957, ausg. 18/3. 1959. **Belg. P. 553 929** vom 4/1. 1957, ausg. 29/1. 1960. Beide D. Prior. 22/8. u. 29/8. 1956. — C. **1962.** 2859 [D. A. S. 1 082 575].)

Fred J. Neveling, New York, N.Y., V.St.A., *Gefrierschutzmittel.* (**Can. P. 552 525** vom 24/1. 1955, ausg. 4/2. 1958. — C. **1956.** 8210 [A. P. 2 700 653].)

Farbenfabriken Bayer Akt.-Ges., Deutschland (Erfinder: **Eberhard Zirngiebl** und **Alex Bürger**), *Komplexe Metallborhydride.* (**F. P. 1 225 719** vom 7/2. 1959, ausg. 4/7. 1960. D. Prior. 7/2. 1958. — C. **1961.** 14 047 [D. A. S. 1 070 148].)

II. Betriebsschutz. Feuerschutz

Ultraviolett-Spektrophotometrie und Fluorescenz-Messung. J. A. Houghton und George Lee. (Amer. ind. Hyg. Assoc. J. **22.** 296—301. Aug. 1961. Hopkinton, Mass., Liberty Mutual Insurance Co.) (Engl.)

Von einer Reihe von Verbb., die den Industriehygieniker interessieren, wurden UV-Absorptionsdaten u. Fluorescenzcharakteristiken zusammengestellt. Mit Hilfe der Absorptions- u. Fluorescenz-Eigg. können viele Stoffe einfach u. schnell quant. bestimmt werden. Die Meßergebnisse können jedoch durch die Anwesenheit interferierender Substanzen verfälscht werden. Es werden die Auswahl der Lsgm. sowie die besonderen Maßnahmen bei der Unters. von Luftproben erörtert. — 20 Literaturangaben.

B. Franz. 5948□

Eine analytische Schnellmethode für die Bestimmung von Beryllium in Luftproben. R. A. Hiser, H. M. Donaldson und C. W. Schwenzfeier. (Amer. ind. Hyg. Assoc. J. **22.** 280—85. Aug. 1961. Elmore, Ohio, Brush Beryllium Co.) (Engl.)

Die Aufnahme von Be unter die bei der Hygienekontrolle untersuchten, in der Luft enthaltenen Substanzen führte zur Entw. von Schnellmethoden. Die beschriebene Meth. besteht in der Probenahme auf Whatman-Filterpapier Nr. **41**, dem Veraschen der Probe mit nachheriger Überführung in BeF_2, Zugabe von p-Nitrophenylazoorcinol; der Vgl. der Klett-Ablesung mit einer Standardkurve gibt den Be-Gehalt. Die Probe soll nach Möglichkeit 5—45 μg Be enthalten. Schwermetalle werden chelatiert, Cu u. Zn als komplexe Cyanide gebunden.

B. Franz. 5948□

Die Bildung von Stickoxiden bei der Selbstzündung von versprühtem flüssigem Brennstoff. George J. Mullaney. (Ind. Engng. Chem., int. Edit. **52.** 529—32. Juni 1960. Schenectady, N.Y., Gen. Electr. Co., Res. Labor.) (Engl.)

Es wurde die Bldg. von Stickoxiden (**I**) in der komplexen Flamme nach der Selbstzündung von versprühtem fl. Brennstoff untersucht. Die Bldg. von **I** scheint von dem Oxydationsmechanismus bei hohen Temp. abzuhängen. Infolge der exponentiellen Abhängigkeit der **I**-Bldg.-Geschw. von der Temp. muß wahrscheinlich die Ermittlung der Maximal-Temp. zur Verhinderung der **I**-Bldg. als vorrangig erachtet werden. Die Ergebnisse gelten auch für Otto-Motoren. Das Herabsetzen der maximalen Flammen-Temp. bei Verbrennungskraftmaschinen kann den **I**-Geh. in den Abgasen erniedrigen. — 13 Literaturangaben.

B. Franz. 5948□

Ein Versuch zur Einschränkung der Luft-Verunreinigung — katalytische Oxydation von Kohlenwasserstoffen. K. C. Stein, J. J. Feenan, G. P. Thompson, J. F. Shultz, L. J. E. Hofer und R. B. Anderson. (Ind. Engng. Chem., int. Edit. **52.** 671—74. Aug. 1960. Pittsburgh, Pa., U.S. Dep. of Interior, Bur. of Mines.) (Engl.)

Die KW-Stoffe der Kraftfahrzeugabgase sind eine Hauptquelle für Augenreizungen bei Stadtbewohnern. Als Beschickung für einen katalyt. Abgasreiniger scheinen Katalysatoren, die auf Co-, Ni-, Mn- u. Cr-Oxiden basieren, Erfolg zu versprechen.

B. Franz. 5948□

Die Bestimmung von Kohlenwasserstoffen in Abgasen von Abfallverbrennungsöfen mittels eines Heizgasindicators. Milton Feldstein. (Amer. ind. Hyg. Assoc. J. **22.** 286—91. Aug. 1961. San Francisco, Calif., Bay Area Air Pollution Control District.) (Engl.)

Für die Best. von KW-Stoffen mit zwei oder mehreren C-Atomen (**I**) in Abgasen von Abfallverbrennungsöfen hat sich ein Heizgasindicator mit einer Skalaempfindlichkeit von 10:1 als brauchbar erwiesen. Die Gasproben werden in 34 Liter fassende, unter Vakuum stehende Edelstahlbehälter gebracht. Der Anteil an CO plus CH_4 gegenüber **I** konnte aus der Anzeigedifferenz, die sich beim Zwischenschalten einer **I**-adsorbierenden Aktivkohlesäule in die Vers.-App. ergibt, bestimmt werden. Mit der Meth.

können Verbrennungsöfen, die Abgase mit mehr als 50 ppm I emittieren, festgestellt werden. Die Meth. wird beschrieben; ferner werden einige evtl. Anzeigefehler verursachende Faktoren erörtert. B. FRANZ. 5948□

Drägerwerk, Heinrich & Bernhard Dräger, Lübeck, **Imprägnierung von Aktivkohlen für Gasschutzzwecke** durch Tränken mit $(NH_4)_2CO_3$ enthaltender ammoniakal. wss. Lsg. von bas. Cu-Carbonat, $K_2Cr_2O_7$ u. $AgNO_3$. Die Imprägnier-Lsg. enthält <6,6% $(NH_4)_2CO_3$ u. 10,6% Schwermetallsalze u. wird unter Zwischentrocknung der Kohle zwei- oder mehrmalig verwendet. (**D. A. S. 1 087 579** Kl. 12i vom 1/8. 1958, ausg. 25/8. 1960.) E. MIESSGANG. 5937

Adox Fotowerke Dr. C. Schleussner G. m. b. H., Frankfurt/M. (Erfinder: Hans Weber, Neu-Isenburg), **Klarscheibe** (bes. für Gasmasken u. Schutzbrillen). Auf beiden Seiten des Schichtträgers, bestehend aus einem klar durchsichtigen Kunststoff ist je eine feuchtigkeitsabsorbierende Schicht (Gelatine) aufgebracht. — Abbildung. (**D. A. S. 1 091 871** Kl. 61b vom 9/7. 1958, ausg. 27/10. 1960.) E. MIESSGANG. 5937

Drägerwerk, Heinrich & Bernhard Dräger, Lübeck, **Entgiftung von Kampfstoffen.** Die Kampfstoffe werden mittels hydrotroper Stoffe bzw. hydrotroper Lsgg. in Lsg. gebracht. (Anwendung einer 30%ig. Lsg. von xylolsulfonsaurem Na.) (**D. B. P. 974 228** Kl. 61b vom 17/4. 1953, ausg. 20/10. 1960.)

E. MIESSGANG. 5937

III. Elektrotechnik

Beziehungen zwischen strukturellen Merkmalen und Eigenschaften der synthetischen Isolierstoffe. Gottfried Glöckner. (Wiss. Z. Techn. Hochschule Dresden **10.** 703—18. 1961.) (Dt.)

Ein Überblick über das Gesamtgebiet wird durch Vereinfachung u. Schematisierung der Strukturmerkmale hochpolymerer Stoffe in Tabellenform gegeben u. die Eigg. der synthet. Isolierstoffe, wie Formbeständigkeit in der Wärme, Verh. gegen Lsgm., dielektr. Verluste, Widerstand, Brennbarkeit u. Glutfestigkeit behandelt. Die bestehenden allg. Beziehungen werden durch Beispiele belegt. A. KUNZE. 5956□

Über Isolierlacke zur Imprägnierung in der Elektrotechnik. C. A. Orséro. (Peintures, Pigments, Vernis **37.** 132—39. März 1961.) (Franz.)

Die neue Imprägnierungstechnik von elektr. Spulen durch Isolierlacke auf der Grundlage von Polyesterharzen wird besprochen. Die Lacke ohne Lsgm. ersetzen langsam die klass. Lösungslacke. Vff. untersuchten die Konstit., Eigg. u. Anwendungs-Meth. dieser neuen Prodd. u. ihre Entwicklung. K. WEKUA. 5956□

Kobalt-Platin, eine Dauermagnet-Legierung. Marlin S. Walmer. (Engelhard Ind., Inc., techn. Bull. **2.** 117—21. März 1962. Lancaster, Pa., Hamilton Watch Co.) (Engl.)

Auf Grund der Eigg. von Co-Pt-Leg. mit 23,2 (Gew.-%) Co u. 76,8 Pt (Koerzitivkraft = 4300 Oe, Restinduktion = 6450 Gauß, spezif. Gew. = 15,7) eignet sich die Leg. als Dauermagnet. W. WESLY. 5958□

Vorläufige Mitteilung über den Einfluß des pH-Werts des Katolyten auf den Potentialabfall der MnO_2-Elektrode am Beginn einer Entladung und auf die Erholung des Potentials nach Öffnung des Stromkreises. C. Drotschmann. (Batterien [Utrecht] **16.** 302—03. April 1962. Eindhoven, TH, Abt. Elektrochem.)

Mit Hilfe einer Glas-Einsteckelektrode (gegen eine im Außenelektrolyt angebrachte Kalomelelektrode) wurde der pH-Verlauf des Katolyten, d. h. der Elektrolyt-Lsg. in den Poren der MnO_2-Elektrode, in den ersten Min. nach Einschaltung bzw. Abschaltung einer elektr. Belastung der Leclanché-Zelle gemessen. Der schnelle Abfall des MnO_2-Potentials (im erstgenannten Fall) sowie der schnelle Anstieg des Potentials (im letztgenannten Fall) geht einher mit einer starken Erhöhung bzw. Erniedrigung des pH-Werts des Katolyten. Eine Beschreibung der Vers.-Anordnung u. graph. Darst. der erhaltenen e- u. pH-Kurven werden gegeben. C. DROTSCHMANN. 5970□

Über die Charakteristiken der Entladung durch kathodischen Funken zwischen einer Elektrolytlösung und einer Metallkathode. Ahmad Banège-Nia. (C. R. hebd. Séances Acad. Sci. **246.** 601—04. 27/1. 1958.) (Franz.)

In Fortsetzung früherer Unterss. (vgl. C. R. hebd. Séances Acad. Sci. **245.** [1957.] 1421) berichtet Vf. über die Entladung durch kathod. Funken in 0,01n *HCl*-Lsgg. u. $CH_3 \cdot CO_2H$-Lsgg. bei 25° bei verschiedenen Funkenlängen u. verschiedenen Stromstärken. Die Vers.-Ergebnisse sind graph. wiedergegeben u. werden diskutiert.

C. GOTTFRIED. 5992

Bell Telephone Laboratories, Inc., New York, N.Y., übert. von: Lewis E. Miller, Fullerton, Pa., V.St.A., **Verbessern der elektrischen Eigenschaften von Halbleitern.** Halbleiter, wie *Ge*, *Si* u. Ge–Si-Legg., werden mit H_2O_2-Lsgg. (ca. 30% ig.) benetzt u. in einer O_2-haltigen Atmosphäre, wie Luft, auf mindestens ca. 100°, aber unterhalb des F. der Bestandteile erhitzt. Verstärkungsfaktor u. Umkehrsättigungsstrom eines Transistors wird verbessert. (**A. P. 2 974 075** vom 28/10. 1957, ausg. 7/3. 1961.) F. MARKHOFF. 5953

Oskar Scheffler, Berlin, **Herstellung von Kohleformkörpern und Elektrodenmassen.** Zerkleinerte C-haltige Rohstoffe, wie Anthracit, Graphit oder Koks, werden mit geblasenen Steinkohlenteeren u./oder Steinkohlenteerpechen vermischt u. ggf. verformt. Beim Verblasen der Peche werden zweckmäßig Mineralsäuren, Säurechloride, $AlCl_3$, $FeCl_3$ oder ein Permanganat zur Erhöhung der Verkokbarkeit u. des Bindevermögens als Zusätze verwendet. (**D. P. [DDR] 22 120** Kl. 80b vom 25/3. 1958, ausg. 10/10. 1961 [Wirtschaftspatent].) HANS HOFFMANN. 5953

General Electric Co., New York, übert. von: George L. Gaines jun., Scotia, N.Y., V.St.A., **Behandeln von Glimmerpapier** durch Imprägnieren mit monomerem *Tetrabutylorthotitanat* nachfolgendes Hydrolysieren u. Aufheizen zum Verdampfen der bei der Hydrolyse entstehenden flüchtigen Produkte. Dann wird bei 120° mit einer Mischung von *Dimethyldichlorsilan* u. *Methyltrichlorsilan* der allg. Zus. $(CH_3)_nSi(Cl)_{4-n}$ behandelt, wobei n 0,8—1,9 ist. Das so bearbeitete Glimmerpapier hat eine erhöhte Zugfestigkeit u. ist gegen Feuchtigkeit beständig. (**A. P. 2 914 426** vom 9/8. 1956, ausg. 24/11. 1959.) F. VIER. 5957

Handy & Harman, New York, N.Y., übert. von: Charles D. Coxe, Fairfield, Conn., V.St.A., **Herstellung von Magneten mit hoher magnetischer Formanisotropie** aus ferromagnet. Metall- oder Leg.-Pulverteilchen, dad. gek., daß feinzerteiltes ferromagnet. Metallpulver, z. B. *Fe*-, *Fe–Ni*-, *Fe–Co*- oder *Fe–Ni–Co*-Pulver, mit einem unmagnet. Metallpulver, z. B. *Ag* oder *Cu*, das im ferromagnet. Material nur sehr wenig lösl. ist, innig vermischt, vorgepreßt, gesintert u. darauf in mehreren Stufen mit eingelegten Zwischenglühungen kaltverformt wird, wobei das Länge/Durchmesser-Verhältnis des Ausgangsbarrens erhöht u. der Durchmesser desselben wesentlich verringert wird. (**A. P. 2 967 794** vom 12/9. 1956, ausg. 10/1. 1961.) H. HOCHSTEIN. 5959

International Nickel Co., Inc., New York, N.Y., V.St.A., übert. von: Thornley Athelstan Dunton und David Kenneth Worn, Birmingham, England, **Herstellung von elektromagnetischen Kernen für Induktionsspulen** durch Pressen der Kerne aus Fe-Pulver im Gemisch mit einer wss. *Na-Silicat*-Lsg. u. einem *Phenol–Formaldehyd-Harzbinder*, dad. gek., daß ein faseriges Carbonyl–Fe-Pulver mit einer mittleren Teilchengröße unter ca. 3 μ mit H_2S-Gas auf einen *S*-Geh. von 0,3—1,2% in einer Behandlungszeit von 2—4 Min. angereichert u. das hierbei anfallende Pulver in einer Kugelmühle, deren Stahlkugeln 5mal schwerer als das Pulver-Gew. sind, behandelt wird, wodurch höhere Q-Werte bei höheren Frequenzen in den aus diesen Pulvern hergestellten Spulen erzielt werden (Q ist das Verhältnis der induktiven Reaktanz zum tatsächlichen Widerstand der Spule). (**A. P. 2 971 872** vom 27/11. 1957, ausg. 14/2. 1961. E. Prior. 16/9. 1954.) H. HOCHSTEIN. 5959

M. D. Kotscherginskij, L. F. Penkowa und M. W. Ssakina, **Galvanische Batterie** alkal. Typs mit Luftdepolarisation mit einer aus Zn-Staub u. Elektrolytmischung bestehenden negativen u. einer aus C/Mn, KOH u./oder NaOH bestehenden, durch MnO_2-Zusatz aktivierten positiven Elektrode. Der Elektrolyt setzt sich aus NaOH, KOH u. ZnO zusammen, z. B. in Mengen von 170—180 (g/Liter) NaOH, 145—155 KOH u. 50—55 ZnO. Als Verdickungsmittel wird eine Mischung von Stärke u. Mehl (150 g pro Liter Elektrolyt) zugesetzt. (**UdSSR. P. 117 837** vom 10/6. 1957.) B. PANKOW. 5971

International Nickel Co., Inc., New York, N.Y., V.St.A., übert. von: Charles Alfred Clark, Birmingham, England, **Temperatur-Kompensations-Element** für magnet., im Betrieb Temp.-Änderungen über einen relativ weiten Temp.-Bereich unterworfene Anzeigeinstrumente aus einer Fe-Leg., mit bis zu 0,03 (%) *C*, 23—28, bes. 24,5—27,6 *Ni*, 6—11, bes. 7—9 *Cu*. Die Vorr. dient zum Fehlerausgleich bei der Ablesung von Instrumenten, wenn diese Temp.-Änderungen unterworfen sind. (**A. P. 2 968 548** vom 15/12. 1958, ausg. 17/1. 1961. E. Prior. 13/1. 1958.) H. HOCHSTEIN. 5971

„Patelhold" Patentverwertungs- & Elektroholding Akt.-Ges., Glarus, Schweiz, **Einbringen von Quecksilber in eine mit einer Oxidkathode versehene elektrische Entladungsröhre.** Man bringt ein Gemisch aus HgO, einem schnell wirkenden

u. einem langsam wirkenden Red.-Mittel ein u. erwärmt nach der Entgasung der Röhre. Bes. geeignet ist ein Gemisch aus 1 (Gew.-Teil) HgO, 2 Zr u. 2 Fe, das bei 700° freies Hg bildet. (**Holl. P. 98429** vom 9/5. 1955, ausg. 17/7. 1961. Schwz. Prior. 28/5. 1954.)

F. BÖHM. 5975

Union Carbide & Carbon Corp., New York, N.Y., übert. von: **Clarence E. Greider**, Lakewood, und **Myron R. Null**, Berea, Ohio, V.St.A., *Gemisch zum Verbinden von Kohleelektroden.* (**Can. P. 552 841** vom 2/12. 1954, ausg. 4/2. 1958. A. Prior. 19/1. 1954. — C. **1958.** 9028 [A. P. 2 710 812].)

Egyesült Izzólámpa és Villamossági R. T. (Erfinder: **János Patak**), Budapest, Ungarn, *Elektrolumineszierende Zelle.* (**Ung. P. 144 778** vom 22/8. 1956, ausg. 15/3. 1959. — C. **1960.** 950 [D. A. S. 1051400].)

Egyesült Izzólámpa és Villamossági R. T. (Erfinder: **Endre Oldal** und **Ferenc Nagel**), Budapest, Ungarn, *Imprägnierte Vorratskathode.* (**Ung. P. 144 859** vom 15/1. 1957, ausg. 31/3. 1959. — C. **1961.** 5569 [Oe. P. 202235].)

Egyesült Izzólámpa és Villamossági R. T. (Erfinder: **Ernö Winter** und **Ando Budincsevits**), Budapest, Ungarn, *Vorratskathode für elektrische Entladungsröhren.* (**Ung. P. 144 881** vom 5/2. 1955, ausg. 31/5. 1959. — C. **1961.** 10323 [D. A. S. 1 071 849].)

Robert Bosch G. m. b. H., Stuttgart, *Selbstheilender Kondensator.* (**Holl. P. 99 884** vom 4/5. 1956, ausg. 15/12. 1961. D. Prior. 6/5. 1955. — C. **1961.** 968 [E. P. 798 202].)

IV. Wasser. Abwasser

Hydrologische Interpretation von Temperaturbeobachtungen in Grundwasserströmen. E. Trüeb. (Schweiz. Ver. Gas- u. Wasserfachmännern, Monatsbull. **42.** 105—08. Mai 1962. Winterthur.) (Dt.)

Es werden Näherungsgleichungen für den Verlauf des Temp.-Feldes aufgestellt, die Aussagen über die Strömungsverhältnisse des Grundwassers erlauben. Einige prakt. Anwendungen werden kurz beschrieben. H. CZECH. 6010 □

Technologie der thermischen Entgasung. H. Laban. (Mitt. Vereinig. Großkesselbesitzer **1960.** 261—65. Aug. Bremen.) (Dt.)

Übersicht über die Grundzüge u. Merkmale der Verff. zur therm. Entgasung von Kesselspeisewasser: Riesel-, Füllkörper-, Koch-, Entspannungs- u. Misch-Kondens.-Entgasung. W. WESLY. 6030 □

Besonderheiten der Meßtechnik in Vollentsalzungsanlagen. Reinhard Süß. (Wasser, Luft Betr. **6.** 285—91. Juni 1962. Fellbach/Stuttgart.) (Dt.)

Neuzeitliche Dampfkraftwerke mit Hochdruckkesselanlagen sind auf geeignete Wasseraufbereitungsanlagen angewiesen. Das Speisewasser für Dampfkessel, die mit 200 atü betrieben werden, muß Leitfähigkeitswerte unter 0,1 μS/cm erreichen. Es werden Vollentsalzungsanlagen (Aufbau; Betrieb u. Regeneration, Kriterien für den Betriebszustand) u. meßtechn. Verff. unter besonderer Berücksichtigung der Anforderungen, die an Leitfähigkeitsmesser gestellt werden, beschrieben u. Probleme der Automatisierung behandelt. H. CZECH. 6030 □

Wasserwirtschaftliche Ergebnisse nach zweijährigem Betrieb des Atomkraftwerks Shippingport. R. Zayc. (Wasser u. Boden **14.** 193—95. Juni 1962. Düsseldorf.) (Dt.)

Allg. Abhandlung. — Betrachtet werden das Kühlwasser, akt. Korrosions-Prodd., nichtakt. Abwässer, spezielle Abwässer geringer Aktivität mit mäßiger chem. Verunreinigung, Reaktorabwässer u. chem. Abwässer. H. CZECH. 6038 □

Entstrahlung des Trinkwassers: Wasser und Radioaktivität. S. J. B. Krawczynski. (Wasser, Luft Betr. **6.** 300—04. Juni 1962. Karlsruhe.) (Dt.)

Allg. Abhandlung, mit Aufnahmen aus dem Kernforschungszentrum Karlsruhe versehen. H. CZECH. 6042 □

Biologische Bewertung der Klärung des Moldaurohwassers. Věra Moravcová. (Vodní Hospodářství **1961.** 258—61. Juni. Praha, Pražské vodárny-labor.) (Tschech.)

Vf. hat die horizontale u. vertikale Klärung des Moldaurohwassers (1956—1960) verglichen. Bei der horizontalen Klärung (**I**) verwendet man zur Koagulation $Al_2(SO_4)_3$ u. $FeSO_4$, aber vor der Klärung muß man $FeSO_4$ mit Cl_2 zu $Fe_2(SO_4)_3$ oxydieren. Dazu ist ein Überschuß von Cl_2 notwendig, der die Vernichtung der Mehrheit der Mikroorganismen zur Folge hat. Diese Meth. verlangt aber eine größere Fläche der Kläranlage, weil die Sedimentation langsam verläuft. Bei der vertikalen Klärung (**II**) verwendet man nur $Al_2(SO_4)_3$ u. es ist nicht notwendig, mit Cl_2 die Oxydation durchzuführen, aber die Kläranlage verlassen lebende Mikroben. Vf. hat Proben bei 300facher Vergrößerung mikroskopiert u. im Rohwasser (vor der Klärung) 210, im W. aus **I** 80 u. im W. aus **II** 81 verschiedene Gattungen von Mikroorganismen festgestellt. Vertreten waren: Schizomyceten, Cyanophyten, Chrysophyten, Pyrrhophyten, Euglenophyten, Chlorophyten, Diatomae, Flagellata achrom., Ciliata, Rhizopoda, Rotatoria u. Nematoda. Bei der quant. Beurteilung hat sich gezeigt, daß beide Meth. (I u. II) die Zahl der Mikroorganismen erniedrigen, aber das W. aus II enthält immer weniger Mikroorganismen als das aus I. J. Špinka. 6042□

Versuche über die Oxydierbarkeit von Wässern mit einem hohen Eiweißgehalt. Josef Janík und Zdeněk Deyl. (Vodní Hospodářství 1961. 263—67. Juni. Praha, Ustř. výzk. ústav potrav. prům.) (Tschech.)

Für die Verss. haben Vff. Abwässer aus dem Schlachthaus, u. zwar nach der mechan., alternativen u. nach der biolog. Reinigung benutzt. In den Abwässern waren bes. Hämoglobin, Albumine, Globuline u. einige Aminosäuren (z. B. Glycin u. Glutaminsäure) vertreten. Bei den Verss. wurde der Einfl. eines Überschusses an $KMnO_4$ bei 28 u. 35° auf die Rk.-Geschw. u. Tiefe der Oxydation der Abwässer im Vgl. mit Blind-Verss. (z. B. mit reinen Eiweißstoffen, Fleischextrakten usw.) untersucht. Es wurde festgestellt, daß mit steigendem $KMnO_4$-Überschuß auch die Oxydierbarkeit steigt, u. daß dem Gleichgewicht der Wert 370 mg/Liter O_2 nach 4std. Rk. entspricht. Bei der Prüfung hat man 10 ml n/8 $KMnO_4$, 10 ml H_2SO_4 (1:3) u. 25 ml des Musters benutzt (Blind-Vers. mit 25 ml Betriebswasser). So vorbereitete Lsgg. wurden dann im Thermostaten z. B. 4 Std. bei 28 bzw. 35° gehalten, darauf 2 g KJ zugegeben u. dann mit 20n $Na_2S_2O_3$ unter Verw. von Stärkekleister die frei gewordene Menge Jod titriert. Mit dieser Meth. kann man die Resultate mit verschiedenem Überschuß von $KMnO_4$ vergleichen, oder das Maximum der Oxydierbarkeit feststellen. J. Špinka. 6042□

Erste Betriebserfahrungen an einer halbtechnischen Versuchsanlage zur biologischen Eliminierung von Stickstoff aus Abwässern. G. Bringmann. (Gesundheits-Ing. 83. 106—08. 10/4. 1962. Berlin-Dahlem, Bundesgesundheitsamt, Inst. für W., Boden-, Lufthygiene.) (Dt.)

Die relative Denitrifikationsleistung war bei ausreichendem Redoxpotential des Oberwassers durch das wählbare Mischungsverhältnis von denitrifizierbarem W. u. Rohabwasser gegeben. Im Höchstfalle wurden 77,4% N des NH_4-Stickstoffes des Rohabwassers eliminiert. Die abs. Denitrifikationsleistung für einen Durchsatz von 3,2 m^3/d u. einer Gesamtverweilzeit von 7,5 h entsprach einer vollständigen Eliminierung von 40 mg/Liter. Die Gesamtverweilzeit des W. in der Anlage stand in Abhängigkeit von den Ansprüchen an die prozentuale Denitrifikationsleistung. Sie betrug jedoch selbst bei 70% eliminiertem N nur 9,4 h. H. Czech. 6044□

Probleme der Wasserversorgung und Abwasserbeseitigung in der Faserplattenindustrie. Gerhard Voigt. (Wasserwirtsch. — Wassertechn. 12. 96—101. März 1962. Berlin.) (Dt.)

Bei der Herst. von Faserplatten wird ein vegetabiler Rohstoff verwendet, dessen Qualität — beeinflußt von Wachstums-, Ernte- u. Lagerungsbedingungen — große Schwankungsbreiten aufweist. Abgesehen von technologiebedingten Abweichungen können auch hierdurch größere Unterschiede in der Abwasser-Zus. verursacht werden. Bei der Verarbeitung einjähriger Pflanzen ist mit einem BSB_5-Anfall von 76—81 kg BSB_5 je t Rohstoffeinsatz zu rechnen. Bei der künstlich-biolog. Behandlung dieser Abwässer im Labor.-Maßstab ließ sich in zweistufiger Weise der BSB_5 von Faserplattenabwässern auf Strohbasis wirtschaftlich auf weniger als 60 mg/Liter herabsetzen, während der $KMnO_4$-Verbrauch, bedingt durch den Lignin-Geh. des Abwassers, nicht restlos beseitigt werden konnte. Die Überprüfung der Möglichkeiten einer landwirtschaftlichen Verwertung dieser Abwässer wäre zu begrüßen. H. Czech. 6044□

Bioxydation forstindustrieller Abwässer. Stig O. Pehrson und Jan Rennerfelt. (Svensk Papperstidn. 61. 768—74. 10/10. 1958. Stockholm, Skogindustriernas Vattenlab.) (Schwed.)

Nach einleitender Übersicht über die biolog. Reinigung von Abwässern mit organ. Substanzen in Teichen ohne u. mit künstlicher Belüftung sowie nach dem Belebtschlamm-Verf. beschreiben die Vff. die Erfahrungen, die mit den bisher in Schweden gebauten 2 halbtechn. Anlagen zur Reinigung von Zellstoffabwässern unter Anleitung durch Skogindustriernas Vattenlaboratorium gemacht wurden. In Skinnskatteberg wird Faserplattenabwasser mit 5000—8000 mg/Liter BSB-Bedarf u. dem pH-Wert 3,9 bis 4,0 nach dem Belebtschlamm-Verf. unter P- u. N-Zusatz mit 85% Wrkg.-Grad gereinigt. In der ähnlichen Anlage Böksholm wird Kondensat der Sulfitablaugeneindampfanlage zusammen mit Bleichereiabwasser gereinigt. — 4 Abb., 6 Literaturhinweise. E. Borchers. 6044□

Über die vorläufigen sanitären Richtlinien für die Einrichtung und den Betrieb landwirtschaftlicher Rieselfelder zur Unschädlichmachung und Ausnutzung von Abwässern in der UdSSR. Helmut Gropp. (Wasserwirtsch. — Wassertechn. 12. 154—57. April 1962. Magdeburg.) (Dt.)

Besprechung der Richtlinien vom 26. u. 30. Mai 1957 unter bes. Berücksichtigung der Besonderheiten gegenüber der TGL 6466. H. CZECH. 6044 □

Messung der radioaktiven Verunreinigung von Oberflächenwasser. Ch.-A. Bizollon. (Eau **48.** 301—04. Okt. 1961.) (Franz.)

Hinweis auf die zunehmende Verw. radioakt. Stoffe für die verschiedensten Zwecke u. die damit steigende Gefahr der Verschmutzung der Gewässer. Unter Angabe von zusammenfassender Literatur wird auf die Möglichkeiten zur Messung der Gesamtradioaktivität von Wasserproben sowie zur Isolierung u. Messung von β-Strahlern in allg. gehaltenen Ausführungen hingewiesen. W. RITTLER. 6050 □

Überwachung der radioaktiven Abfälle der Plutonium-Produktion in Hanford. R. F. Foster, R. L. Junkins und C. E. Linderoth. (J. Water Pollut. Control Federat. **33.** 511—29. Mai 1961. Richland, Wash., Hanford Labor. Operat., General Electric Co.) (Engl.)

Vff. geben eine Übersicht über die in Hanford auftretenden radioakt. Abfälle u. deren Beseitigung: Konzentrierung u. Lagerung hochradioakt. Abwässer, Versickernlassen relativ schwach radioakt. Abwässer, Verdünnung sehr schwach radioakt. Abgase mit Luft bzw. Abwässer mit Wasser. Die Verteilung der im Boden versickerten Abwässer wurde festgestellt, ebenso der Geh. des Columbia-Flusses an Radioaktivität. — 23 Literaturangaben. H. SCHROEDER. 6050 □

Gasanalyse mittels Chromatographie. W. L. Henderson. (Water Sewage Works **107.** 312—13. Aug. 1960. Santa Ana, Calif.) (Engl.)

Die Überwachung des Faulprozesses verlief über Beobachtung von Konsistenz, Farbe, Geruch des Faulschlammes u. Feststellung des Trockenrückstendes u. Glühverlustes, über die colorimetr. Best. des pH-Wertes des filtrierten Schlammes bis zur Best. der „flüchtigen Säuren". Auch durch Messung von Menge u. Beschaffenheit des Faulgases hat man den Verlauf des Faulprozesses zu überwachen versucht. Die Gasanalyse dauerte aber über 1 Std. u. war kompliziert, da CH_4 erst nach Verbrauch gemessen werden konnte. GRUNE, CARTER und KEENAN [Sewage and Ind. Workes **28.** [1956.] 1433) haben als erste die Anwendung der *Gaschromatographie* zur Unters. von Faulgas beschrieben. Sie ist eine schnelle u. zuverlässige Meth. zur Best. aller Bestandteile des Faulgases u. dauert nur 5 Minuten. App., Durchführung der Analyse u. Auswertung der Ergebnisse werden im Vgl. zu anderen Werten beschrieben. L. SCHILLBACH. 6068 □

Kritische Untersuchungen an einem automatischen Phenolmengenmeßgerät. W. Rummel. (Wasserwirtsch.-Wassertechn. **12.** 128—29. März 1962. Berlin.) (Dt.)

Gerätebesprechung u. -beschreibung. — Die Phenol-Best. beruht auf der sog. HSN (HINDEN-SPLITTGERBER-NOLTE)-Meth., einem Verf. zur Best. geringer Phenolmengen im Wasser. Das Gerät wurde im VEB LEUNAWERKE „WALTER ULBRICHT" entwickelt u. erprobt. Nach Beseitigung einiger geringer Mängel scheint Vf. die Serien-Produktion empfehlenswert. H. CZECH. 6068 □

Commonwealth Scientific & Research Organization (Erfinder: William Walladge Mansfield), **Verhinderung der Verdunstung** bei Wasserlagerung. Man beschichtet die Oberfläche des W. mit der Lsg. von *Octadecanol* in PAe. (Kp.-Bereich 60—200°). Zusätzlich können geringe Mengen *Hexadecanol* u. ein kurzkettiger, in W. lösl. Alkohol zugesetzt werden. — Vgl. auch Aust. P. 212 548; C. **1960.** 952. (**Aust. P. 224 416** vom 26/2. 1957, ausg. 5/11. 1959.) H. MÖLLERING. 6011

Micafil Akt.-Ges., Schweiz, *Filterdüse*. (**F. P. 1 096 114** vom 20/3. 1954, ausg. 9/6. 1955. Schwz. Prior. 21/3. u. 30/3. 1953. — C. **1961.** 16 968 [D. A. S. 1 006 833].)

Alfred Torricelli, Bern, Schweiz, *Desinfektion von Wasser*. (**A. P. 2 984 463** vom 9/5. 1958, ausg. 16/5. 1961. Schwz. Prior. 31/8. 1951. — C. **1954.** 11 270 [Schwz. P. 296 007].)

Prosimacfi, Vitry-sur-Seine, Frankreich, *Behandlung von Industriewässern*. (**E. P. 846 590** vom 12/9. 1957, ausg. 31/8. 1960. F. Prior. 17/9. 1956. — C. **1962.** 2500 [Ind. P. 61 711].)

Farbenfabriken Bayer Akt.-Ges., Deutschland (Erfinder: **Otto Pauli**), *Wurzelabweisende Dichtungen an Vergußmassen für Wasser- und Abwasserleitungen*. (**F. P. 1 213 672** vom 30/9. 1958, ausg. 4/4. 1960. D. Prior. 5/8. 1958. — C. **1962.** 252 [D. A. S. 1 108 833].)

Farbenfabriken Bayer Akt.-Ges., Deutschland (Erfinder: **Otto Pauli**), *Wurzelabweisende Dichtungen und Vergußmassen für Wasser- und Abwasserrohre*. (**F. P. 1 229 420** vom 7/7. 1959, ausg. 7/9. 1960. D. Prior. 5/8. 1958. — C. **1961.** 617 [D. A. S. 1 089 103].)

V. Anorganische Industrie

Erzeugung von Al_2O_3 nach dem kombinierten stufenweisen Verfahren. Karel Mašl und Oskar Pich. (Hutnické Listy **14.** 188—98. März 1959. Praha, MHD.) (Tschech.)

Autoklaven- u. Betriebs-Unterss. über die Eignung von ungar. Bauxit mit hohem SiO_2-Geh. zur *Al_2O_3*-Gewinnung geben befriedigende Werte. Die Absitz-Geschw. des Rotschlammes muß durch Stärkezusatz erhöht werden. Der Rotschlamm wird mit Na_2CO_3 u. $CaCO_3$ gesintert u. der Al_2O_3-Ertrag u. der Na_2O-Verlust ermittelt. Mit Hilfe geeigneter Sinterverhältnisse u. gereinigter Aluminat-Lsgg. ergibt sich ein kombiniertes Stufen-Verf., das den Vorzug vor dem bekannten Sintervorgang verdient. W. Wesly. H 294□

Über die Natur des beim Bayer-Aufschluß anfallenden Natriumaluminiumsilikates. Carl Kröger und Karl Heinr. Kirsch. (Chemiker-Ztg.–Chem. Apparatur **85.** 806—11. 5/11. 1961. Aachen.) (Dt.)

Der beim Bayer-Aufschluß u. beim Umsatz von Na-Aluminat mit Na_2SiO_3-Lsgg. ausfallende Grundkörper hat die Zus. $Na_2O \cdot Al_2O_3 \cdot 2\,SiO_2 \cdot aq$. Die hergestellten Präpp. lassen sich nach dem kub. Syst. indizieren. Die Kantenlänge der Elementarzelle beträgt im Mittel 8,968 Å. Die Röntgenaufnahmen stimmen mit denen von Sodalith bzgl. Linienfolge u. Intensitätsverteilung gut überein. Folglich besitzt das Gitter große Hohlräume, die überschüssiges Alkali, Alkalialuminat u. W. aufnehmen. Die Grenzen für die Frendstoffaufnahme werden festgelegt, so daß dem Prod. die Formel zukommt: $Na_2O \cdot Al_2O_3 \cdot 2\,SiO_2 \cdot (0-0{,}3)\,Na_2O \cdot (0-9{,}15)\,Al_2O_3 \cdot (0-1)\,H_2O \cdot aq$. Die Zers.-Wärme beträgt bei Bindung von $\leqq$ 1 Mol W. $>$ 35 (kcal/Mol), von $>$ 1 Mol W. $<$ 16 u. ändert sich kontinuierlich mit dem noch vorhandenen Wassergehalt. W. Wesly. H 294□

United States Atomic Energy Commission, übert. von: Paul Harteck und Seymour Dondes, Troy, N.Y., V.St.A., **Herstellung von Stickstoffoxiden.** Luft wird bei hohem Druck (20—25 at) in einem Kernreaktor bestrahlt u. NO_2 durch Abkühlung entfernt. Anschließend wird das gekühlte Gas verdichtet u. weitergekühlt, damit N_2O sich abscheidet. Die Luft wird im Kreislauf durch den Reaktor geführt u. die Bestrahlung bes. bei 175—225° vorgenommen. — Verf.-Schema. (**A. P. 2 898 277** vom 6/3. 1956, ausg. 4/8. 1959.) E. Miessgang. H 243

VEB Farbenfabrik Wolfen, Wolfen, Kr. Bitterfeld (Erfinder: Friedrich Wolf und Karl-Heinz Schier, Leipzig), **Herstellung hochkonzentrierter Salpetersäure** aus verd. HNO_3 durch Dest. unter Zusatz von Metallnitraten, z. B. Fe- u. oder Al-Nitrat. — Diagramm. (**D. P. [DDR] 22 358** Kl. 12i vom 23/5. 1959, ausg. 5/12. 1961 [Wirtschaftspatent].) W. Wittholz. H 243

General Aniline & Film Corp., New York, übert. von: Raymond J. Walford, Binghamton, N.Y., V.St.A., **Stabile Kieselsäuredispersion** in W., dad. gek., daß sie 10—200 g/Liter SiO_2 mit einer Korngröße von 1—10 μ u. 0,1—5 g/Liter eines quatern. NH_4-Salzes der allg. Formel I besteht, wobei R_1 = ein β-Hydroxyäthylrest, R_2 u. R_3 = niedermol. Alkylreste mit nicht mehr als 3 C-Atomen, R_4 = ein langkettiger Alkylrest mit 14—18 C-Atomen u. X = Cl oder Br. (**A. P. 2 976 250** vom 17/2. 1956, ausg. 21/3. 1961.) A. Gradl. H 261

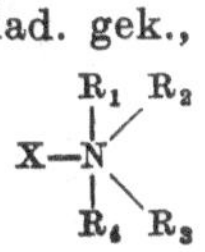

I

W. A. Bjernschtejn und E. L. Chishinsskij, **Gewinnung von Tonerde durch Hochtemperaturaufschluß von Bauxit mit Alkali-Lösung.** In Rohr-Wärmeaustauschern wird die Rohmasse zunächst durch Wiedergewinnung der Wärme der Autoklaven-Aluminat-Lsg. von 100 auf 250°, sodann auf 300° erwärmt, wodurch sich der kaust. Modul ($Na_2OK : Al_2O_3$) auf 1,3—1,4 erniedrigt. Die Wärmeübertragung geschieht entweder direkt durch Oberflächenheizung oder indirekt mittels hochsd. organ. Wärmeüberträger. (**UdSSR. P. 121 441** vom 12/3. 1958.) L. Grossner. H 294

Petrochemicals Ltd., London, England (Erfinder: Bernard Wright und Norman Stanley Daly), **Herstellung von Al-Trialkylen und Alkyl-Al-Hydriden,** z. B. *Triisobutyl-*, *Triäthyl-* u. *Tripropyl-Al*, dad. gek., daß man das entsprechende Trialkyl-Al bei 110—150° u. 10—40 at mit Al-Plättchen mit $>$ 3000 cm^2/g Oberfläche u. H_2 u. das entstehende Alkyl-Al-Hydrid sogleich mit einem Olefin (Äthylen, Propylen, Isobutylen) umsetzt. (**F. P. 1 222 115** vom 8/4. 1959, ausg. 8/6. 1960. **D. A. S. 1 125 426** Kl. 12o vom 8/4. 1959, ausg. 15/3. 1962. Beide E. Prior. 10/4. 1958 u. 9/3. 1959. **E. P. 857 680** vom 10/4. 1958, ausg. 4/1. 1961.) S. Böttcher. H 294

E. I. du Pont de Nemours & Co., Wilmington, Del., übert. von: Ernest D. Lewis, Swarthmore, Pa., V.St.A., **Herstellung eines dampfförmigen Aluminium- und**

Titanhalogenid-Gemisches. Ein $TiCl_4$–Cl_2-Gemisch (I) wird mit Al-Teilchen u. einem Feststoff in Wirbelschicht geführt, wobei die Temp. des Wirbelbettes 180—400° beträgt u. durch Regulierung des Zustromes u. der Temp. von I eingestellt wird. Die entstehenden $AlCl_3$–$TiCl_4$-Dämpfe gelangen in einem Reaktor zur Dampfphasenoxydation des $TiCl_4$ zu *TiO_2*. (**Can. P. 553 530** vom 17/10. 1956, ausg. 25/2. 1958.) L. Grossner. H 321

British Titan Products Co. Ltd. (Erfinder: Arthur Wallace Evans und James Dennis Groves), **Herstellung von Titantetrachlorid** durch Hindurchleiten von Cl_2 durch ein Fließbett aus einem Gemisch aus feingebrochenes TiO_2 enthaltendem Material u. C, z. B. feinpulverisiertem Koks oder Anthrazit. Man stellt dabei die Strömungs-Geschw. des Cl_2-Stromes so ein, daß sie 3—20 mal so kräftig ist, wie zur Erhaltung des Fließbettes erforderlich wäre, u. hält die Temp. auf 850—950°. (**Aust. P. 226 516** vom 20/6. 1957, ausg. 25/2. 1960. E. Prior. 28/6. 1956. **Zusatz zu Aust. P. 202 030; C. 1958. 14509.**) H. Nebelsiek. 4321

André Riesser, Paris, Frankreich, **Herstellung einer hochprozentigen Zinnfluorboratlösung,** die pro Liter eine Menge $Sn(BF_4)_2$ enthält, die mindestens 600 g metall. Sn entspricht, aus einer $Cu(BF_4)_2$-Lsg., die durch Rk. von CuO mit HBF_4 hergestellt u. der anschließend metall. Sn zugesetzt worden ist, dad. gek., daß die HBF_4 mit einer Menge CuO zur Rk. gebracht wird, die größer ist als die stöchiometr. Menge, die der Formel $Cu(BF_4)_2$ entspricht u. bes. das 3fache dieser stöchiometr. Menge ausmacht. Die erhaltenen Lsgg. weisen eine Dichte von 1,85—2,02 auf u. enthalten ca. 600 bis 750 g Sn. (**D. A. S. 1 120 440** Kl. 12n vom 28/4. 1959, ausg. 28/12. 1961. F. Prior. 30/4. **1958.**) K. Demmler. H 327

Willy Glaser, Netania, Israel, **Herstellung von wasserunlöslichen, Mangan enthaltenden Chromaten.** Man erhitzt ein Mn-haltiges Erz, z. B. Pyrolusit, oder ein Gemisch mit einem Pb-haltigen Erz, $PbSO_4$-Schlamm oder Bleiglanz mit CrO_3 oder einem lösl. Salz, z. B. Na_2CrO_4, auf > 100° u. ggf. unter Druck. Das erhaltene Prod., das z. B. aus einem Doppelsalz $MnCrO_4 \cdot MnO_2$ besteht, wird gemahlen u. als Pigment bzw. als Korrosionsschutzmittel für Leichtmetalle verwendet. (**E. P. 845 874** vom 3/6. 1957, ausg. 24/8. 1960.) H. Nebelsiek. H 335

A/B Atomenergi, Stockholm, übert. von: Axel R. Gelin, Enskede, Schweden, **Fällung von Uran aus Lösungen von U^{6+}** durch Einstellen auf pH 5—6 durch Zusatz von Amiden, bes. solchen von leichtflüchtigen Säuren oder von Säuren mit pH > 3, ggf. unter Erwärmen. Es wird eine gute Trennung von Cd, Seltenen Erden, Hg, Be, Fe, Cr, Ni, Co, Zn, Pb, Mn, Mg u. Ca erreicht. (**Can. P. 554 087** vom 19/8. 1955, ausg. 11/3. 1958. Schwed. Prior. 20/8. 1954.) L. Grossner. H 339

Universal Oil Products Co., Des Plaines, Ill., V.St.A., *Trennung eines wasserstoffhaltigen Gasgemisches.* (**Oe. P. 215 955** vom 24/2. 1958, ausg. 10/7. 1961. **F. P. 1 202 215** vom 24/2. 1958, ausg. 8/1. 1960. — C. **1961.** 9163 [D. A. S. 1 091 990].)

E. R. A. Patents Ltd., Leatherhead (Erfinder: **Francis Thomas Bacon,** Little Shelford), England, *Elektrode für Wasserzersetzer.* (**Schwz. P. 350 959** vom 21/8. 1957, ausg. 15/2. 1961. E. Prior. 23/8. 1956. — C. **1961.** 9555 [D. A. S. 1 094 247].)

Edogawa Kagaku Kogyo Kabushiki Kaisha, Japan, *Herstellung von H_2O_2 im Kreisprozeß.* (**F. P. 1 217 636** vom 14/11. 1957, ausg. 4/5. 1960. Jap. Prior. 9/2. 1957. — C. **1961.** 2399 [D. A. S. 1 085 861].)

Deutsche Gold- und Silber-Scheideanstalt vormals Roessler, Frankfurt/M. (Erfinder: **Josef Müller,** Rheinfelden), *Herstellung von Wasserstoffperoxid.* (**Schwz. P. 355 133** vom 9/11. 1955, ausg. 15/8. 1961. D. Prior. 8/12. 1954. — C. **1958.** 13 608 [D. A. S. 1 025 396].)

Columbia-Southern Chemical Corp., Pittsburgh, Pa., V.St.A., *Stabilisieren von Wasserstoffperoxid.* (**E. P. 867 460** vom 31/3. 1959, ausg. 10/5. 1961. A. Prior. 1/4. 1958. — C. **1960.** 17240 [D. A. S. 1 074 556].)

Columbia-Southern Chemical Corp., V.St.A. (Erfinder: **Peter Ramsey Johnston**), *Wässrige stabilisierte H_2O_2-Lösungen.* (**F. P. 1 219 593** vom 1/4. 1959, ausg. 18/5. 1960. A. Prior. 1/4. 1958. — C. **1960.** 17 240 [D. A. S. 1 074 556].)

Stamicarbon N. V., Heerlen, Holland, *Herstellung von Wasserstoff-Stickstoffgemischen.* (**Holl. P. 99 841** vom 7/4. 1955, ausg. 15/12. 1961. — C. **1958.** 5780 [D. A. S. 1 014 136].)

Imperial Chemical Industries Ltd., London, England, *Herstellung von Chlor.* (**Belg. P. 569 885** vom 29/7. 1958, ausg. 30/6. 1961. E. Prior. 31/7. 1957. — C. **1960.** 16896 [D. A. S. 1 077 194].)

VEB Farbenfabrik Wolfen, Wolfen, Kr. Bitterfeld (Erfinder: **Friedrich Wolf,** Leipzig), *Stabilisieren von Schwefelsäureanhydrid.* (**D. A. S. 1 088 937** Kl. 12i vom 26/3. 1959, ausg. 15/9. 1960. — C. **1961.** 13 313 [D. P. [DDR] 20 606].)

Monsanto Chemical Co., St. Louis, Mo. (Erfinder: **Robert A. Ruehrwein** und **Forrest V. Williams,** Dayton, Ohio), V.St.A., *Kristallisation von amorphem Borphosphid.* (**D. A. S. 1 120 435** Kl. 12i vom 28/2. 1959, ausg. 28/12. 1961. A. Prior. 3/3. 1958. — C. **1961.** 18 087 [A. P. 2 966 424].)

Badische Anilin- & Soda-Fabrik Akt.-Ges., Deutschland, *Kontinuierliche Herstellung von Kieselsäurehaltigen Hydrogelen.* (**F. P. 73 023** vom 11/9. 1957, ausg. 22/9. 1960. D. Prior. 13/9. 1956. Zusatz zu F. P. 1 140 609; C. 1958. 14529. — C. **1958.** 13330 [D. A. S. 1 021 338].)

International Minerals & Chemical Corp., V.St.A. (Erfinder: **David Hulsizer Reeve**), *Herstellung von Ammoniumfluorsilicaten.* (**F. P. 1 220 883** vom 29/12. 1958, ausg. 30/5. 1960. A. Prior. 30/12. 1957. — C. **1962.** 2868 [A. P. 2 945 745].)

E. I. du Pont de Nemours & Co., V. St.A. (Erfinder: **Charles Jerry Green**), *Preßkörper aus Natriumcyanid.* (**F. P. 1 221 976** vom 20/2. 1959, ausg. 7/6. 1960. A. Prior. 20/2. 1958. — C. **1961.** 5216 [E. P. 842 077].)

Stamicarbon N. V., Holland, *Herstellung von CaC_2 im Schachtofen.* (**F. P. 1 218 957** vom 18/3. 1959, ausg. 13/5. 1960. Holl. Prior. 19/3. 1958. — C. **1962.** 3224 [E. P. 863 191].)

Sinclair Refining Co., New York, N.Y. (Erfinder: **Carl D. Keith**, Munster, Ind.), V.St.A., *Herstellung von Tonerdehydrat-Gemischen.* (**D. A. S. 1 119 240** K. 12 m vom 10/9. 1957, ausg. 14/12. 1961. A. Prior. 10/9. 1956. — C. **1960.** 11 070 [A. P. 2 898 307].)

Kurt Peters, Wien, Österreich, *Trennen von Niob und Tantal.* (**A. P. 2 967 088** vom 23/4. 1957, ausg. 3/1. 1961. Oe. Prior. 26/4. 1956. — C. **1960.** 5611 [D. A. S. 1 068 234].)

Aktiebolaget Atomenergi, Stockholm, Schweden, *Extrahieren von Uranylnitrat.* (**Holl. P. 98 549** vom 25/9. 1957, ausg. 17/7. 1961. Schwed. Prior. 26/9. 1956. — C. **1959.** 16 449 [D. A. S. 1 056 108].)

Mond Nickel Co. Ltd., England, *Nickeloxid.* (**F. P. 1 217 399** vom 19/2. 1959, ausg. 3/5. 1960. E. Prior. 21/2. 1958. — C. **1961.** 264 [D. A. S. 1 080 087].)

VI. Silicatchemie. Baustoffe

Eine Methode zur Messung der Wärmeleitfähigkeit durchsichtiger Stoffe. Dieter Büssing. (Glastechn. Ber. **33.** 124—26. April 1960. Düsseldorf-Gerresheim.) (Dt.)

Temp.-Unterschiede im Innern eines Glases führen zu Spannungen. Dadurch entstehen Doppelbrechungen, die mit Hilfe einer einfachen opt. App. sichtbar gemacht werden können. Diese arbeitet nach dem Hell–Dunkel-Verfahren. In ihrem Strahlengang befindet sich zwischen Polarisator u. Analysator ein auf reine Biegung beanspruchter Teststab. Durch die Einstellung des Polarisators unter 45° zu seiner Polarisationsrichtung u. die Versetzung des Analysators um 90° hierzu zeigt sich im Gesichtsfeld im Teststab eine Isokline. Mit dieser Testisokline, deren Auslenkung bei Zwischenschaltung der zu untersuchenden Probe ein Maß für die Spannungen in der Probe ist, erhält man die den Spannungen proportionalen Temperaturen. Diese experimentell ermittelte Temp.-Verteilung ergibt, eingesetzt in einen theoret. Ansatz für die gegebene Wärmeübertragung, die charakterist. Größen für die Wärmeleitung. H.-O. MULFINGER. 6168□

Besonderheiten der Zerstörung von Glas durch die Wirkung innerer Spannungen. G. M. Bartenew und B. M. Polik. (Известия Академии Наук СССР, Отделение Технических Наук [Nachr. Akad. Wiss. UdSSR, Abt. techn. Wiss.] **1958.** Nr. 10. 141—43. Okt. Moskau, Inst. für Glas.) (Russ.)

Die Unters. der Bldg. von Sprüngen in Glas infolge innerer Spannungen zeigt, daß im Anfangsstadium ein prim. Riß entsteht, aus dessen Wachstum eine ringförmige, für Zugspannungen charakteristische „Spiegelfläche" entsteht. Das Aussehen des Risses hängt von der Glasfestigkeit u. der Größe der Spannung ab. Bei großen Spannungen entsteht außer der Spiegelfläche auch eine rauhe, unebene Fläche, die bei geringen Spannungen fehlt. Je größer die Festigkeit des Glases ist, um so mehr u. um so kleinere Teilchen entstehen bei der Zerstörung. J. TŮMOVÁ. 6168□

Fotografieren von Flammen. Wolfgang Trier. (Glastechn. Ber. **33.** 127—32. April 1960. Frankfurt/M.) (Dt.)

Der Vf. berichtet über die Technik u. die Hilfsmittel zum Photographieren von Flammen in Glasschmelzöfen. An Hand zahlreicher Flammenaufnahmen wird die Photographiertechnik diskutiert. Gute Aufnahmen lassen wertvolle Rückschlüsse auf den Charakter der Flammen u. damit auf den Bau des Brenners u. die Einstellung des Ofens zu. H.-O. MULFINGER. 6172□

Über die physikalisch-chemischen Vorgänge bei der Wasserauslaugung von Glasoberflächen. Ludwig Žagar und Arnold Schillmöller. (Glastechn. Ber. **33.** 109—16. April 1960. Aachen, Inst. für Gesteinshüttenkunde der Rhein.-Westf. TH.) (Dt.)

Der Wasserangriff wurde nach der „SOXHLET-Meth." bei 40, 60, 80 u. 100° an 6 verschiedenen techn. Gläsern der Korngröße 0,5—0,3 mm untersucht. Bei den Verss. wurden die Vorbehandlung der Oberfläche u. die Rk.-Dauer variiert. Die ausgelaugte Substanz wurde chem. analysiert. Der Wasserangriff auf Glas ist, wie die Ergebnisse zeigen, bei Temp. unter ca. 80° durch Diffusion von Alkali- u. wahrscheinlich auch Erdalkaliionen bestimmt, während oberhalb 80° direkte Korrosion am Glasgerüst entscheidend wird. Diese erfolgt durch Hydrolyse des Kieselsäuregerüstes. Die Diffusions-Koeff. für K^+ u. Na^+ wurden ermittelt u. die Aktivierungsenergien sowie Aktivierungsenthalpien der Diffusionsvorgänge berechnet. H.-O. MULFINGER. 6200□

Einfluß der Entglasung auf die Homogenität von Fourcaultglas. Johannes Löffler. (Glastechn. Ber. **33.** 117—20. April 1960. Witten, Hauptlabor. der Deutschen Tafelglas AG.) (Dt.) — Vgl. C. **1962.** 3591.

Es wird der Einfl. einer Devitrit-Entglasung auf die Homogenität von Fourcaultglas behandelt. Wenn aus einem Fourcaultglas Devitrit auskrist., entsteht ein SiO_2-reiches „Mutterglas". Ein solches Glas wird durch Flußsäure weniger stark angegriffen als das ursprüngliche Glas, ergibt also beim „Ätzen" Bergprofile, die unter dem Interferenzmikroskop ausgemessen werden können. Das „Mutterglas" umschließt die Devitritkristalle wie eine Hülle. Daß die Entglasungsfront das „Mutterglas" vor sich herschiebt u. so anreichert, konnte nicht beobachtet werden. Bei der Unters. eines gebänderten Entglasungsstockes aus dem Ziehraum einer Fourcaultanlage wurde keine Anreicherung von Kieselsäure oder anderen Stoffen gefunden, die einen Zusammenhang zwischen „Bänderung" u. Substanzverschiebung erkennen ließ. H.-O. MULFINGER. 6200□

Komponentenabhängigkeit der spannungsoptischen Koeffizienten von Glas. W. Schwiecker. (Techn.-wiss. Abh. Osram-Ges. **7.** 245—47. 1958.) (Dt.)

Inhaltlich ident. mit der C. **1957.** 10306 ref. Arbeit. W. BETCKE. 6200□

Über die Entfernung von Salz aus Halloysit. Grant W. Thomas. (Soil Sci. **90.** 344—47. Dez. 1960. Virginia Polytechn. Inst.) (Engl.)

Die Anwendung von dest. W., 95%ig. A. u. 100%ig. CH_3OH als Wasch-Lsgg. für die Entfernung von NaCl u. KCl aus Halloysit (I) wurde untersucht. W. u. CH_3OH entfernten KCl aus dehydratisiertem I etwa gleich gut; A. war wegen der geringen Löslichkeit von KCl in A. kein geeignetes Waschmittel. W. u. CH_3OH entfernten NaCl gut aus hydratisiertem I; A. u. CH_3OH waren für die Entfernung von KCl nicht geeignet. ERNST SCHULTE. 6208□

Über die Aluminiumemaillierung. László Zachár. (Kohászati Lapok [Ung. Z. Hüttenwes.] **94.** 449—51. Okt. 1961. Székesfehérvar, Leichtmetallfabr.) (Ung.)

Vf. bespricht die Entw. der Al-Emaillierung u. ihre Anwendungsmöglichkeiten. Beschreibung der 3 Arten zum Überziehen von Al-Gegenständen geeigneten Emails (PbO-haltig, PbO-frei, phosphathaltig). — Tabellen über die Zus. der Emailarten. L. ZOMBORY. 6212

Fehlerscheinungen bei der Emaillierung von Gußeisen. Hans Koerver und Otto Hildebrandt. (Giessereitechnik **7.** 76—80. März. 105—08. April. 141—44. Mai 1961.) (Dt.)

Die beim Gießen von emaillierfähigem Gußeisen auftretenden Fehlerursachen werden erörtert. Bei der Besprechung der Naßemaillierung wird schließlich auf die Fehler hingewiesen, die beim Grundemailauftrag, Grundemailbrand, Deckemailauftrag u. Deckemailbrand entstehen können. H. HOCHSTEIN. 6212□

Über die von der Wechselwirkung zwischen Ton und Wasser beeinflußten Permeabilität des Tones. J. F. Lutz und W. D. Kemper. (Soil Sci. **88.** 83—90. Aug. 1959. North Carolina Agric. Exp. Stat.) (Engl.)

Die Dicke der Wasserfilme u. der elektr. Doppelschicht um Tonteilchen werden aus Druckmembranwerten u. der Konz. der extrahierten Lsg. berechnet. Na- u. K-Tone in verd. Elektrolyt-Lsgg. haben diffuse Schichten adsorbierter Kationen, die sich auf >100 Å von der Teilchenoberfläche erstrecken. Eine vorhandene „Wasserstruktur" hat die gleiche Stärke. Die entsprechenden Werte für Ca-Tone betragen nur ca. 10 Å. Eine Erhöhung des Druckgradienten erhöht die wahre Durchlässigkeit bes. von Na-Tonen, nicht aber die von Ca-Tonen. W. WESLY. 6216□

Cermet mit Titancarbid als Grundstoff. Masataka Sugiyama und Hisashi Suzuki. (J. chem. Soc. Japan, ind. Chem. Sect. [Kôgyô Kagaku Zassi] **63.** 1094—1100. Juli 1960. Tôkyô-Daigaku, Kôgakubu.) (Jap.)

Übersicht. — 51 Literaturangaben. E. MAEKAWA. 6220□

Heißpressen von Titancarbid-Cermet und von Aluminiumoxid. Eiji Niki, Shiro Kohara und Masakazu Tajiri. (J. chem. Soc. Japan, ind. Chem. Sect. [Kôgyô Kagaku Zasshi] **63.** 1121—24. Juli 1960. Tôkyô-Komaba, Univ. Tôkyô, Inst. für Aeronautik.) (Jap.; Auszug: Engl. S. A61.)

Formen von TiC–Ni-Cermets sowie von Al_2O_3 durch Pressen unter starkem Erhitzen wird bes. in bezug auf den Zusammenhang zwischen den Bedingungen des Heißpressens u. der porösen Struktur der Prodd. untersucht. E. MAEKAWA. 6220□

Untersuchungen der Verbindungen der Übergangselemente als ultraharte, wärmebeständige Materialien. 1. Mitt. **Darstellung von Titanborid.** Teruichiro Kubo und Takashi Hanazawa. (J. chem. Soc. Japan, ind. Chem. Sect. [Kôgyô Kagaku Zassi] **63.** 1144—48. Juli 1960. Tôkyô-Meguro, Tôkyô-Kôgyô-Daigaku.) (Jap.; Auszug: Engl. S. A62.)

TiB_2 wird aus einem äquimol. Gemisch von TiO_2, TiC u. B_4C durch Erhitzen im Vakuum oberhalb 1500° gemäß der Gleichnung $TiO_2 + TiC + B_4C = 2\,TiB_2 + 2\,CO$ hergestellt; das Prod. enthält höchstens 0,3% C. Diese Rk. sowie die der Syst. TiC–

TiO_2, B_4C–TiO_2 sowie TiC–B_4C werden durch chem. Analyse u. durch Röntgenstrahlenbeugung der Prodd. untersucht; die Bldg. von TiB_2 verläuft beim Erhitzen rapid zwischen 1250 u. 1350°, während der C-Geh. der Prodd. erst oberhalb 1500° stark abnimmt.

E. MAEKAWA. 6220□

Das Schmelzen von Thoriumoxid und die Herstellung von feuerfestem Material. Osamu Yonemochi, Minoru Maeda und Choji Noguchi. (J. chem. Soc. Japan, ind. Chem. Sect. [Kôgyô Kagaku Zassi] **63.** 1133—36. Juli 1960. Nagoya-Kitaku, Nagoya-Kôgyô-Gizyutu-Sikenzyo.) (Jap.; Auszug: Engl. S. A62.)

Ein Lichtbogenofen zum Schmelzen des ThO_2 (Kapazität 1—2 kg) wird aus Graphitplatten u. -elektroden konstruiert. Zum Vermeiden der Th-Carbid-Bldg. wird O_2 aus 2 Düsen aus Graphit in den Ofeneingeführt. Durch Schmelzen wird die Reinheit des ThO_2 (vor dem Schmelzen 99,9%) erhöht u. die Schmelze krist. beim Abkühlen (kub., D. 9,98, n = 2,10). Der Kristall wird pulverisiert, das Pulver mit einer 25%ig. Lsg. von $ThCl_4$ angefeuchtet, durch Pressen geformt u. nach dem Trocknen im elektr. Ofen auf 1400° erhitzt. Das Prod., wie z. B. Tiegel, hat eine scheinbare Dichte von 7,02 u. eine Porosität von 26,91% u. ist sehr feuerfest. E. MAEKAWA. 6220□

Kristallisation in Devitrokeramik des Systems Li_2O–2 SiO_2—Li_2O–Al_2O_3–4 SiO_2. Taro Moriya, Teruo Sakaino und Kiyoshi Tanaka. (J. chem. Soc. Japan, ind. Chem. Sect. [Kôgyô Kagaku Zasshi] **63.** 1129—33. Juli 1960. Tôkyô-Meguro, Tôkyô-Kôgyô-Daigaku.) (Jap.; Auszug: Engl.)

Kristallisation eines Gemisches aus 2 Teilen $Li_2O \cdot 2\,SiO_2$ u. 1 Teil $Li_2O \cdot Al_2O_3 \cdot 4\,SiO_2$ wird unter Zusatz von Oxiden der Übergangselemente, wie V_2O_5 bzw. Cr_2O_3, MnO_2, Fe_2O_3, Co_2O_3 oder NiO, untersucht: Unter Zusatz dieser Oxide, bes. des V_2O_3 u. NiO, bilden sich mkr. feine Kristalle, u. der Kristallisationsgrad ist auch viel höher. Das Kristallisations-Verf. wird durch therm. Analyse, durch Messen des therm. Ausdehnungs-Koeff. sowie durch Messen des Röntgenstrahlenbeugungsdiagramms untersucht. Die Kristallisation verläuft rapid bei einer für die Zus. des Gemisches charakterist. Temp., der therm. Ausdehnungs-Koeff. des Prod. nimmt durch wiederholte therm. Behandlung bei dieser Temp. stark ab (z. B. bei Zusatz von $V_2O_5 \cdot 10^{-7}$, ohne V_2O_7 $65 \cdot 10^{-7}$). Nach dem Röntgenstrahlenbeugungsdiagramm werden in den krist. Prodd. Li-Silicat, Li-Disilicat, β-Spodumen u. β-Quarz nachgewiesen. E. MAEKAWA. 6220□

Über die Herstellungsbedingungen und die elektrischen Eigenschaften von (Pb–Sr) (Ti–Zr)O_3-Keramik. T. Yoshioka und K. Okazaki. (J. ceram. Assoc. Japan [Yogyo Kyokai Shi] **69.** 361—65. 1960. Defense Acad., Dep. of Electr. Engng.) (Jap.; Auszug: Engl.)

Vff. untersuchten den Einfl. des Herst.-Verf., des Druckes u. der Zusätze. Pb wurde z. T. durch Sr ersetzt. Die Verdampfung des PbO nimmt beträchtlich zu, wenn die Proben mit hohem Druck (872 kg/cm²) vorbehandelt u. nach der OKAZAKI-Meth. (C. **1962.** 9477) gebrannt wurden. Der Zusammenhang zwischen dem elektromechan. Kopplungsfaktor k für radiale Schwingung u. der Einw.-Zeit des Feldes wurde geklärt. Beachtliche Fortschritte hinsichtlich der Temp.-Abhängigkeit von k, der Frequenzkonstanz, der DK u. der Dämpfungscharakteristik von k wurden bes. bei Proben mit einem geringen Zusatz von CeO_2 beobachtet. H. VÖLZ. 6220□

Änderung des pH-Wertes der Pasten aus Portland-Zement oder Klinker. Shunichi Yatabe. (J. chem. Soc. Japan, ind. Chem. Sect. [Kôgyô Kagaku Zassi] **63.** 1185 bis 1186. Juli 1960. Ube, Yamaguti-Daigaku, Kogakubu.) (Jap.; Auszug: Engl.)

Die pH-Änderung in verschiedenen Dispergierungsmitteln wird mit dem pH-Meter mit Glaselektrode eine Woche lang gemessen u. die Daten nach der STUDENT-Meth. diskutiert. E. MAEKAWA. 6222□

Der Porenraum im Zementstein — seine Entstehung und Erfassung und sein Einfluß auf die Druckfestigkeit. Wolfgang Arnds. (Betonstein-Ztg. **28.** 112—21. März 1962. Bonn.) (Dt.)

Bei der Best. der Porenraumgröße im Zementstein treten zwischen Dichtraumrechnung sowie Ermittlung des Dichtigkeitsgrades in CCl_4 einerseits u. Ermittlung des Dichtigkeitsgrades in W. sowie Wasseraufnahme unter Vakuum andererseits Differenzen auf, da die durch Hydratation entstandenen Poren CCl_4-Moll. infolge ihrer Größe abweisen. Sowohl für den Austrocknungs- als auch für den Schrumpfporenraum waren nach 28 Tagen keine Unterschiede zwischen normal u. feuchtgelagerten Proben erkennbar. Die Schrumpfwerte lagen für Portlandzement im Mittel bei 0,276 cm³/g, für Hüttenzemente bei 0,38—0,67 cm³/g gebundenem Wasser. Abhängigkeiten von der Lagerung u. der Magerung waren nicht nachweisbar. Die Festigkeiten des hohlraumfreien Zementsteins, extrapoliert aus dem graph. Verhältnis Porenraum (Zementsteindichtigkeitsgrad): Druckfestigkeit ergaben 1790—2272 kg/cm². Eine Magerung des Portlandzementleims mit Lehm oder Steinkohlenflugasche bis zu 30% des Zement-Gew. hatte keinen wesentlichen Einfl. auf diese Beziehung. — 58 Literaturangaben. H. SCHUMANN. 6222 □

Haftfestigkeit des Zementklinkeransatzes auf basischen feuerfesten Steinen. A. Majdič und H. E. Schwiete. (Zement-Kalk-Gips **15 (51).** 45—51. Febr. 1962. Aachen, TH, Inst. für Gesteinshüttenkunde.) (Dt.) — Vgl. C. **1960.** 16901.

Im Temp.-Bereich 1425—800° werden Haftfestigkeiten von Ansätzen aus Klinkern mit unterschiedlich zusammengesetzten fl. Phasen an 9 verschiedenen Magnesit-, Chrommagnesit- u. Fosteritproben untersucht. Unterhalb 1200° werden Haftfestigkeiten von 50 kp/cm² gemessen. Bei höheren u. tieferen Temp. nehmen die Haftfestigkeiten ab (1425° ca. 0,14 kp/cm²; 800° ca. 9 kp/cm²). Alkali- u. magnesiahaltige Klinker verringern die Haftfestigkeit. Größere Gasdurchlässigkeit der feuerfesten Steine bewirkt eine bessere Haftung des Ansatzes. Chem. Wechselwrkg. bei der Tränkung der Steine mit der Klinkerschmelze erschwert die Bedingungen. Als Vorproben für die Herabsetzung der Haftfestigkeit dienen Zugversuche. H. SCHUMANN. 6222 □

Elektrochemische Untersuchungsmethoden zur Frage der Betonstahlkorrosion durch Chloride. C. A. Lobry de Bruyn und E. M. Theissing. (Zement-Kalk-Gips **15 (51).** 71—77. Febr. 1962. Den Haag u. Utrecht.) (Dt.)

Die Stahlkorrosion im Beton wird als eine Funktion des pH-Wertes der korrosionsfördernden Stoffe im W. u. der O_2-Zufuhr zum Stahl betrachtet. Nach Zufügen von 0,5 bis 1% $CaCl_2$ zur frischen Portlandzementpaste verschiebt sich das Eigenpotential erst in negativer Richtung, dann in positiver. Der Stab zeigt bei hoher $CaCl_2$-Konz. deutlich passivere Eigg., wobei die zulässige Menge $CaCl_2$ als eine Funktion des pH-Wertes angesehen werden kann. Aus dem Verlauf der Ag/AgCl-Potentiale ist zu schließen, daß mehr als 90% der Chloride während der Erhärtung komplex im Portlandzement gebunden werden. C_3A-freier Zement bewirkt eine Zunahme der Cl-Ionen-Konz., da hier keine Komplex-Bldg. stattfindet. — Diskussion. H. SCHUMANN. 6224 □

Einfluß des Feuchtigkeitsgehaltes auf die Druckfestigkeit kleiner Gipswürfel bei langer Lagerung. J. J. Russell und J. E. Bright. (Zement-Kalk-Gips **15 (51).** 52—56. Febr. 1962. Melbourne, Div. of Building Res. Commonwealth Sci. and Ind. Res. Organiz.) (Dt.) — Vgl. C. **1961.** 6645.

Die Druckfestigkeit gegossener Gipsstücke unter feuchtigkeitsgesätt. Bedingungen nimmt unabhängig von einer Zwischentrocknung bei nassen u. trockenen Proben ab. Nach 240 Tagen ist noch geringfügige Festigkeitsabnahme feststellbar. Der Festigkeitsverlust („Verrotten") steht im umgekehrten Verhältnis zur Menge der unlösl. Beimischung des Gipses. Die Feuchtfestigkeit von gegossenem Gips nach Wässern bei 21° ist eine zweckmäßigere Grundlage zur Beurteilung als die Festigkeitsprüfung von gegossenem Gips nach 2 Stunden. Eine Lagerung der Proben an feuchter Luft unterhalb der Sättigungsgrenze übt keinen Einfl. auf die Druckfestigkeit aus. H. SCHUMANN. 6226 □

Ausblühung in Ziegelbauten. 2. Mitt. **Ausblühung in Kalk-Srukhi-Sandmörteln.** A. K. Chatterji und K. D. Dhariyal. (J. sci. ind. Res. [New Delhi], Sect. A **19.** 373—76. Aug. 1960. Roorkee, Central Building Res. Inst.) (Engl.) — 1. vgl. C. **1960.** 7647.

In Fortsetzung der Unterss. untersuchten Vff. die Ausblühung von KNO_3 in Surkhimörteln, die in großem Maße in Ziegelmauerwerk verwendet werden. In den Verss. wurden Kalk-Surkhi u. Sand im Gew.-Verhältnis 1:2:9 vermischt u. auf Temp. zwischen 600 u. 1000° erhitzt u. nach Zusatz von W. (Verhältnis W.–Kalk = 2) zu Würfeln oder Blöcken gegossen, 48 Std. in einem feuchten Raum aufbewahrt u. hierauf vor den Verss. 8 Tage bei 50° unter feuchten Bedingungen getrocknet. Von den Würfeln wurde hierauf die Druckfestigkeit gemessen. Einige der Blöcke wurden bis zu einer Tiefe von 1 cm in dest. W. getaucht u. hierauf unter Labor.-Bedingungen getrocknet. Eine Ausblühung wurde nicht beobachtet, die Oberfläche hatte nur einen feinen weißen Überzug infolge Carbonatisierung des Kalkes. Hierauf wurden die Blöcke in eine 1%ig. wss. Lsg. von KNO_3 getaucht u. wie oben weiter behandelt. Von diesen Blöcken wurde eine 2 bis 3 mm dicke Schicht abgekratzt u. deren Geh. an lösl. Salz bestimmt. Außerdem wurde der KNO_3-Geh. der Rest-Lsg. festgestellt, woraus die Menge KNO_3 erhalten wurde, die in die Blöcke eingedrungen war. Als Ausblühungsindex wurde das Verhältnis der Menge KNO_3 in der abgekratzten Schicht zu der Menge in die Blöcke eingetretenen KNO_3 berechnet. Es wurde gefunden, daß die Ausblühung am niedrigsten war in den Blöcken mit maximaler Druckfestigkeit, d. h. maximaler Puzzolanaktivität, aber nicht in Blöcken, die den kleinsten effektiven Porenradius hatten. Eine mögliche Erklärung für die Beobachtungen wird gegeben. C. GOTTFRIED. 6226

Beitrag zur Identifizierung von Hydrosilicaten in Kalksandsteinen. Ján Petrovič. (Chem. Zvesti **12.** 54—59. 1958. Bratislava, Odd. anorgan. chém. Chemického ústavu Slov. akad. vied.) (Slowak.; Auszug: Dt.)

Die Proben für die chem. u. röntgenograph. Analyse verschiedenen $CaO:SiO_2$-Verhältnisses wurden durch Mischen von Quarzsand (Korngröße 60 μ) u. Behandeln im Autoklaven bei 175°/8 Std. hergestellt. Die chem. Analyse des Rk.-Prod. beim $CaO-SiO_2$-Verhältnis 0,1 ergab 0,92 $CaO \cdot SiO_2 \cdot 0,99\ H_2O$, bei 0,2 0,98 $CaO \cdot SiO_2 \cdot 0,98\ H_2O$, bei 0,3 1,01 $CaO \cdot SiO_2 \cdot 0,99\ H_2O$, bei der grobkörnigen Probe 1,22 $CaO \cdot SiO_2 \cdot 1,17\ H_2O$. — Mittels der Röntgenanalyse wurde Tobermorit (CSH I) ermittelt u. es besteht die Möglichkeit der Bldg. eines Ca-Hydrosilicats, dessen Zus. mit Afwillit ident. oder ähnlich ist. Es wird geschlossen, daß synthet. Tobermorit das Bindemittel von Kalksandziegeln bildet. J. TŮMOVÁ. 6228□

Lignine als stabilisierende Agentien für Löß in Nordost-Iowa. S. P. Sinha, D. T. Davidson und J. M. Hoover. (Proc. Iowa Acad. Sci. **64.** 314—48. 1957. Ames, Iowa, State Coll., Engng. Exp. Stat.) (Engl.)

3 für die Gebiete Nordost-Iowas repräsentative Lößproben aus A-, B- bzw. C-Horizont wurden alternativ mit 5 Lignin-Prodd. verschiedener Herkunft gemischt. Die physikal. Eigg. der Mischungen wurden im Hinblick auf ihre Eignung als Baumaterial für Straßen u. Flugplätze untersucht. Die angewandten Labortests ergaben, daß die Ligninbeimischung die Bodendichte, die Wasserretentionskapazität bei Lufttrocknung u. den Plastizitätsindex erhöhte. Der letztere stieg mit dem Geh. des Löß an Ton u. organ. Substanz an. Die Wasseraufnahme der Mischungen wurde vermindert. Alle 5 Lignine erbrachten etwa gleiche Resultate. Der optimale Lignin-Geh. der Mischungen betrug ca. 6 Gew.-%. Nicht untersucht wurde der Lignin-Einfl. auf die Frost-Wrkg. im Löß.
WILFRIED WERNER. 6228□

Über die natürliche Radioaktivität einiger Gläser. H. Drost und H. Pupke. (Exp. Techn. Physik **7.** 20—26. 1959. Berlin.) (Dt.)

Röhrenförmige Proben von 40 Glassorten verschiedener Hersteller werden mit einer Zählrohranordnung geprüft u. die Meßergebnisse in Tabellen vorgelegt. Da die Messungen nur orientierender Art waren, können nur sehr bedingte Angaben über die Strahlenarten gemacht werden; es wird aber angenommen, daß es sich in erster Linie um γ-Strahlung handelt. Wegen der im allg. nur sehr geringen Aktivitäten dürften nur U-haltige Gläser besondere Vorsichtsmaßregeln bei physikal. u. biolog. Verss. erfordern, abgesehen von reinen Strahlungsversuchen. L. KÜHNERT. 6242□

Photometrische Bestimmung des Calciumgehaltes in Zementmaterialien unter Verwendung von Komplexonen. I. W. Bogdanowa. (Журнал Аналитической Химии [J. analyt. Chem.] **16.** 679—82. Nov./Dez. 1961. Leningrad, Allunions-Forsch.-Inst. der Zementind.) (Russ.; Auszug: Engl.)

Vf. beschreibt eine photometr. Meth. zur Best. von Ca in Zementen (Ca-Geh. 40—45%) u. Klinkern (Ca-Geh. 60—67%) ohne Abtrennung der in diesen Materialien vorkommenden Sesquioxide. Der größte Teil des Ca wird mit Komplexon III zu einem farblosen Komplex gebunden, der Rest durch die in Ggw. von Ca im alkal. Medium sich einstellende Farbänderung des Säurechromdunkelblau gemessen. Es muß stets ein Vgl. mit einem Standard-Präp. erfolgen. E. ASMUS. 6252□

Bestimmung von Calcium in verdünnten wässerigen Lösungen von Portland-Zement sowie von Klinker. Shun-ichi Yatabe. (J. chem. Soc. Japan, ind. Chem. Sect. [Kôgyô Kagaku Zassi] **63.** 929—30. Juni 1960. Ube, Yamaguti-Daigaku, Kôgakubu.) (Jap.; Auszug: Engl. S. A50.)

Ca in 1%ig. sowie 2%ig. Lsgg. von Portlandzement u. Klinker werden mit 2%ig. NH_4-Oxalat-Lsg. niedergeschlagen, der Nd. in verd. H_2SO_4 heiß gelöst u. die Lsg. mit 0,1n $KMnO_4$ titriert. E. MAEKAWA. 6252□

Ernst Leitz G. m. b. H., Wetzlar/Lahn (Erfinder: Heinz Brömer, Hermannstein, und Norbert Meinert, Wetzlar), **Optisches Glas** mit hoher Brechkraft u. kleiner Dispersion aus 20—46(%) $SiO_2 + B_2O_3$, davon 14—35 SiO_2, 30—40 La_2O_3, 7,5—20 Erdalkalioxide, davon 5 BaO, 0—10 ZrO_2 u. 0—10 ZnO u./oder CdO. Das Glas kann zusätzlich 10 Ta-, Nb-, W-, Pb- u. Ti-Oxid enthalten. (**D. P. [DDR] 22 049** Kl. 32b vom 23/1. 1959, ausg. 28/9. 1961 [Ausschließungspatent].) O. KAYSER. 6201

Kurt Bley, Gehren, und Karl-Heinz Linsel, Ilmenau, **Glasieren von keramischen Gegenständen.** Die zu glasierenden, lufttrockenen keram. Gegenstände stehen auf einer durch Sprühelektroden elektr. aufgeladenen Drehscheibe u. werden unter dem Einfl. eines elektrostat. Feldes mittels eines aus einer Düse austretenden Luftstroms mit einem Glasurpulver bedeckt. — Vorr., 3 Abbildungen (**D. P. [DDR] 22 071** Kl. 80b vom 28/6. 1958, ausg. 16/10. 1961 [Wirtschaftpatent].)
HANS HOFFMANN. 6213

Curt Agte, Eisenach, Rudolf Kohlermann, Immelborn, und Walter Dübel, Roßdorf/Rhön, **Herstellung oxidkeramischer Verbundwerkstoffe,** bes. zur

Bestückung von Zerspanungswerkzeugen, durch Sintern eines Gemisches aus 40—90(%) Al_2O_3 u. 10—60 eines oder mehrerer Metallcarbide u./oder -boride u./oder -nitride; dabei werden im Pulvergemisch 1—35 des carbid. Anteils durch ein oder mehrere bei den angewendeten Sinter-Temp. carbidbildende Metalle mit FF. > dem des Al_2O_3 ersetzt, wobei der Metallanteil während der Sinterung im Formling durch Zugabe von C oder Anwendung einer kohlenden H_2-Atmosphäre in Carbidform übergeführt wird. — Zum Beispiel werden 65 feinkörniges Al_2O_3, das durch Glühen in die α-Modifikation übergeführt ist, mit 3 W-Pulver versetzt u. in Kugelmühlen auf die Feinheit des 900-Maschensiebes gemahlen. Das Gemisch wird mit Glykol angefeuchtet, durch Pressen verformt u. bei 1850° im Kohlerohrkurzschlußofen gesintert. (**D. P. [DDR] 21 847** Kl. 80b vom 27/5. 1958, ausg. 6/9. 1961 [Wirtschaftspatent].)
HANS HOFFMANN. 6221

United States Atomic Energy Commission, übert. von: Ivor E. Campbell, Gahanna, Ohio, V.St.A., **Schutzüberzüge für Graphitkörper,** die gegen Korrosion u. chem. Angriff, z. B. bei Verw. der Körper in Kernreaktoren, schützen. Durch Einw. von flüchtigen Metallhalogeniden, wie ZrJ_4, $ZrBr_4$, $ZrCl_4$, $TaBr_5$, $TaCl_5$, $NbBr_5$ u. $NbCl_5$, bei Temp. zwischen 900 u. 2800° F u. Drücken von 0,01—1000 mm Hg wird durch Zers. der Halogenide ein gleichmäßiger Überzug aus einem Carbid des betreffenden Metalls gebildet. Die für die verschiedenen Metalle anzuwendenden Bedingungen werden in graph. Darst. angegeben. (**A. P. 2 978 358** vom 28/3. 1958, ausg. 4/4. 1961.)
G. FRIKELL. 6221

Chemieprodukte G. m. b. H., Leverkusen (Erfinder: Benno Wedekind, Leverkusen, und Reinhard Otten, Bad Horb), **Formkörper aus Faserbeton.** Ein Nachlassen der anfänglich erreichten Steigerung der Festigkeit, bes. Biegezugfestigkeit, durch zerstörende Wrkg. des im Zement enthaltenen oder beim Abbinden gebildeten CaO auf die synthet. Mineralfasern, wie Glasfasern, Schlacken- u. Basaltwolle, wird verhindert durch Zusatz von $MgSiF_6$ oder anderer Salze der H_2SiF_6 zum Anmachwasser, wodurch das CaO in CaF_2 umgewandelt wird. Zum Beispiel werden gemischt: 8400 (g) W., 170 $MgSiF_6$, 70 Seife, 35 Fettsäureäthanolamid, 1700 Basaltwolle, 17000 Grus 0/3 mm u. 1700 Zement Z 275. (**D. A. S. 1 123 968** Kl. 80b vom 19/7. 1960, ausg. 15/2. 1962.)
G. FRIKELL. 6225

Owens-Corning Fiberglas Corp., übert. von: Games Slayter, Newark, und Richard F. Shannon, Lancaster, Ohio, V.St.A., **Glasverstärkte Gipskörper.** Eine bedeutende Verbesserung der mechan. u. physikal. Eigg. von Formkörpern aus Gips gelingt durch Herst. einer gieß- u. preßfähigen Masse, deren Zus. außer W. aus Gips, 50—70 Gew.-% Glasflocken u. Melamin-, Phenol- oder Harnstoff-Formaldehyd-Harz besteht. Die einander überlappenden parallel liegenden Plättchen setzen dem Durchgang von Dampf, Feuchtigkeit u. Elektrizität großen Widerstand entgegen. (**A. P. 2 970 127** vom 28/12. 1954, ausg. 31/1. 1961.)
G. FRIKELL. 6227

Cincinnati Milling Machine Co., übert. von: Georg J. Goepfert, Cincinnati, Ohio, V.St.A., **Mischung für Schleifscheiben.** Ein trockenes, pulverisiertes Phenol-Formaldehyd-Harz (I) wird mit den trockenen Schleifkörnern (Al_2O_3) u. mit einem Lsgm. für I gemischt. Dazu wird die trockene Mischung eines I mit einem anderen Harz (Epoxyharz) u. einem feinkörnigen Füllstoff gegeben. Der Zusatz von W. ergibt eine Suspension, die bei höhererer Temp. unter Formgebung ausgehärtet wird. (**A. P. 2 943 926** vom 18/7. 1958, ausg. 5/7. 1960.)
F. KOCH. 6239

Corning Glass Works, übert. von: **Stanley D. Stookey,** Corning, N.Y., V.St.A., *Keramischer Körper.* (**Can. P. 551 562** vom 7/10. 1953, ausg. 14/1. 1958. A. Prior. 5/3. 1953. — C. **1957.** 14 101 [F. P. 1 096 398].)

E. I. du Pont de Nemours & Co., Wilmington, Del., V.St.A., *Versprühbare Pigmentpolyvinylacetatpräparate.* (**E. P. 865 114** vom 18/6. 1957, ausg. 12/4. 1961. A. Prior. 21/6. 1956. — C. **1961.** 14 423 [D. A. S. 1 100 282].)

VII. Agrikulturchemie. Schädlingsbekämpfung

Physikalische Änderungen beim Stallmist während der Gärung. Leszek Kuszelewski und Stanisław Kobus. (Zeszyty naukowe Szkoły głównej Gospodarstwa wiejskiego Warszawie, Rolnictwo **1959.** Nr. 3. 59—79. Warszawa, SGGW, Zakł. Chem. roln.) (Pol.)

Während der Gärung verändern sich die physikal. Eigg. des Stallmistes. Auf Grund der Änderung der Farbe des Mistes u. der Jauche, der Verteilung der Streu u. der Festigkeit des Mistes lassen sich 3 Abschnitte der Gärung unterscheiden: Abschnitt 1 dauert ca. 1 Monat; der Mist ist noch ungenügend zersetzt u. als Dünger ungeeignet. Abschnitt 2 umfaßt die ersten 2—3 Monate. Der Mist ist bestenfalls nur im Herbst einzuackern.

Abschnitt 3 ist mit 4—5 Monaten beendet. Der Mist ist vollständig zersetzt. Allen Abschnitten kann ein charakterist. C:N-Verhältnis zugeordnet werden. Es nimmt von 23—21:1 im 1. Abschnitt über 21—18:1 im 2. zu 18—15:1 im 3. ab. — 10 Literaturangaben. F. URBAN. 6294□

Verwendung von Abfallstoffen als Dünger und ihr Einfluß auf die Aggregation von Bodenteilchen. V. Iswaran, A. Sen, S. N. Datta, M. B. Kamath und A. K. Rishi. (J. sci. ind. Res. [New Delhi], Sect. B **19.** 205—06. Aug. 1960. New Delhi, Indian Agric. Res. Inst.) (Engl.)

Vff. beschreiben Meth. zur Herst. von guten Düngern aus organ. Abfallstoffen, wie *Wolle-*, *Leder-*, *Gummilack*-Abfällen u. *Mahua* (Madhuca indica)-Preßkuchen, u. untersuchten den Einfl. der behandelten Stoffe auf die Bodenstruktur. Die Abfälle wurden teils mit Dampf, Säuren oder NH_3 behandelt, getrocknet u. hierauf gepulvert. Es wurde gefunden, daß die so behandelten Abfälle im Boden leichter nitrifizieren u. die Bodenstruktur infolge Aggregation der Bodenteilchen wesentlich verbessern. C. GOTTFRIED. 6294

Einige Bodenentwicklungsstadien aus Eruptivgesteinen des nordwestlichen Kaiserstuhles. 1. Mitt. H. Harth. (Chem. d. Erde **19.** 130—46. 1957. Freiburg/Br., Albert-Ludwig-Univ., Inst. für Bodenkunde.) (Dt.)

Die Eruptivgesteine des Vulkanmassivs der Limburg sind sehr kalkhaltig u. arm an freier Kieselsäure. Ferner kommt Mergel u. eine relativ mächtige Lößschicht vor. Durch extensive Waldwirtschaft erhielt sich eine weitgehend natürliche Vegetationsdecke. Auf dem Löß konnte so ein humusarmer, bis zu 1 m mächtiger Boden analysiert werden, der den rendzinaartigen Böden zuzuordnen ist. Die bodeneigenen Kriterien u. die bodenbildenden Faktoren werden besprochen. ERNST SCHULTE. 6300□

Freisetzung von Eisenoxid bei der Entstehung von rotbraunen Böden durch Verwitterung von Kalkstein. 1. Mitt. **Die Wirkung von Kohlensäure.** D. H. Khan. (J. Sci. Food Agric. **10.** 483—86. 10/9. 1959. Harpenden, Herts., Rothamsted Exp. Stat.) (Engl.)

Zwei Kalkgesteinsproben aus dem Untergrund von rotbraunen Böden wurden zur Entfernung von Verwitterungsrückständen sorgfaltig gewaschen, fein gemahlen u. im Labor.-Vers. kontinuierlich mittels mit CO_2-gesätt. W. (pH 4,5) bzw. eines NH_4-Acetat-Essigsäure-Puffers eluiert. Die Wrkg. des CO_2-gesätt. W. wird in etwa der unter natürlichen Bedingungen ablaufenden Einw. von Regenwasser auf das Kalkgestein gleichgesetzt. Mit der durch beide Extraktionsmittel bewirkten zunehmenden Lsg. der Erdalkalicarbonate ging eine stufenweise Freisetzung von Fe (u. Si, Al, Ti usw.) einher. Das resultierende Prod. ist ein rotbrauner bis graubrauner Rückstand, der vermutlich ein Zwischenstadium der in der Natur ablaufenden Bldg. der rotbraunen Böden auf Kalkgestein darstellt. WILFRIED WERNER. 6304□

Der Enzymgehalt in Böden aus Hopfenanlagen der Anbaugebiete Hallertau und Jura. Gg. Hoffmann und W. Leibelt. (Bayer. landwirtsch. Jb. **38.** 780—91. 1961. Weihenstephan bei Freising, Agrikulturchem. Inst. u. Bayer. Hauptversuchsanst. für Landwirtschaft der TH München.) (Dt.)

An den Hopfenböden der genannten Anbaugebiete wurde festgestellt, daß der *Saccharase* (I)-Geh. trotz optimaler Werte verschiedener Faktoren der Bodenfruchtbarkeit absinkt, während dies bei anderen Kulturen nicht der Fall ist. In alten Hopfenanlagen war die I-Depression größer als in jungen. Prim. Ursache der I-Depression ist eine zunehmende Anreicherung von bactericiden bzw. bacteriostat. Stoffen, die in den Hopfenwurzeln enthalten sind. M. WINIKER. 6304□

Phosphatbindung durch Moorböden. Julián Roldán. (J. Agric. Univ. Puerto Rico **43.** 182—93. Juli 1959. Río Piedras, Univ. of Puerto Rico, Agric. Exp. Stat.) (Engl.)

10-g-Proben eines Torfbodens wurden im Vakuum mit 40 ml konz. A. gekocht, in eine 13 × 460-mm-Chromatographiersäule unter 10 lbs. Druck eingefüllt, mit dest. W. u. anschließend mit 0,001 m $CaCl_2$-Lsg. durchgewaschen. Darauf wurden 300 g P/ml Lsg. auf die Säule aufgegeben u. in je 100 ml des Eluats eine P-Analyse vorgenommen. Dieses Verf. erwies sich zur Best. der P-Retention sehr geeignet. Der unbehandelte Torfboden (pH 5,15) hatte ein P-Bindungsvermögen von $636 \pm 3{,}5$ lbs./acre. Nach Aufkalkung auf pH 6,15, d. h. bei Anhebung des Ca-Sättigungsgrades von 26 auf 55%, stieg die P-Retention auf $1094 \pm 37{,}7$ lbs./acre an. Die P-Bindung in dem Vers.-Boden durfte demnach weitgehend auf die Bldg. schwerlösl. Ca-Phosphate zurückzuführen sein. WILFRIED WERNER. 6304□

Die Verwendung von Düngemitteln bei der Aufforstung eines tiefen Torfes. T. W. Wright. (J. Sci. Food Agric. **10.** 645—50. Dez. 1959. Aberdeen, Macanlay Inst. for Soil Res.) (Engl.)

Vf. erörtert die Probleme, die bei der Aufforstung von Torfböden auf dem Gebiete der Düngung zu beachten sind. Am häufigsten erweist sich auf diesen Böden *P* als wachstumsbegrenzender Nährstoff. An Hand mehrerer Vers.-Beispiele wird die Bedeutung der Nadelanalyse zur Beurteilung des P-Versorgungszustandes der Koniferen aufgezeigt. Vf. vermutet, daß auf den P-gedüngten Flächen im erwachsenen Bestand auch andere Nährstoffe in ein Minimum kommen können, bes. K. Wilfried Werner. 6304□

Untersuchungen über die Phosphoraufnahme aus mit ^{32}P markiertem Superphosphat durch Pflanzen. 1. Mitt. **Hafer.** R. D. Verma, J. Dainty und K. Simpson. (J. Sci. Food Agric. **10.** 100—07. Febr. 1959. New Delhi, Ind. Agric. Res. Inst.; Edinburgh, Univ., Biophys. Dep.; Edinburgh and East of Scotland Coll. of Agric.) (Engl.)

Ein P-reicher (260 ppm verfügbarer P in 0,2n HCl; pH 6,2) u. ein P-armer Lehmboden (25 ppm P; pH 5,9) wurden in einem Gefäß-Vers. mit 0, 40, 80 u. 160 lbs. P_2O_5/acre in Form von mit ^{32}P markiertem Superphosphat in verschiedenen Kombinationen mit 0, 40 u. 80 lbs. N/acre versetzt u. mit Hafer bepflanzt. Durch Probenahmen bei einer Pflanzenhöhe von ca. 15 cm kurz vor dem Rispenschieben u. zur Reife wurde der zeitliche Verlauf der P-Aufnahme verfolgt. Der Anteil der P-Aufnahme aus dem Dünger an der Gesamt-P-Aufnahme war auf dem P-armen Boden wesentlich höher als auf dem P-reichen. Er stieg mit zunehmender P-Gabe an, fiel jedoch unabhängig von der P-Düngung mit dem Alter der Pflanzen ab. Durch die P-Düngung wurde die Aufnahme des Boden-P so stark herabgedrückt, daß die Gesamt-P-Aufnahme auf beiden Böden geringer war als in der ungedüngten Kontrolle. Wilfried Werner. 6304□

Untersuchungen über die Phosphoraufnahme aus mit ^{32}P markiertem Superphosphat durch Pflanzen. 2. Mitt. **Kartoffeln.** J. Dainty, R. D. Verma und K. Simpson. (J. Sci. Food Agric. **10.** 108—14. Febr. 1959.) (Engl.) — **1.** vgl. vorst. Referat.

Auf den vorst. beschriebenen Böden wurden Feld-Verss. zu Kartoffeln mit steigenden *Superphosphat* (I)-Gaben (0—2 cwt P_2O_5/acre) bei unterschiedlichem N-Niveau (0,5 u. 1,0 cwt N/acre) durchgeführt. 8 Wochen nach der Saat sowie in der Mitte u. zum Ende der Knollen-Entw. wurden Proben gezogen u. analysiert. Auf beiden Böden, bes. stark auf dem P-reichen, wurde durch I die Aufnahme an Boden-P erheblich vermindert. Die N-Düngung war ohne Einfl. auf Wachstum u. P-Aufnahme der Pflanzen. Die Aufnahme von P aus I stieg mit der Höhe der I-Zufuhr an, nahm jedoch mit fortschreitender Entw. stetig ab. Nach 12 Wochen (= Mitte der Knollen-Entw.) fand nur noch eine geringe P-Aufnahme aus I statt. Die Höchsterträge wurden bei P_2O_5-Gaben von 0,25 bis 1,0 cwt erzielt u. waren mit einer Aufnahme von 23—27 lbs. P_2O_5/acre verbunden. Höhere P-Aufnahme führte zu einem verspäteten Knollenansatz u. zu einer Reifeverzögerung. Wilfried Werner. 6304□

Vorversuche zur Untersuchung der Phosphoraufnahme von Apfelbäumen unter Anwendung von ^{32}P. János Tamási, Ferenc Máté und Gyula Varga. (Agrokémia és Talajtan [Agrochem. u. Bodenkunde] **10.** 353—62. Sept. 1961. Budapest, Hochsch. für Garten u. Weinbau.) (Ung.)

Vff. untersuchten die Wrkg. von in verschiedener Tiefe bzw. mit W. eingebrachtem ^{32}P enthaltendem Superphosphat. Im oberird. Teil der Bäume erschien der P des naß verabreichten Düngers rascher. Der in 10—50 cm Tiefe naß eingeführte Dünger wurde rascher aufgenommen als aus 70—90 cm Tiefe, dagegen erschien die Aktivität in den Ästen bei trockner Anwendung des Düngers rascher bei Einbringung in größerer Tiefe (50 cm). G. Bidló. 6304

Die Wirkung der Höhe der Superphosphatgaben auf Wachstum und Ertrag von Kartoffeln. K. Simpson, R. D. Verma und J. Dainty. (J. Sci. Food Agric. **10.** 588—96. Nov. 1959. Edinburgh, School of Agric.; Univ., Biophys. Dep.) (Engl.)

Auf 2 Böden mit niedriger sowie 3 Böden mit guter P-Versorgung wurde in 2 jährigen Feld-Verss. die Wrkg. steigender *Superphosphat* (I)-Gaben (0—4,0 cwt P_2O_5/acre) zu Kartoffeln getestet. Der Krautertrag wurde auf den P-armen Böden durch I bis zu 2,0 cwt P_2O_5 erhöht, der Knollenertrag dagegen nur bis 0,66 cwt P_2O_5. Auf den gut versorgten Böden wurde durch I der Krautertrag nicht, der Knollenertrag sogar depressiv beeinflußt. P erhöhte die Knollenzahl u. verminderte den Trockenmasse-Geh. in allen Organen. Auf den P-armen Böden bestand eine positive Korrelation zwischen dem P-Entzug durch die Pflanzen u. dem Knollenertrag, auf den P-reichen Böden dagegen eine negative. Zur Erzielung optimaler Erträge wird eine P-Aufnahme der 12 Wochen alten Pflanzen zwischen 30 u. 35 lbs. P_2O_5/acre für erforderlich erachtet. Bei höherer Aufnahme ist die Knollen-Entw. verzögert u. der Ertrag vermindert.
Wilfried Werner. 6304□

Grundsätze der Nährstoffaufnahme bei Banddüngung. 3. Mitt. **Streifenvolumen, Konzentration und Nährstoffzusammensetzung.** W. G. Duncan und A. J. Ohlrogge. (Agronomy J. **51.** 103—06. Febr. 1959.) (Engl.) — 2. vgl. C. **1960.** 6966.

Die Verss. erfolgten mit Mais, der in Töpfen angezogen wurde. In der Topfmitte befand sich gedüngte Erde in Form eines Zylinders. Das Vol. des Zylinders u. die Nährsalz-Konz. waren jeweils verschieden. Die P-Aufnahme zeigt bei Veränderung des Vol. des Nährstoffzylinders keine einheitliche Tendenz. Mit steigenden P-Gaben wird mehr P aufgenommen. Wenn das Vol. des gedüngten Bodens klein ist, so fördern N-Gaben die P-Aufnahme. Sie steigt auch in den ersten Wochen nach dem Auflaufen mit der Größe des Wurzelraumes im gedüngten Boden u. sinkt mit Zunahme des P-Geh. in der Pflanze. W. HILLER. 6304□

Grundsätze der Nährstoffaufnahme bei Banddüngung. 4. Mitt. Akkumulation von Wasser rings um die Düngerstreifen. J. H. Kolaian und A. J. Ohlrogge. (Agronomy J. **51.** 106—08. Febr. 1959.) (Engl.) — 3. vgl. vorst. Referat.

Die Wasserakkumulation erfolgt zum größten Teil über die Gasphase u. geschieht mit steigender Temp. rascher. Die Salzart beeinflußt ebenfalls die Akkumulation des Wassers. W. HILLER. 6304□

Der Fruchtbarkeitszustand von organischen Böden in Puerto Rico. Julián Roldán. (J. Agric. Univ. Puerto Rico **43.** 255—67. Okt. 1959. Río Piedras, Univ. of Puerto Rico, Agric. Exp. Stat.) (Engl.)

25 Bodenproben aus einem großflächigen Moorgebiet wurden getrennt in die Schichten 0—8 u. 8—24 in. u. auf pH-Wert u. Kalkzustand sowie auf ihren Geh. an lösl. P, NO_3- u. NH_3—N, K, Mn, Fe, Al u. Gesamtsalzen analysiert. Der Geh. der jungfräulichen Torfböden an P u. K erwies sich als relativ niedrig. Eine Korrelation zwischen Mn-Geh. u. pH-Wert lag nicht vor, jedoch wird auf die Möglichkeit von Mn-Mangel bei pH-Werten $>$6,0 u. freiem $CaCO_3$ hingewiesen. Eine signifikant negative Korrelation bestand zwischen pH-Wert u. Al- bzw. Fe-Gehalten. Bei pH-Werten $<$6,0 lagen oft Fe- u. Al-Geh. vor, die hoch genug sind, um das Wachstum zu beeinträchtigen. Der Geh. der Proben an lösl. Salzen erwies sich als ungefährlich. WILFRIED WERNER. 6304□

Die Wirkung eines unterschiedlichen Fruchtbarkeitszustandes auf die Kaffee-Erträge in Puerto Rico bei intensivem Anbau. Fernando Abruña, José Vicente-Chandler und Servando Silva. (J. Agric. Univ. Puerto Rico **43.** 141—46. Juli 1959.) (Engl.)

Auf einem Tonboden mit guter Struktur (pH 9,8; Austauschkapazität 22 mval/100 g; 3,5% organ. Substanz) wurde die Wrkg. von je 3 Stufen N, P u. K (0, 150, 300 lbs. N bzw. P_2O_5 u. K_2O/acre) auf den Kaffee-Ertrag untersucht. Im Vgl. zu dem Landesdurchschnitt bei extensivem Kaffeeanbau wurde der Ertrag durch die angewandten intensiven Anbau- u. Düngungsmaßnahmen nahezu verzehnfacht. In allen Vers.-Jahren wirkte eine N-Gabe von 150 lbs. ertragssteigernd, bei genügend Regen sogar eine solche von 300 lbs./acre. Auch die K-Düngung erhöhte bis zur 300-lbs.-Gabe die Erträge. Dagegen konnte in keinem Jahr eine signifikante P-Wrkg. festgestellt werden. WILFRIED WERNER. 6304□

Wirkungen verschiedener Typen von Stickstoffdüngern auf die Wurzeldichte und -verteilung in Beziehung zu Wasserinfiltration und zu den Fruchterträgen in einem langjährigen Düngungsversuch zu Washington-Nabelapfelsinen. G. A. Cahoon, E. S. Morton, W. W. Jones und M. J. Garber. (Proc. Amer. Soc. horticult. Sci. **74.** 289—99. Dez. 1959. Riverside, Calif., Univ. of California, Citrus Exp. Stat.) (Engl.)

In einem Dauerdüngungs-Vers. auf einem sandigen Lehmboden zu Nabelapfelsinen wurden seit 1927 jährlich 3 lbs. *N*/Baum in folgenden Formen verabreicht: *Harnstoff* (**I**), $(NH_4)_2SO_4$ (**II**), $NaNO_3$ (**III**), $Ca(NO_3)_2$ (**IV**) u. *Stallmist* (**V**). 1956 wurde der Einfl. dieser langjährig unterschiedlichen N-Düngung auf die Wurzel-Entw. in 1 m Bodentiefe untersucht. Es ergaben sich erhebliche Unterschiede, die einmal auf eine direkte Nährstoff-Wrkg., zum anderen auf die Veränderungen der physikal. u. biolog. Boden-Eigg., der Wasserinfiltration, der pH-Werte u. des Salz-Geh. zurückgeführt werden. Im allg. erzeugten **I** u. **II** die größte Wurzelmasse, gefolgt von **IV**, **III**, ohne N u. **V**. Die Wurzelverteilung im Profil war bei Düngung mit **II**, **III** u. **V** deutlich abweichend von den anderen Varianten. Die Infiltrations-Geschw. des W. stand in umgekehrter Beziehung zur Wurzelmasse, aber in direkter zum Fruchtertrag. WILFRIED WERNER. 6304□

Ammoniakwasser als Düngemittel. W. G. Foyer. (J. Proc. Inst. Sewage Purificat., Part I **1960.** 92—96.) (Engl.)

Die Verw. von *Ammoniakwasser* (**I**) aus Kokereien u. anderen Anlagen für die Landwirtschaft wird empfohlen. Im **I** müssen Teer u. Öl entfernt sein u. die Thiocyanatmengen so niedrig wie möglich gehalten werden. Die Konz. des **I** wird durchschnittlich auf 2,17% NH_3 eingestellt. Die Anwendung, vorwiegend auf Weideland, ist vorteilhaft u. auch ökonom., solange Gaswerke u. Düngeflächen nicht mehr als 30—40 km auseinanderliegen, was aber in England kein Problem sein dürfte. Die Verw. von **I** als

Düngemittel in der Landwirtschaft ist volkswirtschaftlich die geeignetste Meth. der I-Beseitigung. W. HIRTE. 6304□

Die Anwendung von Harnstoff als Düngemittel. A. Buchner und J. Kradel. (Z. Acker- u. Pflanzenbau **114.** 1—22. Dez. 1961. Limburgerhof, Landw. Vers.-Stat. der BASF.) (Dt.)

Zusammenfassender Überblick. — 90 Literaturangaben. M. WINIKER. 6304□

Versuche mit Stickstoff und Magnesium. Lars Hansen. (Nord. Jordbrugsforskn. **42.** Suppl. I. 193—96. 1960. Aagaard.) (Dän.)

In einer Apfelkultur werden Düngeverss. mit $Ca(NO_3)_2$ allein u. zusammen mit $MgSO_4$ u. teilweise mit $NaNO_3$ verglichen. Hohe Nitratmengen tragen zur Steigerung des Wachstums u. zur Verbesserung der Laubfarbe bei, höhere Erträge werden nur bei Mg-Zufuhr festgestellt. Schwankungen des Nitrat-Geh. im Boden werden vor allem durch Klima u. Wachstum beeinflußt. Vgl.-Verss. mit verschiedenen Kombinationen von K_2O, N u. MgO sprechen für Düngung im Spätjahr. Für Kartoffeln u. Sellerie ist neben N auch MgO-Düngung vorteilhaft. Bei Möhren u. Weißkohl zeigt N-Düngung die stärkste Wrkg.; auf N-armem Boden wird auch mit K_2O-Zufuhr ein Minderertrag erzielt; 6—10 mg Mg^{2+} auf 100 g lufttrocknem Boden erscheinen ausreichend. Bei Nadelbäumen, auch in Baumschulen, Kern- u. Steinobst u. Rosen werden gute Ergebnisse mit $MgSO_4$ erzielt. R. K. MÜLLER. 6304□

Behebung von Magnesiummangel bei Orangenbäumen in Californien. T. W. Embleton und W. W. Jones. (Proc. Amer. Soc. horticult. Sci. **74.** 280—88. Dez. 1959. Riverside, Calif., Univ. of California, Citrus Exp. Stat.) (Engl.)

Erhebungen in 14 Orangenanlagen hinsichtlich der Mg-Versorgung der Bäume ergaben, daß in 5 Anlagen der Mg-Geh. der Blätter unter dem für optimale Versorgung erforderlichen Wert von 0,20% lag. Geh. unter 0,2% Mg sind mit Mg-Mangelsymptomen verbunden. In Verss. zur Bekämpfung dieser Mangelerscheinungen durch Mg-Sprays wurden durch $Mg(NO_3)_2 \cdot 6\,H_2O$ (**I**; 10 lbs./100 gal. W.) die besten Erfolge erzielt. Bei Anwendung der **I**-Sprays im Frühjahr wurden die Mg-Geh. der Blätter signifikant erhöht u. die Mangelsymptome stark abgeschwächt oder vollkommen verhindert. Besprühungen mit *Mg-EDTA* (**II**; 5 lbs./100 gal. W.) waren weniger wirksam. *Bittersalz*-Zufuhr über den Boden war völlig unwirksam. **II** verursachte Schädigungen an den Früchten. WILFRIED WERNER. 6304□

Beeinflussung des Blumenkohlwachstums durch die Beziehungen zwischen Nitrat, Calcium und Molybdän. Alex G. Alexander und Francis C. Stark. (Proc. Amer. Soc. horticult. Sci. **74.** 607—15. Dez. 1959. Mississippi State Univ., Agric. Exp. Stat.) (Engl.)

Blumenkohl wurde in Gefäß-Verss. in Sandkultur bei niedriger, mittlerer u. hoher Versorgung mit Nitrat, Ca u. Mo (alle Stufen in faktorieller Kombination) angezogen. Zur Erzielung eines optimalen Wachstums war ein ausgewogenes Verhältnis von NO_3 u. Ca sowie Ca u. Mo erforderlich. Ca-Mangel ging sowohl bei Ca-Zufuhr als auch bei erhöhtem Mo-Angebot zurück. Die Ca-Mangelsymptome ähnelten sehr stark den durch Mo-Mangel verursachten. Mo-Toxizität konnte durch gesteigerte Ca-Zufuhr abgeschwächt werden. Bei niedrigem Ca-Spiegel wurde das Wachstum durch gesteigerte N-Düngung vermindert, bei hohem Ca-Niveau dagegen erhöht. — Vff. vermuten, daß auf sauren Böden, auf denen oft „Whiptail" bei Blumenkohl beobachtet wird, sowohl Mo- als auch der gleichzeitige Ca-Mangel von Bedeutung ist. WILFRIED WERNER. 6304□

Der Einfluß steigender Salzkonzentrationen und der Spritztermine auf den Erfolg einer Blattdüngung. G. Krzysch. (Z. Pflanzenernähr., Düng., Bodenkunde **83 (128).** 214—24. 1958. Berlin, TU, Inst. für Pflanzenernähr., Bodenchem. u. Bodenbiol.) (Dt.)

In Gefäß-Verss. wurden normal mit *N* gedüngte Haferpflanzen zusätzlich mit KNO_3- u. NH_4NO_3-Lsgg. steigender Konz. (0,15—0,30—0,45 u. 0,60% N) besprüht. Durch die Blattdüngung wurden die Korn- u. Stroherträge signifikant erhöht, wobei KNO_3 besser wirkte als NH_4NO_3. Den relativ höchsten Ertragszuwachs erbrachte schon die niedrigste N-Konzentration. Bei einem N-Geh. der Sprühlsgg. von 0,6% (= 1,7% NH_4NO_3 oder 4,3% KNO_3) wurden die Effekte der Blattdüngung z. T. noch verbessert. Der N-Geh. des Korns stieg mit dem N-Geh. der Lsg. an (von 14,4 auf 17,6% Rohprotein), die N-Ausnutzung fiel jedoch von 87,5 bzw. 76,5 auf 46,3 bzw. 41,3% ab. — Bei einer *P*-Blattdüngung wurde die Wrkg. durch Erhöhung der Konz. von 0,2 auf 0,5% P_2O_5 (= 0,81% $NH_4H_2PO_4$ bzw. 0,96% KH_2PO_4) verbessert, wobei der relativ größte Ertragszuwachs jedoch ebenfalls schon mit der niedrigen Konz. erzielt wurde. Im Gegensatz zur N-Blattdüngung blieb bei der P-Blattdüngung die P-Ausnutzung bei ansteigender Konz. der Sprühlsg. etwa gleich. — N-Blattdüngung von Hafer zum Zeitpunkt des Schossens erhöhten in erster Linie den Ertrag, wogegen Besprühungen beim Ährenschieben sowie zur Blüte- u. Nachblütezeit in erster Linie den Rohprotein-Geh. im Korn verbesserten. — Bei Frühkartoffeln wirkte eine 6malige Blattbesprühung mit einer 2%ig. KH_2PO_4-Lsg. sowohl reifebeschleunigend als auch positiv auf den Trockenmasseertrag. — Als zusätzlicher günstiger Effekt der N- u. P-Blattdüngung bei Hafer wurde eine Schutz-Wrkg. gegen Mehltaubefall beobachtet. WILFRIED WERNER. 6304□

Der Einfluß von Beregnungen und Zusatzdüngung auf die ertragsbestimmenden Faktoren der wichtigsten Feldfrüchte auf anlehmigem Sandboden. 2. Mitt. **Sommergetreide.** W. Brouwer und K.-H. Martin. (Z. Acker- u. Pflanzenbau **113.** 371—94. Okt. 1961.) (Dt.) — 1. vgl. MARTIN, C. **1962.** 3597.

Verss. mit Hafer u. Sommergerste ergaben: Bei Hafer konnte die Wrkg. der Beregnung z. T. erheblich verbessert werden, wenn vor derselben eine kleine Volldüngergabe [15 (kg/ha) N, 15 P_2O_5, 22,5 K_2O] gegeben wurde. Als am günstigsten für die kombinierte Düngung u. Beregnung erwies sich die Zeit vom letzten Drittel des Schossens bis zum Beginn des Rispenschiebens. Sommergerste sprach nicht in dem Maße auf Beregnung an wie Hafer, jedoch konnten auch hier wesentliche Mehrerträge erzielt werden. Ebenso wie beim Hafer konnte der Erfolg der Beregnung durch eine zusätzliche Volldüngergabe gesteigert werden. M. WINIKER. 6304□

Die Aufnahme von Natrium und Chlorid durch das Blatt als ein Faktor bei der Bewässerung durch Beregner. C. F. Ehlig und L. Bernstein. (Proc. Amer. Soc. horticult. Sci. **74.** 661—70. Dez. 1959. Riverside, Calif., U. S. Salinity Labor.) (Engl.)

Vff. untersuchten die Geschw. der Salzanreicherung durch die Blätter u. das Ausmaß der Blattschädigungen bei 5 Obstbaumarten (Mandel, Pfirsich, Pflaume, Orange u. Avocado), die in Sandkultur angezogen u. mit W. zunehmenden Salz-Geh. beregnet wurden. Mit Ausnahme von Avocado reicherten alle Arten Na u. Cl in Konzz. an, die schädigend wirkten. Geh. von 5 oder 10 mVal NaCl, $CaCl_2$ oder Na_2SO_4/Liter Beregnungswasser verursachten Nekrosen an den Blattspitzen u. nach langer Beregnungsdauer sogar eine teilweise oder vollständige Entlaubung. Pflaumenblätter wurden schon bei geringeren Cl- u. Na-Konzz. geschädigt als die anderen Arten. Der Bereich der tox. Salz-Geh. in den Blättern lag zwischen 10 u. 30 mVal/100 g Trockenmasse. Alle Arten nahmen Na aus NaCl schneller auf als aus Na_2SO_4 u. Cl etwa gleich schnell aus NaCl u. $CaCl_2$. Bei Beregnung in den Mittagsstunden wurden größere Mengen Na u. Cl von den Blättern aufgenommen u. traten stärkere Blattverbrennungen auf als bei Beregnung am Abend. — Gemüse- u. Futterpflanzen zeigten bei Beregnung mit W., welches bis zu 96 mVal NaCl/Liter enthielt, keine oder nur sehr geringe Schädigungen. WILFRIED WERNER. 6304□

Praktische Folgerungen aus den Nährstoffverlusten aus dem Blattwerk von Pflanzen durch Auswaschung. H. B. Tukey und H. B. Tukey jun. (Proc. Amer. Soc. horticult. Sci. **74.** 671—76. Dez. 1959. East Lansing, Mich., Michigan State Univ.; Ithaca, N.Y., Cornell Univ.) (Engl.)

Bericht über Verss., deren Ergebnisse den eindeutigen Nachw. dafür erbrachten, daß Nährstoffverluste durch Auswaschung aus den Blättern eintreten. Die Folgerungen, die sich aus diesen Nährstoffverlusten für das Vers.-Wesen u. den prakt. Pflanzenbau ergeben, werden eingehend diskutiert. WILFRIED WERNER. 6304□

Blattdüngung der Kulturpflanzen. Helmut Burghardt. (Angew. Bot. **35.** 191—214. Okt. 1961. Hanninghof, Dülmen/Westf., Ruhr-Stickstoff Akt.-Ges., Landw. Forsch.) (Dt.)

Zusammenfassender Überblick. — 91 Literaturangaben. M. WINIKER. 6304□

Düngeversuche in der Vega von Granada. 1. Mitt. **Einfluß des Zusatzes von Stroh und Torf zum Boden.** Luis Recalde, Eduardo Esteban, Enrique Montoya und Ricardo Garcia-Ruiz. (An. Edafol. Fisiol. vegetal **18.** 33—47. Jan. 1959. Granada, Est. exp. del Zaidin, Secc. de Fisiol. vegetal.) (Span.)

Beim Anbau von Pferdebohnen wurde der Einfl. von Zusätzen von Stroh, Torf u. beiden zugleich untersucht. Die besten Ergebnisse bzgl. Ertrag, N-Geh., C/N-Verhältnis, assimilierbares P_2O_5 u. Azotobacterindex wurden mit Torf (20 t/ha) erzielt. R. K. MÜLLER. 6304□

Ausnutzung des Leinrösteschlammes zur Düngung von Winterkohl. Milan Váša. (Sborník českoslov. Akad. zemědělských Ved, rostlinná Výroba 7 (**34**). 745—58. Mai 1961. Praha, vys. škol. zeměd.) (Tschech.)

Der Ernteertrag vom Winterkohl kann bis zu 100% gesteigert werden, wenn mit Leinrösteschlamm (15 t/ha) gedüngt wird. — 17 Literaturangaben. E. VEVERA. 6304

Vor-Auflauf-Herbicidwirkung einiger substituierter Amide und verwandter Verbindungen. J. S. Pizey und R. L. Wain. (J. Sci. Food Agric. **10.** 577—84. Nov. 1959. Univ. of London, Wye Coll.; Ashford, Kent.) (Engl.)

In Labor.- u. Gewächshaus-Unterss. wurde mit Weizen, Kohl u. Raygras als Testpflanzen die Herbicid-Wrkg. einer Anzahl von verwandten aliphat. u. aromat. Amiden bei Anwendung im Vorauflauf-Verf. geprüft. Verschiedene der getesteten Verbb. zeigten bei niedriger Dosierung spezif. Aktivitäten. Zwischen der Herbicid-Wrkg. u. der chem. Struktur bestand jedoch keine klare Beziehung, obgleich sich die Wichtigkeit der Ortho-Substitution in den Benzamid- u. Phenylacetamidreihen herauskristallisierte. In einigen Fällen zeigte sich, daß die Selektivität schon durch geringe strukturelle Modifikationen stark beeinflußt wurde. So war o-Chlorphenylacetamid bei einer Dosierung von 10 lbs./acre gegen Kohl wirksam, aber unwirksam gegen Weizen, während die analoge N.N-Dimethyl-Verb. genau entgegengesetzt selektiv war. Es wird vermutet, daß diese beiden Verbb. sowie o-Chlorbenzamid u. o-Toluamid nach weiterer Überprüfung evtl. als selektive Herbicide unter prakt. Feldbedingungen geeignet sind.

WILFRIED WERNER. 6312□

Der Einfluß von Gibberellin auf die Blüte bei Möhren. M. H. Dickson und C. E. Peterson. (Canad. J. Plant Sci. **40.** 468—73. Juli 1960. Guelph, Ontario Agric. Coll.) (Engl.)

Durch 5—6malige Besprühung von Möhren, beginnend, sobald 6—8 Blätter angesetzt waren, mit *Gibberellin* (**I**)-Lsgg. von 100 u. 1000 ppm wurde die Blüte beschleunigt u. der prozentuale Anteil der blühenden Pflanzen erhöht. Bei einer kleineren Zahl der Besprühungen u. bei späterer **I**-Anwendung war die Wrkg. dementsprechend geringer. Die Bedeutung einer **I**-Behandlung für die Praxis des Möhrenanbaus wird diskutiert.

WILFRIED WERNER. 6312□

Die Bekämpfung der Rostkrankheit der Pfefferminze (Puccinia menthae Pers.) mittels Nickelsalzen. György Molnár, Gábor Farkas und Zoltán Király. (Növénytermelés [Pflanzenbau] **9.** 175—80. Mai 1960. Budapest, Gyógynövény Kutató Intézet és Növényvédelmi Kutató.) (Ung.)

Zur Bekämpfung von Puccinia menthae Pers. erwiesen sich sowohl *$NiCl_2$*- als auch *$Ni(NO_3)_2$*-Sprays (0,1—0,3%ig) als geeignet. Der Menthol-Geh. der Pflanzen wurde durch $Ni(NO_3)_2$ beeinträchtigt, nicht aber durch $NiCl_2$. M. WINIKER. 6312□

Die Bekämpfung der Rostkrankheiten des Weizens mittels Nickelsalzen. Gábor Farkas und Zoltán Király. (Növénytermelés [Pflanzenbau] **9.** 247—50. Sept. 1960. Budapest, Növényvédelmi Kutató Intézet.) (Ung.)

In Feld-Verss. erwiesen sich wss. *$NiCl_2$*- oder *$Ni(NO_3)_2$*-Sprays (0,2%ig) als zur Bekämpfung von Puccinia graminis tritici u. P. triticina geeignet. M. WINIKER. 6312□

Weitere Untersuchung über die Kartoffelkrankheit Rhizoctonia solani und die Möglichkeiten ihrer Bekämpfung unter schwedischen Verhältnissen. Gunnar Smedgård. (Kungl. Skogs-och Lantbruksakad. Tidskr. **99.** 105—20. 1960. Harplinge, Plönninge Lantmannaskola.) (Schwed.) — Vgl. C. **1960.** 1648.

Die durch Rhizoctonia solani verursachte Kartoffelkrankheit wird durch Saatgutbeizung mit *Hg*-Verbb., *Pentachlornitrobenzol* (*PCNB*) u. *Thiram* (**I**) bekämpft. Die besten Ergebnisse werden mit **I** erzielt, das den Hg-Verbb. mindestens gleichwertig ist.

R. K. MÜLLER. 6312□

Zur Wirkung und Toxikologie eines neuartigen Akaricides auf Basis Dinitroalkylphenylacrylat. L. Emmel und N. Czech. (Anz. Schädlingskunde verein. Schädlingsbekämpf. **33.** 145—49. Okt. 1960.) (Dt.)

Vff. vermitteln einen Überblick über die Wirkungsweise u. die Anwendungsmöglichkeiten des *Dinitroalkylphenylacrylat*-Mittels *Acricid*. M. WINIKER. 6312□

Die Insekticide Malathion, Parathion und Meta-Iso-Systox in der Bekämpfung von Hyalopterus Amygdali Blanch. J. F. Pinto-Ganhão. (An. Inst. Super. Agronom., Univ. técn Lisboa **23.** 1—17. 1959/1960.) (Port.)

Bei der Bekämpfung des Befalls von Pfirsichbäumen durch Hyalopterus amygdali BLANCH. wird mit *Meta-Isosystox* ein noch nach 55 Tagen anhaltender Erfolg erzielt, mit *Malathion* u. *Parathion* sind die Ergebnisse wechselnd u. gehen 30 bzw. 10—15 Tage nach dem Spritzen deutlich zurück. R. K. MÜLLER. 6312□

Feldversuche mit einigen modernen organischen Insekticiden gegen Termitenschäden an Baumwollsaat. Snehamoy Chatterji, Prakash Sarup und S. C. Chopra. (Current Sci. **29.** 356—57. Sept. 1960. New Delhi, Indian Agric. Res. Inst., Div. of Entomol.) (Engl.)

Nach Applikation von *DDT*, *BHC* u. *Dieldrin* in Konzz. von 5, 10 u. 15 lbs./acre in die Furchen wurde Baumwolle ausgesät. Zählungen der gekeimten u. der durch

Termiten beschädigten Pflanzen ergaben mit 1,44% beschädigten Sämlingen optimale Bekämpfungserfolge bei Dieldrin in einer Konz. von 15 lbs./acre gegenüber 2,22% bei BHC, 2,87% bei DDT u. 14,97% bei den unbehandelten Kontrollen. Geringere Konzz. sind wirkungslos. H. G. W. GLEISS. 6312□

Die Interpretation von Bodenuntersuchungsergebnissen und ihre Anwendung in der derzeitigen Forschung. E. J. Kamprath und J. W. Fitts. (J. agric. Food Chem. **8.** 94—96. März/April 1960. Raleigh, N.C., North Carolina Agric. Exp. Stat., Dep. of Soils.) (Engl.)

Nach einem Überblick über Entw. u. Aufgaben der chem. Boden-Unters. erörtern Vff. die Probleme, die bei der Interpretation der Ergebnisse der chem. Boden-Unters. im Hinblick auf die zur Erzielung von Höchsterträgen zu empfehlenden Düngermengen (bei gleichzeitiger Anhebung des Versorgungszustandes) auftreten. Die hierbei zu berücksichtigenden Bodenfaktoren werden aufgezeigt. WILFRIED WERNER. 6324□

Kommerzielle Laboratoriums- und Beratungsverfahren in der subtropischen Landwirtschaft. Benjamin Wolf. (J. agric. Food Chem. **8.** 96—99. März/April 1960. Hollywood, Fla., Dr. Wolf's Agric. Labor.) (Engl.)

Vf. behandelt an Hand einiger prakt. Unters.-Ergebnisse die Verff. der auf Boden- u. Pflanzenanalysen basierenden Beratung in der subtrop. Landwirtschaft. Besondere Bedeutung kommt hierbei den Spurenelementen zu, die infolge starker Auswaschung auf den leichten Böden leicht in ein Minimum kommen. Bei Gemüse- u. Zierpflanzen ist unter Umständen eine Boden-Unters. im 14tägigen Turnus erforderlich. Bei Zuckerrohr, Weide, Ackerpflanzen, Citrus u. anderen perennierenden Kulturen genügt eine 3—4malige Boden-Unters. im Jahr. Die auf den Ergebnissen der Boden- u. Blattanalysen basierenden Düngungsempfehlungen für die angegebenen Kulturen sind aufgeführt. WILFRIED WERNER. 6324□.

Geschichte und Entwicklung der Bodenuntersuchung. M. S. Anderson. (J. agric. Food Chem. **8.** 84—87. März/April 1960. Beltsville, Md., U. S. Dep. of Agric., Agric Res. Serv.) (Engl.)

Vf. gibt einen Überblick über die Entw. der Boden-Unters. im Hinblick auf die Nährstoffbedürftigkeit. Er unterscheidet 3 aufeinanderfolgende Phasen mit jeweils unterschiedlichen Schwerpunkten der Forschungsarbeit. Aus der ersten, ca. 1906 endenden Phase liegen lediglich einige Verss. zur Best. des „wirksamen" P u. K im Boden vor. Im zweiten Abschnitt (bis 1925) werden die für die Interpretation der chem. Ergebnisse erforderlichen Grundlagen geschaffen, während in der dritten Phase (1925 bis 1952) die Meth. verfeinert bzw. neu entwickelt werden, u. zwar sowohl Verf. für eine universelle Anwendung als auch solche für spezielle Probleme. WILFRIED WERNER. 6324□

Die laufende Forschungsarbeit über die chemische Bodenuntersuchung. William J. Hanna und Roy L. Flannery. (J. agric. Food Chem. **8.** 92—94. März/April 1960. New Brunswick, N.J., New Jersey Agric. Exp. Stat.; Agric. Ext. Serv.) (Engl.)

Vff. erörtern an Hand der Ergebnisse einer Reihe von langjährigen Düngungs-Verss. zu den verschiedensten landwirtschaftlichen u. gärtner. Kulturpflanzen die Beziehungen zwischen dem mittels Elektrodialyse extrahierbaren P- u. K-Vorrat des Bodens u. dem Ansprechen der Pflanzen auf P- bzw. K-Düngung. Für beide Nährstoffe sind die durch diese Eichverss. ermittelten Versorgungsbereiche (sehr niedrig, niedrig, mittel, hoch, sehr hoch) — getrennt für verschiedene Pflanzengruppen — angegeben. Die unter Zugrundelegung der Ergebnisse der chem. Bodenanalyse u. des Feld-Vers. aufgestellten Düngungsempfehlungen werden erörtert. WILFRIED WERNER. 6324□

Untersuchungen in Maryland über chemische Methoden zur Bestimmung des verfügbaren Phosphors und Kaliums in Böden. J. R. Miller. (J. agric. Food Chem. **8.** 87—91. März/April 1960. College Park, Md., Univ. of Maryland, Agric. Exp. Stat., Dep. of Agron.) (Engl.)

Ein Gefäß-Vers. u. mehrere Feld-Verss. wurden mit dem Ziel durchgeführt, die Beziehungen zwischen der Menge des nach verschiedenen chem. Meth. ermittelten „verfügbaren" Boden-P u. -K sowie der tatsächlich erzielbaren Dünger-Wrkg. aufzuzeigen. Die P-Extraktion erfolgte nach folgenden Verff.: a) TRUOG, b) BRAY u. KURTZ, c) OLSON u. Mitarbeiter, d) WRENSHALL u. MCKIBBIN u. e) einer eigenen Meth. unter Verw. von 0,03n H_2SO_4 u. 0,03n NH_4F als Extraktionsmittel. K wurde ebenfalls nach e) extrahiert oder nach KOLTERMAN u. TRUOG ermittelt. Unter Berücksichtigung aller Vers.-Böden wurde im Falle von P die beste Korrelation mit dem Verf. e) erzielt, wenn auch in den meisten Fällen nur geringe Unterschiede zwischen den Korrelations-Koeff. der verschiedenen Meth. bestanden. Die Beziehung zwischen dem Ertrag u. P-Entzug durch Luzerne u. dem „verfügbaren" P hing stark vom Bodentyp ab. — Der K-Versorgungszustand ließ sich befriedigend nach KOLTERMAN u. TRUOG erfassen, da dieses Verf. ein Maß für das K-Nachlieferungsvermögen ist. WILFRIED WERNER. 6324□

Aktivierungsuntersuchungen an Florisil. Robert Moddes. (J. Assoc. off. agric. Chemists **44.** 169—75. Mai 1961. Washington, D.C., Dep. of Health, Educat. and Welfare, Div. of Food, Food and Drug Admin.) (Engl.)

Florisil, das zur Trennung gewisser Cl-haltiger Schädlingsbekämpfungsmittel von störenden Beimengungen dient, wird durch 1—3std. Erhitzen auf 650° optimal aktiviert. Erschöpftes Florisil wird durch Waschen mit Ae., Bzl., A. u. dest. W. (in dieser Reihenfolge) u. anschließendes 1—3std. Erhitzen auf 650° regeneriert. Für die Verw. von Florisil wird eine Norm aufgestellt. W. WESLY. 6328□

Die Anwendung der Stärkegel-Elektrophorese zur Untersuchung der bei Bestimmung organischer Phosphatschädlingsbekämpfungsmittel verwendeten Enzyme. Robert R. Thompson und J. W. Cook. (J. Assoc. off. agric. Chemists **44.** 199—201. Mai 1961. Washington, D.C., Dep. of Health, Educat. and Welfare, Food and Drug Admin.) (Engl.)

Man erzeugt nach SMITHIES (C. **1956.** 4773) Stärkegel in einer 0,03m Boratpuffer-Lsg. (pH 8,8), versetzt mit dem zu untersuchenden Schädlingsbekämpfungsmittel (SB), gibt die heiße Masse in einen Kunststoffbehälter u. läßt eine Nacht im Kühlschrank stehen. Als Enzymesterase dient mit Boratpuffer-Lsg. verd. Serum, mit dem man Filterpapierstreifen tränkt. Man fügt den Streifen in einen Schlitz eines Stärkestreifens u. unterwirft das Syst. der Elektrophorese, wobei die Esterasen mit 1 cm/Std. Geschw. zur Anode wandern. Man zerstäubt 0,1%ig. α-Naphthylacetat-Lsg. über den Streifen, wäscht die Lsg. nach 20 Min. ab u. ersetzt die Lsg. durch eine Blau-RR-Lsg., worauf die Easterasebanden A u. B sichtbar werden. In Ggw. einer oxydierten Probe eines organ. Phosphat-SB wird A inhibiert. Rinder-Acetylcholinesterase (I) führt nur zu A u. wird durch SB inhibiert, das beweist, daß A hauptsächlich aus **I** besteht. Volle Inhibierung erfolgt durch 3—800 μg SB je Stärkeprobe; kleinere Mengen SB geben Teilinhibierungen, d. h. schwächere Banden. W. WESLY. 6328□

Chemische Werke Albert (Erfinder: Rüdiger Lothar von Reppert), Wiesbaden, **Herstellung granulierter Phosphatdüngemittel aus dem Gipsschlamm der Phosphorsäure-Fabrikation und feingemahlenen Rohphosphaten** u./oder Superphosphat, dad. gek., daß in Granulier-App., bes. Granuliertellern, vorentwässerter Gipsschlamm aus der H_3PO_4-Fabrikation mit ca. 20—40% Wasser-Geh. mit feinst gemahlenem Rohphosphat, bes. „Gafsa"- oder Marokkophosphatmehl, ggf. unter Zusatz von Superphosphat, innig vermischt wird, wonach das erhaltene Gemisch unter Zusatz von W. u./oder Säuren granuliert u. das erhaltene Granulat an der Oberfläche mit Säuren bedüst u. dadurch aufgeschlossen wird. Die Granalien werden mit kalkhaltigen Substanzen, bes. Thomasmehl oder Dolomitbranntkalk, umhüllt oder mit NH_3-haltigen NH_4NO_3-Lsgg. ammonisiert. Den Ausgangsstoffen können vor oder während des Granulierens andere Makro- u./oder Mikronährstoffe zugesetzt werden. Als Zusatzsäuren sind bes. H_2SO_4 u./oder H_3PO_4 geeignet. Aus dem Abfallgips werden harte, lagerbeständige u. streufähige Granulate erhalten, in denen der Anteil an wasserlösl. Phosphaten 10 bis 90% der durch die Rohphosphate eingebrachten Gesamt-H_3PO_4 ausmachen kann. (**D. A. S. 1 121 633** Kl. 16 vom 11/3. 1960, ausg. 11/1. 1962.) H. KARST. 6283

Comp. de Saint-Gobain, Neuilly-sur-Seine (Erfinder: Bernard Bigot, Grand-Quevilly, Seine-Maritime), Frankreich, **Herstellung von Mehrnährstoffdüngemitteln** durch Aufschluß von Rohphosphaten mit HNO_3 oder Gemischen von HNO_3 mit H_2SO_4 u./oder H_3PO_4, Neutralisierung des Aufschluß-Prod. mit NH_3, Umsetzung des $Ca(NO_3)_2$-Geh. der Masse durch Einleiten von NH_3 u. CO_2, Granulierung u. Trocknung der Rk.-Masse, ggf. unter Zusatz von getrocknetem Rückgut, dad. gek., daß dem Rohphosphataufschlußbrei bei Beginn der Ammonisierung beim pH von 4,5—6 0,1—0,4 (Mol) CO_2 auf 2 NH_3 u. beim pH von 7 1,05—1,5 CO_2 auf 2 NH_3 bei Temp. $<$ des Kp. der breiförmigen Masse zugesetzt werden, worauf die Masse bei $< 70°$ granuliert u. getrocknet wird. Während der Carbonisierung oder nach dieser Phase wird dem Brei ein der Rückumsetzung des $CaH_4(PO_4)_2$ oder $CaHPO_4$ in $Ca_3(PO_4)_2$ entgegenwirkender Hilfsstoff, z. B. Al-, Fe-, Mg-Sulfate u. dgl., zugesetzt, dessen anteilige Menge im Falle seines Zusatzes in einer späteren Phase des Verf. verringert wird. Das Verf. kann diskontinuierlich oder kontinuierlich in einer Reihe von kaskadenartig hintereinander angeordneten Behältern durchgeführt werden. Ohne Rückumsetzung des P_2O_5-Geh. der Düngemittel in ammoncitratunlösl. Verbb. werden stabile, lagerbeständige u. gegenüber der atmosphär. Feuchtigkeit unempfindliche Prodd. hergestellt. (**D. A. S. 1 121 081** Kl. 16 vom 9/6. 1959, ausg. 4/1. 1962. F. Prior. 10/6. 1958.) H. KARST. 6291

Farbwerke Hoechst Akt.-Ges., vormals Meister Lucius & Brüning, Deutschland, **Herstellung von 2.4-Dinitro-6-alkylphenylestern,** dad. gek., daß man

Dinitroalkylphenole in Ggw. tert. Amine mit Carbonsäurehalogeniden oder -anhydriden oder diese mit Alkali- oder Erdalkalisalzen der Phenole umsetzt. — 120 (Gew.-Teile) Dinitro-[sek.-butyl]-phenol (I), 100 Propionsäureanhydrid u. 1 Pyridin werden 5 Std. auf 140—150° erhitzt, u. Propionsäure wird abdest.: *Dinitro-[sek.-butyl]-phenylpropionat.* — Analog: *Dinitro-[sek.-butyl]-phenylacetat, -nicotinat, -valerat* u. *-caprat* sowie das gemischte *Äthylcarbonat,* F. 36—38°, aus Essigsäureanhydrid, Nicotinsäure-, Valeriansäure bzw. Capronsäurechlorid bzw. I-Na-Salz u. Chlorameisensäureäthylester. — Genannt sind ferner das *Butyrat* u. *Acrylat.* — *Herbicide.* (**F. P. 1 224 102** vom 27/12. 1958, ausg. 22/6. 1960. D. Prior. 27/12. 1957.) S. BÖTTCHER. 6313

Imperial Chemical Industries of Australia and New Zealand Ltd., Melbourne, Australien, **Herstellung von Hydrazin (I)-Salzen chlorsubstituierter Aryloxyfettsäuren.** Man löst z. B. 1 (Mol) 2.4-Dichlorphenoxyessigsäure (II) unter Rückfluß in 1100 cm³ 30-vol.-%ig. wss. A., setzt innerhalb 5 Min. 1 I-Hydrat zu u. erhält 84—96% des II-I-Salzes, $C_8H_{10}Cl_2N_2O_3$. — I-*Salze* der *2.4.5-Trichlorphenoxyessigsäure* ($C_8H_9Cl_3N_2O_3$, F. 196—198°), *2.4.6-Trichlorphenoxyessigsäure* ($C_8H_9Cl_3N_2O_3$, F. 165—166°), *4-Chlorphenoxyessigsäure* ($C_8H_{11}ClN_2O_3$, F. 143—145°), *4-Methyl-4-chlorphenoxyessigsäure* ($C_{19}H_{13}ClN_2O_3$, F. 144—145°), *2.4-Dichlorphenoxybuttersäure* ($C_{10}H_{14}\cdot Cl_2N_2O_3$, F. 107°). — *Herbicide.* (**E. P. 857 063** vom 7/10. 1958, ausg. 29/12. 1960. Aust. Prior. 8/10. 1957.) O. MÜLLER-MEININGEN. 6313

Fisons Pest Control Ltd., Harston, England, **Pflanzenschutzmittel.** Die Mittel bestehen aus Mischungen eines Amins (I) mit 7—16 C-Atomen u. einer aliphat. gesätt. Carbonsäure (II) mit 14—22 C-Atomen als Träger für fungicide, herbicide, pesticide u. wachstumsregelnde Stoffe. Der Geh. an I + II beträgt bis zu 50 (Gew.-%), der Geh. an akt. Zusätzen 5—20, Rest W. u. Alkohole mit 3—5 C-Atomen, bes. tert. u. Isobutyl- u. Amylalkohol, wobei die Zus. so geregelt wird, daß die Mischung leicht versprüht werden kann. I ist in einem Überschuß von 5—100% gegenüber der stöchiometr. Menge zur Neutralisierung von II vorhanden. Als I werden bes. tert. Amine verwendet, z. B. Tributyl-I oder Methyldibutyl-I, als II bes. Stearinsäure, weitere Zusätze sind: $CuOCl_2$, Salze 2wertiger Metalle von Äthylen-bis-dithiocarbaminsäure u. hydrophile, oberflächenakt. Stoffe, bes. Polyoxyalkylenderivate. (**Port. P. 37 412** vom 19/7. 1960, Auszug veröff. 29/3. 1961. E. Prior. 22/7. 1959.) A. KALIX. 6313

United States Rubber Co., New York, N.Y. (Erfinder: Allen E. Smith, Oxford, und John A. Riddell, Hamden, Conn.), V.St.A., **Verwendung von N-substituierten Sydnonen als Mittel zur Förderung des Pflanzenwachstums und zur Vernichtung von Pilzen auf Pflanzen,** bei denen der N-Substituent ein aliphat., cycloaliphat. oder aromat. Substituent ist, u. N-substituierten C-substituierten Sydnonen, in denen der N-Substituent ein aliphat., cycloaliphat. oder aromat. Substituent ist u. der C-Substituent ein aliphat., cycloaliphat., aromat. Halogen- oder Nitrosubstituent ist. Bes. geeignet sind z. B.: *N-Methyl-, N-n-Butyl-, N-Octadecyl-, N-Benzyl-, N-Cyclohexyl-, N-Phenyl-, N-(2-Naphthyl)-, N-o-Tolyl-, N-p-Methoxyphenyl-, N-o-Carboxyphenyl-, N-p-Nitrophenyl-, N-m-Chlorphenyl-, N-Phenyl-C-methyl-, N-Phenyl-C-n-butyl-N-Phenyl-C-hexadecyl-, N-Phenyl-C-phenyl-, N-Phenyl-C-nitro-, N-Phenyl-C-chlor-, N-2-Acetylphenyl-C-cyclohexyl-, N-3-Biphenylyl-C-benzyl-, N-p-Nitrosophenyl-C-(1-naphthyl)-* u. *N-Cyclohexyl-C-methoxymethylsydnon.* Die Sydnone dienen zur Behandlung von Pflanzen jeder Art, von Samen, Blüten, Früchten, Gemüsen, Wurzeln u. Blattwerk. Sie werden in W. oder organ. Lsgm. gelöst u. auf die Pflanzen oder dgl. verspritzt oder versprüht. In Mischung mit festen, pulverisierten Trägerstoffen, z. B. Mineralsilicaten, Glimmer, Talkum, Pyrophyllit u. Tone, werden sie als Stäubemittel verwendet. Die Sydnone wirken in Mengen von z. B. 2000 ppm als *Wachstumsregulatoren* u. *Syst.-Fungicide,* die ihre Wrkg. nicht durch Abwaschen oder Wetter-Einfl. verlieren. (**D. A. S. 1 120 800** Kl. 45 l vom 20/4. 1960, ausg. 28/12. 1961. A. Prior. 14/5. 1959.) H. KARST. 6313

Velsicol Chemical Corp. (Erfinder: Hyman M. Molotsky), Chicago, Ill., V.St.A., **Äther des 1.2.3.4.7-Pentachlor-7-hydroxybicyclo-[2.2.1]-2.5-heptadiens** der allg. Formel I, in der R einen aliphat., cycloaliphat. oder aromat. Rest mit bis zu 14 C-Atomen bedeutet, erhält man durch Rk. von 1.2.3.4.7.7-Hexachlorbicyclo-[2.2.1]-2.5-heptadien (II) mit einem Alkohol (A., Isopropanol, Allylalkohol, Phenol, Cyclopenten-(1)-ol-(3)] in Ggw. von Alkalihydroxyden (KOH) u. ggf. in Ggw. von inerten Lsgm. bei 50—200°. — Zum Beispiel werden 604 (g) II, 190 KOH u. 868 Isopropanol 4 Std. unter Rückfluß auf 90° erwärmt, die nicht umgesetzte Substanz wird im Vakuum abdest., der Rückstand in Ae. gelöst, die Ae.-Lsg. mit W. gewaschen, getrocknet, der Ae. im Vakuum abgedampft u. der Rückstand fraktioniert dest.; man erhält *1.2.3.4.7-Pentachlor-7-isopropoxybicyclo-[2.2.1]-2.5-hepta-*

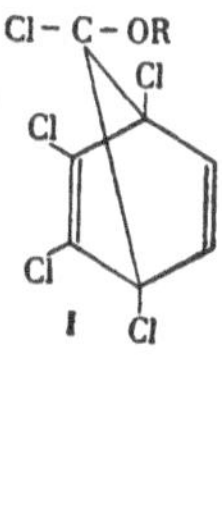

I

dien, Kp.$_{0,8}$ 105°; n_D^{20} 1,5213. — Analog werden Verbb. der allg. Formel I mit folgenden Resten R hergestellt: C_2H_5, Kp.$_{1,5}$ 118°; n_D^{20} 1,5330; Ausbeute 57%. — *Allyl.* — *Phenyl.* — *Cyclopenten-(1)-yl-(3).* — Als verwendbare alkohol. Komponenten werden außerdem noch genannt: CH_3OH, n-Undecylalkohol, Äthoxyäthanol, Propargylalkohol, Butendiol, Butandiol, Cyclohexanol, Cyclopentanol, Chlorphenol, Benzylalkohol, Furfurylalkohol, Ricinusalkohol, Nonanol, Hesperetin, 1-Borneol, 1-Heptadecanol, 9-Fluorenol, Chrysazin, Azophenol, Tetradecanol, Heptacosanol, Milchsäure, Naphthol, Silicoheptylalkohol, Phytin. — *Insekticide* u. *Fungicide, Zwischenprodd.* zur Herst. von hochwirksamen Insekticiden. (**D. A. S. 1094256** Kl. 12o vom 24/3. 1959, ausg. 8/12. 1960. **E. P. 867 770** vom 9/3. 1959, ausg. 10/5. 1961. **A. P. 2 897 240** vom 8/4. 1957, ausg. 28/7. 1959.) R. HAUSS. 6313

Badische Anilin- & Soda-Fabrik Akt.-Ges., Ludwigshafen/Rh. (Erfinder: Klaus Jürgen Fust, Manfred Minsinger, Ludwigshafen/Rh., und Herbert Friedrich, Worms), **Herstellung des Acrylsäure- und Methacrylsäureesters von 2-Hydroxymethyl-1.4.5.6.7.7-hexachlorbicyclo-[2.2.1]-heptadien-(2.5) (I).** — 987 (Teile) I in 2000 Toluol werden mit 327 Acrylsäure, 0,5 p-tert.-Butylbrenzcatechin u. 9 H_2SO_4 unter Rückfluß gekocht, bis 54 W. ausgeschieden sind. Nach Fraktionierung im Vakuum → 1070 *Acrylsäureester des 2-Hydroxymethyl-1.4.5.6.7.7-hexachlorbicyclo-[2.2.1]-heptadien-(2.5)* (93%), Kp.$_{0,1}$ 126—130°. — Analog der *Methacrylsäureester* (81%), Kp.$_{0,2}$ 158—160°. — Veresterung auch mit dem Säurechlorid in Ggw. von Pyridin. — Herst. von I aus Propargylalkohol u. Hexachlorpentadien bei Temp. bis 130° in 85%ig. Ausbeute. — Die Ester *verhindern Algenwachstum* noch in Konzz. von $5 \cdot 10^{-6}$, sie können auch zur Herst. schwer entflammbarer Polymerisate u. Mischpolymerisate dienen. (**D. A. S. 1 102 140** Kl. 12o vom 10/11. 1959, ausg. 16/3. 1961.) A. DEBO. 6313

Dow Chemical Co., übert. von: Robert L. Hudson, Midland, Mich., V.St.A., **3.5-Diacetyl-2.6-dihydroxybenzophenon,** aus A., F. 216—217°, erhält man durch Rk. von bes. überschüssigem Benzoylchlorid mit 4.6-Diacetylresorcin in Ggw. von $AlCl_3$ bei 100—200°, bes. 140°, u. o-Dichlorbenzol als Lösungsmittel. — *Insekticide* u. *Fungicide,* bes. gegen *Eingeweideschmarotzer* von *Warmblütern,* wie *Ascaris lumbricoides suum* der Maus. (**A. P. 2 971 030** vom 22/9. 1958, ausg. 7/2. 1961.) G. KRAUSS. 6313

Farbenfabriken Bayer Akt.-Ges., Leverkusen (Erfinder: Engelbert Kühle, Ferdinand Grewe, Köln, Günther Unterstenhöfer, Opladen, und Martin Boness, Bergisch Neukirchen), **Schädlingsbekämpfungsmittel** gegen Milben, Insekten u. phytopathogene Pilze, enthaltend Verbb. der Formel **I,** worin R_1 einen ggf.

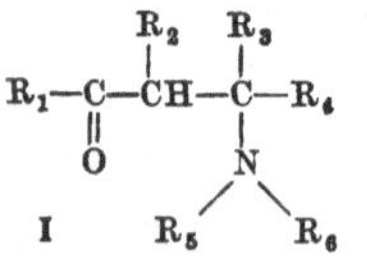

I

substituierten Alkoxy- oder Aroxyrest, eine ggf. durch aliphat., cycloaliphat., araliphat., aromat. oder heterocycl. Reste substituierte Aminogruppe, wobei die aliphat. u. aromat. Reste ggf. weitersubstituiert sein können, ferner einen Hydroxylamin-, einen substituierten Hydrazin- oder einen Sulfonsäureamidrest bedeutet, R_2 u. R_3 für H oder eine zusätzliche —C—C-Bindung stehen, R_4 für einen niederen Alkylrest steht, R_5 u. R_6 gleich oder voneinander verschieden sein können u. einen Alkylrest bedeuten oder zusammen mit dem N-Atom ggf. unter Einschluß weiterer Heteroatome auch ein heterocycl. Ring-Syst. bilden können u. R_8 darüber hinaus für H oder die Gruppe $—NR_7R_8$ steht, wobei R_7 H u. R_8 ein ggf. substituierter Acylrest ist. — *β-Dodecylaminocrotonsäureanilid* u. zahlreiche weitere Beispiele. (**D. A. S. 1 120 802** Kl. 45 l vom 13/5. 1959, ausg. 28/12. 1961.) K. KOEBKE. 6313

N. V. de Bataafsche Petroleum Mij., Den Haag, Holland, **β-Phosphato-α.β-olefincarbonsäureester** der allg. Formel $(R_3—R_2—O)_b—P(=O)(OR)_a—O—C(R_1) = C(R_1)—CO(OR)_c(O—R_2—R_3)_d$ ($a = 0$ oder 1 oder 2, jedoch $a + b = 2$; $c = 0$ oder 1, jedoch $c + d = 1$ u. $b + d = 1$, 2 oder 3; R u. R_1 = H, Alkyl, Cycloalkyl, Aryl, Aralkyl, Alkaryl; R_2 = gerad- oder verzweigtkettiges Alkyl oder Alkylen mit höchstens 10 C-Atomen; R_3 = OH, $—OR_4$, —COOH, $—COOR_4$, —CHO, $—CO—R_4$, $—SO_3H$, $—SO_3R_4$, $—NO_2$, —NO, $H_2NCO—$; R_3 kann auch über ein O-Atom an R_2 gebunden sein) erhält man durch Umesterung eines β-Ketocarbonsäureesters mit dem Alkohol der Formel $R_3—R_2—OH$ nach J. Amer. Chem. Soc. **73.** [1951]. 4195—4197, weiterer Rk. des Esters mit SO_2Cl_2 zu Verbb. der allg. Formeln $R_1COCClR_1COOR_2R_3$ oder $R_1COCClR_1COOR$ (vgl. J. Chem. Soc. **107.** [1915]. 1646), die dann mit einem Phosphit der allg. Formel $RO—P(OR)_a(O—R_2—R_3)_b$ umgesetzt werden (vgl. KOSOLAPOFF, Organic-phosphorus Compounds, 1950. 184). Den Ausgangsester erhält man auch durch Rk. eines substituierten oder nichtsubstituierten Diketens mit einem Alkohol in Ggw. eines sauren oder bas. Katalysators. — Aus 0,5 Mol Diketen u. 0,5 Mol 2-Hydroxyäthylacetat in Ggw. von 1 g „Amberlite IR-120" bei 105—130° → 2-Acetoxyäthylacetoacetat, $C_8H_{12}O_5$, Kp.$_{0,1}$ 90—101°; n_D^{25} 1,4390; (Ausbeute) 35%; aus 0,85 Mol 2-Acetoxyäthyl-2-chloracetoacetat u. 1,1 Mol Trimethylphosphit (I) zuerst bei 70°, dann bei 120° → *2-(2-Acetoxyäthoxycarbonyl)-1-methylvinyldimethylphosphat,* $C_{10}H_{17}O_8P$, Kp.$_{0,08}$ 155 bis

157°; $[\alpha]_D^{25}$ 1,4580; D. 1,23; 75,5%. — Triäthylphosphit → *2-(2-Acetoxyäthoxycarbonyl)-1-methylvinyldiäthylphosphat*, $C_{12}H_{21}O_8P$, $Kp._{0,001}$ 150°; n_D^{25} 1,4533; D. 1,2; 92,5%. — 2-Benzoyloxyäthyl-2-chloracetoacetat + I → *2-(2-Benzoyloxyäthoxycarbonyl)-2-methylvinyldimethylphosphat*, $C_{15}H_{18}O_8P$, $Kp._{0,001}$ 160—165°; n_D^{25} 1,5079; 77,5%. — 2-Methoxyäthyl-2-chloracetoacetat + I → *2-(2-Methoxyäthoxycarbonyl)-1-methylvinyldimethylphosphat*, $C_8H_{17}O_7P$, $Kp._{0,001}$ 100°; n_D^{25} 1,4537; D. 1,22; 68%. — Triäthylphosphit → *Diäthyl-2-(methoxyäthoxycarbonyl)-1-methylvinylphosphat*, $C_{11}H_{21}O_7P$, $Kp._{0,001}$ 105°; n_D^{25} 1,4497; D. 1,14; 71,4%. — Äthyl-2-chloracetoacetat + Diäthyl-2-methoxyäthylphosphit → *2-Carbäthoxy-1-methylvinyläthyl-2-methoxyäthylphosphat*, $C_{11}H_{21}O_7P$, $Kp._{0,001}$ 110°; n_D^{25} 1,4481; D. 1,15; 66,5%. — 2-Methoxyäthyl-2-chloracetoacetat + Tris-(2-methoxyäthyl)-phosphit → *Bis-(2-methoxyäthyl)-2-(2-methoxyäthoxycarbonyl)-1-methylvinylphosphat*, $C_{13}H_{25}O_9P$, $Kp._{0,001}$ 150°; n_D^{25} 1,4535; D. 1,2; 76,6%. — *2-(3-Carbäthoxypropoxycarbonyl)-1.2-dimethylvinyldibutylphosphat*. — *2-(2-Carbobutoxybutoxycarbonyl)-1-äthylvinyldipentylphosphat*. — *2-(2-Butoxybutoxycarbonyl)-1-phenylvinyldiisopropylphosphat*. — *Bis-(2-methoxyäthyl)-2-carbäthoxy-1-methylvinylphosphat*. — *Bis-(2-acetoxyäthyl)-2-carbäthoxy-1-methylvinylphosphat*. — *2-Acetoxyäthyl-2-carbäthoxy-1-methylvinylmethylphosphat*. — *2-(2-Acetoxyäthoxycarbonyl)-äthenyldimethylphosphat*. — *Insekticide*, bes. gegen *Hausfliege, Blattläuse, mexikan. Bohnenkäfer, schwarze Bohnenblattlaus*, vgl. Tabellen. (**E. P. 807 119** vom 27/12. 1956, ausg. 7/1. 1959. A. Prior. 28/12. 1955.) G. KRAUSS. 6313

Soc. des Usines Chimiques Rhône-Poulenc, Paris, Frankreich, **Herstellung von Thiophosphorsäureestern** der allg. Formel I, worin R_1 u. R_2 eine Alkylgruppe mit 1—4 C-Atomen bedeutet, dad. gek., daß man ein Halogenthiophosphat der allg. Formel II mit einem entsprechenden Hydroxypyridin in einem inerten organ. Lsgm., bes. Aceton, bei ca. 150° in Ggw. eines alkal. Kondens.-Mittels umsetzt. — Aus 2:6-dimethyl-3-nitro-4-hydroxypyridin u. O.O-Diäthylchlorothiophosphat in Aceton u. in Ggw. von K_2CO_3 → *2.6-Dimethyl-3-nitro-4-pyridyl-O.O-diäthylthiophosphat*; analog der *O.O-Diisopropylthiophosphatester des 2.6-Dimethyl-3-nitro-4-hydroxypyridins*. — *Schädlingsbekämpfungsmittel*. (**E. P. 854 351** vom 28/8. 1958, ausg. 16/11. 1960. F. Prior. 27/9. 1957.) W. HEYER. 6313

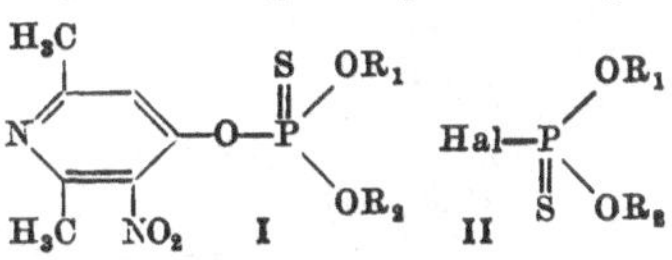

I II

Dow Chemical Co., Midland, übert. von: Harry F. Brust, Midland, Mich., V.St.A., **Thionophosphorsäureamidester** der Formel $RO-CH_2-CH_2-O-P(:S)\cdot(OX)(Y)$ (R = niederer Alkylphenyl-, Alkylhalogenphenylrest, in denen der Alkylrest 1—5 C-Atome besitzt u. Halogenphenyl; X = Alkyl-, Alkenyl mit 1—5 C-Atomen; Y = Alkylaminorest mit 1—5 C-Atomen) erhält man durch Rk. von Thionophosphorsäureamidoesterchloriden der Formel $RO-CH_2-CH_2-O-P(:S)(Y)Cl$ mit einem Alkalimetallalkoholat bei —10 bis +80°. — Zu 0,076 Mol Thiophosphorsäure-N-methylamido-2(2.4.5-trichlorphenylester)-chlorid in 80 ml Methanol fügt man eine methanol. (I), Na-Methylat-Lsg., die durch Lösen von 0,078 Mol Na in 50 ml I erhalten wurde. Nach 16 std. Rühren der Rk.-Mischung wird diese aufgearbeitet u. *Thionophosphorsäure-N-methylamid-O-2(2.4.5-trichlorphenoxy)-äthyl-O-methyldiester* erhalten. Kristalle, F. 75 bis 76°. — Analog erhält man: *Thionophosphorsäure-N-methylamid-O-2(4-sec.-butylphenoxy)-äthyl-O-methyldiester*, Fl., n_D^{25} 1,5274; *Thionophosphorsäure-N-methylamid-O-2(3.4-dichlorphenoxy)-äthyl-O-methyldiester*, Fl., n_D^{25} 1,5628; *Thionophosphorsäure-N-methylamid-O-2(2.4-dichlorphenoxy)-äthyl-O-methyldiester*, Kristalle, F. 65—66°; *Thionophosphorsäure-N-methylamid-O-2(3.4-dichlorphenoxy)-äthyl-O-äthyldiester*, Fl., n_D^{25} 1,5563; *Thionophosphorsäure-N-methylamid-O-2(2.4-dichlorphenoxy)-äthyl-O-äthyldiester*, Fl., n_D^{25} 1,5545; *Thionophosphorsäure-N-isopropylamid-O-2(2.4-dichlorphenoxy)-äthyldiester*, Kristalle, F. 44—45°; *Thionophosphorsäure-N-isopropylamid-O-2(3.4-dichlorphenoxy)-äthyl-O-methyldiester*, Fl., n_D^{25} 1,5466; *Thionophosphorsäure-N-isopropylamid-O-2(2.4-dichlorphenoxy)-äthyl-O-äthyldiester*, Fl., n_D^{25} 1,5398; *Thionophosphorsäure-N-methylamid-O-2(4-sek.-butylphenoxy)-äthyldiester*, Fl., n_D^{25} 1,5238; *Thionophosphorsäure-N-isopropylamid-O-2(3.4-dichlorphenoxy)-äthyl-O-allyldiester*, Fl., n_D^{25} 1,5461. — *Parasiticide*. (**A. P. 2 971 976** vom 2/11. 1959, ausg. 14/2. 1961.) A. JAHN. 6313

Farbenfabriken Bayer Akt.-Ges., Leverkusen, übert. von: Heinrich Kayser und Gerhard Schrader, Wuppertal, **Amidophosphorsäureester** der allg. Formel I (R u. R' = niedere Alkylreste, R' auch = H; X = NH_2, prim. oder sek. Aminrest; Y = X oder Alkoxy) erhält man durch Rk. von Alkylmercaptophenolen (I) mit Phosphoroxychlorid oder Phosphorsulfochlorid u. weitere Rk. der entstandenen Phosphor- bzw. Thiophosphorsäurealkylmercaptophenylesterdichloride (II) entweder mit NH_3 bzw. Aminen, zu den

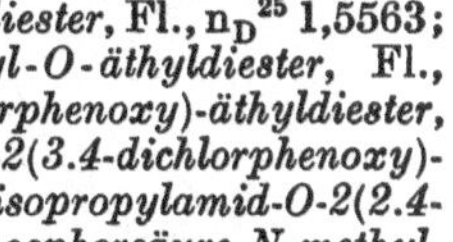

I

entsprechenden Diamiden oder zuerst mit Alkoholen in Ggw. eines säurebindenden Mittels u. dann mit NH_3 bzw. einem Amin. Man kann **II** auch durch Rk. von **I** mit Phosphortrichlorid u. nachfolgende Rk. mit S herstellen. — (p)—$CH_3S—C_6H_4$—O- wird abgekürzt mit (**III**): **III**-P(:O)$(NH_2)_2$, F. 184—185^0, DL_{95} 100 mg/kg (Spinnmilben); **III**-P(:S)$(NH_2)_2$, F. 140—141^0; **III**-P(:O)$(NHCH_3)_2$, F. 96—97^0, DL_{95} (Ratte) = 250 mg/kg; Alle folgenden DL-Werte sind an der Ratte gemessen; **III**-P(:S)$(NHCH_3)_2$, F. 63—64^0, DL_{95} 250 mg/kg; **III**-P(:O)$[N(NH_3)_2]_2$, viscose, hellgelbe Fl., n_D^{21} 1,5462, DL_{95} 50 mg/kg; **III**-P(:S)$[N(CH_3)_2]_2$, F. 66—67^0 (Bzl./PAe.), DL_{50} 100 mg/kg; **III**-P(:O)$(NH_2)(OCH_3)$, F. 78—79^0(CCl_4), DL_{95} 5 mg/kg; **III**-P(:O)$(NHCH_3)(OC_2H_5)$, viscose, gelbliche Fl., DL_{50} 1 mg/kg; **III**-P(:O)$(NH_2)(OCH_3)$, F. 91^0 (CCl_4), DL_{50} 10 mg/kg; **III**-P(:O)$(NH_2)[OCH·(CH_3)_2]$, farblose Nadeln, F. 75^0 (CCl_4); **III**-P(:O)$[N(CH_3)_2]$ $[OCH(CH_3)_2]$, dickes, in W. unlösl. Öl, DL_{95} 25 mg/kg. — Im folgenden bedeutet **IV** (p)—CH_3S—(m)—$CH_3—C_6H_3$—O—: **IV**—P(:O)$(NHCH_3)_2$, F. 92—94^0 (Bzl./PAe.), DL_{50} 250 mg/kg; **IV**-P(:S)—$(NHCH_3)_2$, F. 51—52^0 (Bzl./PAe.), DL_{50} 500 mg/kg; **IV**—P(:O)$(NH_2)(OC_2H_5)$, F. 73—75^0 (CCl_4), DL_{50} 5 mg/kg; **IV**-P(:S)—$(NH_2)_2$, F. 112—113^0 (Xylol), DL_{50} 1000 mg/kg; **IV**-P(:S)$[N(CH_3)_2]$, F. 60—61^0 (Bzl./PAe.), DL_{50} 250 mg/kg; **IV**-P(:S)—$(NHCH_3)·(OC_2H_5)$, Fl., $Kp._{0,01}$ 123—125^0, DL_{50} 10 mg/kg; **IV**-P(:O)$[N(CH_3)_2](OC_2H_5)$, viscose, in W. unlösl. Fl., **IV**-P(·O)$(NH_2)_2$, F. 137—138^0; **IV**-P(:O)$[N(CH_3)_2]$, DL_{95} 250 mg/kg; **IV**-P(:O)$(NHCH_3)(OC_2H_5)$, viscose, in W. unlösl., gelbliche Fl.; **IV**-P(·O)$[N(CH_3)_2]·(OC_2H_5)$, DL_{95} 25 mg/kg; **IV**-P(:O)$(NH_2)(OCH_3)$, F. 80—81^0; **IV**-P(:O)$[N(CH_3)_2](OC_2H_5)$, DL_{50} 50 mg/kg. — **IV**-P(:S)$(NH_2)(OC_2H_5)$, F. 39^0, DL_{95} 25 mg/kg; **IV**-P(:S)$[N(CH_3)_2]·(OCH_3)$, DL_{50} 100 mg/kg; **IV**-P(:O)$[OCH(CH_3)_2]$ (NH_2), F. 91^0, DL_{50} 5 mg/kg; **IV**-P(:S)·$(NH_2)(OCH_3)$, F. 88—90^0, DL_{50} 100 mg/kg; **I**-P(:S)$(NH_2)(OC_2H_5)$, F. 139—140^0, DL_{50} 1000 mg/kg; **I**-P(:S)$(NHCH_3)(OC_2H_5)$, $Kp._{0,01}$ 140—143^0, DL_{50} 2,5 mg/kg; **I**-P(;S)$[N·(CH_3)_2]$ (OC_2H_5), $Kp._{0,01}$ 120—123^0, DL_{50} 10 mg/kg; **I**-P(:S)$(NH_2)(OCH_3)$, F. 147—150^0, DL_{95} 500 mg/kg; **I**-P(:S)$(NHCH_3)(OCH_3)$, DL_{50} 2,5 mg/kg; **I**-P(:S)$[N(CH_3)_2]$ (OCH_3), $Kp._{0,01}$ 136^0, DL_{50} 25 mg/kg. — (p)—CH_3—(o)—$CH_3S—C_6H_3$—O— wird mit (**V**) abgekürzt· **V**-P(:S)$(NH_2)(OC_2H_5)$, F. 70—72^0, DL_{50} 1000 mg/kg; **V**-P(:S)$(NHCH_3)(OC_2H_5)$, DL_{50} 500 mg/kg; **V**-P(:S)$[N(CH_3)_2]$ (OC_2H_5), DL_{50} (o)—$CH_3S—C_6H_4$—O— wird mit (**VI**), (m)—$CH_3S—C_6H_4$—O— mit (**VII**) abgekürzt: **VI**-P(:S)$(NH_2)(OC_2H_5)$, F. 50—51^0- **VI**-P(:S)$(NHCH_3)(OC_2H_5)$, DL_{50} 500 mg/kg; **VII**-P(:S)$(NH_2)(OC_2H_5)$, $Kp._{0,01}$ 106—111^0, DL_{50} 100 mg/kg; **VII**-P(:S)$(NH_2)_2$, F. 99—101^0; DL_{50} 250 mg/kg. — *Parasiticide.* (**A. P. 2 978 479** vom 4/3. 1959, ausg. 4/4. 1961.) A. JAHN. 6313

Franz Waldgraf, Wendhausen, *Düngemittel.* (**Holl. P. 98 558** vom 29/10. 1957, ausg. 17/7. 1961. D. Prior. 29/11. 1956. — C. **1958.** 3147 [D. A. S. 1 017 629].)

Stauffer Chemical Co., San Francisco (Erfinder: **Harry Tilles**, El Cerrito, und **Joe Antognini**, Mountain View), Calif., V.St.A., *Unkrautvertilgungsmittel.* (**Schwz. P. 357 238** vom 31/7. 1957, ausg. 15/11. 1961. — C. **1961.** 2418 [D. A. S. 1 081 715].)

J. R. Geigy Akt.-Ges., Basel (Erfinder: **Hans Gysin**, Basel, und **Enrico Knüsli**, Riehen), Schweiz, *Triazinderivate.* (**D. P. [DDR] 21 586** Kl. 12p vom 6/11. 1957, ausg. 14/7. 1961 [Ausschließungspatent]. Schwz. Prior. 7/11. 1956. — C. **1960.** 13 816 [Oe. P. 202 151].)

Hercules Powder Co., Wilmington (Erfinder: **Albert Howard Haubein**, Christiana), Del., V.St.A., *2-(Dichlormethyl)-1.4.5.6.7.7-hexachlorbicyclo-(2.2.1)-hepten-(5).* (**Schwz. P. 342 566** vom 15/12. 1955, ausg. 15/1. 1960. **E. P. 784 275** vom 6/12. 1955, ausg. 9/10. 1957. **Belg. P. 543 575** vom 13/12. 1955, ausg. 11/9. 1959. Alle A. Prior. 16/12. 1954. **A. P. 2 806 813** vom 16/12. 1954, ausg. 17/9. 1957. — C. **1958.** 12 228 [D. A. S. 1 019 499].)

Rohm & Haas Co., Philadelphia, Pa., V.St.A., *Dinitrophenolderivate.* (**Holl. P. 98 528** vom 29/5. 1957, ausg. 17/7. 1961. A. Prior. 1/6. 1956. — C. **1959.** 12 362 [D. A. S. 1 053 859].)

Parke, Davis & Co., Detroit, Mich., V.St.A., *Herstellung eines Norleucinderivates.* (**Holl. P. 98 649** vom 24/8. 1956, ausg. 17/7. 1961. A. Prior. 25/8. 1955. — C. **1960.** 1303 [Oe. P. 197 354].)

Farbenfabriken Bayer Akt.-Ges., Leverkusen (Erfinder: **Winfried Kruckenberg**, Leverkusen, und **Bernhard Homeyer**, Opladen), *Nematodenbekämpfungsmittel.* (**Holl. P. 98 507** vom 13/2. 1957, ausg. 17/7. 1961. D. Prior. 17/2. 1956. — C. **1958.** 7876 [D. A. S. 1 019 124].)

Fahlberg-List G. m. b. H. (Erfinder: **Bernhard Gaudian** und **Günter Goeze**), Wolfenbüttel, *Schädlingsbekämpfungsmittel.* (**Schwz. P. 357 917** vom 12/6. 1957, ausg. 15/12. 1961. — C. **1960.** 17 585 [Belg. P. 558 722].)

Farbenfabriken Bayer Akt.-Ges., Deutschland (Erfinder: **Gerhard Schrader**), *Vinylphosphon- und -thiophosphonsäureester.* (**F. P. 1 238 242** vom 30/10. 1958, ausg. 30/11. 1960. D. Prior. 2/11. 1957. — C. **1959.** 12 036 [D. A. S. 1 053 503].)

Montecatini Soc. Gen. per l'Industria Mineraria e Chimica, Mailand, Italien, *Herstellung von Dialkyldithiophosphorsäurederivaten.* (**Holl. P. 98 957** vom 13/7. 1956, ausg. 15/8. 1961. It. Prior. 14/7. 1955. — C. **1960.** 1652 [Oe. P. 194 858] u. C. **1960.** 14 839 [D. A. S. 1 033 948].)

VIII. Metallurgie. Korrosion

Die Schürfung nach Erzen in Mississippigesteinen von Kap Breton Island, N.S. Danford G. Kelley. (Canad. Mining J. **82.** Nr. 6. 69—71. Juni **1961**. Geol. Survey of Canada.) (Engl.)

Es wird empfohlen, die Schürfung nach Erzen in Gebieten mit bestimmten geolog. Strukturen auszuführen. W. WESLY. 6354□

Erzmineralien der Webb's Silbermine in Emmaville, Neusüdwales, Australien. L. J. Lawrence. (Australas. Inst. Mining Metallurgy, Proc. **1961.** Nr. 199. 113—31. Sept. Univ. of New South Wales, Australien.) (Engl.)

Geolog. Beschreibung der Lagerstätte. Es handelt sich um *Arsenopyrit, Cassiterit, Tetrahedrit, Galenit, Sphalerit, Stannit, Chalcopyrit, Bi, Bournonit, Bornit* u. als sekundäre Mineralien *Covellit, Acantit* u. *Cerussit.* Die Lagerstätte entstand durch metasomat. Verdrängung u. späterer Rk. der einzelnen Bestandteile. G. MEINHARDT. 6354□

Mineralzusammensetzung der Sulfiderze der Peelwood-, Cordillera- und Mt. Costiganminen, Peelwood District, Neusüdwales. N. L. Markham. (Australas. Inst. Mining Metallurgy, Proc. **1961.** Nr. 199. 133—56. Sept. Univ. of New South Wales, Inst. of Econom. Geol.) (Engl.)

Geolog. Beschreibung der Gebiete. *Pyrit, Arsenopyrit, Pyrrhotit, Markasit, Sphalerit, Galenit, Chalcopyrit, Tetrahedrit, Bournonit, Jamesonit, Au, Bornit, Chalcocit, Covellit, Scheelit* mit *Quarz* u. *Serizit* als Gangart. G. MEINHARDT. 6354□

Fällung von Blei und Silber aus Solen mit metallischen Eisen. C. J. Hamdorf. (Australas. Inst. Mining Metallurgy, Proc. **1961.** Nr. 199. 19—50. Sept. Risdon, Tasmania, Australien, Electrolytic Zinc Corp.) (Engl.)

Beschreibung der Anordnung. Der Austausch der Ladungen erfolgt bei Pb nach der 1. Ordnung, bei Ag spielen Diffusionsvorgänge eine bestimmende Rolle. Die Aktivierungsenergie für die Fällung von Pb beträgt 12 kcal/g mol, für Ag 3,4 kcal/g mol. Die Fällung von Pb wird durch die Cl^--Konz. stark, die von Ag wenig beeinflußt. Die Temp. wirkt sich in gleicher Weise aus. G. MEINHARDT. 6360□

Das Rösten von Kupferkonzentraten im Wirbelbett. A. B. Whitehead und R. W. Urie. (Australas. Inst. Mining Metallurgy, Proc. **1961.** Nr. 199. 51—85. Sept. Commonwealth Sci. and Ind. Res. Assoc.) (Engl.)

Es wurden Vers.-Röster von 3ft. 6 in. u. 12 in. Ø verwendet, bei denen die Temp.-Kontrolle durch Wassereinspritzung vorgenommen wurde. Das erhaltene Gut ließ sich gut auslaugen, die *Au*-Gewinnung durch Cyanidierung war hoch u. relativ unempfindlich gegen Veränderungen der Vers.-Bedingungen, wie die eingehende Beschreibung der einzelnen Vers.-Ansätze zeigt. G. MEINHARDT. 6360□

Die direkte Extraktion von Vanadin aus Eisenvanadin-(Titanomagnetit)-Konzentraten. N. P. Slotwinski-Ssidak. (Сталь [Stahl] **22.** 9—13. Jan. 1962. Zentr. Forsch.-Inst. für das Eisenhüttenwesen.) (Russ.)

Fe–V-Konzentrate, die zur Extraktion von V durch eine naßmetallurg. Meth. verwendet werden, dürfen nicht über 3% SiO_2 enthalten. Die Ggw. von *CaO* in ihnen ist unerwünscht. Das Rösten der zusammengebackenen Fe–V-Konzentrate mit Na_2SO_4 (4—5%) soll zu einer möglichst vollständigen Oxydation des Magnetits zu Hämatit mit einer Haltezeit bei einer Temp. bis 900° u. nachfolgenden Erhöhung der Temp. auf 1200—1250° führen. Zur V-Extraktion aus CaO-haltigen Konzentraten muß man an Stelle einer wss. eine Sodaauslaugung anwenden. Diese bewirkt für die anderen Konzentrate eine Erhöhung des V-Extraktionsgrades. Infolge der CaO-Ggw. in Wolkow- u. Katschkanarsker-Konzentraten werden diese beim Rösten mit Na_2SO_4 durch *S* verunreinigt. Daher sind nach der Sodaauslaugung eine zusätzliche Behandlung mit verd. *HCl*-Lsgg. u. ein nachfolgendes Waschen mit W. nötig. Die Anwendung der naßmetallurg. V-Extraktions-Meth. bei den Fe-V-Konzentraten erzielt einen ca. 78—90%ig. *V*-Auszug. H. HOCHSTEIN. 6360□

Schnellflotation und Fragen der komplexen Intensivierung des Flotationsprozesses. O. A. Schumkow. (Цветные Металлы [Nichteisenmetalle] **29.** Nr. 6. 1—10. Juni 1956.) (Russ.)

Es werden die ökonom. Seiten der die Flotation beeinflussenden Faktoren besprochen u. am Beispiel der Ssichote-Alinsker Anreicherungsfabrik wird gezeigt, wie bei der Verarbeitung von *Pb-* u. *Zn-Erzen* durch Übergang auf Schnellmeth. u. Modernisierung der alten Anlagen die Erzeugung gesteigert u. die Kosten (Chemikalien, Energie) herabgesetzt werden können, z. B. Erhöhung der peripheren Geschw. des Impellers mit Ø 600 mm von 8,5 auf 10—12 m/s, Verringerung der Tiefe der Flotierungskammern von 200 auf 100 mm, Beseitigung von 73% der Zwischenkammerquerwände u. andere. J. TŮMOVÁ. 6362□

Ofenbauart und Ofenleistung. E. W. Voice. (J. Iron Steel Inst. **199.** 248—53. Nov. 1961. Brit. Iron and Steel Res. Assoc.) (Engl.)

Wärmebilanzen zwischen dem Heißwindbedarf, verbrannten Gas u. der je Hochofen-Arbeitsgang übertragenen Wärme werden erörtert. Die Bedeutung des Hochofenauskleidungsmaterials, verschiedener Gitterwerkformen, größerer Brenner u. Ventilatoren für die Hochofenleistung wird behandelt. H. HOCHSTEIN. 6370□

Feuerfeste Stoffe für Hochöfen. F. H. Aldred und N. W. Hinchliffe. (J. Iron Steel Inst. **199.** 241—47. Nov. 1961. Neston, Morgan Refractories Ltd.) (Engl.)

Die selektive Anwendung feuerfester Stoffe zur Auskleidung der verschiedenen Teile eines Hochofens wird in bezug auf die durch schnelleren Ofengang u. die Verw. von Sinter bedingten erhöhten Anforderungen erörtert, wobei auch bes. noch auf die Vorzüge einer spiralförmigen Steinaufmauerung des Ofenschachtes hingewiesen wird. H. HOCHSTEIN. 6370□

Wärmebilanz des Hochofens. H. B. Bell und J. Taylor. (J. Iron Steel Inst. **199.** 285—87. Nov. 1961. Glasgow Royal Coll. of Science and Technol.) (Engl.)

Die Bedeutung von Wärmebilanzwerten für die Beurteilung des Hochofenbetriebes wird erörtert u. eine vereinfachte Meth. einer für die laufende Betriebsüberwachung geeigneten Berechnung mitgeteilt. H. HOCHSTEIN. 6370□

Brennstoffzusätze und Windveränderungen im Hochofen. H. B. Bell und J. Taylor. (J. Iron Steel Inst. **199.** 272—85. Nov. 1961. Glasgow, Royal Coll. of Sci. and Technol.) (Engl.)

Der Einfl. von Öl-, Kohle- u. Koksofengas-Einblasungen auf den Brennstoffbedarf des Hochofens wird berechnet, wobei Angaben über die Koksäquivalente dieser Brennstoffe zusammen mit Faktoren für Änderungen in der Wind-Temp., der Windfeuchtigkeiten u. des Wärmebedarfs gemacht werden. Die Kompensation für Brennstoff- oder Feuchtigkeitszusätze durch Erhöhungen in der Wind-Temp. oder im O_2-Geh. wird durch die Gas–Feststoff-Temperaturunterschiede im Ofenschacht überprüft u. dabei gefunden, daß die Windformverbrennungs-Temp. ein ausreichender Anhalt ist. Die erreichbare Red.-Verbesserung im Hochofen wird dabei theoret. sowie durch Analyse von zur Verfügung stehenden Werten aus Einblas-Verss. bestimmt. H. HOCHSTEIN. 6370□

Untersuchung über die Anreicherung des Hochofenwindes. E. J. Ostrowski, George Kesler und Norwood B. Melcher. (Blast Furnace, Coke Oven, raw Mater. Committee Iron Steel Divis., Amer. Inst. Mining, metallurg., Petroleum Engr., Proc. **19.** 279—360. April 1960. Brucetown, Pa., Bur. of Mines u. Weirton, Nat. Steel Corp.) (Engl.)

Das Einblasen von Erdgas durch die Windformen in den Hochofen bewirkt erhöhte Wind-Temp. sowie Koksersparnisse. Außerdem wird die Ofenleistung durch den Erdgaszusatz zum Wind stark gesteigert. Eine Ofenüberwachung kann durch Regelung der Windfeuchtigkeit erzielt werden. Eine Gasveränderung erweist sich als nicht zweckmäßig. Durch O_2-Anreicherung eines mit Erdgas versetzten Blaswindes kann eine weitere Steigerung der Ofenleistung erzielt werden, die fast direkt proportional dem O_2-Zusatz ist. — Diskussion. H. HOCHSTEIN. 6370□

Naturgas-Einblasung in den Hochofen bei der Lone Star Steel Co. Fred W. Farmer und J. C. Moreland. (Iron Steel Engr. **38.** Nr. 10. 88—95. Okt. 1961. Lone Star, Tex,, Lone Star Steel Co.) (Engl.)

Durch Einblasen von Naturgas in den Hochofen wird bei einem verringerten Kokssatz ein leichtgehender Ofenbetrieb bei höheren Wind-Temp. sowie infolge der höheren Wind-Temp. eine Ofen-Leistungssteigerung erzielt. H. HOCHSTEIN. 6370□

Hochtemperatur-Verhalten von Hochofenkoks. John Varga jun. (Blast Furnace, Coke Oven, raw Mater. Committee Iron Steel Divis., Amer. Inst. Mining, metallurg., Petroleum Engr., Proc. **19.** 605—17. April 1960. Columbus, Ohio, Battelle-Inst.) (Engl.)

Entwickelt wird ein Labor-Prüf-Verf. zur Beuretilung der Festigkeit von Hochofenkoks bei den im Hochofen herrschenden Temp.-Bedingungen. Ein Vgl. des Prüfergebnisses mit dem Betriebs-Verh. im Hochofen wurde nicht angestellt. Aus dem Prüfergebnis der neuentwickelten Meth. läßt sich die Folgerung ziehen, daß die Festigkeit des Hochofenkokses bei Raum-Temp. keinen Anhalt für dessen Festigkeit bei höheren, im Hochofen herrschenden Temp. bietet. — Diskussion. H. HOCHSTEIN. 6370□

Vergleichende Sinterversuche in einer halbtechnischen Außenanlage unter Einsatz verschiedener Brennstoffe. José Antonio Boned Sopena. (Inst. Hierro Acero **14.** 420—43. April 1961.) (Span.)

Beschreibung der App., Arbeitsweise u. Ergebnisse einer halbtechn. Vers.-Anlage zwecks Ersatz des Kokspulvers durch Halbkoks- u. a. Kohle-Prodd. als Wärmeüberträger bei der Wirbelstrom-Sinterung. Einfl. der Höchst-Temp., Fülldichte u. Dauer des Sinterns auf Ausbeute u. Qualität werden an zahlreichen Diagrammen u. Tabellen veranschaulicht. A. SANDER. 6378□

Anwendungen der Ausflockung in der metallurgischen Industrie. Corneille Ek. (Rev. univ. Mines, Métallurgie, Mécan., Trav. publ., Sci. Arts appl. Ind. [9] **17 (104).** 431—37. Aug. 1961. Lüttich, Univ.) (Franz.)

Überblick über die physikal. Grundlagen der Ausflockung, die Flockungsmitte sowie Beispiele ihrer Anwendung. — 7 Literaturangaben. F. VIER. 6380□

Untersuchung einiger Formsande des Vizcaya-Alasa-Gebiets. Manuel de la Granja Alonso. (Inst. Hierro Acero **14.** 342—88. April 1961.) (Span.)

Ausführlicher Bericht über Petrographie, Zus., physikal.-chem. Eigg. u. gießtechn. Verh. verschiedener, in den Eisenhütten der span. Provinzen Vizcaya u. Alava verwendeten Formsande. — 19 Abb. u. Diagramme, 23 Tabellen. 59 Literaturhinweise. A. SANDER. 6382□

Einfluß der Oberflächeneigenschaften von fester und flüssiger Phase auf die Bildung von Grünpellets. Karel Smrček, Roman Řeřicha und Jan Kándl. (Hutnické Listy **16.** 318—24. 12/5. 1961. Mníšek pod Brdy, Výzk. ústav ŽDHE.) (Tschech.)

Die Verss. wurden mit *Quarzsand* (Körnung —0,06 mm) durchgeführt, dessen Oberfläche mittels *Wasserglas* hydrophil (Konz. der gebrauchten Lsgg. $1{,}5\cdot10^{-1}$—$3\cdot10^{-2}$ mol SiO_2) u. mittels *Cetyltrimethylammoniumbromid* hydrophob ($8\cdot10^{-4}$ bis $3\cdot10^{-4}$ mol) gemacht wurde. Die Festigkeit der Pellets wurde durch Zerdrücken auf einer Waage bestimmt (Größe 10—20 mm). Vff. bestätigen, daß die Festigkeit (p) der Pellets linear von der Größe abhängig ist u. dem Quadrat des Halbmessers entspricht; p hängt weiter vom Wasser-Geh. der Pellets ab u. geht durch ein ausgeprägets Maximum. Bei nichtbehandeltem Sand beträgt dieses Maximum p = 3,9 kg/mm² bei einer Feuchtigkeit von 14,2% H_2O. p des hydrophilen Sandes beträgt 4,1 kg/mm² bei 16,5% H_2O, des hydrophoben 4,0 kg/mm² bei 12,2% H_2O. In diesem letzten Falle werden größere Feuchtigkeiten nicht erreicht. — Es wird die Ansicht ausgesprochen, daß für die Herst. der Pellets die Anwendung von benetzenden hydrophilisierenden Lsgg. von Vorteil sein kann. J. TŮMOVÁ. 6382□

Das Erstarren von Schleuderguß-Rohren aus Grauguß und sphärolithischem Gußeisen. Heinrich A. Nipper. (Inst. Hierro Acero **14.** 323—41. April 1961. Wetzlar, Buderussche Eisenwerke) (Span.)

Überblick über die vielfältigen, den Erstarrungsvorgang beim Schleuderguß bestimmenden Faktoren, welche je nach ihrem Einfl. auf das Verh. des Fe-Werkstoffs u. ihrer Abhängigkeit von der Gußform sowie von den verschiedenen Arbeitsweisen in 3 Hauptgruppen zusammengefaßt werden. An Hand zahlreicher Gefügeaufnahmen erörtert Vf. ferner eingehend verschiedene beim DE LAVAUD-Verf. auftretende typ. Schadensfälle. Auf die bes. Wichtigkeit der während des Zufließens des fl. Werkstoffs in die Schleuderform herrschenden Bedingungen sowie der Beschleunigung u. gleichmäßigen Verteilung des Gusses in der Form für die Herst. einwandfreier Rohre wird hingewiesen. — 49 Abbildungen. A. SANDER. 6382□

Chemische Reaktionstechnik im Eisenhüttenwesen. H. Krainer. (Techn. Mitt. Krupp **19.** 85—106. Nov. 1961.) (Dt.)

Das Wesen u. die Arbeits-Meth. der chem. Rk.-Technik werden an Beispielen ihrer Anwendung im Hüttenwesen behandelt. Dabei werden bei der Erörterung der Erz-Red. u. des Hochofen-Verf. Ausführungen über das Gas-Red.-Verf., das Verf. mit festen Red.-Mitteln, den Hochofenprozeß, die Berechnung des Koksbedarfes, das thermochem. Modell u. dessen Erweiterung, das Strömungsrohr als Hochofenmodell, Unterss. über das Red.-Verh. der Erze, das Einblasen von C- u. H_2-Trägern in die Formebene u. das Red.-Verh. des Erzes außerhalb des Hochofens gemacht bei der Erörterung der Frisch- u. Austausch-Rkk. werden bes. die Teil-Red. im Elektroofen, die Red. nach dem KRUPP-Renn-Verf. sowie die Anreicherung des nach diesen beiden Verff. gewonnenen Ferronickels gemacht. — 33 Schrifttumsangaben. H. HOCHSTEIN. 6390□

Betrachtung über Werkstoff-Vorschriften. J. Leclerc. (Rev. Métallurgie **58.** Extraits 389—91. Mai 1961. Denain, Soc. Usinor.) (Franz.)

Ausführungen über die Tätigkeit u. Bedeutung des Ausschusses der Eisenindustrie für die metallurg. Forschung zwecks Empfehlung von *Stählen,* die den betrieblichen Anforderungen genügen. Die Notwendigkeit einer Rangordnung der Anforderungen wird erörtert. H. HOCHSTEIN. 6390□

Verwendung von Flammkohlen und Heißwind auf Sinterbändern beim Sintern von Minette-Erzen. Karl Heyden. (Stahl u. Eisen **81.** 498—501. 13/4. 1961. Völklingen.) (Dt.)

Auf einer Sinteranlage zur Erzeugung von THOMAS-Sinter aus Feinminette u. Minette-Gichtstaub wurden wegen eines ungenügenden Anfalls von Koksgrus in der eigenen Kokerei Flammkohlen zur Deckung des Brennstoffbedarfs bis zu 80% des Brennstoffsatzes eingesetzt. Von Vorteil ist hierbei das mildere Feuer beim Sintern, nachteilig dagegen ist der höhere Geh. an flüchtigen Bestandteilen in den Abgasen.

Gichtgasüberschuß, eine erwünschte höhere Sintererzeugung, Verminderung des Kohlenverbrauchs u. Verringerung des Staub-Geh. in den Abgasen führten zur Verw. hocherhitzter Verbrennungsluft über den Sinterbändern. Im laufenden Betrieb wurden dadurch eine Wärmeersparnis von ca. 15%, eine Leistungssteigerung von 8,3% u. eine wesentliche Verminderung des Staub-Geh. u. des Geh. an flüchtigen Bestandteilen in den Abgasen erzielt. H. HOCHSTEIN. 6390 □

Verhalten von Minettesinter im Hochofen. Rudolf Sandhöfer und Otto Becker. (Stahl u. Eisen **81.** 501—03. 13/4. 1961. Völklingen.) (Dt.)

Besondere Betriebsbedingungen, wie niedrige Hochöfen u. geringer Umschlag zwischen Sinteranlage u. Hochofenwerk, ermöglichen die Verhüttung eines lockeren, kleinstückigen u. hochoxydierten Sinters. Der Hochofengang ist dabei gut, der Gichtstaubentfall jedoch höher als bei stückfestem, hartem Sinter. Nach Einführung der Heißwindbeheizung in der Sinteranlage zeigte sich, daß der Oxydationsgrad allein kein Maßstab für gute oder schlechte Reduzierbarkeit von Minettesinter ist, sondern daß er nur in Zusammenhang mit dem Schüttgew. als Maß für die Porigkeit betrachtet werden kann. H. HOCHSTEIN. 6390 □

Eine Untersuchung der Kinetik des magnetischen Röstens. John P. Hansen, Gust Bitsianes und T. L. Joseph. (Blast Furnace, Coke Oven, raw Mater. Committee Iron Steel Divis., Amer. Inst. Mining, metallurg., Petroleum Engr., Proc. **19.** 185—99. Diskussion: 199—204. April 1960. Minneapolis, U. S. Bur. of Mines and Univ. of Minnesota.) (Engl.)

Gemessen wird mit einer bes. App. die Rk.-Geschw. bei der Red. von *Fe*-Erz-Pellets mit CO–CO_2–N_2-Gasgemischen bei verschiedenen Temp. nach voraufgegangener Röstung der Pellets an Luft bei 1250, 1325 u. 1375° mit anschließender Ofenabkühlung auf 900° u. abschließender Luftabkühlung. Es wird der Einfl. der Gasgemisch-Zus. bei 800°, der Temp. auf die Red. der bei den verschiedenen Temp. gebrannten Pellets sowie der Einfl. der Gas-Zus. auf die Red.-Geschw. bei 427° festgestellt. Die Red.-Geschw. ist proportional der Hämatit-Magnetit-Zwischenfläche, die bei gleichförmiger Geschw. in das Innere des Erzteilchens vorrückt. Die die Geschw. bestimmende Rk.-Stufe ändert sich bei ca. 450°, wobei die genauere Temp. von der Erz-Charakteristik abhängt. Die Aktivierungsenergie für die Rk. oberhalb dieser Temp. wurde zu 1750 cal/Mol für die bei 1375° gebrannten Pellets berechnet. Unter 450° beträgt die Aktivierungsenergie 12600 bzw. 14650 cal/Mol für die bei 1325 bzw. 1375° gebrannten Pellets. Die Rk.-Geschw. bei 800° ist der CO-Konz. in der Gasphase proportional; die bei 427° ist dem CO/CO_2-Verhältnis proportional. Mit zunehmender Temp. oberhalb von 525° nimmt die Rk.-Geschw. für bei 1325° gebrannte Pellets ab, geht durch ein Minimum bei ca. 675° u. nimmt dann schnell zu. Die Rk.-Geschw. war gegenüber Änderungen in der Gas-Strömungs-Geschw. im Bereich von 200—1000 cm^3/Min. nur wenig empfindlich. Unterhalb von 500° wurde ein ausgesprochener Keim-Bldg.-Effekt beobachtet. — Diskussion. H. HOCHSTEIN. 6390 □

Die Verwendung verschiedener Agglomerate in großräumigen Siemens-Martin-Öfen. A. P. Warschawski und Je. I. Dikstein. (Сталь [Stahl] **22.** 20—23. Jan. 1962. Magnitogorsk, Metallurg. Kombinat.) (Russ.)

Die Verw. eines hochbas. CaO/SiO_2-Verhältnisses von 2—2,5 u. eines hochfesten Agglomerates (Geh. der Feinfraktion nicht über 5—10%) in SIEMENS-MARTIN-Öfen mit großem Fassungsvermögen ermöglicht eine Erhöhung des Entschwefelungsgrades des Metallbades während der Einschmelzung u. eine Verkürzung der gesamten Schmelzdauer. H. HOCHSTEIN. 6390 □

Zunahme der Leistung des Hochofenbetriebes bei Mischerzmöllerung. Jean Boland. (J. Iron Steel Inst. **199.** 253—58. Nov. 1961. Soc. An. Cockerill-Ougrée.) (Engl.)

Bei einem Hochofenbetrieb mit einer aus 50% Schwedenerzen u. 50% französ. Erzen bestehenden Erzmöllerung wird durch eine Erzzerkleinerung unter 50 mm u. Sinterung des 0—10 mm Feinerzes eine Steigerung der Durchsatz-Geschw. um 21% u. eine Senkung des Kokssatzes um 36% erzielt. Der kombinierte Einfl. dieser beider Faktoren erhöht die Produktivität um 65%. Der S-Geh. des Roheisens wird dabei stark verringert; 75% der Proben enthielten weniger als 0,035% S. Die Verbesserung im Hochofengang wird auf die verbesserte Verteilung der Gase im Hochofenschacht zurückgeführt. — 14 Literaturangaben. H. HOCHSTEIN. 6400 □

Beitrag zur Untersuchung von Silikateinschlüssen im Gußeisen. Gyula Nándori. (Freiberger Forsch.-H., Reihe B Heft **59.** 122—31. 1961. Budapest.) (Dt.)

Die wesentlichste Menge der aus Gußeisen extrahierten Gase war an Silicate gebunden. Das Gußeisen enthält Silicate in sichtbarer u. unsichtbarer Form. Unsichtbare Silicate entstehen in Gußeisenschmelzen sowohl mit niedrigem *Mn*-Geh. als auch mit üblicher Zusammensetzung. In Gußeisenschmelzen mit hohen Mn-Geh. können sich infolge der oxydierenden Einfl. isotrope, glasige, mit SiO_2 gesätt. Silicattropfen bilden. Diese Silicate haben unter dem opt. Metallmikroskop gut wahrnehmbare Größen, ebenso wie in mit *Si* u. Mn desoxydierten Stählen. In den Vers.-Schmelzen mit hohen Anfangs-Mn-Geh. zeigte sich, daß die *MnS*-Einschlüsse oft in der Mitte Silicattropfen enthalten. In Gußeisenschmelzen mit gewöhnlicher Temp. kann C die Silicatentstehung nicht behindern, weil die physikal. Voraussetzungen der CO_2-Abgabe dazu nicht günstig sind. Der O-Geh. einer Gußeisenschmelze ist von den physikal. Eigg. der gebildeten Silicate abhängig. Wenn überwiegend *Mn-Silicate* mit großem Durchmesser u. gutem Aufsteigevermögen entstehen, so erniedrigt sich der O-Geh. der Schmelze. In Schmelzen mit niedrigen Mn-Geh. entstehen die Silicate in submkr. Form u. deshalb auch mit kleinerem Aufsteigevermögen. Diese Silicate sind überwiegend *Fe-Silicate*. Solche Schmelzen enthalten dann die größte Menge an O. H. HOCHSTEIN. 6402☐

Voraussetzungen für die Herstellung von Gußstücken aus hochfestem Gußeisen. Miklos Csiszar. (Freiberger Forsch.-H., Reihe B, Heft **59**. 64—83. 1961. Budapest.) (Dt.)

Für die Herst. von hochfestem Gußeisen aus ungar. Roheisensorten wurden Unterss. durchgeführt, die den Einfl. der wesentlichen Faktoren auf die Gefügeausbldg., die Festigkeit u. die Härte des Gußeisens ergaben. Unter der Voraussetzung, daß das Gußeisen vor dem Vergießen mit einer 0,2% *Si* im Fertigprod. entsprechenden Menge *Ferrosilicium* u. einer 0,1% Cr entsprechenden Menge *Ferrochrom* geimpft wird, ist die Herst. eines hochfesten Gußeisens nicht unbedingt an *C*-Geh. von 3,0—3,2% gebunden. Höhere Festigkeitswerte können auch bei höheren C-Geh. erzielt werden, wenn nur eine zweckmäßige Abstimmung des Si-Geh. auf die Abkühlungs-Geschw. gegeben ist. Die Bedeutung der „Ausgleichs-Temp." zwischen Metall u. Formstoff wird erörtert, die bes. von der Gießtemp., der Formstoff-Temp. u. der Art des Formstoffes beeinflußt wird. H. HOCHSTEIN. 6404☐

Einfluß von Mangan auf die Stabilisierung und Zerfallskinetik des Zementits im Temperguß. Stanislav Drápal. (Freiberger Forsch.-H., Reihe B, Heft **59**. 84—98. 1961. Prag.) (Dt.)

Unterss. über den Einfl. von *Mn* auf die Stabilität u. auf die Zerfallskinetik des Zementits ergaben, daß die Mn-Konz. im ledeburit. Zementit bei 950° etwa zweimal so hoch ist wie der Mn-Geh. im Temperrohguß u. viermal höher als die Mn-Konz. im Austenit. Die Mn-Konz. im perlit. Zementit ist bei 720° ca. 4,6mal höher als der Mn-Geh. im Temperrohguß u. etwa siebenmal höher als die Mn-Konz. im Ferrit. Mit steigendem *S*-Geh. verringerte sich die Mn-Konz. im Zementit. Bei Steigerung des Si-Geh. im Temperrohguß kommt es zu einer mäßigen Konz.-Erhöhung des Mn im Zementit. Mit steigendem Mn-Geh. unterdrückt man wirksam die Ferrit-Bldg. bei der Austenitumwandlung im Verlauf der Abkühlung. Die Bremswrkg. des Mn beim Zementitzerfall macht sich beim Zerfall des perlit. Zementits weit deutlicher bemerkbar als beim Zerfall des ledeburit. Zementits. — 15 Literaturangaben. H. HOCHSTEIN. 6406☐

Einfluß der Schmelzführung bei der Herstellung wasserstoffarmer Stähle und Kinetik der Flockenbildung. G. Klotzbach, W. Jäniche und H. Vorwerk. (Techn. Mitt. Krupp **19**. 107—21. Nov. 1961. Rheinhausen, Hüttenwerk.) (Dt.)

Die H-Probenahme durch Vergießen in Cu-Kokillen führt bei der Unters. von C-Stählen u. niedrig mit Mn legierten Stählen zu metallurg. brauchbaren H-Werten, wobei für die Best. des Gesamt-H-Geh. eine Warmextraktion bei 1000° ausreicht. Durch Frischen mit hoher Entkohlungs-Geschw. u. Abstechen der noch kochenden Schmelze lassen sich im bas. Lichtbogenofen H-arme Schmelzen erzeugen. Stähle, die erfahrungsgemäß flockenempfindlich sind, können nach diesem Verf. selbst bei unverzögerter Abkühlung an Luft flockenfrei hergestellt werden. Bei den untersuchten Stählen entstehen die ersten Flocken nach einer von der H-Konz. u. von der Abkühlungs-Geschw. abhängigen Inkubationszeit kurz vor Erreichen der Raum-Temp. oder erst während der weiteren Lagerung. Die Flocken-Bldg. kann mehrere Tage in Anspruch nehmen. Die Zusammenhänge zwischen der H-Versprödung u. Flocken-Bldg. werden erörtert. — 68 Schrifttumsangaben. H. HOCHSTEIN. 6408☐

Fortschritte durch die Entgasung von Stahl nach dem Vakuumgießstrahlverfahren des Bochumer Vereins. A. Tix. (Techn. Mitt. Krupp **19**. 122—29. Nov. 1961. Bochum, Bochumer Verein für Gußstahlfabrikation.) (Dt.)

Das Vakuumgießstahl-Verf. des Bochumer Vereins hat sich in der laufenden Fertigung als geeignet erwiesen zur techn. Entgasung beliebig großer Stahlmengen für Schmiedeblöcke, Stahlguß u. Walzmaterial. Durch die hiermit erzielte Senkung der *H*- u. *O*-Werte im Stahl gelingt es, Sicherheit gegen Flockenanfälligkeit, eine Verminderung der Porigkeit, Verringerung u. größere Gleichmäßigkeit der Gesamteinschluß-Geh. u. damit eine Verbesserung der Gütewerte zu erreichen. Für die Herst. hochwertiger schwerer Schmiedestücke für Dampf- u. Gasturbinenläufer sowie von Induktorwellen für den Elektromaschinenbau ist das Verf. geeignet. — 42 Schrifttumsangaben.

H. HOCHSTEIN. 6408□

Besonderheiten der Kristallisation von Strangguß. N. M. Lapotyschkin, M. Ss. Boitschenko, A. W. Leitess, Je. I. Akimowa und W. W. Sliwtschanskaja. (Сталь [Stahl] **22.** 30—33. Jan. 1962. Zentr. Forsch.-Inst. für das Eisenhüttenwesen.) (Russ.)

Über die Kristallisations-Geschw. eines Strang-Guß-Stahlblockes kann man mit hinreichender Genauigkeit auf Grund der Dichte der dendrit. Struktur, u. zwar der Abstände zwischen den Dendritenachsen urteilen. Die Kristallisations-Geschw. des Strangguß-Stahlblockes ist größer als bei der gewöhnlichen Erstarrung u. hängt von der Stahl-Temp., der Gieß-Geschw. u. der Intensität der Sekundärabkühlung ab.

H. HOCHSTEIN. 6408□

Überwachung der Oberflächengüte von Barren. V. E. Elliott und J. V. Florchak. (J. Metals **13.** 825—28. Nov. 1961. Gary, Ind., U.S. Steel Corp.) (Engl.)

Berichtet wird über den Einfl. der Desoxydations-Verff. u. der Zus. auf die Oberflächengüte von Knüppeln aus *Stahl.* F. VIER. 6408□

Der Einfluß von Stickstoff auf die Kaltbrüchigkeit von mittelgekohltem phosphorhaltigem Stahl, der Arsen enthält. W. N. Swetschnikow und I. Ch. Trusch. (Сталь [Stahl] **22.** 64—65. Jan. 1962.) (Russ.)

Bei einer Erhöhung des *As*-Geh. auf 0,1—0,3 (%) u. des *P*-Geh. auf 0,12—1,14 in einem Stahl mit mittelhohem C-Geh. (ca. 0,4) wird die Kerbschlagzähigkeit des Stahles wesentlich erniedrigt. Eine Erhöhung des N-Geh. auf 0,01% in diesem Stahl bei einer ausreichenden Desoxydation des Stahles durch Al bewirkt eine Kornverfeinerung, derzufolge die Kerbschlagzähigkeit zunimmt u. die Kaltbrüchigkeitsgrenze in das Gebiet niedrigerer Temp. verschoben wird. Die N-Geh.-Erhöhung u. die Al-Desoxydation verringern auch die Neigung dieses Stahles zu einer mechan. Alterung.

H. HOCHSTEIN. 6408□

Die Restelemente in Stählen. José Mariá Palacios Reparaz. (Inst. Hierro Acero **14.** 397—419. April 1961.) (Span.)

Nach allg. Hinweisen auf die Herkunft der in Stählen vorkommenden Restelemente, bes. *S, P, Sn, Cu, As* u. *Sb*, behandelt Vf. deren Einfl. auf das Warmverformen der Stähle, die Vergütbarkeit von C-Werkzeugstählen u. auf Werkstoffehler in hochlegierten, Feder- u. Schnelldrehstählen sowie C-Stählen für Walzbleche. Abschließend werden Geh.-Toleranzen der Stähle an Restelementen u. deren Herabsetzung durch sorgfältige qual. Auswahl der Schrottzusätze bei Herst. von Elektrostählen gestreift. — 23 Abb. u. Diagramme. 21 Literaturhinweise. A. SANDER. 6408□

Kleine Legierungszusätze. R. A. Leeper, T. W. Merrill und A. F. Sprankle. (J. Metals **13.** 802—05. Nov. 1961. Vanadium Corp. of America.) (Engl.)

Zusätze von 0,02—0,06% *V, Nb* oder einer Mischung beider erhöhten die Fließfestigkeit von heißgeschmiedetem oder -gewalztem Si-beruhigtem AISI *1020*-Stahl bedeutend. Keine Wrkg. wurde in diesem Zustand durch Zusätze von *B* u./oder *Ti* erzielt. Die Zugfestigkeit der geschmiedeten Stähle war etwas erhöht, stärker bei gewalzten Stählen, durch Zusätze von V oder Nb. Mit V versetzte Stähle hatten heißgewalzt eine 5—8,62 höhere Dehnung als mit Nb versetzte. Die Schlagfestigkeit bei niederer Temp. war höher u. die Übergangs-Temp. niedriger bei V-behandelten Stählen als bei Nb-behandelten. Die Zusätze von Nb u. V wirken kornfeinend, am stärksten bei Nb. Durch Nb nimmt die Härtbarkeit ab. — 10 Literaturangaben. F. VIER. 6410□

Der Vorgang der Carbidauflösung während der Austenitisierung von Schnellarbeitsstählen. Z. Bojarski. (J. Iron Steel Inst. **199.** 267—71. Nov. 1961. Gleiwitz, metallurg. Fe-Unters.-Inst.) (Engl.)

Präzisionsmessungen der Gitter-Konst. des in abgeschreckten u. angelassenen Schnellarbeitsstählen vom 18-4-1- bzw. vom 9-4-2-Typ auftretenden Me_6C-Carbids wurden durchgeführt. Hierbei erfolgte die Austenitisierung bei 900—1300° mit Durchwärmzeiten von 1—120 Minuten. Unter diesen Wärmebehandlungsbedingungen ist das Me_6C-Carbid stabil, jedoch sein Gitterparameter infolge der Koagulation u. der Diffusionsprozesse zwischen Grundmasse u. den Carbiden ändert sich. Eine schnelle Zunahme in den Gitterparametern des Carbids wird während der Bldg. einer polygonalen Form bei der Austenitisierungs-Temp. von 1250° beobachtet. H. HOCHSTEIN. 6410□

Die Struktur der Oxidhäutchen und die Oxydationsbeständigkeit von perlitischem Stahl in Abhängigkeit von der Legierung. Ss. A. Juganowa und Ju. G. Ssorokina.

(Металловедение и Термическая Обработка Металлов [Metallkunde therm. Metallbearb.] **1961.** Nr. 6. 53—56. Juni. Zentr. Forsch.-Inst. für Technol. des Maschinenbaues.) (Russ.)

Die Struktur der Oxidhäutchen u. die Oxydationsbeständigkeit von perlit. Stahl bei 600° in Luft hängen vom Legierungsgrad ab. Eine Vergrößerung der Konz. der Leg.-Elemente bewirkt unter diesen Vers.-Bedingungen eine Erhöhung der Zunderbeständigkeit. Die besten Ergebnisse werden für einen Stahl mit 7% *Cr* erhalten. Die Gewichtszunahme beträgt nach 1000std. oxydierender Glühung dieses Stahles bei 600° nur 0,3 mg/cm². Auf der Stahloberfläche bildet sich dabei eine einphasige Oxidhaut vom Typ α-Fe_2O_3. Die geringste Erhöhung der Zunderbeständigkeit trat bei einem mit *Co* legierten Stahl auf. Nach einer Daueroxydation trat in der Oxidhaut der mit Co legierten Stähle neben α-Fe_2O_3 u. Fe_3O_4 auch *Wüstit* auf. Bei der elektronenmkr. Unters. verschiedener Oxydationsstufen bei 300—600° mit einer 1std. Haltezeit zeigte sich, daß zusätzliches Legieren des perlit. Stahls mit Cr, *Si*, *Al*, Co, *W* u. *B* die Temp. erhöht, bei der die zweite Phase (Fe_3O_4) im Oxidhäutchen erscheint. Diese Temp.-Erhöhung hängt von der Art u. Konz. des Leg.-Elementes ab. Stähle, bei denen die höchste Temp. des Überganges der Oxidhaut vom einphasigen zum zweiphasigen Zustand festgestellt wurde, besitzen bei 600° die höchste Zunderbeständigkeit. H. HOCHSTEIN. 6410☐

Einfluß von Wasserstoff auf die Eigenschaften von größeren Schmiedestücken aus CrNiMo-Stählen. Ivan Zlatník. (Hutnické Listy **16.** 325—35. 12/5. 1961. Plzeň, Závody, V. I. Lenina.) (Tschech.)

Statist. Unterss. in Verbindung mit metallograph. u. metallurg. Prüfungen von größeren Schmiedestücken des Stahles mit 0,35 (%) C, 0,55 *Mn*, 0,27 *Si*, 0,90 *Cr*, 3,00 *Ni* u. 0,25 *Mo* zeigten, daß dieser Stahl im Vgl. zu anderen Stählen bes. zur Bldg. von Flockenrissen (infolge des H_2-Einfl.) neigt. Durch Abänderung der Warmbehandlung des Martensitstahls (isotherm. Glühen 650°/100 Std. mit folgender langsamer Abkühlung im Ofen zur Beseitigung des H_2, der inneren Spannungen u. Verminderung der Härte) wurde der Ausschuß infolge innerer Risse prakt. beseitigt u. die Klassifizierung bei der Ätzprobe um 1—2 Grade verbessert. J. TŮMOVÁ. 6410☐

Einfluß von Vanadin und Titan auf die Eigenschaften hochfester Röhren. Roman Šejnoha. (Hutnické Listy **16.** 351—55. 12/5. 1961. Ostrava, Výzk. a zkuš. ústav Nové huti K. Gottwalda.) (Tschech.)

Vgl. des Einfl. eines Zusatzes von 0,15% *V* u. 0,10% *Ti* auf die Eigg. des *20 MnSi·CrMo*-Stahles für hochfeste Erdölbohrröhren. — V bremst das Absinken der Festigkeitswerte nach Anlassen; zwischen 500 u. 600° hört das Absinken fast gänzlich auf. Bei dem Ti-Zusatz sinkt die Festigkeit rasch bereits oberhalb 400°. Der V-Stahl zeigt nach niederen Anlaß-Temp. eine höhere Kerbschlagzähigkeit als der Ti-Stahl; nach Anlassen bei höheren Temp. ist es umgekehrt. Bei dem Stahl mit V-Zusatz wurde nach Abschrecken u. Anlassen bei 300° eine Streckgrenze oberhalb 120 kg mm² u. Dehnung (2″) oberhalb 15% erreicht. J. TŮMOVÁ. 6410☐

Über die Technologie von Schiffsguß. Karl Weber. (Freiberger Forsch.-H., Reihe B, Heft **59.** 132—53. 1961. Pilsen.) (Dt.)

Es werden Angaben über den Einfl. der Zus. der zur Herst. von Schiffsguß geeigneten beruhigten *legierten Stähle*, die Zus. der hierbei verwendeten Formstoffe der Wärmebehandlung der großen Gußstücke sowie über die Formtechnik bei ihrer Herst. gemacht. H. HOCHSTEIN. 6410☐

Das Erschmelzen von Ferrochrom mit einem erniedrigten Gehalt an Phosphor. W. P. Saiko und A. K. Golew. (Сталь [Stahl] **22.** 43—44. Jan. 1962.) (Russ.)

Bei der Behandlung von 50%ig. *Silicochrom* mit einer bas. synthet. Schlacke kann der *P*-Geh. in der Leg. etwa auf ein Zehntel erniedrigt werden. Die Verw. von Silicochrom mit einem P-Geh. von ca. 0,003% ermöglicht die Herst. von *Ferrochrom* mit einem P-Geh., der um 0,02% geringer ist als bei Verw. von üblichem Silicochrom. Die Verringerung der Kalkmenge in der Gattierung beim Raffinieren des Ferrochroms schafft Bedingungen, welche die Herst. von Ferrochrom mit niedrigem P-Geh. erleichtern. H. HOCHSTEIN. 6418☐

Verbesserung der Technologie der Gewinnung von kohlenstofffreiem Ferrochrom in Lichtbogenöfen. W. F. Wolkow, W. A. Ssarankin, W. A. Krawtschenko und L. I. Boitzow. (Сталь [Stahl] **22.** 43. Jan. 1962.) (Russ.)

Beschrieben wird ein Herst.-Verf. von C-armem *Ferrochrom Chr 000* in stationären u. in kippbaren Lichtbogenöfen, wobei Angaben über Gattierung, Haltbarkeit der Öfen, *Cr*-Ausbringen, elektr. Energieverbrauch, Verbrauch an Rohmaterialien u. dgl. gemacht werden. Es wird nachgewiesen, daß das erschmolzene *Chr 000* einen C-Geh. nicht über 0,06% besitzt u. daß das Erschmelzen der Gattierung in einem Arbeitsgang mit Chargierung der erforderlichen *Silicochrom*-Menge auf den Ofenherd vor der Aufgabe des

Erz–Kalk-Gemisches beim Erschmelzen des C-armen Ferrochroms nicht nur die techn.-wirtschaftlichen Kennwerte verbessert, sondern auch die Qualität dieser Ferroleg. erhöht. H. HOCHSTEIN. 6418□

Entwicklungstendenzen in der Ne-Metallurgie. Alfred Lange. (Bergakademie [Freiberg] **13.** 313—23. Mai 1961. Freiberg.) (Dt.)

Überblick. F. VIER. 6420□

Desoxydierung oder Legierung. N. Ss. Ssewergin. (Цветные Металлы [Nichteisenmetalle] **29.** Nr. 6. 61—64. Juni 1956. Koltschugino, Ordshonikidse-Werk.) (Russ.)

Vf. diskutiert die Vorgänge der Desoxydation beim Erschmelzen von reinem *Ni* u. betont, daß jedes der zugesetzten Elemente (*C*, *Mn*, *Mg*, *Si*) in geringer Menge im Metall verbleibt u. diesem gewisse spezif. Eigg. einprägt. Man sollte deshalb erwägen, welche Vorgänge den Vorrang haben: die Beseitigung von Gasen u. Oxiden oder die durch Spuren der Zusatzelemente gewonnenen neuen Eigg. u. dann eher vom Legieren des Metalls als von der Desoxydation sprechen. J. TŮMOVÁ. 6434□

Aluminium-Gußteile für die anodische Oxydation. E. A. Bloch und H. Arbenz. (Aluminium Suisse **11.** 34—43. Jan. 1961.) (Dt. u. Franz.)

Überblick über die verwendeten Legg. u. die Technik des Gießens von dekorativ anod. oxydierbaren Legierungen. F. VIER. 6446□

Herstellung von Thorium-Aluminiumlegierungen durch direkte Reduktion. Douglas O. Raleigh. (Ind. Engng. Chem., int. Edit. **53.** 445—48. Juni 1961. Canoga Park, Calif., Atomics International.) (Engl.)

Verss. zeigten, daß es möglich ist, aus ThO_2 in Fluoridschmelzen gelöst, mit überschüssigem *Al* ebenfalls in Fluorid gelöst bei 1050° durch spontane Red. des ThO_2 *Th–Al*-Legg. herzustellen. Als bes. geeignet erwiesen sich *LiF*-, $LiF–AlF_3$-, *Kryolith*- u. *Kryolith–NaF*-Schmelzen. Das geringste Verhältnis von ThO_2 zu Al betrug 3,0. Als Nebenprodd. konnte metall. *Na* bei Verw. von Kryolith- oder Kryolith–NaF-Schmelzen gewonnen werden. — 14 Literaturangaben. F. VIER. 6446□

Herstellung von Plutoniummetall durch das Chloridverfahren. M. J. Rasmussen und H. H. Hopkins jun. (Ind. Engng. Chem., int. Edit. **53.** 453—57. Juni 1961. Richland, Wash., General Electric Co.) (Engl.)

PuO_2-Pulver wird kontinuierlich durch Phosgengas in einer aufgeheizten vibrierenden Röhre chloriert u. $PuCl_3$ durch Erhitzen mit *Ca* in einer hermet. verschlossenen Bombe zu metall. *Pu* reduziert. Zur Herst. des PuO_2 wird von *Oxalat* ausgegangen, das bei 250—350° in das Oxid umgewandelt wird. Als Träger für den Phosgenstrom dient CO_2. — 18 Literaturangaben. F. VIER. 6448□

Das Verhalten von Sn bei der Flüssig–Flüssig-Extraktion von Nb und Ta. Sanji Nishimura, Jyoichiro Moriyama und Isao Kushima. (Nippon Kinzoku Gakkai-Si [J. Japan Inst. Metals] **24.** 798—802. 1960.) (Jap.; Auszug: Engl.) — Vgl. C. **1962.** 8399.

Unterss. über das Verh. von Sn bei der Nb- u. Ta-Extraktion mit HF-Hexon (I), HF–HCl–I, $HF–H_2SO_4$–I u. $HF–HNO_3$–I zeigen, daß Sn von Nb u. Ta auf Grund ihrer Verteilungs-Koeff. befriedigend mit allen Lsg.-Gemischen getrennt wird. Die Extrahierbarkeit von Sn steigt mit dem Anstieg der Mineralsäure-Konz. bei konst. HF–Acidität u. steigt mit der HNO_3- oder HF-Konz. im $HF–HNO_3$–I- oder HF–I-System. Bei konst. HF-Acidität (12,75 n) fällt sie in der Reihenfolge: $HF–HCl > HF–H_2SO_4 > HF–HNO_3$. Das Syst. HF–I ist weniger wirksam als andere HF-Mineralsäure–I-Systeme. W. WESLY. 6448□

Uranerzeugung in Le Bouchet. H. Huet. (Nuclear Power **5.** Nr. 48. 130—31. April 1960. Le Bouchet, Uran. Fabr. Dep.) (Engl.)

Es werden die Meth. u. die App. der U-Erzeugung beschrieben. Die U-Konzentrate werden in HNO_3 (36—40° Bé) gelöst, aus 1,5—2 n HNO_3-Lsg. U mit 30—35%ig. *Tributylphosphat*-Lsg. extrahiert, mit HN_3 zwischen einem pH-Wert von 6 u. 8 ein Gemisch von UO_3 u. $(NH_4)_2U_2O_7$ gefällt, das Fällungs-Prod. getrocknet u. calciniert u. in einer einzigen, elektr. beheizten App. nacheinander unter Verw. des „moving-bed"-Verf. in einer $H_2/NH_3/N_2$-Atmosphäre zu UO_2 red. u. mit *HF* in UF_4 übergeführt. UF_4 wird in 80-kg-Chargen mit *Ca* in einer Ausbeute von 99% zu *U* reduziert. W. KARCHER. 6448□

Hartmetalltechnik und Forschung. J. Hinnüber und W. Kinna. (Techn. Mitt. Krupp **19.** 130—53. Nov. 1961. Essen, Fried. Krupp Widia-Fabrik.) (Dt.)

Die Grundlagenforschung u. neue Unters.-Meth. in der Hartmetalltechnik werden erörtert u. dabei die Prüfmeth. für die Unters. von Pulvern beschrieben. Die Anwendung der Elektronenmikroskopie, der Röntgenfeinstrukturanalyse u. der Röntgenfluorescenzanalyse wird an Beispielen erläutert. Die Grundlagenforschung dient auch der Klärung der Vorgänge beim Mahlen u. Sintern u. es werden die Ergebnisse von Unterss. des Mahlvorganges, der Beeinflussung von WC-Pulvern durch Lagern an Luft, des Einfl. der

Atmosphäre bei mittleren Temp. u. bei Sinter-Temp. sowie des Syst. *Co–W–C* u. der Mehrstoff-Syst., die den *WC–TiC–TaC–NbC–Co*-Hartmetallen zugrunde liegen, des Sinterns von Hartmetallen u. des Aufbaues der gesinterten *WC–Co*-Legg. u. ihrer mechan. Eigg., bes. des Verschleißes von Hartmetall beim Zerspanen, mitgeteilt. Die Entw. der Hartmetall-Legg. ist durch die Einführung von sehr zähen, hoch-Co-haltigen Sorten für die Schwerzerspanung u. durch die Entw. von Legg. gekennzeichnet, deren Eigg. den bes. Zerspanungsbedingungen beim Fräsen angepaßt sind. Die Eigg. der Hartmetalle für Bergbauwerkzeuge, von oxydations- u. korrosionsbeständigen Legg. u. der Hartmetalle für Schneidkeramik werden mitgeteilt. — 78 Literaturangaben. H. HOCHSTEIN. 6476□

Die mechanischen Eigenschaften bei der Verdrehung von Werkzeugstählen. A. P. Guljajew und K. Ss. Spiridonowa. (Известия Высших Учебных Заведений (Москва), Черная Маталлургия [Hochschulnachr. (Moskau), Eisenmetallurgie] **1960.** Nr. 5. **142**—**45.** Moskau, Abendinst. für Maschinenbau.) (Russ.)

Untersucht werden die mechan. Eigg. bei der Verdrehung der am stärksten verbreiteten Werkzeugstähle *U12A*, *9Ch Gs* u. *R18* nach einer Glühung, Abschreckung u. einem Anlassen. Hierbei zeigt sich, daß in den Grenzen von 48—63 ROCKWELL-C-Härte zwischen der Härte u. der Stahlfestigkeit bei der Verdrehung eine geradlinige Abhängigkeit besteht. Bei einem höheren Härtewert wird infolge von Sprödbruch die Bruchfestigkeit verringert. Eine Erhöhung der Abschreck-Temp. führt zu einer Abnahme der Bruchfestigkeit infolge des Kornwachstums u. zur Zunahme der Restaustenitmenge u. der inneren Spannungen. Hierbei wird die Härte nicht wesentlich verändert. Eine Erhöhung der Anlaß-Temp., die zu einer Härteabnahme führt, bewirkt gleichzeitig auch eine Abnahme der Bruchfestigkeit bei der Verdrehung infolge der Verminderung des Widerstandes der plast. Verformung. H. HOCHSTEIN. 6480□

Zur Frage der Warmrisse (Kristallisationsrisse) beim Guß und bei der Schweißung. A. A. Botschwar, N. N. Rykalin, N. N. Prochorow, I. I. Nowikow und B. A. Mowtschan. (Сварочное Производство [Schweisstechn. Betr.] **1961.** Nr. 6. 41—42.) (Russ.)

Diskussionsbeitrag zu der C. **1962.** 7309 referierten Arbeit.
H. HOCHSTEIN. 6480□

Gerät zur Bestimmung der Spannungsrelaxation im Draht. L. A. Krassilnikow und W. A. Tschertoussow. (Заводская Лаборатория [Betriebs-Lab.] **27.** 614—15. 1961. Belorezk, metallurg. Kombinat.) (Russ.)

Auf dem Konpensationsprinzip beruhende App. zur Best. der Relaxationsbeständigkeit von Drähten mit dünnen Querschnitten. Aus der Graphik einer 500std. Unters. eines kaltgezogenen nichtangelassenen u. eines angelassenen Drahtes aus dem Stahl *70 Ss 2 S* ergibt sich, daß das Anlassen die Relaxationsbeständigkeit des Drahtes erhöht.
H. HOCHSTEIN. 6480□

Beitrag zur Frage des Zunderverhaltens von Kesselbaustählen. A. Rahmel. (Mitt. Vereinig. Großkesselbesitzer **1961.** 319—32. Okt. Duisburg.) (Dt.)

An Hand des Schrifttums wird ein Überblick über die Verzunderungsprüfung u. das Zunder-Verh. von als Werkstoff für den Kesselbau verwendeten schwachlegierten ferrit. sowie von hochlegierten austenit. Stählen gegeben u. der Einfl. von Fremdablagerungen u. Verbrennungsrückständen auf das Zunder-Verh. erörtert. 39 Schrifttumsangaben.
H. HOCHSTEIN. 6480□

Rißbildung im Stahl während der elektrolytischen Wasserstoff-Absorption. F. de Kazinczy. (TVF tekn.-vetensk. Forskn. **32.** 159—62. 1961. Oxelösund, Oxelösunds Järnverk.) (Engl.)

Blasenartige Risse werden durch H_2 von hohem Druck, der sich in Poren ausscheidet, oft an den Grenzen nichtmetall. Einschlüsse verursacht. Dies setzt eine ziemlich hohe H-Aktivität voraus. Eine andere Art von blasenartigen Rissen bei niedrigen H-Geh. tritt nach einer Dauerbelastung bei Spannungen unterhalb der Streckgrenze auf. Es wird eine Hypothese zur Erklärung dieser Erscheinungen vorgeschlagen u. Vorschläge für die Verhinderung dieser Risse gemacht. H. HOCHSTEIN. 6480□

Über die Ultraschallschwächung in austenitischen Chrom–Nickel-Stählen. Paul Midecke. (Materialprüfung **3.** 1—4. 20/1. 1961. Dortmund–Aplerbeck, Staatl. Materialprüfungsamt Nordrhein-Westfalen.) (Dt.)

Die geringen Eindringtiefen des Ultraschalls in austenit. *Cr–Ni*-Stählen werden durch die ausscheidungsreichen Gefügeausbildungen verursacht. Die Eindringtiefen nehmen mit steigenden C-Geh. infolge der zunehmenden Extinktionen ab. Die Extinktionen sind bei gleichem C-Geh. im gekneteten Material geringer als im gegossenen. Es wird versucht, die Eindringtiefen theoret. über die Best. der Extinktions-Koeff. zu

ermitteln. Ein Vgl. mit experimentell bestimmten Werten gibt befriedigende Übereinstimmungen. Härtebest. führten zu keinen Zusammenhängen mit den Extinktionen.
H. HOCHSTEIN. 6480□

Notwendigkeit der zerstörungsfreien Prüfung. Robert C. McMaster. (Metal Progr. **79.** Nr. 2. 70—79. Febr. 1961. Columbus, Ohio State Univ.) (Engl.)
Beschreibung der Verfahren. F. VIER. 6480□

Beitrag zur Elektronenfraktographie. Marian Molčík. (Hutnické Listy **15.** 625—28. Aug. 1960. Brno, ČSAV.) (Tschech.)
Durch eine Zweistufenmeth. können Bruchflächen von *Stahl* abgebildet werden, wobei der Primärdruck ohne eine die Bruchflächen schädigende Abätzung erhalten wird. Der für die Beobachtung unter dem Elektronenmikroskop bestimmte Teil kann vom Primärdruck abgetrennt werden, so daß der zu beobachtende Bereich vorher ausgewählt werden kann. Das Verf. ist einfach u. auch für *Glas, Keramik* u. a. m. geeignet.
GOTTFRIED LANGE. 6482□

Zerstörungsfreie Prüfung unter Verwendung von Röntgenstrahlung. R. S. Forbes. (Instrument Pract., Control Syst.-Electronics-Automat. **15.** 1249—53. Okt. 1961. Assoc. Electrical Industries Ltd.) (Engl.)
Beschreibung von Verf. u. Vorr. zur Prüfung von Metallen durch radiograph. u. fluoroskop. Röntgenunterss. sowie ihrer Anwendungen. F. VIER. 6484□

Die wissenschaftliche Anwendung von Teilchenbeschleunigern zur zerstörungsfreien Prüfung. E. A. Burrill. (Mater. Res. Standards **2.** 9—16. Jan. 1962.) (Engl.)
Übersicht über die Eigg. der durch Teilchenbeschleuniger erzeugten Kernstrahlungen u. ihre Anwendung zur zerstörungsfreien Werkstoffprüfung. W. WESLY. 6484□

Radiometrische Untersuchung des Einflusses von feuerfesten Materialien auf die Verunreinigung von Stahl durch nichtmetallische Einschlüsse. M. I. Zechanski und N. I. Schischkina. (Сталь [Stahl] **22.** 66—67. Jan. 1962. Uraler Forsch.-Inst. für Eisenmetalle.) (Russ.)
20—25% der nichtmetall. Einschlüsse, die in einem unberuhigten Stahl enthalten sind, entstehen beim aufsteigenden Gießverf. infolge einer Zerstörung der feuerfesten Gießvorrichtung. Nichtmetall. Einschlüsse mit den Isotopen ^{45}Ca, ^{141}Ce oder ^{185}W verlieren fast vollständig ihre Radioaktivität nach ihrer Behandlung mit einem Elektrolyten u. einer Oxydation der Carbide. Bessere radiometr. Ergebnisse können bei der mechan. Abscheidung der Makroeinschlüsse erhalten werden. H. HOCHSTEIN. 6484□

Die Dauerfestigkeit einiger Kohlenstoffstähle. Ss. A. Golowin. (Известия Высших Учебных Заведений (Москва), Черная Металлургия [Hochschulnachr. (Moskau), Eisenmetallurgie] **1960.** Nr. 5. 146—49. Tula, Mechan. Inst.) (Russ.)
Für die Herst. von Federn mit hoher Dauerfestigkeit u. hohem Dämpfungsvermögen können gehärtete u. bei 400° angelassene C-Federstähle verwendet werden.
H. HOCHSTEIN. 6490□

Neues in der Herstellung des Schnelldrehstahles R 18. A. M. Swisstunow. (Сталь [Stahl] **22.** 68—69. Jan. 1962. Ishewsk, Hüttenwerk.) (Russ.)
An Stelle einer mehrmaligen Abnahme kleiner Blöcke aus dem schwerverformbaren Schnelldrehstahl *R18* unter dem Hammer zwecks Verminderung der Carbidungleichmäßigkeit in den Rohlingen u. zur Erhöhung der Arbeitsleistung wird ein Auswalzen großer Blöcke von 700—2000 kg in einem Blockwalzwerk durchgeführt.
H. HOCHSTEIN. 6490□

Aluminium und das Ziehverfahren. John W. Lengbridge. (Aluminium Suisse **11.** 19—33. Jan. 1961. Toronto, Aluminium Goods Ltd.) (Dt. u. Franz.)
Überblick über die beim Ziehen auftretenden Vorgänge unter bes. Berücksichtigung des Ziehens von *Al.* F. VIER. 6490□

Trennen mit Elektronenstrahlen. W. Opitz und K.-H. Steigerwald. (Schweissen u. Schneiden **13.** 432—36. Sept. 1961. Oberkassel.) (Dt.)
Es wird über das Schneiden von Metallen berichtet, bei dem der durch den Elektronenstrahl geschmolzene Werkstoff in einem Strahl von kleinen glühenden Schmelzkügelchen an der Werkstückunterseite aus der Trennfuge herausgeschleudert wird. Eine Elektronenstrahlschweißmaschine wird beschrieben. — 11 Literaturangaben.
F. VIER. 6502□

Belastungsversuche an Hartlötverbindungen aus Stahlrohren und Blechen. H. Koch und K. F. Zimmermann. (Schweissen u. Schneiden **13.** 263—70. Juli 1961. Mannheim, Schweißtechn. Lehr- und Vers.-Anst., Frankfurt/Main.) (Dt.)
Verss. an werkstattmäßig mit Silberlot (40% Ag) hartgelöteten Rohrproben aus *St 35.29* ergaben hohe Festigkeitswerte. — 12 Literaturangaben. F. VIER. 6504□

Hartlöten von Keramik mit Metallen. Leon Lerman. (Metal Progr. **79.** Nr. 3. 126—28. 134. 138. 140. 142. März 1961. Mountain View, Calif., Sylvania Electric Products Inc.) (Engl.)

Beschrieben wird das „*Mo–Mn*"-Verf. zum Hartlöten von Keramik mit Metall, bei dem ein Gemisch von 80—90% Mo-Pulver u. 10—20% Mn-Pulver als Lot dient. Beim Erhitzen in einer Schutzgasatmosphäre, die 0,25% O_2 zur Bldg. von Spuren von Mo-Oxid enthalten soll, bildet sich eine Zwischenschicht aus $MnAl_2O_3$ aus, die als Haftschicht zwischen Metall u. Keramik dient. Ferner wird das „*Active Alloy*"-Verf. erläutert, bei dem mit *Ti* oder *Zr* in O_2-freier Atmosphäre gelötet wird. F. VIER. 6504□

Eine Mitteilung über die Verwendung von Glykolen als Lösungsmittel für Zinkchlorid-Lötflußmittel. C. J. Thwaites. (Sheet Metal Ind. **38.** 583—87. 594. Aug. 1961. Tin Res. Inst.) (Engl.)

Polyäthylenglykol (I) (Molgew. 200) ist in Ggw. von Spuren Cl^- ein gutes Lsgm. für $ZnCl_2$ u. hat den Vorteil, daß es beim Löten nicht spritzt. Ein geeigneter Ansatz zum Hartlöten von unlegiertem Stahl enthält 250 g $ZnCl_2$, 700 (ml) I, 300 Isopropylalkohol, 5 HCl (spezif. Gew. 1,16) u. 5 Netzmittel (Teepol). W. WESLY. 6504□

Elektroschlackenschweißung von Grauguß. Ju. N. Saitzew, A. M. Rogalew und B. A. Koslow. (Сварочное Производство [Schweisstechn. Betr.] **1960.** Nr. 5. 29—32. Mai.) (Russ.)

Die Elektroschlackenschweißung von Grauguß kann mit Erfolg für 30 mm u. darüber dicke Gegenstände bei Ausbesserung von Gußfehlern u. Beschädigungen sowie zur Herst. von geschweißten Gußteilen angewendet werden. Die Schweißung kann mit Elektroden großen Querschnitts sowie mit aus Gußeisen hergestellten Brennerdüsen ausgeführt werden. Die Verw. eines Stahldrahtes hierbei führt zu einer Erhöhung des Geh. an Graphitbildnern in der Schweiße. Bei der Elektroschlackenschweißung wird bei großer Mechanisierung des Verf. eine hohe Schweißleistung erzielt. Am besten bewähren sich hierbei fluoridhaltige Flußmittel, z. B. *AN-22* u. *AN-10.* Die Elektroschlackenschweißung von Grauguß gewährleistet hohe mechan. Eigg. der Schweißverbindungen u. eine große Gleichmäßigkeit der Härteverteilung u. der chem. Zusammensetzung. Eine Vorwärmung sowie eine Warmbehandlung der Schweißen ist nicht notwendig. Die Querschrumpfung von Gußeisen ist wesentlich geringer als die beim Schweißen von legiertem Stahl u. beträgt bei den Verss. ca. 2,7—3,9 mm.
H. HOCHSTEIN. 6506□

Das Autogenschweißen der Leichtmetalle. H. H. Grix. (Schweissen u. Schneiden **13.** 475—81. Okt. 1961. Stuttgart.) (Dt.)

Überblick über das Autogenschweißen von *Al* u. Al-Knet- u. Gußlegierungen.
F. VIER. 6506□

Schweißen von Kobalt-Legierungen. W. J. Lepkowski und R. E. Monroe. (Welding Design Fabricat. **34.** Nr. 1. 37—39. Jan. 1961. Columbus, Ohio, Battelle Mem. Inst.) (Engl.)

Angabe der geeigneten Schweiß-Verff. für warm- u. korrosionsfeste Co-Legg., die in ihrem Verh. den austenit., rostfreien Stählen gleichen. W. WESLY. 6506□

Verfestigung der Zone der Wärmebeeinflussung beim Schweißen von martensitischen Baustählen. L. Ss. Popowa und N. F. Laschko. (Сварочное Производство [Schweisstechn. Betr.] **1960.** Nr. 5. 11—15. Mai.) (Russ.)

An den martensit. Baustählen *278 N*, *320*, *464*, *265*, *277*, *187* u. *287* wird der Einfl. der Leg.-Elemente auf die Entfestigung beim Schweißen der Stähle mit ein-, zwei- oder dreistufiger Verfestigung durch Ausscheidung von Carbidphasen bestimmt. Hierbei werden die Ergebnisse der chem. Analyse der anorgan. Ndd., die aus verschiedenen Zonen der Schweißverbindung aus diesen martensit. Baustählen ausgeschieden wurden, mitgeteilt. Auch werden die anorgan. Ndd. röntgenograph. untersucht. Das von 890° abgeschreckte u. bei 200° angelassene Grundmetall zeigt in allen Fällen das Carbid Me_3C allein oder zusammen mit *VC* u./oder Me_7C_3, während die Zonen des höchsten Anlassens $Me_3C + VC$ oder $Me_3C + Me_7C_3 + VC$ u. nur vereinzelt Me_3C allein enthielten. Durch Schaubilder wird die Härteverteilung in der Naht u. der wärmebeeinflußten Zone in den Stählen mit verschiedenen *Cr*-, *W*-, *V*- oder *C*-Geh. mitgeteilt.
H. HOCHSTEIN. 6506□

Die Herstellung und Verwendung von an der Oberfläche mit Aluminium versehenem Stahl. John D. Sprowl. (Iron Steel Engr. **38.** Nr. 10. 97—103. Okt. 1961. Spokane, Wash., Kaiser Aluminum & Chemical Corp.) (Engl.)

Die verschiedenen Meth. der Herst. von Al-Überzügen auf Stahl zur Erzielung eines Schutzes gegen Korrosion u. hohe Temp. werden erörtert. Danach scheint das Heißeintauch-Verf. am wirtschaftlichsten u. am einfachsten hinsichtlich Leg.-Zus., Temp. u. Zeit regelbar zu sein. — 19 Literaturangaben. H. HOCHSTEIN. 6516□

Die Eigenschaften und Anwendung von Edelmetallüberzügen in der Technik. Heinz W. Dettner. (Galvanotechnik **53.** 87—92. 15/2. 1962. Berlin.) (Dt.)

Überblick über Korrosion, Härte, Leitfähigkeit, Verschleißfestigkeit, Anlaufen von elektrolyt. aufgebrachten Edelmetallüberzügen, über die Verw. von *Ag* als Lagermetall, von Zwischenschichten u. die allg. Anwendung von Au, Ag u. Pt-Metallen. — 23 Literaturangaben. F. VIER. 6526□

Der Mechanismus der Oxydation oder Schalenbildung von Eisen und Stahl. F. P. A. Robinson. (South African ind. Chemist **15.** 142—43. Aug. 1961. Johannesburg, Univ. of the Witwatersrand, Metallurgy Dep.) (Engl.)

Die beim Erhitzen von Fe oder Stahl an Luft auftretenden Oxidschalen werden als ein elektrolyt. Syst. beschrieben, dessen Zus. stufenweise von der Metalloberfläche aus durch die Umwandlungen Fe → FeO → Fe_3O_4 → Fe_2O_3 gegeben ist. Im Gegensatz zur Oxydation von z. B. Na oder K verläuft die Oxydation von Stahl unter Vol.-Vergrößerung. Abhängig von der Leg.- u. Oberflächen-Zus., der Kristallorientierung u. a. Faktoren geht der anfänglich lineare Verlauf der Schalen-Bldg. in eine konvex-parabol. Form über. G. KIRSTEN. 6530□

Fleckenfreie Trocknung und temporärer Korrosionsschutz. H. Klauda. (Werkstoffe u. Korrosion **12.** 473—75. Aug. 1961. Hamburg.) (Dt.)

Über Erfahrungen mit den sog. „Dewatering Fluids" wird berichtet, Fll., die W. von Werkstoffoberflächen verdrängen u., falls sie nur der Trocknung dienen, nahezu rückstandsfrei verdunsten, für gleichzeitigen Korrosionsschutz bleibt beim Verdunsten ein Film zurück. Das Lsgm. soll zwischen 35 u. 40° sieden. Die Verw. nichtionogener Netzmittel wird empfohlen. Anwendungshinweise werden gegeben. F. VIER. 6538□

Die Beständigkeit gegen interkristalline Korrosion von im Kohlensäuregas geschweißten Dünnblechnähten aus nichtrostendem Stahl. W. A. Ssawtschenkow und W. I. Trubilko. (Сварочное Производство [Schweisstechn. Betr.] **1961.** Nr. 6. 28—30; Charkow, Ukrain. Forsch.-Inst. für Metalle.)

Die Schweißverbindungen aus dem nichtrostenden Stahl *1 Ch 18 N 9 T* mit einer Dicke von 1—3 mm, die in einer CO_2-Atmosphäre unter Verw. des Schweißdrahtes *Ssw-1 Ch 18 N 9 T* ausgeführt wurden, erwiesen sich bei der Prüfung gemäß den Vorschriften A u. AMGOST a 6032-58 als beständig gegen interkristalline Korrosion im Zustand unmittelbar nach der Schweißung u. als unbeständig nach einem 2 std. Anlassen bei 650°. Die Schweißverbindungen besitzen hohe Plastizität (Biegewinkel von 180°); hinsichtlich der Festigkeit sind sie prakt. mit dem Grundstahl gleichwertig. H. HOCHSTEIN. 6538□

Anschauungen über das Korrosionsverhalten von verglastem Stahl. D. K. Priest. (Amer. ceram. Soc. Bull. **39.** 507—10. Okt. 1960. Rochester, N.Y., Pfaudler Co.) (Engl.)

Übersicht über die Korrosionsfestigkeit von mit Glas bedecktem Stahl (Beständigkeit gegen alle Säuren in jeder Konz. u. im allg. bis 325 °F (außer gegen *HF* u. heiße konz. H_3PO_4), gegen wss. *Alkalien* bis pH 12 u. 212 °F u. konz. Alkalien bis < 100 °F u. gegen W. bis 200 °F.). W. WESLY. 6538□

Spannungskorrosions-Rißbildung in austenitischen nichtrostenden Stählen. Vorrichtung zur Prüfung in Hochdruckwasser von hoher Temperatur. Gunnar Lindh. (TVF tekn.-vetensk. Forskn. **32.** 152—58. 1961. Sandviken, Sandvikens Jernverks AB.) (Engl.)

Beschrieben wird eine Prüf-App. zur Unters. der Spannungsrißkorrosion von Stahl in Hochdruckwasser von hoher Temp. (ca. 250°) bei Anlegung einer gleichachsigen Zugspannung. Die Proben werden in Autoklaven eingetaucht, wo die Bedingungen des umgebenden Mediums verändert werden können. Auch können die Proben stark variierenden Zugbeanspruchungen ausgesetzt werden. Die Bruchzeit wird automat. aufgeschrieben. Bei der ersten Vers.-Reihe wurden austenit. nichtrostende 18/8-Stähle mit unterschiedlichen Geh. an C, Ni u. N geprüft. H. HOCHSTEIN. 6538□

Einfluß der Chlorid-Ionen-Konzentration auf die Spannungskorrosion von nichtrostenden Stählen bei verschiedenen Temperaturen. Stig Berg und Sture Henrikson. (TVF tekn.-vetensk. Forskn. **32.** 145—51. 1961. Avesta, Avesta Jernverks AB.) (Engl.)

Die Bruchzeit wurde für einen austenit. nichtrostenden Stahl mit 18% Cr u. 8% Ni durch eine Prüf-App. für einen gleichachsigen Zug bei 100° u. einem pH-Wert von 6 in verschiedenen Konzz. von $MgCl_2$, $CaCl_2$, NaCl u. LiCl unter Anwendung einer konst. Belastung von 15 kg/mm² bestimmt. Die so ermittelten Bruchzeiten werden in Abhängigkeit von der Chlorid-Ionen-Konz. der Lsg. in ein Diagramm eingetragen. Dabei zeigt sich, daß unter den angegebenen Prüfbedingungen ein Schwellenwert der Chlorid-Ionen-Konz. erhalten wird, der auf alle geprüften Metallchloride anwendbar ist. Ergänzungs-Unterss. wurden in Autoklaven im Temp.-Bereich von 100—300° ausgeführt.

Bei diesen höheren Temp. tritt die Riß-Bldg. bei wesentlich niedrigerer Chlorid–Ionen-Konz. auf als bei den 100°-Versuchen. H. HOCHSTEIN. 6538□

Spannungskorrosion in nichtrostenden Stählen. Einfluß des Potentialunterschiedes zwischen Flüssigkeit und Metall. S. Brennert. (TVF tekn.-vetensk. Forskn. **32.** 139—44. 1961. Stockholm, AB Seperator.) (Engl.)

Unterss. der Spannungskorrosion wurden an Proben aus nichtrostendem austenit. Stahl mit 18% Cr u. 8% Ni unter gleichachsiger Spannung in $CaCl_2$-Lsgg. bei verschiedenen Fl./Lsg.-Potentialen durchgeführt. Hierbei zeigt sich, daß bei stark negativen Potentialen die Korrosion durch kathod. Schutz verhütet wird. Bei stark positiven Potentialen breitet sich die Korrosion sehr rasch aus. Zwischenpotentiale erzeugen entweder Lochfraß oder Spannungskorrosion oder ein Gemisch aus beiden. Spannungskorrosion tritt häufiger in der Nähe der Kathodenschutzschwelle auf. Je höher die Temp. ist, desto schneller bricht die Probe. Je höher die Konz. ist, desto weiter ist der Spannungskorrosions-Potentialbereich. Je höher die Belastung ist, desto schneller tritt der Bruch der Proben ein. Geglühter nichtrostender 18/8-Stahl bricht schneller als kaltgezogener bei gleicher Beanspruchung. H. HOCHSTEIN. 6538□

Die Spannungsrißkorrosion an niedriglegierten Stählen für den Dampfkesselbau. W. Rädeker. (Mitt. Vereinig. Großkesselbesitzer **1961.** 332—44. Okt. Mülheim/Ruhr.) (Dt.)

An niedriglegierten ferrit.-perlit. Stählen für Dampfkessel werden Spannungsrißkorrosions-Verss. durchgeführt u. dabei wird der Einfl. von Zugspannungen u. die Empfindlichkeit von Stählen, bes. in verschiedenen angreifenden Medien, ermittelt. Allen Anschein nach gibt es Übergangsmöglichkeiten zwischen den einzelnen Korrosionsarten. Bei der stat. Spannungskorrosion können danach auch Zerstörungsformen auftreten, die denen der Ermüdungskorrosion sehr ähnlich sehen. Durch richtige Gestaltung u. Berechnung muß das Auftreten von Spannungsspitzen vermieden werden. Durch ein Spannungsfreiglühen nach der endgültigen Fertigung wird die Sicherheit erhöht, weil sich Eigenspannungen u. Betriebsspannungen überlagern können. — 22 Literaturangaben. H. HOCHSTEIN. 6538□

Ursachen und Verhütung von Korrosion in Kondensatsystemen von Zellstoff- und Papiermühlen. R. T. Hanlon. (Pulp Paper Mag. Canada **62.** Nr. 4. T 239—T 247. April 1961. Alchem Ltd., Burlington, Ont.) (Engl.)

Metallverluste beim Betrieb von Papiermühlen sind auf korrodierenden Angriff von CO_2 u. gelöstem O_2 im Kondensat zurückzuführen, wobei man zwischen mechan. u. chem. oder chem.-mechan. Ursachen unterscheiden muß. Es werden die Zuverlässigkeit u. Wirksamkeit einer Reihe von Unters.-Meth. für Kondensate diskutiert u. einige Inhibitoren vorgeschlagen. 16 Literaturangaben. J. EGGERT. 6538□

Korrosion des in Beton eingebetteten Eisens und Stahls. Tenho Sneck. (Nordisk Betong **5.** 1—28. 1961. Otnäs, Statens tekn. forskningsanst. Byggnadskem. avd.) (Schwed.)

Übersicht über die Korrosion von Fe u. Stahl in Beton u. ihre Verhütung. — 29 Schrifttumshinweise. W. WESLY. 6538□

Korrosion des Überzugsystems Kupfer–Nickel–Chrom auf Stahl. J. Elze. (Galvanotechnik **52.** 59—68. 15/2. 1961. Berlin, B. f. M. P.) (Dt.)

Verss. an Cu-, Matt- u. Glanz-Ni-Überzügen zeigen, daß nur dichte Überzüge Stahl gegen Korrosion schützen können. Matt-Ni-Überzüge haben sich in Meeresnähe oder gegen Schwitz- u. Regenwasser als beständig erwiesen. Auch rissige Cr-Überzüge über Matt-Ni-Überzügen geben einen hervorragenden Schutz. Glanz-Ni-Überzüge werden dagegen schnell auch in Verbindung mit Cr-Schichten angegriffen. Gegen SO_2 sind Matt- u. Glanz-Ni-Schichten unbeständig. Daher ist eine rissefreie Verchromung in Industrieatmosphäre unbedingt notwendig. F. VIER. 6538□

Kriterien für den kathodischen Schutz. Walter von Baeckmann und Gerhard Heim. (Gas- u. Wasserfach, Ausg. Gas **101.** 986—94. 23/9. 1960.) (Dt.)

In Fortsetzung der C. **1961.** 4513 referierten Arbeit werden Modell-Verss. zur Best. des kathod. Schutzpotentials u. der kathod. Schutzstromdichte bei Makroelementen beschrieben, aus denen hervorgeht, daß als aussichtsreichstes Schutzkriterium das verhältnismäßig einfach zu bestimmende Potential an der Phasengrenze Metall/Elektrolyt zu betrachten ist. Der Wert für Fe von —0,85 V gegen eine Cu–$CuSO_4$-Elektrode hat sich bewährt. In Sonderfällen stellt —0,95 V/$CuSO_4$ eine untere Grenze für das Schutzpotential dar. Der bei dünnwandigen Behältern oder Rohren auftretende Lochfraß kommt durch Tätigkeit von Makrokorrosionselementen zustande. Bei den Verss. ergab sich, daß das Potential für den Lochfraß bei —0,67 bis —0,77 V/$CuSO_4$ lag. Mit kathod. Polarisation bis zu dem genannten Wert vermeidet man Makroelementtätigkeit, bei Lokalelementtätigkeit muß bis zum kathod. Schutzpotential von $-0{,}85$ V/$CuSO_4$ gegangen werden. Die Wrkg. des kathod. Schutzes wird durch eine Potentialsenkung bis in die Nähe des Gleichgewichtspotentials der Metallauflösung an der Phasengrenze Metall/Elektrolyt erreicht. Kontrollmessungen des Schutzpotentials müssen daher in unmittelbarer Nähe der geschützten Oberfläche erfolgen, oder der Spannungsabfall im Elektrolyt ist zu berücksichtigen. Die Wrkg. von Schutzumhüllungen wird eingehend behandelt. F. ROSENDAHL. 6540□

Nova Beaucage Mines Ltd., Montreal, Quebec, Canada, übert. von: Charles H. G. Bushell, Montrose, und Harry E. Jackson, Rossland, British Columbia, **Schwimmaufbereitung** von *Nb*-Mineralien, wie *Pyrochlor* und *Niocalit.* Der wss. Suspension dieser Mineralien wird als Schäumer u. Sammler *Catechol* (ca. 0,5 bis 5 pds. je t Feststoff) zugesetzt. Das Verf. kann 2stufig durchgeführt werden. Dabei beträgt der pH-Wert in der 1. Stufe über 10 u. in der 2. Stufe unter 10. (**A. P. 2 975 895** vom 16/12. 1959, ausg. 21/3. 1961.) W. HAUSWALD. 6361

International Nickel Co., Inc., New York, N.Y., V.St.A., übert. von: Michael D. Head, Lively, Ontario, Canada, **Entwässerung von Erzschlämmen oder Erztrüben.** Diese Schlämme oder Trüben werden filtriert. Dem wss. Schlamm wird bis zu 1% eines *tert. Aminoalkylfettsäureesters* von der allg. Formel **A** zugesetzt. Hierin bedeuten R_1 KW-Stoff-Kette der Fettsäure mit 11—17 C-Atomen, R_2, R_3 u. R_4 gesätt. KW-Stoff-Kette mit 2—3 C-Atomen. Der in Ggw. dieser Ester gebildete Filterkuchen hat einen wesentlich geringeren Anteil an W. als ohne diesen Zusatz. (**A. P. 2 975 123** vom 14/1. 1958, ausg. 14/3. 1961. Can. Prior. 4/11. 1957.)

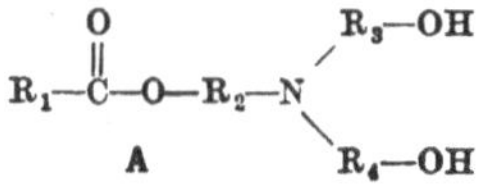

A

W. HAUSWALD. 6361

Soc. Finanziaria Siderurgica „Finsider" p. A., Genua, Italien, **Reduktion von pulverisierten Metallmineralien** durch direkten Kontakt mit reduzierenden Gasen, dad. gek., daß man die Red. in mehreren aufeinanderfolgenden Schichten oder Phasen vornimmt, wobei das Gas im Gegenstrom gegen die fortschreitende Red. läuft u. in jeder Schicht nach Bedarf Wärme zu- oder abgeführt u. ggf. neues reduzierendes Gas zugeführt wird. — Vorr., Zeichnungen. (**It. P. 525 586** vom 19/8. 1954.) K. KOEBKE. 6361

Stora Kopparbergs Bergslags Aktiebolag, Falun, übert. von: Bo Michael Sture Kalling, Domnarvet, und Folke Karl Evald Johansson, Hallsjogarden, Schweden, **Herstellung einer Eisen- oder Stahlschmelze** aus einem pulverförmigen C-reichen u. von einer unvollkommenen Erz-Red. her Fe-Oxid haltigen Fe-Material, dad. gek., daß zunächst ein Ofen mit geschmolzenem Eisen unter Bldg. eines Schmelzbades beschickt, diese Charge durch mechan. Mittel umgerührt u. während der Verf.-Durchführung im wesentlichen kontinuierlich mit dem pulverförmigen Fe-Material versetzt wird, wobei durch die Intensität der Bad-Umrührung das zugesetzte Fe-Material red. u. dabei CO gebildet wird, das gleichzeitig durch ein in den Ofen geblasenes, an O_2 angereichertes Gas zu CO_2 verbrannt wird, u. daß ferner durch das Umrühren des Bades der C-Geh. der Schmelze zu CO_2 verbrannt wird. (**A. P. 2 978 318** vom 30/6. 1958, ausg. 4/4. 1961. Schwed. Prior. 15/7. 1957.) H. HOCHSTEIN. 6391

International Harvester Co., übert. von: Adolph P. Alexander und Arthur F. Spengler jun., Memphis, Tenn., V.St.A., **Duktiles Gußeisen mit Kugelgraphit und verbesserter Bearbeitbarkeit** besteht aus 3,00—3,70 (%) *C*, 1,80—2,80 *Si*, 0,50—1,00 *Mn*, 0,10—0,25 *P*, bis 0,03 *S*, 0,02—0,50 *Ce* oder *Mg* u. 0,004—0,020 metall. *La*, Rest *Fe*. In dieser Zus. wirkt Ce oder Mg als C-Agglomerierungsmittel u. La als ein die Duktilität des Gußeisens gewährleistendes Element. — Abbildung. (**A. P. 2 970 902** vom 17/1. 1956, ausg. 7/2. 1961.) H. HOCHSTEIN. 6405

Union Carbide Corp. (Erfinder: Earle Raymond Saunders, Richard Lyndon Pope und Donald Mason Beggs), **Legierungszusatz für Stahl,** bestehend aus üblichen Leg.-Metallen, gek. durch den Zusatz eines Bindemittels, bes. *Abietinsäure* (I), u. evtl. CaF_2. Beispiel: 93,2 (%) *Ferrotitan*, 1,8 I, 2 Al u. 3 CaF_2. (**Aust. P. 229 402** vom 2/6. 1958, ausg. 11/8. 1960.) C. LÜTTGEN. 6411

United States Steel Corp., übert. von: Richard R. Brady, Monroeville Borough, und Edward J. Dulis, Mount Lebanon Township, Pa., V.St.A., **Stahllegierung mit hoher Kriech-Zerreißfestigkeit** bei einer Betriebs-Temp. von 1100 °F besteht aus 0,05—0,30 (%) *C*, 0,25—0,75 *Mn*, 0,15—1,0 *Si*, 1—5 *Cr*, bis 0,75 *Ni*, 0,50 bis 3,50 *Mo*, 0,15—1,0 *V*, 0,15—1,0 *W*, das durch 0,15—0,75 *Ti* ersetzt werden kann, 0,15—0,75 *Nb*, bis 0,04 *P*, bis 0,03 *S*, Rest *Fe*. Der Stahl besitzt bei 1000std. Prüfzeit

eine Kriechzerreißfestigkeit von über 40000 lbs./sq.in. bei 110° F sowie gleichzeitig eine hohe Oxydationsbeständigkeit. (**A. P. 2 968 549** vom 10/6. 1959, ausg. 17/1. 1961.)
H. HOCHSTEIN. 6411

Mole Norton S. p. A., Corsico, Mailand, Italien, **Herstellung von reinen Metallen** der Gruppe V, Th, U, Nb, Mo, Ta, W, Cr in einer Elektrolysezelle, die ein geschmolzenes Halogenid von Li, K, Na, Mg, Ca, Al oder Gemische dieser Halogenide u. — abgetrennt von der Kathode — ein Carbid des herzustellenden Metalls enthält. Unter den Spiegel des fl. Salzes leitet man so viel gasförmiges Halogen ein, daß die Umwandlung des Carbids in ein Halogenid erfolgt. — Zeichnung. (**It. P. 526 341** vom 14/5. 1954.)
K. KOEBKE. 6421

Improved Smelting Recoveries Pty. Ltd. (Erfinder: Leslie Jack Derham), **Zinkgewinnung aus Zn enthaltenden Metalldämpfen.** In einer Kondensatorzone wird der Zn-Dampf durch eine Schicht von geschmolzenem Pb mit überschichtetem geschmolzenem Zn geführt u. ausgewaschen. Man führt der Zone laufend Pb von ca. 450° zu u. führt ein Pb–Zn-Gemisch von 550°, das in einem mit W. gekühlten Trog sich unter Abkühlen auf 450° trennt. — Vorr., Zeichnungen. (**Aust. P. 224 360** vom 13/12. 1957, ausg. 29/10. 1959. E. Prior. 14/1. 1957.) H. MÖLLERING. 6427

United Wire Works Ltd., Edinburgh, England, **Phosphor-Bronze** besteht aus 1—5 (%) *Mn*, 6—8 *Sn*, 0,2—0,4 *P*, Rest *Cu*, wobei das Mn auf elektrolyt. Wege mit 99,9 Reinheit hergestellt ist. Die Bronze ist verschleißfest, korrosionsfest u. biegsam. (**E. P. 858 972** vom 28/3. 1958, ausg. 18/1. 1961. A. Prior. 12/4. 1957.) C. GÖTZE. 6433

Pechiney Comp. de Produits Chimiques et Électrométallurgiques, Paris (Erfinder: Charles Daniel Menegoz, Grenoble), Frankreich, **Trennung von Gemischen aus Aluminium und Aluminiumcarbid.** Den Gemischen wird mindestens ein *Alkali-* oder *Erdalkalihalogenid* (I) portionsweise in einer Gesamtmenge zugesetzt, die etwas größer als der Carbid-Geh. ist. Während der Zugabe wird das Ganze auf eine Temp. erhitzt, die um 50° > als der F. von I ist, dann auf 900—1000°, worauf das fl. *Al* leicht aus dem hochviscosen Gemisch von I + Carbid abgetrennt wird. Ggf. wird dem letzteren, um die Trennung zu erleichtern, etwas pulverisiertes Al_2O_3, *Al-Carbid* oder *C* zugesetzt. I wird in einer Korngröße von 3 mm, das Al–Carbid-Gemisch in einer Korngröße von 20 mm angewandt. — Beispiele für I: die Chloride, Bromide u. Fluoride von *Na*, *K* u. *Li*, sowie AlF_3. Das verbleibende Gemisch aus I u. Carbid kann mehrere Male als Flußmittel wieder verwendet werden. (**Port. P. 37 950** vom 4/1. 1961, Auszug veröff. 29/3. 1961.) A. KALIX. 6447

Glacier Metal Co. Ltd., Alperton, England (Erfinder: Walter Eric Duckworth), **Gleitelement** besteht aus einer Mischung aus vorzugsweise mindestens 80 (%) reinem *Al* oder einer Al-Leg. (z. B. bis 1 *Cu*, bis 4 *Si*, bis 1 *Cd*, Rest Al) mit mindestens 5 *In* oder einer *In*-Leg. mit einem Liquiduspunkt zwischen 90 u. 350° (z. B. bis 5 *Sn* oder bis 2 *Ni*, Rest In). (**E. P. 861 141** vom 20/11. 1957, ausg. 15/2. 1961.)
C. GÖTZE. 6447

Atomic Energy of Canada Ltd., Ottawa, Ontario, Canada, übert. von: George Meister, Newark, N.J., V.St.A., **Raffinieren von Uran.** Elektrolyt. gewonnenes U-Pulver wird zu einem unter Vakuum oder Inertgas stehenden, auf 1100 bis 1200° erhitzten Schmelzbad aus KHF_2 u. $BaCl_2$ gegeben; reines U sammelt sich in geschmolzener Form unter dem Bad an. (**Can. P. 554 202** vom 3/2. 1945, ausg. 11/3. 1958. A. Prior. 8/3. 1944.) L. GROSSNER. 6449

F. W. Berk & Co. Ltd., England, **Herstellung von Pulver aus Kupfer und Kupferlegierungen,** dad. gek., daß die Schmelze in Ggw. von einem oder mehreren der Metalle *Mg*, *Ca*, *Li*, *Zr* in geringer Menge mittels einer wss. Fl., wie W. zerstäubt wird. Für die Zusätze kommen für Mg ≧ 0,2 (%), für Ca ≧ 0,5, für Li ≧ 0,2 u. für Zr ≧ 0,5 des Cu zur Anwendung. (**F. P. 1 153 843** vom 21/6. 1956, ausg. 21/3. 1958. E. Prior. 28/10. 1955.) G. APEL. 6475

William E. Engelhard, Apolachin, N.Y., V.St.A., **Erhöhung des Oberflächen-C-Gehaltes von Stahlteilen** auf eine genau vorbestimmte Höhe, dad. gek., daß die Stahlteile in einem an der Innenwand mit Heizkörpern versehenen Ofen voneinander getrennt in einer perforierten, oberhalb des Ofenbodens angeordneten Glocke, die ihrerseits wieder von einer aus dem Ofenboden aufliegenden Bodenplatte u. Glocke bestehenden Glühhaube umschlossen ist, gleichmäßig auf 1350—2000° F erhitzt werden, wobei gleichzeitig 1 Std. lang ein Preßgasstrom, der sich gegenüber dem ursprünglichen C-Geh. der Stahlteile neutral verhält, mit einem Taupunkt nicht über —40° F durch die perforierte Glocke u. unterhalb deren Boden hindurchgeleitet wird. Dieses Gas wird nach Erreichung einer gleichmäßigen Temp. der Stahlteile durch ein akt. aufkohlendes Gas ersetzt, durch das die Stahlteile in einer genau vorbestimmten Zeit von 1—10 Min. aufgekohlt werden, ersetzt. Nach Erzielung der gewünschten Aufkohlungstiefe von

0,0002—0,0010 in. werden die Stahlteile durch Eintauchen in eine Abschreck-Fl. schnell abgekühlt. — Abbildung. (**A. P. 2 975 083** vom 5/11. 1959, ausg. 14/3. 1961.) H. HOCHSTEIN. 6493

Studi Indagini Risultati Chimici Antibiotici Milano „SIRCAM", Soc. in Acc. Semplice, Mailand, Italien, **Reduktionsflüssigkeit für Autogenschweißung** von Nichteisenmetallen u. -Legg., bes. von Bronze, Messing, Alpaka, Cu, Ag, Au, bestehend aus 40—80 (%) dest. *W.*, 25—10 H_3BO_3, 8,5—20 *Borax* u. 2—15 einer Mischung aus 10—90 *NaCl* u. 90—10 Na_3PO_4. (**It. P. 524 824** vom 4/2. 1954.) K. KOEBKE. 6507

Photo Engravers Research, Inc., Savannah, Ga., V.St.A., **Ätzen von Druckstöcken aus Kupfer oder Kupferlegierungen** mittels wss. $FeCl_3$-Lsg., der als Passivierungsmittel ein wasserlösl. Salz von Formamidindisulfid oder von substituiertem Formamidindisulfid zugesetzt wird (0,6—3 g/Liter Lsg). Beispiel: 370 g wasserfreies $FeCl_3$ werden in 1 Liter dest. W. aufgelöst u. 1 g *Formamidindisulfidhydrochlorid* zugesetzt. Diese Lsg. wird 10 Min. lang mit Geschw. von ca. 270 m/min aufgespritzt. (**E. P. 866 249** vom 15/12. 1958, ausg. 26/4. 1961. A. Prior. 2/5. 1958.) H. BAUR. 6513

Diversey Ltd., London, England, **Ätzen von Magnesium und seinen Legierungen** mittels einer wss. Lsg., die H_2SO_4 u. eine geringe Menge, die für die Verbesserung der Ätz-Eigg. der Lsg. ausreicht, von einem sulfonierten organ. Material aus der Gruppe *Xylolsulfonsäure, Toluolsulfonsäure, Alkylarylpolyäthersulfonsäure, sulfonierte Ölsäure* enthält, u. zwar in Mengen von vorzugsweise ca. 0,1—7,5%. (**E. P. 862 854** vom 3/7. 1959, ausg. 15/3. 1961. A. Prior. 12/9. 1958.) H. BAUR. 6513

Armando De Cesare, Turin, Italien, **Oberflächenbehandlung von Aluminium und dessen Legierungen.** Man behandelt die Gegenstände kurzzeitig (bis zu 6 Min.) bei einer Stromdichte von 5—12 A/dm² mit 50%ig. H_2SO_4 (35—45° Bé). Die Oberfläche erhält einen perlmuttartigen Glanz. (**It. P. 525 144** vom 5/8. 1954.) K. KOEBKE. 6513

Acorn Anodising Co. Ltd., Hanwell, London, England (Erfinder: John Gillert Simmons), **Glänzen und Glätten von Oberflächen aus Aluminium und seinen Legierungen** mit einer sauren wss. Lsg., die als wirksame Bestandteile auf 1 Liter 0,05—5,0 Val. HNO_3, mindestens eine prim. aromat. Amino-Verb., deren Gesamt-Mol.-Konz. wenigstens gleich ist der Mol.-Konz. der HNO_3, 0,5—10,0 Val. HF u. 0,5 bis 5,0 g Pb enthält. Beispiel: Lsg. aus 5,5 (Vol.-%) HNO_3 (spezif. Gew. 1,42), 3,25 *HF*, 6,10 *Toluidin*, 0,17 g/Liter $PbCO_3$. (**E. P. 869 926** vom 22/6. 1956, ausg. 7/6. 1961.) H. BAUR. 6513

Conversion Chemical Co., Ellington, Conn., V.St.A., **Glänzen von Aluminium** mittels einer konz. Lsg. aus H_3PO_4 u. HNO_3. Die dabei auftretende Gas-Bldg. wird durch Zusatz von 2.4.6-Triamino-s-triazin, Harnstoff, Dicyandiamid oder einer Kombination derselben (0,05—3 Gew.-%) zu der Lsg. verhindert. Zu den Glänz-Lsgg. werden bes. noch Metallsalze als Inhibitoren u. Glanzverbesserer zugesetzt. Beispiel: 24,5 (Gew.-%) *Harnstoff*, 8,0 *2.4.6-Triamino-s-triazin*, 45,0 $NaNO_3$, 20,0 Na_2SO_4, 1,7 $FeSO_4$, 0,8 wasserfreies $CuSO_4$. (**E. P. 861 424** vom 2/6. 1959, ausg. 22/2. 1961. A. Prior. 4/6. 1958.) H. BAUR. 6513

Detrex Chemical Industries, Inc., Detroit, Mich., V.St.A. (Erfinder: Thomas James Kearney), **Reinigen oder Entfetten von Werkstücken** mittels chlorierter KW-Stofflösung. Die Stücke werden zuerst in eine sd. Lsg. (*Perchloräthylen*) u. dann in eine Lsg. derselben Art, aber tieferer Temp. getaucht, in der die Stücke zugleich piezoelektr. erzeugten *Ultraschallschwingungen* ausgesetzt werden. Ggf. werden die Stücke zwischen diesen beiden Behandlungen noch in ein Spülbad derselben Art getaucht, dessen Temp. zwischen der des ersten u. der des zweiten Bades liegt. — Abbildung. (**E. P. 860 583** vom 7/6. 1957, ausg. 8/2. 1961.) H. BAUR. 6513

Lyon, Inc., Detroit, übert. von: Edgar A. Hahn, Grosse Pointe Park, Mich., V.St.A., **Vorbehandeln von austenitischem nichtrostendem Stahl vor dem Verchromen.** Die Gegenstände werden ½—2½ Min. anod. in einer alkal. Lsg. von *Alkalisilicaten* u. *-phosphaten* behandelt u. nach dem Spülen in verd. H_2SO_4 getaucht. Die wiederum gespülten Gegenstände kommen dann in das galvan. Verchromungsbad. (**A. P. 2 973 307** vom 16/11. 1956, ausg. 28/2. 1961.) F. MARKHOFF. 6513

Acme Steel Co., übert. von: Kurt E. Schimkus, Chicago, Ill., V.St.A., **Elektrolyt zum galvanischen Erzeugen von Metallüberzügen** enthält als Kationen Ionen des abzuscheidenden Metalls, wie *Cu, Zn, Sn, Ni, Co, Cd, W, Mn* oder *Pb*, u. als Anionen komplexbildende Ionen der *Phytinsäure* (*Phosphorsäureester des Cyclohexanols*), die mit den Ionen des abzuscheidenden Metalls eine Komplex-Verb. bilden. Ein solcher Elektrolyt besteht z. B. aus einer Lsg. von 1 (oz.) *Natriumphytat* [(C_6H_6·

$O_{24}P_6)Na_{12}]$ u. 10 *Kupfertartrat* in 1 gall. W., pH-Wert 9,5±0,5, Temp. 75—80° F, Stromdichte 30 A/sq.foot. (**A. P. 2 973 308** vom 25/8. 1958, ausg. 28/2. 1961.)
F. MARKHOFF. 6517

Általános Géptervező Iroda, übert. von: Pálma Széky, Izidor Neményi und Terezia Eöllös, Budapest, Ungarn, **Erzeugen galvanischer Metallüberzüge auf porösen Eisengegenständen, die nach den Verfahren der Pulvermetallurgie hergestellt sind.** Durch Behandeln mit überhitztem Dampf wird eine blaue Oxidschicht erzeugt, auf die dann *Ni* elektrolyt. niedergeschlagen wird. (**A. P. 2 971 898** vom 13/6. 1958, ausg. 14/2. 1961. Ung. Prior. 12/7. 1957.) F. MARKHOFF. 6517

Melpar, Inc., Falls Church, übert. von: James C. Withers, Fairfax, und Paul E. Ritt jun., Vienna, Va., V.St.A., **Galvanische Nickelüberzüge auf Aluminium.** Die Al-Gegenstände werden nach dem Entfetten zunächst in *HF*, dann in *HCl*-Lsg., die $MnSO_4$ enthält, geätzt u. anschließend galvan. vernickelt. Als Bad dient eine Lsg. von $NiSO_4$, $MgSO_4$, NH_4Cl u. $B(OH)_3$. Es wird eine 0,0001—0,0005 in. dicke Schicht niedergeschlagen. Nach dem Trocknen werden die Gegenstände 2½—5 Min. auf 1000° F erhitzt. Die entstandene hellblaue Oxidschicht wird durch anod. Behandlung in einer Lsg. von *NaOH* u. Na_2CO_3 entfernt. Nach Behandeln mit Umkehrstrom in H_2SO_4 kann die Ni-Schicht z. B. verchromt werden. (**A. P. 2 970 090** vom 2/7. 1958, ausg. 31/1. 1961.)
F. MARKHOFF. 6521

Carl F. Cooper, Grass Lake, Mich., V.St.A., **Galvanisierte Zinküberzüge auf Metallen wie Aluminium, Stahl oder Magnesium.** Zur Erzeugung der Überzüge wird ein Bad verwendet, das mindestens je 10 g/Liter *Zn* u. *Ti* als Kationen u. *Fluoborat*-Ionen als Anionen enthält. Die Azidität des Bades soll so eingestellt werden, daß die Lsg. gelb bis gelbbraun gefärbt ist, aber nicht grün oder braun. (**A. P. 2 977 295** vom 14/1. 1958, ausg. 28/3. 1961.) F. MARKHOFF. 6523

Purex Corp. Ltd., übert. von: George H. Pimbley, Inglewood, Calif., V.St.A., **Herstellen eines farblosen Überzuges auf Aluminium.** Die Gegenstände werden mit einer sauren Lsg. behandelt, die ein *Halogen* enthaltendes Anion u. als Kation *Zn, Cd, Hg, V, Cr, Mn, Fe, Co, Ni* oder *Cu* enthalten. Die entstandene gefärbte Schutzschicht wird durch Behandeln mit einer sauren wss. Lsg. von *Thiocyanat, Cyanat, Thioharnstoff, Harnstoff* u. anderen die Gruppe **A** enthaltenden Verbb., wobei X O oder S sein kann, entfärbt. Diese Stoffe können auch dem obengenannten Bade unmittelbar zugesetzt werden. Beispiel: 2,18 (g) CrO_3, 2,81 $K_2Cr_2O_7$, 2,7 $ZnSiF_6 \cdot 6\,aq$, 1,4 Na_2SiF_6, 1,04 H_3BO_3, 1,12 *Harnstoff* u. W. für 1 Liter Lösung, pH 3,2, Temp. 84° F, 4 Minuten. (**A. P. 2 976 193** vom 3/8. 1959, ausg. 21/3. 1961.) F. MARKHOFF. 6529

A

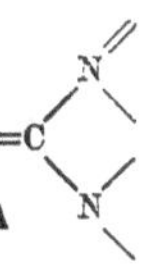

Pyrene Co. Ltd., Brentford, Middlesex, England (Erfinder: Ann Maureen Triggle und Herbert Arthur Henry Jenkins), **Bildung von Überzügen auf Zink und seinen Legierungen** mittels, sauren wss. CrO_3 u. $Cr_2(SO_4)_3 \cdot 6-7\,H_2O$ enthaltenden Lsgg., deren Gesamtgeh. an 6wertigem Cr, berechnet als CrO_3, u. 3wertigem Cr, berechnet als wasserfreies $Cr(SO_4)_3$, 2—30 g/Liter beträgt, wobei das Gew.-Verhältnis von 6wertigem zu 3wertigem Cr zwischen 0,2 u. 7,0 liegt. Die Lsgg. besitzen einen pH-Wert von 1,8—2,8. Beispiel: Auflösen von 12 g/Liter eines Konzentrates aus 332 lbs. $Cr_2(SO_4)_3$ (wasserfrei gerechnet), aus 100 lbs. CrO_3 u. Rest (auf 1000 lbs.) W., so daß Gesamt-Cr-Geh. 5,2 g/Liter u. Cr(VI): Cr(III) = 0,3. (**E. P. 869 395** vom 27/5. 1959, ausg. 31/5. 1961.) H. BAUR. 6529

Pyrene Co. Ltd., Brentford, Middlesex, England (Erfinder: Arthur Henry Jenkins und Dennis Brian Freeman), **Phosphatieren von Metallen,** bes. von Eisen u. Stahl sowie Aluminium, im Spritz-Verf. mittels *Zn, Phosphat* u. Beschleuniger (*Nitrit*) enthaltenden Lsgg. bei Temp. unter 120° F. Den Lsgg. werden 0,02—4,0 g/Liter, vorzugsweise 0,2—2,0 g/Liter, *Weinsäure* oder ein lösl. *Tartrat,* berechnet als Weinsäure, zugesetzt, ihr pH-Wert liegt nicht über 3,5. Zum Phosphatieren von Al soll zusätzlich noch 0,1—3 g/Liter *Fluorid* der Lsg. zugesetzt werden. Beispiel für eine Lsg.: 0,45 (%) *Zn*, 1,36 PO_4, 1,40 NO_3, 0,02 NO_2; Geh. an freier Säure 1,2 Punkte, 20,0 Gesamtpunkte, 0,32 g/Liter *Weinsäure.* (**E. P. 866 377** vom 28/11. 1958, ausg. 26/4. 1961.)
H. BAUR. 6533

Pyrene Co. Ltd., Brentford, Middlesex, England (Erfinder: Dennis Brian Freeman), **Reinigen und Phosphatisieren von Metalloberflächen im Spritzverfahren.** Vor dem Phosphatieren wird die Oberfläche mit einer wss. alkal. Lsg. bespritzt, die 1—5 g/Liter $Na_2B_4O_7 \cdot 10\,H_2O$, ein *Orthophosphat eines Alkalimetalls,* berechnet als Na_2HPO_4, in solchen Mengen, daß das Verhältnis Borax : Phosphat = 65 : 35 bis 35 : 65 beträgt, u. als oberflächenakt. Mittel ein Kondens.-Prod. aus 1 Mol *Nonylphenol* oder *m-Methyl-p-oktylphenol* u. 6—11 Mol *Äthylenoxid* in Mengen von 0,01—0,5 g (wasserfrei berechnet), enthält. Der pH-Wert liegt zwischen 8,5 u. 11,5. Beispiel: Von einem Mittel aus 340 (g) $Na_2B_4O_7$ (entwässert), 645 Na_2HPO_4 u. 15 Kondens.-Prod. aus 1 *Nonylphenol* u. 8 *Äthylenoxid* werden 5 g in 1 Liter W. gelöst. (**E. P. 865 497** vom 3/10. 1958, ausg. 19/4. 1961.) H. Baur. 6533

Universal Oil Products Co., Des Plaines, übert. von: Ralph B. Thompson, Hinsdale, Ill., V.St.A., **Verhüten der Korrosion von Metalloberflächen durch Wasser.** Der Korrosionsangriff von wasserhaltigen KW-Stoffen, wie *Gasolin, Kerosin, Rohöl,* auf Metalloberflächen wird verhindert durch Zusatz eines Kondens.-Prod. von *β-Lacton* mit 3—6 C-Atomen pro Mol u. einem *Polyamin* mit 8—70 C-Atomen, z. B. von *β-Propiolacton* u. *N-Talg-1.3-diaminopropan* in äquimol. Verhältnissen. (**A. P. 2 968 629** vom 29/9. 1958, ausg. 17/1. 1961.) F. Markhoff. 6539

National Research Development Corp., England (Erfinder: **Kenneth Fraser Hulme und John Brian Mullin**), *Gereinigtes Indiumantimonid.* (**F. P. 1 223 403** vom 30/12. 1958, ausg. 16/6. 1960. E. Prior. 31/12. 1957. — C. **1962.** 3615 [E. P. 853 975].)

C. I. S. E. Centro Informationi Studi Esperienzo S. r. l. (Erfinder: **Alberto Cacciari, Ruggero de Leone, Carlo Fizzotti und Mario Gabaglio**), Mailand, Italien, *Gewinnung von Uran oder seinen Legierungen.* (**D. A. S. 1 118 465** Kl. 40a vom 2/8. 1957, ausg. 30/11. 1961. It. Prior. 19/6. 1957. — C. **1962.** 1962 [E. P. 837 042].)

Universal Oil Products Co., Des Plaines, übert. von: **Herbert R. Appell**, North Riverside, Ill., V.St.A., *Entfernung von Verunreinigungen aus Edelmetallen.* (**Can. P. 551 393** vom 5/12. 1955, ausg. 7/1. 1958. — C. **1959.** 2961 [F. P. 1 140 891].)

Wargöns Aktiebolag, Vargön, Schweden, *Herstellung von Chromlegierungen.* (**Holl. P. 99 917** vom 20/11. 1956, ausg. 15/12. 1961. Schwed. Prior. 21/11. 1955. — C. **1960.** 7674 [E. P. 800 343].)

Imperial Chemical Industries Ltd., London, England, *Bäder zur Behandlung von Metalloberflächen.* (**Ind. P. 64 582** vom 8/7. 1958, ausg. 12/5. 1960. E. Prior. 30/1. 1957. — C. **1961.** 5241 [E. P. 1 183 345].)

Engelhard Industries, Inc., Newark, N.J., V.St.A., *Herstellung von Edelmetallüberzügen.* (**Ind. P. 62 631** vom 19/12. 1957, ausg. 29/6. 1960. — C. **1961.** 16272 [F. P. 1 188 386].)

Amchem Products, Inc., V.St.A. (Erfinder: **James Hays Schell, Alfred Douty** und **Harry Laurence Faigen**), *Schutz von Metallen gegen den Angriff korrodierender Flüssigkeiten.* (**F. P. 1 208 523** vom 17/6. 1958, ausg. 24/2. 1960. A. Prior. 7/8. 1957. — C. **1961.** 13349 [E. P. 826 536].)

Tanya Deruguine, Russian-English dictionary of metallurgy and allied sciences. New York: Ungar. 1962. (470 S.) $ 15.—.

IX. Organische Industrie

Apparatur für die homogene Pyrolyse von Kohlenwasserstoffen zu Äthylen und Acetylen. W. I. Maiorow und T. N. Muchina. (Газовая Промышленность [Gas-Ind.] **6.** Nr. 12. 42—46. 1961.) (Russ.)

Konstruktion u. Arbeitsweise eines Reaktors u. des dazu gehörigen Brenners für die Gewinnung von *Äthylen* (**I**) u. *Acetylen* (**II**) wird beschrieben. Als Ausgangsmaterial dienen die Gasfraktionen $CH_4—H_2$, C_2H_6, $C_4H_{10}—C_4H_8$ u. Bzn., als Oxydationsmittel techn. (ca. 90%ig.) O_2 oder Luft. Es zeigt sich, daß das Verhältnis **I**/**II** für die C_2H_6-Fraktion 2,05 beträgt, für $C_4H_{10}—C_4H_8$ 2,36, für Bzn. 1,60. Für 1 t **II** werden 5000 Nm^3 O_2 verbraucht. Das Verhältnis O_2/Brennstoff beträgt 1,6—2,0 für $CH_4—H_2$, 4,4—5,1 für C_2H_6, 4,5—8,0 für $C_4H_{10}—C_4H_8$. Bei Durchführung der Pyrolyse in 2 Stufen beträgt die Ausbeute in Verss. mit Bzn. 29,1% **I**, 10,8% **II**, 15,4% C_3H_6 gegenüber 18,3 bzw. 29,4 bzw. 5,1% bei Durchführung in einer Stufe. Bei der 2stufigen Pyrolyse wird der O_2-Verbrauch um 30% vermindert. O. Lebtag. H 520 □

Abtrennung von Brenzcatechin aus der Phenolfraktion von Laubholzteeren mit Hilfe von Butylacetat. Stanisław Prosiński, Zdzisław Czechowski und Michał Nowicki. (Koks-Smoła-Gaz **6.** 215—18. Nov./Dez. 1961. Poznań, Wyższa Szkoła Rolnicza, Kadetra Chem. Technol. Drewna.) (Pol.)

In Labor.-Verss. wird der Phenolextrakt dest. u. das in den einzelnen Fraktionen enthaltene *Brenzcatechin* über sein saures Salz abgetrennt. — 2 Abb., 6 Tabellen, 20 Literaturhinweise. G. Reisner. H 1060 □

Abtrennung von Phthalsäuren durch Aussalzen und Sublimieren. I. W. Butina und W. G. Pljussnin. (Известия Сибирского Отделения Академии Наук СССР [Nachr. sibir. Abt. Akad. Wiss. UdSSR] **1960.** Nr. 6. 65—71. Akad. der Wiss. der UdSSR, Uraler Filiale.) (Russ.)

Das Gemisch der Phthalsäuren wird getrennt, indem durch Aussalzen von *Terephthalsäure* (**I**) mit NH_4- oder Na-Salzen als Terephthalat u. Zers. mit HCl oder H_2SO_4 zuerst **I** abgetrennt wird. Die Ausbeute an **I** erreicht 95%. Tabellen über die Löslichkeit verschiedener **I**-Salze u. über den Trennungseffekt sind angegeben. Das verbleibende Gemisch von *Phthal-* (**II**) u. *Isophthalsäure* (**III**) wird durch Erhitzen auf 200—215° (10 bis

25 Torr) in II-*Anhydrid* als Sublimat u. III getrennt. Die Ausbeute an II beträgt 78—90%. Weitere 7—10% II sublimieren (durch etwas III verunreinigt) über u. können nochmals fraktioniert werden. Verbleibende III wird in das NH_4-Salz übergeführt u. durch Ausfällen mit HCl oder H_2SO_4 gereinigt. Die Ausbeute an III beträgt 93—98%. Für die Trennung des I/II/III-Gemisches wird ein technolog. Schema angegeben.

Helmut Schäfer. H 1220□

Herstellung von Naphthalinpreßlingen mit Hilfe der Zentrifugenmethode. Werner Kuszka und Jan Nowak. (Koks-Smoła-Gaz 6. 211—14. Nov./Dez. 1961. Zakłady Koksochem. Hajduki.) (Pol.)

Betriebs-Verss. unter Verw. einer Zentrifuge u. heißer Laugenwäsche werden beschrieben. Die optimalen Herst.-Bedingungen werden angegeben. — 3 Abb., 1 Tabelle.

G. Reisner. H 2700□

Ministerul Industriei Petrolului si Chimiei, Rumänien (Erfinder: Costin Menitescu, Alice Glatz und Ileana Necsoiu), **Chlorierungen,** z. B. von Toluol zu *Benzylchlorid, Benzylidenchlorid* u. *Phenyltrichlormethan* u. von Essigsäure zu Chloressigsäure, werden bei tiefer Temp. in Ggw. von Azoisobutyronitril durchgeführt. (**F. P. 1 224 084** vom 19/12. 1958, ausg. 22/6. 1960.) S. Böttcher. 6565

Bergwerksverband G. m. b. H. (Erfinder: Anton Benning und Rudolf A. Novotny), Essen, **Carbonsäureester** werden durch *Verestern* von dampfförmigen, bei der Veresterungstemp. therm. beständigen Carbonsäuren mit beliebigen, bei der Veresterungstemp. ebenfalls beständigen dampfförmigen Alkoholen bei 150—350° in einem von einem Trägergas (N_2, CO_2) aufgewirbelten Fließbett eines Katalysators (Hydroxide, Silicate, Phosphate, Oxide u. Borate der 1.—4. Gruppe des Period. Syst., bes. Fe- u. Al-Phosphat, Zn-Borat, Na-Silicat), bes. mit einer Korngröße von 50—500 μ, erhalten. Der entstandene Ester wird mit dem Trägergas abgetrennt, verflüssigt u. gereinigt. — Aus dampfförmiger CH_3COOH u. CH_3OH im Mol-Verhältnis 1:1,2 in Ggw. von Al_2O_3 als Katalysator u. Fließbettfeststoff mit einer Korngröße $< 200\ \mu \rightarrow$ *Essigsäuremethylester*; 90% (Ausbeute). — A. in Ggw. von Kieselsäuregel → tern. Gemisch aus 83,3% *Essigsäureäthylester*; 8,7% A. u. 9% Wasser. — HCOOH → *Ameisensäuremethylester*; 94%. — *Ameisensäureäthylester*; 98%. — *Propionsäurebutylester*; 94,4%. — *Benzoesäuremethylester.* (**D. A. S. 1 109 171** Kl. 12o vom 3/6. 1959, ausg. 22/6. 1961. **Zusatz zu D. A. S. 1 103 334; C. 1962. 299.**) G. Krauss. 6573

Henkel & Cie. G. m. b. H. (Erfinder: Wolfgang Gundel, Rudolf Heise und Willi Offermann), Düsseldorf, **Herstellung von esterartigen Produkten** aus Ölsäureestern beliebiger ein- oder mehrwertiger Alkohole oder Oleylalkoholestern beliebiger ein- oder mehrwertiger Carbonsäuren, dad. gek., daß an diese Epoxygruppen angelagert u. die erhaltenen Epoxide unter Veresterungsbedingungen, ggf. in Ggw. von Katalysatoren, mit Dicarbonsäuren oder deren Anhydriden umgesetzt werden. — Zum Beispiel werden 150 (Gew.-Teile) des Buttersäureesters von 9.10-Epoxyoctadecylalkohol (hergestellt durch Rk. von Buttersäureoleylester mit 35%ig. H_2O_2 in Ggw. von wenig HCOOH) mit 57 Adipinsäure in Ggw. von Xylol so lange bei einer Bad-Temp. von 220—245° erhitzt, bis die SZ. < 3 ist. Das Rk.-Prod. wird in Bzl. oder Ae. aufgenommen u. 191 eines hochviscosen Öls mit dem Molgew. 1740, SZ. 2,7, VZ. 320, OH-Zahl 12 erhalten. — *Weichmacher,* bes. für PVC. (**D. B. P. 975 394** Kl. 12o vom 10/4. 1952, ausg. 16/11. 1961. Anmeldung bekanntgemacht 16/6. 1955.) O. Müller-Meiningen. 6573

American Cyanamid Co., New York (Erfinder: Nicholas Chomitz, Yonkers, und William Richard Rathjens, Hollis), N.Y., V.St.A., **Herstellung eines Katalysators für die Oxydation von Naphthalin in der Dampfphase** mit einer wirksamen Oberfläche von 20—75 m^2/g, bestehend aus 40—70% SiO_2, 15—20% K_2SO_4 u. 3—25% V_2O_3, durch Rk. einer wss. K-Silicat-Lsg. mit Ammoniummetavanadat u. anschließende pH-Einstellung auf 4—9 durch H_2SO_4 u. NH_4OH, dad. gek., daß das Rk.-Gemisch durch mindestens 15 Min. langes Erwärmen auf 37—39° gealtert wird, bis das entstehende Siliciumoxidhydrogel eine Oberfläche von 200—700 m^2/g u. einen Porendurchmesser von 50—350 Å hat u. dann das Gel hitzegehärtet wird. (**D. A. S. 1 121 603** Kl. 12o vom 19/11. 1958, ausg. 11/1. 1962. A. Prior. 20/11. 1957.)

L. Stadelmann. 6583

Consortium für elektrochemische Industrie G. m. b. H., München (Erfinder: Otto Erich Bänder, Hofheim/Taunus, Walter Berndt, Schneidhain/Taunus, Lothar Hörnig, Wilhelm Riemenschneider, Walter Schmidt und Ulrich Schwenk, Frankfurt/M.), **Herstellung von Aldehyden, Ketonen oder den Aldehyden entsprechenden Säuren** durch *Oxydation* von Olefinen mit O_2 oder freien O_2 enthaltenden Gasen in Ggw. von Redox-Syst. (Verbb. von Cu, Hg, Fe, Ce, V,

Pb, Sb, Mn, Cr, Ti, Os), Edelmetallsalzen, die mit Olefinen Additions-Verbb. oder Komplexsalze bilden (Pt, Pd) u. W., entweder in fl. Phase oder in der Gasphase, wobei die Metall- u. Edelmetallsalze auf feste Träger aufgebracht sind u. die Rk. unter Zusatz Halogenionen liefernder Verbb. durchgeführt wird, bes. bei 50—100°. — In ein Rk.-Gefäß von 3 cm ∅ u. 120 cm Höhe wird eine Lsg. aus 10 (g) $PdCl_2$, 30 Cu-Chlorid in 20 ml konz. HCl u. 200 W. gegeben, der ggf. noch soviel NaOH zugesetzt wird, daß die Lsg. sauer bleibt. Stündlich werden bei 90° 20 Liter C_2H_4 (**I**) u. 10 Liter O_2 (**II**) eingeleitet. Gelegentlich wird noch etwas HCl zugegeben. Die entweichenden Gase enthalten etwa 30 Vol.-% *Acetaldehyd* (**III**) neben unveränderten Ausgangs-Verbb., die nach Abtrennung von **III** im Kreislauf geführt werden können; Umsatz 35%; Ausbeute 95%. — Ein Gemisch aus 12 Liter **I** u. 6 Liter **II** wird bei 105° über 50 ml Katalysator geleitet, der auf 100 ml Kieselsäuregel 2,4 g $PdCl_2$ u. 12 g Cu-Chlorid enthält. Dem Gasgemisch wird vorher je Std. 25 ml stark verd. HCl in Dampfform zugesetzt. Das Abgas enthält 15 Vol-% **III**; Umsatz 21%; Ausbeute 95%. — Es kann auch bei erhöhtem oder vermindertem Druck, mit bes. feiner Gasverteilung (Vibromischer, Schnellrührer, Schwingrührer, Fritten), unter Zusatz schaumbildender Mittel, bes. bei pH 2—6 gearbeitet werden. (**D. A. S. 1 118 183** Kl. 12o vom 10/7. 1957, ausg. 30/11. 1961.) A. JAHN. 6583

Badische Anilin- & Soda-Fabrik Akt.-Ges. (Erfinder: Harry Distler, Werner Müller und Heinz Werner), Ludwigshafen/Rh., **Einführung von aliphatischen Kohlenwasserstoffresten in organische Verbindungen,** die OH-, tert.-Amino-, aromat. gebundene Sulfhydryl- u./oder aromat. gebundene prim. oder sek. Aminogruppen enthalten, erfolgt durch deren Rk. mit einem Alkensulfonsäureester der allg. Formel $R-C(R_1)=C(R_2)-SO_2OR_3$ (R, R_1 u. R_2 = H, Methyl; R_3 = Alkyl) bei Raum-Temp. bis 120, bes. bis 50°, ggf. in Ggw. eines Lsgm. (W., Bzl., Xylol, Cyclohexan, Ae., Dioxan, Aceton) u. einer bas. Verb. (Alkali- u. Erdalkalioxide, -hydroxide, -carbonate). — Aus **94** Teilen Phenol in **96** Teilen 50%ig. NaOH u. 200 Teilen W. unter Zusatz von 134 Teilen $CH_2=CHSO_2OCH_3$ (**I**) (erhältlich nach D. A. S. 1 091 104; C. **1961**. 8469) innerhalb von 2 Std. bei 40—45° → 98 *Anisol*, $Kp._{760}$ 149—150°; 90% (Ausbeute). — p-Chlorphenol + **I** → *p-Chlorphenylmethyläther*, $Kp._{760}$ 193—196°; 80%. — β-Naphthol + **I** → *β-Naphthylmethyläther*, F. 70—71°; 98%. — 2.4.6-Trichlorphenol + **I** → *2.4.6-Trichlorphenylmethyläther*, F. 60°; 74%. — $H_2C=CHSO_2OC_2H_5$ → *β-Naphthyläthyläther*, F. 37°; 98%. — *2.4.6-Trichlorphenyläthyläther*, F. 43—44°; 74%. — Äthensulfonsäurebutylester → *Phenyl-n-butyläther*, $Kp._{760}$ 208—210°, $Kp._9$ 83—87°; 96%. — *β-Naphthyl-n-butyläther*, $Kp._2$ 120°; 92%. — p-Chlor-o-kresol + **I** → *p-Chlor-o-kresylmethyläther*, Ep. 37°; 90%. — n-Butanol + **I** in Ggw. von NaOH bei 20—25° → *n-Butylmethyläther*, $Kp._{760}$ 70°; 90%. — 4.4'-Bis-[dimethylamino]-diphenylmethan + **I** → *Bis-quart.-Ammoniumsalz*, F. 181°. — Dimethylanilin + **I** → *quart.-Ammoniumsalz*, F. 126°. — 8-Hydroxychinolin + **I** → gelbes, wasserlösl., kristallines, *quart.-Ammoniumsalz*, F. 147°. — N-Methylanilin + **I** → *N.N-Dimethylanilin*. — Thiophenol + **I** → *Na-Phenylmercaptoäthansulfonat* u. *Thioanisol*, Kp. 188—190°. — Isopropensulfonsäuremethylester → *Anisol*; 89%. Ferner können umgesetzt werden: 2.4-Dichlor-, p-Nitrophenol, Hydrochinon, Resorcin, Pyrogallol, Guajacol, 2.2-Bis-[4'-hydroxyphenyl]-propan, Alizarin, Pentachlorphenol, Pikrinsäure, p-Acetylaminophenol, Acetessigester, Dimethyl-, Butyl-, Benzylanilin, N.N-Dimethyläthylendiamin, N.N.N'.N'-Tetramethylhexamethylendiamin, Pyridin, Chinolin, γ-Picolin, Acridin, Chinaldin, CH_3OH, A., Propanol, Isopropanol, Isobutanol, tert.-Butanol, Cyclohexanol, Cyclooctanol, Benzyl-, Allyl-, Zuckeralkohole, Butendiol-(1.4), Glykol, Glycerin, Zucker, $ClCH_2CH_2OH$ mit den Estern der vorst. allg. Formel. Bei Verbb. mit 2 oder mehr funktionellen Gruppen können diese teilweise oder sämtlich je nach der Menge des verwendeten Esters substituiert werden. (**D. A. S. 1 122 064** Kl. 12o vom 9/1. 1960, ausg. 18/1. 1962.) G. KRAUSS. H 460

Columbia-Southern Chemical Corp., Pittsburgh, Pa. (Erfinder: Henry Wilford Rahn, Corpus Christi, Tex.), V.St.A., **Herstellung von Äthylendichlorid durch Umsetzung von Äthylen mit Chlor in flüssigem Äthylendichlorid** als Rk.-Medium in Ggw. von wasserfreiem $FeCl_3$ (0,035—0,5 Gew.-% bezogen auf $ClCH_2CH_2Cl$), dad. gek., daß das fl. Rk.-Medium im Sieden gehalten u. entstehendes *Äthylendichlorid* ohne Zufuhr äußerer Wärme, bes. bei normalem Druck, abdest. wird, wobei der Fl.-Spiegel im Rk.-Gefäß bes. durch teilweise Rückführung von verdampftem u. kondensiertem $ClCH_2CH_2Cl$ im wesentlichen unverändert gehalten wird. Die Ausbeute an *Äthylendichlorid* beträgt ca. 95%, bezogen auf die Menge von eingeleitetem C_2H_4. (**D. A. S. 1 112 504** Kl. 12o vom 7/1. 1955, ausg. 10/8. 1961. A. Prior. 11/1. 1954.) W. GRÄGER. H 510

Esso Research and Engineering Co., V.St.A. (Erfinder: Joseph Shandling und Robert D. Cahn), **Herstellung von Äthylen,** dad. gek., daß Naphthen-KW-Stoffe in Ggw. von Wasserdampf gecrackt werden, wobei ein Gemisch aus H_2, C_4- u.

C_5- u. leichteren KW-Stoffen erhalten wird; die C_5-Fraktion wird abgetrennt, die C_4-Fraktion katalyt. selektiv hydriert, CH_4 entfernt u. die C_2—C_4-Fraktion fraktioniert. — Schema der Anlage. (**F. P. 1 225 515** vom 27/5. 1959, ausg. 1/7. 1960. A. Prior. 2/6. 1958.)
S. BÖTTCHER. H 520

Dow Chemical Co., Midland, übert. von: Richard B. Williams, Freeland, Mich., V.St.A., **Reines Äthylen** (**I**) wird aus seinen Gemischen mit H_2, C_2H_2 (**II**) u. a. niedriger- oder höhersd. KW-Stoffen dadurch erhalten, daß das Gemisch durch Kompression u. Kühlen teilweise verflüssigt, die C_4-KW-Stoffe u. höhersd. Prodd. entfernt u. das Gasgemisch dann wieder teilweise verflüssigt wird. CH_4, niedrigersd. KW-Stoffe u. H_2 werden entfernt, die C_3-KW-Stoffe abgetrennt u. aus dem erhaltenen Gasgemisch, das C_2H_6, **I** u. **II** enthält, die S-Verbb., organ. Säuren u. CO_2 entfernt. Anschließend wird **II** mit H_2 zu **I** hydriert u. das Gasgemisch fraktioniert destilliert. Das zur Hydrierung erforderliche H_2 wird aus dem abgetrennten Gemisch aus CH_4 u. H_2 durch teilweises Verflüssigen u. adiabat. Abkühlen u. Absorption von noch vorhandenem CH_4 mit C_2H_6 gewonnen. — Vorr., Zeichnung. (**A. P. 2 938 934** vom 4/6. 1958, ausg. 31/5. 1960.)
G. KRAUSS. H 520

Columbia-Southern Chemical Corp., V.St.A. (Erfinder: Raymond M. Vancamp und Albert P. Muren), **Herstellung von Perchloräthylen** neben *Trichloräthylen*, dad. gek., daß $Cl_2CHCHCl_2$ in Ggw. eines Katalysators, der $CuCl_2$, $ZnCl_2$ u. $CaCl_2$ im mol. Verhältnis 1—3,5 : 1 : 0,5—2,5 enthält, mit O_2 behandelt wird. (**F. P. 1 219 917** vom 14/4. 1959, ausg. 20/5. 1960. A. Prior. 4/9. 1958.)
S. BÖTTCHER. H 520

Soc. d'Électro-Chimie, d'Électro-Métallurgie et des Aciéries Électriques d'Ugines, Paris, Frankreich, **Herstellung von Trichlor- und Tetrachloräthylen.** Vgl. F. P. 1 168 628; C. **1960. 4669.** Zu ergänzen ist, daß 1—10% der Katalysatormasse aus dem Wirbelbett period., bes. in Zeitintervallen von 24 oder 48 Std., durch frischen Katalysator ersetzt wird, ggf. mit einem überschüssigen Zusatz von gebrauchtem Katalysator, der der durch den Gasstrom aus dem Wirbelbett fortgetragenenen Katalysatormenge entspricht. Beim kontinuierlichen Verf. wird zweckmäßig ein Gemisch von Cl_2 u. Dichloräthylen entsprechend der die Rk.-Zone verlassenden Menge höherchlorierter Prodd. (Tetra- u. Pentachloräthan) in die Rk.-Zone eingeführt. (**E. P. 850 953** vom 30/1. 1958, ausg. 12/10. 1960. F. Prior. 19/2. 1957 u. 20/1. 1958.)
W. GRÄGER. H 520

N. V. de Bataafsche Petroleum Mij., Holland, **Isomerisierung von Buten-(1) zu Buten-(2)** bei 50—300°, indem Buten-(1) mit einer Geschw. von 1—40 Liter/Std. in Ggw. von ca. 10 Gew.-% W. über einen Silicagelkatalysator geleitet wird, der 50% freie oder gebundene Kieselsäure enthält u. mit 1—4 Gew.-% Silicowolframsäure imprägniert ist. (**F. P. 1 228 485** vom 27/4. 1959, ausg. 31/8. 1960. Holl. Prior. 28/4. 1958 u. 7/4. 1959.)
S. BÖTTCHER. H 520

Esso Research and Engineering Co., V.St.A. (Erfinder: James A. Dinwiddie und Walter A. Morgan), **Dehydrierung von Buten zu Butadien** in fl. oder Dampfphase mit einem inerten Trägergas (He), in dem der Katalysator (Fe_2O_3 mit Cr_2O_3 u. K_2CO_3) fein verteilt gewirbelt wird, durch Einführen von Buten in schnell aufeinanderfolgenden Schüben, was durch eine bestimmte Anordnung des Rk.-Raumes erreicht wird. — 5 Zeichnungen. (**F. P. 1 220 203** vom 5/2. 1959, ausg. 23/5. 1960. A. Prior. 10/2. 1958.)
S. BÖTTCHER. H 520

British Hydrocarbon Chemicals Ltd., England (Erfinder: John Habeshaw, Wilfred John Oldham und Max Marin Wirth), **Herstellung konjugierter Diolefine,** bes. *Isopren*, dad. gek., daß HCHO oder CH_3CHO bei 150—400°, bes. 250—350°, mit Isobuten, 2-Methylbuten-(2) oder -(1) über einen Silicagelkatalysator geleitet wird, der mit einer flüchtigen Säure (HCl, HJ, HBr, HCOOH, CH_3COOH, $ClCH_2COOH$, CCl_3COOH oder CF_3COOH) u. einem Alkyl- oder NH_4-Halogenid (NH_4Cl, sek.-Butylbromid, tert.-Butylchlorid) imprägniert ist. (**F. P. 1 220 763** vom 27/4. 1959, ausg. 27/5. 1960. E. Prior. 7/5. u. 26/8. 1958.)
S. BÖTTCHER. H 520

British Hydrocarbon Chemicals Ltd., England (Erfinder: Max Marin Wirth), **Herstellung von konjugierten Diolefinen,** bes. *Isopren*, dad. gek., daß HCHO oder CH_2CHO u. ein Monoolefin, wie Isobuten, 2-Methylbuten-(2) oder -(1), im Mol-Verhältnis 1 : 1—20 bei 250—350° über einen B- oder Al-Phosphat enthaltenden Katalysator geleitet wird. (**F. P. 1 221 390** vom 24/3. 1959, ausg. 1/6. 1960. E. Prior. 9/4. 1958.)
S. BÖTTCHER. H 520

Goodyear Tire & Rubber Co., V.St.A. (Erfinder: Victor J. Anhorn und Kenneth J. Frech), **Herstellung von Isopren,** dad. gek., daß Propylen bei 50—450° in Ggw. eines SiO_2/Al_2O_3-Katalysators oder anderer bekannter Katalysatoren zu einem

Hexen, wie *2.3-Dimethylbuten-(2)*, *2-*, *3-*, *4-Methylpenten-(1)* u. *4-Methylpenten-(2)*, dipolymerisiert, dieses durch Behandeln mit Al_2O_3, SiO_2 oder einem sauren Katalysator (H_3AlF_6, $HClO_4$, H_3PO_4, H_2SO_4, Alkyl-, Aryl- oder Aralkylsulfonsäuren) bei −50 bis +700° isomerisiert u. bei 550—1000° pyrolysiert wird. — Schema der Anlage. (**F. P. 1 222 283** vom 24/4. 1959, ausg. 9/6. 1960. A. Prior. 2/5. 1958.) S. BÖTTCHER. H 520

Goodyear Tire & Rubber Co., V.St.A. (Erfinder: Kenneth J. Frech, Paul H. Wise und Victor J. Anhorh), **Herstellung von Isopren,** dad. gek., daß Hexen-(1), -(2) oder -(3) bei 250—450° u. 10 Torr bis 3 at Druck in Ggw. eines sauren Katalysators (H_3PO_4 auf Al_2O_3 oder Kieselgur, H_2F_2 auf Al_2O_3) isomerisiert, das Rk.-Prod. nochmals mit einem der genannten Isomerisierungskatalysatoren bzw. einer Aryl-, Alkan- oder Aralkansulfonsäure oder $HClO_4$ bei −50 bis +750° behandelt u. bei 550 bis 1000° pyrolysiert wird. (**F. P. 1 222 736** vom 21/1. 1959, ausg. 13/6. 1960. A. Prior. 25/6. 1958.) S. BÖTTCHER. H 520

Knapsack-Griesheim Akt.-Ges., Deutschland, **Herstellung von Isopren,** dad. gek., daß Isobutylen in einem inerten Lsgm. im Gegenstrom mit einem Gemisch aus verd. (20%ig.) H_2SO_4 oder (15—30%ig.) H_3PO_4 u. wss. HCHO umgesetzt wird, wobei die Verteilung der Säuren durch einen Dünnschichtverdampfer erfolgt u. mit H_2SO_4 bei 30—60°, mit H_3PO_4 bei 50—100° u. 5—10 at gearbeitet wird. Es wird neutralisiert, dest. u. *4.4-Dimethyl-1.3-dioxan* erhalten, das mit Wasserdampf verd. u. einer therm.-katalyt. Spaltung unterworfen wird. — 2 Verf.-Schemata. (**F. P. 1 223 642** vom 10/2. 1959, ausg. 17/6. 1960. D. Prior. 10/2., 30/7. u. 9/9. 1958.) S. BÖTTCHER. H 520

Esso Research and Engineering Co., V.St.A. (Erfinder: John F. Johnson und Donald W. Wood), **Herstellung von unverzweigten C_8—C_{10}-Olefinen,** dad. gek., daß C_2H_4 mit einem (C_4—C_6-Alkyl)$_3$Al u. das Rk.-Gemisch wiederum mit einem C_4—C_6-Olefin umgesetzt wird, wobei wiederum ein (C_4—C_6-Alkyl)$_3$Al entsteht, das erneut verwendet wird. Es wird in der 1. Stufe bei 80—177° u. 35—350 at, in der 2. Stufe bei 10—371° u. 0—210 at gearbeitet. — Schema der Anlage; Diagramme. (**F. P. 1 221 242** vom 5/3. 1959, ausg. 31/5. 1960. A. Prior. 22/4. 1958.) S. BÖTTCHER. H 520

Monsanto Chemical Co., St. Louis, Mo., übert. von: Herbert H. Nelson, Dickinson, Tex., V.St.A., **Stabilisierung von Diacetylenlösungen,** bes. in Butyrolacton, gegen Polymerisation erfolgt durch Zusatz von 0,01—5, bes. 0,1—1% Pyridin. — Vgl. A. PP. 2 715 101, 2 715 102, 2 715 103 u. 2 715 104; C. **1957.** 2856. (**A. P. 2 861 041** vom 4/5. 1954, ausg. 18/11. 1958.) G. KRAUSS. H 530

Gulf Research & Development Co., Pittsburgh, übert. von: William I. Gilbert, Oakmont, und Arthur C. Whitaker, Fox Chapel, Pa., V.St.A., **Reine Alkohole** werden aus dem hydrierten Gemisch von Rk.-Prodd., wie es bei der CO- u. H_2-Anlagerung an Olefine erhalten wird, gewonnen, indem die Alkohole u. a. O-haltige organ. Prodd., wie Aldehyde, Lactone, Ester, mit einem Erdalkalioxid, -hydroxid oder -carbonat bei ca. 220 bis ca. 400° F ½—16 Std. lang unter Rückfluß bei normalem Druck dest. werden. (**A. P. 2 889 375** vom 21/5. 1956, ausg. 2/6. 1959.) G. KÖNIG. H 560

Chemische Werke Hüls Akt.-Ges., Marl, Kr. Recklinghausen, **Herstellung von ungesättigten Alkoholen** mit mindestens 5 C-Atomen durch Red. eines α,β-ungesätt. u. $\alpha.\beta$-disubstituierten Aldehyds der allg. Formel R'—CH=C(R)—CHO (R' u. R = Alkyl) mit > 5 C-Atomen im Mol. in Ggw. eines Al-Alkoholats eines prim. oder sek. Alkohols (Isopropanol, sek.-Butanol, Cyclohexanol, A., n-Butanol). Es wird so erhalten: *2-Methylpenten-(2)-ol*, Kp.$_{12}$ 59—60°, n_D^{20} 1,4450; *2-Äthylhexen-(2)-ol*, Kp.$_{12}$ 79 bis 81°, n_D^{20} 1,4511, $D._4^{20}$ 0,8540. Diese ungesätt. Alkohole sowohl wie ihre Äther u. Ester sind *zur Herst. von Plastomeren verwendbar.* (**E. P. 853 585** vom 14/11. 1958, ausg. 4/8. 1960. D. Prior. 2/7. 1958.) W. GRÄGER. H 560

Beecham Research Laboratories Ltd., England, **Herstellung von Äthinylcarbinolen,** dad. gek., daß Chlorketone in Tetrahydrofuran mit HC≡CMgCl umgesetzt werden. — Eine Lsg. von Propyl-MgCl in Tetrahydrofuran wird hergestellt, mit C_2H_2 gesätt. u. unter Rühren u. Kühlen mit $ClCH_2COC_2H_5$ umgesetzt. Nach Aufarbeiten aus Ae. wird *3-Chlormethylpentin-(1)-ol-(3)*, Kp.$_{18}$ 73—75°, n_D^{18} 1,4700 erhalten. — *4-Chlor-3-methylpentin-(1)-ol-(3)*, Kp.$_{20}$ 66—67°, n_D^{22} 1,4620, aus $CH_3CHClCOCH_3$. — *2-Chlor-1-äthinylcyclopentanol*, Kp.$_5$ 64°, n_D^{21} 1,4935, aus 2-Chlorcyclopentanon. — *2-Chlor-1-äthinylcyclohexanol*, Kp.$_1$ 57°, n_D^{22} 1,5025, aus 2-Chlorcyclohexanon. — *5-Chlor-3-methylpentin-(1)-ol-(3)*, Kp.$_8$ 64—65°, n_D^{19} 1,4632, aus $ClCH_2CH_2COCH_3$. — *4-Chlor-3-äthylpentin-(1)-ol-(3)*, Kp.$_8$ 60—62°, n_D^{19} 1,4655, aus $CH_3CHClCOC_2H_5$. (**F. P. 1 223 440** vom 15/1. 1959, ausg. 16/6. 1960. E. Prior. 20/1. 1958.) S. BÖTTCHER. H 560

E. I. du Pont de Nemours & Co., V.St.A. (Erfinder: Hugh Harper Gibbs), **Herstellung fluorierter organischer Verbindungen** der allg. Formel **I** (R_f = F, Perfluor- u. ω-Hydroperfluor-KW-Stoffreste; A = Amino-, Imino- oder O-haltige Gruppen; B = A, B u. A können miteinander verbunden sein). — *Perfluorhepten-(1)-sulton* (*3-Perfluorpentyl-3.4.4-trifluor-2.2-dioxo-1.2-oxathietan*; **II**), Kp. 134,5—136,5°, aus Perfluorhepten-(1) u. SO_3. — *2-Fluorsulfonylperfluorheptanoylfluorid* (**III**), Kp. 134,2—134,5°, aus **II** u. $(C_2H_5)_3N$. — *3-Perfluorpentyl-3-fluor-4-imino-2.2-dioxo-1.2-oxathietan*, F. 121—123°, aus **II** u. NH_3. — *α-Sulfamylperfluorheptanamidin*, F. 143—147°, aus **III** u. NH_3. — *α-Fluorsulfonylperfluorheptanamid*, F. 105—110°. — *4-Perfluorpentyl-4-fluor-1.1.3-trioxo-1.2-thiazetidin*, F. 80—102°. — *4-Perfluorpentyl-4-fluor-3 imino-1.1-dioxo-1.2-thiazetidin*, F. 176 bis 178°. — *4-Trifluormethyl-4-fluor-3-imino-1.1-dioxo-1.2-thiazetidin*, F. 54—60°, aus Hexafluorpropylensulton u. NH_3. — *Oberflächenakt. Stoffe*; *Feuerschutzmittel*. (**F. P. 1 222 982** vom 28/4. 1959, ausg. 14/6. 1960. A. Prior. 1/5. 1958.) S. BÖTTCHER. H 600

I

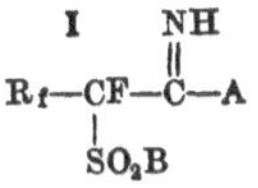

Badische Anilin- & Soda-Fabrik Akt.-Ges., Ludwigshafen/Rh. (Erfinder: Hans Häuber, Ludwigshafen/Rh., und Werner Hagen, Heidelberg), **Propionaldehyd** wird nach dem Oxo-Verf. aus C_2H_4, CO u. H_2 bei erhöhtem Druck u. erhöhter Temp. in der Gasphase in Ggw. von Co-Carbonyl-Verbb. erhalten, indem die Rk.-Teilnehmer auf mindestens 100° vorerhitzt werden, ein mindestens 3facher Überschuß an Synth.-Gas (CO + H_2) angewendet wird, die Gase intensiv gemischt (Mischdüse) u. dann mit hoher Geschw. durch das Rk.-Gefäß (Rg) geleitet werden. Nach Abtrennen von *Propionaldehyd* (Kondensieren) werden die Gase in das Rg zurückgeführt. Dadurch werden Kohleabscheidungen u. Verstopfungen vermieden. — 1 Zeichnung. (**D. B. P. 975 502** Kl. 12o vom 29/11. 1953, ausg. 14/12. 1961. Anmeldung bekanntgemacht 29/11. 1956.) A. JAHN. H 670

Farbenfabriken Bayer Akt.-Ges., Leverkusen (Erfinder: Wilhelm Altner, Opladen, Ernst Meisert, Leverkusen, und Günter Rockstroh, Schildgen), **Herstellung von Chlorameisensäurearylestern** durch Rk. von einwertigen Phenolen (**I**) u. $COCl_2$ (**II**) in Ggw. von wss. Alkali (**III**) als säurebindendem Mittel, dad. gek., daß **III** zu einem Gemisch aus **I**, **II** u. einem mit W. nicht mischbaren Lsgm. (**IV**), das im Falle des kontinuierlichen Arbeitens eine D. < 1,1 besitzt, langsam unter Rühren u. bei einer Temp. < 30° solange zugegeben wird, bis die wss. Phase eine bleibende neutrale bis schwach saure Rk. zeigt. Das Verf. wird bes. im Gegenstrom in einem kühlbaren Rk.-Turm kontinuierlich durchgeführt. Als **IV** dienen z. B. Bzl., Xylol, Toluol, Chlorbenzol, Cyclohexen u. höhersd. Bzn.-Fraktionen. — Beispiele zur Herst. folgender *Chlorameisensäureester*: *o-Isopropylphenyl-*, $Kp._{12}$ 97—98°. — *α-Naphthyl-*, $Kp._{0,5}$ 90°. — *Phenyl-*, $Kp._{18}$ 88°. — *o-Isopropoxyphenyl-*, $Kp._{1,5}$ 87—88°. (**D. A. S. 1 117 598** Kl. 12q vom 27/1. 1960, ausg. 23/11. 1961.) O. MÜLLER-MEININGEN. H 810

Distillers Co. Ltd., Edinburgh (Erfinder: Alec Elce, Epsom, Jan Kenneth, Miles Robson, London, und Donald Peter Young, Sanderstead), England, **Herstellung von essigsäurereichen Gemischen niedermolekularer Fettsäuren** durch Paraffinoxydation mit O_2 oder einem O_2-haltigen Gas in fl. Phase, dad. gek., daß als Ausgangs-Prod. ein Paraffin-KW-Stoff (**I**), bes. n-Butan oder n-Pentan, oder eine I-Fraktion C_4—C_8, mit Ausnahme solcher Fraktionen, die zwischen ca. 15 u. 100° sieden u. mindestens zu 40% aus C_6—C_8-Paraffinen bestehen, die mindestens 40% aus verzweigten, mindestens eine CH_3-Gruppe als Seitenkette enthaltenden KW-Stoffen bestehen, verwendet werden, aus dem prim. Oxydationsgemisch (**II**) einen in Ggw. von W. bei Normaldruck < 90° sd. Vorlauf abdest. u. dieser Vorlauf nach Zusatz von frischem Ausgangs-**I** in die Oxydations-Vorr. (**III**) zurückgeführt wird. Bes. wird **II** vor der Dest. auf < 80° abgekühlt, die hierbei erhaltene obere Schicht nach **III** zurückgeführt u. aus der unteren Schicht der in Ggw. von W. > 99° sd. Vorlauf abdestilliert. — Vorr., Zeichnung. (**D. A. S. 1 114 800** Kl. 12o vom 13/10. 1953, ausg. 12/10. 1961. E. Prior. 15/10. 1952.) O. MÜLLER-MEININGEN. H 810

Badische Anilin- & Soda-Fabrik Akt.-Ges., Ludwigshafen/Rh. (Erfinder: Heinz Hohenschutz, Mannheim), **Herstellung von Essigsäure oder deren Gemisch mit Methylacetat** (**I**) durch Rk. von CH_3OH oder **I** mit CO unter erhöhtem Druck u. Temp. in Ggw. von Katalysatoren, dad. gek., daß das dem Rk.-Raum entnommene Abgas bei niedriger Temp., bes. bei —30 bis +30°, u. bei 1—10 at, mit CH_3OH oder **I** gewaschen u. die hierbei erhaltene Lsg. in den Rk.-Raum zurückgeführt wird. Das beim Entspannen der Wasch-Lsg. frei werdende Gas kann ebenfalls wie oben gewaschen u. die Wasch-Lsg. zurückgeführt werden. — Vorr., Zeichnung. (**D. A. S. 1 115 234** Kl. 12o vom 23/1. 1960, ausg. 19/10. 1961.) O. MÜLLER-MEININGEN. H 810

Commonwealth Engineering Co. of Ohio, übert. von: Jack J. Bulloff, Dayton, Ohio, V.St.A., **Gewinnung von Fettsäuren (I) aus Seefisch-Ölen,** z. B. aus Thunfischöl. Das Öl wird mit 10%ig. H_2SO_4 vermischt, auf 80° erhitzt, eine 5%ig. wss. $KMnO_4$-Lsg. zugesetzt, alkalisiert u. portionsweise mit einem 5—30%ig. stöchiometr. Überschuß einer wss. $Al_2(SO_4)_3$-Lsg. versetzt, bis sich in der überstehenden Fl. kein Nd. mehr bildet. Der Nd. wird abfiltriert, gewaschen u. getrocknet. Das erhaltene einbas. Al-Acylat kann direkt als *Verdickungsmittel für Bzl.* verwendet werden oder mit einer Mineralsäure zur Gewinnung von freien I zerlegt werden. (**A. P. 2 972 624** vom 4/10. 1955, ausg. 21/2. 1961.) O. MÜLLER-MEININGEN. H 810

Farbwerke Hoechst Akt.-Ges., vormals Meister Lucius & Brüning, Frankfurt/M. (Erfinder: Kurt Kümmerle, Kelkheim), **Entfernung von bis zu 3 C-Atome enthaltenden Alkoholen aus ihren azeotrop siedenden Gemischen mit Estern** $> C_3$, dad. gek., daß die Gemische unter Zusatz von W. in einer Kolonne mit selektiver Anreicherungszone rektifiziert werden, wobei in dieser Zone das W. den aufsteigenden Dämpfen entgegengeführt u. die als Kopf-Prod. anfallenden alkoholfreien Ester von noch beigemischten geringen Wassermengen befreit werden. Die entsprechenden Alkohole werden z. B. aus folgenden Gemischen entfernt: CH_3OH/Essigsäureisopropylester; A./$CH_3COOC_2H_5$; A./n-Buttersäuremethylester (I); A./Isobuttersäuremethylester (II); $CH_3CH_2CH_2OH$ (III)/$CH_3CH_2COOC_2H_5$; III/I; III/II; Isopropanol/II. — Zeichnung. (**D. A. S. 1 115 728** Kl. 12o vom 11/5. 1957, ausg. 26/10. 1961.)
O. MÜLLER-MEININGEN. H 810

Imperial Chemical Industries Ltd., London, England (Erfinder: Alan Sweeney), **Pivalinsäure** (Trimethylessigsäure, $Kp._{13}$ 70°) wird durch Rk. von HCOOH (I) mit Isobutanol (II) (Mol-Verhältnis 2—1 : 1—2, bes. 1 : 1) bei —10 bis 110°, bes. 5—50°, vorzugsweise 15—25°, in Ggw. von H_2SO_4 (III), H_2F_2 oder $BF_3—H_2SO_4$ erhalten, wobei z. B. 2—10, bes. 3—4 Mol **III** je Mol **I** + **II** verwendet werden. Es wird bei Normal- oder Überdruck, z. B. bei 15 lbs./sq.in. gearbeitet; Rk.-Dauer 1—18, bes. 4—8 Stunden. — *Zwischenprodukt.* (**E. P. 868 573** vom 25/3. 1959, ausg. 17/5. 1961.)
O. MÜLLER-MEININGEN. H 810

Badische Anilin- & Soda-Fabrik Akt.-Ges. (Erfinder: Karl Merkel), Ludwigshafen/Rh., **Reinigung von gesättigten α.α-Dichlorfettsäuren,** dad. gek., daß die Rohsäuren zunächst durch einfache Dest. von den nichtflüchtigen Verunreinigungen getrennt u. anschließend das erhaltene Destillat in Ggw. eines P-Halogenids, bes. von PCl_3 oder PCl_5, bei einem Druck < 100 Torr, bes. bei 1—30 Torr, rektifiziert wird. — Beispiele zur Reinigung von *α.α-Dichlorpropionsäure* ($Kp._{30}$ 108°) u. *α.α-Dichlorbuttersäure,* $Kp._{30}$ 126°. (**D. A. S. 1 121 039** Kl. 12o vom 27/4. 1960, ausg. 4/1. 1962.)
O. MÜLLER-MEININGEN. H 810

Distillers Co. Ltd., Edinburgh, Schottland (Erfinder: Edward James Gasson), **11-Bromundecansäure** wird durch Einleiten von HBr, O_2, Luft oder O_3-haltigem O_2 in 10-Undecensäure (I) bei —20 bis 70°, bes. 0—40° erhalten, wobei HBr u. I bes. in äquimol. Menge u. 0,01—0,1 Mol O_2 u. dgl. je Mol HBr verwendet werden. (**E. P. 867 549** vom 2/4. 1959, ausg. 10/5. 1961.) O. MÜLLER-MEININGEN. H 810

Badische Anilin- & Soda-Fabrik Akt.-Ges. (Erfinder: Wilhelm Friedrichsen und Heinz Werner), Ludwigshafen/Rh., **Herstellung von niedermolekularen gesättigten Fettsäurenitrilen** durch katalyt. Spaltung von N-Monoalkylsubstituierten Formamiden (I) mit 1—5 C-Atomen im Alkylrest in Dampfphase, dad. gek., daß in Ggw. von 0,3—20 (Mol) W. je 1 I bei 450—700° u. bes. in Ggw. eines Wolframsäure-, ggf. mit ZnO aktivierten, Trägerkatalysators gearbeitet wird. — Beispiele: $HCONHCH_3$ → 80—93 (%) *Acetonitril,* Kp. 81—82°. — $HCONHC_2H_5$ → 92 *Propionitril,* Kp. 97—98°. — N-Butylformamid → 82 *Valeronitril,* Kp. 140—142°. (**D. A. S. 1 119 247** Kl. 12o vom 10/3. 1960, ausg. 14/12. 1961.) O. MÜLLER-MEININGEN. H 810

Knapsack-Griesheim Akt.-Ges. (Erfinder: Kurt Sennewald, Franz Pohl, Knapsack, und Willi Meininger, Efferen), **Gleichzeitige Herstellung von Acrylsäurenitril, Monovinylacetylen und Acetaldehyd** erfolgt durch Einleiten von überschüssigem C_2H_2 u. nur 20—50% HCN, bezogen auf die Katalysatorleistung zur Nitril-Bldg., in eine wss., salzsaure Cu_2Cl_2-Lsg., die außerdem NH_4Cl u./oder Alkalichlorid gelöst enthält, wobei das Mol-Verhältnis von Cu_2Cl_2 zu zugesetztem Halogenid zwischen ca. 1:1 bis 0,8 beträgt, bei 1—4 ata u. ca. 70—110°. Wegen der geringen HCN-Menge entsteht kein Milchsäurenitril. Gesamtausbeute an den vorst. Verbb. 94%, bezogen auf umgesetztes C_2H_2. (**D. A. S. 1 119 851** Kl. 12o vom 9/9. 1958, ausg. 21/12. 1961. **Zusatz zu D. A. S. 1 090 195; C. 1961. 11 136.**) G. KRAUSS. H 810

Monsanto Chemical Co., St. Louis, Mo. (Erfinder: Alistair Campbell MacFarlane, Texas City, Tex.), V.St.A., **Gewinnung von reinem Acrylsäurenitril (I),** das 5 oder weniger Teile HCN je 1000000 Teile I enthält, durch Reinigung von rohem I, das CH_3CHO, HCN, Milchsäurenitril u. a. höher als I sd. Verunreinigungen enthält, durch Dest. von rohem I in 2 Kolonnen u. getrenntes Abziehen der Verunreinigungen u. des gereinigten I, dad. gek., daß rohes I in einen Zwischenabschnitt einer Fraktionierkolonne eingeführt wird, die hochsd. Verunreinigungen, einschließlich des Milchsäurenitrils, am Boden der Kolonne abgezogen werden, ein Teil des fl. Zweigstromes, der aus I besteht, an einer Stelle im oberen Teil der Kolonne abgezogen u. in eine Abstreifkolonne eingeführt wird, in der CH_3CHO u. HCN oben von der Fl. abgestreift werden, diese CH_3CHO- u. HCN-Dämpfe, ggf. nach der Verflüssigung in die 1. Kolonne zurückgeführt werden u. reines I am Boden der Abstreifkolonne als Fl. oder Dampf abgezogen wird. In beiden Kolonnen wird bes. mit Unterdruck gearbeitet. — Vorr., Zeichnung. — Vgl. F. P. 1 085 647; C. **1957.** 8068. (**D. A. S. 1 112 066** Kl. 12o vom 26/10. 1953, ausg. 3/8. 1961. A. Prior. 27/10. 1952.) G. KRAUSS. H 810

Rütgerswerke Akt.-Ges., Frankfurt/M. (Erfinder: Julius Altpeter, Bad Homburg v. d. Höhe), **Herstellung von konzentrierten Lösungen der Peressigsäure (I)** dad. gek., daß eine Anlagerungs-Verb. von H_2O_2 an $CO(NH_2)_2$ in Eisessig gelöst wird, wobei das bei der I-Bldg. entstehende W. durch Zugabe von $(CH_3CO)_2O$ gebunden werden kann. Die Lsgg. dienen z. B. zur Herst. von Epoxyverbindungen. (**D. A. S. 1 120 442** Kl. 12o vom 5/4. 1960, ausg. 28/12. 1961.) O. MÜLLER-MEININGEN. H 810

E. I. du Pont de Nemours & Co., Wilmington, Del., übert. von: Byron N. Inman, Kenmore, N.Y., V.St.A., **Herstellung von Alkalicyaniden,** bes. *NaCN.* Ein kontinuierlicher Strom einer Lsg., die als Hauptbestandteil Alkalicyanid neben weniger Alkalihydroxid enthält, wird mit einem kontinuierlichen Strom von HCN-Gas derart gemischt, daß die Temp. von 35—40 auf $\leqq 50^0$ steigt u. in der entstehenden Lsg. höchstens 0,2—0,5% unumgesetztes NaOH verbleiben. Der größere Teil der entstehenden Lsg. wird nach Abkühlen auf 35—40° u. Zusatz von Alkalihydroxid in den Prozeß zurückgeführt, ein kleinerer Teil aufgearbeitet. — Verf.-Schema. — Vgl. A. P. 2 742 344; C. **1957.** 3101. (**Can. P. 551 586** vom 1/3. 1954, ausg. 14/1. 1958. A. Prior. 16/3. 1953.) H.-J. NITZSCHKE. H 890

Badische Anilin & Soda-Fabrik Akt.-Ges. (Erfinder: Günther Weiss und Gerhard Schulze), Ludwigshafen/Rh., **Herstellung von N-Alkylamidosulfonylchloriden,** der allg. Formel $R-NH-SO_2Cl$ (R = Alkylrest), dad. gek., daß N.N'-Dialkylsulfonyldiamide mit SO_2Cl_2 (I) bei 50—140°, bes. 80—120°, u. 2—20 at umgesetzt werden. — Zum Beispiel wird ein Gemisch aus 6,2 (Teilen) N.N'-Dimethylsulfonyldiamid u. 13,5 I im Bombenrohr 1½ Std. lang auf 100° erhitzt. Es werden 11 (85%) rohes u. nach Hochvakuum-Dest. 9 (69,5%) reines *N-Methylamidosulfonylchlorid.* $Kp._{0,1}$ 80°, erhalten. — *N-Äthylamidosulfonylchlorid,* $Kp._{0,2}$ 96—98°. — *Zwischenprodd,* zur Herst. von *Pflanzenschutzmitteln.* (**D. A. S. 1 121 060** Kl. 12q vom 24/8. 1960, ausg. 4/1. 1962.) O. MÜLLER-MEININGEN. H 910

Horst Baganz und Günter Fransch, Berlin, **Herstellung von optisch-aktiven α-Amino-β-halogenpropionsäureestern** der allg. Zus. $R_2-CH_2-CH(NH_2)-COOR_1$ (R_1 = Alkyl, Cycloalkyl, Aryl, Aralkyl; R_2 = Cl oder Br), dad. gek., daß opt.-akt. Cystinester mit Cl_2 oder Br_2 in einem inerten Lsgm. umgesetzt werden. Zum Beispiel werden 20 (Teile) *l*-Cystindimethylesterhydrochlorid in 300 Chlf. suspendiert. Bei —5° wird 1 Std. lang Cl_2 eingeleitet, 36 Std. lang unter Ausschluß von Feuchtigkeit stehengelassen u. nach Umkristallisieren aus HCl-haltigem CH_3OH 89% *l-α-Amino-β-chlorpropionsäuremethylesterhydrochlorid,* F. 156°, erhalten. Die Rk. verläuft nach: $[CH_3OOC-CH(NH_2)-CH_2-S]_2 \cdot 2\,HCl + 3\,Cl_2 \rightarrow 2\,CH_3OOC-CH(NH_2)-CH_2Cl \cdot HCl + 2\,SCl_2$. — *Äthylesterhydrochlorid,* F. 141° (Tetrahydrofuran). — Durch Hydrolyse dieser Verbb. mit 20%ig. HCl u. anschließender Zugabe der berechneten Menge NH_3 wird *l-α-Amino-β-chlorpropionsäure,* $[\alpha]_D^{20}$ —17,7° (c = 7,36; W.) erhalten. — Zwischenprodd., bes. zur Aminosäuresynthese. (**D. A. S. 1 124 043** Kl. 12q vom 23/9. 1960, ausg. 22/2. 1962.) O. MÜLLER-MEININGEN. H 950

Montecatini Soc. Gen. per l'Industria Mineraria e Chimica, übert. von: Gian Paolo Chiusoli, Mailand, Italien, **Herstellung von ω-Aminocaprylsäure (I)** u. ihren Estern mit C_1—C_4-Alkanolen. 7-Cyanheptadien-(2.5)-säure-(1) (**II**), die durch Rk. von C_2H_2 mit CO, 1-Chlor-4-cyanbuten-(2) u. Ni-Carbonyl erhalten wird, bzw. ihre Ester werden entweder 2stufig mit H_2 in Ggw. eines Pd-Katalysators bei 10 bis 80° zu *Korksäuremononitril* bzw. dessen Estern u. dieses dann in Ggw. eines Ni/Cr-Katalysators bei 20—60° zu I bzw. deren Estern red. oder die Red. zu I wird in Ggw. von RANEY-Ni, bes. in Ggw. von NH_3, bei 20—100° u. einem Druck bis zu 200 at ausgeführt. — Beispiele zur Herst. von I-*Hydrochlorid,* F. 145—146°. — I-*Methylester,*

$C_9H_{19}NO_2$, Kp.$_{15}$ 110—120°. — *Korksäuremethylestermononitril*, $C_9H_{15}NO_2$, Kp.$_{18}$ 150 bis 160°, Kp.$_{10}$ 138—142°. Mit 36%ig. HCl → *Korksäure* (III). — II + 36%ig. HCl → *Octadien-(2.4)-disäure*, F. 218—220°; liefert durch Red. in Ggw. von RANEY-Ni III. — I dient *zur Herst. von Polyamiden.* (**A. P. 2 978 466** vom 7/10. 1958, ausg. 4/4. 1961. It. Prior. 10/10. 1957.) O. MÜLLER-MEININGEN. H 950

Sandoz Soc. An., Schweiz, **Herstellung von L-(+)-Glutamin,** F. 187° (Zers.), $[\alpha]_D^{20}$ +32° (c = 3; n-HCl), dad. gek., daß L-Glutaminsäure-γ-methylester in CS_2 u. CH_3OH mit NH_3 umgesetzt u. die Lsg. nach 3—5tägigem Stehen bei 20° mit 4n CH_3·COOH angesäuert wird. (**F. P. 1 226 311** vom 4/6. 1959, ausg. 11/7. 1960. Schwz. Prior. 6/6. 1958.) S. BÖTTCHER. H 950

Stephen Rath, New York, N.Y., V.St.A., **Herstellung von l-Glutamin (I)** durch Rk. von *l*-Pyrrolidoncarbonsäure (II) mit N_2H_4 (III) in einem organ. Lsgm. zu *l-Glutamylhydrazid* (IV) u. dessen Rk. mit in W. feinverteiltem Ni, dad. gek., daß nach dem Abfiltrieren von Ni das Filtrat mit NH_3 versetzt u. das gelöste restliche Ni mittels eines sauren Ionenaustauscherharzes (V) vom I getrennt wird. Zum Beispiel wird ein Gemisch aus 150 (g) II, 3800 cm³ abs. A. u. 60 cm³ 95%ig. III 7—8 Std. lang gekocht u. 70—80% IV, F. 160—161°, erhalten. 400 IV werden 20 Std. lang mit 8 Liter W. u. 2000 Ni-Schwamm bei Raum-Temp. geschüttelt, nach Verschwinden der III-Rk. mit FEHLINGscher Lsg. filtriert, mit ca. 2 Liter W. von 60° gewaschen, das Filtrat mit 200 cm³ konz. NH_4OH versetzt u. durch mit 6n HCl u. W. gewaschenes V, z. B. „IRC-50" (Mischpolymerisat aus Divinylbenzol u. Polystyrol), geleitet. Durch Konz. im Vakuum bei <35° werden nach Umfällen aus wss. Lsg. mit A. 50—60% I, F. 184 bis 185°, erhalten. (**D. A. S. 1 124 044** Kl. 12q vom 24/2. 1958, ausg. 22/2. 1962.) O. MÜLLER-MEININGEN. H 950

Stamicarbon N. V., Heerlen (Erfinder: Johannes Engelbertus Nelemans, Geleen, und Albertus Hubertus Pecasse, Maastricht), Holland, **Herstellung von l-Lysin** u. seinen Salzen durch Hydrolyse von *l*-α-Amino-ε-caprolactam (I), dad. gek., daß diese in wss. Lsg. mit einer starken Base, bes. NaOH, durchgeführt u. die Rk. bei einer Temp. zwischen 80° u. dem Kp. des Rk.-Gemisches beendet wird, nachdem mindestens 80% von I bei <45° hydrolysiert wurden. Nach Abschluß der Hydrolyse kann das Rk.-Gemisch über einen Kationenaustauscher geleitet werden. (**D. A. S. 1 118 795** Kl. 12q vom 6/7. 1960, ausg. 7/12. 1961. Holl. Prior. 9/7. 1959 u. 18/5. 1960.) O. MÜLLER-MEININGEN. H 950

A. E. C. Soc. de Chimie Organique et Biologique (Erfinder: Jacques Cuvillier), Commentry, Allier, Frankreich, **Aufspalten von dl-Lysin in seine optischen Isomeren** durch Salz-Bldg. mit opt.-akt. Säuren (I), Trennen des Salzgemisches u. Isolieren der akt. Komponenten, dad. gek., daß als I ein d- oder *l*-Bitartrat der allg. Formel HOOC—CHOH—CHOH—COOMe (Me = Alkalimetall oder NH_4) bei 0—100, bes. 15—45° verwendet wird. Als Lsgm. werden W. oder dessen Gemische mit CH_3OH verwendet, wobei letzteres ganz oder z. T. durch ein mit W. mischbares Lsgm., z. B. Aceton, andere niedermol. Alkanole oder Polyalkohole, ersetzt werden kann. (**D. A. S. 1 118 794** Kl. 12q vom 6/7. 1960, ausg. 7/12. 1961. F. Prior. 7/7. 1959.) O. MÜLLER-MEININGEN. H 950

VEB Berlin-Chemie, Berlin (Erfinder: Günter Sosse und Horst Weddige, Halle/Saale), **Herstellung von Peptiden,** dad. gek., daß bei der Verknüpfung von N-Carbobenzyloxy (I) aminosäuren mit Aminosäureestern zu I-Peptidestern als wasserabspaltende Mittel Cyanamid (III) oder organ. substituierte Cyanamide verwendet werden. — Zum Beispiel werden 60 (g) I-dl-Phenylalanin u. 2,34 dl-Alaninäthylester (II) 5 Std. lang mit 2,4 cm³ Diäthyl-III bei 80° in Tetrahydrofuran erhitzt. Nach Abdestilieren des Lsgm. im Vakuum, Aufnehmen des Rückstands in Essigester, Waschen mit 10%ig. K_2CO_3-Lsg., 3%ig. HCl u. W., Trocknen u. Zugabe von PAe. werden 60 % I-*dl-Phenylalanyl*-II, F. 100,5—101,5°, erhalten. — Analog werden erhalten: I-*l-Phenylalanylglycinäthylester*, F. 109—110°; $[\alpha]_D^{20}$ —16,0°, u. I-*Glycyl-l-leucinäthylester*, F. 135 bis 137°; $[\alpha]_D^{20}$ —7,0°. (**D. A. S. 1 117 133** Kl. 12q vom 4/6. 1960, ausg. 16/11. 1961.) O. MÜLLER-MEININGEN. H 950

Ciba Soc. An., Schweiz, **Herstellung von L-Asparaginyl-L-arginyl-L-valyl-L-tyrosyl-L-valyl-L-histidyl-L-prolyl-L-phenylalanyl-L-histidyl-L-leucin (I)** u. seinen Derivv., dad. gek., daß L-Aspargin u. L-Arginin mit geschützter Aminogruppe, L-Valin, L-Tyrosin mit freier oder substituierter OH-Gruppe, L-Valin, L-Histidin, L-Prolin, L-Phenylalanin, L-Histidin u. ein L-Leucinester unter Bldg. eines Dekapeptids miteinander vereinigt, die veresterte Carboxyl- u. die geschützten Aminogruppen u. ggf. die substituierte OH-Gruppe frei gemacht u. die Carbonamidgruppe des Asparaginrestes in eine freie Carboxylgruppe übergeführt wird. — Nitro-L-argininmethylester wird in Dioxan in Ggw. von

$(C_2H_5)_3N$ mit Diäthylchlorphosphit zu *Nitro-L-argininmethylesterdiäthylphosphitamid* u. dieses in Diäthylphosphit mit N-Carbobenzyloxy-L-asparagin zu *N-Carbobenzyloxy-L-asparaginylnitro-L-argininmethylester*, F. 170—173°; $[\alpha]_D$ +5° (c = 2,0; Eisessig) umgesetzt; dieser wird mit 1n NaOH zu *N-Carbobenzyloxy-L-asparaginylnitro-L-arginin*, F. 98—101°, $[\alpha]_D$ +10° (c = 1,4; CH_3OH), verseift; in $HCON(CH_3)_2$ in Ggw. von 1-Cyclohexyl-3-[2-morpholinoäthyl]-carbodiimid wird mit L-Valyl-L-tyrosyl-L-valyl-L-histidinmethylester (II) zu *N-Carbobenzyloxy-L-asparaginylnitro-L-arginyl-L-valyl-L-tyrosyl-L-valyl-L-histidinmethylester*, F. 170—180° umgesetzt, der wiederum zu *N-Carbobenzyloxy-L-asparaginylnitro-L-arginyl-L-valyl-L-tyrosyl-L-valyl-L-histidin*, F. 185—195° verseift wird; diese Verb. wird unter den gleichen Bedingungen wie oben mit L-Prolyl-L-phenylalanyl-L-histidyl-L-leucinmethylester (III) zu *N-Carbobenzyloxy-L-asparaginylnitro-L-arginyl-L-valyl-L-tyrosyl-L-valyl-L-histidyl-L-prolyl-L-phenylalanyl-L-histidyl-L-leucinmethylester* (IV), F. 185—195°, umgesetzt; der Ester wird in n/10 methanol. HCl an Pd/Kohle mit H_2 unter Bldg. von *L-Asparaginyl-L-arginyl-L-valyl-L-tyrosyl-L-valyl-L-histidyl-L-prolyl-L-phenylalanyl-L-histidyl-L-leucinmethylester* behandelt, der verseift wird. — Aus N-Carbobenzyloxy-L-valyl-L-tyrosyl-L-valyl-L-histidin u. **III** wird *N-Carbobenzyloxy-L-valyl-L-tyrosyl-L-valyl-L-histidyl-L-prolyl-L-phenylalanyl-L-histidyl-L-leucinmethylester*, F. 170—173°, $[\alpha]_D^{24}$ —73° (c = 1,01; A.) hergestellt, der red. u. hydrolysiert wird zu *L-Valyl-L-tyrosyl-L-valyl-L-histidyl-L-prolyl-L-phenylalanyl-L-histidyl-L-leucinmethylester* [*Trihydrobromid*, F. 210° (Zers.)], der Ester wird mit N-Carbobenzyloxy-L-asparaginylnitro-L-arginin zu **IV**, F. 181—184°, Zers. 187°, $[\alpha]_D^{24}$ 55° (c = 0,65; n/100 methanol. HCl) umgesetzt. — *N-Carbobenzyloxy-L-valyl-L-tyrosinäthylester*, F. 148 bis 149°, $[\alpha]_D^{24}$ +33° (c = 3,96; Chlf.), aus N-Carbobenzyloxy-L-valin u. L-Tyrosinäthylester oder Bis-[p-nitrophenyl]-sulfit über *N-Carbobenzyloxy-L-valin-p-nitrophenylester* (V), F. 63—64°; *N-Carbobenzyloxy-L-valyl-O-benzoyl-L-tyrosinäthylester*, F. 173—175°, $[\alpha]_D^{23}$ +34° (c = 1,51; Chlf.), aus **V** u. o-Benzoyl-L-tyrosinäthylester; aus beiden Verbb. wird *N-Carbobenzyloxy-L-valyl-L-tyrosin*, F. 161—163°, $[\alpha]_D^{23}$ +26° (c = 4,01; Pyridin), erhalten. — *N-Carbobenzyloxy-L-valyl-L-histidinmethylester*, F. 161—163°, $[\alpha]_D^{23}$ —22° (c = 2,04; A.), u. *L-Valyl-L-histidinmethylester*, aus N-Carbobenzyloxy-L-valin u. L-Histidinmethylester. — *N-Carbobenzyloxy-L-valyl-L-tyrosyl-L-valinmethylester*, F. 194 bis 196°, $[\alpha]_D$ —24° (c = 4,08; Eisessig), aus N-Carbobenzyloxy-L-valyl-L-tyrosin u. L-Valinmethylester oder über *N-Carbobenzyloxy-L-valyl-L-tyrosin-* u. *-D-tyrosin-p-nitrophenylester*, F. 176—177°; $[\alpha]_D^{23}$ —2° (c = 4,07; Aceton). — *N-Carbobenzyloxy-L-valyl-L-tyrosyl-L-valin* (VI), F. 222—224°, $[\alpha]_D^{23}$ —26° (c = 4,16; A.). — *N-Carbobenzyloxy*-II, F. 222 bis 224°, $[\alpha]_D^{23}$ —27° (c = 2; Eisessig), aus N-Carbobenzyloxy-L-valyl-L-tyrosin u. L-Valyl-L-histidinmethylester oder über den p-Nitrophenylester oder aus **VI** u. L-Histidinmethylester. — *N-Carbobenzyloxy-L-valyl-L-tyrosyl-L-valyl-L-histidin*, F. 236—238°, $[\alpha]_D^{23}$ —10° (c = 2,10; Eisessig), u. **II**, F. 190°. — *N-Carbobenzyloxy-L-prolyl-L-phenylalanin*, F. 121 bis 123°, $[\alpha]_D^{23}$ —49° (c = 1,215; Chlf.), über den *Methylester* aus N-Carbobenzyloxy-L-prolin bzw. dessen p-Nitrophenylester u. L-Phenylalaninmethylester. — *N-Carbobenzyloxy-L-prolyl-L-phenylalanyl-L-histidin*, F. 128—135°, über den *Methylester* aus N-Carbobenzyloxy-L-prolyl-L-phenylalanin-p-nitrophenylester (F. 155°). — *N-Carbobenzyloxy*-**III**, $[\alpha]_D^{24}$ —60° (c = 1,04; CH_3OH) u. **III**. (**F. P. 1 224 023** vom 4/9. 1957, ausg. 21/6. 1960. Schwz. Prior. 6/9. 1956 u. 4/4. 1957.) S. BÖTTCHER. H 950

Farbenfabriken Bayer Akt.-Ges., Leverkusen, **Feste Hydrolyseprodukte von Silanen** werden erhalten, wenn in einer (schematisiert dargestellten) Vorr. sowohl Silan als auch im Überschuß W. gegeneinander versprüht werden, wobei die am Boden befindliche Wasservorlage die Hydrolysate aufnimmt. Zur Anwendung kommen Silane der allg. Formeln $RSiX_3$ u. R_2SiX_2 sowie deren Gemische, wobei X der hydrolysierbare Rest ist u. R ein Alkyl- oder Arylrest. (**E. P. 856 522** vom 29/10. 1958, ausg. 21/12. 1960. D. Prior. 31/10. u. 25/11. 1957.) A. DANDL. H 980

Farbenfabriken Bayer Akt.-Ges., Leverkusen (Erfinder: Reinhard Schliebs, Köln, und Hermann Kaiser, Leverkusen), **Methyl- oder Äthyldichlorphosphin** werden erhalten, indem die durch Rk. von RCl (R = CH_3, C_2H_5) mit PCl_3 u. $AlCl_3$ (I) erhaltene Komplex-Verb. der Formel $(RPCl_3)^+(Al_2Cl_7)^-$ mit Al red., entstandenes I mit bes. überschüssigem Alkalichlorid komplex gebunden u. in Freiheit gesetztes Methyl- bzw. Äthyldichlorphosphin aus dem Gemisch abdest. wird. (**D. A. S. 1 119 860** Kl. 12o vom 11/6. 1959, ausg. 21/12. 1961.) A. JAHN. H 980

Farbenfabriken Bayer Akt.-Ges., Leverkusen (Erfinder: Reinhard Schliebs, Köln), **Herstellung niederer Alkyldichlorphosphine unter Rückgewinnung von Aluminiumchlorid.** Das durch Rk. von CH_3Cl bzw. C_2H_5Cl mit PCl_3 u. $AlCl_3$ erhaltene Rk.-Gemisch aus $(RPCl_3)^+(Al_2Cl_7)^-$ (R = CH_3, C_2H_5) wird mit Al red., wobei ein Gemisch aus $RPCl_2 \cdot AlCl_3$ (I) u. $AlCl_3$ (II) entsteht. Daraus wird I mit Chlor-KW-

Stoffen extrahiert, unlösl. **II** abgetrennt u. im Filtrat befindliches **I** mit Alkalichlorid unter komplexer Bindung von **II** gespalten. — *Zwischenprodukte.* (**D. A. S. 1 119 861** Kl. 12o vom 23/9. 1959, ausg. 21/12. 1961.) A. Jahn. H 980

Farbenfabriken Bayer Akt.-Ges., Leverkusen (Erfinder: Reinhard Schliebs, Köln), **Herstellung niederer Alkylthiophosphonsäuredichloride unter Rückgewinnung von Aluminiumchlorid.** Das durch Rk. von Alkylchloriden mit PCl_3 u. $AlCl_3$ erhaltene Rk.-Gemisch aus Verbb. der Formel $(RPCl_3)^+(Al_2Cl_7)^-$ (R = Alkyl) wird mit Al red. u. das bei der Red. entstandene Gemisch (I) aus $RPCl_2 \cdot AlCl_3$ u. $AlCl_3$ gelöst, indem die Verbb. der Formel $RPCl_2 \cdot AlCl_3$ (**II**) mit Chlor-KW-Stoffen (**III**) gelöst u. das unlösl. $AlCl_3$ abfiltriert wird; nach dem Abdestillieren des Lsgm. wird **II** mit S oder S abgebenden Verbb., dann mit Alkalihalogenid zur komplexen Bindung von $AlCl_3$ umgesetzt. **I** kann auch unmittelbar mit S oder S abgebenden Verbb. umgesetzt, die entstandene Komplex-Verb. $RP(:S)Cl_2 \cdot AlCl_3$ (**IV**) mit **III** extrahiert, die entstandene Lsg. vom unlösl. $AlCl_3$ abfiltriert u. im Filtrat nach Entfernung des Lsgm. die Komplex-Verb. **IV** mit Alkalihalogeniden gespalten werden. (**D. A. S. 1 119 862** Kl. 12o vom 23/9. 1959, ausg. 21/12. 1961.) A. Jahn. H 980

California Research Corp., V.St.A. (Erfinder: John B. Wilkes), **Hydrierung aromatischer Nitrile,** bes. Isophthalonitril, zu *m-Xylylendiamin*, dad. gek., daß sie im Gew.-Verhältnis 1:1—10 mit NH_3 in Ggw. eines Ni- oder Co-Katalysators in der 1—10fachen Menge eines organ. Lsgm. unter Druck mit H_2 auf 93—163° erhitzt werden. (**F. P. 1 226 216** vom 2/6. 1959, ausg. 8/7. 1960. A. Prior. 11/6. 1958.) S. Böttcher. H 1310

Lentia G. m. b. H., Ein- und Verkauf, München (Erfinder: Werner Obendorf, Linz, Österreich), **Herstellung von 3-Amino-2.4.6-trijodbenzoylverbindungen,** dad. gek., daß Säurechloride der allg. Formel I (Z = NH_2- oder Thionylaminogruppe) mit Verbb., die an O oder N gebundene akt. H-Atome enthalten, oder mit deren Derivv., in denen das akt. H-Atom durch Metall ersetzt ist, umgesetzt werden, wobei in Abwesenheit oder in Ggw. eines Lsgm., bes. wss. Aceton, gearbeitet wird u. anschließend ggf. vorhandene Thionylaminogruppen durch Rk. mit sauren oder alkal. Stoffen in NH_2-Gruppen übergeführt werden. Es wird bes. bei Temp. <200°, bes. <160°, gearbeitet. — Zum Beispiel wird ein Gemisch aus 111 (g) 3-Amino-2.4.6-trijodbenzoesäure mit 250 cm³ $SOCl_2$ (**II**) 95 Min. lang auf 50—55° erwärmt, dann bei 400 Torr **II** abdest., der Rückstand in Ae. gelöst, mit W. gewaschen, mit 6—7% Überschuß an NaOH die Thionylgruppe abgespalten u. nach Waschen der Ae.-Lsg. mit NaCl-haltigem W. u. Trocknen der Ae. abdest. → 92,94% *3-Amino-2.4.6-trijodbenzoylchlorid*, F. 93,5—95°. Wird auf die Rk. mit NaOH verzichtet, nach Abdestillieren von **II** das Kristallisat abgesaugt, so wird *3-Thionylamino-2.4.6-trijodbenzoylchlorid*, F. 107—109°, erhalten. — Aus beiden Verbb. wird durch Rk. mit Piperidin in Ae.- oder Aceton-Lsg. 90,2—95,7% *3-Aminotrijodbenzoesäure* (III)-*piperidid*, F. 207 bis 210°, erhalten. — III-*Methylester*, F. 161,5—163°. — III-*Diäthylamid*. — *3-Amino-2.4.6-trijodbenzanilid*, F. 227—230°. — *3-Amino-2.4.6-trijodhippursäure*, F. 234—237° (A.). — *β-[N-(3-Amino-2.4.6-trijodbenzoyl)-N-phenylamino]-propionsäuremethylester*, F. 155—157°. — *Zwischenprodd.* u. *Röntgenkontrastmittel.* (**D. A. S. 1 117 135** Kl.12q vom 30/7. 1958, ausg. 16/11. 1961.) O. Müller-Meiningen. H1350

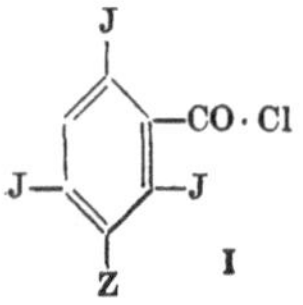

I

VEB Leuna-Werke „Walter Ulbricht" (Erfinder: Max Thiel und Wilhelm Höfling), Leuna, **Herstellung von aromatischen Halogenaminocarbonsäuren** oder ihren Derivv., dad. gek., daß aromat. Halogennitrocarbonsäuren oder deren Derivv. in Ggw. eines Lsgm., bes. eines Alkohols, Äthers oder gesätt. KW-Stoffs u. eines Ni/Al_2O_3-Katalysators bei 40—150° u. 80—120 at red. werden. — Zum Beispiel wird aus 4-Chlor-2-nitrobenzoesäure in 88%ig. Ausbeute → *4-Chlor-2-aminobenzoesäure*, F. 240°, erhalten. — Analog werden hergestellt: *2-Chlor-4-aminobenzoesäure* (I)-*Methylester*, F. 106° (CH_3OH). — I-*β-Diäthylaminoäthylamidhydrochloriddihydrat*, F. 51°. — *2-Brom-4-aminobenzoesäureäthylester*, F. 83°. — I-*β-Diäthylaminoäthylesterhydrochlorid*, F. 171°. (**D. A. S. 1 118 796** Kl. 12q vom 26/6. 1958, ausg. 7/12. 1961.) O. Müller-Meiningen. H 1350

Celanese Corp. of America, New York, N.Y., übert. von: Duane L. Stearns und Walter E. Heinz, Corpus Christi, Tex., V.St.A., **Cyclisches dimeres Methylisopropenylketon (I)** wird in 99—100%ig. Ausbeute durch Erhitzen von **I** auf wenigstens 50°, bes. unter Rückfluß, vorteilhaft in Ggw. von metall. Cu, 0,001—0,02% eines Polymerisationsverzögerers (Hydrochinon, Thiodiphenylamin, S) u. eines inerten Gases (N_2) erhalten; höhere Polymere entstehen höchstens in Mengen <1%. — Das cycl.

Dimere kann prakt. quant. wieder in I durch Erhitzen in der Dampfphase auf 375—520° in Abwesenheit eines Katalysators, bes. in Verdünnung mit Wasserdampf oder N_2, bei einer Raum-Geschw. von 20—100 umgewandelt werden. (**A. P. 2 851 497** vom 12/10. 1954, ausg. 9/9. 1958.) R. HAUSS. H 1970

Union Carbide Corp., New York, N.Y., übert. von: Howard L. Bender, Bloomfield, Louis B. Conte jun., Newark, und Francis N. Apel, Nutley, N.J., V.St.A., **Bis-phenole** der allg. Formel I (R = H, Halogen, Alkyl mit 1—6 C-Atomen; X_1 u. X_2 = Alkyl, Cyclohexyl oder alkylsubstituiertes Cyclohexyl; X_1 u. X_2 können auch unter Einbeziehung des sie verbindenden C-Atoms zu einem Cyclohexyl-, halogen- oder alkylsubstituierten Cyclohexylrest geschlossen sein) werden durch Rk. eines gesätt. Ketons mit Phenol oder einem einwertigen, eingliedrigen Phenol, das in o-Stellung halogen- oder alkylsubstituiert ist, in Ggw. von wenigstens ca. 0,1 Mol (bezogen auf das Keton), vorzugsweise 1—2,5 Mol einer Alkali- oder Erdalkali-Verb. des verwendeten Phenols, wobei das Mol-Verhältnis von Phenol zu Alkali- oder Erdalkaliphenolat-Verb. in dem Gemisch ca. 0,2:1 bis ca. 40:1 beträgt, u. Ansäuern des Rk.-Prod., um die Metallphenolate in freie Phenole überzuführen, erhalten.

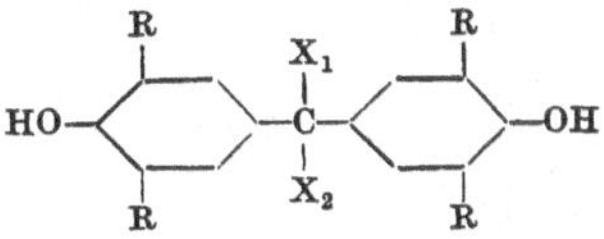

I

— Zu 1129 (Gew.-Teilen) Phenol (II), die auf 50—60° erwärmt sind, werden 270 NaOH gegeben, das Ganze bei 50—60° gerührt, auf eine Bad-Temp. von 180° erhitzt, das Rk.-Wasser abgezogen, nach 1 Std., innerhalb der das Gemisch auf 180—165° gehalten wurde, 176 Aceton zugegeben, 16 Std. lang unter Rückfluß bei 160—180° gerührt, auf Zimmer-Temp. gekühlt, mit 6n HCl auf pH 2—3 angesäuert, das Gemisch mit W. chloridfrei gewaschen, die organ. von der wss. Phase abgetrennt, die organ. Schicht im Vakuum von 20 Torr bei 200° fraktioniert zwecks Entfernung von nichtumgesetztem II u. der Rückstand aus Toluol umgelöst. Es wird krist. *2.2-Bis-[4-hydroxyphenyl]-propan*; Ausbeute an Rohprod. 87%; Ausbeute an Reinprod. 47,5%, erhalten. Analog wird erhalten: *1-Phenyl-1.1-bis-[4-hydroxyphenyl]-äthan*, F. 187,2°, aus II u. Acetophenon; *1-Phenyl-2.2-bis-[4-hydroxyphenyl]-propan*, F. 216—218°, aus II u. Benzylmethylketon; *Diphenyl-bis-[4-hydroxyphenyl]-methan*, F. 296—298°, aus II u. Benzophenon; *1.1-Bis-[4-hydroxyphenyl]-cyclohexan*, F. 187°, aus II u. Cyclohexanon (III); *1.1-Bis-[3-methyl-4-hydroxyphenyl]-cyclohexan*, F. 186—189°, aus o-Kresol u. III; *1.1-Bis-[3-chlor-4-hydroxyphenyl]-cyclohexan*, F. 134—141°, aus o-Chlorphenol u. III; *2.2-Bis-[4-hydroxyphenyl]-nonadecan*, aus II u. Methylheptadecylketon. (**A. P. 2 858 342** vom 27/6. 1955, ausg. 28/10. 1958.) A. MOHR. H 2260

Distillers Co. Ltd. (Erfinder: John Bentley Williamson), Edinburgh, England, **Epoxide organischer Verbindungen**, die Äthylenbindungen enthalten u. aus mindestens 3 C-Atomen bestehen, werden beim Behandeln der ungesätt. organ. Verbb. (I) mit einem Monoperacylat eines Aldehyds (II) mit 2—6 C-Atomen in der fl. Phase bei 25—200° in Ggw. eines Katalysators, der eine Base, ein saures Salz eines Metalls oder eine Säure, die stärker als Essigsäure ist, sein kann, erhalten. Als I kommen Olefine, ungesätt. olefin. Aldehyde, Ketone, Carbonsäuren, Alkohole, Äther oder halogenierte KW-Stoffe in Betracht. — Acetaldehydmonoperacetat in CH_3COOH wird mit Octen-(1) in CH_3COOH auf 80° in Ggw. von CH_3COONa erhitzt. Es wird *Octen-(1)-oxid* erhalten. — *Zwischenprodd.* für die Herst. von Harzen, Schmiermitteln, Plastifikatoren. (**E. P. 820 461** vom 10/1. 1957, ausg. 23/9. 1959.) G. KÖNIG. H 3030

Heinrich Mack Nachf., Au bei Illertissen (Erfinder: K. Hasse, Karlsruhe, und Alfred Wieland, Pforzheim), **Herstellung von α-Keto-δ-aminovaleriansäure (I)** bzw. der mit ihr in wss. Lsg. im Gleichgewicht stehenden *Δ^1-Pyrrolincarbonsäure-(2)* in Form ihrer sauren Salze, dad. gek., daß Pyrrolidon-(2) (II) mit einem Oxalsäure (III)-diester in Ggw. eines Alkohols kondens. u. der erhaltene 2.3-Diketopiperidincarbonsäure-(4) (IV)-ester in saurem Medium decarboxylierend hydrolysiert wird. Durch Rk. von 20 (g) K mit 70 cm³ abs. A. wird eine Lsg. von C_2H_5OK in 500 cm³ abs. Bzl. hergestellt u. dieser 43 II u. 73 III-Diäthylester zugegeben. 18 Std. lang wird unter Rückfluß (Ölbad 90°) erhitzt, das warme Rk.-Gemisch mit 80 cm³ 6n HCl (V) versetzt u. aus der Benzolschicht 80% IV-Äthylester, $C_8H_{11}NO_4$, F. 148° erhalten. — 5,3 dieser Verb. wird mit 80 cm³ V 6 Min. lang im Ölbad von 150° zum Sieden erhitzt, die saure Lsg. im Dünnschichtverdampfer (35°/12 Torr) bis zur Sirupkonsistenz eingeengt u. I-*Hydrochlorid*, $C_5H_{10}ClNO_3$, F. 113° (Zers.; HCl–Eisessig–Ae.), erhalten. — *Zwischenprod.* für die Synth. von Prolin u. anderen Aminosäuren. (**D. A. S. 1 119 289** Kl. 12 q vom 7/10. 1960, ausg. 14/12. 1961.) O. MÜLLER-MEININGEN. H 3081

Farbwerke Hoechst Akt.-Ges., vormals Meister Lucius & Brüning, Frankfurt/M. (Erfinder: Hasso Hertel und Reinhard Mohr, Offenbach/M.),

Herstellung von 2-[2'-Hydroxyaryl]-4.5-arylen-1.2.3-triazol-1-oxiden. Verbb. der allg. Formel I werden durch Kupplung von Diazo-Verbb. (II) aus prim. Aminen der

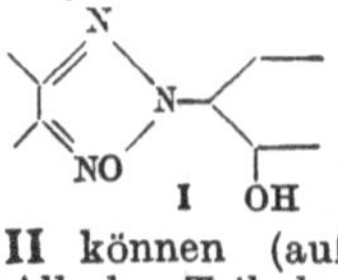

I

Bzl.- u. Naphthalinreihe, die in o-Stellung zu NH_2 eine NO_2-Gruppe enthalten, mit Hydroxy-Verbb. (III), die in o-Stellung zu OH kuppeln, u. zwar je nach der Art der Komponenten in saurer, neutraler oder alkal. Lsg. erhalten. Die erhaltenen Azo- Verbb. werden mit $(NH_4)_2S$, $NH_4 \cdot HS$, Na_2S, K_2S oder NaHS in Verbb. I übergeführt. II können (außer NO_2) noch folgende Substituenten enthalten: Halogenatome, Alkyl-, Trihalogenalkyl-, Alkoxy-, Aryloxy-, COOH-, $CONH_2$-, Cabonsäureester-, Sulfonsäureester-, Sulfonamid-, Alkylsulfon-, Arylsulfon-, Arylamino-, Acylamino- oder Acylgruppen, weiterhin kann III ein- oder mehrfach in der gleichen Weise wie II substituiert sein. Die Rkk. mit den Sulfiden werden in wss. oder alkohol. Lsgg. bei Temp. zwischen 50 u. 100° u. pH 6—14 durchgeführt. — Beispiele: 2-[2'-Hydroxy-5'-methylphenyl]-benztriazol-1-oxid, F. 142—143°, weitere 14 Beispiele. Verw. als *Zwischenprodd. zur Herst. von Farbstoffen, Lichtschutz- u. Arzneimitteln.* (**D. A. S. 1 116 230** Kl. 12p vom 11/5. 1960, ausg. 2/11. 1961.) A. KALIX. H 3153

Dr. A. Wander Akt.-Ges., Bern (Erfinder: Jean Schmutz, Muri bei Bern), Schweiz, **Herstellung von Thioxanthenderivaten,** z. B. *2-Methyl-*, F. 75—88°, $Kp._{0,5}$ 170—174°, u. *2-Methoxy-9-[1'-methylpiperidyl-(3')-methyl]-thioxanthen*, $Kp._{0,05}$ 180 bis 185°, dad. gek., daß 2-Methyl- bzw. 2-Methoxythioxanthen mit Phenyl-Na in 2-Methyl- bzw. 2-Methoxythioxanthyl-(9)-Na übergeführt u. dieses mit 1-Methyl-3-chlormethyl-piperidin umgesetzt wird. (**Oe. P. 206 898** vom 23/8. 1958, ausg. 28/12. 1959. Schwz. Prior. 18/8. 1958.) S. BÖTTCHER. H 3221

A/S Dumex (Dumex Ltd.), Kopenhagen, Dänemark, **Isolieren von γ-Picolin** aus Gemischen von Picolinen (I) u. Lutidinen (II), bes. aus bas. Teerfraktionen von rohen I, die β-I, γ-I u. 2.6-II enthalten. Ein Halogenid eines 2wertigen Metalls, z. B. $NiCl_2$ oder $CuBr_2$, wird in wss. Lsg. oder alkohol. Suspension zu dem Gemisch gegeben, die ausgeschiedene Komplex-Verb. aus Metallhalogenid u. γ-I abgetrennt, mit Alkali zersetzt u. γ-I durch Dampf-Dest. gewonnen. (**Ind. P. 62 457** vom 3/12. 1957, ausg. 26/6. 1959.) C. LÜTTGEN. H 3231

Ansul Chemical Co., übert. von: Robert J. Zellner, Marinetta, Wis., V.St.A., **Herstellung von 3.5-Dialkylpyridinen,** erfolgt durch Rk. eines gesätt., aliphat. Alkohols mit wenigstens 3 C-Atomen mit HCHO u. NH_3 bei 250—500° in Ggw. von SiO_2, das 10—25% Al_2O_3 enthält, als Katalysator. — Aus n-Propanol → *3.5-Dimethylpyridin*; 30% (Ausbeute); n-Butanol → *3.5-Diäthylpyridin*; 19%. — Zwischenprodukte. (**A. P. 2 851 461** vom 4/6. 1956, ausg. 9/9. 1958.) W. HEYER. H 3231

Phillips Petroleum Co., übert. von: John E. Mahan, Bartlesville, Okla., V.St.A., **Vinylpyridine,** wie 2-Vinylpyridin, 2.5-Divinyl-, 2-Isopropylvinyl-, 5.6-Dipentyl-3-vinyl- oder 3.5-Bis-[2-methylvinyl]-pyridin können stabilisiert werden, wenn bei der Dest. dem vinylsubstituierten Pyridin 0,01—5 Gew.-% NO_2 oder N_2O_3 zusammen mit einem tert. Amin, wie Pyridin, oder ein alkylsubstituiertes Pyridin, zugesetzt wird. Nach 28 Tagen haben sich noch keine Polymeren von Vinylpyridin gebildet. (**A. P. 2 893 995** vom 30/3. 1953, ausg. 7/7. 1959.) W. HEYER. H 3231

Pittsburgh Coke & Chemical Co., übert. von: Harold L. Dimond, Lee J. Fleckenstein und Marvin O. Schrader, Pittsburgh, Pa., V.St.A., **Herstellung von 2-Vinylpyridin (I)** durch Dehydratisieren einer 50%ig. wss. Lsg. von 2-[Pyridyl-(2)]-äthanol mit wss.-kaust. Alkali bei 150—160°, Dest., Abtrennen der wss. Schicht aus dem Destillat, Trocknen der organ. Phase u. Isolieren von I. (**A. P. 2 848 456** vom 27/3. 1956, ausg. 19/8. 1958.) W. HEYER. H 3231

Phillips Petroleum Co., übert. von: Harold R. Snyder, Urbana, Ill., V.St.A., **Stabilisieren von Vinylpyridinen,** wie 2-Methyl-5-vinylpyridin beim Destillieren, dad. gek., daß als Polymerisationsinhibitor ca. 0,01—5 Gew.-% eines Nitronaphthols-(1), z. B. 2.4-Dinitronaphthol-(1), 2.4-Dinitronaphthol-(1)-sulfonsäure-(7) zugesetzt wird. (**A. P. 2 862 927** vom 16/6. 1955, ausg. 2/12. 1958.) W. HEYER. H 3231

Badische Anilin- & Soda-Fabrik Akt.-Ges., Ludwigshafen/Rh. (Erfinder: Ernst Bartholomé, Heidelberg, Hans Nienburg, Richard Sinn, Karl Scherf und Adolf Kreyer, Ludwigshafen/Rh.), **Verfahren zur kontinuierlichen Herstellung von Benzol- oder Pyridincarbonsäuren** durch Oxydation von Benzol- oder Pyridin-Verbb., die oxydierbare, aliphat. Seitenketten enthalten u. im aromat. Kern durch Cl, NO_2- u./oder Carboxylgruppen substituiert sein können, im fl. Zustand mit HNO_3 bei erhöhtem Druck u. Temp., ggf. in Ggw. von Schwermetallkatalysatoren u./oder O_2-haltigen Gasen, in einem senkrecht stehenden, von unten nach oben durchströmten Rk.-Rohr, dad. gek., daß die zu oxydierende Verb., die HNO_3 u. evtl. das Verdünnungswasser für HNO_3 in einer Mischvorr. vorgemischt u. emulgiert, dieses Gemisch mit so hoher Geschw. von unten in das Rk.-Rohr eingeleitet wird, daß es sich vor dem Eintritt in das Rk.-Rohr nicht trennt u. beim Eintritt in das Rohr durch entsprechende Bemessung des Strömungsquerschnitts die Strömungs-Geschw. auf mindestens $^1/_3$ vermindert u. die Rk.-Prodd. am oberen Ende der Vorr. abgezogen werden. — Beispiele: Herst. von *Terephthalsäure, Isophthalsäure, p-Nitrobenzoesäure, Isonicotinsäure.* — Vorr., Zeichnung. (**D. A. S. 1 119 842** Kl. 12o vom 14/1. 1960, ausg. 21/12. 1961.) L. STADELMANN. H 3231

Abbott Laboratories, Chicago, übert. von: George M. Illich jun., Lake Forest, Ill., V.St.A., **Herstellung von Nicotinsäure,** F. 234—237°, durch Rk. von 3-Methylpyridin, 3-Äthylpyridin, 3-Propylpyridin oder 2-Methyl-5-äthylpyridin mit HNO_3 bei 270—300° u. einem Druck von 750—1250 lbs./sq.in. Die Rk. kann kontinuierlich durchgeführt werden. (**A. P. 2 905 688** vom 4/10. 1954, ausg. 22/9. 1959.) W. HEYER. H 3231

Lonza Elektrizitätswerke und Chemische Fabriken Akt.-Ges., Basel, Schweiz, **Reinigen von Nicotinsäure (I),** dad. gek., daß über das auf 200—270° erhitzte Rohprod. ein vorgewärmter Luft-, N_2-, H_2- oder CO_2-Strom geleitet, daraus durch Abkühlen mit einem zweiten Gasstrom **I** ausgefällt u. in einer Feststoff/Gas-Trennanlage oder durch Extraktion mit W. oder CH_3OH abgetrennt wird. — 2 Schemata der Anlage. (**Oe. P. 206 893** vom 15/1. 1958, ausg. 28/12. 1959. Schwz. Prior. 4/3. 1957.) S. BÖTTCHER. H 3231

Distillers Co. Ltd., Edinburgh, übert. von: Edward James Gasson und David James Hadley, Epsom Downs, England, **Herstellung von Nicotinamid und Isonicotinamid** erfolgt durch Hydrolyse von 3- bzw. 4-Cyanpyridin bei ca. 100 bis 130° in W. mit MgO, $CaCO_3$, $BaCO_3$ oder $SrCO_3$ u. Abtrennen des gebildeten *Nicotin-* bzw. *Isonicotinamids* vom nicht umgesetzten Cyanpyridin. (**A. P. 2 904 552** vom 21/7. 1958, ausg. 15/9. 1959.) W. HEYER. H 3231

Egyesült Gyógyszer és Tápszergyár, Budapest, übert. von: Gábor Fodor, Irén W. Vincze, József Tóth, Géza Janzsó und Kornélia Láng, Szeged, Ungarn, **3α-Acyloxy-6β-hydroxytropane** werden durch Verseifen von 3α.6β-Diacyloxytropanen mit verd. wss. Alkali in Ggw. von Tetrahydrofuran, Dioxan, $HCON(CH_3)_2$ oder Aceton als Lsgm. bei bes. 25—30° erhalten. — Aus 24 g 3α.6β-Diacetoxytropan in 700 cm^3 Aceton u. 1700 cm^3 $^1/_{10}$n NaOH bei 30°, Neutralisieren mit 120 cm^3 nHCl, Eindampfen zur Trockne, Lösen des Rückstandes in 200 cm^3 W., Zusatz von $CaCO_3$ bis pH 10 u. Extraktion mit Chlf. → *3α-Acetoxy-6β-hydroxytropan,* F. 117 bis 118°; 78% Ausbeute. — 3α.6β-Diisovaleroxytropanhydrobromid → *rac.-3α.6β-Dihydroxytropan-3-monoisovalerat* (= Valeroidin); *Hydrochlorid,* F. 180°. — *l.3α-Tropoyl-3α.6β-dihydroxytropan; Hydrobromid,* F. 148°, aus Di-*l*-tropasäureester von *l*.3α.6β-Dihydroxytropan; $[\alpha]_D^{20}$ —30° (W.). — *Zwischenprodd.* zur Herst. von *6-Tropen-3α-ol, 6.7β-Epoxy-3α-hydroxytropan* u. *6.7β-Epoxy-3α-acyloxytropan.* (**A. P. 2 905 687** vom 25/3. 1958, ausg. 22/9. 1959. Ung. Prior. 1/4. 1957.) G. KRAUSS. H 3231

E. I. du Pont de Nemours & Co., übert. von: Rudolph A. Carboni, Wilmington, Del., V.St.A., **Mehrkernige N-haltige Verbindungen.** Wird o.o'-Diaminoazobenzol (**I**) mit $NaNO_2$ u. Säure diazotiert u. das entstandene Diazoniumsalz mit einem Alkaliazid unterhalb 20° in saurem Medium umgesetzt, so wird *o.o'-Diazidoazobenzol* (**II**) erhalten. Durch Erhitzen von **II** auf 40—100° entsteht *2-[o-Azidophenyl]-benztriazol* (**III**), durch Erhitzen von **II** auf 100—200° *Dibenzo-1.2.5.6-tetraazacyclooctatetraen* (**IV**). — Zu einem bei 5° gerührten Gemisch von 4,3 g **I** in 40 ml konz. HCl u. 40 ml W. werden allmählich 4 g $NaNO_2$, gelöst in 20 ml W., gerührt, bis alles gelöst ist, eine weitere Std. lang wird bei 5° gerührt, überschüssiges Nitrit mit Harnstoff zersetzt, langsam unter Rühren eine Lsg. von 3,8 g NaN_3 in 20 ml W. bei 5° zugegeben, bei dieser Temp. 30 Min. lang u. bei Raum-Temp. 2 Std. lang gerührt u. **II**, F. 107—108° (Zers.), erhalten. Werden 0,5 g **II** in 100 ml Ae. 4 Std. lang gekocht, der Ae. durch Aceton ersetzt, 1½ Std. lang gekocht u. das Aceton abgetrieben, W. u. danach wenig frisches Aceton zugegeben, so wird öliges **III**, nach Umkristallisation aus A. Nadeln, F. 77—78°, erhalten. Wird **II** in Dekahydronaphthalin (**V**)-Lsg. 2 Std. lang auf 170° erhitzt, so wird **IV**, gelbe Nadeln, F. 237—238°, erhalten. Durch Erhitzen einer Lsg. von **III** in **V** auf 180° wird innerhalb von 10 Min. **IV** erhalten. **IV** gibt beim Nitrieren mit konz. HNO_3 bei 5° ein *Dinitro-Deriv.,* F. >300°. Ein *Hexachlor-Deriv.* von **IV**, tiefgelbe Kristalle, F. 245 bis 247°, wird durch Chlorieren von **IV** in heißem CCl_4 in Ggw. von $FeCl_3$ u. J_2 erhalten. Durch Behandeln von **IV** mit $ClSO_3H$ bei von 0—90° ansteigenden Temp. entsteht eine

IV-*Sulfonsäure* als leuchtendgelber, fluorescierender Feststoff. Die Prodd. dienen teils als *Farbstoffe* für *Baumwolle*, teils als *Fungicide* u. teils als *UV-Absorber*. (**A. P. 2 904 544** vom 20/2. 1958, ausg. 15/9. 1959.) A. MOHR. H 3380

Rohm & Haas Co., V.St.A. (Erfinder: Charles Harlan McKeever und Robert Niles Washburne), **Herstellung von Menthandiamin (1.8-Diamino-p-menthan)**, dad. gek., daß ein Terpen (Limonen, Terpinhydrat, α- u. β-Terpineol, α-Pinen) mit 2—3 (Mol) HCN, 1,5—5 H_2SO_4 u. deren 0,1—5facher Gew.-Menge W. 2—4 Std. lang auf 40—60° erwärmt, mit Wasserdampf dest. u. neutralisiert wird. (**F. P. 1 226 058** vom 28/5. 1959, ausg. 8/7. 1960. A. Prior. 28/5. 1958.) S. BÖTTCHER. H 3600

Imperial Chemical Industries Ltd. (Erfinder: Christopher Towers Calam und Philip John Curtis), **Isolieren von Gibberellsäure** aus Fermentations-Lsgg. (I), die durch Züchten von Gibberellsäure bildenden Kulturen, bes. *Gibberella fujikuroi*, in üblicher Weise gewonnen werden, dad. gek., daß I mit einem mit W. ganz, oder teilweise mischbaren Lsgm., das < 9 C-Atome enthält, z. B. mit Essigsäureäthyl-, -n-butyl-, -isopropyl-, -β-äthoxyäthyl-, -methoxybutyl-, -isoamyl-, Kohlensäurediäthyl-Propionsäureäthylester, Methyl-n-propyl-, Methylisobutylketon, Cyclohexanon, Benzylalkohol, Cyclohexanol, n-Butanol, Ae. u. 1.1-Dimethoxyäthan, extrahiert wird. (**Aust. P. 229 659** vom 25/3. 1958, ausg. 25/8. 1960. **Zusatz zu Aust. P. 210 837; C. 1960. 6296.**)
C. LÜTTGEN. H 3950

X. Färberei. Organische Farbstoffe

Die Reaktion der Reaktivfarbstoffe mit α-Aminosäuren und mit Seide. A. D. Wirnik und M. A. Tschekalin. (Журнал Всесоюзного Химического Общества им. Д. И. Менделеева [J. chem. Allunions-Mendelejew-Ges.] **6.** 236—37. 1961. Moskau, Textilinst.; Woroschilow-Forschungsinst. für Zwischenprodd. u. Farbstoffe.) (Russ.)

Bei 4std. Kochen des nachst. Farbstoffs I mit Aminosäuren in wss. A. (W. : A. 1 : 10) wird unter Eliminierung von $NaHSO_4$ die jeweils freie Aminogruppe der Aminosäuren durch den I-Rest substituiert. Mit Glycin wird **II** erhalten, daneben 5—10% **III**, das durch Hydrolyse von I gebildet wird. Alanin u. Serin liefern mit **I** entsprechend **IV** u. **V**, in N^{α}-Acetylhistidin wird das Iminoring-N unter Bldg. von **VI** substituiert. Durch Abspaltung der Acetylgruppe in 6n HCl entsteht aus **VI** die Verb. **VII**. Mit Histidin liefert **I**

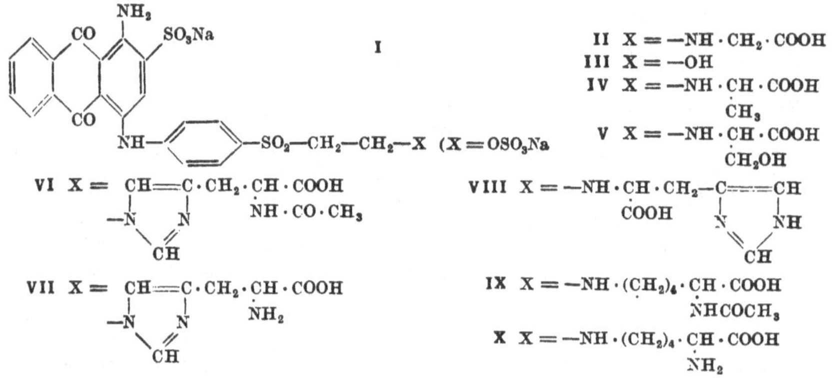

ein Gemisch von **VI** u. **VIII**; in **VIII** ist die α-Aminogruppe des Histidins substituiert. In N^{α}-Acetyllysin wird durch **I** die ω-Aminogruppe unter Bldg. von **IX** substituiert. **IX** liefert bei der Hydrolyse durch Abspaltung der Acetylgruppe **X**. Papierchromatograph. werden von **I**—**X** die R_F-Werte im Syst. Isopropanol/W./25%ig. NH_4OH (40 : 10 : 1) festgestellt. Beim Vers., **I** mit N-Acetylglycin, N-Benzoylserin, N-Acetyltyrosin, N^{α}-Acetylarginin u. N^{α}-Acetyltryptophan umzusetzen, wird nur **III** erhalten. Bei der Rk. von I mit Naturseide u. anschließender Hydrolyse lassen sich im Hydrolysat papierchromatograph., wie erwartet, **II**, **IV**, **V**, **VII** u. **X** nachweisen. Die Trennung mit Isopropanol/W./NH_4OH liefert **IV**, **II** + **V** + **X** u. **VII**. **II** + **V** + **X** lassen sich mit CH_3OH/Bzl./n-Amylalkohol/W. (36 : 30 : 15 : 7) in **X** u. **II** + **V** trennen. **II** + **V** können nicht mehr aufgeteilt werden. HELMUT SCHÄFER. 7002□

Über das Färben und Ausrüsten von Polyester/Baumwolle-Mischgeweben. Joachim Müller. (Melliand Textilber. **42.** 1383—89. Dez. 1961. Frankfurt/M.-Fechenheim, Cassella Farbwerke Mainkur Akt.-Ges., Colorist. u. anwendungstechn. Abt.) (Dt.) — C. 1962. 9905. L. JENTGEN. 7020 □

Das „Irga-Solvent"-Verfahren, eine neue Färbmethode für Wolle, speziell für Flocke und Kammzug. H. R. Hirsbrunner. (Textil-Prax. 17. 32—37. Jan. 1962. Basel, Schweiz, J. R. Geigy Akt.-Ges.) (Dt.)

Nach einem Überblick über die Grundprinzipien des Färbens von Wolle unter Mitverwendung von organ. Lsgm. werden die prakt. Gesichtspunkte des Färbens von Wolle unter Lsgm.-Zusatz (Wahl des Lsgm., des Farbstoffs u. der Färbemeth.) beschrieben. Die Anwendung des Irga-Solvent-Verf., das unter Verw. von Benzylalkohol als Lsgm. durchgeführt wird u. das wesentliche Vorteile (Steigerung des Arbeitstempos, Verbesserung der Wärmewirtschaft u. der qual. Eigg. der Wolle) mit sich bringt, wird geschildert. — 10 Abb., 5 Tabellen, 6 Literaturhinweise. R. BAMBERGER. 7020 □

Das Färben der Wolle mit Remazol-Farbstoffen. W. Hausmann. (Textil-Prax. 17. 38—43. Jan. 1962. Farbwerke Hoechst Akt.-Ges.) (Dt.)

Nach einem Überblick über die handelsüblichen Reaktivfarbstoffe u. deren Konstit. wird auf die zum Färben von Wolle bes. geeigneten *Remazol-* u. *Remalan-*Farbstoffe näher eingegangen u. deren Anwendung (Färbung nach dem H_2SO_4- u. dem Na_3PO_4–CH_3COOH–Na_2HPO_4-Verf.) sowie die damit erzielten Echtheiten beschrieben. — 5 Abb., 2 Tabellen, 1 Literaturhinweis. R. BAMBERGER. 7020 □

Färbereichemische Probleme beim Siroset-Verfahren. H. E. Schiecke. (Textil-Prax. 17. 43—46. Jan. 1962.) (Dt.)

Dieses zur Erzeugung permanenter Bügelfalten in wollenen Textilien geeignete Verf., das unter Verw. des NH_4-Salzes der Thiodiglykolsäure bzw. der Mercaptoessigsäure durchgeführt wird, wird besprochen. Die Maßnahmen, die zur Beseitigung der bei der prakt. Durchführung auftretenden Schwierigkeiten — bes. Farbtonänderungen — erforderlich sind, werden geschildert. R. BAMBERGER. 7020 □

Der Mechanismus der Zersetzung von einigen basischen Triphenylmethanfarbstoffen in wässerigem Medium. Miroslav Matrka, Zdeněk Ságner, Vojeslav Štěrba und Josef Arient. (Chem. Průmysl 11 (36). 574—77. Nov. 1961. Pardubice-Rybitví, Výzkumný ústav org. synth.) (Tschech.)

Die Zers. von *Kristallviolett* (I), *Malachitgrün* u. *Brillantgrün* im wss. Medium wird untersucht. Es wird festgestellt, daß der Zers.-Mechanismus analog dem der Zers. von Diphenochinon-(4.4')-bis-dimethylimoniumsalz ist. Bei der Zers. werden die alkylierten Aminogruppen bei gleichzeitiger Abspaltung von HCHO desalkyliert, u. der Farbstoff wird zur entsprechenden Leukoform reduziert. Auf Grund von Vers.-Ergebnissen wird der Zers.-Mechanismus der 3 Farbstoffe angegeben. Da die Zers. von I bei pH 7 ihr Maximum erreicht, wird gefolgert, daß die therapeut. Wrkg. von I auf in Freiheit gesetztes HCHO zurückzuführen ist. — 1 Rk.-Schema, 20 Literaturhinweise. J. SCHNEIDER. 7056 □

Imperial Chemical Industries Ltd., England, **Färbeverfahren für Textilien,** bes. aus *Baumwolle* u. *Kupferseide,* unter Verw. von bas. Farbstoffen u. Farbstoffen mit tert. oder quart. Gruppen. Die Textilstoffe werden mit einer wss. Lsg. eines Gemisches von Polyacrylsäure u. deren Alkalisalz imprägniert. — Beispiel: 0,5 (Teile) eines Polyacrylats werden in 99,5 verd. NaOH (pH 5,7) gelöst. Damit wird ein leichtes Baumwollgewebe getränkt, u. nach dem Abpressen auf 100% Gew.-Abnahme wird bei 100° getrocknet. 100 Teile des Gewebes werden nach dem Anfeuchten mit W. in 5000 einer wss. Farbstoff-Lsg. gegeben, die 1,5 eines Farbstoffs aus Tris-[chlormethyl]-phthalocyanin-Cu u. Tetramethylthioharnstoff enthält. Die Färbe-Lsg. wird innerhalb 30 Min. zum Sieden gebracht u. danach 30 Min. lang gekocht. Dabei wird das Gewebe in der Lsg. bewegt u. durch Zusatz von CH_3COOH bei pH 3,5 gehalten. Nach dem Spülen mit W. wird der Stoff in eine sd. 2%ig. Na_2CO_3-Lsg. 5 Min. lang eingetaucht u. danach 10 Min. lang in einer 0,1%ig. Lsg. des Kondens.-Prod. von Äthylenoxid mit einem Alkylphenol gekocht. Nach dem Spülen mit W. wird getrocknet. (**F. P. 1 170 840** vom 11/1. 1957, ausg. 19/1. 1959. E. Prior. 11/1. 1956 u. 7/1. 1957.) M. F. MÜLLER. 7021

Cassella Farbwerke Mainkur Akt.-Ges., Deutschland, **Bedrucken und Färben von Textilmaterialien** aus hochmol. Polyestern von aromat. Dicarbonsäuren, bes. von Terephthalaten des Polyäthylenglykols, mit Küpenfarbstoffen in Form ihrer Küpensäuren in Ggw. von Netzmitteln u. ggf. Dickungsmitteln. Die Gewebe werden mit oder ohne Zwischentrocknung während 30—120 Sek. einer Temp. von 190—220° ausgesetzt. Als Netzmittel kommen die Alkalisalze von sulfoniertem Ricinus- oder Olivenöl, das Na-Salz der Ricinolsäure, Naphthalinsulfonsäurealkylester, Alkylphenylpolyglykoläther, Alkylpyridiniumchloride u. Amide von sulfonierter Ölsäure in Betracht. Es werden 80—200 g 50%ig. Netzmittel-Lsg. auf 1 kg Druckpaste oder 1 Liter Färbebad angewendet. — Beispiel: Ein Gewebe aus Polyäthylenglykolterephthalat wird mit einer Druckpaste folgender Zus.: 25 g 6.6′-Dichlor-2.2′-bis-thionaphthenindigo, 150 sulfoniertes 50%ig. Na-Ricinoleat, 215 W., 600 eines Verdickungsmittels u. 10 Antischaummittel bedruckt. Nach dem Trocknen wird 60 Sek. lang bei 200° fixiert, mit W. gewaschen u. 15 Min. lang bei 60—70° mit einer Lsg. nachbehandelt, die im Liter 3 ml NaOH (38° Bé), 2 g Hydrosulfit (Pulver) u. 1 g Pgolyvinylpyrrolidon enthält. Danach wird das Gut mit W. gewaschen, mit einer 0,2%ig. wss. Lsg. eines nichtionogenen Reinigungsmittel geseift, mit W. nachgewaschen u. getrocknet. Es wird ein rotgefärbtes Gewebe erhalten. — 9 weitere Beispiele. (**F. P. 1 197 939** vom 16/1. 1958, ausg. 3/12. 1959. D. Prior. 17/1. u. 3/9. 1957.) M. F. MÜLLER. 7023

Farbwerke Hoechst Akt.-Ges., vormals Meister Lucius & Brüning, Deutschland, **Entfärben von Textilstoffen** aus linearen Polyestern, bes. aus Polyestern vom Typ der Polymeren des Terephthalsäureäthylenglykolesters, durch Einw. von chlorierten aliphat. KW-Stoffen mit 2 Chloratomen im Mol., z. B. Methylen-, Äthylen-, Propylen- u. Butylenchlorid. Andere geeignete Lsgm. sind z. B. chlorierte aromat. KW-Stoffe, wie Chlorbenzol, oder aromat. Alkohole, z. B. Benzylalkohol, sowie Dioxan u. $HCON(CH_3)_2$. Die entfärbten Textilstoffe sind soweit entfärbt, daß sie ohne weiteres wieder gefärbt werden können. (**F. P. 1 196 710** vom 6/6. 1958, ausg. 25/11. 1959. D. Prior. 7/6. 1957.) M. F. MÜLLER. 7027

Badische Anilin- & Soda-Fabrik Akt.-Ges. (Erfinder: Hans Weidinger und Hans-Gottfried Haese), Ludwigshafen/Rh., **Herstellung von 6.7-Phthalylisatinen,** dad. gek., daß auf ggf. substituiertes 1-Amino-2-[ω-bromacetyl]-anthrachinon (**I**) u./bzw. oder 1-Amino-2-[ω.ω-dibromacetyl]-antrachinon bei erhöhter Temp., ggf. in Ggw. von Lsgm. u./oder Verdünnungsmitteln, Sulfoxide der allg. Formel RR′—SO in der R u. R′ aliphat. Reste darstellen, einwirken gelassen werden. — Aus **I** u. $(CH_3)SO$ bei 110° → *6.7-Phthalisatin,* F. 288—290°. Analog aus 1.4-Diamino-2-[ω-bromacetyl]-anthrachinon → *5-Amino-6.7-phthalylisatin,* F. > 350° aus 1-Amino-2-[ω-brom]-acetyl-4-chloranthrachinon → *5-Chlor-6.7-phthalylisatin,* F. 320 bis 325° (Zers.). *6.7-[3′-Aminophthalyl]-isatin,* F. >350°; *6.7-[3′-Nitrophthalyl]-isatin,* F. 333—335°. — *Farbstoffzwischenprodukte.* (**D. A. S. 1 123 325** Kl. 12p vom 7/1. 1960, ausg. 8/2. 1962.) W. HEYER. 7049

J. R. Geigy Akt.-Ges. (Erfinder: Otto Schmid, Muttenz, und Meinrad Hürbin), Basel, Schweiz, **Herstellung von Monoazofarbstoffen.** Ein diazotierter Aminodiphenyläther mit einer tert. Sulfonsäureamidgruppe in o-Stellung zur Diazogruppe wird mit einer in Nachbarstellung zu NH_2 kuppelnden Aminonaphthalinsulfonsäure gekuppelt. Die N-Substituenten der tert. Sulfonsäureamidgruppe müssen mindestens 4 C-Atome enthalten. Die Farbstoffe lösen sich in heißem W. u. färben Wolle, Seide u. synthet. Polypeptidfasern orangefarben, rot bis blaustichigrot. Die Wollfärbungen sind licht-, wasch-, walk- u. seewasserecht. — *2′-Methyl-3-aminodiphenyläther-4-sulfonsäurediäthylamid* (F. 118—120°) → *2-Aminonaphthalin-5-sulfonsäure.* Der Farbstoff färbt Wolle orangefarben. Als weitere Diazokomponenten werden genannt: 4′-Methyl-3-aminodiphenyläther-4-sulfonsäurediäthylamid (F. 153—155°), 3-Aminodiphenyläther-4-sulfonsäuredicyclohexylamid (F. 155°), 4′-Chlor-3-aminodiphenyläther-4-sulfonsäuredicyclohexylamid (F. 100—103°), 4′-Methyl-3-aminodiphenyläther-4-sulfonsäuredicyclohexylamid (F. 124°), 4′-Methyl-3-aminodiphenyläther-4-sulfonsäurepiperidid (F. 205—206°), 4′-Methyl-3-aminodiphenyläther-4-sulfonsäure-N-äthylanilid (F. 124°). (**D. A. S. 1 110 785** Kl. 22a vom 1/6. 1959, ausg. 13/7. 1961. **F. P. 1 226 161** vom 1/6. 1959, ausg. 8/7. 1960. Beide Schwz. Prior. 2/6. 1958. **E. P. 878 129** vom 12/6. 1958, ausg. 27/9. 1961.) F. RATH. 7053

Ciba Akt.-Ges. (Erfinder: Fritz Oesterlein), Basel, Schweiz, **Herstellung von Metallkomplexverbindungen von wasserlöslichen Disazofarbstoffen.** Disazofarbstoffe der allg. nebenstehenden Formel (D_1—OH u. D_2—OH = Rest einer in Nachbarstellung zu OH an die Azobrücke gebundener Rest einer Diazokomponente, bes. der Bzl.-Reihe; HO—A—OH = Rest einer 2mal kuppelbaren Azokomponente, der in Nachbarstellung zu OH an die Azobrücken gebunden ist; D_1—OH u./oder D_2—OH enthält einen Halogen-1.3.5-triazinrest), die pro metallisierbarer Gruppe ½ Atom, bes. Cr oder Co, komplex gebunden enthalten, werden nach üblichen Arbeitsweisen hergestellt. — 48,7 (Teile) *1-Hydroxy-2-amino-6-acetylaminobenzol-4-sulfonsäure* $\xrightarrow{\text{alkal.}}$ *5.5′-Dihydroxydinaphthyl-(2.2′)-amin-7.7′-disulfonsäure* werden zur Verseifung der Acetylaminogruppe mit NaOH erwärmt. Durch Behandeln mit chromsalicylsaurem Na wird die Cr-Komplex-Verb. erhalten. Diese wird mit 18,5 Cyanurchlorid in Aceton kondensiert. Es wird so eine symm.-Dichlortriazin-Verb.

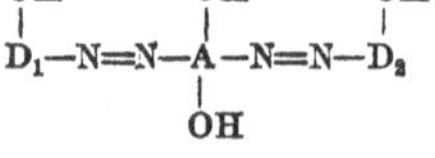

erhalten, die Baumwollgewebe am Foulard kochecht blau färbt. (**D. A. S. 1 112 230** Kl. 22a vom 30/9. 1958, ausg. 3/8. 1961. **F. P. 1 212 334** vom 8/10. 1958, ausg. 23/3. 1960. **A. P. 2 938 895** vom 6/10. 1958, ausg. 31/5. 1960. Alle Schwz. Prior. 11/10. 1957.)
F. RATH. 7055

Pittsburgh Chemical Co., übert. von: Ben H. Kirby, Donald P. Bernard, Pittsburgh, Pa., und Joseph S. Milazzo, Bronx, N.Y., V.St.A., **Saures Verpasten von Phthalocyaninen.** Um auch bei längerem Vermahlen unter Anwendung erhöhter Temp. Änderungen im Farbton zu vermeiden, wird mit hauptsächlich scherend wirkenden Kräften bei 45—100° in Ggw. von 90—100%ig. H_2SO_4 u. 2—30% (bezogen auf Farbstoff) einer Arylen-, Alkan- oder Cycloalkandicarbonsäure oder dem entsprechenden Anhydrid, bes. Phthalsäureanhydrid, vermahlen. (**A. P. 2 964 531** vom 6/11. 1956, ausg. 13/12. 1960.)
F. BÖHM. 7073

XIa. Farben. Anstriche. Lacke. Naturharze

Einfache Prüfungen für Qualitätserzeugnisse. G. Scott. (Paint Manufact. **30.** 120—24. April 1960. Federated Paints Ltd.) (Engl.)

Art der Prüfungen u. der Prüfmuster, Probeentnahme u. -unters. werden besprochen als Mittel zur Überwachung der Gleichmäßigkeit der Farb- u. Anstrichmittelproduktion u. zum Aufrechterhalten des Qualitätsstandards.
M. HAGEDORN. 7090 □

Beitrag zur Untersuchung energetischer Grenzflächenphänomene bei der Vermahlung von Pigmenten. 2. Mitt. Guy Le Moyec. (Peintures, Pigments, Vernis **37.** 140—46. März 1961.) (Franz.) — 1. vgl. C. **1962.** 4356.

Die Arbeit hat die Unters. von Problemen, wie sie sich bei der Herst. von Anstrichmitteln ergeben, zum Ziel. Die Kenntnis einiger grundlegender physikal. Charakteristiken, wie die spezif. Oberfläche, ist wesentlich. Vf. studiert die energet. Erscheinungen bei der Mahlung, beschreibt die Meßapp., berechnet die Kontaktoberfläche fl./fest u. den Einfl. des Dipolmomentes bei der Vermahlung von Pigmenten.
K. WEKUA. 7092 □

Versuche mit mikronisierten Pigmenten. R. Steinbach, W. Krause und W. Theil. (Plaste u. Kautschuk **9.** 44—48. Jan. 1962. Berlin, VEB Lack- u. Druckfarbenfabrik „Vers.-Strasse" Spindlersfeld.) (Dt.)

Mikronisierte Pigmente (Eisenoxid, Chromgrün, Miloriblau) bieten gegenüber normalen Pigmenten wesentliche Vorteile. Vielfach genügt kurze Dispergierung mit hochtourigen Rührwerken, um genügende Kornfeinheit zu erzielen. Auch bei Verw. herkömmlicher Kugel- u. Walzmühlen wird bei Anwendung mikronisierter Pigmente die Anreibezeit wesentlich verkürzt. Mischungen von mikronisierten u. normalen Pigmenten haben zu unterbleiben, da hierbei Agglomerat-Bldg. auftritt. B. SCHEIFELE. 7092 □

Radioaktive Leuchtfarben. Reinhold Wahl. (Ind.-Lackier-Betr. **29.** 101—07. April, 186—90 Juni, 219—22. Juli, 251—54. Aug., 295—97. Sept. 1961. Pforzheim.) (Dt.)

Nach grundsätzlichen Betrachtungen werden Lebensdauer radioakt. Leuchtfarben, Helligkeitsstufen, Mesothorium- u. Radiothoriumleuchtfarben sowie andere Lumineszenzerscheinungen behandelt.
J. LEHMBERG. 7092 □

Untersuchungen über die gesteigerte Wirksamkeit des Wasserstoffperoxids bei der Epoxydation. Milton Sack und H. C. Wohlers. (J. Amer. Oil Chemists' Soc. **36.** 623—27. Dez. 1959. Syracuse, N.Y., Allied Chem. Corp., Solvay Process Div.) (Engl.)

Unter Anknüpfung an eigene Arbeiten (vgl. C. **1960.** 13009) über die Veränderungen der konventionellen Technik zur Epoxydation olefin. Verbb. (mit H_2O_2, Essig- bzw. Schwefelsäure) werden systemat. Verss. unter Variierung von Menge u. Konz. der Rk.-Teilnehmer durchgeführt, wobei Sojaöl als Modellsubstanz eingesetzt wird. Je nach den angewandten Mol-Verhältnissen der Rk.-Partner nimmt die Epoxydation unterschiedlichen Verlauf, u. die Rk.-Prodd. zeigen verschiedene technolog. Eignung als Stabilisatoren oder Weichmacher, als Ausgangsstoffe für Polyester, Alkyd- oder Epoxyharze.
K. TÄUFEL. 7096 □

Fortschritte auf dem Gebiet der Tallölalkyde; Zusammenhang zwischen Aufbau und Eigenschaften. W. M. Kraft und A. Forschirm. (Fette, Seifen, Anstrichmittel **63.** 692—94. Aug. 1961. Garfield, N.J., V.St.A., Heyden Newport Chem. Corp., Entw.-Labor.) (Dt.)

Zur Unters. der Beziehungen zwischen dem Aufbau u. den Eigg. der Tallöl-Fettsäure-Alkydharze stellten Vff. aus dest. Tallöl-Fettsäuren mit einem Harz-Geh. $<1\%$, techn. reinem Pentaerythrit (Penta) u. Phthalsäureanhydrid zwei Serien von Alkydharzen her, die erste mit wechselndem Mol-Verhältnis Phthalsäureanhydrid/Polyol bei konst. Fettsäure-Mol.-Geh. u. die zweite mit wechselndem Geh. an Fettsäure. Die Herst. erfolgte in Lsg. bei 245° bis zu einer Säurezahl 10 (± 1). Aus den Harzen wurden

60% ig. Lsgg. mit Testbenzin hergestellt. Viscosität, Trockenzeiten, Härte u. Alkalifestigkeit wurden geprüft. Die Viscositäten liegen trotz verschiedener Zus. dicht beeinander, sie steigen mit Abnahme des Fettsäure-Geh. bei konst. Mol-Verhältnis von Phthalsäureanhydrid/Penta. Langölalkyde trocknen im Vgl. zu Kurzöltypen langsamer. Trockenzeiten nehmen häufig mit der Vergrößerung des Mol-Verhältnisses Phthalsäureanhydrid/Penta ab. Eine günstige Härte wird bei der Kombination eines niedrigen Fettsäure-Geh. mit einem möglichst niedrigen Phthalsäureanhydrid/Penta-Verhältnisse erreicht. Eine bessere Alkalifestigkeit erhält man beim größeren Mol-Verhältnis von Phthalsäureanhydrid/Penta. K. WEKUA. 7096□

Klaus Thomas Wilke und Rita Mannheim, Berlin, **Herstellung von Leuchtstoffen auf Silicofluoridbasis,** dad. gek., daß Fluoride des Li, Na, K, Mg, Ca, Sr, Ba, Zn u. Cd mit den Oxiden u. Hydroxiden, Carbonaten, Nitraten oder Oxalaten der genannten Elemente sowie mit SiO_2 u. Aktivatoren (z. B. Verbb. des Pb, Ti, Mn, Ce, Tl, Bi, Sn oder anderer Metalle) bei höherer Temp. an Luft oder in einer Gasatmosphäre zur Rk. gebracht werden. (**D. P. [DDR] 20 927** Kl. 22f vom 28/3. 1958, ausg. 17/2. 1961 [Wirtschaftspatent].) T. OPPERMANN. 7093

Switzer Brothers, Inc., Cleveland, Ohio, V.St.A. (Erfinder: Zenon Kazenas), **Fluorescierende Pigmente,** die aus einem einen fluorescierenden Stoff enthaltenden Kondens.-Prod. eines aromat. Sulfonamids mit wenigstens 2 reaktionsfähigen H-Atomen u. eines Amids, wie Harnstoff, Thioharnstoff, Dicyandiamid, Guanidin, Malonamid, Biuret, Succinamid, mit Formaldehyd bestehen, wobei die Amid–Formaldehyd-Gruppe 50 (Gew.-%) des Kondens.-Prod. nicht übersteigt u. bes. 20 beträgt. — Beispiel: 17 (Teile) eines aus einem Gemisch von o- u. p-Toluolsulfonamid hergestellten Sulfonamid–Formaldehyd-Harzes werden bei 120° geschmolzen, nach Zusatz von 13 Paraformaldehyd u. 10 Harnstoff auf 160° erhitzt, 0,3 „Rhodamin B" u. 0,3 „Rhodamin 6G" zugesetzt u. nach Erkalten fein vermahlen. (**E. P. 792 616** vom 1/10. 1956, ausg. 2/4. 1958. **Zusatz zu E. P. 769 344; s. nachst. Ref.**) K. DEMMLER. 7093

Switzer Brothers, Inc., Cleveland, Ohio, V.St.A., **Herstellung von Sulfonamid–Melamin-Formaldehydharzen.** Inhaltlich ident. mit A. P. 2 809 954; C. **1959.** 7648. (**E. P. 769 344** vom 11/11. 1954, ausg. 6/3. 1957. A. Prior. 26/1. 1954.) K. DEMMLER. 7181

Chemische Werke Witten G. m. b. H. und Karl-Heinz Imhausen (Erfinder: Josef Nettersheim und Karl-Heinz Imhausen), Witten, **Alkydharze,** die mit Nitrocellulose verarbeitet werden, werden mit 45—55% synthet., aus der Paraffinoxydation stammenden Fettsäuren (I) modifiziert. I sind ein Gemisch aus 80% Hauptlauffettsäuren mit 10—20 Cu. 20% Vorlauffettsäuren mit 4—9 C im Molekül. — *Lackharze.* (**D. B. P. 975 019** Kl. 39c vom 28/6. 1950, ausg. 6/7. 1961. Anmeldung bekanntgemacht 31/5. 1951.) F. KOCH. 7097

Rheinpreussen Akt.-Ges. für Bergbau und Chemie, Homberg/Ndrh. (Erfinder: Friedrich Engelhardt und Robert Langheim, Homberg), **Klebfreie Überzüge ergebende Lacke,** bes. für Papier, enthalten hydrierte u./oder mit Dicarbonsäuren umgesetzte, hydrierte Phenol–Formaldehyd-Harze, die bes. sauer kondensiert sind, u. einen oder mehrere andere Filmbildner, z. B. Polyvinylacetal, Melaminharz, Nitrocellulose u. ggf. Weichmacher. — Lichtbeständige Filme. (**D. A. S. 1 112 599** Kl. 22h vom 22/3. 1960, ausg. 10/8. 1961.) M. BÖTTCHER. 7107

Chemische Werke Albert, Wiesbaden (Erfinder: Rolf Zimmermann, Ernst Schwenk, Wiesbaden, und Willi Scharhag, Hochheim/M.), **Schnell härtende, besonders kalthärtende, chemikalienfeste Filme liefernde Lacke** enthalten modifizierte Acroleinharze, wie sie aus Acrolein unter Zusatz OH-gruppenhaltiger Verbb. erhalten worden sind (vgl. D. R. P. 748 690; C. **1947.** 134 u. D. A. S. 1 086 046; C. **1961.** 11543) sowie als Härter 0,5—5% eines aliphat., cycloaliphat. oder aromat. Amins oder Polyamins oder deren Gemische. (**D. A. S. 1 117 800** Kl. 22h vom 16/12. 1958, ausg. 23/11. 1961.) M. BÖTTCHER. 7107

Chemische Werke Albert (Erfinder: Rolf Zimmermann), Wiesbaden, **Schnell härtende, lufttrocknende Lacke** auf der Grundlage von modifizierten Acroleinharzen (I) gemäß D. A. S. 1 086 046; C. **1961.** 11543, dad. gek., daß sie diese I, a,β-ungesätt. Vinyl-Verbb. oder einen Acryl- oder Methacrylsäureester sowie an sich bekannte Beschleuniger u. Katalysatoren enthalten. (**D. A. S. 1 119 437** Kl. 22h vom 3/4. 1958, ausg. 14/12. 1961.) M. BÖTTCHER. 7107

LICENTIA Patent-Verwaltungs-G. m. b. H., Frankfurt/M. (Erfinder: Paul Nowak und Franz Josef Bollig, Kassel), **Tränklacke** für elektrotechn.

Zwecke enthalten ein Alkydharz-modifiziertes Siliconharz, ein Urethanformaldehyd-Kondens.-Prod., z. B. ein Butylurethan–Formaldehyd-Harz, u. Alkyltitanate in Mengen von ca. 0,1%. (**D. A. S. 1 122 648** Kl. 22h vom 12/9. 1956, ausg. 25/1. 1962. **Zusatz zu D.A.S. 1 052 025; C. 1960. 662.**) M. BÖTTCHER. 7107

Esso Research and Engineering Co., Elizabeth, N.J., V.St.A., *Cyclodien–Halogen–Silan-Mineralpigmente.* (**E. P. 805 512** vom 23/11. 1956, ausg. 10/12. 1958. A. Prior. 1/12. 1955. — C. **1961.** 17019 [A. P. 2 928 802].)

Northern Pigment Co. Ltd., Canada, *Herstellung von Eisenoxid für Pigmente und andere Zwecke.* (**F. P. 1 239 949** vom 29/5. 1959, ausg. 14/12. 1960. — C. **1960.** 11125 [A. P. 2 904 402].)

Imperial Chemical Industries Ltd., England, *Trocknende Öle.* (**F. P. 1 235 820** vom 11/9. 1959, ausg. 9/11. 1960. E. Prior. 12/9. 1958. — C. **1962.** 6228 [E. P. 854 231].)

Farbenfabriken Bayer Akt.-Ges., Deutschland (Erfinder: **Erich Zankl** und **Reinhard Herbermehl**), *Thixotrope Öle als Lackrohstoffe.* (**F. P. 1 240 254** vom 28/10. 1959, ausg. 20/12. 1960. D. Prior. 29/10. 1958. — C. **1961.** 11159 [D. A. S. 1 096 519].)

Beck, Koller & Co. (England) Ltd., England, *Herstellung von thixotropen Stoffen für Farben und Lacke.* (**F. P. 1 246 159** vom 17/12. 1957, ausg. 3/2. 1961. E. Prior. 1/1. u. 7/5. 1957. — C. **1961.** 11158 [D. A. S. 1 090 357].)

Établissements Robbe Frères, Paris, Frankreich, *Polymerisierverfahren.* (**E. P. 867 275** vom 14/11. 1957, ausg. 3/5. 1961. F. Prior. 8/12. 1956. — C. **1961.** 9613 [F. P. 1 163 234].)

Minnesota Mining & Mfg. Co., St. Paul (Erfinder: **Arthur H. Ahlbrecht**, White Bear Lake, **Harvey A. Brown** und **Samuel Smith**, St. Paul), Minn., V.St.A., *Herstellung von Polymeren.* (**Schwz. P. 357 872** vom 23/1. 1957, ausg. 15/12. 1961. A. Prior. 23/1. 1956. — C. **1960.** 1687 [A. PP. 2 803 615 u. 2 803 656].

Farbwerke Hoechst Akt.-Ges., vormals Meister Lucius & Brüning, Frankfurt/M., *Herstellung makromolekularer organischer Zinnverbindungen.* (**Holl. P. 100 000** vom 20/5. 1958, ausg. 15/12. 1961. D. Prior. 25/5. 1957. — C. **1961.** 311 [D. A. S. 1 078 772].)

Ciba Ltd., Basel, übert. von: **Paul Zuppinger**, Arlesheim, und **Gustav Widmer**, Basel, Schweiz, *Nichtgelierende Masse aus Methylolaminotriazinallyläther mit α,β-ungesättigten Verbindungen.* (**A. P. 2 986 541** vom 12/7. 1957, ausg. 30/5. 1961. Schwz. Prior. 16/7. 1956. — C. **1960.** 4365 [Jap. A.S 3542/1958].)

E. I. du Pont de Nemours & Co., Wilmington, Del., übert. von: **Robert T. Hucks**, Milltown, N.J., V.St.A., *Nichtflockender Lack.* (**Can. P. 552 644** vom 25/2. 1949, ausg. 4/2. 1958. A. Prior. 23/9. 1948. — C. **1953.** 7186 [A. P. 2 602 756].)

Armour & Co., Chicago, übert. von: **Werner L. Riegler**, Western Springs, und **James G. Atherton**, Chicago, Ill., V.St.A., *Anstrichmittel für Metalle.* (**Can. P. 552 575** vom 5/4. 1955, ausg. 4/2. 1958. A. Prior. 8/4. 1954. — C. **1958.** 4039 [A. P. 2 772 174].)

Devoe & Raynolds Co., Inc., V.St.A. (Erfinder: **John Edward Masters**), *Folien aus Polyepoxiden.* (**F. P. 1 199 394** vom 24/2. 1958, ausg. 14/12. 1959. A. Prior. 21/3. 1957. — C. **1961.** 5272 [A. P. 2 908 663].)

Devoe & Raynolds Co., Inc., New York, N.Y. (Erfinder: **John Edward Masters**, Lousville, Ky.), V.St.A., *Herstellung von Überzugsmassen.* (**Schwz. P. 346 365** vom 19/3. 1956, ausg. 30/6. 1960. A. Prior. 19/7. 1955. — C. **1961.** 13014 [Aust. P. 210 611].)

Associated Portland Cement Manufacturers Ltd., England, *Mit Wasser anzumischendes farbiges Überzugsmittel auf Portlandzementbasis.* (**F. P. 1 183 501** vom 27/9. 1957, ausg. 8/7. 1959. E. Prior. 10/10. 1956 u. 4/7. 1957. — C. **1959.** 12707 [D. A. S. 1 049 999].)

E. I. du Pont de Nemours & Co., V.St.A. (Erfinder: **Boynton Graham**), *Herstellung von Überzügen aus Hochmolekularen.* (**F. P. 1 182 284** vom 20/5. 1957, ausg. 24/6. 1959. A. Prior. 5/6. 1956. — C. **1962.** 4749 [A. P. 2 955 953].)

Stanley Walter Cox, Croydon, England, *Keramisches Abziehbild.* (**E. P. 812 814** vom 12/10. 1954, ausg. 29/4. 1959. — C. **1961.** 14476 [F. P. 1 132 835].)

A. Boake, Roberts & Co. Ltd., London, England, *Korrosionsverhinderung bei Metallen.* (**Holl. P. 99 935** vom 18/3. 1957, ausg. 15/12. 1961. E. Prior. 19/3. 1956. — C. **1960.** 5655 [D. A. S. 1 068 408].)

XIb. Plaste (Kunstharze. Plastische Massen)

Chemie und Eigenschaften der Kunststoffe. H. Hopff. (Chimia [Schweiz] **14.** 16—18. 15/1. 1960.) (Dt.) — C. **1961.** 6694. R. SCHÄFF. 7170□

Pfropfung an Teflon. János Dobó, Ágnes Somogyi und László Kiss. (Magyar Kémiai Folyóirat [Ung. Z. Chem.] **68.** 121—24. März 1962. Budapest, Kunststoffind. Forsch.-Inst.) (Ung.) — Vgl. C. **1961.** 13015.

Bei der Pfropfung von Styrol an Teflon (I) betrug die Rk.-Geschw. der Pfropfung (aus Messungen der gefärbten Styrol-I-Copolymerzonenbreite) bei ca. 1 Mr Vorbestrahlung u. 50° 20—30 μ/Stunde. Die Pfropfung vollzieht sich hauptsächlich an der Oberfläche u. kommt dann zum Stillstand. Bei Pfropfung von Methylmethacrylat an vorbestrahltem I bleibt die Pfropfungs-Geschw. unverändert u. der Vorgang setzt sich auch im Innern fort. P. TOLNAY. 7172

Entwicklungstendenzen bei der Herstellung von Vinylschaum. Robert J. Meyer. (Chem. Engng. Progr. **57.** Nr. 11. 66—69. Nov. 1961. B. F. Goodrich Chem. Co.) (Engl.)

Vf. gibt einen Überblick über die Herst. von Vinylschaum durch Einblasen von Inertgasen in die Masse oder durch Anwendung von Chemikalien, die sich innerhalb der Massen zersetzen u. dadurch ein Schäumen hervorrufen. Es werden Anregungen zur zukünftigen Gestaltung der Verff. gegeben. F. ROSENDAHL. 7172□

Vakuum-Formung von Niederdruckpolyäthylen-Folien. Beachtliche Tiefziehgrade bei guter Wanddickenverteilung und Kantenschärfe. Willi Neitzert. (Plastverarbeiter **11.** 241—45. Mai 1960.) (Dt.)

Die Vakuumformung von Niederdruckpolyäthylenfolien wird mit der von Hart-PVC-Folien verglichen. Bei Einsatz von Niederdruckpolyäthylen ist es zweckmäßig, im Tandem- oder Karusell-Verf. zu arbeiten sowie die Art der Folie genau mit der Heizung, der Form u. Größe des Fertigteils u. der Vakuumvorlage abzustimmen. H. DRECHSEL. 7172☐

Nylon 6 und verwandte Polymere. Rene Aelion. (Ind. Engng. Chem., int. Edit. **53.** 826—28. Okt. 1961. Leominster, Mass., Foster Grant Co., Inc., Res. and Dev. Labor.) (Engl.)

Überblick über die Herst. u. Eigg. von verschiedenen Nylontypen. — 11 Literaturangaben. R. HELBIG. 7176☐

Phosphornitril-Polymere. N. L. Paddock. (Kunststoff-Rdsch. **6.** 388—90. Sept. 1959.) (Dt.) — Vgl. Brit. Plastics **31. 473. 494.** 1958.

Phosphornitrilpolymere (PP) erlauben höhere Arbeits-Temp. als andere Polymere. Chloride der Struktur $(PNCl_2)_n$ polymerisieren zu gummiähnlichen Stoffen bei 350°, schneller Zerfall tritt erst bei ca. 500° auf. Im wesentlichen zeigen sie die Eigg. aromat. Syst., besitzen jedoch höhere chem. u. therm. Widerstandsfähigkeit als C-Verbindungen. Anwendungsmöglichkeiten werden genannt. — 24 Literaturangaben. H. VÖLZ. 7188☐

Fasern. C. S. Grove jun., Joseph L. Vodonik und Robert S. Casey. (Ind. Engng. Chem., int. Edit. **53.** 853—55. Okt. 1961. Syracuse, N.Y., Syracuse Univ., Res. Inst.) (Engl.) Fortschrittsbericht über Fasern für faserverstärkte Plaste. — 114 Literaturzitate. R. HELBIG. 7204☐

Zum Einfluß der Finishbehandlungen an Glasseidengeweben auf das Haftvermögen an Kunstharzen. Ursula Renner. (Silikattechnik **12.** 532—36. Dez. 1961.) (Dt.)

Mit verschiedenen Harzen u. Haftmitteln wurden Haftfestigkeits-Unterss. angestellt, wobei besonderer Wert auf die Ergebnisse der Kochteste (Alterungs-Verh.) gelegt wurde. Epoxidharze (Epilox u. a.) sind hierbei den Polyesterharzen überlegen, bei den Haftmitteln verhielt sich das vom Typ T31 am günstigsten. N. PETERS. 7204☐

Erweichungstiefenmesser vom Vicat-Typ zur Ermittlung der Härte und elastischen Erholung polymerer Stoffe. K. W. Gardiner, T. F. Jordan und F. W. Adams. (ASTM Bull. **1960.** Nr. 246. 38—40. Mai. Bell u. Howell-Consolidated Electrodynamics Corp.) (Engl.)

Aus Messungen der Erweichungstiefe u. des Rückpralls mittels einer Vicat-Nadel werden Härte u. Wiedererholung von Formteilen von Kunststoffen ermittelt. Anwendungsbereich der Meßanordnung auf Prüfkörper von 0,7—125 mils Dicke; prakt. Anwendung z. B. beim Verfolgen der Härtung eines Formkörpers. M. HAGEDORN. 7210☐

Spektroskopische Analyse von Polyvinylchlorid-Verbindungen. 1. Mitt. **Infrarotspektrometrische Analyse.** R. A. Burley und W. J. Bennett. (Appl. Spectroscopy **14.** 32—38. 1960. Lachine, Quebec, Northern Electric Co. Ltd., Wire and Cable Div.) (Engl.)

Der Weichmacher wird in Ae. [Dioctylphthalat (I), in CS_2] extrahiert; durch Lösen des Rückstandes in Tetrachloräthan u. Tetrahydrofuran u. Zentrifugieren wird das Harz von Bindemittel u. Füllstoff getrennt. Die Bestandteile werden in Lsg. oder als Filme bzw. in Form von „Nujol-mulls" oder KBr-Tabletten untersucht. — Die IR-Spektrogramme von PVC, I, n-Octyl-n-decylphthalat, Trikresylphosphat, Epoxyester, $PbCO_3 \cdot Pb(OH)_2$, $PbHPO_2$, dibas. Pb-Phthalat, Pb-Salicylat, bas. $Pb_2SiO_4/PbSO_4$, bas. $PbSO_4$, dibas. Pb-Stearat u. von einem Pb_2SiO_4–Silicagel-Komplex werden wiedergegeben. W. BETCKE. 7210☐

Quellung und Bruch von Polyäthylen-Schmelzmassen. D. L. T. Beynon und B. S. Glyde. (Brit. Plastics **33.** 414—19. Sept. 1960. Alperton, Metal Box Co., Res. Dep.) (Engl.)

Vff. untersuchten die Quellungs-Eigg. verschiedener Materialien, um zugleich den Mechanismus der Quellungs- u. Bruchphänomene besser kennenzulernen. Zur Messung wurde ein abgeändertes Plastometer benutzt. Vers.-Ausführung u. Ergebnisse werden mitgeteilt. In Übereinstimmung mit anderen fanden sie, daß es mehr als einen Quellungsmechanismus gibt, der von der Materialstruktur abhängig ist. — 20 Literaturangaben. H. JACOBI. 7210☐

Lange & Seidel, Nürnberg, **Trennmittel für Werkzeuge zum Verarbeiten thermoplastischer Kunststoffe,** gek. durch die Verw. von synthet. Klauenölen, nämlich Glycerinfettsäureestern, z. B. Ölsäureglycerid. (**D. A. S. 1 091 742** Kl. 39a vom 4/2. 1959, ausg. 27/10. 1960. **Zusatz zu D. A. S. 1 056 361; C. 1961. 13018.**) H. NATHER. 7171

Rudolf Buchmann, Mannheim, **Vorbehandlung von in Form loser, treibmittelhaltiger Partikeln vorliegenden Kunststoffen** zur Vergrößerung ihrer Volumina unter Beibehaltung der losen Form, dad. gek., daß die Kunststoffpartikel bei Atmosphärendruck oder diesen nur geringfügig übersteigendem Druck kurzzeitig strömendem Dampf von 100—150° ausgesetzt werden. (**D. A. S. 1 074 854** Kl. 39a vom 16/6. 1955, ausg. 4/2. 1960.) H. NATHER. 7171

E. I. du Pont de Nemours & Co., Wilmington (Erfinder: Ronald Luther Saxton, Yorklyn), Del., V.St.A., **Einarbeiten fester Teilchen mit einer Teilchengröße von 5 bis 5000 mμ in ein thermoplastisches Material,** dad. gek., daß ein Konzentrat hergestellt wird, in dem 1—40 Teile des Feststoffes mit 10 Vol.-Teilen geschmolzenen thermoplast. Materials vermischt werden u. dieses Gemisch mit einem anderen thermoplast. Material verknetet wird, das eine höhere Schmelzviscosität als das Harz des Konzentrats aufweist. Bes. anwendbar ist das Verf., wenn als Feststoffteilchen Kohlenstoffteilchen, als thermoplast. Material im Konzentrat Polyäthylen u. als das andere thermoplast. Material KW-Stoffharze verwendet werden. (**D. A. S. 1 106 487** Kl. 39a vom 25/6. 1959, ausg. 10/5. 1961. A. Prior. 26/6. 1958.) H. NATHER. 7171

LICENTIA Patent-Verwaltungs-G. m. b. H., Frankfurt/M. (Erfinder: Günter Pohle, Berlin), **Blasenfreie Herstellung von aus härtbaren oder thermoplastischen Gießharzen bestehenden Formkörpern** unter Anwendung einer Vakuumbehandlung, dad. gek., daß die Oberflächenspannung des Gießharzes vor der Vakuumbehandlung durch geeignete Verdünnungsmittel herabgesetzt wird u. die Vakuumbehandlung eine Entfernung des Verdünnungsmittels bewirkt. (**D. A. S. 1 073 734** Kl. 39a vom 20/10. 1955, ausg. 21/1. 1960.) H. NATHER. 7171

Minnesota Mining & Mfg. Co., St. Paul, Minn., V.St.A. (Erfinder: Richard August Smith), **Weichmacher für thermoplastische Polyperfluorchlorolefine (III)** oder dessen Mischpolymerisate mit <80 (Mol-%) eines anderen halogenierten Olefins (**II**), bes. Polytrifluorchloräthylen (**I**) oder **I**-Vinylidenfluoridmischpolymerisate, bestehend aus einem Mischpolymerisat aus >5 eines Fluorolefins, bes. Trifluorchloräthylen (**IV**), u. einem anderen **II**, das $\geqq 2$ H-Atome im Mol. enthält u. einen höheren %-Geh. an Fluorolefin aufweist als **III**. — Beispiel: Mischpolymerisat aus 98 **IV** u. 2 Vinylidenfluorid u. 10% eines Mischpolymerisats aus 75 **IV** u. 25 Vinylidenfluorid. (**E. P. 806 268** vom 16/4. 1956, ausg. 23/12. 1958.) C. LÜTTGEN. 7171

Monsanto Chemical Co., St. Louis, Mo., übert. von: Joachim Dazzi, Dayton, Ohio, V.St.A., **Weichmacher für Polyvinylchloridharze** (Polyvinylchlorid oder Mischpolymerisate aus Vinylchlorid u. Vinylacetat oder Vinylidenchlorid), gek. durch ein Addukt der allg. Formel: $(R')(R)N-CO-T-[CH(COOY)-CH_2(COOY')]_n$ ($T =$ aliphat., nichtkonjugierter Olefin-KW-Stoffrest mit 9—23 C-Atomen; R u. $R' = H$ oder Alkylrest mit 1—8 C-Atomen; $n = 1-4$; Y u. $Y' =$ Alkylreste mit 1—8 C-Atomen). Die Addukte werden nach A. P. 2 818 415; C. **1960.** 2022, bes. aus Dibutylfumarat u. einer Mischung aus Dimethylamiden der Öl- u. Linolsäure (aus Tallöl gewonnen), hergestellt. Man setzt bes. 60 (Teilen) Polyvinylchlorid 40 Weichmacher zu. — Beispiele. (**A. P. 2 913 431** vom 26/1. 1954, ausg. 17/11. 1959.) G. VOGEL. 7171

National Distillers & Chemical Corp., Va., übert. von: Christian W. Johnston, Severna Park, und Robert A. Meara, Baltimore, Md., V.St.A., **Dialkylester von Dicarbonsäuremischungen** erhält man aus Alkoholen mit 4—8 C-Atomen u. einer Mischung isomerer aliphat. Dicarbonsäuren mit 10 C-Atomen, die 60—88(%) α-Suberinsäure (**I**), 10—25 α.α'-Diäthyladipinsäure (**II**) u. Sebacinsäure (**III**) als Rest auf 100 enthält. Genannt sind bes. der Di-2-äthylhexylester, VZ. 264, D. 0,910, der Diisooctylester, VZ. 256, D. 0,912, der Di-n-butylester, VZ. 352, D. 0,939, der Di-2-octyl- u. Di-n-octylester des Säuregemisches, das man durch selektives Dimerisieren von Butadien mit Na in Ggw. eines Äthers u. einer geringen Menge eines polycycl. aromat. KW-Stoffes u. oder eines festen Kontaktstoffes zu einer Mischung aus Di-Na-octadienen erhält, die man zu Dicarbonsäuren mit 10 C-Atomen carboxyliert. Das Gemisch hat nach Entfernung der Hauptmenge der **III** bes. die Zus.: 75 **I**, 10 **II** u. 12 **III** ($Kp._2$ 185—205°, F. 50—55°, JZ. <1, Neutralisationsäquivalent 101—102). Man verestert die Alkohole mit den Säuren direkt mit oder ohne Katalysator (H_2SO_4) unter azeotrop. Dest. des Rk.-W. oder man stellt Ester mit niedrigsd. Alkoholen (A., Methanol) her u. estert die Prodd. mit höhersd. Alkoholen um u. setzt 5—100 (Teile) des Diesters als *Weichmacher* 100 eines Polymethylmethacrylat-, Vinylchlorid- oder Polyvinylacetalharzes zu. Die Harz-Prodd. sind wasser-, seifen- u. ölbeständig u. (an Lacken, Firnissen u. Anstrichen) nicht klebend. — Beispiele, Festigkeitstabellen, Kurven. (**A. P. 2 839 485** vom 15/6. 1954, ausg. 17/6. 1958.) G. VOGEL. 7171

Dow Chemical Co. (Erfinder: Edgar C. Britton und Peter S. Petrie), Midland, Mich., V.St.A., **Herstellung von Polyäthern** mit mittlerem Molgew. von

>300 durch Rk. einer Mischung von Styroloxid (I), einem Alkylenoxid (II) u. einem Glykol (III) in Ggw. eines Alkalikatalysators, dad. gek., daß die Mischung 0,1—9 (Mol) I je 1 II u. 1—10 Gew.-% III enthält. Als II wird Äthylen- u./oder 1.2-Propylenoxid bevorzugt. Gearbeitet wird bei 80—200° in Ggw. von NaOH oder KOH. Die Endprodd. haben Molgew. 480—2000, sind viscose Öle bis halbfeste Massen u. können als *Weichmacher, Schmier-, Emulgier-* u. *Dispergiermittel* verwendet werden — Mengenbeispiele. (**D. A. S. 1 070 829** Kl. 39c vom 4/2. 1953, ausg. 10/12. 1959.) H. SCHINDLER. 7171

American Cyanamid Co., New York, N.Y., übert. von: Sheldon A. Buckler, Stamford, Conn., V.St.A., **Spiro-tetrakis-hydroxyalkylphosphoniumsalze** der allg. Formel I (X = Cl, Br, J, NO_3, HSO_4, Acetat, Citrat, Tartrat; Y u. Y' = ggf. substituierte gesätt. oder ungesätt., gerade oder verzweigte Alkylenreste mit 1—5 C-Atomen) erhält man durch Rk. von Phosphin mit Dialdehyden der Formel O=CH—Y—CH=O im Mol-Verhältnis 1:10—15:2, bes. 1:2, u. mindestens 1 Mol Mineralsäure oder organ. Säure in Ggw. von W., ggf. in Ggw. eines mit W. mischbaren Lsgm. (Tetrahydrofuran) bei 0—100°, bes. 15—60°. Die Spirophosphoniumsalze können gegenseitig ineinander umgewandelt werden, z. B. das Sulfat durch Rk. mit Ba-Acetat in das Acetat, das Chlorid mit $AgNO_3$ in das Nitrat. — In eine Lsg. von 225 ml Tetrahydrofuran u. 125 ml 37,7%ig. wss. Salzsäure leitet man 15 Min. je Min. 15 ml PH_3, gibt dann unter Rühren bei 25—30° 268 g einer 25%ig. wss. Lsg. von Glutaraldehyd innerhalb 2 Std. u. leitet dabei weiterhin PH_3 in der angegebenen Menge ein. Nach dem Aufarbeiten erhält man in 65%ig. Ausbeute *Spiro-1.5.7.11-tetrahydroxy-6-phosphazoniumhendecanchlorid*, weißes Pulver, F. 167—168° (Essigsäure/sek. Butanol). — Analog erhält man: [-phosphazonium- = (I)] Spiro-1.4.6.9-tetrahydroxy-5-I-nonanchlorid, weiße Nadeln, F. 94—95° (Amylalkohol/HCl); aus o-Phthalaldehyd erhält man (2.3—7,8)-Dibenzospiro-1.4.6.9-tetrahydroxy-5-I-nonadien-(2.7)-chlorid; aus 3-(p-Chlorphenyl)-glutaraldehyd: 2.8-Di-(p-chlorphenyl)-spiro-1.5.7.11-tetrahydroxy-6-I-hendecanchlorid. — *Flammfestmachendes Treibmittel für Kunststoffe.* (**A. P. 2 969 398** vom 26/9. 1958, ausg. 24/1. 1961.) A. JAHN. 7171

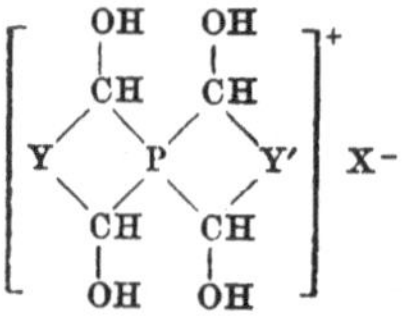

I

E. I. du Pont de Nemours & Co., Wilmington, Del. (Erfinder: LeRoy Frederick Gronholz, Tonawanda, N.Y.), V.St.A., **Orientieren der molekularen Struktur von geformten Gebilden,** wie Folien, Filmen, Bändern, aus kristallinen Polymerisaten, die aus ungesätt. KW-Stoffen mit nur einer Doppelbindung hergestellt sind, durch Recken in mindestens einer Richtung, Kühlen unter Aufrechterhaltung der Spannung, dad. gek., daß das Gebilde vor dem Orientieren der mol. Struktur auf eine mindestens um 10° über dem Kristall-F. des Polymerisats liegende Temp. erhitzt, dann auf eine Temp. innerhalb des Bereiches von einer dicht unter dem Kristall-F. liegenden bis zu einer um 12° unter diesem Punkt liegenden Temp. gekühlt u. innerhalb dieses Bereichs in mindestens einer Richtung gereckt wird. (**D. A. S. 1 108 898** Kl. 39a vom 22/10. 1958, ausg. 15/6. 1961. A. Prior. 31/10. 1957.) H. NATHER. 7173

Dow Chemical Co., V.St.A. (Erfinder: Fred Donald Hoerger), **Katalytische Halogenierung von Polyolefinen.** Man chloriert eine wss. Suspension eines feinverteilten Polyolefins (0,037—1,5 mm Teilchengröße) in Ggw. eines wasserlösl., freie Radikale bildenden Hydroperoxids der Formel XYZCOOH (X, Y, Z = H oder Alkylradikale mit bis zu 8 C-Atomen insgesamt, z. B. Triäthylmethyl-, sek.-Butyl-, Cyclohexylhydroperoxid). — Man suspendiert z. B. 112 (g) Polyäthylen der mittleren Teilchengröße < 0,045 mm in 1480 W. in Ggw. von 0,4 Polyglykolamin als Netzmittel u. 0,07 einer wss. 67%ig. tert.-Butylhydroperoxid-Lsg. u. setzt davon die gleiche Menge im Abstand von 3 Std. zu, während man bei 80° Cl_2 einleitet: Schnellere Aufnahme des Cl_2 gegenüber einer katalysatorfreien Suspension. (**F. P. 1 197 716** vom 18/12. 1957, ausg. 2/12. 1959. A. Prior. 18/1. 1957.) M. PANKOW. 7173

Badische Anilin- & Soda-Fabrik Akt.-Ges. (Erfinder: Ferdinand Elbers und Alfred Müller), Ludwigshafen/Rh., **Herstellen von Pulvern aus Polyolefinen,** dad. gek., daß Polyolefine in einer Homogenisierungsanlage durch Heizen unter Rühren geschmolzen u. die homogene Schmelze unter weiterem Rühren durch plötzliche Kühlung abgeschreckt wird. (**D. A. S. 1 090 422** Kl. 39a vom 5/9. 1957, ausg. 6/10. 1960.) H. NATHER. 7173

Bergwerksgesellschaft Hibernia Akt.-Ges., Herne (Erfinder: Walther Steinle, Wanne-Eickel, Alfred Schiwy und Karl Schmitt, Herne), **Herstellen von Granulaten aus Hochdruckpolyäthylen,** dad. gek., daß man das Polyäthylen auf einer Temp. zwischen ca. 150 u. 190° u. einem Überdruck bis zu 10 atü hält u. das Prod. in bekannter Weise granuliert. Unter den angewendeten Bedingungen des Druckes u. der Temp. ist das Polyäthylen bes. leicht mischbar, so daß man trotz relativ kurzer

Behandlungsdauer einen ausgezeichneten Homogenisierungseffekt erzielt. (**D. A. S. 1 094 440** Kl. 39a vom 6/12. 1958, ausg. 8/12. 1960.) H. NATHER. 7173

E. I. du Pont de Nemours & Co., übert. von: John T. Rundquist, Wilmington, Del., V.St.A., **Stabilisieren von normal festen Äthylenpolymeren,** die mindestens $15 \cdot 10^{-4}$ Milliäquivalente Hydroperoxid/g Polymeres enthalten, dad. gek., daß man in einem Reaktor ein Bett aus einem Oxid oder Sulfid eines Metalls der VI. Gruppe des Period. Syst. mit einem Atomgew. von $\geqq 52$ anordnet u. das Polymere in geschmolzenem Zustand durch das Bett leitet. Man mischt bes. eine Lsg. von Polyäthylen in Toluol mit dem Katalysator (MoS_3, MoO_3 oder W–Ni-Sulfid) bei 80—200°. — Beispiele, Tabellen. (**A. P. 2 830 034** vom 21/7. 1954, ausg. 8/4. 1958.) G. VOGEL. 7173

Dow Chemical Co., Midland, übert. von: Carl B. Havens, Hope, Mich., V.St.A., **Bis-(p-salicyloylphenyl)-phenylendicarbamat enthaltende Chloräthylenpolymerisate,** bes. solche aus mindestens 50 Gew.-% Vinylidenchlorid u. Vinylchlorid, stabilisieren diese gegen Licht-Einw. u. sind farblos, geruchlos u. nicht flüchtig. Weiteres Beispiel: *Bis-(p-salicyloylphenyl)-3-methyl-p-phenylendicarbamat.* (**A. P. 2 853 466** vom 2/8. 1956, ausg. 23/9. 1958.) A. JAHN. 7173

Dow Chemical Co., Midland, übert. von: Gerald A. Clark, Midland, Carl B. Havens, Hope, und Ronald G. Brookens, Auburn, Mich., V. St.A., **Mit β-Resorcylsäurediester stabilisierte Chloräthylenpolymerisate,** bes. solche, die mindestens 50% Vinylidenchlorid u. Vinylchlorid enthalten. Man setzt 1—10 Gew.-% von Verbb. der allg. Formel I zu (R = Aryl, substituiertes Aryl u. Alkyl mit 1—7 C-Atomen; R' = H, Halogen, Aryl u. Alkyl mit 1—8 C-Atomen), bes. *4-(2-Hydroxybenzoxy)-salicylsäurephenylester.* — *Lichtstabilisatoren.* (**A. P. 2 858 293** vom 2/8. 1956, ausg. 28/10. 1958.) A. JAHN. 7173

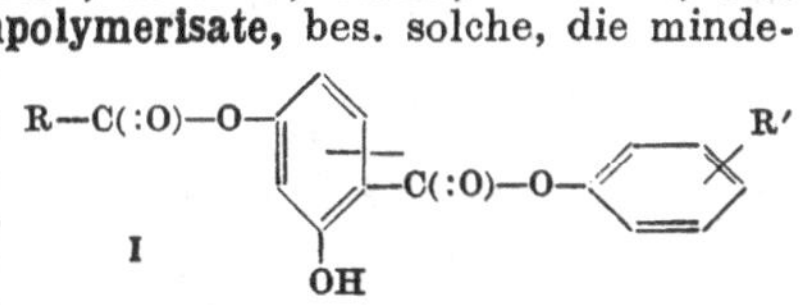

I

Dow Chemical Co., übert. von: David A. Gordon, Midland, Mich., V.St.A., **Lichtstabile thermoplastische Halogenäthylenpolymere** mit einem Geh. von $\geqq 50$ (%) Vinylidenchlorid, enthaltend 0,5—6 eines Allyl-Deriv. des Dibenzoylresorcins, bes. 2-Allyl-4.6-dibenzoylresorcin. (**A. P. 2 861 976** vom 8/11. 1956, ausg. 25/11. 1958.) C. LÜTTGEN. 7173

E. I. du Pont de Nemours & Co., Wilmington (Erfinder: Paul Elliott Thomas, Wilmington, und Curtis Clayton Wallace, City of Newark), Del., V.St.A., **Polytetrafluoräthylenpulver,** bes. für die Verformung zu flächenhaften Gebilden, wie Folien, gek. durch einen wesentlichen Anteil an faserigen Teilchen, eine Luftdurchlässigkeitsuntersiebgröße $< 5\ \mu$, eine Naßsiebgröße $< 50\ \mu$, wobei von einem 230-Maschensieb (der lichten Maschenweite 0,062 mm) < 6 Gew.-% zurückgehalten werden, einen Verformungsfaktor von 5—12 u. einen Faktor der anisotropen Ausdehnung von 1,16—1,28. Die Luftdurchlässigkeitsuntersiebgröße bezieht sich auf den errechneten Durchmesser eines Teilchens von bestimmter Oberfläche (d_{ss}), bestimmt nach der Luftdurchlässigkeits-Meth. unter Verw. z. B. des Subsieve Sicer, Katalog-Nr. 14—312 der FISHER SCIENTIFIC Co oder nach der in Analytical Chemistry **26.** [1954.] 1623—30. beschriebenen Meth. von KAMACK. Die Naßsiebgröße bezieht sich auf den als Siebgröße gemessenen Teilchendurchmesser (d_{ws}), der durch Siebung der Teilchen ermittelt wird. Der Verformungsfaktor ist gleich dem Verhältnis $R = d_{ws}/d_{ss}$ u. stellt damit ein Maß dar, um das das Durchschnittsteilchen von der Kugelform abweicht. Der Faktor der anisotropen Ausdehnung bezieht sich auf einen Wert, der folgendermaßen bestimmt wird: 4,1 g Pulver werden in einen rechteckigen Formraum von $12{,}7 \cdot 12{,}7$ mm eingewogen u. zwischen Metallstempeln verdichtet. Der Druck wird innerhalb einer Min. auf 141 kg/cm² erhöht, 2 Min. auf diesem Wert gehalten u. dann entlastet. Man läßt den ungefähr würfelförmigen Vorformling 30 Min. stehen. Dann werden Breite, Länge u. Höhe des Vorformlings gemessen (d. h. seine X-, Y- bzw. Z-Achse, wobei sich die Z-Achse in der Richtung erstreckt, in der bei der Vorformung die Verdichtung erfolgte). Der gemessene Vorformling wird durch ½ std. Erhitzen auf $380 \pm 0{,}5°$ gesintert, an Luft auf Raum-Temp. gekühlt u. erneut vermessen. Der Faktor der anisotropen Ausdehnung ist dann gleich $Z_s/Z_p \cdot X_p + Y_p/X_s + Y_s$, worin X, Y u. Z die gemessenen Achsenlängen sind u. die Indices p u. s sich auf den Vorformling bzw. das gesinterte Gebilde beziehen. Hergestellt wird das Pulver, indem man Polytetrafluoräthylenpulver in einem gasförmigen Medium bei einer Temp. im Bereich von 19—327° zerkleinert bzw. Scherkräften unterwirft u. das erhaltene Pulver bei einer Temp. von nicht mehr als 90° abtrennt. Die erhaltenen Pulver lassen sich nicht nur in kürzerer Zeit als die gewöhnlichen Pulver zu nichtporösen flächenhaften Gebilden sintern, sondern durch die Sinterung können auch Gebilde höherer Güte als bisher erhalten werden. (**D. A. S. 1 106 486** Kl. 39a vom 8/11. 1957, ausg. 10/5. 1961. A. Prior. 15/11. 1956.) H. NATHER. 7173

Raybestos-Manhattan, Inc., Manheim (Erfinder: Winton Lloyd Slade, Lancaster), Pa., V.St.A., **Behandeln von ausgespritztem Polytetrafluoräthylen,** bei dessen Ausspritzen ein entflammbares Schmiermittel verwendet worden ist, unter Hindurchführen des Spritzgutes durch eine erste Zone, in der eine Verdampfung des in dem Spritzgut enthaltenen Schmiermittels bewirkt wird, u. anschließend durch eine zweite Zone, in der das Spritzgut einer Temp. unterworfen wird, die genügend hoch ist, um das Polymerisat zu sintern, dad. gek., daß das Spritzgut in der ersten Zone einem erhitzten inerten Gas unterworfen wird. (**D. A. S. 1 091 743** Kl. 39a vom 16/8. 1956, ausg. 27/10. 1960. A. Prior. 18/8. 1955.) H. NATHER. 7173

Imperial Chemical Industries Ltd. (Erfinder: Arthur William Charles Taylor), **Stabilisieren von Polypropylen (I),** das zum größeren Teil, z. B. 75%, aus isotakt. **I** u. in geringerer Menge aus atakt. **I** besteht, gegen Licht u. Hitze bewirkt man durch Einarbeitung einer geringen Menge, $<5\%$, bezogen auf **I**, eines substituierten *p-Phenylendiamins,* wie N.N'-Diphenyl- oder -cyclohexyl- oder N-Phenyl-N'-isopropyl-p-phenylendiamin. (**Aust. P. 225 531** vom 12/11. 1957, ausg. 17/12. 1959. E. Prior. 29/11. 1956.) O. ROICK. 7173

Dow Chemical Co., V.St.A. (Erfinder: Fred Donald Hoerger), **Herstellung von Polyvinylchloridmischungen** mit bis zu 40 (Gew.-%), bes. 1—25 eines makromol. chlorierten Polyäthylens (Niederdruckpolyäthylen) mit Molgew. 15000—75000 mit 30—60 gebundenen Cl. Die Mischungen zeigen gute Wärme- u. Zugfestigkeit, geringe Fließviscosität bei 180° u. sind transparent. — Man verwendet sie für *Rohre* u. *Ventile.* (**F. P. 1 192 261** vom 31/10. 1957, ausg. 26/10. 1959. A. Prior. 17/12. 1956.) M. PANKOW. 7173

Wacker-Chemie G. m. b. H., München (Erfinder: Hans Bauer und Joseph Heckmaier, Burghausen/Obb.), **Verbessern der Farbfestigkeit von Polymerisaten des Vinylchlorids** u./oder dessen Mischungen mit anderen Vinylmonomeren, dad. gek., daß man die Polymerisation in Ggw. von <3 Gew.-% anorgan. Säuren mit einer DK $<10^{-9}$ u./oder deren Anhydriden in einer Menge von $\leqq 3$ Gew.-%, bezogen auf das Monomere oder deren Gemische, durchführt. In den Beispielen werden H_3BO_3 u. SiO_2 verwendet, durch die das mit Dioctylphthalat u. ca. 1% bas. Pb-Stearat verarbeitete Polymerisat ein weißes Prod. liefert. (**D. A. S. 1 083 550** Kl. 39c vom 28/4. 1958, ausg. 15/6. 1960.) H. SCHINDLER. 7173

Monsanto Chemical Co., St. Louis, Mo., übert. von: Joe A. Greenhoe, Longmeadow, Mass., V.St.A., **Herstellung poröser Filme aus einem Polyvinylchlorid-Plastisol mit Wasser als Blähmittel.** Man mischt 100 (Teile) Polyvinylchlorid mit einer durchschnittlichen Teilchengröße von 0,02—2μ mit 50—200 Weichmacher [Phthalsäure-di-(2-äthylhexyl)-ester] u. verleibt diesem Plastisol 2—50 W. ein. Man stellt aus dieser Mischung einen dünnen Film her u. erhitzt ihn so lange, bis er homogen schmilzt (5 Min. 180—185°), wobei das verdampfende W. feine Poren im Film erzeugt. (**A. P. 2864777** vom 27/7. 1956, ausg. 16/12. 1958.) A. JAHN. 7173

Harold Newby, London, England, **Pasten aus Polyvinylchlorid und Weichmachern,** bes. *Dioctyl-* oder *Diäthylhexylphthalat* oder *Trikresylphosphat,* die bis zu 1% (bezogen auf Polyvinylchlorid; **I**) *Kieselsäure* (**II**) enthalten, die durch Verbrennen von $SiCl_4$ in H_2 hergestellt wurde, dringen beim Auftragen nicht in das Gewebe ein u. haben daher nach dem Gelatinieren bei 170° gleiche Dicke. — Zu einer Paste aus 50 (Teilen) **I** vom K-Wert 70 u. 50 Dioctylphthalat gibt man 0,5 **II** (wie angegeben erhalten) u. als Stabilisator 1 *Ca-*, *Sr-* oder *Ba-Stearat.* Nach dem Homogenisieren wird die Paste auf ein Gewebe mittels Rakel aufgebracht u. das Material 3 Min. auf 170° erhitzt. (**E. P. 799 953** vom 5/8. 1955, ausg. 13/8. 1958.) A. JAHN. 7173

Wacker-Chemie G. m. b. H., München, **Herstellung von Schaumkörpern aus Polyvinylchloridpasten.** Die Plastisole aus Polyvinylchlorid (I), Weichmacher u. Stabilisiermittel werden durch Unterdruck in Schaum verwandelt u. mittels Hochfrequenzheizung geliert. Als Weichmacher kann man eine bei der Gelierung polymerisierende Verb. wählen, z. B. Tetraäthylenglykoldimethacrylat. — Man mischt 100 (Teile) verpastbares **I** (K-Wert 75), 70 Dibutylphthalat u. 0,2 Monophenylharnstoff, homogenisiert auf dem 3-Walzenstuhl, gibt in eine Form mit dem 15fachen Vol. der Paste, evakuiert auf 8 Torr u. erhält einen die Form füllenden Schaum, der im Hochfrequenzfeld in 2 Min. geliert. (**Oe. P. 211 558** vom 23/6. 1959, ausg. 25/10. 1960. D. Prior. 19/9. 1958.) M. PANKOW. 7173

E. I. du Pont de Nemours & Co., übert. von: Barnard Mitchel Marks, Wilmington, Del., V.St.A., **Weichmachen von Polyvinylacetalen in wässeriger Aufschlämmung.** Man suspendiert ein Polyvinylacetal solcher Teilchengröße, daß mindestens 90% durch ein 60-Maschensieb zurückgehalten werden u. das durch Rk. von

Polyvinylalkohol mit einem Aldehyd mit 2—6 C-Atomen erhalten wurde, zusammen mit 10—50 Gew.-% eines in W. unlösl. Weichmachers [2-Äthylbuttersäure-, β-Butoxyäthyl-adipinsäure-di-(triäthylenglykol)-ester, Sebacinsäuredibutylester] in einer solchen Menge W., daß das Verhältnis W.:Harz + Weichmacher = 3—20:1, bes. 4—10:1 beträgt u. rührt die wss. Aufschlämmung (I) 10—100 Min. bei 20—65° mit einer Kraft von mindestens 1, bes. 1—5 PS je 1000 Gallon I, wobei das Harz mindestens 90% des Weichmachers aufnimmt. (**A. P. 2 864 784** vom 15/8. 1956, ausg. 16/12. 1958.) A. JAHN. 7173

Shea Chemical Corp., Jeffersonville, Ind., übert. von: Ingenuin Hechenbleickner, Clarksburg, und Albro T. Gaul, Adams, Mass., V.St.A., **Herstellung von Alkanolaminphosphiten.** Alkanolamine der allg. Formel $(HO-CH_2-CH_2)_2NX$ (I) werden mit tert. aromat. Phosphiten der allg. Formel $(R\cdot C_6H_4\cdot O)_3P$ (II) umgesetzt, wobei Verbb. der allg. Formel $[(R\cdot C_6H_4\cdot O)_3P\cdot OCH_2CH_2]_2 = NZ$ entstehen. Hierbei ist X ein Aryl- oder niedrigmol. Alkylrest oder die Gruppe $HO\cdot CH_2\cdot CH_2$—, R ist ein H- oder Halogenatom oder ein KW-Stoffrest u. Z ist ein Aryl- oder niedrigmol. Alkylrest oder eine dritte $(R\cdot C_6H_4\cdot O)_2P\cdot OCH_2CH_2$-Gruppe. Die Rkk. werden mit etwa äquimol. Mengen der Komponenten bei Temp. zwischen 18 u. 100° ausgeführt, ggf. in Ggw. eines bas. Katalysators (0,01 Mol auf 1 Mol I) wie Pyridin, Trialkylamine usw.; je größer der Überschuß an I ist, desto mehr Phenylgruppen werden von II abgespalten. — Beispiele: Aus 1 (Mol) Triäthanolamin u. 3 Triphenylphosphit erhält man durch Stehenlassen bei normaler Temp. nach ½ Std. $[(C_6H_5\cdot O)_2P\cdot OCH_2CH_2]_3N$, F. <0°; n_D^{25} 1,58200, $D._4^{25}$ 1,2092, lösl. in allen Fll. außer W. u. KW-Stoffen. Weitere 28, nur durch Strukturformeln dargestellte Beispiele. Verw. zur *Stabilisierung von Vinyl-* u. *Vinylidenharzen* gegen Verfärbung bei Einw. von Licht u. Wärme. (**A. P. 2 841 607** vom 21/5. 1956, ausg. 1/7. 1958.) A. KALIX. 7173

B. F. Goodrich Co., New York, N.Y. (Erfinder: Clarence Elmore Parks, Bay Village, und George Leroy Wheelock, Akron, Ohio), V.St.A., **Thermoplastische Masse für schlagfeste Produkte,** gek. durch eine Mischung aus 100 (Teilen) eines harten Vinylhalogenidpolymerisats oder -mischpolymerisats, 1—40 eines harten, zähen, harzartigen Styrol (I)–Acrylsäurenitril (II; 50—90): (50—10)-Mischpolymerisats u. 1—25 (auf Vinylharz + I-II-Mischpolymerisat bezogen) eines vernetzten kautschukartigen Mischpolymerisats, das aus 50—90 (%) eines 1.3-Butadiens, 5—30 II u. 5—30 eines anderen äthylen. ungesätt. Monomeren hergestellt ist. — Man mischt z. B. 100 (Teile Polyvinylchloridpulver mit 10 eines durch Emulsionspolymerisation aus 75 I u. 25 II erhaltenen Harzes, setzt 100 der Mischung 2 Sn-Mercaptid (Stabilisator) u. dann 10 eines vernetzten Mischpolymerisats (MOONEY-Viscosität 70 ml) zu, das aus 67 1.3-Butadien, 16 II u. 17 I, emulgiert mit einer Fettsäure u. $K_2S_2O_8$ bei 30° hergestellt ist, mischt bei 150° u. preßt bei 174° (5 Min.) Probestücke mit einer Izod-Kerbschlagfestigkeit von 56,2 kg/m auf eine Kerbe von 1 cm. — Herst. von Körpern nach üblichen Verff. mit guten chem., physikal. u. elektr. Eigenschaften. — Beispiele. (**Schwz. P. 333 524** vom 2/7. 1954, ausg. 15/12. 1958.) G. VOGEL. 7173

Monsanto Chemical Co., St. Louis, Mo., übert. von: Norbert Platzer, Springfield, Mass., V.St.A., **Herstellung von Zellkörpern** aus Vinyltoluol-, p-Äthylstyrol-, Styrol-, 2.4-Dimethylstyrolpolymerisaten (I) oder deren Mischpolymerisaten untereinander oder mit ≦15% Butadien. Man mischt I mit 0,1—1% eines fein verteilten, in I unlösl. organ. Pigments, bes. evtl. chloriertes Cu-Phthalocyanin, 6.6'-Dichlor-4.4'-dimethyl-2.2'-bis-thionaphthenindigo, zerkleinert zu einer Teilchengröße von 8—20 Maschen u. bringt das Material 24 Std. in ein Lsgm., Kp. 10—80°, das I nicht löst. Im Gegensatz zu nicht pigmentiertem I nimmt das pigmentierte ein mehrfaches an Lsgm. auf u. gibt bei der Verarbeitung Zellkörper mit einem Gew. von 2—3 pounds/cubicfoot. (**A. P. 2 857 342** vom 25/4. 1956, ausg. 21/10. 1958.) C. LÜTTGEN. 7173

Monsanto Chemical Co., St. Louis, Mo., übert. von: John L. Mladinich, Springfield, Mass., V.St.A., **Schäumbares, Kohlendioxid enthaltendes Polystyrol** enthält außer einem aliphat. KW-Stoff vom Kp. 10—80° noch mindestens 0,0002, bes. mindestens 0,05, Gew.-% CO_2 (I). Man erhält dieses, indem man monomeres Styrol (II) im Autoklav ca. 4 Std. mit I behandelt, wobei II ca. 0,4 Gew.-% I aufnimmt u. letzteres mit II mischt, um den gewünschten Geh. an I einzustellen. Dann arbeitet man 5% z. B. Pentan u. 1% Benzoylperoxid in das CO_2-haltige I ein, u. polymerisiert die Mischung (30 Tage 35°). Die Schäume haben kleinere Porengröße als ohne I. (**A. P. 2 864 778** vom 8/8. 1956, ausg. 16/12. 1958.) A. JAHN. 7173

Monsanto Chemical Co., St. Louis, Mo., übert. von: Norbert Platzer, Springfield, Mass., V.St.A., **Überzogene schäumbare Polystyrolkügelchen,** die in ihrem Innern als Schäumungsmittel eine flüchtige organ. Verb. (Pentan, Hexan, Heptan, Cyclopentan, Cyclopentadien, PAe.) enthalten, erhält man bei Einw. einer wss. Lsg. eines Erdalkalimetall- u. bzw. oder Al-Salzes u. dann der wss. Lsg. eines kieselsauren

Salzes, wobei sich auf der Oberfläche der Kügelchen festhaftende, in W. unlösl. Erdalkali- u./oder Al-Silicate in einer Menge von 0,1—5% ablagern. (**A. P. 2 861 898** vom 10/9. 1956, ausg. 25/11. 1958.) A. JAHN. 7173

Farbenfabriken Bayer Akt.-Ges., Leverkusen (Erfinder: Rudolf Merten, Köln, und Kuno Wagner, Leverkusen), **Herstellung von hochmolekularen Polyadditionsverbindungen** unter Verw. von Verbb., die Acetalgruppen enthalten, u. solchen, die reaktionsfähige Doppelbindungen enthalten, in Ggw. saurer Katalysatoren, dad. gek., daß man organ. Verbb. mit einer oder mehreren linearen oder cycl. Acetalgruppen in Ggw. der für FRIEDEL-CRAFTS-Rk. oder für ion. angeregte Polymerisationen bekannten Katalysatoren mit Verbb., die eine oder mehrere cycl. Äthergruppen im Mol. enthalten u. mit reaktionsfähigen C—C-Doppelbindungen enthaltenden Verbb. umsetzt. Als Verbb. mit Äthergruppen bzw. mit Doppelbindungen können solche Verbb. verwendet werden, die beide Arten im gleichen Mol. enthalten. — 100 g eines Triäthylenglykolformaldehydpolyacetals (OH-Zahl 38,5, n_D^{20} 1,470, Viscosität 3600 cP/25°) werden unter Zugabe von 10 cm^3 BF_3-Diäthylätherätherat unter Kühlung mit 174 g Propylenoxid bei nicht >35° umgesetzt. Nach 10 Std. gibt man 70 g Styrol zu u. erhitzt 10 Std. auf 80°. Bei der Aufarbeitung erhält man 260 g eines in W. nicht mehr lösl. Prod. mit OH-Zahl 86, n_D^{20} 1,4866. Die Prodd. können mit Polyestern, Epoxyharzen u. Isocyanaten weiter umgesetzt werden. (**D. A. S. 1 114 325** Kl. 39c vom 3/4. 1958, ausg. 28/9. 1961. **E. P. 867 461** vom 3/4. 1959, ausg. 10/5. 1961. D. Prior. 3/4. 1958.) J. MÜHLEISEN. 7177

E. I. du Pont de Nemours & Co., Wilmington, Del. (Erfinder: Emmette Farr, Izard, Kenmore, N.Y.), V.St.A., **Polymischester der Terephthalsäure** u. ggf. 20% anderer Dicarbonsäuren, mit einem normalen Glykol von 2—10 C u. 2—5% eines Polyglykoläthers der allg. Formel $HO(CH_2—CHR)—(O—CH_2—CHR)_x—(O—CH_2—CHR)—OH$, worin R = H-Atom, Methyl- oder Äthylrest, x = 0—10. Es werden aus der Schmelze über 0,75 mm Dicke, mol. orientierbare Flächengebilde gegossen. (**D. A. S. 1 110 412** Kl. 39b vom 17/1. 1958, ausg. 6/7. 1961. A. Prior. 22/1. 1957.) F. KOCH. 7177

American Cyanamid Co., New York, N.Y., übert. von: Richard K. Madison und Gloria K. Bellis, Stamford, Conn., V.St.A., **1.4-Bis-(2.2-dimethyl-3-acetylcyclobutyl)-butan,** klare, in W. unlösl. Fl., lösl. in Bzl. u. ähnlichen KW-Stoffen, $Kp._{0,05}$ 173°; n_D^{25} 1,4808, erhält man durch Red. von 2 (Mol) Pinanhydroperoxid mit stöchiometr. Mengen eines Fe(II)-Salzes ($FeSO_4$, $FeCl_2$, Fe-Naphthenat), Fällen der Fe-Verbb. mit 10%ig. NaOH u. Abtrennen des Rk.-Prod. durch Extraktion mit Bzl. oder anderen in W. unlösl. organ. Lsgm. u. fraktionierte Dest. der getrockneten Lsgm.-Schicht. — Zwischenprod. zur Herst. von *Polyestern* durch Oxydation mit 50%ig. HNO_3 u. Verestern der erhaltenen Dicarbonsäure mit einwertigen aliphat. Alkoholen (n-Butanol, 2-Äthylhexanol) oder mehrwertigen (Glykol, Glycerin, Pentaerythrit) oder durch Red. u. Verestern des erhaltenen Diols. — Die Polyester eignen sich bes. zusammen mit butylierten Melamin-CH_2O-Harzen (75:25) zur Herst. von pigmentierten Einbrennlacken. — (**A. P. 2 855 438** vom 21/12. 1956, ausg. 7/10. 1958.) R. HAUSS. 7177

E. I. du Pont de Nemours & Co., Wilmington, Del. (Erfinder: Francis Peter Alles, Westfield, N.J.), V.St.A., **Herstellen eines in seinen Abmessungen stabilen Polyesterfilms,** wobei eine Filmbahn aus einem Polyester bei erhöhter Temp. biaxial gestreckt u. unter Erwärmen bei 150—210° unter Spannung zur Erstarrung gebracht wird, so daß keine Schrumpfung eintritt, dad. gek., daß der gestreckte u. erstarrte Film nochmals bei 110—150° 1—5 Min. lang unter einer Spannung von 0,7—21 kg/cm^2, vorzugsweise von 0,7—1,8 kg/cm^2, erwärmt wird. (**D. A. S. 1 095 514** Kl. 39a vom 7/6. 1955, ausg. 22/12. 1960. A. Prior. 8/6. 1954 u. 17/2. 1955.) H. NATHER. 7177

General Electric Co., New York (Erfinder: Elliott John Lawton, Schenectady), N.Y., V.St.A., **Verschweißen einzelner Abschnitte von Erzeugnissen aus Polyesterharzen** oder eines derartigen Abschnittes mit einem Abschnitt von Erzeugnissen aus Polysiloxanen zu einem ganzen Stück, dad. gek., daß man Abschnitte aus ungesätt. Polyestererzeugnissen in innige Berührung miteinander oder mit einem Abschnitt aus einem Polysiloxanerzeugnis bringt u. danach einer energiereichen Bestrahlung durch Eletronen unterwirft, bis das Verschweißen beendet ist. (**D. A. S. 1 091 318** Kl. 39a vom 18/10. 1957, ausg. 20/10. 1960. A. Prior. 18/10. 1956.) H. NATHER. 7177

Miles Laboratories, Inc. (Erfinder: Willard Joseph Croxall und John Mirza), Elkhart, Ind., V.St.A., **Herstellung von Mischpolymerisaten auf Basis von Citronensäureestern** aus ungesätt. polymerisierbaren Alkoholen, dad. gek., daß man Ester der Formel $R—CO—O—C(CH_2COOR')_2—COOR'$, wobei R einen C_{1-18}-Alkylrest oder einen Aryl-, Alkaryl- oder Aralkylrest u. R' einen endständigen monoolefin. ungesätt. KW-Stoffrest bedeuten, mit anderen polymerisierbaren Verbb. in Ggw. eines Peroxidkatalysators mischpolymerisiert, u. zwar zunächst 12—14 Std. bei ca. 70°, worauf die Temp. langsam auf 110° erhöht u. die Masse ca. 14—36 Std. bei dieser Temp. gehalten wird. Verwendet wird Benzoylperoxid, bes. in Mengen von 1—2 Gew.-%. Nach den Beispielen werden folgende Kombinationen in wechselnden Gew.-Verhältnissen mischpolymerisiert: Acetyltriallylcitrat u. Vinylacetat (I) oder Methylmethacrylat (II) oder Propionyltriallylcitrat (III) oder Benzoyltriallylcitrat (IV); III u. I oder II oder IV; n-Butyryltriallylcitrat u. I oder II; IV u. I oder II; III u. Triallylcyanurat (V); IV u. V; Lauroyltriallylcitrat u. V; Acetyltriallylcitrat u. V. Sehr harte, abriebfeste, klare, unschmelzbare Prodd., die in gewöhnlichen organ. Lsg. unlösl. u. in der Wärme vollständig härtbar sind u. die sich zur Verw. als Bindemittel für Faserstoffe oder Ionenaustauschharze oder Schichtstoffe sowie zum Gießen von Folien eignen. — Vgl. D. A. S. 1 099 523; C. **1961.** 13717. (**D. A. S. 1 120 135** Kl. 39c vom 21/10. 1957, ausg. 21/12. 1961. A. Prior. 22/10. 1956.) H. SCHINDLER. 7177

Shell Development Co., New York, N.Y., übert. von: Curtis W. Smith, Berkeley, Calif., V.St.A., **Härter für Epoxidharze,** bestehend aus dem Rk.-Prod. von Maleinsäureanhydrid (II) mit Dicarbonsäuren, deren Estern, Diketonen oder Diamiden der allg. Formel I, in der R einen acycl. KW-Stoffrest mit 14—26 C-Atomen u. 2 Doppelbindungen, die ≧ 4-C-Atome von der Carbonylgruppe entfernt sind u. R_1 einen niederen Alkylrest, —OH, —NH_2 oder OR_2 bedeutet, wobei R_2 ein niederer Alkylrest ist, z. B. der Dimethylester der 8.12-Eikosen-1.20-dicarbonsäure (III) oder 8.10-Dimethyl-8-vinyl-10-octadecen-1.18-dicarbonsäure. Die Herst. der Addukte erfolgt in fl. Phase bei einer Temp. von 100—250°, wobei das mol. Verhältnis von II zur Carbonyl-Verb. 1:1 bis 3:1 beträgt. — 183 (Teile) III u. 59 II werden 7 Std. unter CO_2 auf 200° erhitzt, worauf man das Rk.-Prod. in 450 $CHCl_3$ löst, mit 10%ig. Na_2SO_4-Lsg. mehrmals wäscht, trocknet u. das $CHCl_3$ abdestilliert. Der Rückstand besteht aus 290 einer viscosen klaren Fl. von leicht bernsteingelber Farbe. (**A. P. 2 858 323** vom 24/1. 1956, ausg. 28/10. 1958.) C. LÜTTGEN. 7177

$R_1C(=O){-}R{-}C(=O){-}R_1$

I

Union Carbide Corp., V.St.A., **Herstellung von Aminophenolglycidylderivaten,** in denen alle H-Atome der OH- u. NH_2-Gruppe durch einen Glycidylrest ersetzt sind, dad. gek., daß man ein Aminophenol (p-Aminophenol) in Ggw. von LiOH oder LiCl mit einem α-halogenierten Epoxid (Epichlorhydrin) umsetzt u. aus dem erhaltenen Halogenhydrin durch Behandeln mit NaOH oder KOH Halogenwasserstoff abspaltet. — 100 (Teile) des Glycidyl-Deriv. werden mit 3—5 Endomethylentetrahydrophthalsäuremethylester, einem eutekt. Gemisch von m-Phenylendiamin u. 4.4'-Methylendianilin oder einem BF_3-Piperidin-Komplex als Härtemittel versetzt u. bilden *hitzebeständige Kunststoffe.* (**F.P. 1 221 211** vom 3/3. 1959, ausg. 31/5. 1960.) S. BÖTTCHER. 7177

Pittsburgh Plate Glass Co., übert. von: Roger M. Christenson, Whitefisch Bay, und Norman A. Jacobson, Clinton, Wis., V.St.A., **Aldehyd-Polycarbamatharze** entstehen durch Erhitzen der beiden Komponenten. Dabei ist das Polycarbamat durch Erhitzen von Harnstoff u. einem Alkydharz mit freien OH-Gruppen in Ggw. von $ZnCl_2$, $Zn(OOCCH_3)_2$, $AgNO_3$, $CoCl_2$, $CuSO_4$, $SnCl_2$ oder $SnCl_4$ erhalten worden. (**A. P. 2 956 964** vom 13/9. 1954, ausg. 18/10. 1960.) F. KOCH. 7177

American Cyanamid Co., New York, N.Y. (Erfinder: Irwin Henry Hess, N.Y. und Kerwin Kenton Kurtz, N.J.), V.St.A., **Gewinnung wasserlöslicher Polymerer aus ihren wässerigen Dispersionen.** Die Dispersionen der wasserlösl. Polymeren (Polyacrylamid, acrylsaure Salze, Polyvinylalkohol, Polyvinylsulfonate) mischt man zunächst mit so viel eines wenigstens teilweise lösl. u. gegen das Polymere indifferenten Fällmittels (Ketone, wie Aceton, Alkohole, wie CH_3OH, deren Äther, Dioxan, Morpholin, Äthylacetat), daß nur die Viscosität der wss. Dispersion red. wird u. setzt dann genügend gleiches oder anderes Fällmittel zu, um das Polymere in Form feiner Partikel auszufällen. — Zu 496 (Gew.-Teilen) 5,46%ig. wss. Polyacrylamid-Lsg. gibt man langsam 210 CH_3OH u. 0,47 70%ig. HNO_3-Lsg. (als Fällungsunterstützer), danach schnell 816 CH_3OH u. filtriert das feinkörnige Polymere ab. (**Jap. A. S. 1144/1960** vom 11/10. 1958, ausg. 25/2. 1960. **F. P. 1 212 909** vom 10/10. 1958, ausg. 28/3. 1960. Beide D. Prior. 14/10. 1957.) M. PANKOW. 7181

Monsanto Chemical Co., St. Louis, Mo., übert. von: Joseph A. Blanchette, East Longmeadow, Mass., V.St.A., **Reduziertes Mischpolymerisat** aus 10—50% Acrylnitril oder Methacrylnitril u. 90—50% eines Ketons, bes. Methylvinylketons, in dem das Carbonyl-C-Atom direkt an einen Vinyl- oder Isopropylrest u. noch an einen Phenyl- oder Alkyl (Methyl)-Rest mit 1—5 C-Atomen gebunden ist, die Nitrilgruppen zum mindesten teilweise zu NH_2-Gruppen u. die Carbonylgruppen im wesentlichen vollständig zu sek. gebundenen OH-Gruppen red. sind. Die Red. erfolgt katalyt. mit H_2 in Ggw. von Pd, Pt oder RANEY-Ni als Katalysator bei 100—450° u. einem H_2-Druck von $\geqq$ 1200 lbs./sq.in. Das Prod. dient als *Klebstoff*, *Überzugsmasse* auf Formkörpern, *Ionenaustauschermaterial* u. wegen seiner großen Rk.-Fähigkeit als *Zwischen-Prod.* zur Herst. anderer modifizierter Polymere. (**A. P. 2 865 889** vom 21/6. 1957, ausg. 23/12. 1958.) G. VOGEL. 7181

Rohm & Haas Co., Philadelphia, übert. von: James P. Shelley, Drexel Hill, Pa., V.St.A., **Dispergierbare Polyester-Aminoplaste.** Ein Polyester (I), der mit einem fetten Öl modifiziert ist, ein Molgew. von 800—1500 u. eine SZ von 90—100 hat, wird zu einer ca. 60%ig. Lsg. eines butylsubstituierten Polymethylolmelamines (II) in Xylol gegeben, so daß 40—60 (Teile) I auf 60—40 II treffen. Es wird auf 55—60° erhitzt u. ½ Std. unter Rühren gehalten u. dann 28%ig. wss. NH_4OH oder Triäthylamin-Lsg. zugegeben. Sodann wird mit W. verd. (auf 25% Trockensubstanz). Auf *Glas*, *Cellophan* u. a. aufgesprüht ergeben sich bei 240° F in 10 Min., klare, wasserbeständige, harte *Überzüge*. (**A. P. 2915486** vom 5/3. 1956, ausg. 1/12. 1959.) F. KOCH. 7181

Imperial Chemical Industries Ltd. (Erfinder: Eric Gee, Herbert Gudgeon und Kenneth Stephenson), **Herstellung verschäumter Polymerisate** aus *Polyestern* u. organ. *Polyisocyanaten* erfolgt unter Verw. von tert. Aminen mit voll substituierter Amid- oder Imidgruppe als Katalysator. In den Beispielen sind hierfür angegeben: *N-(3-Diäthylaminopropyl)-succinimid* bzw. *-phthalimid*, *-glutarimid*, *1-[3-Diäthylaminopropyl)-2-pyrrolidon* u. *1.3.5-Tris-(2-diäthylaminopropyl)-hexahydro-s-triazin*. (**Aust. P. 224 745** vom 2/9. 1958, ausg. 19/11. 1959. E. Prior. 9/9. 1957.) H. MÖLLERING. 7181

Arthur E. Pflaumer, Norristown, Pa., V.St.A., **Plastische Masse,** die bei höheren Temp. ohne Verfärbung gemahlen u. kalandriert werden kann, dad. gek., daß sie aus einem Vinylchlorid–Vinylacetat (70—95:5—30)-Mischpolymerisat, mindestens einer gleichen Menge Asbest u. einer geringeren Menge einer Verb. der allg. Formel: R—NH—CO—NH—R' besteht (R u. R' = H oder Alkylrest mit 1—5 C-Atomen). Eine Masse für *Bodenfliesen* enthält bes. 20—40 Vinylchloridmischpolymerisat, 30—50 Asbest, 10—30 anorgan. Füllstoffpulver, 5—20 Weichmacher u. 0,5—4 vorst. Amid-Verb. als Stabilisator. — Beispiele, Tabellen. (**A. P. 2 899 398** vom 19/12. 1957, ausg. 11/8. 1959.) G. VOGEL. 7205

Alice B. Maxam, übert. von: Alva K. Peiler, Glendora, Calif., V.St.A., **Bleihaltige plastische Massen.** Man mischt fein verteiltes Pb-Pulver, das durch Blasen mit Luft in eine flaumige Form gebracht wurde, mit dem fl. gemachten Plast, z. B. Vinylharzen, entlüftet die Masse durch Vakuum, bis sie nicht mehr schäumt u. verformt z. B. zu Handschuhen. — Zeichnung. (**A. P. 2 845 660** vom 9/2. 1956, ausg. 5/8. 1958.) C. LÜTTGEN. 7205

American Cyanamid Co., New York, N.Y., übert. von: Martha K. Kilthau, Stamford, Conn., und Alexander Coutras, New York, N.Y., V.St.A., **Schichtstoffe** erhält man durch Imprägnieren einer Glasfaserschicht mit einer Mischung aus Melamin–HCHO-Harz u. 2—15% eines Dihydroxyalkans mit 6—10 C-Atomen, z. B. 2-Äthylhexandiol-(1.3), Erhitzen bis zu 2,5—3,5% Geh. an flüchtigen Anteilen, Übereinanderlegen mehrerer solcher Schichten u. Erhitzen auf 120—175° (bes. 140—150°) bei 25 bis 800 (bes. 150) lbs./sq.in., wobei der Harzanteil 40—80% u. der Glasfaseranteil 10—40% des Gew. des Schichtstoffes ausmachen soll. (**Can. P. 552 185** vom 13/7. 1953, ausg. 28/1. 1958. A. Prior. 15/8. 1952.) H.-J. NITZSCHKE. 7205

Soc. pour l'Agglomération de Matières Cellulosiques, Belgien, **Ein Cellulosepreßstoff** enthält 8—12% härtbares Harnstoff–Formaldehyd-Harz. Gehärtet wird in Ggw. von 2,5—4% NH_4Cl, 0,5—2% NaCl u. 1—2% Wasser. Die Mischung wird in der Kälte hergestellt u. heiß 50 Sek. verpreßt. (**F. P. 1 246 981** vom 4/12. 1959, ausg. 17/10. 1960. Belg. Prior. 9/9. 1959.) F. KOCH. 7205

George Angus & Co. Ltd., Mark Balkin und Denys Grahame Turner (Erfinder: Mark Balkin und Denys Grahame Turner), Newcastle-upon-Tyne, England, **Herstellen eines abrieb- und korrosionsfesten Schutzüberzuges auf Teilen einer mit einem härtbaren synthetischen Harz überzogenen Metalleinlage** einer durch Verpressen eines ölbeständigen Werkstoffes mit dieser Einlage in einer Form u. anschließendes Vulkanisieren hergestellten Öldichtung, die nicht mit dem ölbeständigen Werkstoff bedeckt sind, dad. gek., daß der Überzug der Metalleinlage vor deren Einbringen in den Werkstoff u. vor der Vulkanisation des Preßlings durch Erhitzen oder gleichwertigem Kalthärten irreversibel gehärtet wird. (**D. A. S. 1 070 370** Kl. 39a vom 19/3. 1954, ausg. 3/12. 1959. E. Prior. 20/3. 1953.) H. NATHER. 7205

Diamond Alkali Co., Cleveland, Ohio, übert. von: John W. Perloff, Wellesley Hills, Mass., und Larry Jacobson, Painesville, Ohio, V.St.A., **Füllstoffe für Plaste** aus mit einem chlorierten Paraffinwachs (35—70% Cl-Geh.) u. Harz- oder Fettsäureestern (VZ. 150—200), z. B. Tallöl, überzogenen $CaCO_3$-Teilchen, wobei der Überzug 0,5—6% des Gesamt-Gew. ausmacht. (**Can. P. 552 250** vom 30/8. 1954, ausg. 28/1. 1958.) H.-J. NITZSCHKE. 7205

Röhm & Haas G. m. b. H., Darmstadt (Erfinder: Franz Esser, Gundershausen/Hessen, und Ludwig Hosch, Darmstadt), **Herstellen gemusterter Kunststoffe**, die durch Polymerisation einer monomeren polymerisierbaren Fl., in der ggf. ein Polymerisat gelöst ist oder die im Gemisch mit einem Polymerisat vorliegt, entstehen u. die lichtbrechende oder bzw. u. lichtreflektierende Pigmente enthalten, dad. gek., daß man die zu härtende Masse in Berührung mit einer profilierten Kammerwand polymerisiert u. dem erhaltenen Blockpolymerisat durch Pressen im thermoplast. Zustand oder durch Abdrehen bzw. Abschleifen der den Vertiefungen der Kammerwand entsprechenden Erhebungen eine plane, glatte Oberfläche verleiht. (**D. A. S. 1 077 420** Kl. 39a vom 14/2. 1958, ausg. 10/3. 1960.) H. NATHER. 7205

Centre National de la Recherche Scientifique (Erfinder: **Adolphe Chapiro**, Paris, **Michael Magat**, Bourg-la-Reine, Frankreich, und **Jeanne Sebban**, Budapest, Ungarn), *Polymerisation und Copolymerisation von Vinyl- oder Divinylmonomeren.* (**Ung. P. 144 761** vom 26/5. 1956, ausg. 15/3. 1959. F. Prior. 31/5. 1955. — C. **1958.** 12256 [F. P. 1 130 100].)

Shell Development Co., New York, N.Y., übert. von: **Albert C. Mueller**, Berkeley, Calif., V.St.A., *Herstellung von Sulfonsäureestern epoxysubstituierter Alkohole.* (**Can. P. 558 352** vom 25/9. 1954, ausg. 3/6. 1958. A. Prior. 26/10. 1953. — C. **1961.** 9618 [A. P. 2 755 290].)

Rohm & Haas Co. (Erfinder: **Stanley Paul Rowland** und **Ralph Gordon White**), Philadelphia, Pa., V.St.A., *Epoxyester.* (**Schwz. P. 336 366** vom 29/8. 1955, ausg. 15/4. 1959. A. Prior. 30/8. 1954. — C. **1957.** 11 162 [D. A. S. 1 001 979].)

Farbenfabriken Bayer Akt.-Ges. (Erfinder: **Rudolf Stroh, Wilhelm Sutter, Anton Robert Heinz** und **Hans Haberland**), Leverkusen, *Polymerisation von ungesättigten Verbindungen.* (**Jap. A. S. 7585/1960** vom 2/8. 1958, ausg. 21/6. 1960. D. Prior. 2/8. 1957. — C. **1960.** 10 776 [D. A. S. 1 053 785].)

Eastman Kodak Co., V.St.A. (Erfinder: **Newton Henry Schearer jun.**, **Hugh John Hagemeyer jun.** und **Marvin Becton Edwards**), *Polymerisieren von α-Olefinen.* (**F. P. 1 185 341** vom 17/1. 1957, ausg. 31/7. 1959. A. Prior. 17/1. 1956. — C. **1960.** 11 485 [E. P. 813 798].)

Eastman Kodak Co., V.St.A. (Erfinder: **Hugh Jahn Hagemeyer jun.** und **Marrin Becton Edwards**), *Polymerisieren von α-Olefinen.* (**F. P. 1 192 245** vom 18/10. 1957, ausg. 23/10. 1959. A. Prior. 18/10. 1956. — C. **1961.** 18 891 [A. P. 2 908 669].)

Esso Research and Engineering Co., Elizabeth, N.J., V.St.A. (Erfinder: **Arthur Walter Langer jun.**), **Joseph M. Kelley** und **Erik G. M. Tornqvist**), *Herstellung eines Katalysators für die α-Olefinpolymerisation.* (**Jap. A. S. 3 773/1960** vom 8/4. 1957, ausg. 16/4. 1960. **F. P. 1 173 535** vom 8/4. 1957, ausg. 26/2. 1959. Beide A. Prior. 9/4. 1956. — C. **1962.** 8082 [Aust. P. 224 028].)

Esso Research and Engineering Co., Elizabeth (Erfinder: **John R. Lovett**, Metuchen, und **Jeffrey H. Bartlett**, New Providence), N.J., V.St.A., *Entfernung von Katalysatorrückständen aus Niederdruckpolyolefinen.* (**F. P. 1 225 296** vom 22/5. 1959, ausg. 30/6. 1960. **Oe. P. 211 546** vom 26/5. 1959, ausg. 25/10. 1960. A. Prior. 4/6. 1958. — C. **1962.** 6229 [A. P. 2 955 107].)

Dow Chemical Co., V.St.A. (Erfinder: **Bruce W. Wilkinson** und **Fred D. Hoerger**), *Halogenieren von Polyolefinen.* (**F. P. 1 172 358** vom 15/2. 1957, ausg. 10/2. 1959. A. Prior. 17/2. 1956. — C. **1960.** 17293 [D. A. S. 1 070 826].)

Dow Chemical Co., V.St.A. (Erfinder: **Fred Donald Hoerger** und **Harry William Smeal**), *Chlorieren von Polyolefinen.* (**F. P. 1 187 031** vom 22/8. 1957, ausg. 4/9. 1959. A. Prior. 22/10. 1956. — C. **1961.** 4901 [D. A. S. 1 061 074].)

Union Carbide Corp., New York, N.Y. (Erfinder: **Juel Pierre Schroeder** und **Edward Charles Leonard jun.**, N.J.), V.St.A., *Phosphorylierte Polyolefine.* (**F. P. 1 219 361** vom 24/12. 1958, ausg. 17/5. 1960. **Jap. A. S. 7289/1960** vom 27/12. 1958, ausg. 17/6. 1960. Beide A. Prior. 27/12. 1957. — C. **1962.** 7347 [E. P. 849 059].)

Farbwerke Hoechst Akt.-Ges., vormals Meister Lucius & Brüning, Deutschland, *Farbige Gestaltung von Formkörpern aus Polyolefinen und deren Mischpolymeren.* (**F. P. 1 194 615** vom 11/4. 1958, ausg. 10/11. 1959. D. Prior. 11/4. 1957. — C. **1960.** 12517 [Oe. P. 207 115].)

General Electric Co., übert. von: **Robert C. Osthoff** und **Simon W. Kantor**, Schenectady, N.Y., V.St.A., *Herstellung fester hochmolekularer Polymethylene.* (**Can. P. 557 315** vom 3/3. 1954, ausg. 13/5. 1958. A. Prior. 20/3. 1953. — C. **1956.** 10344 [D. B. P. 940 610].)

Karl Ziegler (Erfinder: **Karl Ziegler** und **Heinz Martin**), *Herstellung von Polyäthylen.* (**Aust. P. 224 714** vom 8/8. 1955, ausg. 12/11. 1959. D. Prior. 16/8. 1954. — C. **1959.** 3315 [Oe. P. 194 607].)

Farbenfabriken Bayer Akt.-Ges., übert. von: **Karl E. Müller** und **Otto Bayer**, Leverkusen, *Hitzehärtbare Polyäthylenmassen.* (**A. P. 2 830 978** vom 14/6. 1955, ausg. 15/4. 1958. D. Prior. 1/7. 1954. — C. **1958.** 1154 [E. P. 771 414].)

Badische Anilin- & Soda-Fabrik Akt.-Ges., übert. von: **Rudolf Gaeth**, Ludwigshafen/Rh., *Homogenisierung von Polyäthylen.* (**Can. P. 557 576** vom 23/3. 1954, ausg. 20/5. 1958. D. Prior. 4/4. 1953. — C. **1957.** 3674 [F. P. 1 098 829].)

E. I. du Pont de Nemours & Co., Wilmington, Del., übert. von: **Leon E. Wolinski**, Buffalo, N.Y., V.St.A., *Oberflächenbehandlung von Polyäthylen.* (**Can. P. 556 576** vom 12/11. 1953, ausg. 29/4. 1958. A. Prior. 29/11. 1952. — C. **1956.** 7372 [A. PP. 2 715 075 u. 2 715 076].)

Diamond Alkali Co., V.St.A. (Erfinder: **Ward J. Burkholder** und **Earnest R. Henderson**), *Polymerisieren von Vinylverbindungen.* (**F. P. 1 200 143** vom 8/1. 1958, ausg. 18/12. 1959. A. Prior. 9/1. 1957. — .**1961.** 18147 [E. P. 841 172].)

Diamond Alkali Co., Cleveland, Ohio, V.St.A., *Polymerisieren von Vinylverbindungen.* (**Jap. A. S. 6893/1960** vom 8/1. 1958, ausg. 10/6. 1960. A. Prior. 9/1. 1957. — C. **1961.** 18 147 [E. P. 841 172].)

Distillers Co. Ltd., Edinburgh, Schottland, übert. von: **David I. H. Jacobs**, Liverpool, England, *Vinylchlorid-Plaste.* (**Can. P. 558 568** vom 13/10. 1955, ausg. 10/6. 1958. E. Prior. 28/10. 1954. — C. **1958.** 14463 [F. P. 1 137 722].)

Metal & Thermit Corp., New York, übert. von: **Elliott L. Weinberg**, Long Island City, N.Y., **Clarence K. Banks, Ernest W. Johnson**, Westfield, und **Carl R. Gloskey**, Avenel, N.J., V.St.A., *Durch Sb-Mercaptide stabilisierte Polyvinylchloride.* (**Can. P. 556 671** vom 14/4. 1954, ausg. 29/4. 1958. — C. **1957.** 5714 [E. P. 739 766].)

Rohm & Haas Co., Philadelphia, Pa., V.St.A. (Erfinder: **Thomas Ferdinand Protzman**), *Herstellung schlagfester Polyacrylverbindungen.* (**Jap. A. S. 7095/1960** vom 25/3. 1958, ausg. 14/6. 1960. **F. P. 1 202 342** vom 18/3. 1958, ausg. 8/1. 1960. Beide A. Prior. 25/3. 1957. — C. **1962.** 1047 [D. A. S. 1 089 550].)

Union Carbide & Carbon Corp., New York, N.Y., übert. von: **Frazier Groff**, Plainfield, und **Rogers K. Dearing**, Westfield, N.J., V.St.A., *Stabilisierung von mit Synthesekautschuk modifizierten Polystyrolen mit sekundären Arylaminen und Dithiocarbamaten.* (**Can. P. 557 134** vom 8/1. 1954, ausg. 6/5. 1958. A. Prior. 15/4. 1953. — C. **1959.** 4643 [A. P. 2 789 962].)

Rohm & Haas Co., Philadelphia, übert. von: **Newman M. Bortnick**, Oreland, Pa., V.St.A., *Ureidoester von Acryl- und Methacrylsäuren.* (**Can. P. 557 748** vom 25/3. 1954, ausg. 20/5. 1958. A. Prior. 10/4. 1953. — C. **1955.** 10393 [A. P. 2 964 695].)

B. F. Goodrich Co., New York, N.Y. (Erfinder: **Garland Baxter Jennings**, Cleveland, und **Clarence Elmore Parks**, Bay Village, Ohio), V.St.A., *Thermoplastische Masse.* (**Schwz. P. 333 523** vom 28/6. 1954, ausg. 15/12. 1958. — C. **1957.** 7506 [F. P. 1 099 990].)

Dow Chemical Co., Midland, Mich., V.St.A. (Erfinder: **Arthur F. Roche, Bernard H. Tubbs** und **C. Jones**), *Thermoplastisches Präparat.* (**Jap. A. S. 4889/1960** vom 7/6. 1958, ausg. 10/5. 1960. A. Prior. 12/8. 1957. — C. **1962.** 7343 [Aust. P. 226 025].)

Diamond Alkali Co., V.St.A. (Erfinder: **Janis A. Bungs**), *Herstellung von Polyestern.* (**F. P. 1 193 731** vom 5/2. 1958, ausg. 9/12. 1959. A. Prior. 6/2. 1957. — C. **1962.** 3280 [A. P. 2 967 854].)

Chemstrand Corp., Decatur, Ala., V.St.A., *Polyesterpräparate.* (**Jap. A. S. 7087/1960** vom 6/8. 1957, ausg. 14/6. 1960. A. Prior. 4/8., 10/8. u. 5/9. 1956. — C. **1961.** 16674 [F. P. 1 193 659].)

Allied Chemical & Dye Corp., New York, N.Y., übert. von: **David E. Cordier**, Toledo, Ohio, V.St.A., *Ungesättigte Polyester-Gießmassen.* (**Can. P. 557 555** vom 26/3. 1952, ausg. 20/5. 1958. A. Prior. 20/4. 1951. — C. **1956.** 6818 [A. P. 2 680 104].)

Imperial Chemical Industries Ltd., London (Erfinder: **Thomas Charles Higgins**, Yorkshire), England, *Herstellung von hochpolymerem Polymethylenterephthalat.* (**Jap. A. S. 6144/1960** vom 16/1. 1958, ausg. 31/5. 1960. E. Prior. 17/1. u. 31/12. 1957. — C. **1962.** 5868 [E. P. 829 748].)

Farbwerke Hoechst Akt.-Ges., vormals Meister Lucius & Brüning (Erfinder: **Ludwig Orthner, Rudolf Reuber** und **Max Großmann**), Frankfurt/M., *Herstellung von hochmolekularem Polyäthylenglykolterephthalat.* (**F. P. 1 203 655** vom 24/3. 1958, ausg. 20/1. 1960. **Jap. A. S. 6246/1960** vom 22/3. 1958 ausg. 1/6. 1960. Beide D. Prior. 23/3. 1957. — C. **1961.** 676 [D. A. S. 1 065 608].)

Shell Development Co., New York, N.Y., übert. von: **Robert W. Martin**, Lafayette, Calif., V.St.A., *Polyepoxypolyäther.* (**A. P. 2 914 507** vom 14/12. 1955, ausg. 24/11. 1959. — C. **1961.** 17027 [F. P. 1 168 105].)

N. V. de Bataafsche Petroleum Mij., s'Gravenhage, Holland (Erfinder: **C. W. Schroeder**), *Herstellung von Polyepoxydemulsionen.* (**Belg. P. 541 693** vom 30/9. 1955, ausg. 28/8. 1959. A. Prior. 4/10. 1954. — C. **1958.** 12543 [E. P. 783 740].)

Shell Development Co., New York, N.Y., übert. von: **John Anderson**, San Pedro, und **Donald S. Melstrom**, Torrance, Calif., V.St.A., *Herstellung von Epoxyharzen.* (**A. P. 2 901 462** vom 30/11. 1956, ausg. 25/8. 1959. — C. **1961.** 15584 [E. P. 837 745].)

N. V. de Bataafsche Petroleum Mij., Den Haag, Holland, *Herstellung von Epoxyharzen.* (**Jap. A. S. 7497/1960** vom 28/11. 1957, ausg. 20/6. 1960. A. Prior. 30/11. 1956. — C. **1961.** 15584 [E. P. 837 745].)

Petrochemicals Ltd., London, England, *Polymerisation von Alkylenoxiden.* (**Belg. P. 550 445** vom 20/8. 1956, ausg. 4/12. 1959. E. Prior. 22/8. 1955 u. 10/7. 1956. Zusatz zu Belg. P. 544 935; C. 1959. 5302. C. **1959.** 7978 [E. P. 793 065].)

Petrochemicals Ltd., London, England, *Herstellung von Alkylenoxidpolymeren.* (**Belg. P. 551 608** vom 8/10. 1956, ausg. 18/12. 1959. E. Prior. 10/10. 1955 u. 7/9. 1956. — C. **1959.** 10411 [E. P. 799 955].)

Union Carbide & Carbon Corp., New York, N.Y. (Erfinder: **Frederic Eugene Bailey jun.**, und **Fred Noble Hill**, W.Va.), V.St.A., *Mischpolymerisation von Äthylenoxid.* (**Jap. A. S. 6897/1960** vom 29/5. 1957, ausg. 10/6. 1960. A. Prior. 29/5. 1956. — C. **1959.** 6973 [Oe. P. 199 875].)

N. V. de Bataafsche Petroleum Mij., La Haye, Holland, *Herstellung von Äthoxylinkondensatreaktionsprodukten.* (**Belg. P. 536 900** vom 29/3. 1955, ausg. 13/2. 1959. Holl. Prior. 31/3. u. 20/8. 1954. — C. **1957.** 11163 [Oe. P. 189 396].)

E. I. du Pont de Nemours & Co. (Erfinder: **Richard Glenn Alsup**), *Metallpulver enthaltendes Polyoxymethylen.* (**Aust. P. 224 453** vom 24/3. 1958, ausg. 5/11. 1959. A. Prior. 6/5. 1957. — C. **1961.** 318 [E. P. 831 925].)

Pittsburgh Plate Glass Co., Pittsburgh, Pa., übert. von: **Earl E. Parker**, Milwaukee, Wis., V.St.A., *Alkydcopolymerisate.* (**Can. P. 558 331** vom 15/10. 1954, ausg. 3/6. 1958. A. Prior. 15/10. 1953. — C. **1957.** 8372 [A. P. 2 740 765].)

General Electric Co., Schenectady, übert. von: **John M. Witzel**, Saratoga, N.Y., V.St.A., *Modifizierte aromatische Kohlenwasserstoff-Aldehydharze.* (**Can. P. 557 646** vom 15/2. 1955, ausg. 20/5. 1958. A. Prior. 8/3. 1954. — C. **1959.** 6972 [D. A. S. 1 046 879].)

Pittsburgh Plate Glass Co., Pittsburgh, Pa., übert. von: **Roger M. Christenson, Lowell O. Cummings** und **Alfred R. Bader**, Milwaukee, Wis., V.St.A., *Phenolharze.* (**Can. P. 558 050** vom 27/8. 1954, ausg. 27/5. 1958. A. Prior. 3/11. 1953. — C. **1958.** 4638 [F. P. 1 115 963].)

Union Carbide Canada Ltd., Toronto, Ontario, Canada, übert. von: **Karl F. Krebs**, West Caldwell, und **Paul F. Urich**, Upper Montclair, N.J., V.St.A., *Cellularphenolharz.* (**Can. P. 557 128** vom 17/3. 1952, ausg. 6/5. 1958. A. Prior. 10/9. 1951. — C. **1956.** 4878 [E. P. 723 467].)

Westinghouse Electric Corp., East Pittsburgh, Pa., V.St.A. (Erfinder: **F. J. Zukas**), *Härten von Harzgemischen.* (**Belg. P. 541 648** vom 28/9. 1955, ausg. 28/8. 1959. A. Prior. 28/9. 1954. — C. **1958.** 14185 [A. PP. 2 768 992 u. 2 773 043].)

Institut Français du Pétrole, des Carburants et Lubrifiants, Paris, Frankreich (Erfinder: **M. Lerer**), *Schmiermittel und oberflächenaktive Stoffe aus Rizinusöl.* (**Belg. P. 547 838** vom 15/5. 1956, ausg. 6/11. 1959. F. Prior. 7/6. 1955. — C. **1961.** 5629 [E. P. 820 571].)

Minnesota Mining & Mfg. Co. (Erfinder: **Robert L. Wear** und **Arthur H. Ahlbrecht**), St. Paul, Minn., V.St.A., *Herstellung von Kunstharzen.* (**Jap. A. S. 4899/1960** vom 11/6. 1958, ausg. 10/5. 1960. A. Prior. 11/6. 1957. — C. **1962.** 7723 [F. P. 1 208 421].)

Farbenfabriken Bayer Akt.-Ges., Leverkusen, *Herstellung eines Aldehydkondensationsproduktes.* (**Jap. A. S. 7096/1960** vom 15/5. 1958, ausg. 14/6. 1960. D. Prior. 16/5. 1957. — C. **1960.** 6341 [D. A. S. 1 048 411].)

Rohm & Haas Co., Philadelphia, Pa., V.St.A. (Erfinder: **L. H. Zeitschel** und **S. Melamed**), *Herstellung polymerer quaternärer Ammoniumverbindungen.* (**Jap. A. S. 7494/1960** vom 20/3. 1956, ausg. 20/6. 1960. A. Prior. 21/3. 1955. — C. **1962.** 6232 [F. P. 1 147 225].)

Ciba Ltd., übert. von: **Luzius Schibler**, Basel, Schweiz, *Trocken gepulverte härtbare Bindemittel aus Emulsionen verätherter Aminoplaste.* (**Can. P. 556 899** vom 19/2. 1948, ausg. 6/5. 1958. Schwz. Prior. 21/3. 1947. — C. **1951.** I. 530 [F. P. 963 516].)

Dow Corning Corp., Midland, Mich. (Erfinder: **Robert L. Merker**, Pittsburgh, Pa.), V.St.A., *Herstellung cyclischer Organodisiloxane.* (**Jap. A. S. 6898/1960** vom 7/12. 1957, ausg. 10/6. 1960. A. Prior. 20/3. 1957. — C. **1960.** 1016 [D. A. S. 1 057 113].)

General Electric Co. (Erfinder: **Ben Alfred Bluestein**), Schenectady, N.Y., V.St.A., *Herstellung von Organopolysiloxanderivaten.* (**Jap. A. S. 6996/1960** vom 2/12. 1954, ausg. 13/6. 1960. A. Prior. 3/12. 1953. — C. **1961.** 5631 [D. A. S. 1 066 749].)

General Electric Co., Schenectady, N.Y., V.St.A. (Erfinder: **Joseph R. McLoughlin**), *Organopolysiloxanharzlösung.* (**Jap. A. S. 7086/1960** vom 26/3. 1957, ausg. 14/6. 1960. A. Prior. 26/3. 1956. — C. **1960.** 1016 [E. P. 803 845].)

Dow Corning Corp., Midland, Mich., übert. von: **Leo H. Sommer**, State College, Pa., V.St.A., *Polymere Organosiliciumamide.* (**Can. P. 556 941** vom 27/3. 1952, ausg. 6/5. 1958. A. Prior. 24/5. 1951. — C. **1955.** 7101 [F. P. 1 060 090].)

Union Carbide & Carbon Corp., New York, übert. von: **Donald L. Bailey**, Snyder, und **Robert Y. Mixer**, Kenmore, N.Y., V.St.A., *Polymerisation von Vinylalkoxysilanen.* (**Can. P. 557 135** vom 21/4. 1954, ausg. 6/5. 1958. A. Prior. 13/8. 1953. — C. **1957.** 12321 [A. P. 2 777 869].)

Union Carbide & Carbon Corp., New York, übert. von: **Robert Y. Mixer**, Kenmore, und **Donald L. Bailey**, Snyder, N.Y., V.St.A., *Polymerisation von Vinylalkoxysilanen.* (**Can. P. 557 136** vom 26/4. 1954, ausg. 6/5. 1958. A. Prior. 13/8. 1953. — C. **1958.** 3462 [A. P. 2 777 868].)

General Electric Co., Schenectady, N.Y., übert. von: **Robert L. Hatch**, Pittsfield, Mass., und **John F. Blumenfeld**, Schenectady, N.Y., V.St.A., *Entfernung flüchtiger Organopolysiloxane aus hochmolekularen Organopolysiloxanen.* (**Can. P. 557 643** vom 30/11. 1954, ausg. 20/5. 1958. A. Prior. 3/12. 1953. — C. **1958.** 4945 [F. P. 1 116 840].)

General Electric Co., Schenectady, N.Y., übert. von: **Quintin P. Cole** und **Joseph C. Caprino**, Pittsfield, Mass., V.St.A., *[tert.-Butylphenyl]-chlorsilane.* (**Can. P. 557 645** vom 8/2. 1955, ausg. 20/5. 1958. A. Prior. 9/3. 1954. — C. **1956.** 2042 [A. P. 2 698 333].)

Dow Corning Corp., V.St.A. (Erfinder: **Harold A. Clark**), *Härten von Siloxanharzen.* (**F. P. 1 186 851** vom 1/2. 1957, ausg. 3/9. 1959. A. Prior. 12/3. 1956. — C. **1960.** 4690 [A. P. 2 851 439].)

Polymer Corp., Reading, übert. von: **Louis L. Scott**, Wyomissing, Pa., und **Laurence R. B. Hervey**, West Concord, Mass., V.St.A., *Polyamide.* (**Can. P. 558 333** vom 30/6. 1954, ausg. 3/6. 1958. — C. **1959.** 16803 [A. P. 2 852 485].)

Polymer Corp., übert. von: **Louis L. Stott**, Reading, und **William J. Davis**, West Reading, Pa., V.St.A., *Erhöhung der Formbeständigkeit von Polyhexamethylenadipamidkörpern.* (**Can. P. 551 703** vom 3/10. 1951, ausg. 14/1. 1958. A. Prior. 27/11. 1950. — C. **1956.** 12410 [E. P. 730 643].)

Ontario Research Foundation, übert. von: **Harry B. Marshall** und **Alan C. Shaw**, Toronto, Ontario, Canada, *Herstellung heißhärtender Bindemittel aus Phenolderivaten von Sulfitablaugen.* (**Can. P. 557 722** vom 29/9. 1953, ausg. 20/5. 1958. — C. **1959.** 1286 [A. P. 2 794 790].)

Dow Corning Corp., übert. von: **Delmar C. Youngs**, Midland, Mich., V.St.A., *Herstellung von Laminaten aus Siliconkautschuk und Metallfolien.* (**Can. P. 556 943** vom 17/9. 1955, ausg. 6/5. 1958. A. Prior. 26/11. 1954. — C. **1960.** 16614 [F. P. 1 139 751].)

XII. Kautschuk

Messung der Polymerisationsgeschwindigkeit von Isopren in Gegenwart von metallischem Lithium. C. Ortlieb, Th. Wolff, J. Marchal und A. Hinschberger. (Rév. gén. Caoutchouc **37.** 825—28. Juni 1960. Strasbourg, Labor. de Rech. et de Contrôle du Caoutchouc Annexe.) (Franz.)

Beschreibung einer App., die die Kontraktion des Monomeren ausnutzt (vgl. Ortlieb u. Wolff, C. **1961.** 2813). H. Jacobi. 7220□

Über die Standardisierung von Naturkautschuk. M. Liponski, J. D'Auzac und Vu-Dinh-Do. (Rv. gén. Caoutchouc **37.** 829—38. Juni 1960. Viet-Nam, Inst. des Rech. sur le Caoutchouc.) (Franz.)

Vff. untersuchten die Koagulation (Ko) u. die Ausflockung (A) des Latex. Ko in Behältern mit Trennwänden liefert Kautschuk (K) sehr unterschiedlicher Qualität. Ko nach dem Michelin-Verf. ergibt zwar K mit konst. Zus. u. Eigg., ist aber nicht überall anwendbar. Durch Zusatz von HCOOH u. NH_4-Oleat oder durch Ko in bas. Medium (mit NH_4-Acetat u. -Oleat) oder durch Behandlung eines 25%ig. Latex mit 0,1—0,2 g Liter NH_4-Oleat wurde versucht, Ko zu beschleunigen u. das Verf. wirtschaftlicher zu gestalten. Bei den A-Meth. werden 2 Verff. unterschieden. Das Formaldehyd-Verf. besitzt Nachteile durch die leichte Agglomeration der Flocken. Das Alkali-Verf. (MERRIL-Verf.) wurde zu verbessern versucht, um mit einem Minimum an Flockungsmittel gleichmäßige Ausflockung u. Eigg. des K zu erzielen. Beste Ergebnisse wurden bei pH 11 erhalten. Schließlich werden 2 neue Verff. beschrieben: kontinuierliche Thermokoagulation (pH 4,5; 80°), Ausflockung (ohne Formaldehyd, Zusatz von Soda, damit pH 11, durch 24std. Behandlung mit 40%ig. $Al_2(SO_4)_3$-Lsg., pH 4,5, Teilchengröße 1—2 mm); die Rationalisierung des Trocknens erörtert u. die Eigg. der neuen K-Sorten mitgeteilt. H. JACOBI. 7222□

Eigenschaften des Guayula-Kautschuks. E. Dorado Bernal. (Rev. gén. Caoutchouc **37.** 673—80. Mai 1960. Madrid, Inst. José Celestino Mutis de Farmacognosia.) (Franz.) — Vgl. Rev. Plasticos **11.** [1960.] 49.

Nach einer Beschreibung des Guayula-Anbaus u. der Kautschukgewinnung u. seiner Verbesserung wird auf die physikal. u. chem. Eigg., die Nicht-Kautschukbestandteile u. ihren Einfl. auf den Vulkanisationsprozeß eingegangen. Durch Modifikation mit Maleinsäureanhydrid wird das Prod. „Guma" erhalten. H. JACOBI. 7222□

Über einige Ursachen der Mikroben-Entwicklung im Latex und deren Folgen. J. d'Auzac, Nguyen-Hung-Chat und S. Pujarniscle. (Rev. gén. Caoutchouc **37.** 61—68. Jan. 1960. Vietnam, Inst. des Rech. sur le Caoutchouc.) (Franz.)

Hevea-Latex enthält Mineralsalze, Zucker, Aminosäuren, Proteinkomplexe u. a. natürliche Wachstumsstoffe, die den Nährboden für Mikroorganismen bilden. Faktoren, die die Ertragsfähigkeit erhöhen, bewirken auch die leichtere Infizierung des Latex: 2.4-Dichlorphenoxyessigsäure, $CuSO_4$. Der Zusammenhang zwischen P- u. Glucid-Geh. u. der Infektion wurde untersucht, sowie der Einfl. verschiedener Mittel (z. B. Paste aus 3% Na-Pentachlorphenolat u. 1% kation. Seife) auf die Latex-Vergiftung. — 13 Literaturangaben. H. JACOBI. 7222□

Helle Füllstoffe. F. Luton. (Rev. gén. Caoutchouc **37.** 647—52. Mai 1960. Labor. de Rech. et de Contrôle du Caoutchouc.) (Franz.)

Zu diesen Prodd. gehören $CaCO_3$, Ton u. Kaolin, u. neuerdings SiO_2, das dem Kautschuk gute Abriebfestigkeit u. a. verleiht. Bei letzterem ist eine therm. Behandlung der Mischung mit Aktivatoren notwendig. Bei der Behandlung der Oberfläche mit einer organ. Cl–Si-Verb. entsteht eine chem. Verb. mit dem Kautschuk. Ungesätt. Organosilane verbessern die Eigg. des Kautschuk, ihre Wirksamkeit kann mit der des Rußes verglichen werden. H. JACOBI. 7226□

Das Schnellextrudieren von Vercoryl-Kautschuk-Mischungen. Jean Dumonthier. (Rev. gén. Caoutchouc **37.** 1497—1502. Nov. 1960. Société Silice et Kaolin.) (Franz. u. Engl.)

Vf. untersuchte die Eigg. des Füllstoffes Vercoryl S im Vgl. zu anderen Tonfüllstoffen, bes. bzgl. der Extrudier-Geschw. der damit hergestellten Mischungen u. der Festigkeit, des Aussehens u. der mechan. Eigg. der Fertigprodukte. Die Verss. wurden im wesentlichen mit 2 bas. Elastomeren (Naturkautschuk + Neopren WRT) durchgeführt. Die Vercorylmischungen sind durch die Anwendung hoher Extrudier-Geschw. u. durch befriedigende Festigkeit nach dem Extrudieren u. während der Vulkanisation ausgezeichnet. H. JACOBI. 7226□

Die Kautschuk–Maleinsäureanhydrid-Reaktion in der festen Phase. C. P. Pinazzi, R. Pautrat und J. C. Danjard. (Rev. gén. Caoutchouc **37.** 663—70. Mai 1960. Inst. Franç. du Caoutchouc.) (Franz.)

Die Rk. im festen Zustand ergibt veränderte Prodd. im Vgl. mit in Lsg. erhaltenen Produkten. Die Einarbeitung des Anhydrides erfolgte zunächst auf offener Mischwalze, weitere Verss. wurden mit einem „Mischer-Mastikator" durchgeführt. App.- u. Vers.-Ausführung werden beschrieben. H. JACOBI. 7230□

Untersuchungen über Faservliese. 2. Mitt. **Über die Verhinderung der Bindemittel-Wanderung.** H. Nishimoto und K. Yoshikawa. (J. Soc. Rubber Ind. Japan **33.** 497—502. 1960. Osaka, Japan, Kanai Jynko Co.) (Jap.; Auszug: Engl. S. 569.) — 1. vgl. C. **1960.** 8705.

Der Zusatz von Verdickungsmitteln, wie Polyvinylalkohol, Naturharze u. a., zum Kautschuk–Latex-Bindemittel bis zur Viscosität von 100—200 cP verhindert die Wanderung bei der Trocknungsperiode des Faservlieses; die Zunahme der Farbintensität der Deckschicht zeigt dabei ein Minimum. Gleichzeitig verbessert sich die Haftung der Schichten zueinander. Naturharze verhindern die Wanderung mehr als Polyvinylalkohol. D. WESSER. 7230□

Studien über Faservliese. 3. Mitt. **Über die physikalischen Eigenschaften der Faservliese.** H. Nishimoto und K. Yoshikawa. (J. Soc. Rubber Ind. Japan **33.** 579—87. 1960. Osaka, Japan, Kanai Juko Co.) (Jap.; Auszug: Engl. S. 655.) — 2. vgl. vorst. Referat.

Zum Zwecke des Studiums des Einfl. der Fasern u. der Bindemittel auf die physikal. Eigg. der Faservließe wurde die Veränderung der Schüttdichte, der Zugfestigkeit, der Einreißfestigkeit u. der Bruchdehnung ermittelt. Die Relationen zwischen diesen gemessenen Eigg. werden diskutiert u. als Funktion der eingesetzten Bindemittel u. Faserarten u. deren Verhältnis zueinander betrachtet. D. WESSER. 7230□

Farbenfabriken Bayer Akt.-Ges., Leverkusen (Erfinder: Wilhelm Kallert, Heinz Schultheis, Köln, Konrad Ellegast, Leichlingen, und Erwin Müller, Leverkusen), **Homogene kautschukelastische Polyesterurethane** erhält man durch Rk. von Polyestern aus Adipinsäure, Äthylenglykol (**I**) u. 1.4-Butylenglykol (**II**), in dem **I** u. **II** im Mol-Verhältnis 1:3,5—3,5:1 vorliegt, Polyisocyanaten u. Vernetzern, wie **II**, wobei Prodd. mit bes. hoher Rückprallelastizität entstehen. — Herst. von Maschinenteilen, Membranen, Kugellagerschalen u. Puffern. (**D. A. S. 1 106 488** Kl. 39b vom 14/4. 1959, ausg. 10/5. 1961. **F. P. 1 253 760** vom 11/4. 1960, ausg. 19/5. 1961. D. Prior. 14/4. 1959.) G. TEWES. 7225

Dunlop Rubber Australia Ltd. (Erfinder: Wilfrid Cooper und Margaret Fielden), **Herstellung von durch Polymere modifiziertem Kautschuk.** Man bestrahlt einen Kautschuklatex, in welchem ein Monomeres, das eine CH_2=C-Gruppe enthält, z. B. Methylmethacrylat, dispergiert ist u. der außerdem noch einen lichtempfindlichen Stoff, z. B. Benzil, Benzoylperoxyd, Chloroanthrachinon, enthält, mehrerer Stunden. Am Schluß der Bestrahlung betrug der Anteil an polymerisiertem Methylmethacrylatmonomeren 96%, davon waren ca. 70% in Form von Pfropfpolymeren vorhanden. (**Aust. P. 226 517** vom 25/7. 1957, ausg. 25/2. 1960.) H. NEBELSIEK. 7225

Farbenfabriken Bayer Akt.-Ges., Leverkusen (Erfinder: Robert Schmitz-Josten, Köln), **Herstellung von in organischen Lösungsmitteln löslichen, Phenolgruppen enthaltenden hochmolekularen Verbindungen,** dad. gek., daß man hochmol., olefin. ungesätt. Verbb. mit Phenolen in Ggw. von Al oder Al-Phenolaten bei erhöhter Temp. umsetzt. — Zu einer Lsg. von 1 (Teil) Al-Spänen in 200 Phenol gibt man 100 Lackbenzin u. 50 *Naturkautschuk.* Nach 1std. Rühren bei 140° u. 16 Std. lang bei 170—175° unter N_2 wird das restliche Phenol im Vakuum abdest. u. der Rückstand in Toluol in 20 Acetessigester gelöst u. mit Methanol gefällt u. gewaschen. Das hellfarbige harte Harz hat einen Phenol-Geh. von 19,4%. — Verw. für Lackrohstoffe, Imprägnierungen, Zusatz zu Druckpasten, Emulgatoren, für die Reifencordbehandlung u. Zusatz zu Phenolharzen. (**D. A. S. 1 125 165** Kl. 39b vom 26/4. 1958, ausg. 8/3. 1962.) W. OVERBECK. 7227

Union Carbide Corp., übert. von: Benjamin Phillips, Paul S. Starcher, Charleston, und Donald L. MacPeek, South Charleston, W.Va., V.St.A., **Epoxydieren von ungesättigten Verbindungen** der allg. Formel R—C(R)=C(R)—COO—CH_{2x}CH = CH_2, in der x für 0 oder 1 u. R für H, einen Alkyl-, Cyclopentyl-, Cyclohexyl-, Phenyl-, Tolyl-, Butylphenyl-, Benzyl-, Phenäthyl- oder Phenylpropylrest steht, wobei jedoch mindestens 2 R KW-Stoffreste sein müssen, wie Vinyl- oder Allyl-α-methyl-(oder -äthyl- oder -propyl-)crotonat, -α-äthyl-β-amylacrylat, Vinyl-α,β-dimethyl-β-propylacrylat oder bes. Vinyl- oder Allyl-α-äthyl-β-propylacrylat. Diese Ester werden in einem inerten organ. Lsgm. (Äthylacetat) bei 0—100°, vorzugsweise bei 25—90° u. bes. bei 50—60°, mit Peressigsäure im Verhältnis von 1:1 Mol behandelt, zweckmäßig unter Zusatz von Polymerisationsinhibitoren (Hydrochinon, 2.4-Dinitrophenol, 2.4-Dinitro-m-kresol). Man erhält so den 2-Äthyl-2.3-epoxyhexansäureallylester, $Kp._3$ 91°, n_D^{30} 1,4415 bis 1,4425, VZ. 195; oder den entsprechenden Vinylester. Geeignet als *Stabilisatoren für chlorierten Kautschuk* u. zur Herst. von unschmelzbaren Polymerisaten. (**A. P. 2 927 931** vom 13/11. 1957, ausg. 8/3. 1960.) W. GRÄGER. 7227

Stahlgruber, Otto Gruber & Co., München, **Reparaturmaterial für die Ausbesserung von Lochschäden an plattenförmigen, mit Verstärkungseinlagen versehenen Kautschukgegenständen,** z. B. Förderbändern, in Form einer auf beiden Seiten mit je einer unvulkanisierten Kautschukschicht bedeckten Verstärkungseinlage, z. B. aus Cord oder Gewebe, dad. gek., daß die Zus. der auf den beiden Seiten der Verstärkungseinlage angebrachten Kautschukschichten voneinander verschieden ist u. die eine dieser Schichten (I) eine für die Kaltvulkanisation erforderliche Vulkanisierungskomponente, z. B. S, die andere Schicht (II) eine andere Vulkanisierungskomponente, z. B. Beschleuniger, enthält. Bei Gebrauch werden mehrere Reparaturplatten so aufeinandergelegt, daß jeweils Schicht I u. Schicht II aneinanderliegt. (**D. A. S. 1 109 869** Kl. 39a vom 22/4. 1959, ausg. 29/6. 1961.) H. NATHER. 7229

Henkel & Cie. G. m. b. H. (Erfinder: Johannes Alt), Düsseldorf, **Herstellung von Kautschukklebelösungen.** Man verknetet Butadien–Acrylnitril-Kautschuk bei einer Temp. von 100—140° mit ca. 1—10% (bes. 2—5%) einer aromat. Sulfonsäure. Anschließend arbeitet man ohne Auswaschen dieser Sulfonsäure ein Salz eines aliphat. Amins mit einer organ. Carbonsäure u./oder die Bldg.-Komponenten eines solchen Salzes ein u. löst die so erhaltene Mischung in organ. Lsgm.; man verwendet bes. aliphat. Amine mit einer Kettenlänge von 4—6 C-Atomen, wie z. B. Di- u. Tributylamin in Form des Dibutyl- oder Tributylammoniumoxalats oder -citrats. (**D. A. S. 1 107 359** Kl. 22i vom 7/5. 1960, ausg. 25/5. 1961.) E. FUCHS. 7231

United States Rubber Co., New York, N.Y., übert. von: Joseph F. O'Mahoney jun., Indianapolis, Ind., V.St.A., **Butylkautschukbindung an Kupfer oder Bronze.** Die Mischung enthält auf 100 (Teile) Kautschuk 5—12 eines harzartigen Selbst-Kondens.-Prod. eines 2.6-Dimethylol-4-hydrocarbylphenols u. 1—5 S, aber keinen der üblichen Beschleuniger für die S-Vulkanisation. — 2 Zeichnungen. (**A. P. 2 960 426** vom 27/5. 1957, ausg. 15/11. 1960.) W. OVERBECK. 7231

Bama-Werk Curt Baumann (Erfinder: William Baumann), Mosbach, **Mooshaltiges Plattenmaterial.** Moos wird mit Paraffin (I) überzogen, dann mit *Kautschuklatex*-Schaum (II) getränkt u. endlich das I durch kurzes Erhitzen geschmolzen. II wird wie üblich vulkanisiert. — *Einlegesohlen.* (**D. A. S. 1 111 387** Kl. 39b vom 14/11. 1958, ausg. 20/7. 1961.) F. KOCH. 7231

Phillips Petroleum Co., Bartlesville, Okla., V.St.A., *Präparat aus Polyäthylen und Isoolefin–Diolefin-Mischpolymerisat.* (**Jap. A. S. 6130/1960** vom 9/2. 1957, ausg. 31/5. 1960. A. Prior. 27/7. 1956. — C. **1960.** 15245 [E. P. 825 884].)

B. F. Goodrich Co., New York, N.Y., übert. von: **Edwin B. Newton**, Akron, Ohio, und **Daniel S. Sears**, Henrico County, Va., V.St.A., *Verstärkender Füllstoff für Kautschuk oder Kunstkautschuk.* (**A. P. 2 880 191** vom 28/5. 1954, ausg. 31/3. 1959. — C. **1959.** 4984 [F. P. 1 132 074].)

Columbia-Southern Chemical Corp., V.St.A. (Erfinder: **Ralph Frank Wolf**), *Vulkanisieren von Butylkautschuk.* (**F. P. 1 172 146** vom 29/1. 1957, ausg. 5/2. 1959. A. Prior. 31/1. 1956. — C. **1962.** 4012 [E. P. 846 443].)

Monsanto Chemicals Ltd., England, *Halbebonit.* (**F. P. 1 187 045** vom 13/9. 1957, ausg. 4/9. 1959. E. Prior. 17/9. 1956 u. 13/8. 1957. — C. **1962** 5501 [E. P. 836 201].)

XIV. Zucker. Kohlenhydrate. Stärke

Die Bedeutung der physikalischen Chemie für die Entwicklung der Zuckerindustrie. Vladimír Valter. (Listy Cukrovarnické **76.** 42—46. 15/2. 1960.) (Tschech.)

Übersicht über die Anwendungsmöglichkeiten der modernen physikal. Verff. bei der Zuckerherstellung. E.-L. SCHMELING. 7400□

Der Einfluß von Stickstoffdüngung, Bodenart und Witterung auf den Rübenertrag und Zuckergehalt der Zuckerrübe. Edith Primost. (Z. Zuckerind. **9 (84).** 453—56. 20/9. 1959. Steyr, Landwirtsch. Versuchsstat. der Österreich. Stickstoffwerke AG.) (Dt.)

Die Wechselwrkg. zwischen Wachstumsfaktoren, N-Düngung, Bodenart u. Witterung sowie ihr Einfl. auf Rübenertrag, Zucker-Geh. u. Zuckerertrag werden an Hand mehrjähriger Vers.-Ergebnisse besprochen. G. HOFER. 7406□

Einige Gesichtspunkte unserer Kenntnisse über das Gewebe der Zuckerrübe. G. Oplatka. (Ind. aliment. agric. **78.** 789—98. Juli/Aug. 1961. Zürich.) (Franz.)

Die wiedergegebenen Messungen umfassen die Geschw. der Wärmeeindringung in das Gewebe u. der Plasmolyse, die Abhängigkeit der Diffusions-Konst. u. der Elastizität von der vorangegangenen Erhitzung, das Inlösunggehen von Koll. u. Pektinen u. den Entzuckerungsverlauf. Die Anwendbarkeit des FICKschen Gesetzes u. hydrodynam. Probleme bei der Diffusion werden behandelt. — 29 Literaturangaben.
W. WILLENBERG. 7406□

Schutz von Zuckerrübenwurzeln und Samenträgern gegen die Vergilbungskrankheit auf der Grundlage der Überträger-Bekämpfung. L. Bonnemaison. (Ann. Inst. nat. Rech. agronom., Sér. C. **12.** 153—217. 1961. Versailles, Centre national de Rech. agronom., Stat. centrale de Zoologie agricole.) (Franz.)

Die Vergilbungskrankheit wird durch *Myzodes persicae Sulz.*, *Aphis fabae Scop.*, *Rhopalomyzus ascalonicus Donc.* u. *Myzotoxoptera tulipaella* Theob. übertragen. Möglichkeiten zur Bekämpfung, z. B. durch Verhinderung des Überwinterns der Schädlinge, räumliche Entfernung von Saatgut- u. Rübenkulturen u. Anwendung von Schädlingsbekämpfungsmitteln, werden diskutiert. — 162 Literaturangaben.
W. WILLENBERG. 7406□

Die Struktur koagulierter Kolloide des Rübensaftes. 1. Mitt. Volumen und Form hydratisierter Schlammteilchen der progressiv vorgeschiedenen Säfte. Rudolf Kohn und Zora Kohnová. (Listy Cukrovarnické **77.** 203—11. 15/9. 1961. Bratislava, Chem. Inst. der Slowak. Akad. der Wiss.) (Tschech.)

Die Struktur der bei progressiver Vorscheidung durch $Ca(OH)_2$ gefällten Koll. wurde untersucht. Ihre Konz. beträgt im Saft 0,3—0,4, im Schlamm 1,1—1,4 Vol.-% (konduktometr. Meth. nach FRICKE [1955.]). Die Struktur des Schlammanteiles ist gegen Zentrifugieren recht widerstandsfähig. Die Unterss. ergaben eine anisometr. Form der Schlammteilchen. R. RISTOW. 7412□

Saturation von Calciumhydroxid in einer Saccharoselösung durch Kohlensäure. Rudolf Kohn und Jozef Vašátko. (Listy Cukrovarnické **76.** 156—62. Juli 1960. Bratislava, Chem. úst. Slov. akad. vied.) (Tschech.)

Potentiometr. wurde der Verlauf der diskontinuierlichen Saturation bei verschiedenen Temp. verfolgt u. die Rk.-Geschw. des CO_2 mit u. ohne Zusatz von $CaCO_3$-Teilchen gemessen, wobei keine Unterschiede gefunden wurden. In Ggw. dieser Teilchen ist jedoch die CaO-Bindung im Nd. geringer. Außerdem zeigte sich, daß der Zerfall der Ca-Zuckerkomplexe langsamer vor sich geht als die Auflösung des $Ca(OH)_2$ in der Kalkmilchsuspension. E.-L. SCHMELING. 7412□

Separationskolonne bei der Barytseparation des Zuckers. L. G. Kalinenko und I. M. Litwak. (Известия Высших Учебных Заведений (Краснодар), Пищевая Технология [Hochschulnachr. (Krasnodar), Nahrungsmittel-Technol.] **1962.** Nr. 1. 134—37. Kiew, Technol. Inst. für Lebensmittelind., Lehrstuhl für Technol. der Zucker). (Russ.)

Mit Hilfe der Flammenphotometrie kann die Betriebskontrolle der Saturation u. der Entfernung von $BaCO_3$ aus Separationssäften mit prakt. genügender Genauigkeit durchgeführt werden. Die Entfernung von $BaCO_3$ erfolgt durch Zugabe von $(NH_4)_2SO_4$ statt mit Na_2SO_4 oder $MgSO_4$. Das im Saft verbleibende Ba liegt ausschließlich als Sulfat (0,2% $BaSO_4$) vor. S. BARYSCHNIKOW. 7412

Über das Vorkommen von hefeartigen Mikroorganismen in der Technologie des Zuckers. M. Kutková und A. Kocková-Kratochvílová. (Listy Cukrovarnické **77.** 278—83. 15/12. 1961. Bratislava, Chem. úst. Slov. akad. vied.) (Tschech.)

Da Hefen durch Gas- u. Schleimerzeugung bei der Zucker-Herst. zu technolog. Schwierigkeiten u. Zuckerverlust führen können, wurde ihr Auftreten während der Diffusionsarbeit u. in süßen u. ausgelaugten Rübenschnitzeln untersucht. Einige Hefen wurden identifiziert u. auf morpholog. u. biochem. Eigg. untersucht (Saccharomyces- u. Candida-Arten. R. RISTOW. 7412□

Minderung des Anwärmestrecken-Einflusses in Mehrstufen-Steilrohr-Verdampfern für Lösungen. H. Tonn. (Z. Zuckerind. **9 (84).** 457—58. 20/9. 1959. Berlin, Techn. Univ.) (Dt.) G. HOFER. 7414□

Dynamik der Verkochung von Zuckerfüllmassen. W. D. Popow und I. G. Bashal. (Известия Высших Учебных Заведений, Пищевая Технология [Hochschulnachr., Nahrungsmittel-Technol.] **1961.** Nr. 2. 136—143. Kiew, Technolog. Inst. für Lebensmittelind., Lehrstuhl für Spezialapp.) (Russ.)

Es wurden kinet. Gleichungen für das Eindampfen der Raffinadefüllmasse u. der Füllmasse des 1. Prod. nach der Menge des abgedampften W. gemäß den Formeln zur Best. des Koeff. der Wärmeübertragung abgeleitet. Die Resultate der experimentellen Unterss. über das Eindampfen von Zuckerfüllmassen bestätigen die Richtigkeit der angegebenen Gleichungen. S. BARYSCHNIKOW. 7414

Einige Angaben über den Einfluß der Sulfitierung auf die Kristallisationsgeschwindigkeit von Zucker. I. F. Selikman und T. A. Abdullajew. (Известия Высших Учебных Заведений, Пищевая Технология [Hochschulnachr., Nahrungsmittel-Technol.] **1961.** Nr. 2. 83—85. Mittelasiat. Polytechn. Inst., Lehrstuhl für Technol. der Lebensmittel.) (Russ.)

Die Kristallisations-Geschw. der *Saccharose* (I) aus I-Lsgg. mit dem Übersättigungs-Koeff. 1,02—1,04, die 0,06—0,25 g Na_2CO_3 je 1 g W. enthalten, wird durch Ersatz des Na_2CO_3 durch die gleiche Menge Na_2SO_3 (II), infolge des Aussalzens der I durch II auf das 1,5fache beschleunigt. Hieraus erklärt sich, daß das Sulfitieren der Säfte u. Sirupe bei der Zuckergewinnung eine Herabsetzung des I-Geh. in den Melassen zur Folge hat. S. BARYSCHNIKOW. 7416

Die modernen Techniken beim Abschleudern der Füllmasse. L. Renaud-Goud. (Ind. aliment. agric. **78.** 749—54. Juli/Aug. 1961. Société Fives-Lille-Cail.) (Franz.) W. WILLENBERG. 7416□

Hygroskopizität der Raffinade. Karel Čiž. (Listy Cukrovarnické **77.** 283—85. 15/12. 1961.) (Tschech.)

Die Geschw. der Feuchtigkeitsaufnahme in Abhängigkeit von Asche-Geh. u. Korngröße wurde bei Raffinade u. Saftkristall verfolgt. Übermäßig getrockneter Kristall nimmt zu Beginn der Lagerung 2—3mal so schnell Feuchtigkeit auf. Asche-Geh. u. Korngröße haben bes. bei Saftkristall einen deutlichen Einfluß. Der optimale Feuchtigkeits-Geh. beim Einlagern liegt für Raffinade bei 10—30 mg%, für Saftkristall bei 40 mg% Wasser.
R. RISTOW. 7438□

Untersuchungen zur Lebensweise und Bekämpfung von Lachnosterna consanguinea Blanch., einem Zuckerrohrschädling in Bihar (Indien). A. N. Kalra und J. P. Kulshreshtha. (Bull. entomol. Res. **52.** 577—87. Okt. 1961. Lucknow, Indian Inst. of Sugarcane Res.) (Engl.)

Vollkerfe von *Lachnosterna consanguinea Blanch.* konnten mit *BHC* (**I**), *p-Dichlorbenzol, Heptachlor* oder *DD* nicht wirkungsvoll genug bekämpft werden, nur *DDT* (**II**)-Sprühungen hatten guten Erfolg. Gegen die Larven wirkte **I**-Staub (22,4 lbs./acre) am besten, *Aldrin, Chlordane* u. (**II**) fielen dagegen ab, auch Anwendung der Insekticide in fl. Aufbereitungen waren wirkungslos. FRITZ MÜLLER/Ludwigshafen. 7440□

Die papierchromatographische Charakterisierung des thermischen Stärkeabbaues und der Röstdextrinbildung. M. Ulmann und J. Seidemann. (Adhäsion **5.** 519—23. Okt. 1961. Potsdam-Rehbrücke, Inst. für Ernährung der Dt. Akad. der Wiss. zu Berlin.) (Dt.)

Vff. beschreiben eine papierchromatograph. Meth. zur Charakterisierung des therm. Stärke (**I**)-Abbaues u. der Röstdextrinbildung. Bei Verw. von Kartoffel-**I** (6 g wurden 1 Std. lang in einem Glasschälchen auf Temp. von 130—190° in Intervallen von 10° trocken erhitzt) konnte gezeigt werden, daß bei einer Temp. von 140° die ersten Veränderungen auftraten unter Bldg. einer weiteren Komponente. Größere Veränderungen ließen sich erst bei 160° nachweisen; bei auf 190° erhitzter **I** lassen sich papierchromatograph. mit J färbende Anteile nicht mehr feststellen. Bei Verw. von reiner Amylose (**II**) u. einem Amylopektin (**III**)-Präp. nach SCHOCH erwiesen sich die isolierten Präpp. unter den gleichen Bedingungen als wesentlich empfindlicher. Die **II**- u. **III**-Prodd. zeigten bereits bei 100 bzw. 120° die ersten Abbauerscheinungen. Der therm. Abbau von **II** war bei 170° u. von **III** bei 180° beendet (mit J keine Färbung). Es wird vorgeschlagen, diese Meth. für die Betriebskontrolle bei der Herst. von Röstdextrinen zu verwenden.
J. SEIDEMANN. 7448□

Die Färbung in der Zuckerfabrik. Verbesserungen für ihre Messung. D. Ahari und J. Genotelle. (Ind. aliment. agric. **78.** 742—47. Juli/Aug. 1961. Paris, Groupement Technique de Sucreries.) (Franz.)

Bldg. u. Eigg. der Karamele, Melanoidine u. Abbau-Prodd. der Hexosen durch Alkali werden geschildert. bes. ihre Lichtabsorption, der pH-Einfl. auf die Färbung der Zucker-Lsgg. sowie die Färbung der aus gefärbten Sirupen krist. Zuckerkristalle u. das Festhalten der Farbstoffe in ihnen. Da sich die Farbstoffe gegen Ionenaustauscher verschieden verhalten, ist es möglich, auf die Mengen der 3 Farbstofftypen zu schließen, wenn man die Probe durch einen Kationenaustauscher (C. 12 von IMACTI) u. dann durch einen Anionenaustauscher (A. 17) schickt u. die Farbe vor, zwischen u. nach den Durchläufen mißt. Das Verf. kann bessere Aufschlüsse für die Betriebsführung geben als eine globale Farbbestimmung. W. WILLENBERG. 7470□

Ausdruck für die Viscosität zwischen 0 und 100° C. G. Pidoux. (Ind. aliment. agric. **78.** 729—41. Juli/Aug. 1961. Marseille, Raffineries de Sucre de Saint Louis.) (Franz.)

Vf. entwickelt eine Formel für die Berechnung der Viscosität von Zucker-Lsgg. u. Melasse aus 2 Meßdaten im Bereich von 0—100°. — Zahlreiche Tabellen u. 1 Diagramm über die Abhängigkeit der Viscosität von der Temp. bei verschiedenen Zucker-Konzz. sind angegeben. W. WILLENBERG. 7470□

Quantitative Milchsäurebestimmung in Zuckerfabrikationssäften. V. Prey, O. Szabolcs und I. Szabolcs. (Z Zuckerind. **9** (**84**). 452. 20/9. 1959. Wien, TH, Inst. organ. Chem.; Hohenau, Zuckerfabrik.) (Dt.)

Vff. beschreiben eine Meth zur raschen quant. Best der *Milchsäure* in Zuckersäften u. in Melasse, die nach einer evtl. notwendigen papierchromatograph. Auftrennung auf der modifizierten colorimetr Meth. nach DISCHE u. LASZLO [1927] beruht.
G. HOFER. 7474□

Papierchromatographische Raffinosebestimmung in Melasse. R. Weidenhagen und H. Schiweck. (Z. Zuckerind. **9** (**84**). 443—45. 20/9. 1959. Neuoffstein, Süddeutsche Zucker AG., Zentrallabor.) (Dt.)

Die Nichtzuckerstoffe der Melasse werden mit Bleiacetat gefällt u. die Melasse anschließend voll entsalzen. Die papierchromatograph. Best. der *Raffinose* (**I**) wird auf SCHLEICHER u. SCHÜLL-Papier absteigend mit einem Lsgm.-Gemisch n-Propanol–Äthylacetat–W. (7:1:2) bei 19—21° durchgeführt. Die Sichtbarmachung erfolgt durch Besprühen mit einer wassergesätt. Lsg. von Benzidin u. Trichloressigsäure in n-Butanol. Auf dem Papierchromatogramm wird die Fleckengröße planimetr. bestimmt u. die I-Menge aus einer Eichkurve ermittelt. G. HOFER. 7476□

Über die Alkalitäts- und Reaktionsbestimmung in Rohzuckern. Mitteilung aus der Praxis. St. Böttger und W. Steinmetzer. (Z. Zuckerind. **9 (84).** 456—57. 20/9. 1959.) (Dt.)

Die pH-Messung zur Alkalitäts-Best. in Rohrzuckern für die Beurteilung der Lagerfähigkeit von Rübenrohzucker liefert gut reproduzierbare Werte. G. HOFER. 7488□

XV. Gärungsindustrie

Die Scheidemelasse als nicht-vollwertiger Rohstoff für die Hefeindustrie. L. D. Belowa. (Хлебопекарная и Кондитерская Промышленность [Brot- u. Konditorei-Ind.] **5.** Nr. 5. 20—22. Mai 1961. Zentr. Forsch.-Inst. für Bäckereiwesen.) (Russ.)

Durch Zugabe von *KCl*, *$MgSO_4$*, *NH_3* u. 0,00016% Biotin enthaltendem *Maisextrakt* konnte bei der Verarbeitung der *Scheidemelasse* die Ausbeute an *Hefe* von < 52 auf 88,5 erhöht werden (normale Zuckerrübenmelasse 100%). Die Qualität der Hefe entsprach den Forderungen von GOST 171—51. S. BARYSCHNIKOW. 7506

Maltase- und Zymaseaktivität der flüssigen Hefe. I. M. Roiter und W. N. Wyssotzkaja. (Хлебопекарная и Кондитерская Промышленность [Brot- u. Konditorei-Ind.] **5.** Nr. 7. 11—13. Juli 1961. Kiew, Technolog. Inst. für Lebensmittelind.) (Russ.)

Vff. stellen fest, daß 100 Millionen Zellen von Preß- bzw. fl. *Hefe* bei 30° in 1 Min. 0,011 (mg) *Glucose* (I) u. 0,005 *Maltose* (II), bzw. 0,021 I u. 0,022 II vergären.
S. BARYSCHNIKOW. 7506

Backeigenschaft der in Brennereien hergestellten Preßhefen. I. M. Roiter, R. Ss. Baschirowa und G. A. Anisstratenko. (Хлебопекарная и Кондитерская Промышленность [Brot- u. Konditorei-Ind.] **5.** Nr. 10. 4—9. Okt. 1961. Kiew, Technol. Inst. der Lebensmittel-Ind.; Technolog. Inst. für Nahrungsmittel-Ind.) (Russ.)

Die Triebkraft von Brennereipreßhefen ist des öfteren trotz der hohen Zymaseaktivität des Prod. ungenügend. Da die Back-Eigg. bzw. die Triebkraft einer Hefe in direkter Abhängigkeit zu ihrer Maltaseaktivität steht, soll diese bei der Bewertung der für die Brotbereitung angewandten Hefe berücksichtigt werden.
S. BARYSCHNIKOW. 7506

Untersuchung des Gleichgewichts von zwei flüssigen Phasen im System Fuselöl–Äthanol–Wasser. W. F. Ssuchodol und P. M. Malzew. (Известия Высших Учебных Заведений, Пищевая Технология [Hochschulnachr., Nahrungsmittel-Technol.] **1961.** Nr. 2. 114—122. Kiew, Technolog. Inst. für Lebensmittelind., Lehrstuhl für Technol. der Gärungsind.) (Russ.)

Im Syst. Fuselöl (I)–A.–W. besteht bei 20° eine Zone der begrenzten Löslichkeit, die durch Erhöhung der Temp. sich nur unbedeutend vermindert. Es findet eine Inversion der Phasenselektivität gegenüber dem A. statt. Der Verteilungs-Koeff. für A. (K_A) in der I- u. in der wss. Schicht verändert seinen Wert von $K_A < 1$ bis $K_A > 1$. Bei A.-Konzz. bis 16% geht der A. in die wss. Schicht über; bei Konzz. von 16—22% sammelt er sich in der I-Schicht. Bei minimalem A.-Geh. (0,42%) im tern. Syst. konzentrieren sich in der oberen Schicht 87,8—87,6 des I. Der I-Geh. in der wss. Phase erreicht bei Phasen-Gleichgew. 3,6%. Der Verteilungs-Koeff. für I erhöht sich dabei von 3,7 auf 24,4. S. BARYSCHNIKOW. 7536

Beurteilung und Ausnutzung des Hopfens. 3. Mitt. **Die Wertminderung des Hopfens bei der Lagerung.** Lawrence E. Hudson. (Wallerstein Lab. Commun. **22.** 89—101. Juni 1959. Dublin, Irland, Arthur Guinness Son & Co. Ltd.) (Engl.) — 2. vgl. C. **1960. 6689.**

Vff. untersuchten nach verschiedenen Meth. die Abnahme der α-Säure u. Isohumolone in der Würze bei kalter u. gewöhnlicher Lagerung des Hopfens. In der gleichen Zeit betrug der Gesamtverlust bei gewöhnlicher Lagerung 22,5%, bei kalter Lagerung dagegen nur 5%. S. ZAAKE. 7540

Die Gibberelline und das Mälzen. E. Urion. (Petit J. Brasseur **68.** 776—79. 9/12. 1960. Nancy, Ecole de Brasserie, Fac. des Sci.) (Franz.)

Übersicht über Gewinnung, Eigg. u. Verw. der Gibberelline u. Gibberellinsäure (I) in der Mälzerei (Vermehrung des Extraktes, Löslichmachen des N, Best. u. Anwendungsform von I, Wrkg.-Weise von I, Toxikologie der Gibberelline). W. WESLY. 7544□

Veränderungen von Thiuramen bei der alkoholischen Gärung. Ludwig Jakob. (Wein-Wiss. **16.** 97—104. Juli 1961. Neustadt/Weinstr. Landes-Lehr- u. Forschungsanst. für Wein u. Gartenbau.) (Dt.)

Ein Zusatz des Fungicids *Thiuramdisulfid* (50 mg je Liter) zu Traubenmost bewirkt bereits eine Gärhemmung. Bei der Gärung erfolgt ein partieller Abbau der *Thiurame* (I) über Zwischenstufen, die bei Ggw. von Schwermetallionen unlösl. Komplexe bilden u. im Hefegelager angereichert werden. Die Gärhemmung ist von der Art der Hefe abhängig u. in der Praxis häufig nur gering. Zusatz von I zum Most bewirkt eine Verringerung des Geh. an Cu. F. RADLER. 7552□

Welcher Höchstgehalt an gesamtschwefliger Säure soll für den Wein festgesetzt werden? E. Kielhöfer. (Dtsch. Weinbau **16.** 970—76. 1. Dez.-H. 1961. Trier, Weinforschungsinst.) (Dt.) — Vgl. C. **1961.** 7428.

Im Gegensatz zu anderen Lebensmitteln liegt im Wein das SO_2 überwiegend in gebundener Form vor. Die wichtigste Funktion des SO_2 ist die aus geschmacklichen Gründen heute unerläßliche Bindung von *Acetaldehyd* (I). Da der Geh. an I im Wein in Abhängigkeit vom Jahrgang u. Gärungsverlauf sehr großen Schwankungen unterliegt, wird aus kellerwirtschaftlichen Gründen ein zulässiger Gesamt-Geh. von 350 mg SO_2/Liter als erforderlich angesehen. Diese Menge soll auch in hygien. Hinsicht unbedenklich sein. F. RADLER. 7554□

Extraktbestimmung von Versuchsbraugersten durch eine neue Mikromaisch- und Falltropfenmethode. O. J. Banasik und R. H. Harris. (Wallerstein Lab. Commun. **22.** 81—88. Juni 1959. North Dakota, N.Dak., Agric. Exp. Stat. Fargo.) (Engl.)

Vff. vergleichen die Extrakt-Best. in Gerste u. Malz nach der 50 g-Maisch-Meth. u. anschließendem Pyknometieren mit einer Mikromaisch-Meth., bei der das spezif. Gew. der Würze durch Anwendung der Falltropfen-Meth. bestimmt wird. Die Dichte wird dabei aus der Zeit errechnet, die ein Tropfen der zu untersuchenden Würze braucht, um eine bestimmte Strecke in einer Brombenzol–Kerosin-Mischung zu durchfallen. Vff. fanden zwischen der Extrakt-Best. von Gerste oder Malz mittels Pyknometer-Meth. u. der Falltropfen-Meth. gute Übereinstimmung. Der Vorteil der neuen Meth. liegt vor allem darin, daß nur 10 g Gerste benötigt werden u. somit eine Unters. von Gerstenzuchtstämmen in einem sehr frühen Stadium der Züchtung möglich ist. S. ZAAKE. 7598

Photocolorimetrische Bestimmung der Färbung von Bier. G. D. Ratuschny. (Известия Высших Учебных Заведений (Краснодар), Пищевая Технология [Hochschulnachr. (Krasnodar), Nahrungsmittel-Technol.] **1962.** Nr. 1. 129—33. Krasnodar, Inst. für Lebensmittelind., Lehrstuhl für Technol. der Weinbereitung.) (Russ.)

Beschreibung einer photocolorimetr. Best. des Färbegrades von Bier, nach welcher es möglich ist, mit 3—5 ml Bier auszukommen. Die erhaltenen Werte für die opt. Dichte des Biers werden mit den Tabellenwerten von 0,1n J_2-Lsg. verglichen.
S. BARYSCHNIKOW. 7600

Zusammensetzung von Weinen. 2. Mitt. Anorganische Bestandteile. Maynard A. Amerine. (Advances Food Res. **8.** 133—224. 1958.) (Engl.) — 1. vgl. C. **1950/54.** 6533 S.

Umfassende Übersicht über Nachw.- u. Best.-Meth., Vork., Geh. u. Bedeutung folgender Anionen u. Kationen in Traubenmost u. Wein: *Borat*, Br^-, CO_3^{2-}, Cl^-, F^-, O_2^{2-}, PO_4^{3-}, SiO_3^{2-}, SO_4^{2-}, S^{2-}, *Mercaptid*, SO_3^{2-}, *S* (elementar u. organ. gebunden), *Al, As, Cd, Ca, Cu, Fe, Pb, Mg, Mn, Hg, Mo, K, Ra, Ru, Ag, Na, Sn, Zn, Ti, V.* — 476 Literaturhinweise.
F. RADLER. 7606□

Miles Laboratories, Inc., übert. von: **Leonard B. Schweiger**, Elkhart, Ind., V.St.A., *Herstellung von Citronensäure.* (**Can. P. 558 028** vom 9/11. 1953, ausg. 27/5. 1958. A. Prior. 5/1. 1953. — C. **1961.** 1758 [Schwz. P. 342 191].)

National Research Council, Ottawa, Ontario, übert. von: **John F. T. Spencer**, Sutherland, **James M. Roxburgh** und **Henry R. Sallans**, Saskatoon, Saskatchewan, Canada, *Herstellung von Glycerin und d-Arabit.* (**Can. P. 557 492** vom 25/4. 1956, ausg. 13/5. 1958. A. Prior. 16/5. 1955. — C. **1959.** 1632 [F. P. 1 149 363].)

XVI. Nahrungs-, Genuß- und Futtermittel

Über die Zweckmäßigkeit des Tiefgefrierens von Weizenkleingebäck. Gerhard Zittlau. (Bäcker u. Konditor **15.** 104—06. April 1961.) (Dt.)

Es wird dargelegt, daß der Anwendung des Tiefkühl-Verf. für Weizenkleingebäck sehr enge Grenzen gesetzt sind. — 8 Literaturangaben. M. WINIKER. 7674□

Die Wirkung bestimmter Anbaugebiete und Lagerungsbedingungen auf „Chipping“-Qualität, chemische Zusammensetzung und spezifisches Gewicht von Kartoffeln in Californien. M. Yamaguchi, B. J. Hoyle, F. W. Zink, W. O. Harrington und C. E. Hendel. (Proc. Amer. Soc. horticult. Sci. **74.** 649—60. Dez. 1959. Davis, Calif., Univ. of California, Dep. of Vegetable Crops; Albany, Calif.; U.S. Dep. of Agric., Agric. Res. Serv., Western Reg. Res. Labor.) (Engl.)

Der Einfl. von Boden-Temp., Erntezeitpunkt u. Düngung auf die „Chipping"-Qualität von Kartoffeln (Sorte Russet Burbank), die an 3 verschiedenen Standorten auf 5 verschiedenen Böden gewachsen waren, wurde untersucht. Bei niedrigster Boden-Temp. wurden die dunkelsten Chips erhalten. Bei mittleren Boden-Temp. $>55^0$ F war die Neigung zum Dunkeln bei der Chips-Herst. nur gering. Auf Grund dieser Ergebnisse wird angenommen, daß die Boden-Temp. von größerem Einfl. ist als die Anbaumaßnahmen. Eine zu frühe Ernte der Knollen wirkte sich ungünstig auf die Qualität des Kartoffelchips aus, ebenso eine Lagerung bei niedrigen Temperaturen. Spezif. Gew. u. Chip-Qualität werden durch P-Düngung leicht verbessert, durch N-Düngung geringfügig verschlechtert. Es bestand eine signifikante Korrelation zwischen dem Geh. der Knollen an reduzierenden Zuckern u. der Chip-Qualität: Ansteigende Zucker-Geh. wirkten qualitätsmindernd. Zwischen Gesamt- oder Amino-N u. der Chip-Qualität bestand dagegen keine signifikante Beziehung. WILFRIED WERNER. 7678□

Einfluß des Wurzelalters von Süßkartoffeln der Varietäten Cobre und U.P.R.3 auf den Ertrag für die Konservenherstellung, die chemische Zusammensetzung der Rohwurzel und die Qualität der Konserve. M. A. González, J. R. Benero und F. Sánchez Nieva. (J. Agric. Univ. Puerto Rico **45.** 259—64. Okt. 1961. Río Piedras, Univ. of Puerto Rico, Agric. Exp. Stat., Food Technol. Labor.) (Engl.)

Vff. stellten fest, daß der größte Gesamtertrag, wie auch der maximale Ertrag für die Konservierung ganzer Süßkartoffeln (Bataten der Varietäten Cobre u. U.P.R. 3) entsprechend U. S. Grad Nr. 1 ($1\frac{1}{2}$—2 in. ∅) dann erzielt wird, wenn die Ernte 150 Tage nach dem Pflanzen erfolgt. Das Knollenalter ist auf die chem. Zus. der Rohwurzel, ihr Verh. während der Verarbeitung sowie die Qualität des konservierten Prod. ohne Einfluß. HANS THIELE. 7678□

Wirkung einer Kältebehandlung auf den Gehalt von Porto Rico-Süßkartoffeln an Chlorogensäure und Ascorbinsäure. M. Lieberman, C. C. Craft und M. S. Wilcox. (Proc. Amer. Soc. horticult. Sci. **74.** 642—48. Dez. 1959. Beltsville, Md., U.S. Dep. of Agric., AMS, Biol. Sci. Branch.) (Engl.)

Im Verlauf einer Kältebehandlung von Süßkartoffeln (10 Wochen Lagerung bei 7,5°) nahm deren *Chlorogensäure* (I)-Geh. um 100—400% zu, der *Ascorbinsäure* (II)-Geh. dagegen um 50—90% ab. Das reziproke Verh. von I u. II läßt auf eine metabol. Beziehung schließen. Wurden die Süßkartoffeln nach 2-wöchiger Lagerung bei 7,5° bei 15° gelagert, so wurde der Anstieg des I-Geh. u. der Abfall des II-Geh. unterbunden. Wurde diese Temp.-Umstellung jedoch erst nach 4 oder 6 Wochen vorgenommen, dann ließ sich die Wrkg. der Kältebehandlung nicht mehr umkehren: Der I-Geh. stieg weiter an u. der II-Geh. sank weiter ab. WILFRIED WERNER. 7678□

Grundriß der Chemie höherer Pilze. Innocentyna Karkocha. (Przemysł Spożywczy **15.** Nr. 1. 22—30. 1961. Warszawa.) (Pol.)

Übersicht über chem. Zus. u. Gifte der wichtigsten Pilzarten. — 13 Literaturangaben. F. URBAN. 7690□

Untersuchungen über die Lagerung von Kaffeebohnen. 1. Mitt. **Physikalische, chemische und biologische Veränderungen in Kaffeebohnen während der Lagerung unter sehr feuchten Bedingungen.** C. P. Natarajan, S. K. Majumder, K. S. Srinivasan, A. Balachandran, D. S. Bhatia und V. Subrahmanyan. (Food Sci. [Mysore, India] **10.** 315—21. Okt. 1961. Mysore, Centr. Food Technol. Res. Inst.) (Engl.)

Rohe Kaffeebohnen nehmen Feuchtigkeit aus feuchter Atmosphäre auf u. verändern sich in Farbe u. spezif. Gewicht. Die chem. Bestandteile erleiden keine nennenswerte Veränderung. Die Mikroben vermehren sich mit dem Feuchtigkeits-Geh. des Kaffees. In Misore u. Coimbatore gelagerter Kaffee erlitt keine Veränderung; diese Orte liegen im Landesinnern, wohin der Kaffee während des Monsuns von den sehr feuchten Küstengebieten befördert wird. W. WESLY. 7720□

Untersuchungen über die Lagerung von Kaffeebohnen. 2. Mitt. **Luftdichte Lagerung in Säcken.** S. K. Majumder, C. P. Natarajan, K. S. Narasimhan, N. Gopalakrishna Rao, C. S. Viraktamat, R. Balakrishnan Nair, D. S. Bhatia und V. Subrahmanyan. (Food Sci. [Mysore, India] **10.** 321—26. Okt. 1961.) (Engl.) — 1. vgl. vorst. Referat.

Grüner Kaffee verliert seine Farbe rasch, wenn er bei der Lagerung sehr feucht ist. In verschlossenen Glasflaschen u. Polyäthylensäcken findet keine Wasseraufnahme statt. In Jutesäcken gelagerter Kaffee mit geringer Feuchtigkeit verliert Chlorogensäure, nicht aber in anderen Behältnissen. Die Geh.-Schwankungen des in verschiedenen Behälterarten aufbewahrten Kaffees werden (Zahlentafeln) wiedergegeben. In großen Polyäthylenballons kann Kaffee auch in feuchtem Klima aufbewahrt werden; er verliert ein wenig Feuchtigkeit. In Ballons gelagerter Kaffee hat eine geringere Mikrobenzahl u. ein höheres spezif. Gew. als Proben in Jutesäcken. Außerdem erleidet der Kaffee in den Jutesäcken Verluste an Farbe u. Qualität u. nimmt Feuchtigkeit auf. W. WESLY. 7720☐

Untersuchungen über die Lagerung von Kaffeebohnen. 3. Mitt. **Lagerung in Silos.** S. K. Majumder, C. P. Natarajan, K. S. Narasimhan, C. S. Viraktamath, R. Balakrishnan Nair, D. S. Bhatia und V. Subrahmanyan. (Food Sci. [Mysore, India] **10.** 326—31. Okt. 1961.) (Engl.) — 2. vgl. vorst. Referat.

In frei stehenden Silos aus Stahlbeton, verzinktem Fe oder Al gelagerter Kaffee zeigt infolge der starken Temp.-Schwankungen bei Tag u. Nacht höhere relative Feuchtigkeit als Proben aus Silos in überdachten Räumen. SiO_2-Gel absorbiert den Feuchtigkeitsüberschuß bei therm. Isolierung; diese u. Lagerung unter hermet. Verschluß sind für grünen Kaffee empfehlenswert. Die besten Ergebnisse liefern jedoch Polyäthylenballons. W. WESLY. 7720☐

Untersuchungen über die Lagerung von Kaffeebohnen. 4. Mitt. **Bekämpfung von Araecerus fasciculatus (Deg.) in Monsun-Kaffee und entsprechende Lagerungsversuche.** S. K. Majumder, M. Muthu, K. S. Srinivasan, C. P. Natarajan, D. S. Bhatia und V. Subrahmanyan. (Food Sci. [Mysore, India] **10.** 332—38. Okt. 1961.) (Engl.) — 3. vgl. vorst. Referat.

In Kaffeebohnen mit >11% Feuchtigkeit vermehrt sich Araecerus fasciculatus rasch. Von den zur Bekämpfung angewandten Begasungsmitteln beeinflussen CS_2 u. CCl_4 den Geschmack, NH_3, SO_2 u. HCl die Farbe des Kaffees. *Acrylnitril* u. *Äthylendibromid* (I) werden in Ggw. hoher Feuchtigkeit adsorbiert. Als wirksam erweist sich die Kombination von I mit *Methylbromid,* bes. nach prophylakt. Behandlung mit *Lindan.* W. WESLY. 7720☐

Schädlingsbekämpfung in der Schokolade- und Süßwaren-Industrie. J. Kleinert. (Gordian **61.** Nr. 1460. 26—34. Okt. 1961. Kilchberg, Lindt & Sprüngli AG., Labor.) (Dt.)

Allg. Ausführungen. — 11 Literaturangaben. M. WINIKER. 7726☐

Veränderungen in eingedostem Fleisch unter der Einwirkung des Erhitzens. Zenon Ziemba. (Przemysł Spożywczy **15.** Nr. 1. 2—11. 1961. Gdańsk.) (Pol.)

Übersicht über die wichtigsten Umwandlungen im Fleisch von Warmbluttieren u. Fischen beim Konservieren: Gallert-Bldg., Denaturierung von Eiweiß, Bldg. von NH_3 u. H_2S, Änderung der Verdaulichkeit von Eiweiß, Zers. von Kollagen u. Thiamin, Hydrolyse von Glykogen, Abspaltung von CO_2, MAILLARD-Reaktion. — 21 Literaturangaben. F. URBAN. 7750☐

Die Wechselbeziehungen zwischen den Milchbestandteilen. T. A. Nickerson. (J. Dairy Sci. **44.** 1025—35. Juni 1961. Davis, Calif., Univ. of California, Dep. of Food Science and Technol.) (Engl.)

Die Bestandteile von 258 Milchproben wurden untersucht, die Beziehungen von 25 verschiedenen Komponenten untereinander geprüft u. die Ergebnisse statist. ausgewertet. Außer dem Nicht-Protein-N, organ. u. anorgan. lösl. P, Citronensäure u. Mg veränderten sich alle Bestandteile ähnlich wie der Geh. an Gesamttrockenmasse, aber mehr oder weniger stark, so daß das Verhältnis der Stoffe untereinander verschieden sein kann. Der Geh. an Ca u. P stand in enger Beziehung zum Caseingehalt. Die mineral. Bestandteile zeigten in ihrer Verteilung beträchtliche Unterschiede. E. WIEHR. 7756☐

Probleme der Oxydation des Milchfetts. K. E. Thomé. (Nord. Jordbrugsforskn. **42.** 40—48. 1960. Alnarp.) (Schwed.)

Übersicht über den Mechanismus der Oxydation von *Milchfett* (I) u. die Beziehung zwischen den Milchproduktionsfaktoren (Lactation, Fütterung) u. der Oxydationsneigung des I. R. K. MÜLLER. 7756☐

Untersuchung von Kondensmilch nach 12- bis 13jähriger Aufbewahrung. Eugeniusz Pijanowski. (Zeszyty naukowe Szkoły głownej Gospodarstwa wiejskiego Warszawie, Rolnictwo **1961.** Nr. 1. 303—21. Warszawa, SGGW, Kat. Przem. Roln. Spoż.) (Pol.)

12—13 Jahre bei 15—23° in verzinnten Blechbüchsen aufbewahrte Kondensmilch amerikan. Herkunft war hellbraun gefärbt. Der gebildete Nd. bestand aus Eiweiß u. Ca-Phosphat u. Citrat. Durch Schütteln konnte das Eiweiß wieder gelöst werden. Die Fettverteilung war homogen. Der Geh. der Milch an P-Verbb., hauptsächlich säureunlösl. Casein-P, war erniedrigt, der Geh. an Vitamin A, Carotin u. Vitamin B_1, B_2 u. C war gegenüber Frischmilch auf $1/2$ bis $1/4$ gesunken. Das Milcheiweiß konnte durch Säure oder A. nicht mehr koaguliert werden. A. u. Säure zusammen führten zur Koagulierung. Die Milch enthielt große Mengen Sn (bis 979 mg/kg). F. URBAN. 7756☐

Der Gehalt an Glyceriden und Fettsäuren in einigen als Emulgatoren für Eiscreme benutzten Monoglyceriden. R. G. Jensen, J. Sampugna und G. W. Gander. (J. Dairy Sci. **44.** 1057—60. Juni 1961. Storrs, Conn., Agric. Exp. Stat., Dep. of Animal Ind.) (Engl.)

Der Glycerid- u. Fettsäure-Geh. von 20 kommerziellen Eiscremeemulgatoren wurde bestimmt. Monoglyceride waren zu 20,6—93,5%, Diglyceride zu 6,5—51,3% u. Triglyceride zu 0,5—16,6% vorhanden. Die meisten der festen Emulgatoren enthielten 45,0 bis 69,8% Stearat u. 23,8—48,8 Palmitat, daneben kleinere Mengen an Laurat, Myristat u. Oleat. Fl. Emulgatoren enthielten 83% Oleat oder Linoleat. E. WIEHR. 7756 □

Zusatzstoffe zu Futtermitteln. A. Eden. (Agric. Progr. **35.** 54—60. 1960. Cambridge, Nat. Agric. Advisory Serv., Eastern Region.) (Engl.)

Vortrag. M. WINIKER. 7786 □

Über die Identifizierung der Art der in der Lebensmittelindustrie verwendeten synthetischen Farbstoffe. Giovanni Ceresa. (Staz. chim.-agrar. sperim. Torino, Annu **20.** 135—61. 1958—1960. Torino, Staz. chim.-agraria sperim.) (Ital.)

Beschreibung einer papierchromatograph. Meth. (Papier WHATMAN Nr. 1; n-HCl; 100 cm^3 n-Butanol:A.:H_2O = 50:25:25 mit oder ohne Zusatz von 10 cm^3 NH_3, D. 0,92) zur Identifizierung der 13 vom italien. Gesetz zugelassenen Farbstoffe für Lebensmittel. K. ZINGRAF. 7788 □

Verwendung von Autol und Maschinenöl zur refraktometrischen Fettbestimmung in Konzentraten. O. I. Babitschewa, W. Ss. Grshiwo und N. F. Krochina. (Консервная и Овощесушильная Промышленность [Konserven- u. Dörrgemüse-Ind.] **17.** Nr. 3. 33—35. März 1962. Zentr. Forsch.-Inst. für Konserven u. Dörrgemüseind.) (Russ.)

Es wird gezeigt, daß bei der refraktometr. Fett-Best. in Lebensmittelkonzentraten als Lsgm. des Fettes *Autol* bzw. ein Gemisch von *Monobromnaphthalin* u. *Maschinenöl* (Vol.-Verhältnis 1:3) angewandt werden kann. 5 g Konzentrat, 4 g Lsgm. u. 4 g Sand werden 6—10 Min. lang zerrieben. S. BARYSCHNIKOW. 7788

Neue Methode zur Bestimmung des Kupfergehaltes in Lebensmitteln. W. Ss. Grjuner und L. A. Jewmenowa. (Вопросы Питания [Fragen d. Ernähr.] **20.** Nr. 4. 66—69. Juli/Aug. 1961. Moskau, Plechanow-Inst. für Volkswirtschaft, Labor. für Kohlenhydrate u. Konditoreiwaren; Lwow, Inst. für Handel u. Wirtschaft.) (Russ.; Auszug: Engl.) — Vgl. C. **1961.** 18170.

Inhaltlich ident. mit der C. **1961.** 18170 referierten Arbeit. S. BARYSCHNIKOW. 7788

Schnellbestimmungsmethode von Kupfer in Konserven. W. P. Ssagakowa und A. I. Ljubiwaja. (Консервная и Овощесушильная Промышленность [Konserven- u. Dörrgemüse-Ind.] **16.** Nr. 9. 35—37. Sept. 1961. Ukrain. Forsch.-Inst. für Konservenind.) (Russ.)

Die photometr. Cu-Best. in Konserven ermöglicht es, nach der Veraschung des Prod. u. Auflösung des Rückstandes die 0,5 mg/kg Cu in 20 Min. statt 4½ Std. bei der üblichen Best.-Meth. zu bestimmen. Als Reagens auf Cu^{2+} wird Oxalyldihydrazid angewandt, das in Ggw. eines Überschusses von CH_3CHO mit Cu-Salzen einen in W. lösl. violetten Komplex bildet. Die opt. Dichte der entstandenen Komplex-Lsg. wird mit dem Lichtfilter 533 mμ (Fl.-Schicht von 10 mm) ermittelt. Die Meth. ermöglicht die Cu-Best. mit einer Fehlergrenze von $\pm$ 4,3%. S. BARYSCHNIKOW. 7790

Monochloressigsäure. Untersuchung in Weinen, Getränken und Nahrungsmitteln. Reaktion von Cahours. Isidoro Maccio. (Ind. y Quím. **20.** 433. 1960.) (Span.)

Für den Nachw. von *Monochloressigsäure* (I) in Weinen u. a. Getränken u. Lebensmitteln wird die Überführung von I in *Glykokoll* (II) mittels konz. Ammoniak nach der Rk. von CAHOURS u. der Nachw. von II mittels der Ninhydrin-Rk. empfohlen. I wird aus den Ausgangsstoffen durch Ansäuern mit 5%ig. H_2SO_4 u. Extraktion mit Ae. isoliert, die vereinigten Extrakte werden 3 Min. lang mit 25%ig. konz. Ammoniak geschüttelt, nach 24—48 Std. wird die ammoniakal. Lsg. tropfenweise auf Filterpapier gegeben u. nach Eintrocknen der Lsg. mit 0,1%ig. aceton. Ninhydrin-Lsg. 5 Min. lang auf 80° erhitzt. Ein blauvioletter Fleck zeigt die Ggw. von I im Ausgangsmaterial an.

R. K. MÜLLER. 7790 □

Bestimmung des Stickstoffgehaltes von Getreide mittels colorimetrischer Methoden. A. C. Jennings. (Cereal Chem. **38.** 467—79. Nov. 1961. Adelaide, Univ., Waite Agric. Res. Inst., Dep. of Agric. Chem.) (Engl.)

Zur colorimetr. Best. des *N*-Geh. von Getreide sind Modifikationen zweier bekannter Meth. eingesetzt u. auf ihre Reproduzierbarkeit überprüft worden. Für die Untersuchung hellkörniger Weizen- u. Gerstensorten ist die Biuret-Meth. von PINCKNEY [1949] geeignet, bei der zweckmäßig mit K–Na-Tartrat an Stelle von Glycerin gearbeitet wird. Extraktion u. Farb-Rk. erfolgen in einem Arbeitsgang. Der N-Geh. dunkelkörniger Weizen- u. Gerstensorten läßt sich nach der Extraktion mit dem Phenolreagens nach FOLIN u. CIOCALTEU [1951] bestimmen. Die Reproduzierbarkeit beider Meth. entspricht derjenigen des KJELDAHL-Verfahrens. Die durch die Einw. von Alkali bedingte Braunfärbung der Extrakte beeinflußt vor allem bei Gerste geringfügig die Korrelation zu den Ergebnissen der KJELDAHL-Bestimmung. M. W. ROTHE. 7796□

Der Biuret-Test und seine Anwendung zur Bestimmung des Weizenproteins. Alvin J. Pinckney. (Cereal Chem. **38.** 501—06. Nov. 1961. Beltsville, Md., U.S. Dep. of Agric., Agric. Res. Serv., Crops Res. Div.) (Engl.)

Der colorimetr. Biuret-Test zur Best. des Protein-Geh. wurde unter Anwendung der Modifikation von JENNINGS (vgl. vorst. Ref.) an zahlreichen Mustern von 5 amerikan. Weizensorten erprobt. Die Übereinstimmung ist mit den Ergebnissen der KJELDAHL-Meth. war sehr gut. M. W. ROTHE. 7796□

Chloräthanol als Dispersionsmittel für Getreideproteine. N. W. Tschoegl. (Cereal Chem. **38.** 516—29. Nov. 1961. North Ryde, Bread Res. Inst. of Australia.) (Engl.)

2-Chloräthanol (I) ist zur vollständigen Dispersion von Weizenkleber geeignet, wenn eine 70%ig. wss. Lsg., die 0,01n an HCl ist, mehrere Tage einwirkt. Nach Fällung mit Ae. oder Aufsprühen eines Films auf eine Öl/W.-Fläche sind verschiedene physikal. Eigg. des Klebers verändert. Die Verw. von 0,1n HCl in wasserfreiem I zur Dispersion führt zu Verlusten an Amid-N u. einer Teilveresterung freier Carboxylgruppen. Zur Extraktion von Weizen- u. Roggenprotein ist wss.-saures I ebenso geeignet wie wasserfreies saures I, mit letzterem wird jedoch weniger Protein aus Hafer extrahiert. M. W. ROTHE. 7796□

Die Bestimmung von Restalkohol in Sojabohnenflocken, die mit fettfreiem Alkohol gewaschen worden sind. L. T. Black, L. D. Kirk und G. C. Mustakas. (J. Amer. Oil Chemists' Soc. **38.** 483—85. Sept. 1961. Peoria, Ill., U.S. Dep. of Agric., Agric. Res. Serv., North. Reg. Res. Labor.) (Engl.)

Zur Best. des Rest-A. in Sojabohnen, die mit A. gewaschen worden sind, extrahiert man die Probe mit Aceton u. bestimmt ihn durch Veresterung mit Phthalsäureanhydrid u. Titration des Phthalsäureüberschusses mit NaOH u. Phenolphthalein als Indicator. Das zur Best. von 0,2—10% A., Methanol u. Isopropanol angewendte Verf. gibt genaue Werte mit einer mittleren Abweichung von 0,05%. W. WESLY. 7804□

Bestimmung von 3-Amino-1.2.4-Triazol in Ernteprodukten. R. W. Storherr und J. Burke. (J. Assoc. off. agric. Chemists **44.** 196—99. Mai 1961. Washington, D.C., Dep. of Health, Educat. and Welfare, Div. of Food, Food and Drug. Admin.) (Engl.)

Das von BANES u. FORD entwickelte Verf. zur Best. von *3-Amino-1.2.4-triazol* in Preiselbeeren wird zwecks Anwendung auf andere Ernte-Prodd. abgewandelt, wobei die zur Adsorption verwendete Menge Kationenaustauscher auf 40 g erhöht, das ammoniakal. Eluat mit Acetonitril (I) u. Celite 545 gereinigt u. die Lsg. nach Verjagen des I mit H_2SO_4 zersetzt u. mit NUCHAV-Masse geklärt wird. Die Empfindlichkeitsgrenze beträgt 0,025 mg/kg. Die Unterss. werden fortgesetzt. W. WESLY. 7808□

Die Bestimmung von Kelthane-Rückständen auf Früchten und Gemüse. H. P. Eiduson. (J. Assoc. off. agric. Chemists **44.** 183—88. Mai 1961. Chicago, Ill., Dep. of Health, Educat. and Welfare, Food and Drug Admin.) (Engl.)

Zur Best. von *Kelthane* (I)-Rückständen auf Äpfeln, Orangen, Trauben u. Tomaten dient die mit FUJIWARAS Reagens entstehende Rotfärbung (Absorptionsmaximum bei 530 mμ). Eine papierchromatograph. Best. ist nach dem von MILLS (C. **1961.** 7069) angegebenen Verf. möglich. Die Unterss. über die I-Best. werden fortgesetzt. W. WESLY. 7810□

Säulenchromatographie von Tabaksäuren bei niedriger Temperatur. Charles H. Jarboe und Alton D. Quinn. (Tobacco Sci. **4.** 168—71. 1960. Louisville, Ky., Brown and Williamson Tobacco Corp., Res. Labor.) (Engl.)

Durch Verteilungschromatographie an Kieselgel (desaktiviert mit 10n HCl) bei 0° mit n-Butanol (0—45%)-Chlf. werden die organ. Säuren eines wss. Tabakextraktes getrennt u. die einzelnen Fraktionen unter Durchleiten von N_2 potentiometr. titriert. Das verwendete dest. H_2O muß durch Behandlung mit Ionenaustauschern bes. gereinigt werden. Die Reihenfolge der im Eluat erscheinenden Säuren: *Propion-*, *Essig-*, *Brenztrauben-*, *Ameisen-* (I), *Fumar-* (II), *Malein-* (III), *Bernstein-*, *Chlorogen-* (IV), *Malon-* (V), *Oxal-* (VI), *Äpfel-* (VII) u. *Citronensäure*. **IV** ist von **V**, **VI** u. **VII** nicht exakt trennbar u. wird spektrophotometr. durch Messung der Absorption bei 322,5 mμ in den Eluaten bestimmt. Durch Subtraktion dieser Werte von der Gesamtacidität ergeben sich die Geh. für **V**, **VI** u. **VII**. Auch **I** u. **II** werden gemeinsam eluiert. Nach Best. der Gesamtacidität wird mit 0,01n H_2SO_4 zurücktitriert, **I** verdampft u. **II** erneut titriert. Die Differenz ergibt den **I**-Gehalt. Mit reinen Säuren werden noch bei 40° Säulen-Temp. gute Trenneffekte erzielt, obwohl sich die Schärfe der Elutionsbanden verringert. Bei Zusatz von Tabakextrakt sinkt die Menge der zurückerhaltenen Säuren mit steigender Temperatur. Nur die Acidität der Fraktion mit **III** nimmt zu, weil an dieser Stelle *Kaffeesäure* im Eluat erscheint, die vermutlich durch Hydrolyse von **IV** entsteht. — Die Ester der genannten Säuren erleiden beim Durchgang durch die Säule u. Temp. über 0° in zunehmendem Maße Hydrolyse u. Umesterung. Mit der angegebenen Meth. wurde die Zus. der organ. Säuren von 6 verschiedenen Tabaksorten untersucht. F. HOFMANN. 7836 □

Der durchschnittliche Cellulosepolymerisationsgrad in verschiedenen Tabaktypen. 2. Mitt. **Ergebnisse.** Max Samfield und Melvin G. Christy. (Tobacco Sci. **4.** 38—41. 1960.) (Engl.) — 1. vgl. C. **1962.**·6625.

Die MARTIN-Konst. der Tabakcellulosen lag im Durchschnitt bei 0,160. Der durchschnittliche relative Fehler betrug für den Cellulose-Geh. 2—3% u. den Polymerisationsgrad (P) 0,5—1,5%. Die Polymerisationsgrade waren am niedrigsten für Blattspreiten von türk. Tabak (1070), am höchsten für Burley-Stengel (1860). Das Prod. Cellulose-Geh. mal P wird als „Cellulosecharakterisierungsfaktor" eingeführt u. erwies sich für verschiedene Qualitäten einer Tabaktype als nahezu konstant. Innerhalb einer Tabaktype haben die besseren Qualitäten einen niedrigeren Cellulose-Geh. u. höhere Polymerisationsgrade als die minderen Qualitäten, doch gestattet das untersuchte Material noch keine allg. gültigen Aussagen. F. HOFMANN. 7836 □

Die Bestimmung des genauen Zugwiderstandes von Zigaretten und Filtern. Peter Waltz und Max Häusermann. (Tobacco Sci. **4.** 115—19. 1960. Neuchâtel, Schweiz, Fabriques de Tabac Réunies, S. A.) (Engl.)

Es werden 2 Meßgeräte zur Best. des Zugwiderstandes beschrieben, die nach dem Ansauge- bzw. Durchblaseprinzip arbeiten u. bei denen die für wissenschaftlich exakte Unterss. störende Abhängigkeit des Zugwiderstandes von der Strömungs-Geschw. der hindurchgehenden Luft beseitigt werden kann. Der Strömungsmesser wird so eingestellt, daß bei Normaldruck (760 mm Hg) stets ein Zug-Vol. von 17,5 ml/s genommen wird. Die erhaltenen „genauen" Zugwiderstände sind für beide App.-Typen verschieden, da in der Zigarette jeweils etwas unterschiedliche Strömungs-Geschw. herrschen. Eine Korrektur ergibt den sog. „theoret." Zugwiderstand, der für beide App. gleich ist. Vff. empfehlen für den prakt. Gebrauch ein Durchblasegerät, bei dem „theoret." u. „direkt abgelesene" Zugwiderstände gut übereinstimmen, während die „genauen" Zugwiderstände merklich abweichen. F. HOFMANN. 7836 □

Die Adsorption von Tabakrauch: Inwieweit ist eine Zigarette ihr eigener Filter? Alfred Dobrowsky. (Tobacco Sci. **4.** 126—29. 1960. Wien, Techn. Univ.) (Engl.)

Es wird gezeigt, daß für die Adsorption von Tabakrauch in Filtern das Exponentialgesetz $I = I_0 e^{-K \cdot X}$ gilt, wobei I = Aerosol-Konz., I_0 = Aerosol-Konz. beim Eintritt in das Filter, X = Abszisse in Richtung der Filterachse, K = Filter-Konstante. Für die untersuchten Celluloseacetatfilter war K = 0,167, u. die sog. „Filterhalblänge" L_h (I = 50%) betrug 4,15 cm. Bei der Best. der Aerosol-Konz. im Tabak selbst eluiert Vf. das Rauchkondensat mit Di-n-octylphthalat, das die Farbstoffe des Tabaks nicht löst. Die Rauch-Lsg. wird colorimetriert. Legt man das vorst. angeführte Adsorptionsgesetz auch für Tabak zugrunde, so ergibt sich für die untersuchten King Size-Zigaretten K = 0,141 u. L_h = 4,93 cm, d. h., die Adsorptionsintensität von 18 mm Tabak entspricht der eines 15 mm langen Celluloseacetatfilters. F. HOFMANN. 7836 □

Chemische Fabrik Budenheim Rudolf A. Oetker K. G., Budenheim/Rh., **Mehlverbesserung,** dad. gek., daß dem Mehl voluminöse Hydroxylapatite mit einem Schütt-Gew. von $<$600 g/Liter, bes. weniger als 400 g/Liter, auf welche Mono- oder Diglyceride, Lecithin oder Gemische dieser Substanzen aufgebracht wurden, zugesetzt werden. (**D. A. S. 1 116 162** Kl. 2c vom 15/1. 1957, ausg. 2/11. 1961. **Zusatz zu D. A. S. 1046 534; C. 1959. 6988.**) H. MAASS. 7671

Hendrik Jacobus van Buren, Velp, Holland, **Konservierung von Sauerteig.** Der Sauerteig wird in Portionen von 1—1,25 kg in Beuteln aus gasundurchlässigem Material, z. B. aus Cellophan, Polyäthylen oder Chlorkautschuk verpackt. Die Verpackung wird mit einem Verschluß versehen, der das bei der Lagerung entstehende CO_2 austreten, aber keine Luft eintreten läßt. (**Port. P. 38 177** vom 17/3. 1961, Auszug veröff. 27/5. 1961.) A. KALIX. 7675

Oresti Pagani, Novara, Italien, **Zubereitung von Teig für Backwaren,** dad. gek., daß man während des Aufgehens dem Teig Wasserdampf zuführt. Verbesserung des Geschmacks. — Vorr., Zeichnung. (**It. P. 532 755** vom 10/4. 1954.) K. KOEBKE. 7675

A. E. Staley Mfg. Co., übert. von: Noel Richard Lockmiller, Wayne C. Mussulman und Willard Turner, Decatur, Ill., V.St.A., **Herstellung von Tierfuttermitteln aus Abfallstoffen von der Naßvermahlung von Mais.** Mais-Einweichwasser, Waschwasser, Stärkefiltrate, Maissirupkondensate, Abwässer von der Glutamat-Herst., Kleie oder Grieß enthaltende Wässer u. dgl. werden in Belüftungs-Vorr. kontinuierlich beim pH von ca. 5—11 u. 1—66° unter Einleiten von Luft mit Kulturen von Mikroorganismen, die in den Abwässern natürlich vorkommen, beimpft, die Kulturen unter Umwälzen zur Entw. gebracht, in Absetz-Vorr. im Ruhezustand durch Sedimentation oder Dekantation von der Fl. getrennt u. den Belüftungs-Vorr. wieder zugeführt. Das Verf. wird so lange fortgesetzt, bis der Geh. an Kulturfeststoffen ca. 0,5—1 g/100 ml beträgt. Die Kultur wird dann von der Fl. getrennt, zentrifugiert, eingedampft, getrocknet u. mit üblichen Futtermitteln vermischt. Zur Beschleunigung des Wachstums der Kulturen werden den Abwässern Co-, Fe-, N-, P-, Mg-, Mn-, Zn-, K-, S- u. Cl-Verbb. in Mengen von ca. 1—188 ppm zugefügt. Die getrockneten Kulturen weisen hohe Geh. an Vitamin B_{12} u. anderen Wachstumsfaktoren auf. — Fabrikationsschema. (**A. P. 2 881 075** vom 19/1. 1955, ausg. 7/4. 1959.) H. KARST. 7787

United States of America, Secretary of Agriculture, übert. von: Emanuel M. Bickoff und Albert N. Booth, Berkeley, Calif., V.St.A., **Futtermittel mit einem Gehalt an östrogenem Faktor.** Den normalen Futtermitteln für Küken, Puten, Gänse, Enten, Schweine, Schafe, Rindvieh u. Pferde, die aus Mais, Weizen, Gerste, Hafer, Heu, Alfalfa-, Sojabohnen-, Baumwollsaat-, Erdnußmehl, Schlempe, Kleie, Sorghum, Rübenpulpe u. dgl. bestehen u. die üblichen Ergänzungs- u. Beifuttermittel, z. B. Mineralsalze, Vitaminkonzentrate, Fischmehl, Öle, Antibiotica u. dgl., enthalten, wird je t 0,45—450 g *7.6'-Dihydroxycumarono-[3'.2': 3.4]-cumarin* (I) innig beigemischt. I kann auch dem Tränkewasser, sonstigen Fll., Geflügelgrit, Futtermittelpellets u. dgl. zugesetzt oder durch Injektion oder Implantation dem Tierkörper verabreicht werden. Je 45 kg Körper-Gew. der gefütterten Tiere u. je Tag sollen die 0,01—8 mg Diäthylstilböstrol äquivalenten Mengen I zur Anwendung kommen. Zur Herst. von I wird pflanzliches Material, bes. getrocknetes *Alfalfa, Ladinerklee, Trifolium repens, Tr. fragiferum, Medicago sativa* u. dgl. mit W. extrahiert u. filtriert zur Entfernung der Saponine. Der Filterkuchen wird getrocknet u. zur Entfernung der Fette, Wachse u. Wachstumsinhibitoren mit KW-Stoffen, z. B. Petroleumdestillaten, PAe., Hexan, Bzn. oder Naphtha, extrahiert. Der Rückstand wird mit Ae. extrahiert u. nach Verdampfung des Ae. aus dem Extrakt I gewonnen. Der Rückstand von der Verdampfung des Ae. kann noch in chlorierten aliphat. KW-Stoffen gelöst, die Lsg. mit wss. alkal. Lsgg. extrahiert, der Extrakt angesäuert, mit Ae. extrahiert u. nach Verdampfung des Ae. das gereinigte I-Konzentrat erhalten werden. Weitere Extraktions- u. Sublimations-Verf. zur Gewinnung von I werden noch beschrieben. F. von I 385°, Summenformel $C_{15}H_8O_5$. Das Gew. der gefütterten Tiere wird gesteigert, die Fleischproduktion erhöht u. die Futterausnutzung verbessert. (**A. P. 2 890 116** vom 31/10. 1957, ausg. 9/6. 1959.) H. KARST. 7787

Heinr. Borgwaldt, Hamburg, *Herstellung einer tabakhaltigen Folie.* (**Holl. P. 98 917** vom 22/10. 1958, ausg. 15/8. 1961. D. Prior. 6/12. 1957. — C. **1961.** 11560 [D. A. S. 1 098 424].)

Eduard Gerlach G. m. b. H. (Erfinder: **Ernst-Rolf Detert** und **Willi Buchholz**), Lübbecke, *Herstellung von Tabakfolien.* (**Schwz. P. 354 707** vom 9/12. 1957, ausg. 15/7. 1961. D. Prior. 13/12. 1956. — C. **1961.** 18546 [Holl. P. 96 421].)

XVII. Fette. Seifen. Wasch- u. Reinigungsmittel. Wachse. Bohnermassen usw.

Über die Antioxydantien der Fette. M. Hofman. (Průmysl Potravin **6.** 376—78. 1955. Praha, K. U., I. úst. pro chem. lék. a úst. pro soudní chem., toxikol. a mikroskop.) (Tschech.)

Die bei der Raffination von Tier- u. Pflanzenfetten entfernten natürlichen Antioxydantien können durch mehrwertige Phenole, aliphat. u. aromat. Hydroxysäuren, deren Phosphorsäureester, Aminosäuren, S-Verbb. usw. ersetzt werden. — 24 Literaturangaben. E. ROTTER. 7878□

Einfluß der Kohlensäure auf die Atmungsintensität von Sonnenblumensamen. W. G. Schtscherbakow und N. W. Trubitzyn. (Известия Высших Учебных Заведений, Пищевая Технология [Hochschulnachr., Nahrungsmittel-Technol.] **1961.** Nr. 2. 33—36. Krasnodar, Inst. für Lebensmittelind., Lehrstuhl für Technologie der Fette.) (Russ.)

Die Anreicherung der Atmosphäre zwischen gelagerten Sonnenblumensamen (I) mit CO_2 erniedrigt die Atmungsintensität der I. Diese depressive Wrkg. des Gases zeigt sich schon bei kleinen CO_2-Konzentrationen. Bei feuchten, in hermet. geschlossenen Räumen aufbewahrten I kann der Luft-O_2 des Raumes vollständig verbraucht werden; die Atmungsintensität der I erniedrigt sich zu diesem Zeitpunkt auf einen Bruchteil. S. BARYSCHNIKOW. 7894

Das Squalen von Olivenöl. Jaime Gracián. (Riv. ital. Sostanze grasse **38.** 56—60. Jan. 1961. Sevilla, Inst. de las Grasas.) (Ital.)

Übersicht über die Bedeutung des KW-Stoffs Squalen (**I**; $C_{30}H_{50}$) als Zwischen-Prod. bei der biolog. Synth. von Cholesterin, über dessen sehr verbreitetes Vork. im Tier- u. Pflanzenreich, Gewinnung aus *Squalus granulosus*, Reinigung durch Säulenchromatographie (Al_2O_3), Herst. u. Eigg. des Hexahydrochlorids von **I**, IR-Spektren u. Vers.-Ergebnisse, die die Tatsache bestätigen, daß eine als **I** bezeichnete Verb. aus Olivenöl eine größere Anzahl von CH_2-Gruppen enthält als **I** aus Tierfett u. dementsprechend ein Prod. mit höherem Molgew. darstellt. G. PLATZER. 7894□

Verwendung von Palmöl zur Herstellung pflanzlicher Fette. A. Přikryl und L. Chejlava. (Průmysl Potravin **6.** 373—76. 1955. Milo-Olomouc.) (Tschech.)

Die Verss. zeigen, daß bei der Margarine-Herst. nichtgehärtetes oder mäßig gehärtetes Palmöl bis zu 20% Cocosöl ersetzen kann. E. ROTTER. 7900□

Über die Anwendung von Sorbinsäure zur Vermeidung des Schimmelns von Margarine. L. N. Lowatschew, B. I. Chomutow und W. W. Jeremenko. (Известия Высших Учебных Заведений (Краснодар), Пищевая Технология [Hochschulnachr. (Krasnodar), Nahrungsmittel-Technol.] **1962.** Nr. 1. 68—72. Moskau, Plechanow-Inst. für Volkswirtschaft, Lehrstuhl für Warenkunde der Lebensmittel.) (Russ.)

Die Zugabe von 0,04% *Sorbinsäure* (**I**) zur *Margarine*, wobei die **I**-Konz. im Plasma Werte von 0,20—0,22% erreicht, hat eine starke bakteriostat. Wrkg. auf *Streptococcus lactis, Str. diacetilactis-13, Str. diacetilactis-K_2* u. eine schwächere auf *Bact. bulgaricum*, verursacht aber einen schwachen brennenden Geschmack im Produkt. Durch gleichzeitige Einführung von 0,01% **I** in das Plasma u. 0,03% **I** in die Fettphase des Prod. wird dieser Nachteil des Verf. beseitigt. S. BARYSCHNIKOW. 7900

Dilatometrische Eigenschaften einiger Fette, die als Austauschstoffe für Kakaobutter vorgeschlagen werden. I. G. Resnikow. (Хлебопекарная и Кондитерская Промышленность [Brot- u. Konditorei-Ind.] **4.** Nr. 2. 3—7. Febr. 1960. Ukrain. Forsch.-Inst. der Nahrungsmittel-Ind.) (Russ.)

Vf. berichtet über Verss. zur selektiven Fetthärtung u. vergleicht die Dilatogramme von Rindertalg u. Baumwollsaatöl (nach Entfernung der hochschm. Glyceride oder ohne diese Entfernung), nach deren Härtung mit dem der Kakaobutter. Danach eignen sich die gehärteten Prodd. als Fett für Backwaren, können jedoch Kakaobutter nicht vollständig ersetzen. G. WOLF. 7900□

Der Einfluß der Gruppen- und Fraktionszusammensetzung von Petroleum auf die Eigenschaften von Kerylbenzolsulfonaten. Włodzimierz Kisielow, Urszula Szałajko und Alfred Hopfinger. (Przemysł chem. **39.** 776—84. Dez. 1960. Gliwice, Politechn. Śląska.) (Pol.)

Ausgehend von verschiedenen Erdölfraktionen wurde Kerylbenzolsulfonat durch Chlorieren der Fraktion, Alkylieren von Bzl. mit dem so erhaltenen Kerylchlorid in Ggw. von $AlCl_3$ u. Sulfurieren des Kerylbenzols dargestellt. Die Ausbeute an Kerylchlorid steigt mit dem Geh. an C_{10}—C_{15}-Alkanen (**A**) in der Fraktion. Der Anstieg ist bei >25% **A** bes. stark. Fraktionen mit Kp. > 255° stören die Chlorierung, ebenso ein hoher Aromatengehalt. Die Wasch-Wrkg. der Kerylbenzolsulfonate geht ebenfalls parallel mit dem Alkan-Geh. des Ausgangsstoffes. Optimale Ausbeute bei der Synth. u. beste Wasch-Wrkg. haben Präpp., die aus Carbamidextrakten von Alkanfraktionen mit Kp. >200° erhalten werden. F. URBAN. 7912□

Detergentien aus Diglucosylharnstoff. Paul R. Steyermark, Thomas R. Steadman und Richard P. Germann. (Ind. Engng. Chem., int. Edit. **53.** 212—14. März 1961. Clarksville, Md., W. R. Grace & Co., Res. Div., Washington Res. Center.) (Engl.)

Die Darst. von *Diglucosylharnstoff* (**I**) aus D-Glucose (**II**) u. Harnstoff (**III**) verläuft auch in Eisessig (**IV**) umkehrbar; das Gleichgewicht stellt sich bei ca. 40% **I** ein. Die **I**-Ausbeute wird durch einen **II**-Überschuß erhöht. Die Rk. läßt sich auch in 2 Stufen ausführen; nach Zusatz von Aceton zu einer Lsg. von **II** u. **III** in **IV** scheidet sich eine hygroskop., krist. Zwischenverb. ($[\alpha]_D^{24}$ +44°) aus, die nach Wiederauflösen in **IV** u. 4½std. Erhitzen auf 90—95° in **I** übergeht (Ausbeute 31,3%). Ausbeuten von 60—66% erhält man in Ggw. von 1,3% H_3BO_3 unter vermindertem Druck u. Umrühren bei 85—95°. Entsprechende Verbb. erhält man durch Kondens. von **III** mit Hexosen in **IV**. Durch mehrstd. Erhitzen von 1 (Äquiv.) **I** mit 0,33 eines Fettsäuremethylesters in Dimethylsulfoxid im Vakuum bei 90—95° in Ggw. von wasserfreiem K_2CO_3 erhält man den Monoester von **I**. W. WESLY. 7912□

Die Bellier-Zahl des als Konservierungsöl von Sardinen verwendeten Olivenöls. Gastone Valentinis. (Riv. ital. Sostanze grasse **38.** 67—68. Jan. 1961. Udine, Labor. chim. provinc. d'Igiene.) (Ital.)

In 80 Proben von mit Olivenöl konservierten Sardinen marokkan. Provenienz wurde die BELLIER-Zahl (B) bestimmt u. 76,2% der Proben als unverfälscht, 11,2% als verdächtig, 3,75% mit einem geringen Zusatz von Erdnußöl (**I**) u. 8,75% mit einem beachtlichen Zusatz von **I** gefunden, wenn als B für nordafrikan. Olivenöle der Wert 18 angenommen wird. Abwesenheit u. Ggw. von **I** ist abhängig von der Verarbeitungsweise. Ein Einfl. von Sardinenfett auf den B wird ausgeschlossen. G. PLATZER. 7932□

Die Rotationsdispersion von Chaulmoograsäureäthylester. G. Nebbia und E. M. Pizzoli. (Riv. ital. Sostanze grasse **38.** 63—67. Jan. 1961. Bari, Univ., Ist. di Merceologia.) (Ital.)

Die Messungen der Rotationsdispersion (DD) von *Chaulmoograsäureäthylester* (**I**) wurden in abs. A., Chlf. u. Hexan bei 350—700 mμ u. 25° ausgeführt, die Absorptionsspektren von **I** in denselben Lsgm. bestimmt. **I** zeigt eine einfache DD, die durch die Gleichung von DRUDE für die Beziehung zwischen spezif. Drehvermögen u. Wellenlänge ausgedrückt wird: $[\alpha]_\lambda = 15/(\lambda^2 - 0{,}048)$; (c = 0,6—2,2 in abs. A., Chlf. u. Hexan). Das verwendete **I** besitzt folgende Konst.: $[\alpha]_D^{25}$ +44,5, n_D^{25} 1,456, $D.^{25}$ 0,8990, JZ. 80,5, VZ. 192 u. $E_{1cm}^{1\%}$ in abs. A. 4,6 bei 220 mμ (Maximum). — 17 Literaturangaben.

G. PLATZER. 7932□

Identifizierung der Linolensäure als Nebenbestandteil im Maiskeimöl. Fernando Crespo. (An. Asoc. quím. argent. **47.** 143—47. Juni 1959. Buenos Aires, Cámara Gremial de Aceites vegetal. y Subprod., Labor.; Dirección Nac. de Quím., Labor. Central de Invest. y Contralor.) (Span.)

Maiskeimöl wird mit KOH in CH_3OH verseift, die Säuren werden mit HCl in Freiheit gesetzt u. anschließend mit Harnstoff in CH_3OH behandelt. Von den ausgefallenen Einschluß-Verbb. (gesätt. Fettsäuren) wird abfiltriert, eingedampft u. in Ae. bei 0° bromiert. Der Nd. wird durch den F. u. den Misch-F. mit aus Leinöl erhaltener Hexabromstearinsäure (**I**) als **I** identifiziert. Eine quant. Best. nach der Meth. von WHITE u. BROWN ergab 0,26% Linolensäure. K. HUSTE. 7932□

Voltametrische Bestimmungen von Antioxydantien an der wachsimprägnierten Graphitelektrode. E. Barendrecht. (Analytica chim. Acta [Amsterdam] **24.** 498—99. Mai 1961. Geleen, Central Labor. of the Netherlands State Mines.) (Engl.)

Das Potential der rotierenden wachsimprägnierten Graphitelektrode gegen eine Ag/AgCl-Elektrode ist bei der Best. von Antioxydantien, wie *2.6-Di-tert.-butyl-p-kresol*, vom pH der Lsg. abhängig. Vers.-Daten sowie eine Konstruktion der Zelle sind angegeben. U. UHLICH. 7932□

Schnellmethode zur Bestimmung des Rückstandes im Demargarinisationsgel von Ölen. G. B. Martinenghi. (Olearia [Roma] **15.** 198—200. Juli/Aug. 1961. Milano, Stud. di Ricerche Chim. per gli Olii, Grassi e Derivv.) (Ital.)

Um den Anteil zu bestimmen, der bei der Winterlagerung eines Öls bei 9—12° als Nd. anfällt, werden 20 g Öl in 10 ml Hexan gelöst. Die Lsg. wird auf —20° abgekühlt, bei dieser Temp. filtriert, der Nd. mit 10—20 ml Hexan gewaschen u. bis zur Gew.-Konstanz getrocknet. Wird der erhaltene Wert mit 4,5 multipliziert, so wird der Approximativwert für den bei der Winterlagerung des Öls ggf. anfallenden Nd. erhalten.

H. P. FIEDLER. 7932□

Carbonylverbindungen in oxydierendem Fett. 1. Mitt. **Trennung der mit Wasserdampf flüchtigen Monocarbonyle in Klassen.** A. M. Gaddis, Rex Ellis und George T. Currie. (Food Res. **24.** 283—97. Mai/Juni 1959. Beltsville, Md., US Dep. of Agric., Eastern Utilization Res. and Dev. Div., Agric. Res. Serv., Dairy and Meat Labor.) (Engl.)

Vff. beschreiben eine rasch durchführbare Meth. zur Trennung der mit Wasserdampf flüchtigen Carbonyl-Verbb. (Mono- u. Dicarbonyle) in die Klassen der Alkanone-(2) Alkanale, Alken-(2)-ale u. Alkadien-(2.4)-ale nach Überführung in die Hydrazone. Modellsubstanz ist bei tiefer Temp. gelagertes *Schweineschmalz.* Die Gesamtcarbonyle werden spektrophotometr. bestimmt u. säulenchromatograph. (hydratisiertes Al_2O_3) in Mono- u. Dicarbonyle durch aufeinanderfolgende Elution mit Bzl. u. mit A. getrennt; die beiden von den Lsgm. befreiten Eluate werden in CCl_4 gelöst u. spektrophotometr. analysiert. — Die Fraktion der Mono- (mindestens 19) u. der Dicarbonyle wird durch Schnellpapierchromatographie in ihre Konstituenten differenziert. In ausführlicher Diskussion werden die tabellar. u. graph. mitgeteilten Befunde ausgewertet. Im Destillat der erschöpfenden Wasserdampf-Dest. von Schweineschmalz werden je nach dem Zustand des autoxydierten Fettes gesätt. Aldehyde, geringe Mengen an 2 niedrigmol. Methylketonen, ferner eine Gruppe von Hydrazonen noch unbekannter Verbb. aus der

Klasse der Alken-(2)-ale-(1) u. der Alkadien-(2.4)-ale-(1) nachgewiesen. Bei zunehmender Oxydation des nicht erhitzten Fettes steigt die Menge an gesätt. Aldehyden an, beim erhitzten Fett aber die der ungesätt. Vertreter, vor allem die der Alkadien-(2.4)-ale. In der Gruppe der gesätt. Aldehyde sind neben Hexanal, Propanal, Äthanal u. Methanal zum mindesten noch 2 Vertreter (C_7—C_8) vorhanden. Die Fraktion der Dicarbonyle scheint im wesentlichen aus α-Dicarbonylen zu bestehen. — 48 Literaturangaben.
K. TÄUFEL. 7932□

Isolierung und Identifizierung bei der Autoxydation von Ammoniumlinolat gebildeter Carbonylverbindungen. H. T. Badings. (J. Amer. Oil Chemists' Soc. **36.** 648 bis 650. Dez. 1959. Delft, Niederlande, Techn. Univ., Labor. of Techn. Biol.) (Engl.)

Zur weiteren Klärung der Verhältnisse über die Bldg. von Carbonyl-Verbb. bei der Autoxydation ungesätt. Fettsäuren werden Modell-Verss. mit reinem *Ammoniumlinolat* (I) in wss. Lsg. (0,02m Lsg. von I in Phosphatpuffer pH 6,9) in Ggw. von 10^{-4}m $CuSO_4$ als Katalysator nach TAPPEL (C. **1957.** 8961) durchgeführt. Nach Extraktion der gebildeten Carbonyl-Verbb. mit reinem Bzl. u. Überführung in die 2.4-Dinitrophenylhydrazone werden dieselben nach dem säulenchromatograph. Verf. von DUIN (C. **1958.** 13923) mit Nitromethan auf Silicagel bzw. nach dem Glasplatten-Verf. mit Zn-Carbonat u. Stärke differenziert u. identifiziert. Als wichtigste Verbb. werden n-Hexanal, Octen-(2)-al u. Decadien-(2.4)-al nachgewiesen. Dies steht im Einklang mit der entwickelten Theorie u. den ihr zugrunde liegenden Vorstellungen über die Umwandlung der bei der Autoxydation prim. gebildeten Fettsäurehydroperoxide in Carbonylverbindungen.
K. TÄUFEL. 7936□

Eine vereinfachte Analysentechnik für die Alkali-Isomerisierung. Harold B. White jun. und F. W. Quackenbush. (J. Amer. Oil Chemists' Soc. **36.** 653—56. Dez. 1959. Lafayette, Ind., Purdue Univ., Dep. of Biochem.) (Engl.)

Unter Hinweis auf die techn. Schwierigkeiten bei der Alkaliisomerisierung wird die von SREENIVASAN u. Mitarbeitern (C. **1959.** 7661) vorgeschlagene Verw. von K-tert.-Butylat in tert.-Butanol systemat. überprüft. An Hand von Modellen wird gezeigt, daß mit einer Lsg. von 1,1m K-tert.-Butylat bei 60° die Isomerisierung durchführbar ist, daß aber bei Einsatz von Glyceriden (Sojaöl) durch Wrkg. des Glycerins überhöhte Werte für die *Linolensäure* erhalten werden; es tritt dadurch eine zusätzliche Absorption im Gebiet des konjugierten Triens auf. In Modell-Verss. wird gezeigt, daß diese Störung nach beendeter Isomerisierung durch Ansäuern mit HCl ausgeschaltet werden kann. In Auswertung der graph. u. tabellar. mitgeteilten Ergebnisse wird eine vereinfachte Vorschrift zur Alkaliisomerisierung entwickelt. Die „Flaschen-Meth." führt bei 60° innerhalb 20 Std. zu Ergebnissen, die mit dem USA-Standard-Verf. (A.O.C.S.-KOH/Glykol-Meth.) gut im Einklang stehen. K. TÄUFEL. 7936□

Procter & Gamble Co. (Erfinder: Thomas Wayne Mooney, Eugue Alvin Schwoeppe und Norman Rex Smith), Cincinnati, Ohio, V.St.A., **Klares, homogenes, einphasiges, im Gebrauch wenig Schaum bildendes, stabiles Waschmittel** zum Reinigen harter Oberflächen, bestehend im wesentlichen aus einem wss. Medium, das ca. 3—6 (%) C_{10}—C_{14}-Fettsäurediäthanolamid, 7—30 Tetrakaliumpyrophosphat (I) u. ca. 5—10 Kaliumarylsulfonat enthält, z. B. 5 Laurinsäurediäthanolamid, 12 I u. 9 Kaliumtoluolsulfonat. (**D. A. S. 1 120 627** Kl. 23e vom 13/4. 1960, ausg. 28/12. 1961. Mexican. Prior. 20/4. 1959.) C. LÜTTGEN. 7913

Monsanto Chemical Co., St. Louis, Mo., übert. von: Edward L. Doerr, Dayton, Ohio, V.St.A., **Tridecyl-α-methyl-β-sulfopropionatsalze** der allg. Formel MeO_3S—CH_2—$CH(CH_3)COOC_{13}H_{27}$ (Me = Alkalimetall), dienen als *Netz-*, *Reinigungs-* u. *Schaummittel*. Man gibt zu 0,31 Mol verzweigtkettigem Tridecanol (hergestellt durch Rk. von Triisobutylen oder Tetrapropylen mit CO u. H_2) 0,3 Mol des Sulfoanhydrids der Isobuttersäure bei 50—60° u. neutralisiert die Rk.-Mischung in Ggw. von 100 ml 70%ig. A. mit 40%ig. wss. NaOH, wodurch das *Na-Salz* ausfällt. (**A. P. 2 850 525** vom 5/7. 1957, ausg. 2/9. 1958.) G. KRAUSS. 7913

Comp. Industrielle & Routière Africaine (C.I.R.A.), Marokko, **Oberflächenaktive Substanzen** aus prim. Aminen mit Molgew. von 200—300, bes. 250—300, z. B. *Stearylamin-*, *Oleylaminhydrochlorid.* (**F. P. 1 169 511** vom 3/2. 1955, ausg. 29/12. 1958.) T. OPPERMANN. 7913

Shell Development Co., New York, N.Y., übert. von: **Roy W. Tess**, Orinda, Calif., V.St.A., *Umsetzung von Fettölen mit tertiären Alkoholen.* (Can. P. **558 064** vom 23/8. 1954, ausg. 27/5. 1958. A. Prior. 12/10. 1953. — C. **1960.** 14905 [A. P. 2 806 046].)

Swift & Co., Chicago, übert. von: **Rex J. Sims**, La Grange, und **De Witte Nelson**, Elmhurst, Ill., V.St.A., *Farbstabilisierung von Talg.* (**Can. P. 557 438** vom 15/6. 1953, ausg. 13/5. 1958. A. Prior. 20/3. 1953. — C. **1958.** 7920 [A. P. 2 783 256].)

Unilever Ltd., Port Sunlight, übert. von: **Henry B. Oakley**, Bebington, County of Chester, und **William V. Lee**, London, England, *Behandlung von Seifenstock.* (**Can. P. 557 127** vom 12/3. 1955, ausg. 6/5. 1958. E. Prior. 19/3. 1954. — C. **1958.** 11105 [E. P. 774 532].)

Metallgesellschaft Akt.-Ges., übert. von: **Joseph Nüsslein**, Frankfurt/M., *Waschmittel.* (**Can. P. 558 024** vom 26/11. 1952, ausg. 27/5. 1958. D. Prior. 30/11. 1951. — C. **1954.** 9421 [Schwz. P. 295 584].)

Minnesota Mining & Mfg. Co., übert. von: **Thomas J. Brice, Wilbur H. Pearlson** und **Harold M. Scholberg**, St. Paul, Minn., V.St.A., *Herstellung von Perfluoralkoxypropionsäuren.* (**Can. PP. 558 029** vom 6/12. 1954, **558 030** u. **558 031** beide vom 18/2. 1955, alle ausg. 27/5. 1958. Alle A. Prior. 21/12. 1953. — C. **1957.** 4562 [A. P. 2 713 593].)

Rohm & Haas Co., übert. von: **Earl W. Lane**, Philadelphia, Pa., und **Warren D. Niederhauser**, Huntsville, Ala., V.St.A., *Alkoxypentenylsulfonate.* (**Can. P. 557 749** vom 4/7. 1955, ausg. 20/5. 1958. A. Prior. 13/7. 1954. — C. **1959.** 5658 [D. A. S. 1 039 509].)

Esso Research and Engineering Co., Elizabeth, N.J., übert. von: **Edward Effron**, Cincinnati, Ohio, V.St.A., *Verbesserung der Lagereigenschaften von Wachs.* (**Can. P. 556 956** vom 30/8. 1955, ausg. 6/5. 1958. A. Prior. 23/9. 1954. — C. **1959.** 7998 [A. P. 2 810 678].)

XVIIIa. Holz. Cellulose. Zellstoff. Papier. Papierdruck. Celluloid. Linoleum

Morphologische Eigenschaften von Baumwoll- und Holzfasern. 1. Mitt. **Baumwollinters.** 2. Mitt. **Nadelholzspäne.** K. A. Jurbergs. (Tappi **43.** 554—68. Juni 1961. Memphis, Tenn., Buckeye Cellulose Corp.) (Engl.)

Auswertung von elektronenmkr. Aufnahmen der Oberfläche von Fasern von Baumwollinters (L) u. von *Pinus elliottii* (Egelm.) (SP). Bei L bilden die Cellulosebündel ähnliche Grate wie bei Baumwollstapelfaser. Die üblichen Aufschluß-Verff. entfernen die Primärschicht (Ps). Die Fasern sind dann von den Außenschichten der Sekundärschicht (Ss) der L bedeckt, die Fibrillenbündel darin haben einen großen Steigungswinkel. Die darauffolgenden Schichten der Ss weisen streng parallel ausgerichtete Fibrillenbündel mit kleinerem Winkel auf. Im Holländer zur Erleichterung des Mahlens der L zugesetzte äthoxylierte L verstärken die vorhandenen Bindungen zwischen den Fasern u. bilden neue zwischen den beim Mahlen entstandenen Fasern u. Fibrillen aus. Auch der Effekt des Anfärbens nach der Meth. von SIMONS (Tappi **33.** [1950.] 312) u. die teilweise Ablösung der Ps durch Enzyme wird elektronenmkr. verfolgt. — Bei SP werden die Wrkg. der verschiedenen Aufschluß-Verff. auf das elektronenmkr. gewonnene morpholog. Bild der Faser verfolgt. Die Oberflächenbündel der Cellulosefibrillen der Holocellulosefasern liegen unter einer strukturlosen Deckschicht. Sie sind bei Reyon-Zellstoff klar zu sehen; ihre Oberfläche ist zur Hauptsache von der Ss bedeckt, die näher charakterisiert wird. Die Ss beschränkt die Quellbarkeit der Faser in Lsgm. wie Cu(II)-Äthylendiamin; die die homogene Acetylierung erschwerenden Partien sitzen tiefer in der Faserwand. Das unterschiedliche Aussehen der Lumina von SP-Sulfat- u. Sulfitzellstoff ist auf die Unterschiede in den Aufschluß-Verff. zurückzuführen. In der Sulfatfaser sind die Fibrillen dichter gepackt. — 32 Abb., 22 Literaturhinweise.

M. HAGEDORN. 7950□

Cellulosespaltende Wirksamkeit von Meerespilzen. Abbau von Lignocellulosematerial. Samuel P. Meyers, Bryce Prindle und Ernest S. Reynolds. (Tappi **43.** 534—38. Juni 1960. Plymouth, Mass., Plymouth Cardage Co.; Miami, Fla., Univ. of Miami, Marine Labor.) (Engl.) — Vgl. C. **1962.** 3504.

Kulturen von in Holz vorkommenden Meerespilzarten (Ascomyceten u. Deuteromyceten) werden isoliert u. auf Manilataue angesetzt. Als Nähr-Fl. wird Meereswasser mit 0,1% Hefeextrakt verwendet. Es zeigt sich, daß durch die cellulosespaltende Wrkg. der Kulturen ein erheblicher Festigkeitsverlust der Taue eintrat. Auf Grund der großen Ähnlichkeit der analyt. Werte von Manila- u. Holzfasern (niedrigerer Lignin-Geh. bei ersteren) wird gefolgert, daß diese Pilzarten auch für die Schädigung der Holzfasern durch Seewasser verantwortlich sind. — 10 Abb., 2 Tabellen, 6 Literaturhinweise.

F. LANG. 7952□

Die Adsorption von Alkali aus verdünnten wäßrigen Lösungen an Holz. T. N. Kleinert, L. M. Marraccini und E. J. Dostal. (Tappi **43.** 201—08. März 1960. Montreal, Pulp and Paper Res. Inst. of Canada.) (Engl.) — Vgl. C. **1960.** 6011 u. 8730.

Bei der Unters. der Alkaliaufnahme durch Fichtenholzsägemehl u. Pappelholzspäne aus verd. Alkali-Lsgg. wird festgestellt, daß das Maximum der Adsorption (Ads) nach wenigen Min. auch ohne Entlüftung erreicht wird, bes. bei turbulentem Rühren. Bei niedrigen Alkali-Konzz. herrscht Chemisorption vor; ein Ads-Niveau bildet sich anscheinend bei einem Geh. der Endlauge von 2—5% NaOH aus. Aus Zentrifugen-Verss. ergibt sich ein immer annähernd konst. Verhältnis von zurückbehaltenem Alkali u. W.;

die Werte für die Aufnahme werden durch den Ausgangs-H_2O-Geh. des Holzes zwischen lufttrocken u. 75% W. nicht beeinflußt. In alkal. Na-Zinkat-Lsgg. ist die Alkali-Ads durch fein zerkleinertes Holz wesentlich, die H_2O-Zurückhaltung nur in geringerem Maße höher als bei ZnO-Abwesenheit. Aus wss. Na_2S-Lsgg. wird vorzugsweise das durch Hydrolyse sich bildende NaOH adsorbiert u. außerdem S in bestimmten Mengen aufgenommen, wofür die HS-Ionen verantwortlich sind; aus handelsüblichen Kraft–Aufschluß-Lsgg. mit 27,2% wirksamem Alkali u. ihrem vorzugsweise als Sulfidion vorhandenen S-Geh. wird keine S-Ads an Holz festgestellt. — 6 Abb., 17 Tabellen, 23 Literaturhinweise. M. HAGEDORN. 7952□

Alkalische Hydrolyse von einigen Palmenarten. Irwin A. Pearl, Donald L. Beyer und Dawn Laskowski. (Tappi **42.** 779—82. Sept. 1959. Appleton, Wis., Inst. of Paper Chem.) (Engl.)

Verholzte Blattstiele von 26 Palmenarten werden nach PEARL u. Mitarbeitern (C. **1957.** 13513) im alkal. Medium hydrolysiert, die Hydrolysate werden nach Ansäuern mit Ae. extrahiert. Die Ae.-Auszüge werden qual. u. quant. durch Papierchromatographie charakterisiert, wobei als Lsgm. mit 2%ig. NH_4OH gesätt. Butanol u. Butanol/Pyridin/W. (10:3:3) u. als Entwickler diazotiertes Benzidin u. p-Nitroanilin, 2.4-Dinitrophenylhydrazin u. MÄULE-Reagens verwendet werden. Das Haupt-Prod. der alkal. Hydrolyse ist *p-Hydroxybenzoesäure.* Außerdem enthalten alle Hydrolysate *Vanillin, Syringaldehyd, Acetovanillon, Acetosyringon, Vanillin-* u. *Syringasäuren.* Andere Substanzen, z. B. *p-Cumar-* u. *Ferulasäure,* werden nur bei einigen Palmenarten gefunden. T. LUKANOFF. 7952

Untersuchungen über die Adsorption eines modifizierten Akaziengummiharzes an gebleichten Sulfitzellstoff. Vincent A. Russo und Edward F. Thode. (Tappi **43.** 209—18. März 1960. Appleton, Wis., Inst. of Paper Chem.) (Engl.)

Um das Verh. von Bindemitteln als Zusätzeu beim Mahlen von Zellstoff (Z) zu klären, wird die Geschw. der Adsorption (Ads) eines mit $^{14}CH_3J$ partiell methylierten Gummiharzes (PMG) aus dem Akaziensamen an gebleichtem Sulfit-Z gemessen. Verfolgen der Ads des markierten PMG durch Verbrennen des Z zu CO_2 u. Zählermessung; Ausschalten des Konz.-Effekts durch Arbeiten mit einer Polysaccharidmenge im Bad, die erheblich größer als die vom Z überhaupt adsorbierbare ist. Aus den Messungen über die Abhängigkeit der Ads von PMG von der PMG-Konz., der Zeit, Rühr- Geschw. u. von der spezif. Oberfläche des Z geht hervor, daß der die Geschw. im Gesamt- Ads-Phänomen wesentlich bestimmende Faktor ein kombinierter Transport/Diffusions-Vorgang ist, welcher die Harz-Moll. auf die Faseroberfläche führt. — 11 Abb., 4 Tabellen, 27 Literaturhinweise. M. HAGEDORN. 7956□

Alkalische Reinigung von Hydrolysenapparaten. M. M. Ssapiro, Ss. S. Ssirotnikow und M. I. Tschudakow. (Гидролизная и Лесохимическая Промышленность [Hydrolysen- u. holzchem. Ind.] **12.** Nr. 6. 16—17. 1959. Leningrad, Hydrolysewerk.) (Russ.)

Über ein neues Verf. zur Reinigung von Filtergeräten von Ligninresten wird berichtet. Die übliche mechan. Reinigung der Filtergeräte oder der Reinigung durch Verbrennen der Reste ist mit der Gefahr einer Beschädigung des Filtergeräts verbunden u. außerdem langwierig. Die Reinigung dieser Geräte mit konz. NaOH wird vorgeschlagen u. beschrieben. Es wird festgestellt, daß die Alkalireinigung auch nicht ideal ist, aber zu befriedigenden Ergebnissen führt u. die Arbeitszeit verkürzt. K. WEKUA. 7956□

Ableitung einer Geschwindigkeitsgleichung für die bei der Kraftzellstoffherstellung ablaufenden Reaktionen. Charles W. Carroll. (Tappi **43.** 573—79. Juni 1960. Appleton, Wis., Inst. of Paper Chem.) (Engl.)

Um die Kraftzellstoff-Herst. wirtschaftlich günstiger zu gestalten, wird eine Geschw.-Gleichung entwickelt. Ein Hauptgesichtspunkt bei der Ableitung ist die quant. Erfassung der Abnahme der Alkali-Konz. im Verlauf der Kochung. Die Gleichung, die experimentell erhärtet wird, erlaubt die Berechnung der Kochdauer auf 0,3% genau als Funktion der Anfangs-Temp., der Aufheizzeit auf Maximal-Temp., der Maximal-Temp., der Alkali-Konz. zu Beginn der Kochung, des Verhältnisses Chemikalien:Holz, der Permanganatzahl u. der Ausbeute. Die Gleichung kann bei dem untersuchten Syst. nur bei Einhaltung gewisser Voraussetzungen angewandt werden. Die wichtigste Vorbedingung scheint zu sein, daß die Sulfid-Konz. hoch genug bleibt, da die geschwindigkeitsbestimmende Rk. durch NaOH stärker beeinflußt wird als durch Na_2S. Weitere Unterss. sind erforderlich, bes. unter techn. Aufschlußbedingungen. — 4 Abb., 1 Tabelle, 21 Literaturhinweise. F. LANG. 7960□

Chemische Zusammensetzung von leichten Ölen der Amsiner Holzverarbeitungsfabrik. B. N. Filippow. (Гидролизная и Лесохимическая Промышленность (Hydrolysen- u. holzchem. Ind.] **12.** Nr. 4. 22—23. 1959. Amsin, Holzchem. Fabrik.) (Russ.)

Die Holzpyrolyse wird in der Amsiner Fabrik unter milden Bedingungen in einer kontinuierlich arbeitenden Retorte durchgeführt. Von den gewonnenen leichten Ölen gehen 65% bei 260—314° über. Die einzelnen Fraktionen zeigen mit höherem Kp. eine niedrigere Dichte, gleichzeitig sinkt die Menge an sauren Prodd. Estern, Ketonen u. Aldehyden. Die Hauptmenge (ca. 76%) der leichten Öle besteht aus KW-Stoffen; daneben liegen 2,9% neutrale Stoffe, 10—13% Phenole u. 1,2% leicht flüchtige Fettsäuren vor. M. ULMANN. 7966

Prozentgehalt an Zuckerbausteinen, Viscosität, Polymerisationsgrad, Zugänglichkeit und andere Analysenwerte der ICCA-„Standard"-Zellstoffe. Richard W. Detrick. (Tappi **43.** 552—54. Juni 1960. Appleton, Wis., Inst. of Paper Chem.) (Engl.)

Zusammenstellung der Analysendaten der vom „International Committee for Cellulose Analysis" als „Standardqualitäten" empfohlenen 8 Zellstoffe. — 4 Tabellen, 18 Literaturhinweise. F. LANG. 8006□

Das titrimetrische Verhalten von D-Glucono- und D-Glucuronolacton und deren mikroquantitative Bestimmung. Olli Ant-Wuorinen und Asko Visapää. (Valtion tekn. Tutkimuslaitos, Sarja IV [State Inst. techn. Res., Ser. IV] Nr. **31.** S. 1—23. 1960.) (Engl.) — C. **1962.** 7747. A.-M. FRETZDORFF. 8006□

Der NPIRI-Druckkeil als Maß für die Beurteilung der Druckqualität von Zeitungsdruckpapier. S. Steinberg, C. F. Geffken und W. K. Herrmann. (Tappi **43.** 539—52. Juni 1960. New York, N.Y., J. M. Huber Corp.; The New York Times, Plans & Res.) (Engl.)

Vgl. zwischen Probedrucken auf 5 Zeitungsdruckpapieren unter Produktionsbedingungen u. unter Labor.-Bedingungen bei Verw. des NPIRI-Druckkeils geben gute Übereinstimmung. Die Ergebnisse werden mit den sonst zur Ermittlung der Bedruckbarkeit gebräuchlichen Prüf-Verff. (insgesamt 13) verglichen. — 38 Abb., 5 Tabellen, 14 Literaturhinweise. F. LANG. 8014□

Monsanto Chemicals (Australia) Ltd., West Footscray, State of Victoria, Australien, **Pentachlorphenol-Holzschutzmittelkonzentrat.** C_6Cl_5OH (I) wird mit Petroleumheizöl bzw. Steinkohlenteeröl vermischt, das 30—50% I enthaltende Gemisch wird bis zum Auflösen von I erwärmt u. dann unter Rühren abgekühlt, wobei I feinkristallin ausfällt. Zur Stabilisierung der sich bildenden Emulsion können dem Gemisch Paraffinwachs oder W. zugesetzt werden. (**E. P. 861 981** vom 23/2. 1959, ausg. 1/3. 1961. Aust. Prior. 25/2. 1958.) K. WOLK. 7953

Escher Wyss G. m. b. H., Ravensburg (Erfinder: Georg Jayme, Darmstadt), **Entfernen von Kieselsäure aus alkalischen Ablaugen** der Zellstoffindustrie durch Einleiten von verd. CO_2, dad. gek., daß die Ablauge während der CO_2-Zugabe bei Temp. unter dem Kp. u. bei Normaldruck in ständiger, mechan. bewirkter Bewegung bis zur Fällung feinteiligen SiO_2 gehalten wird, worauf das SiO_2 nach Absedimentieren, bes. durch Filtrieren, entfernt wird. (**D. A. S. 1 119 645** Kl. 55b vom 31/1. 1957, ausg. 14/12. 1961.) A. GRADL. 7959

Kaiser Aluminum & Chemical Corp., Oakland, übert. von: Alva C. Byrns, Lafayette, Calif., V. St. A., **Herstellung von Cellulose** durch Aufschluß mit Mg-Bisulfit-Lsg., Rückgewinnung von MgO aus der Ablauge durch Verbrennung, Zugabe des MgO zur Neutralisation der Aufschlußlauge u. Rk. einer wss. Aufschlämmung des zurückgewonnenen MgO mit SO_2 zu Mg-Bisulfit, wobei der Verlust an MgO durch Zugabe von $Mg(OH)_2$ mit $\geqq 95$, bes. 96,% MgO- u. $\leqq 1{,}5$, bes. $\leqq 1$,% CaO- Geh. zur wss. MgO-Aufschlämmung ausgeglichen wird. — Diagramm. (**Can. P. 551 318** vom 14/3. 1955, ausg. 7/1. 1958.) H.-J. NITZSCHKE. 7963

Yrjö Sivola, Rauma, Finnland, **Erzeugung von Zellstoff,** z. B. aus Holz, durch einen mehrstufigen Aufschluß, bei dem in einem geschlossenen Kreislauf auf eine saure mit Alkalibisulfit u. freiem SO_2 durchgeführte Kochung eine alkal. Kochung folgt, die Ablauge eingedickt u. verbrannt, die entstandene Schmelze gelöst u. zur Wiedergewinnung der Chemikalien aufgearbeitet wird, dad. gek., daß a) der Rohstoff unter Druck zunächst mit einer Alkalihydrogensulfit u. freies SO_2 enthaltenden Fl. gekocht wird, die in der Stufe h) aus den wiedergewonnenen Chemikalien hergestellt wird, wobei SO_2-Gas aus dem Kocher abgelassen u. wiedergewonnen wird, bis gegen Ende der sauren Kochstufe der SO_2-Geh. der Koch-Fl. auf $\leqq 1$% gesunken u. eine Stoffprobe defibrierbar ist; b) die saure Kochstufe a) durch Neutralisieren u. Alkalisieren der Koch-Fl. unter Abblasen u. Wiedergewinnung von CO_2-Gas beendet wird, ohne die Kochung zu unterbrechen oder den Stoff von der Fl. zu trennen, indem eine Fl. injiziert wird, die Alkalicarbonat u. andere Alkali-Verbb. enthält, die in der Stufe e) zurückgewonnen werden; c) der defibrierbare Stoff der Stufe a) nun bei alkal. Rk. unter Abblasen u. Wiedergewinnung von CO_2-Gas weitergekocht wird; d) vom fertiggekochten Zellstoff der Stufe c) die Ablauge in üblicher Weise abgetrennt, unter Ausnutzung ihrer Wärme eingedickt u. verbrannt wird, wobei eine hauptsächlich aus Alkalicarbonat u. -sulfid bestehende Salzschmelze gewonnen wird; e) die Schmelze aus Stufe d) aufgelöst u. die Lsg. unter Gewinnung von Alkalihydrogencarbonat u. H_2S-Gas wie üblich mit CO_2-Gas umgesetzt wird, das in den Stufen b), c), f) u. h) zurückgewonnen wird; f) das Alkalibicarbonat der Stufe e) als solches oder nach Umwandlung in Alkalicarbonat unter Rückgewinnung von CO_2-Gas in den Stufen b), c) u. h) wiederverwendet wird; g) das H_2S-Gas der Stufe e) zu SO_2-Gas unter Wärmeausnutzung verbrannt wird u. h) das SO_2-Gas der Stufen a) u. g) zur Bereitung der Fl. für die saure Kochstufe a) aus Alkalihydrogencarbonat u. -carbonat der Stufe e) unter Wiedergewinnung von CO_2-Gas wiederverwendet wird. — Das Verf. soll die Vorteile des Sulfit- u. Sulfataufschlusses vereinigen u. deren Nachteile vermeiden. Vgl. A. P. 2 730 445; C. **1956.** 11873. — Beispiele, Tabellen, Kurven, Zeichnungen. (**D. B. P. 975 359** Kl. 55b vom 18/1. 1951, ausg. 9/11. 1961. Anmeldung bekanntgemacht 28/5. 1953.) G. VOGEL. 7965

Cellulose Development Corp. Ltd. (Erfinder: Frederick George Lucas Becker †), Hatch End, Middlesex, England, **Einstufige Chlorierung des Lignins von Zellstoffen** in 2 Phasen, wobei der Zellstoff zunächst bei einer Stoffdichte von $> 15\%$ 10—45 Min. lang mit Cl_2-Gas behandelt u. dann die Stoffdichte auf $< 10\%$ eingestellt wird, dad. gek., daß die Chlorierung in der 2. Phase durch Zusatz von weiterem Cl_2-Gas fortgesetzt, hierbei in der verd. Aufschwemmung ein Säure-Geh. von 10—40 g HCl/Liter eingehalten u. der Zellstoff in diesem Medium bis zu 1 Std. lang behandelt wird. — Zeichnungen. (**D. B. P. 975 571** Kl. 55c vom 10/3. 1951, ausg. 25/1. 1962. Anmeldung bekanntgemacht 21/8. 1952. E. Prior. 11/5. 1950.) A. GRADL. 7967

Zellstofffabrik Waldhof, Mannheim (Erfinder: Friedrich Baumbach, Wiesbaden), **Kontinuierliche Ermittlung des Mahlungsgrades (I) von Papierstoff** unter Verw. der für Einzelmessungen bekannten Best. der Entwässerbarkeit von Faserstoffaufschwemmungen (**II**) in Abhängigkeit von der Dichte u. der Menge, dad. gek., daß eine Vielzahl von mit Siebböden (**III**) versehenen Meßzellen (**IV**) durch eine gemeinsame Zuleitung, an der sie im Kreislauf vorbeigeführt werden, nacheinander mit der zu nennenden **II** u. ggf. durch eine weitere Leitung mit Zusatzwasser gefüllt werden, worauf jeweils das in der **II** enthaltene W. durch den **III** jeder **IV** u. in Abhängigkeit von der Zeit gemessen wird, u. daß die so indirekt gemessene Entwässerbarkeit der **II** durch ein auf den entsprechenden **I** geeichtes Meßgerät laufend angezeigt u./oder aufgezeichnet wird. (**D. A. S. 1 043 669** Kl. 42l vom 22/2. 1956, ausg. 13/11. 1958.)
W. v. HUHN. 7977

E. I. du Pont de Nemours & Co., Wilmington, Del. (Erfinder: Joseph Gessner, Woodstown, N. J., und Ralph Crawford Seyler, Wilmington, Del.), V. St. A., **Optisches Bleichmittel für Papier** zur Anwendung als wss. Lsg. in der Behandlungsflotte, bestehend aus *4.4'-Bis-[4-anilino-6-diäthanolaminotriazinyl-(2)]-stilben-2.2'-disulfonsäure* oder deren Alkalisalze, gek. durch eine Lsg. von 10—35% des Bleichmittels in einem Alkylolamin der allg. Formel $(HO-Alk)_x-NR_{(3-x)}$ (Alk = Alkylenrest mit 2—4 C-Atomen; R = H oder Alkylrest mit 1—8 C-Atomen; x = eine ganze Zahl von 1—3), im Gemisch mit nicht $> 1\%$ NaCl. Als Lsgm. kommt bes. $HOCH_2CH_2 \cdot NH_2$ in Betracht. Mögliche Zusatzstoffe sind $Na_2B_4O_7$, $Na_4P_2O_7$, Alkyläther eines Glykols oder Alkohole. (**D. A. S. 1 119 646** Kl. 55c vom 21/12. 1959, ausg. 14/12. 1961.)
A. GRADL. 7979

Celanese Corp. of America, New York, übert. von: **William H. Bradshaw**, New Rochelle, N.Y., und **Edward H. Shaw**, Rome, Ga., V.St.A., *Alkalicellulose*. (**A. P. 2 977 355** vom 13/1. 1954, ausg. 28/3. 1961. — C. **1959.** 660 [E. PP. 783 503, 783 505 u. 783 506].)

I. P. Bemberg Akt.-Ges. (Erfinder: **Ernst Pirot** und **Hans Rabowsky**), *Filme oder Folien aus Kupferoxidammoniakcellulose*. (**Aust. P. 228 355** vom 10/1. 1958, ausg. 16/6. 1960. D. Prior. 6/2. 1957. — C. **1959.** 11104 [D. A. S. 1 036 514].)

Celanese Corp. of America, New York, N.Y., übert. von: **Louis F. Guentert, Robert F. Williams** und **Harrison M. Parsons**, Rock Hill, S.C., V.St.A., *Ausfällen von Celluloseestern*. (**A. P. 2 939 177** vom 8/2. 1955, ausg. 7/6. 1960. — C. **1959.** 340 [E. P. 790 039].)

L'État Français, représenté par le Secrétaire d'État à la Défense et aux Forces Armées (Direction des Poudres) (Erfinder: **Claude Fréjacques**), Paris, Frankreich, *Nitrierung von Cellulose*. (**D. A. S. 1 119 158** Kl. 78c vom 7/5. 1958, ausg. 7/12. 1961. F. Prior. 10/5. 1957. — C. **1961.** 13042 [F. P. 1 189 916].)

Soc. Rhodiaceta, Paris (Erfinder: **Henry Lachaussée**, Lyon, und **Jean Chézaud**, St. Rambert-l'Ile-Barbe/Rhône), Frankreich, *Herstellung von Papier*. (**Schwz. P. 358 672** vom 7/6. 1957, ausg. 15/1. 1962. F. Prior. 8/6. 1956. — C. **1961.** 4558 [D. A. S. 1 060 245].)

Montecatini Soc. Gen. per l'Industria Mineraria e Chimica, Mailand, Italien, *Synthetisches Papier aus Polypropylen.* **(E. P. 837 774** vom 7/6. 1957, ausg. 15/6. 1960. It. Prior. 13/6. 1956. — C. **1962.** 9201 [A. P. 2 971 858].)

Buckman Laboratories, Inc., Memphis, Tenn., V.St.A., *Behandlung von wässerigen Zellstoffaufschwemmungen.* **(Belg. P. 557 184** vom 3/5. 1957, ausg. 11/3. 1960. A. Prior. 10/10. 1956. — C. **1960.** 11 860 [D. A. S. 1 073 690].)

Cassella Farbwerke Mainkur Akt.-Ges. (Erfinder: **Richard Fleischhauer** und **Friedrich Aldebert**), Frankfurt/M., *Herstellung von optischen Bleichmitteln.* **(Schwz. P. 357 726** vom 12/6. 1957, ausg. 15/12. 1961. D. Prior. 14/6. 1956. — C. **1957.** 11753 [D. A. S. 1 011 889].)

R. T. Vanderbilt Co., Inc., V.St.A. (Erfinder: **William Lutton Craig**), *Herstellung von Pigmenten.* **(F. P. 70 789** vom 6/11. 1956, ausg. 10/7. 1959. A. Prior. 2/3. 1956. Zusatz zu F. P. 1114 144; C. 1957. 555. — C. **1961.** 1412 [E. P. 832 636].)

Farbenfabriken Bayer Akt.-Ges., Leverkusen, und **Mobay Chemical Co.,** Pittsburgh, Pa., V.St.A., übert. von: **Kuno Wagner** und **Erwin Müller,** Leverkusen, *Herstellung von Polyäthern.* **(A. P. 2 976 261** vom 26/8. 1957, ausg. 21/3. 1961. D. Prior. 1/9. 1956. — C. **1960.** 4389 [D. A. S. 1 049 094].)

Farbenfabriken Bayer Akt.-Ges., Leverkusen, *Herstellung von modifizierten N-Methylolpolyäthern.* **(E. P. 872 524** vom 20/11. 1957, ausg. 12/7. 1961. D. Prior. 30/11. 1956. — C. **1960.** 4389 [D. A. SS. 1 049 094 u. 1 059 178].)

British-American Tobacco Co. Ltd., London, England, *Präparieren von Papier und Pappe.* **(Ind. P. 64 062** vom 13/5. 1958, ausg. 14/6. 1960. E. Prior. 15/5. 1957. — C. **1961.** 5295 [Oe. P. 204 380].)

Henkel & Cie. G. m. b. H., Düsseldorf, *Herstellung von mit Alginsäure behandeltem Papier.* **(E. P. 821 930** vom 28/11. 1956, ausg. 14/10. 1959. D. Prior. 30/11. 1955. — C. **1958.** 11404 [D. A. S. 1 013 506].)

Rohm & Haas Co., Philadelphia (Erfinder: **Robert Patrick Hopkins,** Ardsley, und **Harold Charles Young,** Philadelphia), Pa., V.St.A., *Kunstharzhaltige Faserbahnen.* **(Schwz. P. 356 595** vom 11/8. 1956, ausg. 13/10. 1961. A. Prior. 12/8. 1955. — C. **1961.** 7446 [F. P. 1 158 505].)

Ciba Akt.-Ges., Basel, Schweiz, *Kationaktives Melaminharz für Textilausrüstung.* **(Belg. P. 554 244** vom 17/1. 1957, ausg. 29/1. 1960. Schwz. Prior. 18/1. 1956. — C. **1960.** 9763 [Oe. P. 199 658].)

Wilhelm Ritzerfeld und **Gerhard Ritzerfeld,** Berlin, *Herstellung von lithographischen Druckformen.* **(Oe. P. 213 412** vom 8/1. 1959, ausg. 27/2. 1961. D. Prior. 24/1. 1958. — C. **1962.** 2213 [F. P. 1 214 536].)

Heinrich Heichlinger, München, *Herstellung von Ausgleichs- und/oder Tonwertzurichtungen für den Hochdruck.* **(Oe. P. 210 901** vom 13/3. 1959, ausg. 10/9. 1960. D. Prior. 3/4. 1958 u. 21/1. 1959. — C. **1960.** 14224 [D. A. S. 1 079 656] u. C. **1961.** 3190 [D. A. S. 1 084 281].)

Kalle & Co. Akt.-Ges., Wiesbaden-Biebrich, *Feuchtwasser für den Offsetdruck.* **(Oe. P. 210 900** vom 13/7. 1959, ausg. 25/8. 1960. D. Prior. 25/7. 1958. — C. **1961.** 17056 [D. A. S. 1 105 439].)

Valentin Dietz, Bad Kreuznach, *Trockendruckfarben für den Flachdruck.* **(Oe. P. 211 332** vom 26/1. 1959, ausg. 10/10. 1960. D. Prior. 30/1. 1958. — C. **1962.** 2213 [F. P. 1 214 730].)

Goodyear Tire & Rubber Co., V.St.A. (Erfinder: **Richard C. Waller** und **Marcia C. Shaffer**), *Druckerschwärze aus Polyesterharz.* **(F. P. 1 202 630** vom 18/9. 1958, ausg. 12/1. 1960. A. Prior. 30/12. 1957. — C. **1962.** 318 [D. A. S. 1 107 253].)

International Business Machines Corp., V.St.A. (Erfinder: **Robert Joseph Brown**), *Magnetische Druckerschwärzen.* **(F. P. 1 237 355** vom 29/7. 1959, ausg. 25/11. 1960. A. Prior. 26/8. 1958. — C. **1962.** 7012 [D. A. S. 1 104 977].)

Armstrong Cork Co., Lancaster, Pa., V.St.A., *Linoleum.* **(E. P. 834 845** vom 25/6. 1957, ausg. 11/5. 1960. A. Prior. 25/6. 1956. — C. **1961.** 10024 [A. P. 2 918 441].)

Imperial Chemical Industries Ltd., London, England (Erfinder: **Henry Brunner, Auguste Louis Lucien Palluel** und **Derek John Walbridge**), *Modifiziertes Kohlenwasserstoffharz.* **(E. P. 864 132** vom 2/7. 1958, ausg. 29/3. 1961. Zusatz zu E. P. 850363; C. 1961. 13737. — C. **1961.** 18181 [D. A. S. 1 103 588].)

XVIIIb. Textilfasern

Stabile Absorptions- und Extinktionsmittel für ultraviolette Strahlen. G. M. Gantz und W. G. Summer. (Fibre e Colori **10.** 127—33. März 1960. General Aniline, Antara Chem. Div.) (Ital.)

Auszug der C. **1958.** 5542 referierten Arbeit. A. SANDER. 8032 □

Vernetzungsreaktionen in Cellulosefasern. 1. Mitt. **Organische Chemie, Heterogenität und Phänomene der Zugänglichkeit.** D. D. Gagliardi und F. B. Shippee. (Textile Res. J. **31.** 316—27. April 1961. East Greenwich, R. I., Gagliardi Res. Corp.) (Engl.)

Bifunktionelle Verbindungen, die als Ausrüstungsmittel für Knitterfestigkeit u. Formstabilität von Geweben aus Leinen, Baumwolle u. Reyon verwendet werden, werden darauf untersucht, ob unter den vielen möglichen Rkk. diejenigen stattfinden, die zu einer Vernetzung der Cellulose-Moll. führen u. ob diese entscheidend für die Wrkg. sind. Bei den untersuchten Verbb. wird gezeigt, daß, wenn die bifunktionellen Verbindungen durch ganz ähnlich gebaute monofunktionelle ersetzt werden, trotz gleicher Umsatzhöhe keine Verbesserung der Knitterfestigkeit eintritt. Es wird gezeigt, daß, wenn bei der Rk. der Cellulose mit der bifunktionellen Verbindung gleichzeitig ein niedermol., zu einer Konkurrenz-Rk. fähiger Alkohol anwesend ist, die Ausrüstungs-Wrkg. mit zunehmender Konz. dieses Alkohols abnimmt u. bereits in Ggw. von 5% prakt. verschwindet. Die Anzahl der in der Cellulose für die Vernetzungs-Rk. zugänglichen OH-Gruppen wird unter Berücksichtigung der Kristallisation abgeschätzt. Sie ist wesentlich kleiner als die Gesamtzahl der vorhandenen Gruppen u. nimmt in der Reihenfolge Reyon, Baumwolle, Leinen ab. Ferner ist sie von der Art des Vernetzungsmittels abhängig. Eine experimentelle Bestätigung dafür wird gegeben, indem diejenige Menge Glycerin ermittelt wird, die als Rk.-Konkurrent anwesend sein muß, um die Ausrüstungs-Wrkg. von N.N'-Dimethylol-N.N'-äthylenharnstoff bei den drei Gewebearten zu verhindern.

Versuche: Mit Baumwollgewebe werden vergleichsweise die folgenden Paare von mono- u. bifunktionellen Verbb. umgesetzt: Butyl-N.N-dimethyl-N-benzylammoniomethylätherchlorid u. Tetramethylenglykol-bis-[N.N-dimethyl-N-benzylammoniomethyläther]-dichlorid, 2-Methoxymethylmercapto-Δ^2-imidazolin u. 1-Methoxymethyl-2-methoxymethylmercapto-Δ^2-imidazolin, N-Äthyl-N'-methoxymethylharnstoff u. N.N'-Bis-methoxymethylharnstoff, N-Methylolcarbaminsäurepropylester u. Trimethylenglykol-bis-[N-methylolcarbamat], 2-[N.N-Dimethyl-N-benzylammoniomethyl]-3.5-dimethyl-anisolchlorid u. 2.6-Bis-[N.N-dimethyl-N-benzylammoniomethyl]-3.5-dimethylanisoldichlorid (I), N-Methyl-N'-methoxymethyl-N.N'-äthylenharnstoff u. N.N'-Bis-methoxymethyl-N.N'-äthylenharnstoff, 1-Glycidyloxy-3-[2-hydroxy-3-propoxypropyl]-propanol-(2) u. 1.3-Diglycidyloxypropanol-(2). In Konkurrenz-Rkk. wurden umgesetzt: Baumwolle mit 1.1'.4.4'-Tetramethoxybutan in Ggw. von Pentaerythrit (**IV**), mit **I** in Ggw. von Glucose u. mit 1.3'-Dimethylol-3-methylolureidohexahydropyrimidon-(2) in Ggw. von $HCONH_2$ u. $HCON(CH_3)_2$; Leinen mit 1-Äthyl-3.5-dimethylolhexahydro-1.3.5-triazinon-(4) in Ggw. von Glycerin (**II**), Reyon mit 1.4-Diglycidyloxybutan in Ggw. von **IV**, Glykol (**III**) u. **II**, mit Dimethylolharnstoff in Ggw. von **III** u. Glykoläther, mit 3.5-Dimethoxymethyl-1-oxa-3.5-diazacyclohexanon-(4) in Ggw. von CH_3CONH_2 u. $CH_3 \cdot CON(CH_3)_2$. — 2 Tabellen, 8 Literaturhinweise. H. STEFFENS. 8032□

Inner- und zwischenmolekulare Bindung bei der Reaktion von Knitterfestausrüstungen mit Cellulosegeweben. S. J. O'Brien und W. J. van Loo jun. (Textile Res. J. **31**. 340—48. April 1961. Bound Brook, N.J., Amer. Cyanamid Comp.) (Engl.)

Eine bereits früher von Vff. (C. **1961**. 18921) für die Knitterfestausrüstung mit Formaldehyd gefundene Beziehung zwischen Ausrüstungs-Wrkg. u. vom Gewebe aufgenommener Menge Ausrüstungsmittel ist für eine Anzahl anderer Ausrüstungsmittel gültig. Es wird festgestellt, daß die dort entwickelte Theorie, wonach nur ein kleiner Teil des für die Erreichung einer bestimmten Ausrüstungs-Wrkg. umgesetzten Vernetzungsmittels zwischenmol. Brücken bildet, während der größere Teil innermol. Vernetzung bewirkt, allg. auf Cellulose anwendbar ist. Dabei haben Struktur und Webart wenig Einfl. auf das Ergebnis. Auch eine Cyanäthylierung der Cellulose, die die OH-Gruppen der Rk. weniger zugänglich macht, ändert an der Allgemeingültigkeit von Gesetz u. Theorie nichts. Für die Naßknitterfestausrüstung gilt dabei eine ganz ähnliche Beziehung wie für die Trockenknitterfestausrüstung. Physikal. Unterschiede in der Cellulose wie zwischen Reyon u. Baumwolle machen sich deutlich dergestalt bemerkbar, daß Reyon eine geringere Neigung zur Bldg. zwischenmol. Brücken hat als Baumwolle. Die Zugänglichkeit der OH-Gruppen ist aus ster. Gründen für die einzelnen Reagentien verschieden, dennoch ist der Effekt bei gleichem, molarem Umsatz von der Art des Vernetzungsmittels unabhängig. Als Vernetzungsmittel werden N.N'-Dimethylolharnstoff, 1.3-Dimethylol-5-[β-hydroxyäthyl]-hexahydrotriazon-(2), N.N'-Dimethoxymethyl-N''-methylolmelamin, Diglycidyläther, Glyoxal, Glutardialdehyd, 1.3-Dichlorpropanol-(2), N.N'-Dimethylol-N.N'-äthylenharnstoff u. Triaziridinophosphinoxid, verwendet. — 10 Abb., 6 Tabellen, 10 Literaturhinweise. H. STEFFENS. 8032□

Die chemische Modifizierung von Baumwolle mit Derivaten von Divinylsulfon. Giuliana C. Tesoro, Paul Linden und Stephen B. Sello. (Textile Res. J. **31**. 283—95. April 1961. Garfield, N. J., J. P. Stevens & Co., Inc., Central Res. Labor.) (Engl.)

Aus Divinylsulfon (**I**) werden die folgenden Verbb. hergestellt: *Di-Na-* u. *Di-K-2.2'-Sulfonyl-bis-[S-äthylthiosulfat]*, *Di-NH$_4$-2.2'-Sulfonyl-bis-[äthylsulfat]*, *2.2'-Dipiperidinodiäthylsulfondihydrochlorid*, *2.2'-Dipicoliniodiäthylsulfondichlorid*, *2.2'-Diisochinoliniodiäthylsulfondichlorid* u. *N.N'-Bis-[2-vinylsulfonyläthyl]-piperazin*. Diese Verbb. reagieren analog **I** in Ggw. von NaOH mit Cellulose unter Ätherbildung, die Makromoleküle vernetzend, sind aber im Gegensatz zu **I** in W. gut lösl. u. nicht toxisch. Gebleichte, gefärbte u. bedruckte, aber präparationsfreie Baumwollgewebe werden in wss. Lsgg. der aus **I** dargestellten Verbb. getaucht, getrocknet, zur Umsetzung in Alkali-Lsgg. gebracht u. nach verschiedenen Einw.-Zeiten alkalifrei gewaschen. Die Ausbeute wächst mit der aufgebrachten Menge des Rk.-Mittels u. mit der Einw.-Zeit von *NaOH* bis zum völligen Umsatz. Mit zunehmender Konz. an NaOH durchläuft die Ausbeute ein Maximum bei stöchiometr. Verhältnis zum Vernetzungsmittel. Die so behandelten Gewebe zeigen mit zunehmendem Umsetzungsgrad eine Zunahme in der Feuchtigkeitsaufnahme u. eine bedeutende Verbesserung in der Naß- u. Trockenknitterfestigkeit. Die Reißfestigkeit der behandelten Gewebe ist niedriger als die der unbehandelten u. kann im äußersten Falle auf 50% des Ausgangswertes sinken. Das Wasch- u. Trage-Verh. wird durch die Behandlung außerordentlich günstig beeinflußt. — 13 Abb., 6 Tabellen, 5 Literaturhinweise. H. STEFFENS. 8044□

Die Rolle der Spiralstruktur in unbehandelten und behandelten Baumwollen. Rollin S. Orr, Albert W. Burgis, Lloyd B. DeLuca und James N. Grant. (Textile Res. J. **31.** 302—10. April 1961. New Orleans, La., Southern Regional Res. Labor.) (Engl.)

Die spiralige Anordnung der Makro-Moll. innerhalb der Faserfibrillen zeigt in Abständen eine Umkehrung der Windungsrichtung. Dadurch entsteht eine Art von Lockerstellen; ihre Häufigkeit ist je nach Baumwollsorte verschieden. Diese Umkehrstellen sind die Ursache dafür, daß die Baumwollfasern ein Optimum an Reißfestigkeit, Dehnung u. elast. Erholung zeigen. Bei hochorientierten Fasern, die weniger Umkehrstellen pro mm zeigen, ist die Reißfestigkeit höher, die Dehung geringer. Die Umkehrstellen erlauben der Faser, sich bei Belastung aufzudrehen. Die Reibung zwischen den Wachstumsschichten u. den Fibrillen wird als Ursache für die Beständigkeit der Struktur u. die Reversibilität des Aufdrehens angesehen. Die Spiralstruktur ist gegen Mercerisation, auch im belasteten Zustand, beständig. Werden unter Spannung stehende Fasern einer Vernetzung mit Kunstharzen unterworfen, kann die bei der Belastung erzwungene Höherorientierung fixiert werden. Solche Fasern zeigen eine höhere Reißfestigkeit u. niedrigere Dehnung als Fasern, die dem gleichen Prozeß ohne eine angelegte Spannung unterworfen waren. Die durch Harzbehandlung fixierte Struktur ist gegen einen Waschprozeß mit detergentienhaltigem W. beständig. — 4 Abb., 5 Tabellen, 28 Literaturhinweise. H. STEFFENS. 8044□

Änderungen in den physikalischen Eigenschaften von Baumwolle durch Vernetzung. Fred H. Steiger, Stella Y. Wang und Melvin D. Hurwitz. (Textile Res. J. **31.** 327—39. April 1961. Philadelphia, Pa., Rohm and Haas Co., Textile Labor.) (Engl.)

Das Verhältnis der Knitterfestigkeit zur Festigkeitsabnahme bei Baumwolle nach Vernetzung mit HCHO (**I**) u. mit N.N'-Dimethylol-N.N'-äthylenharnstoff (**II**) wird untersucht. Die Vernetzung mit **I** wird bei verschiedenen pH-Werten > 7 mit $Mg(NO_3)_2$ katalysiert u. dabei wird gezeigt, daß ein Säureabbau während der Formalisierung nicht eintritt, mithin also für die Festigkeitsabnahme der Gewebe nicht verantwortlich sein kann. Bei Verw. von $Zn(NO_3)_2$ wird gezeigt, daß bei einem bloßen Tauchen des Gewebes die Katalysator-Wrkg. stark, bei genügender Quellung nur wenig von der Katalysator-Konz. abhängt. Vergleichende Unterss. der Vernetzung von Baumwolle mit Glyoxal einerseits u. mit **II** andererseits zeigen, daß bei gleicher Höhe der Knitterfestigkeit auch die Festigkeitsabnahme vergleichbar, mithin von der Kettenlänge des Vernetzungsreagens unabhängig u. eine notwendige Begleiterscheinung der Vernetzungs-Wrkg. ist. Aus Unterss. des Verhältnisses von Trockenknitterfestigkeit zur Naßknitterfestigkeit wird geschlossen, daß in beiden Fällen verschiedene Faserbezirke bzw. verschiedene OH-Gruppen für die Vernetzungs-Rkk. in Anspruch genommen werden. — 13 Abb., 7 Tabellen, 15 Literaturhinweise. H. STEFFENS. 8044□

Untersuchung des Katalysators bei der Cellulose-DMEU-Reaktion. 1. Mitt. **Die Wirkung des Katalysators auf die physikalischen und chemischen Eigenschaften von ausgerüsteten Baumwollen.** Hilda M. Ziifle, Ralph J. Berni und Ruth R. Benerito. (Textile Res. J. **31.** 349—65. April 1961. New Orleans, La., Southern Regional Res. Labor.) (Engl.)

Proben von Baumwollgeweben werden mit einer 8%ig. Lsg. von DMEU [N.N'-Dimethylol-N.N'-äthylenharnstoff (**I**)] der Vernetzungs-Rk. in Ggw. von $MgCl_2$, $ZnCl_2$, $Mg(NO_3)_2$ u. $Zn(NO_3)_2$ in Konzz. von 0,006, 0,03 u. 0,1 m unterworfen. Von den so behandelten Proben werden die Quellung bzw. Löslichkeit in Cu-Äthylendiamin, Reißfestigkeit, Reißlänge, Knitterfestigkeit, Cl_2-Schädigung, das UV-Spektrum u. die in den Geweben zurückgehaltene Katalysatormenge untersucht. Die Ergebnisse lassen eine komplexe Bindung zwischen **I** u. dem jeweiligen Katalysator annehmen, die auch durch vielfaches Waschen aus den Geweben nicht mehr entfernt werden kann. Bei der Gewebeschädigung durch Cl_2 scheinen diese Metallkomplexe eine wesentliche Rolle zu spielen. Die Knitterfestigkeit, wie auch das Rückhaltevermögen von Cl_2 im Gewebe hängt von Art u. Menge des angewandten Katalysators ab; dabei durchläuft die Knitterfestigkeit ein Maximum, die zurückgehaltene Cl_2-Menge ein Minimum. Die Wirksamkeit der Katalysatoren nimmt in der Reihenfolge $ZnCl_2$, $Mg(NO_3)_2$, $MgCl_2$, $Zn(NO_3)_2$ zu. — 8 Abb., 7 Tabellen, 27 Literaturhinweise. H. STEFFENS. 8044□

Formaldehydbehandlung partiell gequollener Baumwolle. Leon H. Chance, Rita M. Perkins und Wilson A. Reeves. (Textile Res. J. **31.** 366—76. April 1961. New Orleans, La., Southern Regional Res. Labor.) (Engl.)

Baumwollgewebe mit einer guten Naßknittererholung werden durch eine Behandlung des naß gequollenen Gewebes mit HCHO (**I**) in wss. HCl-Lsg. erhalten. So behandelte Gewebe sind gut für die Trocknung auf der Leine geeignet. Ihr physikal. Eigg. sind denen der meisten mit Wasch- u. Trageausrüstung versehenen Gewebe vergleichbar. Baumwollgewebe mit guter Naß- u. Trockenknittererholung, die auch für die Trommeltrocknung geeignet sind, werden durch Behandlung mit **I** in wss. CH_3COOH u. HCl enthaltender Flotte im halbgequollenen Zustand erhalten. Die Temp.-Abhängigkeit der Rk. wird untersucht. Bei 27° wird 1 Std., bei 45° werden 5—10 Min. für die Rk. benötigt; die Gewebe zeigen einen weichen Griff. Beide Behandlungsarten liefern Gewebe, die beständig sind gegen wiederholtes Waschen, Cl_2-Bleiche u. Behandlung in sauren Bädern. Vor der Behandlung muß gut mercerisiert werden. — 11 Abb., 7 Tabellen, 11 Literaturhinweise. H. STEFFENS. 8044□

Das Erholungsvermögen von Fasern aus Polyvinylalkohol und deren Derivaten. Kenichi Tanabe, Hisashige Yabe, Osamu Morimoto und Yotaro Kawabe. (J. Soc. Textile Cellulose Ind., Japan [Sen-i Gakkaishi] **13.** 750—55. Nov. 1957. Okayama, Japan; Kurashiki Plant, Kurashiki Rayon Co. Ltd.) (Jap.; Auszug: Engl.)

Die Beziehung zwischen dem Erholungsvermögen u. dem Dehnungs-Verh. bei Polyvinylalkoholfasern im Vgl. zu Seide, Viscose- u. Acetatreyon u. Perlon L in Abhängigkeit der Belastung sowie Belastungsdauer wird untersucht. Die hierbei im einzelnen erhaltenen Ergebnisse werden ausführlich besprochen. — 4 Abb., 3 Tabellen. 2 Literaturhinweise. H. G. FRÖHLICH. 8080□

Die Acetalisierung von Polyvinylalkohol. 6. Mitt. **Die Acetalisierung von Polyvinylalkoholfasern mit Nonylaldehyd.** 7. Mitt. **Nonalisierung nach der Formalisierung.** Naofumi Nakamura. (J. Soc. Textile Cellulose Ind., Japan [Sen-i Gakkaishi] **13.** 727—**34.** Nov. 1957. Fukui, Japan, Fukui Univ., Fac. of Engng.) (Jap.; Auszug: Engl.) — 5. vgl. C. **1961. 4934.**

Die Acetalisierung von Polyvinylalkoholfasern mit Nonylaldehyd wird beschrieben. Danach wird diese Rk. vorteilhaft bei 60—70° während 1—2 Std. in einem Bad, bestehend aus 5—10% H_2SO_4, 40—60% CH_3OH u. 1—4% Nonylaldehyd, durchgeführt. Diese Behandlung läßt sich auch nach einer normalen Formalisierung der Faser mit Erfolg durchführen. Die hierbei erhaltenen Ergebnisse sind sehr erfolgversprechend u. dürften prakt. Bedeutung erlangen. — 13 Tabellen, 10 Literaturhinweise. H. G. FRÖHLICH. 8080□

Acetalisierung von Polyvinylalkoholfasern mit Maleindialdehyd. A. I. Meoss, L. A. Wolf, Ss. A. Giller, Ss. A. Inkina und G. P. Ssokolow. (Химические Волокна [Chemiefasern] **1961.** Nr. 4. 19—21.) (Russ.)

Therm. nicht behandelte *Polyvinylalkoholfasern* (**I**) werden mit einer wss. Lsg. von 2,6% Maleindialdehyd (**II**), 7% H_2SO_4 u. 20% Na_2SO_4 1½ Std. lang bei allmählicher Temp.-Steigerung von 20 auf 70° acetalisiert. Der Modul des Bades beträgt 30—50. Die erhaltenen Fasern zeigen eine erhöhte Hygroskopizität u. sehr geringe Schrumpfung. Die Anwendung von **II** statt HCHO macht eine vorangehende therm. Behandlung der Fasern überflüssig u. verbessert die sanitären Arbeitsbedingungen. Ein Verf. zur Gewinnung kationenaustauschender **I** mit ionogenen Sulfonsäuregruppen wird ausgearbeitet. Danach wird die Faser vor der Sulfitierung mit $NaHSO_3$ mit **II** behandelt. K. WEKUA. 8080□

Hydrazinierung von Polyacrylnitrilfasern. G. I. Kudrjawzew, T. A. Matjasch, M. A. Sharkowa und W. Ss. Klimenkow. (Химические Волокна [Chemiefasern] **1961.** Nr. 4. 13—19.) (Russ.)

Die Möglichkeiten der Einführung von N_2H_4 (**I**) u. ihm analoger Verbb. in Polymere u. in die durch Copolymerisation von $CH_2 = CHCN$ (**II**) mit $CH_2 = CHCOOCH_3$ (**III**) erhaltenen Fasern wird untersucht. Bei der Rk. von **I**-Hydrat mit dem **II**/**III**-Copolymeren unter heterogenen Bedingungen bei der Behandlung mit 50%ig. alkohol. Lsg. von **I**-Hydrat u. reinem **I** wird festgestellt, daß für die Bldg. von **I**- u. a. bas. Gruppen im Polymeren, welche dem Polymeren die Fähigkeit der Färbung mit sauren Farbstoffen verleihen, folgende optimale Bedingungen erforderlich sind: Behandlung mit alkohol. **I**-Hydrat beim Modul 1:2 oder 1:4, 70° u. 1std. Rk.-Dauer. Die Behandlung der Fasern aus dem Copolymeren aus **II** (90,7%) u. **III** (9,3%) zeigt, daß die Fasern in der Rk.-Zeit von 1—2 Std. ihre wesentlichen Eigg. prakt. nicht einbüßen. Die Fasern lassen sich unter dieser Bedingung mit sauren, Direkt- u. Acetatfarbstoffen färben. Die besten Ergebnisse zeigen die sauren Farbstoffe. K. WEKUA. 8080□

Über die Erhöhung der Hitzebeständigkeit von Capronfasern. W. A. Beresstnew, I. P. Nagdassewa, A. N. Pogorelko und W. A. Kargin. (Химические Волокна [Chemiefasern] **1961**. Nr. **4**. 26—28.) (Russ.)

Die Änderung einiger physikal. Eigg. der Capronfasern bei ihrer Behandlung mit verschiedenen Metallverbindungen ($SnCl_2$, $FeCl_2$, NaOH, $CdCl_2$, CuCl, $CuCl_2$, $SnCl_4$) wird untersucht. Es wird festgestellt, daß die Wärmefestigkeit der Fasern nach der Behandlung mit einem Gemisch von $CuCl_2$ u. $CdCl_2$ 4mal höher wird, u. zwar dadurch, daß sich hierbei auf der Oberfläche der Fasern eine Schutzschicht bildet, die die Faserstruktur u. die physikal.-chem. Eigg. dieses Materials nicht beeinflußt. K. WEKUA. 8080□

Identifizierung der Textilfasern. Renato Ludovici. (Fibre e Colori **10**. 135—44. März 1960.) (Ital.)

Beschreibung eines prakt. qual. Analysenganges zur Identifizierung der verschiedenen natürlichen u. synthet. Textilfasern auf Grund ihres Verh. beim Verbrennen u. gegenüber spezif. Lsgm. mit typ. Ausführungsbeispielen. A. SANDER. 8096□

Über die Absolutwerte der Veränderungen der Zusammensetzung der Baumwollfaser. Ch. U. Ussmanow und W. P. Schatkina. (Доклады Академии Наук УзССР [Ber. Akad. Wiss. UsbekSSR] **1959**. Nr. 5. 30—33. Akad. der Wiss. der UsbekSSR., Chem. Inst. für Polymere.) (Russ.; Auszug: Usbek.)

Für die Verfolgung der Veränderung des abs. Geh. an Cellulose reduzierenden Stoffen, Pentosanen u. Pektinstoffen in der einzelnen Baumwollfaser sollen die entsprechenden Gew.-% in abs. Geh. (in mg) in einer bestimmten Zahl von Fasern (z. B. 1000) umgerechnet werden. Es konnte festgestellt werden, daß der wahre Mechanismus der Vorgänge (bzw. die Natur der biochem. Umwandlungen der Komponenten) wachsender Baumwollfasern durch die vorst. Best.-Meth. am besten erfaßt wird. Die bis jetzt fast ausschließlich angewandte Meth., alle Komponenten der wachsenden Fasern in Gew.-% auszudrücken, gibt dagegen keine richtige Vorstellung vom Wachstumsprozeß der Faser. S. BARYSCHNIKOW. 8102□

Über die Fibrillierung von Baumwollcellulose. Ch. U. Ussmanow und G. W. Nikonowitsch. (Узбекский Химический Журнал [Usbek. chem. J.] **1960**. Nr. 6. 11—15. Akad. der Wiss. der UsbekSSR, Inst. für Chem. der Polymeren.) (Russ.; Auszug: Usbek.)

Eine elektronenmkr. Unters.-Meth. von *Baumwollfasern* wird vorgeschlagen, bei der die Fasern in einem parallel gelagerten Bündel in dessen Achsenrichtung abgeschliffen werden. Die Fibrillierung der Fasern erfolgt in verschiedener Art, je nach der mechan. Bearbeitung in W., Bzl., CH_3OH, A., Aceton, Ae. oder CCl_4. Auch inkludierte Fasern werden untersucht, wie auch *Acetylcellulose*, *Nitrocellulose*, *cyanäthylierte* u. *hydrolysierte Cellulose*. Aus den gewonnenen elektronenmkr. Bildern wird auf den Mechanismus der Fibrillierung geschlossen, wobei sich auch Hinweise auf die Sprengung von H-Bindungen unter dem Einfl. von polaren Fll., ergeben. M. ULMANN. 8102□

Ausarbeitung einer Methode zur Bewertung der thermomechanischen Eigenschaften von Fasern. Ju. W. Wassiljew und S. A. Rogowin. (Химические Волокна [Chemiefasern] **1961**. Nr. 4. 42—46. Moskau, Textil-Inst.) (Russ.)

Dem Verf. zur Bewertung der therm. Eigg. der Fasern liegt die Best. der Deformationsgröße der Fasern unter der Wrkg. von verschiedenen Belastungen bei ständiger Temp.-Steigerung zugrunde. Dies ermöglicht es, die Temp. der beginnenden Schrumpfung u. ihre Größe bei verschiedenen Temp. zu ermitteln. Nach dieser Meth. werden Unterss. der Wärmefestigkeit von *Nitron*, *Faser A 20* (Copolymeres von Acrylnitril u. Acrylsäure), *A 20-Ca*, *Capron*, *Viscoseseide* u. *Polyesterfasern* durchgeführt. Es wird festgestellt, daß Viscoseseide die höchste Wärmefestigkeit, welche die der Polyesterfaser übertrifft, besitzt. K. WEKUA. 8116

Röntgenuntersuchungen an einigen Oxidglasfasern. Bhupati Kumar Banerjee. (Glastechn. Ber. **33**. 120—24. April 1960. Calcutta.) (Dt.)

Die Röntgenbeugung an Glasfasern wird gemessen, die aus folgenden Serien von Gläsern aus der Schmelze gezogen wurden: Boroxid, Alkaliborate, Boroxid + ZrO_2, Boroxid + Fe_2O_3, Alkaliborate + ZrO_2 u. Alkaliborate + Fe_2O_3. Die Fe_2O_3- bzw. ZrO_2-Zusätze lagen in den Grenzen 0,25 u. 1,21 Gew.-%. Die Röntgenbilder der Fasern von Boroxid u. Alkaliboraten in einem beschränkten Konz.-Bereich (bis 5% Alkali) zeigen Linien, die einen Beweis für eine bevorzugte Ausrichtung von kristallinen Bezirken liefern. Der zentrosymm. Charakter der diffusen Banden ist bei keinem Röntgenbild einer Probe gestört. Es wird aber festgestellt, daß die Art des Röntgenbildes mit dem Alter der Probe in Beziehung steht. Bei verschieden alten Zr-haltigen Proben wächst der Durchmesser des Interferenzringes mit dem Alter u. es tritt eine Anzahl diffuser Banden auf. Diese beiden Effekte werden der Zunahme der statist. Unordnung u. dem steigenden Grad der Entglasung zugeschrieben. H.-O. MULFINGER. 8118□

Fukusaburo Shiina, Kiryu-Shi, Japan, **Genau dosierbares und in Wasser leicht lösbares Textilhilfsmittel,** z. B. für Waschanstalten in Blatt-, Tafel-, Stabform oder dergleichen, das durch *Carboxymethylierung* von Cellulose in Form von Blättern, Geweben oder dergleichen in poröser Form erhalten wird. So erhaltene *Na-Carboxymethylcellulose* soll nach der Herst. z. B. noch mit CH_3COOH neutralisiert u. mit wss. A. von NaCl u. Na-Glykolat befreit werden. (**D. A. S. 1 116 192** Kl. 8o vom 16/12. 1957, ausg. 2/11. 1961.) H. MÖLLERING. 8029

Böhme Fettchemie G.m.b.H. (Erfinder: Hans Wedell), Düsseldorf, **Waschbeständige Steif- und Füllappretur von Textilien** erfolgt mit der wss. Lsg. von härtbaren Kondensaten aus Salzen von H_2SO_3, hochmol. Polyhydroxyl- oder Polyamid-Verbb. u. Kondensaten aus Oxo-Verbb. u. Amino- oder Iminogruppen enthaltenden kondensierbaren Verbindungen. — Zellwoll-Kleiderstoff wird mit der wss. 10%ig. Lsg. des nach der D. A. S. 1 003 444 (C. **1957.** 10091) erhaltenen Mischkondensates aus Na-Pyrosulfit, Na-Alginat, Dextrin, lösl. Stärke, Acetylendiharnstoff u. CH_2O unter Zusatz von 0,4% NH_4Cl imprägniert, abgequetscht u. bei 120° getrocknet. (**D. A. S. 1 118 152** Kl. 8k vom 22/12. 1954, ausg. 30/11. 1961.) H. MÖLLERING. 8033

Union Carbide Corp., New York, N. Y. (Erfinder: John Stoddard Roberts und Julian Keith Rose, South Charleston, W. Va.), V.St.A., **Stabilisierte Formmasse aus Polypropylen (I),** enthaltend normalerweise festes **I** u. 0,05—5 Gew.-% des Resols eines p-tert.-Alkylphenolformaldehydharzes, das sich von tert.-Butyl-, tert.-Amyl- oder tert.-Nonylphenol ableitet. Mengenbeispiele u. Gegenüberstellungen zu anderen Stabilisatoren. Stranggepreßte *Fäden* mit hoher Zerreißfestigkeit nach Verweilen in einem Luftofen bei 125°. Tabellen. (**D. A. S. 1 113 084** Kl. 39b vom 8/5. 1959, ausg. 24/8. 1961. A. Prior. 14/5. 1958. **A. P. 2 968 641** vom 14/5. 1958, ausg. 17/1. 1961.) H. SCHINDLER. 8081

Deutsche Akademie der Wissenschaften zu Berlin, Berlin (Erfinder: Andreas Hunyar und Manfred Kubanczyk), **Spinnlösungen aus Polyacrylnitril und Mischpolymerisaten** mit mindestens 85 Gew.-% Polyacrylnitril, die direkt verspinnbar sind, werden hergestellt durch 20—60std. Erhitzen eines Gemisches von 20—30 (Gew.-%) $CH_2 = CHCN$, 70—80 $HCON(CH_3)_2$, ca. 1 Na-p-Toluolsulfonat u. 0,5—2 einer oxydierenden Säure, wie H_2SO_4, auf 30—50°. (**E. P. 864 468** vom 22/10. 1958, ausg. 6/4. 1961.) G. FRIKELL. 8081

Dow Chemical Co., Midland, Mich., übert. von: Forrest A. Ehlers, Walnut Creek, und Donald R. Tommela, Concord, Calif., V.St.A., **Herstellung verspinnbarer Lösungen von Acrylnitrilpolymerisaten und -mischpolymerisaten.** Monomeres $CH_2 = CHCN$ wird mit evtl. $\leq$ 20 (%) einer monomeren ungesätt. Verb. in Dimethylsulfoxid, das 2—20 W. enthält, gelöst u. bei 20—100° evtl. in Ggw. üblicher Katalysatoren, wie Azo-bis-isobutyronitril oder Persulfat, u. unter Bestrahlung mit aktin. Licht polymerisiert. Es wird eine Lsg., die in üblicher Weise in ein Koagulierungsbad versponnen werden kann, erhalten. (**A. P. 2 858 288** vom 13/12. 1956, ausg. 28/10. 1958.) C. LÜTTGEN. 8081

Phrix-Werke Akt.-Ges., Hamburg (Erfinder: Walter Harz, Köln, Wilhelm Irion, Werner Saar, Neumünster, und Günter Trautmann, Einfeld), **Herstellung von Fäden, Fasern, Borsten oder Folien durch Verspinnen von Lösungen von Acrylnitrilpolymerisaten in starker Schwefelsäure.** Das Polymerisat wird bei Raum-Temp. in 73—78%ig. H_2SO_4 gelöst, wobei ein leichter Temp.-Anstieg erfolgt, dem zweckmäßig durch Kühlen entgegengewirkt wird. Unmittelbar nach erfolgter Auflösung wird auf $< 10°$, bes. 0° oder darunter, gekühlt u. in üblicher Weise verformt. Vorteilhaft wird das Polymerisat erst mit H_2SO_4 niedrigerer Konz. angeteigt u. die Lsg. dann durch Zusatz höherkonz. H_2SO_4 bewirkt. (**D. A. S. 1 111 773** Kl. 29b vom 2/9. 1958, ausg. 27/7. 1961.) F. BÖHM. 8081

Farbenfabriken Bayer Akt.-Ges., Leverkusen (Erfinder: Herbert Marzolph, Walter Ruf II, Dormagen, und Herbert Corte, Opladen), **Reinigen alkylierter Säureamide,** die durch Verw. als Lsgm. für Acrylnitrilpolymere bei der Verformung verunreinigt worden sind. Die alkylierten Säureamide, wie $HCON(CH_3)_2$ oder $CH_3CON(CH_3)_2$ werden im Gemisch mit mindestens 10 Gew.-% W. entweder zunächst über stark saure Ionenaustauscher in der H^+-Form u. dann über stark bas. Ionenaustauscher in der CO_3^{2-}-Form oder über ein Gemisch beider Austauscher geleitet. Anschließend werden sie durch fraktionierte Dest. von W. befreit. (**D. A. S. 1 108 850** Kl. 29b vom 19/12. 1959, ausg. 15/6. 1961.) F. BÖHM. 8081

Spinnstofffabrik Zehlendorf Akt.-Ges., Berlin, **Nachweis der Sauerstoffschädigung von Polyamid-Spinngranulat** aus dessen Verfärbung, dad. gek., daß eine Probe mit m-Kresol (**I**) oder einer gleichartig wirkenden Phenol-Verb. versetzt u. dann mit H_2SO_4 benetzt wird. Spinngranulat, das durch O_2 geschädigt ist, färbt sich bei Anwendung von **I** rot, bei solcher von β-Naphthol grün. (**D. A. S. 1 084 052** Kl. 42l vom 12/3. 1957, ausg. 23/6. 1960.) W. v. HUHN. 8081

American Cyanamid Co., V.St.A. (Erfinder: Ralph Arthur Coleman), **Schützen von hydrophoben polymeren Stoffen gegen UV-Strahlen,** z. B. von Stoffen aus Superpolyamiden, wie Polyhexamethylenadipamid u. Poly-ω-aminocaproamid, aus Superpolyestern, wie Polyäthylenterephthalat, aus Polyacrylnitrilen in Form ihrer Homo- oder Mischpolymeren, mit einer wss. Emulsion vom Öl-in-W.-Typ eines Benzophenons **I** bei $> 60^0$. ($R = H$ oder OH; R′ u. R″ = H, Cl, Br oder Alkoxy-, Alkenyloxy-, Alkyl- oder OH-Gruppen). Die Emulsion wird hergestellt unter Verw. eines oberflächenakt. anion. Emulgierungsmittels. **I** sind z. B. folgende Benzophenone:

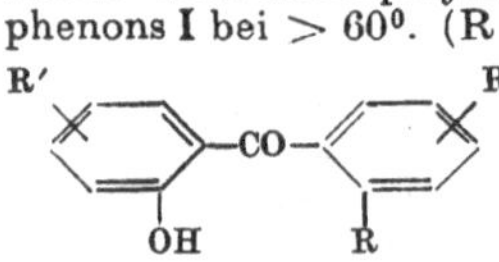

I

2-Hydroxy-, *2-Hydroxy-4-methoxy-*, *-4-äthoxy-* oder *-4-butoxy-*, *2.2′-Dihydroxy-4.4′-dimethoxy-*, *2.2′-Dihydroxy-4-methoxy-4′-äthoxy-*, *2.2′-Dihydroxy-4-methoxy-4′-propoxy-* u. *-4′-butoxy-*, *2-Hydroxy-4-methoxy-4′-chlor-*, *-2.2′.4′-Trihydroxy-4-methoxy-*, *-4-äthoxy-*, *-4-propoxy-*, *-4-butoxy-*, *-4-dodecyloxy-* u. *-4-octadecyloxy-* u. *2.2′.4.4′-Tetrahydroxy-*. — 50 (Gew.-Teile) 2.2′-Dihydroxy-4-methoxybenzophenon werden mit 5 einer Lsg. verrührt, welche 0,25 (%) $Na_4P_2O_7$ u. 0,25 Na-Dodecylsulfat enthält, u. mit 200 W. verdünnt. In die kalte Färbe-Lsg. wird ein Stoffstück aus Polyäthylenterephthalat eingetaucht, die Temp. des Färbebades wird allmählich auf 82^0 gebracht u. 20 Min. lang gehalten. Eine Probe zeigt eine starke UV-Absorption. (**F. P. 1 221 978** vom 21/2. 1959, ausg. 7/6. 1960. A. Prior. 24/2. 1958.) M. F. MÜLLER. 8081

Siemens & Halske Akt.-Ges., München (Erfinder: Hans Neff, Karlsruhe), **Intensitätsmessung der Röntgenstrahlen,** die von einem feststehenden oder um die Achse seiner einzigen Vorzugsrichtung drehbaren Probekörper gebeugt werden, dad. gek., daß mittels eines in einer Ebene, in der das gesamte Interferenz-Syst. entsteht, umlaufenden Zählrohres der Intensitätsverlauf der gebeugten Strahlung auf bestimmte Netzebenenscharen kennzeichnenden Interferenzkreisen nacheinander für mehrere vollständige Kreise gemessen wird. Zweckmäßig zur *Best. der Kristallorientierung in einer Kunststoffaser.* (**D. A. S. 1 114 646** Kl. 42 h vom 21/2. 1958, ausg. 5/10. 1961.) W. v. HUHN. 8117

Shell Research Ltd., London (Erfinder: **Maurice Elton**, Sidcup, und **Philip Alan Winsor**, Willington), England, *Emulgierbares Textilöl zum Schmälzen und Schlichten von Textilfasern und Garnen.* (**D. A. S. 1 129 255** Kl. 29b vom 28/3. 1955, ausg. 10/5. 1962. E. Prior. 29/3. 1954. — C. **1960.** 6016 [A. P. 2 853 453].)

Farbenfabriken Bayer Akt.-Ges., Leverkusen, *Polyvinylhydrogensulfat-Ester.* (**E. P. 871 280** vom 15/1. 1960, ausg. 28/6. 1961. D. Prior. 17/1. 1959. — C. **1961.** 17798 [D. A. S. 1 086 434].)

Farbwerke Hoechst Akt.-Ges., vormals Meister Lucius & Brüning, Frankfurt/M., *Erzeugung von Harzen auf Fasermaterial zur Ausrüstung oder zur Fixierung von Pigmenten.* (**Belg. P. 554 914** vom 11/2. 1957, ausg. 12/2. 1960. D. Prior. 11/2. 1956. — C. **1959.** 9768 [D. A. S. 1 042 518].)

Tootal Broadhurst Lee Co. Ltd., Manchester, England, *Behandlung eines faserförmigen Materials.* (**Oe. P. 207 574** vom 18/5. 1956, ausg. 10/2. 1960. E. Prior. 11/2. 1956. — C. **1962.** 1462 [D. A. S. 1 098 906].)

Chemische Werke Witten G. m. b. H., Deutschland, *Schützen von Textilstoffen.* (**F. P. 1 261 201** vom 18/1. 1960, ausg. 8/9. 1961. D. Prior. 21/3. 1959. — C. **1961.** 16703 [D. A. S. 1 105 835].)

Badische Anilin- & Soda-Fabrik Akt.-Ges. (Erfinder: **Robert Gehm, Oswald Schmidt, Heinrich Mertens, Wolfgang Grunwald** und **Manfred Hehl**), Ludwigshafen/Rh., *Optisch aufhellende Stoffe.* (**Oe. P. 215 944** vom 7/1. 1960, ausg. 26/6. 1961. D. Prior. 24/1. 1959. — C. **1962.** 10691 [D. A. S. 1 105 375].)

Ciba Ltd., Basel, Schweiz, *Optische Aufhellung von Cellulosematerial.* (**E. P. 862 645** vom 18/3. 1957, ausg. 15/3. 1961. **Belg. P. 555 826** vom 15/3. 1957, ausg. 12/2. 1960. Beide Schwz. Prior. 16/3. 1956. — C. **1959.** 3339 [Oe. P. 195 389].)

Farbenfabriken Bayer Akt.-Ges., Leverkusen, *Herstellung von optischen Aufhellern.* (**E. P. 841 189** vom 25/7. 1958, ausg. 13/7. 1960. D. Prior. 30/7. 1957. — C. **1961.** 13769 [D. A. S. 1 090 168].)

Farbenfabriken Bayer Akt.-Ges. (Erfinder: **Annemarie Wagner** und **Siegfried Petersen**), Leverkusen, *Optisches Aufhellungsmittel.* (**Schwz. P. 356 435** vom 27/9. 1956, ausg. 13/10. 1961. D. Prior. 10/10. 1955. — C. **1961.** 18186 [A. P. 2 879 174].)

Farbenfabriken Bayer Akt.-Ges., Leverkusen (Erfinder: **Josef Hegemann, Walter Schölermann**, Leverkusen, **Alexander Mitrowsky**, Köln, und **Anton Schlachter**, Leverkusen), *Herstellung von optischen Aufhellern.* (**Schwz. P. 357 728** vom 20/5. 1958, ausg. 15/12. 1961. D. Prior. 6/6. 1957. — C. **1959.** 11767 [D. A. S. 1 047 162].)

J. R. Geigy Akt.-Ges., Basel, Schweiz, *Optisch bleichende Triazolstilbene.* (**E. PP. 861 451** vom 22/8. 1957, ausg. 22/2. 1961. Schwz. Prior. 24/8. 1956 u. **863 164** vom 4/9. 1957, ausg. 15/3. 1961. Schwz. Prior. 6/9. 1956 u. 15/7. 1957. — C. **1961.** 17063 [F. P. 1 181 599] u. C. **1962.** 7724 [F. P. 1 186 313].)

J. R. Geigy Akt.-Ges., Basel, Schweiz, *Herstellung von Benzimidazolylderivaten (optische Aufheller).* (**E. P. 874 209** vom 20/12. 1957, ausg. 2/8. 1961. Schwz. Prior. 21/12. 1956. — C. **1961.** 15968 [F. P. 1 195 348].)

Ciba Ltd., Basel, Schweiz, *Diimidazolderivate.* (**Holl. P. 98 594** vom 26/8. 1955, ausg. 17/7. 1961. Schwz. Prior. 22/2. u. 5/7. 1955. — C. **1958.** 4662 [F. P. 1 140 366].)

Ciba Ltd., Basel, Schweiz, *Fluoreszierende Oxdiazolverbindungen.* (**Holl. P. 98 766** vom 14/2. 1956, ausg. 15/8. 1961. Schwz. Prior. 15/2. 1955. — C. **1959.** 4343 [F. P. 1 146 773].)

Otto Dann, Erlangen, *Thiophendioxidverbindungen.* (**Schwz. P. 358 093** vom 17/9. 1957, ausg. 30/12. 1961. D. Prior. 17/9. 1956. — C. **1961.** 14881 [F. P. 1 182 785].)

Hickson & Welch Ltd., Castleford, England, *Herstellung von Stilbentriazolverbindungen.* (**E. P. 874 611** vom 9/10. 1956, ausg. 10/8. 1961. — C. **1961.** 13769 [Belg. P. 561 464].)

Celastic Corp., Wilmington, Del. (Erfinder: **Charles Emil Hendricks**, Clifton, N.J.), V.St.A., *Verstärken von Fasergeweben.* (**Schwz. P. 350 803** vom 22/7. 1955, ausg. 31/1. 1961. A. Prior. 22/7. 1954. — C. **1959.** 12417 [E. P. 785 058].)

Farbwerke Hoechst Akt.-Ges., vormals Meister Lucius & Brüning, Frankfurt/M., *Hydrophobierverfahren.* (**Belg. P. 569 962** vom 31/7. 1958, ausg. 14/7. 1961. D. Prior. 31/7. 1957. — C. **1962.** 1464 [Oe. P. 209 309].)

Farbwerke Hoechst Akt.-Ges., vormals Meister Lucius & Brüning, Frankfurt/M., *Herstellung quartärer Phosphoniumsalze.* (**Holl. P. 99 684** vom 25/10. 1957, ausg. 15/11. 1961. D. Prior. 3/11. 1956. — C. **1959.** 5998 [D. A. S. 1 044 077].)

Comp. de Saint Gobain, Neuilly-sur-Seine, Frankreich (Erfinder: **Oskar Meyer**, Aachen), *Undurchlässigmachen von Glasfaserkunststoffkörpern für Flüssigkeiten und Gase.* (**D. A. S. 1 125 166** Kl. 39b vom 27/12. 1955, ausg. 8/3. 1962. F. Prior. 22/3. 1955. — C. **1958.** 2535 [F. P. 1 124 502].)

British Celanese Ltd., London, übert. von: **John Downing** und **Russell J. Brown**, Spondon, England, *Verbinden der Fasern in nichtgewebtem Textilgut.* (**Can. P. 551 192** vom 19/8. 1953, ausg. 7/1. 1958. E. Prior. 9/9. 1952. — C. **1957.** 3986 [E. P. 745 644].)

Ciba Ltd., Basel, Schweiz, *Verbesserung der optischen Eigenschaften von Cellulose enthaltendem Material* (**E. P. 864 900** vom 7/8. 1957, ausg. 12/4. 1961. Schwz. Prior. 8/8. 1956. — C. **1960.** 9076 [F. P. 1 180 506].)

Cassella Farbwerke Mainkur Akt.-Ges., Frankfurt/M., übert. von: **Ernst Honold**, Buchschlag, und **Josef Nicolai**, Frankfurt/M., *Chlorieren von Wolle.* (**A. P. 3 008 795** vom 20/5. 1958, ausg. 14/11. 1961. D. Prior. 21/5. 1957. — C. **1958.** 14482 [D. A. S. 1 028 526].)

Deering Millikan Research Corp., Pendleton, S.C., V.St.A. (Erfinder: **D. M. Gagarine, H. Repokis** und **F. M. Sell**), *Textilhydrophobierung.* (**Belg. P. 558 039** vom 3/6. 1957, ausg. 25/3. 1960. A. Prior. 4/6. 1956. Zusatz zu Belg. P. 548 531; C. 1960. 16986. — C. **1961.** 13404 [E. P. 823 168].)

Böhme Fettchemie G. m. b. H., Düsseldorf, übert. von: **Rudi Heyden** und **Jürgen Plapper**, Düsseldorf, *Entfernung von Chromseifen aus Wolle oder chromgegerbten Pelzen.* (**A. P. 2 989 362** vom 2/8. 1955, ausg. 20/6. 1961. D. Prior. 13/8. 1954. — C. **1961.** 4563 [Norw. P. 89 673].)

Farbenfabriken Bayer Akt.-Ges. (Erfinder: **Herbert Bartl**, Köln, und **Herbert Gensel**), Leverkusen, *Schlichtemittel.* (**Schwz. P. 358 777** vom 15/11. 1956, ausg. 31/1. 1962. D. Prior. 18/11. 1955. — C. **1960.** 12547 [D. A. S. 1 077 631].)

N. V. Onderzoekingsinstituut Research, Arnheim, Holland, *Herstellung künstlicher Fäden.* (**Belg. P. 568 594** vom 13/6. 1958, ausg. 4/11. 1960. Holl. Prior. 13/7. 1957. Zusatz zu Belg. P. 545 206; C. 1960. 15268. — C. **1962.** 1466 [E. P. 833 865].)

Spinnfaser Akt.-Ges., übert. von: **Friedrich Hildebrandt**, Kassel, *Behandeln der Alkalicellulose.* (**A. P. 2 973 352** vom 26/6. 1956, ausg. 28/2. 1961. D. Prior. 29/6. 1955. — C. **1957.** 10092 [D. B. P. 963 239].)

Courtaulds Ltd. (Erfinder: **Ernest Edward Tallis** und **David Nicholson Tyler**), *Herstellung von Fäden aus regenerierter Cellulose.* (**Aust. P. 230 549** vom 19/6. 1958, ausg. 27/10. 1960. E. Prior. 28/6. 1957. Zusatz zu Aust. P. 220 137; C. 1961. 13772. — C. **1961.** 2483 [E. P. 827 415].)

Courtaulds Ltd. (Erfinder: **Ernest Edward Tallis** und **David Nicholson Tyler**), London, England, *Herstellung von Fäden aus regenerierter Cellulose.* (**Schwz. P. 356 240** vom 22/12. 1956, ausg. 29/9. 1961. E. Prior. 23/12. 1955 u. 25/7. 1956. — C. **1960.** 13567 [D. A. S. 1 072 354].)

Vereinigte Glanzstoff-Fabriken Akt.-Ges., Wuppertal, *Herstellung von Fäden aus Viscose.* (**Belg. P. 553 819** vom 29/12. 1956, ausg. 29/1. 1960. D. Prior. 20/2. 1956. — C. **1958.** 13137 [D. A. S. 1 023 186].)

Vereinigte Glanzstoff-Fabriken Akt.-Ges., Wuppertal, *Herstellung von Fäden aus regenerierter Cellulose.* (**E. P. 834 945** vom 13/9. 1957, ausg. 11/5. 1960. D. Prior. 12/10. 1956. — C. **1958.** 1466 [D. A. S. 1 013 829].)

American Enka Corp., Enka, N.C., V.St.A., übert. von: **Kurt Heuer, Hugo Elling**, Grebben, und **Richard Elssner**, Randerath, *Herstellung von geformten Gebilden aus Viscose.* (**A. P. 2 953 425** vom 17/10. 1955, ausg. 20/9. 1960. D. Prior. 25/11. 1954. — C. **1958.** 8225 [Oe. P. 191 077].)

American Enka Corp., Enka, N.C., V.St.A., übert. von: **Egidus Welfers**, Heinsberg, *Herstellung von geformten Gebilden aus Viscose.* (**A. P. 2 953 426** vom 25/10. 1955, ausg. 20/9. 1960. D. Prior. 25/11. 1954. — C. **1959.** 16858 [E. P. 778 374].)

American Enka Corp., Enka, N.C., V.St.A., übert. von: **Kurt Heuer, Hugo Elling**, Grebben, und **Richard Elssner**, Randerath, *Herstellung von geformten Gebilden aus Viscose.* (**A. P. 2 974 004** vom 17/10. 1955, ausg. 7/3. 1961. D. Prior. 25/11. 1954. — C. **1958.** 8225 [Oe. P. 191 076].)

Spinnfaser Akt.-Ges., Kassel, *Reinigung von Abgasen der Viscosekunstseidefabriken.* (**Holl. P. 99 300** vom 20/3. 1956, ausg. 16/10. 1961. D. Prior. 24/3. 1955. — C. **1959.** 4344 [Oe. P. 195 902].)

Chemiebau Dr. A. Zieren G. m. b. H., Köln (Erfinder: **Herbert Furkert**, Niedermarsberg), *Aufarbeiten von verbrauchten Fällbädern der Viscose verarbeitenden Industrie.* (**D. A. S. 1 123 796** Kl. 29b vom 23/6. 1952, ausg. 15/2. 1962. — C. **1961.** 18923 [Holl. P. 96 185].)

N. V. Onderzoekingsinstituut Research (Erfinder: **Robert van Cleeff**), Arnheim, Holland, *Herstellung von gekräuselten Fäden oder Fasern.* (**D. A. S. 1 121 273** Kl. 29b vom 25/5. 1956, ausg. 4/1. 1962. Holl. Prior. 27/6. 1955. — C. **1960.** 6708 [Holl. P. 85 783].)

Spinnfaser Akt.-Ges., Kassel, *Kräuselung von Kunstseide.* (**E. P. 841 401** vom 22/1. 1958, ausg. 13/7. 1960. D. Prior. 29/1. 1957. — C. **1960.** 7384 [D. A. S. 1 063 572].)

Spinnfaser Akt.-Ges., Kassel, *Herstellung gekräuselter Fäden.* (**Holl. P. 99 909** vom 10/10. 1956, ausg. 15/12. 1961. D. Prior. 12/10. 1955. — C. **1959.** 8005 [D. A. S. 1 031 931].)

Courtaulds, Inc., V.St.A. (Erfinder: **Neal P. Rowell** und **John Wharton**), *Imprägnieren von Regeneratcellulosefasern mit Harzen.* (**F. P. 1 200 197** vom 11/2. 1958, ausg. 18/12. 1959. A. Prior. 11/2. 1957. — C. **1962.** 5152 [Aust. P. 223 722].)

Vereinigte Glanzstoff-Fabriken Akt.-Ges., Wuppertal, *Verbesserung der Streckfähigkeit von Viscosefäden.* (**Belg. P. 558 773** vom 27/6. 1957, ausg. 8/4. 1960. D. Prior. 24/7. 1956. — C. **1959.** 13038 [D. A. S. 1 041 205].)

American Viscose Corp., Philadelphia, Pa., V.St.A., *Behandlung von mit SiO_2 überzogenen Cellulosefasern.* (**Oe. P. 215 393** vom 14/2. 1958, ausg. 25/5. 1961. A. Prior. 20/2. 1957. — C. **1961.** 17439 [F. P. 1 198 855].)

Courtaulds Ltd., London, England, *Herstellung von Fäden aus Protein.* (**Belg. P. 560 157** vom 19/8. 1957, ausg. 22/4. 1960. E. Prior. 24/8. 1956. — C. **1960.** 8393 [F. P. 1 181 600].)

Imperial Chemical Industries Ltd. (Erfinder: **Wilfred Arthur Stephen White**), *Behandlung von Kunstseide.* (**Aust. P. 224 450** vom 5/2. 1958, ausg. 5/11. 1959. E. Prior. 13/2. 1957. — C. **1961.** 17800 [F. P. 1 199 344].)

Farbenfabriken Bayer Akt.-Ges. (Erfinder: **Roderick Raue, Werner Müller, Walter Retter** und **Josef Link**), *Aufhellungsmittel für Textilfasern.* (**Aust. P. 225 538** vom 26/2. 1957, ausg. 17/12. 1959. D. Prior. 1/3. 1956. — C. **1961.** 6354 [F. P. 1 185 438].)

Paul Halbig, Schweiz, *Herstellung von Fäden.* (**F. P. 1 182 480** vom 26/8. 1957, ausg. 25/6. 1959. Schwz. Prior. 27/8. 1956. — C. **1959.** 2658 [D. A. S. 1 030 969].)

Imperial Chemical Industries Ltd., England, *Herstellung gefärbter linearer Mischpolymerisate.* (**F. P. 1 195 094** vom 25/4. 1958, ausg. 13/11. 1959. E. Prior. 10/5. 1957 u. 10/3. 1958. — C. **1961.** 16331 [Belg. P. 567 549].)

Sandoz Soc. An., Schweiz, *Spinngefärbte Fäden oder Fasern aus organischen Polymeren.* (**F. P. 1 182 373** vom 18/7. 1957, ausg. 24/6. 1959. Schwz. Prior. 18/7., 3/8., 7/9. 1956, 1/2., 10/4. u. 17/5. 1957. — C. **1960.** 7047 [D. A. S. 1 061 955].)

E. I. du Pont de Nemours & Co., Wilmington, Del., V.St.A., *Herstellung von Formkörpern aus polyhalogeniertem Polyäthylen.* (**E. P. 813 332** vom 9/8. 1955, ausg. 13/5. 1959. **Schwz. P. 341 993** vom 12/8. 1955, ausg. 15/12. 1959. Beide A. Prior. 12/8. 1954. — C. **1958.** 5545 [A. P. 2 772 444].)

Houillères du Bassin du Nord et du Pas-de-Calais (Erfinder: **Henri Sack**), *Veredelung von Kunststoffäden aus Polyäthylenen.* (**Aust. P. 222 944** vom 30/1. 1957, ausg. 20/8. 1959. F. Prior. 31/1. 1956. — C. **1959.** 1651 [F. P. 1 142 065].)

Montecatini Soc. Gen. per l'Industria Mineraria e Chimica, Mailand, Italien, *Spinnlösungen und Textilfasern mit verbesserten färberischen Eigenschaften aus Vinylhalogenpolymeren und deren Herstellung.* (**E. P. 807 086** vom 17/11. 1955, ausg. 7/1. 1959. It. Prior. 18/11. 1954. — C. **1959.** 9770 [F. P. 1 135 625].)

E. I. du Pont de Nemours & Co., V.St.A. (Erfinder: **Manville Isager Bro**), *Mischpolymerisate aus Tetrafluoräthylen und Fluorolefinen.* (**F. P. 1 188 648** vom 29/11. 1957, ausg. 24/9. 1959. A. Prior. 11/12. 1956. — C. **1961.** 12695 [A. P. 2 943 080].)

E. I. du Pont de Nemours & Co. (Erfinder: **Navin Jaybhadra Gajjar**), *Verbesserung der Eigenschaften von Geweben aus Polyesterfasern.* (**Aust. P. 225 185** vom 10/12. 1957, ausg. 3/12. 1959. A. Prior. 12/12. 1956. — C. **1961.** 10033 [F. P. 1 192 358].)

E. I. du Pont de Nemours & Co., Wilmington, Del., V.St.A. (Erfinder: **John M. Griffing** und **William R. Remington**), *Herstellung modifizierter Polyester.* (**Jap. A. S. 10497/1959** vom 13/6. 1957, ausg. 1/12. 1959. A. Prior. 19/11. 1956. — C. **1962.** 1465 [Belg. P. 562 460].)

B. F. Goodrich Co., V.St.A. (Erfinder: **George Gateff** und **James Alan Klupar**), *Herstellung eines polymeren Gemisches von Vinylidencyanid und β-Methylen-β-propiolacton.* (**F. P. 1 173 453** vom 1/4. 1957, ausg. 25/2. 1959. A. Prior. 27/4. 1956. — C. **1960.** 343 [A. P. 2 842 525].)

British Celanese Ltd., London, übert. von: **Ernest J. Kowolik** und **James W. Fisher**, Spondon, England, *Lösungen von Acrylnitrilpolymeren.* (**Can. P. 551 193** vom 9/10. 1953, ausg. 7/1. 1958. E. Prior. 20/10. 1952. — C. **1957.** 3697 [E. P. 734 527].)

Crylor, Paris, übert. von: **Paul Jacques Corbière** und **Pierre Mosse**, Lyon, Frankreich, *Acrylnitrilpolymere.* (**A. P. 2 854 436** vom 27/7. 1954, ausg. 30/9. 1958. — C. **1958.** 1466 [D. A. S. 1 013 831].)

Dow Chemical Co., V.St.A. (Erfinder: **Forrest Alden Ehlers** und **Donald Raphael Tommela**), *Polymerisieren von Acrylnitril.* (**F. P. 1 192 392** vom 12/12. 1957, ausg. 26/10. 1959. A. Prior. 13/12. 1956. — C. **1962.** 4779 [E. P. 842 767].)

Stockholms Superfosfat Fabriks Aktiebolag, Stockholm, Schweden, *Verbesserte Acrylnitrilpolymere.* (**E. P. 824 226** vom 18/10. 1955, ausg. 25/11. 1959. Schwed. Prior. 25/10. 1954 u. 11/5. 1955. — C. **1960.** 13890 [Schwz. P. 344 176].)

American Cyanamid Co., New York, N.Y., V.St.A., *Wiedergewinnung von Polyacrylnitril aus verbrauchten Spinnlösungen.* (**E. P. 823 243** vom 1/6. 1956, ausg. 11/11. 1959. A. Prior. 11/10. 1955. — C. **1960.** 9425 [A. P. 2 862 895].)

Heberlein & Co. Akt.-Ges., Schweiz, *Musterungen auf textilen Flächengebilden.* (**F. P. 1 193 986** vom 29/3. 1958, ausg. 5/11. 1959. Oe. Prior. 18/4. 1957. — C. **1961.** 9253 [E. P. 833 145].)

XIX. Brennstoffe. Erdöl. Mineralöle

Fremdsprachige Literatur über Kohle: Ein Führer durch Referate und Übersetzungen. Mary S. Esfandiary. (U. S. Dep. Interior, Bur. Miners, Inform. Circ. **1961.** Nr. 8063. 1—46. Washington, D.C., Bur. of Mines, Branch of Bituminous Coal.) (Engl.)

Übersicht über die nichtenglischsprachige (chines., tschech., französ., deutsche, ungar., italien., japan., poln., rumän., span. u. sowjet.) Literatur über Kohle u. allg. Bergbautechnologie, deren englischsprachige Referierung u. Übersetzung in die engl. Sprache. — 2 Tabellen. G. REISNER. 8126□

Petrographische Untersuchungen der Kohlenschichten des Bergwerks „Twardiza" im Zusammenhang mit den plötzlichen Gasausbrüchen. Prawda N. Peschewa. (Годишник на Минно-Геоложкия Институт (София) [Annu. Inst. minier géol. (Sofia)] **6.** Nr. 1/2. 89—99. 1959/60.) (Bulg.; Auszug: Dt.)

Die Ergebnisse der makroskop. u. mkr. Unterss. der Kohle von „Twardiza" werden angegeben u. die Abhängigkeit plötzlich auftretender *Gasausbrüche* von ihren Eigg. untersucht. Dabei ergibt sich, daß in den Kohlenschichten mit großer Spaltbarkeit oder mit einem hohen Anteil an fusit. Geweben plötzliche Gasausbrüche am leichtesten auftreten. H. NOACK. 8126

Die Klassifikation backender Kohlen. Ss. I. Pantschenko und I. K. Klopotow. (Кокс и Химия [Koks u. Chem.] **1959.** Nr. 3. 6—14. Östliches Forsch.-Inst. für Kohlechemie.) (Russ.)

In einem Diagramm mit der Abszisse ($O/H + 0{,}5\ S_{org.}$) u. der Ordinate ($H \cdot 100/C + 0{,}5\ S_{org.} + 0{,}5\ S_{Pyrit}$) liegen die backenden Kohlen oberhalb einer um 51°20′ gegen die Abszisse geneigten Linie. Die Stellung einer Kohle in diesem Diagramm läßt Aussagen über ihre Eigg. zu. Die Verteilung der fossilen Brennstoffe in einem einheitlichen Klassifikationsdiagramm wird diskutiert. F. OTTO. 8126□

Einige chemische Faktoren, die das plastische Erweichen von Kohlen beim Erhitzen bestimmen. I. G. C. Dryden und W. K. Joy. (Fuel **40.** 473—84. Nov. 1961. Surrey, Leatherhead, Brit. Coal Utilisation, Res. Assoc.) (Engl.)

Die Ausbeuten an schmelzbaren, in Chlf. lösl. Prodd. von Glanzkohlen verschiedenen Alters u. einem schwarzen Durit mit hohem Exinit-Geh. werden ermittelt, u. zwar a) durch Chlf.-Extraktion nach raschem Erhitzen auf ca. 400°, b) durch Verdampfen während einer Verkokung im Vakuum bei ca. 370° u. c) durch eine Pyridinextraktion, gefolgt von einer Chlf.-Extraktion des gewonnenen Produktes. Es können folgende vereinfachte Schlußfolgerungen gezogen werden: 1. eine Kohle mit 80% C ergibt in Chlf. lösl., flüchtige Bestandteile, von denen ca. $^1/_3$ in der Kohle physikal. gebunden sind; $^2/_3$ werden durch eine milde therm. Zers. gebildet; 2. eine Kokskohle liefert flüchtige Bestandteile, die fast ganz in der Kohle physikal. gebunden sind; 3. der Anteil der bei der Pyrolyse entstandenen flüchtigen Stoffe wird stärker zersetzt als der von Anfang an physikal. gebundene Anteil. Die charakterist. Eigg. von Exiniten werden mit denen von Vitriniten verglichen; ferner werden kinet. Unterss. an in Chlf. lösl. Zers.-Prodd. (sowohl getrennt als auch im Gemisch mit dem Rückstand) beschrieben. Die Ergebnisse sind jedoch nicht sehr überzeugend, da sie nur schwierig auf die Bedingungen zurückgeführt werden können, die für die Kohle vor dem Abtrennen der in Chlf. lösl. Stoffe gelten. Die in Chlf. lösl. flüchtigen Bestandteile einer nicht verkokbaren Kohle zersetzen sich beim raschen Erhitzen ca. 1,7mal schneller als die einer Kokskohle. Die Geschw. für das Auftreten der Plastizität wird mit der der Bldg. von in Chlf. lösl. Stoffen verglichen. H. SCHÖBERL. 8126□

Bildung von Benzolcarbonsäuren bei der Sauerstoffoxydation von bituminösen Kohlen im alkalischen Medium. Yoshio Kamiya. (Bull. chem. Soc. Japan **33.** 1656—60. Dez. 1960. Hongo, Tokyo, Univ. of Tokyo, Fac. of Engng., Dep. of Appl. Chem.) (Engl.) — Vgl. C. **1962.** 4782.

Die Kohlen werden in wss. Soda-Lsg. suspendiert u. bei 30 at u. 250° 90 Min. lang im Schüttelautoklav mit O_2 oder in wss. Soda/Pottasche-Lsg. bei 250° in einem Rührautoklav behandelt. Die Abgase enthalten ca. 30% CO_2. Die Wrkg. der verschiedenen Faktoren wird untersucht. Die Ausbeute an Benzolcarbonsäuren beträgt 43%, sie verteilten sich (%): *Phthalsäure* (5,9), *Isophthalsäure* (1,1), *Terephthalsäure* (0,1), *Hemimellitsäure* (4,9), *Trimellitsäure* (10,9), *Trimesinsäure* (0,4), *Benzol-1.2.4.5-* u. *-1.2.3.4-tetracarbonsäure* (1,9), *Mellitsäure* (0,3). — 5 Abb., 5 Tabellen, 3 Literaturhinweise. F. ROSENDAHL. 8126□

Trennung aromatischer Polycarbonsäuren bei der Kohleoxydation. Yoshio Kamiya. (Fuel **40.** 457—63. Nov. 1961. Japan, Tokyo, Univ. of Tokyo, Fac. of Engng., Dep. of Appl. Chem.) (Engl.) — Vgl. C. **1962.** 4782 u. vorst. Referat.

Die bei der Oxydation einer Suspension japan. Steinkohle in wss. Na_2CO_3 gewonnenen aromat. Säuren werden in Methylester übergeführt. Durch eine Vakuum-Dest. werden die Ester fraktioniert, die Fraktionen nach verschiedenen Verff. gelöst u. die einzelnen Säuren identifiziert. Für die Abtrennung von Verunreinigungen, die in Phthalsäure oder im Gemisch von Benzoltri- u. Benzoltetracarbonsäuren enthalten sind, hat sich eine Gegenstromverteilung als wirksam erwiesen. Der Anteil der *Benzolcarbonsäuren*, die hauptsächlich aus *Tri-* u. *Tetracarbonsäuren* bestehen, an den gesamten aromat. Säuren beträgt bis zu ca. 45%. Es kann auch eine *Naphthalintricarbonsäure* abgetrennt werden.— 3 Abb., 4 Tabellen, 7 Literaturhinweise. H. SCHÖBERL. 8126□

Über die Vergasung der Abgänge und hochaschehaltigen Produkte der Kohlenanreicherung des Karaganda-Kohlenvorkommens. G. G. Steinberg. (Известия Высших Учебных Заведений (Свердловск), Горный Журнал [Hochschulnachr. (Swerdlowsk), Berg-J.] **1961.** Nr. 12. 122—26. Karaganda, Polytechn. Inst.) (Russ.)

Verss. zeigten, daß die Vergasung von Abgängen der Kohlenanreicherung möglich ist u. die experimentellen u. Konstruktionsarbeiten in dieser Richtung weitergeführt werden müssen. Das im Prozeß der Vergasung gewonnene Gas wird es ermöglichen, die meisten Prozesse der Kohlenanreicherung zu mechanisieren u. zu automatisieren u. die industriekommunalen Anlagen u. Wohnblocks mit Gas zu versorgen. W. HANTZSCH. 8130□

Zur Frage der Anreicherung von nichtklassierten Kohlen. A. P. Dubrowin und R. M. Wlassowa. (Кокс и Химия [Koks u. Chem.] **1959.** Nr. 3. 17—21. Zentrales Allunions-Inst. für Projektierung von Schachtanlagen.) (Russ.)

Die Vorteile der Anreicherung unklassierter Kohlen werden an Hand von Arbeitsschemen u. Tabellen erläutert. F. OTTO. 8134□

Theoretische Grundlagen der petrographischen Vorbereitung des Kohleneinsatzes. Witold Krause und Irena Ciszewska. (Koks-Smoła-Gaz **6.** 134—40. Juli/Aug. 1961. Inst. Chem. Przeróbki Węgla.) (Pol.)

Der Einfl. der petrograph. Bestandteile auf die Qualität (Q) der Kohlen (**A**) u. damit des Kokses (**B**) wird besprochen. Die Isolierungsmöglichkeiten der einzelnen petrograph. Modifikationen (**C**) durch Ausnützung der verschiedenen spezif. Gew., Härte u. Widerstandsfähigkeit gegen Zerkleinerung werden untersucht. Der Einfl. von **C** 13 **A**-Einsatz u. die Q von **B** (Festigkeit, Porosität u. Wanddicke) werden behandelt. — im Abb., 5 Tabellen, 9 Literaturhinweise. G. REISNER. 8134□

Der optimale Vermahlungsgrad von Kohlen für die Verkokung. W. F. Kuschnirow. (Кокс и Химия [Koks u. Chem.] **1959.** Nr. 2. 3—5. Kriwoi Rog, Metallurg. Werk.) (Russ.)

Auf die Abhängigkeit der *Koksqualität* vom *Zerkleinerungsgrad* der Kohle u. von deren Staub- u. Asche-Geh. wird hingewiesen u. auf Grund von Verss. festgestellt, daß bei hohem Staubgeh. (25—30%) u. nachfolgender Zerkleinerung der Kohle bis auf 93,5% der Klasse 3—0 mm eine Zerreibung u. keine Zerkleinerung der Kohle stattfindet. Bei größerer Zerkleinerung erhöht sich der Staub-Geh. u. gleichzeitig erhöht sich der Asche-Geh. der Klassen >6 mm, u. der des Staubes auf Kosten der zerriebenen aschefreien Kohlenmasse. Eine solche Verteilung des Asche-Geh. ist jedoch unerwünscht, da die großen Einschlüsse inerter Anteile beim Verkoken Herde für Riß-Bldg. darstellen. Durch Verringerung des Zerkleinerungsgrades gut kokender Kohle bis auf 89—90% der Klasse 3—0 mm wird eine gleichmäßige Verteilung des Asche-Geh. in allen Klassen erzielt. Für schlecht kokende Kohle ist eine höhere Zerkleinerung bis 91—92% unerläßlich. Eine differenzierte Zerkleinerung hat den Vorzug einer Erhöhung der Beschickung der Koksöfen u. folglich erhöhte Produktivität zur Folge. Sie verbessert die Qualität der Kohlenchargen u. des Teeres, verringert den Elektroenergiebedarf u. den Bedarf an Brechern. Daher muß eine gleichmäßige Verteilung des Asche-Geh. in allen Klassen berücksichtigt u. für die Verbesserung des Brechprozesses die Klasse 3—0 mm vorher abgesiebt werden. N. HVIID. 8134□

Löslichkeit von Xylitgruppenkomponenten in Phenol. Jerzy Jastrzębski. (Koks-Smoła-Gaz **6.** 218—23. Nov./Dez. 1961. Inst. Chem. Przeróbki Węgla.) (Pol.)

Die Zus. u. Eigg. von Cellulosefällungen, die bei der Phenolextraktion von Xyliten erhalten werden, werden untersucht. In Ggw. eines Katalysators ist Xylitcellulose in Phenol löslicher als Holzcellulose. Die Löslichkeit verschiedener Xylitgruppenkomponenten in Phenol unter verschiedenen Rk.-Bedingungen wird angegeben. — 7 Abb., 2 Tabellen, 13 Literaturhinweise. G. REISNER. 8138□

Der UOP-Koker. Teruo Noguchi. (J. Fuel Soc. Japan **40.** 610—19. Aug. 1961. Koa Oil Co., Ltd., Refining Dep.) (Jap.; Auszug: Engl. S. 619.)

Der UOP-Koker arbeitet unter geringem Druck. In Verbindung mit einer Raffinationseinheit ist es somit möglich, ein Rohöl aus Duri (Sumatra) mit einem geringen

Geh. an S u. hohem Geh. an schwerem Heizöl wirtschaftlich zu Petrolkoks zu verarbeiten. Fragen des Petrolkokses u. Vorgänge bei der Verkokung im Koker werden besprochen. — 2 Abb., 9 Tabellen. F. ROSENDAHL. 8142□

Entwicklungsaussichten des Staubfließverfahrens der Kohlenentgasung in Polen. Julian Nadziakiewicz und Henryk Zieliński. (Koks-Smoła-Gaz **6.** 129—34. Juli/Aug. 1961. Inst. Chem. Przeróbki Węgla.) (Pol.)

Entw.-Richtungen u. Tendenzen der Kohlenentgasung im allg. u. des Wirbelschichtentgasungs-Verf., seine Vor- u. Nachteile sowie die ökonom. Probleme, werden besprochen. Die Bedeutung des Staubfließ-Verf. der Entgasung u. dessen Realisierung im industriellen Maßstab werden diskutiert. — 3 Abb., 1 Tabelle, 17 Literaturhinweise. G. REISNER. 8142□

Einfluß der Heizgeschwindigkeit auf die Verbesserung des Backvermögens von Kohlen. Józef Salcewicz und Zygmunt Frankl. (Koks-Smoła-Gaz **6.** 202—11. Nov./Dez. 1961. Politechn. Śląska, Inst. Chem. Przeróbki Węgla.) (Pol.)

Labor.-Verss. über den Einfl. der Erhitzungs-Geschw. (Eg) auf das Backvermögen (Bv) der Kohle (**A**)-Typen 31—37 werden durchgeführt. Den größten Einfl. auf das Bv von **A** übt die Eg im Temp.-Bereich des plast. Zustandes aus. Je geringer das Bv von **A** ist, um so größer muß die Eg in diesem Bereich sein, um eine Verbesserung der Koks (**B**)-Eigg. zu erreichen. Bei einer Eg von 50—100°/min entsteht aus schwach backender **A** homogener, kleinporiger **B**. Besser backende **A** geben einen **B** mit verbesserten Eigg. schon bei kleinerer Eg im Temp.-Bereich des plast. Zustandes. — 5 Abb., 7 Tabellen, 28 Literaturhinweise. G. REISNER. 8142□

Die Verkokung von vorbereitend erhitzten Kohlenchargen. N. Ss. Grjasnow, M. G. Feldbrin und Ss. Ss. Kusowkow. (Кокс и Химия [Koks u. Chem.] **1959.** Nr. 2. 17—20. Östl. Forsch.-Inst. für Kohlechem.) (Russ.)

Eine Vorwärmung der Kohlencharge vor ihrer Verkokung in Kammeröfen erhöht die *Stabilität* des hierbei erhaltenen metallurg. Kokses. Gleichzeitig damit erhöht sich die Beschickungsmenge u. die Verkokungsperiode wird verkürzt, wobei eine Produktionssteigerung der Öfen um 35% erfolgt. Die Ausfluß-Geschw. der Charge bei Füllung der Ofenkammer wird erhöht. Die Vorerwärmung der Charge erfolgt zweckmäßig bei ca. 200°. F. OTTO. 8142□

Entwickeln der optischen Eigenschaften von Koks während der Verkokung. G. H. Taylor. (Fuel **40.** 465—72. Nov. 1961. Chatswood, Australia, New South Wales, Commonwealth Sci. and Ind. Res. Organiz., Div. of Coal Res.) (Engl.)

Während der Verkokung von Vitrit entsteht eine charakterist. „Mosaikstruktur" des Kokses; eine Unters. der allmählichen Entw. der Struktur ruft wegen der Veränderung der opt. Eigg. des Vitrits im Zusammenhang mit Änderungen seiner physikal. Struktur großes Interesse hervor. Bei der beobachteten Erscheinung tritt auch ein Verlust an opt. Anisotropie auf, wenn der Vitrit plast. wird, gefolgt durch die Bldg. u. Vergrößerung von kleinen kugelförmigen Körpern. Diese Körper, von denen jeder eine einzelne kristallograph. Orientierung besitzt, schwellen bis zur Vermengung mit anderen an, bis sich schließlich die Mosaikstruktur zu bilden beginnt. Die Vollendung der Mosaik-Bldg. trifft mit der Wiederverfestigung der Kohle zusammen. Diese Erscheinungen werden erstmalig bei einer therm. umgewandelten Kohle u. später bei künstlich verkokten Proben beobachtet. — 8 Abb., 1 Tabelle, 3 Literaturhinweise. H. SCHÖBERL. 8144□

Zusammenhang zwischen den strukturellen Eigenschaften von Koks und dem Kohlentyp sowie den Entgasungsbedingungen. Dżao Szu-czan und Józef Salcewicz. (Koks-Smoła-Gaz **6.** 191—202. Nov./Dez. 1961. Politechn. Śląskiej, Katedra Chem. Technol. Węgla.) (Pol.)

Der Einfl. des Kohlentyps (Kt), der Erhitzungs-Geschw. (Eg), der Korngröße u. des Eindichtungsgrades (Ed) auf die Struktur u. Eigg. von Labor.-Koksen werden untersucht. Die Mikrostruktur u. Festigkeit (Fk) der (nichtporösen) Kokssubstanz aus Kt 33—36 u. deren Gemische weisen prakt. keine Unterschiede auf. Die Fk der porösen Koksproben ändert sich dagegen, je nach Kt u. den angewandten Entgasungsbedingungen, bes. der Eg u. dem Ed der Gemische, beträchtlich. Diese Unterschiede werden durch verschiedene Porosität u. Porenstruktur hervorgerufen. — 14 Abb., 3 Tabellen, 24 Literaturhinweise. G. REISNER. 8144□

Aktivierung von Koksen mit Gasen und ihre Bedeutung in den Vergasungs- und Verbrennungsprozessen. Roman Andrzejewski. (Koks-Smoła-Gaz **6.** 121—29. Juli/Aug. 1961. Kraków, Akad. Górniczo-Hutnicza.) (Pol.)

Die innere Oberfläche (i.O.) von Koks (**A**) wird durch dynam. Aktivierung (Ak) mit verschiedenen Gasen vergrößert. Der Einfl. der Ak auf die Vergasungs- u. Verbrennungs-Geschw. (Vg) bei einer Korngröße von 0,49—2,0 mm wird untersucht. Unter O_2

in einer standardisierten calorimetr. Bombe durchgeführte Verbrennungs-Verss. erweisen die Abhängigkeit der τ(t)- u. Δ(t)-Funktion von der Vg. Der Ak-Mechanismus mit CO wird erklärt. Vergasungs-Verss. zeigen eine Vergrößerung des CO-Geh. in den aus einer aktivierten **A**-Probe erhaltenen Gasen. Damit kann die i.O. von **A** als Reaktivitätskriterium angesehen werden. — 9 Abb., 15 Literaturhinweise. G. REISNER. 8144□

Untersuchung der Absorption von Ammoniak aus Koksgas durch Schwefelsäure in einem Apparat vom Injektionstypus. M. D. Kusnetzow, Sch. M. Ssagalowski und Je. W. Popowa. (Кокс и Химия [Koks u. Chem.] **1959.** Nr. 2. 32—34. Donetz-Inst. für Ind.) (Russ.)

Beschrieben wird ein App., der eine NH_3-Absorption aus Koksgas bis 99,8% ermöglicht. Als Injektoren dienen 2 VENTURI-Rohre von verschiedenen Dimensionen u. als Absorptions-Fl. eine gesätt. $(NH_4)_2SO_4$-Lsg. mit 6—6,5° freier Säure. Gas-Geschw. u. Lsg.-Menge werden entsprechend einreguliert. Die Gasprobenentnahme erfolgt vor u. hinter dem Injektor. Nach Beendigung des Vers. (Dauer 2 Std.) enthält die Lsg. 4—4,5% freie Säure. Sie wurde wieder auf 6—6,5% für den nächsten Vers. gebracht. Die Gas-Geschw. beträgt 35—91,5 m/s. für das kleinere u. 35—66,2 für das größere VENTURI-Rohr. Aus den Verss. u. graph. Darstellungen ist ersichtlich, daß mit Erhöhung des spezif. Verbrauches des Absorbenten u. mit Vergrößerung des Rohres der Absorptionsgrad ansteigt. Der Druckverlust beträgt in Abhängigkeit von der Gas-Geschw. 120—320 Torr, also um das 2—3fache weniger als in Saturatoren der Kokerien. Der App. wird für die Produktion von $(NH_4)_2SO_4$ empfohlen. N. HVIID. 8168□

Die Verwertung verbrauchter Lösungen aus der Arsen–Soda-Entschwefelung. R. I. Popow, I. Ja. Raschkewitsch, R. A. Itkina und I. Je. Rushina. (Кокс и Химия [Koks u. Chem.] **1959.** Nr. 3. 45—46. Dnjepropetrowsk, Kokerei.) (Russ.)

Zur Gewinnung von $NaSCN$ (**I**) aus Reinigungs-Lsgg. des Kokereigases werden 2 Verff. vorgeschlagen: Zur Gewinnung von thiosulfatfreiem **I** wird die Lsg. [100 (g/Liter) **I**; 250 $Na_2S_2O_3$ (**II**); 0,10 As] mit GLOVER-Säure zersetzt u. vom ausgeschiedenen S abgetrennt. Das Filtrat wird auf einen **I**-Geh. von 700 g/Liter eingedampft, wobei Na_2SO_4 (**III**) ausfällt. Zur Gewinnung des als Unkrautbekämpfungsmittel bes. wirksamen thiosulfathaltigen **I** wird die Lsg. mit Heißluft auf einen **II**-Geh. von 700 g/Liter eingedampft u. zunächst auf 60—65° abgekühlt, wobei sich **III** u. Verunreinigungen abscheiden. Dann wird auf 28° abgekühlt, wobei **II** ausfällt, das abfiltriert wird u. nach Umkristallisieren für photograph. Zwecke brauchbar ist. Das Filtrat wird auf den gewünschten **I**-Geh. eingedampft. F. OTTO. 8172□

Hydrierung von Tieftemperaturkohlenteer und verwandten Substanzen: Eine Literaturübersicht. Howard W. Wainwright. (U. S. Dep. Interior, Bur. Mines, Inform. Circ. **1961.** Nr. 8054. 1—85. Morgantown, W.Va., Bur. of Mines, Morgantown Coal Res. Center.) (Engl.)

Übersicht über die Arbeiten der letzten 25 Jahre auf den Gebieten der Hydrierungs-Rkk., der Hydrier-Verff. [Hoch- u. Tieftemp.-Teere (Herst. von Motortreibstoffen, Dieseltreibstoffen, Schmiermitteln u. Lsgm., Herst. von Treibstoffen mit hohem Energie-Geh., Herst. von niedrigsd. Phenolen), schwere Erdölfraktionen], der Hydrierung reiner Verbb. (Phenole, Basen, neutrale O-haltige Verbb., aromat. KW-Stoffe) u. der Katalysator-Entw.-Untersuchungen. — 25 Tabellen, 552 Literaturhinweise. G. REISNER. 8176□

Methanol aus Grubengas. Kiyoshi Hayashi. (J. Fuel Soc. Japan **40.** 603 bis 609. Aug. 1961. Mitsubishi Coal Mining Co.) (Jap.; Auszug: Engl. S. 609.)

90000 m³ CH_4 müssen täglich aus Sicherheitsgründen aus der Ôyubari-Grube entfernt werden. Das gewonnene Grubengas enthält 50—60% CH_4, 3,5% CO_2 u. Luft, so daß es vor der Weiterverarbeitung konz. werden muß. Hierzu erfolgt eine Verdichtung auf 4,6 at, so daß CH_4 verflüssigt wird, wobei sich 2 Komponenten bilden: 90%ig. CH_4 zur Erzeugung von Synth.-Gas u. 30%ig. CH_4 als Brennstoff. Bes. Wert wird darauf gelegt, daß sich nirgends ein explosibles Gemisch bilden kann. CH_4 wird über einen Ni-Beschleuniger mit Dampf zu einem Synth.-Gasgemisch verarbeitet. Für die CH_3OH-Synth. wird das FAUSER-Verf. angewendet, bei dem die Temp. durch Kühlung mit W. kontrolliert wird. Zu diesem Zweck wird die Beschleuniger-Kammer in vier Abteile eingeteilt, die jeweils mit W. gekühlt werden, das unter einem Druck von 50 at steht. F. ROSENDAHL. 8186□

Die schwefelhaltigen Verbindungen des Erdöls des südlichen Usbekistans. Ss. L. Gussinskaja. (Доклады Академии Наук УзССР [Ber. Akad. Wiss. UsbekSSR] **1958.** Nr. 7. 27—29. Mittelasiat. Lenin-Univ.) (Russ.; Auszug: Usbek.)

S-reiches Erdöl aus Südusbekistan (2—6%) wird durch Chromatographie angereichert, das Konzentrat mit Hg-Salzen umgesetzt u. das Mercurat mit HCl zersetzt.

Die erhaltenen Öle werden durch Vakuum-Dest. in enge Fraktionen getrennt, für die Kp., $D._4^{20}$, n_D^{20}, der F. der Mercurate u. der Geh. an C, H u. S bestimmt werden. Es werden *α-Methyl-* u. *Butylthiophan* u. ein Körper der Zus. $C_{10}H_{20}S$, der als Homologes von Thiocyclopentan oder Thiocyclohexan angesehen wird, identifiziert. Der Hauptteil der S-Verbb. besteht aus komplizierten polycycl. Verbb. mit S u. N. Die abgetrennten S-Konzentrate eignen sich als Insekticide. A. HELMS. 8188□

Das elektrische Erhitzen von zähen Erdölen und Erdölprodukten. B. A. Tonkoschkurow, A. Sch. Assaturjan und W. P. Swiridow. (Нефтяное Хозяйство [Erdöl-Wirtsch.] **38.** Nr. 11. 46—49. Nov. 1960.) (Russ.)

Die Erwärmung zäher Erdöl-Prodd. u. anderer zäher Fl. in Kesselwagen, Wärmeaustauschern, Behältern u. a. durch elektr. Vorwärmer bietet folgende Vorteile: hoher Wrkg.-Grad, große Leistungen, leichte Regulierung u. einfache Automation. Die Berechnung dieser Geräte ist jedoch mit einer Reihe von Schwierigkeiten verbunden. Die größte besteht in der Bestimmung des Wärmeabgabe-Koeff. α, der vom Raum, der Verteilung der Wärmeelemente in demselben, den Ausmaßen der Elemente u. a. abhängig ist. Diese Faktoren befinden sich in strenger wechselseitiger Beziehung zueinander, die bei Berechnungen beachtet werden müssen. Meth. der Berechnung von α werden angeführt. W. HANTZSCH. 8188□

Ist die Anwendung von salzsauren Bädern bei der Zementierung der Bohrlöcher angebracht? N. N. Beller und W. A. Schewlakow. (Нефтяное Хозяйство [Erdöl-Wirtsch.] **38.** Nr. 11. 30—33. Nov. 1960.) (Russ.)

Unter erhöhten Drücken, die den Verhältnissen in Erdölbohrungen entsprechen, ruft ein kurzfristiger Kontakt von inhibierter 10%ig. HCl mit Carbonaten u. lehmiger Kruste, die Carbonate enthält, keine chem. Rk. hervor, u. die Lehmkruste läßt sich nicht zerstören. Daher erreicht die Anwendung der 10—20 Min. andauernden *HCl*-Bäder vor der Zementierung der Bohrrohre, die auf großen Tiefen unter hohem Druck stehen, nicht ihr Ziel, sondern kompliziert u. verteuert die Zementierungsarbeiten. Zeitlich länger ausgedehnte Bäder mit inhibierter 10%ig. HCl vor der Einführung der Zementiermasse (> 10—20 Min.) sind aus techn. Gründen unmöglich. W. HANTZSCH. 8190□

Verwendung von flüssigen Brennstoffen für Heizanlagen im Haushalt hinsichtlich ihrer Wirkung bei der Verunreinigung der Atmosphäre. A. Grondona und G. P. Marcucci. (Riv. Combustibili **14.** 944—55. Dez. 1960. Esso Standard Ital.) (Ital.)

Alle Quellen u. Ursachen der Luftverunreinigung (aus festen u. fl. Brennstoffen) in Italien unter bes. Berücksichtigung der aus dem Heizöl der Heizanlagen im Haushalt stammenden werden besprochen. Die Benutzung von reinen dest. Brennstoffen, die den einzigen Weg zur Vermeidung der Raucherzeugung u. zudem zu einer starken Herabsetzung des SO_2-Ausstoßes darstellen, ist von der ital. Gesetzgebung für Heizzwecke untersagt. Es wird eine Änderung der bestehenden Gesetze vorgeschlagen, die eine durch Beispiele bestätigte Red. der Verunreinigung an SO_2 um 8—14% erlaubt. — 5 Tabellen. G. PLATZER. 8216□

Die Scherstabilität von öllöslichen Polymerisaten. Ernst Koch. (Mineraloel-Techn. **6.** Nr. 20. 1—19. Nov. 1961. Darmstadt.) (Dt.)

Nach Diskussion der VT-Eigg. von Ölen mit Polyacrylatzusätzen werden einige Meth. zur Best. der Scherstabilität (Pumpen-, Schall- u. Ultraschall-Meth.) erläutert. Die Viscositätsänderung von 2 Motorenölen im prakt. Fahrbetrieb (VW-Motoren nach 3100—3700 km) wird gemessen. — 7 Abb., 7 Tabellen, 14 Literaturhinweise. O. HENNING. 8220□

Die Löslichkeit von Paraffin in Alkoholen. A. P. Grischin und G. A. Tiljupo. (Известия Высших Учебных Заведений (Баку), Нефть и Газ [Hochschulnachr. (Baku), Erdöl Gas] **4.** Nr. 11. 53—58. 1961. Grosny, Erdöl-Inst.) (Russ.)

Untersucht wird die Löslichkeit von Paraffin (P) mit F. 59,2° u. einem Molgew. 284 aus dem P-haltigen Erdöl aus Grosny in CH_3OH, A., n- u. Isopropanol, n- u. Isobutanol, n- u. Isopentanol, n-Hexanol u. sek.-Octanol, sowie die Löslichkeit der Alkohole in P innerhalb eines großen Konz.-Bereiches im breiten Temp.-Intervall. Es wird ein Entmischungsbereich über dem F. von P in den 4 Syst. CH_3OH/P, A./P, n-Propanol/P u. Isopropanol/P, mit dem Vorhandensein eines oberen krit. Punktes der Löslichkeit in den beiden letzten Syst. beobachtet. Angegeben wird die Verschiedenheit der Löslichkeit der n- u. iso-Alkohole. Die Ursachen dieses Unterschiedes werden erklärt. W. HANTZSCH. 8226□

Schnellbestimmung des Gesamtschwefels in festen Brennstoffen nach der Verbrennungsmethode. W. G. Petrenko. (Кокс и Химия [Koks u. Chem.] **1959.** Nr. 3. 14—17. Orsk-Chalilowo, Metallurg. Kombinat.) (Russ.)

Die Kohlenprobe (0,2 g) wird bei 1150—1250° im Quarzrohr mit großem Luftüberschuß in 2—3 Min. verbrannt. Die Verbrennungsgase werden durch mit Stärke versetztes W. geleitet. Während des ganzen Vers. wird *SO_2* mit 0,01 n J_2-Lsg. langsam titriert. Die Berechnung des S-Geh. erfolgt nach einer angeführten Formel. F. OTTO. 8242□

Eine neue Apparatur für eine quantitative Verkleinerung von Kohle- und Koksproben unter Anwendung der Zentrifugalkraft. Olbracht Zbraniborski und Władysław Lewandowski. (Koks-Smoła-Gaz **6.** 223—29. Nov./Dez. 1961. Inst. Chem. Przeróbki Węgla.) (Pol.)

Kriterien, denen eine Labor.-Durchschnittsprobe entsprechen muß, werden angeführt. Vorschläge für eine Mechanisierung der Probenahme u. des Verkleinerungsvorgangs werden gemacht. Eine neuentwickelte App. u. deren Arbeitsweise wird beschrieben. G. REISNER. 8246□

Röntgenographische Kontrolle des Graphitisierungsprozesses. Zofia Szmid. (Koks-Smoła-Gaz **6.** 141—44. Juli/Aug. 1961. Warzawa, Inst. Badań Jądrowych PAN.) (Pol.)

Zur Verw. in der Industrie wird eine einfache u. schnelle Meth. zur röntgenograph. Kontrolle des Graphitisierungsprozesses von Koks beschrieben. — 7 Abb., 1 Tabelle, 6 Literaturhinweise. G. REISNER. 8246□

Bestimmung der quantitativen Voraussetzungen zur Abnahme der Carbolöl- und Naphthalinölfraktion aus der Fraktionierkolonne einer kontinuierlichen Steinkohlenteerdestillationsanlage. Jerzy Szuba. (Koks-Smoła-Gaz **6.** 144—49. Juli/Aug. 1961. Gliwice, Politechn. Śląska, Katedra Chem. Technol. Węgla.) (Pol.)

Auf Grund einer vorgeschlagenen Teeranalysen-Meth. u. deren graph. Interpretierung wird festgestellt, daß die Konzz. der in den Teerfraktionen abgeschiedenen Verbb. genau bestimmt werden können, wenn gleichzeitig ihre Abnahmemenge, die dieser Konz. entspricht, bestimmt wird. Die Carbolöl- (**A**), Naphthalinöl- (**B**) u. **A/B**-Fraktion wird daraufhin geprüft. Zwischen den Labor.- u. Betriebsergebnissen wird Übereinstimmung festgestellt. Der Zusammenhang zwischen abgenommener Ölmenge u. dem Ausscheidungsgrad der darin enthaltenen Verbb. wird bewiesen. — 4 Abb., 9 Literaturhinweise. G. REISNER. 8248□

Über die Sulfurierung von Rohpetroleum. Marcel Louis. (C. R. hebd. Séances Acad. Sci. **248.** 2229. 13/4. 1959. Inst. français du Pétrole, Dép. de Géochim.) (Franz.)

Zur Unters. gelangen 2 Erdölproben (**I** u. **II**) mit 2,23 bzw. 1,12% S. Von den Ausgangsproben wird außerdem der Geh. an *Asphalt, öligen Bestandteilen* u. *Harzen* sowie deren *S-Geh.* bestimmt. Durch diese Erdöle wird auf dem Wasserbad 144 Std. u. 252 Std. lang langsam H_2S geleitet. Nach dieser Behandlung wird der S-Geh. im Erdöl sowie die S-Geh. in den Asphalten, den öligen Bestandteilen u. den Harzen bestimmt. In allen Fällen Fällen hat der S-Geh. in % zugenommen, mit Ausnahme des Harzes von **II**, bei dem der S-Geh. niedriger ist. Als Grund hierfür wird angenommen, daß sich ein Teil der Harze in Asphalt umgewandelt hatte. Als Beispiel sei angegeben, daß der S-Geh. bei **I** nach 144std. Einw. von H_2S auf 2,35%, nach 252std. Einw. auf 2,98% erhöht hat. Bei **II** beträgt der S-Geh. nach 252std. Einw. 1,46%. Die übrigen Meßergebnisse sind tabellar. wiedergegeben. C. GOTTFRIED. 8252

Die Bestimmung des Gehaltes an NaCl im Erdöl nach der Methode der Flammenphotometrie. M. I. Bogomolowa und A. A. Perfiljewa. (Известия Высших Учебных Заведений (Баку), Нефть и Газ [Hochschulnachr. (Baku), Erdöl Gas] **5.** Nr. 1. 79—81. 1962. Kasan, Inst. für Flugwesen.) (Russ.)

Ergebnisse der Vorunters. zur Best. des Geh. von *NaCl* im Erdöl nach der Meth. der *Flammenphotometrie* werden angegeben. Der gefundene Wert (134 mg/Liter) ist der *NaCl*-Konz. sehr ähnlich, die durch die chem. Analyse (129 mg/Liter) ermittelt wird. Die Best. nach einem fertigen Schaubild erfordert kaum 2 Minuten, bei der chem. Analyse dagegen 2—3 Stunden. Die Fehlergrenze beträgt $\pm 4\%$. E. HANTZSCH. 8252□

Massenspektrometrische Analyse von hochsiedenden Produkten der Kohlehydrierung unter Verwendung einer niedrig-ionisierenden Spannung. A. G. Sharkey jun., Gorton Wood und R. A. Friedel. (Chem. and Ind. **1958.** 833—34. 28/6. Bruceton, Pa., U.S. Dep. of the Interior, Bur. of Minesota, Reg. V.) (Engl.)

Die Anwendung der massenspektrometr. Analyse bei geringer Ionisierung ist geeignet zur Best. des Molgew. der Bestandteile, der Mol.-Ionen von Aromaten u. ungesätt. Verbb. u. zur Angabe der Mindestzahl der in einem Gemisch vorkommenden Komponenten (auch Isomere werden erfaßt). Die Unters. des Harnstoffraffinats einer hochsd. phenol. Fraktion von Kohlehydrier-Prodd. zeigt die Ggw. von 7 verschiedenen Strukturtypen u. 34 Verbb. mit einem Molgew. von 176—250. Der Harnstoffkomplex ent-

hält C_{15}- u. C_{16}-n-Paraffine. In der Phenolfraktion von 273—340° werden Phenole, Indanole, Naphthole u. Acenaphthole gefunden. — 2 Tabellen, 8 Literaturhinweise.
F. ROSENDAHL. 8256□

Apparaturen und Methoden zur Untersuchung der Verbrennung von flüssigen Brennstoffen in Heizanlagen des Haushalts. C. Padovani. (Riv. Combustibili **14.** 911—27. 1960.) (Ital.)

Die entwickelten App. u. Meth. zur Unters. der Verbrennung von fl. Brennstoffen unter bes. Berücksichtigung ihrer Verw. für Heizanlagen im Haushalt werden beschrieben u. die Probenahme u. die Meßgeräte für Rauchgase im einzelnen mitgeteilt. Die Best. von SO_3 erfolgt colorimetr. durch Absorption in einer 80%ig. Lsg. von Isopropanol u. anschließendes Freimachen von Chloranilsäure aus ihrem Ba-Salz. SO_2 wird durch Rk. mit 0,1n J_2-Lsg. bestimmt. Unverbrannte KW-Stoffe, CO, CO_2, O_2 u. H_2 werden katalyt. zu CO_2 verbrannt u. dieses ermittelt. N-Oxide werden mit 3%ig. H_2O_2 zu HNO_3 oxydiert, die unter Verw. von Phenol-2.4-disulfonsäure colorimetr. bestimmt wird. — 5 Abbildungen.
G. PLATZER. 8256□

Didier-Werke Akt.-Ges., Deutschland, **Erzeugung von Gas durch Umsetzen von flüssigen Kohlenwasserstoffen,** z. B. Teerölen, dad. gek., daß die fl. Öle mit heißem Gas aus den Rk.-Kammern vermischt werden u. dieses Gemisch, mit Wasserdampf beladen, durch ein in den Rk.-Kammern befindliches, auf hohe Temp. erhitztes Gitterwerk aus keram. Material geleitet wird. — 2 Zeichnungen. (**F. P. 1 168 053** vom 6/12. 1956, ausg. 4/12. 1958.)
T. OPPERMANN. 8161

Fred Kurata und James Paul Kohn, V. St. A., **Trennung von H_2S und CH_4** aus Gemischen, die 6—90 Mol-% enthalten, dad. gek., daß durch Druck von 31,5 bis 56 at bei —92,8 bis —70,5° 2 fl. Phasen neben einer Dampfphase gebildet werden, die 3,5—6 (Mol-%) H_2S enthält, während die obere fl. Phase 6—7,5, die untere >90 H_2S enthält. Die CH_4-Phase wird auf —161,1° abgekühlt u. H_2S in fester Form abgetrennt, die H_2S-Phase bei 1093—1371° oxydiert u. das entstehende H_2S/SO_2-Gemisch katalyt. in S u. W. übergeführt. — Zeichnung; Diagramme. (**F. P. 1 220 774** vom 29/4. 1959, ausg. 27/5. 1960.)
S. BÖTTCHER. 8173

Dow Chemical Co., Midland, Mich., übert. von: Frank H. Braunlich jun. und Paul H. Cardwell, Tulsa, Okla., V. St. A., **Behandlung von Bohrlöchern** mit einem thixotropen Gemisch aus dem Rk.-Prod. der wss. Lsg. eines wasserlösl. Mg-Salzes u. der etwa äquimol. Menge eines wasserlösl. Fluorids in Ggw. einer Mineralsäure. Pro Gallone Sand werden 4 pounds des Gemisches verwendet. (**Can. P. 551 919** vom 21/1. 1954, ausg. 21/1. 1958.)
H.-J. NITZSCHKE. 8191

Wintershall Akt.-Ges., Celle (Erfinder: Hans Behrens, Rühlertwist über Meppen), **Vor- und Nachabscheidung von Salzwasser aus Naßöl** in einem langgestreckten, hängenden Behälter, wobei das Behandlungsgut mit maximaler Strömungs-Geschw. von 0,7—0,8 m/Min. durch den Wasserabscheider geleitet wird. Freies Erdölgas wird unter dem Behälterdruck sofort abgezogen. — Zeichnung. (**D. A. S. 1 117 808** Kl. 23b vom 21/3. 1958, ausg. 23/11. 1961.)
P. UNGER. 8193

Universal Oil Products Co., V. St. A., **Gewinnung von Aromaten,** dad. gek., daß eine KW-Stoff-Fraktion, die Naphthene enthält, bei 325—350° in Ggw. von NH_3, N_2H_4, Pyridin oder Butylamin an Pt-Katalysatoren aromatisiert wird. Die Fraktionen enthalten z. B. 1.2-, 1.3- u. 1.4-Dimethylcyclohexan u. Äthylcyclohexan u. es wird *Äthylbenzol, m-* u. *p-Xylol* erhalten. — Schema der Anlage. (**F. P. 1 222 853** vom 2/2. 1959, ausg. 14/6. 1960.)
S. BÖTTCHER. 8201

British Petroleum Co. Ltd., London (Erfinder: Samuel Richard Pethrick und Maurice Barrington Sparke, Sunbury-on-Thames, Middlesex), England, **Schmieröl für Flugzeugturbinen** auf der Basis eines Gemisches aus Diestern aliphat. Dicarbonsäuren u. Komplexestern der allg. Formel $R-OOC-R_1-COO-(R_2-OOC-R_1-COO)_n-R$ (**I**) u./oder $HO-(R_2-OOC-R_1-COO)_n-R_2-OH$ (**II**), in denen R einen Alkylrest, R_1 den KW-Stoff-Rest einer aliphat. oder aromat. Dicarbonsäure, R_2 den Rest eines Diols u. n eine Zahl bis 15 bedeuten, dad. gek., daß in den Komplexestern wenigstens ein Rest R_2 der Rest von 2.2-Dimethylpropandiol-(1.3) oder dessen Kondens.-Prod. mit Äthylenoxid der allg. Formel $HO(CH_2CH_2O)_x-CH_2-C(CH_3)_2-(OCH_2\cdot CH_2)_yOH$ (**III**) ist, wobei x = 0 oder eine ganze Zahl u. y eine ganze Zahl bedeutet, u. die Viscosität des Gemisches 4—30 cSt bei 99° beträgt. — Beispiel: Schmieröl aus 82,76 (Gew.-%) Sebacinsäuremonononylester u. 16,4 Polyester aus 1 (Mol) Sebacinsäure, 0,65 tert. -Pentylglykol, 0,3 Butandiol-(1.3) u. 0,3 2-Äthylhexanol. (**D. A. S. 1 126 054** Kl. 23c vom 24/5. 1958, ausg. 22/3. 1962. E. Prior. 24/5. u. 16/8. 1957. **E. PP. 844 778** u. **844 779** vom 24/5. 1957, ausg. 17/8. 1960, **847 629** u. **847 664** vom 24/5. 1957, ausg. 14/9. 1960, **847 593** vom 16/8. 1957, ausg. 7/9. 1960 u. **861 964** vom 16/8. 1957, ausg. 1/3. 1961. **Belg. PP.**

567 992 vom 23/5. 1958, ausg. 12/8. 1960. E. Prior. 24/5. u. 30/8. 1957 u. **567 991, 567 993** u. **567 994** vom 23/5. 1958, ausg. 12/8. 1960. Alle E. Prior. 24/5. 1957. **A. P. 2 991 252** vom 14/8. 1958. ausg. 4/7. 1961. E. Prior. 16/8. 1957.) E. Drews. 8221

Pure Oil Co., Chicago, übert. von: Allan Manteuffel, Union, und William D. Gilson, Crystal Lake, Ill., V. St. A., **Geschwefelte Fette und Öle,** die als *Hochdruckschmiermittel, Getriebe-* u. *Schneidöle* verwendbar sind, werden durch Rk. von Talg, Schmalz, Palmkern-, Oliven-, Herings-, Sardinen-, Spermöl, Degras, Wachsen, synthet. Ölen aus mehrwertigen Alkoholen mit höhermol., ungesätt. Fettsäuren, wie Decen-, Myristolein-, Palmitolein-, Öl-, Eruca- u. Tetrakosensäure, mit S, S_2Cl_2, P_2S_5, P_4S_3 in Ggw. von 4—10, bes. 4—8% einer gesätt. oder ungesätt. Fettsäure, bes. Öl-, Stearin- oder Gadolcinsäure bei 340—370° F erhalten. Die Rk. soll in 8 Std. beendet sein. Umgesetzt wird Spermöl mit S in Ggw. von Ölsäure bei 340—360° F; Viscosität 160 Sek./210° F nach Saybolt. (**A. P. 2 855 366** vom 31/8. 1953, ausg. 7/10. 1958.) G. Krauss. 8221

Standard Oil Co., Chicago, Ill., übert. von: Albert R. Sabol, Munster, und Robert E. Karll, Hammond, Ind., V. St. A., **Schmieröle** enthalten zur Erhöhung ihrer Detergent- u. Antikorrosions-Eigg. 0,001—10 (Gew.-%) an einem metallhaltigem P-Sulfid–Olefin-Rk.-Produkt. Dieses wird hergestellt durch Rk. eines Olefins (Molgew. 150—50000) mit 1—50 P-Sulfid bei 200—600° F unter wasserfreien Bedingungen u. weiterer Rk. mit mindestens 3 (Gew.-Teilen) pro Liter des P-Sulfid-Prod. an einer bas. Ba-Verb. (**I**) in Ggw. von 0,5—5 pro Liter **I** eines C_{1-12}-Alkohols (**II**) bei 100° F bis zum Kp. des Gemisches, wobei am Ende der Rk. **II** durch Temp.-Erhöhung entfernt wird. (**A. P. 2 851 416** vom 30/1. 1956, ausg. 9/8. 1958.) E. Drews. 8221

C. H. Boehringer Sohn, Deutschland, **Herstellung von Tetrahydrooxazinen,** dad. gek., daß Äthanolaminoketone in Ggw. eines Veresterungskatalysators ($HClO_4$, Cl_3CCOOH, p-Toluolsulfonsäure, $ZnCl_2$, BF_3) mit HCOOH oder ihren Derivv., bes. dem NH_4-Salz bzw. Amid, umgesetzt werden. — 1-Phenyl-1-oxo-2-[N-benzyläthanolamino]-äthanhydrochlorid u. 80%ig. HCOOH werden in Benzylamin 2 Std. lang auf 180° erhitzt; es wird alkalisiert u. nach Aufarbeiten aus Ae. *2-Phenyl-4-benzyltetrahydrooxazin*, $Kp._{0,03}$ 115° erhalten. — Weitere Tetrahydrooxazine: *2-Phenyl-3.4-dimethyl-*, $Kp._{12}$ 132—133°, *2-Methyl-3-phenyl-4-benzyl-*, F. 200—201°, *2-Phenyl-3-methyl-4-benzyl-*, F. 222—224°, $Kp._{0,1}$ 150—155°, *2-[p-Chlorphenyl]-4-benzyl-*, $Kp._{0,2}$ 140—145° (*Hydrochlorid*, F. 215—217°), *2-Phenyl-3-benzyl-4-methyl-*, $Kp._{0,01}$ 110—120° (*Hydrochlorid*, F. 134—135° (Zers.)], *2-[5.6.7.8-Tetrahydronaphthyl-(2)]-3.4-dimethyl-*, $Kp._{0,1}$ 130—135 (*Hydrochlorid*, F. 204—205°), *2-(m-Hydroxyphenyl)-3-methyl-* (*Hydrochlorid*, F. 215—216°), *2-[p-Methoxyphenyl]-3-methylmorpholin*, F. 98—100° (*Hydrochlorid*, F. 207°), aus 1-Phenyl-1-oxo-2-[N-methyläthanolamino]-propan-, 1-Phenyl-1-[N-benzyläthanolamino]-2-oxopropan-, 1-[p-Chlorphenyl]-1-oxo-2-[N-benzyläthanolamino]-äthan-, 1.3-Diphenyl-1-oxo-2-[N-methyläthanolamino]-propan-, 1-[5.6.7.8-Tetrahydronaphthyl-(2)]-1-oxo-2-[N-methyläthanolamino]-propan-, 1-[m-Benzyloxyphenyl]-1-keto-2-[N-benzyläthanolamino]-propan- bzw. 1-[p-Methoxyphenyl]-1-keto-2-[N-benzyläthanolamino]-propanhydrochlorid. — *Schmierölzusätze.* (**F. P. 1 221 294** vom 10/3. 1959, ausg. 1/6. 1960. D. Prior. 13/3. 1958.) S. Böttcher. 8221

Standard Oil Co., Cleveland, übert. von: John M. Musselman, South Euclid, und Herman P. Lankelma, Shaker Heights, Ohio, V. St. A., **Schmiermittel** u. *Zusatzmittel für Schmieröle* werden durch Rk. von S u. wenigstens $^1/_3$ der S-Menge an P mit einer organ. O-haltigen Verb. mit Kp. > 300° F bei einer Temp. über der der Thiophosphat-Bldg. erhalten. Das isolierte Rk.-Prod. wird mit einer Base (Ca-, Ba-Hydroxid) wenigstens teilweise neutralisiert. — Vgl. A. P. 2 444 947; C. **1948.** II. 1251. (**Can. P. 552 817** vom 14/12. 1945, ausg. 4/2. 1958.) H.-J. Nitzschke. 8223

Standard Oil Co., Cleveland, übert. von: John M. Musselman, South Euclid, und Herman P. Lankelma, Shaker Heights, Ohio, V. St. A., **Herstellung von Schmiermitteln** durch Rk. einer nichtpolymerisierten organ. O-Verb. mit Kp. $\geq$ 300° F, die öllösl. P–S-Verbb. bildet, mit P_2S_5 bei Temp. über denen der Phosphat-Bldg. u. Überführung des erhaltenen Prod. in eine Ba- oder Al- Verbindung. — Vgl. A. P. 2 444 947; C. **1948.** II. 1251. (**Can. P. 552 818** vom 21/6. 1946, ausg. 4/2. 1958.) H.-J. Nitzschke. 8223

Standard Oil Co., Cleveland, übert. von: John M. Musselman, South Euclid, und Herman P. Lankelma, Shaker Heights, Ohio, V. St. A., **Herstellung von Schmiermitteln** durch Rk. einer nichtpolymerisierten organ. O-haltigen Verb. mit Kp. $\geq$ 300° F, die öllösl. Verbb. mit P u. S bildet, mit P_2S_5 bei Temp. über denen der Phosphatbildung. — Vgl. A. P. 2 444 947; C. **1948.** II. 1251. (**Can. P. 552 819** vom 21/11. 1956, ausg. 4/2. 1958.) H.-J. Nitzschke. 8223

L. Gavage Fils, Liège, Belgien, **Trockenschmierung mit Molybdändisulfid (I).** Nach der Entfettung werden die zu schmierenden Teile mit I in einem zylindr. oder mehreckigen Faß mit u. ohne Maschensieb rotierend bewegt, wobei zum Ausfüllen poröser Metallteile Granulate von zuvor in der gleichen Weise behandelten Teilen unter Zusatz von Glycerin (II) (I:II = 1:1) zugegeben werden können. (**Belg. PP. 532 961** u. **532 962** vom 29/10. 1954, ausg. 14/3. 1958.) E. DREWS. 8223

N. V. de Bataafsche Petroleum Mij., Holland (Erfinder: Warren Candler Simpson), **Überzugsmittel für Flächen aus Beton, Asphalt, Holz und Stahl,** bes. zur Herst. eines wetter-, wasser- u. wärmefesten *Straßenüberzugs* auf Asphalt u. Beton mitaußergewöhnlicher Haftfestigkeit, auf Basis von Erdölrückständen, ggf. zusammen mit Polyepoxid-Verbb., die im Mol. mehr als eine Epoxygruppe enthalten (Glycidylpolyäther eines mehrwertigen Phenols). Als Ausgangsmaterial dienen z. B. die Rückstände u. hochsd. Fraktionen der therm. u. katalyt. Spaltung von Erdölen, ferner die hochsd. Fraktionen der Pyrolyse u. Verkokung von Erdölrückständen. (**F. P. 1 204 582** vom 22/4. 1958, ausg. 27/1. 1960. A. Prior. 24/4. 1957.) M. F. MÜLLER. 8237

Friedrich Wilhelm Plenger, Hamburg (Erfinder: Friedrich Wilhelm Plenger und Ulrich Nehse, Barnsdorf), **Bestimmung des Gas–Öl-Verhältnisses von geförderten Gas–Öl-Gemischen** (I), dad. gek., daß eine sich im wesentlichen vertikal erstreckende Meßkammer (II) vollständig mit I angefüllt u. in ihr als Maß für das Gas–Öl-Verhältnis die Differenz zwischen dem am oberen Ende u. dem am unteren Ende der II herrschenden Druck gemessen wird. (**D. A. S. 1 044 455** Kl. 42 l vom 17/7. 1957, ausg. 20/11. 1958.) W. v. HUHN. 8253

G. A. Morosow, Anwendung von Dieselölen mit Zusätzen. Leningrad: Gosstoptechisdat, Leningrader Abt. 1962. (114 S. m. Abb.) 36 Kop. [Russ.]

Geert Oldenburg, Heizöl. Mainz, Heidelberg: Verlagsanstalt Hüthig und Dreyer. 1962. (227 S. m. 132 Abb.) DM 26,—.

N. Ss. Wlassowa, W. I. Klassen und I. N. Plakssin, Untersuchung der Wirkung von Reagenzien bei der Flotation von Steinkohlen. Moskau: Verl. der Akad. der Wiss. der UdSSR. 1962. (172 S. m. Abb.) 1 Rbl. 7 Kop. [Russ.]

XX. Schieß- und Sprengstoffe. Zündmittel

Das Anfärben von gegossenen Explosivstoffen zur Beobachtung der Kristallstruktur. H. J. Yallop. (Analyst **85.** 300—01. April 1960. Fort Halstead, Kent, Armament Res. and Dev. Establ.) (Engl.)

Zur Unters. der Mikrostruktur von gegossenen Explosivstoffen wird ein Verf. verwendet, das auf der Bldg. eines gefärbten Komplexes zwischen einigen Nitrokörpern u. Dimethylanilin beruht. — 1 Tafel mit 5 Mikrophotographien. — 9 Literaturhinweise. WOLFGANG WAGNER. 8304 □

Phillips Petroleum Co., übert. von: William T. Nelson, Bartlesville, Okla., V. St. A., **Gewinnung von Acetylen** aus dieses enthaltenden Mischungen erfolgt durch deren Behandeln mit Alkylpyrrolen der allg. Formel I (R = Alkyl, bes. mit 1—5 C-Atomen oder Acetyl. Die Löslichkeit von C_2H_2 in N-Methylpyrrol beträgt 7,3 (BUNSEN-Koeff.). R kann z. B. sein: Äthyl, Propyl, Butyl, Amyl. — Die Lsgg. dienen als *Raketentreibstoff.* (**A. P. 2 859 833** vom 23/8. 1954, ausg. 11/11. 1958.) G. KRAUSS. 8311

I

XXI. Leder. Gerbstoffe

Einwirkung von Elektrolyten auf Lösungen von Natriumsulfid und Natriumhydrosulfid. A. Simoncini. (Cuoio-Pelli-Mater. concianti **36.** 397—405. Okt. 423—35. Dez. 1960. Napoli-Torino, Staz. sperim. per l'Ind. delle pelli e delle materie concianti.) (Ital.)

NH_4-Salze, NaHS u. HCl verringern die Enthaarungs-Wrkg. von Na_2S, Na_2S u. NaOH steigern dagegen die von NaHS. — 55 Literaturangaben. G. PLATZER. 8334 □

Die Bestandteile von Eichenholz und die Herstellung eines Gerbextraktes von höherer Qualität. Livin Sireteanu und Gheorghe Burghelea. (Cuoio-Pelli-Mater. concianti **36.** 453—64. Dez. 1960.) (Ital.)

Die Extrahierbarkeit der 3 Bestandteile von Eichenholz (aus Baumstämmen) wird systemat. untersucht. Unter Berücksichtigung der veränderlichen Temp.-Empfindlichkeit dieser Bestandteile u. deren wechselnder Zus. ist keine exakte Überwachung der Extraktionsbedingungen erforderlich, da der Geh. an *Tannin* (I) niedrig ist; im Kernholz wurden 3,34 (Gew.-%), im Splintholz 1,51 u. in der Rinde 5,59 I gefunden. Zur Extraktion ist nur homogenes Rohmaterial zu verwenden, während junges Holz oder Äste auszuschließen sind. Die Kopf-Temp. der Extraktionsanlage soll 60—70° u. die End-Temp. 95—100° betragen. Zur Erreichung eines hohen Extraktionsgrades ist ein ausreichend hohes Phasenverhältnis (1:3 bis 1:4) erforderlich. — 10 Literaturangaben. G. PLATZER. 8336 □

Einfluß der Chromsalze von gesättigten organischen Dicarbonsäuren beim Gerben von Häuten. Annamaria Rivero. (Rassegna Chim. **11.** Nr. 6. 19—20. Nov./Dez. 1959. Turin, Univ., Ist. chim.) (Ital.)

Bei der Unters. der Wrkg. der Cr-Salze von gesätt. Dicarbonsäuren (Oxal- bis Adipinsäure) in Gerb-Lsgg. wurde gefunden, daß kleine Mengen dieser Säuren den Fixierungsprozeß von Cr beim Gerben fördern. G. Platzer. 8336□

Die Ledertrocknung. H. Wagner. (Leder **13.** 53—58. März 1962. Karlsruhe.) (Dt.)

Die theoret. Voraussetzungen für eine wirtschaftliche u. qualitätsmäßig vorteilhafte Arbeitsweise moderner Ledertrocknungsanlagen werden erläutert u. mit prakt. Zahlenbeispielen belegt. Der Trocknungsvorgang selbst verläuft nicht über die gesamte Trockenanlage einheitlich, sondern besteht aus einer Folge von unterschiedlich ablaufenden Trocknungsvorgängen. Daher sollten die einzelnen Zonen einer jeden Trockenanlage auf diese unterschiedlichen Vorgänge im Ablauf der Trocknung abgestimmt werden. Das Einsprühen von Dampf in Trockenanlagen zur Erhöhung der relativen Luftfeuchtigkeit ist unwirtschaftlich u. wird besser durch eine richtige Abluftdosierung ersetzt. H. G. Fröhlich. 8340□

Über die Erwärmung von Leder durch Hydratation. G. Tóth und J. Elter. (Leder **13.** 59—62. März 1962. Pécs, Ungarn, Pécser Lederfabrik.) (Dt.)

Die Größe der Hydratationswärme bei der Wasseraufnahme von Leder aus der fl. u. dampfförmigen Phase wird an verschiedenen Lederarten (Cr-Leder) experimentell untersucht. Die hierbei erhaltenen Ergebnisse werden mit solchen aus der Praxis verglichen. Hierbei wird darauf hingewiesen, daß eine durch Hydratation bedingte Selbsterwärmung von Leder dadurch vermindert werden kann, indem man größere Feuchtigkeitsunterschiede zwischen getrocknetem Leder u. dem Feuchtigkeitsgleichgewicht durch geeignete Maßnahmen herabsetzt. Die Größe einer durch Hydratation hervorgerufenen Wärme-Entw. hängt wesentlich vom Trocknungsgrad des Leders ab, d. h. von der Differenz zwischen der Lederfeuchtigkeit nach dem Trocknen u. dem Feuchtigkeitsgleichgewicht bei normaler Lufttemperatur. H. G. Fröhlich. 8340□

Die Beurteilung der Anfärbung von Chromlederschnitten mit Bromkresolgrün. B. Zorn und H. Erdmann. (Leder **13.** 49—52. März 1962. Leverkusen u. Ludwigshafen/Rh.) (Dt.)

Die Anfärbung eines Cr-Lederschnittes mit Bromkresolgrün zur Überprüfung der Säureverteilung im Lederquerschnitt wird durch die Eigenfarbe des Cr-Leders beeinflußt. Die Beurteilung der Zonen-Bldg. u. deren Färbung bei Überprüfung eines synthet. nachgegerbten Cr-Leders mittels Bromkresolgrün entspricht daher nicht dem wirklichen Zustand der Entsäuerung des Cr-Leders, wie Vff. einwandfrei zeigen konnten. H. G. Fröhlich. 8340□

Beitrag zur Kenntnis der Komponenten von Gerbersumach. 2. Mitt. E. Durio, A. Catino und A. Oddone. (Cuoio-Pelli-Mater. concianti **36.** 137—47. April 1960. Turin, Staz. sperim. per l'Ind. delle pelli e delle materie concianti.) (Ital.) — 1. vgl. Boll. uff. staz. sper. ind. pelli, mat. concianti. **35.** [1959.] 3.

Der durch Lsgm.-Extraktion gewonnene Sumach-Extrakt von *Rhus coriaria Linn.* liefert eine saure Fraktion (I; dunkelbraunes Pulver), woraus mit Hilfe der Gegenstromverteilung nach Craig in 12 Gängen unter Verw. von W. als Unter- u. von Ae. als Oberphase das *Monohydrat* der *Gallussäure*, $C_7H_6O_5 \cdot H_2O$, F. 239—240° (Zers.; aus W. Nadeln) isoliert wurde. Andere Fraktionen enthalten noch näher zu untersuchende Verbb. vom Phenoltyp neben Chlorophyll a u. b u. Flavonen. Die UV-Absorptionsspektren der wss. u. äther. Fraktionen u. die Verteilungskurven von I werden mitgeteilt. G. Platzer. 8364□

Bestimmung von „gemischten Fettsubstanzen" im Sämischleder. Angelo Castiglioni und Rino Airoldi. (Rassegna Chim. **11.** Nr. 6. 13—15. Nov./Dez. 1959. Turin, Univ., Ist. di Merceologia.) (Ital.)

Zur Aufklärung von Unstimmigkeiten zwischen dem mit der direkten Meth. von Fahrion [1895] ermittelten Geh. an „gemischten Fettsubstanzen" von Sämischleder u. dem durch Differenz erhaltenen werden diese Substanzen in für längere Zeit der Luft ausgesetzten Gerbölen direkt bestimmt. Der gefundene %-Geh. der extrahierten Fettsubstanzen ist niedriger als 24,5% der Theorie. Die Unterschiede sind zu erklären durch Veränderung dieser Öle durch Zeit u. Berührung mit der Luft. G. Platzer. 8368□

Badische Anilin- & Soda-Fabrik Akt.-Ges. (Erfinder: Friedrich-Wilhelm Guthke und Otto Hertel), Ludwigshafen/Rh., **Herstellung lichtechter Kondensationsprodukte** durch Rk. von sulfonierten, von kondensierten ringenfreien Phenolen mit $CO(NH_2)_2$ u. CH_2O, dad. gek., daß man die Nachbehandlung der in der

1. Stufe erhaltenen Kondensate statt mit Phenolen u. CH_2O mit sulfonierten oder sulfomethylierten Phenolen u. CH_2O durchführt. — *Gerbstoffe*. (**D. A. S. 1 122 542** Kl. 12q vom 8/3. 1960, ausg. 25/1. 1962. **Zusatz zu D. A. S. 1 113 457; C. 1962. 4405.**)
O. MÜLLER-MEININGEN. 8337

Elconia G. m. b. H. Gummiwarenfabrik (Erfinder: Hans Ballheimer), Northeim/Hann., **Herstellen eines lederähnlichen Ersatzstoffes,** bei dem Fasern in Kautschuk eingemischt werden, dad. gek., daß die Fasern zunächst einer unvulkanisierten Gummi-Lsg. beigemischt werden, das Lsgm. verdunstet, die verbleibende Masse einer unvulkanisierten Kautschukmischung in bekannter Weise beigeknetet u. mit dieser vulkanisiert wird. (**D. A. S. 1 092 644** Kl. 39a vom 16/8. 1958, ausg. 10/11. 1960.)
H. NATHER. 8353

Goodyear Tire & Rubber Co., Akron (Erfinder: **Wesley M. Germon,** Cuyahoga Falls), Ohio, V.St.A., *Polymerisatmischung.* (**Jap. A. S. 7581/1960** vom 10/4. 1958, ausg. 21/6. 1960. A. Prior. 2/8. 1957. — C. **1962.** 1478 [Aust. P. 224 079].)

American Cyanamid Co., New York, N.Y., übert. von: **Lucius H. Wilson,** Riverside, Conn., V.St.A., *Herstellung imprägnierter Lederplatten.* (**Can. P. 557 237** vom 11/9. 1953, ausg. 13/5. 1958. A. Prior. 28/10. 1952. — C. **1958.** 11706 [A. P. 2 769 712].)

XXIV. Photographie

Der Einfluß der Umgebung auf das Wachstum von Bromsilbermikrokristallen. C. R. Berry, S. J. Marino und C. F. Oster. (Photogr. Sci. Engng. **5.** 332—36. Nov./Dez. 1961. Rochester, N.Y., Eastman Kodak Co., Res. Labor.) (Engl.)

Vff. untersuchten das Kristallwachstum von *Bromsilber* in Abhängigkeit von verschiedenen Herst.-Bedingungen, z. B. vom pH, pAg, Ggw. von Äthylendiamin u. NH_3. Durch gleichzeitiges Zugeben von $AgNO_3$- u. KBr-Lsgg. zu einer Gelatine-Lsg., die wachstumsfördernde Zusätze enthielt, können AgBr-Mikrokristalle mit einer Korngröße von 0,1—3,0 μ erhalten werden. Um Kristallform u. Kristallfehler bestimmen zu können wurden elektronenmkr. Aufnahmen u. Röntgenbeugungsbilder herangezogen. Würfelförmige Kristalle ohne Versetzungen können auf verschiedene Weise erhalten werden. Überschüssige Bromidionen begünstigen die Ausbildung von (1 1 1)-Kristallflächen, die zur Zwillings-Bldg. neigen. In Ggw. von Äthylendiamin bilden sich regelmäßig gebaute Würfel aus. In Ggw. von NH_3 bilden sich bei niederem pAg würfelförmige Kristalle, bei hohem pAg reguläre Oktaeder. Mikroaufnahmen vgl. Original. — 15 Literaturhinweise.
W. GÜNTHER. 8596□

Die Beziehung zwischen der Lösegeschwindigkeit von Halogensilber und der Hemmung der physikalischen Reifung durch Polyvinylalkohol und Polyvinylpyrrolidon. Ernest J. Perry. (Photogr. Sci. Engng. **5.** 349—54. Nov./Dez. 1961. Rochester, N.Y., Eastman Kodak Co., Res. Labor.) (Engl.)

Die Löse-Geschw. von *Halogensilber*-Solen mit konst. Korngrößenverteilung u. Oberflächenstruktur in überschüssigem KBr ist in Ggw. von *Polyvinylalkohol* größer als in Ggw. von Gelatine. Diese Feststellung gibt eine Erklärung für die bekannte Erscheinung, daß Polyvinylalkohol die physikal. Reifung einer Halogensilberemulsion verhindert, indem es die Abscheidung von Ag- u. Halogenionen auf wachsende Halogensilberkristalle unmöglich macht. *Polyvinylpyrrolidon,* das auf die physikal. Reifung ebenfalls stark hemmend wirkt, verhält sich insofern unterschiedlich, als es die Lsg. von Halogensilber in stärkerem Maße als Gelatine verhindert. Der Unterschied im Verhalten von Polyvinylalkohol u. Polyvinylpyrrolidon kann so erklärt werden, daß letzteres auf der Kornoberfläche einen Silberkomplex bildet, während Polyvinylalkohol das nicht tut. — 9 Literaturhinweise.
W. GÜNTHER. 8596□

Beiträge zur photographischen Wirkung des 1-Phenyl-5-mercaptotetrazols. Aurél Radó. (Z. wiss. Photogr., Photophysik Photochem. **56.** 141—46. April 1962. Vác, Ungarn, FORTE Fotochem. Ind.) (Dt.)

1-Phenyl-5-mercaptotetrazol (**I**) gilt als wirksames Antischleiermittel für photograph. Emulsionen. Vf. versucht, seine Wrkg. auf die im Halogensilber befindlichen Empfindlichkeitskeime, seine Wrkg. auf das latente Bild u. seine Wrkg. auf die Entstehung des Schleiers zu klären. Er kommt hierbei zu folgenden Feststellungen: **I** löst zwei Effekte aus, es verhindert die Bldg. neuer Schleierkeime u. es verzögert die Entw. des Bildes u. des Schleiers. Das an den Empfindlichkeitskeimen adsorbierte **I** beeinflußt deren Wrkg. während der Belichtung nicht, verhindert aber das weitere Wachstum der Zentren während der Lagerung, es verhindert damit die Entstehung von Schleierkeimen. Die Adsorption an den Empfindlichkeitskeimen ist nur bei solchen Emulsionen von Bedeutung, deren Keime in überwiegendem Maße mit Bichromat oxydierbar sind. — 4 Literaturhinweise.
W. GÜNTHER. 8598□

Untersuchungen der Schrumpfungseigenschaften und Stabilisierung von Photopapier. R. Schumann. (Z. wiss. Photogr., Photophysik Photochem. **56**. 88–93. April 1962. Jena, VEB Carl Zeiss.) (Dt.)

Zur Herst. von Bildplänen aus Luftbildaufnahmen ist die Maßhaltigkeit des hierfür verwendeten Photopapiers von wesentlicher Bedeutung. Das handelsübliche Photopapier erfüllt jedoch die geforderten Bedingungen nur in ungenügendem Maße. Es erleidet beim Durchlauf durch die photograph. Bäder Deformierungen in der Längs- u. in der Querrichtung. Stabilisierung des Papiers mit Glycerin weist gewisse Mängel auf: Die Luftbilder nehmen einen gelblichen Ton an, fühlen sich fettig an, u. das Zeichnen auf diesen Bildern ist erschwert. Demgegenüber wurde gefunden, daß sich *Äthylenglykol* u. bes. *Hexantriol* techn. zur Stabilisierung von Photopapieren eignen. Zur Herst. von Papierbildern zum Zweck der Auswertung in photogrammetr. Geräten wird das Photopapier vor der Belichtung 30 Min. in einer Hexantriol-Lsg. (1 Teil Hexantriol, 2 Teile W.) vorgeweicht u. nach der Belichtung in der üblichen Weise entwickelt, fixiert, gewässert u. getrocknet. An Hand eines prakt. Beispiels werden Schrumpfungsmessungen durchgeführt, bei denen sich die Vorteile des neuen Verf. zeigen. — Tabelle vgl. Original.

W. Günther. 8602□

Messungen über die Verteilung von autoradiographischen Kräften in Kernreaktoren und ihre Analyse durch Digitalrechenmethoden. C. G. Chezem und R. H. Moore. (Photogr. Sci. Engng. **5**. 343–48. Nov./Dez. 1961. Los Alamos, N.Mex., Los Alamos Sci. Labor.) (Engl.)

Mit Hilfe der Sandwich-Meth. kann man die Feinstruktur der Kraftverteilung von Kernreaktoren bestimmen, wozu sich doppelseitig beschichtete Kodak-Röntgenfilme, z. B. die Typen M, AA u. KK, eignen. Ihre sensitometr. Auswertung erfolgt durch Digitalrechenmaschinen, deren Programmierung beschrieben wird. — 11 Literaturhinweise.

W. Günther. 8660□

Canadian Kodak Co. Ltd., Toronto, Ontario, Canada, übert. von: **Earl J. VanLare**, Rochester, N.Y., V.St.A., *Symmetrische Carbocyaninfarbstoffe.* **(Can. P. 557 252** vom 18/9. 1953, ausg. 13/5. 1958. A. Prior. 27/2. 1953. — C. **1959**. 1003 [F. P. 1 107 475].)

Canadian Kodak Co. Ltd., Toronto, Ontario, Canada, übert. von: **Edward B. Knott**, Wealdstone, Middlesex, England, *Trinucleare Merocyaninfarbstoffe.* **(Can. P. 557 253** vom 7/12. 1953, ausg. 13/5. 1958. A. Prior. 20/3. 1953. — C. **1959**. 1328 [F. P. 1 117 127].)

Jerome S. Goldhammer, Levittown, und **John A. Maurer**, New York, N.Y., V.St.A., *Kombiniertes Entwickler- und Fixierbad.* **(Can. PP. 558 129** u. **558 130** vom 6/8. 1954, ausg. 3/6. 1958. Beide A. Prior. 15/2. 1954. — C. **1958**. 10547 [D. A. S. 1 015 681].)

General Aniline & Film Corp., New York, übert. von: **Joseph E. Frederick**, Johnson City, N.Y., V.St.A., *Lichtempfindliches Diazotypiematerial.* **(Can. P. 557 312** vom 14/1. 1954, ausg. 13/5. 1958. A. Prior. 22/12. 1953. — C. **1958**. 10256 [D. B. P. 958 984].)

Andrew Feininger, A manual of advanced photography. London: Thames & Hudson. 1962. (379 S. m. 380 Abb.) 50 s.

Redaktionsschluss: 13. Juli 1962

Herausgeber: Prof. Dr. Heinrich Bertsch, Berlin, u. Prof. Dr. Dr. h. c. Wilhelm Klemm, Münster. Chefredakteure und verantwortlich für den Inhalt: Dr. Eugen Klever, Berlin W 30, Geisbergstraße 39, Fernsprecher: 249541 u. Dr. Willi Barz, Berlin N 4, Schiffbauerdamm 19, Fernsprecher: 425571.

©

Verlag: Akademie-Verlag GmbH, Berlin W 8, Leipziger Str. 3–4 (Fernsprecher: 220441, Telex-Nr. 011773, Postscheckkonto Berlin 35021), und Verlag Chemie, GmbH, Weinheim/Bergstr. (Fernsprecher: Weinheim 3635 [Sammelnummer]; Fernschreiber: 0465516 chemieverlwnh; Postscheckkonten: Frankfurt/M. 145314 u. Berlin [West] 7430). Bestellnummer: 1007/133. Das Chemische Zentralblatt erscheint wöchentlich. Preis des Jahrganges einschl. Autoren-, Patent-, Sach- u. Formelregister: DM 1200,–; einseitig bedruckte Ausgabe: DM 1350,–. Abgabe der Zeitschrift nur mit sämtlichen Registern. Abbestellungen nur bis spätestens 6 Wochen vor Ablauf des Kalenderjahres.

Satz u. Druck: VEB Leipziger Druckhaus, Leipzig, III/18/203. IX. 62.
Veröffentlicht unter der Lizenznummer ZLN 5002 des Ministeriums für Kultur, Hauptverwaltung Verlagswesen.
Printed in Germany.

FSC
www.fsc.org
MIX
Papier | Fördert
gute Waldnutzung
FSC® C083411

Kolibri 360 GmbH
Ferdinand-Jühlke-Straße 7
99095 Erfurt, Deutschland
produktsicherheit@kolibri360.de